# 注册建筑师设计手册

## （第二版）

主　编　张一莉

副主编　陈邦贤　陈　雄　章海峰

　　　　杨焰文　曹　卓

中国建筑工业出版社

**图书在版编目（CIP）数据**

注册建筑师设计手册 / 张一莉主编. — 2 版. — 北京：中国建筑工业出版社，2021.4
ISBN 978-7-112-26036-2

Ⅰ. ①注… Ⅱ. ①张… Ⅲ. ①建筑设计—手册 Ⅳ. ①TU2-62

中国版本图书馆 CIP 数据核字（2021）第 056075 号

本书针对建筑设计特点并结合工作中常遇到的问题进行编写。内容包括：规划指标，场地设计，一般规定，建筑防火设计，建筑防水设计，门窗与幕墙，车库设计，装配式建筑设计，BIM 在建筑设计阶段的应用，绿色建筑设计，景观设计，居住区规划设计，住宅建筑设计，养老建筑设计，医疗建筑设计，中小学校设计，托儿所、幼儿园建筑设计，高等院校设计，文化馆建筑设计，影剧院建筑设计，商业建筑设计，酒店建筑设计，体育场馆设计，超高层建筑设计，地铁车站建筑设计，机场航站楼建筑设计，铁路旅客车站建筑设计，办公建筑设计，图书馆设计，博物馆建筑设计，海绵城市与低影响开发等共 31 章以及相应的条文说明。

本书是为注册建筑师特别编撰的工具书，一册在手，方便查找。亦可供从事建筑设计、施工、监理、室内装饰设计、管理人员和大专院校师生参考使用，并可作为建筑师网络学习用书。

责任编辑：费海玲
责任校对：焦　乐

**注册建筑师设计手册（第二版）**

主　编　张一莉

副主编　陈邦贤　陈　雄　章海峰　杨焰文　曹　卓

\*

中国建筑工业出版社出版、发行（北京海淀三里河路 9 号）
各地新华书店、建筑书店经销
北京红光制版公司制版
北京中科印刷有限公司印刷

\*

开本：880 毫米×1230 毫米　1/16　印张：44½　字数：1189 千字
2021 年 4 月第二版　2021 年 4 月第七次印刷
定价：**120.00** 元
ISBN 978-7-112-26036-2
（36625）

# 《注册建筑师设计手册》（第二版）编委会

专家委员会主任：陈 雄

编委会主任：艾志刚
执行主任：陈邦贤
编委会副主任：张一莉

专家委员会委员：

曹 卓 章海峰 黄 捷 庄 葵 杨焰文 郭智敏
陈日飙 陈 炜 千 茜 全松旺 唐志华

主 编：张一莉
副主编：陈邦贤 陈 雄 章海峰 杨焰文 曹 卓

主 审 人：陈 雄
审核组成员：陈邦贤 郭智敏 杨焰文 张一莉 冯 春
李晓光 马自强 周 文 宁 琳 傅 斌
郭奕辉 黄 敏

主编单位：深圳市注册建筑师协会

特邀编撰单位：
华南理工大学建筑设计研究院有限公司

副主编单位：
1. 深圳市建筑设计研究总院有限公司
2. 广东省建筑设计研究院有限公司
3. 广州市设计院
4. 深圳大学建筑设计研究院有限公司

**参编单位：**

1. 深圳华森建筑与工程设计顾问有限公司
2. 香港华艺设计顾问（深圳）有限公司
3. 奥意建筑工程设计有限公司
4. 深圳机械院建筑设计有限公司
5. 深圳市华阳国际工程设计股份有限公司
6. 深圳市北林苑景观及建筑规划设计院有限公司
7. 北建院建筑设计（深圳）有限公司
8. 悉地国际设计顾问（深圳）有限公司
9. 深圳市东大国际工程设计有限公司
10. 深圳市柏涛蓝森国际建筑设计有限公司
11. 深圳大地创想建筑景观规划设计有限公司
12. 深圳国研建筑科技有限公司
13. 深圳艺洲建筑工程设计有限公司

# 《注册建筑师设计手册》（第二版）编委

| 章节 | 名称 | 编委姓名 | 参编单位 |
|------|------|----------|----------|
| 第1章 | 规划指标 | 邱　峰<br>孙　畅 | 深圳市建筑设计研究总院有限公司 |
| 第2章 | 场地设计 | 黄晓东 | 深圳市建筑设计研究总院有限公司 |
| 第3章 | 一般规定 | 郭智敏<br>岳子清<br>常发明<br>曾耀松<br>张惠锋<br>黄晓东 | 深圳华森建筑与工程设计顾问有限公司<br>深圳市建筑设计研究总院有限公司 |
| 第4章 | 建筑防火设计 | 巩志敏 | 深圳市注册建筑师协会防火分会 |
| 第5章 | 建筑防水设计 | 李朝晖 | 深圳机械院建筑设计有限公司 |
|  |  | 宁　琳 | 奥意建筑工程设计有限公司 |
| 第6章 | 门窗与幕墙 | 杨焰文<br>许　霞 | 广州市设计院 |
| 第7章 | 车库设计 | 涂宇红 | 深圳市建筑设计研究总院有限公司 |
| 第8章 | 装配式建筑设计 | 龙玉峰<br>丁　宏 | 深圳市华阳国际工程设计股份有限公司 |
| 第9章 | BIM在建筑设计阶段的应用 | 韦　真 | 深圳市东大国际工程设计有限公司 |
| 第10章 | 绿色建筑设计 | 李泽武 | 深圳市建筑设计研究总院有限公司 |
|  |  | 庞观艺 | 深圳国研建筑科技有限公司 |
| 第11章 | 景观设计 | 叶　枫<br>肖洁舒<br>王　涛<br>章锡龙 | 深圳市北林苑景观及建筑规划设计院有限公司 |
| 第12章 | 居住区规划设计 | 王亚杰 | 深圳市柏涛蓝森国际建筑设计有限公司 |
| 第13章 | 住宅建筑设计 | 蔡　明<br>方　巍 | 深圳艺洲建筑工程设计有限公司 |

| 章节 | 名称 | 编委姓名 | 参编单位 |
|---|---|---|---|
| 第14章 | 养老建筑设计 | 陈 竹 | 香港华艺设计顾问（深圳）有限公司 |
| 第15章 | 医疗建筑设计 | 侯 军<br>王丽娟<br>甘雪森 | 深圳市建筑设计研究总院有限公司 |
| 第16章 | 中小学校设计 | 孙立平 | 深圳大学建筑设计研究院有限公司 |
| 第17章 | 托儿所、幼儿园建筑设计 | 马 越 | 深圳大学建筑设计研究院有限公司 |
| 第18章 | 高等院校设计 | 朱文健<br>艾志刚<br>钟 中<br>赵勇伟<br>宋向阳 | 深圳大学建筑设计研究院有限公司 |
| 第19章 | 文化馆建筑设计 | 陈晓唐 | 北建院建筑设计（深圳）有限公司 |
| 第20章 | 影剧院建筑设计 | 黄 河 | 北建院建筑设计（深圳）有限公司 |
| 第21章 | 商业建筑设计 | 林 毅<br>鲁 艺 | 香港华艺设计顾问（深圳）有限公司 |
| 第22章 | 酒店建筑设计 | 黄晓东 | 深圳市建筑设计研究总院有限公司 |
| 第23章 | 体育场馆设计 | 冯 春<br>林镇海 | 深圳市建筑设计研究总院有限公司 |
| 第24章 | 超高层建筑设计 | 宁 琳<br>郑 巍 | 奥意建筑工程设计有限公司 |
| 第25章 | 地铁车站建筑设计 | 罗若铭 | 广东省建筑设计研究院有限公司 |
| 第26章 | 机场航站楼建筑设计 | 陈 雄<br>李琦真 | 广东省建筑设计研究院有限公司 |
| 第27章 | 铁路旅客车站建筑设计 | 邹咏文 | 广东省建筑设计研究院有限公司 |
| 第28章 | 办公建筑设计 | 王 浪<br>聂昌宁<br>朱翌友<br>王 振 | 悉地国际设计顾问（深圳）有限公司 |
| 第29章 | 图书馆设计 | 陈向荣 | 华南理工大学建筑设计研究院有限公司 |
| 第30章 | 博物馆建筑设计 | 陈向荣 | 华南理工大学建筑设计研究院有限公司 |
| 第31章 | 海绵城市与低影响开发 | 千 茜<br>丁 蓓 | 深圳大地创想建筑景观规划设计有限公司 |

# 再版编撰说明

## 一、编撰目的与内容

《注册建筑师设计手册》是由深圳市注册建筑师协会组织深圳14家设计企业的总建筑师和专家学者，还特邀广东省建筑设计研究院、广州市设计院、华南理工大学建筑设计研究院，针对建筑设计特点并结合工作中常遇到的问题共同编撰的。该书第一版自2016年发行出版以来，深受专业技术人员欢迎。由于建筑技术更新，规范和标准发布和修订，新技术与新材料应用等因素，迫切需要对第一版进行修订。

第二版的编撰目的是方便设计人员更好地执行国家、部委颁布的各项工程建设技术标准、规范及省、市地方标准、规定，了解新技术、新材料，提高建筑工程设计质量和设计效率。

内容包括：规划指标，场地设计，一般规定，建筑防火设计，建筑防水设计，门窗与幕墙，车库设计，装配式建筑设计，BIM在建筑设计阶段的应用，绿色建筑设计，景观设计，居住区规划设计，住宅建筑设计，养老建筑设计，医疗建筑设计，中小学校设计，托儿所，幼儿园建筑设计，高等院校设计，文化馆建筑设计，影剧院建筑设计，商业建筑设计，酒店建筑设计，体育场馆设计，超高层建筑设计，地铁车站建筑设计，机场航站楼建筑设计，铁路旅客车站建筑设计，办公建筑设计，图书馆设计，博物馆建筑设计，海绵城市与低影响开发等章节，并根据用户反馈的信息增加了办公建筑设计、文化馆建筑设计、博物馆设计、建筑防水材料等章节和内容，现全书共31章以及相应的条文说明。

## 二、编制特点

1. 简明扼要——图表化、表格化，方便查找，有利记忆。

2. 全面覆盖——内容覆盖常用的工业与民用建筑，做到一册在手，方便使用。

由于涉及内容多，水平有限，本书若有错漏在所难免，恳请读者随时提出意见和建议，以便今后不断修订和完善。

联系地址：深圳市福田区振华路设计大厦15楼1505室，深圳市注册建筑师协会

深圳市注册建筑师协会网址：http://www.szzcs.com.cn/

建筑师网络学院网址：www.jzsxy.com.cn

《注册建筑师设计手册》（第二版）编委会

2021年1月8日

# 目　　录

# 1 规 划 指 标

## 1.1 规划城市建设用地结构

规划城市建设用地结构      表 1.1

| 用地名称 | 占城市建设用地比例（%） |
| --- | --- |
| 居住用地 | 25.0～40.0 |
| 公共管理与公共服务设施用地 | 5.0～8.0 |
| 工业用地 | 15.0～30.0 |
| 道路与交通设施用地 | 10.0～25.0 |
| 绿地与广场用地 | 10.0～15.0 |

资料来源：《城市用地分类与规划建设用地标准》GB 50137—2011。

## 1.2 规划人均用地指标

人均居住用地面积指标（m²/人）      表 1.2-1

| 建筑气候区划 | Ⅰ、Ⅱ、Ⅵ、Ⅶ气候区 | Ⅲ、Ⅳ、Ⅴ气候区 |
| --- | --- | --- |
| 人均居住用地面积 | 28.0～38.0 | 23.0～36.0 |

规划人均单项城市建设用地面积指标（m²/人）      表 1.2-2

| 公共管理与公共服务设施用地 | 道路与交通设施用地 | 绿地与广场用地 |
| --- | --- | --- |
| ≥5.5 | ≥12.0 | ≥10.0 |

注：绿地与广场用地中，人均公园绿地面积不应小于8.0m²/人。

资料来源：《城市用地分类与规划建设用地标准》GB 50137—2011。

## 1.3 城市公共服务设施规划控制指标

### 1.3.1 公共服务设施人均规划建设用地指标

公共服务设施人均规划建设用地指标      表 1.3.1

| 用地指标 | 城市人口（万人） | | | | | | |
| --- | --- | --- | --- | --- | --- | --- | --- |
| | 20 以下 | 20～50 | 50～100 | 100～300 | 300～500 | 500～1000 | 1000 以上 |
| 人均规划建设用地指标（m²/人） | ≥4.0 | | ≥4.2 | | | ≥4.1 | |

注：表中公共服务设施包括公共文化设施、教育设施（不含高等教育设施）、公共体育设施、医疗卫生设施和社会福利设施。

## 1.3.2 公共文化设施

**公共文化设施人均规划建设用地控制指标** 表 1.3.2

| 用地指标 | 城市人口（万人） | | | | | | |
|---|---|---|---|---|---|---|---|
| | 20 以下 | 20～50 | 50～100 | 100～300 | 300～500 | 500～1000 | 1000 以上 |
| 人均规划建设用地指标（m²/人） | 0.2～0.5 | | 0.3～0.5 | | | 0.2～0.5 | |

注：表中公共文化设施包括图书阅览设施、博物展览设施、表演艺术设施、群众文化活动设施。

人均规划建设用地指标不包含文化活动站（社区）用地。

## 1.3.3 教育设施

**教育设施人均用地控制（总）指标** 表 1.3.3-1

| 学校类别 | 城市中小学校、特殊教育学校、中等职业学校 | 当城市有高等院校时，宜至少按人均 0.5 m²/人增加教育设施用地 |
|---|---|---|
| 人均用地面积合计 | 2.2～4.0m² | |

**幼儿园建设用地控制指标** 表 1.3.3-2

| 学校类别 | 建筑面积 | 用地面积 | 备注 |
|---|---|---|---|
| 幼儿园 | 3150～4550m² | 5240～7580m² | 办园规模不宜超过 12 班，每班座位数宜为 20～35 座；建筑层数不宜超过 3 层 |

注：上表根据《城市居住区规划设计标准》GB 50180—2018 整理。

**小学建设用地控制指标** 表 1.3.3-3

| 规模（班） | 用地面积（hm²） | 用地控制要求 |
|---|---|---|
| 18 | 1.2～1.8 | 应配置 200m 操场，且用地东西方向不得小于 50m，南北方向不得小于 90m |
| 24 | 1.9～2.3 | 应配置 300m 操场，且用地东西方向不得小于 70m，南北方向不得小于 135m |
| 30 | 2.7～3.3 | 应配置 400m 操场，且用地东西方向不得小于 95m，南北方向不得小于 180m |
| 36 | | |

注：(1) 用地面积下限指标包含基本教学及辅助建筑、运动场地、绿化用地、道路用地等。其中运动场地为套足球场的长跑操场、排球、篮球等室外活动场地；道路用地包含升旗广场。

(2) 当学校确需增加如食堂、体育馆等设施时，可选取指标较大值，且总用地面积不得超过上限指标。

(3) 室外田径场及足球、篮球、排球等各种球类场地的长轴宜南北向布置，长轴南偏东宜小于 20°，南偏西宜小于 10°。

**初级中学建设用地控制指标** 表 1.3.3-4

| 规模（班） | 用地面积（hm²） | 用地控制要求 |
|---|---|---|
| 18 | 1.8～2.8 | 应配置 300m 操场，且东西方向不得小于 70m，南北方向不得小于 135m |
| 24 | | |
| 30 | | |

| 规模（班） | 用地面积（hm²） | 用地控制要求 |
|---|---|---|
| 30 | | |
| 36 | 3.1～4.8 | 应配置 400m 操场，且东西方向不得小于 95m，南北方向不得小于 180m |
| 48 | | |

注：（1）用地面积下限指标包含基本教学及辅助建筑、运动场地、绿化用地、道路用地等。其中运动场地为套足球场的长跑操场、排球、篮球等室外活动场地；道路用地包含升旗广场。

（2）当学校确需增加如食堂、体育馆等设施时，可选取指标较大值，且总用地面积不得超过上限指标。

（3）室外田径场及足球、篮球、排球等各种球类场地的长轴宜南北向布置，长轴南偏东宜小于 20°，南偏西宜小于 10°。

（4）普通高中和完全中学建设用地可按初中控制指标执行。

九年一贯制学校用地控制指标    表 1.3.3-5

| 规模（班） | 用地面积（hm²） | 用地控制要求 |
|---|---|---|
| 18 | 1.3～1.8 | 应配置 200m 操场，且东西方向不得小于 50m，南北方向不得小于 90m |
| 27 | 2.6～2.7 | 应配置 300m 操场，且东西方向不得小于 70m，南北方向不得小于 135m |
| 36 | 3.5～4.5 | 应配置 400m 操场，且东西方向不得小于 95m，南北方向不得小于 180m |
| 45 | | |

注：（1）用地面积下限指标包含基本教学及辅助建筑、运动场地、绿化用地、道路用地等。其中运动场地为套足球场的长跑操场、排球、篮球等室外活动场地；道路用地包含升旗广场。

（2）当学校确需增加如食堂、体育馆等设施时，可选取指标较大值，且总用地面积不得超过上限指标。

（3）室外田径场及足球、篮球、排球等各种球类场地的长轴宜南北向布置，长轴南偏东宜小于 20°，南偏西宜小于 10°。

特殊教育学校建设用地控制指标    表 1.3.3-6

| 规模（班） | 盲校用地面积（hm²） | 聋校用地面积（hm²） | 培智学校用地面积（hm²） |
|---|---|---|---|
| 9 | 1.6 | 1.6 | 1.4 |
| 18 | 2.3 | 2.3 | 2.0 |
| 27 | 2.8 | 3.0 | 2.6 |

中等职业学校建设用地控制指标    表 1.3.3-7

| 生均用地面积（m²） | 学校建设用地面积（hm²） | 15 万～40 万人应设立 1 所；<br>40 万～60 万人应设立 1～2 所；<br>60 万～120 万人应设立 2～3 所；<br>超过 120 万人每 40 万人宜设置 1 所 |
|---|---|---|
| ≥33 | 4～16 | |

高等院校建设用地控制指标    表 1.3.3-8

| 生均用地面积（m²）<br>（包括校舍建设用地、体育设施建设用地及专用绿地三项） | 地级市、人口大于 100 万的城市和高等院校数量较少的城市可新增高等职业学校和高等专科学校 |
|---|---|
| ≥54 | |

### 1.3.4 体育设施

公共体育设施人均规划建设用地控制指标      表 1.3.4

| 用地指标 | 城市人口（万人） | | | | | | |
|---|---|---|---|---|---|---|---|
| | 20 以下 | 20～50 | 50～100 | 100～300 | 300～500 | 500～1000 | 1000 以上 |
| 市级公共体育设施<br>人均规划建设用地指标<br>（m²/人） | 0.3～0.4 | 0.3～0.4 | 0.2～0.3 | 0.2～0.3 | 0.2～0.3 | 0.2～0.3 | 0.2～0.3 |
| 区级公共体育设施<br>人均规划建设用地指标<br>（m²/人） | — | — | 0.1 | 0.1～0.2 | 0.1～0.2 | 0.1～0.2 | 0.1～0.2 |
| 基层公共体育设施<br>人均规划建设用地指标<br>（m²/人） | 0.3 | 0.3 | 0.3 | 0.3 | 0.3 | 0.3 | 0.3 |
| 人均规划建设用地指标合计<br>（m²/人） | 0.6～0.7 | 0.6～0.7 | 0.6～0.7 | 0.6～0.8 | 0.6～0.8 | 0.6～0.8 | 0.6～0.8 |

注：（1）市、区级公共体育设施包括公共体育场、公共体育馆、公共游泳馆；基层公共体育设施包括全民健身活动
      中心、球类场地、健身场地、骑行道和健身路径等。
  （2）"—"表示无该级用地指标要求。
  （3）旧城区基层公共体育设施人均规划建设用地指标可酌情降低，但不应低于 0.2m²/人。

### 1.3.5 医疗卫生设施

医疗卫生设施人均规划建设用地指标      表 1.3.5-1

| 城市规模<br>（万人） | 小城市 | 中等城市 | 大城市 | | 特大城市 | 超大城市 |
|---|---|---|---|---|---|---|
| | 20 以下 | 20～50 | 50～100 | 100～300 | 300～500 | 500～1000 | 1000 以上 |
| 人均规划建设用地<br>面积（m²/人） | 0.7 | 0.7 | 0.7 | 0.8 | 0.8 | 0.8 | 0.9 |

注：表中的人口为城区常住人口。

综合医院单项建设用地控制指标      表 1.3.5-2

| 建设规模（床） | 用地面积（hm²） |
|---|---|
| 200 | 2.3～2.5 |
| 300 | 3.6～3.8 |
| 400 | 4.6～5.0 |
| 500 | 5.8～6.0 |
| 600 | 6.8～7.4 |
| 700 | 8.0～8.6 |
| 800 | 8.9～9.7 |
| 900 | 10.0～11.0 |
| 1000 | 11.0～12.0 |

中医类医院单项建设用地控制指标　　　　表 1.3.5-3

| 建设规模（床） | 用地面积（hm²） |
|---|---|
| 60 | 0.4～0.7 |
| 100 | 0.8～1.2 |
| 200 | 1.5～2.5 |
| 300 | 3.0～4.0 |
| 400 | 3.5～5.5 |
| 500 | 7.3 以内 |

专科医院单项建设用地控制指标　　　　表 1.3.5-4

| 建设规模（床） | 医院类别 儿童医院 用地面积（hm²） | 精神专科医院 用地面积（hm²） | 传染病医院 用地面积（hm²） |
|---|---|---|---|
| 150 | — | — | 2.0～2.1 |
| 200 以下 | 不大于 2.5 | 不大于 2.5 | — |
| 250 | — | — | 3.0～3.4 |
| 300 | 3.8～4.0 | 2.3～3.6 | — |
| 400 | 4.8～5.2 | 3.0～4.8 | — |
| 400 及以上 | — | — | 4.8～5.2 |
| 500 | 6.0～6.2 | 4.0～6.2 | — |
| 600 | 7.0～7.5 | — | — |

注：新建医院应以多层建筑为主，建筑密度不宜大于 30%，容积率不宜大于 1.5，并应符合下列规定：

（1）县（区）级医院单项规划建设用地面积不宜大于 6hm²；

（2）市级医院单项规划建设用地面积不宜大于 10hm²；

（3）区域级医院单项规划建设用地面积不宜大于 12hm²。

基层医疗卫生设施规划建设控制要求　　　　表 1.3.5-5

| 项目 | 服务人口（万人） | 服务半径（m） | 建筑面积（m²） | 用地面积（m²） | 备注 |
|---|---|---|---|---|---|
| 社区卫生服务中心 | 3.0～5.0 | 1000 | 1400～1700 | 1200～2200 | 应独立占地 |
| | 5.0～7.0 | | 1700～2200 | 2200～3500 | |
| | 7.0～10 | | 2200～3250 | 3500～4500 | |
| 社区卫生服务站 | 0.5～1.2 | 300 | 120～150 | — | 不独立占地，应安排在合并设置建筑的首层，设独立出入口 |

专业公共卫生设施人均规划建设用地指标    表 1.3.5-6

| 城市类型 | 设施类型 | 服务范围 | 人均规划建设用地面积（m²/人） |
|---|---|---|---|
| 省会城市（直辖市） | 区域级 | 市域 | 0.01 |
| | 市级 | 市域 | 0.01 |
| | 区级 | 市辖区 | 0.02 |
| 其他地级市 | 市级 | 市域 | 0.01 |
| | 区级 | 市辖区 | 0.02 |
| 县（县级市） | 县级 | 县域 | 0.02 |

注：各级设施计算人口为服务范围内的常住人口。

急救中心、疾病预防控制中心和妇幼健康服务设施单项建设用地控制指标    表 1.3.5-7

| 服务人口（万人） | 急救中心用地面积（m²） | 疾病预防控制中心用地面积（m²） | 妇幼健康服务设施用地面积（m²） |
|---|---|---|---|
| 50 以下 | 850 | 500～2500 | 2500 以下 |
| 50～100 | 850～2000 | 2000～3000 | 2000～5000 |
| 100～200 | 1500～3500 | 2500～3500 | 4000～10000 |
| 200～300 | 2000～5000 | 3000～4000 | 8500～15000 |
| 300～500 | 3000～8000 | 3500～6000 | 13000～25000 |
| 500 以上 | 4500 以上 | 5000 以上 | 20000 以上 |

## 1.3.6  社会福利设施

社会福利设施人均规划建设用地控制指标    表 1.3.6-1

| 用地指标 | 城市人口（万人） | | | | |
|---|---|---|---|---|---|
| | 50 以下 | 50～100 | 100～500 | 500～1000 | 1000 以上 |
| 人均规划建设用地指标（m²/人） | 0.4～0.7 | | | 0.2～0.4 | |

注：（1）社会福利设施应包括老年人社会福利设施、儿童社会福利设施和残疾人社会福利设施。
（2）城市暂住人口较少的城市，城市人口为市辖区户籍人口。
（3）城市暂住人口较多的城市，城市人口为市辖区常住人口，其中暂住人口占常住人口比例 20%～40% 的城市，宜按照指标的 80% 选取，40% 以上的城市宜按照指标的 70% 选取。

老年人社会福利设施规划建设要求    表 1.3.6-2

| 设施名称 | 服务半径（m） | 服务人口（万人） | 设置规定 | 建筑面积（m²/床） | 用地面积（m²/床） | 备注 |
|---|---|---|---|---|---|---|
| 敬老院 | 1000 | 5.0～10.0 | 床位数不宜低于 300 床，不宜大于 500 床 | ≥35 | 25～50 | 1. 应独立占地；2. 活动场地不少于 400m²；3. 敬老院与老年养护院可联合设置 |
| 老年养护院 | | | | | | |
| 养老院 | 500 | 1.5～2.5 | 床位数不宜低于 70 床，不宜大于 250 床 | ≥35 | 25～50 | 应独立占地 |

| 设施名称 | 服务半径（m） | 服务人口（万人） | 设置规定 | 建筑面积（m²/床） | 用地面积（m²/床） | 备注 |
|---|---|---|---|---|---|---|
| 老年人日间照料中心 | 300～500 | 0.5～2.5 | 床位数不宜低于10床，不宜大于30床 | ≥35 | — | 宜与其他非独立占地的基层公共服务设施联合建设 |

注：旧城老年人社会福利设施可综合设置，其指标不应低于本标准相应指标的70%，并应符合当地主管部门的有关规定。

**机构养老设施人均规划建设用地指标**    表 1.3.6-3

| 超大和特大城市 人均规划建设用地指标（m²） | | 大城市、中等城市和小城市 人均规划建设用地指标（m²） |
|---|---|---|
| 中心城区 | 外围地区 | — |
| 0.20～0.33 | 0.33～0.65 | 0.33～0.65 |

注：老年人社会福利设施应以多层为主，容积率不应大于2.0，建筑密度不宜大于30%，绿地率不宜低于40%。

**儿童福利院分类与建设用地控制指标**    表 1.3.6-4

| 设施分类 | 服务人口（万人） | 建设规模（床） | 用地面积（hm²） |
|---|---|---|---|
| Ⅰ类 | 400～600 | 350～450 | 2.05～2.78 |
| Ⅱ类 | 300～400 | 250～349 | 1.55～2.28 |
| Ⅲ类 | 200～300 | 150～249 | 0.98～1.71 |
| Ⅳ类 | 100～200 | 100～149 | 0.69～1.08 |

注：（1）服务人口超过600万的城市，可按实际需要分点建设。

（2）服务人口在100万以下的，建设规模可参照Ⅳ类标准下限执行或适当减少设置床数。

（3）地广人稀的特殊地区，建设规模可提高一个类别。

**未成年人救助保护中心分类与建设用地控制指标**    表 1.3.6-5

| 设施分类 | 流动人口（万人） | 建设规模（床） | 用地面积（hm²） |
|---|---|---|---|
| Ⅰ类 | 150～220 | 201～300 | 0.94～1.50 |
| Ⅱ类 | 75～150 | 101～200 | 0.51～1.10 |
| Ⅲ类 | 35～75 | 50～100 | 0.28～0.59 |

注：（1）流动人口规模指地级及以上城市的市域流入人口总规模，县（市）可参考上表标准执行。

（2）设施服务范围内流动人口数量超过220万的城市，按照未成年人救助保护中心的床位数量，按照每床45m²进行控制。

（3）设施服务范围内流动人口数量在35万以下的城市可参照Ⅲ类标准下限执行或减少设置床数。

**残疾人康复机构分类与建设用地控制指标**    表 1.3.6-6

| 设施分类 | 建设规模（床） | 用地面积（hm²） |
|---|---|---|
| Ⅰ类 | 20～80 | 0.32～1.74 |
| Ⅱ类 | 100～180 | 1.27～3.97 |
| Ⅲ类 | 200～400 | 2.56～7.87 |

残疾人托养服务机构分类与建设用地控制指标　　　　　表 1.3.6-7

| 设施分类 | 建设规模（床） | 用地面积（hm²） |
|---|---|---|
| Ⅰ类 | 15～70 | 0.04～3.00 |
| Ⅱ类 | 80～40 | 0.24～1.08 |
| Ⅲ类 | ≥250 | 0.81～1.22 |

残疾人综合服务设施设置要求　　　　　表 1.3.6-8

| 设施分级 | 残疾人人口（万人） | 建筑面积（m²） |
|---|---|---|
| 地级市 | ≥4 | 1300 |
| | <4 | 980 |
| 县/县级市 | ≥0.65 | 820 |
| | <0.65 | 610 |

注：城市应根据服务范围内残疾人人口规模设置相应规模的残疾人综合服务设施，如需独立占地，容积率宜为
0.5～1.0。

特别说明：2014 年国务院印发的《关于调整城市规模划分标准的通知》，将城市规模划分改为"五类七档"，原《城市公共设施规划规范》GB 50442—2008 已不适用，本节表格除特殊标注外，资料均来源于《城市公共服务设施规划标准》GB 50442（修订）（征求意见稿 2018），未正式颁布前供参考。

# 2 场 地 设 计

## 2.1 一 书 两 证

**建筑基地审批程序的"一书两证"** 表 2.1

| 审批程序类别 | | 适用阶段 |
|---|---|---|
| 一书 | 核发《建筑项目选址意见书》 | 审批项目立项 |
| 两证 | 核发《建设用地规划许可证》 | 审批建设用地 |
| | 核发《建设工程规划许可证》 | 审批建设工程 |

## 2.2 建筑基地控制线

**建筑基地控制线** 表 2.2

| 类 别 | | 技术要求 | |
|---|---|---|---|
| 红线 | 用地红线 | 规划主管部门批准的各类建筑工程项目用地的使用权属范围的用地界限 | |
| | 道路红线 | 规划主管部门确定的城市道路路幅（含居住区级道路）用地界限 | |
| | 基地边界线 | 建筑工程项目用地的使用权属范围边界线 | |
| | 建筑控制线（建筑红线） | 有关法规或控制性详细规划确定的建（构）筑物的基底位置不得超出的界线 | |
| 绿线 | | 规划主管部门确定的城市各类绿地范围的控制线 | |
| 蓝线 | | 规划主管部门确定的江、河、湖、水库、湿地等地表水体保护的控制界限 | |
| 紫线 | | 国家和各级政府确定的历史文物、历史文化街区和历史建筑保护范围界限 | |
| 黄线 | | 规划主管部门确定的必须控制的城市基础设施的用地界限 | |
| 橙线 | | 城市重大危险设施用地外围的控制界限 | |
| 黑线 | | 一般称"电力走廊"，指城市电力的用地规划控制线 | |

# 2.3 基地总平面设计

## 2.3.1 城市规划对建筑基地和建筑的限定

城市规划对建筑基地和建筑的限定 表 2.3.1

| 类 别 | | | 技术限定 | |
|---|---|---|---|---|
| 建筑基地 | 基地与城市道路连接的道路宽度 | | 当基地内建筑面积≤3000m² 时 | ≥4m |
| | | | 当基地内建筑面积＞3000m² | 只有一条基地道路与城市道路相连接时 | ≥7m |
| | | | | 有两条道路与城市相连接时 | ≥4m |
| | 机动车出入口 | 一般规定 | 自道路红线交叉点量起，与大中城市主干道交叉口的距离 | ≥70m |
| | | | 与人行横道、人行天桥、人行地道（包括引道、引桥）的最近边缘线距离 | ≥5m |
| | | | 距地铁出入口、公共交通站台边缘 | ≥15m |
| | | | 距公园、学校、儿童及残疾人使用建筑的出入口 | ≥20m |
| | | | 基地道路坡度＞8%时，应设缓冲段与城市道路相连接 | |
| | | 居住区 | 主要道路至少应有2个出入口，至少两个方向与外围道路相连 | |
| | | | 对外出入口间距 | ≥150m |
| | | | 与城市道路相接时，平面交角 | ≥75° |
| | 大型、特大型交通、文化、体育、娱乐、商业等人员密集的建筑基地 | | 与城市道路邻接的总长度不应小于建筑基地周长的1/6 | |
| | | | 基地的出入口不少于2个，且不宜设置在同一条城市道路上 | |
| | | | 建筑物主要出入口前应设人员集散场地，面积和长宽尺寸应根据使用性质和人数确定 | |
| | | | 绿化、停车场和其他构筑物的布置不应对人员集散造成障碍 | |
| | 相邻基地建筑关系 | | 建筑物与相邻建筑基地之间应按建筑防火等要求留出空地或道路 | 应经当地城市规划行政主管部门批准 |
| | | | 建筑前后各自留有空地或道路并符合防火要求时，相邻基地建筑可毗连建造 | |
| | | | 基地内建（构）筑物不得影响基地或其他用地建筑物的日照标准和采光标准 | |
| | | | 紧贴建筑基地用地边界建造的建筑物不得向相邻建筑基地方向设洞口、门、废气排出口及雨水排泄口 | |
| | 建筑物地下室外墙面 | | 距用地红线距离宜≥0.7倍地下建筑物深度，一般≥5m；特殊情况≥3m | |
| | 骑楼、地上建筑通廊和沿道路红线的悬挑建筑 | | 不应影响交通及消防安全，在有顶盖的城市公共空间内不应设置直接排气的空调机、排气扇等设施或排出有害气体的其他通风系统 | |

| 类　别 | | 技术限定 | | |
|---|---|---|---|---|
| 既有建筑改造必须突出道路红线的建筑突出物 | 在有人行道的路面上空 | 2.5m以上允许突出凸窗等建筑构件 | 突出深度≤0.60m | 不得向道路上空直接排泄雨水、空调冷凝水等 |
| | | 2.5m以上允许突出活动遮阳 | 突出宽度≤人行道宽度减1m，且≤3m | |
| | | 3m以上允许突出雨篷、挑檐 | 突出深度≤2m | |
| | | 3m以上允许空调机位 | 突出深度≤0.60m | |
| | 在无人行道的路面上空 | 4m以上允许突出凸窗、窗扇、窗罩、空调机位等建筑构件 | 突出深度≤0.60m | |

注：本表主要根据《民用建筑设计统一标准》GB 50352—2019的规定编制。

### 2.3.2　建筑高度控制

建筑高度控制　　　　　　　　　　　　　　　表 2.3.2

| 类　别 | 限定区域 | 建筑高度计算规定 | |
|---|---|---|---|
| 一般控制 | 城市规划及城市设计控制区域 | 平屋顶 | 建筑物主入口场地室外地面至建筑女儿墙顶点的高度；无女儿墙的建筑物计至其屋面檐口 |
| | | 坡屋顶 | 建筑物室外地面至屋檐和屋脊的平均高度 |
| | | 多种屋面形式 | 按上述方法分别计算后取其中最大值 |
| | | 不计高度部分 | 局部突出屋面的楼梯间、电梯机房、水箱间等辅助用房占屋面平面面积≤1/4者 |
| | | | 屋面通风道、烟囱、装饰构件、花架、通信设施等 |
| | | | 空调冷却塔等设备 |
| 特殊控制 | 机场、电台、电信、通信、气象台、卫星地面站、军事要塞工程等设施的技术作业控制区内及机场航线控制范围内 | 应以绝对海拔高度控制建筑物室外地面至建筑物和构筑物最高点的高度 | |
| | 历史文化名城名镇名村、历史文化街区、文物保护单位、历史建筑和风景名胜区、自然保护区 | | |

注：建筑高度控制尚应符合所在地城市规划行政主管部门和有关职业部门的规定。

### 2.3.3　建筑基地的规划指标控制

建筑基地的规划指标控制一览表　　　　　　表 2.3.3

| 类　别 | 分项指标 | 备　　注 |
|---|---|---|
| 用地控制 | 用地面积 | 规划拨地红线范围内用地的面积，含代征道路、代征绿地和建设用地面积 |
| | 用地性质 | 按规划主管部门规定执行 |
| | 用地红线 | 各类建筑工程项目用地的使用权属范围的边界线 |
| | 建筑控制线 | 法规或详细规划确定的建筑物、构筑物的基底位置不得超出的界线 |
| | 停车数量 | 按机动车与非机动车执行规划主管部门规定 |

| 类 别 | 分项指标 | | 备 注 |
|---|---|---|---|
| 建设容量控制 | 总建筑面积 | | 计容积率建筑面积＋不计入容积率建筑面积 |
| | 容积率 | | 计容积率建筑面积总和/建设用地面积 |
| | 规定容积率 | | 计规定容积率建筑面积总和/建设用地面积（深圳地区） |
| | 建筑面积密度 | | 地上总建筑面积（m²）/建设用地面积（hm²） |
| | 人口密度 | 人口毛密度 | 居住总人数（人）/居住区建设用地总面积（hm²） |
| | | 人口净密度 | 居住总人数（人）/住宅建设用地总面积（hm²） |
| 密度控制 | 建筑密度（建筑覆盖率）（%） | | 建筑物的基底面积总和/建设用地面积 |
| | 建筑系数（%） | | 建筑物、构筑物占用的用地面积/建设用地面积 |
| | 场地利用系数（%） | | 以各种方式的用地面积/建设用地面积 |
| 高度控制 | 平均层数 | | 总建筑面积/建筑基地总面积或容积率/覆盖率 |
| | 规划控制高度 | | 规划主管部门允许的建筑高度 |
| | 特殊控高 | | 机场、通信、气象、卫星、军事、历史文物保护区等控制高度 |
| 绿色控制 | 绿地率（%） | | 各类绿地总面积/该用地总面积 |
| | 绿化覆盖率（%） | | （绿地面积＋折算绿地面积）/建设用地面积 |
| | 透水率（%） | | 透水面积/建设用地面积 |

### 2.3.4 公共建筑总体布局要求

**公共建筑总体布局要求表**　　　　　　　表 2.3.4

| 类 别 | 技术要求 | |
|---|---|---|
| 中小学校 | 出入口和城市道路之间的缓冲距离 | ≥10m |
| | 主要教学用房外墙与铁路距离 | ≥300m |
| | 主要教学用房外墙与高速路、地上轨道交通或机动车流量超过每小时270辆的城市主干道距离 | ≥80m（不足时采取有效的隔声措施） |
| 幼儿园 | 宜与居住区配套，出入口不应面向城市交通干道，大门设缓冲空间 | 服务半径宜<500m |
| | 应不少于1/2的活动面积在标准的建筑日照阴影之外 | |
| 综合医院 | 宜面临两条城市道路，出入口远离城市道路交叉口，基地留出足够的机动车停车用地 | |
| 体育建筑 | 需留有集散场地，不得小于0.2m²/100人，出入口不少于2处，并通向不同方向的城市道路 | |
| 老年人设施 | 出入口处有1.50m×1.50m的回旋面积；室内外高差≤0.4m，应设置缓坡；活动场地坡度≤3% | |

### 2.3.5 建筑间距

相邻建、构筑物的间距应在综合考虑防火、日照、采光、通风、管线埋设、视觉卫生、防灾等要求的基础上统筹确定。

1. 建筑日照间距

**建筑日照间距**　　　　　　　表 2.3.5-1

| 类别 | | 技术规定 |
|---|---|---|
| 相邻建筑的相互遮挡 | 本地块 | 执行表2.3.5-2的技术规定 |
| | 相邻地块 | |
| 本栋建筑的自我遮挡 | | 执行"有一个居住空间能获得冬季日照（但不受时限）"的标准 |

**住宅及其他建筑日照标准**　　　　　　　　　　　　　　　　表 2.3.5-2

| 建筑气候区划 | Ⅰ、Ⅱ、Ⅲ、Ⅶ气候区 | | Ⅳ气候区 | | Ⅴ、Ⅵ气候区 |
|---|---|---|---|---|---|
| 城区常住人口（万人） | ≥50 | <50 | ≥50 | <50 | 无限定 |
| 日照标准日 | 大寒日 | | | | 冬至日 |
| 住宅日照时数（h） | ≥2 | | ≥3 | | ≥1 |
| 有效日照时间带 | 8～16时 | | | | 9～15时 |
| 日照时间计算起点 | 底层窗台面（指距室内地坪0.9m高的外墙位置） | | | | |
| 其他建筑 | 住宅 | 每套至少应有一个居住空间获得冬季日照 | | | |
| | 宿舍 | 半数以上的居室 | | 同住宅居室相等的日照标准 | |
| | 托儿所、幼儿园 | 主要生活用房 | | 日照标准≥冬至日满窗3h | |
| | 老年人、残疾人居住建筑 | 卧室、起居室 | | 日照标准≥冬至日满窗2h | |
| | 中小学 | 普通教室 | | | |
| | 医院、疗养院 | 半数以上的病房和疗养室 | | | |
| | 旧区改建的新建住宅 | 日照标准可酌情降低，但日照标准≥大寒日1h | | | |

**不同方位间距折减系数**　　　　　　　　　　　　　　　　表 2.3.5-3

| 方　位 | 0°～15°（含） | 15°～30°（含） | 30°～45°（含） | 45°～60°（含） | ＞60° |
|---|---|---|---|---|---|
| 折减值 | 1.00L | 0.90L | 0.80L | 0.90L | 0.95L |

注：（1）表中方位为正南向（0°）偏东、偏西的方位角。

　　（2）L为当地正南向住宅的标准日照间距（m）。

　　（3）本表指标仅适用于无其他日照遮挡的平行布置条式住宅之间。

　　2. 防火间距

　　防火间距详见本书第4章建筑防火设计。

### 2.3.6　建筑面宽控制

　　建筑面宽控制各地规划部门均有规定，根据建筑物所在地区的实际情况控制，避免因面宽大形成屏风效应。

### 2.3.7　城市高压走廊安全隔离带

　　1. 高压线走廊

　　是指35kV及以上高压架空电力线路两边导线向外侧延伸一定安全距离所形成的两条平行线之间的通道，也称高压架空线路走廊。

　　2. 城市高压走廊安全隔离带

**市区35kV～1000kV高压架空电力线路规划走廊宽度**　　　　表 2.3.7-1

| 线路电压等级（kV） | 高压线走廊宽度（m） | 线路电压等级（kV） | 高压线走廊宽度（m） |
|---|---|---|---|
| 直流±800 | 80～90 | 330 | 35～75 |
| 直流±500 | 55～70 | 220 | 30～40 |
| 1000（750） | 90～110 | 66，110 | 15～25 |
| 500 | 60～75 | 35 | 15～20 |

注：本表来源于《城市电力规划规范》GB/T 50293—2014。

3. 导线与建筑物距离

**66kV 及以下、110kV～750kV、100kV 高压架空电力线路导线与建筑物距离** 表 2.3.7-2

| 类别 | 导线与建筑物的最小距离（m） | | | | | | | | | |
|---|---|---|---|---|---|---|---|---|---|---|
| 类别 | 66kV 及以下 | | | | 110kV～750kV | | | | | 1000kV |
| 线路电压<br>标称电压 | 3kV<br>以下 | 3kV～<br>10kV | 35kV | 66kV | 110kV | 220kV | 330kV | 500kV | 750kV | 1000kV |
| 垂直距离 | 3.0 | 3.0 | 4.0 | 5.0 | 5.0 | 6.0 | 7.0 | 9.0 | 11.5 | 15.5 |
| 有风偏净空距离 | 1.0 | 1.5 | 3.0 | 4.0 | 4.0 | 5.0 | 6.0 | 8.5 | 11.0 | 15 |
| 无风偏水平距离 | 0.5 | 0.75 | 1.5 | 2.0 | 2.0 | 2.5 | 3.0 | 5.0 | 6.0 | 7 |

注：（1）本表来源于《66kV 及以下架空电力线路设计规范》GB 50061—2010、《110kV～750kV 架空输电线路设计规范》GB 50545—2010、《1000kV 架空输电线路设计规范》GB 50665—2011。

（2）垂直距离为在最大计算弧垂情况下，导线与建筑物的最小垂直距离。

（3）在最大计算风偏情况下，以边导线与建筑物之间的最小净空距离控制。

（4）在无风情况下，以导线与建筑物之间的水平距离控制。

### 2.3.8 城市噪声标准

**环境噪声限值（dB）** 表 2.3.8

| 声环境功能区类别 | | 噪声限值 | |
|---|---|---|---|
| 类别 | 功能区域 | 昼间 | 夜间 |
| 0 类 | 康复疗养区等特别需要安静的区域 | 50 | 40 |
| 1 类 | 住宅、医疗、文教、科研、行政办公等需保持安静的区域 | 55 | 45 |
| 2 类 | 商业金融、集市贸易，或居住、商业、工业混杂区域 | 60 | 50 |
| 3 类 | 工业生产、仓储物流，需防止工业噪声对周边严重影响区域 | 65 | 55 |
| 4 类 | 4a 类 | 高速公路、城市干道及轨道、内河航道两侧区域 | 70 | 55 |
| 4 类 | 4b 类 | 铁路干线两侧区域 | 70 | 60 |

注：本表来源于《声环境质量标准》GB 3096—2008。

# 2.4 竖 向 设 计

### 2.4.1 竖向设计的内容、基本要求与原则

**竖向设计的内容、基本要求与原则** 表 2.4.1

| 分 类 | 技术要点 |
|---|---|
| 内 容 | 制定利用与改造地形的方案，合理选择、设计场地的地面形式 |
| | 确定场地坡度、控制点高程、地面形式 |
| | 制定合理排除地面和路面雨水，以及合理利用、储存和收集雨水的方案 |
| | 合理组织场地的土石方工程和防护工程 |
| | 配合道路设计和景观设计，提出合理的竖向设计条件与要求 |

| 分 类 | 技 术 要 点 |
|------|----------|
| 基本要求 | 1. 合理利用地形地貌，减少土石方、挡土墙、护坡和建筑基础工作量，减少雨水对土壤的冲刷<br>2. 满足建设场地的高程要求以及工程管线适宜的埋设深度<br>3. 满足场地地面排水及防洪、防涝的要求<br>4. 满足车行、人行及无障碍设计的技术要求<br>5. 场地设计高程与周边相应的各制约因素的现状高程及规划控制高程之间有合理的衔接<br>6. 建筑物之间，以及建筑物与场地、道路、停车场、广场之间，关系合理 |
| 基本原则 | 1. 应根据相应的现状高程、确定的控制标高进行竖向设计，确定建筑物室内外地坪标高<br>2. 地形复杂时，应经分析并对应功能确定地形陡坡、中坡、缓坡等不同分类，确定高程关系<br>3. 大型公共建筑群依据周边控制高程，确定不同性质建筑的室内外标高<br>4. 场地设计标高应根据地下排水管线标高采用合理的纵坡和埋深确定<br>5. 占地面积不大且较平坦时，定出建筑室内地坪设计标高、室外四角及场地内道路交叉点标高<br>6. 占地面积大或地形复杂的场地应做竖向设计，土石方平衡应遵循"就近合理平衡"的原则<br>7. 合理排除场地和路面雨水。可采用渗水路面、铺装、缘石、路肩、管网渗入地面合理收集利用<br>8. 场地设计标高应高于或等于城市的设计防洪、防涝水位标高。沿江、河、湖、海岸或受洪水、潮水泛滥威胁地区（除设有可靠防洪堤、坝的城市、街区外），场地设计标高应高于设计洪水位标高 0.5m，否则应采取相应的防洪措施。有内涝威胁的用地应采取可靠的防、排内涝水措施，否则其场地设计标高不应低于内涝水位 0.5m<br>9. 当基地外围有较大汇水汇入或穿越基地时，宜设置边沟或排（截）洪沟，有组织地进行地面排水<br>10. 场地设计标高应高于多年最高地下水位<br>11. 场地设计标高应高于场地周边道路设计标高，且应比周边道路的最低路段高程高出 0.2m 以上；当市政道路标高高于基地标高时，应有防止客水进入基地的措施<br>12. 场地设计标高与建筑物首层地面标高之间的高差应大于 0.15m<br>13. 建筑物靠山坡布置或场地高差较大时应设挡土墙或护坡，顶部应设截洪沟，护坡或挡土墙底应设排水沟<br>14. 高度大于 2m 的挡土墙或护坡的上缘与住宅水平距离不应小于 3m，其下缘与住宅间的水平距离应大于 2m |

### 2.4.2 高程系统换算

**准高程系统换算参数表（m）**　　　　　　　　表 2.4.2

| 原高程 ＼ 转换后高程 | 1956 黄海高程 | 1985 高程基准 | 吴淞高程基准 | 珠江高程基准 |
|------|------|------|------|------|
| 1956 黄海高程 | — | +0.029 | −1.688 | +0.586 |
| 1985 高程基准 | −0.029 | — | −1.717 | +0.557 |
| 吴淞高程基准 | +1.688 | +1.717 | — | +2.274 |
| 珠江高程基准 | −0.586 | −0.557 | −2.274 | — |

注：高程基准之间的差值为各地区精密水准网点之间差值的平均值。

### 2.4.3 各种场地的适用坡度

1. 城市主要建设用地适宜坡度

**城市主要建设用地适宜坡度** 　　　　　　表 2.4.3-1

| 用地名称 | 最小坡度（%） | 最大坡度（%） | 用地名称 | 最小坡度（%） | 最大坡度（%） |
|---|---|---|---|---|---|
| 工业用地 | 0.2 | 10（自然坡度宜<15%） | 城市道路用地 | 0.2 | 8 |
| 仓储用地 | 0.2 | 10（自然坡度宜<15%） | 居住用地 | 0.2 | 25（自然坡度宜<30%） |
| 铁路用地 | 0 | 2 | | | |
| 港口用地 | 0.2 | 5 | 公共设施用地 | 0.2 | 20 |

2. 各种场地的适用坡度

**各种场地的适用坡度** 　　　　　　表 2.4.3-2

| 场地名称 | 适用坡度（%） | 最大坡度（%） | 备注 | 场地名称 | | 适用坡度（%） |
|---|---|---|---|---|---|---|
| 密实性地面和广场 | 0.3～3.0 | 3.0 | 平坦地区宜≤1% | | 儿童游戏场地 | 0.3～2.5 |
| 停车场 | 0.2～0.5 | 1.0～2.0 | 一般坡度为0.5% | 室外场地 | 运动场 | 0.2～0.5 |
| 绿地 | 0.5～5.0 | 10.0 | — | | 杂用场地 | 0.3～2.9 |
| 湿陷性黄土地面 | 0.5～7.0 | 8.0 | — | | 一般场地 | 0.2 |

# 2.5　道　　路

## 2.5.1　建筑基地内道路设计的规定

**建筑基地内道路的宽度及坡度表** 　　　　　　表 2.5.1

| 道路类别 | 宽度（m） | | 纵　坡 | | 横坡 |
|---|---|---|---|---|---|
| | | | 一般地区 | 积雪或冰冻地区 | |
| 单车道 | 4 | | 0.3%～8%（采用8%时，其坡长不大于200m） | 0.3%～6% | 1%～2% |
| 双车道 | 居住区 | 6 | | | |
| | 其他建筑基地 | 7 | | | |
| 非机动车道 | 3～4 | | 0.2%～3.5%（采用3.5%时，其坡长不大于150m） | 0.2%～2% | |
| 小区路 | 6～9 | | 0.3%～8% | 0.3%～6% | |
| 组团路 | 3～5 | | | | |
| 宅前路 | 2.5 | | 0.2%～3% | | |
| 居住区路（红线宽度） | 14～20 | | 0.3%～8% | 0.3%～6% | |
| 人行道 | 车站、商业区、大型公建 | 4.5 | 0.2%～8% | 0.2%～4% | |
| | 住宅区 | 1.5～3.5 | | | |
| | 乡村 | 1.5 | | | |
| | 工业区 | 2.5～3.5 | | | |

### 2.5.2 建筑基地内道路边缘至建、构筑物的最小距离

道路边缘至建、构筑物的最小距离（m）　　　　表 2.5.2

| 道路与建、构筑物关系 | | | 道路级别（路面宽度） | | |
|---|---|---|---|---|---|
| | | | <6 | 6～9 | >9 |
| 建筑物面向道路 | 无出入口 | 高层 | 2.0 | 3.0 | 5.0 |
| | | 多层 | 2.0 | 3.0 | 3.0 |
| | 有出入口 | | 2.5 | 5.0 | — |
| 道路平行于建筑物山墙 | 高层 | | 1.5 | 2.0 | 4.0 |
| | 多层 | | 1.5 | 2.0 | 2.0 |
| 道路平行于围墙 | | | 1.5 | 1.5 | 1.5 |

注：（1）当道路设有人行道时，道路边缘指人行道边线。

（2）表中"—"表示建筑不应向路面宽度大于9m的道路开设出入口。

# 2.6 停 车 场

### 2.6.1 各类车辆尺寸、当量换算系数及最小转弯半径

各类车辆尺寸、当量换算系数及最小转弯半径　　　　表 2.6.1

| 车辆类型 | | | 外廓尺寸（m） | | | 车辆换算系数 | 转弯半径（m） |
|---|---|---|---|---|---|---|---|
| | | | 总长 | 总宽 | 总高 | | |
| 机动车 | 微型汽车 | | 3.80 | 1.60 | 1.80 | 0.7 | 4.50 |
| | 小型汽车 | | 4.80 | 1.80 | 2.00 | 1.0 | 6.00 |
| | 轻型汽车 | | 7.00 | 2.25 | 2.60 | 1.5 | 6.00～7.20 |
| | 中型汽车 | 客车 | 9.00 | 2.50 | 3.20 | 2.0 | 7.20～9.00 |
| | | 货车 | 9.00 | | 4.00 | | |
| | 大型汽车 | 客车 | 12.00 | 2.50 | 3.20 | 2.5 | 9.00～10.50 |
| | | 货车 | 11.50 | | 4.00 | | |
| 自行车 | | | 1.93 | 0.60 | 1.15 | — | |
| 摩托车 | | | 1.60～2.05 | 0.70～0.74 | 1.00～1.30 | 二轮0.5、三轮0.7 | — |

注：本表根据《车库建筑设计规范》JGJ 100—2015 编制。

### 2.6.2 停车场设计要求

停车场的设计要求              表 2.6.2

| 类 别 | | | 设计要求 |
|---|---|---|---|
| 出入口 | 控制距离 | 城区人口≥50万的城市主干道红线交叉口 | 70m |
| | | 距人行天桥、地道、人行横道 | 5m |
| | | 距公园、公交车站边缘 | 15m |
| | | 距公园、学校及儿童、残疾人使用建筑出入口 | 20m |
| | 数量 | ≤50辆 | 1个，宜为双向行驶的出入口 |
| | | 51～300辆 | 2个，宜为双向行驶的出入口 |
| | | 301～500辆 | 应设2个双向行驶的出入口 |
| | | >500辆 | 3个，宜为双向行驶的出入口 |
| | 宽度 | 单向 | 4m |
| | | 双向 | 7m |
| | 出入口之间的最小距离 | | 15m，且不小于两出入口道路转弯半径之和 |
| | 出入口处道路转弯半径 | | 宜≥6m，且满足基地通行车辆的转弯半径 |
| | 与城市道路连接 | | 应具有通视条件，平面交角≥75° |
| | | | 坡度宜≤5%，当道路坡度≥8%时设缓冲段 |
| 其他设计要求 | | 停车位尺寸 | 按表2.6.1机动车外廓尺寸进行设计 |
| | | 停车位面积（m²） | 小型车25～30，中型车40～60，大型车50～75 |
| | | 布置方式 | 宜分组布置，每组停车数≤50辆，间距≥6m |
| | | 无障碍停车位 | 应靠近停车场出入口，具体详见3.9.13章节无障碍设计内容 |
| | | 场地排水坡度 | ≥0.3% |

### 2.6.3 非机动车停放

非机动车停车场技术参数同非机动车库，详见7.4非机动车库设计章节。

### 2.6.4 大中型公共建筑停车位标准参数

大城市大中型公共建筑及住宅停车位标准（参考）      表 2.6.4

| 建筑类别 | | 计量单位 | 机动车停车位 | 非机动车停车位 | | 备 注 |
|---|---|---|---|---|---|---|
| | | | | 内 | 外 | |
| 宾馆 | 一类 | 每套客房 | 0.6 | 0.75 | — | 五级 |
| | 二类 | 每套客房 | 0.4 | 0.75 | — | 三、四级 |
| | 三类 | 每套客房 | 0.3 | 0.75 | 0.25 | 二级 |
| 餐饮 | 建筑面积≤1000m² | 每1000m² | 7.5 | 0.5 | — | |
| | 建筑面积>1000m² | | 1.2 | 0.5 | 0.25 | |
| | 办公 | 每1000m² | 6.5 | 1.0 | 0.75 | 证券、银行、营业场所 |
| 商业 | 一类（建筑面积>1万m²） | 每1000m² | 6.5 | 7.5 | 12 | — |
| | 二类（建筑面积≤1万m²） | | 4.5 | 7.5 | 12 | — |
| | 购物中心（超市） | 每1000m² | 10 | 7.5 | 12 | |
| 医院 | 市级 | 每1000m² | 6.5 | — | — | |
| | 区级 | | 4.5 | | | |

| 建筑类别 | | 计量单位 | 机动车停车位 | 非机动车停车位 | | 备 注 |
|---|---|---|---|---|---|---|
| | | | | 内 | 外 | |
| 展览馆 | | 每1000m² | 7 | 7.5 | 1.0 | 图书馆、博物馆参照执行 |
| 电影院 | | 100座 | 3.5 | 3.5 | 7.5 | — |
| 剧院 | | 100座 | 10 | 3.5 | 7.5 | — |
| 体育场馆 | 大型场（≥15000座）大型馆（≥4000座） | 100座 | 4.2 | 45 | | — |
| | 小型场（＜15000座）小型馆（＜4000座） | 100座 | 2.0 | 45 | | — |
| | 娱乐性体育设施 | 100座 | 10 | — | | — |
| 住宅 | 中高档商品住宅 | 每户 | 1.0 | — | | 包括公寓 |
| | 高档别墅 | 每户 | 1.3 | — | | — |
| | 普通住宅 | 每户 | 0.5 | — | | 包括经济适用房等 |
| 学校 | 小学 | 100学生 | 0.5 | — | | 有校车停车位 |
| | 中学 | 100学生 | 0.5 | 80～100 | | 有校车停车位 |
| | 幼儿园 | 100学生 | 0.7 | — | | — |

注：本表来源于《全国民用建筑工程设计技术措施 规划·建筑·景观》（2009年版），如当地规划部门有规定时，按当地规定执行。

### 2.6.5 居住区配建公共停车场停车位指标

居住区配建公共停车场（库）停车位控制指标（车位/100m² 建筑面积）  表2.6.5

| 名 称 | 非机动车 | 机动车 |
|---|---|---|
| 商场 | ≥7.5 | ≥0.45 |
| 菜市场 | ≥7.5 | ≥0.30 |
| 街道综合服务中心 | ≥7.5 | ≥0.45 |
| 社区卫生服务中心（社区医院） | ≥1.5 | ≥0.45 |

注：本表来源于《城市居住区规划设计标准》GB 50180—2018。

# 2.7 室 外 运 动 场 地

### 2.7.1 室外运动场地的布置

室外运动场地的布置方向（以长轴为准）基本为南北向，根据地理纬度和主导风向可略偏南北向，但宜符合下表的规定：

运动场长轴偏角（°）  表2.7.1

| 北纬 | 16～25 | 26～35 | 36～45 | 46～55 |
|---|---|---|---|---|
| 北偏东 | 0 | 0 | 5 | 10 |
| 北偏西 | 15 | 15 | 10 | 5 |

### 2.7.2 室外活动和运动场场地

**1. 常用室外球类运动场地尺寸**

常用室外球类运动场地尺寸（m）　　　　　　表 2.7.2-1

| 类别 | | | 场地尺寸 | | 缓冲带宽度 | | 净高 | 备　注 |
|---|---|---|---|---|---|---|---|---|
| | | | 长度 | 宽度 | 端线外 | 边线外 | | |
| 足球 | 比赛场地 | | 105 | 68 | ≥2.0 | ≥1.5 | — | 球门线后≥6.0；球门区后≥3.5 |
| | 休闲健身 | 11人制 | 90～120 | 45～90 | ≥2.0 | ≥2.0 | | — |
| | | 7人制 | 45～90 | 45～60 | ≥1.5 | ≥1.5 | | |
| 篮球 | 比赛场地 | | 28 | 15 | ≥5.0 | ≥6.0 | 7.0 | — |
| | 休闲健身 | | 24～28 | 13～15 | ≥1.5 | ≥1.5 | | 场地临近坚固障碍物，缓冲≥2.0 |
| 排球 | 比赛场地 | | 18 | 9 | ≥9.0 | ≥5.0 | ≥7.0 | 网高：男2.43、女2.24 |
| | 休闲健身 | | | | ≥3.0 | ≥3.0 | | |
| 手球 | | | 40 | 20 | ≥4.0 | ≥2.0 | ≥7.0 | — |
| 网球 | 单打 | | 23.77 | 8.23 | ≥6.4 | ≥3.66 | 10.0 | 网高1.07，向阳避风、排水良好 |
| | 双打 | | 23.77 | 10.97 | | | | 不得离公路过近 |
| 羽毛球 | 单打 | | 13.40 | 5.18 | ≥1.5 | ≥0.9 | ≥9.0 | 网高1.55 |
| | 双打 | | 13.40 | 6.10 | | | | |
| 曲棍球 | | | 91.40 | 55.00 | ≥5.0 | ≥4.0 | | — |
| 门球 | | | 25 | 20 | — | — | | 场地避风朝向好、略带砂性土壤， |
| | | | 20 | 15 | | | | 中心向四周坡度0.5%～1% |
| 高尔夫球 | | | 18洞，占地约60hm²；练习场长度250～300，宽度根据用地条件确定 | | | | | |

**2. 常用室外运动及活动场地尺寸**

常用室外运动及活动场地尺寸　　　　　　表 2.7.2-2

| 类　别 | | 长度（m） | 宽度（m） | 备　注 |
|---|---|---|---|---|
| 田径 | 200m跑道 | 93.14 | 50.64 | 6条跑道，两端圆弧半径18m |
| | | 88.10 | 50.40 | 4条跑道 |
| | 300m跑道 | 137.14 | 66.02 | 8条跑道，半径23.25m |
| | | 136.04 | 63.04 | 6条跑道，半径24.20m |
| | 400m跑道 | 176.91 | 92.52 | 国际田联400m标准跑道，8条跑道，半径36.50m |
| 其他 | 溜冰场 | 60 | 30 | 花样溜冰场，如需作冰球场，最小尺寸56m×26m，四周圆弧半径7～8m |
| | 花样滑轮场 | 50 | 25 | — |
| | 游泳池 | 50 | 25 | 水深大于1.3～1.5m，泳道宽2.5m |
| 儿童游戏场 | 攀登架 | 3.00 | 7.50 | |
| | 小秋千 | 4.80 | 9.70 | 4个秋千架 |
| | 游戏雕塑 | 3.00 | 3.00 | |
| | 沙场区 | 4.50 | 4.50 | |

| 类 别 | | 长度（m） | 宽度（m） | 备 注 |
|---|---|---|---|---|
| 儿童游戏场 | 滑梯 | 3.00 | 7.60 | — |
| | 戏水池 | — | — | 尺寸随意、水深≤0.4m |
| | 四驱车场地 | 4.00 | 3.00 | 场地单独设置、四周设有参观场地 |

# 2.8 管 线 综 合

## 2.8.1 一般规定

1. 基地内各种管线需与城市相关管线协调衔接。

2. 应满足安全及使用要求，宜与建筑、道路及相邻管线平行，应从建筑物向道路方向由浅至深敷设。

3. 管线布置力求线路转弯少、交叉少。困难条件下其交叉的交角不应小于 45°。

4. 管线布置力求不横穿公共绿化、庭院绿地，并留有道路行道树的位置。

5. 各种管线的埋设顺序一般按管线的埋深深度，其从上往下顺序一般为：通信电缆、热力、电力电缆、燃气管、给水管、雨水管和污水管。

6. 在车行道下管线的最小覆土厚度，燃气管为 0.8m，其他管线为 0.7m。

7. 室外各种管线管沟盖、检查井，应尽量避免布置在重点景观绿化部位。

## 2.8.2 地下管线最小水平及垂直距离

1. 地下管线之间最小水平净距与垂直净距

地下管线之间最小水平距离（m） 表 2.8.2-1

| 管线名称 | | 给水管 | | 排水管 | | 燃气 | | 电力电缆 | | 电信电缆 | | 热力管 | |
|---|---|---|---|---|---|---|---|---|---|---|---|---|---|
| | | $d \leq 200$ | $d > 200$ | 雨水 | 污水 | 低压 | 中压 | 直埋 | 缆沟 | 直埋 | 管沟 | 直埋 | 管沟 |
| | | | | | | | | <35kV | | | | | |
| 给水管 | $d \leq 200$ | | | 1.0 | 1.0 | 0.5 | 0.5 | 0.5 | 0.5 | 1.0 | | 1.5 | |
| | $d > 200$ | | — | 1.5 | 1.5 | | | | | | | | |
| 排水管 | 雨水 | 1.0 | 1.5 | | | 1.0 | 1.2 | 0.5 | | 1.0 | 1.0 | 1.5 | 1.5 |
| | 污水 | 1.0 | 1.5 | — | | | | | | | | | |
| 燃气管 | 低压 | 0.5 | 0.5 | 1.0 | | | | 0.5 | 0.5 | 0.5 | 0.5 | 1.0 | 1.0 |
| | 中压 | 0.5 | 0.5 | 1.2 | | — | | 1.0 | 1.0 | 1.0 | 1.0 | 1.5 | 1.5 |
| 电力电缆 | 直埋 | 0.5 | | 0.5 | | 0.5 | 0.5 | | | 0.5 | | 2.0 | |
| | 缆沟 | | | | | 1.0 | 1.0 | — | | | | | |
| 电信电缆 | 直埋 | 1.0 | | 1.0 | | 0.5 | 0.5 | 0.5 | | — | | 1.0 | |
| | 管沟 | | | | | 1.0 | 1.0 | | | | | | |
| 热力管 | 直埋 | 1.5 | | 1.5 | | 1.0 | | 1.5 | | 2.0 | | 1.0 | |
| | 管沟 | | | | | | | | | | | | |

注：（1）本表来源于《全国民用建筑工程设计技术措施 规划·建筑·景观》（2009 年版）。

（2）燃气管低压为 $P \leq 0.05$MPa，中压为 $0.05$MPa$< P \leq 0.2$MPa，高压为 $0.2$MPa$< P \leq 0.4$MPa。

**地下管线之间最小垂直净距（m）**　　　　　　　　　表 2.8.2-2

| 管线名称 | | 给水管 | 排水管 | 燃气管 | 热力管 | 电力电缆 | 通信电缆 | 电信管道 |
|---|---|---|---|---|---|---|---|---|
| 给水管 | | 0.15 | — | — | — | — | — | — |
| 排水管 | | 0.40 | 0.15 | — | — | — | — | — |
| 燃气管 | | 0.15 | 0.15 | 0.15 | — | — | — | — |
| 热力管 | | 0.15 | 0.15 | 0.15 | 0.15 | — | — | — |
| 电力电缆 | 直埋 | 0.15 | 0.50 | 0.50 | 0.50 | 0.50 | — | — |
| | 在导管内 | 0.15 | 0.50 | 0.15 | 0.50 | 0.50 | — | — |
| 电信电缆 | 直埋 | 0.50 | 0.50 | 0.50 | 0.15 | 0.50 | 0.25 | 0.25 |
| | 导管 | 0.15 | 0.15 | 0.15 | 0.15 | 0.50 | 0.25 | 0.25 |
| 电信管道 | | 0.10 | 0.15 | 0.15 | 0.15 | 0.50 | 0.25 | 0.25 |
| 明沟沟底 | | 0.50 | 0.50 | 0.50 | 0.50 | 0.50 | 0.50 | 0.50 |
| 涵洞基地 | | 0.15 | 0.15 | 0.15 | 0.15 | 0.50 | 0.20 | 0.25 |
| 铁路轨底 | | 1.00 | 1.20 | 1.00 | 1.20 | 1.00 | 1.00 | 1.00 |

注：本表来源于《全国民用建筑工程设计技术措施　规划·建筑·景观》（2009 年版）。

2. 各种管线与建筑物、构筑物之间的最小水平距离见表 2.8.2-3。

**各种管线与建、构筑物之间的最小水平间距（m）**　　　　表 2.8.2-3

| 管线名称 | | 建筑物基础 | 地上杆柱（中心） | | | | 铁路钢轨（或坡脚） | 城市道路侧边缘 | 备注 |
|---|---|---|---|---|---|---|---|---|---|
| | | | 通信、照明<10kV | 高压铁塔基础边 | | | | | |
| | | | | ≤35kV | >35kV | | | | |
| 给水管 | d≤200mm | 1.0 | 0.5 | 3.0 | 3.0 | 5.0 | 1.5 | — |
| | d>200mm | 3.0 | 0.5 | 3.0 | 3.0 | | | |
| 排水管 | | 2.5~3.0 | 0.5 | 1.5 | 1.5 | 5.0 | 1.5 | 埋深：浅于建筑物基础时≥2.5m；深于建筑物基础时≥3.0m |
| 燃气管 | 低压 | 0.7 | 1.0 | 1.0 | 5.0 | 5.0 | 1.5 | — |
| | 中压 | 1.5 | | | | | | |
| 热力管 | 直埋 2.5 | 2.5 | 1.0 | 2.0 | 3.0 | 1.0 | 1.5 | — |
| | 地沟 2.5 | 0.5 | | | | | | |
| 电力电缆 | | 0.5 | 1.0 | 0.6 | 0.6 | 3.0 | 1.5 | — |
| 电信电缆 | | 0.5 | 0.5 | 0.6 | 0.6 | 2.0 | 1.5 | — |

注：本表来源于《全国民用建筑工程设计技术措施　规划·建筑·景观》（2009 年版）。

3. 各种管线与绿化树木的最小水平距离

**管线与绿化树木最小水平距离（m）**　　　　　　　　表 2.8.2-4

| 管线名称 | 新植乔木 | 现状乔木 | 灌木或绿篱 |
|---|---|---|---|
| 电力电缆 | 1.5 | 3.5 | 0.5 |
| 通信电缆 | 1.5 | 3.5 | 0.5 |

| 管线名称 | 新植乔木 | 现状乔木 | 灌木或绿篱 |
|---|---|---|---|
| 给水管 | 1.5 | 2.0 | — |
| 排水管 | 1.5 | 3.0 | — |
| 排水盲沟 | 1.5 | 3.0 | — |
| 消防龙头 | 1.2 | 2.0 | 1.2 |
| 燃气管道（低中压） | 1.2 | 3.0 | 1.0 |
| 热力管 | 2.0 | 5.0 | 2.0 |

注：（1）本表摘自《公园设计规范》GB 51192—2016。

（2）乔木与地下管线的距离是指乔木树干基部的外缘与管线外缘的净距离。灌木或绿篱与地下管线的距离是指地表处分蘖枝干中最外的枝干基部的外缘与管线外缘的净距。

# 3 一 般 规 定

## 3.1 楼 地 面

### 3.1.1 建筑地面依照面层材料分类

建筑地面依照面层材料分类                                          表 3.1.1

| 名　称 | 材料及分类 |
|---|---|
| 水泥类整体面层 | 水泥砂浆面层、水泥钢（铁）屑面层、现制水磨石面层、混凝土面层、细石混凝土面层、耐磨混凝土面层、钢纤维混凝土面层、混凝土密封固化剂面层 |
| 树脂类整体面层 | 丙烯酸涂料面层、聚氨酯涂层、聚氨酯自流平涂料、聚酯砂浆面层、环氧树脂自流平涂料、环氧树脂自流平砂浆、干式环氧树脂砂浆 |
| 板块面层 | 砖面层（陶瓷锦砖、缸砖、陶瓷地砖和水泥花砖面层）、大理石面层、花岗石面层、水磨石板块、石料面层（条石、块石）、玻璃板面层、石英塑料板面层、聚氯乙烯板块面层、橡胶板面层、铸铁板面层、网纹钢板面层 |
| 木、竹面层 | 实木地板面层、实木集成地板、浸渍纸层压木质地板面层（强化复合木地板面层）、竹地板面层 |
| 不发火花面层 | 不发火花水泥砂浆面层、不发火花细石混凝土面层、不发火花沥青砂浆面层、不发火花沥青混凝土面层 |
| 防静电面层 | 导静电水磨石面层、导静电水泥砂浆面层、导静电活动地板 |
| 防油渗面层 | 防油渗混凝土面层、防油渗涂料的水泥类整体面层 |
| 防腐蚀面层 | 耐酸板块（砖、石材）面层、耐酸整体面层 |
| 矿渣、碎石面层 | 矿渣、碎石面层 |
| 织物面层 | 地毯面层 |

### 3.1.2 楼地面面层厚度及使用场所

楼地面面层厚度及使用场所                                          表 3.1.2

| 面层名称 | 厚度（mm） | 常见使用场所 |
|---|---|---|
| 混凝土（垫层兼面层） | 按垫层确定 | 经常有大量人员走动的公共场所 |
| 细石混凝土 | 40～50 | |
| 聚合物水泥砂浆 | 20 | 有清洁和弹性要求的地面 |
| 水泥砂浆 | 20 | |
| 现制水磨石 | 30（含结合层） | 1. 存放书刊、文件或档案等纸质库房地面，珍藏各种文物或艺术品和装有贵重物品的库房地面；<br>2. 有不起尘、易清洗和抗油腻沾污要求的餐厅、酒吧、咖啡厅等地面；<br>3. 室内旱冰场地面 |

| 面层名称 | 厚度（mm） | 常见使用场所 |
|---|---|---|
| 防油渗混凝土 | 60～70 | 受机油直接作用的楼层地面 |
| 不发火花细石混凝土 | 40～50 | 生产或使用过程中有防静电要求的地面面层 |
| 水泥花砖 | 20～40 | 耐磨场所 |
| 预制水磨石板 | 25～30 | 舞厅、娱乐场所 |
| 陶瓷锦砖（马赛克） | 5～8 | 有不起尘、易清洗和抗油腻沾污要求的餐厅、酒吧、咖啡厅等地面 |
| 陶瓷地砖（防滑面砖、釉面砖） | 8～14 | |
| 大理石、花岗石板 | 20～40 | 娱乐场所 |
| 玻璃板（不锈钢压边、收口） | 12～24（专用胶黏结） | |
| 木板、竹板（单层）（双层） | 18～22 / 12～18 | 1. 供儿童及老年人公共活动的主要地段或房间；<br>2. 室内运动场地、排练厅和表演厅等；<br>3. 存放书刊、文件或档案等纸质库房地面，珍藏各种文物或艺术品和装有贵重物品的库房地面 |
| 薄型木板（席文拼花） | 8～12 | |
| 强化复合木地板（单层）（双层） | 8～12（专用胶黏铺）<br>8～12（专用胶黏铺） | |
| 地毯（单层）（双层） | 5～8　8～10<br>（含橡胶海绵衬垫） | 室内环境具有较高安静要求的地段或房间 |

### 3.1.3 常用结合层的材料与厚度

常用结合层的材料与厚度　　　　　　　　　表3.1.3

| 面层名称 | 结合层材料 | | 厚度（mm） |
|---|---|---|---|
| 预制混凝土板、大理石、花岗石板 | 1：2水泥砂浆或1：3干硬性水泥砂浆 | | 20～30 |
| 水泥花砖 | 1：2水泥砂浆或1：3干硬性水泥砂浆 | | 20～30 |
| 陶瓷锦砖（马赛克） | 1：1水泥砂浆 | | 5 |
| 陶瓷地砖（防滑地砖、釉面地砖） | 1：2水泥砂浆或1：3干硬性水泥砂浆 | | 10～30 |
| 块石 | 砂、炉渣 | | 60 |
| 花岗石条（块）石 | 1：2水泥砂浆 | | 15～20 |
| | 砂 | | 60 |
| 强化复合木地板 | 单层 | 泡沫塑料衬垫 | 3～5 |
| | 双层 | 毛板、细木工板、中密度板 | 15～18 |

注：（1）地方有要求的应选用预拌砂浆。

（2）有防水要求房间的地面不得采用干硬性水泥砂浆。

### 3.1.4 填充层

主要作为敷设管线之用，亦兼有隔声、保温、找坡等功能，材料的自重不应大于9kN/m³，一般厚度30～80mm，填充层厚度应符合表3.1.4的规定。

填充层厚度表　　　　　　　　　　表3.1.4

| 填充层材料 | 强度等级或配合比 | 厚度（mm） |
|---|---|---|
| 水泥、炉渣 | 1：6 | 30～80 |
| 水泥、石灰、炉渣 | 1：1：8 | 30～80 |
| 水泥、粗砂、轻骨料（陶粒、珍珠岩等） | 1：1：6 | 30～80 |
| 加气混凝土块 | | ≥50 |
| 水泥膨胀珍珠岩块 | | ≥50 |
| 泡沫混凝土 | | |

### 3.1.5 找平层、找坡层

1. 找平层一般用 1：3 水泥砂浆，厚度为 15～20mm。

2. 找平层兼找坡层时采用 C20 细石混凝土。

3. 建筑地面找平层材料可用 1：3 水泥砂浆或强度等级 C20 的细石混凝土。当找平层铺设在混凝土垫层时，其强度等级不应小于混凝土垫层的强度等级。细石混凝土找平层兼面层强度等级不应小于 C20，厚度不小于 30mm。

4. 找平层最小厚度应符合表 3.1.5 的规定。

**找平层最小厚度表**　　　　　　　　　　　　　　表 3.1.5

| 找平层材料 | 强度等级或配合比 | 厚度（mm） |
| --- | --- | --- |
| 水泥砂浆 | 1：3 | ≥15 |
| 细石混凝土 | C20 | ≥30 |

### 3.1.6 楼板隔声

#### 3.1.6.1 围护结构（隔墙和楼板）空气声隔声标准

**围护结构（隔墙和楼板）空气声隔声标准**　　　　表 3.1.6.1

| 建筑类型 | 部位 | 空气隔声单值评价量＋频谱修正量 高要求标准（dB） | 低限标准（dB） |
| --- | --- | --- | --- |
| 住宅 | 分户墙、分户楼板 | $R_w+C>50$（高要求） | $R_w+C>45$ |
| | 分隔住宅和非居住用途空间的楼板 | $R_w+C>51$ | |
| 学校 | 语言教室、阅览室的隔墙与楼板 | $R_w+C>50$ | |
| | 普通教室与各种产生噪声的房间之间的隔墙、楼板 | $R_w+C>50$ | |
| | 普通教室之间的隔墙与楼板 | $R_w+C>45$ | |
| | 音乐教室、琴房之间的隔墙与楼板 | $R_w+C>45$ | |
| 医院 | 病房与产生噪声的房间之间的隔墙、楼板 | $R_w+C>55$ | $R_w+C>50$ |
| | 手术室与产生噪声的房间之间的隔墙、楼板 | $R_w+C>50$ | $R_w+C>45$ |
| | 病房之间及病房、手术室与普通房间之间的隔墙、楼板 | $R_w+C>50$ | $R_w+C>45$ |
| | 诊室之间的隔墙、楼板 | $R_w+C>45$ | $R_w+C>40$ |
| | 听力测听室的隔墙、楼板 | — | $R_w+C>50$ |
| | 体外振波碎石室、核磁共振室的隔墙、楼板 | — | $R_w+C>50$ |
| 办公 | 办公室、会议室与产生噪声房间之间的隔墙、楼板 | $R_w+C>50$ | $R_w+C>45$ |
| | 办公室、会议室与普通房间之间的隔墙楼板 | | |
| 商业 | 健身中心、娱乐场所等与噪声敏感房间之间的隔墙、楼板 | $R_w+C>60$ | $R_w+C>55$ |
| | 购物中心、餐厅、会展中心等与噪声敏感房间之间的隔墙、楼板 | $R_w+C>50$ | $R_w+C>45$ |
| 旅馆 | 客房之间的隔墙、楼板 | $R_w+C>50$（特级）<br>$R_w+C>45$（一级）<br>$R_w+C>40$（二级） | |
| | 客房与走廊之间的隔墙 | $R_w+C>45$（特级）<br>$R_w+C>45$（一级）<br>$R_w+C>40$（二级） | |
| | 客房外墙（含窗） | $R_w+C>40$（特级）<br>$R_w+C>35$（一级）<br>$R_w+C>30$（二级） | |

注："$R_w+C$" 为"计权隔声量＋粉红噪声频谱修正量"。

## 3.1.6.2　楼板计权标准化撞击声隔声标准

**楼板的撞击声隔声性能标准（dB）**　　　　　　表 3.1.6.2

| 建筑类型 | 部位 | 撞击声隔声单值评价量（dB） | |
| --- | --- | --- | --- |
| | | 高要求标准（dB） | 低限标准（dB） |
| 住宅 | 卧室、起居室（厅）的分户楼板 | $L_{n,w}<65$ | $L_{n,w}<75$ |
| | | $L'_{nT,w}\leqslant65$ | $L'_{nT,w}\leqslant75$ |
| 学校 | 语言教室、阅览室与上层房间之间的楼板 | $L_{n,w}<65$ | |
| | | $L'_{nT,w}\leqslant65$ | |
| | 普通教室、实验室、计算机房与上层产生噪声的房间之间的楼板 | $L_{n,w}<65$ | |
| | | $L'_{nT,w}\leqslant65$ | |
| | 琴房、音乐教室之间的楼板 | $L_{n,w}<65$ | |
| | | $L'_{nT,w}\leqslant65$ | |
| | 普通教室之间的楼板 | $L_{n,w}<75$ | |
| | | $L'_{nT,w}\leqslant75$ | |
| 医院 | 病房、手术室与上层房间之间的楼板 | $L_{n,w}<65$ | $L_{n,w}<75$ |
| | | $L'_{nT,w}\leqslant65$ | $L'_{nT,w}\leqslant75$ |
| | 听力测试室与上层房间之间的楼板 | — | $L'_{nT,w}\leqslant60$ |
| 办公 | 办公室、会议室顶部的楼板 | $L_{n,w}<65$ | $L_{n,w}<75$ |
| | | $L'_{nT,w}\leqslant65$ | $L'_{nT,w}\leqslant75$ |
| 商业 | 健身中心、娱乐场所等与噪声敏感房间之间的楼板 | $L_{n,w}<45$ | $L_{n,w}<50$ |
| | | $L'_{nT,w}\leqslant45$ | $L'_{nT,w}\leqslant50$ |
| 旅馆 | 客房与上层房间之间的楼板 | $L_{n,w}<55$ | $L'_{nT,w}\leqslant55$ |
| | | $L_{n,w}<65$ | $L'_{nT,w}\leqslant65$ |
| | | $L_{n,w}<75$ | $L'_{nT,w}\leqslant75$ |

注：（1）具体设计时应按建筑类型执行相应的规范要求。
　　（2）$L_{n,w}$ 为计权规范化撞击声压级（实验室测量）。
　　（3）$L'_{nT,w}$ 为计权规范化撞击声压级（现场测量）。

## 3.1.6.3　满足撞击声隔声标准的楼板构造做法

表 3.1.6.3

| 楼板构造（mm） | 撞击声压级（dB） |
| --- | --- |
| 铺地毯<br>20 厚水泥砂浆<br>90 厚钢筋混凝土楼板 | 62 |
| 20 厚实贴木地板（或贴再生冷釉隔声地板砖）<br>70 厚钢筋混凝土楼板 | 69 |
| 20 厚水泥砂浆<br>0.8～2 厚隔声毯（或 40～50 厚隔声砂浆）<br>100 厚钢筋混凝土楼板 | 70 |
| 20 厚水泥砂浆<br>5 厚隔声板<br>100 厚钢筋混凝土楼板 | 70 |
| 钢筋混凝土楼板上有木格栅与焦砟垫层的木楼板 | 58～65 |
| 钢筋混凝土槽型板、板条吊顶 | 66 |
| 钢筋混凝土圆孔板上贴实木地板或复合再生胶面层 | 69～72 |
| 钢丝网水泥楼板、纤维板吊顶、复合再生胶面层 | 73～75 |
| 钢筋混凝土楼板上设水泥焦砟及锯末白灰垫层 | 65～66 |
| 钢筋混凝土圆孔板、砂子垫层、铺预制混凝土夹芯板 | 66～67 |
| 钢筋混凝土楼板上设水泥焦砟及砂土烟灰垫层 | 71～72 |

**3.1.6.4 楼板隔声的其他构造要求**

1. 水、暖、电、气管线穿过楼板和墙体时，洞口周边应采取隔声措施。

2. 电梯井道和电梯机房不应与卧室、起居室及办公室紧邻布置，受条件限制需要紧邻布置时，必须采取有效隔声和减振措施。高速直流乘客电梯的井道与机房之间应做隔声层，隔声层做800mm×800mm的进出口。

3. 管道井、水泵房、空调机房、风机房、制冷机房、柴油发电机房应采取有效的隔声吸声降噪措施，水泵、风机、制冷机应选择适宜位置采取减振措施。

**3.1.7 建筑物散水的设置要求**

建筑物四周应设置散水、排水明沟或散水带明沟。散水的设置应符合下列要求：

1. 散水的宽度应根据地基土壤性质、气候条件、建筑物的高度和屋面排水形式确定，宜为600～1000mm；当采用无组织排水时，散水的宽度可按檐口线放出200～300mm。

2. 散水的坡度可为3%～5%。当散水采用混凝土时，宜按20～30m间距设置伸缩缝。散水与外墙之间宜设缝，缝宽为20～30mm，缝内应填柔性密封材料。

**3.1.8 常用建筑地面防滑要求**

**3.1.8.1** 建筑地面防滑安全等级分为四级。室外地面、室内地面、室内潮湿地面、坡道及防滑值应符合表3.1.8.1-1的规定，检测方法应符合规程附录A.1的规定；室内干态地面静摩擦系数应符合表3.1.8.1-2的规定，检测方法应符合规程附录A.2的规定。（引自《建筑地面工程防滑技术规程》JGJ/T 331—2014）

室外及室内潮湿地面湿态防滑值　　　　　　　　　　　　　　　表3.1.8.1-1

| 防滑等级 | 防滑安全程度 | 防滑值 $BPN$ |
|---|---|---|
| $A_w$ | 高 | $BPN \geqslant 80$ |
| $B_w$ | 中高 | $60 < BPN < 80$ |
| $C_w$ | 中 | $45 \leqslant BPN \leqslant 50$ |
| $D_w$ | 低 | $BPN < 45$ |

室内干态地面静摩擦系数　　　　　　　　　　　　　　　　　　表3.1.8.1-2

| 防滑等级 | 防滑安全程度 | 静摩擦系数 $COF$ |
|---|---|---|
| $A_d$ | 高 | $COF \geqslant 0.70$ |
| $B_d$ | 中高 | $0.60 < COF < 0.70$ |
| $C_d$ | 高 | $0.50 < COF < 0.60$ |
| $D_d$ | 低 | $COF < 0.50$ |

**3.1.8.2 建筑地面防滑性能要求**

室外及室内潮湿地面工程防滑性能要求　　　　　　　　　　　　表3.1.8.2-1

| 工程部位 | 防滑等级 |
|---|---|
| 坡道、无障碍步道等 | |
| 楼梯踏步等 | $A_w$ |
| 公交、地铁站台等 | |

| 工程部位 | 防滑等级 |
|---|---|
| 建筑出口平台 | $B_w$ |
| 人行道、步行街、室外广场、停车场等 | |
| 人行道支干道、小区道路、绿地道路及室内潮湿地面（超市肉食部、菜市场、餐饮操作间、潮湿生产车间等） | $C_w$ |
| 室外普通地面 | $D_w$ |

注：$A_w$、$B_w$、$C_w$、$D_w$ 分别表示潮湿地面防滑安全程度为高级、中高级、中级、低级。

**室内干态防滑性能要求** 表 3.1.8.2-2

| 工程部位 | 防滑等级 |
|---|---|
| 站台、坡道、无障碍步道等 | $A_d$ |
| 室内游泳池、厕浴室、建筑出入口等 | $B_d$ |
| 大厅、室外机、候车厅、走廊、通道、生产车间、电梯廊、门厅、室内平面防滑地面等（含工业、商业建筑） | $C_d$ |
| 室外普通地面 | $D_d$ |

注：$A_d$、$B_d$、$C_d$、$D_d$ 分别表示干态地面防滑安全程度为高级、中高级、中级、低级。

# 3.2 墙 体

## 3.2.1 墙体的防火设计

详见本书第 4 章建筑防火设计。

## 3.2.2 墙体的一般规定

**墙体的一般规定** 表 3.2.2

| 墙体的形式 | 相关设计及构造要求 |
|---|---|
| 砌体结构房屋墙体 | 1. 五层及五层以上房屋的墙，以及受振动或层高大于 6m 的墙所用砌块强度等级不应低于 MU7.5，砖强度等级不应低于 MU10，石材强度等级不应低于 MU30，砌筑砂浆强度等级不应低于 M5；对安全等级为一级或设计使用年限大于 50 年的房屋，其材料的等级强度应至少提高一级。<br><br>2. 砌块墙应分皮错缝搭砌，上下皮搭砌长度不得小于 90mm。不能满足时，应在水平灰缝内设置不小于 2φ4 的焊接钢筋网片（横向钢筋的间距不宜大于 200mm）。网片每端均应超过该垂直缝，其长度不得小于 300mm。<br><br>3. 砌块墙与后砌隔墙交界处，应沿墙高每 400mm 在水平灰缝内设置不少于 2φ4、横筋间距不大于 200mm 的焊接钢筋网片。<br><br>4. 混凝土空心砌块房屋，宜将纵横墙交接处、距墙中心线每边不小于 300mm 范围内的孔洞，采用不低于 Cb20 灌孔混凝土灌实，灌实高度应为墙体全高。<br><br>5. 在砌体中留槽及埋设管道对砌体的承载力影响较大，因此，不应在截面长边小于 500mm 的承重墙体内埋设管线，不宜在墙体中穿行暗线或预留、开凿沟槽。<br><br>6. 砌体墙应有防止或减轻墙体开裂的构造措施。<br><br>7. 砌体墙上的孔洞超过 200mm×200mm 时要预留，不得随意打凿，孔洞周边应做好防渗漏处理 |

| 墙体的形式 | 相关设计及构造要求 |
| --- | --- |
| 混凝土小型空心砌块墙 | 1. 可用于建筑物的承重和非承重墙体。<br>2. 应采用适宜的建筑模数，平面模数网格宜采用 3m 或 2m（即 300mm 或 200mm 的倍数），竖向模数网格宜采用 1m（即 100mm 的倍数）。<br>3. 设计时应根据平、立面建筑墙体尺寸绘制砌块排列图，设计预留的洞口及门窗，卫生设备的固定应在排块图上标注；电线管应在墙体内上下贯通的砌块孔中设置，不宜在墙体内水平设置；当必须水平设置时，应采取现浇水泥砂浆带或细石混凝土带等加强措施 |
| 蒸压加气混凝土砌块墙 | 1. 加气混凝土砌块强度与其干体积密度有关，干体积密度越大强度等级越高。<br>2. 蒸压加气混凝土砌块墙主要用于建筑物的框架填充墙和非承重内隔墙，以及多层横墙承重的建筑；用于外墙时厚度不应小于 200mm，用于内隔墙时厚度不应小于 75mm。<br>3. 建筑物防潮层以下的外墙、长期处于浸水和化学侵蚀及干湿或冻融交替环境、作为承重墙表面温度经常处于 80℃ 以上的部位不得采用加气混凝土砌块。<br>4. 加气混凝土砌块应采用专用砂浆砌筑。<br>5. 加气混凝土砌块用作外墙时应做饰面防护层。<br>6. 加气混凝土砌块用作多层房屋的承重墙体，横墙间距不宜超过 4.2m，且宜使横墙对正贯通，每层每开间均应设置现浇混凝土圈梁；当设防烈度为 6 或 7 度时，应在内外墙交接处设置拉结钢筋，沿墙高度每 600mm 应放置 2φ6 钢筋，伸入墙内的长度不得小于 1m。且每开间均应设置现浇钢筋混凝土构造柱；当设防烈度为 8 度时，除应按上述要求设置拉结钢筋外，还应在内外纵横墙连接处设置现浇钢筋混凝土构造柱；构造柱的最小截面应为 180mm×200mm，最小配筋为 4φ12，混凝土强度等级不应低于 C20；构造柱与加气混凝土砌块的相接处宜砌成马牙槎。<br>7. 强度低于 A3.5 的加气混凝土砌块非承重墙与楼地面交接处应在墙底部做导墙。导墙可采用烧结砖或多孔砖砌筑，高度应不小于 200mm。<br>8. 加气混凝土外墙的突出部分（如横向装饰线条、出挑构件和窗台等）应做好排水、滴水等构造，避免因墙体干湿交替或局部冻融造成破坏 |
| 轻集料混凝土空心砌块墙 | 1. 主要用于建筑物的框架填充外墙和内隔墙。<br>2. 用于外墙或较潮湿房间的隔墙，强度等级不应小于 MU5.0，用于一般内墙时强度等级不应小于 MU3.5。<br>3. 抹面材料应与砌块基材特性相适应，以减少抹面层龟裂的可能；宜根据砌块强度等级选用与之相对应的专用抹面砂浆或聚丙烯纤维抗裂砂浆，忌用水泥砂浆抹面。<br>4. 砌块墙体上不应直接挂贴石材、金属幕墙 |
| 多层装配式墙板结构 | 1. 结构抗震等级在设防烈度为 8 度时取三级，设防烈度 6、7 度时取四级。<br>2. 预制墙板厚度不宜小于 140mm，且不宜小于层高的 1/25。<br>3. 预制墙板的轴压比，三级时不应大于 0.15，四级时不应大于 0.2；轴压比计算时，墙体混凝土强度等级超过 C40，按 C40 计算。<br>4. 可采用弹性方法进行结构分析，并应按结构实际情况建立分析模型；在计算中应考虑接缝连接方式的影响。<br>5. 采用水平锚环灌浆连接墙体可作为整体构件考虑，结构刚度宜乘以 0.85～0.95 的折减系数。<br>6. 墙肢底部的水平接缝可按照整体式接缝进行设计，并取墙肢底部的剪力进行水平接缝的受剪承载力验算。<br>7. 在风荷载或多遇地震作用下，按弹性方法计算的楼层层间最大水平位移与层高之比 $\Delta u_e/h$ 不宜大于 1/1200 |

| 墙体的形式 | 相关设计及构造要求 |
|---|---|
| 装配式外挂墙板 | 1. 外挂墙板应具有良好的工作性能。外挂墙板在多遇地震作用下应能正常使用；在设防烈度地震作用下经修理后应仍可使用；在预估的罕遇地震作用下不应整体脱落。<br>2. 外挂墙板与主体结构的连接节点应具有足够的承载力和适应主体结构变形的能力。外挂墙板和连接节点的结构分析、承载力计算和构造要求应符合国家现行标准《混凝土结构设计规范》GB 50010—2010（2015 年版）和《装配式混凝土结构技术规程》JGJ 1—2014 的有关规定。<br>3. 抗震设计时，外挂墙板与主体结构的连接节点在墙板平面内应具有不小于主体结构在设防烈度地震作用下弹性层间位移角 3 倍的变形能力。<br>4. 主体结构计算时，应按下列规定计入外挂墙板的影响：应计入支承于主体结构的外挂墙板的自重；当外挂墙板相对于其支承构件有偏心时，应计入外挂墙板重力荷载偏心产生的不利影响；采用点支承与主体结构相连的外挂墙板，连接节点具有适应主体结构变形的能力时，可不计入其刚度影响；采用线支承与主体结构相连的外挂墙板，应根据刚度等代原则计入其刚度影响，但不得考虑外挂墙板的有利影响。<br>5. 计算外挂墙板的地震作用标准值时，可采用等效侧力法，并应按下式计算：$q_{Ek} = \beta_E \alpha_{max} G_k / A$。<br>6. 外挂墙板的形式和尺寸应根据建筑立面造型、主体结构层间位移限值、楼层高度、节点连接形式、温度变化、接缝构造、运输限制条件和现场起吊能力等因素确定；板间接缝宽度应根据计算确定且不宜小于 10mm；当计算缝宽大于 30mm 时，宜调整外挂墙板的形式或连接方式。<br>7. 外挂墙板与主体结构采用点支承连接时，节点构造应符合下列规定：连接点数量和位置应根据外挂墙板形状、尺寸确定，连接点不应少于 4 个，承重连接点不应多于 2 个，在外力作用下，外挂墙板相对主体结构在墙板平面内应能水平滑动或转动；连接件的滑动孔尺寸应根据穿孔螺栓直径、变形能力需求和施工允许偏差等因素确定。<br>8. 外挂墙板与主体结构采用线支承连接时，节点构造应符合下列规定：外挂墙板顶部与梁连接，且固定连接区段应避开梁端 1.5 倍梁高长度范围；外挂墙板与梁的结合面应采用粗糙面并设置键槽；接缝处应设置连接钢筋，连接钢筋数量应经过计算确定且钢筋直径不宜小于 10mm，间距不宜大于 200mm；连接钢筋在外挂墙板和楼面梁后浇混凝土中的锚固应符合现行国家标准《混凝土结构设计规范》GB 50010—2010（2015 年版）的有关规定；外挂墙板的底端应设置不少于 2 个仅对墙板有平面外约束的连接节点；外挂墙板的侧边不应与主体结构连接。<br>9. 外挂墙板不应跨越主体结构的变形缝。主体结构变形缝两侧的外挂墙板的构造缝应能适应主体结构的变形要求，宜采用柔性连接设计或滑动型连接设计，并采取易于修复的构造措施 |

注：墙体不应采用非蒸压硅酸盐砖（砌块）及非蒸压加气混凝土制品。
引用规范：《装配式混凝土建筑技术标准》GB/T 51231—2016。

### 3.2.3 墙体的分类

墙 体 分 类 表      表 3.2.3

| 分类方式 | 墙体类型 | 特点 |
|---|---|---|
| 按所处位置 | 外墙 | 位于房屋的四周，故又称为外围护墙 |
| | 内墙 | 位于房屋内部，主要起分隔内部空间的作用 |
| 按布置方向 | 纵墙 | 沿建筑物长轴方向布置的墙 |
| | 横墙 | 沿建筑物短轴方向布置的墙 |
| 按墙体与门窗的位置关系 | 窗间墙 | 平面上窗洞口之间的墙体 |
| | 窗下墙 | 立面上窗洞口之间的墙体 |
| 按受力情况 | 承重墙 | 直接承受楼板及屋顶传下来的荷载 |
| | 非承重墙 | — |
| 按构造方式 | 实体墙 | — |
| | 空体墙 | — |
| | 组合墙 | — |
| 按施工方法 | 块材墙 | 用砂浆等胶结材料将砖石块材等组砌而成 |
| | 板筑墙 | 在现场立模板，现浇而成 |
| | 板材墙 | 预先制成墙板，施工时安装而成 |

### 3.2.4 块体材料的最低强度等级

**块体材料的最低强度等级**　　　　　　　　　　　　　表 3.2.4

| 块体材料用途及类型 | | 最低强度等级 | 备　注 |
|---|---|---|---|
| 承重墙 | 烧结普通砖、烧结多孔砖 | MU10 | 用于外墙及潮湿环境的内墙时强度应提高一个等级 |
| | 蒸压普通砖、混凝土砖 | MU15 | |
| | 普通、轻骨料混凝土小型空心砌块 | MU7.5 | 以粉煤灰做掺合料时，粉煤灰的品质取代水泥最大限量和掺量应符合国家现行标准《用于水泥和混凝土中的粉煤灰》GB/T 1596—2017、《粉煤灰混凝土应用技术规范》GB/T 50146—2014 和《粉煤灰在混凝土和砂浆中应用技术规程》JGJ 28—86 的有关规定 |
| | 蒸压加气混凝土砌块 | A5.0 | — |
| 自承重墙 | 轻骨料混凝土小型空心砌块 | MU3.5 | 用于外墙及潮湿环境的内墙时，强度等级不应低于 MU5.0；全烧结陶粒保温砌块用于内墙，其强度等级不应低于 MU2.5、密度不应大于 800kg/m³ |
| | 蒸压加气混凝土砌块 | A2.5 | 用于外墙时，强度等级不应低于 A3.5 |
| | 烧结空心砖和空心砌块、石膏砌块 | MU3.5 | 用于外墙及潮湿环境的内墙时，强度等级不应低于 MU5.0 |

### 3.2.5 墙体保温

#### 3.2.5.1 外墙外保温设计要点

1. 外墙外保温应选择安全可靠、技术成熟的系统。选择外墙外保温系统时，应考虑系统的耐候性。

2. 各种外保温系统都具有特定的材料组成和构造形式，设计中不应随意更改。

3. 各种外墙外保温系统构造特点和适用范围见表 3.2.5.1。

**外墙外保温系统构造特点和适用范围**　　　　　　　表 3.2.5.1

| 系统名称 | 构　造　特　点 | 适用范围 | | |
|---|---|---|---|---|
| | | 地区 | 外墙类型 | 外饰面 |
| 玻化微珠保温砂浆外保温系统 | 玻化微珠保温砂浆经现场拌和后抹在外墙上，表面做玻纤网增强抗裂砂浆面层和饰面层 | 夏热冬冷和夏热冬暖地区 | 混凝土和砌体结构外墙 | 涂料饰面，贴面砖需采取可靠的安全措施 |
| EPS 板薄抹灰系统 | 用胶黏剂将 EPS 保温板黏结在外墙上，加锚栓，表面做玻纤网增强薄抹面层和饰面层 | 各类气候地区 | 混凝土和砌体结构外墙 | 涂料饰面，贴面砖需采取可靠的安全措施 |
| 现浇混凝土模板内置 EPS 保温板系统 | EPS 保温板内侧开齿槽，表面喷界面砂浆，置于外模板内侧并安装锚栓，浇筑混凝土后墙体与保温板结合一体，之后做玻纤网增强抗裂砂浆薄抹面层和饰面层 | 主要用于严寒和寒冷地区 | 现浇钢筋混凝土外墙 | 涂料饰面 |

| 系统名称 | 构 造 特 点 | 适用范围 | | |
|---|---|---|---|---|
| | | 地区 | 外墙类型 | 外饰面 |
| 现浇混凝土模板内置钢丝网架 EFS 保温板系统 | 单面钢丝网架 EPS 保温板置于外墙外模板内侧，φ6 钢筋作为辅助固定件，浇灌混凝土后钢丝网架板挑头钢丝和 φ6 钢筋与混凝土结合一体，外抹水泥砂浆厚抹面层 | 主要用于严寒和寒冷地区 | 现浇钢筋混凝土外墙 | 面砖饰面 |
| XPS 板系统 | 用胶黏剂将 XPS 保温板黏结在外墙上，加锚栓，表面做玻纤网增强薄抹面层和饰面层 XPS 板厚小于 30mm 时宜采用条粘法 | 各类气候地区 | 混凝土和砌体结构外墙 | 涂料饰面 |
| 现场喷涂硬泡聚氨酯系统 | 在墙面现场喷涂聚氨酯防潮底漆和喷涂硬泡聚氨酯保温层，涂刷聚氨酯界面砂浆并抹胶粉 EPS 颗粒保温浆料找平层，表面做玻纤网增强薄抹面层和饰面层 | 各类气候地区 | 混凝土和砌体结构外墙 | 涂料饰面 |
| 硬泡聚氨酯板外保温系统 | 用黏结剂将硬泡聚氨酯板黏结在外墙上，聚氨酯表面做玻纤网增强薄抹面层和饰面层 | 各类气候地区 | 混凝土和砌体结构外墙 | 涂料饰面 |
| 岩棉板保温系统 | 用机械固定件将岩棉板固定在外墙上，外挂热镀锌钢丝网并喷涂界面剂，外抹 20mm 胶粉 EPS 颗粒保温浆料找平层并做玻纤网增强抗裂砂浆薄抹面层和饰面层 | 气候湿热地区慎用 | 混凝土和砌体结构外墙 | 涂料饰面 |

注：选用保温系统前需确认项目条件与消防要求。

### 3.2.5.2 外墙内保温设计要点

外墙内保温系统构造特点和适用范围 　　　　　　表 3.2.5.2

| 系统名称 | 构造特点 | 适用范围 | | |
|---|---|---|---|---|
| | | 地区 | 内墙类型 | 饰面 |
| 复合板内保温系统 | 复合板是由保温层和面板结合一体的板材，通过黏结剂＋锚栓锚固，可外抹腻子层并做饰面，当使用面砖饰面不需做腻子层 | 各类气候地区 | 现浇钢筋混凝土墙、砌体墙 | 涂料、墙布、墙纸及面砖饰面 |
| 有机保温板内保温系统 | 用胶黏剂将 XPS、EPS、UP 保温板黏结在内墙上，抹面层可用抹面胶浆复合涂塑耐碱玻纤网，或用粉刷石膏压入玻纤网 | 各类气候地区 | 现浇钢筋混凝土墙、砌体墙 | 涂料、墙布、墙纸 |
| 无机保温板内保温系统 | 用胶黏剂将无机保温板黏结在内墙上，抹面层可用抹面胶浆复合涂塑玻纤网 | 各类气候地区 | 现浇钢筋混凝土墙、砌体墙 | 涂料、墙布、墙纸及面砖饰面 |

| 系统名称 | 构造特点 | 适用范围 | | |
|---|---|---|---|---|
| | | 地区 | 内墙类型 | 饰面 |
| 砂浆保温系统 | 墙体涂刷界面砂浆，保温砂浆分层涂覆在界面砂浆上，抹面层使用抹面胶浆复合涂塑玻纤网 | 各类气候地区 | 现浇钢筋混凝土墙、砌体墙 | 涂料、墙布、墙纸及面砖饰面 |
| 现场喷涂硬泡聚氨酯内保温系统 | 在墙面现场喷涂聚氨酯防潮底漆和喷涂硬泡聚氨酯保温层，涂刷聚氨酯界面砂浆并抹保温砂浆或聚合物水泥砂浆找平层，表面做玻纤网增强薄抹面层和饰面层 | 各类气候地区 | 现浇钢筋混凝土墙、砌体墙 | 涂料、墙布、墙纸及面砖饰面 |
| 玻璃棉、岩棉、喷涂硬泡聚氨酯龙骨固定内保温系统 | 使用锚钉固定玻璃棉、岩棉在基墙面，或在墙面喷涂硬泡聚氨酯，在保温层和龙骨之间铺设防水透气膜，龙骨采用专用固定件与墙体连接，面板和龙骨采用螺栓连接，面板可为石膏板、水泥纤维板 | 各类气候地区 | 现浇钢筋混凝土墙、砌体墙 | 涂料、墙布、墙纸及面砖饰面 |

### 3.2.5.3 外墙保温材料的燃烧性能举例

外墙保温材料的燃烧性能 表3.2.5.3

| 燃烧等级 | 保温材料 |
|---|---|
| A级 | 岩棉、玻璃棉、泡沫玻璃、泡沫陶瓷、发泡水泥、闭孔珍珠岩、无机保温砂浆等 |
| B1级 | 特殊处理后的挤塑聚苯板（XPS）/特殊处理后的聚氨酯（PU）、酚醛、胶粉聚苯颗粒等 |
| B2级 | 模塑聚苯板（EPS）、挤塑聚苯板（XPS）、聚氨酯（PU）、聚乙烯（PE）等 |

### 3.2.6 墙体材料的燃烧性能及耐火极限举例

墙体材料的燃烧性能及耐火极限举例 表3.2.6

| 构件名称 | | 构件厚度或截面最小尺寸（mm） | 燃烧性能和耐火极限（h） |
|---|---|---|---|
| 承重墙 | 普通黏土砖、硅酸盐砖、混凝土、钢筋混凝土实体墙 | 120 | 不燃性，2.50 |
| | | 180 | 不燃性，3.50 |
| | | 240 | 不燃性，5.50 |
| | | 370 | 不燃性，10.50 |
| | 加气混凝土砌块墙 | 100 | 不燃性，2.00 |
| | 轻质混凝土砌块墙、天然石料的墙 | 120 | 不燃性，1.50 |
| | | 240 | 不燃性，3.50 |
| | | 370 | 不燃性，5.50 |

| 构件名称 | | 构件厚度或截面最小尺寸（mm） | 燃烧性能和耐火极限（h） |
|---|---|---|---|
| 非承重墙 | 加气混凝土砌块墙 | 75 | 不燃性，2.50 |
| | | 100 | 不燃性，6.00 |
| | | 200 | 不燃性，8.00 |
| | 钢筋加气混凝土垂直墙板墙 | 150 | 不燃性，3.00 |
| | 粉煤灰加气混凝土砌块墙 | 100 | 不燃性，3.40 |
| | 充气混凝土砌块墙 | 150 | 不燃性，7.50 |
| | 轻集料小型空心砌块（实体墙） | 330×190 | 不燃性，4.00 |
| | 水泥纤维加压板墙 | 100 | 不燃性，2.00 |
| | 石膏珍珠岩空心条板墙 | 60 | 不燃性，1.20～1.50 |
| | | 双层（60+60），中空50 | 不燃性，3.75 |
| | 纸面石膏板、钢龙骨 | 双层（2×12+2×12），中空70 | 不燃性，1.20 |
| | | 双层（2×12+2×12），中填75岩棉 | 不燃性，1.50 |
| | 普通石膏板（内掺纸纤维）、钢龙骨 | 双层（2×12+2×12），中空75 | 不燃性，1.10 |
| | 防火石膏板（内掺玻璃纤维）、钢龙骨 | 双层（2×12+2×12），中空75 | 不燃性，1.35 |
| | | 双层（2×12+2×12），中空75填40岩棉 | 不燃性，1.60 |

注：本表摘自《建筑设计防火规范》GB 50016—2014（2018年版）。

### 3.2.7 外墙饰面做法分类及典型构造做法示例

外墙饰面做法分类及典型构造做法示例表 表3.2.7

| 外墙饰面做法 | 名 称 | 构造做法 |
|---|---|---|
| 清水墙饰面 | 清水混凝土墙面（大模混凝土墙） | 1. 涂刷丙烯酸聚合物基混凝土保护剂两遍<br>2. 聚合物砂浆局部修补基层<br>3. 用喷砂或水枪清除混凝土基层表面灰尘、油污、泛碱、油漆、浮浆、松动砂浆及表面残留杂物 |
| 一般抹灰饰面 | 水泥砂浆墙面（蒸压加气混凝土砌块墙）（轻骨料混凝土空心砌块墙） | 1. 10mm厚1∶2.5（或1∶3）水泥砂浆面层<br>2. 9mm厚1∶3专用水泥砂浆打底扫毛或划出纹道<br>3. 3mm厚专用聚合物砂浆底面刮糙；或专用界面处理剂甩毛<br>4. 喷湿墙面 |
| 装饰抹灰饰面 | 干粘石墙面（混凝土墙、混凝土空心砌块墙）（轻骨料混凝土空心砌块墙） | 1. 刮1mm厚建筑胶素水泥浆黏结层（重量比＝水泥∶建筑胶＝1∶0.3），干粘石面层拍平压实（粒径以小八厘略掺石屑为宜，与6mm厚水泥砂浆层连续操作）<br>2. 6mm厚1∶3水泥砂浆<br>3. 6mm厚1∶3水泥砂浆，刮平划出纹道<br>4. 刷聚合物水泥浆一道（界面剂） |

| 外墙饰面做法 | 名　　称 | 构造做法 |
|---|---|---|
| 涂料饰面 | 涂料面层<br>（混凝土墙、混凝土空心砌块墙） | 1. 外墙涂料（做法和材料详见具体工程）<br>2.12mm厚1：2.5水泥砂浆找平<br>3. 刷素水泥浆一道（内掺水重5％的建筑胶）<br>4.5mm厚1：3水泥砂浆打底扫毛或划出纹道<br>5. 刷聚合物水泥浆一道（界面剂） |
| 外墙砖饰面 | 陶瓷锦砖墙面<br>玻璃锦砖墙面<br>（混凝土墙、混凝土空心砌块墙） | 1. 白水泥擦缝或1：1彩色水泥细砂砂浆勾缝<br>2. 贴5mm厚陶瓷（玻璃）锦砖（粘贴锦砖前先用水浸湿）<br>3.3mm厚建筑胶水泥砂浆（或专用胶）黏结层<br>4. 素水泥浆一道（用专用胶黏结时无此道工序）<br>5.9mm厚1：3水泥砂浆打底压实抹平（用专用胶黏结时要求平整）<br>6. 刷一道混凝土界面处理剂（随刷随抹底灰） |
| 石材（仿石材）饰面 | 粘贴石材墙面<br>（混凝土墙、混凝土空心砌块墙） | 1.1：1水泥砂浆（细砂）勾缝<br>2. 贴10～16mm厚薄型石材，石材背面涂5mm厚胶黏剂<br>3.6mm厚1：2.5水泥砂浆结合层，内掺水重5％的建筑胶<br>4. 刷聚合物水泥浆一道<br>5.5mm厚1：3水泥砂浆打底扫毛或划出纹道<br>6. 刷混凝土界面处理剂一道 |
| 干挂各类板材饰面 | | 详见本书第6章门窗与幕墙 |

注：括号内为基层墙体，高层建筑不宜采用外墙粘贴面砖。

### 3.2.8 常用墙体隔声性能

常用墙体隔声性能表　　　　　　　　表3.2.8

| 构　　造 | 墙厚<br>（mm） | 计权隔声量 $R_w$<br>（dB） | 附　　注 |
|---|---|---|---|
| 钢筋混凝土 | 200 | 57 | 满足外墙隔声要求 |
| 蒸压加气混凝土砌块<br>390mm×190mm×190mm 双面抹灰 | 220 | 47 | 满足外墙隔声要求 |
| 实心砖墙10mm厚抹灰 | 250 | 52 | 满足外墙隔声要求 |
| 轻集料空心砌块<br>390mm×190mm×190mm 双面抹灰 | 210 | 46 | 需加厚抹灰层或空腔填充混凝土方可满足外墙隔声要求 |
| 陶粒空心砌块<br>390mm×190mm×190mm 双面抹灰 | 220 | 47 | 满足外墙隔声要求 |
| GRC轻质多孔条板 | 170 | 45 | 满足住宅分户墙隔声要求 |
| 60mm厚9孔＋50mm<br>厚岩棉＋60mm厚9孔 | 190 | 51 | 满足医院、办公、学校有较高安静要求房间的隔声要求 |

| 构　　造 | 墙厚（mm） | 计权隔声量 $R_w$（dB） | 附　　注 |
|---|---|---|---|
| 石膏珍珠岩轻质多孔条板<br>60mm 厚 9 孔＋50mm 厚岩棉＋<br>60mm 厚 9 孔 | 170 | 49 | 满足住宅分户墙隔声要求 |
| | 190<br>（双面抹灰） | 51 | 满足医院、办公、学校有较高安静要求房间的隔声要求 |
| 蒸压加气混凝土条板<br>150mm 厚双面抹灰 | 190 | 48 | 满足住宅分户墙隔声要求 |
| 轻集料空心砌块<br>390mm×190mm×190mm 双面抹灰 | 130 | 45 | 满足住宅卧室分室墙隔声要求 |
| 蒸压加气混凝土砌块<br>600mm×200mm×100mm 双面抹灰 | 120 | 43 | 满足住宅卧室分室墙隔声要求 |
| 75 系列轻钢龙骨<br>双面单层<br>12mm 厚标准纸面石膏板<br>墙内填 50mm 厚玻璃棉 | 99 | 45～46 | 耐火极限 0.9～1.0h |

### 3.2.9　墙体空气声隔声标准

详见本书第 3 章表 3.1.6.1 中规定。

### 3.2.10　墙体的防潮、防水设计

详见本书第 5 章建筑防水设计。

# 3.3　屋　　面

### 3.3.1　屋面排水坡度规定

屋面排水坡度表　　　　　　　　　　　　表 3.3.1

| 屋面类别 | 屋　面　材　料 | 屋面排水坡度（％） |
|---|---|---|
| 柔性防水平屋面/平屋面 | — | 2～5 |
| 平瓦 | 由黏土瓦、混凝土、塑料、金属材料制成的硬质屋面瓦，含平瓦、鱼鳞瓦、牛舌瓦、石板瓦、J 型瓦、S 型瓦、金属彩板仿平瓦等 | 20～50 |
| 波形瓦 | 含沥青波形瓦、金属波形瓦、树脂波形瓦、水泥波形瓦等 | 10～50 |
| 油毡瓦 | — | ≥20 |
| 网架<br>悬索结构金属板 | — | ≥4 |
| 压型钢板 | 压型钢板、夹芯板 | 5～35 |
| 种植屋面 | — | 1～3 |

注：（1）平屋面采用结构找坡不应小于 3％，采用材料找坡宜为 2％。
　　（2）卷材屋面的坡度不宜大于 25％，当坡度大于 25％时应采取固定和防止滑落的措施。
　　（3）卷材防水屋面天沟、檐沟纵向坡度不应小于 1％，沟底水落差不得超过 200mm；天沟、檐沟排水不得流经变形缝和防火墙。
　　（4）平瓦必须铺置牢固，地震设防地区或坡度大于 50％的屋面，应采取固定加强措施。
　　（5）架空隔热屋面坡度不宜大于 5％，种植屋面坡度不宜大于 3％。

### 3.3.2 屋面排水形式及其适用范围

屋面排水及其适用范围 表 3.3.2

| 屋面排水形式 | 适用范围 | 适用地区 |
|---|---|---|
| 有组织排水 | ＞3层或 $H \geqslant 10m$ 的工业与民用建筑的屋面 | 所有地区 |
| 无组织排水 | ≤3层或 $H < 10m$ 的工业与民用建筑的屋面 | 干热少雨地区 |
| 外排水 | 大多数建筑 | 除严寒地区的高层建筑外，所有地区适用（寒冷地区的高层建筑不宜采用外排水） |
| 内排水 | 屋面进深（跨度）较大或外立面要求不显示排水管的建筑 | 所有地区 |

### 3.3.3 平屋面设计示意图

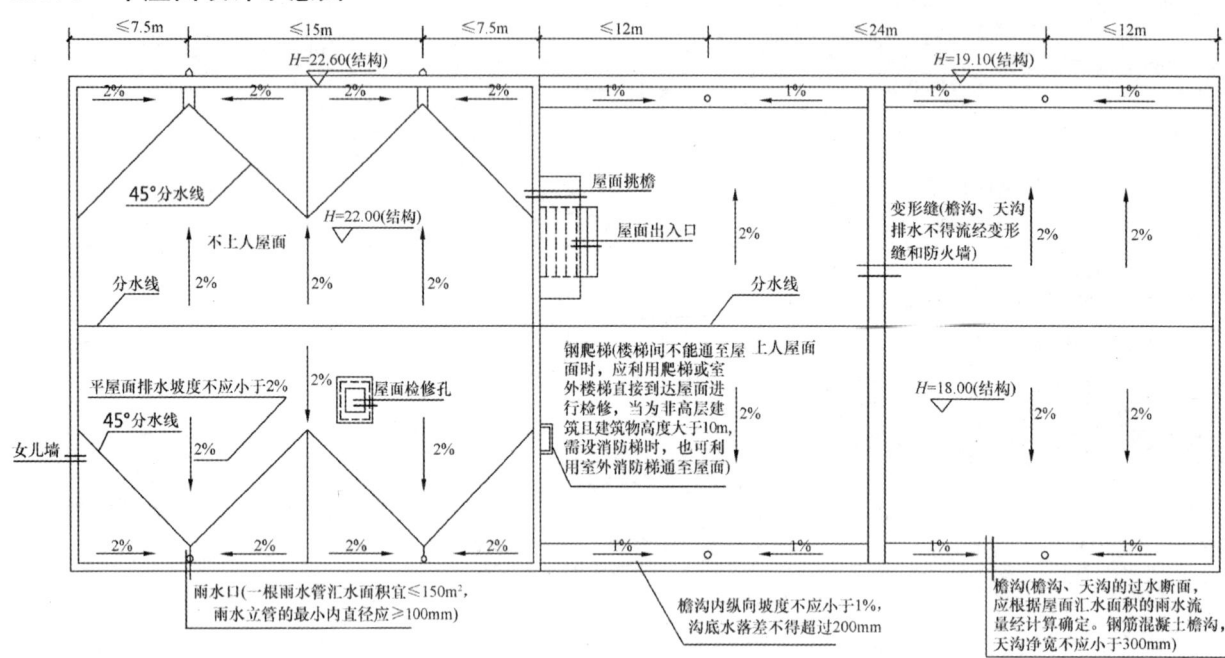

图 3.3.3 屋面设计示意图

### 3.3.4 屋面基本构造层次

屋面基本构造层次表 表 3.3.4

| 屋面类型 | 基本构造层次（自上而下） |
|---|---|
| 卷材、涂膜屋面 | 保护层、隔离层、防水层、找平层、保温层、找平层、找坡层、结构层 |
| | 保护层、保温层、防水层、找平层、找坡层、结构层 |
| | 种植隔热层、保护层、耐根穿刺防水层、防水层、找平层、保温层、找平层、找坡层、结构层 |
| | 架空隔热层、防水层、找平层、保温层、找平层、找坡层、结构层 |
| | 蓄水隔热层、隔离层、防水层、找平层、保温层、找平层、找坡层、结构层 |
| 瓦屋面 | 块瓦、挂瓦条、顺水条、持钉层、防水层或防水垫层、保温层、结构层 |
| | 沥青瓦、持钉层、防水层或防水垫层、保温层、结构层 |
| 金属板屋面 | 压型金属板、防水垫层、保温层、承托网、支承结构 |
| | 上层压型金属板、防水垫层、保温层、底层压型金属板、支承结构 |
| | 金属面绝热夹芯板、支承结构 |
| | 玻璃面板、点支承装置、支承结构 |

### 3.3.5　保护层材料的适用范围和技术要求

保护层材料的适用范围和技术要求　　　　　　表3.3.5

| 保护层材料 | 适用范围 | 技术要求 | 备　注 |
|---|---|---|---|
| 浅色涂料 | 不上人屋面 | 丙烯酸系反射涂料 | 采用淡色涂料做保护层时，应与防水层粘接牢固，厚薄应均匀，不得漏涂 |
| 水泥砂浆 | 不上人屋面 | 20mm厚1：3或M15地面砂浆 | 采用水泥砂浆做保护层时，表面应抹平压光，并应设表面分格缝，分格面积宜为1m² |
| 块体材料 | 上人屋面 | 地砖或30mm厚C20细石混凝土预制块 | 采用块体材料做保护层时，宜设分格缝，其纵横间距不宜大于10m，分格缝宽度宜为20mm，并应用密封材料嵌填 |
| 细石混凝土 | 上人屋面 | 40mm厚C20细石混凝土或50mm厚C20细石混凝土内配$\phi4@100$双向钢筋网片· | 采用细石混凝土做保护层时，表面应抹平压光，并应设分格缝，其纵横间距不应大于6m，分格缝宽度宜为10～20mm，并应用密封材料嵌填 |

### 3.3.6　屋面防火设计

详见本书第4章建筑防火设计。

### 3.3.7　屋面防水设计

详见本书第5章建筑防水设计。

### 3.3.8　屋面保温隔热设计要求

屋面保温隔热设计要求表　　　　　　表3.3.8

| 构造层次 | 正置式（防水层在上、保温层在下） | 从下到上：结构层、保温隔热层、找坡层、找平层、防水层、保护层、饰面层 |
|---|---|---|
| | 倒置式（防水层在下、保温层在上） | 从下到上：结构层、找坡层、找平层、防水层、保温隔热层、保护层、饰面层 |
| | 常用保温隔热层 | 挤塑板（XPS）、模塑板（EPS）、聚氨酯硬泡（PU）、玻璃棉板、岩棉板、矿棉板、水泥聚苯板、憎水型珍珠岩板（保温隔热层厚度应满足节能设计标准对屋顶的热工要求） |
| | 找坡层形式 | 优先采用结构找坡（$i=3\%$），平屋面可采用建筑（轻质材料）找坡（$i\geqslant2\%$） |
| | 找坡层材料 | 泡沫混凝土，1：3：5水泥陶粒（预处理），1：6水泥陶粒（预处理）等轻质吸水率小的材料 |
| | | 水泥砂浆、C20细石混凝土，找坡层应设分格缝（6m×6m）并嵌填密封材料 |
| | 防水层 | 防水卷材或防水涂料（均应为不含焦油型），厚度应符合要求 |
| | 保护层 | 见表3.3.5 |
| | 饰面层 | 水泥砂浆、陶瓷面砖或其他材料 |
| | 瓦屋面 | 瓦屋面也应设防水层和保温隔热层，同时应做好防止瓦滑落的措施 |
| | 屋顶保温隔热措施 | 实体材料保温隔热（适用于所有屋面）<br>架空空气层（通风或封闭）隔热（适用于不上人屋面）<br>阁楼保温隔热（适用于坡屋面）<br>蓄水屋面（特殊情况）<br>种植屋面（特殊情况）<br>浅色饰面层屋面 |

# 3.4 楼　　梯

### 3.4.1　楼梯、楼梯间的常用类型及图示

楼梯、楼梯间的常用类型及图示　　　　　　　　　　　　　表 3.4.1

| 楼梯类型 | 敞开楼梯 | 敞开楼梯间<br>（非封闭楼梯间） | 封闭楼梯间 | 防烟楼梯间 |
|---|---|---|---|---|
| 楼梯形式 | | | | |

注：高层建筑、人员密集的公共建筑、人员密集的多层丙类厂房，甲、乙类厂房，其封闭楼梯间的门应采用乙级防火门，并应向疏散方向开启。

### 3.4.2　各类消防疏散楼梯的防火相关规定

详见本书第 4 章建筑防火设计。

### 3.4.3　楼梯设计细则及图示

1. 梯段改变方向时，扶手转向端处的平台最小宽度不应小于梯段净宽，并不得小于 1.2m，当有搬运大型物件需要时应适量加宽。直跑楼梯的中间平台宽度不应小于 0.9m。每个梯段的踏步级数不应小于 3 级，且不应超过 18 级。

住宅楼梯为剪刀梯时，楼梯平台的净宽不得小于 1.3m（图 3.4.3-1）。

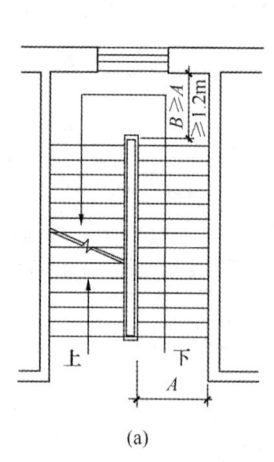

(a)

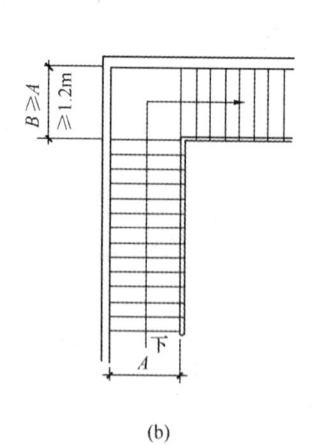

(b)

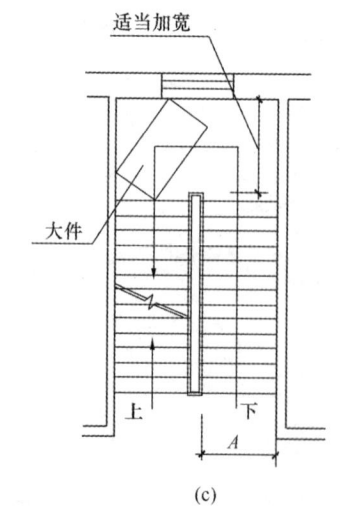

(c)

图 3.4.3-1　楼梯平台净宽示意图

A——梯段宽度（墙面至扶手中心）

B——扶手转向端处平台最小宽度

2. 楼梯平台上部及下部过道处的净高不应小于2m，梯段净高不应小于2.2m（图3.4.3-2）。

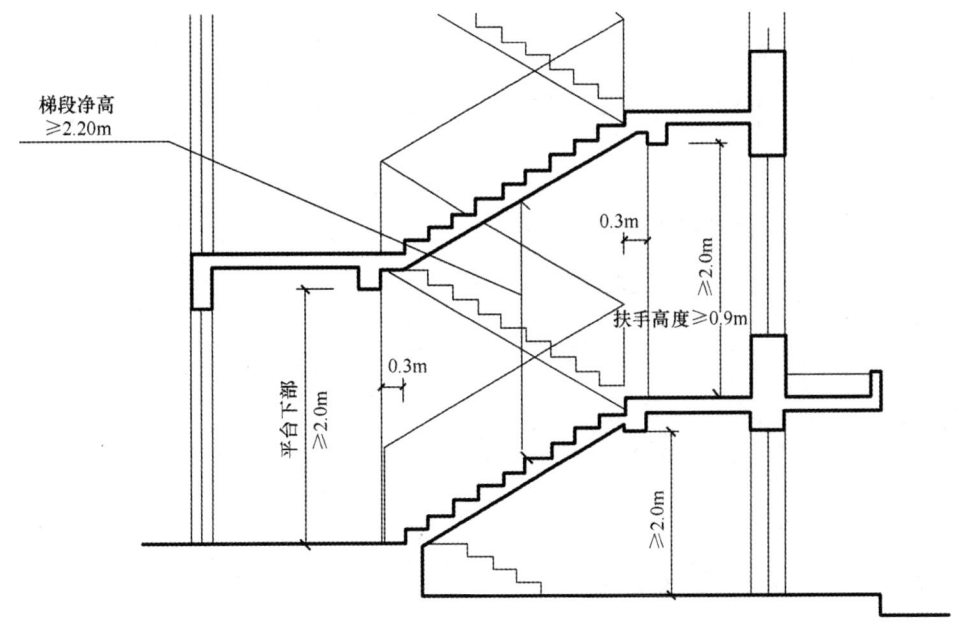

图 3.4.3-2　梯段净高示意图

注：梯段净高为自踏步前缘（包括每个梯段最低和最高一级踏步前缘线以外0.3m范围内）量至上方突出物下缘间的垂直
　　高度。

3. 墙面至扶手中心线或扶手中心线之间的水平距离即楼梯梯段宽度，除应符合防火规范的规定外，供日常主要交通用的楼梯梯段宽度应根据建筑物使用特征，按每股人流为0.55m＋（0～0.15）m的人流股数确定，并不应少于两股人流。0～0.15m为人流在行进中人体的摆幅，公共建筑人流众多的场所应取上限值。

楼梯应至少于一侧设扶手，梯段净宽达三股人流时应两侧设扶手，达四股人流时宜加设中间扶手（图3.4.3-3）。

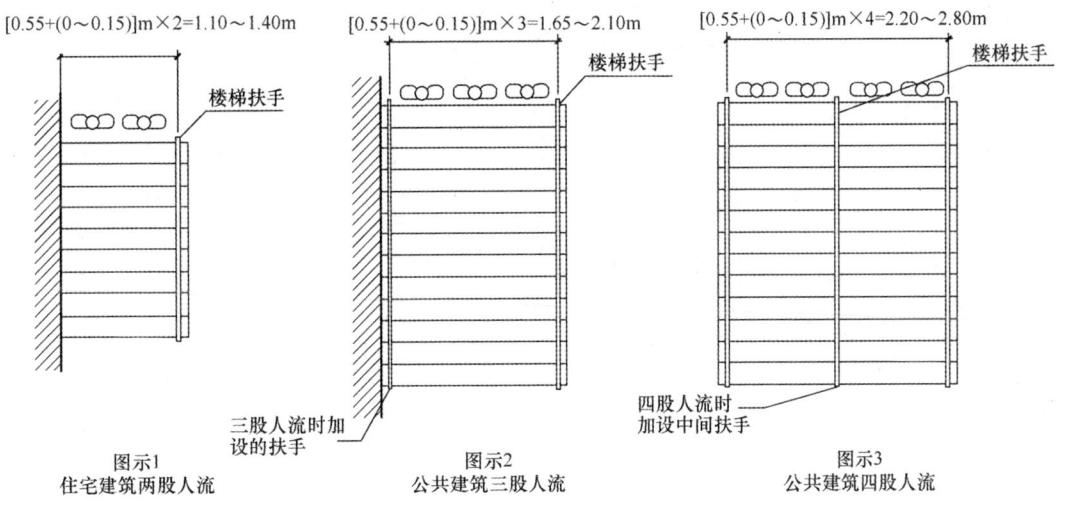

图 3.4.3-3　梯段净宽与人流示意图

4. 室内楼梯扶手高度自踏步前缘线量起不宜小于0.90m。楼梯水平栏杆或栏板长度大于0.50m时，其高度不应小于1.05m（图3.4.3-4）。

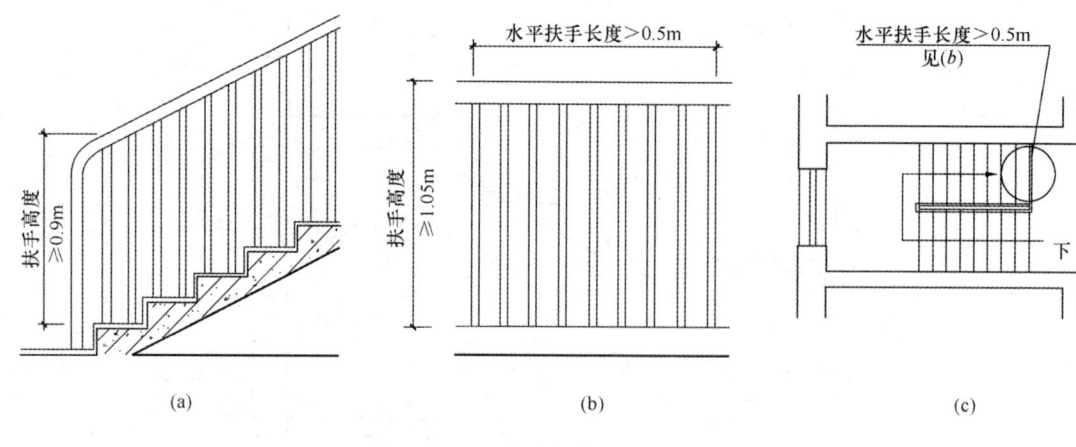

图 3.4.3-4　室内楼梯扶手示意图

### 3.4.4　常用建筑楼梯的基本技术要求

常用建筑楼梯的基本技术要求（mm）　　　　　　表 3.4.4

| 建筑类别 | 在限定条件下对楼梯净宽及踏步的要求 | | | | 楼梯栏杆的要求 | 楼梯平台净宽要求 | 备　注 |
|---|---|---|---|---|---|---|---|
| | 限定条件 | | 楼梯净宽 | 踏步高度 | 踏步宽度 | | |
| 住宅 | 公用楼梯 | 7层及7层以上 | ≥1100 | ≤175 | ≥260 | 栏杆高度≥900，栏杆垂直杆件间净空≤110 | 平台净宽≥梯段净宽且不小于1200，剪刀楼梯平台净宽≥1300 | 楼梯水平段栏杆长度>500时，其扶手高度≥1050，梯井宽度>110时，必须采取防止儿童攀滑的措施 |
| | | 6层及6层以下一边设有栏杆 | ≥1000 | | | | | |
| | 户内楼梯 | 一边临空时 | ≥750 | ≤200 | ≥220 | — | — | 应在其中一侧墙面设置扶手 |
| | | 两侧有墙时 | ≥950 | | | | | |
| 托儿所幼儿园 | 少年儿童专用活动场所楼梯 | | ≥1100 | ≤130 | ≥260 | 栏杆高度≥900，并应在梯段两侧设置幼儿扶手，其高度不应大于600。栏杆应采取不易攀登的构造，垂直杆件间净距≤90 | 平台净宽≥梯段净宽且不小于1200 | 梯井净宽度>110时，必须采取防止攀滑的安全措施；楼梯、室外楼梯临空处应设置防护栏杆，高度应从可踏部位顶面起算，且净高不应小于1300。严寒地区不应设置室外楼梯 |

| 建筑类别 | 在限定条件下对楼梯净宽及踏步的要求 | | | | 楼梯栏杆的要求 | 楼梯平台净宽要求 | 备 注 |
|---|---|---|---|---|---|---|---|
| | 限定条件 | 楼梯净宽 | 踏步高度 | 踏步宽度 | | | |
| 中、小学 | 少年儿童专用活动场所楼梯（教学楼楼梯） | ≥1200（大于3000时宜设中间扶手）应按600整数加宽 | 小学≤150 中学≤165 | 小学≥260 中学≥280 | 室内楼梯栏杆高度≥900 室外楼梯栏杆高度≥1200 栏杆应采取不易攀登的构造，垂直杆件间净距≤110 | 平台净宽≥梯段净宽，并≥1200 | 楼梯间不应设遮挡视线的隔墙。楼梯坡度≤30°，梯井宽度>200时，必须采取防止攀滑的安全措施。楼梯水平段栏杆长度>500时，其扶手高≥1050 |
| | | | 不得采用螺旋或扇形踏步 | | | | |
| 医院 | 门诊、急诊、病房楼 | 主楼梯≥1650 疏散楼梯≥1300 | ≤160 | ≥280 | 室内楼梯栏杆高度≥900 室外楼梯栏杆高度≥1200 | 平台净宽≥梯段净宽 | 楼梯水平段栏杆长度>500时，其扶手高度≥1050 |
| 交通建筑 | 港口客运站疏散楼梯 | ≥1400 | ≤160 | ≥280 | 室内楼梯栏杆高度≥900，室外楼梯栏杆高度≥1200，当采用垂直杆件做栏杆时，其杆件间净距≤110 | 平台净宽≥梯段净宽 | 楼梯水平段栏杆长度>500时，其扶手高度≥1050 |
| | 铁路旅客客运站旅客用楼梯疏散楼梯 | ≥1600 | ≤150 | ≥300 | | | |
| 商店剧院电影院 | 营业部分公用楼梯观众使用的主楼梯 | ≥1400 | ≤165 | ≥280 | 室内楼梯栏杆高度≥900，室外楼梯栏杆高度≥1200，当采用垂直杆件做栏杆时，其杆件间净距≤110 | 平台净宽≥梯段净宽 | 楼梯水平段栏杆长度>500时，其扶手高度≥1050 |
| | | | 无中柱螺旋楼梯和弧形楼梯内侧扶手中心250处的踏步宽度不应小于220 | | | | |
| 办公及其他建筑 | 其他建筑楼梯 多层 | ≥1100 | ≤175 | ≥260 | 室内楼梯栏杆高度≥900 室外楼梯栏杆高度≥1100 | 平台净宽≥梯段净宽且不小于1200 | 楼梯水平段栏杆长度>500时，其扶手高度≥1050 |
| | 其他建筑楼梯 高层 | ≥1200 | | | | | |
| | 核心筒 超高层 | | ≤180 | ≥250 | | | |

注：(1) 楼梯净宽指墙面至扶手中心线或扶手中心线之间的水平距离。

(2) 楼梯平台上部及下部过道处的净高不得小于2000，梯段净高不得小于2200，梯段净高为自踏步前缘（包括最低和最高一级踏步前缘线以外300范围内）至上方突出物下缘间的垂直高度。

(3) 每个梯段的踏步不应超过18级，亦不应少于3级。

(4) 楼梯应至少一侧设扶手，梯段净宽达3股人流时应两侧设扶手，达4股人流时宜加设中间扶手。

(5) 供老年人、残疾人使用及其他专用服务楼梯应符合专用建筑专业建筑设计规范。

# 3.5 电　梯

## 3.5.1 常用建筑电梯的设置及要求

电梯不得计作安全出口，高层建筑应设置电梯，常用建筑电梯的设置及要求见表3.5.1。

常用建筑电梯的设置及要求表　　　　　　　　表3.5.1

| 建筑类型 | 设置要求 |
|---|---|
| 住宅建筑 | 1. 七层及七层以上住宅或住户入口层楼面距室外设计地面的高度超过16m时；<br>2. 底层作为商店或其他用房的六层及六层以下住宅，其住户入口层楼面距室外设计地面高度超过16m时；<br>3. 底层做架空层或贮存空间的六层及六层以下住宅，其住户入口层楼面距该建筑物的室外设计地面高度超过16m时；<br>4. 顶层为两层一套的跃层住宅时，跃层部分不计层数，其顶层住户入口层楼面距该建筑物室外设计地面的高度超过16m时；<br>5. 12层及12层以上的住宅，每栋楼设置电梯不应少于两台，其中应设置一台可容纳担架的电梯[担架电梯最小轿厢尺寸1500mm（宽）×1600mm（深）]；<br>6. 候梯厅深度不应小于多台电梯中最大轿厢的深度，且不应小于1.50m；<br>7. 对于有特殊要求的住宅，其最高住户入口层楼面距离主楼层的高度超过8m时，也允许设置电梯。如果只装一台电梯，电梯的额定载重量不得小于630kg，额定速度不得低于0.63m/s。在每一梯群中，所有电梯的额定速度均不得低于1m/s，而且至少有一台电梯的额定载重量应是1000kg |
| 老年人居住建筑 | 老年人居住建筑宜设置电梯，二层及以上老年人居住建筑应设可容担架的电梯，电梯厅深度不宜小于1.8m |
| 宿舍 | 六层及六层以上宿舍或居室最高入口楼面距室外设计地面的高度大于15m时，宜设置电梯；高度大于18m时，应设置电梯，并宜有一部电梯供担架平入 |
| 旅馆建筑 | 四级、五级旅馆建筑二层宜设乘客电梯，三层及三层以上应设乘客电梯。一级、二级、三级旅馆建筑三层宜设乘客电梯，四层及四层以上应设乘客电梯；客房部分宜至少设置两部乘客电梯；服务电梯应根据旅馆建筑等级和实际需要设置，且四级、五级旅馆建筑应设服务电梯 |
| 办公建筑 | 1. 四层及四层以上或楼面距室外设计地面高度超过12m的办公建筑应设电梯；<br>2. 乘客电梯的数量、额定载重量和额定速度应通过设计和计算确定；<br>3. 消防电梯可兼作服务电梯使用；<br>4. 超高层办公建筑的乘客电梯应分层分区停靠 |
| 图书馆 | 图书馆的四层及四层以上设有阅览室时，应设乘客电梯，并应至少一台无障碍电梯 |
| 医院建筑 | 1　二层医疗用房宜设电梯；三层及三层以上的医疗用房应设电梯，且不得少于2台；<br>2　供患者使用的电梯和污物梯，应采用病床梯；<br>3　医院住院部宜增设供医护人员专用的客梯、送餐和污物专用货梯；<br>4　电梯井道不应与有安静要求的用房贴邻 |
| 饮食建筑 | 位于二层及二层以上的餐馆、饮品店和位于三层及三层以上的快餐店宜设置乘客电梯；位于二层及二层以上的大型和特大型食堂宜设置自动扶梯 |

| 建筑类型 | 设置要求 |
|---|---|
| 博物馆建筑 | 大、中型馆内二层或二层以上的陈列室宜设置货客两用电梯；二层或二层以上的藏品库房应设置载货电梯 |
| 疗养院建筑 | 超过两层应设置电梯，且不宜少于2台，其中1台宜为医用电梯 |
| 商店建筑 | 大型和中型商店的营业区宜设乘客电梯、自动扶梯、自动人行道；多层商店宜设置货梯或提升机 |

注：(1) 电梯台数和规格应经计算后确定，并应满足建筑的使用特点和要求。
(2) 高层公共建筑和高层宿舍建筑的电梯台数不宜少于2台。
(3) 高层建筑每个服务区单侧排列的电梯不宜超过4台，双侧排列的电梯不宜超过2排×4台；电梯不宜在转角处贴邻布置。
(4) 轿厢与对重（或平衡重）之下确有人能够到达的空间，井道底坑的底面至少应按500N/m² 载荷设计，且加实心桩墩或安全钳。
(5) 当相邻两层地坎间的距离大于11m时，其间应设置井道安全门。安全门尺寸为高度不得小于1.8m，宽度不得小于0.35m。

### 3.5.2 电梯候梯厅的深度

电梯候梯厅的深度应符合下表规定，并不得小于1.5m。

**电梯候梯厅的深度表**　　　　　　　　　　　　表 3.5.2

| 电梯类型 | 布置方式 | 候梯厅深度 |
|---|---|---|
| 住宅电梯 | 单台 | $\geq B$，且$\geq 1.5$m |
| | 多台单侧排列 | $\geq B_{max}$，且$\geq 1.8$m |
| | 多台双侧排列 | $\geq$相对电梯 $B_{max}$之和，且$< 3.5$m |
| 公共建筑电梯 | 单台 | $\geq 1.5B$，且$\geq 1.8$m |
| | 多台单侧排列 | $\geq 1.5B_{max}$，且$\geq 2.0$m 当电梯群为4台时应$\geq 2.4$m |
| | 多台双侧排列 | $\geq$相对电梯 $B_{max}$之和，且$< 4.5$m |
| 病床电梯 | 单台 | $\geq 1.5B$ |
| | 多台单侧排列 | $\geq 1.5B_{max}$ |
| | 多台双侧排列 | $\geq$相对电梯 $B_{max}$之和 |
| 担架电梯 | 单台 | 住宅使用担架电梯轿厢宽度$\geq 1600$mm，进深$\geq 1500$mm |

注：$B$ 为轿厢深度，$B_{max}$ 为电梯群中最大轿厢深度。

### 3.5.3 消防电梯的相关设计及要求

详见本书第4章建筑防火设计。

### 3.5.4 电梯机房相关要求

1. 机房地面应平整、坚固、防滑和不起尘。机房地面允许有两个不同高度，但当高差$\geq 0.5$m时应设护栏并做钢梯或台阶；

2. 机房门宽度应$\geq 1200$mm，高度应$\geq 2000$mm，通往机房的走道和楼梯宽度也应$\geq 1200$mm，坡度应不大于45°，并有充分的照明，楼梯应能承受电梯主机的重量；

3. 机房应有采光窗和充分的照明，地板面的照度200lx；

4. 机房内必须有良好的通风，并能保持干燥，机房应与水箱和烟道隔离。

### 3.5.5 乘客电梯的分区设计原则

1. 建筑高度超过75m和层数超过25层及以上的高层公共建筑的乘客电梯宜分层（奇数、偶数层）停靠或宜按低区、中区、高区，分区运行；

2. 超高层建筑的乘客电梯应分层、分区停靠。多台电梯宜采用群控，群控不宜超过4台；

3. 10层以下采用全程服务（即一组电梯在建筑物的每层均开门），10层以上可采用分区服务，或在建筑物上部设置转换层以接力方式为上层服务；

4. 分区时应考虑以乘客在轿厢内停留的时间为标准，一般采用1分钟较为理想，1.5～2.0分钟为极限；

5. 分区标准应经过计算确定，一般上区层数应少些，下区层数应多些；

6. 电梯分区宜以建筑高度50m或10～12个电梯停站为一个区；第一个50m采用1.75m/s的常规速度，然后每隔50m升一级，每升一级速度加1.00～1.5m/s，即高度50～100m段的梯速用2.50m/s，100～150m段用3.5m/s，150～200m段用4.5m/s，200～250m段用5.5m/s，以此类推。

### 3.5.6 常用电梯的主要技术参数

**常用电梯主要技术参数及规格**　　　　表3.5.6

| 名称 | 额定载重量[kg（人）] | 额定速度（m/s） | 井道尺寸 宽度（mm） | 井道尺寸 深度（mm） | 轿厢尺寸 宽度（mm） | 轿厢尺寸 深度（mm） | 厅门尺寸 净宽（mm） | 厅门尺寸 净高（mm） |
|---|---|---|---|---|---|---|---|---|
| 住宅电梯乘客电梯 | 630（8） | 1.0、1.5、1.75、2.0、2.5 | 1800 | 2100 | 1100 | 2100 | 800 | |
| | 800（10） | | 1900 | 2200 | 1350 | 1400 | 800 | |
| | 1000（13） | | 2100 | 2200 | 1600 | 1400 | 900 | 2100 |
| | 1350（18） | | 2650 | 2450 | 2000 | 1500 | 1100 | |
| | 1600（21） | | 2700 | 2500 | 2100 | 1600 | 1100 | |
| 病床电梯 | 1600（21） | 0.63、1.00、1.60、2.50 | 2400 | 3000 | 1400 | 2400 | 1300 | 2100 |
| | 2000（26） | | 2700 | 3300 | 1500 | 2700 | | |
| | 2500（33） | | | | 1800 | | | |
| 载货电梯 | 630 | 0.63、1.00 | 2100 | 1900 | 1100 | 1400 | 1100 | 2100 |
| | 1000 | | 2400 | 2300 | 1300 | 1750 | 1300 | 2100 |
| | 1600 | | 2700 | 2800 | 1500 | 2250 | 1500 | 2100 |
| | 2000 | | 2700 | 3200 | 2200 | 2700 | 1500 | 2100 |
| | 3000 | | 3600 | 3400 | 2400 | 3600 | 2200 | 2500 |
| | 5000 | | 4000 | 4300 | | 3600 | 2400 | 2500 |
| 杂物电梯 | 40 | 0.25、0.40 | 900 | 800 | 600 | 600 | 门高不得超过1200 | |
| | 100 | | 1100 | 1000 | 800 | 800 | | |
| | 250 | | 1500 | 1200 | 1000 | 1000 | | |

注：（1）服务于残疾人的轿厢尺寸大于或等于1100mm×1400mm。
（2）速度0.4～1.0m/s常用于液压电梯。
（3）井道的设计尺寸应结合井道高度调整允许偏差。
（4）井道施工前应由厂家核对相应尺寸。

### 3.5.7 电梯井道底坑深度和顶层高度

电梯井道底坑深度和顶层高度表　　　　　　　　表 3.5.7

| 额定速度 m/s | 底坑深度（P）顶层高度（Q） | 乘客电梯额定载重量（kg） | | | | | 病床电梯额定载重量（kg） | | | 载货电梯额定载重量（kg） | | | |
|---|---|---|---|---|---|---|---|---|---|---|---|---|---|
| | | 630 | 800 | 1000 | 1250 | 1600 | 1600 | 2000 | 2500 | 1000 | 1600 | 2000 | 3000 |
| 0.63 | P | 1400 | 1400 | 1400 | 1600 | 1600 | 1600 | 1600 | 1800 | — | — | — | 1400 |
| | Q | 3800 | 3800 | 4200 | 4400 | 4400 | 4400 | 4400 | 4600 | — | — | — | 4300 |
| 1.00 | P | 1400 | 1400 | 1400 | 1600 | 1600 | 1700 | 1700 | 1900 | 1500 | 1700 | 1700 | — |
| | Q | 3800 | 3800 | 4200 | 4400 | 4400 | 4400 | 4400 | 4600 | 4100 | 4300 | 4300 | — |
| 1.60 | P | 1600 | 1600 | 1600 | 1600 | 1600 | 1900 | 1900 | 2100 | | | | |
| | Q | 4000 | 4000 | 4200 | 4400 | 4400 | 3800 | 4400 | 4600 | | | | |
| 2.50 | P | — | 2200 | 2200 | 2200 | 2200 | 2500 | 2500 | 2500 | | | | |
| | Q | — | 5000 | 5200 | 5400 | 5400 | 5400 | 5400 | 5600 | | | | |

注：（1）本表摘自国家标准《电梯主参数及轿厢、井道、机房的型式与尺寸》GB/T 7025—2008。

（2）顶层高度为顶层层站至电梯井道顶板底的垂直距离，当轿厢高度加高时，顶层高度需相应加高。

（3）某些驱动形式和电梯结构有可能需要较大的顶层高度或底坑深度，还应符合国家标准的规定和满足安装要求。

### 3.5.8 观光电梯

1. 观光电梯设计注意事项

（1）开敞型的观光电梯应特别注意防水和保温，其井道应设排水设施。

（2）应对直接暴露在外的井道壁进行妥善处理，使之与主体建筑统一协调。

（3）电梯井道相邻两层门地坎间的距离超过 11m（3 层左右）时，中间应设安全门。安全门应在井道外闭锁，井道内能手动开启，安全门的开启方向不得朝向井道内。

2. 观光电梯参数、尺寸（表 3.5.8）

观光电梯尺寸表　　　　　　　　表 3.5.8

| 规格尺寸 | | | 10 | 15 | 20 | 24 |
|---|---|---|---|---|---|---|
| 梯形 | 定员（人） | | 10 | 15 | 20 | 24 |
| | 载重（kg） | | 700 | 1000 | 1350 | 1600 |
| | 速度（m/s） | | 0.75～1.75 | | | |
| | 厅门（mm）（宽×高） | | 800×2100 | 900×2100 | 900×2100 | 1000×2100 |
| 半圆形 | 轿厢（mm） | A×B | 1400×1470 | 1500×1760 | 1700×1980 | 1800×2100 |
| | | R | 700 | 750 | 850 | 900 |
| | 井道（mm） | C×D | 2400×2120 | 2850×2630 | 2850×2630 | 2950×2770 |
| | | Z | 1200 | 1250 | 1400 | 1450 |
| | 机房（mm） | W×T | 3000×4000 | 3000×4300 | 3300×4500 | 3500×4600 |

续表

| 规格尺寸 | 定员（人） | | 10 | 15 | 20 | 24 |
|---|---|---|---|---|---|---|
| 梯形 | 载重（kg） | | 700 | 1000 | 1350 | 1600 |
| | 速度（m/s） | | 0.75～1.75 | | | |
| | 厅门（mm）（宽×高） | | 800×2100 | 900×2100 | 900×2100 | 1000×2100 |
| 切角形 | 轿厢（mm） | A×B | 1400×1450 | 1600×1690 | 1700×1930 | 1800×2030 |
| | | R | 700 | 800 | 850 | 900 |
| | 井道（mm） | C×D | 2400×2120 | 2500×2410 | 2850×2630 | 2950×2770 |
| | | Z | 1200 | 1250 | 1400 | 1450 |
| | 机房（mm） | W×T | 3000×4000 | 3000×4300 | 3300×4500 | 3500×4600 |
| 圆形 | 轿厢（mm） | A×B | 900×2000 | 1100×2200 | 1200×2450 | 1300×2600 |
| | | R | 700 | 700 | 800 | 850 |
| | 井道（mm） | C×D | 1900×2650 | 2100×2850 | 2350×3100 | 2450×3250 |
| | | Z | 1050 | 1050 | 1200 | 1200 |
| | 机房（mm） | W×T | 4000×4450 | 4000×4650 | 4000×4900 | 4000×5000 |

注：（1）本表为设计时参考数据。

（2）施工图设计以实际选用电梯型号样本为准。

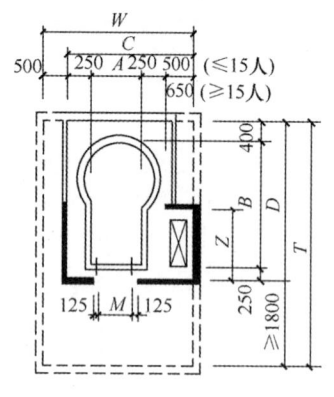

图 3.5.8-1　圆形观光电梯示意图

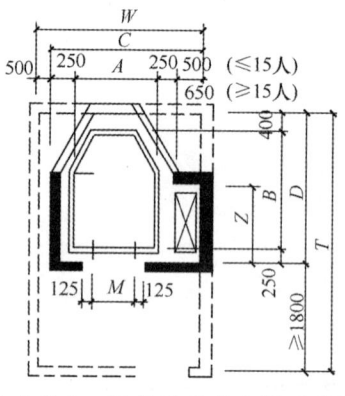

图 3.5.8-2　切角形观光电梯示意图

### 3.5.9　电梯数量、主要技术参数

客梯台数的确定，需根据不同建筑类型、层数、每层面积、人数、电梯主要技术参数等因素综合考虑。方案设计阶段配置可参考表 3.5.9。

电梯数量、主要技术参数表　　　　表 3.5.9

| 建筑类别 | 标准 | 数量 | | | | 额定载重量（kg）和乘客人数（人） | | | | | 额定速度（m/s） |
|---|---|---|---|---|---|---|---|---|---|---|---|
| | | 经济级 | 常用级 | 舒适级 | 豪华级 | | | | | | |
| 住宅 | | 90～100户/台 | 60～90户/台 | 30～60户/台 | <30户/台 | 400 | | 630 | | 1000 | 0.63、1.00、1.60、2.50 |
| | | | | | | 5 | | 7 | | 11 | |
| 旅馆 | | 120～140客房/台 | 100～120客房/台 | 70～100客房/台 | <70客房/台 | 630 | 800 | 1000 | 1250 | 1600 | 0.63、1.00、1.60、2.50 |
| 办公 | 按建筑面积 | 6000m²/台 | 5000m²/台 | 4000m²/台 | <2000m²/台 | 8 | 10 | 13 | 16 | 21 | |
| | 按办公有效使用面积 | 3000m²/台 | 2500m²/台 | 2000m²/台 | <1000m²/台 | | | | | | |
| | 按人数 | 350人/台 | 300人/台 | 250人/台 | <250人/台 | | | | | | |

| 标准<br>建筑类别 | 数量 | | | | 额定载重量（kg）和<br>乘客人数（人） | | | 额定速度<br>（m/s） |
|---|---|---|---|---|---|---|---|---|
| | 经济级 | 常用级 | 舒适级 | 豪华级 | 1600 | 2000 | 2500 | 0.63、1.00、<br>1.6、2.5 |
| 医院住院部 | 200<br>人/台 | 150<br>人/台 | 100<br>人/台 | <100<br>人/台 | 21 | 26 | 33 | |

注：(1) 本表的电梯台数不包括消防和服务电梯。

  (2) 旅馆的工作、服务电梯台数等于0.3~0.5倍客梯数，住宅消防电梯可与客梯兼用。

  (3) 12层及12层以上的高层住宅，其电梯数不应少于2台；当每层居住25人，层数为24层以上时，应设置3台电梯；每层居住25人，层数为35层以上时，应设置4台电梯。

  (4) 医院住院部宜增设1~2台供医护人员专用的客梯。

  (5) 超过3层的门诊楼设1~2台乘客电梯。

  (6) 办公建筑的有效使用面积为总建筑面积的67%~73%，一般宜取70%；有效使用面积为总建筑面积扣除不能供人使用或办公的面积，如楼梯间、电梯间、公共走道、卫生间、设备间、结构面积等。

  (7) 办公建筑中的使用人数可按4~10m²/人的使用面积估算；计算办公建筑的建筑面积，应将首层不使用电梯的建筑面积和裙房的建筑面积扣除。

  (8) 在各类建筑物中，应至少配置1~2台能使轮椅使用者进出的无障碍电梯。

# 3.6　自动扶梯和自动人行道

### 3.6.1　自动扶梯、自动人行道应符合下列规定

1. 自动扶梯和自动人行道不应作为安全出口。

2. 出入口畅通区的宽度从扶手带端部算起不应小于2.5m，人员密集的公共场所其畅通区宽度不宜小于3.5m。

3. 扶梯与楼层地板开口部位之间应设防护栏杆或栏板。

4. 栏板应平整、光滑和无突出物；扶手带顶面距自动扶梯前缘、自动人行道踏板面或胶带面的垂直高度不应小于0.9m。

5. 扶手带中心线与平行墙面或楼板开口边缘间的距离：当相邻平行交叉设置时，两梯（道）之间扶手带中心线的水平距离不应小于0.5m，否则应采取措施防止障碍物引起人员伤害。

6. 自动扶梯的梯级、自动人行道的踏板或胶带上空，垂直净高不应小于2.3m。

7. 自动扶梯的倾斜角不宜超过30°，额定速度不宜大于0.75m/s；当提升高度不超过6.0m，倾斜角小于等于35°时，额定速度不宜大于0.5m/s；当自动扶梯速度大于0.65m/s时，在其端部应有不小于1.6m的水平移动距离作为导向行程段。

8. 当自动扶梯和层间相通的自动人行道单向设置时，应就近布置相匹配的楼梯。

9. 倾斜式自动人行道的倾斜角不应超过12°，额定速度不应大于0.75m/s。当踏板的宽度不大于1.1m，并且在两端出入口踏板或胶带进入梳齿板之前的水平距离不小于1.6m时，自动人行道的最大额定速度可达到0.9m/s。

10. 当自动扶梯或倾斜式自动人行道呈剪刀状相对布置时，以及与楼板、梁开口部位侧边交错部位，应在产生的锐角口前部1.0m范围内设置防夹、防剪的预警阻挡设施。

引自《民用建筑设计统一标准》GB 50352—2019第6.9条。

### 3.6.2　自动扶梯和自动人行道的技术要求

1. 每台自动扶梯或自动人行道的进出口通道宽度必须大于自动扶梯或自动人行道的宽度，

进出口通道的净深必须大于 2.5m。

2. 扶手带中心线与平行墙面或楼板开口边缘间的距离：当相邻平行交叉设置时，两梯（道）之间扶手带中心线的水平距离不应小于 0.5m，否则应采取措施防止障碍物引起人员伤害。

3. 自动扶梯或自动人行道的进出口通道必须设防护栏杆或防护板，其高度≥1100mm，并能防止儿童钻爬。

4. 自动扶梯或自动人行道相互之间的间隙大于 200mm 时，应设防坠落安全设施。

5. 设置在中庭处临空一侧的自动扶梯宜考虑增加强安全的措施。

### 3.6.3 自动扶梯平、立、剖面图

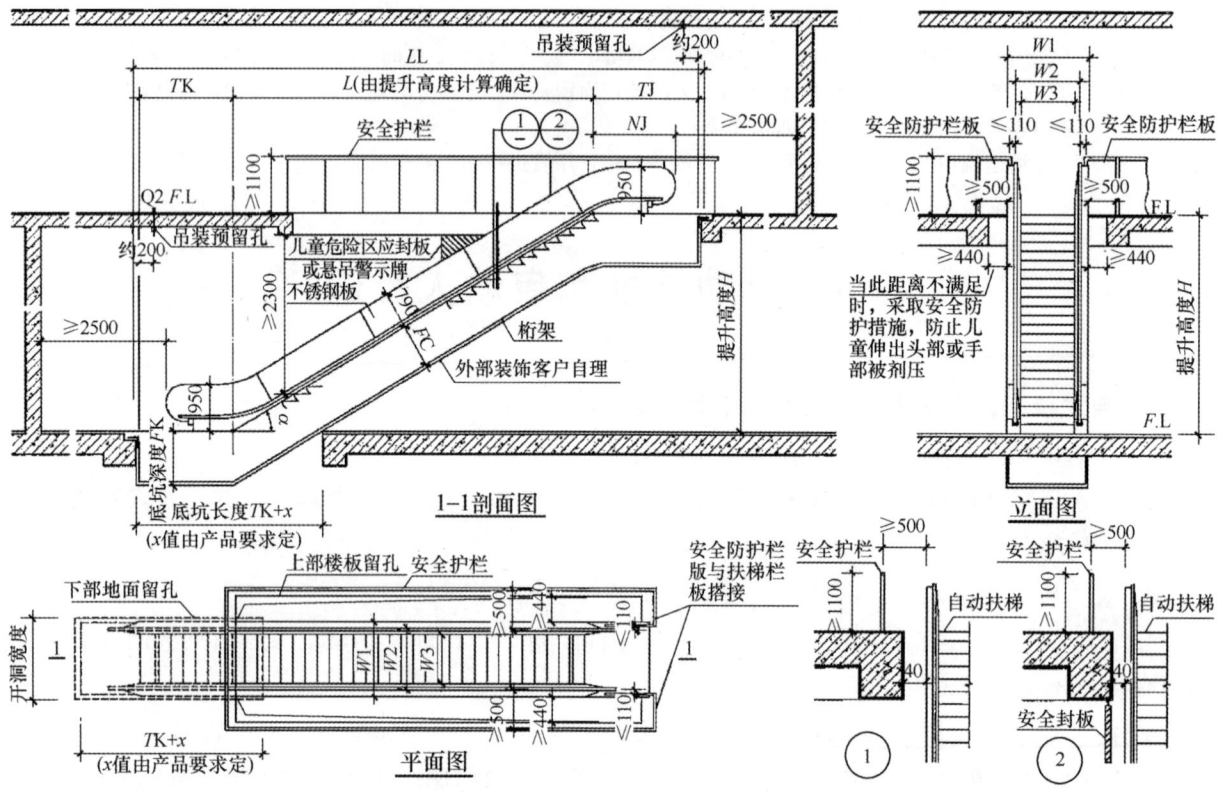

注：W1—扶梯宽度，W2—扶手之间宽度，W3—裙板之间宽度，H—自动扶梯提升高度，α—自动扶梯倾斜角度，FK—底坑深度，TK—底坑长度，L—自动扶梯长度，LL—自动扶梯整体长度。

图 3.6.3　自动扶梯平、立、剖面图

注：引自图集《电梯 自动扶梯 自动人行道》13J404

### 3.6.4 自动扶梯主要技术参数

**自动扶梯主要技术参数表**　　　　　　　　　　　　　表 3.6.4

| 广义梯级宽度<br>（mm） | 提升高度<br>（m） | 倾斜角度<br>（°） | 额定速度<br>（m/s） | 理论运送能力<br>（人/h） | 电　源 |
|---|---|---|---|---|---|
| 600、800<br>（单人） | 3.0～10.0 | 27.3、30、35 | 0.5、0.75 | 4500、6750、9000 | 动力三相交 380V，功率 50Hz |
| 1000、1200<br>（双人） | | | | | 功率 3.7～15kW<br>照明 220V，50Hz |

## 3.6.5　自动人行道主要技术参数

自动人行道主要技术参数表　　　　　　　　　　表 3.6.5

| 类型 | 倾斜角<br>（°） | 踏板宽度 A<br>（mm） | 额定速度<br>（m/s） | 理论运送能力<br>（人/h） | 提升高度 | 电源 |
|---|---|---|---|---|---|---|
| 水平型 | 0～4 | 800、1000、1200 | 0.5、0.65、0.75、0.90 | 9000、11250、13500 | 2.2～6.0 | 动力三相交 380V，功率 50Hz，功率 3.7～15kW，照明 220V，50Hz |
| 倾斜 | 10、11、12 | 800、1000 | — | 6750、9000 | | |

## 3.6.6　自动人行道平、立、剖面图

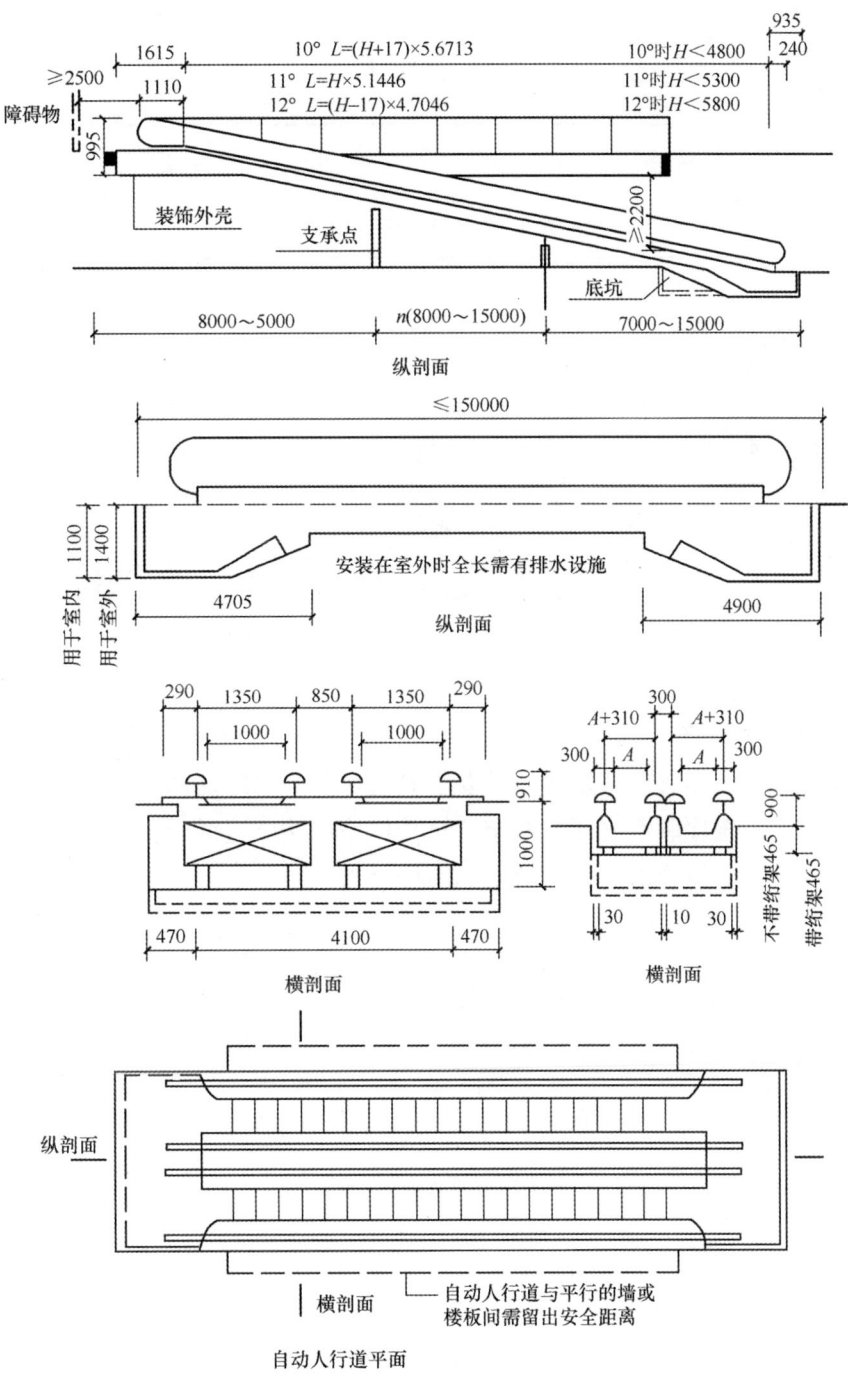

图 3.6.6　自动人行道平、立、剖面图

# 3.7 厨 房

## 3.7.1 住宅厨房建议尺寸

住宅厨房建议尺寸 表 3.7.1

| 厨房设备布置形式 | 厨房最小净宽（m） | 厨房最小净长（m） |
|---|---|---|
| 单面布置 | ≥1.5 | ≥3.0 |
| L形布置 | ≥1.8 | ≥2.7 |
| 双面布置 | ≥2.1 | ≥2.7 |
| U形布置 | ≥1.9 | ≥2.7 |

## 3.7.2 住宅厨房相关设计要求

住宅厨房相关设计要求 表 3.7.2

| 使用面积 | 1. 由卧室、起居室（厅）、厨房和卫生间等组成的住宅套型的厨房使用面积，不应小于4.0m²；<br>2. 由兼起居的卧室、厨房和卫生间等组成的住宅最小套型的厨房使用面积，不应小于3.5m² | | | | |
|---|---|---|---|---|---|
| 通风排烟 | 应自然通风，通风面积≥1/10该房间地板面积，且≥0.6m²。<br>排油烟机的排气管道可通过竖向排气道或外墙排向室外。当通过外墙直接排至室外时，应在室外排气口设置避风、防雨和防止污染墙面的构件 | | | | |
| 采光 | 应对外开窗直接采光，窗地比≥1/7 | | | | |
| 各类设施尺寸<br>（mm） | 灶台宽 | 洗菜台宽 | 操作台宽 | 吊柜 | 抽油烟机 |
| | ≥800 | ≥900 | ≥600 | 进深 300～350 | 与灶台净距 |
| | | 进深 500～600<br>高 800～850 | | 底距地 1400～1600 | 600～800 |

## 3.7.3 公共厨房主要设计要求

1. 厨房的面积和平面布置应根据建筑的要求设置，并与餐厅的面积相匹配。

2. 厨房的位置应与餐厅联系方便，并避免对其他使用功能造成干扰。

3. 厨房的平面布置应符合加工流程要求和防疫要求。

注：参考《饮食建筑设计标准》JGJ 64—2017。

公共厨房主要设计要求 表 3.7.3

| 建筑要求 | 餐厨面积比 | 室内净高 | 采光窗地比 | 通风开启窗地比 |
|---|---|---|---|---|
| | 见表3.7.4 | ≥3m | 宜≥1/6 | 应≥1/10 |
| 防火要求 | 1. 厨房有明火的加工区应采用耐火极限不低于2.00h的防火隔墙与其他部位分隔，隔墙上的门、窗应采用乙级防火门、窗；<br>2. 厨房有明火的加工区（间）上层有餐厅或其他用房时，其外墙开口上方应设置宽度不小于1.0m、长度不小于开口宽度的防火挑檐；或在建筑外墙上下层开口之间设置高度不小于1.2m的实体墙 | | | |
| 工艺要求 | 1. 厨房区域应按原料进入、原料处理、主食加工、副食加工、备餐、成品供应、餐用具洗涤消毒及存放的工艺流程合理布局，食品加工处理流程应为生进熟出单一流向；<br>2. 两个分开：原料与成品宜分开，生、熟食宜分开；<br>3. 平面应设独立的人货流路线；<br>4. 为排水和通风排烟预留土建条件（如结构降板、设置排水沟、设竖向排气道和烟囱等） | | | |

### 3.7.4 各类餐饮场所中公共厨房主要用房的相关要求参考

各类餐饮场所中公共厨房主要用房的面积要求、公用厨房面积与就餐面积比例　　表 3.7.4

| 场所 | 加工经营场所面积 $A$（$m^2$） | 食品处理区（即公共厨房）与就餐场所面积之比 | 切配、烹饪场所累计面积（$m^2$） | 凉菜间累计面积（$m^2$） | 食品处理区需设独立隔间的场所 | 备 注 |
|---|---|---|---|---|---|---|
| 餐馆 | ≤150 | ≥1：2.0 | ≥食品处理区面积50%且≥8 | ≥5 | 加工、烹饪、餐具清洗消毒 | — |
| | 150＜$A$≤500 | ≥1：2.2 | ≥食品处理区面积50% | ≥食品处理区面积10% | 加工、烹饪、餐具清洗消毒 | — |
| | 500＜$A$≤3000 | ≥1：2.5 | ≥食品处理区面积50% | ≥食品处理区面积10% | 粗加工、切配、烹饪、餐具清洗消毒、清洁工具存放 | 专间入口处应设置有洗手、消毒、更衣设施的通过式预进间 |
| | $A$＞3000 | ≥1：3.0 | ≥食品处理区面积50% | ≥食品处理区面积10% | 粗加工、切配、烹饪、餐具清洗消毒、清洁工具存放 | 专间入口处应设置有洗手、消毒、更衣设施的通过式预进间 |
| 快餐店 | $A$≤50 | ≥1：2.5 | ≥8 | ≥5 | 加工、备餐（快餐店） | — |
| 饮品店 | $A$＞50 | ≥1：3.0 | ≥10 | | | |
| 食堂 | 就餐人数100人以下食品处理区面积不小于30$m^2$，100人以上每增加1人增加0.3$m^2$，1000人以上超过部分每增加1人增加0.2$m^2$，切配烹饪场所占食品处理面积50%以上 | | | ≥5 | 备餐；其他参照餐馆相应要求设置 | ≥500$m^2$ 的食堂，专间入口应设置有洗手、消毒、更衣设施的通过式预进间 |

注：（1）表中所示面积为使用面积。
　　（2）使用半成品加工的饮食建筑，食品处理区与用餐区域面积之比可根据实际需要确定。

### 3.7.5 住宅厨房门的设置要求

厨房门应在下部设置有效截面积不小于 $0.02m^2$ 的固定百叶，或距地面留出不小于 30mm 的缝隙。

# 3.8 卫 生 间

### 3.8.1 住宅卫生间设计

住宅卫生间设计要求 表 3.8.1

| 使用面积 | 3件（便浴洗） | 2件（便浴或洗浴） | 2件（便洗） | 单设便器 | 单设淋浴 |
|---|---|---|---|---|---|
| | ≥2.5m² | ≥2.0m² | ≥1.8m² | 1.1m² | 1.2m² |
| 门的要求 | 1. 无前室的卫生间的门不应直接开向起居室（厅）或餐厅、厨房；<br>2. 门洞宽度≥700mm，并在下部设固定百叶或留出≥30mm 缝隙 | | | | |
| 通风及采光要求 | 1. 卫生间宜有直接采光、自然通风；每套住宅有两个以上卫生间时，至少宜有 1 间有直接采光、自然通风；严寒、寒冷和夏热冬冷地区无通风窗口的卫生间应设竖向排气道或机械排风装置。<br>2. 有直接采光、自然通风的卫生间，其侧面采光窗洞口面积不应小于地面面积的 1/10，通风开口面积不应小于地面面积的 1/20 | | | | |
| 防水防潮要求 | 卫生间地面应有防水，并设置地漏等排水措施，门口处应防止积水外溢（地面标高应低于门口外地面标高 20～30mm 或做低门槛，无障碍要求应低于门口外地面标高 15mm 且为斜坡）；墙面、顶棚应防潮，有洗浴设施时，其墙面应防水；地面防水层向外延展不应小于 500mm，两侧延展的宽面不应小于 200mm。<br>住宅的屋面、地面、外墙、外窗应采取防止雨水和冰雪融化水侵入室内的措施 | | | | |
| 位置要求 | 不应直接布置在下层住户的卧室、客饭厅、厨房、餐厅的上层（上下层为同一住户除外） | | | | |
| 构造要求 | 1. 卫生间地面或楼板应设防水层，下沉式卫生间楼、地面应设双层防水层。<br>2. 卫生间楼、地面坡度不宜小于 1%，楼、地面周边沿墙为最高，地漏表面为最低点，以保证地面水排出；除地面需防水层外，淋浴区墙面应设高度不小于 1800mm 的防水层。<br>3. 地面防水、地漏设置、排气道等应严格按图集建筑构造详图设计、施工。<br>4. 洗面器与化妆台面间、浴盆与墙面相交接处应用密封胶密封 | | | | |
| 排气道要求 | 1. 住宅卫生间与厨房不得共用同一竖向排气道，燃气热水器的排气管不得接入住宅排气道内，其他管线禁止穿越住宅排气道。<br>2. 餐厅、饭馆、浴室等服务业的排油烟、排气管道不得与住宅排气道共用 | | | | |

### 3.8.2 卫生洁具距墙及相互间尺寸

1. 便器中心距侧墙不应小于 400mm；中心距侧面洁具边缘不应小于 350mm（图 3.8.2a）；

2. 淋浴器喷头中心距墙不应小于 350mm，喷头中心与低位洁具水平距离不应小于 350mm（图 3.8.2b）；

3. 洗面器中心距侧墙不宜小于 550mm，侧边距一般洁具不应小于 100mm，前边距墙、距洁具边缘不应小于 600mm（图 3.8.2c）；

4. 电热水器、太阳能热水器储水箱侧面距墙不应小于 100mm（图 3.8.2d）。

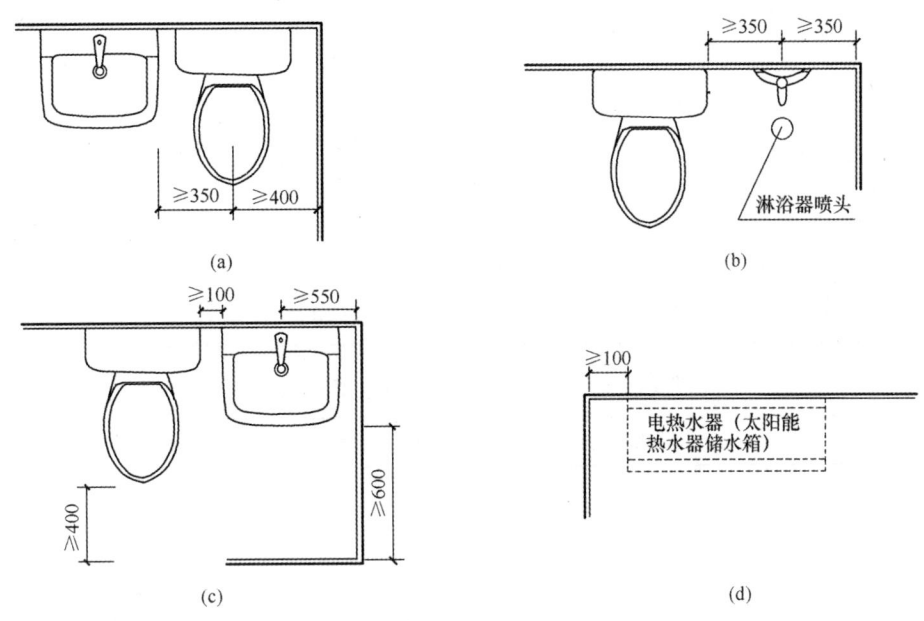

图 3.8.2

### 3.8.3 公共卫生间设计要求

**公共卫生间设计要求**                                     表 3.8.3

| 位置要求 | 1. 不应直接布置在餐厅、食品加工贮存、医疗医药、变配电等有严格卫生要求或防水、防潮要求严格的用房上层；<br>2. 饮食建筑的公用卫生间应隐蔽，入口不应靠近餐厅或与餐厅相对；<br>3. 办公建筑的公用卫生间距离最远工作点不应大于 50m，卫生间门不宜直接开向办公用房、门厅、电梯厅等公共空间；<br>4. 学校建筑的教学楼应每层设卫生间，教职工卫生间应与学生卫生间分设，当每层少于 3 个班时，男、女卫生间可隔层设置 |
|---|---|
| 设计要求 | 1. 大门应能双向开启；<br>2. 宜将大便间、小便间、洗手间分区设置；<br>3. 卫生间内应分设男、女通道，在男、女进门处应设视线屏蔽；<br>4. 当男、女卫生间厕位分别超过 20 个时，应设双出入口；<br>5. 每个大便器应有一个独立的厕位间 |
| 厕位数量 | 1. 公共卫生间的数量及男、女卫生间的比例应计算确定；<br>2. 在人流集中的场所，女厕位与男厕位（含小便位）的比例不应小于 2∶1 |

### 3.8.4 各类建筑卫生设施的配置数量

以下所有表中数据摘自《城市公共厕所设计标准》CJJ 14—2016 及《旅馆建筑设计规范》JGJ 62—2014。

公共场所公共卫生间厕位服务人数（人） 表 3.8.4-1

| 公共场所 | 服务人数（人/厕位·天） | |  |
|---|---|---|---|
|  | 男 | 女 |  |
| 广场、街道 | 500 | 350 |  |
| 车站、码头 | 150 | 100 |  |
| 公园 | 200 | 130 |  |
| 体育场外 | 150 | 100 |  |
| 海滨活动场所 | 60 | 40 |  |

商场、超市和商业街公共卫生间厕位数 表 3.8.4-2

| 购物面积（m²） | 男厕所（个） | 女厕所（个） |  |
|---|---|---|---|
| 500 以下 | 1 | 2 |  |
| 501～1000 | 2 | 4 |  |
| 1001～2000 | 3 | 6 |  |
| 2001～4000 | 5 | 10 |  |
| ≥4000 | 每增加 2000m² 男厕位增加 2 个，女厕位增加 4 个 | | |

注：（1）按男女如厕人数相当时考虑。

（2）商业街应按各商店的面积合并计算后，按上表比例配置。

饭馆、咖啡店等餐饮场所公共卫生间厕位数 表 3.8.4-3

| 设施 | 男 | 女 |
|---|---|---|
| 厕位 | 50 个座位以下至少设 1 个；100 个座位以下设 2 个；超过 100 个座位每增加 100 个座位增设 1 个 | 50 个座位以下设 2 个；100 个座位以下设 3 个，超过 100 个座位每增加 65 个座位增设 1 个 |

注：按男女如厕人数相当时考虑。

体育场馆、展览馆等公共文体娱乐场所公共卫生间厕位数 表 3.8.4-4

| 设施 | 男 | 女 |
|---|---|---|
| 座位、蹲位 | 250 座以下设 1 个，每增加 1～500 座增设 1 个 | 不超过 40 座的设 1 个；41～70 座设 3 个；71～100 座设 4 个；每增 1～40 座增设 1 个 |
| 站位 | 100 座以下设 2 个，每增加 1～80 座增设 1 个 | 无 |

注：（1）若附有其他服务设施内容（如餐饮），应按相应内容增加配置。

（2）有人员聚集场所的广场内，应增建馆外人员使用的附属或独立卫生间。

公共部分卫生间洁具数量 表 3.8.4-5

| 房间名称 | 男 | | 女 |
|---|---|---|---|
|  | 大便器 | 小便器 | 大便器 |
| 门厅（大堂） | 每 150 人配 1 个，超过 300 人，每增加 300 人增设 1 个 | 每 100 人配 1 个 | 每 75 人配 1 个，超过 300 人，每增加 150 人增设 1 个 |

| 房间名称 | 男 | | 女 |
| --- | --- | --- | --- |
| | 大便器 | 小便器 | 大便器 |
| 各种餐厅（含咖啡厅、酒吧等） | 每100人配1个，超过400人，每增加250人增设1个 | 每50人配1个 | 每50人配1个，超过400人，每增加250人增设1个 |
| 宴会厅、多功能厅、会议室 | 每100人配1个，超过400人，每增加200人增设1个 | 每40人配1个 | 每40人配1个，超过400人，每增加100人增设1个 |

注：（1）本表假定男、女各为50%，当性别比例不同时应进行调整。
　　（2）门厅（大堂）和餐厅兼顾使用时，洁具数量可按餐厅配置，不必叠加。
　　（3）四、五级旅馆建筑可按实际情况酌情增加。
　　（4）洗面盆、清洁池数量可按现行行业标准《城市公共厕所设计标准》CJJ 14—2016配置。
　　（5）商业、娱乐加健身的卫生设施可按现行行业标准《城市公共厕所设计标准》CJJ 14—2016配置。

**机场、火车站、综合性服务楼和服务性单位公共卫生间厕位数**　　表 3.8.4-6

| 设施 | 男 | 女 |
| --- | --- | --- |
| 厕位 | 100人以下设2个；每增加60人增设1个 | 100人以下设4个；每增加30人增设1个 |

### 3.8.5　母婴室的设置要求

在交通客运站、高速公路服务站、医院、大中型商店、博览建筑、公园等公共场所应设置母婴室，办公楼等工作场所的建筑物内宜设置母婴室。母婴室应符合下列规定：

1. 母婴室应为独立房间且使用面积不宜低于10.0m²。
2. 母婴室应设置洗手盆、婴儿尿布台及桌椅等必要的家具。
3. 母婴室的地面应采用防滑材料铺装。

### 3.8.6　卫生间和浴室隔间的平面尺寸

**卫生间和浴室隔间的平面尺寸**　　表 3.8.6

| 类别 | 平面尺寸（宽度×深度，mm） |
| --- | --- |
| 外开门的卫生间隔间 | 0.9×1.2（蹲便器）<br>0.9×1.3（坐便器） |
| 内开门的卫生间隔间 | 0.9×1.4（蹲便器）<br>0.9×1.5（坐便器） |
| 医院患者专用卫生间隔间（外开门） | 1.1×1.5（门闩应能里外开启） |
| 无障碍卫生间隔间（外开门） | 1.5×2.0（不应小于1.0×1.8） |
| 外开门淋浴隔间 | 1.0×1.2（或1.1×1.1） |
| 内设更衣凳的淋浴隔间 | 1.0×（1.0+0.6） |

### 3.8.7 卫生设备间距的最小尺寸

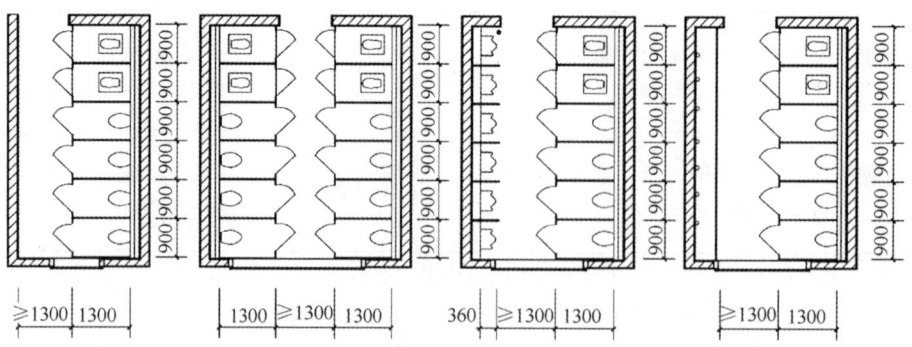

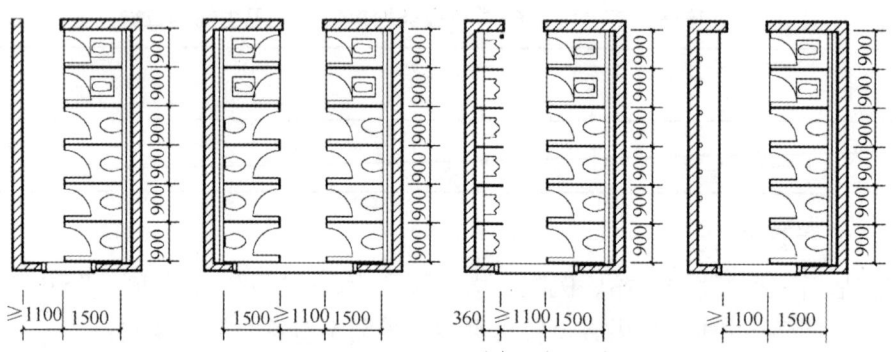

内外开门隔间与小便槽、小便斗最小间距

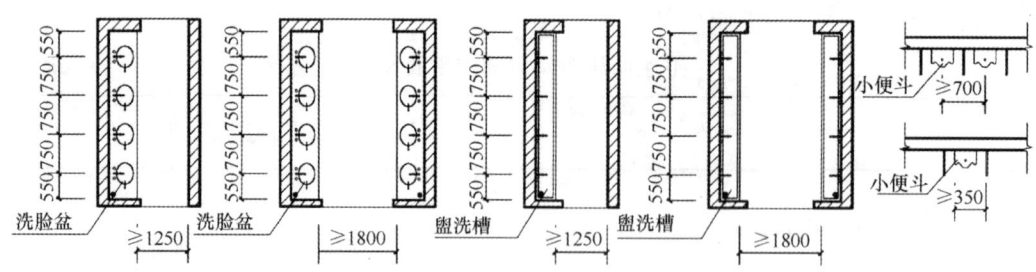

洗脸盆、盥洗槽、小便斗的最小间距

图 3.8.7 卫生设备间距最小尺寸

注：公共卫生间

# 3.9　建筑物无障碍设计

## 3.9.1　无障碍出入口设计要求和实施范围

无障碍出入口设计要求和实施范围　　　　　表 3.9.1

| 类型 | 坡度 | 地面 | 平台净深度 | 两道门间距 | 出入口上方 |
|---|---|---|---|---|---|
| 平坡出入口 | ≤1/20（场地条件较好时 1/30） | 平整防滑 | ≥1.50m（门完全开启时） | ≥1.50m（两道门同时开启时）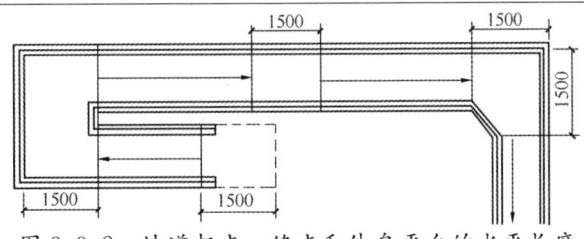 | 设置雨篷 |
| 台阶与轮椅坡道出入口 | 1/20、1/16、1/12、1/10、1/8（具体另详轮椅坡道） | | | | |
| 台阶与升降平台出入口 | 1. 只适用于受场地限制无法设置坡道的改造工程；<br>2. 升降平台的宽×深≥0.9m×1.2m，并设扶手、挡板、呼叫按钮；基坑应采用防止误入的安全防护措施 | | | | |
| 实施范围 | 1. 设置电梯的居住建筑（别墅可按需要选择使用）；<br>2. 未设置电梯的低层、多层居住建筑，设置无障碍住房宿舍时；<br>3. 各类民用建筑的主要出入口；<br>4. 汽车加油加气站、车库的人行出入口；<br>5. 历史文物保护建筑对外的出入口——对游客开放参观的房间；<br>6. 城市公共厕所的出入口 | | | | |

注：无障碍出入口室外地面滤水箅子的孔洞宽度≤15mm。

## 3.9.2　轮椅坡道设计要求和实施范围

轮椅坡道设计要求和实施范围　　　　　表 3.9.2

| 形　式 | 直线形、直角形、折返形 | | | | |
|---|---|---|---|---|---|
| 净宽度 | 1. 无障碍出入口处的轮椅坡道≥1.2m；<br>2. 其他轮椅坡道≥1.00m | | | | |
| 坡度 | 1∶20 | 1∶16 | 1∶12 | 1∶10 | 1∶8 |
| 最大高度（m） | 1∶20 | 0.90 | 0.75 | 0.60 | 0.30 |
| 水平长度（m） | 24.00 | 14.40 | 9.00 | 6.00 | 2.40 |
| 休息平台长度 | ≥1.50m（起点、终点和中间的休息平台）见图 3.9.2 | | | | |
| 安全防护措施 | 1. 临空一侧应设置安全阻挡措施——高度≥50mm 的安全挡台；<br>2. 高度>300mm 且坡度>1/20 的轮椅坡道，应在两侧设置扶手 | | | | |
| 坡道地面 | 平整、防滑、无反光 | | | | |
| 实施范围 | 1. 凡有高差并设有台阶的无障碍出入口；<br>2. 公共建筑基地的主要人行道有高差或台阶时；<br>3. 办公、科研、司法、文化建筑的出入口大厅、休息厅、贵宾休息室、疏散大厅等人员聚集场所有高差或台阶时；<br>4. 汽车客运站站前广场的人行道有高差时 | | | | |

图 3.9.2　坡道起点、终点和休息平台的水平长度

### 3.9.3 无障碍通道设计要求和实施范围

表3.9.3

| | | |
|---|---|---|
| 宽度 | 室外通道 | 1.50m |
| | 大型公建及医疗建筑的室内通道 | 1.80m |
| | 一般的室内通道 | 1.20m |
| | 检票口、结算口的轮椅通道 | 0.90m |
| 其他 | 1. 无障碍通道应连续，地面应平整、防滑、无反光，不宜铺设厚地毯；<br>2. 无障碍通道长度＞60m时宜设休息区，休息区应避开行走路线；<br>3. 医疗建筑、福利及特殊服务建筑的无障碍通道的两侧墙面应设置扶手；<br>4. 室外通道上的雨水箅子的孔洞宽度应≤15mm | |
| 实施范围 | 1. 居住绿地内的游步道；<br>2. 连接无障碍住房宿舍与居住绿地之间的通道；<br>3. 连接无障碍入口与电梯厅的通道；<br>4. 连接设在二层以上的无障碍宿舍与电梯厅的通道；<br>5. 办公、科研、司法、商业服务、文化建筑中公众通行的室内走道；<br>6. 医疗、康复建筑中，凡病人、康复人员使用的室外步行道和室内通道；<br>7. 福利及特殊服务建筑中的室外步行道、公共区域的室内通道；<br>8. 体育建筑的检票口及无障碍出入口到各种无障碍设施的室内走道；<br>9. 汽车客运站的门厅、售票厅、候车厅、检票口等旅客通行的室内走道；<br>10. 设在非首层的车库与无障碍电梯（或楼梯）之间的通道 | |

### 3.9.4 无障碍门设计要求和实施范围

表3.9.4

| | | |
|---|---|---|
| 门类型 | 宜 | 自动门、平开门、推拉门、折叠门 |
| | 不宜 | 弹簧门、玻璃门（当采用时应有醒目标志） |
| 门净宽 | 自动门 | 1.00m |
| | 平开、推拉、折叠门 | 0.8m（有条件时宜0.9m） |
| 门扇内外回转空间 | 直径1.50m | |
| 门把手一侧墙面宽度 | 0.40m | |
| 门把手离地高度 | 0.90m | |
| 护门板离地高度 | 0.35m | |
| 观察玻璃 | 在门扇设置，距地0.60m<br>（宽×高：0.3m×0.9m） | |
| 门槛高度及室内外高差 | ≤15mm，并以斜面过渡 | |
| 门的颜色 | 宜与周围墙面有色差，<br>方便识别 | |
| 实施范围 | 1. 无障碍客房、住房及宿舍的门；<br>2. 医疗康复建筑中，凡病人、康复人员使用空间及房间的门；<br>3. 福利及特殊服务建筑中的居室户门、卧室、厨房、卫生间的门 | |

### 3.9.5　无障碍楼梯与台阶设计要求和实施范围

表 3.9.5

| | | | |
|---|---|---|---|
| 楼梯 | 楼梯形式 | | 宜采用直线形楼梯 |
| | 踏步 | 形式 | 不应采用无踢面和直角形突缘的踏步 |
| | | 尺寸 | 公共建筑——宽度≥280mm、高度≤160mm<br>其他建筑——按现行规范的相关规定 |
| | 扶手 | | 宜在楼梯两侧均设扶手，扶手应符合无障碍要求 |
| | 安全措施 | | 1. 栏杆式楼梯宜在栏杆下方设置安全阻挡措施；<br>2. 步级踏面应平整、防滑或设防滑条；<br>3. 步级踏面和踢面的颜色宜有区分和对比；<br>4. 楼梯上行和下行的第一级宜在颜色或材质上与平台有明显区别 |
| | 提示盲道 | | 距踏步起点和终点 250～300mm 处宜设置提示盲道 |
| 台阶 | 宽度、高度 | | 室内外台阶踏步宽度≥300mm，100mm≤高度≤150mm |
| | 扶手 | | ≥3 级的台阶两侧均应设置扶手 |
| | 防滑 | | 台阶踏步应防滑 |
| | 安全提示 | | 台阶上行及下行的第一级宜在颜色或材质上与其他级有明显区别 |
| 实施范围 | 楼梯 | 1. 未设电梯的多层居住区配套建筑的楼梯 | 至少 1 部 |
| | | 2. 设在二层以上且未设置电梯的无障碍住房宿舍的公共楼梯 | 全设 |
| | | 3. 福利及特殊服务建筑的楼梯 | 全设 |
| | | 4. 医疗康复建筑的同一栋建筑内的楼梯 | 至少 1 部 |
| | | 5. 体育建筑内供观众使用的楼梯 | 全设 |
| | | 6. 商业服务建筑、汽车客运站内供公众使用的主要楼梯 | 全设 |
| | | 7. 文化、办公、科研、司法建筑内供公众使用的主要楼梯 | 全设（宜条） |
| | 台阶 | 公共建筑的室内外台阶 | |

### 3.9.6　无障碍电梯设计要求和实施范围

表 3.9.6

| | | |
|---|---|---|
| 候梯厅 | 深度 | ≥1.50m（公建及设置病床梯的电梯厅≥1.80m） |
| | 门洞净宽 | ≥0.90m |
| | 呼叫按钮高度 | 0.90～1.10m |
| | 运行装置 | 应设运行显示装置和抵达音响 |
| 轿厢 | 轿厢门净宽 | ≥0.80m |
| | 轿厢尺寸 | 宽度≥1.10m，深度≥1.40m |
| | 扶手 | 在轿厢的三面壁上设置，高度 0.85～0.90m |
| | 运行装置 | 应设电梯运行显示装置和报层音响 |
| | 镜子或镜面材料 | 在轿厢正面高 0.90m 处至顶部安装 |
| | 带盲文的选层按钮 | 在轿厢侧壁安装，高度 0.90～1.10m |
| | 无障碍标志 | 在无障碍电梯位置处设置 |

| 实施范围 | 1. 设有电梯的居住建筑——每居住单元至少设 1 部 |
| --- | --- |
| | 2. 设有电梯的居住区配套建筑——至少设 1 部 |
| | 3. 设置在二层以上的有电梯的无障碍宿舍——至少设 1 部 |
| | 4. 设有电梯的公共建筑——至少设 1 部，其中：<br>福利及特殊服务建筑——全部设置<br>医疗康复建筑——每组电梯至少设 1 部<br>体育建筑（1）特级、甲级场馆——看台区、主席台、贵宾区如有电梯≥1 部<br>（2）乙级、丙级场馆——看台座席区如设电梯≥1 部 |

注：不能用升降平台代替无障碍电梯，升降平台只适用于场地有限的改造工程。

### 3.9.7 无障碍扶手设计要求和实施范围

表 3.9.7

| 扶手高度 | 单层扶手 | 850～900mm | |
| --- | --- | --- | --- |
| | 双层扶手 | 上层扶手 850～900mm，下层扶手 650～700mm | |
| 扶手内侧与墙面的距离 | | ≥40mm | |
| 起点和终点处的水平延伸长度 | | ≥300mm | |
| 扶手末端处理 | | 1. 应向内拐到墙面或向下延伸 100mm | |
| | | 2. 栏杆式扶手应向下成弧形或延伸到地面上固定 | |
| 截面尺寸 | 圆形扶手 | 直径 35～50mm | |
| | 矩形扶手 | 35～50mm | |
| 实施范围 | | 1. 医疗康复建筑、福利及特殊服务建筑的公共区域的无障碍通道 | |
| | | 2. 医技部的理疗用房、住院部病人活动室的墙面 | |
| | | 3. 无障碍电梯的轿厢 | |
| | | 4. 高度＞300mm 且坡度＞1/20 的轮椅坡道两侧 | |
| | | 5. 无障碍楼梯与无障碍台阶 | |
| | | 6. 福利及特殊服务建筑主要出入口台阶的两侧（宜条） | |

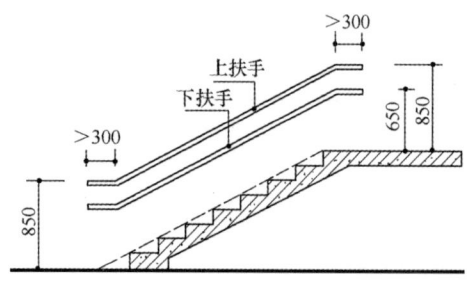

图 3.9.7-1 双层扶手

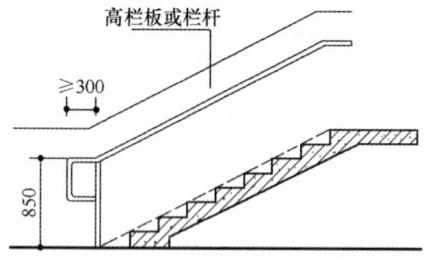

图 3.9.7-2 栏板或栏杆高度超过 900，需另做扶手

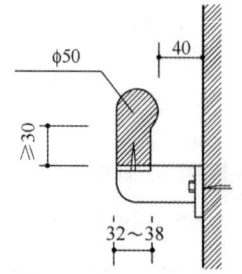
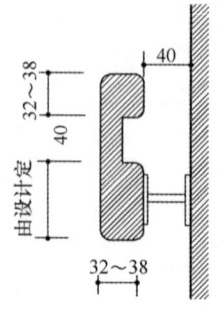

图 3.9.7-3 适用的扶手断面

## 3.9.8　无障碍厕所设计要求和实施范围

表 3.9.8

| 基本设施 | 男厕 | 无障碍厕位1个，无障碍小便器1个，无障碍洗手盆1个 |
|---|---|---|
| | 女厕 | 无障碍厕位1个，无障碍洗手盆1个 |
| 厕所最小面积 | | ≥4m² (2000mm×2000mm) |
| 厕所入口和通道 | | 方便乘轮椅者进入和回转，回转直径≥1.50m |
| 厕位尺寸 | | 最小为1.80m×1.00m，宜为2.00m×1.50m |
| 厕位门 | 净宽度 | ≥800mm |
| | 开启方式 | 向外平开（内开门厕位内应留有≥1.50m的轮椅回转空间） |
| | 开关门装置 | 1. 门外侧设900mm高的横扶开门把手及可紧急开启的插销；<br>2. 门内侧设900mm高的关门拉手 |
| 厕所门净宽度 | | ≥800mm |
| 厕所其他设施 | | 坐便器、多功能台、挂衣钩、呼叫按钮、厕纸盒、安全抓杆、镜子 |
| 实施范围 | | 1. 民用建筑的男女公共厕所（至少设1处）；<br>2. 医疗、文化、商业服务建筑、汽车客运站各楼层的公共厕所（至少设1处）；<br>3. 城市公共厕所（男女各设1处），公共浴室应设1个无障碍厕位 |

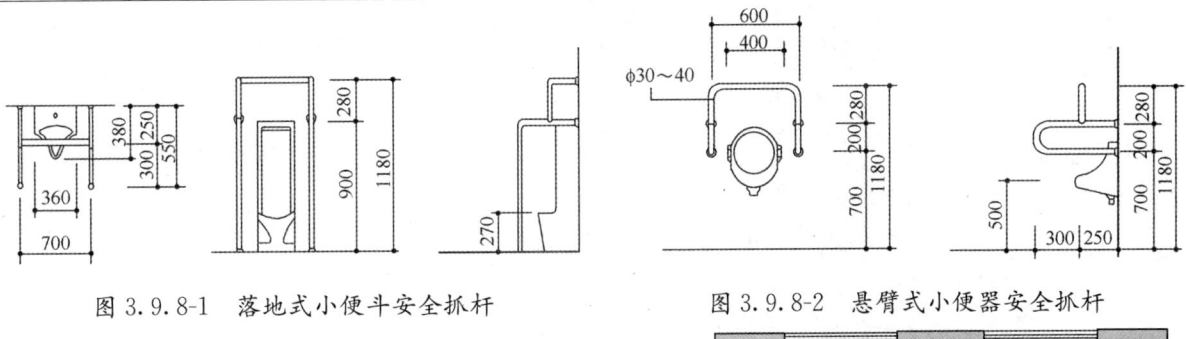

图 3.9.8-1　落地式小便斗安全抓杆　　　　图 3.9.8-2　悬臂式小便器安全抓杆

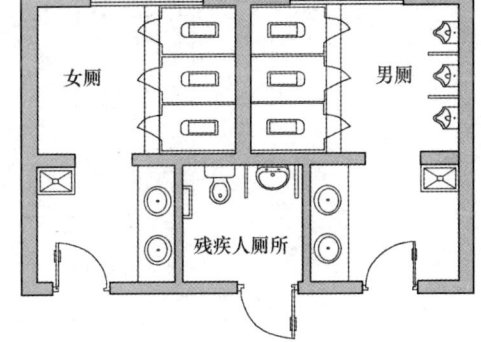

图 3.9.8-3　坐便器两侧固定式安全抓杆　　　图 3.9.8-4　残疾人专用厕所

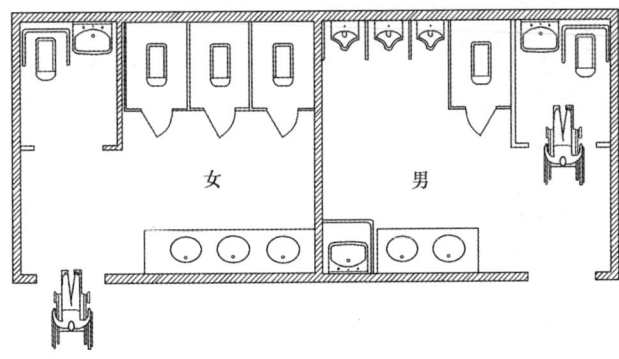

图 3.9.8-5　公共卫生间中的残疾人厕位

### 3.9.9 无障碍浴室设计要求和实施范围

表 3.9.9

| 基本设施 | | 无障碍淋浴（或盆浴）间1个<br>无障碍厕位1个，无障碍洗手盆1个 |
|---|---|---|
| 入口、通道、室内空间 | | 方便乘轮椅者进入和使用，回转直径≥1.50m |
| 浴室入口 | 门的形式 | 宜使用活动门帘或平开门 |
| | 平开门规定 | 应向外开启，门扇外侧设900mm高的横扶把手及可紧急开启的插销，门扇内侧设900mm高的关门拉手 |
| 淋浴间 | 短边净宽 | ≥1.50m |
| | 坐台尺寸 | 高度450mm，深度≥450mm |
| | 安全抓杆 | 应设距地面高700mm的水平抓杆和高1.4～1.6m垂直抓杆 |
| | 淋浴喷头 | 控制开关距地面高度≤1.20m |
| | 毛巾架 | 距地面高度≤1.20m |
| | 地面 | 防滑不积水 |
| 盆浴间 | 坐台 | 在浴盆一端设置，其深度≥400mm，高度同浴盆 |
| | 安全抓杆 | 1. 浴盆内侧应设高600mm和900mm的两层水平抓杆，其长度≥800mm；<br>2. 坐台一侧的墙上应设高900mm，水平长度≥600mm的安全抓杆 |
| | 毛巾架 | 距地面高度≤1.20m |
| 实施范围 | | 1. 福利及特殊服务建筑的公共浴室及其他公共浴室；<br>2. 体育建筑的运动员浴室 |

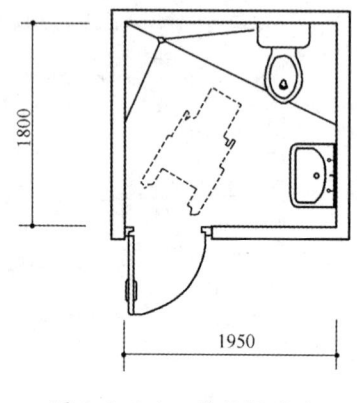

图 3.9.9-1 淋浴间平面

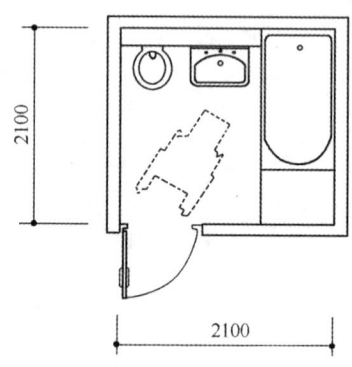

图 3.9.9-2 盆浴间平面

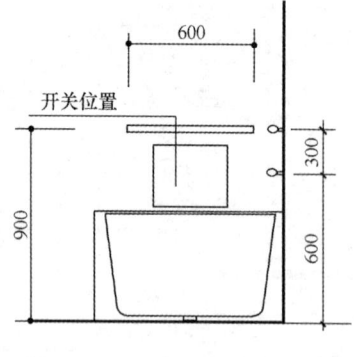

图 3.9.9-3 盆浴间的安全抓杆

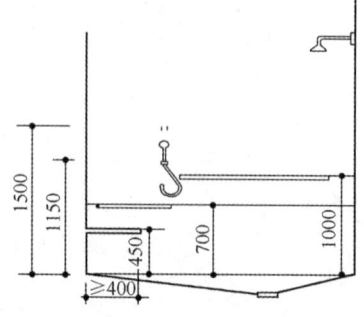

图 3.9.9-4 淋浴间的坐台和抓杆

### 3.9.10 无障碍住房及宿舍设计要求和实施范围

表 3.9.10

| 户门、室内门的净宽度 | | 应符合无障碍门的要求 |
|---|---|---|
| 室内通道（含阳台） | | 应为无障碍通道，并应在一侧或两侧设置扶手 |
| 房间面积<br>（见图 3.9.10-1、<br>图 3.9.10-2） | 起居室 | ≥14m² |
| | 卧室 | 单人卧室≥7m²，双人卧室≥10.5m²，兼起居的卧室≥16m² |
| | 厨房 | ≥6m² |
| | 卫生间 | 三件套（坐便器、淋浴或盆浴器、洗面盆）卫生间≥4m² |
| | | 二件套（坐便器、淋浴或盆浴器）卫生间≥3m² |
| | | 二件套（坐便器、洗面盆）卫生间≥2.5m² |
| | | 单件套（坐便器）卫生间≥2m² |
| 浴室、厕所 | | 应符合无障碍浴室与无障碍厕所要求（见附图） |
| 厨房操作台 | | 下方净宽和高度≥650mm，深度≥250mm |
| 呼叫按钮 | | 在居室和卫生间内安装 |
| 闪光提示门铃 | | 供听力障碍（耳聋）者使用的住宅和公寓应安装 |
| 实施范围 | 居住建筑 | ≥2套/100套 |
| | 宿舍建筑 | ≥1套/100套（男女宿舍分别设置） |

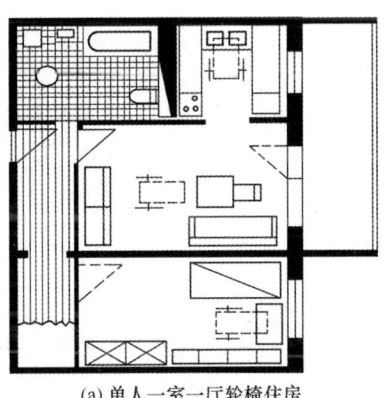

(a) 单人一室一厅轮椅住房　　　　(b) 双人一室一厅轮椅住房

图 3.9.10-1　无障碍住房平面

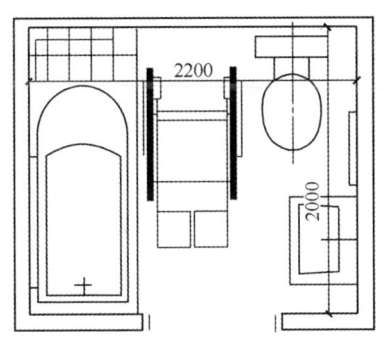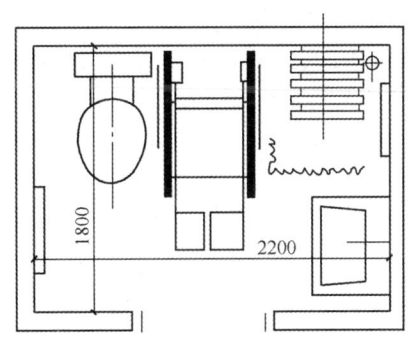

(a) 盆浴卫生间　　　　　(b) 淋浴卫生间

图 3.9.10-2　无障碍卫生间

### 3.9.11 无障碍客房设计要求和实施范围

表3.9.11

| 无障碍客房数量 | | 客房数 | 无障碍客房数 | |
|---|---|---|---|---|
| | | ＜100间 | 1～2间 | |
| | | 100～400间 | 2～4间 | |
| | | ＞400间 | ≥4间 | |
| 卧室 | 通道 | 保证轮椅回转，回转直径≥1.50m | | |
| | 房门 | 应符合无障碍门的设计要求 | | |
| 卫生间 | | 地面、门、内部设施应符合无障碍厕所及浴室的设计要求 | | |
| 床 | | 两床间距≥1.20m，床高度450mm | | |
| 呼叫、提示装置 | | 应设置救助呼叫按钮和闪光提示门铃 | | |
| 实施范围 | | 旅馆、酒店、宾馆等商业服务建筑 | | |

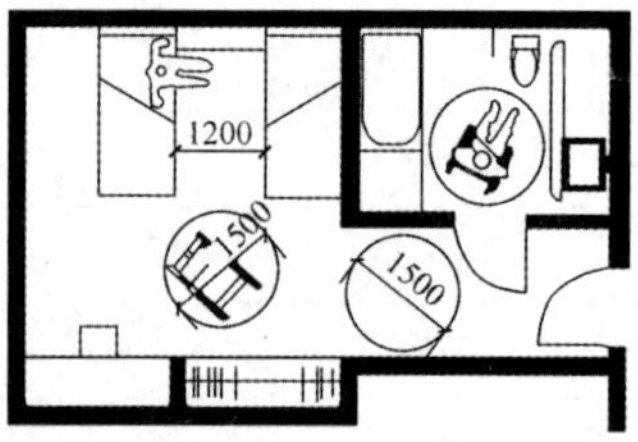

### 3.9.12 轮椅席位设计要求和实施范围

表3.9.12

| 位置 | 便于到达疏散口及通道附近 | | |
|---|---|---|---|
| 轮椅席尺寸 | 0.80m×1.10m（宽×深） | | |
| 通道宽度 | ≥1.20m | | |
| 陪护席位 | 在轮椅席位旁或邻近观众席内设置1:1（宜条） | | |
| 无障碍标志 | 在轮椅席位地面上设置 | | |
| 实施范围及数量 | 1. 法庭、审判庭，为公众服务的会议室、报告厅、剧场、音乐厅、电影院、会堂、演艺中心观众席 | ≤300席 | 至少设1个 |
| | | ＞300座 | 总座位数×0.2%，且≥2个 |
| | 2. 教育建筑的合班教室、报告厅、剧场等 | ≥2个 | |
| | 3. 体育建筑的各类观众看台座席区 | 观众席位总数×0.2% | |
| | 4. 文化建筑的报告厅、视听室、展览厅观众席 | 至少设1个 | |

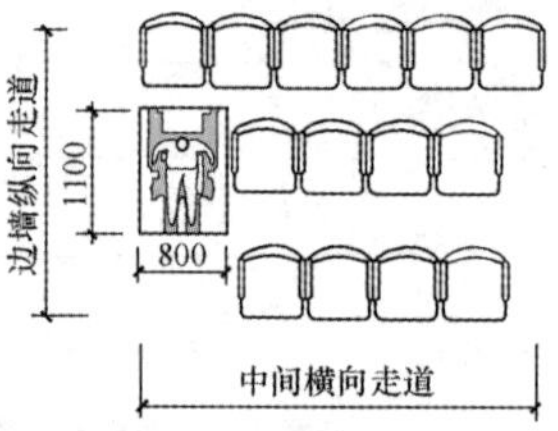

### 3.9.13 无障碍机动车停车位设计要求和实施范围

表3.9.13

| 位置 | 1. 通行方便、行走距离路线最短的停车位；<br>2. 设有楼层的车库宜设在与公交道路同层的位置，或通过无障碍设施衔接通往地面层 |
|---|---|
| 地面 | 平整、防滑、不积水、坡度≤1/50 |
| 车位尺寸 | 如图3.9.13所示 |
| 预留通道 | 在停车位一侧应设宽度≥1.20m通道 |
| 无障碍标志 | 地面应涂有停车线、轮椅通道线和无障碍标志 |
| 实施范围及数量 | 1. 居住区停车场（库）：总停车数×0.5%，且每处≥1个 |
| | 2. 公共建筑停车场（库）：＜100辆，至少设1个；≥100辆，总停车数×1% |
| | 3. 体育建筑：特级、甲级场馆总停车数×2%，且≥2个；乙级、丙级场馆≥2个 |
| | 4. 公共停车场（库）：Ⅰ类总停车数×2%<br>Ⅱ、Ⅲ类总停车数×2%，且≥2个<br>Ⅳ类至少设1个 |
| | 5. 历史文物保护建筑停车场至少1个 |

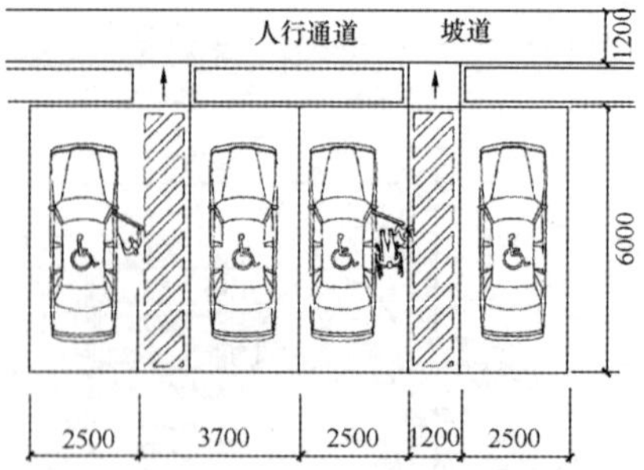

图3.9.13 残疾人小汽车停车位尺寸

### 3.9.14 低位服务设施设计要求和实施范围

表 3.9.14

| 服务设施 | 问询台、服务窗口、电话台、安检台、行李托运台、借阅台、各种业务台、饮水机等 | |
|---|---|---|
| 规格尺寸 | 上表面距地面高度 | 700～850mm |
| | 下部预留轮椅移动空间 | 宽 750mm，高 650mm，深 450mm |
| 回转空间 | 低位服务设施前面应留有直径≥1.50m 的轮椅回转空间 | |
| 电话 | 挂墙式电话高度≤900mm，台式电话高 720mm，宽 450mm，下部全部留空 | |
| 实施范围 | 1. 公共建筑——各种服务窗口、售票窗口、公共电话台、饮水机等 | |
| | 2. 医疗建筑——护士站、公共电话台、查询处、服务台、饮水器、售货处 | |
| | 3. 图书馆、文化馆——目录检索台 | |
| | 4. 汽车客运站——行李托运处、小件寄存处的窗口 | |
| | 5. 历史文物保护建筑——售票处、服务台、公共电话、饮水器等 | |

# 3.10 建 筑 安 全

### 3.10.1 场地安全

1. 一般场地安全防护范围及措施

一般场地安全防护范围及措施表 表 3.10.1-1

| 序号 | 防护位置 | 防护措施 |
|---|---|---|
| 1 | 人流密集的场所台阶高度超过 0.70m 并侧面临空时 | 栏杆或其他安全防护设施 |
| 2 | 外廊、室内回廊、内天井、上人屋面及室外楼梯等临空处 | 设置防护栏杆 |
| 3 | 台阶式用地 | 1. 台阶式用地的台阶之间应用护坡或挡土墙连接，相邻台地间高差大于 1.5m 时，应在挡土墙或坡比值大于 0.5 的护坡顶面加设安全防护措施；<br>2. 土质护坡的坡比值不应大于 0.5；<br>3. 高度大于 2m 的挡土墙和护坡的上缘与住宅间水平距离不应小于 3m，其下缘与住宅间的水平距离不应小于 2m |
| 4 | 结构挡土墙设计高度＞5m 时 | 专项支护设计 |
| 5 | 居住区内用地坡度大于 8% 时 | 辅以梯步解决竖向交通 |
| 6 | 在严寒、寒冷地区设置的室外安全疏散楼梯 | 防滑措施 |
| 7 | 在幼儿安全疏散和经常出入的通道上 | 不应设有台阶。必要时可设防滑坡道，其坡度不应大于 1∶12 |
| 8 | 路面及硬铺地面 | 防滑处理 |

### 2. 水景安全防护措施

**水景安全防护位置及措施表**　　　　　　　　　　表 3.10.1-2

| 序号 | 防护位置 | 防护措施 |
|---|---|---|
| 1 | 住宅区无护栏水体的近岸2m范围内及园桥、汀步附近2m范围内 | 水深不应大于0.5m |
| 2 | 可涉入式水体 | 水深应小于0.3m，以防止儿童溺水，同时水底应做防滑处理 |
| 3 | 水面上涉水跨越式水面 | 设置安全可靠的踏步平台和踏步石（汀步），面积不小于0.4m×0.4m，并满足连续跨越的要求 |
| 4 | 水池距城市道路距离 | 5m以上 |
| 5 | 硬底人工水体近岸2m范围内水深＞0.7m | 设置护栏 |
| 6 | 儿童活动场所水深大于0.4m的交界处 | 栏杆或安全防护设施 |

### 3. 绿化安全防护措施

**绿化安全防护位置及措施表**　　　　　　　　　　表 3.10.1-3

| 序号 | 防护位置 | 防护措施 |
|---|---|---|
| 1 | 斜坡游憩草地，当坡度＞30％，坡长＞5m时 | 斜坡前方5m内严禁种植有刺植物 |
| 2 | 道路平面交叉口绿化 | 在交叉口视距三角形之内不得布设高于1.2m的能遮挡司机视线的植物 |
| 3 | 幼儿园绿化 | 严禁种植有毒、带刺、有飞絮、病虫害多、有刺激性的植物 |

### 4. 游戏设施安全防护措施

**游戏设施安全防护位置及措施表**　　　　　　　　　　表 3.10.1-4

| 序号 | 防护位置 | 防护措施 |
|---|---|---|
| 1 | 游戏设施与机动车道距离小于10m时 | 应加设围护设施，其高度≥0.6m |
| 2 | 儿童游乐场周围 | 不宜种植遮挡视线的树木，保持较好的可通视性，便于成人对儿童进行目光监护 |
| 3 | 游戏器械选择和设计 | 应采用安全材料，尺度适宜，避免儿童被器械划伤或从高处跌落，可设置保护栏、柔软地垫、警示牌等 |

## 3.10.2　建筑构造安全设计

### 1. 台阶安全设计

**台阶安全防护部位及措施表**　　　　　　　　　　表 3.10.2-1

| 部位及设施 | 措施 |
|---|---|
| 台阶 | 1. 公共建筑室内外台阶踏步宽度不宜小于0.30m，踏步高度不宜大于0.15m，并不宜小于0.10m，踏步应防滑；室内台阶踏步数不应少于2级，当高差不足2级时，应按坡道设置<br>2. 人流密集的场所台阶高度超过0.70m并侧面临空时，应有防护设施<br>3. 住宅公共出入口台阶高度超过0.7m并侧面临空时，应设防护设施，防护设施净高不应低于1.05m |

## 2. 楼梯踏步安全设计

**楼梯踏步安全防护部位及措施表** 　　　　　表 3.10.2-2

| 部位及设施 | 措　施 |
|---|---|
| 楼梯踏步 | 1. 每个梯段的踏步不应超过 18 级，亦不应少于 3 级 |
| | 2. 踏步应采取防滑措施 |
| | 3. 楼梯踏步的高宽比应符合规范规定，楼梯踏步的最小宽度和最大高度应根据不同建筑功能，满足相应规范要求 |
| | 4. 无中柱螺旋楼梯和弧形楼梯离内侧扶手中心 0.25m 处的踏步宽度不应小于 0.22m |
| | 5. 托儿所、幼儿园、中小学及少年儿童专用活动场所楼梯梯井净宽大于 0.20m 时，必须采取防止少年儿童攀滑的措施 |

## 3. 栏杆及扶手安全设计

**栏杆及扶手安全防护部位及措施表** 　　　　　表 3.10.2-3

| 部位及设施 | 措　施 |
|---|---|
| 栏杆（阳台、外廊、室内回廊、内天井、上人屋面及室外楼梯等临空处设置的防护栏杆） | 1. 栏杆应以坚固、耐久的材料制作，并能承受荷载规范规定的水平荷载 |
| | 2. 临空高度在 24m 以下时，栏杆高度不应低于 1.05m，临空高度在 24m 及 24m 以上（包括中高层住宅）时，栏杆高度不应低于 1.10m；<br>注：（1）栏杆高度应从楼地面或屋面至栏杆扶手顶面垂直高度计算，如底部有宽度大于或等于 0.22m，且高度低于或等于 0.45m 的可踏部位，应从可踏部位顶面起计算；<br>（2）应防止可攀爬构造的漏洞，如反沿、外翻扶手、女儿墙泛水斜面处理等 |
| | 3. 栏杆离楼面或屋面 0.10m 高度内不应留空，高层建筑宜采用实体栏板，玻璃栏板应用安全夹层玻璃 |
| | 4. 托儿所、幼儿园的外廊、室内回廊、内天井、阳台、上人屋面、平台、看台及室外楼梯等临空处应设置防护栏杆，栏杆应以坚固、耐久的材料制作。防护栏杆的高度应从可踏部位顶面起算，且净高不应小于 1.30m，防护栏杆必须采用防止幼儿攀登和穿过的构造，当采用垂直杆件做栏杆时，其杆件净距离不应大于 0.09m |
| | 5. 住宅、中小学及少年儿童专用活动场所的栏杆必须采用防止少年儿童攀登的构造，当采用垂直杆件做栏杆时，其杆件净距不应大于 0.11m |
| | 6. 文化娱乐建筑、商业服务建筑、体育建筑、园林景观建筑等允许少年儿童进入活动的场所，当采用垂直杆件做栏杆时，其杆件净距不应大于 0.11m |
| | 7. 阳台、走廊栏杆的构筑必须坚固安全，放置花盆处必须采取防坠落措施 |
| | 8. 供残疾人使用的坡道、楼梯和台阶的起点处的扶手，应水平延伸 0.30m 以上，当坡道侧面临空时，在栏杆下端宜设置高度不少于 50mm 的安全挡台 |
| | 9. 各种栏杆及扶手安全高度见表 3.10.2-4 |
| | 10. 护栏高度、栏杆间距、安装位置必须符合规范要求 |
| | 11. 护栏玻璃应使用钢化夹胶玻璃 |

| | 各种栏杆及扶手安全高度 | | 表 3.10.2-4 |
|---|---|---|---|

| 序号 | 栏杆类别 | 适用场所 | 高度（m） |
|---|---|---|---|
| 1 | 阳台、外廊、室内回廊、内天井、上人屋面的女儿墙 | 低层、多层建筑、中高层、高层建筑、中小学校 | ≥1.05<br>≥1.10 |
| | | 托儿所、幼儿园 | ≥1.30 |
| 2 | 上人屋面的栏杆 | 民用建筑 | ≥1.20 |
| 3 | 楼梯栏杆 | 托幼楼梯靠墙一侧扶手 | ≤0.60 |
| | | 斜栏杆 | ≥0.90 |
| | | 水平栏杆 | ≥1.05 |
| | | 钢梯栏杆 | ≥1.05 |
| | | 室外防烟楼梯栏杆 | ≥1.10 |
| 4 | 铁路火车站、城市人行天桥 | 人行天桥栏杆 | ≥1.40 |
| 5 | 钢梯平台防护栏杆 | 高作业场所距基准面高度 $h<20m$ | ≥0.90 |
| | | 高作业场所距基准面高度 $2m≤h<20m$ | ≥1.05 |
| | | 高作业场所距基准面高度 $h≥20m$ 时 | ≥1.20 |
| 6 | 供残疾人使用的扶手 | 供轮椅使用的坡道两侧扶手 | 0.65 |
| | | 坡道、走廊、楼梯的下层扶手 | 0.65 |
| | | 坡道、走廊、楼梯的上层扶手 | 0.90 |

### 4. 门安全设计

| | 门安全防护部位及措施表 | 表 3.10.2-5 |
|---|---|---|

| 部位及设施 | 措　施 |
|---|---|
| 门 | 1. 手动开启的大门扇应有制动装置，推拉门应有防脱轨的措施 |
| | 2. 双面弹簧门应在可视高度部分装透明安全玻璃 |
| | 3. 旋转门、电动门、卷帘门和大型门的邻近应另设平开疏散门，或在门上设疏散门 |
| | 4. 开向楼梯间的门扇开足时，不应影响走道及楼梯平台的疏散宽度 |
| | 5. 全玻璃门应选用安全玻璃或采取防护措施，并应设防撞提示标志 |
| | 6. 门的开启不应跨越变形缝 |
| | 7. 严寒、寒冷地区主体建筑的主要出入口应设挡风门斗，其双层门中心距离不应小于 1.6m，幼儿经常出入的门应符合下列规定：<br>1）在距地 0.60～1.20m 高度内，不应装易碎玻璃<br>2）在距地 0.70m 处，宜加设幼儿专用拉手<br>3）门的双面均宜平滑、无棱角<br>4）不应设置门槛和弹簧门<br>5）外门宜设纱门 |
| | 8. 养老设施建筑供老年人使用的出入口不应少于两个，且门应采用向外开启平开门或电动感应平移门，不应选用旋转门 |

## 5. 窗安全设计

**窗安全防护部位及措施表**　　　　　　　　表 3.10.2-6

| 部位及设施 | 措　施 |
|---|---|
| 窗 | 1. 当采用外开窗时应加强牢固窗扇的措施 |
| | 2. 开向公共走道的窗扇，其底面高度不应低于 2m |
| | 3. 公建的窗台低于 0.80m 时，应采取防护措施，防护高度由楼地面起计算不应低于 0.80m |
| | 4. 住宅窗台低于 0.90m 时，应采取防护措施 |
| | 5. 楼梯间、电梯厅等共用部分的外窗，如果窗外没有阳台或平台，且窗台距楼面、地面的净高小于 0.90m 时，应设防护设施 |
| | 6. 天窗应采用安全玻璃（钢化夹胶玻璃） |
| | 7. 低窗台、凸窗等下部有能上人站立的宽窗台面时，贴窗护栏或凸窗的防护高度要从窗台面起计算 |
| | 8. 幼儿园建筑外窗应符合下列要求：<br>1）活动室、音体活动室的窗台距地面高度不宜大于 0.60m，距地面 1.30m 内不应设平开窗，楼层无室外阳台时，应设护栏；<br>2）所有外窗均应加设纱窗；活动室、寝室、音体活动室及隔离室的窗应有遮光设施 |

## 6. 防坠落设施安全设计

**防坠落设施安全防护部位及措施表**　　　　　　　　表 3.10.2-7

| 部位及设施 | 措　施 |
|---|---|
| 防坠落设施 | 1. 住宅的公共出入口位于阳台、外廊及开敞楼梯平台的下部时，应采取防止物体坠落伤人的安全措施；雨篷宽出上部阳台不小于 1200mm，架空层应限定人行出入口位置 |
| | 2. 防坠落雨篷采用安全钢化夹层玻璃，并应根据相关规范计算后确定，且不得小于 6mm＋0.76mm＋6mm（0.76 为夹胶玻璃夹胶片的厚度） |
| | 3. 室外栏板玻璃根据易发生碰撞的建筑玻璃所处的具体部位，可采取在视线高度设醒目标志或设置护栏等防碰撞措施，碰撞后可能发生高处人体或玻璃坠落的，应采用可靠护栏 |
| | 4. 阳台走廊栏杆的构筑必须坚固安全，放置花盆处必须采取防坠落措施 |
| | 5. 凡是楼层超过 20 层、高度超过 60m、临街或下部有行人通行的建筑外墙应保证其安全性；使用黏贴型外墙面砖和陶瓷锦砖等外墙瓷质贴面材料时，应有防坠落措施，或地面留出足够的安全空间 |
| | 6. 建筑沿街立面不宜装设空调室外机，如需设置在人行道及主要人员出入口处均应设置防坠落设施 |
| | 7. 户外广告的设置不得妨碍公共安全。不得妨碍建筑物、相邻建筑物，或其他相邻公共设施的日常使用和安全需求，如采光、通风、视线、交通通行、消防通道使用等 |

### 3.10.3 建筑玻璃安全设计

1. 安全玻璃

**安全玻璃使用位置表**　　　　　　　　　　　　　　　　表 3.10.3-1

| 定　义 | 使　用　位　置 |
|---|---|
| 安全玻璃，是指符合现行国家标准的钢化玻璃、夹胶玻璃及由钢化玻璃或夹胶玻璃组合加工而成的其他玻璃制品，如安全中空玻璃等 | 1. 7 层及 7 层以上建筑物外开窗 |
| | 2. 面积大于 1.5m² 的窗玻璃或玻璃底边离最终装修面小于 500mm 的落地窗 |
| | 3. 幕墙（全玻幕除外） |
| | 4. 倾斜装配窗、各类天棚（含天窗、采光顶）、吊顶 |
| | 5. 观光电梯及其外围护 |
| | 6. 室内隔断、浴室围护和屏风 |
| | 7. 楼梯、阳台、平台走廊的栏板和中庭内拦板 |
| | 8. 用于承受行人行走的地面板 |
| | 9. 水族馆和游泳池的观察窗、观察孔 |
| | 10. 公共建筑物的出入口、门厅等部位 |
| | 11. 易遭受撞击、冲击而造成人体伤害的其他部位 |

2. 玻璃幕墙安全防护要求

**玻璃幕墙使用安全要求表**　　　　　　　　　　　　　　表 3.10.3-2

| 名称 | 安　全　要　求 |
|---|---|
| 玻璃幕墙 | 1. 框支撑玻璃幕墙，宜采用安全玻璃 |
| | 2. 点支撑玻璃幕墙的面板玻璃应采用钢化玻璃 |
| | 3. 采用玻璃肋支撑的点支撑玻璃幕墙，其玻璃肋应采用钢化夹层玻璃 |
| | 4. 人员流动密度大、青少年或幼儿活动的公共场所以及使用中容易受到撞击的部位，其玻璃幕墙应采用安全玻璃；对使用中容易受到撞击的部位，尚应设置明显的警示标志 |
| | 5. 幕墙上设置的开启扇或通风换气装置，应安全可靠、启闭方便，满足建筑立面节能和使用功能要求；开启扇的单扇面积不宜大于 1.5m²，开启角度不宜大于 30°，最大开启距离不宜大于 300mm；当采用上悬方式的开启扇时，应设置防止脱钩的有效措施 |
| | 6. 幕墙玻璃采用夹胶玻璃时，应设置消防救援单元，且该单元应设置明显标志 |
| | 7. 落地窗应设置防护措施 |
| | 8. 室外平台应设置安全防护措施 |

### 3.10.4 建筑安全间距

1. 民用建筑与高压走廊的安全间距

建筑物离高压架空线路走廊的最小安全距离应符合表 3.10.4-1 的规定。

**建筑物离高压架空线路走廊的最小安全距离（m）**　　　　表 3.10.4-1

| 电压（kV） | 高压走廊宽度（m） | 导线与建筑物之间的垂直距离（最大计算弧垂情况下，《110kV～750kV 架空输电线路设计规范》GB 50545—2010) | 导线与建筑物之间的净空距离（最大计算风偏情况下，《110kV～750kV 架空输电线路设计规范》GB 50545—2010) | 边导线与建筑物之间的水平距离（无风情况下，《110kV～750kV 架空输电线路设计规范》GB 50545—2010) | 边导线防护距离（深圳市标准《深圳市城市规划标准与准则》) |
|---|---|---|---|---|---|
| 500 | 60～75 | 9 | 8.5 | 5 | 20 |
| 330 | 35～45 | 7 | 6 | 3 | — |
| 220 | 30～40 | 6 | 5 | 2.5 | 15 |
| 110 | 15～25 | 5 | 4 | 2 | 10 |

注：民用建筑与高压走廊的建筑安全间距尚应符合电磁辐射防护规定和当地规划部门的相关要求。

## 2. 民用建筑与加油加气站的安全间距

**加油加气站与站外建（构）筑物的安全间距（m）**　　　　表 3.10.4-2

| 站外建（构）筑物 | | | | 重要公共建筑物 | 民用建筑物保护类别 | | |
|---|---|---|---|---|---|---|---|
| | | | | | 一类保护物 | 二类保护物 | 三类保护物 |
| 站内汽油设备 | 埋地油罐 | 一级站 | 无油气收回系统 | 50 | 25 | 20 | 16 |
| | | | 有卸油油气回收系统 | 40 | 20 | 16 | 13 |
| | | | 有卸油和加油油气回收系统 | 35 | 17.5 | 14 | 11 |
| | | 二级站 | 无油气收回系统 | 50 | 20 | 16 | 12 |
| | | | 有卸油油气回收系统 | 40 | 16 | 13 | 9.5 |
| | | | 有卸油和加油油气回收系统 | 35 | 14 | 11 | 8.5 |
| | | 三级站 | 无油气收回系统 | 50 | 16 | 12 | 10 |
| | | | 有卸油油气回收系统 | 40 | 13 | 9.5 | 8 |
| | | | 有卸油和加油油气回收系统 | 35 | 11 | 8.5 | 5 |
| | 加油机、通风管管口 | | 无油气收回系统 | 50 | 16 | 12 | 11 |
| | | | 有卸油油气回收系统 | 40 | 13 | 9.5 | 8.5 |
| | | | 有卸油和加油油气回收系统 | 35 | 11 | 8 | 7 |
| 站内柴油设备 | 埋地油罐 | 一级站 | | 25 | 6 | 6 | 6 |
| | | 二级站 | | 25 | 6 | 6 | 6 |
| | | 三级站 | | 25 | 6 | 6 | 6 |
| | 加油机、通风管管口 | | | 25 | 6 | 6 | 6 |
| LPG储罐 | 地上LPG储罐 | 一级站 | | 100 | 45 | 35 | 25 |
| | | 二级站 | | 100 | 38 | 28 | 22 |
| | | 三级站 | | 100 | 33 | 22 | 18 |
| | 地下LPG储罐 | 一级站 | | 100 | 30 | 20 | 15 |
| | | 二级站 | | 100 | 25 | 16 | 13 |
| | | 三级站 | | 100 | 18 | 14 | 11 |

注：（1）重要公共建筑物包括：

①地市级及以上的党政机关办公楼。

②设计使用人数或座位数超过1500人（座）的体育馆、会堂、影剧院、娱乐场所、车站、证券交易所等人员密集的公共室内场所。

③藏书量超过50万册的图书馆；地市级及以上的文物古迹、博物馆、展览馆、档案馆等建筑物。

④省级及以上的银行等金融机构办公楼，省级及以上的广播电视建筑。

⑤设计使用人数超过5000人的露天体育场、露天游泳场和其他露天公众聚会娱乐场所。

⑥使用人数超过500人的中小学校及其他未成年人学校；使用人数超过200人的幼儿园、托儿所、残障人员康复设施；150张床位及以上的养老院、医院的门诊楼和住院楼。这些设施有围墙者，从围墙中心线算起；无围墙者，从最近的建筑物算起。

⑦总建筑面积超过20000㎡的商店（商场）建筑，商业营业场所的建筑面积超过15000㎡的综合楼。

⑧地铁出入口、隧道出入口。

（2）一类保护物

　　除重要公共建筑物以外的下列建筑物，应划分为一类保护物：

　　①县级党政机关办公楼。

　　②设计使用人数或座位数超过 800 人（座）的体育馆、会堂、会议中心、电影院、剧场、室内娱乐场所、车站和客运站等公共室内场所。

　　③文物古迹、博物馆、展览馆、档案馆和藏书量超过 10 万册的图书馆等建筑物。

　　④分行级的银行等金融机构办公楼。

　　⑤设计使用人数超过 2000 人的露天体育场、露天游泳场和其他露天公众聚会娱乐场所。

　　⑥中小学校、幼儿园、托儿所、残障人员康复设施、养老院、医院的门诊楼和住院楼等建筑物。这些设施有围墙者，从围墙中心线算起；无围墙者，从最近的建筑物算起。

　　⑦总建筑面积超过 6000m² 的商店（商场）、商业营业场所的建筑面积超过 4000m² 的综合楼、证券交易所；总建筑面积超过 2000m² 的地下商店（商业街）以及总建筑面积超过 10000m² 的菜市场等商业营业场所。

　　⑧总建筑面积超过 10000m² 的办公楼、写字楼等办公建筑。

　　⑨总建筑面积超过 10000m² 的居住建筑。

　　⑩总建筑面积超过 15000m² 的其他建筑。

（3）二类保护物

　　除重要公共建筑物和一类保护物以外的下列建筑物，应为二类保护物：

　　①体育馆、会堂、电影院、剧场、室内娱乐场所、车站、客运站、体育场、露天游泳场和其他露天娱乐场所等室内外公众聚会场所。

　　②地下商店（商业街）；总建筑面积超过 3000m² 的商店（商场）、商业营业场所的建筑面积超过 2000m² 的综合楼；总建筑面积超过 3000m² 的菜市场等商业营业场所。

　　③支行级的银行等金融机构办公楼。

　　④总建筑面积超过 5000m² 的办公楼、写字楼等办公类建筑物。

　　⑤总建筑面积超过 5000m² 的居住建筑。

　　⑥总建筑面积超过 7500m² 的其他建筑物。

　　⑦车位超过 100 个的汽车库和车位超过 200 个的停车场。

　　⑧城市主干道的桥梁、高架路等。

（4）三类保护物

　　除重要公共建筑物、一类和二类保护物以外的建筑物，应为三类保护物。

（5）与重要公共建筑物的主要出入口（包括铁路、地铁和二级及以上公路的隧道入口）不应小于 50m。

（6）一二级耐火等级民用建筑物面向加油站一侧的墙为无门窗洞口的实体墙时，油罐、加油机和通风管管口与该民用建筑物的距离，不应低于本表规定的安全间距的 70%，并不得小于 6m。

# 4 建 筑 防 火 设 计

## 4.1 厂房、仓库防火设计

### 4.1.1 厂房、仓库的火灾危险性分类

厂房、仓库的火灾危险性分类 表 4.1.1

| 项目 | 分类 | 备注 |
|---|---|---|
| 1. 生产的火灾危险性分类 | 甲、乙、丙、丁、戊共 5 类 | 《建筑设计防火规范》GB 50016—2014（2018 年版）3.1.1 条 |
| 2. 储存物品的火灾危险性分类 | 甲、乙、丙、丁、戊共 5 类（其中丁类和戊类分别为难燃和不燃物品） | 《建筑设计防火规范》GB 50016—2014（2018 年版）3.1.3 条 |
| 3. 两种以上不同火灾危险性生产同在一个防火分区内时，其火灾危险性类别的确定方法 | (1) 应按火灾危险性较大的部分确定<br>(2) 符合下列条件时，可按危险性较小的部分确定：<br>a. 火灾危险性较大部分面积所占比例＜5％；<br>b. 丁、戊类厂房内的油漆工段面积所占比例＜10％且发生火灾事故时不足以蔓延至其他部位或火灾危险性较大的生产部分采取了有效的防火措施；<br>c. 丁、戊类厂房内的油漆工段，当采用封闭喷漆工艺，封闭喷漆空间内保持负压，设置了可燃气体探测报警系统或自动抑爆系统，且油漆工段面积所占比例≤20％ | 《建筑设计防火规范》GB 50016—2014（2018 年版）3.1.2 条 |
| 4. 同一防火分区内储存不同火灾危险性物品时，其火灾危险性类别的确定方法 | (1) 应按火灾危险性最大的物品确定<br>(2) 丁、戊类物品：可燃包装重量＞物品本身重量的1/4；或可燃包装体积＞物品本身体积的 1/2，应按丙类确定 | 《建筑设计防火规范》GB 50016—2014（2018 年版）3.1.4 条、3.1.5 条 |

### 4.1.2 厂房、仓库建筑构件的燃烧性能和耐火极限

不同耐火等级厂房和仓库建筑构件的燃烧性能和耐火极限（h） 表 4.1.2

| 构件名称 | | 耐火等级 | | | |
|---|---|---|---|---|---|
| | | 一级 | 二级 | 三级 | 四级 |
| 墙 | 防火墙 | 不燃性 3.00 | 不燃性 3.00 | 不燃性 3.00 | 不燃性 3.00 |
| | 承重墙 | 不燃性 3.00 | 不燃性 2.50 | 不燃性 2.00 | 难燃性 0.50 |
| | 楼梯间和前室的墙 电梯井的墙 | 不燃性 2.00 | 不燃性 2.00 | 不燃性 1.50 | 难燃性 0.50 |
| | 疏散走道两侧的隔墙 | 不燃性 1.00 | 不燃性 1.00 | 不燃性 0.50 | 难燃性 0.25 |
| | 非承重外墙 房间隔墙 | 不燃性 0.75 | 不燃性 0.50 | 难燃性 0.50 | 难燃性 0.25 |

| 构件名称 | 耐火等级 | | | |
|---|---|---|---|---|
| | 一级 | 二级 | 三级 | 四级 |
| 柱 | 不燃性<br>3.00 | 不燃性<br>2.50 | 不燃性<br>2.00 | 难燃性<br>0.50 |
| 梁 | 不燃性<br>2.00 | 不燃性<br>1.50 | 不燃性<br>1.00 | 难燃性<br>0.50 |
| 楼板 | 不燃性<br>1.50 | 不燃性<br>1.00 | 不燃性<br>0.75 | 难燃性<br>0.50 |
| 屋顶承重构件 | 不燃性<br>1.50 | 不燃性<br>1.00 | 难燃性<br>0.50 | 可燃性 |
| 疏散楼梯 | 不燃性<br>1.50 | 不燃性<br>1.00 | 不燃性<br>0.75 | 可燃性 |
| 吊顶（包括吊顶搁栅） | 不燃性<br>0.25 | 难燃性<br>0.25 | 难燃性<br>0.15 | 可燃性 |

注：（1）二级耐火等级建筑的吊顶采用不燃材料时，其耐火极限不限。

（2）甲、乙类厂房和甲、乙、丙类仓库内的防火墙，其耐火极限应≥4.0h。

（3）本表出自《建筑设计防火规范》GB 50016—2014（2018年版）3.2.1条。

### 4.1.3 厂房、仓库的层数和每个防火分区的最大允许建筑面积

厂房的层数和每个防火分区的最大允许建筑面积 　　　　表 4.1.3-1

| 生产的火灾危险性类别 | 耐火等级 | 允许层数 | 每个防火分区的最大允许建筑面积（m²） | | | | 备注 |
|---|---|---|---|---|---|---|---|
| | | | 单层厂房 | 多层厂房 | 高层厂房 | 地下或半地下厂房（包括地下或半地下室） | |
| 甲 | 一级 | 宜采用单层 | 4000 | 3000 | — | — | 1. 设置自动灭火系统的厂房：甲、乙、丙类的防火分区面积可增加1倍，丁、戊类地上厂房不限。<br>2. 除麻纺厂外，一级耐火等级的多层纺织厂房和二级耐火等级的单、多层纺织厂房，其每个防火分区的建筑面积可按本表的规定增加0.5倍。<br>3. 一、二级耐火等级的单、多层造纸生产联合厂房，其每个防火分区的建筑面积可按本表的规定增加1.5倍；一、二级耐火等级的湿式造纸联合厂房，当纸机烘缸罩内设置自动灭火系统，完成工段设置有效灭火设施保护时，其每个防火分区的最大允许建筑面积可按工艺要求确定。<br>4. 厂房内的操作平台、检修平台，当使用人数少于10人时，平台的面积可不计入所在防火分区的建筑面积内 |
| | 二级 | | 3000 | 2000 | — | — | |
| 乙 | 一级 | 不限 | 5000 | 4000 | 2000 | — | |
| | 二级 | 6 | 4000 | 3000 | 1500 | — | |
| 丙 | 一级 | 不限 | 不限 | 6000 | 3000 | 500 | |
| | 二级 | 不限 | 8000 | 4000 | 2000 | 500 | |
| | 三级 | 2 | 3000 | 2000 | — | — | |
| 丁 | 一、二级 | 不限 | 不限 | 不限 | 4000 | 1000 | |
| | 三级 | 3 | 4000 | 2000 | — | — | |
| | 四级 | 1 | 1000 | — | — | — | |
| 戊 | 一、二级 | 不限 | 不限 | 不限 | 6000 | 1000 | |
| | 三级 | 3 | 5000 | 3000 | — | — | |
| | 四级 | 1 | 1500 | — | — | — | |

注：本表出自《建筑设计防火规范》GB 50016—2014（2018年版）3.3.1条。

**仓库的层数、占地面积和每个防火分区的面积**　　　　　表 4.1.3-2

| 储存物品的火灾危险性类别 | | 仓库的耐火等级 | 最多允许层数 | 单层仓库 每座仓库 | 单层仓库 防火分区 | 多层仓库 每座仓库 | 多层仓库 防火分区 | 高层仓库 每座仓库 | 高层仓库 防火分区 | 地下或半地下仓库（包括地下或半地下室）防火分区 |
|---|---|---|---|---|---|---|---|---|---|---|
| 甲 | 3、4项 | 一级 | 1 | 180 | 60 | — | — | — | — | — |
| | 1、2、5、6项 | 一、二级 | 1 | 750 | 250 | — | — | — | — | — |
| 乙 | 1、3、4项 | 一、二级 | 3 | 2000 | 500 | 900 | 300 | — | — | — |
| | | 三级 | 1 | 500 | 250 | — | — | — | — | — |
| | 2、5、6项 | 一、二级 | 5 | 2800 | 700 | 1500 | 500 | — | — | — |
| | | 三级 | 1 | 900 | 300 | — | — | — | — | — |
| 丙 | 1项 | 一、二级 | 5 | 4000 | 1000 | 2800 | 700 | — | — | 150 |
| | | 三级 | 1 | 1200 | 400 | — | — | — | — | — |
| | 2项 | 一、二级 | 不限 | 6000 | 1500 | 4800 | 1200 | 4000 | 1000 | 300 |
| | | 三级 | 3 | 2100 | 700 | 1200 | 400 | — | — | — |
| 丁 | | 一、二级 | 不限 | 不限 | 3000 | 不限 | 1500 | 4800 | 1200 | 500 |
| | | 三级 | 3 | 3000 | 1000 | 1500 | 500 | — | — | — |
| | | 四级 | 1 | 2100 | 700 | — | — | — | — | — |
| 戊 | | 一、二级 | 不限 | 不限 | 不限 | 不限 | 2000 | 6000 | 1500 | 1000 |
| | | 三级 | 3 | 3000 | 1000 | 2100 | 700 | — | — | — |
| | | 四级 | 1 | 2100 | 700 | — | — | — | — | — |
| 冷库 | | 一、二级 | 不限 | 7000 | 3500 | 7000 | 3500 | 5000 | 2500 | 1500（只许1层） |
| | | 三级 | 3 | 1200 | 400 | 1200 | 400 | — | — | |
| 桶装油品库 | 甲B | 一、二级 | 1 | 750 | 250 | 甲B、乙类液体重桶与丙类液体重桶储存在同一栋库房内时，两者之间宜设防火墙 | | | | — |
| | 乙 | 一、二级 | 1 | 2000 | 500 | | | | | |
| | 丙 | 一、二级 | 2 | 4000 | 1000 | 4000 | 1000 | — | | |
| | | 三级 | 1 | 1200 | 400 | — | — | — | | |
| 粮食平房仓库 | | 一、二级 | — | 12000 | 3000 | — | | | | |
| | | 三级 | — | 3000 | 1000 | | | | | |
| 单层棉花库房 | | 一、二级 | — | 2000 | 2000 | | | | | |
| 煤均化库 | | 一、二级 | 每个防火分区≤12000m² | | | | | | | |
| 白酒仓库 | | 一级 | 酒精度数为38°及以上的白酒仓库按甲类仓库执行 | | | | | | | |

注：（1）地下或半地下仓库（包括地下或半地下室）的最大允许占地面积，不应大于相应类别地上仓库的最大允许占地面积。

（2）一、二级耐火等级的独立建造的硝酸铵仓库、电石仓库、聚乙烯等高分子制品仓库、尿素仓库、配煤仓库、造纸厂的独立成品仓库，每座仓库的最大允许占地面积和每个防火分区的最大允许建筑面积可按本表的规定增加 1.0 倍。

（3）仓库内设置自动灭火系统时，除冷库的防火分区外，每座仓库的最大允许占地面积和每个防火分区的最大允许建筑面积可按上表的规定增加 1.0 倍。局部设置自动灭火系统时，其防火分区的增加面积可按该局部面积的 1.0 倍计算。

（4）本表出自《建筑设计防火规范》GB 50016—2014（2018 年版）3.3.2 条。

## 4.1.4 厂房、仓库的防火间距

厂房之间及与乙、丙、丁、戊类仓库、民用建筑等的防火间距（m）　　表 4.1.4-1

| 建筑类别 | | | 甲类厂房 | 乙类厂房（仓库） | | 丙、丁、戊类厂房（仓库） | | | | 民用建筑 | | | | |
|---|---|---|---|---|---|---|---|---|---|---|---|---|---|---|
| | | | 单、多层 | 单、多层 | 高层 | 单、多层 | | 高层 | | 裙房，单、多层 | | | 高层 | |
| | | | 一、二级 | 一、二级 | 三级 | 一、二级 | 三级 | 四级 | 一、二级 | 一、二级 | 三级 | 四级 | 一类 | 二类 |
| 甲类厂房 | 单、多层 | 一、二级 | 12 | 12 | 14 | 13 | 12 | 14 | 16 | 13 | 25 | | | 50 | |
| 乙类厂房 | 单、多层 | 一、二级 | 12 | 10 | 12 | 13 | 10 | 12 | 14 | 13 | | | | | |
| | | 三级 | 14 | 12 | 14 | 15 | 12 | 14 | 16 | 15 | | | | | |
| | 高层 | 一、二级 | 13 | 13 | 15 | 13 | 13 | 15 | 17 | 13 | | | | | |
| 丙类厂房 | 单、多层 | 一、二级 | 12 | 10 | 12 | 13 | 10 | 12 | 14 | 13 | 10 | 12 | 14 | 20 | 15 |
| | | 三级 | 14 | 12 | 14 | 15 | 12 | 14 | 16 | 15 | 12 | 14 | 16 | 25 | 20 |
| | | 四级 | 16 | 14 | 16 | 17 | 14 | 16 | 18 | 17 | 14 | 16 | 18 | | |
| | 高层 | 一、二级 | 13 | 13 | 15 | 13 | 13 | 15 | 17 | 13 | 13 | 15 | 17 | 20 | 15 |
| 丁、戊类厂房 | 单、多层 | 一、二级 | 12 | 10 | 12 | 13 | 10 | 12 | 14 | 13 | 10 | 12 | 14 | 15 | 13 |
| | | 三级 | 14 | 12 | 14 | 15 | 12 | 14 | 16 | 15 | 12 | 14 | 16 | 18 | 15 |
| | | 四级 | 16 | 14 | 16 | 17 | 14 | 16 | 18 | 17 | 14 | 16 | 18 | | |
| | 高层 | 一、二级 | 13 | 13 | 15 | 13 | 13 | 15 | 17 | 13 | 13 | 15 | 17 | 15 | 13 |
| 室外变、配电站 | 变压器总油量（t） | ≥5, ≤10 | 25 | 25 | 25 | 25 | 12 | 15 | 20 | 12 | 15 | 20 | 25 | 20 | |
| | | >10, ≤50 | | | | | 15 | 20 | 25 | 15 | 20 | 25 | 30 | 25 | |
| | | >50 | | | | | 20 | 25 | 30 | 20 | 25 | 30 | 35 | 30 | |

注：（1）乙类厂房与重要公共建筑的防火间距不宜小于 50m；与明火或散发火花地点，不宜小于 30m。单、多层戊类厂房之间及与戊类仓库的防火间距可按本表的规定减少 2m，与民用建筑的防火间距可将戊类厂房等同民用建筑按《建筑设计防火规范》GB 50016—2014（2018 年版）第 5.2.2 条的规定执行。为丙、丁、戊类厂房服务而单独设置的生活用房应按民用建筑确定，与所属厂房的防火间距不应小于 6m。确需相邻布置时，应符合本表注（2）、（3）的规定。

（2）两座厂房相邻较高一面外墙为防火墙，或相邻两座高度相同的一、二级耐火等级建筑中相邻任一侧外墙为防火墙且屋顶的耐火极限不低于 1.00h 时，其防火间距不限，但甲类厂房之间不应小于 4m。两座丙、丁、戊类厂房相邻两面外墙均为不燃性墙体，当无外露的可燃性屋檐，每面外墙上的门、窗、洞口面积之和各不大于外墙面积的 5%，且门、窗、洞口不正对开设时，其防火间距可按本表的规定减少 25%。甲、乙类厂房（仓库）不应与《建筑设计防火规范》GB 50016—2014（2018 年版）第 3.3.5 条规定外的其他建筑贴邻。

（3）两座一、二级耐火等级的厂房，当相邻较低一面外墙为防火墙且较低一座厂房的屋顶无天窗，屋顶的耐火极限不低于 1.00h，或相邻较高一面外墙的门、窗等开口部位设置甲级防火门、窗或防火分隔水幕或按《建筑设计防火规范》GB 50016—2014（2018 年版）第 6.5.3 条的规定设置防火卷帘时，甲、乙类厂房之间的防火间距不应小于 6m；丙、丁、戊类厂房之间的防火间距不应小于 4m。

（4）发电厂内的主变压器，其油量可按单台确定。

（5）耐火等级低于四级的既有厂房，其耐火等级可按四级确定。

（6）当丙、丁、戊类厂房与丙、丁、戊类仓库相邻时，应符合本表注（2）、（3）的规定。

（7）丙、丁、戊类厂房与民用建筑的耐火等级均为一、二级时，丙、丁、戊类厂房与民用建筑的防火间距可适当减小，但应符合下列规定：

① 当较高一面外墙为无门、窗、洞口的防火墙，或比相邻较低一座建筑屋面 高 15m 及以下范围内的外墙为无门、窗、洞口的防火墙时，其防火间距不限；

② 相邻较低一面外墙为防火墙，且屋顶无天窗或洞口、屋顶的耐火极限不低于 1.00h，或相邻较高一面外墙为防火墙，且墙上开口部位采取了防火措施，其防火间距可适当减小，但不应小于 4m。

（8）本表出自《建筑设计防火规范》GB 50016—2014（2018 年版）3.4.1 条。

甲类仓库之间及与其他建筑、明火或散发火花地点、铁路、

道路等的防火间距（m）　　　　　　　　　　　　表 4.1.4-2

| 类别 | | 甲类仓库（储量，t） | | | |
|---|---|---|---|---|---|
| | | 甲类储存物品第 3、4 项 | | 甲类储存物品第 1、2、5、6 项 | |
| | | ≤5 | >5 | ≤10 | >10 |
| 高层民用建筑、重要公共建筑 | | 50 | | | |
| 裙房、其他民用建筑、明火或散发火花地点 | | 30 | 40 | 25 | 30 |
| 甲类仓库 | | 20 | 20 | 20 | 20 |
| 厂房和乙、丙、丁、戊类仓库 | 一、二级 | 15 | 20 | 12 | 15 |
| | 三级 | 20 | 25 | 15 | 20 |
| | 四级 | 25 | 30 | 20 | 25 |
| 电力系统电压为 35kV～500kV 且每台变压器容量不小于 10MV·A 的室外变、配电站，工业企业的变压器总油量大于 5t 的室外降压变电站 | | 30 | 40 | 25 | 30 |
| 厂外铁路线中心线 | | 40 | | | |
| 厂内铁路线中心线 | | 30 | | | |
| 厂外道路路边 | | 20 | | | |
| 厂内道路路边 | 主要 | 10 | | | |
| | 次要 | 5 | | | |

注：（1）甲类仓库之间的防火间距，当第 3、4 项物品储量不大于 2t，第 1、2、5、6 项物品储量不大于 5t 时，不应小于 12m。甲类仓库与高层仓库的防火间距不应小于 13m。
（2）甲类仓库与架空电力线的最小水平距离≥电杆（塔）高度的 1.5 倍。
（3）本表出自《建筑设计防火规范》GB 50016—2014（2018 年版）3.5.1 条。

乙、丙、丁、戊类仓库之间及与民用建筑的防火间距（m）　　　表 4.1.4-3

| 建筑类别 | | | 乙类仓库 | | | 丙类仓库 | | | | 丁、戊类仓库 | | | |
|---|---|---|---|---|---|---|---|---|---|---|---|---|---|
| | | | 单、多层 | | 高层 | 单、多层 | | | 高层 | 单、多层 | | | 高层 |
| | | | 一、二级 | 三级 | 一、二级 | 一、二级 | 三级 | 四级 | 一、二级 | 一、二级 | 三级 | 四级 | 一、二级 |
| 乙、丙、丁、戊类仓库 | 单、多层 | 一、二级 | 10 | 12 | 13 | 10 | 12 | 14 | 13 | 10 | 12 | 14 | 13 |
| | | 三级 | 12 | 14 | 15 | 12 | 14 | 16 | 15 | 12 | 14 | 16 | 15 |
| | | 四级 | 14 | 16 | 17 | 14 | 16 | 18 | 17 | 14 | 16 | 18 | 17 |
| | 高层 | 一、二级 | 13 | 15 | 13 | 13 | 15 | 17 | 13 | 13 | 15 | 17 | 13 |
| 民用建筑 | 裙房，单、多层 | 一、二级 | 25 | | | 10 | 12 | 14 | 13 | 10 | 12 | 14 | 13 |
| | | 三级 | | | | 12 | 14 | 16 | 15 | 12 | 14 | 16 | 15 |
| | | 四级 | | | | 14 | 16 | 18 | 17 | 14 | 16 | 18 | 17 |
| | 高层 | 一类 | 50 | | | 20 | 25 | 25 | 20 | 15 | 18 | 18 | 15 |
| | | 二类 | | | | 15 | 20 | 20 | 15 | 13 | 15 | 15 | 13 |

注：（1）单、多层戊类仓库之间的防火间距，可按本表的规定减少 2m。
（2）两座仓库的相邻外墙均为防火墙时，防火间距可以减小：丙类仓库≥6m；丁、戊类仓库≥4m。
（3）两座仓库相邻较高一面外墙为防火墙，或相邻两座高度相同的一、二级耐火等级建筑中相邻任一侧外墙为防火墙且屋顶的耐火极限≥1.00h，且总占地面积不大于一座仓库的最大允许占地面积规定时，其防火间距不限。
（4）乙类仓库（乙类第 6 项物品除外），与民用建筑的防火间距不宜小于 25m，与重要公共建筑的防火间距不应小于 50m，与铁路、道路的防火间距宜按甲类仓库执行。
（5）丁、戊类仓库与民用建筑的耐火等级均为一、二级时，仓库与民用建筑的防火间距可适当减小，但应符合下列规定：
①当较高一面外墙为无门、窗、洞口的防火墙，或比相邻较低一座建筑屋面高 15m 及以下范围内的外墙为无门、窗、洞口的防火墙时，其防火间距不限；
②相邻较低一面外墙为防火墙，且屋顶无天窗或洞口、屋顶耐火极限不低于 1.00h，或相邻较高一面外墙为防火墙，且墙上开口部位采取了防火措施，其防火间距可适当减小，但不应小于 4m。
（6）本表出自《建筑设计防火规范》GB 50016—2014（2018 年版）3.5.2 条。

## 4.1.5　厂房、仓库内设置宿舍、办公、配电站等的规定

厂房、仓库内设置宿舍、办公、配电站等的规定　　　　　　　表 4.1.5

| 序号 | 类型 | 规定 | 备注 |
|---|---|---|---|
| 1 | 员工宿舍 | 严禁设在厂房和仓库内 | |
| 2 | 办公室、休息室 | 严禁设在甲、乙类仓库内，也不应贴邻；可设在丙、丁、戊类仓库内 | 《建筑设计防火规范》GB 50016—2014（2018 年版）3.3.5 条、3.3.9 条 |
| | | 不应设在甲、乙类厂房内，可设在丙类及以下厂房内 | |
| | | 可贴邻建于甲、乙类厂房边，其耐火等级应≥二级，并应采用防爆墙（耐火极限≥3.00h）与厂房分隔，设置独立的安全出口 | |
| | | 设在丙类厂房或丙、丁仓库内时，应采用防火隔墙（耐火极限≥2.5h）和不燃楼板（耐火极限≥1h）与其他部位分隔，并应至少设 1 个独立的安全出口；隔墙上的门应为乙级防火门 | |
| 3 | 厂房内设置甲乙丙类中间仓库 | 甲乙类中间仓库应靠外墙布置，其储量不宜超过一昼夜的需要量 | 《建筑设计防火规范》GB 50016—2014（2018 年版）3.3.6 条 |
| | | 甲乙丙类中间仓库应采用防火墙和不燃楼板（耐火极限≥1.50h）与其他部分分隔 | |
| 4 | 厂房内设置丁戊类仓库 | 必须采用防火隔墙（耐火极限≥2.00h）和不燃楼板（耐火极限≥1.00h）与其他部位分隔 | |
| | | 仓库的耐火等级和面积应符合"仓库的层数和面积"的规定 | |
| 5 | 厂房内设置丙类液体中间储罐 | 应设置在单独的房间内，其容量应≥5m³ | 《建筑设计防火规范》GB 50016—2014（2018 年版）3.3.6 条 |
| | | 该房间应采用防火墙（耐火极限≥3.00h）和不燃楼板（耐火极限≥1.50h）与其他部位分隔，房间门应采用甲级防火门 | |
| 6 | 变配电站 | 不应设在甲、乙类厂房内，也不得贴邻而设 | 《建筑设计防火规范》GB 50016—2014（2018 年版）3.3.8 条 |
| | | 供甲、乙类厂房专用的 10kV 及以下的变配电站，当采用无门窗洞口的防火墙分隔时，可一面贴邻而设 | |
| | | 乙类厂房的变配电站必须在防火墙上开窗时，应为甲级防火窗 | |
| 7 | 铁路线 | 不应设在甲、乙类厂房、仓库内 | 《建筑设计防火规范》GB 50016—2014（2018 年版）3.3.11 条 |
| | | 需要出入蒸汽机车和内燃机车的丙、丁、戊类厂房和仓库，其屋顶应采用不燃材料或采取其他防火措施 | |
| 8 | 甲、乙类生产场所及其仓库 | 不应设在地下、半地下室内 | 《建筑设计防火规范》GB 50016—2014（2018 年版）3.3.4 条 |

## 4.1.6 厂房、仓库的安全疏散

| 厂房、仓库的安全疏散 | | | | | 表 4.1.6 |
| --- | --- | --- | --- | --- | --- |

| 类型 | 要求 | | | | 备注 |
| --- | --- | --- | --- | --- | --- |
| 1. 安全出口 | 数量 | 厂房——每个防火分区≥2个 | | | 《建筑设计防火规范》GB 50016—2014(2018 年版)3.7.2 条 |
| | | 仓库——每座仓库≥2个 | | | 《建筑设计防火规范》GB 50016—2014(2018 年版)3.8.2 条 |
| | 允许设 1 个安全出口 | 厂房 | 厂房类别 | 每层建筑面积（m²） | 人数 | 《建筑设计防火规范》GB 50016—2014(2018 年版)3.7.2 条 |
| | | | 甲 | ≤100 | ≤5 | |
| | | | 乙 | ≤150 | ≤10 | |
| | | | 丙 | ≤250 | ≤20 | |
| | | | 丁、戊 | ≤400 | ≤30 | |
| | | | 地下、半地下厂房 | ≤50 | ≤15 | |
| | | 仓库 | 一般仓库 | 1 座仓库的占地面积≤300m² | | 《建筑设计防火规范》GB 50016—2014(2018 年版)3.8.2 条 |
| | | | | 1 个防火分区的建筑面积≤100m² | | |
| | | | 地下室半地下仓库的建筑面积≤100m² | | | 《建筑设计防火规范》GB 50016—2014(2018 年版)3.8.3 条 |
| | | | 粮食筒仓上层面积<1000m²，人数≤2 人 | | | 《建筑设计防火规范》GB 50016—2014(2018 年版)3.8.5 条 |
| | 可利用相邻防火分区的甲级防火门作为第二安全出口的条件 | 地下、半地下厂房 | | | 《建筑设计防火规范》GB 50016—2014(2018 年版)3.7.3 条 |
| | | 有多个防火分区相邻布置，并采用防火墙分隔 | | | |
| | | 每个防火分区至少有 1 个直通室外的独立安全出口 | | | |
| | 形式 | 厂房 | H＞32m 且任一层人数＞10 人 | 防烟楼梯间（或室外楼梯） | 《建筑设计防火规范》GB 50016—2014(2018 年版)3.7.6 条 |
| | | | 高层厂房（H＞32m 且任一层人数＞10 人除外） | 封闭楼梯间（或室外楼梯） | |
| | | | 甲、乙、丙多层厂房 | | |
| | | 仓库 | 高层仓库 | 封闭楼梯间、乙级防火门 | 《建筑设计防火规范》GB 50016—2014(2018 年版)3.8.7 条 |
| | | | 多层仓库 | 开敞楼梯间 | |
| | 相邻 2 个安全出口的水平距离 | ≥5m | | | 《建筑设计防火规范》GB 50016—2014(2018 年版)3.8.1 条 |

| 类型 | 要求 | | | | | | | 备注 |
|---|---|---|---|---|---|---|---|---|
| 2. 疏散距离 | 厂房内任一点至最近安全出口的直线距离（m） | 类别 | 耐火等级 | 单层厂房 | 多层厂房 | 高层厂房 | 地下、半地下厂房 | 《建筑设计防火规范》GB 50016—2014 (2018年版)3.7.4条 |
| | | 甲 | 一、二级 | 30 | 25 | — | — | |
| | | 乙 | | 75 | 50 | 30 | — | |
| | | 丙 | | 80 | 60 | 40 | 30 | |
| | | 丁 | | 不限 | 不限 | 50 | 45 | |
| | | 戊 | | 不限 | 不限 | 75 | 60 | |
| | 仓库 | 无规定要求 | | | | | | |

| 类型 | 要求 | | | | 备注 |
|---|---|---|---|---|---|
| 3. 疏散宽度 | 厂房内疏散楼梯、走道和门的每100人疏散净宽度 | 厂房层数 | 1～2 | 3 | ≥4 | 《建筑设计防火规范》GB 50016—2014 (2018年版)3.7.5条 |
| | | 最小疏散净宽度（m/百人） | 0.60 | 0.80 | 1.00 | |
| | | 注：(1) 疏散楼梯的最小净宽度宜≥1.1m。<br>(2) 疏散走道的最小净宽度宜≥1.40m。<br>(3) 门的最小净宽度宜注 0.90m。<br>(4) 疏散楼梯的总净宽度应分层计算，下层楼梯总净宽度应按该层及以上疏散人数最多一层的人数计算。<br>(5) 首层外门的总净宽度应按首层及以上人数最多的一层的人数计算，且首层外门的最小净宽应≥1.2m | | | | |
| | 仓库 | 无规定要求 | | | |

| 类型 | 要求 | | | 备注 |
|---|---|---|---|---|
| 4. 垂直运输提升设施 | 位置 | 除一、二级耐火等级的多层戊类仓库外 | 宜设置在仓库外 | 《建筑设计防火规范》GB 50016—2014 (2018年版)3.8.8条 |
| | | | 设在仓库内时，并筒的耐火极限应≥2.00h | |
| | | 一、二级戊类仓库 | 可设在仓库内 | |
| | 通向仓库的入口 | 应设置乙级防火门或防火卷帘 | | |

### 4.1.7 厂房、仓库的防爆

厂房、仓库的防爆 表4.1.7

| 类型 | 要求 | 备注 |
|---|---|---|
| 1. 适用范围 | 有爆炸危险的厂房、仓库（仓库宜采取防爆和泄压措施） | 《建筑设计防火规范》GB 50016—2014 (2018年版)3.6.2条 |
| 2. 设计要点 | 有爆炸危险的甲、乙类厂房宜独立设置，并宜采用敞开或半敞开式。其承重结构宜采用钢筋混凝土或钢框架、排架结构 | 《建筑设计防火规范》GB 50016—2014 (2018年版)3.6.1条 |

| 类型 | 要求 | | | | 备注 |
|---|---|---|---|---|---|
| **2. 设计要点** | 有爆炸危险的甲、乙类生产部位，宜布置在单层厂房靠外墙的泄压设施或多层厂房顶层靠外墙的泄压设施附近 | | | | 《建筑设计防火规范》GB 50016—2014（2018年版）3.6.7条 |
| | 有爆炸危险的设备宜避开厂房的梁、柱等主要承重构件布置 | | | | |
| | 有爆炸危险的甲、乙类厂房的总控制室应独立设置 | | | | 《建筑设计防火规范》GB 50016—2014（2018年版）3.6.8条 |
| | 有爆炸危险的甲、乙类厂房的分控制室宜独立设置，当贴邻外墙设置时，应采用耐火极限不低于3.00h的防火隔墙与其他部位分隔 | | | | 《建筑设计防火规范》GB 50016—2014（2018年版）3.6.9条 |
| | 有爆炸危险区域内的楼梯间、室外楼梯 | 应设置门斗等防护措施。门斗的隔墙应为耐火极限不应低于2.00h的防火隔墙，门应采用甲级防火门并应与楼梯间的门错位设置 | | | 《建筑设计防火规范》GB 50016—2014（2018年版）3.6.10条 |
| | 有爆炸危险的区域与相邻区域连通处 | | | | |
| **3. 防爆措施** | 泄压设施 | 位置 | 避开人员密集场所和主要交通道路 | | 《建筑设计防火规范》GB 50016—2014（2018年版）3.6.3条 |
| | | | 靠近有爆炸危险的部位 | | |
| | | 构造做法 | 轻质屋面板（≤60kg/m²） | 可防冰雪积聚 | |
| | | | | 平整、无死角 | |
| | | | | 上部空间通风良好 | |
| | | | 轻质墙体（≤60kg/m²） | | |
| | | | 易泄压的门窗及安全玻璃 | | |
| | 其他措施 | 管沟下水道 | 使用和生产甲、乙、丙类液体的厂房其管、沟不应与相邻厂房的管、沟相通 | | 《建筑设计防火规范》GB 50016—2014（2018年版）3.6.11条 |
| | | | 下水道应设置隔油设施 | | |
| | | 防止液体流散 | 甲、乙、丙类液体仓库应设置该设施 | | 《建筑设计防火规范》GB 50016—2014（2018年版）3.6.12条 |
| | | 防止水浸渍 | 遇湿会发生燃烧爆炸的物品仓库 | | |
| | | 不发火花地面（混凝土、水磨石、沥青、水泥石膏、砂浆） | 散发较空气重的可燃气体、可燃蒸气的甲类厂房和有粉尘、纤维爆炸危险的乙类厂房 | | 《建筑设计防火规范》GB 50016—2014（2018年版）3.6.6条 |
| | | 绝缘材料整体面层防静电 | | | |
| | | 内表面平整、光滑、易清扫 | | | |
| | | 厂房内不宜设置地沟，确需设置时，其盖板应严密，地沟应采取防止可燃气体、可燃蒸气和粉尘、纤维在地沟积聚的有效措施，且应在与相邻厂房连通处采用防火材料密封 | | | |

| 类型 | 要求 | | 备注 |
|---|---|---|---|
| 4. 泄压面积计算公式 | $A = 10CV^{2/3}$（一般情况：$0.5 \sim 1.0V^{2/3}$；爆炸威力较大：$2.0V^{2/3}$；体积较大有困难时：$0.3V^{2/3}$）<br>式中：$A$——泄压面积（$m^2$）；<br>$\quad\quad V$——厂房的容积（$m^3$）；<br>$\quad\quad C$——泄压比，查下表选取（$m^2/m^3$）。<br>当厂房的长径比>3时，宜将建筑划分为长径比≤3的多个计算段，各计算段的公共截面不得作为泄压面积 | | 《建筑设计防火规范》GB 50016—2014（2018年版)3.6.4条 |
| | 厂房内爆炸性危险物质的类别与泄压比规定值（$m^2/m^3$） | | |
| | 厂房内爆炸性危险物质的类别 | $C$值 | |
| | 氨，粮食、纸、皮革、铅、铬、铜等 $K_{尘}<10MPa \cdot m \cdot s^{-1}$ 的粉尘 | ≥0.030 | |
| | 木屑、炭屑、煤粉、锑、锡等 $10MPa \cdot m \cdot s^{-1} \leqslant K_{尘} \leqslant 30MPa \cdot m \cdot s^{-1}$ 的粉尘 | ≥0.055 | |
| | 丙酮、汽油、甲醇、液化石油气、甲烷、喷漆间或干燥室，苯酚树脂、铝、镁、锆等 $K_{尘}>30MPa \cdot m \cdot s^{-1}$ 的粉尘 | ≥0.110 | |
| | 乙烯 | ≥0.160 | |
| | 乙炔 | ≥0.200 | |
| | 氢 | ≥0.250 | |
| | 注：（1）长径比为建筑平面几何外形尺寸中的最长尺寸与其横截面周长的积和4.0倍的建筑横截面积之比 $[= L(b+h)/2bh，L、b、h$ —建筑长、宽、高]。<br>（2）$K_{尘}$ 是指粉尘爆炸指数 | | |

# 4.2 民用建筑防火设计

## 4.2.1 民用建筑分类

民用建筑的分类    表4.2.1

| 名称 | 高层民用建筑 | | 单、多层民用建筑 |
|---|---|---|---|
| | 一类 | 二类 | |
| 住宅建筑 | 建筑高度大于54m的住宅建筑（包括设置商业服务网点的住宅建筑） | 建筑高度大于27m，但不大于54m的住宅建筑（包括设置商业服务网点的住宅建筑） | 建筑高度不大于27m的住宅建筑（包括设置商业服务网点的住宅建筑） |
| 公共建筑 | 1. 建筑高度大于50m的公共建筑；<br>2. 建筑高度24m以上部分任一楼层建筑面积大于1000$m^2$的商店、展览、电信、邮政、财贸金融建筑和其他多种功能组合的建筑；<br>3. 医疗建筑、重要公共建筑、独立建造的老年人照料设施；<br>4. 省级及以上的广播电视和防灾指挥调度建筑、网局级和省级电力调度建筑；<br>5. 藏书超过100万册的图书馆、书库 | 除一类高层公共建筑外的其他高层公共建筑 | 1. 建筑高度大于24m的单层公共建筑；<br>2. 建筑高度不大于24m的其他公共建筑 |

注：（1）除《建筑设计防火规范》GB 50016—2014（2018年版）另有规定外，宿舍、公寓等非住宅类居住建筑的防火要求，应符合该规范有关公共建筑的规定。
（2）本表出自《建筑设计防火规范》GB 50016—2014（2018年版）5.1.1条。

## 4.2.2 民用建筑的耐火等级

**民用建筑的耐火等级和耐火极限**　　　　　　　　　　　　　表 4.2.2

| 建筑类别 | 耐火等级 | 耐火极限 |
|---|---|---|
| 一类高层建筑、地下半地下建筑（室） | 一级 | — |
| 单层、多层重要公共建筑，二类高层建筑 | 一、二级 | — |
| 建筑高度 $H$>100m 的民用建筑的楼板 | — | ≥2.00h |
| 一、二级耐火等级建筑的上人平屋面 | — | 一级 1.50h<br>二级 1.00h |

注：（1）民用建筑的耐火等级应根据其建筑高度、使用功能、重要性和火灾扑救难度等确定。

（2）民用建筑的耐火等级可分为一、二、三、四级；大多数民用建筑的耐火等级均为一、二级。

（3）本表出自《建筑设计防火规范》GB 50016—2014（2018 年版）3.5.1 条。

## 4.2.3 不同耐火等级对建筑构件的燃烧性能和耐火极限要求

**不同耐火等级建筑相应构件的燃烧性能和耐火极限（h）**　　　　表 4.2.3

| 构件名称 | | 耐火等级 | | | |
|---|---|---|---|---|---|
| | | 一级 | 二级 | 三级 | 四级 |
| 墙 | 防火墙 | 不燃性<br>3.00 | 不燃性<br>3.00 | 不燃性<br>3.00 | 不燃性<br>3.00 |
| | 承重墙 | 不燃性<br>3.00 | 不燃性<br>2.50 | 不燃性<br>2.00 | 难燃性<br>0.50 |
| | 非承重外墙 | 不燃性<br>1.00 | 不燃性<br>1.00 | 不燃性<br>0.50 | 可燃性 |
| | 楼梯间和前室的墙<br>电梯井的墙<br>住宅建筑单元之间的墙和分户墙 | 不燃性<br>2.00 | 不燃性<br>2.00 | 不燃性<br>1.50 | 难燃性<br>0.50 |
| | 疏散走道两侧的隔墙 | 不燃性<br>1.00 | 不燃性<br>1.00 | 不燃性<br>0.50 | 难燃性<br>0.25 |
| | 房间隔墙 | 不燃性<br>0.75 | 不燃性<br>0.50 | 难燃性<br>0.50 | 难燃性<br>0.25 |
| 柱 | | 不燃性<br>3.00 | 不燃性<br>2.50 | 不燃性<br>2.00 | 难燃性<br>0.50 |
| 梁 | | 不燃性<br>2.00 | 不燃性<br>1.50 | 不燃性<br>1.00 | 难燃性<br>0.50 |
| 楼板 | | 不燃性<br>1.50 | 不燃性<br>1.00 | 不燃性<br>0.50 | 可燃性 |
| 屋顶承重构件 | | 不燃性<br>1.50 | 不燃性<br>1.00 | 可燃性<br>0.50 | 可燃性 |
| 疏散楼梯 | | 不燃性<br>1.50 | 不燃性<br>1.00 | 不燃性<br>0.50 | 可燃性 |
| 吊顶（包括吊顶搁栅） | | 不燃性<br>0.25 | 难燃性<br>0.25 | 难燃性<br>0.15 | 可燃性 |

注：（1）除另有规定外，以木柱承重且墙体采用不燃材料的建筑，其耐火等级应按四级确定。

（2）住宅建筑构件的耐火极限和燃烧性能可按现行国家标准《住宅建筑规范》GB 50368—2005 的规定执行。

（3）本表出自《建筑设计防火规范》GB 50016—2014（2018 年版）5.1.2 条。

### 4.2.4 民用建筑的防火间距

民用建筑之间的防火间距（m）

表4.2.4

| 建筑类别 | | 高层民用建筑 | 裙房和其他民用建筑 | | |
|---|---|---|---|---|---|
| | | 一、二级 | 一、二级 | 三级 | 四级 |
| 高层民用建筑 | 一、二级 | 13 | 9 | 11 | 14 |
| 裙房和其他民用建筑 | 一、二级 | 9 | 6 | 7 | 9 |
| | 三级 | 11 | 7 | 8 | 10 |
| | 四级 | 14 | 9 | 10 | 12 |

注：(1) 相邻两座单、多层建筑，当相邻外墙为不燃性墙体且无外露的可燃性屋檐，每面外墙上无防火保护的门、窗、洞口不正对开设且该门、窗、洞口的面积之和不大于外墙面积的5%时，其防火间距可按本表的规定减少25%。

  (2) 两座建筑相邻较高一面外墙为防火墙，或高出相邻较低一座一、二级耐火等级建筑的屋面15m及以下范围内的外墙为防火墙时，其防火间距不限。

  (3) 相邻两座高度相同的一、二级耐火等级建筑中相邻任一侧外墙为防火墙，屋顶的耐火极限不低于1.00h时，其防火间距不限。

  (4) 相邻两座建筑中较低一座建筑的耐火等级不低于二级，相邻较低一面外墙为防火墙且屋顶无天窗，屋顶的耐火极限不低于1.00h时，其防火间距不应小于3.5m；对于高层建筑，不应小于4m。

  (5) 相邻两座建筑中较低一座建筑的耐火等级不低于二级且屋顶无天窗，相邻较高一面外墙高出较低一座建筑的屋面15m及以下范围内的开口部位设置甲级防火门、窗，或设置符合现行国家标准《自动喷水灭火系统设计规范》GB 50084—2017规定的防火分隔水幕或《建筑设计防火规范》GB 50016—2014（2018年版）第6.5.3条规定的防火卷帘时，其防火间距不应小于3.5m；对于高层建筑，不应小于4m。

  (6) 相邻建筑通过连廊、天桥或底部的建筑物等连接时，其间距不应小于本表的规定。

  (7) 耐火等级低于四级的既有建筑，其耐火等级可按四级确定。

  (8) 本表出自《建筑设计防火规范》GB 50016—2014（2018年版）5.2.2条。

### 4.2.5 民用建筑的防火分区面积

民用建筑的防火分区面积

表4.2.5

| 建筑类别 | 耐火等级 | 每个防火分区的最大允许建筑面积（设置自动灭火系统时最大允许建筑面积）（m²） | | 备注 |
|---|---|---|---|---|
| 单层、多层建筑 | 一、二级 | 2500（5000） | | 《建筑设计防火规范》GB 50016—2014（2018年版）5.3.1条 |
| 高层建筑 | 一、二级 | 1500（3000） | | |
| 高层建筑的裙房 | 一、二级 | 与高层建筑主体分离并用防火墙隔断 | 2500（5000） | |
| 营业厅、展览厅（设自动灭火系统、自动报警系统，采用不燃难燃材料） | 一级 | 设在地下、半地下 | 2000 | 《建筑设计防火规范》GB 50016—2014（2018年版）5.3.4条 |
| | 一、二级 | 设在单层建筑内或仅设在多层建筑的首层 | 10000 | |
| | | 设在高层建筑内 | 4000 | |
| | | 营业厅内设置餐饮时，餐饮部分的防火分区要求按其他功能进行防火分区划分且与营业厅间设防火分隔 | | |

| 建筑类别 | | 耐火等级 | 每个防火分区的最大允许建筑面积（设置自动灭火系统时最大允许建筑面积）（m²） | | | 备注 |
|---|---|---|---|---|---|---|
| 总建筑面积＞20000m²的地下、半地下商店（含营业、储存及其他配套服务面积） | | 一级 | （1）应采用防火墙（不能开门窗）及耐火极限≥2.00h的楼板，分隔为多个建筑面积≤20000m²的区域 | | | 《建筑设计防火规范》GB 50016—2014（2018年版）5.3.5条 |
| | | | （2）相邻区域局部水平或竖向连通时，应采取下沉式广场、防火隔间、避难走道、防烟楼梯间等措施进行连通 | | | |
| 体育馆、剧场的观众厅 | | 一、二级 | 可适当放宽增加，但需论证其消防可行性 | | | 《建筑设计防火规范》GB 50016—2014（2018年版）5.3.1条 |
| 剧场、电影院、礼堂建筑内的会议厅、多功能厅等 | | 一、二级 | 设在单层、多层建筑内 | 2500（5000） | 观众厅布置在四层及以上楼层时，每个观众厅的建筑面积不宜大于400m² | 《建筑设计防火规范》GB 50016—2014（2018年版）5.3.1条、5.4.7条 |
| | | | 设在高层建筑内 | 1500（3000） | | |
| | | 一级 | 设在地下或半地下室内 | | 500（1000） | |
| | | | 不应设在地下三层及以下楼层 | | | |
| 歌舞厅、录像厅、夜总会、卡拉OK厅（含具有卡拉OK功能的餐厅）、游艺厅（含电子游艺厅）、桑拿浴室（不包括洗浴部分）、网吧等歌舞娱乐放映游艺场所（不含剧场、电影院） | | 一、二级 | 设在单层、多层建筑内 | 2500（5000） | 设在四层及以上楼层时，一个厅、室的建筑面积≤200（200）m² | 《建筑设计防火规范》GB 50016—2014（2018年版）5.3.1条、5.4.9条 |
| | | | 设在高层建筑内 | 1500（3000） | | |
| | | 一级 | 设在半地下、地下一层内 | 500（1000） | 一个厅、室的建筑面积≤200（200）m² | |
| | | | 不可设在地下二层及以下，设在地下一层的地面与室外出入口地坪的高差不应大于10m | | | |
| 住宅建筑 | | 一、二级 | 单元式住宅 | 高层1500（3000），多层2500（5000） | | 《建筑设计防火规范》GB 50016—2014（2018年版）5.3.1条 |
| | | | 通廊式住宅 | 高层住宅（H＞27m） | 1500（3000） | |
| | | | | 多层住宅（H≤27m） | 2500（5000） | |
| 地下、半地下设备房 | | 一级 | 1000（2000） | | | |
| 地下、半地下室 | | 一级 | 500（1000） | | | |
| 汽车库 | 单层 | 一、二级 | 3000（6000），复式1950（3900） | | | 《汽车库、修车库、停车场设计防火规范》GB 50067—2014 5.1.1条 |
| | 多层，半地下 | | 2500（5000），复式1625（3250） | | | |
| | 地下、高层 | | 2000（4000），复式1300（2600） | | | |
| | 敞开式、错层、斜板式 | 一级 | 按上述规定增加1倍（上下连通层面积应叠加计算） | | | |

| 建筑类别 | | 耐火等级 | 每个防火分区的最大允许建筑面积（设置自动灭火系统时最大允许建筑面积）（m²） | 备注 |
|---|---|---|---|---|
| 汽车库 | 机械式 | 一级 | 每100辆为1个防火分区（必须设自动灭火系统） | 《汽车库、修车库、停车场设计防火规范》GB 50067—2014　5.1.3条 |
| | 巷道堆垛类机械式 | | 每300辆为1个防火分区（必须设自动灭火系统） | |
| | 甲、乙类物品运输车 | | 500（500） | 《汽车库、修车库、停车场设计防火规范》GB 50067—2014　5.1.4条 |
| 修车库 | 一般修车库 | 一、二级 | 2000 | 《汽车库、修车库、停车场设计防火规范》GB 50067—2014　5.1.5条 |
| | 修车部位与清洗和喷漆工段采用防火分隔 | 一、二级 | 4000 | |
| | 甲、乙类物品运输车 | 一级 | 500（500） | 《汽车库、修车库、停车场设计防火规范》GB 50067—2014　5.1.4条 |
| 图书馆 | 基本书库、资料、阅览室 | 一级 | 单层≤1500（1500），多层（H≤24m）≤1000（1000） | 《图书馆建筑设计规范》JGJ 38—2015　6.2.2条 |
| | 地下、半地下书库 | 一级 | 300（300） | |
| | 珍藏本、特藏本书库 | 一级 | 应单独设置防火分区 | |
| 博物馆 | 藏品库 | 一级 | 单层≤1500（1500），多层≤1000（同一防火分区内隔间面积≤500） | 《博物馆建筑设计规范》JGJ 66—2015　5.1.1条 |
| | 陈列室 | 一级 | ≤2500（2500），同一防火分区内隔间面积≤1000 | |
| 火车站 | 进站大厅 | 一、二级 | 5000（5000） | 《建筑设计防火规范》GB 50016—2014（2018年版）5.3.1条 |
| 档案馆 | 档案库 | 一级 | 每个档案库作为1个防火分区 | 《档案馆建筑设计规范》JGJ 25—2010　6.0.4条 |
| 殡仪馆 | 骨灰寄存室 | 一、二级 | 单层800，多层每层500 | 《殡仪馆建筑设计规范》JGJ 124—99　7.2.3条 |

注：（1）表中括号内数字为设置自动灭火系统时的防火分区面积。
　　（2）局部设置自动灭火系统时，增加面积可按该局部面积的一半计算。
　　（3）设有中庭或自动扶梯的建筑，其防火分区面积应按上、下层连通的面积叠加计算。对规范允许采用开敞楼梯间的建筑（如≤5层的教学楼、普通办公楼等），该开敞楼梯间可不按上下层相通的开口考虑。
　　（4）复式车库——指室内有车道且有人员停留的机械式汽车库。

## 4.2.6　各类建筑平面布置的防火要求

各类建筑平面布置的防火要求　　　　　　　　　　　　　　表 4.2.6

| 类型 | 要求 | | 备注 |
|---|---|---|---|
| 1. 教学建筑、食堂、菜市场层数及位置 | 耐火等级三级的建筑 | ≤2 层 | 《建筑设计防火规范》GB 50016—2014(2018 年版)5.4.6 条 |
| | 耐火等级四级的建筑 | 单层 | |
| | 设置在耐火等级三级建筑内的商店 | 应布置在一、二层 | |
| | 设置在耐火等级四级建筑内的商店 | 应布置在一层 | |
| 2. 营业厅、展览厅 | 不应设置在地下三层及以下楼层 | 采用或设在三级耐火等级建筑内时，应≤2 层；四级时应为单(首)层 | 《建筑设计防火规范》GB 50016—2014(2018 年版)5.4.3 条 |
| | 地下、半地下营业厅、展览厅不应经营、储存和展示甲、乙类火灾危险性用品 | | |
| 3. 建筑内的会议厅、多功能厅 | 宜布置在 1～3 层。确需布置在其他楼层时，应符合（1）一个厅、室的疏散门不应少于 2 个，且建筑面积不宜大于 400m²；（2）设置在地下或半地下时，宜设置在地下一层，不应设置在地下三层及以下楼层；（3）设置在高层建筑内时，应设置火灾自动报警系统和自动喷水灭火系统等自动灭火系统 | | 《建筑设计防火规范》GB 50016—2014(2018 年版)5.4.8 条 |
| 4. 托幼儿童用房、儿童活动场所 | 位置 | 宜设在独立的建筑内，且不应设在地下、半地下；也可附设在其他民用建筑内 | 《建筑设计防火规范》GB 50016—2014(2018 年版)5.4.4 条 |
| | 独立建筑层数 | 耐火等级为一、二级的建筑 ≤3 层 | |
| | | 耐火等级为三级的建筑 ≤2 层 | |
| | 附设建筑层数 | 附设在一、二级耐火等级建筑内 1～3 层 | |
| | | 附设在三级耐火等级建筑内 1～2 层 | |
| | | 附设在四级耐火等级建筑内 1 层 | |
| | 安全疏散 | 设置在单、多层建筑内时 1～2 层 | |
| | | 设置在高层建筑内时 1 层 | |
| 5. 老年人照料设施 | 位置 | 宜独立设置。与其他建筑上、下组合时，宜设置在建筑的下部 | 《建筑设计防火规范》GB 50016—2014(2018 年版)5.4.4A、B 条 |
| | 面积及人数 | 1 层 | |
| | | 老年人照料设施中的老年人公共活动用房、康复与医疗用房设置在地下、半地下时 每间用房的建筑面积不应大于 200m² 且使用人数不应大于 30 人 | |
| | 独立建筑高度及层数 | 老年人照料设施中的老年人公共活动用房、康复与医疗用房设置在地上四层及以上 每间用房的建筑面积不应大于 200m² 且使用人数不应大于 30 人 | |
| | | 一、二级耐火等级 宜≤32m 应≤54m | |

| 类型 | 要求 | | | 备注 |
|---|---|---|---|---|
| 6. 医院疗养院病房楼 | 层数及位置 | 不应设在地下、半地下 | | 《建筑设计防火规范》GB 50016—2014 (2018 年版)5.4.5 条 |
| | | 宜设置在独立的建筑内 | | |
| | | 耐火等级为三级的建筑 | ≤2 层 | |
| | | 耐火等级为四级的建筑 | 单层 | |
| | | 设置在耐火等级为三级的建筑内 | 1～2 层 | |
| | | 设置在耐火等级为四级的建筑内 | 1 层 | |
| | 防火分隔 | 相邻护理单元之间应采用防火隔墙分隔（耐火极限≥2.00h） | | |
| | | 隔墙上的门应为乙级防火门，走道上的防火门应为常开防火门 | | |
| 7. 剧场、电影院、礼堂 | 附设在其他民用建筑内时 | 安全出口 | 应至少设置 1 个独立的安全出口和疏散楼梯 | 《建筑设计防火规范》GB 50016—2014 (2018 年版)5.4.7 条 |
| | | 防火分隔 | 应采用防火隔墙（耐火极限≤2.00h）和甲级防火门与其他区域分隔 | |
| | | 位置面积安全出口 | （1）设在一、二级耐火等级的多层建筑内 | 观众厅宜布置在 1～3 层 |
| | | | | 确须布置在 4 层及以上楼层时：一个厅、室的疏散门不应少于 2 个，且每个观众厅的建筑面积不宜大于 400m² |
| | | | （2）设在三级耐火等级的建筑内 | 观众厅宜布置在 1～2 层 |
| | | | （3）设置在地下、半地下时 | 宜设置在地下一层，不应设置在地下三层及以下楼层 |
| | | | （4）设置在高层建筑内 | 应设置火灾自动报警系统及自动喷水灭火系统等自动灭火系统 |
| | 安全疏散 | 疏散门的数量应经计算确定且不应少于 2 个（具体计算另详） | | |
| | | 每个疏散门的平均疏散人数应≤250 人 | | |
| | | 当容纳人数＞2000 人时，其超过 2000 人的部分，每个疏散门的平均疏散人数应≤400 人 | | |
| 8. 歌舞娱乐放映游艺场所 | 位置要求 | 不应布置在地下二层及以下楼层 | | 《建筑设计防火规范》GB 50016—2014 (2018 年版)5.4.9 条 |
| | | 宜布置在一、二级耐火等级建筑内的 1～3 层的靠外墙部位 | | |
| | | 不宜布置在袋形走道的两侧或尽端 | | |
| | 确需布置在地下一层时 | 地下一层的地面与室外出入口地坪的高差不应大于 10m | | |
| | 确需布置在地上四层及以上时 | 一个厅、室的建筑面积不应大于 200m² | | |

| 类型 | 要求 | | | 备注 |
|---|---|---|---|---|
| 8. 歌舞娱乐放映游艺场所 | 防火分隔 | 厅、室之间及与建筑的其他部位之间，应采用防火隔墙（耐火极限≥2.00h）和不燃性楼板（耐火极限≥1.00h）分隔 | | 《建筑设计防火规范》GB 50016—2014（2018年版）5.4.9条 |
| | | 厅、室墙上的门和该场所与建筑内其他部位相通的门均应采用乙级防火门 | | |
| 9. 住宅建筑与其他使用功能的建筑合建时（除商业服务网点外） | 住宅部分与非住宅部分之间的防火分隔 | 多层建筑 | 应采用无门、窗、洞口的防火隔墙（耐火极限≥2.00h）和不燃性楼板（耐火极限≥1.50h）完全分隔 | 《建筑设计防火规范》GB 50016—2014（2018年版）5.4.10条 |
| | | 高层建筑 | 应采用无门、窗、洞口的防火隔墙和不燃性楼板（耐火极限≥2.00h）完全分隔 | |
| | | 建筑外墙上、下层开口之间应设置高度不小于1.2m的实体墙（设自动灭火系统时应≥0.8m），或设挑出宽度不小于1.0m、长度不小于开口宽度的防火挑檐 | | |
| | 住宅部分与非住宅部分的安全出口和疏散楼梯 | 各自的安全出口和疏散楼梯应分别独立设置 | | |
| | | 为住宅部分服务的地上车库应设置独立的疏散楼梯或安全出口 | | |
| | | 地下车库的疏散楼梯 | 应在首层采用防火隔墙（耐火极限≥2.00h）与其他部位分隔并应直通室外，确需在隔墙上开门时，应采用乙级防火门 | |
| | | | 与地上层共用疏散楼梯时，应在首层采用防火隔墙（耐火极限≥2.00h）和乙级防火门将地下或半地下部分与地上部分的连通部位完全分隔 | |
| | 其他消防设计 | 安全疏散、防火分区和室内消防设施配置：根据各自的建筑高度分别按照有关住宅建筑和公共建筑的规定执行 | | |
| | | 其他防火设计：根据建筑的总高度和建筑规模按有关公共建筑的规定执行 | | |
| 10. 设置商业服务网点的住宅建筑 | 防火分隔 | 居住部分与商业服务网点之间应采用无门、窗、洞口的防火隔墙（耐火极限≥2.00h）和不燃性楼板（耐火极限≥1.50h）完全分隔 | | 《建筑设计防火规范》GB 50016—2014（2018年版）5.4.11条 |
| | 安全出口和疏散楼梯 | 应分别独立设置。商业服务网点中每个分隔单元任一层建筑面积大于200m²时，该层应设置2个安全出口或疏散门 | | |
| | 商业服务网点的安全疏散距离 | 不应大于有关多层其他建筑位于袋形走道两侧或尽端的疏散门至最近安全出口的最大直线距离 | | |
| 11. 步行商业街（有顶棚）防火设计 | 步行街两侧的建筑 | 耐火等级≥二级 | | 《建筑设计防火规范》GB 50016—2014（2018年版）5.3.6条 |
| | | 相对面的距离≥相应高度建筑的防火间距，且应≥9m | | |
| | | 建筑长度宜≤300m | | |

| 类型 | 要求 | | | 备注 |
|---|---|---|---|---|
| 11. 步行商业街（有顶棚）防火设计 | 商铺的防火分隔 | 面向步行街的围护结构 | 宜采用实体墙 | 耐火极限≥1.00h，其门、窗应采用乙级防火门、窗 | |
| | | | 采用防火玻璃墙（包括门、窗）时 | 耐火隔热性和耐火完整性≥1.00h | |
| | | | 采用非隔热性防火玻璃墙（包括门、窗）时 | 耐火完整性≥1.00h，并应设置闭式自动喷水灭火系统进行保护 | |
| | | 相邻商铺之间面向步行街的一侧 | | 应设置宽度≥1.00m、耐火极限≥1.00h的实体墙 | |
| | | 相邻商铺之间的隔墙 | | 应设置耐火极限≥2.00h的防火隔墙 | |
| | 贮存物 | 步行街内不应布置可燃物 | | | 《建筑设计防火规范》GB 50016—2014（2018年版）5.3.6条 |
| | 门窗 | 乙级防火门窗，A类防火玻璃墙或C类防火玻璃墙加喷淋保护 | | | |
| | 每间商铺的建筑面积 | 宜≤300m² | | | |
| | 回廊 | 出挑宽度应≥1.2m，并应保证步行街上部各层楼板的开口面积≥步行街地面面积的37%，且开口宜均匀布置 | | | |
| | 步行街顶棚材料 | 不燃或难燃材料 | | | |
| | 安全疏散 | 疏散楼梯应靠外墙设置并宜直通室外，确有困难时，可在首层直接通至步行街 | | | |
| | | 首层商铺的疏散门可直接通至步行街 | | | |
| | | 步行街内任一点到达最近室外安全地点的步行距离≤60m | | | |
| | | 两侧建筑的商铺内外均应设置疏散照明、灯光疏散指示标志和消防应急广播系统 | | | |
| | | 顶棚下檐距地面的高度≥6.0m | | | |
| | 防排烟 | 顶棚应设置自然排烟设施并宜采用常开式的排烟口，且自然排烟口的有效面积≥步行街地面面积的25% | | | |
| | | 常闭式自然排烟设施应能在火灾时手动和自动开启 | | | |
| | 灭火与报警 | 步行街两侧建筑的商铺外应每隔30m设置DN65的消火栓，并应配备消防软管卷盘或消防水龙 | | | |
| | | 步行街两侧建筑的商铺内应设置自动喷水灭火系统和火灾自动报警系统 | | | |
| | | 每层回廊均应设置自动喷水灭火系统 | | | |

| 类型 | | | 要求 | 备注 |
|---|---|---|---|---|
| 12. 设备用房 | 燃油或燃气锅炉房、油浸变压器室、高压电容器室、多油开关室 | 位置 | 宜设置在建筑外的专用房间内 | 《建筑设计防火规范》GB 50016—2014(2018年版)5.4.12条 |
| | | | 确需贴邻民用建筑布置时，不应贴邻人员密集场所 | |
| | | | 确需布置在民用建筑内时：不应布置在人员密集场所的上一层、下一层或贴邻 | |
| | | | 燃油或燃气锅炉房、变压器室应设置在首层或地下一层的靠外墙部位 | |
| | | | 常（负）压燃油或燃气锅炉可设置在地下二层或屋顶上，设置在屋顶上时，距离通向屋面的安全出口不应小于6m | |
| | | | 采用相对密度（与空气密度的比值）不小于0.75的可燃气体为燃料的锅炉，不得设置在地下或半地下 | |
| | | 耐火等级 | ≥二级 | |
| | | 防火分隔 | 确需贴邻民用建筑布置时，应采用防火墙与所贴邻的建筑分隔 | |
| | | | 锅炉房、变压器室等与其他部位之间应采用防火隔墙（耐火极限≥2.00h）和不燃性楼板（耐火极限≥1.50h）分隔。在隔墙和楼板上不应开设洞口，确需在隔墙上设置门、窗时，应采用甲级防火门、窗 | |
| | | 储油间 | 总储存量不应大于1m³ | |
| | | | 应采用耐火极限不低于3.00h的防火隔墙与锅炉间分隔 | |
| | | | 确需在防火隔墙上设置门时，应采用甲级防火门 | |
| | | 疏散门 | 应直通室外或安全出口 | |
| | | 泄压设施 | 燃气锅炉房应设置爆炸泄压设施 | |
| | | 防止油品流散设施 | 油浸变压器、多油开关室、高压电容器室，应设置（如加门槛、集油坑）。油浸变压器下面应设置能储存变压器全部油量的事故储油设施（如卵石层） | |
| | 柴油发电机房 | 位置 | 宜布置在首层或地下一、二层 | 《建筑设计防火规范》GB 50016—2014(2018年版)5.4.13条 |
| | | 防火分隔 | 不应布置在人员密集场所的上一层、下一层或贴邻 | |
| | | | 应采用防火隔墙（耐火极限≥2.00h）和不燃性楼板（耐火极限≥1.50h）与其他部位分隔，门应采用甲级防火门 | |
| | | 储油间 | 总储存量不应大于1m³，储油间应采用耐火极限不低于3.00h的防火隔墙与发电机间分隔，门应采用甲级防火门 | |

| 类型 | | 要求 | | 备注 |
|---|---|---|---|---|
| 12. 设备用房 | 消防水泵房 | 位置 | 不应设置在地下三层及以下或室内地面与室外出入口地坪高差大于10m的地下楼层 | 《建筑设计防火规范》GB 50016—2014（2018年版）5.1.6条 |
| | | 耐火等级 | 单独建造的消防水泵房，其耐火等级不应低于二级 | |
| | | 疏散门 | 甲级防火门，疏散门应直通室外或安全出口 | |
| | | 防水措施 | 应采取防水淹的技术措施 | |
| | 消防控制室 | 设置范围 | 设置火灾自动报警系统和需要联动控制的消防设备的建筑（群） | 《建筑设计防火规范》GB 50016—2014（2018年版）8.1.7条 |
| | | 位置 | 宜设置在建筑内首层或地下一层，并宜布置在靠外墙部位 | |
| | | | 不应设置在电磁场干扰较强及其他可能影响消防控制设备正常工作的房间附近 | |
| | | 耐火等级 | 单独建造时，其耐火等级不应低于二级 | |
| | | 疏散门 | 乙级防火门，并应直通室外或安全出口 | |
| | | 防水措施 | 应采取防水淹的技术措施 | |
| | 供建筑内使用的丙类液体燃料 | 位置 | 应布置在建筑外 | 《建筑设计防火规范》GB 50016—2014（2018年版）5.4.14条 |
| | | 防火间距 | 总容量≤15m³，且直埋于建筑附近、面向油罐一面4.0m范围内的建筑外墙为防火墙时，储罐与建筑的防火间距不限 | |
| | | | 总容量>15m³时，储罐与建筑的防火间距：高层建筑：40m；裙房及多层建筑：12m；泵房：10m | |
| | | 设置中间罐规定 | 容量≤1m³ | |
| | | | 设置在一、二级耐火等级的单独房间内，房间门应采用甲级防火门 | |
| 13. 中庭防火 | 中庭与周围相连空间的防火分隔 | 采用防火隔墙时，其耐火极限不应低于1.00h | | 《建筑设计防火规范》GB 50016—2014（2018年版）5.3.2条 |
| | | 采用防火玻璃墙时，其耐火隔热性和耐火完整性不应低于1.00h | | |
| | | 采用耐火完整性不低于1.00h的非隔热性防火玻璃墙时，应设置自动喷水灭火系统进行保护 | | |
| | | 采用防火卷帘时，其耐火极限不应低于3.00h | | |

| 类型 | 要求 | | 备注 |
|---|---|---|---|
| | 与中庭相连通的门、窗 | 应采用火灾时能自行关闭的甲级防火门、窗 | 《建筑设计防火规范》GB 50016—2014（2018年版）5.3.2条 |
| | 高层建筑的中庭回廊 | 应设置自动喷水灭火系统和火灾自动报警系统 | |
| | 中庭内不应布置可燃物 | | |
| | 中庭应设置排烟设施 | | |

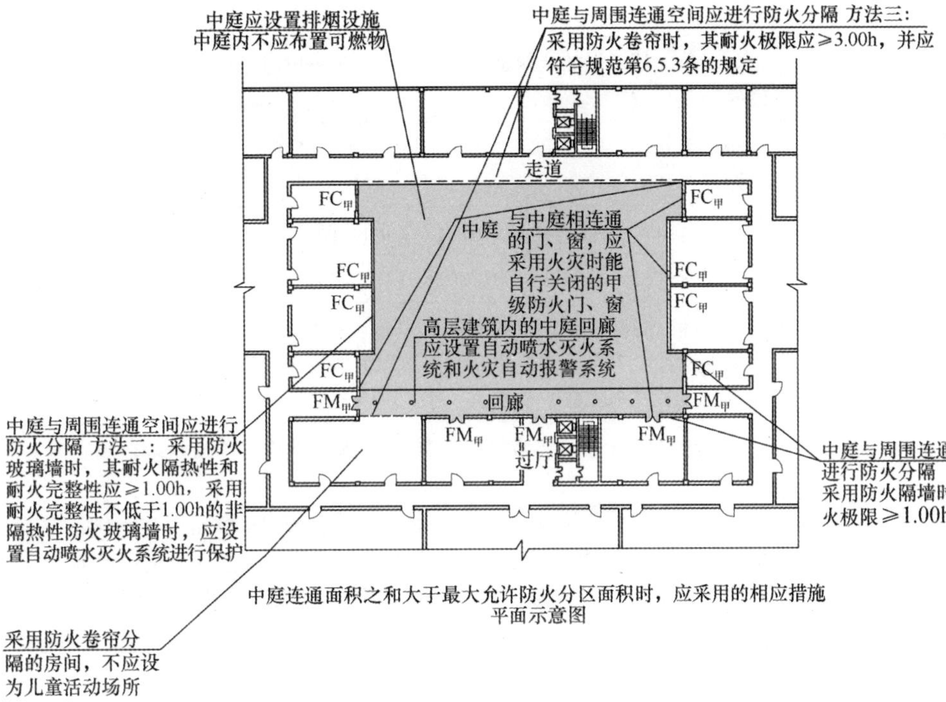

13. 中庭防火

图 4.2.6　中庭防火

## 4.2.7　安全疏散与避难

### 1. 安全出口

公共建筑允许只设一个门的房间　　　　　　表 4.2.7-1

| 房间位置 | 限制条件 | | 备注 |
|---|---|---|---|
| 位于两个安全出口之间或袋形走道两侧的房间 | 托儿所、幼儿园、老年人建筑 | 房间建筑面积≤50m² | 《建筑设计防火规范》GB 50016—2014（2018年版）5.5.15条 |
| | 医疗、教学建筑 | 房间建筑面积≤75m² | |
| | 其他建筑或场所 | 房间建筑面积≤120m² | |
| 位于走道尽端的房间（除托儿所、幼儿园、老年人建筑、医疗建筑、教学建筑内位于走道尽端的房间外） | 建筑面积＜50m²，疏散门的净宽度≥0.90m | | |
| | 房间内任一点至疏散门的直线距离≤15m，且建筑面积≤200m²，疏散门的净宽度≥1.40m | | |
| 歌舞娱乐放映游艺场所 | 厅、室建筑面积≤50m²且经常停留人数≤15人 | | |
| 地下、半地下室 | 设备间 | 建筑面积≤200m² | |
| | 房间 | 建筑面积≤50m²，人数≤15人 | |

**每层应设 2 个安全出口的住宅建筑**                    表 4.2.7-2

| | 建筑高度（m） | 任一层的建筑面积（m²） | 任一户门至最近安全出口的距离（m） | 备注 |
|---|---|---|---|---|
| 1 | ≤27 | >650 | >15 | 《建筑设计防火规范》GB 50016—2014（2018 年版）5.5.25 条 |
| 2 | 27<H≤54 | >650 | >10 | |
| 3 | >54 | 每层应设 2 个安全出口 | | |

**允许只设一个疏散楼梯或一个安全出口的建筑**            表 4.2.7-3

| 建筑类别 | | 允许只设一个疏散楼梯的条件 | 备注 |
|---|---|---|---|
| 住宅 | 建筑高度 H≤27m | 每个单元任一层的建筑面积≤650m²，任一户门至最近安全出口的距离≤15m | 《建筑设计防火规范》GB 50016—2014（2018 年版）5.5.25 条 |
| | 27<H≤54 | 每个单元任一层的建筑面积≤650m²，任一户门至最近安全出口的距离≤10m | |
| 公共建筑 | 单层、多层的首层 | S≤200m²，人数≤50 人（托儿所、幼儿园除外） | 《建筑设计防火规范》GB 50016—2014（2018 年版）5.5.15 条 |
| | ≤3 层 | 每层 S≤200m²，P2+P3≤50 人（托、幼、老、医、歌除外） | |
| | 顶层局部升高部位（多层公建） | 高出部分的层数≤2 层、人数≤50 人，每层 S≤200m²（但至少应另外设置 1 个直通建筑主体上人平屋面的安全出口，且上人屋面应符合人员安全疏散的要求。） | |
| | 地下、半地下室 | （1）S≤200m²，且经常停留人数≤15 人（歌舞娱乐放映游艺场所除外） | 《建筑设计防火规范》GB 50016—2014（2018 年版）5.5.5 条 |
| | | （2）S≤500m²，经常停留人数≤15 人，且埋深≤10m（人员密集场所除外），当需要设置 2 个安全出口时，其中一个安全出口可利用直通室外的金属竖向梯，金属竖向梯与疏散楼梯的距离应≥5m | |
| | | S≤200m² 的设备间 | |
| | 相邻的两个防火分区 | 一、二级耐火等级公共建筑内的安全出口全部直通室外确有困难的防火分区，可利用防火墙上通向相邻防火分区的甲级防火门作为安全出口，但应符合下列要求：<br>（1）建筑面积>1000m² 的防火分区，直通室外的安全出口应≥2 个；<br>（2）建筑面积≤1000m² 的防火分区，直通室外的安全出口应≥1 个；<br>（3）作为第二个安全出口的甲级防火门，其总净宽度应≤该防火分区按规定所需疏散总净宽度的 30%；<br>（4）两个相邻防火分区应采用防火墙分隔 | 《建筑设计防火规范》GB 50016—2014（2018 年版）5.5.9 条 |
| 厂房 | 甲类厂房 | 每层 S≤100m²，且同一时间的作业人数≤5 人 | 《建筑设计防火规范》GB 50016—2014（2018 年版）3.7.2 条 |
| | 乙类厂房 | 每层 S≤150m²，且同一时间的作业人数≤10 人 | |
| | 丙类厂房 | 每层 S≤250m²，且同一时间的作业人数≤20 人 | |
| | 丁、戊类厂房 | 每层 S≤400m²，且同一时间的作业人数≤30 人 | |
| | 地下或半地下厂房（包括地下或半地下室） | 每层 S≤50m²，且同一时间的作业人数≤15 人<br>相邻的防火分区，每个防火分区可利用防火墙上通向相邻防火分区的甲级防火门作为第二安全出口，但每个防火分区必须至少有 1 个直通室外的独立安全出口 | |
| | 粮食筒仓 | 上层 S<1000m²，人数≤2 人 | 《建筑设计防火规范》GB 50016—2014（2018 年版）3.8.5 条 |

## 2. 安全疏散距离

**公共建筑直通疏散走道的房间疏散门至最近安全出口的直线距离（m）**　　表 4.2.7-4

| 建筑类别 | | | 位于两个安全出口之间的疏散门 | | | | 位于袋形走道两侧或尽端的疏散门 | | | |
|---|---|---|---|---|---|---|---|---|---|---|
| | | | 无自动灭火系统 | 有自动灭火系统 | 房门开向开敞式外廊 | 安全出口为开敞楼梯间 | 无自动灭火系统 | 有自动灭火系统 | 房门开向开敞式外廊 | 安全出口为开敞楼梯间 |
| 托儿所、幼儿园老年人建筑 | | | 25 | 31 | 30 (36) | 20 (26) | 20 | 25 | 25 (30) | 18 (23) |
| 歌舞娱乐放映游艺场所 | | | 25 | 31 | 30 (36) | 20 (26) | 9 | 11 | 14 (16) | 7 (9) |
| 医疗建筑 | 单、多层 | | 35 | 44 | 40 (49) | 30 (39) | 20 | 25 | 25 (30) | 18 (23) |
| | 高层 | 病房部分 | 24 | 30 | 29 (35) | 19 (25) | 12 | 15 | 17 (20) | 10 (13) |
| | | 其他部分 | 30 | 37.5 | 35 (42.5) | 25 (32.5) | 15 | 19 | 20 (24) | 13 (17) |
| 教学建筑 | 单、多层 | | 35 | 44 | 40 (49) | 30 (39) | 22 | 27.5 | 27 (32.5) | 20 (25.5) |
| | 高层 | | 30 | 37.5 | 35 (42.5) | 25 (32.5) | 15 | 19 | 20 (24) | 13 (17) |
| 高层旅馆、展览建筑 | | | 30 | 37.5 | 35 (42.5) | 25 (32.5) | 15 | 19 | 20 (24) | 13 (17) |
| 其他建筑 | 单、多层 | | 40 | 50 | 45 (55) | 35 (45) | 22 | 27.5 | 27 (32.5) | 20 (25.5) |
| | 高层 | | 40 | 50 | 45 (55) | 35 (45) | 20 | 25 | 25 (30) | 18 (23) |

注：（1）本表所列建筑的耐火等级为一、二级。

（2）跃廊式住宅户门至最近安全出口的距离，应从户门算起，小楼梯的距离可按其水平投影长度的 1.5 倍计算。

（3）括号内数字用于有自动灭火系统的建筑。

（4）本表出自《建筑设计防火规范》GB 50016—2014（2018 年版）5.5.17 条。

**一层疏散楼梯至室外的距离**　　表 4.2.7-5

| 基本规定 | 疏散楼梯间在一层应直通室外 | 备注 |
|---|---|---|
| 确有困难时 | 在一层采用扩大封闭楼梯间或防烟楼梯间前室再通室外 | 《建筑设计防火规范》GB 50016—2014（2018 年版）5.5.17 条 |
| ≤4 层的建筑 | 疏散楼梯出口至室外的距离应≤15m | |
| >4 层的建筑 | 应在楼梯间处设直接对外的安全出口 | |
| 公共建筑 | 不大于表 4.2.7-4 规定的袋形走道两侧或尽端房间至最近安全出口的距离 | |
| 各种大空间厅堂（观众厅、餐厅、展览厅、营业厅、多功能厅等） | 一般应≤30m 或≤37.5m（设自动灭火系统） | |
| | 当房门不能直通室外或楼梯间时，可采用长度≤10m 或≤12.5m（设自动灭火系统）的走道通至安全出口 | |
| 地下车库 | ≤45m（无自动灭火系统）或≤60m（有自动灭火系统） | 《汽车库、修车库、停车场设计防火规范》GB 50067—2014　6.0.6 条 |
| 单层或设在一层的汽车库 | ≤60m | |

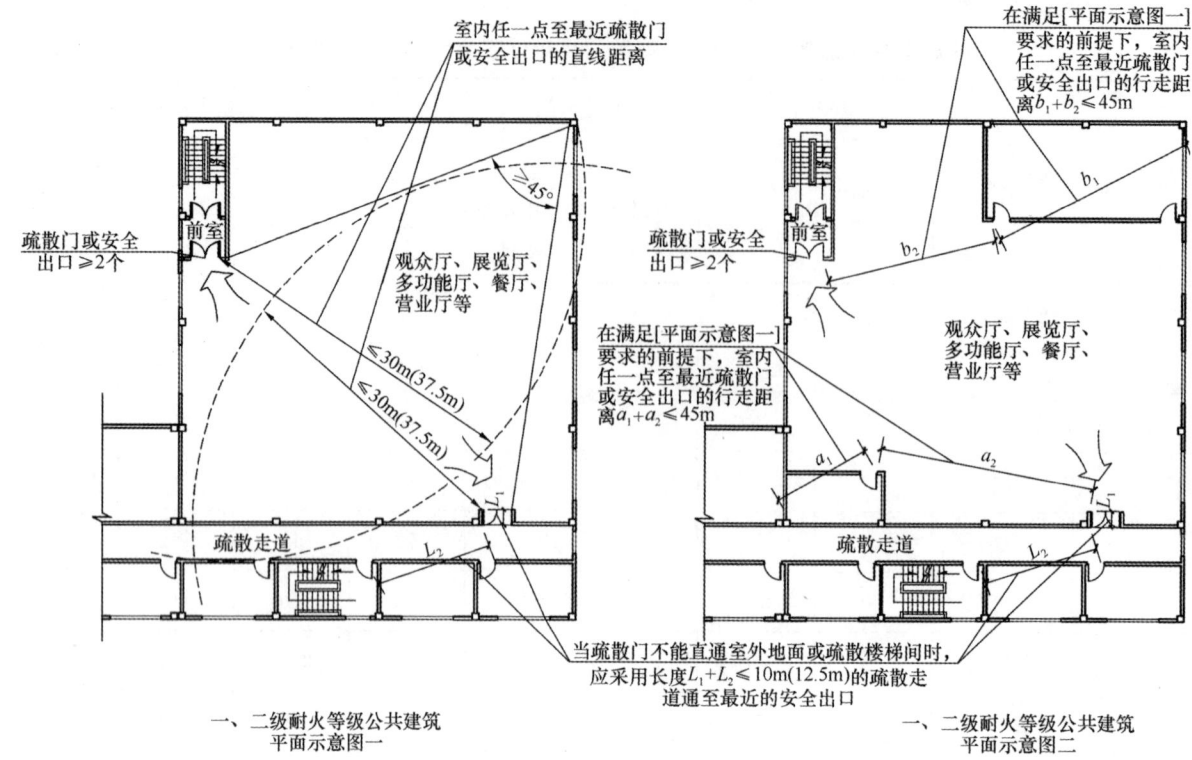

图 4.2.7-1　大空间疏散距离示意图

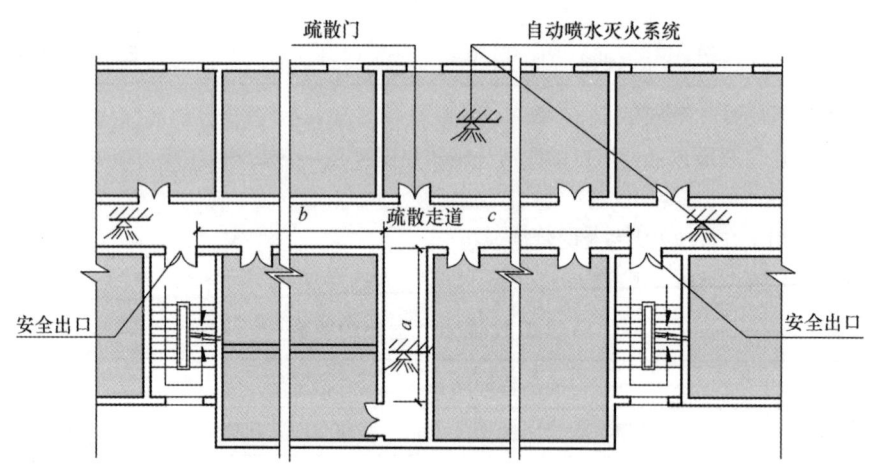

注：对于除托儿所、幼儿园、老年人照料设施，歌舞娱乐放映游艺场所，单、多层医疗建筑，单、多层教学建筑以外的下列建筑应同时满足以下几点要求：

(1) $a<b$ 或 $a<c$。

(2) 对于一、二级耐火等级其他建筑：$2a+b≤40m$，或 $2a+c≤40m$（$2a+b≤50m$，或 $2a+c≤50m$）。

(3) 高层医疗建筑其他部分、高层教学建筑、高层旅馆、展览建筑：$2a+b≤30m$。

图 4.2.7-2　走道疏散计算示意图

1) 相邻两个安全出口（门、楼梯间、出口）之间的水平距离≥5m，汽车疏散出口≥10m。

2) 设置开敞楼梯的两层商业服务网点的最大疏散距离应≤22m 或≤27.5m（设自动灭火）。

3) 同时经过袋形走道和双向走道的房间的疏散距离计算。

3. 疏散宽度

**疏散楼梯、疏散走道、疏散门的净宽** 表 4.2.7-6

| 建筑类别 | | 疏散楼梯 | 室内疏散门 | | 室内疏散走道 | | 室外通道 | 备注 |
|---|---|---|---|---|---|---|---|---|
| | | | 一层外门 | 其他层 | 单面布房 | 双面布房 | | |
| 高层公共建筑 | 医疗 | 1.30m | 1.30m | 按计算并 ≥0.9m | 1.40m | 1.50m | — | 《建筑设计防火规范》GB 50016—2014(2018年版)5.5.18条 |
| | 其他 | 1.20m | 1.20m | 按计算并 ≥0.9m | 1.30m | 1.40m | | |
| 多层公共建筑 | | 1.10m | 0.90m | | 1.10m | | — | |
| 观众厅等人员密集场所 | | 按计算 | 1.40（不能设门槛，门内外 1.40m 范围不能设踏步） | | 0.60m/100 人且≥1.0m 边走道≥0.80m | | 3.0m 直通室外宽敞地带 | 《建筑设计防火规范》GB 50016—2014(2018年版)5.5.19条 |
| 住宅 | | 按计算且 ≥1.10m | 1.10m | 按计算 | 多层、高层的室内疏散走道净宽均 ≥1.10m | | — | 《建筑设计防火规范》GB 50016—2014(2018年版)5.5.30条 |
| | | | 户门、安全出口 ≥0.90m | | | | | |
| 剧场、电影院、礼堂、体育馆等场所观众厅室内疏散走道布置规定（见图4.2.7-3） | | 横走道之间的座位排数 | | | ≤20 排 | | | 《建筑设计防火规范》GB 50016—2014(2018年版)5.5.20条 |
| | | 纵走道之间的座位数 | 座位两侧有纵走道 | 体育馆 | ≤26 座（座椅排距≥0.9m 时可 50 座） | | | |
| | | | | 剧场、电影院、礼堂等 | ≤22 座（座椅排距＞0.9m 时可 44 座） | | | |
| | | | 座位仅一侧有纵走道 | 体育馆 | ≤13 座（座椅排距＞0.9m 时可 25 座） | | | |
| | | | | 其他 | ≤11 座（座椅排距＞0.9m 时可 22 座） | | | |

**住宅及公建（剧场、电影院、礼堂、体育馆除外）每层的房间疏散门、安全出口、疏散走道和疏散楼梯的每100人最小疏散净宽度（m/百人）** 表 4.2.7-7

| 类别 | | 百人疏散宽度指标 | | |
|---|---|---|---|---|
| | | 建筑的耐火等级 | | |
| | | 一、二级 | 三级 | 四级 |
| 地上楼层 | 1～2 层 | 0.65 | 0.75 | 1.00 |
| | 3 层 | 0.75 | 1.00 | — |
| | ≥4 层 | 1.00 | 1.25 | — |
| 地下楼层 | 与地面出入口地面的高差 $\Delta H \leq 10m$ | 0.75 | — | — |
| | 与地面出入口地面的高差 $\Delta H > 10m$ | 1.00 | — | — |
| 地下、半地下人员密集的厅室、歌舞娱乐放映游艺场所 | | 1.00 | — | — |

注：(1) 首层外门的总净宽度应按该建筑疏散人数最多一层的人数计算确定，不供其他楼层人员疏散的外门，可按本层的疏散人数计算确定。

(2) 当每层疏散人数不等时，疏散楼梯的总净宽度可分层计算，地上建筑内下层楼梯的总净宽度应按该层及以上疏散人数最多一层的人数计算；地下建筑内上层楼梯的总净宽度应按该层及以下疏散人数最多一层的人数计算。

(3) 本表出自《建筑设计防火规范》GB 50016—2014（2018 年版）5.5.21 条。

**剧场、电影院、礼堂、体育馆的安全疏散计算**　　　　　　　表 4.2.7-8

| 建筑类别 | 安全出口（疏散门、楼梯）的数量 $N$ | 疏散时间 $T$ 验算 |
|---|---|---|
| 剧场、电影院礼堂的观众厅多功能厅<br><br>通式：<br><br>$N = \dfrac{\Sigma P \times B_{100}}{100\, B_0}$<br><br>$N = \Sigma B / B_0$<br><br>$B_{100} = \dfrac{0.55 \times 100}{[T]\,M}$<br><br>$\Sigma B = 0.01 \Sigma P \times B_{100}$ | **1. 按百人疏散宽度指标 $B_{100}$ 计算**<br>$\Sigma B = 0.01 \Sigma P \times B_{100}$　$N = \Sigma B / B_0$（个）<br><br>**2. 按每个出口（门）平均允许疏散人数计算**<br>$N = \dfrac{\Sigma P}{250} \geqslant 2$（个）（$\Sigma P \leqslant 20000$ 人，<br>$B_0 \geqslant 0.00917 \Sigma P / N$）<br>$N = \dfrac{\Sigma P}{400} + 3$（个）（$\Sigma P > 20000$ 人，<br>$B_0 \geqslant 0.00688 \Sigma P / N$）<br><br>**3. 按规定的疏散时间 $[T]$ 计算**<br>$N = \dfrac{\Sigma P}{145 B_0}$（个）（$\Sigma P \leqslant 2500$ 人，$[T] = 2\text{min}$）<br>$N = \dfrac{\Sigma P}{109 B_0}$（个）（$\Sigma P \leqslant 1200$ 人，$[T] = 1.5\text{min}$） | **1. 剧场、电影院、礼堂、多功能厅**<br><br>$T = \dfrac{\Sigma P}{\left(\genfrac{}{}{0pt}{}{78.2}{67.3}\right) N B_0} \leqslant [T]$<br><br>78.2—平坡地面<br>67.3—阶梯地面<br>$[T] = 1.5\text{min}$（$\Sigma P \leqslant 1200$ 人）<br>$2\text{min}$（$\Sigma P \leqslant 2500$ 人）<br><br>**2. 体育馆**<br>$T = \dfrac{\Sigma P}{67.3 N B_0} \leqslant [T]$<br><br>$3.0\text{min}$（$\Sigma P \leqslant 5000$ 人）<br>$[T] = 3.5\text{min}$（$\Sigma P \leqslant 10000$ 人）<br>$4.0\text{min}$（$\Sigma P \leqslant 20000$ 人） |
| 体育馆观众厅<br>（通式同上） | **1. 按百人疏散宽度指标 $B_{100}$ 计算**<br>$\Sigma B = 0.01 \Sigma P \times B_{100}$　$N = \Sigma B / B_0$（个）<br><br>**2. 按每个出口（门）平均允许疏散人数计算**<br>$B_0 \geqslant 0.00495 \Sigma P / N$（$\Sigma P \leqslant 5000$ 人）<br>$N = \dfrac{\Sigma P}{400 \sim 700}$（个）$B_0 \geqslant 0.00425 \Sigma P / N$（$\Sigma P \leqslant 10000$ 人）<br>$B_0 \geqslant 0.00372 \Sigma P / N$（$\Sigma P \leqslant 20000$ 人）<br><br>**3. 按规定的疏散时间 $[T]$ 计算**<br>$N = \dfrac{\Sigma P}{\left[\genfrac{}{}{0pt}{}{\genfrac{}{}{0pt}{}{202}{236}}{269}\right] B_0}$（个）　$\Sigma P \leqslant 5000$ 人，$[T] = 3.0\text{min}$<br>$\Sigma P \leqslant 10000$ 人，$[T] = 3.5\text{min}$<br>$\Sigma P \leqslant 20000$ 人，$[T] = 4.0\text{min}$ | **安全出口（门、楼梯、走道）净宽 $B_0$ 选用表**<br><br><table><tr><td>人流股数</td><td>每股人流宽度 m</td><td>门净宽 $B_0$（m）</td></tr><tr><td>3</td><td>0.55</td><td>1.65</td></tr><tr><td>4</td><td>0.55</td><td>2.20</td></tr><tr><td>5</td><td>0.55</td><td>2.75</td></tr><tr><td>6</td><td>0.55</td><td>3.30</td></tr></table><br>式中，$\Sigma P$——总人数<br>$\Sigma B$——疏散总宽度，m；<br>$N$——安全出口（门、梯）净宽，m；<br>$T$、$[T]$——设计及规定疏散时间，min；<br>$M$——每分钟每股人流通过人数；<br>平坡地面：$M = 43$ 人/min<br>阶梯地面：$M = 37$ 人/min |

| 剧场、电影院、礼堂等场所每 100 人所需最小疏散净宽度 $B_{100}$（m/百人） | | | 体育馆每 100 人所需最小疏散净宽度 $B_{100}$（m/百人） | | | |
|---|---|---|---|---|---|---|
| 观众厅座位数（座） | ≤2500 | ≤1200 | 观众厅座位数范围（座） | 3000～5000 | 5001～10000 | 10001～20000 |
| 耐火等级 | 一、二级 | 三级 | | | | |

| 建筑类别 | | | | | 安全出口（疏散门、楼梯）的数量 N | | 疏散时间 T 验算 | | |
|---|---|---|---|---|---|---|---|---|---|
| 疏散部位 | 门和走道 | 平坡地面 | 0.65 | 0.85 | 疏散部位 | 门和走道 | 平坡地面 | 0.43 | 0.37 | 0.32 |
| | | 阶梯地面 | 0.75 | 1.00 | | | 阶梯地面 | 0.50 | 0.43 | 0.37 |
| | 楼梯 | | 0.75 | 1.00 | | 楼梯 | | 0.50 | 0.43 | 0.37 |

本表出自《建筑设计防火规范》GB 50016—2014（2018年版）5.5.16条、5.5.20条。

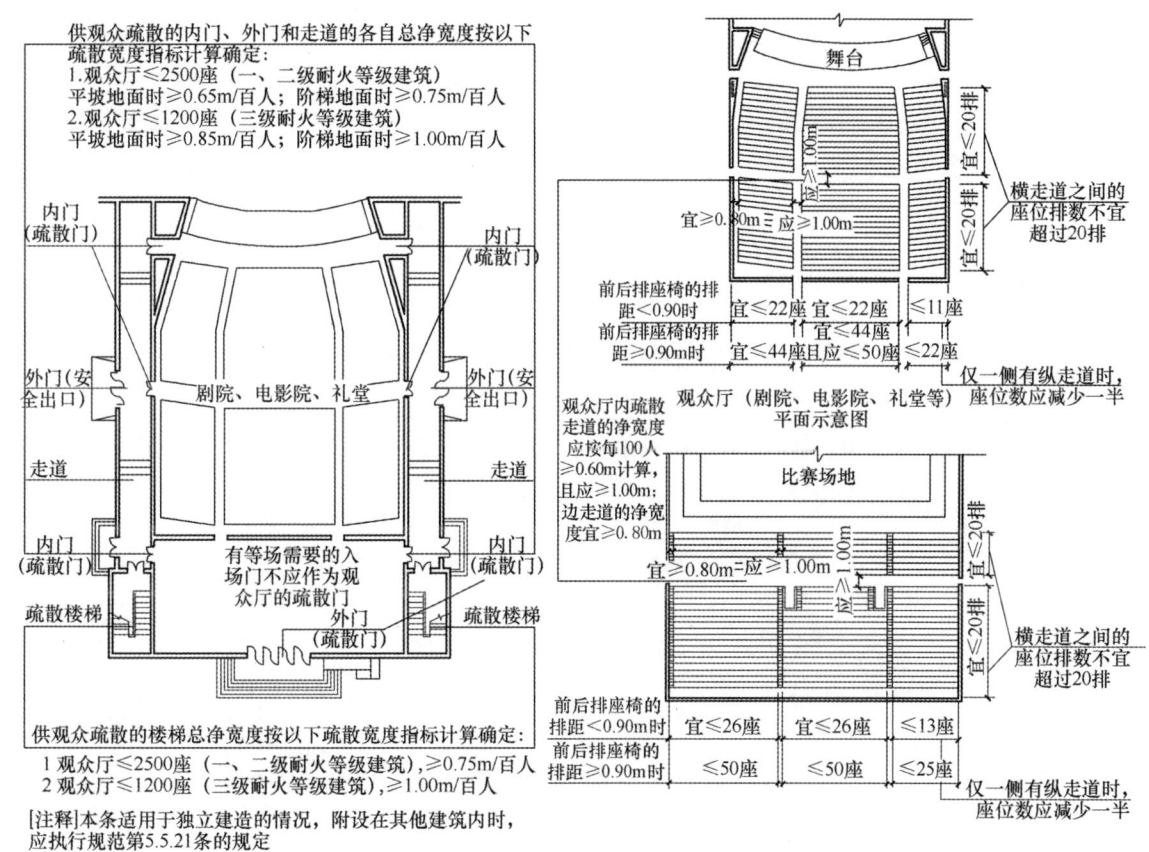

图 4.2.7-3　电影院、剧场、礼堂、体育场馆的安全疏散示意图

4. 商场、展览厅、有固定座位场所等楼梯的计算

（1）商场等疏散楼梯总宽度计算公式：

$$\Sigma B = S K_1 K_2$$

式中　$S$——该层商场营业厅、展览厅、有固定座位场所等建筑面积，$m^2$；

　　　$K_1$——商场营业厅、展览厅、有固定座位场所等的人员密度，人/$m^2$；查表 4.2.7-9；

　　　$K_2$——商场、展览厅、有固定座位场所等建筑百人疏散宽度指标，m/百人，查表 4.2.7-10。

（2）商场营业厅等的人员密度 $K_1$（人/m²）

**商场营业厅、展览厅、固定座位场所、娱乐场所的人员密度 $K_1$（人/m²）** 表 4.2.7-9

| 商场营业厅 | 楼层位置 | 地下第二层 | 地下第一层 | 地上第一、二层 | 地上第三层 | 地上第四层及以上各层 |
|---|---|---|---|---|---|---|
| | 人员密度（$K_1$） | 0.56 | 0.60 | 0.43～0.60 | 0.39～0.54 | 0.30～0.42 |
| 展览厅≥0.75 人/m² | 有固定座位的场所＝1.1×实际座位数 | | | | | |
| 歌舞娱乐放映游艺场所中录像厅：1.0 人/m²，其他厅室≥0.5 人/m² | | | | | | |

注：（1）建材商店、家具和灯饰展示建筑，其人员密度可按表中规定值的 30%确定。
（2）当建筑规模较小（比如营业厅的建筑面积小于 3000m²）时宜取上限值，当建筑规模较大时，可取下限值。
（3）除剧场、电影院、礼堂、体育馆外的其他公共建筑百人疏散宽度指标 $K_2$（m/百人）
（4）本表出自《建筑设计防火规范》GB 50016—2014（2018 年版）5.5.16 条、5.5.21 条。

**商场、展览厅、有固定座位场所等建筑百人疏散宽度指标（m/百人）** 表 4.2.7-10

| 建筑层数 | | 百人疏散宽度指标 $K_2$ |
|---|---|---|
| 地上楼层 | 1～2 层 | 0.65 |
| | 3 层 | 0.75 |
| | ≥4 层 | 1.00 |
| 地下楼层 | 与地面出入口地面的高差 $\Delta H$≤10m | 0.75 |
| | 与地面出入口地面的高差 $\Delta H$＞10m | 1.00 |
| 地下或半地下人员密集的厅、室和歌舞娱乐放映游艺场所 | | 1.00 |

注：本表出自《建筑设计防火规范》GB 50016—2014（2018 年版）5.5.16 条、5.5.21 条。

**5. 疏散楼梯的适用范围及设计要求**

**疏散楼梯的适用范围及设计要求** 表 4.2.7-11

| 适用范围 | 设计要求 | 备注 |
|---|---|---|
| 1. 封闭楼梯间（或室外楼梯）<br>（1）1～2 层的地下、半地下建筑（室）；<br>（2）室内地面与室外出入口地坪高差≤10m 的地下、半地下建筑（室）；<br>（3）裙房；<br>（4）建筑高度≤32m 的二类高层公共建筑；<br>（5）多层公共建筑（医疗建筑、旅馆、设置歌舞娱乐放映游艺场所的建筑、商店、图书馆、展览建筑、会议中心，与敞开式外廊直接相连的楼梯间除外）；<br>（6）老年人照料设施不能与敞开式外廊直接连通的室内疏散楼梯；<br>（7）≥6 层的多层公共建筑（与敞开式外廊直接相连的楼梯间除外）；<br>（8）$H$≤21m 的住宅，与电梯井相邻布置的疏散楼梯（户门采用乙级防火门时除外）；<br>（9）21m≤$H$≤33m 的住宅（户门采用乙级防火门时除外）；<br>（10）高层厂房、甲乙丙类多层厂房，高层仓库 | （1）楼梯间的首层可将走道和门厅等包括在楼梯间内形成扩大的封闭楼梯间，但应采用乙级防火门等与其他走道和房间分隔；<br>（2）除楼梯间的出入口和外窗外，楼梯间的墙上不应开设其他门、窗、洞口；<br>（3）梯间门：高层建筑、人员密集的公共建筑、人员密集的多层丙类厂房、甲、乙类厂房，应采用乙级防火门；其他建筑，可采用双向弹簧门；<br>（4）不能自然通风或自然通风不能满足要求时，应设置机械加压送风系统或采用防烟楼梯间；<br>（5）楼梯间及其前室内禁止穿过或设置可燃气体管道，也不应设置卷帘；<br>（6）外墙上的窗口与两侧门、窗、洞口最近边缘的水平距离≥1.0m | 《建筑设计防火规范》GB 50016—2014（2018 年版）6.4.1 条、6.4.11 条 |

| 适用范围 | 设计要求 | 备注 |
|---|---|---|
| 2. 防烟楼梯间（或室外楼梯）<br>（1）≥3层的地下、半地下建筑（室）；<br>（2）室内地面与室外出入口地坪高差大于10m的地下、半地下建筑（室）；<br>（3）一类高层公共建筑；<br>（4）H>32m的二类高层公共建筑；<br>（5）H>33m的住宅建筑；<br>（6）H>32m且任一层的人数>10人的厂房；<br>（7）H>24m的老年人照料设施 | （1）应设置前室，前室可与消防电梯前室合用；<br>（2）前室的使用面积：公共建筑、高层厂房（仓库），不应小于6.0m²；住宅建筑，不应小于4.5m²；<br>（3）合用前室的使用面积：公共建筑、高层厂房（仓库），不应小于10.0m²；住宅建筑，不应小于6.0m²；<br>（4）前室和楼梯间的门应采用乙级防火门；<br>（5）除出入口、正压送风口外，楼梯间和前室的墙上不应开设其他门、窗、洞口；<br>（6）楼梯间和前室不应设置卷帘，禁止穿过或设置可燃气体管道，也不应设置卷帘；<br>（7）应设置防烟设施——正压送风井；<br>（8）楼梯间的首层可将走道和门厅等包括在楼梯间前室内形成扩大的前室，但应采用乙级防火门等与其他走道和房间分隔；<br>（9）外墙上的窗口与两侧门、窗、洞口最近边缘的水平距离≥1.0m | 《建筑设计防火规范》GB 50016—2014（2018年版）6.4.1条、6.4.2条、6.4.3条 |
| 3. 剪刀楼梯间<br>（1）高层公建任一疏散门至最近疏散楼梯间入口的距离≤10m；<br>（2）住宅任一户门至最近疏散楼梯间入口的距离≤10m | （1）楼梯间应为防烟楼梯间；<br>（2）梯段之间应设置防火隔墙（耐火极限≥1.00h）；<br>（3）高层公建应分别设置前室和加压送风系统；<br>（4）住宅建筑楼梯间的前室不宜共用；共用时，前室的使用面积应≥6.0m²；<br>（5）住宅建筑楼梯间的前室或共用前室不宜与消防电梯的前室合用；合用时：合用前室的使用面积应≥12.0m²，且短边应≥2.4m | 《建筑设计防火规范》GB 50016—2014（2018年版）5.5.10条、5.5.28条 |
| 4. 非封闭（开敞）楼梯间<br>（1）剧场、电影院、礼堂、体育馆（当这些场所与其他功能空间组合在同一座建筑内时，其疏散楼梯形式应按其中要求最高最严者确定，或按该建筑的主要功能确定）；<br>（2）多层公共建筑的与敞开式外廊直接相连的楼梯间；<br>（3）≤5层的其他公建（但不包括应设封闭楼梯间的多层公建，如医疗、旅馆……）；<br>（4）H≤21m的住宅，其不与电梯井相邻布置的疏散楼梯；H≤33m，户门为乙级防火门的住宅；<br>（5）丁、戊类高层厂房，每层工作平台人数≤2人且各层工作平台总人数≤10人；<br>（6）多层仓库、筒仓、多层丁、戊类厂房 | 疏散楼梯间的设计要求<br>（1）应能天然采光和自然通风，并宜靠外墙设置。靠外墙设置时，楼梯间、前室及合用前室外墙上的窗口与两侧门、窗、洞口最近边缘的水平距离不应小于1.0m；<br>（2）疏散楼梯间在各层的平面位置不应改变（通向避难层错位的疏散楼梯除外）；<br>（3）楼梯间内不应设置烧水间、可燃材料储藏室、垃圾道和可燃气体及甲、乙、丙类液体管道；<br>（4）楼梯间内不应有影响疏散的突出物或其他障碍物；<br>（5）地下或半地下建筑（室）的疏散楼梯间，应在首层采用防火隔墙（耐火极限≥2.00h）与其他部位分隔并应直通室外，确需在隔墙上开门时，应采用乙级防火门（地下或半地下部分与地上部分共用楼梯间时，也应执行此条规定）；<br>（6）不宜采用螺旋楼梯和扇形踏步；确需采用时，踏步上、下两级所形成的平面角度应≤10°，且每级离扶手250mm处的踏步深度应≥220mm；<br>（7）公共疏散楼梯的梯井净宽宜≥150mm | 《建筑设计防火规范》GB 50016—2014（2018年版）6.4.1条、6.4.4条 |

| 适用范围 | 设计要求 | 备注 |
|---|---|---|
| 5. 室外疏散楼梯<br>（1）凡应设封闭楼梯间和防烟楼梯间的均可替换成室外楼梯；<br>（2）高层厂房、甲、乙、丙类多层厂房；<br>（3）$H>32m$ 且任一层人数＞10 人的厂房；<br>（4）多层仓库、筒仓 | （1）楼梯的净宽度应≥0.90m，倾斜角度应≤45°；<br>（2）栏杆扶手的高度应≥1.10m；<br>（3）梯段和平台均应为不燃材料（平台耐火极限应≥1.00h，梯段耐火极限应≥0.25h）；<br>（4）通向室外楼梯的门应为乙级防火门，并向外开启；<br>（5）疏散门不应正对梯段；<br>（6）除疏散门外，楼梯周围 2m 内的墙面上不应设置门、窗、洞口 | 《建筑设计防火规范》GB 50016—2014（2018 年版）6.4.5 条 |
| 6. 室外金属梯<br>（1）多层仓库、筒仓；<br>（2）用作丁、戊类厂房内第二安全出口的楼梯 | 应符合室外楼梯的设计要求 | 《建筑设计防火规范》GB 50016—2014（2018 年版）3.8.6 条 |

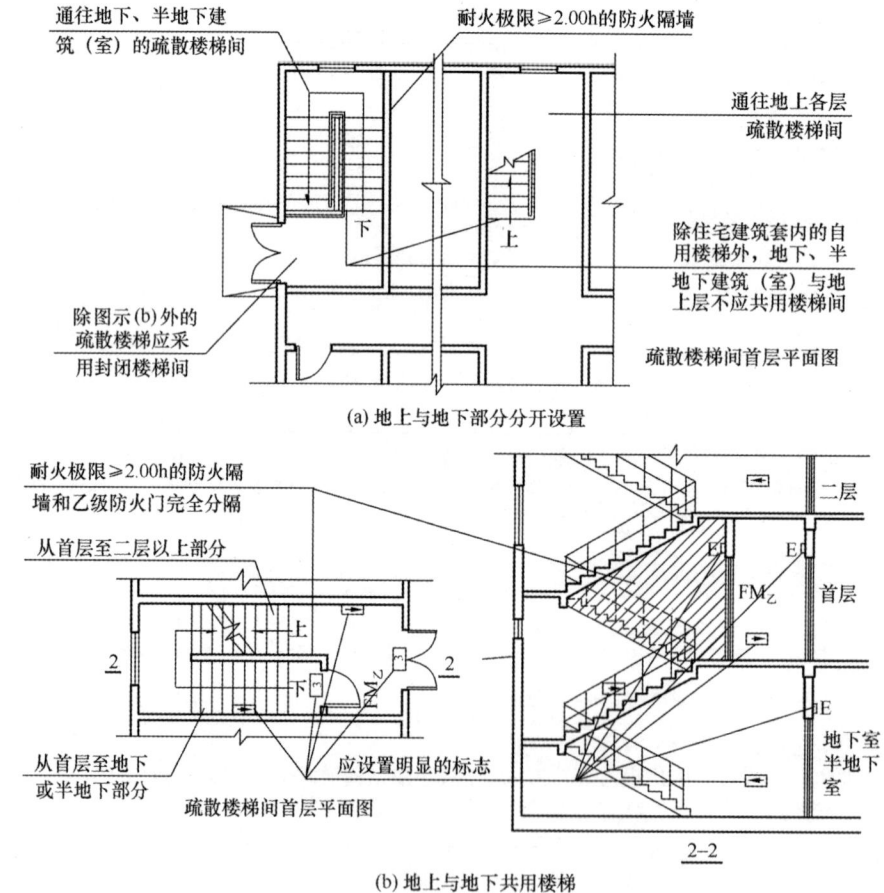

(a) 地上与地下部分分开设置

(b) 地上与地下共用楼梯

图 4.2.7-4　疏散楼梯间首层平面设计

6. 安全疏散设施

安全疏散设施

表 4.2.7-12

| 类型 | | | |
|---|---|---|---|
| （1）疏散门 | 门的类型 | 平开门（丙、丁、戊类仓库首层靠墙外侧可采用推拉门或卷帘门） | 《建筑设计防火规范》GB 50016—2014（2018 年版）6.4.11 条 |
| | 开启方向 | 应向疏散方向开启 | |
| | | 人数≤60 人且每樘门的平均疏散人数≤30 人的房间，其疏散门的开启方向可不限（甲、乙类生产车间除外） | |
| | 其他 | 疏散楼梯间的门完全开启时，不应减少楼梯平台的有效宽度 | |
| | | 人员密集场所的疏散门、设置门禁系统的住宅、宿舍、公寓的外门，应保证火灾时不用钥匙亦能从内部容易打开，并应在显著位置设置标识和使用提示 | |
| （2）疏散走道 | 在防火分区处应设置常开的甲级防火门 | | 《建筑设计防火规范》GB 50016—2014（2018 年版）6.4.10 条 |
| （3）避难走道 | 直通地面的安全出口 | 服务于多个防火分区：应≥2 个 | 《建筑设计防火规范》GB 50016—2014（2018 年版）6.4.14 条 |
| | | 服务于 1 个防火分区：可只设 1 个（防火分区另有 1 个） | |
| | 走道净宽 | 应大于等于任一防火分区通向走道的设计疏散总净宽度 | |
| | 防烟前室 | 位置 防火分区至避难走道的出入口处 | |
| | | 面积 使用面积应≥6m² | |
| | | 前室门 开向前室的门应为甲级防火门 | |
| | | 前室开向避难走道的门应为乙级防火门 | |
| | 室内装修材料的燃烧性能应为 A 级 | | |
| | 走道楼板的耐火极限应≥1.50h | | |
| | 走道隔墙的耐火极限应≥3.00h | | |
| | 消防设施 | 消火栓、消防应急照明、应急广播、消防专线电话 | |
| | 适用范围 | 用于解决大型建筑中疏散距离过长或难以设置直通室外的安全出口等问题 | |
| | | 作用与防烟楼梯间类似，只要进入避难走道即视为安全 | |

| 类型 | | |
|---|---|---|
| （3）避难走道 | 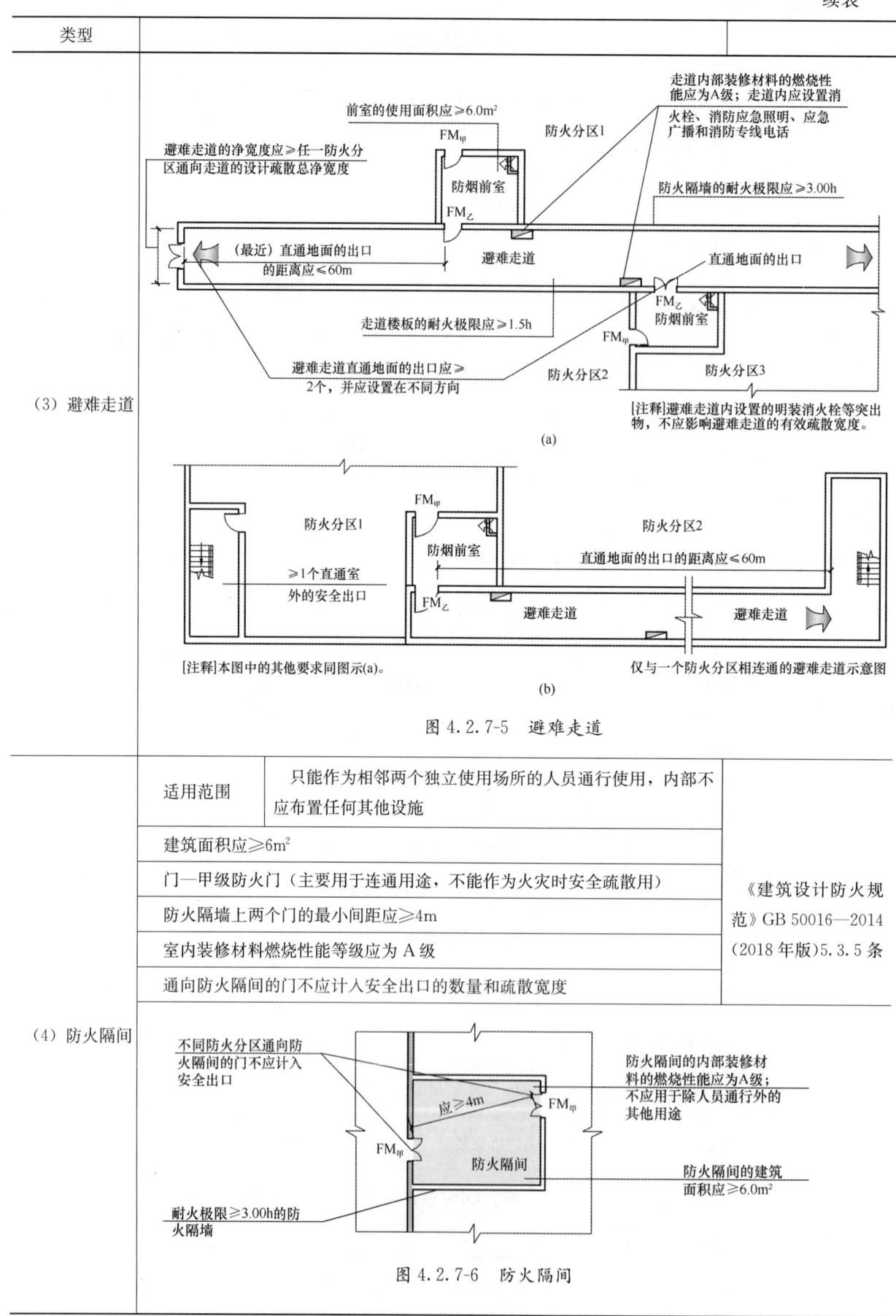<br>图 4.2.7-5　避难走道 | |
| （4）防火隔间 | 适用范围｜只能作为相邻两个独立使用场所的人员通行使用，内部不应布置任何其他设施<br>建筑面积应≥6m²<br>门—甲级防火门（主要用于连通用途，不能作为火灾时安全疏散用）<br>防火隔墙上两个门的最小间距应≥4m<br>室内装修材料燃烧性能等级应为 A 级<br>通向防火隔间的门不应计入安全出口的数量和疏散宽度<br><br>图 4.2.7-6　防火隔间 | 《建筑设计防火规范》GB 50016—2014（2018 年版）5.3.5 条 |

| 类型 | | | | |
|---|---|---|---|---|
| （4）防火隔间 | 功能用途 | 主要用于将大型地下商店分隔为多个相对独立的区域 | | 《建筑设计防火规范》GB 50016—2014（2018 年版）6.4.12 条 |
| | | 一旦某个区域着火且失控时，下沉式广场能防止火灾蔓延至其他区域 | | |
| | 室外开敞空间的开口最近边缘之间的水平距离 S | 建筑面积≥20000m² | S≥13m | |
| | | 建筑面积<20000m² | 外墙为难燃或可燃 | 防火墙应外凸>0.4m，且防火墙两侧的外墙均应为宽度 S≥2.0m 的不燃性墙体 |
| | | | 外墙为不燃体 | 防火墙可不外凸，但紧靠防火墙两侧的门、窗、洞口之间最近边缘的水平距离 S 应≥2.0m（采取设置乙级防火窗等防止火灾水平蔓延的措施时，可不受此限） |
| | | | 防火墙位置及措施 | 不宜设置在转角处，确需设置时，内转角两侧墙上的门、窗、洞口之间最近边缘的水平距离应≥4.0m（采取设置乙级防火窗等防止火灾水平蔓延的措施时，可不受此限） |
| | 室外开敞空间用于人员疏散的净面积 | 应≥169m²（不包括水池、景观等面积） | | |
| | 直通地面的疏散楼梯 | 楼梯数量 | ≥1 部 | |
| | | 总净宽度 | ≥任一防火分区通向室外开敞空间的设计疏散总净宽度 | |
| | 禁止布置其他设施 | 不能布置任何经营性商业设施或其他可能引起火灾的设施物体 | | |
| | 不同防火分区通向下沉式广场的门窗之间的水平距离 | 位于同一面墙的门窗：≤2m | | |
| | | 位于转角处的门窗：≤4m | | |
| | 竖向风雨挡板（墙）设计要求 | 不应完全封闭、应能保证火灾烟气快速自然排放 | | |
| | | 四周开口部位应均匀布置，开口面积≥室外开敞空间地面面积的 1/4，开口高度≥1.0m | | |
| | | 开口设置百叶时，其有效排烟面积＝百叶通风口面积的 60% | | |

| 类型 | | |
|---|---|---|

下沉式广场等室外开敞空间内应设置不少于1部直通地面的疏散楼梯。当连接下沉广场的防火分区需利用下沉广场进行疏散时，疏散楼梯的总净宽度不应小于任一防火分区通向室外开敞空间的设计疏散总净宽度

室外开敞空间除用于人员疏散外不得用于其他商业或可能导致火灾蔓延的用途，其中用于疏散的净面积不应小于169m²

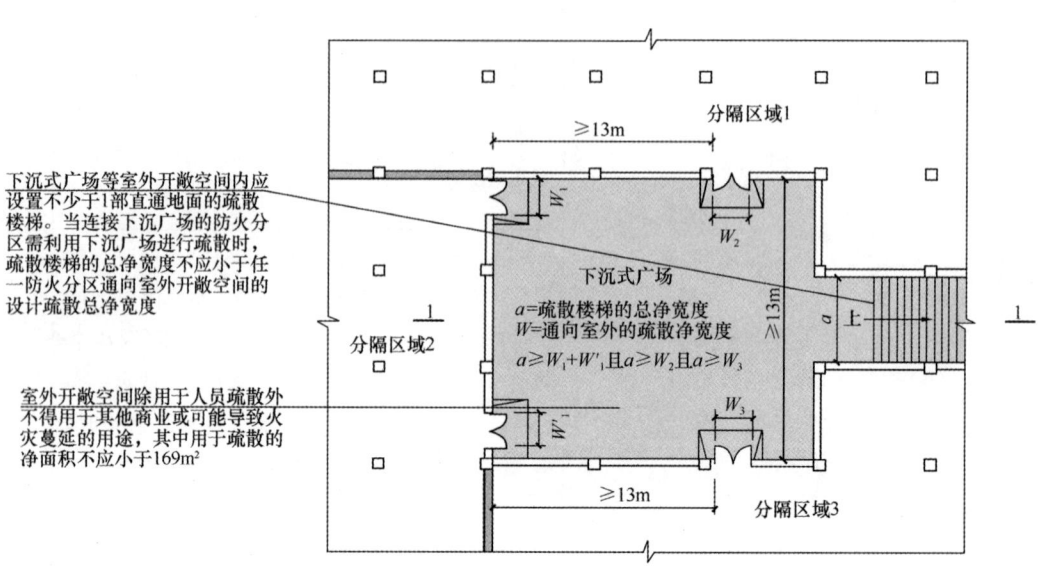

图 4.2.7-7 下沉式广场平面示意图

（4）防火隔间

防风雨篷开口设置百叶时，百叶的有效排烟面积可按百叶通风口面积的60%计算

防风雨篷不应完全封闭，四周开口部位应均匀布置，开口的面积不应小于该空间地面面积的25%

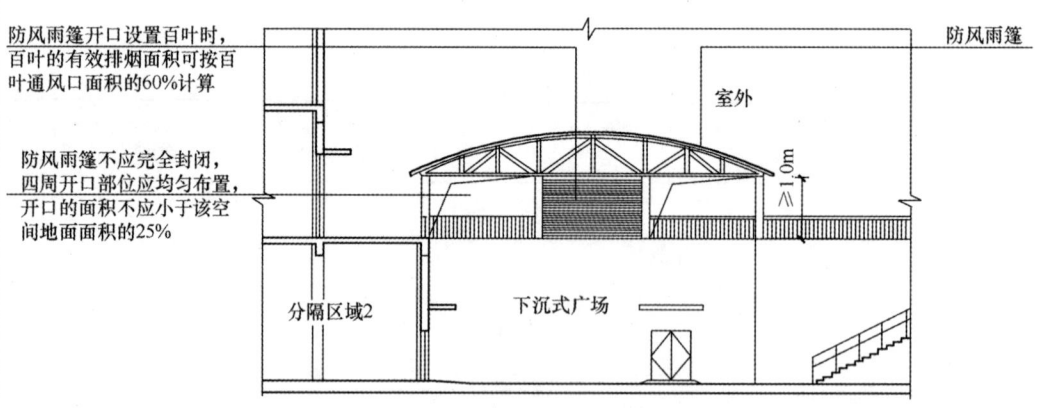

图 4.2.7-8 下沉式广场剖面

| 类型 | | | |
|---|---|---|---|
| （5）避难层（间）设计要求 | 设置范围 | 1. $H>100m$ 的公共建筑应设置避难层（间），$H>100m$ 的住宅建筑应设置避难层<br>2. 高层病房楼应在二层及以上的病房楼层和洁净手术部设置避难间<br>3. $H>54m$ 的住宅应设避难间<br>4. 3层及3层以上总建筑面积大于 $3000m^2$（包括设置在其他建筑内三层及以上楼层）的老年人照料设施，应在二层及以上各层老年人照料设施部分的每座疏散楼梯间的相邻部位设置1间避难间；当老年人照料设施设置与疏散楼梯或安全出口直接连通的开敞式外廊、与疏散走道直接连通且符合人员避难要求的室外平台等时，可不设置避难间 | 《建筑设计防火规范》GB 50016—2014（2018年版）5.5.23条、5.5.24条 |
| | 数量或间距 | 1. $H>100m$ 的公共建筑和住宅<br>（1）第一个避难层（间）的楼地面至灭火救援场地地面的高度≤50m；<br>（2）两个避难层（间）之间的高度不宜大于50m。<br>2. 高层病房楼：二层及以上各楼层和洁净手术部均应设置避难间<br>3. $H>54m$ 的住宅：每户应有一间靠外墙设置并设置可开启外窗，内、外墙体的耐火极限不应低于1.00h，该房间的门宜采用乙级防火门，外窗的耐火完整性不宜低于1.00h | |
| | 净面积 | 1. $H>100m$ 的公共建筑和住宅：5.0人/$m^2$（0.2$m^2$/人）<br>2. 高层病房楼：25$m^2$/每个护理单元（避难间服务的护理单元≤2个）<br>3. $H>54m$ 的住宅：利用套内房间兼作避难间，面积不限 | |
| | 外围护结构型式 | 1. 可开启外窗：乙级防火窗<br>2. 封闭式：设独立的机械防烟设施 | |
| | 其他设计要求 | 1. 通向避难层的疏散楼梯应在避难层分隔，同层错位或上层断开<br>2. 避难层可兼作设备层；设备管道宜集中布置，其中的易燃、可燃液体或气体管道应集中布置，设备管道区应采用耐火极限不低于3.00h的防火隔墙与避难区分隔。管道井和设备间应采用耐火极限不低于2.00h的防火隔墙与避难区分隔，管道井和设备间的门不应直接开向避难区；确需直接开向避难区时，与避难区出入口的距离不应小于5m，且应采用甲级防火门<br>3. 应设置消防电梯出口、消火栓、消防软管卷盘、消防专线电话和应急广播、指示标志<br>4. 高层病房楼的避难间应靠近楼梯间，并采用耐火极限≥2.00h的防火隔墙和甲级防火门与其他部位分隔<br>5. $H>54m$ 的住宅内避难间应靠外墙，并设可开启外窗，门采用乙级防火门 | |

| 类型 | |
|------|---|

避难层应设置直接对外的可开启窗口或独立的机械防烟设施，外窗应采用乙级防火窗

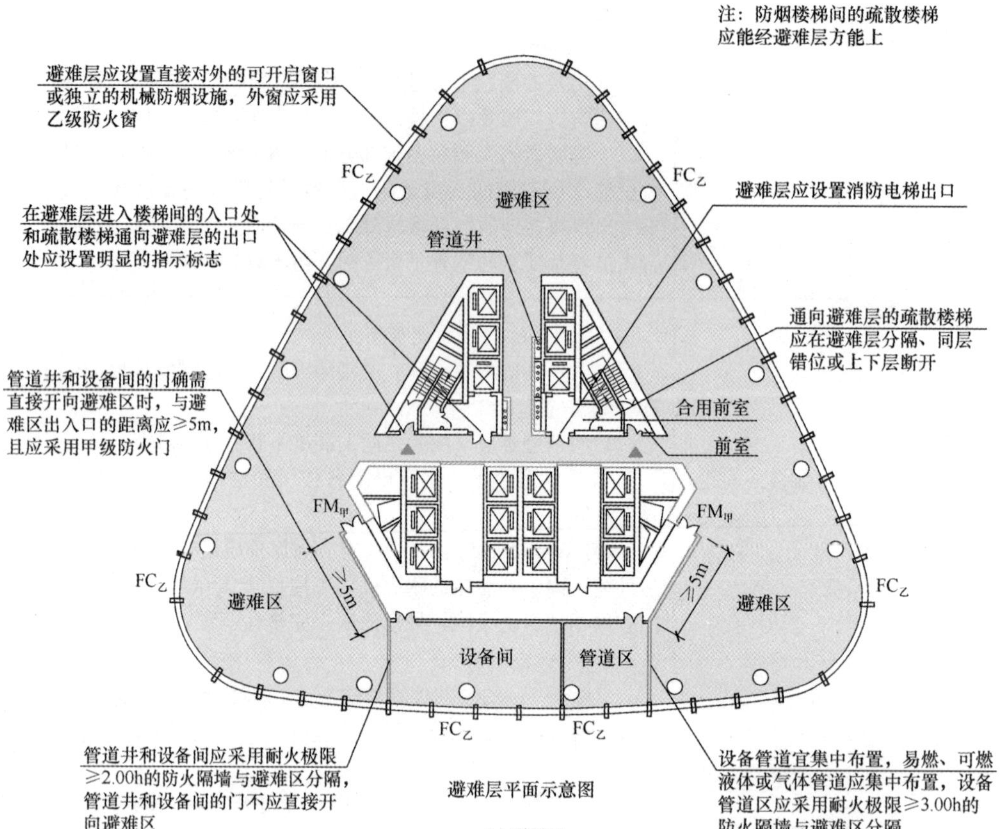

注：防烟楼梯间的疏散楼梯应能经避难层方能上

在避难层进入楼梯间的入口处和疏散楼梯通向避难层的出口处应设置明显的指示标志

避难层应设置消防电梯出口

管道井和设备间的门确需直接开向避难区时，与避难区出入口的距离应≥5m，且应采用甲级防火门

通向避难层的疏散楼梯应在避难层分隔、同层错位或上下层断开

避难区

管道井

合用前室

前室

避难区

避难区

≥5m

≥5m

（5）避难层（间）设计要求

管道井和设备间应采用耐火极限≥2.00h的防火隔墙与避难区分隔，管道井和设备间的门不应直接开向避难区

设备间

管道区

避难层平面示意图

(a) 避难层

设备管道宜集中布置，易燃、可燃液体或气体管道应集中布置，设备管道区应采用耐火极限≥3.00h的防火隔墙与避难区分隔

避难间的入口处应设置明显的指示标志

避难间应靠近楼梯间，并应采用耐火极限≥2.00h的防火隔墙和甲级防火门与其他部位分隔

护理单元一

护理单元二

避难间

应设置消防专线电话和消防应急广播

应设置直接对外的可开启窗口或独立的机械防烟设施，外窗应采用乙级防火窗

避难间服务的护理单元应≤2个，其净面积应≥25.0m²(服务一个护理单元)≥50.0m²(服务两个护理单元)

高层病房楼二层及以上的病房楼层和洁净手术部避难间设置要求 平面示意图

避难间兼作其他用途时，应保证人员的避难安全，且不得减少可供避难的净面积

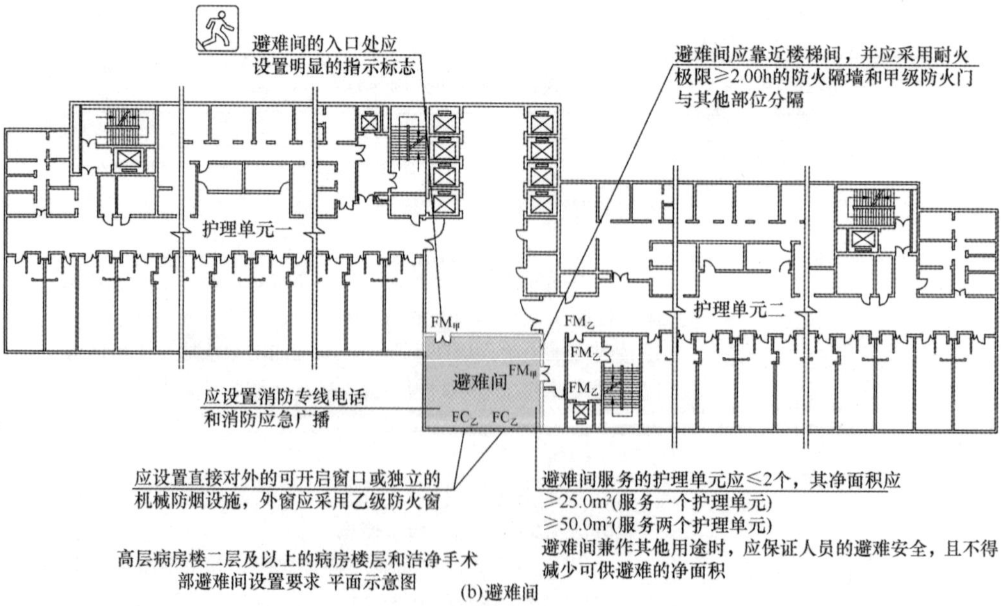

(b)避难间

图 4.2.7-9 避难层（间）平面示意图

| 类型 | | |
|---|---|---|
| （5）避难层（间）设计要求 | 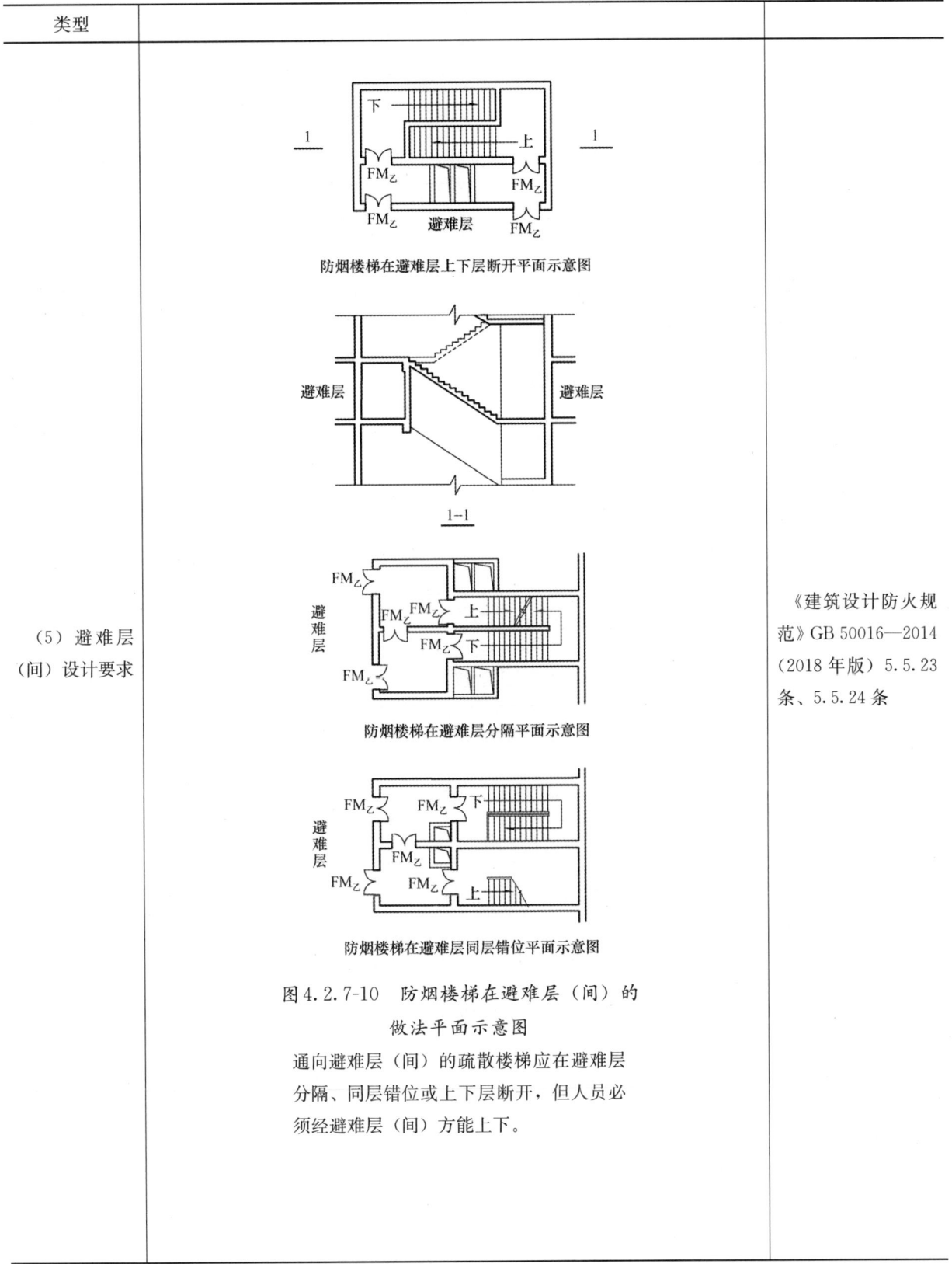<br>防烟楼梯在避难层上下层断开平面示意图<br><br>1—1<br><br>防烟楼梯在避难层分隔平面示意图<br><br>防烟楼梯在避难层同层错位平面示意图<br><br>图4.2.7-10　防烟楼梯在避难层（间）的做法平面示意图<br>通向避难层（间）的疏散楼梯应在避难层分隔、同层错位或上下层断开，但人员必须经避难层（间）方能上下。 | 《建筑设计防火规范》GB 50016—2014（2018 年版）5.5.23条、5.5.24 条 |

注：（1）本表根据《建筑设计防火规范》GB 50016—2014（2018 年版）5.5.23、5.5.24、5.5.32 条等规定整理而成。

（2）本节的所有图示均取自《建筑设计防火规范》图示 18J811—1（2019 年修正版）。

# 4.3 防　火　构　造

## 4.3.1　防火墙

防火墙
表 4.3.1

| 1. 定义及耐火极限 | 设在两个相邻水平防火分区之间或两栋建筑之间，且耐火极限≥3.00h 的不燃烧实心墙 |
| --- | --- |
| 2. 防火墙的位置 | 应直接设置在建筑的基础或框架、梁等承重结构上，框架、梁等承重结构的耐火极限不应低于防火墙的耐火极限 |
| | 应隔断至屋面结构层的底面 |
| | 当高层厂房（仓库）屋面的耐火极限＜1.00h，其他建筑屋面的耐火极限＜0.5h 时，防火墙应高出屋面 0.5m 以上 |
| | 应从楼地面隔断至梁板底面 |
| | 不宜设在转角处 |
| 3. 防火墙两侧的门窗洞口之间的最近边缘的水平距离（窗间墙宽度） | 紧靠防火墙两侧的窗间墙宽度应≥2m |
| | 位于防火墙内转角两侧的窗间墙宽度应≥4m |
| | 采用乙级防火窗时，上述距离可不限 |
| 4. 管道穿防火墙 | 可燃气体、甲乙丙类液体的管道严禁穿防火墙 |
| | 防火墙内不应设置排气道 |
| | 其他管道穿过防火墙时，应采用防火封堵材料嵌缝 |
| | 穿过防火墙处的管道的保温材料应采用不燃材料 |
| | 当管道为难燃或可燃材料时，应在防火墙两侧的管道上采取防火阻隔措施 |
| 5. 防火墙其他要求 | 防火墙上不应开设门、窗、洞口，必须开设时，应设置不可开启或火灾时能自动关闭的甲级防火门、窗 |
| | 建筑外墙为难燃或可燃墙体时，防火墙应突出墙外表面 0.4m 以上 |
| | 建筑外墙为不燃墙体时，防火墙可不突出墙的外表面 |
| | 防火墙中心线水平距离天窗端面＜4.0m，且天窗端面为可燃材料时，应采取防火措施 |

本表出自《建筑设计防火规范》GB 50016—2014（2018 年版）6.1.1 条～6.1.7 条。

## 4.3.2 防火隔墙

**防火隔墙** 表 4.3.2

| 1. 定义 | 防止火灾蔓延至相邻区域且耐火极限不低于规定要求（1.00h～3.00h）的不燃烧实心墙 | |
|---|---|---|
| 2. 适用范围 | 剧场等建筑的舞台与观众厅之间的隔墙 | 耐火极限≥3.00h |
| | 舞台上部与观众厅闷顶之间的隔墙 | 耐火极限≥1.50h |
| | 电影放映室、卷片室与其他部位之间的隔墙 | |
| | 舞台下部的灯光操作室、可燃物储藏室与其他部位的隔墙 | 耐火极限≥2.00h |
| | 医疗建筑内的产房、手术室、重症监护室、精密贵重医疗设备用房、储藏间、实验室、胶片室等与其他部位的隔墙（耐火极限≥2.00h） | |
| | 附设在建筑内的托幼儿童用房、儿童活动场所（耐火极限≥2.00h） | |
| | 老年人用房及活动场所（耐火极限≥2.00h） | |
| | 甲、乙类生产部位、建筑内使用丙类液体的部位 | 耐火极限≥2.00h |
| | 厂房内有明火和高温的部位 | |
| | 甲乙丙类厂房（仓库）内布置有不同火灾危险性类别的房间 | |
| | 民用建筑内的附属库房、剧场后台的辅助用房 | |
| | 除居住建筑中套内的厨房外，宿舍、公寓建筑中的公共厨房与其他建筑内的厨房；附设在住宅建筑内的汽车库（确有困难时，可采用特级防火卷帘） | |
| | 一、二级耐火等级建筑的门厅 | |
| | 附设在建筑内的消防控制重、灭火设备室、消防水泵房、变配电室、空调机房（耐火极限≥2.00h） | |
| | 设置在丁、戊类厂房内的通风机房（耐火极限≥1.00h） | |
| 3. 防火隔墙上的门窗 | 符合要求的防火门、窗 | |

本表出自《建筑设计防火规范》GB 50016—2014（2018 年版）6.2.1 条～6.2.3 条。

## 4.3.3 窗槛墙、防火挑檐、窗间墙、外墙防火隔板、幕墙防火

**窗槛墙、防火挑檐、窗间墙、外墙防火隔板、幕墙防火** 表 4.3.3

| 窗槛墙 | 外墙上、下层开口之间的窗槛墙高度应≥1.2m（无自动喷淋）或≥0.8m（有自动喷淋） |
|---|---|
| | 当不符合上述规定，外窗应采用乙级防火窗或防火挑檐 |
| 防火挑檐防火玻璃墙 | 当上、下层开口之间设置实体墙有困难时，可设置防火挑檐或防火玻璃墙来代替 |
| | 防火挑檐挑出宽度应≥1.0m，长度应≥开口宽度；防火玻璃墙的耐火完整性应≥1.00h（高层）或 0.50h（多层） |
| 窗间墙、外墙防火隔板 | 两个相邻拼接的住宅单元的窗间墙宽度应≥2.0m |
| | 住宅建筑外墙户与户的水平开口之间的窗间墙宽度应≥1.0m |
| | 小于 1.0m 时，应在窗间墙处设置突出外墙≥0.6m 的防火隔板 |
| 幕墙防火 | 应在每层楼板外沿设置高度≥0.8m（有自动灭火）～1.2m（无自动灭火）的不燃实心墙或防火玻璃墙 |
| | 幕墙与每层楼板、隔墙处的缝隙应采用防火材料封堵 |

本表出自《建筑设计防火规范》GB 50016—2014（2018 年版）6.2.5 条、6.2.6 条。

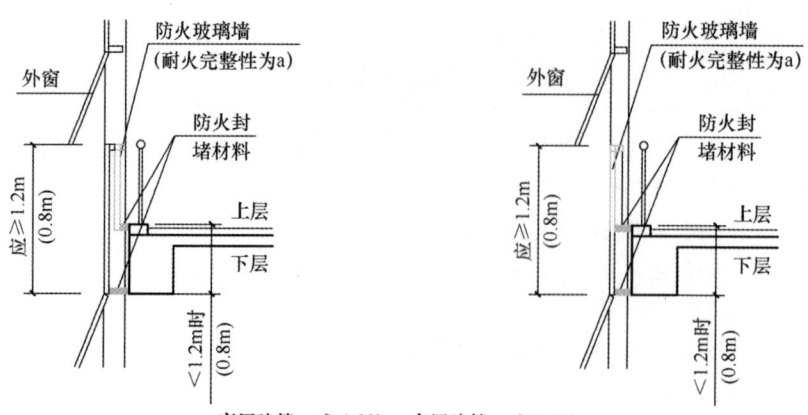

高层建筑：a≥1.00h　多层建筑：a≥0.50h

当上、下层开口之间设置实体墙确
有困难时，可设置防火玻璃墙

图 4.3.3　防火玻璃墙防火封堵示意图

### 4.3.4　管道井、排烟（气）道、垃圾道、变形缝防火

管道井、排烟（气）道、垃圾道、变形缝防火　　　　表 4.3.4

| 管道井 | 检查门 | 丙级防火门（机械加压送风系统的管道井及设置排烟管道的管道井应采用乙级防火门） |
|---|---|---|
| | 防火封堵 | 应在每层楼板处采用混凝土等不燃材料层层封堵 |
| 垃圾道 | | 宜靠外墙布置；垃圾道井壁的耐火极限应≥1.00h |
| | | 排气口应直接开向室外，垃圾斗宜设置在垃圾道前室内 |
| | | 前室门应采用丙级防火门，垃圾斗应为不燃材料且能自行关闭 |
| 变形缝 | | 变形缝的构造基层和填充材料应采用不燃材料 |
| | | 管道不宜穿过变形缝；必须穿过时，应在穿过处加设不燃管套，并应采用防火材料封堵 |

本表出自《建筑设计防火规范》GB 50016—2014（2018 年版）6.2.9 条、《建筑防烟排烟系统技术标准》GB 51251—2017 3.3.9 条及 4.4.11 条。

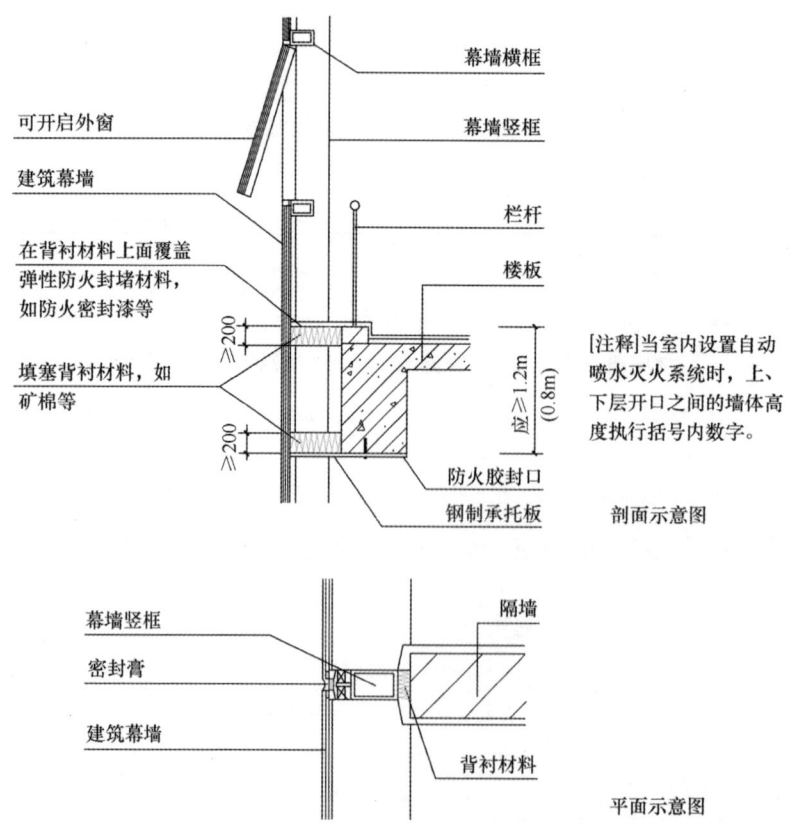

图 4.3.4　防火幕墙防火封堵做法示意图

## 4.3.5 屋面、外墙保温材料防火性能及做法规定

屋面、外墙保温材料防火性能及做法规定 表 4.3.5

| | | | |
|---|---|---|---|
| 1. 屋面 | 1) 屋面外保温系统 | 屋面板耐火极限≥1.00h，B₂级 | 应采用不燃材料作防护层，厚度≥10mm（A级保温材料可不做防火保护层） |
| | | 屋面板耐火极限<1.00h，B₁级 | |
| | 2) 屋面与外墙的防火分隔 | 当屋面和外墙均采用 B₁、B₂级保温材料时，应采用宽度≥500mm 的不燃材料作防火隔离带将其分隔 | |
| 2. 外墙 | 1) 外墙内保温 | 人员密集场所，用火、燃油、燃气等危险场所，楼梯间、避难走道、避难间、避难层 | A级，不燃材料保护层，厚度不限 |
| | | 其他建筑、场所或部位 | B₁级，不燃材料保护层≥10mm |
| | 2) 外墙无空腔复合保温 | 当采用 B₁、B₂级保温材料时，保温材料两侧的墙体应采用不燃材料且厚度均应≥50mm | |

外墙外保温 — 无空腔：

| | | | |
|---|---|---|---|
| 设置人员密集场所的建筑 | | A级（任何情况下） | |
| 住宅 | H≤27m | ≥B₂级 | 每层设置水平防火隔离带 |
| | 27m<H≤100m | ≥B₁级 | 每层设置水平防火隔离带且外墙门窗耐火完整性≥0.5h |
| | H>100m | A级 | |
| 其他建筑 | H≤24m | ≥B₂级 | 每层设置水平防火隔离带 |
| | 24m<H≤50m | ≥B₁级 | 每层设置水平防火隔离带且外墙门窗耐火完整性≥0.50h |
| | H>50m | A级 | |

外墙外保温 — 有空腔：

| | | | |
|---|---|---|---|
| 设置人员密集场所的建筑 | | A级（任何情况下） | |
| 住宅及其他建筑 | H≤24m | ≥B₁级，每层设置防火隔离带 | |
| | H>24m | A级 | |

| | | |
|---|---|---|
| 4) 防火隔离带 | A级材料，高度≥300mm | |
| 5) 保温材料保护层厚度 | B₁、B₂级保温材料：不燃材料保护层厚度—首层应≥15mm，其他层应≥5mm（A级保温材料未作规定） | |
| 6) 外保温系统与墙体装饰层之间的空腔 | 在每层楼板处采用防火材料封堵 | |
| 7) 外墙装饰层 | 应采用燃烧性能为A级的材料（当 H≤50m 时，可采用 B₁级材料） | |

注：当住宅建筑与其他功能合建时，住宅部分的外保温系统按照住宅的建筑高度确定，非住宅部分按照公共建筑（其他建筑）的要求确定。

本表出自《建筑设计防火规范》GB 50016—2014（2018 年版）6.7.1 条～6.7.12 条。

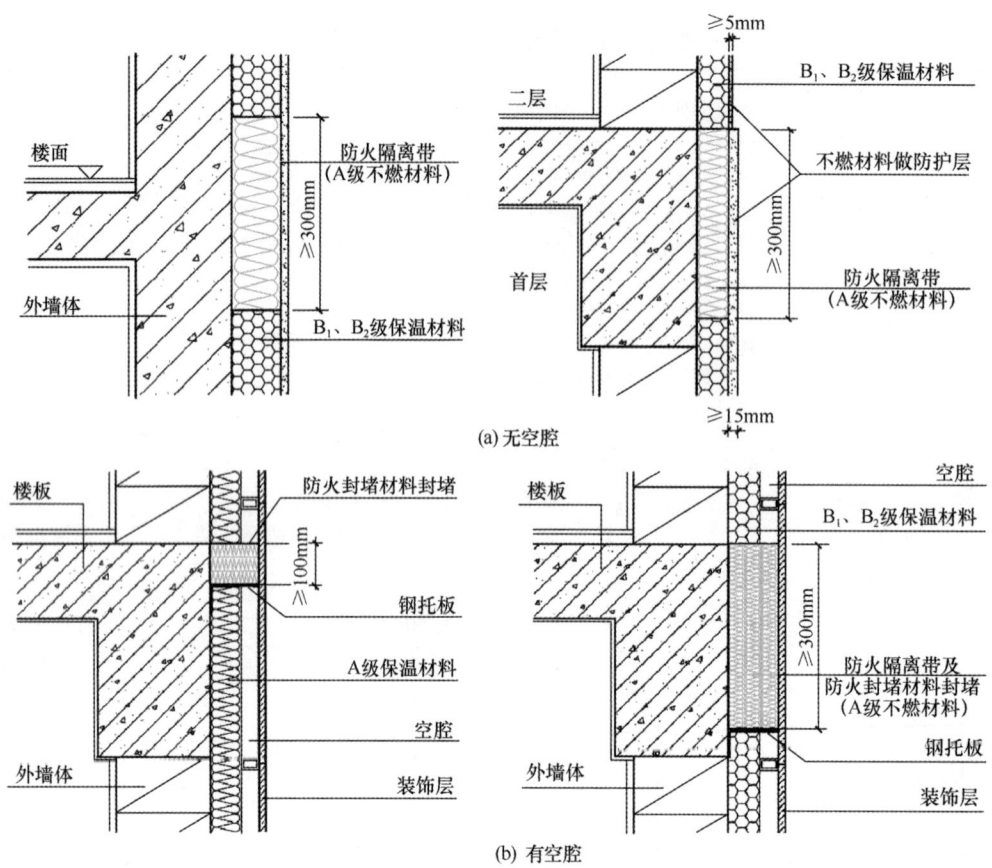

图 4.3.5-1 外墙防火隔离带

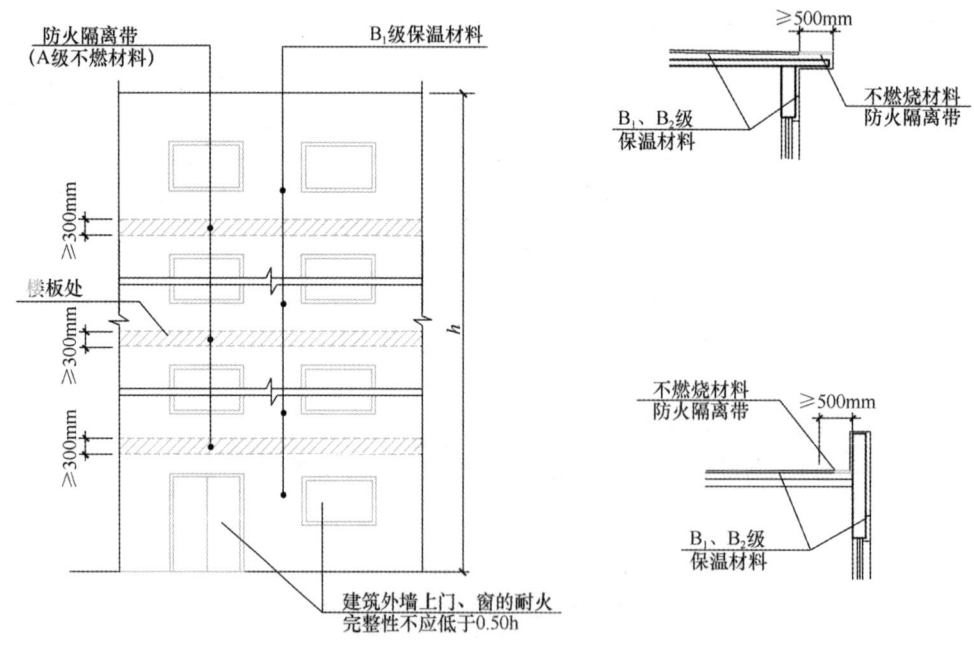

图 4.3.5-2 屋面与外墙的防火隔离带

## 4.3.6　防火门窗及防火卷帘

防火门窗及防火卷帘　　　　　　　　　　　　　　　表 4.3.6

| 级别 | 适用范围 | 设计要求 |
|---|---|---|
| 甲级防火门窗<br>（1.50h） | 1. 凡防火墙上的门窗；<br>2. 锅炉房、变压器室、柴油发电机房、变配电室、储油间、消防电梯机房、空调机房、避难层内的设备间的门窗；<br>3. 与中庭相连通的门窗；<br>4. 高层病房楼避难间的门；<br>5. 防火隔间的门；<br>6. 疏散走道在防火分区处的门；<br>7. 开向防烟前室通往避难走道的第一道门；<br>8. 耐火等级为一级的多层纺织厂房和耐火等级为二级的单、多层纺织厂房内的防火墙上的门窗；<br>9. 储存丙类液体燃料储罐中间罐的房间门；<br>10. 有爆炸危险区域内楼梯间、室外楼梯或相邻区域连通处的门斗的防火隔墙上的门；<br>11. 用于分隔总建筑面积>20000m² 的地下、半地下商店的防烟楼梯间的门 | 1. 防火门设计要求<br>1）经常有人通行的防火门宜采用常开防火门，并应能在火灾时自行关闭，且应具有信号反馈的功能；<br>2）非经常有人通行的防火门应采用常闭防火门；<br>3）应具有自动关闭功能（管道井门和住宅户门除外），双扇防火门应具有按顺序自动关闭的功能；<br>4）应能在内外两侧手动开启（人员密集场所需控制人员随意出入的疏散门和需设置门禁系统的住宅、宿舍、公寓建筑的外门除外）；<br>5）设置在变形缝附近的防火门，应靠近楼层较多的一侧，并应保证防火门开启时不跨越变形缝；<br>6）应符合国标《防火门》GB 12955—2008 的规定<br>2. 防火窗设计要求<br>1）设置在防火墙、防火隔墙的防火窗，应采用固定窗扇或具有火灾时能自行关闭的功能；<br>2）防火窗应符合国标《防火窗》GB 16809—2008 的规定 |
| 乙级防火门窗<br>（1.00h） | 1. 凡防火隔墙上的门窗（个别甲级除外）；<br>2. 封闭楼梯间、防烟楼梯间及其前室、合用前室的门；<br>3. 27m<H≤54m，且每个单元只设置一部疏散楼梯的住宅的户门；<br>4. H≤33m，且采用非封闭楼梯间的住宅的户门；<br>5. H>33m 的住宅的户门；<br>6. 公建、住宅、病房楼避难层（间）的外门窗；<br>7. 歌舞娱乐场所（不含剧场、电影院）房门及与其他部位相通的门；<br>8. 仓库内每个防火分区通向疏散走道或楼梯的门；<br>9. 除一、二级耐火等级的多层戊类仓库外，其他仓库的室外提升设施通向仓库入口上的门（也可用防火卷帘）；<br>10. 封闭楼梯间及首层扩大封闭楼梯间的门；<br>11. 通向室外楼梯的门；<br>12. 消防控制室、灭火设备室、消防水泵房的门；<br>13. 窗槛墙高度不够，又未做防火挑板的外窗；<br>14. 地下、半地下室楼梯间在首层与其他部位的防火隔墙上的门；<br>15. 地上、地下共用的楼梯间在首层的防火隔墙上的门；<br>16. 避难走道入口处的防烟前室开向避难走道的门；<br>17. 建筑内附设汽车库的电梯候梯厅与汽车库的防火隔墙上的门；<br>18. 剧场等建筑的舞台上部与观众厅闷顶之间的防火隔墙上的门；<br>19. 医院的产房、手术室、重症监护室、精密仪器室、储藏室、实验室、胶片室，附设在建筑内的托幼、儿童用房、儿童活动场所、老年人活动场所与其他部位的防火隔墙上的门窗；<br>20. 加压风管、排烟风管、管道井上的防火门 | |
| 丙级<br>（0.5h） | 1. 管道井检修门；<br>2. 垃圾道前室的门 | |

续表

| 级别 | 适用范围 | 设计要求 |
|---|---|---|
| 防火卷帘<br>（2.00～3.00h） | 1. 中庭与周围相连通空间的防火分隔；<br>2. 仓库的室内外、提升设施通向仓库的入口（也可用乙级防火门）；<br>3. 各种场馆高大空间的防火分区之间采用防火墙确有困难时 | 1. 防火卷帘的宽度（中庭除外）<br>1）防火分隔部位宽度 $B$≤30m 时，防火卷帘的宽度 $b$≤10m；<br>2）防火分隔部位宽度 $B$>30m 时，$b$≤$B/3$≤20m。<br>2. 当防火卷帘（如复合型特级防火卷帘）的耐火完整性和耐火隔热性符合规定要求（耐火时间≥3.00h，耐热温度≥140℃），可不设置水幕保护；否则应设水幕保护（如普通防火卷帘）；<br>3. 应具有防烟性能，与楼板、墙、梁、柱之间的空隙应采取防火封堵；<br>4. 火灾时应能自动降落；<br>5. 其他应符合国标《防火卷帘》GB 14102—2005 的要求 |

本表出自《建筑设计防火规范》GB 50016—2014（2018 年版）6.5.1 条～6.5.3 条。

# 4.4　灭火救援设施

## 4.4.1　消防车道

消防车道　　　　　　　　　　　　　　　　　　表 4.4.1

| | |
|---|---|
| 1. 应设环形消防车道（或沿建筑物的两个长边设置消防车道） | 高层民用建筑 |
| | ＞3000 座的体育馆 |
| | ＞2000 座的会堂 |
| | 占地面积＞3000m² 的商店建筑、展览建筑等单、多层公共建筑 |
| | 高层厂房 |
| | 占地面积＞3000m² 的甲、乙、丙类厂房 |
| | 占地面积＞1500m² 的乙、丙类仓库 |
| 2. 沿建筑的一个长边设置消防车道（该长边应为消防登高面位置） | 住宅建筑 |
| | 山坡地或河道边临空建造的高层建筑 |
| 3. 应设穿过建筑物的消防车道（或设环形消防军道） | 建筑物沿街长度＞150m |
| | 建筑物总长度＞220m |
| 4. 宜设进入内院天井的消防车道 | 有封闭内院或天井的建筑物，其短边长度＞24m 时 |

续表

| 5. 应设连通街道和内院的人行通道 | 有封闭内院或天井的建筑物沿街时,其间距宜≤80m(可利用楼梯间) | | | | | |
|---|---|---|---|---|---|---|
| 6. 供消防车通行的街区内道路 | 其道路中心线的间距宜≤160m | | | | | |
| 7. 宜设环形消防车道的堆场 | 名称 | 棉、麻、毛、化纤 | 秸秆、芦苇 | 木材 | 甲、乙、丙类液体储罐 | 液化石油气储罐 | 可燃气体储罐 |
| | 储量 | >1000t | >5000t | >5000m³ | >1500m³ | >500m³ | >30000m³ |
| 8. 应设置与环形消防车道相通的中间消防车道 | 占地面积>30000m²的可燃材料堆场 | | | | | |
| | 消防车道的间距宜≤150m | | | | | |
| 9. 宜在环形消防车道之间设置连通的消防车道 | 液化石油气储罐区 | | | | | |
| | 甲、乙、丙类液体储罐区 | | | | | |
| | 可燃气体储罐区 | | | | | |
| 10. 消防车道边缘与相关点的距离 | 与可燃材料堆垛应≥5m | | | | | |
| | 与供消防车的取水点宜≤2m | | | | | |
| 11. 尽头式消防车道 | 应设置回车道或回车场 | | | | | |
| | 回车场面积 | 多层建筑≥12m×12m | | | | |
| | | 高层建筑≥15m×15m | | | | |
| | | 重型消防车≥18m×18m | | | | |
| 12. 消防车道的净宽度、净高、坡度、转弯半径 | 净宽、净高应≥4m,与外墙边的距离宜≥5m | | | | | |
| | 坡度 i≤8% | | | | | |
| | 转弯半径≥12m | | | | | |
| 13. 消防车道的其他要求 | (1)环形消防车道至少应有两处与其他车道连通 | | | | | |
| | (2)消防车道的路面、操作场地及其下面的管道和暗沟等,应承受重型消防车的压力 | | | | | |
| | (3)消防车道可利用市政道路和厂区道路,但该道路应符合消防车通行、转弯和停靠的要求 | | | | | |
| | (4)消防车道不宜与铁路正线平交;如必须平交,应设置备用车道,且两车道的间距应≥一列火车的长度(约900m) | | | | | |

本表出自《建筑设计防火规范》GB 50016—2014(2018年版)7.1.1条~7.1.10条。

### 4.4.2 消防登高操作场地

消防登高操作场地　　　　　　　　　　　　　　　　　　　　表 4.4.2

| 消防登高操作场地 | 适用对象 | 高层建筑 |
|---|---|---|
| | 位置 | 直通室外的楼梯或直通楼梯间的室外出入口所在一侧 |
| | | 该范围内裙房进深应≤4m,不应有妨碍登高的树木、架空管线、车库出入口等 |
| | | 特殊情况下,建筑屋顶也可兼作消防登高操作场地 |

| 适用对象 | 高层建筑 |
|---|---|
| 长度 | 至少沿建筑物一个长边或周边长度的 1/4 且不小于一个长边的长度连续布置 |
| | $H \leqslant 50m$ 的高层建筑，连续布置登高面有困难时，可间隔布置，但间隔距离宜≤30m，且总长度仍应符合上一款要求 |
| 与外墙边的距离 $S$ | $5m \leqslant S \leqslant 10m$ |
| 场地大小 | $H \geqslant 50m$ 的建筑，长度≥20m，宽度≥10m |
| | $H < 50m$ 的建筑，长度≥15m，宽度≥10m |
| 场地坡度 $i$ | 一般 $i \leqslant 3\%$，坡地建筑 $i \leqslant 5\%$ |
| 外窗要求 | 应每层设置可供消防人员进入的外窗，每个防火分区不少于2个 |
| | 外窗净宽×净高≥1.0m×1.0m，窗台高度≤1.2m，间距≤20m |
| | 外窗设置位置应与登高救援场地相对应 |
| | 外窗玻璃应易于破碎，并应设置可在室外识别的明显标识 |

消防登高操作场地

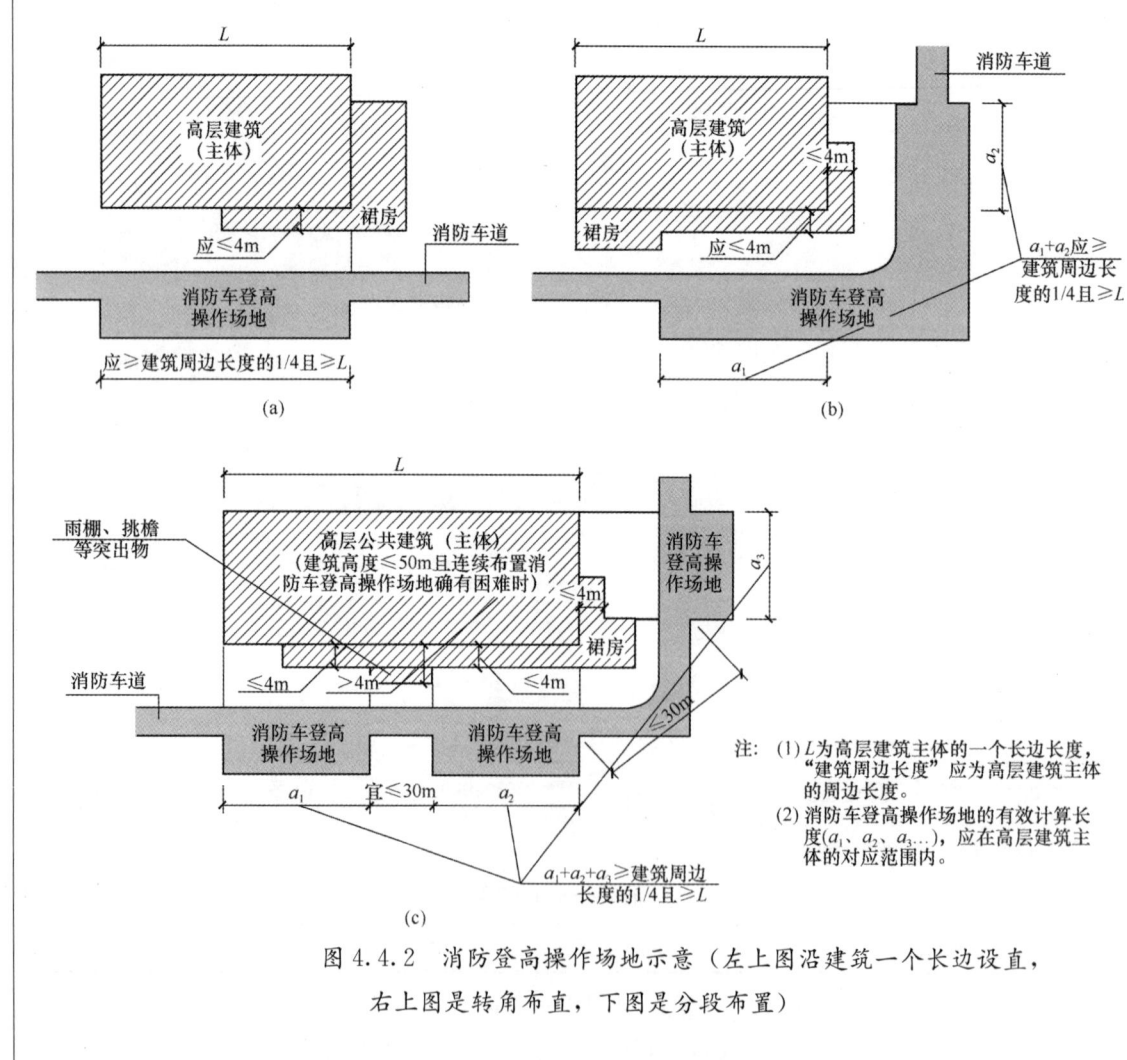

图 4.4.2　消防登高操作场地示意（左上图沿建筑一个长边设直，
右上图是转角布直，下图是分段布置）

本表出自《建筑设计防火规范》GB 50016—2014（2018年版）7.2.1条～7.2.5条。

### 4.4.3　消防电梯

消防电梯　　　　　　　　　　　　　　　　　　　　　　　　表 4.4.3

| 1. 设置范围 | | | $H>33\mathrm{m}$ 的住宅 |
|---|---|---|---|
| | | | 一类高层公共建筑，$H>32\mathrm{m}$ 的二类高层公共建筑 |
| | | | 5 层及以上且总建筑面积大于 3000m²（包括设置在其他建筑内五层及以上楼层）的老年人照料设施 |
| | | | 设置消防电梯的建筑的地下、半地下室 |
| | | | 埋深>10m，且总建筑面积>3000m² 的其他地下、半地下室 |
| | | | $H>32\mathrm{m}$，且设置电梯的高层厂房、仓库（但不包括任一层工作平台上的人数≤2 人的高层塔架；也不包括局部建筑 $H>32\mathrm{m}$，且局部高出部分的每层建筑面积≤50m² 的丁戊类厂房） |
| 2. 设置数量 | | | 每个防火分区至少设 1 台消防电梯 |
| | | | 符合消防电梯要求的客梯或货梯可兼作消防电梯 |
| 3. 消防电梯前室 | 位置 | | 宜靠外墙布置，并应在首层直通室外，或经过长度≤30m 的通道通向室外 |
| | 使用面积 | 独用 | ≥6m²，前室的短边不应小于 2.4m |
| | | 合用 | 与楼梯间合用时，住宅≥6m²，公建及高层厂房、仓库≥10m² |
| | | | 与剪刀楼梯间三合一时应≥12m²，且短边应≥2.4m |
| | 前室门 | | 应采用乙级防火门，不应设置卷帘 |
| | 住宅户门 | | 不应开向消防电梯前室，确有困难时，开向前室的户门应≤3 樘 |
| | | | （设置在仓库连廊、冷库穿堂或谷物筒仓工作塔内的消防电梯，可不设前室） |
| 4. 其他要求 | | | （1）应能每层停靠（包括各层地下室） |
| | | | （2）载重量应≥800kg |
| | | | （3）从首层至顶层的运行时间≤60s（速度 $u\geqslant\dfrac{H}{60}$，m/s） |
| | | | （4）轿厢内部装修应采用不燃材料 |
| | | | （5）消防电梯井、机房与相邻电梯井、机房之间应设置防火隔墙（耐火极限≥2.00h），隔墙上的门应为甲级防火门 |
| | | | （6）电梯井底应设置排水设施，排水井容量≥2m³，前室门口宜设挡水措施 |
| | | | （7）首层消防电梯入口处应设置供消防队员专用的操作按钮 |
| | | | （8）轿厢内应设置专用消防对讲电话 |

本表出自《建筑设计防火规范》GB 50016—2014（2018 年版）7.3.1 条～7.3.8 条。

### 4.4.4　屋顶直升机停机坪

屋顶直升机停机坪　　　　　　　　　　　　　　　　　　　　表 4.4.4

| 1. 适用范围 | | | 建筑高度 $H>100\mathrm{m}$，且标准层建筑面积>2000m² 的公共建筑（宜条） |
|---|---|---|---|
| 2. 设置方式 | | | （1）直接利用屋顶作停机坪 |
| | | | （2）专设在凸出高于屋顶的平台上 |
| 3. 形状尺寸 | 形状 | | 圆形或矩形 |
| | | 圆形 | 直径 $D\geqslant D_0+10\mathrm{m}$（$D_0$ 为直升机旋翼直径） |
| | 尺寸 | 矩形 | 短边 $b\geqslant$ 直升机全长 |

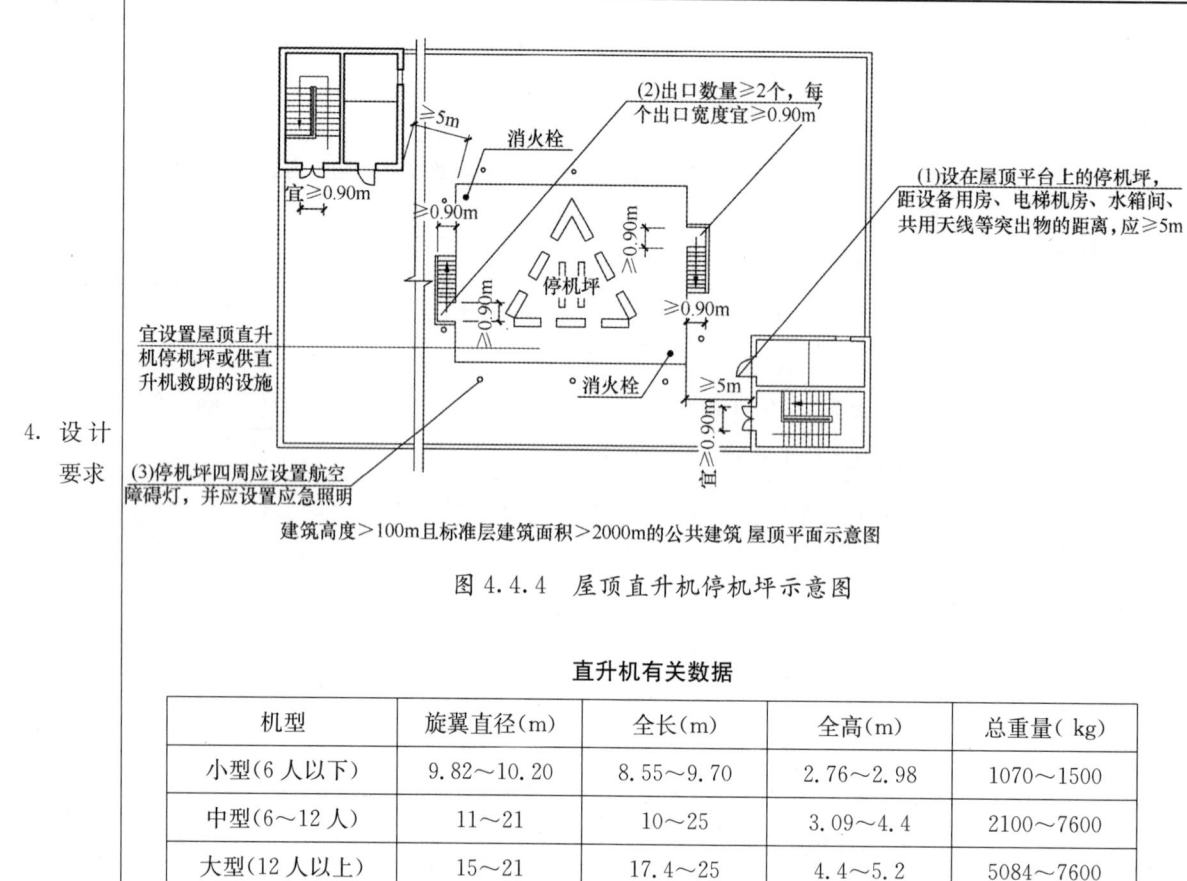

建筑高度＞100m且标准层建筑面积＞2000m的公共建筑 屋顶平面示意图

图4.4.4　屋顶直升机停机坪示意图

**直升机有关数据**

| 机型 | 旋翼直径（m） | 全长（m） | 全高（m） | 总重量（kg） |
|---|---|---|---|---|
| 小型（6人以下） | 9.82～10.20 | 8.55～9.70 | 2.76～2.98 | 1070～1500 |
| 中型（6～12人） | 11～21 | 10～25 | 3.09～4.4 | 2100～7600 |
| 大型（12人以上） | 15～21 | 17.4～25 | 4.4～5.2 | 5084～7600 |

注：本节所有图示均取自《建筑设计防火规范》图示18J811-1（2019年修正版）。

# 4.5　防　排　烟　设　施

**防排烟设施**　　　　　　　　　　　　　　　　　　　　　　　表4.5

| 防排烟方式 | | | 标准依据 |
|---|---|---|---|
| 防排烟方式 | 自然防排烟 | 防烟——（1）封闭楼梯间、防烟楼梯间，应在最高部位设置面积不小于1.0m²的可开启外窗或开口；H＞10m时，外墙上每5层内设置总面积≥2.0m²的可开启外窗或开口，布置间隔≤3层。<br>（2）前室采用自然通风时，外窗或开口可开启面积：前室≥2m²，共用前室、合同前室≥3m²。<br>（3）避难层（间）应设有不同朝向的可开启外窗，有效面积≥地面面积的2%，每个朝向的面积≥2.0m² | 《建筑防烟排烟系统技术标准》GB 51251—2017 3.2.1条～3.2.4条 |
| 防排烟方式 | 自然防排烟 | 排烟——防烟分区内自然排烟窗（口）的面积、数量、位置应经计算确定 | 《建筑防烟排烟系统技术标准》GB 51251—2017 4.3.5条 |
| 防排烟方式 | 机械防排烟 | 防烟——设正压送风机、送风口、进风口 | 《建筑防烟排烟系统技术标准》GB 51251—2017 3.3.2条 |
| 防排烟方式 | 机械防排烟 | 排烟——设排烟井、排烟口、进风口 | 《建筑防烟排烟系统技术标准》GB 51251—2017 4.4.1条 |

| 防烟设施的部位 | 防烟楼梯间及其前室 | 《建筑防烟排烟系统技术标准》GB 51251—2017 8.5.1 条 |
| --- | --- | --- |
| | 消防电梯间前室或合用前室 | |
| | 避难走道的前室、避难层（间） | |
| 机械加压送风井面积 | 普通楼梯间风井：0.8～1m² | 依据《建筑防烟排烟系统技术标准》GB 51251—2017 3.4.1 条～3.4.9 条计算 |
| | 剪刀楼梯间合用风井：1.2～1.4m² | |
| | 前室风井：0.6～0.8m² | |
| | 合用前室风井：0.8～1.0m² | |
| 其他防烟设计 | 由暖通专业确定 | |

注：建筑高度不大于50m的公共建筑、厂房、仓库和建筑高度不大于100m的住宅建筑，当其防烟楼梯间的前室或合用前室符合下列条件之一时，楼梯间可不设置防烟系统：

（1）前室或合用前室采用敞开的阳台、凹廊；

（2）前室或合用前室具有不同朝向的可开启外窗，且可开启外窗的面积满足自然排烟口的面积要求。

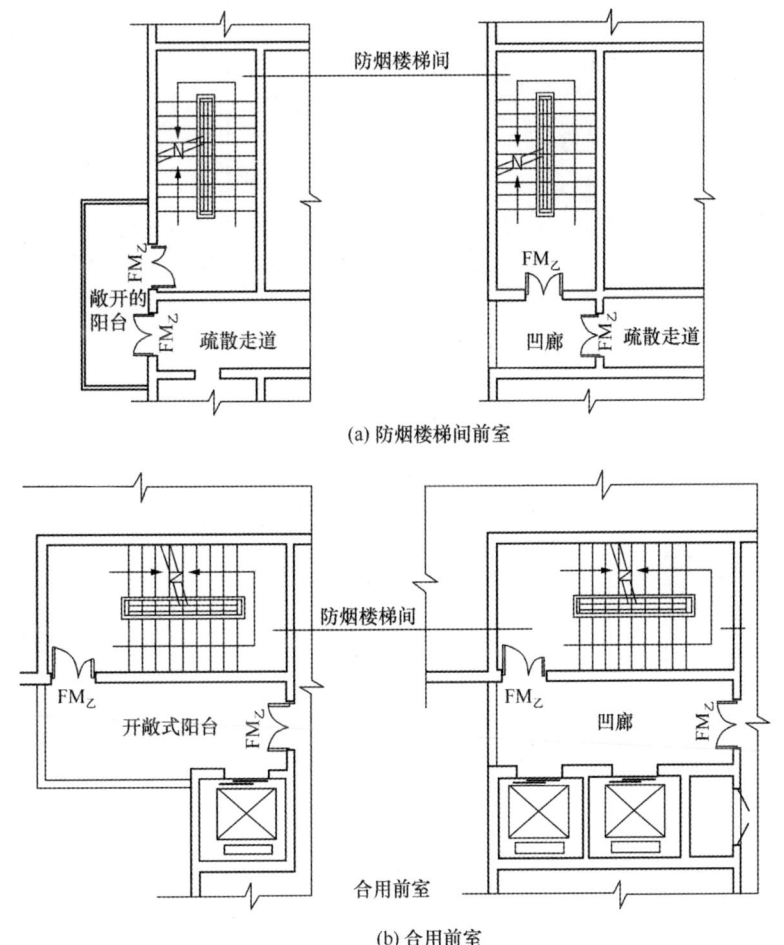

(a) 防烟楼梯间前室

(b) 合用前室

图 4.5-1　自然防烟方式及要求（一）

注：防烟楼梯间前室：敞开阳台、凹廊作前室时，前室面积要求公共建筑≥6m²；住宅建筑≥4.5m²；

　　合用前室：敞开阳台、凹廊作前室时，前室面积要求公共建筑≥10m²时；住宅建筑≥6m²。

（1）利用开敞阳台或凹廊作前室或合用前室

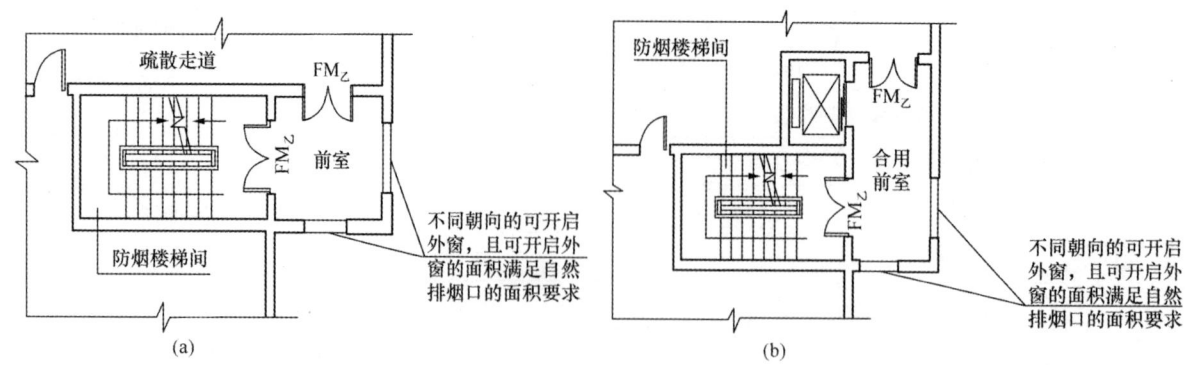

图 4.5-2　自然防烟方式及要求（二）

注：防烟楼梯间前室、消防电梯前室自然通风的有效面积应≥2.0m²；合用前室自然通风的有效面积应≥3.0m²。

（2）前室或合用前室设置不同朝向的外窗

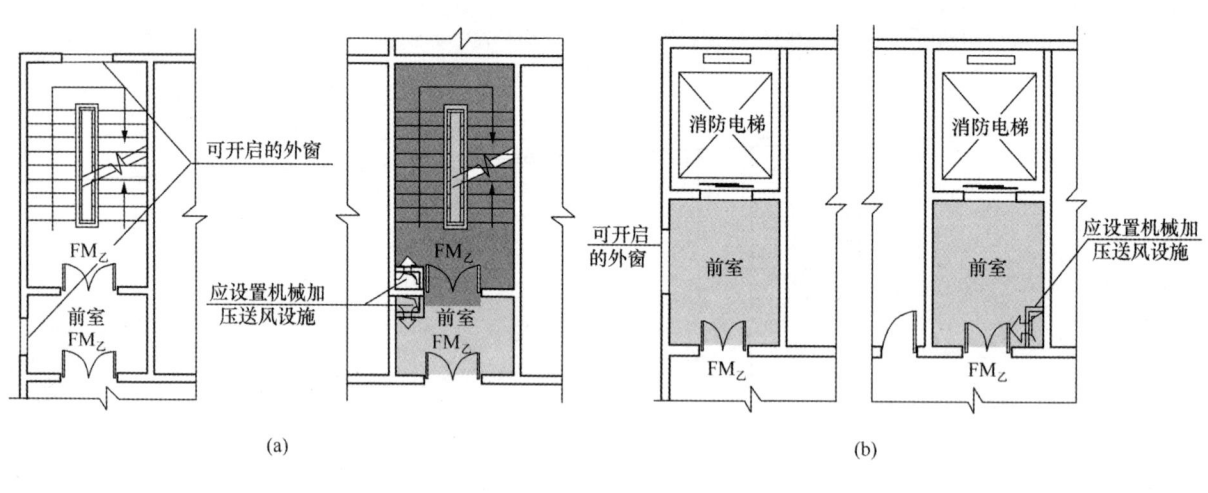

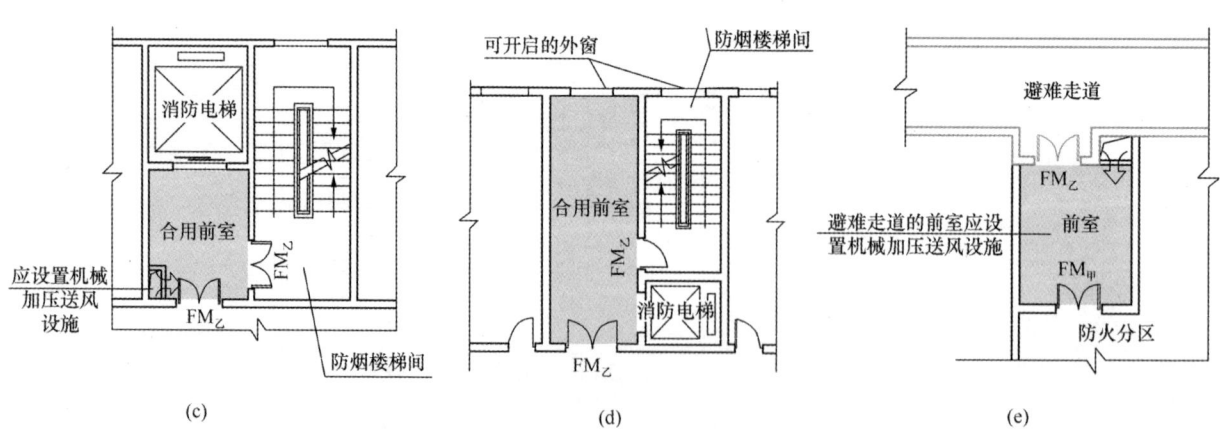

图 4.5-3　前室及合用前室的防排烟

（a）防烟楼梯间及其前室（左为自然防烟，右为机械防烟）；（b）消防电梯前室（左为自然防烟，右为机械防烟）；

（c）合用前室机械防烟；（d）楼、电梯间及合用前室自然防烟；（e）机械防烟

注：本节所有图示均引自《建筑设计防火规范》图示 18J811-1（2019 年修正版）

# 4.6 室内装修防火设计

## 4.6.1 装修材料燃烧性能分级

装修材料燃烧性能等级　　　　　　　　　　表 4.6.1

| 燃烧性能等级 | | 燃烧性能 |
|---|---|---|
| A | $A_1$、$A_2$ | 不燃性 |
| $B_1$ | B、C | 难燃性 |
| $B_2$ | D、E | 可燃性 |
| $B_3$ | F | 易燃性 |

本表出自《建筑内部装修设计防火规范》GB 50222—2017，3.0.2条。

## 4.6.2 内装材料燃烧性能等级规定

单层、多层民用建筑内部各部位装修材料的燃烧性能等级　　　　　表 4.6.2-1

| 序号 | 建筑物及场所 | 建筑规模、性质 | 装修材料燃烧性能等级 | | | | | | | |
|---|---|---|---|---|---|---|---|---|---|---|
| | | | 顶棚 | 墙面 | 地面 | 隔断 | 固定家具 | 装饰织物 | | 其他装修装饰材料 |
| | | | | | | | | 窗帘 | 帷幕 | |
| 1 | 候机楼的候机大厅、贵宾候机室、售票厅、商店、餐饮场所等 | — | A | A | $B_1$ | $B_1$ | $B_1$ | $B_1$ | — | $B_1$ |
| 2 | 汽车站、火车站、轮船客运站的候车（船）室、餐厅、餐饮场所等 | 建筑面积>10000m² | A | A | $B_1$ | $B_1$ | $B_1$ | $B_1$ | | $B_2$ |
| | | 建筑面积≤10000m² | A | $B_1$ | $B_1$ | $B_1$ | $B_1$ | $B_1$ | | $B_2$ |
| 3 | 观众厅、会议厅、多功能厅、等候厅等 | 每个厅建筑面积>400m²的车站、码头 | A | A | $B_1$ | $B_1$ | $B_1$ | $B_1$ | — | $B_2$ |
| | | 每个厅建筑面积≤400m² | A | $B_1$ | $B_1$ | $B_1$ | $B_1$ | $B_1$ | $B_1$ | $B_2$ |
| 4 | 体育馆 | >3000 座位 | A | A | $B_1$ | $B_1$ | $B_1$ | $B_1$ | $B_1$ | $B_2$ |
| | | ≤3000 座位 | A | $B_1$ | $B_1$ | $B_1$ | $B_2$ | $B_2$ | $B_1$ | $B_2$ |
| 5 | 商店的营业厅 | 每层建筑面积>1500m²或总建筑面积>3000m² | A | $B_1$ | $B_1$ | $B_1$ | $B_1$ | $B_1$ | | $B_2$ |
| | | 每层建筑面积≤1500m²或总建筑面积≤3000m² | A | $B_1$ | $B_1$ | $B_1$ | $B_2$ | $B_1$ | — | — |
| 6 | 饭店、饭店的客房及公共活动用房等 | 设置送回风道（管）的集中空气调节系统 | A | $B_1$ | $B_1$ | $B_1$ | $B_2$ | $B_2$ | | $B_2$ |
| | | 其他 | $B_1$ | $B_1$ | $B_2$ | $B_2$ | $B_2$ | $B_2$ | — | — |
| 7 | 养老院、托儿所、幼儿园的居住及活动场所 | — | A | A | $B_1$ | $B_1$ | $B_2$ | $B_1$ | — | $B_2$ |
| 8 | 医院的病房区、诊疗区、手术区 | — | A | A | $B_1$ | $B_1$ | $B_2$ | $B_1$ | — | $B_2$ |

| 序号 | 建筑物及场所 | 建筑规模、性质 | 装修材料燃烧性能等级 | | | | | | | |
|---|---|---|---|---|---|---|---|---|---|---|
| | | | 顶棚 | 墙面 | 地面 | 隔断 | 固定家具 | 装饰织物 | | 其他装修装饰材料 |
| | | | | | | | | 窗帘 | 帷幕 | |
| 9 | 教学场所、教学实验室 | — | A | B₁ | B₂ | B₂ | B₂ | B₂ | — | B₂ |
| 10 | 纪念馆、展览馆、博物馆、图书馆、档案馆、资料馆等公众活动场所 | — | A | B₁ | B₁ | B₁ | B₂ | B₁ | — | B₂ |
| 11 | 存放文物、纪念展览物品、重要图书、档案、资料的场所 | — | A | A | B₁ | B₁ | B₂ | B₁ | — | B₂ |
| 12 | 歌舞娱乐游艺场所 | — | A | B₁ | B₁ | B₁ | B₁ | B₁ | — | B₁ |
| 13 | A、B级电子信息系统机房及装有重要机器、仪器的房间 | — | A | A | B₁ | B₁ | B₁ | B₁ | B₁ | B₁ |
| 14 | 餐饮场所 | 营业面积>100m² | A | B₁ | B₁ | B₁ | B₂ | B₁ | — | B₂ |
| | | 营业面积≤100m² | B₁ | B₁ | B₁ | B₂ | B₂ | B₂ | — | B₂ |
| 15 | 办公场所 | 设置送回风道（管）的集中空气调节系统 | A | B₁ | B₁ | B₁ | B₂ | B₂ | — | B₂ |
| | | 其他 | B₁ | B₁ | B₂ | B₂ | B₂ | — | — | — |
| 16 | 其他公共场所 | — | B₁ | B₁ | B₂ | B₂ | B₂ | — | — | — |
| 17 | 住宅 | — | B₁ | B₁ | B₁ | B₂ | B₂ | B₂ | — | B₂ |

注：（1）除《建筑内部装修设计防火规范》GB 50222—2017 第 4 章规定的场所和上表中序号为 11～13 规定的部位外，单层、多层民用建筑内面积小于 100m² 的房间，当采用耐火极限不低于 2.00h 的防火隔墙和甲级防火门、窗与其他部位分隔时，其装修材料的燃烧性能等级可在上表的基础上降低一级。

（2）除《建筑内部装修设计防火规范》GB 50222—2017 第 4 章规定的场所和上表中序号为 11～13 规定的部位外，当单层、多层民用建筑需做内部装修的空间内装有自动灭火系统时，除顶棚外，其内部装修材料的燃烧性能等级可在上表规定的基础上降低一级；当同时装有火灾自动报警装置和自动灭火系统时，其装修材料的燃烧性能等级可在上表规定的基础上降低一级。

（3）本表出自《建筑内部装修设计防火规范》GB 50222—2017，5.1.1 条～5.1.3 条。

**高层民用建筑内部各部位装修材料的燃烧性能等级**　　　　　　表 4.6.2-2

| 序号 | 建筑物及场所 | 建筑规模、性质 | 装修材料燃烧性能等级 | | | | | | | | | |
|---|---|---|---|---|---|---|---|---|---|---|---|---|
| | | | 顶棚 | 墙面 | 地面 | 隔断 | 固定家具 | 装饰织物 | | | | 其他装修装饰材料 |
| | | | | | | | | 窗帘 | 帷幕 | 床罩 | 家具包布 | |
| 1 | 候机楼的候机大厅、贵宾候机室、售票厅、商店、餐饮场所等 | — | A | A | B₁ | B₁ | B₁ | B₁ | — | — | — | B₁ |

| 序号 | 建筑物及场所 | 建筑规模、性质 | 装修材料燃烧性能等级 | | | | | 装饰织物 | | | | 其他装修装饰材料 |
| --- | --- | --- | --- | --- | --- | --- | --- | --- | --- | --- | --- | --- |
| | | | 顶棚 | 墙面 | 地面 | 隔断 | 固定家具 | 窗帘 | 帷幕 | 床罩 | 家具包布 | |
| 2 | 汽车站、火车站、轮船客运站的候车（船）室、餐厅、餐饮场所等 | 建筑面积＞10000m² | A | A | B₁ | B₁ | B₁ | B₁ | — | — | — | B₂ |
| | | 建筑面积≤10000m² | A | B₁ | B₁ | B₁ | B₁ | B₁ | — | — | — | B₂ |
| 3 | 观众厅、会议厅、多功能厅、等候厅等 | 每个厅建筑面积＞400m²的车站、码头 | A | A | B₁ | B₁ | B₁ | B₁ | B₁ | — | B₁ | B₁ |
| | | 每个厅建筑面积≤400m² | A | B₁ | B₁ | B₂ | B₁ | B₁ | — | — | B₂ | B₂ |
| 4 | 商店的营业厅 | 每层建筑面积＞1500m²或总建筑面积＞3000m² | A | B₁ | B₁ | B₁ | B₁ | B₁ | — | B₂ | B₁ | |
| | | 每层建筑面积≤1500m²或总建筑面积≤3000m² | A | B₁ | B₁ | B₁ | B₁ | B₂ | — | B₂ | B₂ | |
| 5 | 宾馆、饭店的客房及公共活动用房等 | 一类建筑 | A | B₁ | B₁ | B₂ | B₁ | B₁ | — | B₁ | B₂ | B₁ |
| | | 二类建筑 | B₁ | B₁ | B₂ | B₂ | B₂ | B₂ | — | B₂ | B₂ | B₂ |
| 6 | 养老院、托儿所、幼儿园的居住及活动场所 | — | A | A | B₁ | B₁ | B₂ | B₁ | B₁ | — | B₂ | B₁ |
| 7 | 医院的病房区、诊疗区、手术区 | — | A | A | B₁ | B₁ | B₂ | B₁ | B₁ | — | B₂ | B₁ |
| 8 | 教学场所、教学实验室 | — | A | B₁ | B₂ | B₂ | B₂ | B₁ | B₁ | — | B₁ | B₂ |
| 9 | 纪念馆、展览馆、博物馆、图书馆、档案馆、资料馆等公众活动场所 | 一类建筑 | A | B₁ | B₁ | B₁ | B₂ | B₁ | B₁ | — | B₁ | B₁ |
| | | 二类建筑 | A | B₁ | B₁ | B₁ | B₂ | B₁ | B₁ | — | B₂ | B₂ |

| 序号 | 建筑物及场所 | 建筑规模、性质 | 顶棚 | 墙面 | 地面 | 隔断 | 固定家具 | 装饰织物 | | | | 其他装修装饰材料 |
|---|---|---|---|---|---|---|---|---|---|---|---|---|
| | | | | | | | | 窗帘 | 帷幕 | 床罩 | 家具包布 | |
| 10 | 存放文物、纪念展览物品、重要图书、档案、资料的场所 | — | A | A | B₁ | B₁ | B₂ | B₁ | — | | B₁ | B₂ |
| 11 | 歌舞娱乐游艺场所 | — | A | B₁ | B₁ | B₁ | B₁ | B₁ | B₁ | B₁ | B₁ | B₁ |
| 12 | A、B级电子信息系统机房及装有重要机器、仪器的房间 | — | A | A | B₁ | B₁ | B₁ | B₁ | B₁ | | B₁ | B₁ |
| 13 | 餐饮场所 | — | A | B₁ | B₁ | B₁ | B₁ | B₁ | — | | B₁ | B₂ |
| 14 | 办公场所 | 一类建筑 | A | B₁ | B₁ | B₁ | B₂ | B₁ | B₁ | B₁ | B₁ | B₁ |
| | | 二类建筑 | A | B₁ | B₂ | B₂ | B₂ | B₂ | B₂ | B₂ | B₂ | B₂ |
| 15 | 电信楼、财贸金融楼、邮政楼、广播电视楼、电力调度楼、防灾指挥调度楼 | 一类建筑 | A | A | B₁ | B₁ | B₁ | B₁ | B₁ | B₁ | B₁ | B₁ |
| | | 二类建筑 | A | B₁ | B₁ | B₁ | B₂ | B₂ | B₂ | B₂ | B₂ | B₂ |
| 16 | 其他公共场所 | — | A | B₁ | B₁ | B₁ | B₂ | B₂ | B₂ | B₂ | B₂ | B₂ |
| 17 | 住宅 | — | A | B₁ | B₁ | B₁ | B₂ | B₁ | — | B₁ | B₂ | B₁ |

注：(1) 除《建筑内部装修设计防火规范》GB 50222—2017 第4章规定的场所和上表中序号为10～12规定的部位外，高层民用建筑的裙房内面积小于 500m² 的房间，当设有自动灭火系统，并且采用耐火极限不低于 2.00h 的防火隔墙和甲级防火门、窗与其他部位分隔时，顶棚、墙面、地面装修材料的燃烧性能等级可在上表规定的基础上降低一级。

(2) 除《建筑内部装修设计防火规范》GB 50222—2017 第4章规定的场所和上表中序号为10～12规定的部位外，以及大于 400m² 的观众厅、会议厅和 100m 以上的高层民用建筑外，当设有火灾自动报警装置和自动灭火系统时，除顶棚外，其内部装修材料的燃烧性能等级可在上表规定的基础上降低一级。

(3) 本表出自《建筑内部装修设计防火规范》GB 50222—2017 5.2.1条～5.2.4条。

### 4.6.3 常用建筑内部装修材料燃烧性能等级划分举例

常用建筑内部装修材料燃烧性能等级划分举例      表 4.6.3

| 材料类别 | 级别 | 材料举例 | 备注 |
|---|---|---|---|
| 各部位材料 | A | 花岗石、大理石、水磨石、水泥制品、混凝土制品、石膏板、石灰制品、黏土制品、玻璃、瓷砖、马赛克、钢铁、铝、铜合金、天然石材、金属复合板、纤维石膏板、玻镁板、硅酸钙板等 | (1) 安装在金属龙骨上燃烧性能达到 B₁ 级的纸面石膏板、矿棉吸声板，可作为 A 级装修材料使用<br>(2) 胶合板表面涂一级饰面型防火涂料时，可作为 B₁ 级装修材料<br>(3) 单位面积质量小于 300g/m² 的纸质、布质壁纸，当直接粘贴在 A 级基材上时，可作为 B₁ 级装修材料使用。<br>(4) 施涂于 A 级基材上的无机装修涂料，可作为 A 级装修材料使用 |
| 顶棚材料 | B₁ | 纸面石膏板、纤维石膏板、水泥刨花板、矿棉板、玻璃棉装饰吸声板、珍珠岩装饰吸声板、难燃胶合板、难燃中密度纤维板、岩棉装饰板、难燃木材、铝箔复合材料、难燃酚醛胶合板、铝箔玻璃钢复合材料、复合铝箔玻璃棉板等 | |

| 材料类别 | 级别 | 材料举例 | 备注 |
|---|---|---|---|
| 墙面材料 | B₁ | 纸面石膏板、纤维石膏板、水泥刨花板、矿棉板、玻璃棉板、珍珠岩板、难燃胶合板、难燃中密度纤维板、防火塑料装饰板、难燃双面刨花板、多彩涂料、难燃墙纸、难燃墙布、难燃仿花岗岩装饰板、氯氧镁水泥装配式墙板、难燃玻璃钢平板、难燃 PVC 塑料护墙板、阻燃模压木质复合板材、彩色阻燃人造板、难燃玻璃钢、复合铝箔玻璃棉板等 | （1）安装在金属龙骨上燃烧性能达到 B₁ 级的纸面石膏板、矿棉吸声板，可作为 A 级装修材料使用。（2）胶合板表面涂一级饰面型防火涂料时，可作为 B₁ 级装修材料。（3）单位面积质量小于 300g/m² 的纸质、布质壁纸，当直接粘贴在 A 级基材上时，可作为 B₁ 级装修材料使用。（4）施涂于 A 级基材上的无机装修涂料，可作为 A 级装修材料使用 |
| | B₂ | 各类天然木材、木质人造板、竹材、纸质装饰板、装饰微薄木贴面板、印刷木纹人造板、塑料贴面装饰板、聚酯装饰板、复塑装饰板、塑纤板、胶合板、塑料壁纸、无纺贴墙布、墙布、复合壁纸、天然材料壁纸、人造革、实木饰面装饰板、胶合竹夹板等 | |
| 地面材料 | B₁ | 硬 PVC 塑料地板、水泥刨花板、水泥木丝板、氯丁橡胶地板、难燃羊毛地毯等 | |
| | B₂ | 半硬质 PVC 塑料地板、PVC 卷材地板等 | |
| 装饰织物 | B₁ | 经阻燃处理的各类难燃织物等 | |
| | B₂ | 纯毛装饰布、经阻燃处理的其他织物等 | |
| 其他装饰材料 | B₁ | 难燃聚氯乙烯塑料、难燃酚醛塑料、聚四氯乙烯塑料、难燃脲醛塑料、硅树脂塑料装饰型材、经难燃处理的各类织物等 | |
| | B₂ | 经阻燃处理的聚乙烯、聚丙烯、聚氨酯、聚苯乙烯、玻璃钢、化纤织物、木制品等 | |

本表出自《建筑内部装修设计防火规范 》GB 50222—2017，3.0.2 条条文解释。

# 4.7　住宅与其他功能建筑合建的防火要求

### 4.7.1　住宅与其他功能建筑合建的防火要求（除商业服务网点外）

住宅与其他功能建筑合建的防火要求　　　　　表 4.7.1

| | | | |
|---|---|---|---|
| 防火分隔 | 多层建筑 | 住宅部分与非住宅部分之间，应采用耐火极限≥2.00h 且无门、窗、洞口的防火隔墙和 1.50h 的不燃性楼板完全分隔 | 《建筑设计防火规范》GB 50016—2014（2018 年版）5.4.10 条 |
| | 高层建筑 | 住宅部分与非住宅部分之间应采用无门、窗、洞口的防火墙和耐火极限不低于 2.00h 的不燃性楼板完全分隔建筑外墙上、下层开口之间设置窗槛墙 1.2m（0.8m）或设置防火挑檐等防火措施 | 《建筑设计防火规范》GB 50016—2014（2018 年版）6.2.5 条 |

| 疏散出口 | 住宅部分与非住宅部分的安全出口和疏散楼梯应分别独立设置 | 《建筑设计防火规范》GB 50016—2014（2018 年版）5.4.10 条 |
|---|---|---|
| | 为住宅部分服务的地上车库应设置独立的疏散楼梯或安全，地下车库的疏散楼梯应按《建筑设计防火规范》GB 50016—2014（2018 版）第 6.4.4 条的规定进行分隔 | |
| 独立设计 | 住宅部分和非住宅部分的安全疏散、防火分区和室内消防设施配置，可根据各自的建筑高度分别按照《建筑设计防火规范》GB 50016—2014（2018 年版）有关住宅建筑和公共建筑的规定独立设计 | |
| 整体设计 | 防火间距、室外消防设施、灭火救援设施、建筑保温和外墙装饰应根据建筑的总高度和建筑规模进行整体设计 | |

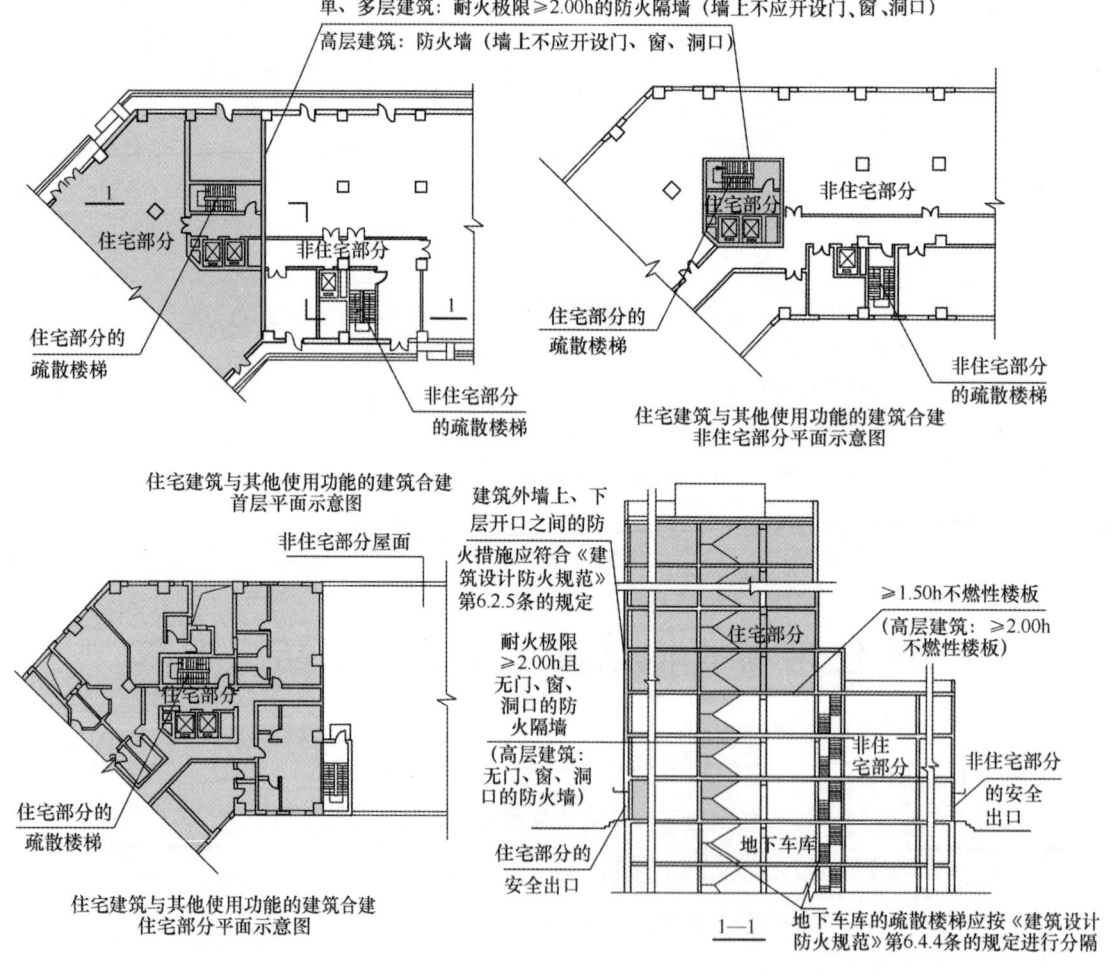

图 4.7.1　住宅合建建筑平面示意图

## 4.7.2 设置商业服务网点住宅建筑的防火要求

设置商业服务网点住宅建筑的防火要求　　　　　　　　表 4.7.2

| | | | |
|---|---|---|---|
| 设置商业服务网店的住宅建筑（住宅和网点之间） | 防火分隔 | 居住部分与商业服务网点之间应采用耐火极限≥2.00h且无门、窗、洞口的防火隔墙和1.50h的不燃性楼板完全分隔 | 《建筑设计防火规范》GB 50016—2014 （2018年版）5.4.11 条 |
| | 疏散设计 | 住宅部分和商业服务网点部分的安全出口和疏散楼梯应分别独立设置 | |
| 商业服务网点中每个分隔单元之间 | 防火分隔 | 采用耐火极限≥2.00h且无门、窗、洞口的防火隔墙相互分隔 | |
| | 疏散设计 | 1. 当每个分隔单元任一层建筑面积大于 200m² 时，该层应设置 2 个安全出口或疏散门 | |
| | | 2. 每个分隔单元内的任一点至最近直通室外的出口的直线距离（$L$，$L'$，$L''$）≤22m（27.5m） | 《建筑设计防火规范》GB 50016—2014 （2018年版）5.5.17 条 |

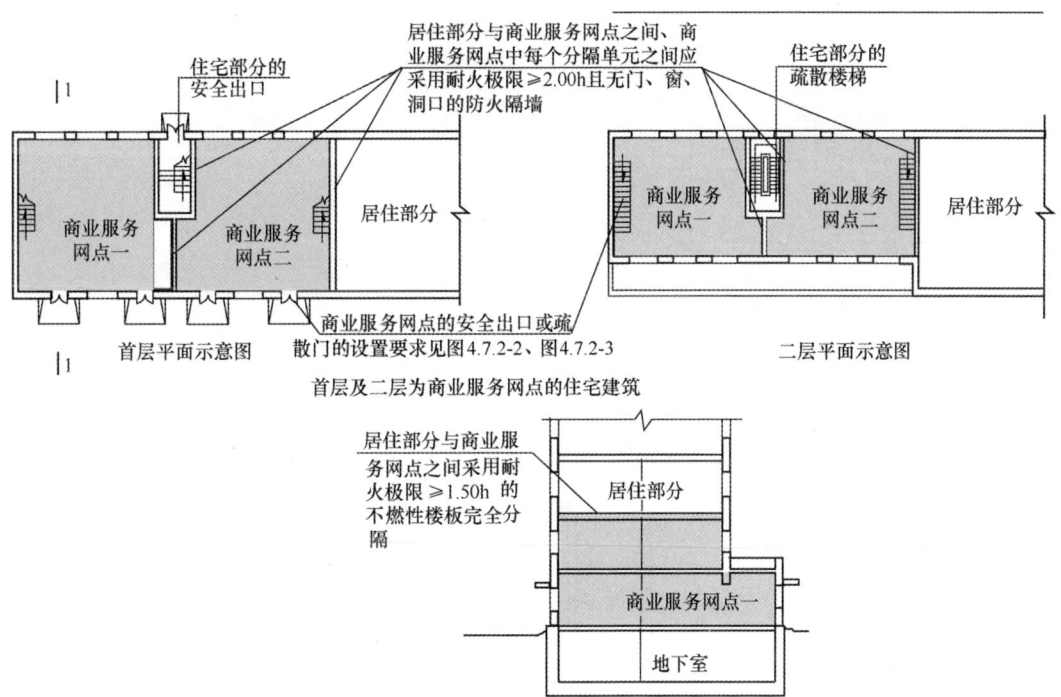

图 4.7.2-1　商业服务网点布置在首层及二层的安全疏散（一）

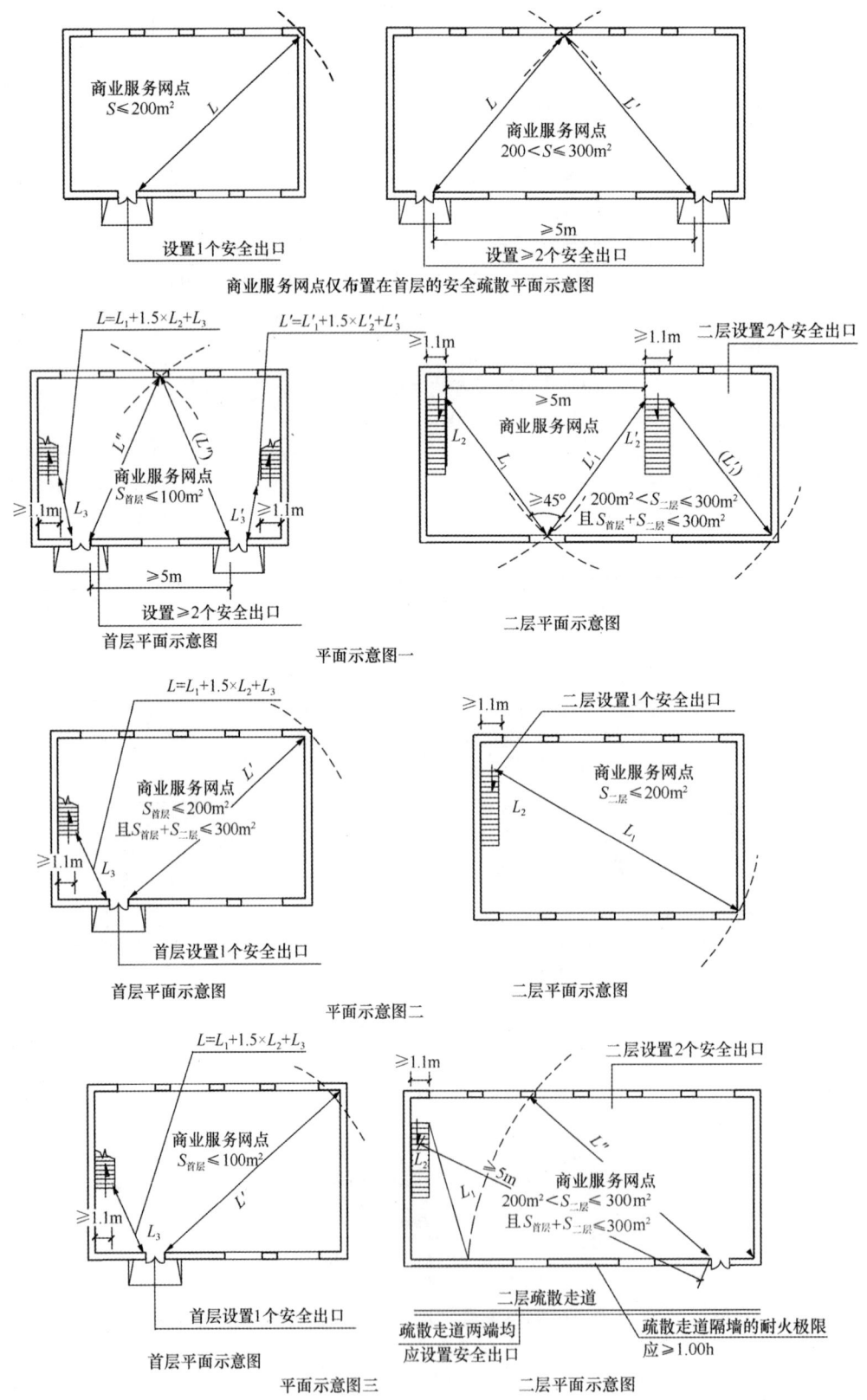

图 4.7.2-2　商业服务网点布置在首层及二层的安全疏散（二）

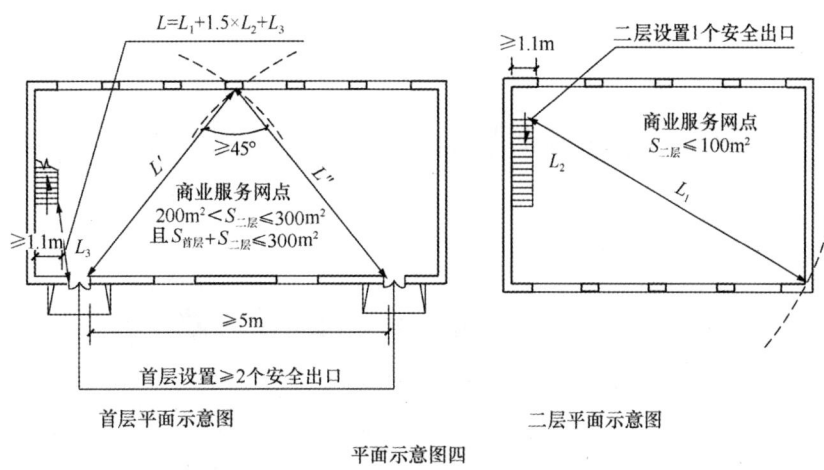

平面示意图四

图 4.7.2-3 商业服务网点布置在首层及二层的安全疏散（三）

# 5 建筑防水设计

## 5.1 屋面工程防水

### 5.1.1 屋面工程设计原则

屋面工程设计应遵照"保证功能、构造合理、防排结合、优选材料、美观耐用"的原则。

### 5.1.2 屋面工程设计内容

屋面工程应根据建筑物的建筑造型、使用功能、环境条件，对下列内容进行设计：

1. 屋面防水等级和设防要求；
2. 屋面构造设计；
3. 屋面排水设计；
4. 找坡方式和选用的找坡材料；
5. 防水层选用的材料、厚度、规格及其主要性能；
6. 接缝密封防水选用的材料及其主要性能。

### 5.1.3 屋面工程防水等级和设防要求

屋面防水等级和设防要求　　　　　　　　　　　　　　　　表 5.1.3-1

| 防水等级 | 建筑类别 | 设防要求 | 规范依据 |
|---|---|---|---|
| Ⅰ级 | 重要建筑和高层建筑 | 两道防水设防 | 《屋面工程技术规范》GB 50345—2012 第 3.0.5 条 |
| Ⅱ级 | 一般建筑 | 一道防水设防 | |

卷材、涂膜屋面防水等级和防水做法　　　　　　　　　　　表 5.1.3-2

| 防水等级 | 防 水 做 法 | 规范依据 |
|---|---|---|
| Ⅰ级 | 卷材防水层和卷材防水层、卷材防水层和涂膜防水层、复合防水层 | 《屋面工程技术规范》GB 50345—2012 第 4.5.1 条 |
| Ⅱ级 | 卷材防水层、涂膜防水层、复合防水层 | |

注：在Ⅰ级屋面防水做法中，防水层仅作单层卷材用时，应符合有关单层防水卷材屋面技术的规定。

瓦屋面防水等级和防水做法　　　　　　　　　　　　　　　表 5.1.3-3

| 防水等级 | 防 水 做 法 | 规范依据 |
|---|---|---|
| Ⅰ级 | 瓦＋防水层 | 《屋面工程技术规范》GB 50345—2012 第 4.8.1 条 |
| Ⅱ级 | 瓦＋防水垫层 | |

注：防水层厚度应符合表 5.1.6-1 和表 5.1.6-2 中Ⅱ级防水的规定。

**金属板屋面防水等级和防水做法**　　　　　　　　表 5.1.3-4

| 防水等级 | 防 水 做 法 | 规范依据 |
|---|---|---|
| Ⅰ 级 | 压型金属板＋防水层 | 《屋面工程技术规范》 |
| Ⅱ 级 | 压型金属板、金属面绝热夹芯板 | GB 50345—2012 第 4.9.1 条 |

注：(1) 当防水等级为Ⅰ级时，压型铝合金板基板厚度不应小于 0.9mm；压型钢板基板厚度不应小于 0.6mm。
　　(2) 当防水等级为Ⅰ级时，压型金属板应采用 360°咬口锁边连接方式。
　　(3) 在Ⅰ级防水屋面做法中，仅做压型金属板时，应符合《压型金属板工程应用技术规范》GB 50896—2013 等相关技术的规定。

### 5.1.4　屋面工程基本构造层次

**屋面的基本构造层次**　　　　　　　　表 5.1.4

| 屋面类型 | 基本构造层次（自上而下） | |
|---|---|---|
| 卷材、涂膜屋面（正置式） | 面层、保护层、隔离层、防水层、找平层、保温隔热层、找坡（平）层、结构层 | |
| | 种植土层、过滤层、排（蓄）水层、保护层、耐根穿刺防水层、防水层、找平层、保温隔热层、找坡（平）层、结构层 | |
| | 架空隔热层、防水层、找平层、保温层、找坡（平）层、结构层 | |
| | 蓄水隔热层、隔离层、防水层、找平层、保温层、找坡（平）层、结构层 | |
| 卷材、涂膜屋面（倒置式） | 面层、保护层、保温隔热层、隔离层、防水层、找坡（平）层、结构层 | |
| 瓦屋面 | 块瓦、挂瓦条、顺水条、持钉层、防水层或防水垫层、保温层、结构层 | |
| | 沥青瓦、持钉层、防水层或防水垫层、保温层、结构层 | |
| 金属板屋面 | 压型金属板、防水垫层、保温层、承托网、支承结构 | |
| | 上层压型金属板、防水垫层、保温层、底层压型金属板、支承结构 | |
| | 金属面绝热夹芯板、支承结构 | |
| 玻璃采光顶 | 玻璃面板、金属框架、支承结构 | |
| | 玻璃面板、点支承装置、支承结构 | |

注：(1) 表中结构层包括混凝土基层和木基层；防水层包括卷材和涂膜防水层；保护层包括块体材料、水泥砂浆、细石混凝土保护层。
　　(2) 有隔汽要求的屋面，应在保温层与结构层之间设隔汽层。

### 5.1.5 屋面工程排水设计

屋面排水方式可分为有组织排水和无组织排水。有组织排水时，宜采用雨水收集系统。

高层建筑屋面宜采用内排水；多层建筑屋面宜采用有组织外排水；低层建筑及檐高小于10m的屋面，可采用无组织排水；多跨及汇水面积较大的屋面宜采用天沟排水，天沟找坡较长时，宜采用中间内排水和两端外排水；暴雨强度较大地区的大型屋面，宜采用虹吸式屋面雨水系统；严寒地区应采用内排水；寒冷地区宜采用内排水；湿陷性黄土地区宜采用有组织排水，并应将雨雪水直接排至排水管网。

### 5.1.6 防水层

**每道卷材防水层最小厚度（mm）**　　　　　　　表 5.1.6-1

| 防水等级 | 合成高分子防水卷材 | 高聚物改性沥青防水卷材 | | | 规范依据 |
| --- | --- | --- | --- | --- | --- |
| | | 聚酯胎、玻纤胎、聚乙烯胎 | 自粘聚酯胎 | 自粘无胎 | |
| Ⅰ级 | 1.2 | 3.0 | 2.0 | 1.5 | 《屋面工程技术规范》 GB 50345—2012 第4.5.5条 |
| Ⅱ级 | 1.5 | 4.0 | 3.0 | 2.0 | |

**每道涂膜防水层最小厚度（mm）**　　　　　　　表 5.1.6-2

| 防水等级 | 合成高分子防水涂膜 | 聚合物水泥防水涂膜 | 高聚物改性沥青防水涂膜 | 规范依据 |
| --- | --- | --- | --- | --- |
| Ⅰ级 | 1.5 | 1.5 | 2.0 | 《屋面工程技术规范》 GB 50345—2012 第4.5.6条 |
| Ⅱ级 | 2.0 | 2.0 | 3.0 | |

**复合防水层最小厚度（mm）**　　　　　　　表 5.1.6-3

| 防水等级 | 合成高分子防水卷材＋合成高分子防水涂膜 | 自粘聚合物改性沥青防水卷材（无胎）＋合成高分子防水涂膜 | 高聚物改性沥青防水卷材＋高聚物改性沥青防水涂膜 | 聚乙烯丙纶卷材＋聚合物水泥防水胶结材料 | 规范依据 |
| --- | --- | --- | --- | --- | --- |
| Ⅰ级 | 1.2＋1.5 | 1.5＋1.5 | 3.0＋2.0 | (0.7＋1.3)×2 | 《屋面工程技术规范》 GB 50345—2012 第4.5.7条 |
| Ⅱ级 | 1.0＋1.0 | 1.2＋1.0 | 3.0＋1.2 | 0.7＋1.3 | |

### 5.1.7 防水附加层

檐沟、天沟与屋面交接处、屋顶平面与立面交接处，以及水落口、伸出屋面管道根部等部位，应设置卷材或涂膜附加层。

屋面找平层分隔缝等部位，宜设置卷材空铺附加层，其空铺宽度不宜小于100mm。

**附加层最小厚度（mm）**　　　　　　　表 5.1.7

| 附加层材料 | 最小厚度 | 规范依据 |
| --- | --- | --- |
| 合成高分子防水卷材 | 1.2 | 《屋面工程技术规范》 GB 50345—2012 第4.5.9条 |
| 高聚物改性沥青防水卷材（聚酯胎） | 3.0 | |
| 合成高分子防水涂料、聚合物水泥防水涂料 | 1.5 | |
| 高聚物改性沥青防水涂料 | 2.0 | |

注：涂膜附加层应加铺胎体增强材料。

### 5.1.8 找平层、隔离层和保护层

**找平层厚度和技术要求**　　　　　　　表 5.1.8-1

| 找平层分类 | 适用的基层 | 厚度（mm） | 技术要求 | 规范依据 |
| --- | --- | --- | --- | --- |
| 水泥砂浆 | 整体现浇混凝土板 | 15～20 | 1：2.5 水泥砂浆 | 《屋面工程技术规范》 GB 50345—2012 第4.3.2条 |
| | 整体材料保温层 | 20～25 | | |

| 找平层分类 | 适用的基层 | 厚度（mm） | 技术要求 | 规范依据 |
|---|---|---|---|---|
| 细石混凝土 | 装配式混凝土板 | 30～35 | C20 混凝土，宜加钢筋网片 | 《屋面工程技术规范》 GB 50345—2012 第 4.3.2 条 |
| | 板状材料保温层 | | C20 混凝土 | |

**隔离层材料的适用范围和技术要求**　　　　表 5.1.8-2

| 隔离层材料 | 适用范围 | 技 术 要 求 | 规范依据 |
|---|---|---|---|
| 塑料膜 | 块体材料、水泥砂浆保护层 | 0.4mm 厚聚乙烯膜或 3mm 厚发泡聚乙烯膜 | 《屋面工程技术规范》 GB 50345—2012 第 4.7.8 条 |
| 土工布 | 块体材料、水泥砂浆保护层 | 200g/m² 聚酯无纺布 | |
| 卷材 | 块体材料、水泥砂浆保护层 | 石油沥青卷材一层 | |
| 低强度等级砂浆 | 细石混凝土保护层 | 10mm 厚黏土砂浆，石灰膏：砂：黏土＝1：2.4：3.6 | |
| | | 5mm 厚掺有纤维的石灰砂浆 | |

**保护层材料的适用范围和技术要求**　　　　表 5.1.8-3

| 保护层材料 | 适用范围 | 技 术 要 求 | 规范依据 |
|---|---|---|---|
| 浅色涂料 | 不上人屋面 | 丙烯酸系反射涂料 | 《屋面工程技术规范》 GB 50345—2012 第 4.7.1 条 |
| 铝箔 | 不上人屋面 | 0.05mm 厚铝箔反射膜 | |
| 矿物粒料 | 不上人屋面 | 不透明的矿物粒料 | |
| 水泥砂浆 | 不上人屋面 | 20mm 厚 1：2.5 或 M15 水泥砂浆 | |
| 块体材料 | 上人屋面 | 地砖或 30mm 厚 C20 细石混凝土预制块 | |
| 细石混凝土 | 上人屋面 | 40mm 厚 C20 细石混凝土或 50mm 厚 C20 细石混凝土内配 φ4@100 双向钢筋网片 | |

### 5.1.9　平屋面防水

1. 正置式屋面

1）混凝土结构层宜采用结构找坡，坡度不应小于 3%；当采用材料找坡时，宜采用质量轻、吸水率低和有一定强度的材料，坡度宜为 2%。

2）卷材或涂膜防水层上应设置保护层；在刚性保护层与卷材、涂膜防水层之间应设置隔离层。卷材、涂膜的基层宜设找平层。

3）保温层宜选用吸水率低、密度和导热系数小，并有一定强度的保温材料。

4）隔汽层应设置在结构层上、保温层下；隔汽层应选用气密性、水密性好的材料。

2. 倒置式屋面

1）倒置式屋面工程的防水等级应为 I 级，防水层合理使用年限不得少于 20 年。

2）倒置式屋面的坡度不宜小于 3%。

3）倒置式屋面工程的保温层使用年限不宜低于防水层使用年限。

4）保温层应选用表观密度小、压缩强度大、导热系数小、吸水率低的保温材料，不得使用松散保温材料。

5）当采用二道防水设防时，宜选用防水涂料作为其中一道防水层。

6）保温层上面宜采用块体材料或细石混凝土做保护层。

7）倒置式屋面可不设置透气孔或排水槽。

### 5.1.10　坡屋面防水

1. 保温隔热层铺设在装配式屋面板上时，宜设置隔汽层。

2. 屋面坡度大于 100% 时，宜采用内保温隔热措施。

3. 瓦屋面檐沟、天沟的防水层，可采用防水卷材或防水涂膜，也可采用金属板材。

**坡屋面种类和适用的防水等级** 表 5.1.10-1

| 坡屋面种类 | 适用的防水等级 | 坡屋面种类 | 适用的防水等级 | 规范依据 |
|---|---|---|---|---|
| 平面沥青瓦坡屋面 | 二级 | 压型金属板坡屋面 | 一级和二级 | 《坡屋面工程技术规范》 GB 50693—2011 第 6.1.2、7.1.1、8.1.1、9.1.3、10.1.1、11.1.1 条 |
| 叠合沥青瓦坡屋面 | 一级和二级 | 金属面绝热夹芯板坡屋面 | 二级 | |
| 块瓦坡屋面 | 一级和二级 | 防水卷材坡屋面 | 一级和二级 | |
| 波形瓦坡屋面 | 二级 | 装配式轻型坡屋面 | 一级和二级 | |

**屋面类型、坡度和防水垫层** 表 5.1.10-2

| 坡度与垫层 | 屋面类型 | | | | | | | 规范依据 |
|---|---|---|---|---|---|---|---|---|
| | 沥青瓦屋面 | 块瓦屋面 | 波形瓦屋面 | 金属板屋面 | | 防水卷材屋面 | 装配式轻型坡屋面 | |
| | | | | 压型金属板屋面 | 夹芯板屋面 | | | |
| 适用坡度（%） | ≥20 | ≥30 | ≥20 | ≥5 | ≥5 | ≥3 | ≥20 | 《坡屋面工程技术规范》 GB 50693—2011 第 3.2.4 条 |
| 防水垫层 | 应选 | 应选 | 应选 | 一级应选 二级宜选 | — | — | 应选 | |

**一级设防瓦屋面的主要防水垫层种类和最小厚度** 表 5.1.10-3

| 防水垫层种类 | 最小厚度（mm） | 防水垫层种类 | 最小厚度（mm） | 规范依据 |
|---|---|---|---|---|
| 自粘聚合物沥青防水垫层 | 1.0 | 高分子类防水卷材 | 1.2 | 《坡屋面工程技术规范》 GB 50693—2011 第 4.1.3 条 |
| 聚合物改性沥青防水垫层 | 2.0 | 高分子类防水涂料 | 1.5 | |
| 波形沥青通风防水垫层 | 2.2 | 沥青类防水涂料 | 2.0 | |
| SBS、APP 改性沥青防水卷材 | 3.0 | 复合防水垫层（聚乙烯丙纶防水垫层＋聚合物水泥防水胶结材料） | 2.0（0.7+1.3） | |
| 自粘聚合物改性沥青防水卷材 | 1.5 | | | |

### 5.1.11 种植屋面防水

1. 种植屋面不宜设计为倒置式屋面。

2. 种植屋面防水层应满足一级防水等级设防要求，且必须至少设置一道具有耐根穿刺性能的防水材料。

3. 种植屋面防水层应采用不少于两道防水设防。最上道应为耐根穿刺防水材料。两道防水层应相邻铺设且防水层的材料应相容。

4. 耐根穿刺防水材料应具有耐霉菌腐蚀性能。改性沥青类耐根穿刺防水材料应含有化学阻根剂。

5. 耐根穿刺防水材料和最小厚度。

**耐根穿刺防水材料和最小厚度** 表 5.1.11-1

| 耐根穿刺防水材料种类 | 最小厚度（mm） | 耐根穿刺防水材料种类 | 最小厚度（mm） | 规范依据 |
|---|---|---|---|---|
| 弹性体改性沥青防水卷材 | 4.0 | 高密度聚乙烯土工膜 | 1.2 | 《种植屋面工程技术规程》 JGJ 155—2013 |
| 塑性体改性沥青防水卷材 | 4.0 | 三元乙丙橡胶防水卷材 | 1.2 | |
| 聚氯乙烯防水卷材 | 1.2 | 聚乙烯丙纶防水卷材＋聚合物水泥胶结料 | (0.6+1.3)×2 | |
| 热塑性聚烯烃防水卷材 | 1.2 | 聚脲防水涂料 | 2.0 | |

注：聚乙烯丙纶防水卷材＋聚合物水泥胶结料应采用双层卷材复合作为一道耐根穿刺防水层。

6. 排（蓄）水材料不得作为耐根穿刺防水材料使用。

7. 耐根穿刺防水层上应设置保护层。

8. 种植屋面坡长和找坡材料。

种植屋面坡长和找坡材料　　　　　　　　表 5.1.11-2

| 坡长 | <4m | 4～9m | >9m | 规范依据 |
|---|---|---|---|---|
| 找坡材料 | 宜采用水泥砂浆 | 可采用加气混凝土、轻质陶粒混凝土、水泥膨胀珍珠岩和水泥蛭石，也可采用结构找坡 | 应采用结构找坡 | 《种植屋面工程技术规程》JGJ 155—2013 第 4.1.2 条 |

9. 种植平屋面的排水坡度不宜小于 2%。

### 5.1.12 金属板屋面防水

1. 金属板屋面在保温层的下面宜设置隔汽层，在保温层的上面宜设置防水透气膜。

2. 压型金属板采用咬口锁边连接时，屋面的排水坡度不宜小于 5%；压型金属板采用紧固件连接时，屋面的排水坡度不宜小于 10%。

### 5.1.13 玻璃采光顶防水

1. 玻璃采光顶应采用支承结构找坡，排水坡度不宜小于 5%。

2. 玻璃采光顶应进行防结露设计。对玻璃采光顶内侧的冷凝水，应采取控制、收集和排除的措施。

# 5.2 外墙防水工程

在正常使用和合理维护条件下，有下列情况之一的建筑外墙，宜进行墙面整体防水：

1. 年降水量不小于 800mm 地区的高层建筑外墙；

2. 年降水量不小于 600mm 且基本风压不小于 0.5kN/m² 地区的外墙；

3. 年降水量不小于 400mm 且基本风压不小于 0.4kN/m² 地区有外保温的外墙；

4. 年降水量不小于 500mm 且基本风压不小于 0.35kN/m² 地区有外保温的外墙；

5. 年降水量不小于 600mm 且基本风压不小于 0.30kN/m² 地区有外保温的外墙。

### 5.2.1 外墙防水工程设计内容

建筑外墙整体防水设计应包括以下内容：

1. 外墙防水工程的构造；

2. 防水层材料的选择；

3. 节点的密封防水构造。

### 5.2.2 外墙整体防水层设计

防水层位置和防水材料　　　　　　　　表 5.2.2

| | 饰面种类 | 防水层位置 | 防水材料 | 规范依据 |
|---|---|---|---|---|
| 无外保温外墙 | 涂料饰面 | 找平层和涂料饰面层之间 | 聚合物水泥防水砂浆或普通防水砂浆 | 《建筑外墙防水工程技术规程》JGJ/T 235—2011 第 5.2.1、5.2.2 条 |
| | 块材饰面 | 找平层和块材黏结层之间 | 聚合物水泥防水砂浆或普通防水砂浆 | |
| | 幕墙饰面 | 找平层和幕墙饰面之间 | 聚合物水泥防水砂浆、普通防水砂浆、聚合物水泥防水涂料、聚合物乳液防水涂料或聚氨酯防水涂料 | |

| 饰面种类 | 防水层位置 | 防水材料 | 规范依据 |
|---|---|---|---|
| 外保温外墙 涂料饰面 | 保温层和墙体基层之间 | 聚合物水泥防水砂浆或普通防水砂浆 | 《建筑外墙防水工程技术规程》JGJ/T 235—2011 第5.2.1、5.2.2条 |
| 块材饰面 | 保温层和墙体基层之间 | 聚合物水泥防水砂浆或普通防水砂浆 | |
| 幕墙饰面 | 找平层上 | 聚合物水泥防水砂浆、普通防水砂浆、聚合物水泥防水涂料、聚合物乳液防水涂料或聚氨酯防水涂料；当外墙保温层选用矿物棉保温材料时，防水层宜采用防水透气膜 | |

注：(1) 外保温外墙不宜采用块材饰面，采用时应采取安全措施。

(2) 表中外保温外墙是指保温为独立的整体保温系统，当外墙外保温采用无机保温砂浆等非憎水性保温材料时，防水层应设在保温层外。

### 5.2.3 防水层最小厚度

**防水层最小厚度（mm）**　　　　　　　　　　　　　　表5.2.3

| 墙体基层种类 | 饰面层种类 | 聚合物水泥防水砂浆 | | 普通防水砂浆 | 防水涂料 | 规范依据 |
|---|---|---|---|---|---|---|
| | | 干粉类 | 乳液类 | | | |
| 现浇混凝土 | 涂料 | 3 | 5 | 8 | 1.0 | 《建筑外墙防水工程技术规程》JGJ/T 235—2011 第5.2.4条 |
| | 面砖 | | | | — | |
| | 幕墙 | | | | 1.0 | |
| 砌体 | 涂料 | 5 | 8 | 10 | 1.2 | |
| | 面砖 | | | | — | |
| | 干挂幕墙 | | | | 1.2 | |

### 5.2.4 外墙防水工程设计要点

1. 建筑外墙的防水层应设置在迎水面。

2. 外墙防水层应与地下墙体防水层搭接。

3. 不同结构材料的交接处应采用每边不少于150mm宽的耐碱玻璃纤维网布或热镀锌电焊网作抗裂增强处理。

4. 砂浆防水层中可增设耐碱玻璃纤维网布或热镀锌电焊网增强，并宜用锚栓固定于结构墙体中。

5. 外墙从基体表面开始至饰面层应留分隔缝，间隔宜为3m×3m，可预留或后切，金属网、找平层、防水层、饰面层应在相同位置留缝，缝宽不宜大于10mm，也不宜小于5mm，切缝后宜采用空气压缩机具吹除缝内粉末，嵌填高弹性耐候胶。

6. 找平层水泥砂浆宜掺防水剂、抗裂剂、减水剂等外加剂。

7. 找平层每层抹灰厚度不大于10mm，抹灰厚度不小于35mm时应有挂网等防裂防空鼓措施。

8. 防水层宜用聚合物水泥防水砂浆。

**5.2.5 广东省关于外墙面防水等级和设防要求的规定**

外墙面防水等级和设防要求 表 5.2.5

| 项 目 | | 外墙防水设防等级 | | 规范依据 |
|---|---|---|---|---|
| | | Ⅰ级 | Ⅱ级 | |
| 防水层合理使用年限 | | 15 年 | 10 年 | |
| 建筑物类别 | | 1. 轻质砖、空心砖、混凝土、夹心保温墙为基体的外墙 2. 高度大于24m的建筑物外墙 3. 幕墙内的围闭外墙 4. 条形砖饰面的外墙 5. 当地基本风压≥0.6kPa | 1. 高度小于24m的建筑物外墙 2. 低层砖混结构的外墙 3. 当地基本风压<0.6kPa | 广东省标准《建筑防水工程技术规程》DBJ 15—19—2006 第4.5.1条 |
| 找平层抗裂要求 | 抗裂要求 | 复合使用 | | |
| | 抗裂措施 | 1. 不同材料交界处挂设钢丝网或钢板网 2. 外墙面满挂钢丝网或钢板网 3. 找平层掺抗裂合成纤维或外加剂 | 1. 不同材料交界处挂设钢丝网或钢板网 2. 外墙面满挂纤维网格布或钢丝网 3. 找平层掺抗裂合成纤维或外加剂 | |
| 防水层要求 | 设防要求 | 一至两道防水设防 | 一道防水设防 | |
| | 防水措施 | 1. 找平层：聚合物水泥砂浆、聚合物抗裂合成纤维水泥砂浆、掺外加剂水泥砂浆 2. 防水层：聚合物水泥防水砂浆5～8mm，聚合物水泥防水涂料（Ⅱ型）1～1.2mm 3. 防水保护层：外墙涂料或饰面砖 | 1. 找平层：聚合物水泥砂浆、聚合物抗裂合成纤维水泥砂浆、掺外加剂水泥砂浆 2. 防水层：聚合物水泥防水砂浆3～5mm，或聚合物水泥防水涂料（Ⅱ型）0.8～1mm 3. 防水保护层：外墙涂料或饰面砖 | |

# 5.3 室内和水池防水工程

## 5.3.1 防水材料选用

室内防水做法选材 表 5.3.1-1

| 部 位 | 保护层、饰面层 | 楼地面（池底） | 立面（池壁） | 顶 面 | 规范依据 |
|---|---|---|---|---|---|
| 厕浴间、厨房间 | 防水层面直接贴瓷砖或抹灰 | 刚性防水材料、聚乙烯丙纶卷材 | 刚性防水材料、聚乙烯丙纶卷材 | 聚合物水泥防水砂浆、刚性无机防水材料 | 《建筑室内防水工程技术规程》CECS 196—2006 第3.4.6条 |
| | 混凝土保护层 | 刚性防水材料、合成高分子防水聚乙烯丙纶卷材涂料、改性沥青防水涂料、渗透结晶防水涂料、自粘卷材、弹（塑）性体改性沥青卷材、合成高分子卷材 | | | |
| | 防水层面经处理或钢丝网抹灰 | | 刚性防水材料、合成高分子防水涂料、合成高分子卷材 | | |

续表

| 部　位 | 保护层、饰面层 | 楼地面（池底） | 立面（池壁） | 顶　面 | 规范依据 |
|---|---|---|---|---|---|
| 蒸汽浴室 | 防水层面直接贴瓷砖或抹灰 | 刚性防水材料 | 刚性防水材料、聚乙烯丙纶卷材 | 聚合物水泥防水砂浆、刚性防水材料 | 《建筑室内防水工程技术规程》CECS 196—2006第3.4.6条 |
| | 混凝土保护层 | 刚性防水材料、合成高分子防水涂料、聚合物水泥防水砂浆、渗透结晶防水涂料、自粘橡胶沥青卷材、弹（塑）性体改性沥青卷材、合成高分子卷材 | | | |
| | 防水层面经处理或钢丝网抹灰、脱离式饰面层 | | 刚性防水材料、合成高分子防水涂料、合成高分子卷材 | | |
| 游泳池、水池（常温） | 无饰面层 | 刚性防水材料 | 刚性防水材料 | | |
| | 防水层面直接贴瓷砖或抹灰 | 刚性防水材料、聚乙烯丙纶卷材 | 刚性防水材料、聚乙烯丙纶卷材 | | |
| | 混凝土保护层 | 刚性防水、材料、合成高分子防水涂料、改性沥青防水涂料、渗透结晶防水涂料、自粘橡胶沥青卷材、弹（塑）性体改性沥青卷材、合成高分子卷材 | 刚性防水材料、合成高分子防水涂料、改性沥青防水涂料、渗透结晶防水涂料、自粘橡胶沥青卷材、弹（塑）性体改性沥青卷材、合成高分子卷材 | | |
| 高温水池 | 防水层面直接贴瓷砖或抹灰 | 刚性防水材料 | 刚性防水材料 | | |
| | 混凝土保护层 | 刚性防水材料、合成高分子防水涂料、聚合物水泥防水砂浆、渗透结晶防水涂料、自粘橡胶沥青卷材、弹（塑）性体改性沥青卷材、合成高分子卷材 | 刚性防水材料、合成高分子防水涂料、渗透结晶防水涂料、合成高分子卷材 | | |
| 阳台、敞开式外廊 | 防水层面直接贴瓷砖或抹灰 | 刚性防水材料、聚乙烯丙纶卷材 | 同外墙 | | |
| | 混凝土保护层 | 刚性防水材料、合成高分子防水涂料、改性沥青防水涂料、渗透结晶防水涂料、自粘橡胶沥青卷材、弹（塑）性体改性沥青卷材、合成高分子卷材 | | | |

**室内防水保护层材料及厚度　表 5.3.1-2**

| 地面饰面层种类 | 保护层 | 规范依据 |
|---|---|---|
| 石材、厚质地砖 | 不小于 20mm 厚的 1:3 水泥砂浆 | 《建筑室内防水工程技术规程》CECS 196—2006 第 3.1.4 条 |
| 瓷砖、水泥砂浆 | 不小于 30mm 厚的细石混凝土 | |

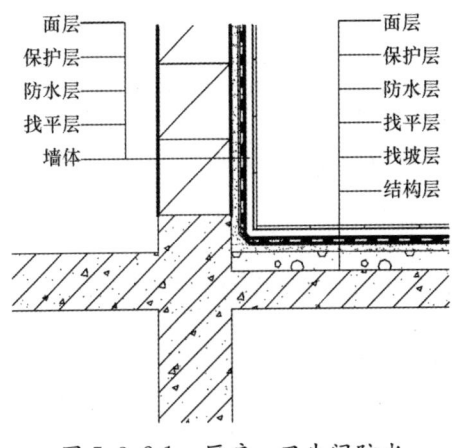

图 5.3.2-1　厨房、卫生间防水

### 5.3.2　厕浴间、厨房防水设计要点

1. 厕浴间、厨房有较高防水要求时，应做两道防水层，防水材料复合使用时应考虑其相容性。

2. 厕浴间、厨房的墙体，宜设置高出楼地面 150mm 以上的现浇混凝土泛水。

3. 厕浴间、厨房四周墙根防水层泛水高度不应小于 250mm，其他墙面防水以可能溅到水的范围为基准向外延伸不应小于 250mm。浴室花洒喷淋的临墙面防水高度不得低于 2m。

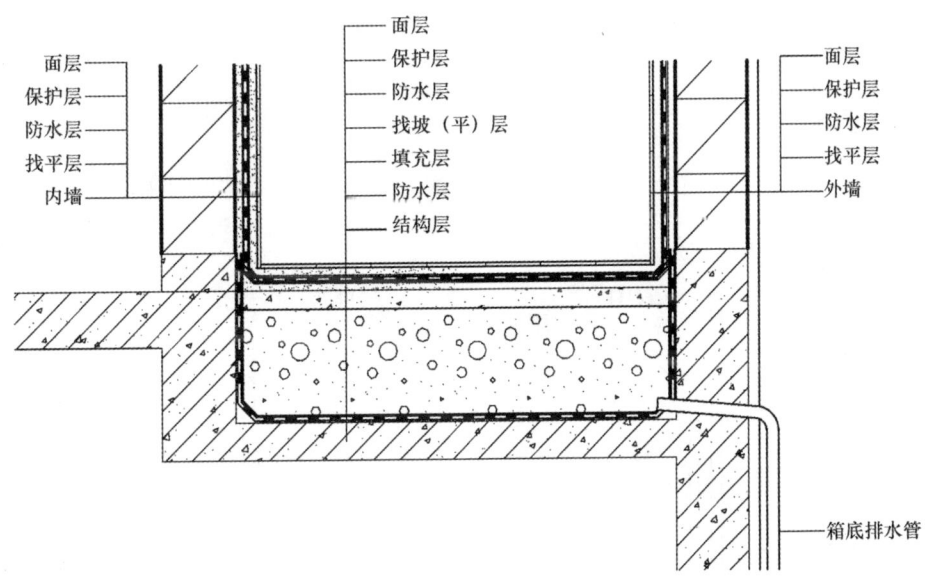

图 5.3.2-2　有填充层的厨房、下沉式卫生间防水

4. 有填充层的厨房、下沉式卫生间，宜在结构板面和地面饰面层下设置两道防水层。

5. 长期处于蒸汽环境下的室内，所有的墙面、楼地面和顶面均应设置防水层。

### 5.3.3　游泳池、水池防水设计要点

1. 池体宜采用防水混凝土，混凝土厚度不应小于 200mm。对刚度较好的小型水池，池体混凝土厚度不应小于 150mm。

2. 室内游泳池等水池，应设置池体附加内防水层。受地下水或地表水影响的地下池体，应做内外防水处理。

3. 水池混凝土抗渗等级经计算后确定，但不应低于 P6。

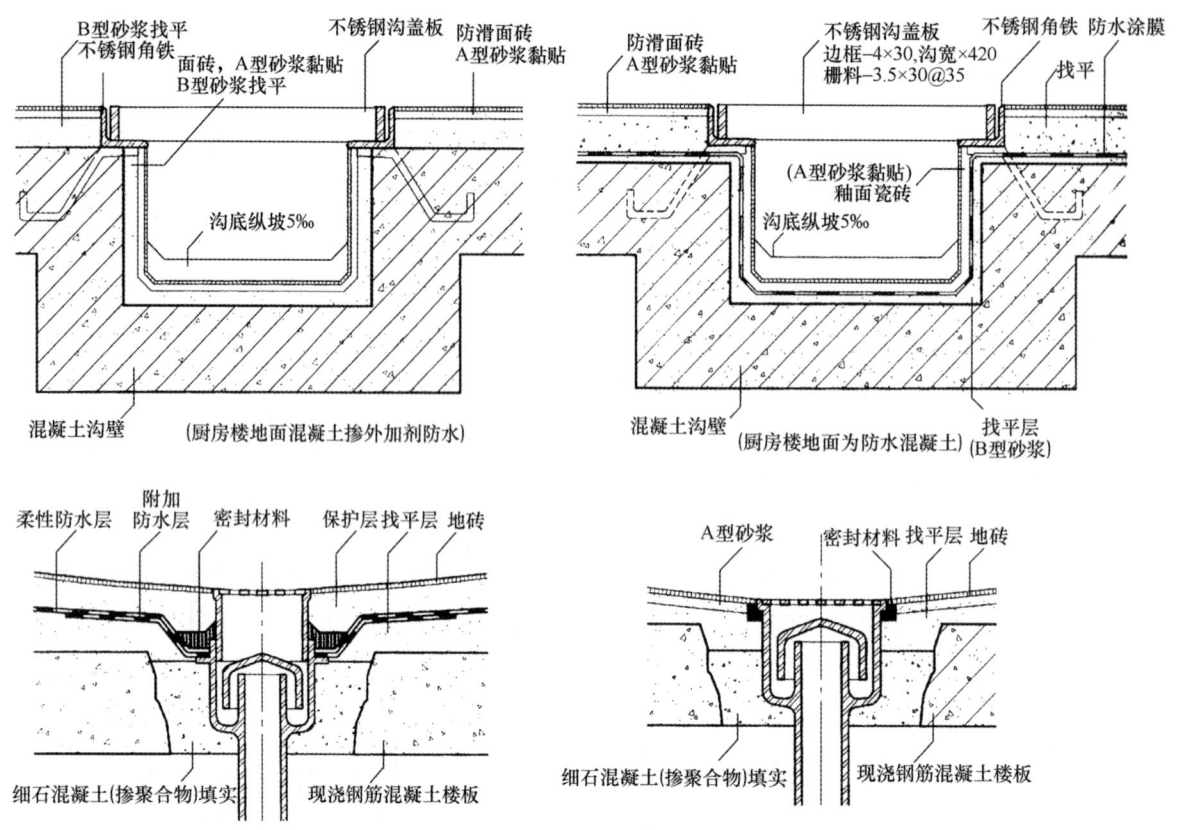

图 5.3.2-3 厨房明沟、地漏（引自《深圳建筑防水构造图集》）

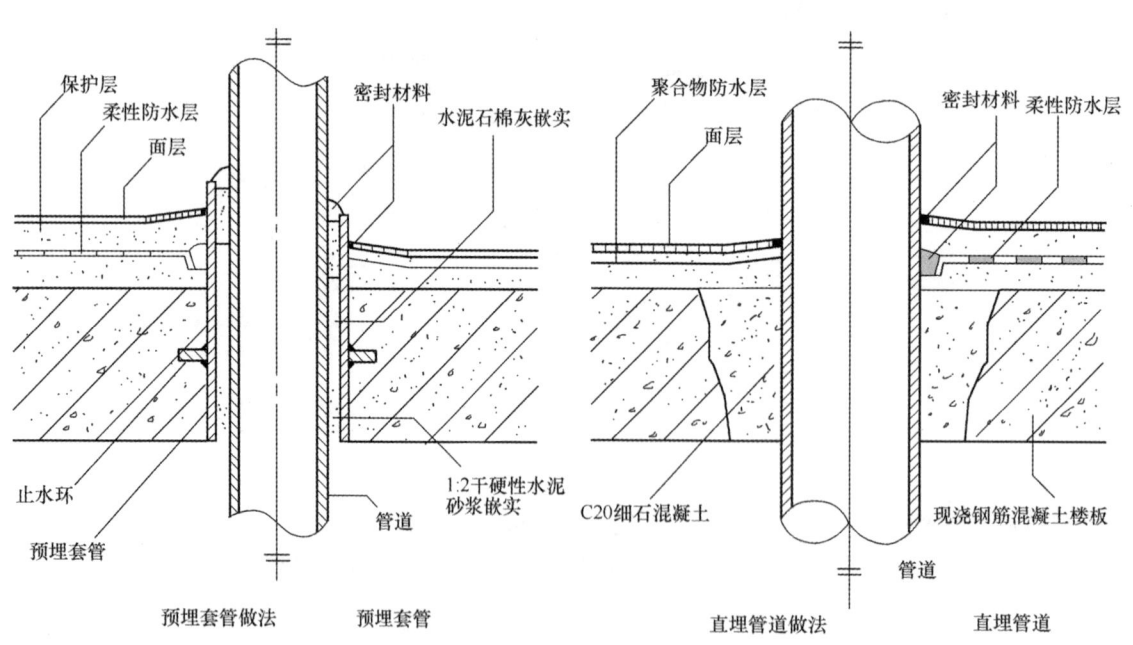

注明：聚合物水泥防水层，包括聚合物水泥砂浆(B型)找平层或聚合物水泥防水砂浆(A型)满浆。
黏贴层，或聚合物水泥基防水涂膜，也可指其组合。
具体按工程设计。
细石混凝土可按经验加聚合物，或膨胀剂。

图 5.3.2-4 厨、卫、浴穿地管道（引自《深圳建筑防水构造图集》）

# 5.4 地下工程防水

## 5.4.1 地下工程防水设计原则

地下工程防水设计应遵循"防、排、堵、截相结合，刚柔相济，因地制宜，综合治理"的原则。

## 5.4.2 地下工程防水设计内容

地下工程防水设计，应包括下列内容：

1. 防水等级和设防要求；
2. 防水混凝土的抗渗等级和其他技术指标、质量保证措施；
3. 其他防水层选用的材料及其技术指标、质量保证措施；
4. 工程细部构造的防水措施，选用的材料及其技术指标、质量保证措施；
5. 工程的防排水系统、地面挡水、截水系统及工程各种洞口的防倒灌措施。

## 5.4.3 地下工程防水等级

不同防水等级的适用范围 表 5.4.3

| 防水等级 | 适 用 范 围 | 规范依据 |
|---|---|---|
| 一级 | 人员长期停留的场所；因有少量湿渍会使物品变质、失效的贮物场所及严重影响设备正常运转和危及工程安全运营的部位；极重要的战备工程、地铁车站 | 《地下工程防水技术规范》GB 50108—2008 第 3.2.2 条 |
| 二级 | 人员正常活动的场所；在有少量湿渍的情况下不会使物品变质、失效的贮物场所及基本不影响设备正常运转和工程安全运营的部位；重要的战备工程 | |
| 三级 | 人员临时活动的场所；一般战备工程 | |
| 四级 | 对渗漏水无严格要求的工程 | |

## 5.4.4 防水混凝土

防水混凝土设计抗渗等级 表 5.4.4

| 工程埋置深度 $H$（m） | 设计抗渗等级 | 工程埋置深度 $H$（m） | 设计抗渗等级 | 规范依据 |
|---|---|---|---|---|
| $H<5$ | P6（P6） | $20{\leqslant}H<30$ | P10（P12） | 《地下工程防水技术规范》GB 50108—2008 第 4.1.4 条《深圳市建设工程防水技术标准》SJG 19—2019 第 8.1.2 条 |
| $5{\leqslant}H<10$ | P6（P8） | $H{\geqslant}30$ | P12（P12） | |
| $10{\leqslant}H<20$ | P8（P10） | | | |

注：（）内数值适用于深圳市。

防水混凝土结构底板的混凝土垫层，强度等级不应小于 C15，厚度不应小于 100mm，在软弱土层中不应小于 150mm。

## 5.4.5　地下工程防水构造层次

地下室底板防水构造（自上而下）　　　　　　　表 5.4.5-1

| 构造层次 | 材　　料 |
|---|---|
| 内饰面层 | 水泥砂浆、细石混凝土、地砖、其他 |
| 结构自防水层（底板） | 防水混凝土（强度等级≥C20，抗渗等级按表 5.4.4 确定，厚度≥250mm） |
| 保护层 | 按表 5.4.6 选用 |
| 防水层 | 按表 5.4.6 选用 |
| 找平层 | 宜采用随浇随压实抹光做法 |
| 垫层 | 100～150mm 厚 C15 混凝土 |

地下室侧壁防水构造（自内而外）　　　　　　　表 5.4.5-2

| 构造层次 | 材　　料 |
|---|---|
| 内饰面层 | 水泥砂浆、面砖、其他 |
| 结构自防水层（侧壁） | 防水混凝土（强度等级≥C20，抗渗等级按表 5.4.4 确定，厚度≥250mm） |
| 找平层 | 先涂刮一道聚合物水泥砂浆（封堵表面气泡孔） |
| 防水层 | 按表 5.4.6 选用 |
| 保护层 | 按表 5.4.6 选用 |

地下室顶板防水构造（自上而下）　　　　　　　表 5.4.5-3

| 构造层次 | 材　　料 |
|---|---|
| 面层 | 沥青、细石混凝土、地砖、花岗石、种植土、其他 |
| 保护层 | 按表 5.4.6 选用 |
| 隔离层 | 聚酯毡、无纺布、卷材、低强度等级水泥砂浆 |
| 防水层 | 按表 5.4.6 选用 |
| 找平（坡）层 | 最薄处 20mm 厚水泥砂浆，最薄处 40mm 厚细石混凝土 |
| 结构自防水层（顶板） | 防水混凝土（强度等级≥C20，抗渗等级按表 5.4.4 确定，厚度≥250mm） |
| 内饰面层 | 水泥砂浆、腻子、其他 |

注：地下工程种植顶板防水尚应符合种植屋面的防水要求。

## 5.4.6 防水层材料

地下室防水材料 表 5.4.6

| 材料 | | 厚度(mm) | | 适用范围 | 保护层 | 备注 |
|---|---|---|---|---|---|---|
| 防水砂浆 | 聚合物水泥防水砂浆 | 单层施工 6~8 双层施工 10~12 | | 主体结构的迎水面或背水面；不应用于受持续振动或温度高于 80℃的地下工程防水 | | |
| | 掺外加剂或掺合料的防水砂浆 | 18~20 | | | | |
| 高聚物改性沥青类防水卷材 | 弹性体改性沥青防水卷材 | 单层 | ≥4 | 混凝土结构的迎水面 | 顶板卷材防水层上的细石混凝土保护层：采用机械碾压回填土时，厚度≥70mm；采用人工回填土时，厚度≥50mm；底板卷材防水层上的细石混凝土保护层厚度≥50mm；侧墙卷材防水层宜采用软质保护材料或铺抹 1:3 水泥砂浆 | 用于建筑物地下室时，应铺设在结构底板垫层至墙体设防高度的结构基面上；用于单建式的地下工程时，应从结构底板垫层铺设至顶板基面，并应在外围形成封闭的防水层。<br><br>应铺设卷材加强层 |
| | | 双层 | ≥(4+3) | | | |
| | 改性沥青聚乙烯胎防水卷材 | 单层 | ≥4 | | | |
| | | 双层 | ≥(4+3) | | | |
| | 自粘聚酯胎聚合物改性沥青防水卷材 | 单层 | ≥3 | | | |
| | | 双层 | ≥(3+3) | | | |
| | 自粘聚合物改性沥青防水卷材 | 单层 | ≥1.5 | | | |
| | | 双层 | ≥(1.5+1.5) | | | |
| 合成高分子类防水卷材 | 三元乙丙橡胶防水卷材 | 单层 | ≥1.5 | | | |
| | | 双层 | ≥(1.2+1.2) | | | |
| | 聚氯乙烯防水卷材 | 单层 | ≥1.5 | | | |
| | | 双层 | ≥(1.2+1.2) | | | |
| | 聚乙烯丙纶复合防水卷材 | 单层 | 卷材≥0.9 黏结料≥1.3 芯材≥0.6 | | | |
| | | 双层 | 卷材≥(0.7+0.7) 黏结料≥(1.3+1.3) 芯材≥0.5 | | | |
| | 高分子自粘胶膜防水卷材 | 单层 | ≥1.2 | | | |
| | | 双层 | — | | | |

续表

| 材料 | | 厚度(mm) | 适用范围 | 保护层 | 备注 |
|---|---|---|---|---|---|
| 无机防水涂料 | 掺外加剂、掺合料的水泥基防水涂料 | 3.0 | 主体结构的背水面 | | 宜采用外防外涂或外防内涂；埋置深度较深的重要工程、有振动或较大变形的工程，宜选用高弹性防水涂料<br>冬季施工宜选用反应型涂料；有腐蚀性的地下环境宜选用耐腐蚀性较好的有机防水涂料，并应做刚性保护层；聚合物水泥防水涂料应选用Ⅱ型产品 |
| | 水泥基渗透结晶型防水涂料 | 1.0<br>（用量不应小于1.5kg/m²） | | | |
| 有机防水涂料 | 反应型 | 1.2 | 主体结构的迎水面 | 底板、顶板应采用20mm厚1:2.5水泥砂浆层和40~50mm厚的细石混凝土保护层，防水层与保护层之间宜设隔离层；侧墙背水面应采用20mm厚1:2.5水泥砂浆；侧墙迎水面保护层宜选用软质保护材料或20mm厚1:2.5水泥砂浆 | |
| | 水乳型 | | | | |
| | 聚合物水泥 | | | | |
| 塑料防水板 | | ≥1.2 | 宜用于经常受水压、侵蚀性介质或受振动作用的地下工程 | | 防水层应有塑料排水板与缓冲层组成 |
| 金属防水板 | | | 可用于长期浸水、水压较大的水工及过水隧道 | | 应采取防锈措施 |
| 膨润土防水层 | 膨润土防水毯 | | 应用于地下工程主体结构的迎水面，防水层两侧应具有一定的夹持力；应用于pH值为4~10的地下环境，含盐量较高的地下环境应采用经过改性处理的膨润土，并应经检测合格后使用 | | 基层混凝土强度等级不得小于C15，水泥砂浆强度不得低于M7.5 |
| | 膨润土防水板 | | | | |

## 5.4.7 地下工程防水节点大样

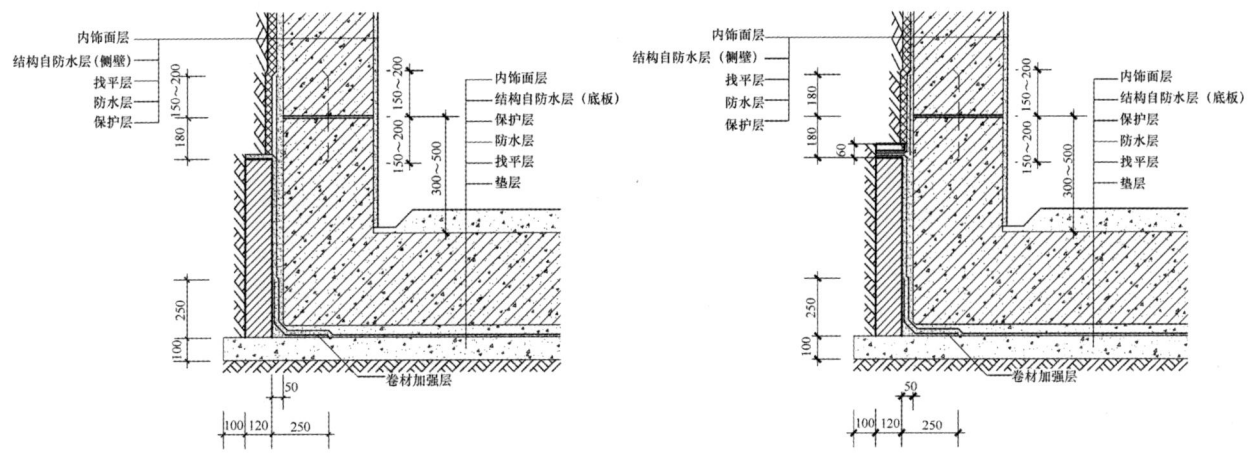

图 5.4.7-1 地下室侧壁及底板（一）　　　　图 5.4.7-2 地下室侧壁及底板（二）

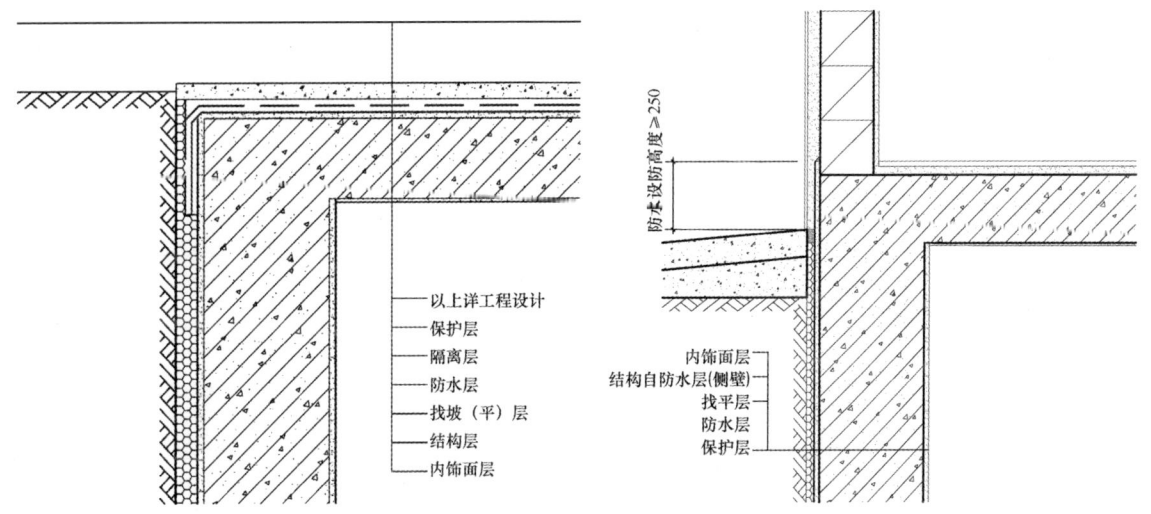

图 5.4.7-3 地下室顶板（一）　　　　图 5.4.7-4 地下室顶板（二）

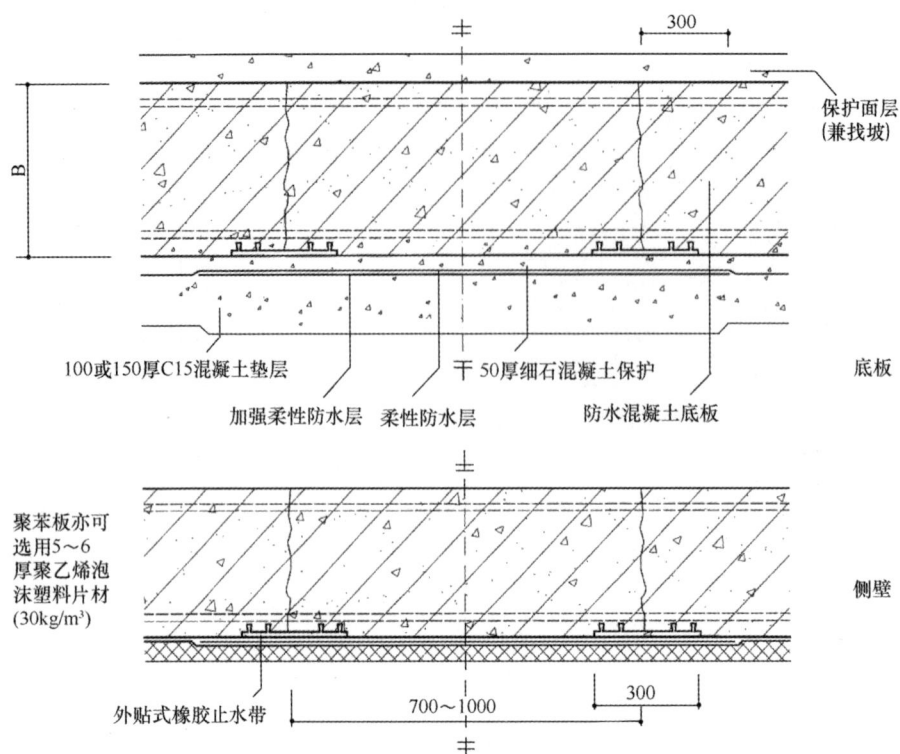

图 5.4.7-5　地下室后浇带（引自《深圳建筑防水构造图集》）

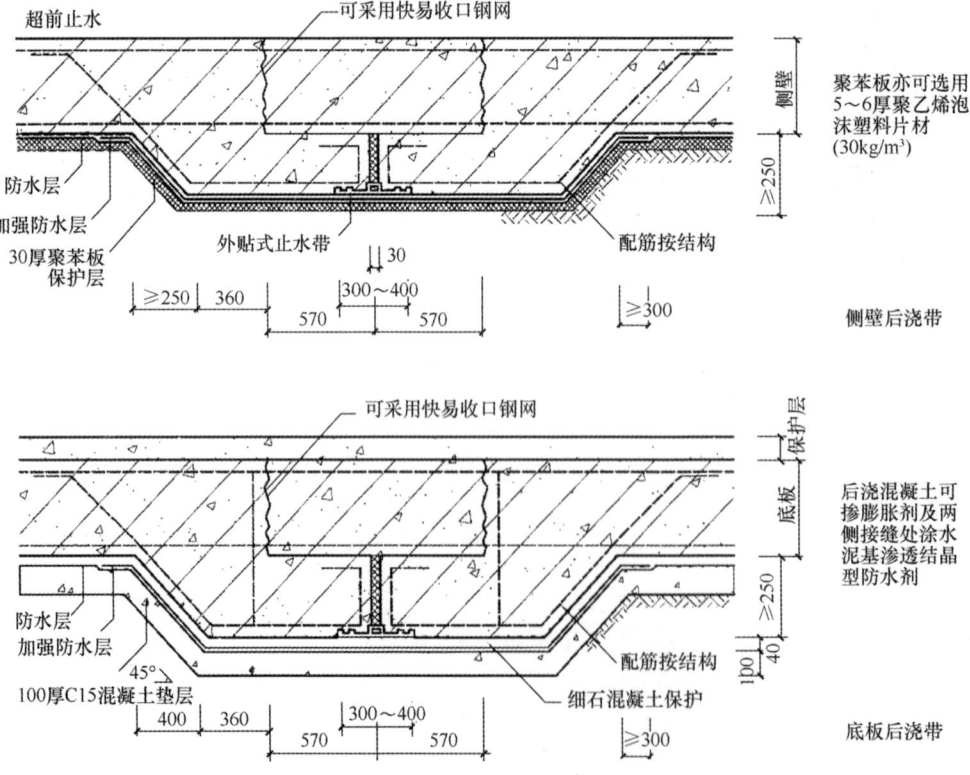

图 5.4.7-6　地下室超前止水后浇带（引自《深圳建筑防水构造图集》）

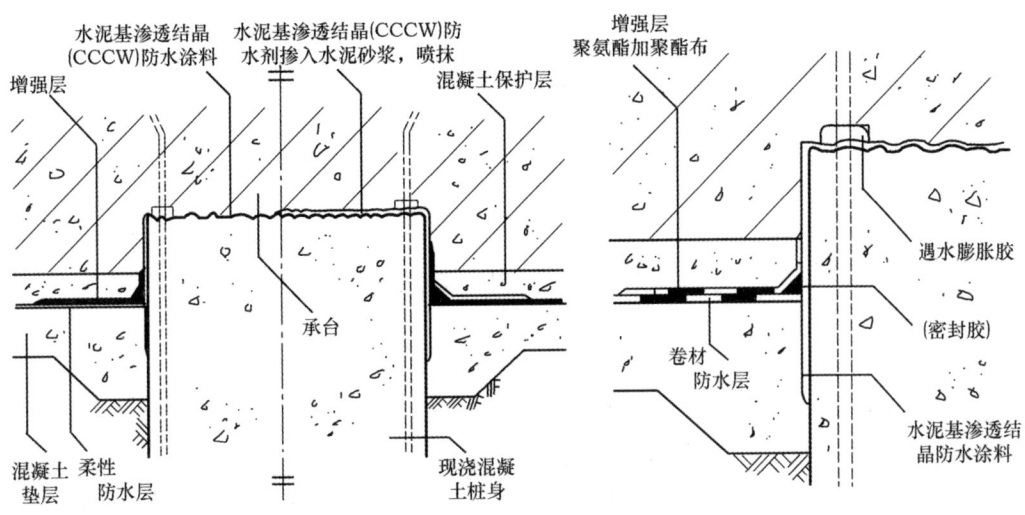

图 5.4.7-7 地下室桩顶(一)(引自《深圳建筑防水构造图集》)

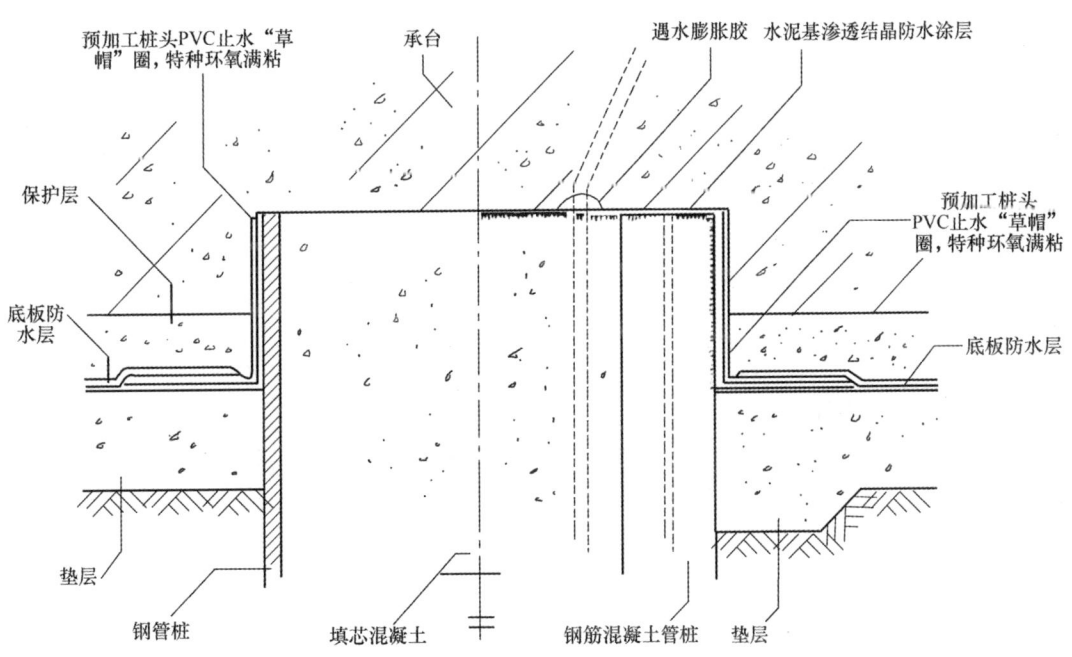

图 5.4.7-8 地下室桩顶(二)(引自《深圳建筑防水构造图集》)

### 5.4.8 地下工程排水设计

1. 制定地下工程防水方案时，应根据工程情况选用合理的排水措施。

2. 有自流排水条件的地下工程，应采用自流排水法；无自流排水条件且防水要求较高的地下工程，可采用渗排水、盲沟排水、盲管排水、塑料排水板排水或机械抽水等排水方法。但应防止由于排水造成水土流失危及地面建筑或农田水利设施。

隧道、坑道工程应采用贴壁式衬砌，对防水防潮要求较高的工程应采用复合式衬砌，也可采用离壁式衬砌或衬套。

3. 渗排水法宜用于无自流排水条件、防水要求较高且有抗浮要求的地下工程；盲沟排水宜用于地基为弱透水性土层、地下水量不大或排水面积较小，地下水位在建筑底板以下或在丰水期地下水位高于建筑底板的地下工程；盲管排水宜用于隧道结构贴壁式衬砌、复合式衬砌结构的防水。

# 5.5 建筑防水材料

## 5.5.1 常用刚性防水材料

特性：抗变形、抗裂差；耐候性、耐久性好；强度高。

表 5.5.1

| 常用种类举例 | 主要适用部位 | 基层要求 |
| --- | --- | --- |
| 内掺型渗透结晶型防水材料<br>内掺型活性硅质防水混合剂 | 现浇钢筋混凝土结构自防水：地下工程、蓄水池等 | — |
| 水泥基渗透结晶防水涂料 | 现浇钢筋混凝土：地下工程、蓄水池、坡道等<br>注：与柔性防水材料组合使用时宜设于背水面 | 平整，<br>湿润，<br>无明水 |
| 聚合物水泥防水砂浆<br>普通防水砂浆 | 室内：楼面、地面、面砖墙面、蓄水池、顶棚；<br>室外：涂料墙面、面砖墙面、小雨棚、管道井等小顶板。<br>设于迎水面。<br>面积较大的多水房间、外廊等楼面、地面慎用 | |
| 陶瓦、水泥瓦、琉璃瓦等 | 屋面 | — |

## 5.5.2 常用柔性防水材料

特性：延展性好，抗裂、抗变形；耐候性、耐久性有一定限度。设于迎水面。

1. 防水卷材

表 5.5.2-1

| 常用种类举例 | | 主要适用部位 | 不同铺贴方式的基层要求 |
| --- | --- | --- | --- |
| 高聚物改性<br>沥青防水卷材 | 弹性体改性沥青防水卷材（SBS、SBR、BAC橡胶改性沥青等） | 地下工程、屋面、大型雨棚等 | 干铺：平整、干燥、清洁；<br>湿铺、预铺：平整、无明水 |
| | 塑性体改性沥青防水卷材（APP、APAO、APO塑料改性沥青等） | | |
| | 注：<br>湿铺类：自粘聚酯胎聚合物改性沥青防水卷材（PY类）；<br>自粘高强度高分子膜聚合物改性沥青防水卷材（H类）；<br>自粘高延伸率高分子膜聚合物改性沥青防水卷材（E类）；<br>预铺类：自粘聚酯胎聚合物改性沥青防水卷材（PY类） | | |

| 常用种类举例 | | 主要适用部位 | 不同铺贴方式的基层要求 |
|---|---|---|---|
| 合成高分子防水卷材 | 橡胶型<br>三元乙丙(EPDM)防水卷材<br>氯化聚乙烯-橡胶共混(CPE)防水卷材<br>三元丁橡胶防水卷材 | 地下工程、屋面、大型雨棚等 | 干铺：平整、干燥、清洁<br>预铺：平整、无明水 |
| | 树脂型<br>聚氯乙烯(PVC)防水卷材<br>聚乙烯丙纶复合(PE)防水卷材<br>热塑性聚烯烃(TPO)防水卷材<br>硅烷聚乙烯(KEE)防水卷材 | 地下工程、屋面、大型雨棚等 | 干铺：平整、干燥、清洁<br>预铺：平整、无明水 |
| | 注：预铺类：预铺塑料防水卷材(P类)；预铺橡胶防水卷材(R类) | | |
| 铝锡锑(PSS)合金防水卷材 | | 地下工程、屋面、蓄水池等 | — |
| 防水透气膜 | | 干挂幕墙 | — |

## 2. 防水涂料

表 5.5.2-2

| 常用种类举例 | | 主要适用部位 | 适宜复合使用的防水卷材 |
|---|---|---|---|
| 高聚物改性沥青防水涂料<br>喷涂速凝橡胶沥青防水涂料 | | 室外：地下工程、屋面、雨棚、外廊、敞开阳台等 | 自粘聚合物改性沥青防水卷材 |
| 非固化橡胶沥青防水涂料<br>水性非固化橡胶沥青防水涂料 | | 室外：地下工程底板、地下工程顶板、平屋面等 | 自粘聚合物改性沥青防水卷材(PY类)<br>橡胶改性沥青防水卷材(Ⅱ型PY类) |
| 合成高分子防水涂料 | 油性 聚氨酯防水涂料 | 地下工程、屋面、雨棚、外墙、外廊、阳台、厨房、厕浴间等 | 自粘聚合物改性沥青防水卷材 |
| | 油性 聚脲防水涂料 | | 一般单独使用 |
| | 水性 丙烯酸防水涂料 | 屋面、雨棚、外墙、外廊、敞开阳台 | 自粘聚合物改性沥青防水卷材<br>合成高分子防水卷材 |
| | 水性 聚合物水泥防水涂料 | 地下工程、屋面、雨棚、涂料外墙、干挂幕墙外墙、外廊、阳台、厨房楼面、厕浴间楼面等 | |

## 5.5.3 常用止水带

表 5.5.3

| 常用种类举例 | 主要适用部位 |
|---|---|
| 天然胶、氯丁胶、丁苯胶等橡胶止水带 | 地下工程变形缝 |
| 聚氯乙烯、聚乙烯等塑料止水带 | |
| 不锈钢、碳钢、铜等金属板止水带 | 地下工程施工缝、后浇带 |
| 遇水膨胀止水条(环、胶) | 地下工程施工缝、后浇带、(桩头、锚杆头)钢筋根部 |

### 5.5.4 建筑密封膏(胶)

表 5.5.4

| 常用种类举例 | 主要适用部位 |
|---|---|
| 双组分聚硫密封胶 | 地下工程、蓄水池等长期浸水建筑接缝密封 |
| 聚氨酯密封胶 | 刚性保护层等混凝土分仓缝、外墙分格缝、门窗洞口周边嵌缝、防水卷材收口等 |
| 混凝土建筑接缝用密封胶 | 混凝土分仓缝、刚性保护层分仓缝等混凝土嵌缝 |

### 5.5.5 防水材料的选择

防水材料的选择

表 5.5.5

| 技术要求 | 规范依据 |
|---|---|
| 外露使用的防水层，应选用耐紫外线、耐老化、耐候性好的防水材料，如三元乙丙橡胶防水卷材 | 《屋面工程技术规范》GB 50345—2012 |
| 上人屋面，应选用耐霉变、拉伸强度高的防水材料，如高分子膜自粘防水卷材、PVC防水卷材 | |
| 长期处于潮湿环境的屋面，应选用耐腐蚀、耐霉变、耐穿刺、耐长期水浸等性能的防水材料，如改性沥青胎防水卷材 | |
| 薄壳、装配式结构、钢结构及大跨度建筑屋面，应选用耐候性好、适应变形能力强的防水材料，如聚氨酯防水涂料、三元乙丙橡胶防水卷材、SBS改性沥青防水卷材 | |
| 倒置式屋面应选用适应变形能力强、接缝密封保证率高的防水材料，如聚氨酯防水涂料、三元乙丙橡胶防水卷材 | |
| 坡屋面应选用与基层粘结力强、感温性小的防水材料，如合成高分子防水卷材 | |
| 厕浴间、厨房等室内小区域复杂部位楼地面防水，宜选用防水涂料或刚性防水材料做迎水面防水，也可选用柔性较好且易于与基层粘贴牢固的防水卷材，如单组分聚氨酯防水涂料、聚合物水泥防水砂浆 | 《建筑室内防水工程技术规程》CECS 196—2006 |
| 厕浴间、厨房等室内墙面防水层宜选用刚性防水材料或经表面处理后与粉刷层有较好结合性的其他防水材料，如聚合物水泥防水砂浆(干混)、益胶泥 | |
| 水池应选用具有良好的耐水性、耐腐性、耐久性和耐菌性的防水材料，如水泥基渗透结晶型防水涂料直接涂在水池底板和侧壁上。JS(聚合物)防水涂料不能用于水池防水(长期泡水会融化失效) | |
| 高温水池宜选用刚性防水材料。选用柔性防水层时，材料应具有良好的耐热性、热老化性能稳定性、热处理尺寸稳定性，如合成高分子卷材 | |
| 处于侵蚀性介质中的地下工程，应选用耐侵蚀的防水混凝土、防水砂浆、防水卷材或防水涂料等防水材料 | 《地下工程防水技术规范》GB 50108—2008 |
| 结构刚度较差或受振动作用的工程，宜采用延伸率较大的卷材、涂料等柔性防水材料，如弹性体改性沥青防水卷材 | |

# 6 门窗与幕墙

## 6.1 门窗与幕墙分类

### 6.1.1 门窗分类

门窗分类 表 6.1.1

| 门窗分类 | 按材料分 | 木、钢、铝合金、塑、塑钢、铝塑、铝木、玻璃钢 |
|---|---|---|
| | 按开启方式分 | 固定、推拉、内平开、外平开、上悬、中悬、下悬、平推、百叶、提拉、折叠 |
| | 按功能分 | 采光、通风、保温、隔热(遮阳)、人防、防火、隔声、排烟、防爆、防辐射 |

### 6.1.2 幕墙分类

幕墙分类 表 6.1.2

| 幕墙分类 | 玻璃幕墙 | 框支玻璃幕墙 | 明框、半隐框、隐框、单元式、构件式 |
|---|---|---|---|
| | | 点支玻璃幕墙 | 三点、四点、六点,玻璃肋,单根钢管,桁架,索杆 |
| | | 全玻幕墙 | 落地式、吊挂式、后支承式、单肋、双肋 |
| | 石材幕墙 | 天然花岗石、大理石、石灰石、石英砂石、干挂(托板式、钢销式、背栓式)、湿挂 | |
| | 金属板幕墙 | 不锈钢板、铝合金板(单层铝板、蜂窝铝板、铝塑复合板)、搪瓷钢板、彩钢板;<br>构件式、单元式 | |
| | 人造板幕墙 | 瓷板、陶板、微晶玻璃、纤维水泥板、木纤维板、石材蜂窝板;<br>构件式、单元式 | |
| | 组合板幕墙 | 将以上各种材料面板组合而成的幕墙 | |
| | 双层幕墙 | 按空气循环方式分类 | 外循环、内循环 |
| | | 按结构形式分类 | 单结构、双结构 |

## 6.2 门窗与幕墙的材料

### 6.2.1 型材

型材 表 6.2.1

| 型材 | 钢材<br>(Q235B、<br>Q345B) | 表面处理 | 热浸镀锌防腐处理(镀膜厚 $t \geqslant 85\mu m$) |
|---|---|---|---|
| | | | 涂防锈漆、氟碳漆喷涂、聚氨酯喷涂($40\mu m$) |
| | | 壁厚 | 门窗——冷轧、热镀钢≥1.2mm,彩钢板 0.7~1.0mm |
| | | | 幕墙——横梁主要受力型材壁厚≥2.5mm;立柱主要受力型材壁厚≥3.0mm |

| | | | |
|---|---|---|---|
| 型材 | 铝合金<br>(6063-T5、<br>6063-T6) | 表面处理 | 表面阳极氧化(平均膜厚 $t \geqslant 15\mu m$、AA15 级) |
| | | | 电泳涂漆(复合膜厚 $t \geqslant 16\mu m$，B 级) |
| | | | 粉末喷漆(涂层厚 $40\mu m \leqslant t \leqslant 120\mu m$) |
| | | | 氟碳喷漆(平均膜厚 $t \geqslant 40\mu m$) |
| | | 壁厚 | 外门型材 $d \geqslant 2.2mm$，内门型材 $d \geqslant 2.0mm$，外窗型材 $d \geqslant 1.8mm$，内窗型材 $d \geqslant 1.4mm$ |
| | | | 幕墙—立柱开口部位 $\geqslant 3.0mm$，闭口部位 $\geqslant 2.5mm$，横梁跨度 $\leqslant 1.2m$ 时，壁厚 $\geqslant 2.0mm$；横梁跨度 $> 1.2m$ 时，壁厚 $\geqslant 2.5mm$ |
| | 不锈钢 | | 奥氏体不锈钢，含镍量 $\geqslant 8\%$ |
| | | | 门窗型材壁厚 $d \geqslant 0.6mm$ |
| | 塑料 | 表面处理 | 在白色型材上覆膜或喷涂、负压真空彩色涂装、加彩色铝扣板等 |
| | | 壁厚 | 结构型材壁厚 $d \geqslant 2.2mm$(窗)、$2.5mm$(门) |
| | | | 套在 PVC 框内的钢材厚度 $d \geqslant 1.2mm$ |
| | 玻璃钢 | 表面处理 | 采用低碱或中碱(不允许用高碱)玻璃纤维增强 |
| | | | 表面打磨，用静电粉末喷涂或表面覆膜等 |
| | | | 可不用增强型钢(门窗尺寸过大、风压过高者除外) |
| | | 壁厚 | 门窗型材壁厚 $d \geqslant 2.2mm$ |
| | 铝塑复合 | | 表面采用静电粉末喷涂 |
| | | | 中间断热部分采用改良 PVC 塑芯，壁厚 2.5mm |
| | | | 构造层次——铝+塑+铝的紧密复合 |
| | 铝木复合 | | 镶木采用高档优质木材，厚度 10mm |
| | | | 密闭空心结构 |
| | | | 两种构造做法——木包铝(多数采用)、铝包木 |
| | 木材(分类) | | 实木(红松、落叶松、云杉、柳桉等树种的一、二等锯材) |
| | | 实木复合 | 面层为单板 |
| | | | 内部为实木或实木制品复合材料 |
| | | 装饰复合 | 面层为薄木皮、浸渍胶膜纸饰面人造板、PVC 贴面板等 |
| | | | 内部为木材或木制品的复合材料(刨花板、中密度板、胶合板) |
| | | 含水率 | 应 $\leqslant 8\% \sim 13\%$，并低于当地木材平衡含水率 $2\% \sim 3\%$ |
| | | 人造板甲醛含量 | 普通门窗 $\leqslant 1.5mg/m^3$，高级门窗 $\leqslant 0.2mg/m^3$ |
| | 断热型材 | 穿条工艺 | 应采用 PA66GF25(聚酰胺 66+25 玻璃纤维)材料 |
| | | | 不得采用 PVC 塑料 |
| | | 浇注工艺 | 应采用 PUR(聚氨基甲酸乙酯)材料 |

### 6.2.2 玻璃

玻 璃 表 6.2.2

| | | | |
|---|---|---|---|
| 玻璃 | 分类 | 按工艺分类 | 平板(浮法)、半钢化、钢化、着色、镀膜、彩釉 |
| | | 按构造分类 | 单层、夹层(胶)、夹丝、中空、真空 |
| | | 按功能分类 | 保温、遮阳、防火、安全、节能、防弹 |
| | | | 低、中、高透光玻璃 |

| 玻璃 | 要求 | 中空玻璃 | 空气层厚度 $A \geqslant 9\text{mm}$ |
|---|---|---|---|
| | | | 应采用双道密封 |
| | | | 间隔铝框不得采用热熔型间隔胶条 |
| | | 夹层玻璃 | 应采用干法加工合成，宜采用 PVB 胶片 |
| | | Low-E 玻璃 | 在线 Low-E 玻璃可单片使用、可钢化 |
| | | | 离线 Low-E 玻璃不得单片使用，必须组成中空玻璃使用 |
| | | | 镀膜面应朝向空气层(离线 Low-E 玻璃) |
| | | 彩釉玻璃 | 釉料宜采用丝网印刷 |
| | | 防火玻璃 | 应采用单片防火玻璃或由单片防火玻璃加工成的中空、夹层防火玻璃 |
| | | | 不宜采用复合防火玻璃(灌浆法或用防火胶黏贴而成)这种玻璃在紫外线长期照射和 $\geqslant 60°$ 高温环境中容易失效。但可用于低温且不见阳光处 |
| | | 钢化玻璃 | 为减少自爆，宜对钢化玻璃进行均质处理 |
| | | | 与窗框之间的缝隙宜采用高弹性密封材料填充 |
| | | 半钢化玻璃 | 不属安全玻璃，只有做成夹层玻璃才是安全玻璃，可用于暖房、温室、隔墙等窗玻璃 |
| | | | 用于高层建筑外窗或玻璃幕墙时，必须做成夹层玻璃 |
| | | | 经钻孔开槽后，不得用于点支式玻璃幕墙 |
| | | 镀膜玻璃 | 具有很高的吸热率，应进行热应力计算 |
| | | | 应选用高精度、高性能窗框，提高玻璃影像质量 |
| | | | 应控制反射率：一般应 $\leqslant 30\%$；主干道、立交桥、高架路两侧的建筑 20m 高度以下，其余路段 10m 高度以下，应 $\leqslant 16\%$，并应遵守当地有关规定 |
| | | 真空玻璃 | 标准型(B 系列)—$L+V+N$ |
| | | | 真空＋夹层型($Z_1$ 系列)—$L+V+N+E+N$ |
| | | | 真空＋中空型($Z_2$ 系列)—$N+V+N+A+T$ |
| | | | 夹层＋真空＋中空型($Z_3$ 系列)$N+E+N+V+N+A+T$ |
| | | | $L$—Low-E 玻璃，$N$—白玻，$A$—中空层，6～12mm<br>$T$—钢化玻璃，$E$—EVA 膜，膜厚＝0.38mm 的倍数<br>$V$—真空层，0.1～0.2mm |
| | | | 低、多层建筑可采用标准型(B 系列)真空玻璃 |
| | | | 高层建筑及需用安全玻璃的场所，应采用 $Z_1$、$Z_2$、$Z_3$ 系列的安全真空玻璃 |
| | | | 采用真空玻璃的建筑，可适当加大窗墙面积比 |
| | | | 可适当简化围护结构的保温措施，以降低成本 |
| | | 防弹玻璃 | 组成—基片(普通玻璃)＋夹胶(聚碳酸酯板，又叫 PC 板)，经热压黏结成型或普通玻璃＋贴膜(钛金薄膜) |
| | | | 防护级别—分 A (高级)、B (中级)、C (低级) 三级 |
| | | | 防护分类—$F_{64}$、$F_{54}$ (防手枪)、$F_{79}$、$F_{56}$ (防冲锋枪) |
| | | | 适用范围—$F_{64}$：防弹能力低，基本不用<br>$F_{54}$：银行柜台、防暴车、防尾随门<br>$F_{79}$：运钞车、防暴车、防弹门、防尾随门<br>$F_{56}$：观察窗、防暴巡逻车 |

### 6.2.3 石材

**石材面板的弯曲强度、吸水率、最小厚度和单块面积要求**　　　　表 6.2.3

| | 天然花岗石 | 天然大理石 | 其他石材 | |
|---|---|---|---|---|
| （干燥及水饱和）弯曲强度标准值（MPa） | ≥8.0 | ≥7.0 | ≥8.0 | 8.0≥ f ≥4.0 |
| 吸水率 | ≤0.6% | ≤0.5% | ≤5% | ≤5% |
| 最小厚度（mm） | ≥25 | ≥35 | ≥35 | ≥40 |
| 单块面积（m²） | 不宜大于1.5 | 不宜大于1.5 | 不宜大于1.5 | 不宜大于1.0 |

### 6.2.4 金属板

**金属板**　　　　表 6.2.4

| | | |
|---|---|---|
| 金属板 | 表面处理 | 海边及酸雨地区：应采用3～4道氟碳树脂涂层，厚度≥40μm |
| | | 其他地区：应采用2道氟碳树脂涂层，厚度≥25μm |
| | 单层铝板 | 厚度≥2.5mm（常用3.0mm） |
| | 蜂窝铝板 | 应根据使用功能和耐久年限要求，分别选用10、12、15、20mm和25mm的蜂窝铝板，正面和背面的铝板厚度均应为1mm，中间夹层蜂窝状芯材为铝箔玻璃钢、纸蜂窝等约18mm厚 |
| | 铝塑复合板 | 上下两层铝合金板的厚度均应≥0.5mm，中间夹层的热塑性塑料应耐火、无毒，其厚度应≥4mm |

### 6.2.5 人造板

**人造板**　　　　表 6.2.5

| 板材类别 | 厚度（mm） | | 单片面积（m²） |
|---|---|---|---|
| 瓷板 | 背栓式 | 其他连接方式 | ≤1.5 |
| | ≥12 | ≥13 | |
| 陶板 | ≥15 | | — |
| 微晶玻璃板 | ≥20 | | ≤1.5 |
| 纤维水泥板 | ≥12 | 穿透连接≥8 通长拉件连接≥15 | ≤1.5 |

### 6.2.6 密封材料

**密封材料**　　　　表 6.2.6

| | | | | |
|---|---|---|---|---|
| 密封材料 | 密封胶条 | 三元乙丙橡胶、氯丁橡胶、硅橡胶、聚氨酯橡胶 | | |
| | 密封毛条 | 经硅化处理的丙纶纤维密封毛条（主要用于推拉窗） | | |
| | 密封胶 | 硅酮建筑密封胶（密封、防水、防空气渗透的胶缝） | | |
| | | 聚硫建筑密封胶（同上功能） | | |
| | | 硅酮结构密封胶（用于承担传力作用的胶缝） | | |
| | | 中空玻璃密封胶 | 第一道密封 | 丁基热熔密封胶 |
| | | | 第二道密封 | 弹性密封胶 |
| | | 密封胶的酸碱性 | 应采用中性密封胶 | |
| | 框与墙缝隙密封材料 | 先用弹性闭孔材料（泡沫塑料、发泡聚氨酯等）填塞（深圳多采用聚合物水泥防水砂浆填塞） | | |
| | | 预留 6mm×6mm（宽×深）凹槽，用防水密封胶密封 | | |

### 6.2.7　门窗配件

门窗配件　　　　　　　　　　　　　　　　　　　表 6.2.7

| | | |
|---|---|---|
| 门配件 | 门控五金 | 地弹簧、闭门器、门锁组件、紧急开门（逃生）装置 |
| | 门禁系统（用于重要部门、楼宇出入口，实现安全防范管理的一种智能化安防系统） | 控制器、读卡器、电动锁、卡片 |
| | 户门五金系统 | 拉手、门锁、合页（铰链）、插销、自动锁、多点锁、身份验证器 |
| | 内门五金系统 | 拉手、门锁、传动锁闭器、合页（铰链）、滑轮 |

| | | | |
|---|---|---|---|
| 窗配件 | 窗用五金件 | | 执手、铰链、合页、窗锁、撑挡、滑撑、滑轮、限位装置 |
| | 特殊窗五金件 | 摇把平开窗 | 上、下合页，锁闭器，摇把开窗器 |
| | | 提拉窗 | 提拉轮滑、半圆锁、提拉器 |
| | | 电动排烟天窗 | 锁点（隐藏式、外置式） |
| | | | 开窗器（推杆式、内螺杆式、齿式、手动式） |
| | | | 控制箱（器） |

| | | | |
|---|---|---|---|
| 门窗配件质量标准分类及档次 | 分类 | 国标 | 一般公建、中档住宅 |
| | | 美标 | 高档公建、高、中档住宅 |
| | | 欧标 | |
| | 档次 | 高档（优） | 高标准建筑 |
| | | 中档（良） | 中标准建筑 |
| | | 低档（合格） | 适用经济型建筑 |

不同档次的铝合金窗的开启形式与材料的选择

# 6.3　玻璃幕墙与门窗型材常用系列

### 6.3.1　玻璃幕墙常用系列

××系列前面的数字即型材的截面高度：

玻璃幕墙常用系列 ── 100 系列(100×50)、120 系列(120×50) ─ $W_k \leqslant 2\text{kPa}, H \leqslant 50\text{m}$

── 150 系列(150×50)、210 系列(210×50) ─ $W_k \leqslant 3\text{kPa}, H \leqslant 100\text{m}$

### 6.3.2　铝合金门窗常用系列

铝合金门窗常用系列　　　　　　　　　　　　　　表 6.3.2

| | | | |
|---|---|---|---|
| 铝合金门窗常用系列 | 门 | | 60、70、90、100 系列 | 45、55、65、75 系列；58、63、66、88 系列 |
| | 窗 | 推拉窗 | 70、90 系列 | |
| | | 平开窗 | 40、50、60、70 系列 | |
| | | 固定窗 | 40、50、60 系列 | |

### 6.3.3 影响型材系列的因素

洞口尺寸与开启尺寸（尺寸越大，所需"系列"也越大）（表6.3.3）。

不同档次铝窗的开启形式与材料的选择　　　　　　　　　　　　　　表 6.3.3

| 项目 \ 档次 | | 高档窗 | 中档窗 | 普通窗 |
|---|---|---|---|---|
| 常用开启形式 | | 平开悬窗 | 平开悬窗、平开、推拉 | 平开、推拉 |
| 铝型材 | 表面处理 | 氟碳漆喷涂，涂层厚度≥40$\mu m$；粉末喷涂膜厚60～120$\mu m$；电泳涂漆A级 | 氟碳漆喷涂，涂层厚度≥30$\mu m$；粉末喷涂膜厚40～120$\mu m$；电泳涂漆透明漆为B级，有色漆为S级，氧化AA15级 | 氧化AA15级 |
| | 精度等级 | 超高精级、高精级 | 高精级、普精级 | 普精级 |
| | 受力杆件最小壁厚（mm） | 外窗≥2.0；内窗≥1.6 | 外窗≥2.0～1.8；内窗≥1.6～1.4 | 外窗≥1.8；内窗≥1.4 |
| 玻璃 | 种类及空气层厚度A（mm） | 离线Low-E中空玻璃A≥12 | 离线Low-E中空玻璃A≥9；在线Low-E中空玻璃A≥12；普通中空玻璃A≥12 | 普通中空玻璃A≥9 |
| 五金件 | 材质 | 奥氏体不锈钢 | 奥氏体不锈钢 | 其他达标材料 |
| | 结构 | 多点锁紧 | 二点以上锁紧 | 符合标准 |
| | 外观 | 精美 | 较好 | 一般 |
| | 使用寿命（万次）≥ | 平开下悬6.0，平开3.0 | 平开下悬6.0，平开、推拉2.5 | 2.5 |
| 密封件 | 密封条 | 硅橡胶条、三元乙丙胶条 | 硅橡胶条、三元乙丙胶条、平板加片型硅化密封毛条 | 三元乙丙胶条、优质橡胶条（氯丁橡胶）、平板型硅化密封毛条 |
| 适用范围 | 建筑档次 | 各类民用建筑 | 一般公共建筑和居住建筑 | 一般居住建筑 |
| | 建筑部位 | 各个朝向 | 各个朝向、推拉窗适用于厨卫 | 各个朝向、推拉窗适用于厨卫 |
| | 地域 | 严寒、寒冷、夏热冬冷地区 | 各个地区 | 夏热冬冷、夏热冬暖、温带地区 |

# 6.4　门窗开启扇及玻璃幕墙的分格

门窗开启扇及玻璃幕墙的分格　　　　　　　　　　　　　　　　　表 6.4

| 门窗开启扇尺寸 | 推拉扇（mm） | 最大尺寸：门 900×2100，窗 900×1600 | | | |
| --- | --- | --- | --- | --- | --- |
| | 平开扇（mm） | 门 900×2100，窗 600×1400 | | | |
| | 固定扇 | 宜≤2m² | | | |
| 玻璃幕墙分格 | 横向分格<br>（宜每层不<br>少于二格） | 第一格：窗台面（或踢脚面）到吊顶，用于采光观景或开启扇 | | | |
| | | 第二格：下一层的吊顶到上一层的窗台面（或踢脚面），<br>用于防火保温隔声 | | | |
| | 纵向分格 | 必须考虑室内房间的布置，并有利封闭和隔声 | | | |
| | | 宜在开间柱或内隔墙位置设置竖框 | | | |
| | 玻璃分格<br>尺寸 | 固定扇：宜≤3～4m² | | | |
| | | 开启窗不宜超过 1.54m²，严禁超过 2.0m² | | | |
| 门窗框与洞口墙<br>体安装 | 预留安装<br>缝隙 | 饰面材料 | 金属板贴面 | 清水墙 | 贴面砖 | 贴石板材 |
| | | 预留缝隙<br>（mm） | ≤5<br>（2～5） | ≤15<br>（10～15） | ≤25<br>（20～25） | ≤50<br>（40～50） |
| | 安装缝隙<br>的填塞 | 应采用弹性闭孔材料（如泡沫塑料、聚氨酯 PU 发泡等）填塞<br>（深圳多采用聚合物水泥防水砂浆填塞） | | | | |
| | 安装缝隙<br>的密封 | 预留 6mm×6mm（宽×深）凹槽，用防水密封胶密封 | | | | |
| 外窗幕墙开启<br>面积 | 居建 | 严寒、寒冷地区 | 无具体指标要求 | | |
| | | 夏热冬冷地区 | ≥5％房间地面面积 | | |
| | | 夏热冬暖地区 | ≥10％房间地面面积或 45％外窗面积 | | |
| | 公建 | 甲类公建 | 外窗开启有效通风换气面积≥10％房间外墙面积 | | |
| | | | 幕墙无法设置可开启扇时，应设置通风换气装置 | | |
| | | 乙类公建 | 外窗开启有效通风换气面积≥30％外窗面积 | | |
| 有效通风换气<br>面积 | 平开窗＝100％窗扇面积 | | | | |
| | 推拉窗＝50％窗扇面积 | | | | |
| | 悬窗：$S\alpha = H^2\sin\alpha + 2HB\sin\dfrac{\alpha}{2} \leqslant HB$<br><br>$\alpha$ 为开启角度，$B$ 为扇宽，$H$ 为扇高 | | | | |

# 6.5　门窗及幕墙的性能

## 6.5.1　门窗的主要性能

门窗的主要性能（抗风压、气密性、水密性、保温、遮阳、隔声、采光）

### 1. 门窗的抗风压性

1）门窗抗风压性能分级

建筑外门窗抗风压性能分级表（kPa）　　　　　表 6.5.1-1

| 分级 | 1 | 2 | 3 | 4 | 5 | 6 | 7 | 8 | 9 |
|------|---|---|---|---|---|---|---|---|---|
| 分级指标值 $P_3$ | $1.0 \leqslant P_3$ $<1.5$ | $1.5 \leqslant P_3$ $<2.0$ | $2.0 \leqslant P_3$ $<2.5$ | $2.5 \leqslant P_3$ $<3.0$ | $3.0 \leqslant P_3$ $<3.5$ | $3.5 \leqslant P_3$ $<4.0$ | $4.0 \leqslant P_3$ $<4.5$ | $4.5 \leqslant P_3$ $<5.0$ | $P_3 \geqslant 5.0$ |

注：第 9 级应在分级后同时注明具体检测压力差值

一般门窗的抗风压性能可达 $P_3 = 3.5 \sim 5.0$kPa

2）风荷载标准值 $W_k$ 的计算

$$W_k = \beta_{gz} \mu_s \mu_z W_o \geqslant 1.0\text{kPa}(\text{kN/m}^2) - \text{全国}$$

式中，$\beta_{gz}$—阵风系数，$\mu_s$—局部体型系数，$\mu_z$—风压高度变化系数，$W_o$—当地基本风压，kN/m²。式中各系数的计算详表 6.5.1-2。

风荷载标准值 $W_k$ 计算系数　　　　　表 6.5.1-2

| 地区\系数 | A（海岸海岛） | B（乡镇市郊） | C（城市市区） | D（高层建筑密集市区） |
|------|------|------|------|------|
| $\beta_{gz}$ | $0.92 + 0.94Z^{-0.12}$ | $0.89 + 1.29Z^{-0.16}$ | $0.85 + 2.07Z^{-0.22}$ | $0.80 + 3.91Z^{-0.3}$ |
| $\mu_z$ | $0.793Z^{0.24}$ | $0.479Z^{0.32}$ | $0.224Z^{0.44}$ | $0.08Z^{0.6}$ |
| $\mu_s$ | 墙面（大面）1.6；墙角边、檐口附近、凸出物（如雨篷）2.0 | | | |
| $W_o$ | 查表（深圳市 $W_o = 0.75$kN/m²） | | | |
| $W_k$ | $0.93Z^{0.12}$ $(1 + 1.27Z^{0.12})W_o$ | $0.79Z^{0.16}$ $(1 + 1.01Z^{0.16})W_o$ | $0.61Z^{0.22}$ $(1 + 0.52Z^{0.22})W_o$ | $0.41Z^{0.3}$ $(1 + 0.26Z^{0.3})W_o$ |

注：(1) $Z$—计算点位置的建筑高度，m。

(2) 表中 $W_k$ 的计算公式适用于墙面（大面），若要计算墙角、檐口、雨篷等的 $W_k$，则应将计算公式再乘以 1.25 系数。

### 2. 门窗的气密性

1）门窗气密性能分级

建筑外门窗气密性能分级表　　　　　表 6.5.1-3

| 分　　级 | 1 | 2 | 3 | 4 | 5 | 6 | 7 | 8 |
|------|---|---|---|---|---|---|---|---|
| 单位缝长分级指标值 $q_1$ [m³/(m·h)] | $4.0 \geqslant q_1$ $>3.5$ | $3.5 \geqslant q_1$ $>3.0$ | $3.0 \geqslant q_1$ $>2.5$ | $2.5 \geqslant q_1$ $>2.0$ | $2.0 \geqslant q_1$ $>1.5$ | $1.5 \geqslant q_1$ $>1.0$ | $1.0 \geqslant q_1$ $>0.5$ | $q_1 \leqslant 0.5$ |

| 分 级 | 1 | 2 | 3 | 4 | 5 | 6 | 7 | 8 |
|---|---|---|---|---|---|---|---|---|
| 单位面积分级指标值 $q_2$ [m³/(m²·h)] | $12 \geqslant q_2$ $>10.5$ | $10.5 \geqslant q_2$ $>9.0$ | $9.0 \geqslant q_2$ $>7.5$ | $7.5 \geqslant q_2$ $>6.0$ | $6.0 \geqslant q_2$ $>4.5$ | $4.5 \geqslant q_2$ $>3.0$ | $3.0 \geqslant q_2$ $>1.5$ | $q_2 \leqslant 1.5$ |

2)《公共建筑节能设计标准》GB 50189—2015 对气密性的要求

**节能标准对气密性的要求**　　　　　　　　　　表 6.5.1-4

| 建筑类别 | | 外门窗 | 玻璃幕墙 |
|---|---|---|---|
| 居建 | 严寒地区 | 6级（1.5m³/m·h） | — |
| | 寒冷地区 | 1～6层：4级（1.5m³/m·h）<br>≥7层：6级 | — |
| | 夏热冬冷地区 | | — |
| | 夏热冬暖地区 | 1～9层：4级　　　≥10层：6级 | — |
| 公建 | <10层 | 6级 | 3级<br>整体≤1.2m³/m·h<br>开启部分≤1.5m³/m·h |
| | ≥10层 | 7级（1.0m³/m·h） | |
| | 严寒、寒冷地区外门 | 4级 | |

3）影响气密性的因素 —— 
- 开启方式 —— 固定最优、平开次之、推拉较差
- 密封程度 —— 密封好，气密性优；反之则差

4）提高气密性的措施 —— 
- 采用国标规格型材，采用气密条和优质五金配件
- 改进密封方法（如在严寒地区，改双级密封为三级密封，在密封条上再加注密封胶）
- 正确选择密封材料（如中空玻璃宜选用丁基密封胶）

5）铝合金门窗的气密性能

**铝合金门窗的气密性能**　　　　　　　　　　表 6.5.1-5

| 构造形式 \ 开启方式 | 平 开 | 推 拉 |
|---|---|---|
| 单玻 | $q_1 = 1.0 \sim 0.5$mm³/m·h（7～8级） | $q_1 = 1.5 \sim 2.5$mm³/m·h（4～6级） |
| 双玻中空 | $q_1 \leqslant 0.5$mm³/m·h（8级） | $q_1 = 1.0 \sim 1.5$mm³/m·h（6～7级） |

**3. 门窗的水密性**

1）门窗的水密性能分级

**建筑外门窗水密性能分级表（Pa）**　　　　　　表 6.5.1-6

| 分级 | 1 | 2 | 3 | 4 | 5 | 6 |
|---|---|---|---|---|---|---|
| 分级指标 $\Delta P$ | $100 \leqslant \Delta P < 150$ | $150 \leqslant \Delta P < 250$ | $250 \leqslant \Delta P < 350$ | $350 \leqslant \Delta P < 500$ | $500 \leqslant \Delta P < 700$ | $\Delta P \geqslant 700$ |

注：第 6 级应在分级后同时注明具体检测压力差值。

外门的水密性能值 $\Delta P$ 不应小于 150Pa，外窗的水密性能值 $\Delta P$ 不应小于 250Pa。

2）门窗水密性能计算

$$\Delta P \geqslant 500\mu_z W_0 \quad (\text{Pa})$$

式中 $\Delta P$——外门窗水密性能压力差值，Pa；

$\mu_z$——风压高度变化系数，查表或按表 6.5.1-2 公式计算；

$W_0$——当地基本风压（kN/m²），深圳 $W_0 = 0.75$ kN/m²。

其中，深圳市规定外门窗的水密性 $\Delta P \geqslant 300$ Pa（3 级）。

4. 门窗的保温性能（传热系数 $K$）

1）门窗保温性能分级

外门窗保温性能分级（W/m²·K）　　　　表 6.5.1-7

| 分级 | 1 | 2 | 3 | 4 | 5 |
|---|---|---|---|---|---|
| 分级指标值 | $K \geqslant 5.5$ | $5.5 > K \geqslant 5.0$ | $5.0 > K \geqslant 4.5$ | $4.5 > K \geqslant 4.0$ | $4.0 > K \geqslant 3.5$ |
| 分级 | 6 | 7 | 8 | 9 | 10 |
| 分级指标值 | $3.5 > K \geqslant 3.0$ | $3.0 > K \geqslant 2.5$ | $2.5 > K \geqslant 2.0$ | $2.0 > K \geqslant 1.5$ | $K < 1.5$ |

保温型门窗的 $K$ 值应小于 2.5W/m²·K。

2）门窗的保温性能应满足当地节能标准的要求

节能标准对外门窗传热系数的要求　　　　表 6.5.1-8

| 热工分区 | | 严寒地区 | 寒冷地区 | 夏热冬冷地区 | 夏热冬暖地区 | | |
|---|---|---|---|---|---|---|---|
| | | | | | 天窗 | 北区外窗 | 南区外窗 |
| 传热系数 $K$（W/m²·K） | 居建 | 1.5～2.5 | 1.8～3.1 | 2.3～4.7（凸窗再降 10%） | ≤4.0 | 2.5～6.0 | — |
| | 公建 | 2.2～2.6 | 2.4～2.7 | 2.6～3.0 | 3.0～4.0 | | |

注：各种门窗的保温性能可查有关标准和资料。外门窗的设计应保证无结露现象，玻璃防结露验算详见《公共建筑节能设计标准》GB 50189—2015 附录五。提高门窗保温性能的技术措施可采用断热型材或中空玻璃（双玻中空、三玻中空等）。

5. 门窗的遮阳（隔热）性能

1）门窗的遮阳（隔热）性能由遮阳系数 $S_C$ 决定，遮阳系数 $S_C$ 越小，在夏热冬暖地区的节能效果越好。

2）门窗的遮阳系数应满足当地节能标准的要求。

节能标准对外门窗（透光幕墙）遮阳系数（太阳得热系数）的要求　　　　表 6.5.1-9

| 热工分区 | | 寒冷地区 | 夏热冬冷地区 | 夏热冬暖地区 | 温和地区 |
|---|---|---|---|---|---|
| 加权平均综合遮阳系数 | 居建 | 0.45～0.35 | 夏 0.45～0.25<br>冬 0.60 | 0.2～0.9 | — |
| 太阳得热系数 | 公建 | 甲类 0.6～0.3 | 甲类 0.48～0.24 | 甲类 0.52～0.18 | 甲类 0.48～0.24 |
| | | 乙类— | 乙类 0.52 | 乙类 0.48 | 乙类— |

注：（1）节能标准对严寒地区外门窗的遮阳系数（太阳得热系数）无要求。

（2）太阳得热系数计算公式：$S_{HGC} = 0.87 S_C$（无外遮阳时，$S_C$——外窗本体遮阳系数）；

$S_{HGC} = 0.87 S_C \cdot S_D$（有外遮阳时，$S_D$——外遮阳系数）。

3）遮阳系数较小的玻璃主要有：着色玻璃、热反射镀膜玻璃、遮阳型 Low-E 玻璃等。

4）提高门窗遮阳（隔热）性能的措施 ━━┳━采用遮阳系数小的玻璃
　　　　　　　　　　　　　　　　　　┣━设置活动式或固定式外遮阳设施
　　　　　　　　　　　　　　　　　　┗━利用建筑遮挡或阳台、外廊、凹槽等自遮阳设施

6. 门窗的隔声性能

1）门窗隔声性能分级

**门窗隔声性能分级表**（计权隔声量）　　　　　　　　　　表 6.5.1-10

| 分级 | 1 | 2 | 3 | 4 | 5 | 6 |
|---|---|---|---|---|---|---|
| $R_w$（dB） | $20<R_w\leqslant25$ | $25<R_w\leqslant30$ | $30<R_w\leqslant35$ | $35<R_w\leqslant40$ | $40<R_w\leqslant45$ | $R_w>45$ |
| 举例 | 平开钢窗 部分推拉窗 | 平开铝、塑窗 部分密封 钢门窗 | 平开铝、塑窗 中空玻璃窗 固定窗 | 叠合玻璃 固定窗 双层平开 铝合金窗 | 双层平开铝、塑窗 固定和平开 双层窗 | 双层固定窗 分立双层墙上 的平开窗 |

2）门窗隔声措施

**门窗隔声措施**　　　　　　　　　　表 6.5.1-11

| | |
|---|---|
| 门 | 门扇与门框缝隙的密封（橡胶条、海绵条） |
| | 双扇门碰头缝的密封（企口缝、矩形孔胶条、毛毡条、9 字条） |
| | 门槛缝的密封（橡皮、9 字胶条、乳胶条、人造革包海绵橡胶） |
| 窗 | 采用双层中空、多层中空玻璃 |
| | 玻璃不平行、不等厚——避免声音"吻合效应"降低隔声效果 |
| | 缝隙密封消声（橡胶密封条、玻璃棉毡等） |

3）门窗隔声性能应满足国标《民用建筑隔声设计规范》GB 50118 中的低限要求。

**民用建筑隔声标准对外门窗的隔声要求**（dB）　　　　　　　　　　表 6.5.1-12

| 类别 | 住宅 | 学校 | 医院 | 旅馆 | | 办公 |
|---|---|---|---|---|---|---|
| | | | | 外窗 | 房门 | |
| 临交通干线 两侧外窗 | 30 | 30 | 30 | 特级 35 | 30 | 30 |
| 其他外窗 | 25 | 25 | 25 | 一级 30 | 25 | 25 |
| 门 | 25 户（套）门 | 25（产生噪声房间） 20（其他门） | 30（听力测试） 20（其他门） | 二级 25 | 20 | 20 |

注：门窗的隔声要求（计权隔声量）＝室外噪声级－室内允许噪声级。

4）隔声门窗

隔声门窗

表 6.5.1-13

| 普通门隔声量 | | | 木门 15～18dB，钢门 20dB，塑料门 16dB | | |
|---|---|---|---|---|---|
| 隔声门 | 分类 | | 钢质、木质、钢木复合、塑钢、水泥隔声门 | | |
| | 开启方式 | | 平开、推拉（平移） | | |
| | 门缝构造 | 有门槛 | 软质包边密封 | | |
| | | | "9"字形胶条密封 | | |
| | | | 充气带密封 | | |
| | | | 消声缝密封 | | |
| | | 无门槛 | 扫地橡皮门缝 | | |
| | | | 自动落杆式门槛关闭器 | | |
| | 隔声量 | | 金属隔声门 47dB，消声门缝铝门 30dB | | |
| | | | 多层复合板门 33dB，充气隔声门 56dB | | |
| | 等级分类指标 | | GB/T 8485—2008 等级 | HCRJ019 等级 | 计权隔声量 $R_w$（dB） |
| | | | Ⅰ | Ⅰ | $R_w \geqslant 45$ |
| | | | Ⅱ | Ⅱ | $45 > R_w \geqslant 40$ |
| | | | Ⅲ | Ⅲ | $40 > R_w \geqslant 35$ |
| | | | Ⅳ | Ⅳ | $35 > R_w \geqslant 30$ |
| | | | Ⅴ | Ⅴ | $30 > R_w \geqslant 25$ |
| | | | Ⅵ | — | $25 > R_w \geqslant 20$ |
| 固定隔声窗 | 分类 | | 木质、金属、金木复合、塑钢 | | |
| | | | 固定、单层、双层、三层、通风隔声窗 | | |
| | 隔声量 | | 双层固定木窗 49dB | | |
| | | | 三层固定木窗 50～60dB | | |
| | | 夹层玻璃隔声窗 | 单层窗（23、38mm 夹层玻璃）41dB | | |
| | | | 双层窗 | 外窗（4+6A+4 中空），49dB | |
| | | | | 内窗（16.76mm 夹层），49dB | |
| | 设计要求 | | 双层、三层玻璃应采用不平行安装（倾斜 7°～8°）——防止驻波共振 | | |
| | | | 双层、三层玻璃应采用不同厚度——避免吻合效应 | | |
| | | | 双层、三层玻璃之间的空气层厚度应≥100mm | | |
| | | | 窗玻璃之间的四周应安装强吸声材料（穿孔板），再填充 50mm 厚玻璃棉 | | |
| 通风隔声窗 | 分类 | | 自然通风式隔声窗 | | |
| | | | 机械通风式隔声窗 | | |
| | 构造 | | 可分为 A、B、C 三种 | | |
| | 隔声量——关闭 27～37dB，通风 27～31dB | | | | |

**整窗和玻璃的隔声性能** 表 6.5.1-14

常用整窗的隔声性能

| 整窗序号 | 整窗类别 | 计权隔声量（dB） |
|---|---|---|
| 1 | 单层（道）平开铝窗、塑窗（5mm玻璃） | 30 |
| 2 | 单层（道）推拉铝窗、塑窗（4、5、6mm玻璃） | 16、19、22 |
| 3 | 双层（道）铝窗（4+100+5）、（5+100+5）、（6+100+5） | 33、36、37 |
| 4 | 铝合金中空玻璃平开窗（5+9A+5）、（5+12A+5） | 30、35 |
| 5 | 铝合金双层中空玻璃平开窗（5+6A+5+6A+5） | 40 |
| 6 | 铝合金中空玻璃推拉窗（5+12A+5） | $30{\leqslant}R_{\mathrm{w}}{\leqslant}40$ |

各类玻璃的隔声性能

| 玻璃类别 | 厚度（mm） | 计权隔声量（dB） |
|---|---|---|
| 单片玻璃 | 3、4、5、6 | 27、28、29、30 |
| | 8、10、12 | 31、32、33 |
| 中空玻璃 | 5+9A～12A+5 | 36 |
| | 6+9A～12A+6 | 37 |
| | 8+9A～12A+8 | 38 |
| 夹层玻璃 | 3+0.76P+3 | 35 |
| | 3+0.76P+6 | 36 |
| | 6+0.76P+6 | 38 |
| | 6+1.52P+6 | 39 |
| | 8+1.52P+8 | 41 |
| 夹层中空玻璃 | （3+0.38P+3）+12A+6 | 40 |
| | （6+0.38P+6）+12A+6 | 43 |
| | （3+0.38P+3）+12A+（3+0.38P+3） | 44 |
| 玻璃隔声量计算公式 | 单片玻璃 $R_{\mathrm{w}}=13.5\lg\delta+19$ | |
| | 中空玻璃 $R_{\mathrm{w}}=13.5\lg(\delta_1+\delta_2)+19+$ | 2（6A） |
| | | 3（9A） |
| | | 3.5（12A） |
| | 夹层玻璃 $R_{\mathrm{w}}=13.5\lg(\delta_1+\delta_2)+19+$ | 3.5（0.38P） |
| | | 4.5（0.76P） |
| | | 5.5（1.52P） |
| | 夹胶—3.5（0.38P），4.5（0.76P）<br>夹层中空玻璃 $R_{\mathrm{w}}=13.5\lg\Sigma\delta+19+$空气层—3（9A），3.5（12A） | |
| | 式中，$\delta$——玻璃厚度，mm | |

### 7. 门窗的采光性能

**门窗的采光性能**　　　　　　　　　　　　　　　　表 6.5.1-15

（1）外窗采光性能分级

| 分级 | 1 | 2 | 3 | 4 | 5 |
|---|---|---|---|---|---|
| 采光性能分级指标值 | $0.2{\leqslant}T_r{<}0.3$ | $0.3{\leqslant}T_r{<}0.4$ | $0.4{\leqslant}T_r{<}0.5$ | $0.5{\leqslant}T_r{<}0.6$ | $T_r{\geqslant}0.6$ |

$T_r$ 为外窗的透光折减系数（可见光透射比），《建筑采光设计标准》GB 50033 要求建筑外窗的 $T_r$ 应＞0.45；当 $T_r$ 值大于 0.6 时，应给出具体数值

（2）节能标准对门窗采光性能的规定

| 建筑类别 | 气候分区 | 可见光透射比 $T_v$ 限值 |
|---|---|---|
| 居住建筑 | 严寒、寒冷、夏热冬冷地区 | 不限 |
| | 夏热冬暖地区 | 当窗地比＜1/5，$T_v{\geqslant}0.4$ |
| 公共建筑 | 全国各地 | 窗地比＜0.4，$T_v{\geqslant}0.60$ |
| | | 窗地比${\geqslant}0.4$，$T_v{\geqslant}0.40$ |

（3）门窗的采光性能还应满足《建筑采光设计标准》GB 50033 的要求（窗地比、采光系数）

## 6.5.2　建筑幕墙的主要性能

建筑幕墙的主要性能（抗风压、气密性、水密性、遮阳、保温隔热、隔声、采光）

### 1. 抗风压性能

**建筑幕墙的抗风压性能分级（kPa）**　　　　　　　表 6.5.2-1

| | 分级代号 | 1 | 2 | 3 | 4 | 5 | 6 | 7 | 8 | 9 |
|---|---|---|---|---|---|---|---|---|---|---|
| 1）建筑幕墙抗风压性能分级 | 分级指标值 $P_3$ | $1.0{\leqslant}P_3$ $<1.5$ | $1.5{\leqslant}P_3$ $<2.0$ | $2.0{\leqslant}P_3$ $<2.5$ | $2.5{\leqslant}P_3$ $<3.0$ | $3.0{\leqslant}P_3$ $<3.5$ | $3.5{\leqslant}P_3$ $<4.0$ | $4.0{\leqslant}P_3$ $<4.5$ | $4.5{\leqslant}P_3$ $<5.0$ | $P_3{\geqslant}5.0$ |

注：（1）9 级时需同时标注 $P_3$ 的测试值。如：属 9 级（5.5kPa）；
（2）分级指标值 $P_3$ 为正、负风压测试值绝对值的较小值；
（3）分级指标值为风荷载标准值 $W_k$

2）建筑幕墙风荷载标准值 $W_k$ 的计算（与门窗相同）

| 3）风荷载标准值 $W_k$ 的最小限值 | 国标 $W_k{\geqslant}1.0$kPa（1 级） |
|---|---|
| | 深圳 $W_k{\geqslant}2.5$kPa（4 级） |

| 4）正确选择玻璃的可见光透射比 $T_v$ 和遮阳系数 $S_c$ | 南方炎热地区 | 可选择可见光透射比 $T_v$ 值为中等或较低 |
|---|---|---|
| | | 遮阳系数 $S_c$ 较小的中透光或低透光型 |
| | | （遮阳型）的玻璃，以降低夏天空调能耗 |
| | 北方寒冷地区 | $S_c$ 较大的高透光型玻璃，以减少人工照明能耗和降低冬天采暖能耗 |

## 2. 气密性

建筑幕墙的气密性　　　　　　　　　　　　　　　表 6.5.2-2

| | 地区分类 | 建筑层数、高度 | 气密性能分级 | 气密性能指标 | |
|---|---|---|---|---|---|
| | | | | 开启部分 $q_L$(m³/m·h) | 幕墙整体 $q_A$(m³/m·h) |
| 建筑幕墙气密性能设计指标一般规定 | 夏热冬暖地区 | 10 层以下 | 2 | ≤2.5(2级) | ≤2.0(2级) |
| | | 10 层及以上 | 3 | ≤1.5(3级) | ≤1.2(3级) |
| | 其他地区 | 7 层以下 | 2 | ≤2.5(2级) | ≤2.0(2级) |
| | | 7 层及以上 | 3 | ≤1.5(3级) | ≤1.2(3级) |
| 建筑幕墙开启部分气密性能分级 | 分级代号 | | 1 | 2 | 3 | 4 |
| | 分级指标值 $q_L$/[m³/(m·h)] | | 4.0≥$q_L$>2.5 | 2.5≥$q_L$>1.5 | 1.5≥$q_L$>0.5 | $q_L$≤0.5 |
| 建筑幕墙整体气密性能分级 | 分级代号 | | 1 | 2 | 3 | 4 |
| | 分级指标值 $q_A$/[m³/(m·h)] | | 4.0≥$q_A$>2.0 | 2.0≥$q_A$>1.2 | 1.2≥$q_A$>0.5 | $q_A$≤0.5 |
| | 注：建筑幕墙的气密性能应满足《公共建筑节能设计标准》的要求 | | | | | |

## 3. 水密性

建筑幕墙的水密性　　　　　　　　　　　　　　　表 6.5.2-3

| | 分级代号 | | 1 | 2 | 3 | 4 | 5 |
|---|---|---|---|---|---|---|---|
| 1) 建筑幕墙水密性能分级 | 分级指标值 ΔP(Pa) | 固定部分 | 500≤ΔP<700 | 700≤ΔP<1000 | 1000≤ΔP<1500 | 1500≤ΔP<2000 | ΔP≥2000 |
| | | 开启部分 | 250≤ΔP<350 | 350≤ΔP<500 | 500≤ΔP<700 | 700≤ΔP<1000 | ΔP≥1000 |
| | 注：5级时需同时标注固定部分和开启部分 ΔP 的测试值 | | | | | | |

| | | 以固定部分为标准确定其水密性能等级 | |
|---|---|---|---|
| 2) 水密性能 ΔP(Pa)标准及其计算公式 | ΔP | 固定部分 $\Delta P_1$ | 台风区：$\Delta P_1 \geq 1200 U_Z W_0 \geq 1000$Pa(3级) |
| | | | 非台风区：$\Delta P_1 \geq 900 U_Z W_0 \geq 700$Pa(2级) |
| | | 可开启部分 $\Delta P_2$ | 台风区：$\Delta P_2 \geq 270 U_Z W_0 \geq 500$Pa(3级) |
| | | | 非台风区：$\Delta P_2 \geq 200 U_Z W_0 \geq 350$Pa(2级) |

（右栏："与固定同等级" 跨两行，对应可开启部分两行）

注：式中，$U_Z$——风压高度变化系数；查表。$W_0$——当地基本风压，kN/m²；查表
建筑幕墙的水密性能具体计算详见《公共建筑节能设计标准》附录三

4. 平面内变形性能

建筑幕墙平面内变形性能，非抗震设计时，应按主体结构弹性层间位移角限值进行设计；抗震设计时，应按主体结构弹性层间位移角限值的 3 倍进行设计。主体结构楼层最大弹性层间位移角如表 6.5.2-4、表 6.5.2-5 所示：

主体结构楼层最大弹性层间位移角　　　　　　　　　表 6.5.2-4

| 结构类型 | | 建筑高度（m） | | |
|---|---|---|---|---|
| | | $H \leqslant 150$ | $150 < H \leqslant 250$ | $H > 250$ |
| 钢筋混凝土结构 | 框架 | 1/550 | — | — |
| | 板柱—剪力墙 | 1/800 | — | — |
| | 框架—剪力墙、框架—核心筒 | 1/800 | 线性插值 | — |
| | 筒中筒 | 1/1000 | 线性插值 | 1/500 |
| | 剪力墙 | 1/1000 | 线性插值 | — |
| | 框支层 | 1/1000 | — | — |
| 多、高层钢结构 | | 1/300 | | |

注：（1）表中弹性层间位移角＝$\Delta/h$，$\Delta$ 为最大弹性层间位移量，$h$ 为层高；

（2）线性插值系指建筑高度在 150～250m 间，层间位移角取 1/800（1/1000）与 1/500 线性插值

摘自《建筑幕墙》GB/T 21086—2007。

建筑幕墙平面内变形性能分级　　　　　　　　　表 6.5.2-5

| 分级代号 | 1 | 2 | 3 | 4 | 5 |
|---|---|---|---|---|---|
| 分级指标值 | $\gamma < 1/300$ | $1/300 \leqslant \gamma < 1/200$ | $1/200 \leqslant \gamma < 1/150$ | $1/150 \leqslant \gamma < 1/100$ | $\gamma \geqslant 1/100$ |

注：表中分级指标为建筑幕墙层间位移角

摘自《建筑幕墙》GB/T 21086—2007。

5. 遮阳性

玻璃幕墙遮阳系数分级　　　　　　　　　表 6.5.2-6

| 分级代号 | 1 | 2 | 3 | 4 | 5 | 6 | 7 | 8 |
|---|---|---|---|---|---|---|---|---|
| 分级指标值 $S_C$ | $0.9 \geqslant S_C > 0.8$ | $0.8 \geqslant S_C > 0.7$ | $0.7 \geqslant S_C > 0.6$ | $0.6 \geqslant S_C > 0.5$ | $0.5 \geqslant S_C > 0.4$ | $0.4 \geqslant S_C > 0.3$ | $0.3 \geqslant S_C > 0.2$ | $S_C \leqslant 0.2$ |

注：（1）8 级时需同时标注 $S_C$ 的测试值；

（2）玻璃幕墙遮阳系数＝幕墙玻璃遮阳系数×外遮阳的遮阳系数×（1—非透光部分面积/玻璃幕墙总面积）

注：玻璃幕墙的遮阳系数应满足《公共建筑节能设计标准》GB 50189—2015 的要求。

### 6. 保温隔热性

建筑幕墙传热系数分级　　　　表 6.5.2-7

| 分级代号 | 1 | 2 | 3 | 4 | 5 | 6 | 7 | 8 |
|---|---|---|---|---|---|---|---|---|
| 分级指标值 $K/[W/(m^2 \cdot k)]$ | $K \geqslant 5.0$ | $5.0 > K \geqslant 4.0$ | $4.0 > K \geqslant 3.0$ | $3.0 > K \geqslant 2.5$ | $2.5 > K \geqslant 2.0$ | $2.0 > K \geqslant 1.5$ | $1.5 > K \geqslant 1.0$ | $K < 1.0$ |

注：8 级时需同时标注 $K$ 的测试值

注：（1）建筑幕墙的保温性能应满足节能标准的要求。

（2）建筑幕墙的隔热性能应满足节能标准的要求。

（3）建筑幕墙在设计环境条件下应无结露现象。建筑玻璃防结露验算详见《公共建筑节能设计标准》附录六。

### 7. 隔声性

建筑幕墙空气声隔声性能分级　　　　表 6.5.2-8

| 分级代号 | 1 | 2 | 3 | 4 | 5 |
|---|---|---|---|---|---|
| 分级指标 $R_w$（dB） | $25 \leqslant R_w < 30$ | $30 \leqslant R_w < 35$ | $35 \leqslant R_w < 40$ | $40 \leqslant R_w < 45$ | $R_w \geqslant 45$ |

注：5 级时需同时标注 $R_w$ 的具体测试指标值

对玻璃幕墙隔声性能的要求　　　　表 6.5.2-9

| 隔声量 $R_w$(dB) | 主干道两侧 | $R_w \geqslant 30dB$（2 级） |
|---|---|---|
| | 次干道两侧 | $R_w \geqslant 25dB$（1 级） |

注：玻璃幕墙的隔声措施可采取中空玻璃和缝隙密封的方式。

### 8. 采光性

1）玻璃幕墙采光性能分级可参照外门窗采光性能的分级标准。

2）玻璃幕墙的采光性能应满足《公共建筑节能设计标准》的要求。

3）玻璃幕墙的光反射比 $\rho \leqslant 0.3$，以免对环境造成"光污染"。

4）有采光要求的幕墙，采光折减系数不宜低于 0.20，其可见光透射比 $T_v \geqslant 0.45$。有辨色要求的幕墙，其光源显色指数 $R_a \geqslant 80$。

# 6.6　门窗及幕墙的防火

## 6.6.1　门窗防火

门窗防火　　　　表 6.6.1

| | |
|---|---|
| 门窗防火 | 防火门窗的玻璃宜采用单片防火玻璃，或由其组成的中空、夹层玻璃；不宜采用复合防火玻璃（灌浆法或用防火胶黏贴而成） |
| | 防火窗应为固定窗或火灾时能自动关闭的窗，用于避难层的需可以开启 |
| | 需自然通风、排烟的场所外窗，其可开启面积应符合下列规定 |

| | | |
|---|---|---|
| 门窗防火 | 自然通风的楼梯间 | 每5层内≥2m²，布置间隔≤3层 |
| | 自然通风的前室、合用前室 | 前室≥2m²，合用前室≥3m² |
| | 自然通风的避难层 | ≥2%地面面积，且应在不同朝向，各朝向2m² |
| | 长度L≤60m的内走道 | ≥2%走道面积 |
| | 净空高度<12m的中庭天窗或高侧窗 | ≥5%中庭地面面积 |
| | 自然排烟的房间 | ≥2%房间面积 |
| | 附注：排烟窗宜设置在上方，并应有方便开启的装置 | |

### 6.6.2 幕墙防火

1. 无窗槛墙或窗槛墙高度<1.2m（0.8m）的玻璃幕墙，应在每层楼板外沿设置耐火极限不低于1.0h，高度不低于1.2m（0.8m）的不燃烧体墙裙或防火玻璃墙裙（当室内设置自动喷水灭火系统时，取"（ ）"内数值）。

2. 玻璃幕墙与各层楼板、隔墙处的缝隙，应采用防火材料（岩棉、矿棉等）封堵，其封堵厚度应不小于200mm，并应填充密实；楼层间水平防烟带的岩棉或矿棉宜采用厚度≥1.5mm的镀锌钢板承托；承托板与主体结构、幕墙结构及承托板之间的缝隙宜填充防火密封材料。

# 6.7 门窗及幕墙的安全设计

## 6.7.1 门窗安全设计

门窗安全设计          表6.7.1

| | | |
|---|---|---|
| 门窗安全设计 | 防盗防外跌 | 推拉窗应有防止脱落的限位装置和防止从室外侧拆卸的装置，导轮应采用铜或不锈钢导轮 |
| | | 开启扇应带窗锁、执手等锁闭器具 |
| | | 凸窗和窗台高度<900mm的窗及落地窗应采取安全防护措施（加设防护栏杆或钢化夹胶玻璃） |
| | 安全玻璃 | ≥7层（或H>20m）的建筑外开窗 |
| | | 面积>1.5m²的门窗玻璃 |
| | | 落地窗、玻璃窗离地高度<500mm的门窗 |
| | | 易受撞击、冲击而造成人体伤害的门窗 |
| | 防玻璃热炸裂 | 除半钢化、钢化玻璃外，均应进行玻璃热炸裂设计计算 |
| | 防碰伤人 | 位于阳台、走廊处的窗宜采用推拉窗或其他措施以防开窗时碰伤人 |

## 6.7.2 幕墙安全设计

**幕墙安全设计**                                   表 6.7.2

| 幕墙安全设计 | 安全玻璃 | 框支承玻璃幕墙，宜采用安全玻璃 |
| --- | --- | --- |
| | | 点支承玻璃幕墙应采用钢化玻璃 |
| | | 采用玻璃肋支承的点支玻璃幕墙，其玻璃肋应采用钢化夹层玻璃 |
| | | 人员流动密度大，青少年或幼儿活动的公共场所以及使用中容易受到撞击的部位，其玻璃幕墙应采用安全玻璃 |
| | 防撞护栏 | 与玻璃幕墙相邻的楼面外缘无实体墙时，应设置防撞护栏 |
| | 防坠落伤人 | 玻璃幕墙下的出入口处，应设置雨篷或安全遮棚；靠近玻璃幕墙的首层地面处宜设置绿化带，以防行人靠近 |
| | 幕墙高度 | 现行规范适用于建筑高度不大于150m的民用建筑金属幕墙工程及不大于100m、设防烈度不大于8度的民用建筑石材幕墙工程，超出范围需进行专家论证 |
| | 防光污染 | 在城市主干道、立交桥、高架路两侧的建筑物20m以下，其余路段10m以下不宜设置玻璃幕墙的部位若使用玻璃幕墙，应采用反射比不大于0.16的低反射玻璃。若反射比高于此值应控制玻璃幕墙的面积或采用其他材料对建筑立面加以分隔 |
| | | 居住区内应限制设置玻璃幕墙 |
| | | 历史文化名城中划定的历史街区、风景名胜区应慎用玻璃幕墙 |
| | | 在T形路口正对直线路段处不应设置玻璃幕墙，在十字路口或多路交叉路口不宜设置玻璃幕墙 |
| | | 道路两侧玻璃幕墙设计成凹形弧面时应避免反射光进入行人与驾驶员的视场内。凹形弧面玻璃幕墙的设计与设置应控制反射光聚焦点的位置，其幕墙弧面的曲率半径一般应大于幕墙至对面建筑物立面的最大距离 |
| | | 南北向玻璃幕墙做成向后倾斜某一角度时，应避免太阳反射光进入行人与驾驶员的视场内，其向后与垂直面的倾角应大于 $h/2$（$h$ 为当地夏至正午时的太阳高度角），当幕墙离地高度大于36m时可不受此限制 |

## 6.7.3 采光屋顶（天窗）安全设计

**采光屋顶（天窗）安全设计**                       表 6.7.3

| 采光屋顶（天窗）安全设计 | 天窗离地＞3m | 应采用钢化夹层玻璃，玻璃总厚度≥8.76mm，其中夹层胶片 PVB 厚度≥0.76mm |
| --- | --- | --- |
| | 天窗离地≤3m | 可采用≥6mm 厚钢化玻璃 |
| | 板块面积 | 玻璃面板面积不宜大于 2.5m²，长边边长不宜大于 2m |
| | 优化建议 | 说明：采光屋顶（天窗）宜采用钢化夹层玻璃，采用夹层中空玻璃时，夹层玻璃应放在室内侧 |

### 6.7.4 门窗玻璃面积及厚度的规定

玻璃门窗、室内隔断、栏杆、屋顶等安全玻璃的选用　　　　　表 6.7.4-1

| 应用部位 | 应用条件 | 玻璃种类、规格要求 | |
|---|---|---|---|
| 活动门<br>固定门<br>落地窗 | 有框 | 应符合表 6.7.4-2 的规定 | |
| | 无框 | 应使用公称厚度不小于 12mm 的钢化玻璃 | |
| 室内隔断 | 有框 | 应符合表 6.7.4-2 的规定，且公称厚度不小于 5mm 的钢化玻璃或公称厚度不小于 6.38mm 的夹层玻璃 | |
| | 无框 | 应符合表 6.7.4-2 的规定，且公称厚度不小于 10mm 的钢化玻璃 | |
| 浴室 | 有框 | 应符合表 6.7.4-2 的规定，且公称厚度不小于 8mm 的钢化玻璃 | |
| | 无框 | 应符合表 6.7.4-2 的规定，且公称厚度不小于 12mm 的钢化玻璃 | |
| 室内栏板 | 不承受水平荷载 | 应符合表 6.7.4-2 的规定 | |
| | 承受水平荷载 | 应符合表 6.7.4-2 的规定 | |
| | | 3m≤栏板玻璃最低点离一侧楼地面高度≤5m | 应选用公称厚度不小于 16.76mm 的钢化夹层玻璃 |
| | | 栏板玻璃最低点离一侧楼地面高度>5m | 不得使用承受水平荷载的栏板玻璃 |
| 屋面 | 必须使用夹层玻璃或夹层中空玻璃，其胶片厚度≥0.76mm | | |
| 玻璃地板 | 框支承 | 夹层玻璃，单片玻璃厚度不宜<8mm | 单片厚度相差不宜>3mm，夹层胶片厚度≥0.76mm |
| | 点支承 | 钢化夹层玻璃，钢化玻璃需进行均质处理，单片玻璃厚度不宜<10mm | |
| 水下用玻璃 | — | 应选用夹层玻璃 | |

注：本表摘自《建筑玻璃应用技术规程》JGJ 113—2015。

安全玻璃的厚度与窗面积的关系　　　　　表 6.7.4-2

| 玻璃种类 | 公称厚度（mm） | 最大许用面积（m²） |
|---|---|---|
| 钢化玻璃 | 4 | 2.0 |
| | 5 | 2.0 |
| | 6 | 3.0 |
| | 8 | 4.0 |
| | 10 | 5.0 |
| | 12 | 6.0 |
| 夹层玻璃 | 6.38，6.76，7.52（3+3） | 3.0 |
| | 8.38，8.76，9.52（4+4） | 5.0 |
| | 10.38，10.76，11.52（5+5） | 7.0 |
| | 12.38，12.76，13.52（6+6） | 8.0 |

有框架的平板玻璃、真空玻璃和夹丝玻璃的厚度与窗面积的关系　　　表 6.7.4-3

| 玻璃种类 | 公称厚度（mm） | 最大许用面积（m²） |
|---|---|---|
| 平板玻璃<br>真空玻璃<br>超白浮法玻璃 | 3 | 0.1 |
| | 4 | 0.3 |
| | 5 | 0.5 |
| | 6 | 0.9 |
| | 8 | 1.8 |
| | 10 | 2.7 |
| | 12 | 4.5 |

注：本表摘自《建筑玻璃应用技术规程》JGJ 113—2015。

# 6.8 门窗与幕墙设计分工及质量责任

门窗与幕墙设计分工及质量责任　　　　　　　　　　　　表 6.8

| 门窗幕墙设计分工及质量责任 | 设计院 | 负责出门窗表、门窗幕墙立面图 |
|---|---|---|
| | | 确定门窗幕墙类型、开启方式、位置及面积、分格尺寸，玻璃种类及颜色、门窗幕墙的传热系数、遮阳系数、可见光透射比、气密性、水密性、抗风压等性能要求 |
| | | 审查门窗幕墙公司的施工图是否符合建筑设计要求 |
| | 门窗幕墙公司厂商 | 负责出门窗幕墙的施工详图和有关计算书 |
| | | 确定门窗幕墙型材系列及厚度、玻璃厚度、具体构造做法、抗震、防火、防水、防雷等措施、预埋件位置和数量等 |
| | | 对门窗幕墙的质量负全责 |

# 6.9 住建部和部分城市对玻璃幕墙安全应用的规定

**6.9.1 住建部对玻璃幕墙应用的规定**（国家安全监管总局对玻璃幕墙应用的规定 建标〔2015〕38 号）

1. 新建玻璃幕墙要综合考虑城市景观、周边环境以及建筑性质和使用功能等因素，按照建筑安全、环保和节能等要求，合理控制玻璃幕墙的类型、形状和面积。鼓励使用轻质节能的外墙装饰材料，从源头上减少玻璃幕墙安全隐患。

2. 新建住宅、党政机关办公楼、医院门诊急诊楼和病房楼、中小学校、托儿所、幼儿园、老年人建筑，不得在二层及以上采用玻璃幕墙。

3. 人员密集、流动性大的商业中心，交通枢纽，公共文化体育设施等场所，临近道路、广场及下部为出入口、人员通道的建筑，严禁采用全隐框玻璃幕墙。以上建筑在二层及以上安装玻璃幕墙的，应在幕墙下方周边区域合理设置绿化带或裙房等缓冲区域，也可采用挑檐、防冲击雨篷等防护设施。

4. 玻璃幕墙宜采用夹层玻璃、均质钢化玻璃或超白玻璃。采用钢化玻璃应符合国家现行标准《建筑门窗幕墙用钢化玻璃》JG/T 455 的规定。

5. 新建玻璃幕墙应依据国家法律法规和标准规范，加强方案设计、施工图设计和施工方案的安全技术论证，并在竣工前进行专项验收。

**6.9.2 深圳市对玻璃幕墙应用的规定**

深圳市对玻璃幕墙应用的规定　　　　　　　　　　　　表 6.9.2

| 《深圳市建筑设计规则》深规土〔2014〕402 号 | | |
|---|---|---|
| 1. 不得采用玻璃幕墙 | 1）住宅、医院、中小学教学楼、托幼、养老院等二层以上部位 | |
| | 2）建筑物与中小学校教学楼、托幼、养老院毗邻一侧二层以上部位 | |
| | 3）在 T 形路口正对直线路段处 | |

| | 《深圳市建筑设计规则》深规土〔2014〕402号 | |
|---|---|---|
| 2. 慎用玻璃幕墙 | 1）毗邻住宅、医院、保密单位等建筑物 | |
| | 2）城市中规定的历史街区、文物保护区和风景名胜区内 | |
| | 3）位于红树林保护区及其他鸟类保护区周边的高层建筑 | |
| 3. 不宜采用玻璃幕墙 | 1）城市道路的交叉口处 | |
| | 2）城市主干道、立交桥、高架路两侧的建筑物20m以下和其余路段10m以下部位 | |

### 6.9.3 广州市对玻璃幕墙应用的规定

广州市对玻璃幕墙应用的规定　　　　　　　　　　表6.9.3

| | 《广州市建筑玻璃幕墙管理办法》广州市人民政府令第148号 | |
|---|---|---|
| 1. 不得采用玻璃幕墙 | 1）住宅、党政机关办公楼、医院门诊急诊楼和病房楼、中小学校、托儿所、幼儿园，养老院的新建、改建、扩建以及立面改造工程二层以上部位 | |
| | 2）在T形路口正对直线路段处 | （T形路口示意图） |
| 2. 二层以及以上部位设置玻璃幕墙的，应当采用具有防坠落性能的玻璃，并在幕墙下方周边区域合理设置绿化带、裙房等缓冲区域或者采用挑檐、顶棚等防护设施 | 1）商业中心、交通枢纽、公共文化体育设施、广场等人员密集、流动性大的区域内的建筑 | |
| | 2）临街建筑 | |
| | 3）下方有出入口、人员通道的建筑 | |
| 3. 必须进行安全性论证 | 采用玻璃幕墙的高层、超高层建设工程 | |

### 6.9.4 杭州市对玻璃幕墙应用的规定

杭州市对玻璃幕墙应用的规定　　　　　　　　　　表6.9.4

| | 《杭州市建筑玻璃幕墙使用有关规定》杭政办函〔2007〕146号 | |
|---|---|---|
| 1. 限制设置玻璃幕墙 | 1）城市道路红线宽度大于30m的，其道路两侧建筑物20m以下立面，其余路段两侧建筑物10m以下立面 | |
| | 2）城市立交桥、高架桥两侧相邻建筑 | |
| | 3）十字路口或多路交叉口处 | |

| 《杭州市建筑玻璃幕墙使用有关规定》杭政办函〔2007〕146 号 | |
|---|---|
| 2.禁止设置玻璃幕墙 | 1）历史街区、西湖名胜风景区内的建筑 |
| | 2）居住小区内的建筑 |
| | 3）住宅建筑周边 100m 范围内朝向住宅的建筑立面 |
| | 4）T 形路口正对直线路段处 |

注：全国其他地区也有类似规定，可供设计玻璃幕墙时参考。

# 6.10　风荷载标准值 $W_k$ 计算表

（单位：kN/m²，即 kPa）**表 6.10**

| 地区<br>高度（m） | A（海岸海岛） | B（乡镇市郊） | C（城市市区） | D（高层建筑密集市区） |
|---|---|---|---|---|
| 10 | $2.47W_o$ | $2.04W_o$ | $1.60W_o$ | $1.47W_o$ |
| 20 | $2.83W_o$ | $2.40W_o$ | $1.77W_o$ | $1.47W_o$ |
| 30 | $3.06W_o$ | $2.65W_o$ | $2.02W_o$ | $1.47W_o$ |
| 40 | $3.25W_o$ | $2.85W_o$ | $2.23W_o$ | $1.66W_o$ |
| 50 | $3.39W_o$ | $3.01W_o$ | $2.40W_o$ | $1.82W_o$ |
| 60 | $3.52W_o$ | $3.15W_o$ | $2.56W_o$ | $1.98W_o$ |
| 80 | $3.73W_o$ | $3.38W_o$ | $2.83W_o$ | $2.24W_o$ |
| 100 | $3.90W_o$ | $3.57W_o$ | $3.05W_o$ | $2.48W_o$ |
| 120 | $4.05W_o$ | $3.74W_o$ | $3.26W_o$ | $2.70W_o$ |
| 150 | $4.23W_o$ | $3.96W_o$ | $3.52W_o$ | $2.98W_o$ |
| 180 | $4.40W_o$ | $4.14W_o$ | $3.76W_o$ | $3.25W_o$ |
| 200 | $4.50W_o$ | $4.26W_o$ | $3.91W_o$ | $3.41W_o$ |
| 250 | $4.70W_o$ | $4.50W_o$ | $4.23W_o$ | $3.79W_o$ |
| 300 | $4.88W_o$ | $4.72W_o$ | $4.52W_o$ | $4.13W_o$ |
| 计算公式 | $0.93Z^{0.12}(1+1.27Z^{0.12})W_o$ | $0.79Z^{0.15}(1+1.01Z^{0.15})W_o$ | $0.61Z^{0.22}(1+0.52Z^{0.22})W_o$ | $0.41Z^{0.3}(1+0.26Z^{0.3})W_o$ |

注：（1）表中、计算公式中的 $Z$——计算点的建筑高度，m；$W_o$——当地的基本风压值，kN/m²，查表。

（2）本表为墙面（大面）的风荷载标准值，对于其他位置，如檐口、边角（转角）部位，凸出物（如雨篷）等，则应将本表数值再乘以 1.25 的系数。

（3）风荷载标准值 $W_k$ 的最小限制：$W_k \geqslant 1.0$kPa。

# 6.11 外门窗水密性能 ΔP 计算表

（单位：Pa）**表 6.11**

| 高度<br>地区 | 24m | 40m | 60m | 80m | 100m | 120m | 150m | 180m | 200m | 250m | 300m |
|---|---|---|---|---|---|---|---|---|---|---|---|
| A | $850W_o$ | $961W_o$ | $1059W_o$ | $1135W_o$ | $1197W_o$ | $1251W_o$ | $1320W_o$ | $1379W_o$ | $1414W_o$ | $1492W_o$ | $1559W_o$ |
| B | $662W_o$ | $780W_o$ | $888W_o$ | $973W_o$ | $1046W_o$ | $1108W_o$ | $1190W_o$ | $1262W_o$ | $1305W_o$ | $1402W_o$ | $1486W_o$ |
| C | $453W_o$ | $568W_o$ | $679W_o$ | $770W_o$ | $850W_o$ | $921W_o$ | $1016W_o$ | $1100W_o$ | $1153W_o$ | $1272W_o$ | $1378W_o$ |
| D | $269W_o$ | $366W_o$ | $467W_o$ | $555W_o$ | $634W_o$ | $707W_o$ | $809W_o$ | $902W_o$ | $961W_o$ | $1099W_o$ | $1226W_o$ |

注：表中，$W_o$——当地的基本风压，$kN/m^2$，查表。水密性能 ΔP 计算公式：$\boxed{\Delta P \geqslant 500\mu_z W_o} \geqslant 150Pa$（2 级）——全国。

式中，$\mu_z$——风压高度变化系数，查表或按前表 6.5.1-2 计算。

# 6.12 玻璃幕墙水密性能 ΔP 计算表

（单位：Pa）**表 6.12**

| 高度(m) | A(海岸海岛) | | B(乡镇市郊) | | C(城市市区) | | D(高层建筑密集市区) | |
|---|---|---|---|---|---|---|---|---|
| | 台风区 | 非台风区 | 台风区 | 非台风区 | 台风区 | 非台风区 | 台风区 | 非台风区 |
| 24 | $2040W_o$ | $1530W_o$ | $1589W_o$ | $1192W_o$ | $1088W_o$ | $816W_o$ | $646W_o$ | $485W_o$ |
| 40 | $2307W_o$ | $1730W_o$ | $1871W_o$ | $1404W_o$ | $1363W_o$ | $1022W_o$ | $878W_o$ | $659W_o$ |
| 60 | $2542W_o$ | $1907W_o$ | $2131W_o$ | $1598W_o$ | $1629W_o$ | $1222W_o$ | $1120W_o$ | $840W_o$ |
| 80 | $2724W_o$ | $2043W_o$ | $2336W_o$ | $1752W_o$ | $1848W_o$ | $1386W_o$ | $1331W_o$ | $998W_o$ |
| 100 | $2874W_o$ | $2155W_o$ | $2509W_o$ | $1882W_o$ | $2039W_o$ | $1529W_o$ | $1522W_o$ | $1141W_o$ |
| 120 | $3002W_o$ | $2252W_o$ | $2660W_o$ | $1995W_o$ | $2209W_o$ | $1657W_o$ | $1697W_o$ | $1273W_o$ |
| 150 | $3168W_o$ | $2376W_o$ | $2857W_o$ | $2143W_o$ | $2437W_o$ | $1828W_o$ | $1941W_o$ | $1455W_o$ |
| 180 | $3309W_o$ | $2482W_o$ | $3028W_o$ | $2271W_o$ | $2641W_o$ | $1981W_o$ | $2165W_o$ | $1624W_o$ |
| 200 | $3394W_o$ | $2545W_o$ | $3132W_o$ | $2349W_o$ | $2766W_o$ | $2075W_o$ | $2306W_o$ | $1730W_o$ |
| 250 | $3581W_o$ | $2686W_o$ | $3364W_o$ | $2523W_o$ | $3052W_o$ | $2289W_o$ | $2637W_o$ | $1977W_o$ |
| 300 | $3741W_o$ | $2806W_o$ | $3566W_o$ | $2674W_o$ | $3306W_o$ | $2480W_o$ | $2941W_o$ | $2206W_o$ |

固定部分 对应"高度(m)"列左侧标注

| 可开启部分 | 可开启部分的水密性 $\boxed{\Delta P_2 \text{与固定部分 } \Delta P_1 \text{同级，但不同指标值，即 } \Delta P_2 = 0.5\Delta P_1}$ | | |
|---|---|---|---|
| 计算公式 | 固定部分 $\Delta P_1$ | 台风区：$\Delta P_1 \geqslant 1200\mu_z W_o \geqslant 1000Pa$；非台风区：$\Delta P_1 \geqslant 900\mu_z W_o \geqslant 700Pa$ | |
| | 开启部分 $\Delta P_2$ | 台风区：$\Delta P_2 \geqslant 600\mu_z W_o \geqslant 250Pa$（全国）；300Pa（深圳）<br>非台风区：$\Delta P_2 \geqslant 450\mu_z W_o \geqslant 150Pa$ | |

# 6.13　门窗及玻璃幕墙玻璃厚度简化计算公式

1. 四边支承玻璃

表 6.13-1

| | | | | |
|---|---|---|---|---|
| 按玻璃幕墙规范 | 按强度 | 钢化玻璃 | $t \geqslant 2.65a \sqrt{W_k}$(mm) | $t$——玻璃厚度，mm，对夹层(胶)玻璃，指玻璃总厚度，且单片玻璃厚度应$\geqslant 5$mm；对中空玻璃，是指较薄那块玻璃厚度，夹层和中空玻璃单片厚度相差不宜大于3mm；<br>$W_k$——风荷载标准值，kN/m²；<br>$a$——玻璃短边尺寸，m；<br>$A$——玻璃块面积，m² |
| | | 平板玻璃 | $t \geqslant 4.58a \sqrt{W_k}$(mm) | |
| | 按挠度 | 钢化玻璃 | $t \geqslant 3.61a \sqrt{W_k}$(mm) | |
| | | 平板玻璃 | $t \geqslant 6.23a \sqrt{W_k}$(mm) | |
| 按弹性理论 | | 钢化玻璃 | $t \geqslant 2.61 \sqrt{W_k A}$(mm) | |
| | | 平板(浮法)玻璃 | $t \geqslant 3.67 \sqrt{W_k A}$(mm) | |
| 按实验公式 | | 钢化玻璃 $t \leqslant 6$mm | $t \geqslant 2.0 (W_k A)^{0.555}$(mm) | |
| | | 钢化玻璃 $t > 6$mm | $t \geqslant (3.5 W_k A - 4)^{0.625}$(mm) | |
| | | 平板玻璃 $t \leqslant 6$mm | $t \geqslant 2.95 (W_k A)^{0.555}$(mm) | |
| | | 平板玻璃 $t > 6$mm | $t \geqslant (7 W_k A - 4)^{0.625}$(mm) | |

2. 两对边支承玻璃(含玻璃百叶)

表 6.13

| | | |
|---|---|---|
| 钢化玻璃 | $t \geqslant 4.98L \sqrt{W_k}$(mm)，$L \leqslant 0.20t \sqrt{W_k}$(m) | $L$——玻璃跨度，m；其余符号同上 |
| 平板(浮法)玻璃 | $t \geqslant 7.04L \sqrt{W_k}$(mm)，$L \leqslant 0.142t \sqrt{W_k}$(m) | |

# 6.14　建筑玻璃防结露验算

1. 计算室内露点温度 $T_d$(℃)

$$T_d = 237.3 \times \left(\lg\Phi + \frac{7.5t_i}{237.3 + t_i}\right) / \left[7.5 - \left(\lg\Phi + \frac{7.5t_i}{237.3 + t_i}\right)\right]$$

2. 计算玻璃室内侧表面温度 $T_g$(℃)

$$T_g = t_i - 0.125K(t_i - t_e)$$

3. 判断玻璃是否会结露

1) 当 $T_g > T_d$，则玻璃不会结露。

2) 当 $T_g \leqslant T_d$，则玻璃会结露。

以上各式中，$t_i$——室内空气温度，℃；

$t_e$——室外空气温度，℃；

$\Phi$——室内空气相对湿度，%；

$K$——玻璃的传热系数，W/(m²·K)。

# 6.15 门窗幕墙的热工性能简化计算

1. 传热系数 $K$：$K = K_玻 \cdot \alpha_玻 + K_框 \cdot \alpha_框 + 0.2 \sim 0.4$(明框 0.4，隐框 0.2，半隐 0.3)

$0 \sim 0.2$(单玻 0，中空玻璃 0.2)

2. 遮阳系数 $S_C$：$S_C = 1.15\alpha_玻 \cdot g_玻 + 0.04\alpha_框 \cdot \rho_框 \cdot K_框$

3. 太阳得热系数 $S_{HGC}$：$S_{HGC} = 0.87S_C$(无外遮阳时)

$0.87S_C \cdot S_D$(有外遮阳 $S_D$ 时)

4. 可见光透射比 $T_v = \alpha_玻 \cdot T_{v玻}$

5. 太阳光(能)总透射比 $g$： $g = 0.87S_C$

以上各式中：

$K_玻$、$K_框$——玻璃及其框的传热系数，$W/(m^2 \cdot K)$，查表 6.15-1、表 6.15-2；

$\alpha_玻$、$\alpha_框$——玻璃及其框的面积占整窗面积的百分比，查表 6.15-2；

$T_{v玻}$——玻璃的可见光透射比，查表 6.15-1；

$g_玻$——玻璃的太阳光总透射比，查表 6.15-1；

$\rho_框$——窗框表面太阳辐射吸收系数。

(1) 铝合金框本体：0.4

(2) 白色、银色、亮色：0.3

(3) 浅色系(浅灰、灰白、米黄等)：0.5

(4) 中色系(灰、褐等)：0.7

(5) 深色系(黑、墨绿等)：0.9

$S_D$——外遮阳系数，按计算。

典型玻璃系统的光学热工参数                表 6.15-1

| 玻璃品种 | | 可见光透射比 $T_v$ | 太阳光总透射比 $g_g$ | 遮阳系数 $S_C$ | 传热系数 $K_g$ $[W/(m^2 \cdot K)]$ |
|---|---|---|---|---|---|
| （平板）透明玻璃 | 3mm 透明玻璃 | 0.83 | 0.87 | 1.00 | 5.8 |
| | 6mm 透明玻璃 | 0.77 | 0.82 | 0.93 | 5.7 |
| | 12mm 透明玻璃 | 0.65 | 0.74 | 0.84 | 5.5 |
| （着色玻璃）吸热玻璃 | 5mm 绿色吸热玻璃 | 0.77 | 0.64 | 0.76 | 5.7 |
| | 6mm 蓝色吸热玻璃 | 0.54 | 0.62 | 0.72 | 5.7 |
| | 5mm 茶色吸热玻璃 | 0.50 | 0.62 | 0.72 | 5.7 |
| | 5mm 灰色吸热玻璃 | 0.42 | 0.60 | 0.69 | 5.7 |
| 阳光控制镀膜玻璃（热反射玻璃） | 6mm 高透光热反射玻璃 | 0.56 | 0.56 | 0.64 | 5.7 |
| | 6mm 中等透光热反射玻璃 | 0.40 | 0.43 | 0.49 | 5.4 |
| | 6mm 低透光热反射玻璃 | 0.15 | 0.26 | 0.30 | 4.6 |
| | 6mm 特低透光热反射玻璃 | 0.11 | 0.25 | 0.29 | 4.6 |

续表

| 玻璃品种 | | 可见光透射比 $T_v$ | 太阳光总透射比 $g_g$ | 遮阳系数 $S_C$ | 传热系数 $K_g$ [W/(m²·K)] |
|---|---|---|---|---|---|
| 单片 Low-E 玻璃 | 6mm 高透光 Low-E 玻璃 | 0.61 | 0.51 | 0.58 | 3.6 |
| | 6mm 中等透光型 Low-E 玻璃 | 0.55 | 0.44 | 0.51 | 3.5 |
| 中空玻璃 | 6 透明＋12 空气＋6 透明 | 0.71 | 0.75 | 0.86 | 2.8 |
| | 6 绿色吸热＋12 空气＋6 透明 | 0.66 | 0.47 | 0.54 | 2.8 |
| | 6 灰色吸热＋12 空气＋6 透明 | 0.38 | 0.45 | 0.51 | 2.8 |
| | 6 中等透光热反射＋12 空气＋6 透明 | 0.28 | 0.29 | 0.34 | 2.4 |
| | 6 低透光热反射＋12 空气＋6 透明 | 0.16 | 0.16 | 0.18 | 2.3 |
| | 6 高透光 Low-E＋12 空气＋6 透明 | 0.72 | 0.47 | 0.62 | 1.9 |
| | 6 中透光 Low-E＋12 空气＋6 透明 | 0.62 | 0.37 | 0.50 | 1.8 |
| | 6 较低透光 Low-E＋12 空气＋6 透明 | 0.48 | 0.28 | 0.38 | 1.8 |
| | 6 低透光 Low-E＋12 空气＋6 透明 | 0.35 | 0.20 | 0.30 | 1.8 |
| | 6 高透光 Low-E＋12 氩气＋6 透明 | 0.72 | 0.47 | 0.62 | 1.5 |
| | 6 中透光 Low-E＋12 氩气＋6 透明 | 0.62 | 0.37 | 0.50 | 1.4 |

**窗框传热系数及面积比例**　　　　　　　　表 6.15-2

| 窗框材料 | $K_框$ | $\alpha_框$ | $\alpha_玻$ |
|---|---|---|---|
| 普通铝合金 | 7.0 | 0.2 | 0.8 |
| 断热铝合金 | 4.2 | 0.25 | 0.75 |
| 塑料 PVC | 1.91 | 0.3 | 0.7 |
| 塑钢 | 2.2 | 0.3 | 0.7 |
| 铝塑 | 3.1 | 0.3 | 0.7 |
| 木色铝 | 3.26 | 0.3 | 0.7 |
| 木塑 | 1.63 | 0.3 | 0.7 |
| 木 | 2.37 | 0.35 | 0.65 |
| 玻璃幕墙 | — | 0.15 | 0.85 |

# 6.16 各类整窗热工性能指标表

## 各类整窗热工性能指标表

表 6.16-1

| 玻璃 | | | 普通铝合金窗 | | | | 断热铝合金窗 | | | | 塑料 PVC 窗 | | | | 铝塑窗 | | | |
|---|---|---|---|---|---|---|---|---|---|---|---|---|---|---|---|---|---|---|
| | | | 传热系数 $K$ (W/m²·K) | 遮阳系数 $S_C$ | 太阳得热系数 $S_{HGC}$ | 可见光透射比 $T_v$ | 传热系数 $K$ (W/m²·K) | 遮阳系数 $S_C$ | 太阳得热系数 $S_{HGC}$ | 可见光透射比 $T_v$ | 传热系数 $K$ (W/m²·K) | 遮阳系数 $S_C$ | 太阳得热系数 $S_{HGC}$ | 可见光透射比 $T_v$ | 传热系数 $K$ (W/m²·K) | 遮阳系数 $S_C$ | 太阳得热系数 $S_{HGC}$ | 可见光透射比 $T_v$ |
| 单片玻璃 | 透明玻璃(5~6mm) | | 6.0 | 0.78 | 0.68 | 0.62 | 5.3 | 0.72 | 0.63 | 0.58 | 4.7 | 0.67 | 0.58 | 0.54 | 4.92 | 0.67 | 0.59 | 0.54 |
| | 着色吸热玻璃(5~6mm) | | 6.0 | 0.57 | 0.50 | 0.34 | 5.3 | 0.53 | 0.46 | 0.32 | 4.7 | 0.49 | 0.43 | 0.29 | 4.92 | 0.50 | 0.43 | 0.42 |
| | 热反射玻璃(6mm) | 高透光 | 6.0 | 0.54 | 0.47 | 0.45 | 5.3 | 0.50 | 0.44 | 0.42 | 4.7 | 0.46 | 0.40 | 0.39 | 4.92 | 0.47 | 0.41 | 0.39 |
| | | 中透光 | 5.7 | 0.42 | 0.37 | 0.32 | 5.1 | 0.39 | 0.34 | 0.30 | 4.44 | 0.36 | 0.31 | 0.28 | 4.71 | 0.36 | 0.31 | 0.28 |
| | | 低透光 | 5.1 | 0.26 | 0.23 | 0.12 | 4.5 | 0.24 | 0.21 | 0.11 | 3.88 | 0.22 | 0.19 | 0.11 | 4.15 | 0.22 | 0.19 | 0.11 |
| | Low-E玻璃(6mm) | 高透光 | 4.28 | 0.49 | 0.43 | 0.49 | 3.75 | 0.46 | 0.40 | 0.46 | 3.07 | 0.45 | 0.39 | 0.43 | 3.45 | 0.44 | 0.38 | 0.43 |
| | | 中透光 | 4.20 | 0.43 | 0.37 | 0.44 | 3.68 | 0.40 | 0.35 | 0.41 | 3.18 | 0.37 | 0.32 | 0.39 | 3.38 | 0.38 | 0.33 | 0.39 |
| | | 低透光 | | | | | | | | | | | | | | | | |
| 中空玻璃 | 无色透明中空玻璃(6+12A+6) | | 3.84 | 0.71 | 0.62 | 0.57 | 3.35 | 0.66 | 0.57 | 0.53 | 2.82 | 0.62 | 0.54 | 0.50 | 3.09 | 0.62 | 0.54 | 0.50 |
| | 吸热中空玻璃(灰)(6x+12A+6) | | 3.84 | 0.44 | 0.38 | 0.30 | 3.35 | 0.41 | 0.36 | 0.29 | 2.82 | 0.38 | 0.33 | 0.27 | 3.09 | 0.38 | 0.33 | 0.27 |
| | 热反射中空玻璃(6R+12A+6) | 中透光 | 3.52 | 0.29 | 0.25 | 0.22 | 3.05 | 0.27 | 0.23 | 0.21 | 2.51 | 0.25 | 0.22 | 0.20 | 2.81 | 0.25 | 0.22 | 0.20 |
| | | 低透光 | 3.44 | 0.17 | 0.15 | 0.13 | 2.98 | 0.16 | 0.14 | 0.12 | 2.47 | 0.15 | 0.13 | 0.11 | 2.74 | 0.15 | 0.13 | 0.11 |
| | Low-E中空玻璃(6L+12A+6) | 高透光 | 3.12 | 0.45 | 0.39 | 0.58 | 2.68 | 0.42 | 0.37 | 0.54 | 2.11 | 0.40 | 0.35 | 0.50 | 2.46 | 0.40 | 0.35 | 0.50 |
| | | 中透光 | 3.04 | 0.36 | 0.31 | 0.50 | 2.60 | 0.34 | 0.29 | 0.47 | 2.12 | 0.32 | 0.28 | 0.43 | 2.39 | 0.32 | 0.28 | 0.43 |
| | | 低透光 | 3.04 | 0.21 | 0.18 | 0.28 | 2.60 | 0.19 | 0.16 | 0.26 | 2.12 | 0.18 | 0.16 | 0.25 | 2.39 | 0.18 | 0.16 | 0.25 |

注：由于不同厂家有不同的数据参数，因此设计时宜按厂家提供的实测数据参数为准。

**可开启悬窗有效通风换气面积计算公式**　　　　　　表 6.16-2

| 可开启悬窗有效通风换气面积 $S_\alpha = H^2 \sin\alpha + 2HB \sin\dfrac{\alpha}{2}$ | | |
|---|---|---|
| 悬窗开启角度 | 15° | $S_{15°} = 0.26H(H+B)$ |
| | 30° | $S_{30°} = 0.5H(H+1.04B)$ |
| | 45° | $S_{45°} = 0.707H(H+1.08B)$ |
| | 60° | $S_{60°} = 0.866H(H+B)$ |
| | 75° | $S_{75°} = 0.966H(H+1.26B)$ |
| | 90° | $S_{90°} = H(H+1.41B)$ |

式中，$\alpha$—悬窗开启角度；$H$、$B$—悬窗窗扇的高度和宽度，m。

# 7 车 库 设 计

## 7.1 车库建筑设计

### 7.1.1 车库建筑设计要求

车库建筑设计要求                                                            表 7.1.1

| 设计内容 | | 设计要求 | | | | | | |
|---|---|---|---|---|---|---|---|---|
| 建筑规模 | | 特大型 | 大型 | | 中型 | | 小型 | |
| 机动车库停车当量数 | | >1000 | 301～1000 | | 51～300 | | ≤50 | |
| 机动车库停车当量数 | | >1000 | 501～1000 | 301～500 | 101～300 | 51～100 | 25～50 | <25 |
| 机动车库出入口数 | | ≥3 | ≥2 | | ≥2 | ≥1 | ≥1 | |
| 非居住建筑车道数 | | ≥5 | ≥4 | ≥3 | ≥2 | | ≥2 | ≥1 |
| 居住建筑车道数 | | ≥3 | ≥2 | ≥2 | ≥2 | | ≥2 | ≥1 |
| 交通模拟计算 | | 当车道数量>5且停车当量>3000辆时，出入口数量应经过交通模拟计算确定 | | | | | | |
| 设计车型外廓尺寸总长×宽×高（m） | | 微型车 | 小型车 | | | 轻型车 | | |
| 设计车型外廓尺寸总长×宽×高（m） | | 3.8×1.6×1.8 | 4.8×1.8×2.0 | | | 7.0×2.25×2.75 | | |
| 标准车停放建筑面积（m²） | | 地上、地下机动车库宜30～40，机械车库宜15～25（含坡道面积） | | | | | | |
| 机动车换算当量系数 | | 微型车 | 小型车 | 轻型车 | 中型车 | | 大型车 | |
| 机动车换算当量系数 | | 0.7 | 1.0 | 1.5 | 2.0 | | 2.5 | |
| 机动车最小转弯半径（m） | | 4.5 | 6 | 6～7.2 | 7.2～9 | | 9～10.5 | |
| 电梯 | | ≥4F的多层车库或≤－3F的地下车库应设置乘客电梯，电梯服务半径宜≤60m | | | | | | |
| 基地出入口及总平面 | 安全设施 | 机动车库基地出入口应设置减速安全设施 | | | | | | |
| 基地出入口及总平面 | 位置 | 应设于城市次干道或支路，不应（不宜）直接与城市快速路（主干道）连接 | | | | | | |
| 基地出入口及总平面 | 位置 | 距大、中城市主干道交叉口道路红线交叉点：应≥70m | | | | | | |
| 基地出入口及总平面 | 位置 | 与人行天桥、人行横道、人行地道（包括引道引桥）的最边线距离：应≥5m | | | | | | |
| 基地出入口及总平面 | 位置 | 距地铁、公交站台边缘：应≥15m | | | | | | |
| 基地出入口及总平面 | 位置 | 距公园、学校、儿童及残疾人建筑出入口边缘：应≥20m | | | | | | |

| 设计内容 | | | 设计要求 | |
|---|---|---|---|---|
| 基地出入口及总平面 | 宽度（m） | 出入口 | 单行应≥4，双行应≥7且与内部通道顺畅衔接 | |
| | | 小型车车道 | 双车道应≥6；单车道应≥4；机非、机人混行时，单向增加≥1.5 除住宅区基地外的和中型车以上的双车道宽应≥7 | |
| | 地面坡度 | | 与城市道路连接时宜≤5%，当>8%时应设缓坡与城市道路连接 | |
| | 间距（m） | | 应≥15，且≥2个出入口道路转弯半径之和 | |
| | 候车道 | | 机动车应在附近设≥4m×10m（宽×长）的候车道 | 且均不占城市道路 |
| | | | 非机动车应留有等候空间 | |
| | 通视条件 | | 在距出入口边线以内2m处作视点，视点的120°范围内至边线外不应有遮挡视线的障碍物（如下图阴影区域）<br><br><br><br>1—建筑基地；2—城市道路；3—车道中心线；<br>4—车道边线；5—视点位置；6—基地机动车出入口；<br>7—基地边线；8—道路红线；9—道路缘石线 | |
| | 机动车道转弯半径（m） | 出入口处 | 宜≥6，且满足基地通行车辆最小转弯半径要求 | |
| | | 总平面小型车 | 应≥3.5 | |
| | | 总平面消防车 | 应≥消防车最小转弯半径要求 | |
| | 充电设施 | | 总平面内应设置或预留（按各地规定要求执行） | |
| 车库出入口及坡道（以平入式、坡道式出入口为主） | 出入口设置 | | 人员出入口与车辆出入口应分开设置 | |
| | | | 机动车升降梯不得替代乘客电梯作为人员出入口，并应设置标识 | |
| | 出入口间距（m） | | 应≥15，且≥2个出入口道路转弯半径之和 | |
| | 出入口缓冲段（主要指地下车库出入口） | | 缓冲段应从车库出入口坡道起坡点算起 | |
| | | | 出入口起坡点距基地内主要道路交叉口或高架路起坡点应≥5.5m | |
| | | | 出入口缓冲段与基地内道路连接处的转弯半径宜≥5.5m | |
| | | | 出入口与基地道路垂直时，出入口起坡点与主要道路边缘的距离应≥5.5m | |
| | | | 出入口与基地道路平行时，缓冲段长度应≥5.5m | |
| | | | 出入口直接连接基地外城市道路时，缓冲段长度宜≥7.5m | |

| 设计内容 | | 设计要求 | | |
|---|---|---|---|---|
| 车库出入口及坡道（以平入式、坡道式出入口为主） | 出入口宽度（m） | 单向行驶≥4，双向行驶≥7 | | |
| | 出入口、坡道最小净高（m） | 小型车 | 轻型车 | 中型、大型客车 |
| | | 2.2 | 2.95 | 3.7 |
| | 坡道最小净宽（m） | 微型、小型车 | 直线单行3，直线双行5.5；曲线单行3.8，曲线双行7 | |
| | | 轻、中、大型车 | 直线单行3.5，直线双行7；曲线单行5，曲线双行10 | |
| | | 宽度不含道牙及其他分隔带宽度 | | |
| | 坡道纵向坡度 $i$ | 微型、小型车 | 直线坡道≤15%，曲线坡道≤12% | |
| | | 轻型车 | 直线坡道≤13.3%，曲线坡道≤10% | |
| | | 中型车 | 直线坡道≤12%，曲线坡道≤10% | |
| | | 大型车 | 直线坡道≤10%，曲线坡道≤8% | |
| | 横坡、缓坡 | 环道横坡（弯道超高）=2%~6%　斜楼板坡度≤5% | | |
| | | 当车道纵坡 $i>10\%$ 时，坡道上、下端应设缓坡，缓坡坡度=$i/2$ | | |
| | | 缓坡长度 | 直线缓坡≥3.6m　曲线缓坡≥2.4m | |
| | 坡道转弯处最小环形车道内半径 | $\alpha\leq90°$ | $90°<\alpha<180°$ | $\alpha\geq180°$ | $\alpha$——坡道连续转向角度 |
| | | 4m | 5m | 6m | |

| 设计内容 | | 设计要求 | | |
|---|---|---|---|---|
| 车库内通、停车道及停车区域（以微型、小型车为主） | 机动车之间以及机动车与墙、柱、护栏之间最小净距（m） | 最小净距 | 微型、小型车 | 轻型车 |
| | | 平行式停车时汽车间纵向净距 | 1.20 | 1.20 |
| | | 垂直、斜列式停车时汽车间纵向净距 | 0.50 | 0.70 |
| | | 汽车间横向净距 | 0.60 | 0.80 |
| | | 汽车与柱子间净距 | 0.30 | 0.30 |
| | | 汽车与墙、护栏及其他构筑物间净距　纵向 | 0.50 | 0.50 |
| | | 汽车与墙、护栏及其他构筑物间净距　横向 | 0.60 | 0.80 |
| | 通车道最小宽度（m） | 3（仅通车） | | |

| 通（停）车道最小宽度（m） | 平行后停 30°前、后停 45°前、后停 | 垂直前停 | 垂直后停 | 60°前停 | 60°后停 | 复式机械后停 |
|---|---|---|---|---|---|---|
| | 3.8 | 9 | 5.5 | 4.5 | 4.2 | 5.8 |

| | |
|---|---|
| 停车区域净高（m） | 应≥2.2（地面面层到吊顶、设备管线、结构构件底部的有效空间垂直距离） |
| 环道内半径（m） | 微型车、小型车应≥3 |
| 充电设施 | 车库内应设置或预留，应远近期、快慢充结合（按各地规定要求执行） |

| 设计内容 | | 设计要求 |
|---|---|---|
| 车库内通道、停车道及停车区域（以微型、小型车为主） | 轮挡 | 停车位的楼地面上应设车轮挡，宜设于距停车位端线为汽车前悬或后悬的尺寸减0.2m处，高度宜为0.15m，车轮挡不得阻碍楼地面排水 |
| | 地面 | 应采用醒目线条标明行驶方向，用10~15cm宽线条标明停车位场，库内一般通道宜采用逆时针单循环，避免小半径右转弯 |
| | 排水 | 地面应设地漏或排水沟等排水设施，地漏（或集水坑）的中距宜≤40m，地面排水应$i \geq 0.5\%$ |
| | 护栏和道牙 | 入库坡道横向侧无实体墙时，应设护栏和道牙。道牙（宽度×高度）应≥0.30m×0.15m |

## 7.1.2 汽车库车道设计

### 7.1.2.1 地下车库坡道纵剖面设计图示

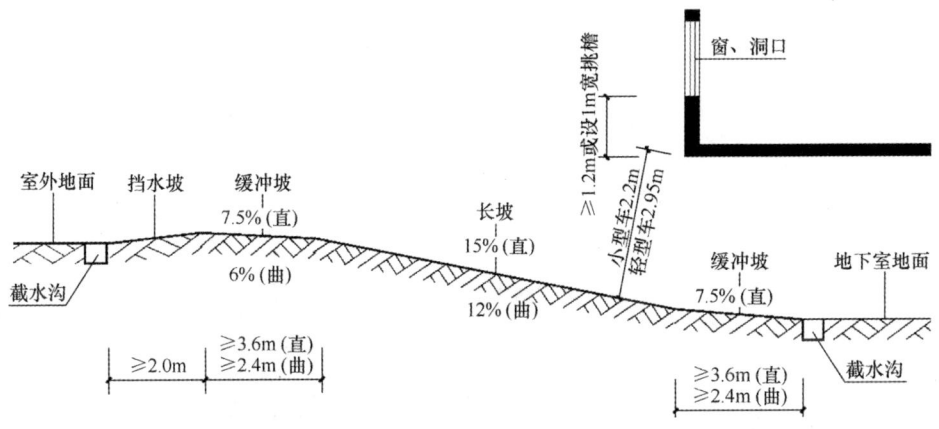

图 7.1.2.1 地下车库坡道纵剖面（小汽车）

### 7.1.2.2 环形车道及小型车各项指标

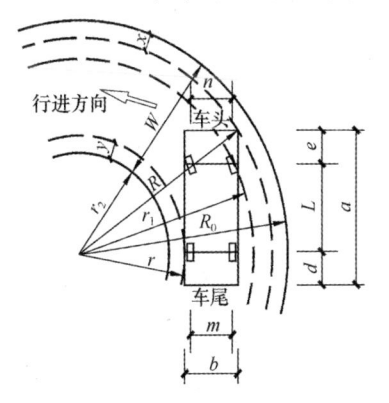

图 7.1.2.2 环形车道及小型车
各项指标图

各项指标编号说明：

$W$——环道最小宽度

$r_1$——汽车最小转弯半径

$R$——汽车环行外半径

$r$——汽车环行内半径

$R_0$——环道外半径

$r_2$——环道内半径

$x$——汽车环行时最外点至环道外边安全距离

$y$——汽车环行时最内点至环道内边安全距离

$x$、$y$宜≥250mm或≥500mm（两侧为连续障碍物时）

$a$——汽车长度

$b$——汽车宽度

$e$——汽车前悬尺寸

$d$——汽车后悬尺寸

$L$——汽车轴距

$n$——汽车前轮距

$m$——汽车后轮距

$$W = R_0 - r_2$$
$$R_0 = R + x$$
$$r_2 = r - y$$
$$R = \sqrt{(L+d)^2 + (r+b)^2}$$
$$r = \sqrt{r_1^2 - L^2} - \frac{b+n}{2}$$

# 7.2 汽车库、修车库、停车场防火设计

## 7.2.1 汽车库、修车库、停车场分类及防火设计要求

汽车库、修车库、停车场分类及防火设计要求 **表 7.2.1**

| 设计内容 | | | 设计要求 | | | |
|---|---|---|---|---|---|---|
| 分类 | | | I | II | III | IV |
| 汽车库 | 停车数量（辆） | | ＞300 | 150～300 | 51～150 | ≤50 |
| | 总建筑面积 $S$（$m^2$） | | $S＞10000$ | $5000＜S≤10000$ | $2000＜S≤5000$ | $S≤2000$ |
| 修车库 | 车位数（个） | | ＞15 | 6～15 | 3～5 | ≤2 |
| | 总建筑面积 $S$（$m^2$） | | $S＞3000$ | $1000＜S≤3000$ | $500＜S≤1000$ | $S≤500$ |
| 停车场 | 停车数量（辆） | | ＞400 | 251～400 | 101～250 | ≤100 |
| 耐火等级 | | | 一级 | 不低于二级 | | 不低于三级 |
| | | | 地下、半地下和高层汽车库；甲乙类物品运输车的汽车库和修车库等均应一级 | | | |
| 安全疏散 | 汽车疏散出口（个） | 地上汽车库 | 每库或每层≥2（分散设置，应设于不同防火分区） | 每库或每层≥2或1（设双车道时） | | 1（若为停车场，停车数量应≤50） |
| | | 地下、半地下汽车库 | 每库或每层≥2（分散设置，应设于不同防火分区） | ≥2或1（设双车道、停车数≤100且$S＜4000$） | | 1（II、III类修车库可） |
| | 人员安全出口（个） | | 每防火分区≥2 | | | 1（III类修车库可） |
| | 汽车库各出入口关系 | | 汽车疏散出口与车库或所在建筑其他部分的人员安全疏散出口均应分开独立设置 | | | |
| | 疏散出口水平距离 | 人员疏散出口 | 应≥5m | | | |
| | | 汽车疏散出口 | 应≥10m；毗邻设置的两个汽车坡道，中间应设防火隔墙分隔 | | | |
| | 汽车疏散坡道净宽（m） | | 单车道≥3 | 双车道≥5.5 | | |
| | 车库人员疏散距离（m） | | ≤45（无自动灭火系统） | ≤60（有自动灭火系统） | | ≤60（单层或设于首层时） |

| 设计内容 | | | 设计要求 | | |
|---|---|---|---|---|---|
| 安全疏散 | 人员疏散楼梯 | 防烟楼梯间 | 高层车库 $H>32\text{m}$，地下车库室内地面与室外出口地坪高差 $\Delta H>10\text{m}$ 时设置 | | |
| | | 封闭楼梯间 | 除防烟楼梯间及满足条件的室外疏散梯外，均应设置 | | |
| | | 室外疏散楼梯 | 倾角≤45°、栏杆扶手高 $H$≥1.1m、各层楼梯平台耐火极限≥1h、楼梯 2m 范围内除疏散门外无其他门窗洞口 | | |
| | | 疏散楼梯净宽 | ≥1.1m | | |
| | | 机械车库救援楼梯间 | 无人无车道机械车库，停车数量>100 时，应设≥1 个供灭火救援用的楼梯间，楼梯间应采用防火隔墙和乙级防火门，净宽≥0.9m | | |
| | | 借用疏散楼梯间 | 与住宅地下室连通的地下、半地下车库，可直接或设连通走道借用住宅的疏散楼梯间疏散，设甲级防火疏散门，通道采用防火隔墙 | | |
| | | 分别独立设置疏散楼梯 | 汽车库与托儿所、幼儿园、老年建筑、中小学教学楼、病房楼等的安全出口和疏散楼梯应分别独立设置 | | |
| 防火分区 | 面积（m²）/设自动灭火系统时的面积（m²） | 全地下车库、地上高层车库 | 坡道式 | | 2000/4000 |
| | | | 有人有车道机械式 | | 1300/2600 |
| | | | 敞开、错层、斜楼板式 | | 4000/8000 |
| | | 半地下车库、地上多层车库 | 坡道式 | | 2500/5000 |
| | | | 有人有车道机械式 | | 1625/3250 |
| | | | 敞开、错层、斜楼板式 | | 5000/10000 |
| | | 地上单层车库 | 坡道式 | | 3000/6000 |
| | | | 有人有车道机械式 | | 1950/3900 |
| | | | 敞开、错层、斜楼板式 | | 6000/12000 |
| | | | 甲、乙类物品运输车 | | 500/500 |
| | | 无人无车道机械式车库 | 每 100 辆设一个防火分区或每 300 辆设一个防火分区，但必须采用防火措施分隔出停车数≤3 辆的停车单元 | | |
| | | 电动汽车充电停车区 | 新建汽车库内配建的分散充电设施在同一防火分区内应集中布置 | | |
| | | | 国标规定 | 应设在一、二级耐火等级的汽车库 1F~3F，设在地下室时宜−1F~−3F，不应低于−3F | |
| | | | | 每分区内应设独立的防火单元（m²） | 单层汽车库 | 1500/1500 |
| | | | | | 多层汽车库 | 1250/1250 |
| | | | | | 地下汽车库或高层汽车库 | 1000/1000 |

| 设计内容 | | | 设计要求 | | |
|---|---|---|---|---|---|
| 防火分区 | 面积（m²）/设自动灭火系统时的面积（m²） | 电动汽车充电停车区 | 广东省标规定 | 单层汽车库防火分区 | | 3000/3000 |
| | | | | 多层汽车库防火分区 | | 2500/2500 |
| | | | | 地下汽车库或高层汽车库分区 | | 2000/2000 |
| | | | | 应设独立的防火单元（辆） | 地下、高层车库 | 每单元停车数量应≤20辆 |
| | | | | | 半地下，单、多层车库 | 每单元停车数量应≤50辆 |
| | | | | | 单元间分隔构件耐火≥2h，防火卷帘停滞高度1.8m | |
| | | | | 停车场充电车位宜分组集中布置 | | 每组应≤50辆，间距≥6m |
| | | 修车库 | | 单层、多层 | | 2000/2000 |
| | | | | 修车部位与相邻使用有机溶剂清洗和喷漆工段用防火墙分隔时 | | 4000 |

| 防火间距（m） | 最小防火间距 | 多层民用建筑、车库 | 高层民用建筑、车库 | 厂房、仓库 | 甲类厂房 | 甲类仓库 | 重要公建 |
|---|---|---|---|---|---|---|---|
| | 多层车库 | 10 | 13 | 10 | 12 | 12~20 | 10 / 13 |
| | 高层车库 | 13 | 13 | 13 | 15 | 15~23 | 13 |
| | 停车场 | 6 | 6 | 6 | 6 | 12~20 | 6 |
| | 甲乙类物品运输车库 | 25 | 25 | 12 | 30 | 17~25 | 50 |

| 防火间距附注 | | 汽车库、修车库、停车场之间或与其他建筑之间 | 防火间距 | 条件与要求 |
|---|---|---|---|---|
| | 1 | 相邻两座建筑间 | 不限 | 较高一面外墙为无门、窗、洞口的防火墙，或高出相邻较低一座一、二级耐火等级建筑的屋面15m及以下范围内的外墙为无门、窗、洞口的防火墙 |
| | | 停车场与相邻一、二级建筑间 | | 当建筑外墙为无门、窗、洞口的防火墙，或比停车部位高15m范围以下的外墙为无门、窗、洞口的防火墙时 |
| | 2 | 相邻两座建筑间 | 按GB 50067—2014表4.2.1规定减少50% | 当相邻较高一面外墙上，同较低建筑等高的以下范围内的墙为无门、窗、洞口的防火墙时 |
| | 3 | 相邻两座一、二级耐火等级建筑间 | ≥4m | 当相邻较高一面外墙耐火极限≥2h，墙上开口部位设甲级防火门、窗或耐火极限≥2h防火卷帘、水幕 |
| | | | | 当相邻较低一座外墙为防火墙、屋顶无开口且屋顶耐火极限≥1h时 |
| | 4 | 停车场汽车组与组间 | ≥6m | 停车场汽车分组停放，每组停车数宜≤50辆 |
| | 5 | 上表中有关"车库"栏，均含"修车库"，上表中各类建筑的耐火等级均按一、二级 | | |

| 消防车道 | 设置要求 | 应环形设置或沿车库的一个长边和另一边设置 |
|---|---|---|
| | 回车场 | 应≥12m×12m |
| | 车道尺寸 | 净宽、净高应≥4m |

| 消防电梯 | 建筑高度>32m的汽车库，应设置消防电梯；每个防火分区至少设1部 |
|---|---|

注：（1）地下车库的耐火等级均应是一级；

（2）本章节内容仅适用于一、二级耐火等级的建筑

### 7.2.2  汽车库、修车库平面布置规定

表 7.2.2

| 平面布置规定 | Ⅱ、Ⅲ、Ⅳ类修车库 | 地上车库 | 半地下、地下车库 |
|---|---|---|---|
| 托幼、老年人建筑、中小学教学楼、病房楼 | 不应组合建造或贴邻 | 不应组合建造 | 符合规定时可组合 |
| 商场、展览、餐饮、娱乐等人员密集场所 | 不应组合建造或贴邻 | 可组合或贴邻建造 | |
| 一、二级耐火等级建筑 | 可设于首层或贴邻 | | |
| 为汽车库服务的附属用房、修理车位、喷漆间、充电间、乙炔间、甲乙类库房 | 符合规定时可贴邻，但应采用防火墙隔开，并可直通室外 | 不应内设 | |
| 甲、乙类厂房、仓库 | 不得贴邻或组合建造 | | |
| 汽油罐、加油机、加气机、液化气天然气罐 | 不可内设 | | |

注：本表中"符合规定"指的是《汽车库、修车库、停车场防火规范》GB 50067—2014 的相应规定。

### 7.2.3  场地内小型道路满足消防车通行的弯道设计

场地内小型车通行的道路，转弯半径一般较小，当必须满足消防车紧急通行时，可如图 7.2.3 所示，在小区道路弯道外侧保留一定的空间，其控制范围为弯道处外侧一定宽度（图中阴影部分），控制范围内不得修建任何地面构筑物，不应布置重要管线、种植灌木和乔木，道路缘石高 $h \leqslant 120$mm。

按消防车转弯半径为 12m 计算，转弯最外侧控制半径 $R_0 = 14.5$m。

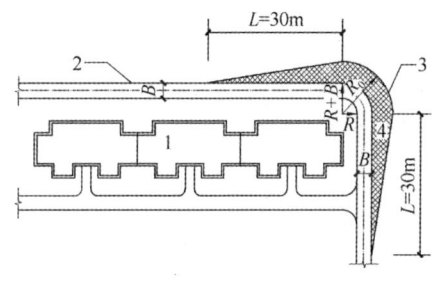

图 7.2.3

1—建筑轮廓；2—道路缘石线；3—弯道外侧构筑物控制边线；4—控制范围；B—道路宽度；R—道路转弯半径；$R_0$—消防车道转弯最外侧控制半径；L—渐变段长度

# 7.3  机械式停车库设计

### 7.3.1  机械式汽车库分类

机械式汽车库分类

表 7.3.1

| 类 别 | 主要特征 |
|---|---|
| 1. 全自动停车库 | 库内无车道且无人员停留，采用机械设备进行垂直或水平移动来实现自动存取汽车 |
| 2. 复式停车库 | 库内有车道、有人员停留的，同时采用机械设备传送，在一个建筑层内布置一层或多层停车架的汽车库 |
| 3. 敞开式机械停车库 | 每层车库外围敞开面积超过该层四周外围总面积25%的机械式停车库，且敞开区域长度不小于车库周长的50% |

### 7.3.2 机械式汽车库设计要点

1. 机械式车库的停车设备选型应与建筑设计同步进行，应结合停车设备的技术要求与合理的柱网关系进行设计。

2. 车库内外凡是能使人跌落入坑的地方，均应设置防护栏。

3. 机械式车库应根据需要设置检修通道，且宽度不小于600mm，净高不小于停车位净高，设检修孔时边长不小于700mm。

4. 机械式车库地下室和各底坑应做好防、排水设计。

5. 机械车库与主体建筑物结构连接时，应根据设备运行特点采取隔振、防噪措施。

6. 车库内消防、通风、电缆桥架等管线不得侵占停车位空间。

### 7.3.3 适停车型外廓尺寸及重量

适停车型外廓尺寸及重量 表7.3.3

| 适停车型 | 组别代号 | 外廓尺寸<br>（长×宽×高，mm） | 重量<br>（kg） |
|---|---|---|---|
| 小型车 | X | ≤4400×1750×1450 | ≤1300 |
| | Z | ≤4700×1800×1450 | ≤1500 |
| 轻型车 | D | ≤5000×1850×1550 | ≤1700 |
| | T | ≤5300×1900×1550 | ≤2350 |
| | C | ≤5600×2050×1550 | ≤2550 |
| | K | ≤5000×1850×2050 | ≤1850 |

### 7.3.4 单套设备存容量、单车最大进出时间、出入口数及停车位最小外廓尺寸

单套设备存容量、单车最大进出时间、出入口数及停车位最小外廓尺寸 表7.3.4

| 车库类别 | 设备类别 | 单套设备存容量（辆） | 单车最大进出时间（s） | 最少出入口数（个/套） | 停车位最小外廓尺寸（mm） | | |
|---|---|---|---|---|---|---|---|
| | | | | | 宽度 | 长度 | 高度 |
| 复式机械车库 | 升降横移类 | 3～35 | 240 | 沿入位层可全部设置 | 车宽+500（通道） | 车长+200 | 车高+微升降高度+50，且≥1600，兼作人行通道时应≥2000 |
| | 简易升降类 | 1～3 | 170 | 1 | | | |
| 全自动机械车库 | 垂直升降类 | 10～50 | 210 | 1 | 车宽+150 | 车长+200 | 车高+微升降高度+50，且≥1600 |
| | 巷道堆垛类 | 12～150 | 270 | 3 | | | |
| | 平面移动类 | 12～300 | 270 | 3 | | | |
| | 垂直循环类 | 8～34 | 120 | 1 | | | |
| | 水平循环类 | 10～40 | 420 | 1 | | | |
| | 多层循环类 | 10～40 | 540 | 1 | | | |

## 7.3.5 出入口形式及设计要求

出入口形式及设计要求　　　　　　　表 7.3.5

| | 出入口形式 | 适用车库 | 设计要求 |
|---|---|---|---|
| 复式 | 汽车通道＋载车板 | 升降横移、简易升降类 | 出入口满足汽车后进停车时，通道宽度应≥5.8m |
| 全自动 | 管理、操作室＋回转盘 | 垂直升降、巷道堆垛、平面移动、垂直循环、水平循环、多层循环类 | 1. 出入口处应设不少于 2 个候车位，当出入口分设时，每个出入口处至少应设 1 个候车位；<br>2. 出入口净宽≥设计车宽＋0.50m 且≥2.50m，净高≥2.00m；<br>3. 管理操作室宜近出入口，应有良好视野或视频监控系统。管理室可兼作配电室，室内净宽≥2m，面积≥9m²，门外开；<br>4. 出入口处应防雨水倒灌，回转盘底坑应做好防、排水设计 |

## 7.3.6 各类机械式停车设备运行方式和对应的建筑设计要求及简图

各类机械式停车设备运行方式和对应的建筑设计要求及简图　　　　　　表 7.3.6

| 类别 | 基本运行方式、建筑设计要求、设备布置简图 | | | |
|---|---|---|---|---|
| | 基本运行方式：每车位有一块载车板，利用载车板在机械传动装置驱动下，沿轨道升、降、横向平移存取车辆 | | | |
| 升降横移类 | 停车空间尺寸（mm）要求： | | | |
| | 车位宽度 $W$ | 2350～2500 | | 正立面图　　　平面 |
| | 车位长度 $L$ | 5500～6000 | | |
| | 设备净高 | 出入层 | ≥2000 | 侧立面图 |
| | | 二层 | 3500～3650 | |
| | | 三层 | 5650～5900 | |
| | | 四层 | 7450～7700 | |
| | | 五层 | 9030～9550 | |
| | | 六层 | 11150～11400 | |
| | | 地坑 | ≥2000 | |
| | 重列式净高应增加 100～200 | | | |

| 类别 | 基本运行方式、建筑设计要求、设备布置简图 |
|---|---|
| 简易升降类 | 基本运行方式：利用设备的升降或仰俯机构驱动载车板上下移动存取车辆（含：垂直升降式和仰俯摇摆式） |

**停车空间尺寸（mm）要求：**

| | 垂直升降式 | 仰俯式 |
|---|---|---|
| 车位宽度 | ≥适停车宽+500 | $C≥2330$ |
| 车位长度 | ≥适停车长+200 | $J≥5100$ |
| 停层净高 | $H≥2000$ | $H=2700～3100$ |

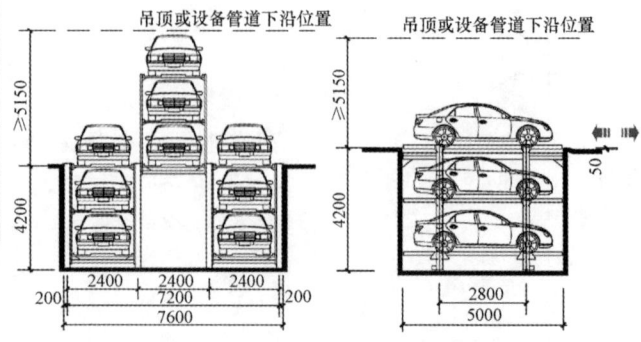

吊顶或设备管道下沿位置

垂直升降式正立面图　　垂直升降式侧立面图

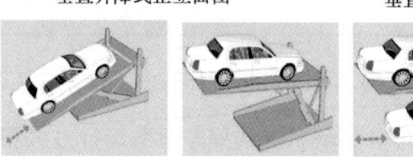

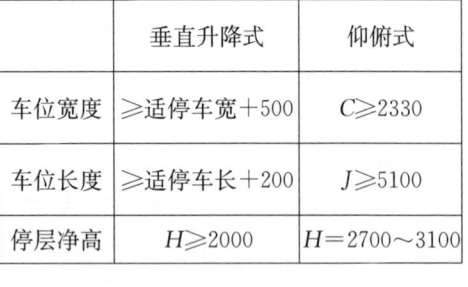

仰俯升降式侧立面图

仰俯升降式简图

基本运行方式：利用升降机将载车板升降到指定层后用升降机上的横移机构搬运车辆实现存取

| | |
|---|---|
| 垂直升降类 | **塔库平面尺寸（mm）要求：** |

| 塔库宽度 | ≥6900 |
|---|---|
| 塔库长度 | ≥6150 |
| 停层净高 | ≥1650 |
| 机房净高 | ≥2000 |
| 底坑深度 | ≥1200 |
| 存车层数 | 20～25 |

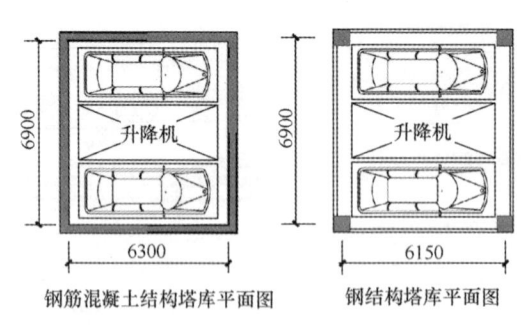

钢筋混凝土结构塔库平面图　　钢结构塔库平面图

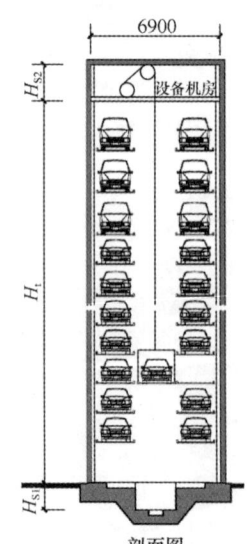

剖面图

**出入口尺寸（mm）要求**

| 净宽 | ≥车宽+500且≥2250 |
|---|---|
| 净高 | ≥车宽+150且≥2000 |

续表

| 类别 | 基本运行方式、建筑设计要求、设备布置简图 |
|---|---|

**基本运行方式：**用巷道堆垛起重机或桥式起重机，将进到搬运器上的车辆水平、垂直移动到存车位，用存取机构将车辆存取到车位上

车库基本尺寸（mm）要求：

|  | 车位纵向式布置 | 车位横向式布置 |
|---|---|---|
| 长度 | $L = 1000 + \sum L_c + 1750$ | $L = 1500 + \sum W_c + \sum W_q + 600$ |
| 宽度 | $W = 2W_c + 2W_s$ | $W = 2L_c + W_s$ |
| 高度 | $H = H_t + \sum H_c + 700$ | $H = H_s + \sum H_c + \sum H_b + H_t + 200$ |

$L_c$：停放车位长度　　　$H_s$：设备安装基坑高度
$H_c$：停放车位高度　　　$W_c$：停放车位宽度
$H_b$：结构楼板厚度　　　$W_s$：堆垛机运行宽度
$H_t$：堆垛机结构高度 $+ H_c$　$W_q$：承重墙（柱）宽度

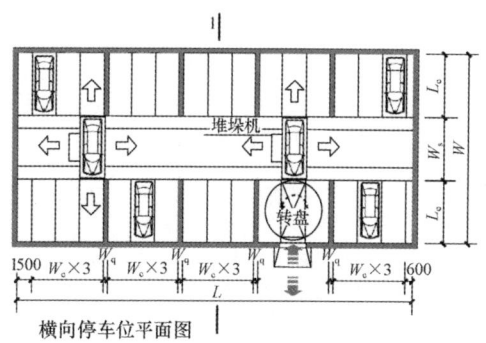

横向停车位平面图

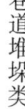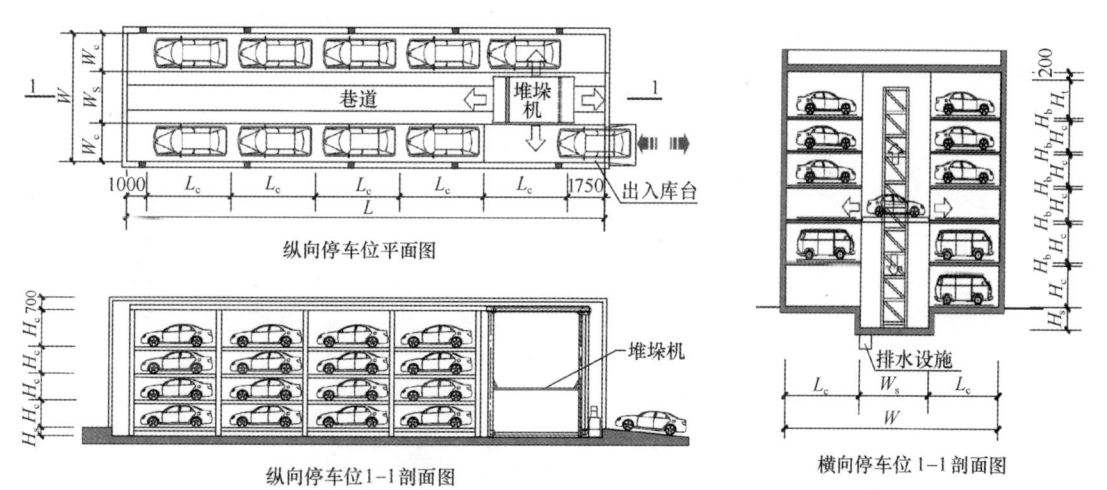

纵向停车位平面图

纵向停车位1-1剖面图

横向停车位1-1剖面图

类别：巷道堆垛类

**基本运行方式：**在同一层上用搬运台车或起重机平面移动车辆，或使载车板在平面内往返存取车辆，当设多层停车架时，需增加升降系统

车库基本尺寸（mm）要求：

|  | 纵向停车 | 横向停车 |
|---|---|---|
| 车位纵向尺寸 | ≥5450 | ≥5200 |
| 车位横向尺寸 | ≥2000 | ≥2200 |
| 中间巷道宽度 | 3000 | 5400 |
| 层高 | ≥2200 | ≥1950 |

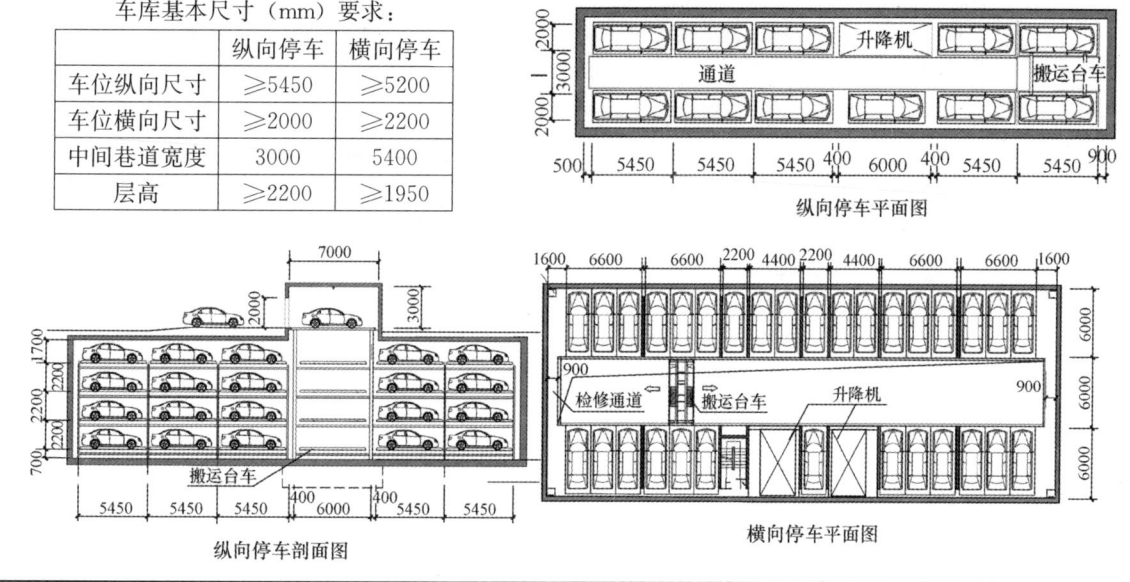

纵向停车平面图

纵向停车剖面图

横向停车平面图

类别：平面移动类

沒

| 类别 | 基本运行方式、建筑设计要求、设备布置简图 |
|---|---|
| 多层循环类 | 基本运行方式：载车板在机械传动装置驱动下做上、下、水平循环运动，实现车辆存取<br>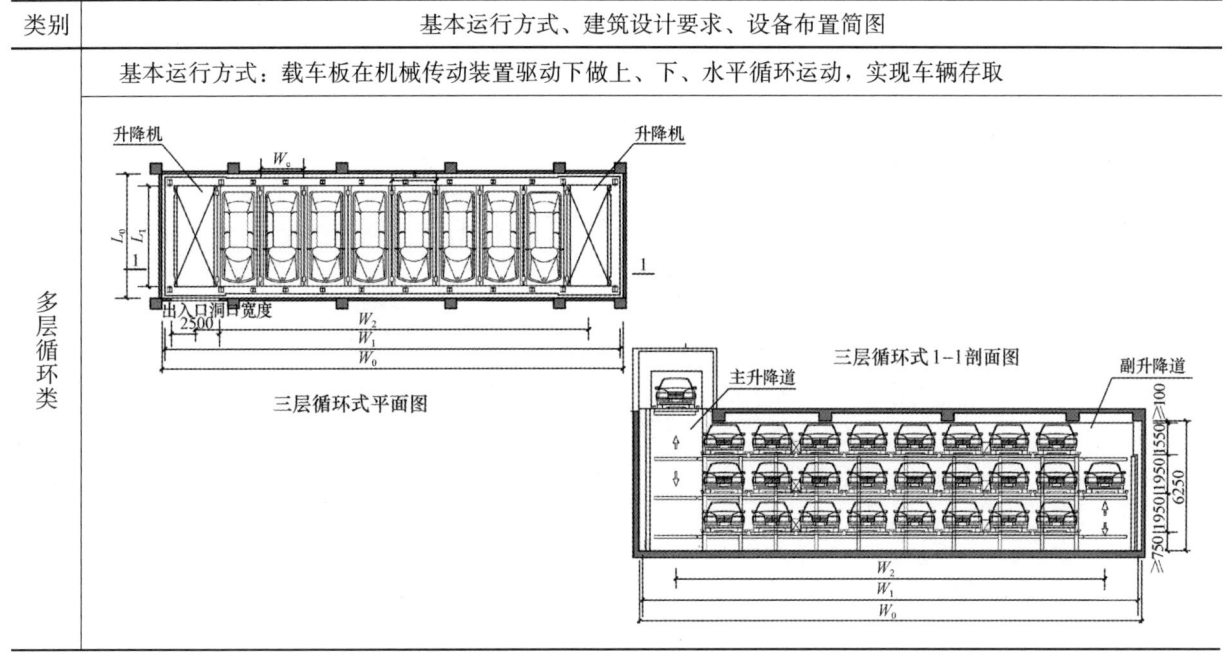 |

## 7.4　非机动车库设计

### 7.4.1　非机动车库设计要求

非机动车库设计要求　　　　　　　　　　　　表 7.4.1

| 车　　型 | 非机动车 | | | | 二轮摩托车 |
|---|---|---|---|---|---|
| | 自行车 | 三轮车 | 电动自行车 | 机动轮椅车 | |
| 设计车型长度（m） | 1.90 | 2.50 | 2.00 | 2.00 | 2.00 |
| 设计车型宽度（m） | 0.60 | 1.20 | 0.80 | 1.00 | 1.00 |
| 设计车型高度（m） | 1.20（骑车人骑在车上时，高度＝2.25） | | | | |
| 换算当量系数 | 1.0 | 3.0 | 1.2 | 1.5 | 1.5 |
| 出入口净宽度（m） | ≥1.80 | ≥车宽+0.6 | ≥1.80 | ≥车宽+0.6 | |
| 停车当量数（辆）与出入口数量 | 停车当量≤500辆时，出入口设1个<br>停车当量>500辆时，出入口≥2个 | | | 停车当量每增加500辆，出入口数增加1个 | |
| 出入口直线形坡道 | 长度>6.8m 或转向时，应设休息平台，平台长度≥2.00m | | | | |
| 踏步式出入口斜坡 | 推车坡度≤25%，推车斜坡净宽≥0.35m，出入口总净宽≥1.80m | | | | |
| 坡道式出入口斜坡 | 坡度≤15%，坡道宽度≥1.80m | | | | |
| 地下车库坡道口 | 在地面出入口处应设置 $h$≥0.15m 的反坡及截水沟 | | | | |
| 车库楼层位置 | 不宜低于地下二层，室内外地坪高差 $\Delta H$>7m 时，应设机械提升装置 | | | | |
| 分组停车数（辆） | 每组当量停车数应≤500 | | | | |
| 停车区域净高（m） | ≥2.00 | | | | |
| 出入口安全、通视要求 | 非机动车库出入口宜与机动车库出入口分开设置，且出地面处的最小距离≥7.5m<br>当出入口坡道需与机动车出入口共设时，应设安全分隔设施，且应在地面出入口外7.5m范围内设置不遮挡视线的安全隔离栏杆 | | | | |

### 7.4.2 自行车停车宽度和通道宽度

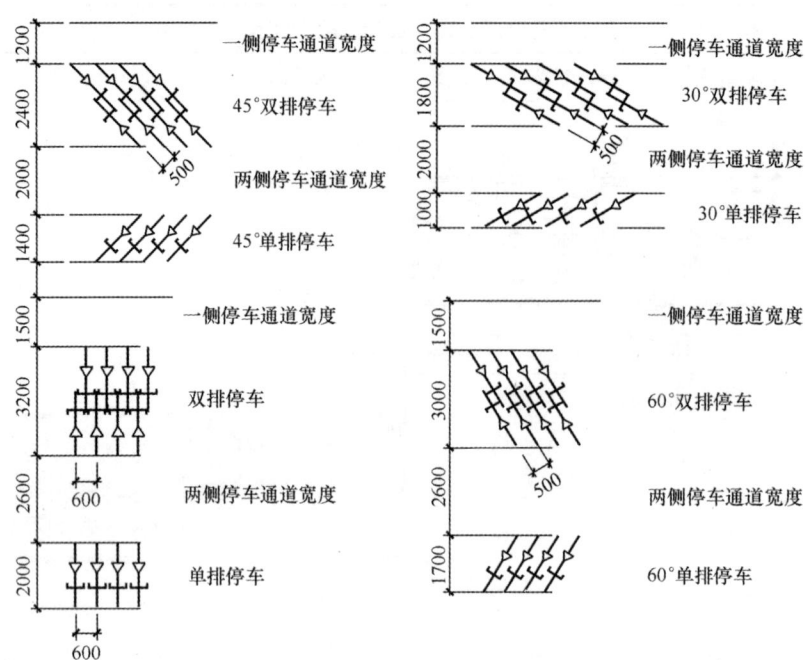

图 7.4.2 自行车停车宽度和通道宽度

# 8 装配式建筑设计

## 8.1 一 般 规 定

1. 装配式建筑设计除满足国家及省、市现行装配式相关的政策、规范及标准要求外，还应满足国家建筑基本规范和专用规范、标准要求。

2. 装配式建筑设计应遵循建筑全寿命的可持续性原则，满足建筑标准化设计、工厂化生产、装配化施工、一体化装修、信息化管理的要求。

3. 装配式建筑设计应符合城市规划的要求，并与当地的产业链资源和周围环境相协调。

4. 装配式建筑设计应遵循工业化建造的设计原则，体现工业化建造的特点，综合考虑建筑使用功能、预制构件生产及运输、现场装配式施工、成本造价等因素。

5. 装配式建筑设计应遵循模数协调，满足构件部品标准化和通用化要求，并应符合现行国家标准《建筑模数协调标准》GB/T 50002—2013 的规定。

6. 装配式建筑设计应采用标准化设计方法，选用标准化、系列化的主体构件和内装部品，以"少规格、多组合"的原则进行设计。

7. 装配式建筑设计应将结构系统、外围护系统、设备与管线系统、内装系统集成设计，实现建筑功能完整、性能优良。

## 8.2 主 要 技 术 体 系

### 8.2.1 装配式混凝土结构体系

根据装配式建筑结构类型，装配式混凝土结构体系主要包括装配整体式框架结构、装配整体式框架—现浇剪力墙结构、装配整体式框架—现浇核心筒结构、装配整体式剪力墙结构、装配整体式部分框支剪力墙结构等。

1. 装配整体式混凝土结构房屋的最大适用高（m），见表 8.2.1-1：

表 8.2.1-1

| 结构体系 | 抗震设防烈度 | | | |
|---|---|---|---|---|
| | 6 度 | 7 度 | 8 度（0.20g） | 8 度（0.30g） |
| 装配整体式框架结构 | 60 | 50 | 40 | 30 |
| 装配整体式框架—现浇剪力墙结构 | 130 | 120 | 100 | 80 |
| 装配整体式框架—现浇核心筒结构 | 150 | 130 | 100 | 90 |
| 装配整体式剪力墙结构 | 130(120) | 110(100) | 90(80) | 70(60) |
| 装配整体式部分框支剪力墙结构 | 110(100) | 90(80) | 70(60) | 40(30) |

注：（1）房屋高度指室外地面到主要屋面的高度，不包括局部突出屋顶的部分。

（2）部分框支剪力墙结构指地面以上有部分框支剪力墙的剪力墙结构，不包括仅个别框支墙的情况。

2. 高层装配整体式混凝土结构的高宽比不宜超过表8.2.1-2数值：

表 8.2.1-2

| 结构类型 | 抗震设防烈度 | |
|---|---|---|
| | 6度、7度 | 8度 |
| 装配整体式框架结构 | 4 | 3 |
| 装配整体式框架—现浇剪力墙结构 | 6 | 5 |
| 装配整体式剪力墙结构 | 6 | 5 |
| 装配整体式框架—现浇核心筒结构 | 7 | 6 |

以上表格详见《装配式混凝土建筑技术标准》GB/T 51231—2016。

### 8.2.2 装配式钢结构体系

装配式钢结构建筑可根据建筑功能、建筑高度以及抗震设防烈度等选择下列结构体系：钢框架结构、钢框架—支撑结构、钢框架—延性墙板结构、筒体结构、巨型结构、交错桁架结构、门式刚架结构、低层冷弯薄壁型钢结构等。

1. 重点设防类和标准设防类多高层装配式钢结构建筑适用的最大高度（m），见表8.2.2-1：

表 8.2.2-1

| 结构体系 | 6度 (0.05g) | 7度 | | 8度 | | 9度 (0.40g) |
|---|---|---|---|---|---|---|
| | | (0.10g) | (0.15g) | (0.20g) | (0.30g) | |
| 钢框架结构 | 110 | 110 | 90 | 90 | 70 | 50 |
| 钢框架—中心支撑结构 | 220 | 220 | 200 | 180 | 150 | 120 |
| 钢框架—偏心支撑结构<br>钢框架—屈曲约束支撑结构<br>钢框架—延性墙板结构 | 240 | 240 | 220 | 200 | 180 | 160 |
| 筒体（框筒、筒中筒、桁架筒、束筒）结构、巨型结构 | 300 | 300 | 280 | 260 | 240 | 160 |
| 交错桁架结构 | 90 | 60 | 60 | 40 | 40 | |

注：（1）房屋高度指室外地面到主要屋面板板顶的高度（不包括局部突出屋顶部分）。
（2）超过表内高度的房屋，应进行专门研究和论证，采取有效的加强措施。
（3）交错桁架结构不得用于9度区。
（4）柱子可采用钢柱或钢管混凝土柱。
（5）特殊设防类，6～8度时宜按本地区抗震设防烈度提高一度后符合本表要求，9度时应做专门研究。

2. 多高层装配式钢结构建筑的高宽比不宜大于表8.2.2-2的规定：

表 8.2.2-2

| 6度 | 7度 | 8度 | 9度 |
|---|---|---|---|
| 6.5 | 6.5 | 6.0 | 5.5 |

注：（1）计算高宽比的高度从室外地面算起。
（2）当塔形建筑底部有大底盘时，计算高宽比的高度从大底盘顶部算起。

以上表格详见《装配式钢结构建筑技术标准》GB/T 51232—2016。

### 8.2.3 装配式木结构体系

装配式木结构建筑抗震设计应按设防类别、烈度、结构类型和房屋高度采用相应的计算方法，并应符合现行国家标准《建筑抗震设计规范》GB 50011—2010（2016 年版）、《木结构设计标准》GB 50005—2017 和《多高层木结构建筑技术标准》GB/T 51226—2017 的规定。

相关标准详见《装配式木结构建筑技术标准》GB/T 51233—2016。

# 8.3　总　体　设　计

### 8.3.1　场地总体布局

根据装配式建筑特点，场地总体布局中应充分考虑预制构件运输车行路线的设置，配合现场施工组织方案合理布置施工塔吊位置、预制构件临时堆场位置，对场地进行精细化设计。

### 8.3.2　装配式建筑规划设计

1. 装配式建筑的规划设计应基于标准化设计原则，根据规划建设要求，通过标准单元模块组合成适应场地的不同楼栋，再组合楼栋形成多样化的总体规划形态。

2. 装配式建筑设计，除了考虑环境、功能要求及审美需要等因素外，应综合考虑标准楼栋、标准模块及标准构件，尽量减少预制柱、预制梁、预制楼板、预制外墙、预制阳台等构件种类，提高建造效率，实现建筑功能性与经济性的统一。

3. 建筑标准楼栋设计时，应考虑单元模块的组合拼接方式、体型系数、核心筒效率及建筑采光、通风性能等因素。

### 8.3.3　建筑性能设计

1. 装配式建筑应符合国家现行标准对建筑适用性能、安全性能、环境性能、经济性能、耐久性能等综合规定。

2. 装配式建筑的耐火等级应符合现行国家标准《建筑设计防火规范》GB 50016—2014（2018 年版）的有关规定。

3. 装配式建筑的热工性能应符合国家现行标准《民用建筑热工设计规范》GB 50176—2016、《公共建筑节能设计标准》GB 50189—2015、《严寒和寒冷地区居住建筑节能设计标准》JGJ 26—2018、《夏热冬冷地区居住建筑节能设计标准》JGJ 134—2010、《夏热冬暖地区居住建筑节能设计标准》JGJ 75—2012 和《温和地区居住建筑节能设计标准》JGJ 475—2019 的有关规定。

4. 装配式建筑应根据功能部位、使用要求等进行隔声设计，在易形成声桥的部位应采用柔性连接或间接连接等措施，并应符合现行国家标准《民用建筑隔声设计规范》GB 50118—2010 的有关规定。

5. 装配式木结构建筑的防水、防潮、防生物危害和防腐设计应符合现行国家标准《木结构设计标准》GB 50005—2017 的规定。

6. 钢构件应根据环境条件、材质、部位、结构性能、使用要求、施工条件和维护管理条件等进行防腐蚀设计，并应符合现行行业标准《建筑钢结构防腐蚀技术规程》JGJ/T 251—2011 的有关规定。

# 8.4　建筑平面设计的基本要求

1. 装配式建筑平面设计应考虑有利于装配式建造的要求。

　　装配式建筑的平面形状、体型及其构件的布置应符合《装配式混凝土结构技术规程》JGJ 1—2014、《装配式混凝土建筑技术标准》GB/T 51231—2016、《装配式钢结构建筑技术标准》GB/T 51232—2016、《装配式木结构建筑技术标准》GB/T 51233—2016 的相关规定，并应符合国家工程建设节能减排、绿色环保的要求。

　　2. 平面设计应采用标准化、模块化的设计方法。

　　建筑标准化设计体系宜涵盖从建筑的部品部件到单元模块及组合平面，充分考虑建筑使用功能、立面效果、建筑性能以及维护使用等各个环节。例如装配式住宅的室内空间宜采用模块化设计，可细分为居住空间模块、厨房模块、卫生间模块、阳台模块、核心筒模块等，建筑部品的标准化是实现各功能空间模块化的基础，主要包括技术标准化及产品标准化（图 8.4-1）。

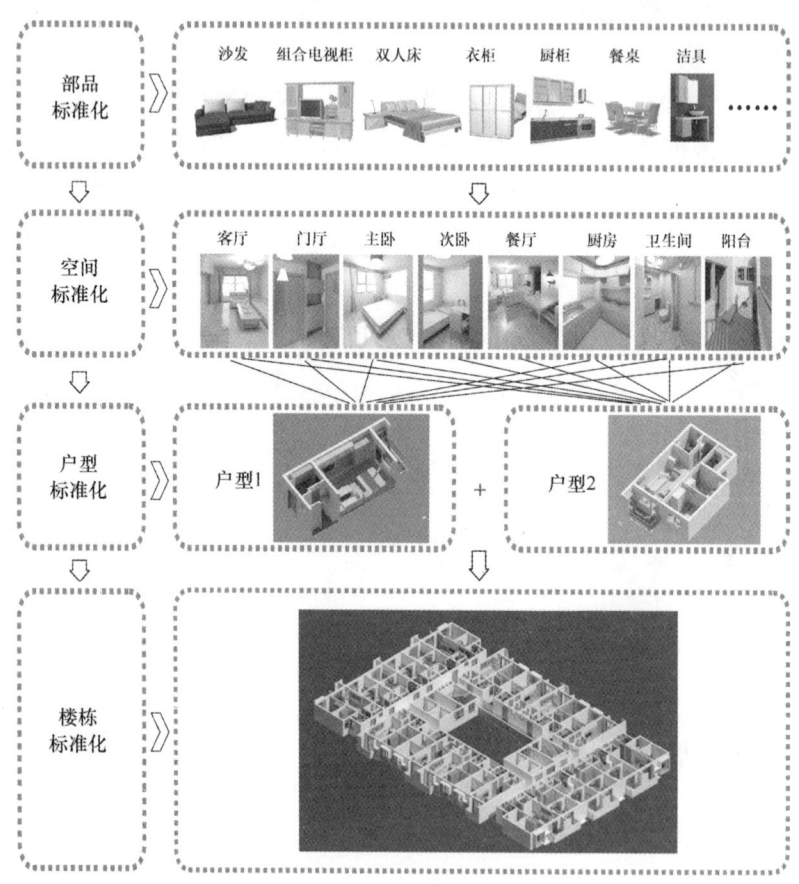

图 8.4-1　装配式住宅建筑部品标准化

　　3. 建筑平面宜结构空间规整，形成大空间的布置。

　　4. 装配式建筑平面设计，应通过一个或多个标准套型单元进行复制、旋转，运用对称手法形成标准层组合平面，以实现建筑构件的标准化（图 8.4-2）。

　　5. 装配式建筑的围护结构以及楼梯、阳台、隔墙、空调板、管道井等构件部品应采用工业化、标准化的预制构件制品（图 8.4-3）。

　　6. 装配式公共建筑应采用标准化楼电梯、公共卫生间、公共管井及基本单元等模块进行组合设计。

　　7. 装配式住宅建筑应采用标准化楼电梯、公共管井及标准化户型、厨房、卫生间等模块进行组合设计。

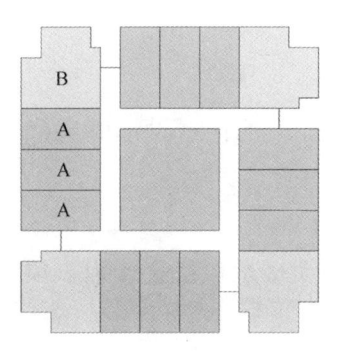

图 8.4-2 住宅模块化组合平面
（注：A、B 为户型模块）

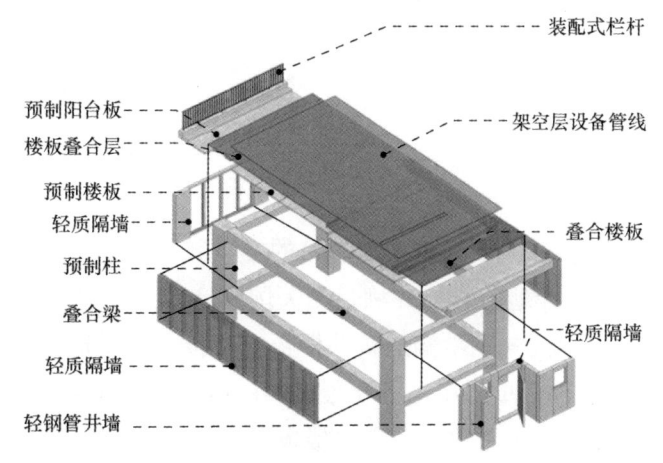

图 8.4-3 装配式建筑围护结构

8. 装配式建筑应通过建筑、结构、设备、装修等专业的协同设计，运用信息化技术手段满足建筑设计、生产运输、施工安装等一体化设计要求。

9. 装配式混凝土建筑的平面与空间布置原则：

1）平面形状宜简单、规则、对称，质量、刚度分布宜均匀，不应采用严重不规则的平面布置。

2）建筑平面长度不宜过大，平面突出部分的长度不宜过大，不宜采用角部重叠或细腰形平面布置，并应满足《装配式混凝土结构技术规程》JGJ 1—2014 规定的要求。

3）竖向布置应连续、均匀，应避免抗侧力结构的侧向刚度和承载力沿竖向突变，并应符合现行国家标准《建筑抗震设计规范》GB 50011—2011（2016 年版）的有关规定。

10. 装配式钢结构建筑的平面与空间布置原则：

1）装配式钢结构建筑平面与空间的设计应满足结构构件布置、立面基本元素组合及可实施性等要求。

2）装配式钢结构建筑应采用大开间大进深、空间灵活可变的结构布置方式。

3）装配式钢结构建筑平面设计应符合下列规定：

（1）结构柱网布置、抗侧力构件布置、次梁布置应与功能空间布局及门窗洞口协调。

（2）平面几何形状宜规则平整，并宜以连续柱跨为基础布置，柱距尺寸应按模数统一。

（3）设备管井宜与楼电梯结合，集中设置。

4）装配式钢结构建筑立面设计应符合下列规定：

（1）外墙、阳台板、空调板、外窗、遮阳设施及装饰等部品部件宜进行标准化设计。

（2）宜通过建筑体量、材质肌理、色彩等变化，形成丰富多样的立面效果。

5）装配式钢结构建筑应根据建筑功能、主体结构、设备管线及装修等要求，确定合理的层高及净高尺寸。

11. 装配式木结构建筑采用预制空间组件设计时，应符合下列规定：

1）由多个空间组件构成的整体单元应具有完整的使用功能。

2）模块单元应符合结构独立性，结构体系相同性和可组合性的要求。

3）模块单元中设备应为独立的系统，并应与整体建筑协调。

# 8.5 构 造 设 计

### 8.5.1 楼地面构造

1. 装配式混凝土结构建筑的楼板宜采用叠合楼板设计，楼地面的构造设计应适合叠合楼板的施工与建造特点，并满足相关国家标准的规定。

2. 装配式钢结构建筑的楼板应符合下列规定：

1）楼板可选用工业化程度高的压型钢板组合楼板、钢筋桁架楼承板组合楼板、预制混凝土叠合楼板及预制预应力空心楼板等。

2）楼板应与主体结构可靠连接，保证楼盖的整体牢固性。

3）抗震设防烈度为 6、7 度且房屋高度不超过 50m 时，可采用装配式楼板（全预制楼板）或其他轻型楼盖，但应采取措施保证楼板的整体性：设置水平支撑或采取有效措施保证预制板之间的可靠连接。

4）装配式钢结构建筑可采用装配整体式楼板，但应适当降低最大高度。

5）楼盖舒适度应符合现行行业标准《高层民用建筑钢结构技术规程》JGJ 99—2015 的规定。

### 8.5.2 建筑屋面

1. 应根据现行国家标准《屋面工程技术规范》GB 50345—2012 中规定的屋面防水等级进行防水设防，并应具有良好的排水功能，宜设置有组织排水系统。

2. 太阳能系统应与屋面进行一体化设计，电气性能应满足国家现行标准《民用建筑太阳能热水系统应用技术标准》GB 50364—2018 和《建筑光伏系统应用技术标准》GB/T 51368—2019 的规定。

3. 采光顶与金属屋面的设计应符合现行行业标准《采光顶与金属屋面技术规程》JGJ 255—2012 的规定。

### 8.5.3 建筑外围护系统

1. 装配式建筑的外围护系统应满足结构、热工、防水、防火、保温、隔热、隔声及建筑造型设计等要求，设计使用年限应与主体结构相协调。

2. 外围护系统的立面设计应综合装配式建筑的构成条件、装饰颜色与材料质感等设计要求。

3. 外围护系统的设计应符合模数协调和标准化要求，并应满足建筑立面效果、制作工艺、运输及施工安装的条件。

4. 装配式建筑外围护系统设计应包括下列内容：

1）外围护系统的性能要求。

2）外墙板及屋面板的模数协调要求。

3）屋面结构支承构造节点。

4）外墙板连接、接缝及外门窗洞口等构造节点。

5）阳台、空调板、装饰件等连接构造节点。

5. 预制外墙板接缝必须进行防水处理，结合工程实际选用适宜的板缝形式、板缝设置部位、防水材料及结构防水等措施。例如"装配式剪力墙"连接节点防水构造设计：

1）预制外墙接缝应根据工程特点和自然条件等，确定防水设防要求，进行防水设计。对水平缝及垂直缝的处理宜选用构造防水与材料防水结合的两道防水构造。

2）预制外墙接缝采用构造防水时，水平缝宜采用企口缝或高低缝，宜结合结构后浇带或灌浆带的设计，利用现浇节点实现结构防水，提高外墙防水的可靠性。

3）预制外墙接缝采用结构防水时，应在预制构件与现浇节点的连接界面设置"粗糙面"，保证预制构件和现浇节点接缝处的整体性和防水性能（图 8.5.3-1、图 8.5.3-2）。

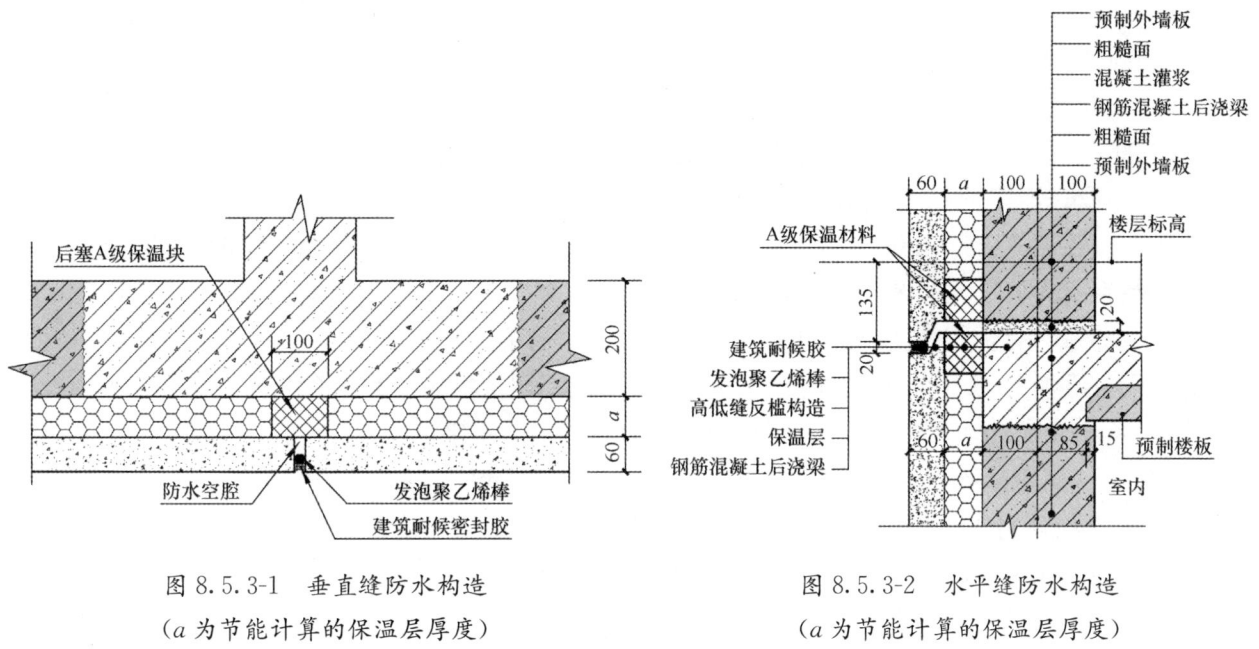

图 8.5.3-1　垂直缝防水构造
（a 为节能计算的保温层厚度）

图 8.5.3-2　水平缝防水构造
（a 为节能计算的保温层厚度）

4）门窗应采用标准化部件，并宜采用缺口、预留附框或预埋件等方法与墙体可靠连接，门窗洞口与门窗框间的密闭性不应低于门窗的密闭性（图 8.5.3-3、图 8.5.3-4）。

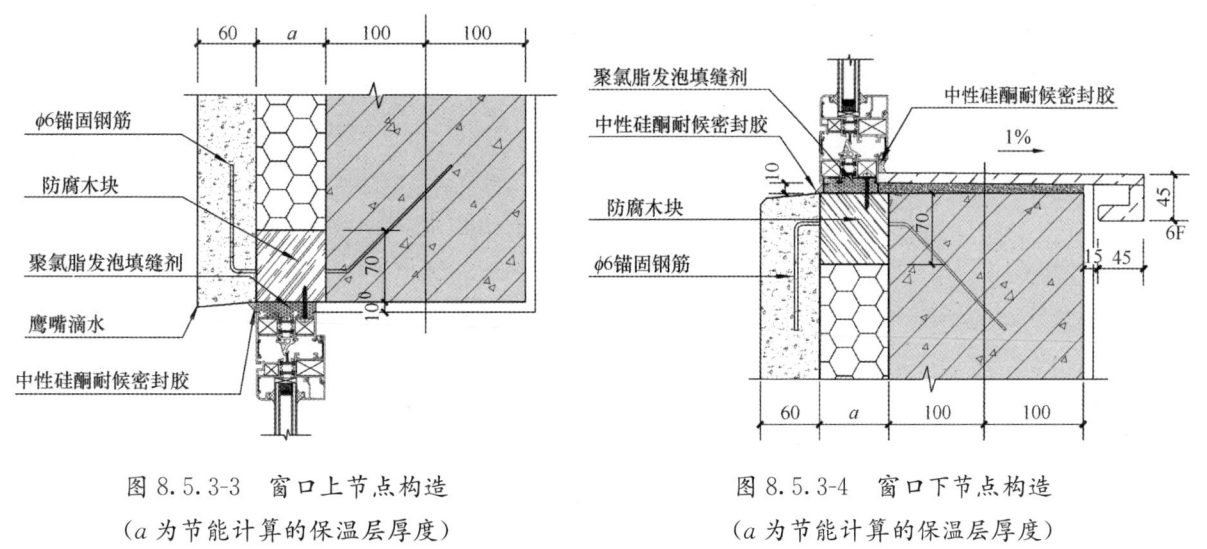

图 8.5.3-3　窗口上节点构造
（a 为节能计算的保温层厚度）

图 8.5.3-4　窗口下节点构造
（a 为节能计算的保温层厚度）

6. 外墙装饰构件如空调板应结合外墙板整体设计，保证与主体结构的可靠连接，并应满足安全、防水及热工的要求。

7. 当屋面采用预制女儿墙板时，应采用与下部墙板结构相同的分块方式和节点做法，在女儿墙内侧要求的泛水高度处设凹槽或挑檐等防水材料的收头构造。

8. 挑出外墙的阳台、雨篷等预制构件的周边应在板底设置滴水线。

9. 外围护系统应根据建筑所在地区的气候条件、使用功能等综合确定抗风性能、抗震性能、耐撞击性能、防火性能、水密性能、气密性能、隔声性能、热工性能和耐久性能等要求，屋面系统还应满足结构性能要求。

### 8.5.4 防火构造设计

1. 装配式建筑的耐火等级应符合现行国家标准《建筑设计防火规范》GB 50016—2014（2018年版）的有关规定。

1) 预制外墙板作为围护结构，与各层楼板、防火墙、隔墙相交部位应采用耐火材料封堵。

2) 预制混凝土构件的保护层厚度应满足相关规范的防火设计要求。

3) 装配式钢结构建筑预制外墙中露明的金属支撑件及外墙板内侧与主体结构的调整间隙，应采用燃烧性能等级为 A 级的材料进行封堵，封堵构造的耐火极限不得低于墙体的耐火极限，封堵材料在耐火极限内不得开裂、脱落。

4) 装配式钢结构建筑预制外墙的防火性能应按非承重外墙的要求执行，当夹芯保温材料的燃烧性能等级为 B1 或 B2 级时，内、外叶墙板应采用不燃材料且厚度均不应小于 50mm。

5) 装配式木结构建筑的防火设计应符合《多高层木结构建筑技术标准》GB/T 51226—2017 的规定。预制木构件组件和部件，在制作、运输和安装过程中不得与明火接触。

2. 复合在预制外墙上的保温材料，宜采用工厂预制的方法与墙体结构一体化生产。其材料的防火性能应满足国家现行相关防火设计规范的要求。

3. 预制外墙板间的板缝部位应封闭，其封闭材料的耐火极限应满足国家现行相关防火设计规范的要求，预制夹心外墙板中的保温材料及接缝处填充用保温材料的燃烧性能应符合现行相关国家规范及标准的要求。

4. 预制外墙板上的开洞部位，洞口一侧暴露的保温材料应封闭，其封闭材料的耐火极限应满足国家现行相关防火设计规范的要求。

# 9 BIM 在建筑设计阶段的应用

## 9.1 BIM 基 本 概 念

### 9.1.1 BIM 的基本定义

建筑信息模型（Building Information Modeling），简写为 BIM。

建筑信息模型是指创建并利用数字化模型对建设工程项目的设计、建造和运维全过程进行管理和优化的过程、方法和技术。

### 9.1.2 BIM 的作用

BIM 技术对项目进行设计、建造和运营管理，将各种建筑信息组织成一个整体，贯穿于建筑全生命周期过程。利用计算机技术建立 BIM 建筑信息模型，可对建筑空间几何信息、建筑空间功能信息、建筑施工管理信息，以及设备等各专业相关数据信息进行数据集成与一体化管理。BIM 技术的应用，将为建筑业的发展带来巨大的效益，使得规划设计、工程施工、运营管理乃至整个工程的质量和管理效率得到显著提高。

随着 BIM 技术革命的普及及深入，或将终结工程设计行业的"图纸时代"，而迎来全新的"模型时代"。

## 9.2 BIM 在城市规划中的应用

### 9.2.1 BIM 与 GIS 的结合

GIS，地理信息系统（Geographic Information System）是对城市空间中的地形、道路、市政、景观等有关宏观数据进行整合、管理、分析、显示的技术系统。

而通过 BIM，则提供了建筑的精确高度、外观尺寸以及内部空间等微观的准确信息。因此，综合 BIM 和 GIS，把建筑空间信息与其周围地理环境共享，应用到城市三维 GIS 分析中，将极大地提升城市规划及主题分析的深度、精度和应用范畴。

### 9.2.2 BIM 与 CIM

CIM，城市信息模型（City Information Modeling）是以城市的信息数据为基础，建立三维城市空间模型和城市信息的有机综合体。从数据类型上讲是由大场景的 GIS 数据＋BIM 数据构成，属于智慧城市建设的基础数据。

基于 BIM 模型，结合 GIS，可精确建立城市尺度的三维景观仿真模型，为城市空间规划、城市天际线控制，或城市尺度的室内空间（地铁商业街）的规划提供可视化的、理性的规划控制依据。

### 9.2.3 规划专题分析

基于 BIM 模型，结合相关分析工具，可精确地进行城市交通流量分析、城市日照分析、城

207

市风环境分析等。

### 9.2.4 城市市政模拟

通过 BIM 和 GIS 融合可以建立城市建筑和市政管线的三维模型，为规划及维护提供精确的可视化的信息。

### 9.2.5 城市环境保护

基于城市建筑的 BIM 模型，可赋予其人员、车流密度，三废排放信息，噪声污染数据等信息，进行对应的专项定量的分析，为城市规划的环保决策提供科学精确的依据。

# 9.3 BIM 在建筑设计阶段的应用

### 9.3.1 前期构思方案的分析和论证

利用 BIM 技术平台，结合相关分析软件，通过对设计条件与信息的整理分析，进行专项比选、分析和论证，从中选择最佳结果（图 9.3.1）。如：

1. 利用 BIM 结合 GIS，对项目的场地地形进行高程、坡度、坡向等方面的分析。

2. 利用 BIM 结合 Onuma Planning System 和 Affinit 等方案设计软件，将任务书里基于数字的项目要求转化成基于几何形体的概念方案，利于业主和设计师之间的沟通和方案研究论证。

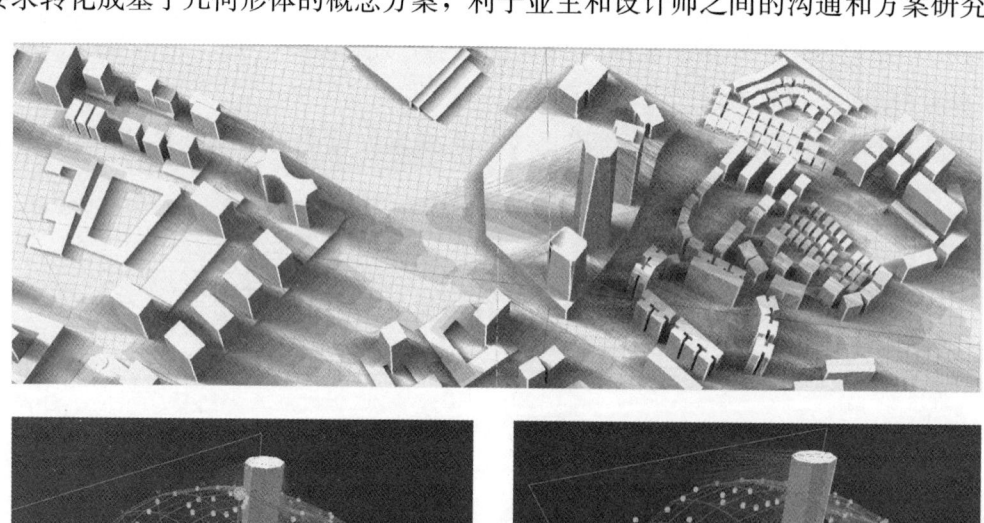

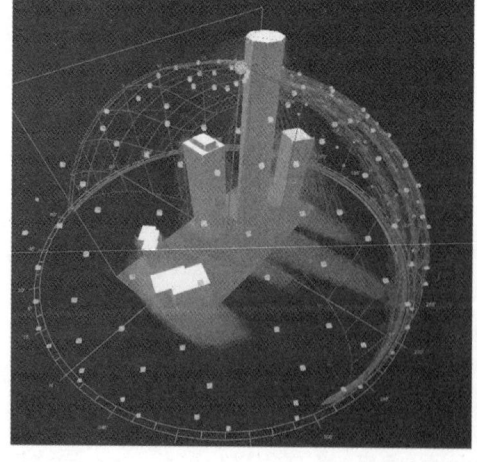
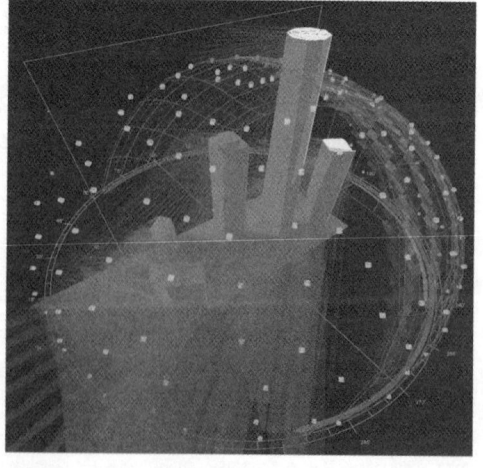

图 9.3.1 体型阴影分析

（图片来源：深圳华森建筑与工程设计顾问有限公司　东莞国贸中心）

### 9.3.2　复杂建筑的参数化设计

利用BIM技术平台，结合几何造型软件及参数化设计软件（如Rhino＋Grasshopper、Revit＋Dynamo等），使各种复杂造型方案的技术表达及实施成为可能。参数化设计，把建筑造型及功能的相关要素设为若干函数的变量，通过改变函数或变量来导出不同的方案，为建筑师在充满创想的复杂造型中寻找出内在逻辑理性，使复杂的空间结构能得以进行合理化分析、标准化建造（图9.3.2-1、图9.3.2-2）。

图 9.3.2-1　复杂造型的参数化设计

（图片来源：深圳华森建筑与工程设计顾问有限公司　深圳当代艺术馆与规划展馆）

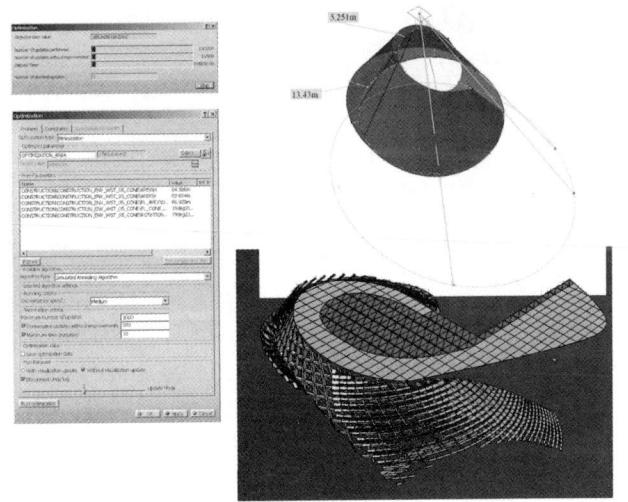

图 9.3.2-2　参数化造型—方案量化对比

（图片来源：深圳华森建筑与工程设计顾问有限公司　深圳当代艺术馆与规划展览馆）

### 9.3.3 节能绿建分析

利用 BIM 技术平台，结合专项工程分析软件（如 Ecotect、Green Building Studio 等），可对建筑设计方案进行日照采光、自然通风、建筑热工、噪声环境等多项建筑节能绿建专项分析，并形成可视化分析结果，从而在众多方案中优选出更节能、更绿色的最佳方案（图 9.3.3）。

根据国标《绿色建筑评价标准》GB/T 50378—2019，应用建筑信息模型技术，在规划设计、施工建造和运行维护各阶段的应用，是绿色建筑评价的重要指标内容。

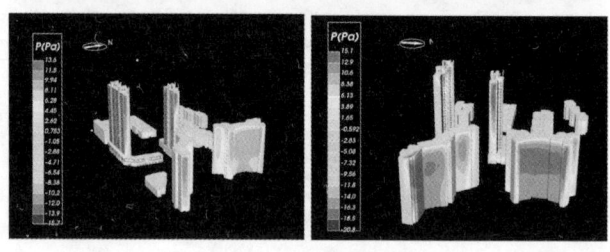

图 9.3.3 室外风环境模拟分析

（图片来源：深圳市东大国际工程设计有限公司 安居博文苑）

### 9.3.4 建筑消防性能分析

利用 BIM 技术平台，结合专项工程分析软件，可进行建筑的人员消防疏散模拟，烟气扩散模拟等，给建筑的消防设计提供直观的、客观的方案决策依据（图 9.3.4）。

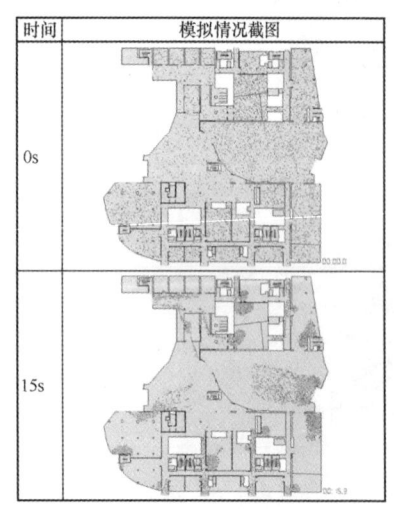

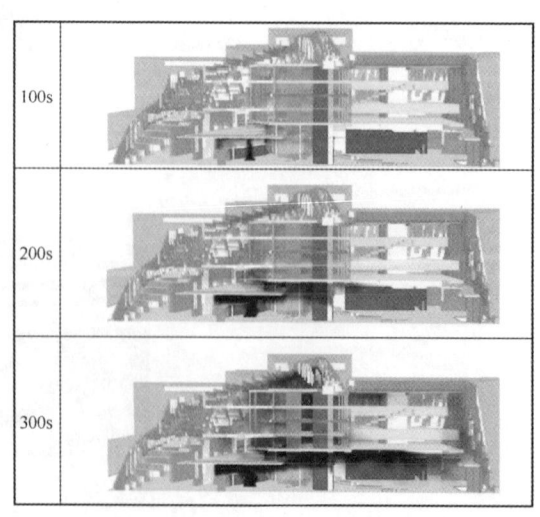

图 9.3.4 消防性能分析

（图片来源：深圳华森建筑与工程设计顾问有限公司 深圳当代艺术馆与规划展馆）

### 9.3.5　BIM＋装配式建筑

通过建立标准化 BIM 构件库，进行 BIM 构件拆分及优化设计。利用 BIM 模型，自动碰撞检查，设计构件清单，输出构件详图，进行信息化管理（图 9.3.5-1、图 9.3.5-2）。

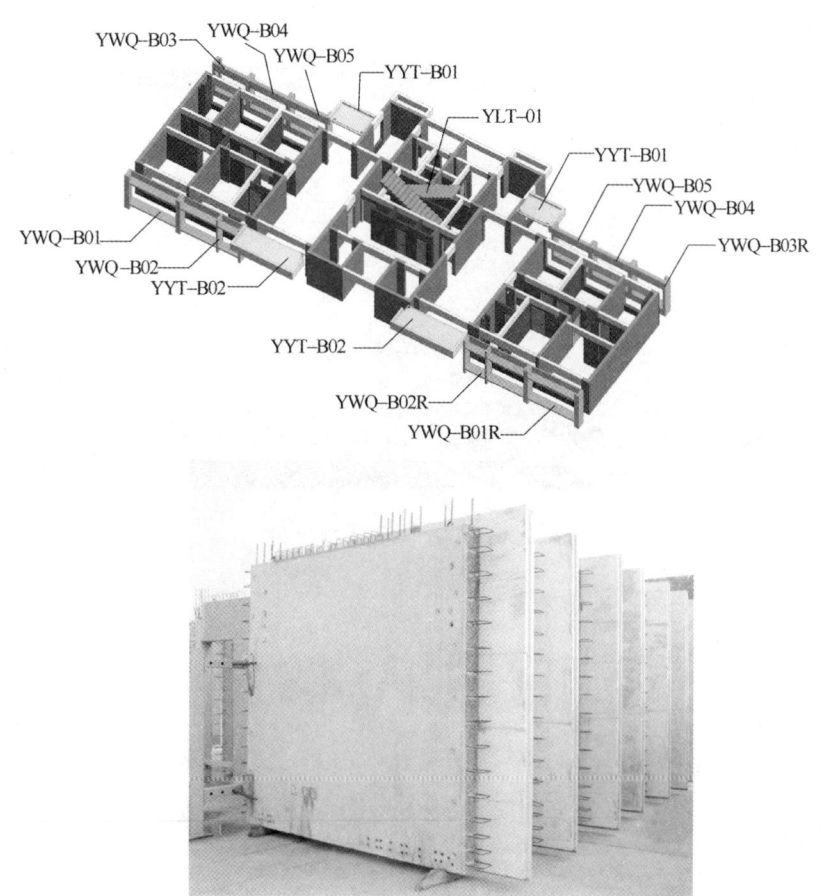

图 9.3.5-1　装配式预制构件设计（一）
（图片来源：深圳市东大国际工程设计有限公司　安居博文苑）

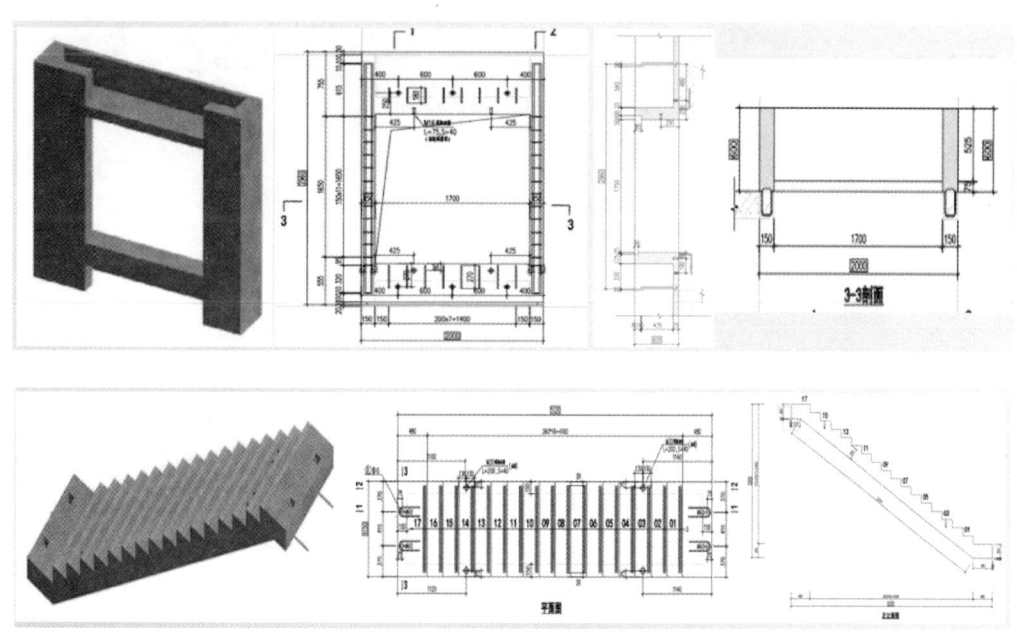

图 9.3.5-2　装配式预制构件设计（二）
（图片来源：深圳市东大国际工程设计有限公司　安居博文苑）

### 9.3.6 其他的专项工程分析

利用 BIM 技术平台，结合各种工程分析工具，可进行相应的专项设计分析（图 9.3.6-1、图 9.3.6-2），如结合 PKPM 及 ETABS、STAAD、MIDAS 等国内外软件进行结构分析设计；结合鸿业、博超及 Design Master 等国内外软件进行水暖电分析设计。

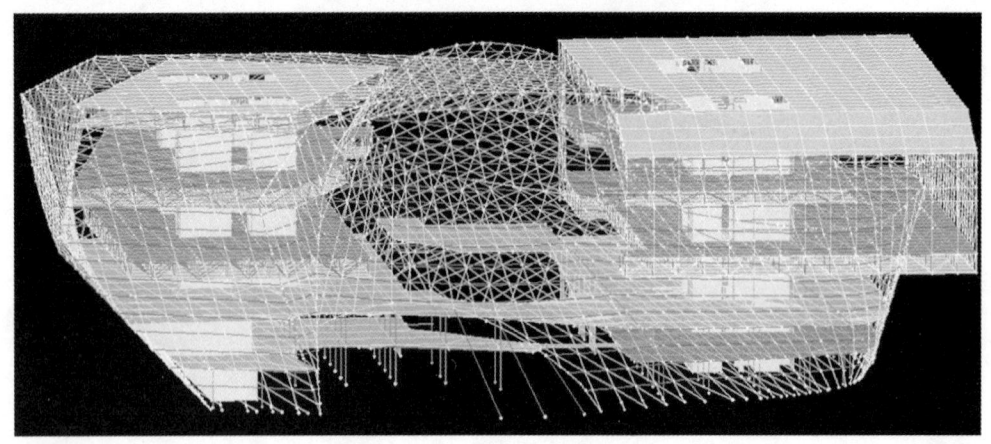

图 9.3.6-1  有限元结构分析

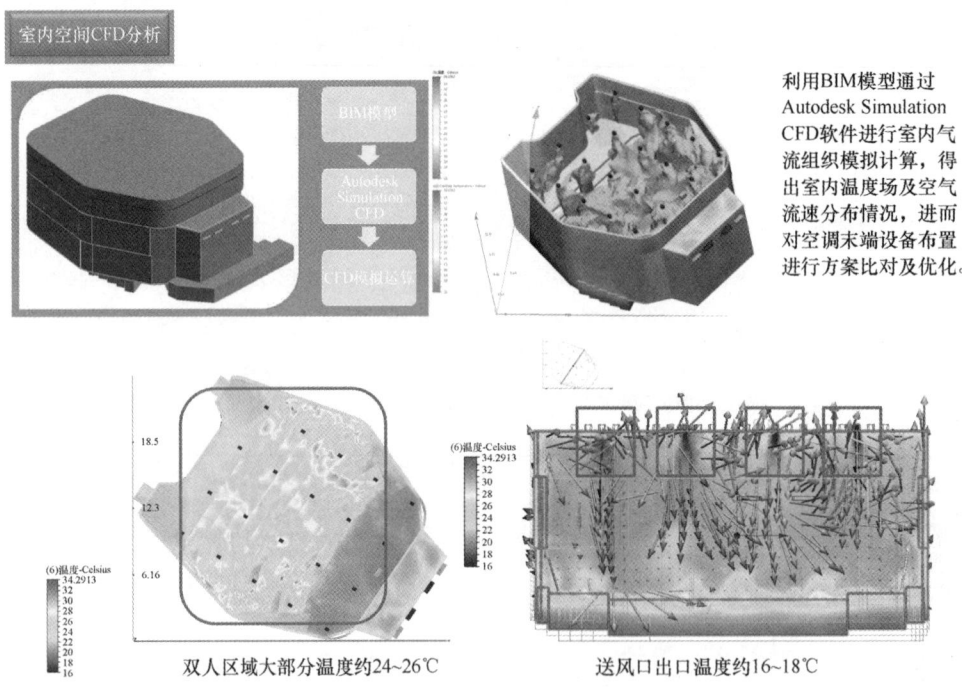

利用BIM模型通过 Autodesk Simulation CFD软件进行室内气流组织模拟计算，得出室内温度场及空气流速分布情况，进而对空调末端设备布置进行方案比对及优化。

双人区域大部分温度约24~26℃        送风口出口温度约16~18℃

图 9.3.6-2  室内空调温度及气流分布分析

（图片来源：深圳华森建筑与工程设计顾问有限公司）

### 9.3.7 碰撞检测与管线综合优化

随着建设项目规模和功能复杂程度的增加，设计、施工及建设各方，对机电管线的碰撞检测与综合优化的要求愈加强烈。利用专业碰撞检测软件（Autodesk Navisworks、Bentley Project-wiseNavigator 等），将建筑、结构及各机电专业的 BIM 模型，整合在虚拟三维环境下，能快捷直观地发现设计中各准确部位的管线及土建的碰撞冲突，及时优化排除。管线碰撞检测应排除以下各种碰撞，如图 9.3.7：

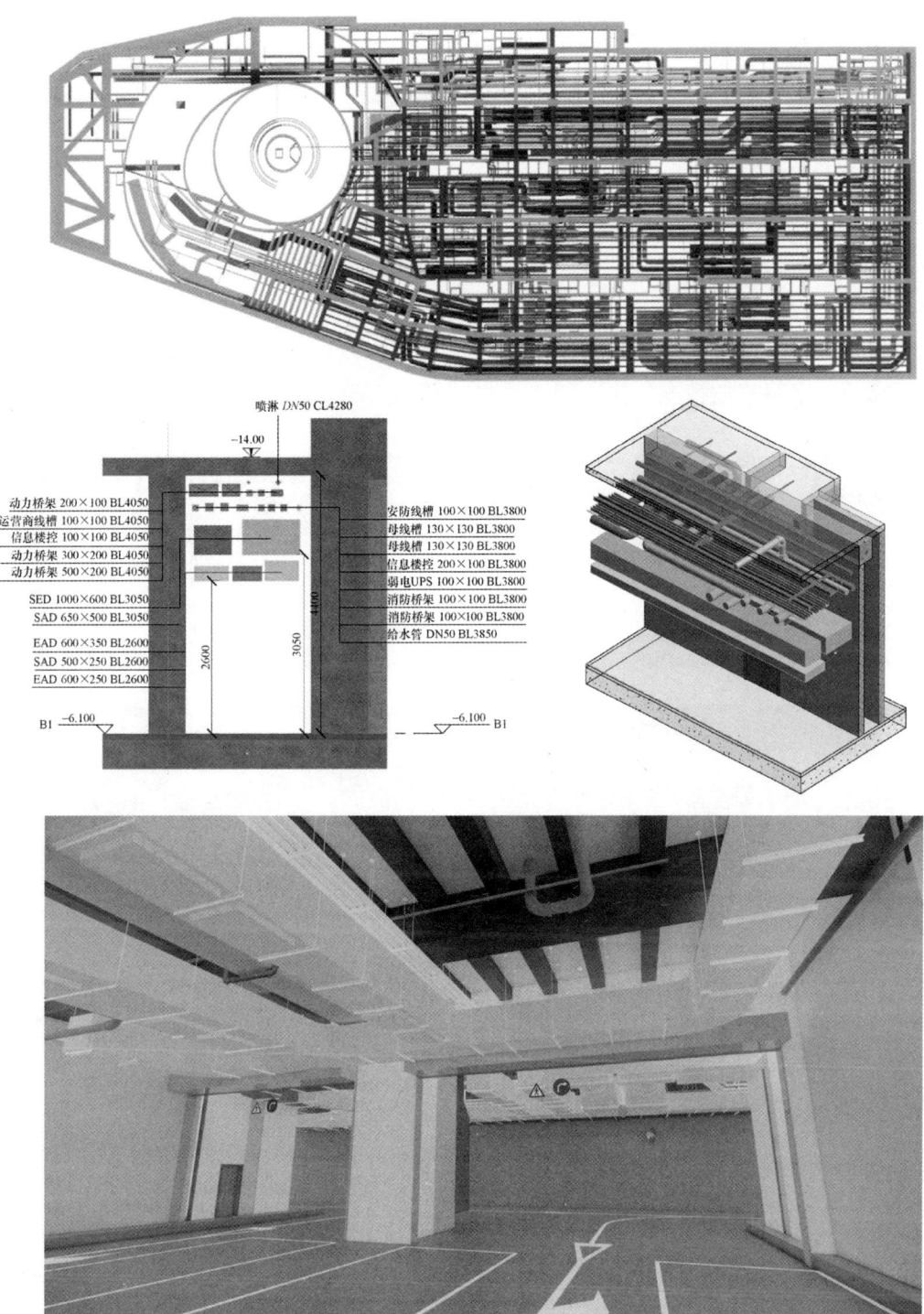

图 9.3.7  管线碰撞检测与综合

(图片来源：深圳市东大国际工程设计有限公司  澳门妈阁交通枢纽工程)

1. 土建与管线的硬碰撞，即土建与管线的实体碰撞。

2. 管线之间的软碰撞，即设备管线安装维修需要的最小空间的碰撞。

3. 功能性阻碍，如管道对灯光的阻碍、管道对喷淋的阻碍等功能碰撞。

4. 程序性碰撞，即施工工序的错误，引起的安装上的碰撞。

### 9.3.8 协同设计

BIM 的出现，使"协同"不再是简单的二维设计文件参照。基于 BIM 基础上的三维协同设计，是各专业、所有数据信息均相互关联的协同；与快速发展的网络技术相结合，可使分布在不同地理位置、不同专业设计人员，通过网络协同展开设计工作；而且协同范畴可从单纯设计阶段扩展到建筑全生命周期。

### 9.3.9 高效输出三维/二维成果文件

BIM 系统模型创建过程即是设计的过程，完成后可根据需要导出三维表现文件、二维工程图纸，以及各种工程量统计文档。这种成果文件的输出，可以在任何时段，对任何部位、任何角度进行；而且，应对设计修改，任何一个专业对模型的修改，均可即时反映到协同的各专业中，各专业即可高效地了解修改情况，作出相应调整（图 9.3.9）。

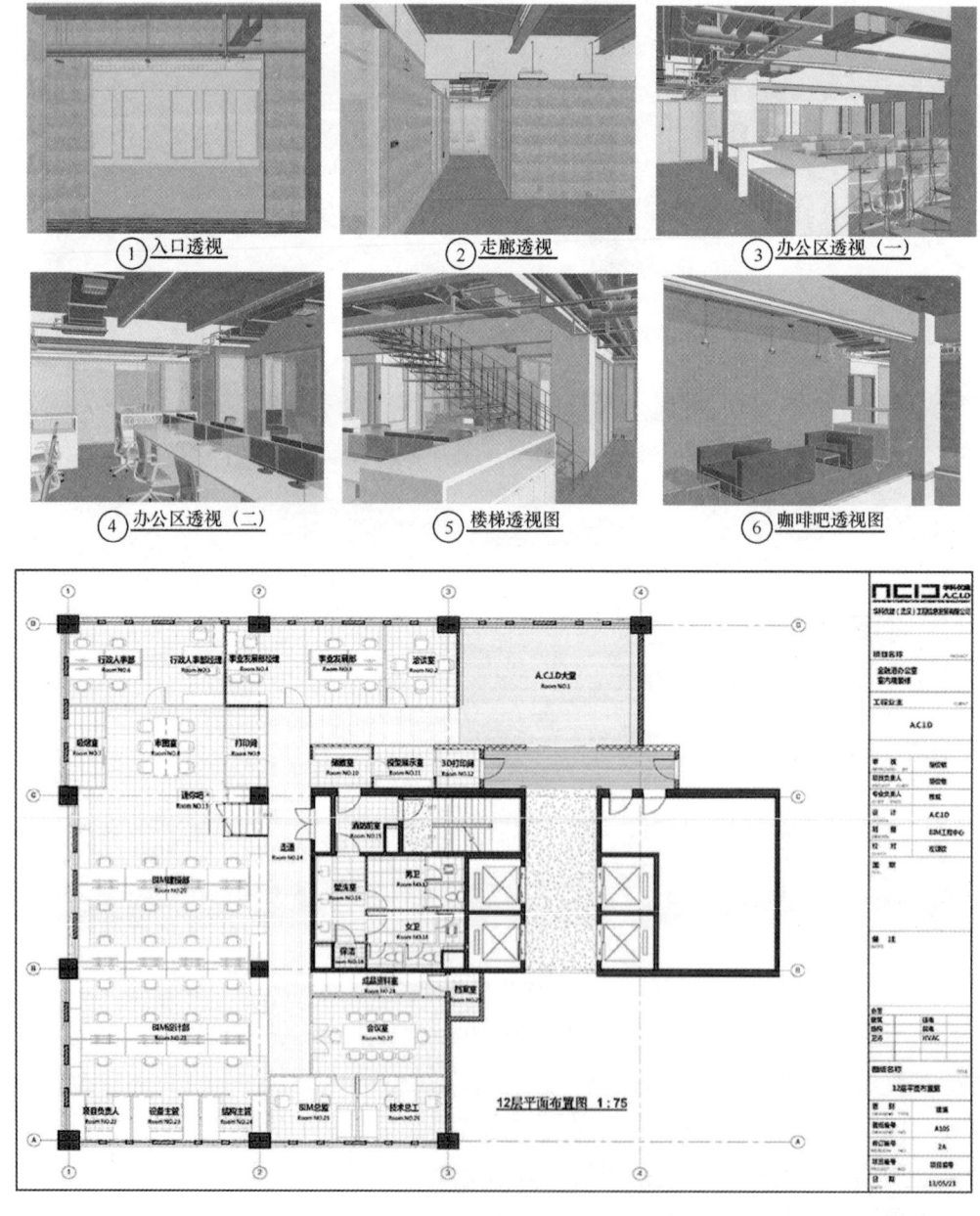

① 入口透视　　　② 走廊透视　　　③ 办公区透视（一）

④ 办公区透视（二）　　⑤ 楼梯透视图　　　⑥ 咖啡吧透视图

图 9.3.9　三维/二维文件的输出

（图片来源：华科优建工程信息发展有限公司）

## 9.4 BIM 在工程量统计上的应用

从设计前期的成本比较、投资估算，到初步设计的投资概算，以至项目施工招标预算和竣工后决算，都需要快速获得准确的工程量统计。BIM 模型作为一个富含工程信息的数据库，依据分类和编码标准，可准确、快捷地提供造价管理所需的各种工程量数据，实现工程量信息与设计文件的完全一致。

## 9.5 BIM 在施工组织与优化上的应用

通过 BIM 可对项目重点部分进行可建性模拟，按时段进行施工方案的分析优化，验证复杂建筑体系可建造性，直观了解整个施工环节的时间节点、安装工序，提高施工组织计划的可行性、效率和安全性。

## 9.6 BIM 在数字化建造上的应用

BIM 结合数字化制造，可显著提高建筑行业工业化程度及生产效率。通过数字化建造，可自动完成建筑物构件的预制，不仅可减小建造误差，还可大幅提高生产率。

## 9.7 BIM 在建筑运维管理上的应用

建筑物竣工后，通过 BIM 模型能将建筑物空间信息和设备参数信息有机地整合起来，运营期间，结合运营维护管理系统，可充分发挥空间定位和历史数据记录的优势，对于设施、设备的适用状态提前做出判断，合理制定维护计划，大大提高物业运维管理的精确性和效率。

## 9.8 BIM 设计文件交付内容

### 9.8.1 BIM 模型文件

核心模型文件包括方案、初步设计、施工图各阶段的建筑、结构、机电专业的 BIM 模型。

建筑专业常用软件：Revit、Rhino、Catia、ArchiCAD 等；

结构专业常用软件：PKPM、探索者、盈建科等；

机电专业常用软件：Revit、鸿业、MagiCAD 等。

1. BIM 模型命名管理

1）模型构件命名

为统一实施管理，应制定模型构件命名方式，模型中的构件命名应包括：

构件类别、构件名称、构件尺寸，构件名称应与设计或实际工程名称一致。

模型构件命名示意见表9.8.1-1：

模型构件命名示意表

表 9.8.1-1

| 专业 | 构件分类 | 命名原则 | 举例（mm） |
|---|---|---|---|
| 建筑 | 内部砌块墙 | 墙类型名-墙厚 | 内部砌块墙－150 |
| | 屋面板 | 屋面板-板厚 | 屋面板－150 |
| | 顶棚 | 顶棚类型名-规格尺寸 | 顶棚－600×600 |

2）模型材质命名

材质的命名分类清晰，便于查找，命名参考设置应由材质"类别"和"名称"的实际名称组成。

例如：玻璃—磨砂，现场浇筑混凝土—C30。

3）模型楼层命名

楼层命名应与设计图纸保持一致。

2.BIM模型拆分原则

模型拆分按各个建筑的单体、专业、区域或楼层进行拆分，拆分原则如下：

1）按专业分类划分

项目模型按照专业分类进行划分。若有外立面幕墙部分，将作为子专业分离出来，相关模型保存在对应文件夹中。项目模型拆分专业为：土建（建筑结构）、机电、幕墙外立面。

2）按楼层划分

各专业模型需按楼层进行划分。

3）按机电系统划分

机电各专业在楼层的基础上还需按系统划分。

4）按分包区域划分

在施工阶段应根据施工分包区域划分模型。

模型拆分示意，见表9.8.1-2：

模型拆分示意表

表 9.8.1-2

| 专业 | 模型拆分规则 |
|---|---|
| 建筑 | 按建筑、楼号、施工缝、构件功能分一个单体、一层楼层或多层楼层 |
| 结构 | 按建筑、楼号、施工缝、构件功能分一个单体、一层楼层或多层楼层 |
| 机电 | 参照建筑专业拆分方式，根据系统、子系统可进一步细化 |

3.BIM模型信息管理

BIM模型应包含正确的几何信息和非几何信息，几何信息包括形状、尺寸、坐标等。

非几何信息包括项目参数、设备参数、运维信息等。

### 9.8.2　碰撞检测报告文档

基于初设、施工图阶段模型内所有内容，进行土建与设备管线的碰撞检测的报告文档。

### 9.8.3　机电管线综合文件

基于初设、施工图阶段模型内所有内容，对复杂空间部位（地下室、设备房、走廊等）进行机电管线综合，完成的管线图和结构留洞图。

### 9.8.4　机电设备材料统计文件

基于初设、施工图阶段模型内所有内容，完成的机电设备材料的统计文件。

### 9.8.5　3D 漫游及三维可视化交流文件

基于方案、初步设计、施工图各阶段体量模型，完成的三维可视化交流文件。

# 10　绿色建筑设计

## 10.1　绿色建筑的定义

**10.1.1　绿色建筑**

　　绿色建筑是指在全寿命期内，节约资源、保护环境、减少污染，为人们提供健康、适用和高效的使用空间，最大限度地实现人与自然和谐共生的高质量建筑。

**10.1.2　建筑的全寿命周期**

　　立项、选址、场地改造、规划设计、材料选择、建造、运行、维护、翻新和拆除，这样一个全循环过程。

## 10.2　绿色建筑的分类与等级

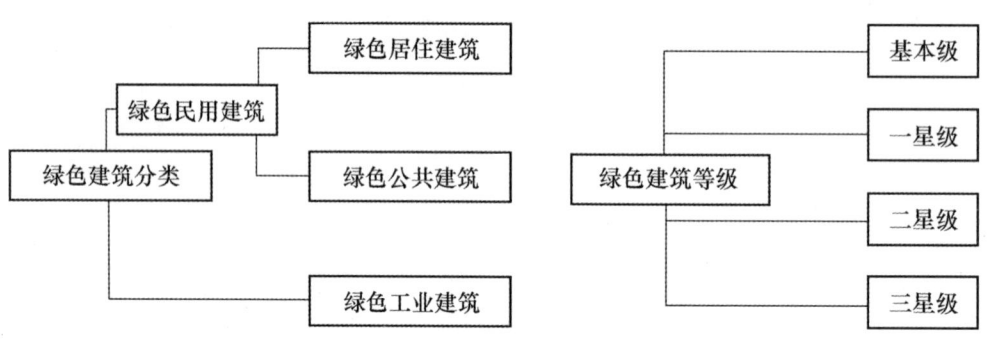

图 10.2　绿色建筑的分类与等级

## 10.3　绿色建筑的评价

**10.3.1　评价对象**

　　单栋完整的建筑群。临时建筑不得参评，不对一栋建筑中的部分区域开展绿色建筑评价。建筑群是指位置毗邻、功能相同、技术体系相同（相近）的两个及以上的单体建筑组成的群体。如住宅建筑群、办公建筑群。

### 10.3.2　评价范畴

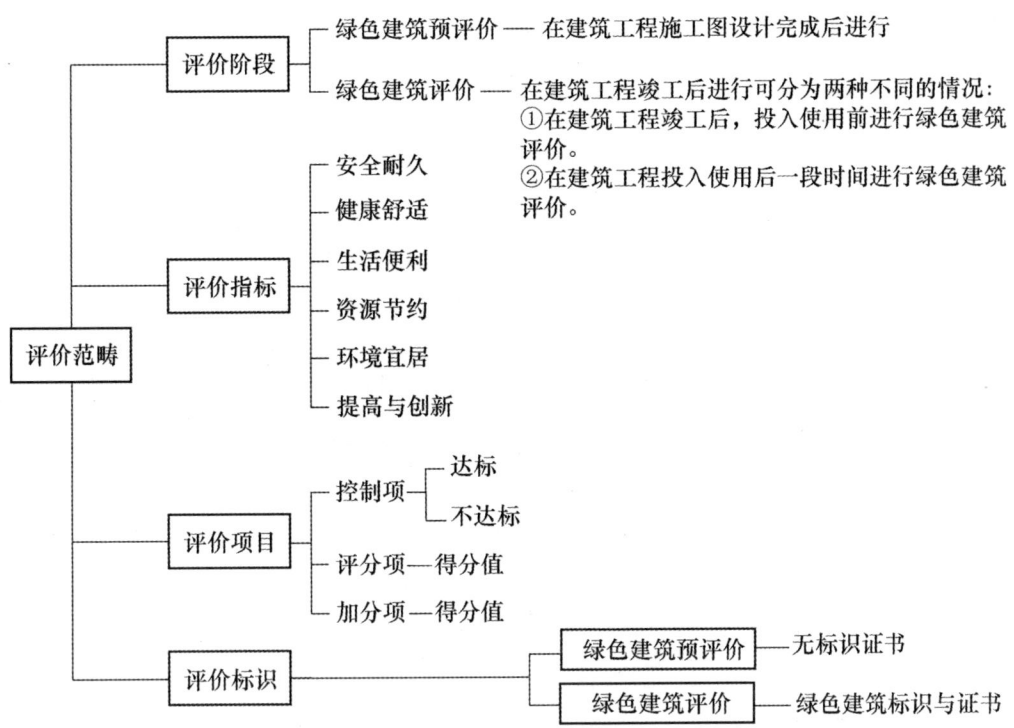

图 10.3.2　评价范畴

### 10.3.3　评价方法

1. 绿色建筑评价的分值设定应符合表 10.3.3-1 的规定。

**绿色建筑评价分值**　　　　　　　　　　　　表 10.3.3-1

| | 控制项基础分值 | 评价指标评分项满分值 | | | | | 提高与创新加分项满分值 |
|---|---|---|---|---|---|---|---|
| | | 安全耐久 | 健康舒适 | 生活便利 | 资源节约 | 环境宜居 | |
| 预评价分值 | 400 | 100 | 100 | 70 | 200 | 100 | 100 |
| 评价分值 | 400 | 100 | 100 | 100 | 200 | 100 | 100 |

注：预评价时，《绿色建筑评价标准》GB/T 50378—2019 第 6.2.10、6.2.11、6.2.12、6.2.13、9.2.8 条不得分。

此条规定的评价指标评分项满分值、提高与创新加分项满分值均为最高可能的分值。绿色建筑评价应在建筑工程竣工后进行，对于刚刚竣工后即评价的建筑，部分与运行有关的条文仍无法得分。

2. 绿色建筑评价的总得分应按下式进行计算：

$$Q = (Q_0 + Q_1 + Q_2 + Q_3 + Q_4 + Q_5 + Q_A)$$

式中：$Q$——总得分；

$Q_0$——控制项基础分值，当满足所有控制项的要求时取 400 分；

$Q_1 \sim Q_5$——分别为评价指标体系 5 类指标（安全耐久、健康舒适、生活便利、资源节约、环境宜居）评分项得分；

$Q_A$——提高与创新加分项得分。

注：此条对绿色建筑评价中的总得分的计算方法做出了规定。参评建筑的总得分由控制项基础分值、评分项得分和提高与创新项得分三部分组成，总得分满分为110分。控制项基础分值的获得条件是满足本标准所有控制项的要求，提高与创新项得分应按《绿色建筑评价标准》第9章的相关要求确定。计算分值 $Q$ 的最终结果，按四舍五入取整。

3. 基本级、一星级、二星级、三星级绿色建筑达标要求见表10.3.3-2

基本级、一星级、二星级、三星级绿色建筑达标要求      表10.3.3-2

| 等级 | 控制项 | 评分项 | 总得分 | 全装修 |
|---|---|---|---|---|
| 基本级 | 必须满足全部控制项的要求 | 无 | — | 不要求 |
| 一星级 | 必须满足全部控制项的要求 | 每类指标的评分项得分不应小于其评分项满分值的30% | ≥60分 | 均应进行全装修 |
| 二星级 | | | ≥70分 | |
| 三星级 | | | ≥85分 | |

注：一、二、三星级绿色建筑还应满足表10.3.3-3的要求。

4. 一星级、二星级、三星级绿色建筑的技术要求见表10.3.3-3

一星级、二星级、三星级绿色建筑的技术要求      表10.3.3-3

| | 一星级 | 二星级 | 三星级 |
|---|---|---|---|
| 围护结构热工性能的提高比例，或建筑供暖空调负荷降低比例 | 围护结构提高5%，或负荷降低5% | 围护结构提高10%，或负荷降低10% | 围护结构提高20%，或负荷降低15% |
| 严寒和寒冷地区住宅建筑外窗传热系数降低比例 | 5% | 10% | 20% |
| 节水器具用水效率等级 | 3级 | 2级 | |
| 住宅建筑隔声性能 | — | 室外与卧室之间、分户墙（楼板）两侧卧室之间的空气声隔声性能以及卧室楼板的撞击声隔声性能达到低限标准限值和高要求标准限值的平均值 | 室外与卧室之间、分户墙（楼板）两侧卧室之间的空气声隔声性能以及卧室楼板的撞击声隔声性能达到高要求标准限值 |
| 室内主要空气污染物浓度降低比例 | 100% | 20% | |
| 外窗气密性能 | 符合国家现行相关节能设计标准的规定，且外窗洞口与外窗本体的结合部位应严密 | | |

注：(1) 围护结构热工性能提高基准、严寒和寒冷地区住宅建筑外窗传热系数降低基准均为国家现行相关建筑节能设计标准的要求。

(2) 住宅建筑隔声性能对应的标准为现行国家标准《民用建筑隔声设计规范》GB 50118—2010。

(3) 室内主要空气污染物包括氨、甲醛、苯、总挥发性有机物、氡、可吸入颗粒物等其浓度降低基准为现行国家标准《室内空气质量标准》GB/T 18883 的有关要求。

**10.3.4 绿色建筑标识与证书**

图 10.3.4 绿色建筑标识与证书

# 10.4 绿色建筑设计文件

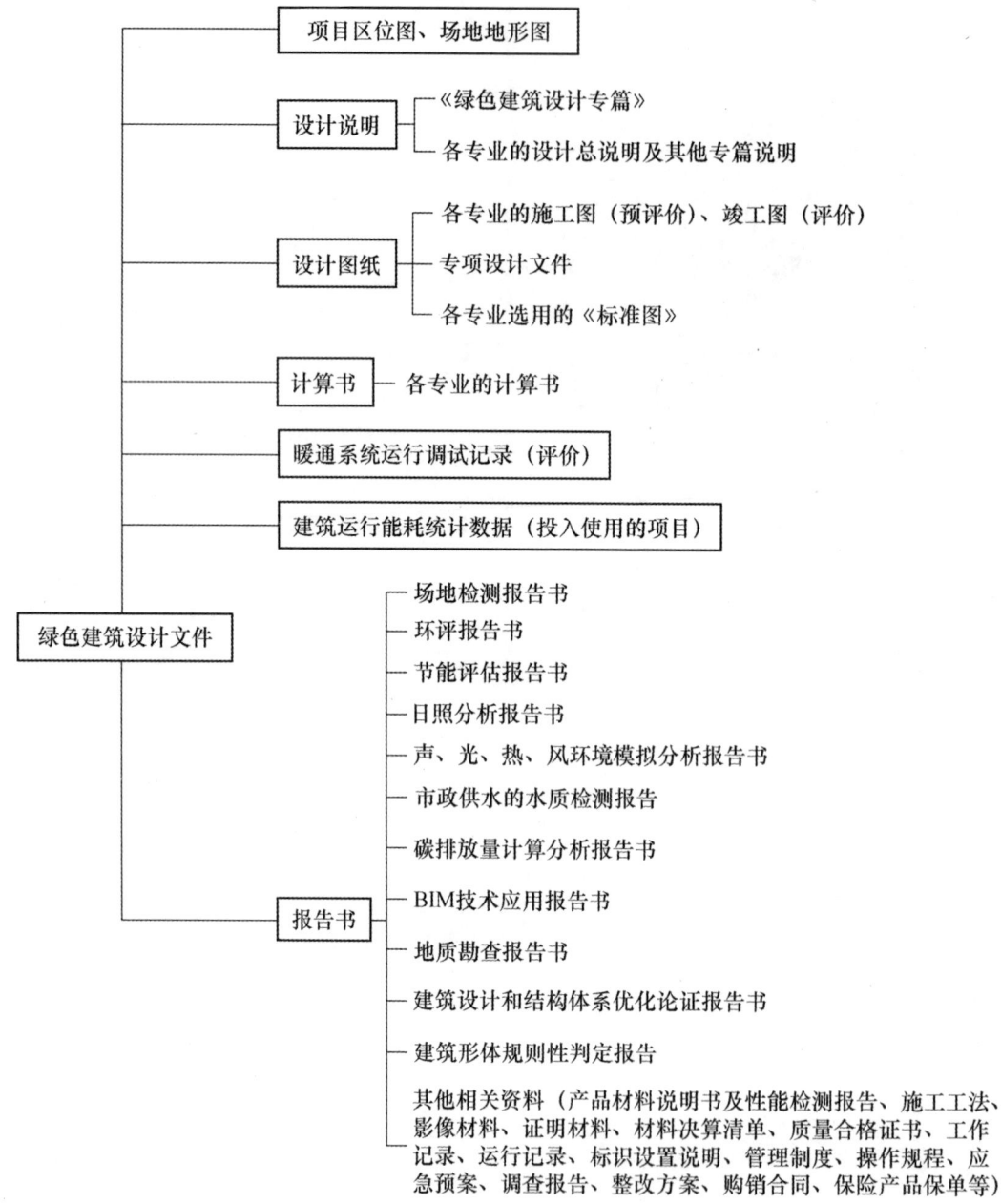

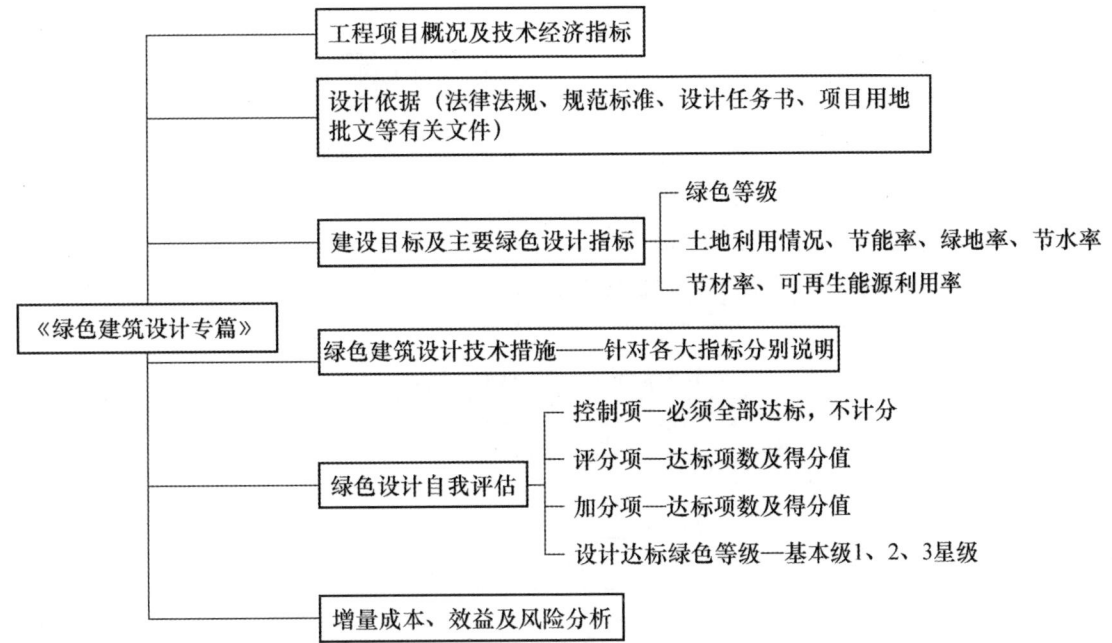

注:《绿色建筑设计专篇》的形式和内容可根据工程实际状况作适当调整,方案阶段可适当简化,并且将各专业合并在一起编写。施工图阶段则宜分专业编写。

图 10.4 绿色建筑设计文件

# 10.5 绿色建筑设计策略

## 10.5.1 被动式技术

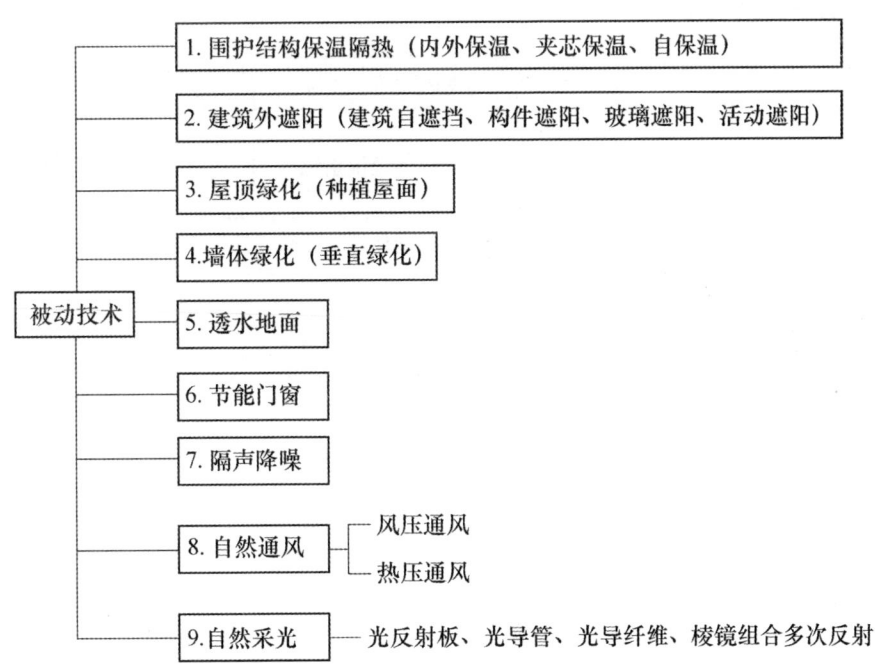

图 10.5.1 被动式技术

## 10.5.2 节水技术

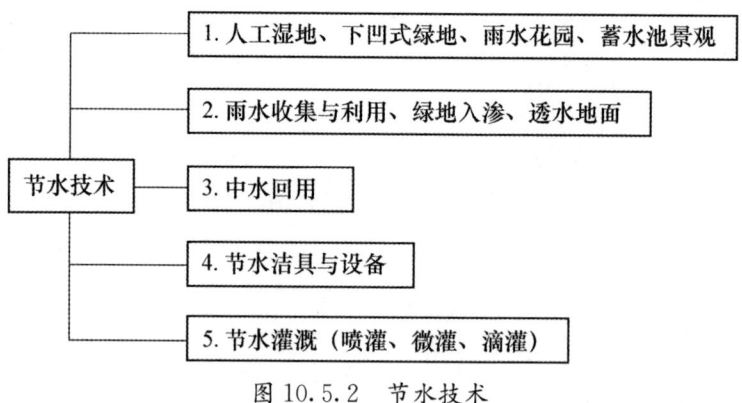

图 10.5.2 节水技术

## 10.5.3 设备节能技术

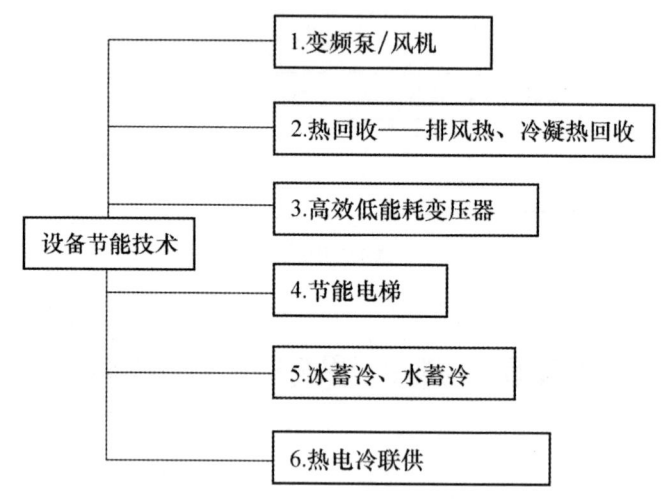

图 10.5.3 设备节能技术

## 10.5.4 可再生能源利用技术

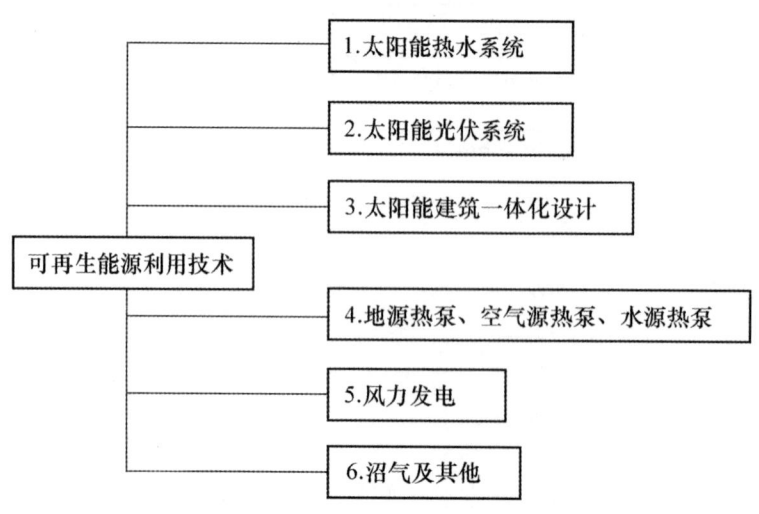

图 10.5.4 可再生能源利用技术

## 10.5.5 软件模拟技术

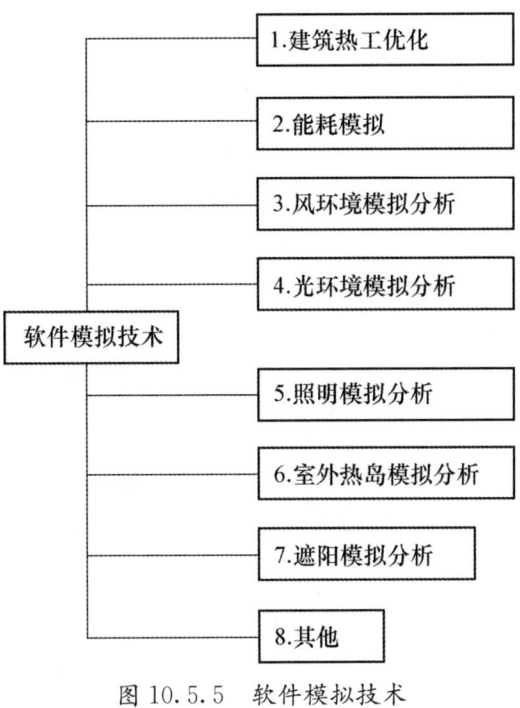

图 10.5.5 软件模拟技术

## 10.5.6 环保技术

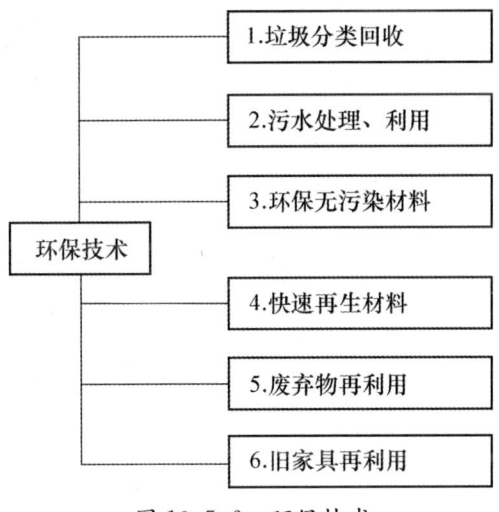

图 10.5.6 环保技术

# 10.6 绿色建筑决策要素与技术措施

绿色建筑决策要素与技术措施　　　　　　　　　　　表 10.6

| 指标 | | 决策要素 | | 技术措施 |
|---|---|---|---|---|
| 1 安全耐久 | 1) 安全设计 | 场地安全 | 洪水位 | 场地位于当地洪水位之上 |
| | | | 洪涝泥石流 | 远离洪涝灾害或泥石流威胁，设置防灾挡灾措施 |
| | | | 地震断裂带 | 避开地震断裂带，易液化土，软弱土等对抗震不利的地段 |
| | | | 电磁辐射 | 远离电磁辐射污染源：电视广播发射塔、通信发射台、雷达站、变电站、高压电线等，或采取遮蔽、隔离等安全环保措施 |
| | | | 火、爆、毒 | 远离火、爆、毒——油库、煤气站、有毒物质厂房仓库 |
| | | | 土壤氡 | 土壤氡浓度检测，对超标土壤采取防治措施 |
| | | | 各种污染 | 远离空气污染、水污染、固体污染、光污染、噪声污染、土壤污染等各种污染源，查阅环评报告，并采取相应的避让防治措施 |
| | | 结构安全 | 建筑体形 | 尽量采用规则体形，平面立面尽量规则；<br>不采用特别不规则体形；<br>结构的不规则程度应符合相关规定 |
| | | | 结构体系 | 进行结构体系比选和优化<br>采用简单直接、安全可靠、经济合理的最优结构体系 |
| | | | 结构构造 | 采用安全可靠的结构构造措施 |
| | | | 抗震设计 | 采用基于性能的抗震设计，采取设隔震支座（垫）、消能减震支撑、阻尼器等措施，合理提高建筑的抗震性能 |
| | | 围护结构安全 | 与主体结构连接 | 围护结构应与主体结构连接可靠 |
| | | | 外门窗 | （1）公共走道的窗扇开启时不得影响人员通行，其底面距走道地面高度不应低于 2.0m；<br>（2）公共建筑临空外窗的窗台距楼面净高不得低于 0.8m，否则应设置防护设施，防护设施的高度由地面起算不应低于 0.9m；<br>（3）居住建筑临空外窗的窗台距楼面净高不得低于 0.9m，否则应设置防护设施，防护设施的高度由地面起算不应低于 0.9m；<br>（4）当防火墙上必须开设窗洞口时，应按现行国家标准《建筑设计防火规范》GB 50016 执行。<br>（5）当凸窗窗台高度低于或者等于 0.45m 时，其防护高度从窗台面起算不应低于 0.9m；当凸窗窗台高度高于 0.45m 时，其防护高度从台面起算不应低于 0.6m；<br>（6）必须安装牢固，其抗风压性能和水密性能应符合国家和地方现行有关标准的规定；<br>（7）阳台外窗采用高窗或推拉窗、限制窗扇开启角度、窗台与绿化种植整合设计、住宅外窗与纱窗相结合安全防护；<br>（8）设置防脱落的限位装置； |

| 指标 | 决策要素 | | | 技术措施 |
|---|---|---|---|---|
| 1<br>安全耐久 | 1)<br>安全设计 | 围护结构安全 | 外门窗 | (9) 低窗、落地窗、高层窗、天窗等采用安全玻璃;<br>(10) 开启面积、玻璃面积及厚度应符合规定要求;<br>(11) 人流量大，门开关频繁的民用建筑的公共区域，采用可调力度的闭门器或具有缓冲功能的延时闭门器 |
| | | | 玻璃幕墙 | (1) 必须采用预埋件连接安装;<br>(2) 抗风压性能和水密性能应符合国家和当地有关标准的规定;<br>(3) 采用玻璃幕墙的建筑类别、位置、部位应符合国家和当地规定;<br>(4) 与幕墙相邻的楼面外缘无实体墙时，应设防撞护栏;<br>(5) 必须采用安全玻璃;<br>(6) 开启扇的开启角度≤30°、开启距离≤300mm、面积≤1.5m²;<br>(7) 防火——应在每层楼板外沿设置不燃实体墙或防火玻璃墙，高度≥0.8m(有自动灭火)或≥1.2m(无自动灭火)。幕墙与每层楼板，隔墙处的缝隙应采用防火材料（玻璃棉、岩棉等）封堵;<br>(8) 防坠落伤人——幕墙下的出入口处周边区域，应设置绿化隔离带或裙房等缓冲区域，或采用挑板、顶棚等防护 |
| | | | 实体外墙 | (1) 防水、保温隔热材料及构造做法应安全可靠;<br>(2) 阳台、外门窗下方的出入口应设雨棚挑板防护;<br>(3) 空调室外机应与主体结构连接牢固 |
| | | 厨房、卫生间、浴室、盥洗室、泳池、水疗室等用水房间 | | 卫生间，浴室的楼、地面应设置防水层，墙面、顶棚应设置防潮层，门应有阻止积水外溢的措施;<br>厕所、浴室、盥洗室等受水或非腐蚀性液体经常浸湿的楼地面应采取防水、防滑的构造措施，并设排水坡坡向地漏。有防水要求的楼地面应低于相邻楼地15.0mm。经常有水流淌的楼地面应设置防水层，宜设门槛等挡水设施，且应有排水措施，其楼地面应采用不吸水、易冲洗、防滑的面层材料，并应设置防水隔离层;<br>厨房、卫生间、盥洗室、浴室、游泳池、水疗室等与相邻房间的隔墙、顶棚应采取防潮或防水措施。与其下层房间的楼板应采取防水措施 |
| | | 防火 | 等级、间距、分区、安全、疏散 | 消防车道、防火间距、防火分区、防火等级、耐火极限、安全出口、疏散距离、消防楼梯、消防电梯、自动报警灭火系统、消火栓、安全疏散警示引导标识系统等应符合《建筑设计防火规范》的要求 |
| | | 设备 | 室外空调机 | 室外空调机的位置及安装应符合有关规定 |
| | | | 屋顶设备 | 太阳能热水系统、光伏发电系统、空气源热泵系统等屋顶设备的位置及安装，及其抗风、隔振降噪措施 |
| | | 安全防护的警示和引导标识系统 | 安全警示标志 | (1) 设置位置——人员密集活动场所，容易碰撞、夹伤、湿滑及危险部位和场所<br>(2) 警示标志——"禁止××""当心××""注意安全"等 |
| | | | 安全引导指示标志 | (1) 设置位置——便于安全疏散的紧急出入口，通向紧急出口的通道、楼梯口等处<br>(2) 指示标志——人行导向标识、紧急出口标志、应急避难场所标志、急救点标志、报警点标志、车行导向标识 |
| | | 防滑 | 地面、路面 | 室内外地面或路面设置防滑措施 |

| 指标 | 决策要素 | | | 技术措施 |
|------|---------|---|---|---------|
| 1<br>安全<br>耐久 | 1)<br>安全<br>设计 | 道路系统 | 人车分流 | 将行人和机动车完全分离开，互不干扰，非紧急情况下人员主要活动区域不允许机动车进入，提供安全完善的人行道路网络 |
| | | | 充足照明 | 路面平均照度、最小照度和垂直照度不低于《城市道路照明设计标准》CJJ 45—2015 的规定 |
| | 2)<br>耐久 | 提升建筑<br>适变性 | 灵活可变的<br>使用空间 | 采取通用开放、灵活可变的使用空间设计；<br>采取建筑使用功能可变措施，具体如：<br>（1）楼面采用大开间大进深结构布置；<br>（2）灵活布置内隔墙；<br>（3）提高楼面活荷载取值 |
| | | | 结构与<br>管线分离 | 建筑结构与建筑设备管线分离，具体如：<br>（1）墙体与管线分离，或采用轻质内隔墙，双层贴面墙；<br>（2）设公共管井，集中布置设备主管线；下沉式卫生间设同层排水，设双层天棚等，方便铺设管线；<br>（3）室内地板下面采用次级结构支撑，方便铺设管线；<br>（4）公共建筑可直接在结构天棚下明装管线 |
| | | | 设备设施<br>布置方式或<br>控制方式 | 采用与建筑功能和空间变化相适应的设备设施布置方式或控制方式，具体如：<br>（1）平面布置时，层内或户内的水、强弱电、供暖通风等竖井及分户计量控制箱位置不变；<br>（2）设备空间模数化设计，设备设施模块化布置，便于拆卸、更换，包括整体厨卫，标准尺寸的电梯等；<br>（3）公共建筑可采用可移动、可组合的办公家具、隔断等 |
| | | 提升建筑部品<br>部件的耐久性 | | （1）采用耐腐蚀、抗老化、耐久性能好的管材、管线、管件、防水密封材料、装饰装修外饰面材料，门窗五金等<br>（2）采用便于分别拆换、更新和升级的构造做法 |
| | | 提高建筑<br>结构材料<br>的耐久性 | 提高设计<br>使用年限 | 按设计使用年限 100 年进行耐久性设计 |
| | | | 采用耐久的<br>建筑结构材料 | 采用耐久性能好的建筑结构材料：耐久混凝土、耐候结构钢及耐候防腐涂料、防腐木材、耐久木材或耐久木制品 |
| | | 合理采用耐久性好、<br>易维护的装饰装修材料 | | （1）采用耐久性好的外饰面材料：水性氟涂料、清水混凝土等；<br>（2）采用耐久性好的防水和密封材料（参考《绿色产品评价　防水与密封材料》GB/T 35609—2017）；<br>（3）采用耐久性好，易维护的室内装饰装修材料：耐洗刷性≥5000 次的内墙涂料、陶瓷地砖、免装饰面层（清水混凝土、免吊顶设计） |
| 2<br>健康<br>舒适 | 1)<br>室内<br>空气<br>品质 | 室内空气污染源控制 | | 采用绿色环保建材；<br>对室内空气中污染物（氨、甲醛、苯、氡、TVOC）浓度进行预评估，使其符合国标要求 |
| | | 禁止吸烟 | | 办公室和公共区域应禁止吸烟，并在主入口处等醒目位置设置禁烟标志 |

| 指标 | 决策要素 | | | 技术措施 |
|---|---|---|---|---|
| 2 健康舒适 | 1) 室内空气品质 | 合理隔断 | | 室内合理隔断污染源与其他空间的串通 |
| | | 室内通风 | 自然通风 | 加强自然通风——穿堂风 |
| | | | 室内通风气流组织设计 | 优化室内气流组织设计（将厨卫设置在自然通风的负压侧，对不同功能房间保持一定压差，避免厨卫、餐厅、地下车库等的气味或污染物串通到别的房间，注意进排风口的位置与距离，避免短路污染） |
| | | | 建筑设计优化 | 建筑空间和平面设计优化——外窗可开启面积比例，房间进深与净高的关系，导风窗、导风墙等 |
| | | | 空调新风设计优化 | 新风量合理，新风比可调节，尽量做到过渡季节全新风运行设计 |
| | | 空气质量监控 | 浓度监测 | $CO$，$CO_2$ 浓度监测 |
| | | | 实时报警 | 其他污染物浓度实时报警 |
| | 2) 水质 | 水质标准 | | 生活饮用水水质应满足国标要求 |
| | | 储水设施 | | 水池、水箱等储水设施应定期清洗消毒 |
| | | 水封设置 | | 应使用构造内自带水封的便器，且水封深度≥50mm |
| | | 非传统水源标识 | | 非传统水源管道和设备应设置明确、清晰的永久性标识 |
| | 3) 室内声环境 | 建筑布局隔声 | 总体布局 | 建筑总体布局隔声降噪、远离噪声源——主干道、立交桥，并设置绿化、隔声屏障等 |
| | | | 平面布局 | 建筑平面布局隔声降噪、避开噪声源——变配电房、水泵房、空调机房、电梯井道机房等 |
| | | 围护结构隔声 | 隔声材料 | 隔声垫、隔声砂浆、地毯 |
| | | | 隔声构造 | 浮筑楼板、双层墙、木地板等 |
| | | | 隔声门窗 | 采用隔声门窗 |
| | | 设备隔声减震 | 设备选型 | 选用噪声低的设备 |
| | | | 设备隔声 | 对噪声大的设备采取设消声器、静压箱措施 |
| | | | 设备基础 | 对有振动的设备基础采取减振降噪措施 |
| | | | 管道支架 | 对设备管道及支架均采取消声减振降噪措施 |
| | 4) 室内光环境与视野 | 室内采光 | 外窗设计 | 外窗优化设计——采光系数、窗地比、窗墙比、室外视野 |
| | | | 自然采光 | 优化自然采光——导光玻璃、导光管、导光板、天窗、采光井、下沉式庭院 |
| | | | 控制眩光 | 避免直射阳光，视觉背景不宜为窗口、室内外遮挡设施，窗周围的内墙面宜采用浅色饰面 |
| | | 室内视野 | 建筑间距 | 两栋住宅楼的水平视线距离≥18m，同时应避免互相视线干扰 |
| | | | 全明设计 | 居住建筑尽量做到全明设计（含卫生间、电梯厅） |

| 指标 | 决策要素 | | | 技术措施 |
|---|---|---|---|---|
| 2<br>健康<br>舒适 | 5)<br>室内<br>热湿<br>环境 | 空气温湿度控制 | 热湿参数 | 温度：冬季 18～20℃，夏季 24～28℃；<br>相对湿度：冬季 30%～60%，夏季 40%～65% |
| | | | 设计优化 | 供暖空调系统末端现场可独立调节（独立调节温湿度，独立开启关闭） |
| | | 遮阳隔热 | 可调节遮阳 | 活动外遮阳，中空玻璃内置智能内遮阳，外遮阳＋内部高反射率可调节遮阳等 |
| | | 屋顶外墙隔热 | | 屋顶和外墙设置隔热层，并进行隔热验算 |
| | | 围护结构防结霜冷凝 | | 对非透光围护结构设置保温层，并对其进行结露验算；<br>对屋面和外墙设置保温层，并对其进行冷凝验算 |
| | | 自然通风 | 居住建筑窗地比 | 采用较高的窗地比：夏热冬暖地区 12%，夏热冬冷地区 8%，其他地区 5% |
| | | | 公共建筑换气次数 | 主要功能房间平均自然通风换气次数≥2 次/h |
| 3<br>生活<br>便利 | 1)<br>场地<br>交通 | 无障碍系统 | | 建设用地内设置连贯的无障碍步行系统 |
| | | 公交站 | | 场地出入口 500m 内设有公交站或专用接驳车 |
| | | 电动汽车 | | 停车场具有电动汽车充电设施或预留安装条件 |
| | | 停车场所 | | 合理设置电动汽车和无障碍汽车的停车位；<br>合理设置自行车停车场所 |
| | 2)<br>智慧<br>运行 | 自动监控信息网络 | | 设置建筑设备管理系统的自动监控管理功能；<br>设置信息网络系统 |
| | | 用能管理能耗监测 | | 设置分类、分级用能（电、气、热）自动远传计量系统和能源管理系统，实现对建筑能耗的监测、数据分析和管理 |
| | | 空气质量监测 | | 设置 $PM_{10}$、$PM_{2.5}$、$CO_2$ 浓度的空气质量监测系统；<br>具有储存一年监测数据和实时显示等功能 |
| | | 用水计量及监测 | | 设置用水远传计量系统、水质在线监测系统 |
| | | 智能化服务系统 | | 设置智能化服务系统（家电控制、照明控制、安全报警、环境监测、设备控制、工作生活服务、远程监控与智慧城市连接等） |
| | 3)<br>无障碍出行 | 公共区域场所全龄化设计 | | 室内外公共区域场所满足全龄化设计要求：<br>(1) 均满足无障碍设计要求——连续性、无高差、高差设坡道；<br>(2) 墙柱阳角均为圆角，并设有安全抓杆或扶手；<br>(3) 设有担架电梯 |
| | 4)<br>便民<br>服务<br>设施 | 住宅建设 | 步行距离 | 场地出入口到幼儿园、中小学、医院的步行距离符合要求 |
| | | | 商业设施 | 用地周边设置商业设施 |
| | | 公共建筑 | 兼容功能 | 应兼容面向社会的二种以上公共服务功能 |
| | | | 对外开放 | (1) 向社会公众提供开放的公共活动空间；<br>(2) 设置社会公共停车场；<br>(3) 用地内步行公共通道向社会开放 |
| | | 绿地广场健身场所 | | 城市绿地、广场、公共运动场地等开敞空间，可步行到达；<br>合理设置健身场地和空间 |

| 指标 | 决策要素 | | | | 技术措施 |
|---|---|---|---|---|---|
| 3 生活便利 | 5) 物业管理 | 制定操作规程 | | | 制定完善的节能、节水、节材、绿化的操作规程和应急预案 |
| | | 定期评估和优化 | | | 定期对绿色运营效果进行评估和优化 |
| | | 绿色教育宣传 | | | 建立绿色教育宣传和实践机制，编制绿色设施使用手册，定期开展使用者满意度调查 |
| 4 资源节约 | 1) 节地与土地利用 | 土地利用 | 规划指标 | 居住建筑人均居住用地（11~35m²）人均公共绿地（1.0~1.5m²） | 合理控制人均居住用地指标，节约集约利用土地，采取合理规划、适当提高容积率、增加层数、加大进深、高低结合、点板结合、退台处理等节地措施 |
| | | | | | 合理设置绿化用地，同时采取屋顶绿化、墙体绿化等立体绿化措施 |
| | | | | 公共建筑容积率 | 合理控制容积率（0.5~3.5）；尽量增大绿率（30%~40%），并将绿地向社会公众开放 |
| | | | 地下空间利用 | | 合理开发利用地下空间，可采用下沉式广场、地下半地下室、多功能地下综合体（车库、步行通道、商业、设备用房等） |
| | | | 废弃场地利用 | 废弃场地包含内容 | 不可建设用地；裸岩、石砾地、陡坡地、塌陷地、盐碱地、沙荒地、沼泽地、废窑坑等 |
| | | | | | 工厂与仓库弃置地、非农田闲置地 |
| | | | | 土壤检测 | 检测土壤中是否存在有毒物质 |
| | | | | 土壤治理 | 对有毒有污染的土壤采取改造改良等治理修复措施 |
| | | | | 再利用评估 | 对废弃场地的再利用进行评估，确保安全，符合相关标准要求 |
| | 2) 节能与能源利用 | 围护结构 | 建筑体形 | 朝向 | 选择本地区最佳朝向或适宜朝向 |
| | | | | 体形系数 | 满足节能设计标准的要求，不应采用特别不规则的体形 |
| | | | | 窗墙(地)比 | 满足节能设计标准的要求 |
| | | | 保温隔热 | 屋面保温 | 正置式、倒置式保温隔热屋面、架空屋面、蓄水屋面等 |
| | | | | 墙体保温 | 外保温、内保温、夹芯保温、自保温 |
| | | | | 门窗幕墙 | 断热型材、节能玻璃（Low E、中空、镀膜、真空、自洁、智能等） |
| | | | 遮阳系统 | 外遮阳 | 水平遮阳、垂直遮阳、综合遮阳、固定遮阳、活动遮阳、玻璃遮阳，卷帘、百叶、内置百叶中空玻璃、玻璃幕墙中置遮阳百叶等 |
| | | | | 内遮阳 | 卷帘、百叶 |
| | | | 外窗幕墙开启面积 | | 可开启面积比例满足节能与绿建标准的要求 |
| | | 暖通空调 | 冷热源选型 | 系统及容量 | 合理确定冷热源机组容量；选择高效冷热源系统 |
| | | | | 机组 | 选择高性能冷热源机组（能效比、热效率、性能系数） |
| | | | | 控制系统 | 配置空调冷热源智能控制系统 |
| | | | 空调输配系统 | 设备 | 选用高性能输配设备（风机、水泵） |
| | | | | 水系统 | 空调水系统变流量运行（空调水泵变频运行） |
| | | | | 送风系统 | 空调变风量运行 |
| | | | | 新风系统 | 智能新风系统 |
| | | | 自动控制 | 制冷机房 | 制冷机房群控子系统 |
| | | | | 空调末端 | 空调末端群控制系统 |

| 指标 | 决策要素 | | | 技术措施 |
|---|---|---|---|---|
| 4 资源节约 | 2) 节能与能源利用 | 能源综合利用 | 余热回收利用 / 锅炉 | 锅炉排烟热回收 |
| | | | 水冷机组 | 冷水机组冷凝热量回收 |
| | | | 热泵机组 | 采用全热回收型热泵机组 |
| | | | 蓄冷蓄热 / 冰蓄冷 | 冰蓄冷技术 |
| | | | 水蓄冷 | 水蓄冷技术 |
| | | | 蓄热技术 | 蓄热技术 |
| | | | 排风热回收 / 集中空调 | 对集中采暖空调的建筑——选用全热回收装置或显热回收装置 |
| | | | 非集中空调 | 对不设集中新风排风的建筑——采用带热回收的新风与排风的双向换气装置 |
| | | 可再生能源利用 | 太阳能热水 / 集热器 | 集热器类型——平板型、真空管式、热管式、U形管式等 |
| | | | 热水系统运行方式 | (1) 热水系统运行方式——强制循环间接加热(双贮水装置、单贮水装置); (2) 强制循环直接加热(双贮水、单贮水装置); (3) 直流式系统，自然循环系统 |
| | | | 热水供应方式 | 集中供热水系统，集中集热分散供热水系统，分散供热水系统 |
| | | | 光伏发电 / 系统选择 | 独立光伏发电系统，并网光伏发电系统，光电建筑一体化系统 |
| | | | 输出方式 | 交流系统，直流系统，交直流混合系统 |
| | | | 地热 / 系统选择 | 地源热泵系统，水源热泵系统（地下水源、地表水源、污水源） |
| | | | 风能 / 应用形式 | 大型风场发电，小型风力发电与建筑一体化 |
| | | 照明与电气 | 照明系统 / 节能灯具 | 采用节能灯具 T5 荧光灯、LED 灯等 |
| | | | | 采用低能耗，性能优的光源用电附件——电子镇流器、电感镇流器、电子触发器、电子变压器等 |
| | | | 照明控制 | 采用智能照明控制系统——分区控制、定时控制、自动感应开关、照度调节等 |
| | | | | 照明功率密度值达到现行国标规定的目标值 |
| | | | 电梯 / 节能电梯 | 采用节能电梯及节能自动扶梯 |
| | | | 电梯控制 | 采用电梯群控、扶梯自动启停等节能控制措施 |
| | | | 供配电系统 / 变压器 | 所用配电变压器满足现行国标的节能评价值 |
| | | | 电气设备 | 水泵、风机及其他电气设备装置满足相关国标的节能评价值 |
| | | | 无功补偿 | 对供配电系统采取动态无功补偿装置和措施或谐波抑制和治理措施 |
| | | | 变配电所 | 合理选择变配电所位置，正确选择导线截面及线路敷设方案 |
| | | | 能耗分项计量 / 按用途分项 | 冷热源、输配系统、照明、办公设备、热水能耗等 |
| | | | 按区域分项 | 办公、商业、物业后勤、旅馆等 |
| | | | 智能化系统 / 居住建筑 | 安全防范、管理与监控、信息网络三大子系统 |
| | | | 公共建筑 | 信息设施、信息化应用、建筑设备管理; 公共安全、机房、智能化集成系统 |

| 指标 | 决策要素 | | | 技术措施 |
|---|---|---|---|---|
| 4 资源节约 | 3) 节水与水资源利用 | 水系统规划 | 水资源利用 制定方案 | 当地水资源现状分析，项目用水概况、用水定额，给水排水系统设计，节水器具设备，非传统水源综合利用方案，用水计量 |
| | | 节水器具与设备 | 节水卫生器具 | 节水水龙头、节水坐便器、节水淋浴器、节水水便器 |
| | | | 节水灌溉 | 喷灌、微喷灌、微灌、滴灌、渗灌、涌泉灌 |
| | | | 冷却塔节水 冷却塔选型 | 选用节水型冷却塔，冷却塔补水使用非传统水源 |
| | | | 冷却塔废水 | 充分利用冷却塔废水 |
| | | | 冷却水系统 | 采用开式循环冷却水系统 |
| | | | 冷却技术 | 采用无蒸发耗水量的冷却技术（风冷式冷水机组、风冷式多联机、地源热泵、干式运行的闭式冷却塔等） |
| | | 非传统水源利用 | 雨水利用 雨水入渗 | 绿地入渗，透水地面，洼地入渗，浅沟入渗，渗透管井、池等 |
| | | | 雨水收集 | 优先收集屋面雨水用作景观绿化用水、道路冲洗等 |
| | | | 调蓄排放 | 人工湿地、下凹式绿地、雨水花园、树池、干塘等 |
| | | | 中水回用 中水水源 | 盆浴淋浴排水、盥洗排水、空调冷却水、冷凝水、泳池水、洗衣水等 |
| | | | 处理工艺 | 物理化学法、生物法、膜分离法 |
| | | | 用途 | 景观补水、绿化灌溉、道路冲洗、洗车、冷却补水、冲厕等 |
| | | 避免管网漏损 | 设计选型监测 阀门、设备管材选用 | 选用密闭性能好的阀门、设备；使用耐腐蚀、耐久性能好的管材 |
| | | | 埋地管道设计施工监督 | 室外埋地管道采用有效措施避免管网漏损——做好基础处理和覆土，控制管道埋深，加强施工监督，把好施工质量关 |
| | | | 运行检测 | 运行阶段对管网漏损进行检测、整改 |
| | | 用水计量 | 按使用功能 | 对厨房、卫生间、空调系统、游泳池、绿化、景观等用水分别设置用水计量装置，统计用水量 |
| | | | 按付费或管理单元 | 按付费或管理单元，分别设置用水计量装置统计用水量 |
| | 4) 节材与绿色建材 | 选用材料 | 本地化建材 | 使用当地生产的建材，提高就地取材制成的建材产品的比例 |
| | | | 可再循环利用材料 | 包括：钢、铸铁、铜及铜合金、铝、铝合金、不锈钢、玻璃、塑料、石膏制品、木材、橡胶等 |
| | | | 高强材料 钢筋混凝土结构 | 在普通受力钢筋中尽量使用不低于 400MPa 级钢筋 |
| | | | 高层建筑 | 尽量采用强度等级不小于 C50 的混凝土 |
| | | | 钢结构 | 尽量选用 Q345 及以上的高强钢材 |
| | | | 耐久材料 钢筋混凝土结构 | 尽量采用高性能高耐久性的混凝土 / 合理采用清水混凝土，采用耐久性好，易维护的外立面和内装材料 |
| | | | 钢结构 | 尽量选用耐候结构钢与耐候型防腐涂料 / 合理采用清水混凝土，采用耐久性好，易维护的外立面和内装材料 |

| 指标 | 决策要素 | | | 技术措施 |
|---|---|---|---|---|
| 4<br>资源<br>节约 | 4)<br>节材与<br>绿色建<br>材 | 材料<br>选用 | 废弃<br>物 | 建筑废弃物 | 利用建筑废弃物再生骨料制作的混凝土砌块、水泥制品、再生混凝土 |
| | | | | 工业废弃物 | 利用工业废弃物、农作物秸秆，建筑垃圾、淤泥为原料制作的水泥、混凝土、墙体材料、保温材料等 |
| | | | 预拌混凝土、<br>预拌砂浆 | | 现浇混凝土采用预拌混凝土，建筑砂浆采用预拌砂浆，环保节能墙体、门窗、玻璃、保温隔热材料、防水密封材料、装饰装修材料、卫生洁具等 |
| | | 旧建筑及其材料利用 | | | 利用旧建筑材料——砌块、砖石、管道、板材、木制品、钢材、装饰材料；合理利用既有建筑物、构筑物 |
| | | 建筑<br>造型 | 造型简约 | | 造型要素简约，无大量装饰性构件 |
| | | | 女儿墙高度 | | 合理设置女儿墙高度，避免其超过规范安全要求 2 倍以上 |
| | | | 装饰构件 | | 采用装饰和功能一体化构件 |
| | | 结构<br>优化 | 结构体系选择 | | 采用资源消耗小和环境影响小的建筑结构体系 |
| | | | 结构优化 | | 对地基基础、结构体系、结构构件进行节材优化设计 |
| | | 建筑<br>工业<br>化 | 预制结构 | | 采用装配式结构体系；<br>采用预制混凝土结构和预制钢筋制品 |
| | | | 建筑部品 | | 整体式厨房、卫浴成套定型产品；装配式隔墙、复合外墙、集成吊顶（吊顶模块与电器模块二者标准化组合模块）、工业化栏杆等 |
| | | 室内<br>灵活<br>隔断 | 可变换功能的<br>室内空间 | | 采用可重复使用的灵活隔墙和隔断——轻钢龙骨石膏板、玻璃隔墙、预制板隔墙、大开间敞开式空间的矮隔断 |
| | | 土建<br>装修<br>一体<br>化 | 设计同步 | | 土建设计与装修设计同步进行 |
| | | | 图纸齐全 | | 土建与装修各专业的施工图齐全，且达到施工图深度要求 |
| | | | 预留预埋无缝对接 | | 土建设计考虑装修要求，事先进行孔洞预留和预埋件安装，二者紧密结合，统一协调、无缝对接 |
| 5<br>环境<br>宜居 | 1)<br>日照<br>标准 | 本项目 | | | 项目本身的日照标准应满足国家和当地规定要求 |
| | | 周边建筑 | | | 不得降低周边建筑的日照标准 |
| | | 日照模拟分析 | | | 应进行日照模拟分析 |
| | 2)<br>室外<br>物理<br>环境 | 迎风面积比 | | | 控制适宜的迎风面积比，居住区夏季平均迎风面积比按不同的气候区宜控制在 0.85～0.70 |
| | | 光污<br>染 | 玻璃幕墙 | | 外立面避免大面积采用玻璃幕墙；<br>严格控制玻璃幕墙玻璃的可见光反射比＜0.2，在市中心区、主干道立交桥等区域幕墙玻璃的可见光反射比＜0.16 |
| | | | 室外照明 | | 降低外装修材料（涂料、玻璃、面砖等）的眩光影响，合理选配节能型照明器具，并采取相应措施防止溢流 |
| | | 声环<br>境 | 场地噪声 | | 远置噪声源——避免邻近主干道、远离固定设备噪声源，隔离噪声源——隔声绿化带、隔声屏障、隔声窗等 |
| | | | 模拟分析 | | 进行场地声环境模拟分析和预测 |

| 指标 | 决策要素 | | | 技术措施 |
|---|---|---|---|---|
| 5<br>环境宜居 | 2)<br>室外物理环境 | 风环境 | 模拟分析 | 对场地风环境进行 CFD 数据模拟分析，指导建筑规划布局及体型设计 |
| | | | 优化布局<br>自然通风 | 调整建筑布局、景观绿化布置等，改善住区流场分布，减少涡流和滞风现象，加强自然通风，避开冬季不利风向，必要时设置防风墙、防风林、导风墙（板）、导风绿化等 |
| | | 降低热岛强度 | 场地及建筑排热 | （1）降低室外场地及建筑外立面的排热；<br>（2）红线范围内户外活动场地有遮阴措施（乔木、构筑物等）；<br>（3）外墙、屋顶、地面、道路采用太阳辐射反射系数≥0.4 的材料；合理设置屋顶绿化和墙体绿化；<br>（4）尽量增加室外绿地面积 |
| | | | 空调排热 | （1）降低夏季空调室外排热；<br>（2）采用地源热泵或水源热泵负担部分或全部空调负荷，有效减少碳排放；<br>（3）采用排风热回收措施 |
| | 3)<br>场地生态与景观 | 生态保护 | 地形地貌 | 尽量保持和充分利用原有地形地貌 |
| | | | 土石方工程 | 尽量减少土石方工程 |
| | | | 生态复原 | 减少开发建设过程对场地及周边环境生态系统的破坏（水体、植被），对被损害的地形地貌、水体植被等，事后应及时采取生态复原措施 |
| | | 地面景观 | 乡土植物 | 采用适合当地气候特征的乡土植物 |
| | | | 复层绿化 | 采取乔、灌、草相结合的复层立体式绿化 |
| | | | 林荫场地 | 尽量多设置林荫广场、林荫休憩、娱乐场地、林荫停车场、林荫道路等遮阴效果好的场地 |
| | | | 下凹绿地 | 采用下凹式绿地，调蓄雨水 |
| | | | 透水地面 | 采用透水地面、透水铺装（停车场、道路、室外活动场地） |
| | | 雨水收集利用 | 专项设计 | 对大于 10hm² 的场地进行雨水专项规划设计 |
| | | | 雨水径流 | 合理规划地表与屋面雨水径流，对场地雨水实施外排总量控制，且总量控制率宜≥55% |
| | | | 雨水利用 | 收集和利用屋面雨水、道路雨水进入地面生态设施 |
| 6<br>提高与创新 | 1)<br>降低能耗 | 热工性能 | | 提高围护结构的热工性能（遮阳、保温隔热、通风） |
| | | 设备能效 | | 提高供暖空调系统及设备的能效 |
| | 2)<br>建筑设计 | 建筑风貌 | | 注重地域、环境、气候、经济、文化特点，因地制宜，选择适宜地区特点与建筑个性的建筑风貌，体现地域建筑文化 |
| | | 建筑文脉 | | 采用传统技术、本土技术、适宜技术体现建筑文脉传承，达到节能和保护生态环境的目标 |
| | 3)<br>废旧利用 | 利用废弃场地 | | 对废场地进行改造并加以利用作建设用地 |
| | | 利用旧建筑 | | 充分利用尚可使用的旧建筑 |
| | 4)<br>绿化 | 提高绿容率≥3.0 | | 采用多种冠层密集类的乔木，进行层面绿化和垂直绿化等立体绿化措施 |

| 指标 | 决策要素 | | 技术措施 |
|---|---|---|---|
| 6<br>提高与创新 | 5)<br>工业化建造 | 钢结构<br>木结构 | (1) 采用符合工业化建造要求的结构体系；<br>(2) 主体结构采用钢结构或木结构；<br>(3) 竖向与水平受力构件采用钢材或木材；<br>(4) 采用钢管—混凝土组合结构 |
| | | 装配式混凝土结构 | 主体结构采用装配式混凝土结构 |
| | 6)<br>BIM技术应用 | 全过程应用<br>良好效益 | 在项目建设的三个阶段——规划设计阶段、施工建造阶段、运营维护阶段应用BIM技术，且应用具有完整性、正确性、协调一致性，产生较好的效果、效率和效益 |
| | 7)<br>降低碳排放 | 减源 | 减少化石能源消耗，提高能效和碳效 |
| | | 增汇 | 加强生态系统管理，增加绿植抵消碳排放 |
| | | 替代 | 积极利用水电、风能和太阳能、生物质能及地热等可再生能源，替代化石能源 |
| | 8)<br>绿色施工 | 优良奖示范工程 | 通过科学管理和技术进步，实现"四节一环保"，获得绿色施工优良等级或绿色施工示范工程认定 |
| | | 减少材料损耗 | 采取措施减少预拌混凝土损耗和减少现场加工钢筋损耗 |
| | | 采用铝模 | 现浇混凝土构件采用铝模等免墙面粉刷的模板体系 |
| | 9)<br>采用质量保险 | 建立信息平台 | 建立统一的工程质量潜在缺陷保险信息平台（企业的诚信档案、承保信息、风险管理信息、理赔信息） |
| | | 第三方提前介入 | 第三方质量风险控制机构，从方案设计阶段介入，对项目建设全过程进行技术风险检查，提前识别风险，公平公正地监督工程质量，有效降低质量风险 |
| | 10)<br>其他创新 | 创新点 | 高于相应指标的要求；<br>达到合理指标但具备显著降低成本或提高工效等优点 |
| | | 节约资源 | (1) 实现零能耗或超低能耗；<br>(2) 达到较高的建筑装配率或预制率；<br>(3) 符合百年建筑理念和相应要求 |
| | | 环境保护 | (1) 采取雨水收集利用技术，实现设计重现期下雨水零排放；<br>(2) 采取污水处理消纳再生利用技术，实现污水零排放；<br>(3) 对场地内树木植被进行有效保留和近自然化改造 |
| | | 安全健康 | (1) 获得健康建筑设计评价或运行评价标识；<br>(2) 声景的专项优化设计和营造；<br>(3) 光环境的专项优化设计和营造；<br>(4) 场地遮阳的专项优化设计和营造；<br>(5) 采用防火、防腐、耐久等性能有大幅提升的材料、技术和产品；<br>(6) 采用特低压直流实现建筑末端用电本质安全 |
| | | 智慧运行 | 在智慧管理、智慧服务、智慧家居、智慧教育、人工智能、数据收集分析等方面效果突出 |
| | | 传承历史文化 | 保护和利用具有较高历史文化价值的传统建筑 |

# 10.7 节能减碳排放的计算（标煤法）

1. 计算各单项工程的节能量 $\Delta E_n$ ——┬— 空调系统（空调主机、新风热回收、
　　　　　　　　　　　　　　　　　　　　　　　　　　通风末端、冷热源输送）
　　　　　　　　　　　　　　　　　　├— 照明系统
　　　　　　　　　　　　　　　　　　├— 太阳能热水系统
　　　　　　　　　　　　　　　　　　└— 其他

$$\Delta E_n = E_{参照建筑} - E_{设计建筑} \quad (kWh)$$

2. 将各单项工程的节能量 $\Delta E_n$（电耗）换算成吨标准煤（tce）

$$E_n = \frac{\Delta E_n \times 1.229}{10000} \ (tce)$$

式中，1.229/10000 为电耗折标煤耗的换算系数，$1.229 tce/10^4 kWh$。

3. 计算本项目的总节能量 $\Sigma E$

$$\Sigma E = E_1 + E_2 + \cdots + E_n = \sum_1^n E_n \ (tce)$$

4. 计算总减排 $CO_2$ 量 $T_c$

$$T_c = \Sigma E \times 2.77$$

式中，2.77——$CO_2$ 排放系数，$2.77 t_{CO_2}/tce$。

5. 计算总减排 $SO_2$ 量 $T_{SO_2}$

$$T_{SO_2} = \Sigma E \times 0.0165$$

式中，0.0165——$SO_2$ 排放系数，$0.0165 \ t_{SO_2}/tce$。

6. 计算总减排烟尘量 $T_{烟尘}$

$$T_{烟尘} = \sum E \times 0.0096$$

式中，0.0096——烟尘排放系数，$0.0096 \ t_{烟尘}/tce$。

# 11 景 观 设 计

## 11.1 园路及铺装场地

### 11.1.1 设计要点

1. 应根据景观工程总体设计确定的路网及等级，进行园路宽度、平面和纵断面的线形及结构设计。

尚应符合现行透水混凝土行业标准《透水水泥混凝土路面技术规程》CJJ/T 135—2009、透水沥青行业标准《透水沥青路面技术规程》CJJ/T 190—2012、图集《城市道路——沥青路面》15MR201 及《公园设计规范》GB 51192—2016 的有关规定。

2. 园路、场地在地形险要的地段应设置安全防护设施。主要园路及出入口应便于轮椅通过，其宽度、坡度及面层材料设计应符合现行《无障碍设计规范》GB 50763—2012 相关规定。

3. 园路、梯道设计应符合现行《公园设计规范》GB 51192—2016 相关规定。

4. 地面铺装设计应综合考虑生态低碳、舒适度、安全性和品质等要素。材料选择应根据不同场所（集散、活动和休憩等）功能需求、景观效果、材料货源及产能、设计可实施性等因素确定。

5. 人行道、广场、停车场及车流量较少的道路宜采用透水铺装，并应保证其透水性、抗变形及承压能力。户外场地铺装石材应做好防滑及防返碱措施。

6. 儿童活动场地应选择柔性、耐磨的地面材料，不应采用锐利的路缘石或设置其他尖锐棱角。

### 11.1.2 面层材料选择

面层材料 表 11.1.2

| 类别 | 特性 | 适用范围及特点 | 面层处理及质感 | 构造做法 | 备注 |
|---|---|---|---|---|---|
| 天然材料 | 花岗石、砂岩、青石板 | 人行地面 | 花岗石：光面、自然面、荔枝面、火烧面、剁斧面、拉丝面<br>砂岩：文化石面、自然面<br>青石板：自然面 | • 花岗石面层（厚度按设计）<br>• 30厚1：3干硬性水泥砂浆<br>• 100厚C15混凝土<br>• 150厚6%水泥石粉渣/级配碎石<br>• 素土夯实，密实度≥93% | 常用花岗石：<br>1. 黑色系列：中国黑、山西黑、福鼎黑、蒙古黑、黑金砂；<br>2. 灰系列：芝麻黑、芝麻灰、福建灰麻；<br>3. 浅灰系列：芝麻白、山东白麻；<br>4. 黄色系列：黄金麻、黄锈石、虎皮黄； |
| | | 墙面 | | • 面层材料（背涂5厚胶黏剂）<br>• 石材厚度<20mm，规格不大于600×600<br>• 10厚1：2.5水泥砂浆结合层，内掺水重5%建筑胶<br>• 聚合物水泥基防水涂料一道1厚<br>• 5厚1：3水泥砂浆将墙体基层找平扫毛<br>• 非黏土砖墙或混凝土结构 | |

| 类别 / 特性 | | 适用范围及特点 | 面层处理及质感 | 构造做法 | 备注 |
|---|---|---|---|---|---|
| 天然材料 | 花岗石 | 车行地面 | 花岗石：光面、自然面、荔枝面、火烧面、剁斧面、拉丝面 砂岩：文化石面、自然面 青石板：自然面 | • 花岗石面层（厚度按设计）<br>• 30厚1：3干硬性水泥砂浆<br>• 180厚C25混凝土（4～6m分仓跳格浇筑）<br>• 250厚6%水泥石粉渣/级配碎石<br>• 素土夯实，密实度≥93% | 5. 红色系列：新疆红、印度红；<br>6. 棕色系列：英国棕；<br>7. 啡色系列：皇室啡；<br>注：一般小车行道石材厚度不宜小于50mm，规格不宜大于600mm×600mm |
| | 卵石 | 人行地面 | 光面、亚光 | • 30厚1：3水泥砂浆或50厚细石混凝土嵌卵石（露出1/3粒径，粒径按设计）<br>• 100厚C15混凝土<br>• 150厚6%水泥石粉渣/级配碎石<br>• 素土夯实，密实度≥93% | 卵石、水泥材料颜色可按设计 |
| | 天然木材（防腐木） | 人行地面 | 防腐、防虫处理后面刷清漆二道 | • 木材面层，钢钉固定<br>• 50×3方通龙骨@450，L35×3角钢，M8螺栓固定<br>• 100厚C15混凝土<br>• 150厚6%水泥石粉渣/级配碎石<br>• 素土夯实，密实度≥93% | 方通采用热镀锌钢管材 |
| 人工材料 | 水泥砖、烧结砖 | 人行地面 | 工厂预制 | • 水泥砖/烧结砖面层<br>• 30厚1：3干硬性水泥砂浆<br>• 100厚C15混凝土<br>• 150厚6%水泥石粉渣/级配碎石<br>• 素土夯实，密实度≥93% | |
| | | 车行地面 | 工厂预制 | • 水泥砖/烧结砖面层<br>• 30厚1：3干硬性水泥砂浆<br>• 180厚C25混凝土（4～6m分仓跳格浇筑）<br>• 250厚6%水泥石粉渣/级配碎石<br>• 素土夯实，密实度≥93% | |
| | 环保人工合成木 | 人行地面 | 工厂预制 | • 木材面层，成品构件固定<br>• 50×3方通龙骨@450，L35×3角钢，M8螺栓固定<br>• 100厚C15混凝土<br>• 150厚6%水泥石粉渣/级配碎石<br>• 素土夯实，密实度≥93% | 高分子（HDPE）木纤维复合板、户外（高耐）瓷态竹木等，规格按厂家成品尺寸，方通采用热镀锌钢管材 |

| 类别 \ 特性 | | 适用范围及特点 | 面层处理及质感 | 构造做法 | 备注 |
|---|---|---|---|---|---|
| 人工材料 | 透水砖 | 人行地面 | 工厂预制 | • 透水砖面层（规格按厂家成品）<br>• 30厚1：6干硬性水泥砂浆<br>• 100厚C25（无砂）大孔混凝土<br>• 150厚6％水泥石粉渣/级配碎石<br>• 素土夯实，密实度≥93％ | |
| | | 车行地面 | 工厂预制 | • 透水砖面层（规格按厂家成品）<br>• 30厚1：6干硬性水泥砂浆<br>• 180厚C30（无砂）大孔混凝土<br>• 250厚6％水泥石粉渣/级配碎石<br>• 素土夯实，密实度≥95％ | 地基较差、车流量较大路面不建议使用全透水路基 |
| 塑性材料 | 透水沥青混凝土 | 人行路面 | 现场施工 | • PAC-13形细粒式改性沥青混凝土30厚<br>• 乳化改性沥青黏层（0.5L/m²）<br>• PAC-20型中粒式改性沥青混凝土40厚<br>• 洒布透层油后铺自粘性玻纤土工格栅一层<br>• 120厚C25无砂大孔透水混凝土，天然骨料粒径$\phi$12～20<br>• 沥青下封层1cm<br>• 150厚6％水泥石粉渣稳定层<br>• 路基机械碾压实≥93％ | |
| | | 车行路面 | 现场施工 | • PAC-13型细粒式改性沥青混凝土40厚<br>• 乳化改性沥青黏层（0.5L/m²）<br>• PAC-20型中粒式改性沥青混凝土60厚<br>• 洒布透层油后铺自粘性玻纤土工格栅一层<br>• 150厚C30无砂大孔透水混凝土，天然骨料粒径$\phi$12～20<br>• 沥青下封层1cm<br>• 150厚6％水泥石粉渣稳定层<br>• 200厚级配碎石层<br>• 路基机械碾压实≥95％ | 1. 地基较差、车流量较大路面不建议使用全透水路基<br>2. 景观工程道路一般定性为轻交通道路等级，此透水混凝土车行路面是按一般小车（2～3t）的荷载考虑 |
| | 透水混凝土 | 人行路面 | | • 双丙聚氨酯密封处理（无色透明）<br>• 40厚6～10mm粒径C30彩色天然露骨料透水混凝土<br>• 50厚10～20mm粒径C30素色透水混凝土<br>• 30厚粗砂<br>• 150厚6％水泥石粉渣/级配碎石<br>• 素土夯实，密实度≥93％ | 骨料粒径及面层颜色按设计 |

| 类别 | 特性 | 适用范围及特点 | 面层处理及质感 | 构造做法 | 备注 |
|---|---|---|---|---|---|
| 塑性材料 | 透水混凝土 | 车行路面 | | • 双丙聚氨酯密封处理（无色透明）<br>• 40厚6～10mm粒径C35彩色天然露骨料透水混凝土<br>• 80厚10～20mm粒径C35素色透水混凝土<br>• 30厚粗砂<br>• 300厚6%水泥石粉渣/级配碎石<br>• 素土夯实，密实度≥95% | 1. 地基较差、车流量较大路面不建议使用全透水路基<br>2. 景观工程道路一般定性为轻交通道路等级，此透水混凝土车行路面是按一般小车（2～3t）的荷载考虑<br>3. 骨料粒径及面层颜色按设计 |
| | 石米 | 小路、局部铺装 | 压实 | • 20厚1:2水泥豆石抹面，用湿刷法水泥砂浆，微露小豆石<br>• 100厚C15混凝土<br>• 150厚6%水泥石粉渣/级配碎石<br>• 素土夯实，密实度≥93% | |
| | 塑胶（EPDM） | 运动场、活动场地 | 现浇 | 以30厚全塑型自结纹塑胶地面为例（需由专业公司施工）：<br>• 3厚自结纹面层为双组，分特殊聚氨酯材料甲/乙组，比例为1:2加自结纹专用辅料石英砂和胶粉（石英砂80%，胶粉20%）<br>• 9厚加强垫层<br>• 9+9厚缓冲垫层<br>• 混凝土基面刷水泥基一道及塑胶地面专用乳液胶水刷一道（增加塑胶层和混凝土之间结合强度，由专业公司提供） | 类型：<br>透气型、混合型、复合型、全塑型 |
| 涂料 | 涂料 | 外墙（从外到内） | 抹平、有肌理 | 高级外墙漆两遍；<br>填补缝隙，腻子磨平；<br>6厚1:2.5水泥砂浆抹平；<br>12厚1:3水泥砂浆打底扫毛；<br>非黏土砖墙或混凝土结构 | 墙体为建筑物外墙时应增设防水层（聚合物防水砂浆） |
| 金属饰面板 | 耐候钢板、铝合金板、不锈钢板等 | 外表装饰、景观小品 | 定制或现场加工 | 一般2～10厚金属板材固定，板材预留接缝5宽，用相同颜色耐候密封胶填缝（耐候钢板及不锈钢板也可焊接）；<br>按金属板规格安装配套水平及竖向不锈钢或镀锌钢托架；<br>钢骨架或混凝土结构 | 金属板材厚度按设计<br>工艺：电镀、压花、冲孔等 |

# 11.2 种 植 设 计

## 11.2.1 各类型项目种植设计要点

**各类型项目种植设计要点（一）** 表 11.2.1-1

| 居住区 | 道路景观 | 公园及风景区 | 河岸滨海景观 | 景观改造工程 |
|---|---|---|---|---|
| 1. 乔木与建筑的距离，植物与硬质边界的距离<br>2. 消防登高面种植要求<br>3. 建筑南北面光照对植物的影响<br>4. 选择无毒的植物<br>5. 常绿植物与落叶植物的搭配比例<br>6. 业主的特殊要求<br>7. 当地的植物文化与风俗<br>8. 细致的设计（对景，转角，视线焦点，高低层次） | 1. 车行道旁营造大尺度的景观效果<br>2. 中央绿化带防眩光设计与安全视线距离<br>3. 行道树间距为5～7m，距车行道边最小距离0.75m，行道树分枝点需在1.8～2.0m间，树高大于4m<br>4. 人行道旁绿化带<br>5. 关键点的设计（路端点，转弯，视线焦点交汇处） | 1. 根据景区主题划分确定植物空间营造，确定特色主题树种<br>2. 注意树木景观的郁闭度<br>3. 植物造景对借景、对景、框景等手法的运用<br>4. 孤立树、树丛、树群的观赏距离<br>5. 儿童游戏场夏天遮阴的面积大于50%<br>6. 各种场地的乔木枝下净空高（儿童游戏场＞1.8m、成人活动场所＞2.2m、大中型停车场＞4m，小汽车＞2.5m，自行车＞2.2m） | 1. 结合实地情况，植物品种选择注意抗风性、耐水湿性或抗盐碱性等<br>2. 结合环境特色营造林冠线、透景线<br>3. 片植季相、色彩突出的乔木林<br>4. 滨水缓坡草坪的营造 | 1. 场地踏勘现状植被<br>2. 确定移走树木并出移走树木图<br>3. 对原有具观赏价值树木的保护与利用，新种植图应标出保留树木 |

**各类型项目种植设计要点（二）** 表 11.2.1-2

| 交通枢纽景观 | 商业空间景观 | 体育场馆景观 | 学校景观 | 医院景观 |
|---|---|---|---|---|
| 1. 注意植物景观对城市形象及地域特色的体现<br>2. 注意乡土树种的选择及运用<br>3. 重要节点推荐用花境形式 | 1. 商业氛围的烘托<br>2. 视线通透需要<br>3. 遮阴功能的考虑<br>4. 重要城市节点推荐用花境形式 | 1. 整体空间通透疏朗<br>2. 注意遮阴功能<br>3. 选择高大挺拔舒展的植物<br>4. 选用对身体有益的康体植物，如释氧量大的植物以及芳香植物 | 1. 整体空间通透疏朗<br>2. 局部营造适合学生交流的围合、半围合空间<br>3. 有条件的可设置小植物园或科普园<br>4. 利用藤本植物增加绿色空间，增大绿视率<br>5. 充分利用屋顶空间<br>6. 植物文化应与校园文化相结合<br>7. 慎用有毒、带刺植物 | 1. 整体空间通透疏朗<br>2. 植物选择应适应医院庭院、绿地的各种阳光条件<br>3. 结合康疗特色营造与医院相应的康复花园<br>4. 选用对身体有益的康体植物 |

## 11.2.2 植物与建筑、构筑物、管线等距离附表

**行道树与建筑、建筑物的水平间距（单位：m）** 表 11.2.2-1

| 道路环境及附属设施 | 至乔木主干最小间距 | 至灌木中心最小间距 |
|---|---|---|
| 有窗建筑外墙 | 3.0 | 1.5 |
| 无窗建筑外墙 | 2.0 | 1.5 |
| 人行道边缘 | 0.75 | 0.5 |
| 车行道路边缘 | 1.5 | 0.5 |

| 道路环境及附属设施 | 至乔木主干最小间距 | 至灌木中心最小间距 |
|---|---|---|
| 电线塔、柱、杆 | 2.0 | 不限 |
| 冷却塔 | 塔高1.5倍 | 不限 |
| 排水明沟边缘 | 1.0 | 0.5 |
| 铁路中心线 | 8.0 | 4.0 |
| 邮筒、路牌、站标 | 1.2 | 1.2 |
| 警亭 | 3.0 | 2.0 |
| 水准点 | 2.0 | 1.0 |

**行道树与地下管线的水平间距**（单位：m）　　　　表 11.2.2-2

| 沟管名称 | 至中心最小间距 | |
|---|---|---|
| | 乔木 | 灌木 |
| 给水管、阀井 | 1.5 | 不限 |
| 污水管、雨水管、深井 | 1.0 | 不限 |
| 排水盲沟 | 1.0 | 不限 |
| 电力电缆、深井 | 1.5 | 0.5 |
| 热力管、路灯电杆 | 2.0 | 1.0 |
| 弱电电缆沟、电力电信杆 | 2.0 | 0.5 |
| 乙炔氧气管、压缩空气管 | 2.0 | 2.0 |
| 消防龙头、天然瓦斯管 | 1.2 | 1.2 |
| 煤气管、探井、石油管 | 1.5 | 1.5 |

其他非行道树的乔、灌木种植设计参照以上表格。

### 11.2.3 垂直绿化（墙面绿化）

依据植物种植方式的不同，墙面绿化可分为攀爬或垂吊式、种植槽种植式、模块式、铺贴式、布袋式和板槽式等。

**模块式墙面绿化设计要点**　　　　表 11.2.3-1

| 适用范围 | 适用于各类型的墙面绿化，主要适用于室外 | |
|---|---|---|
| 安全要求 | 1. 设计施工前必须由具备相关资质的单位检测墙体的稳定性<br>2. 作业时，施工人员应穿戴防护措施，同时于施工场地周边设立安全警戒线，避免高空坠物 | |
| 技术要点 | 1. 计算墙面稳定性及相关指标<br>2. 绿化模块由种植构件盒、种植基质、植物三部分组成<br>3. 构件盒长宽不超过50cm，重量控制在25kg以内，需经过具备有关资质的单位或结构工程师按绿化模块的重量和风载力大小进行严格计算<br>4. 将植物模块构件固定在钢骨架上<br>5. 植物选择：以常绿植物为主，组合形式可多样化营造多变的墙面特色景观，体现城市特色；根据墙体朝向、光照条件选择喜阴或喜阳的植物，宜在北朝向种植耐阴植物，西向墙面种植耐旱植物 | 滴灌管<br>挂钩配件<br>基盘保护钢丝<br>基盘保护装置<br>次龙骨<br>主体钢通龙骨<br>种植模块基盘<br>不锈钢排水槽 |

种植槽式墙面绿化设计要点 表 11.2.3-2

| 适用范围 | 各类平整的垂直墙面 | |
|---|---|---|
| 安全要求 | 1. 设计施工前必须由具备相关资质的单位检测墙体的稳定性<br>2. 建筑周边环境常年风力过大的区域应慎重选择该绿化形式<br>3. 作业时，施工人员应穿戴防护措施，同时于施工场地周边设立安全警戒线 | 种植槽基盘<br>植物<br>镀锌扁铁<br>镀锌方钢<br>不锈钢排水槽 |
| 技术要点 | 1. 紧贴墙面或离开墙面 5～10cm 处搭建平行于墙面的骨架，骨架应做防腐工艺处理<br>2. 设计滴灌系统<br>3. 在种植槽放置种植基质，完成植物栽培<br>4. 将种植好的种植槽从下往上依次嵌入骨架 | |

布袋式墙面绿化设计要点 表 11.2.3-3

| 适用范围 | 适用在室内或室外墙体，可应用于不规则形状墙体 | |
|---|---|---|
| 安全要求 | 建筑墙面应满足防水等要求 | 滴灌管<br>种植毯<br>防水背板<br>植物 |
| 技术要点 | 1. 必须对墙面进行防水处理<br>2. 安装灌溉设备<br>3. 安装防水背板<br>4. 直接在防水背板上固定种植毯，植物栽种于种植毯之间<br>5. 用于室内时应安装植物补光灯 | |

铺贴式墙面绿化设计要点 表 11.2.3-4

| 适用范围 | 室内或室外墙体绿化 | |
|---|---|---|
| 安全要求 | 1. 建筑墙面应满足防水等要求<br>2. 选择浅根性植物，避免植物根系刺穿墙体，避免墙体开裂<br>3. 作业时，施工人员应穿戴防护措施 | 防水层<br>基盘<br>背衬<br>墙体<br>隔板<br>栓<br>生长基顶<br>滴灌管道 |
| 技术要点 | 1. 墙面应做防水处理<br>2. 设置排水系统<br>3. 可选择于墙面铺贴生长基质，用喷播的方式喷于墙体形成生长系统或空心砌墙砖绿化方式（砖上留有植生孔，砖体内装有土壤、树胶、肥料和草籽等） | |

**板槽式墙面绿化设计要点** 表 11.2.3-5

| 适用范围 | 适用室外墙体 | |
|---|---|---|
| 安全要求 | 1. 设计施工前必须由具备相关资质的单位检测墙体的稳定性<br>2. 建筑周边环境常年风力过大的区域应慎重选择该绿化形式<br>3. 作业时，施工人员应穿戴防护措施，同时于施工场地周边设立安全警戒线，避免高空坠物 | |
| 技术要点 | 1. 计算墙面稳定性及相关指标<br>2. 安装V形板槽，以螺栓固定，螺栓应做防锈处理<br>3. 安装灌溉系统<br>4. 于槽内填装轻质种植材料，或将规格大小与V形板槽相当规格的盆花，脱盆直接置入槽中<br>5. 植物选择：常绿植物为主，组合形式可多样化营造多变的墙面特色景观，体现城市特色；根据墙体朝向、光照条件选择喜阴或喜阳的植物，宜在北朝向种植耐阴植物，西向墙面种植耐旱植物 | |

**攀爬或垂吊式墙面绿化设计要点** 表 11.2.3-6

| 适用范围 | 墙面较为粗糙或有利于植物攀缘的建筑墙面，高度较高的建筑墙面，挡土墙 | |
|---|---|---|
| 安全要求 | 1. 设计施工前必须由具备相关资质的单位检测墙体的稳定性<br>2. 建筑周边环境常年风力过大的区域应慎重选择该绿化形式<br>3. 作业时，施工人员应穿戴防护措施，同时于施工场地周边设立安全警戒线 | |
| 技术要点 | 1. 于墙基、墙顶砌条形花槽，于墙顶砌花基前必须计算墙体的荷载，确保安全<br>2. 应架设木架、辅助攀缘网辅助植物攀爬，其他建筑构件上应装上防锈螺栓和木榫，螺钉和地脚螺栓都应做防锈处理<br>3. 植物选择：选用低成本、花色丰富的攀缘植物；植物色彩应与建筑墙面、建筑环境色彩相协调；根据墙体朝向、光照条件选择喜阴或喜阳的植物。宜在北朝向种植耐阴植物，西向墙面种植耐旱植物；根据景观需求，选择常绿或半常绿的植物 | |

# 11.3 水 景

## 11.3.1 设计要点

1. 人工水体和喷泉水景的水源水质应符合现行《公园设计规范》GB 51192—2016 相关规定。

2. 水景循环一般采用潜水泵。当为旱喷，或采用戏水池等与人身大面积接触的水景时，应采用管道泵作为循环泵。

3. 喷水池、戏水池或游泳池等所有景观水体电气设计，应严格执行有关安全标准，做好等电位联结、直接接触电击防护和间接接触电击防护。未采用安全电压供电的水体，必须设置阻挡游人进入的设施和标识。

4. 淤泥底水体近岸应有防护措施，非淤泥底人工水体的岸高及近岸水深应符合下列规定：

1）无防护设施的人工驳岸，近岸 2.0m 范围内的常水位水深不得大于 0.7m；

2）无防护设施的园桥、汀步及临水平台附近 2.0m 范围以内的常水位水深不得大于 0.5m；

3）无防护设施的驳岸顶与常水位的垂直距离不得大于 0.5m。

### 11.3.2　一般构造及技术措施

一般构造及技术措施　　　　　　　　　　　　　表 11.3.2

| 序号 | 类型 | 构造做法 | 注意事项 |
|---|---|---|---|
| 1 | 游泳池 | • 马赛克（玻璃/陶瓷马赛克）面层<br>• 5厚环氧胶泥结合层<br>• 15厚1：2.5水泥砂浆保护层<br>• 2厚水泥基渗透型防水涂膜<br>• 钢筋混凝土结构自防水（抗渗等级≥P6）<br>• 100厚C15混凝土<br>• 素土夯实，夯实系数≥93％ | 1. 注意泛碱；<br>2. 预留水下灯安装位置，灯具和池壁齐平 |
| 2 | 水池 | • 花岗石面层<br>• 5厚环氧胶泥结合层<br>• 15厚1：2.5水泥砂浆保护层<br>• 2厚水泥基渗透型防水涂膜<br>• 钢筋混凝土结构自防水（抗渗等级≥P6）<br>• 100厚C15混凝土<br>• 素土夯实，夯实系数≥93％ | 1. 注意泛碱；<br>2. 预留水下灯安装位置，喷头和灯具组合安装；<br>3. 泵坑大小、水处理设计备要和给水排水专业一致；<br>4. 喷泉（涌泉）、水池边需有合适的距离，保证水不会溅到地面；<br>5. 瀑布、跌水压顶要平整，给水要均匀，可采用多孔管给水，跌水高度和水池边要有足够的安全距离，保证水花不会跌到地面 |
| | | • 花岗石面层<br>• 万能支撑器<br>• 40厚C20细石混凝土保护层<br>• 2厚水泥基渗透型防水涂膜<br>• 钢筋混凝土结构自防水（抗渗等级≥P6）<br>• 100厚C15混凝土<br>• 素土夯实，夯实系数≥93％ | |
| 3 | 跌水、瀑布 | • 湿贴、干挂、塑石按具体项目定 | |
| 4 | 旱喷 | • 花岗石面层<br>• 砖砌体或钢筋混凝土分隔墙<br>• 基层做法参考第2点 | |

| 序号 | 类型 | 构造做法 | 注意事项 |
|------|------|----------|----------|
| 5 | 人工湖 | • 回填300厚中粗砂土(有水生植物岸边可回填种植土)<br>• 天然钠基膨润土防水毯一道(GCL-NP/N/5500/30-5.85)<br>• 铺设50厚中砂垫层<br>• 素土夯实,系数≥85%<br>• 湖底场地修整,清除杂物 | 1. 水岸宜采用坡度为1:2~1:6的缓坡,水位比较大的水岸,宜设护坡或驳岸;<br>2. 绿地的水岸宜种植护岸且能净化水质的湿生、水生植物;<br>3. 防水毯的技术标准可参见《钠基膨润土防水毯》JG/T 193—2006 |

# 11.4 建(构)筑物设计

1. 景观建(构)筑物的位置、规模、造型、材料、色彩和使用功能,应符合景观工程总体设计要求。

2. 进行景观建(构)筑设计时,应考虑对建(构)筑物使用过程中产生的垃圾、废气和废水等废弃物的处理,防止污染及破坏环境。

3. 游憩和服务类建筑物应设无障碍设施,并应符合现行《无障碍设计规范》GB 50763有关规定。

4. 景观工程内挡土墙设计,应在保证边坡结构安全的条件下,结合总体设计要求和水景、绿植、艺术装置等景观元素,实现与环境协调。

详见表11.4。

景观建(构)筑物设计要点          表 11.4

设计要点:

1. 亭、廊、花架等建筑设施应和环境协调,占地面积之和不得大于绿地总面积的2%,花架面积以花架最外边线范围1/5计算;

2. 亭、廊、花架为游人休息、遮阴、蔽风雨及欣赏景色的设施,其位置、大小、式样应满足上位设计要求;

3. 亭、廊、花架周围需排水良好。地坪应平整、美观、防滑,并便于打扫;

4. 有吊顶的亭、廊、敞厅,吊顶采用防潮、防风材料与构造;

5. 亭、廊、花架等供居民坐憩之处,不应采用粗糙饰面材料,也不应采用易刮伤肌肤和衣物的构造;

6. 亭、廊、花架等室内净高不应小于2.1m,楣子高度应考虑游人通过或赏景的要求

| 亭 | 廊 | 花架 | 膜结构 |
|------|------|--------|--------|
| 亭供人休息、遮阴、避雨和凭眺空间场所,个别属于纪念性和标志性建筑;<br><br>亭自身成景,成为视觉焦点,引导游览 | 廊多数有顶盖,廊具有引导人流、引导视线,连接景点和供人休息的功能;<br>居住区内建筑与建筑之间的连廊尺度控制必须与主体建筑相适应;<br>柱廊是以柱构成的廊式空间,是一个既有开放性,又有限定性的空间,能增加环境景观的层次感。柱廊一般无顶盖或在柱头上加设装饰构架,靠柱子的排列产生效果 | 花架通常顶部为全部或局部镂空,供藤类作物攀爬,同时能提供休息与连接功能。在位置选择上,可连接交通枢纽处;<br>花架设计应与所用植物材料相适应,种植池的位置可灵活地布置在架内或者架外,也可以高低错落,结合地形和植物的特征布置 | 张拉膜结构由于其材料的特殊性,能塑造出轻巧多变、优雅飘逸的建筑形态;<br>位置选择需避开消防通道。膜结构的悬索拉线埋点要隐蔽并远离人流活动区;<br>膜结构一般为银白反光色,醒目鲜明 |

# 11.5　配 套 设 施 小 品

**配套设施设计要点**

1. 应根据不同景观工程情况，结合游人活动规律和分布密度，综合考虑生态性、功能性、景观性、智慧化和人性化等要素，合理设置配套服务设施。

2. 公共空间应考虑游人流量、观景、避风、向阳、庇荫和遮雨等因素，合理设置园椅或座凳。

3. 垃圾箱设置应与游人分布密度和路径相适应，并应采用有明确标识的分类垃圾箱。垃圾箱设置处地面铺装宜硬化，便于清洁。

4. 标识系统设计应与景观工程总体设计风格契合，且符合下列规定：

1）应根据景观工程内容和环境特点，确定标识类型和数量；

2）在主要出入口，应设置总平面示意图及导向标志；

3）在主要景点、游客服务中心和各类公共设施周边，应设置位置标志及信息板；

4）无障碍设施应设置无障碍标识；

5）可能对人身安全造成影响的区域，应设置醒目的安全警示标志；

6）标识标牌应采用现行国家标准规定的公共信息图形或符号。

5. 公共景观艺术小品应根据景观工程总体设计要求，结合景观性、艺术性和功能性等要求设计。

# 11.6　儿 童 游 乐 设 施

**儿童游乐设施设计要点**

1. 儿童游戏设备/场地设置，应避免干扰周边环境。

2. 儿童游戏场地应采用软质地坪或洁净沙坑。沙坑选用沙材应安全、卫生，沙坑不应积水，沙坑周边应设防沙粒散失的措施，并配备洗脚池。幼儿和学龄儿童使用的游戏设施，应分别设置。

详见表 11.6。

**儿童游乐设施设计要点**　　　　　　　　　表 11.6

| 设施名称 | 技术要求 | 年龄组（岁） | 规范依据 |
| --- | --- | --- | --- |
| 沙坑 | 1）居住区沙坑一般规模为 10～20m²，沙坑中安置游乐器具的要适应加大，以确保基本活动空间；<br>2）沙坑深 40～45cm，沙子中必须以细沙为主，并经过冲洗。沙坑四周应竖 10～15cm 的围沿，防止沙土流失或雨水灌入。围沿一般采用混凝土、塑料和木制，上可铺橡胶软垫；<br>3）沙坑内应敷设暗沟排水 | 3～6 | 《小型游乐设施安全规范》GB/T 34272—2017 |

| 设施名称 | 技术要求 | 年龄组（岁） | 规范依据 |
|---|---|---|---|
| 滑梯 | 1）滑梯由攀登段、平台段和下滑段组成，一般采用木材、不锈钢、人造水磨石、玻璃纤维、增强塑料制作，保证滑板表面光滑；<br>2）滑梯攀登梯架倾角为70°左右，宽40cm，梯板高6cm双侧设扶手栏杆。滑板倾角30°～35°，宽40cm，两侧直缘为18cm，便于儿童双脚制动；<br>3）成品滑板和自制滑梯都应在滑梯下部铺厚度不小于3cm的胶垫，或40cm以上的沙土，防止儿童坠落受伤 | 3～6 | 《小型游乐设施安全规范》GB/T 34272—2017 |
| 秋千 | 1）秋千分板式、座椅式、轮胎式几种，其场地尺寸根据秋千摆动幅度及与周围娱乐设施间距确定；<br>2）秋千一般高2.5m，长3.5～6.7m（分单座、双座、多座），周边安全护栏高60cm，踏板距地35～45cm。幼儿用距地为25cm；<br>3）地面设施需设排水系统和铺设柔性材料 | 6～15 | |
| 攀登架 | 1）攀登架标准尺寸为2.5m×2.5m（高×宽），格架宽为50cm，架杆选用钢骨和木制。多组格架可组成攀登式迷宫；<br>2）架下必须铺装柔性材料 | 8～12 | |
| 跷跷板 | 1）通双连式跷跷板为3.6m×0.5m（长×宽），中心轴高45cm；<br>2）跷跷板端部应放置旧轮胎等设备作缓冲垫 | 8～12 | |
| 游戏墙 | 1）墙体高控制在1.2m以下，供儿童跨越或骑乘，厚度为15～35cm；<br>2）墙上可适当开孔洞，供儿童穿越和窥视产生游戏乐趣；<br>3）墙体顶部边沿应做成圆角，墙下铺软垫；<br>4）墙上绘制图案不易褪色 | 6～10 | |
| 滑板场 | 1）滑板场为专用场地，要利用绿化种植、栏杆等与其他休闲区分隔开；<br>2）场地用硬制材料铺装，表面平整，并具有较好的摩擦力；<br>3）设置固定的滑板联系器具，铁管滑架、曲面滑道和台阶总高度不宜超过60cm，并留出足够的滑跑安全距离 | 10～15 | |
| 迷宫 | 1）迷宫由灌木丛林或实墙组成，墙高一般在0.9～1.5m之间，以能遮挡儿童视线为准，通道宽1.2m；<br>2）灌木丛墙需进行修剪以免划伤儿童；<br>3）地面应选用保护软垫或平整、安全的弹性材料 | 6～12 | |

# 11.7 室 外 停 车 场

## 室外停车场设计要点

室外停车场设计要点          表 11.7

| 序号 | 项目 | 内容 | 注意事项 |
|---|---|---|---|
| 1 | 相关规定 | 1) 相邻机动车库基地出入口之间的最小距离不应小于 15m，且不应小于两出入口道路转弯半径之和；<br>2) 机动车库基地出入口处的机动车道路转弯半径不宜小于 6m；<br>3) 当停车数为 50 辆及以下时，可设 1 个出入口，宜为双向行驶的出入口；<br>4) 当停车数为 51～300 辆时，应设置 2 个出入口，宜为双向行驶的出入口；<br>5) 当停车数为 301～500 辆时，应设置 2 个双向行驶的出入口；<br>6) 当停车数大于 500 辆时，应设置 3 个出入口，宜为双向行驶的出入口 | 停车设施设计必须综合考虑路面结构、种植、照明、排水及必要的附属设施的设计，车道应考虑设置减速带等安全措施 |
| 2 | 停车场构造做法 | 1) 停车位构造做法：<br>• 80 厚嵌草砖，孔内填种植土拌草种子<br>• 30 厚 1:1 黄土粗沙<br>• 300 厚级配碎石，此构造做法以华南地区常规构造做法为例<br>• 素土夯实，密实度≥93%<br>2) 行车道构造做法：<br>• 30 厚细粒式改性沥青混凝土 AC-10<br>• 机械喷洒道路用乳化沥青黏油层（PC-3）0.6L/m²<br>• 40 厚中粒式沥青混凝土 AC-20<br>• 洒布透层油后铺自黏性玻纤土工格栅一层<br>• 200 厚 6% 水泥石粉渣稳定层，压实系数≥95%<br>• 250 厚级配碎石，机械压实<br>• 素土夯实，压实系数≥95% | 此构造做法以华南地区常规构造做法为例 |
| 3 | 坡度 | 斜板式停车库，纵坡不应大于 5% | |
| 4 | 无障碍停车位 | 1) 公共停车场的停车数在 50 辆以下时应设置不少于 1 个无障碍机动车停车位；<br>2) 100 辆以下时应设置不少于 2 个无障碍机动车停车位；<br>3) 100 辆以上时应设置不少于总停车数 2% 的无障碍机动车停车位 | |

# 12 居住区规划设计

## 12.1 居住区规划设计指标

### 12.1.1 居住区分级控制规模

居住区按照居民在合理的步行距离内满足基本生活需求的原则，分级控制规模。

居住区分级控制规模表　　　　　　　　　　表 12.1.1

| 距离与规模 | 十五分钟生活圈<br>居住区 | 十分钟生活圈<br>居住区 | 五分钟生活圈<br>居住区 | 居住街坊 |
|---|---|---|---|---|
| 步行距离（m） | 800～1000 | 500 | 300 | — |
| 居住人数（人） | 50000～100000 | 15000～25000 | 5000～12000 | 1000～3000 |
| 住宅数量（套） | 17000～32000 | 5000～8000 | 1500～4000 | 300～1000 |

### 12.1.2 各级生活圈居住区用地控制指标

1. 十五分钟生活圈居住区用地控制指标

十五分钟生活圈居住区用地控制指标表　　　表 12.1.2-1

| 建筑<br>气候<br>区划 | 住宅建筑<br>平均层数<br>类别 | 人均居住<br>用地面积<br>（m²/人） | 居住区<br>用地<br>容积率 | 居住区用地构成（%） | | | | |
|---|---|---|---|---|---|---|---|---|
| | | | | 住宅<br>用地 | 配套设<br>施用地 | 公共<br>绿地 | 城市道<br>路用地 | 合计 |
| Ⅰ、Ⅶ | 多层Ⅰ类<br>（4～6 层） | 40～54 | 0.8～1.0 | 58～61 | 12～16 | 7～11 | 15～20 | 100 |
| Ⅱ、Ⅵ | | 38～51 | 0.8～1.0 | | | | | |
| Ⅲ、Ⅳ、Ⅴ | | 37～48 | 0.9～1.1 | | | | | |
| Ⅰ、Ⅶ | 多层Ⅱ类<br>（7～9 层） | 35～42 | 1.0～1.1 | 52～58 | 13～20 | 9～13 | 15～20 | 100 |
| Ⅱ、Ⅵ | | 33～41 | 1.0～1.2 | | | | | |
| Ⅲ、Ⅳ、Ⅴ | | 31～39 | 1.1～1.3 | | | | | |
| Ⅰ、Ⅶ | 高层Ⅰ类<br>（10～18 层） | 28～38 | 1.1～1.4 | 48～52 | 16～23 | 11～16 | 15～20 | 100 |
| Ⅱ、Ⅵ | | 27～36 | 1.2～1.4 | | | | | |
| Ⅲ、Ⅳ、Ⅴ | | 26～34 | 1.2～1.5 | | | | | |

注：居住区用地容积率是生活圈内，住宅建筑及其配套设施地上建筑面积之和与居住区用地总面积的比值。

2. 十分钟生活圈居住区用地控制指标

十分钟生活圈居住区用地控制指标表　　　　表 12.1.2-2

| 建筑气候区划 | 住宅建筑平均层数类别 | 人均居住用地面积（m²/人） | 居住区用地容积率 | 居住区用地构成（%） | | | | |
|---|---|---|---|---|---|---|---|---|
| | | | | 住宅用地 | 配套设施用地 | 公共绿地 | 城市道路用地 | 合计 |
| Ⅰ、Ⅶ | 低层（1～3层） | 49～51 | 0.8～0.9 | 71～73 | 5～8 | 4～5 | 15～20 | 100 |
| Ⅱ、Ⅵ | | 45～51 | 0.8～0.9 | | | | | |
| Ⅲ、Ⅳ、Ⅴ | | 42～51 | 0.8～0.9 | | | | | |
| Ⅰ、Ⅶ | 多层Ⅰ类（4～6层） | 35～47 | 0.8～1.1 | 68～70 | 8～9 | 4～6 | 15～20 | 100 |
| Ⅱ、Ⅵ | | 33～44 | 0.9～1.1 | | | | | |
| Ⅲ、Ⅳ、Ⅴ | | 32～41 | 0.9～1.2 | | | | | |
| Ⅰ、Ⅶ | 多层Ⅱ类（7～9层） | 30～35 | 1.1～1.2 | 64～67 | 9～12 | 6～8 | 15～20 | 100 |
| Ⅱ、Ⅵ | | 28～33 | 1.2～1.3 | | | | | |
| Ⅲ、Ⅳ、Ⅴ | | 26～32 | 1.2～1.4 | | | | | |
| Ⅰ、Ⅶ | 高层Ⅰ类（10～18层） | 23～31 | 1.2～1.6 | 60～64 | 12～14 | 7～10 | 15～20 | 100 |
| Ⅱ、Ⅵ | | 22～28 | 1.3～1.7 | | | | | |
| Ⅲ、Ⅳ、Ⅴ | | 21～27 | 1.4～1.8 | | | | | |

注：居住区用地容积率是生活圈内，住宅建筑及其配套设施地上建筑面积之和与居住区用地总面积的比值。

3. 五分钟生活圈居住区用地控制指标

五分钟生活圈居住区用地控制指标表　　　　表 12.1.2-3

| 建筑气候区划 | 住宅建筑平均层数类别 | 人均居住用地面积（m²） | 居住区用地容积率 | 居住区用地构成（%） | | | | |
|---|---|---|---|---|---|---|---|---|
| | | | | 住宅用地 | 配套设施用地 | 公共绿地 | 城市道路用地 | 合计 |
| Ⅰ、Ⅶ | 低层（1～3层） | 46～47 | 0.7～0.8 | 76～77 | 3～4 | 2～3 | 15～20 | 100 |
| Ⅱ、Ⅵ | | 43～47 | 0.8～0.9 | | | | | |
| Ⅲ、Ⅳ、Ⅴ | | 39～47 | 0.8～0.9 | | | | | |
| Ⅰ、Ⅶ | 多层Ⅰ类（4～6层） | 32～43 | 0.8～1.1 | 74～76 | 4～5 | 2～3 | 15～20 | 100 |
| Ⅱ、Ⅵ | | 31～40 | 0.9～1.2 | | | | | |
| Ⅲ、Ⅳ、Ⅴ | | 29～37 | 1.0～1.2 | | | | | |
| Ⅰ、Ⅶ | 多层Ⅱ类（7～9层） | 28～31 | 1.2～1.3 | 72～74 | 5～6 | 3～4 | 15～20 | 100 |
| Ⅱ、Ⅵ | | 25～29 | 1.2～1.4 | | | | | |
| Ⅲ、Ⅳ、Ⅴ | | 23～28 | 1.3～1.6 | | | | | |
| Ⅰ、Ⅶ | 高层Ⅰ类（10～18层） | 20～27 | 1.4～1.8 | 69～72 | 6～8 | 4～5 | 15～20 | 100 |
| Ⅱ、Ⅵ | | 19～25 | 1.5～1.9 | | | | | |
| Ⅲ、Ⅳ、Ⅴ | | 18～23 | 1.6～2.0 | | | | | |

注：居住区用地容积率是生活圈内，住宅建筑及其配套设施地上建筑面积之和与居住区用地总面积的比值。

## 12.1.3  居住街坊用地与建筑控制指标

居住街坊用地与建筑控制指标表

表 12.1.3

| 建筑气候区划 | 住宅建筑平均层数类别 | 住宅用地容积率 | 建筑密度最大值（%） | 绿地率最小值（%） | 住宅建筑高度控制最大值（m） | 人均住宅用地面积最大值（m²/人） |
|---|---|---|---|---|---|---|
| Ⅰ、Ⅶ | 低层（1～3层） | 1.0 | 35 | 30 | 18 | 36 |
| | 多层Ⅰ类（4～6层） | 1.1～1.4 | 28 | 30 | 27 | 32 |
| | 多层Ⅱ类（7～9层） | 1.5～1.7 | 25 | 30 | 36 | 22 |
| | 高层Ⅰ类（10～18层） | 1.8～2.4 | 20 | 35 | 54 | 19 |
| | 高层Ⅱ类（19～26层） | 2.5～2.8 | 20 | 35 | 80 | 13 |
| Ⅱ、Ⅵ | 低层（1～3层） | 1.0～1.1 | 40 | 28 | 18 | 36 |
| | 多层Ⅰ类（4～6层） | 1.2～1.5 | 30 | 30 | 27 | 30 |
| | 多层Ⅱ类（7～9层） | 1.6～1.9 | 28 | 30 | 36 | 21 |
| | 高层Ⅰ类（10～18层） | 2.0～2.6 | 20 | 35 | 54 | 17 |
| | 高层Ⅱ类（19～26层） | 2.7～2.9 | 20 | 35 | 80 | 13 |
| Ⅲ、Ⅳ、Ⅴ | 低层（1～3层） | 1.0～1.2 | 43 | 25 | 18 | 36 |
| | 多层Ⅰ类（4～6层） | 1.3～1.6 | 32 | 30 | 27 | 27 |
| | 多层Ⅱ类（7～9层） | 1.7～2.1 | 30 | 30 | 36 | 20 |
| | 高层Ⅰ类（10～18层） | 2.2～2.8 | 22 | 35 | 54 | 16 |
| | 高层Ⅱ类（19～26层） | 2.9～3.1 | 22 | 35 | 80 | 12 |

注：（1）住宅用地容积率是居住街坊内，住宅建筑及其便民服务设施地上建筑面积之和与住宅用地总面积的比值。

（2）建筑密度是居住街坊内，住宅建筑及其便民服务设施建筑基底面积与居住街坊用地面积的比率（%）。

（3）绿地率是居住街坊内绿地面积之和与居住街坊用地面积的比率（%）。

## 12.1.4  低层或多层高密度居住街坊用地与建筑控制指标

低层或多层高密度居住街坊用地与建筑控制指标

表 12.1.4

| 建筑气候区划 | 住宅建筑层数类别 | 住宅用地容积率 | 建筑密度最大值（%） | 绿地率最小值（%） | 住宅建筑高度控制最大值（m） | 人均住宅用地面积（m²/人） |
|---|---|---|---|---|---|---|
| Ⅰ、Ⅶ | 低层（1～3层） | 1.0、1.1 | 42 | 25 | 11 | 32～36 |
| | 多层Ⅰ类（4～6层） | 1.4、1.5 | 32 | 28 | 20 | 24～26 |
| Ⅱ、Ⅵ | 低层（1～3层） | 1.1、1.2 | 47 | 23 | 11 | 30～32 |
| | 多层Ⅰ类（4～6层） | 1.5～1.7 | 38 | 28 | 20 | 21～24 |
| Ⅲ、Ⅳ、Ⅴ | 低层（1～3层） | 1.2、1.3 | 50 | 20 | 11 | 27～30 |
| | 多层Ⅰ类（4～6层） | 1.6～1.8 | 42 | 25 | 20 | 20～22 |

注：（1）住宅用地容积率是居住街坊内，住宅建筑及其便民服务设施地上建筑面积之和与住宅用地总面积的比值。

（2）建筑密度是居住街坊内，住宅建筑及其便民服务设施建筑基底面积与居住街坊用地面积的比率（%）。

（3）绿地率是居住街坊内绿地面积之和与居住街坊用地面积的比率（%）。

**12.1.5 公共绿地控制指标**

新建各级生活圈居住区应配套规划建设公共绿地，应集中设置具有一定规模，且能开展休闲、体育活动的居住区公园。旧改项目可采取多点分布及立体绿化等方式，但人均公共绿地不应低于控制指标的 70%（表 12.1.5）。

公共绿地控制指标 表 12.1.5

| 类别 | 人均公共绿地面积（m²/人） | 居住区公园 | | 备 注 |
| --- | --- | --- | --- | --- |
| | | 最小规模（hm²） | 最小宽度（m） | |
| 十五分钟生活圈居住区 | 2.0 | 5.0 | 80 | 不含十分钟生活圈及以下级居住区的公共绿地指标 |
| 十分钟生活圈居住区 | 1.0 | 1.0 | 50 | 不含五分钟生活圈及以下级居住区的公共绿地指标 |
| 五分钟生活圈居住区 | 1.0 | 0.4 | 30 | 不含居住街坊的绿地指标 |

注：居住区公园中应设置 10%～15% 的体育活动场地。

**12.1.6 居住街坊集中绿地规划建设规定**

1. 新建项目不应低于 0.50m²/人，旧改项目不应低于 0.35m²/人。

2. 宽度不应低于 8m。

3. 在标准的建筑日照阴影范围之外的绿地面积不应小于 1/3，其中应设置老人、儿童活动场地。

**12.1.7 居住区规划设计技术指标**

居住区综合技术指标 表 12.1.7

| 项目 | | | 计量单位 | 数值 | 所占比例（%） | 人均面积指标（m²/人） |
| --- | --- | --- | --- | --- | --- | --- |
| 各级生活圈居住区指标 | 居住区用地 | 总用地面积 | hm² | ▲ | 100 | ▲ |
| | | 其中 住宅用地 | hm² | ▲ | ▲ | ▲ |
| | | 配套设施用地 | hm² | ▲ | ▲ | ▲ |
| | | 公共绿地 | hm² | ▲ | ▲ | ▲ |
| | | 城市道路用地 | hm² | ▲ | ▲ | — |
| | 居住总人口 | | 人 | ▲ | — | — |
| | 居住总套（户）数 | | 套 | ▲ | — | — |
| | 住宅建筑总面积 | | 万 m² | ▲ | — | — |
| 居住街坊指标 | 用地面积 | | hm² | ▲ | — | ▲ |
| | 容积率 | | — | ▲ | — | — |
| | 地上建筑面积 | 总建筑面积 | 万 m² | ▲ | 100 | — |
| | | 其中 住宅建筑 | 万 m² | ▲ | ▲ | — |
| | | 便民服务设施 | 万 m² | ▲ | ▲ | — |

| 项目 | | | 计量单位 | 数值 | 所占比例（%） | 人均面积指标（m²/人） |
|---|---|---|---|---|---|---|
| 居住街坊指标 | 地下总建筑面积 | | 万 m² | ▲ | ▲ | — |
| | 绿地率 | | % | ▲ | — | — |
| | 集中绿地面积 | | m² | ▲ | — | ▲ |
| | 住宅套（户）数 | | 套 | ▲ | — | — |
| | 住宅套均面积 | | m²/套 | ▲ | — | — |
| | 居住人数 | | 人 | ▲ | — | — |
| | 住宅建筑密度 | | % | ▲ | — | — |
| | 住宅建筑平均层数 | | 层 | ▲ | — | — |
| | 住宅建筑高度控制最大值 | | m | ▲ | — | — |
| | 停车位 | 总停车位 | 辆 | ▲ | — | — |
| | | 其中 地上停车位 | 辆 | ▲ | — | — |
| | | 地下停车位 | 辆 | ▲ | — | — |
| | 地面停车位 | | 辆 | ▲ | — | — |

注：▲为必列指标。

## 12.1.8 居住区配套设施原则

配套设施应遵循配套建设、方便使用、统筹开放、兼顾发展的原则进行配置。

1. 十五分钟和十分钟生活圈居住区配套设施，应依照其服务半径相对居中布局。

2. 十五分钟生活圈居住区配套的公共服务设置宜联合建设并形成街道综合服务中心，其用地面积不宜小于 1hm²。

3. 五分钟生活圈居住区配套的公共服务设置宜集中布置并形成社区综合服务中心，其用地面积不宜小于 0.3hm²。

## 12.1.9 居住区配套设施分级设置要求

十五分钟生活圈居住区、十分钟生活圈居住区配套设施设置规定　　表 12.1.9-1

| 类别 | 序号 | 项目 | 十五分钟生活圈居住区 | 十分钟生活圈居住区 | 备注 |
|---|---|---|---|---|---|
| 公共管理和公共服务设施 | 1 | 初中 | ▲ | △ | 应独立占地 |
| | 2 | 小学 | — | ▲ | 应独立占地 |
| | 3 | 体育馆（场）或全民健康中心 | △ | — | 可联合建设 |
| | 4 | 大型多功能运动场地 | ▲ | — | 宜独立占地 |
| | 5 | 中型多功能运动场地 | — | ▲ | 宜独立占地 |
| | 6 | 卫生服务中心（社区医院） | ▲ | — | 宜独立占地 |
| | 7 | 门诊部 | ▲ | — | 可联合建设 |
| | 8 | 养老院 | ▲ | — | 宜独立占地 |
| | 9 | 老年养护院 | ▲ | — | 宜独立占地 |
| | 10 | 文化活动中心（含青少年、老年活动中心） | ▲ | — | 可联合建设 |

| 类别 | 序号 | 项目 | 十五分钟生活圈居住区 | 十分钟生活圈居住区 | 备注 |
|---|---|---|---|---|---|
| 公共管理和公共服务设施 | 11 | 社区服务中心（街道级） | ▲ | — | 可联合建设 |
| | 12 | 街道办事处 | ▲ | — | 可联合建设 |
| | 13 | 司法所 | ▲ | — | 可联合建设 |
| | 14 | 派出所 | △ | — | 宜独立占地 |
| | 15 | 其他 | △ | △ | 可联合建设 |
| 商业服务业设施 | 16 | 商场 | ▲ | ▲ | 可联合建设 |
| | 17 | 菜市场或生鲜超市 | — | ▲ | 可联合建设 |
| | 18 | 健身房 | △ | △ | 可联合建设 |
| | 19 | 餐饮设施 | ▲ | ▲ | 可联合建设 |
| | 20 | 银行营业网点 | ▲ | ▲ | 可联合建设 |
| | 21 | 电信营业网点 | ▲ | ▲ | 可联合建设 |
| | 22 | 邮政营业场所 | ▲ | — | 可联合建设 |
| | 23 | 其他 | △ | △ | 可联合建设 |
| 市政公用设施 | 24 | 开闭所 | ▲ | △ | 可联合建设 |
| | 25 | 燃料供应站 | △ | △ | 宜独立占地 |
| | 26 | 燃气调压站 | △ | △ | 宜独立占地 |
| | 27 | 供热站或热交换站 | △ | △ | 宜独立占地 |
| | 28 | 通信机房 | △ | △ | 可联合建设 |
| | 29 | 有线电视基站 | △ | △ | 可联合设置 |
| | 30 | 垃圾转运站 | △ | △ | 应独立占地 |
| | 31 | 消防站 | △ | — | 宜独立占地 |
| | 32 | 市政燃气服务网点和应急抢修站 | △ | △ | 可联合建设 |
| | 33 | 其他 | △ | △ | 可联合建设 |
| 交通场站 | 34 | 轨道交通站点 | △ | △ | 可联合建设 |
| | 35 | 公交首末站 | △ | △ | 可联合建设 |
| | 36 | 公交车站 | ▲ | ▲ | 宜独立设置 |
| | 37 | 非机动车停车场（库） | △ | △ | 可联合建设 |
| | 38 | 机动车停车场（库） | △ | △ | 可联合建设 |
| | 39 | 其他 | △ | △ | 可联合建设 |

注：（1）▲为应配建的项目；△为根据实际情况按需配建的项目。

（2）在国家确定的一、二类人防重点城市，应按人防有关规定配建防空地下室。

五分钟生活圈居住区配套设施设置规定　　　表 12.1.9-2

| 类别 | 序号 | 项目 | 五分钟生活圈居住区 | 备注 |
|------|------|------|------|------|
| 社区服务设施 | 1 | 社区服务站（含居委会、治安联防站、残疾人康复室） | ▲ | 可联合建设 |
| | 2 | 社区食堂 | △ | 可联合建设 |
| | 3 | 文化活动站（含青少年活动站、老年活动站） | ▲ | 可联合建设 |
| | 4 | 小型多功能运动（球类）场地 | ▲ | 宜独立占地 |
| | 5 | 室外综合健身场地（含老年户外活动场地） | ▲ | 宜独立占地 |
| | 6 | 幼儿园 | ▲ | 宜独立占地 |
| | 7 | 托儿所 | △ | 可联合建设 |
| | 8 | 老年人日间照料中心（托老所） | ▲ | 可联合建设 |
| | 9 | 社区卫生服务站 | △ | 可联合建设 |
| | 10 | 社区商业网点（超市、药店、洗衣店、美发店等） | ▲ | 可联合建设 |
| | 11 | 再生资源回收点 | ▲ | 可联合设置 |
| | 12 | 生活垃圾收集站 | ▲ | 宜独立设置 |
| | 13 | 公共厕所 | ▲ | 可联合建设 |
| | 14 | 公交车站 | △ | 宜独立设置 |
| | 15 | 非机动车停车场（库） | △ | 可联合建设 |
| | 16 | 机动车停车场（库） | △ | 可联合建设 |
| | 17 | 其他 | △ | 可联合建设 |

注：（1）▲为应配建的项目；△为根据实际情况按需配建的项目。

（2）在国家确定的一、二类人防重点城市，应按人防有关规定配建防空地下室。

居住街坊配套设施设置规定　　　表 12.1.9-3

| 类别 | 序号 | 项目 | 居住街坊 | 备注 |
|------|------|------|------|------|
| 便民服务设施 | 1 | 物业管理与服务 | ▲ | 可联合建设 |
| | 2 | 儿童、老年人活动场地 | ▲ | 宜独立占地 |
| | 3 | 室外健身器械 | ▲ | 可联合设置 |
| | 4 | 便利店（菜店、日杂等） | ▲ | 可联合建设 |
| | 5 | 邮件和快递送达设施 | ▲ | 可联合设置 |
| | 6 | 生活垃圾收集点 | ▲ | 宜独立设置 |
| | 7 | 居民非机动车停车场（库） | ▲ | 可联合建设 |
| | 8 | 居民机动车停车场（库） | ▲ | 可联合建设 |
| | 9 | 其他 | △ | 可联合建设 |

注：（1）▲为应配建的项目；△为根据实际情况按需配建的项目。

（2）在国家确定的一、二类人防重点城市，应按人防有关规定配建防空地下室。

### 12.1.10 配套设施用地指标及建筑面积指标

配套设施控制指标（m²／千人）　　　　　　　　　　表 12.1.10

| 类别 | | 十五分钟生活圈居住区 | | 十分钟生活圈居住区 | | 五分钟生活圈居住区 | | 居住街坊 | |
|---|---|---|---|---|---|---|---|---|---|
| | | 用地面积 | 建筑面积 | 用地面积 | 建筑面积 | 用地面积 | 建筑面积 | 用地面积 | 建筑面积 |
| 总指标 | | 1600～2910 | 1450～1830 | 1980～2660 | 1050～1270 | 1710～2210 | 1070～1820 | 50～150 | 80～90 |
| 其中 | 公共管理与公共服务设施A类 | 1250～2360 | 1130～1380 | 1890～2340 | 730～810 | — | — | — | — |
| | 交通场站设施S类 | — | — | 70～80 | — | — | — | — | — |
| | 商业服务业设施B类 | 350～550 | 320～450 | 20～240 | 320～460 | — | — | — | — |
| | 社区服务设施R12、R22、R32 | — | — | — | — | 1710～2210 | 1070～1820 | — | — |
| | 便民服务设施R11、R21、R31 | — | — | — | — | — | — | 50～150 | 80～90 |

注：（1）十五分钟生活圈居住区指标不含十分钟生活圈居住区指标，十分钟生活圈居住区指标不含五分钟生活圈居住区指标，五分钟生活圈居住区指标不含居住街坊指标。

（2）配套设施用地应含与居住区分级对应的居民室外活动场所用地；未含高中用地、市政公共设施用地，市政公用设施应根据专业规划确定。

### 12.1.11 各级居住区配套设施规划建设控制指标

十五分钟生活圈居住区、十分钟生活圈居住区配套设施规划建设控制要求　　　　表 12.1.11-1

| 类别 | 设施名称 | 单项规模 | | 服务内容 | 设置要求 |
|---|---|---|---|---|---|
| | | 建筑面积（m²） | 用地面积（m²） | | |
| 公共管理与公共服务设施 | 初中* | — | — | 满足12周岁～18周岁青少年入学要求 | （1）选址应避开城市干道岔口等交通繁忙路段；<br>（2）服务半径不宜大于1000m；<br>（3）学校规模应根据适龄青少年人口确定，且不宜超过36班；<br>（4）鼓励教学区和运动场地相对独立设置，并向社会错开开放运动场地 |
| | 小学* | — | — | 满足6周岁～12周岁儿童入学要求 | （1）选址应避开城市干道岔口等交通繁忙路段；<br>（2）服务半径不宜大于500m；学生上下学穿越城市道路时，应有相应的安全措施；<br>（3）学校规模应根据适龄儿童人口确定，且不宜超过36班；<br>（4）应设不低于200m环形跑道和60m直跑道的运动场，并配置符合标准的球类场地；<br>（5）鼓励教学区和运动场地相对独立设置，并向社会错时开放运动场地 |

| 类别 | 设施名称 | 单项规模 | | 服务内容 | 设置要求 |
|---|---|---|---|---|---|
| | | 建筑面积（m²） | 用地面积（m²） | | |
| 公共管理与公共服务设施 | 体育场（馆）或全民健身中心 | 2000~5000 | 1200~15000 | 具备多种健身设施，专用于开展体育健身活动的综合体育场（馆）或健身馆 | （1）服务半径大宜大于1000m；<br>（2）体育场应设置60~100m直跑道和环形跑道；<br>（3）全民健身中心应具备大空间球类活动、乒乓球、体能训练和体质检测等用房 |
| | 大型多功能运动场地 | — | 3150~5620 | 多功能运动场地或同等规模的球类场地 | （1）宜结合公共绿地等公共活动空间统筹布局；<br>（2）服务半径不宜大于1000m；<br>（3）宜集中设置篮球、排球、7人足球场地 |
| | 中型多功能运动场地 | — | 1310~2460 | 多功能运动场地或同等规模的球类场地 | （1）宜结合公共绿地等公共活动空间统筹布局；<br>（2）服务半径不宜大于500m；<br>（3）宜集中设置篮球、排球、5人足球场地 |
| | 卫生服务中心*（社区医院） | 1700~2000 | 1420~2860 | 预防、医疗、保健、康复、健康教育、计生等 | （1）一般结合街道办事处所管辖区域进行设置，且不宜与菜市场、学校、幼儿园、公共娱乐场所、消防站、垃圾转运站等设施毗邻；<br>（2）服务半径不宜大于1000m；<br>（3）建筑面积不得低于1700m² |
| | 门诊部 | — | — | | （1）宜设置于辖区内位置适中、交通方便的地段；<br>（2）服务半径不宜大于1000m |
| | 养老院* | 7000~17500 | 3500~22000 | 对自理、介助和介护老年人给予生活起居、餐饮、医疗保健、文化娱乐等综合服务 | （1）宜临近社区卫生服务中心、幼儿园、小学以及公共服务中心；<br>（2）一般规模宜为200~500床 |
| | 老年养护院* | 3500~17500 | 1750~22000 | 对介助和介护老年人给予生活护理、餐饮、医疗保健、康复娱乐、心理疏导、临终关怀等服务 | （1）宜临近社区卫生服务中心、幼儿园、小学以及公共服务中心；<br>（2）一般中型规模为100~500床 |

| 类别 | 设施名称 | 单项规模 | | 服务内容 | 设置要求 |
| --- | --- | --- | --- | --- | --- |
| | | 建筑面积（m²） | 用地面积（m²） | | |
| 公共管理与公共服务设施 | 文化活动中心*（含青少年活动中心、老年活动中心） | 3000～6000 | 3000～12000 | 开展图书阅览、科普知识宣传与教育，影视厅、舞厅、游艺厅休闲，球类、棋类，科技与艺术等活动；宜包括儿童之家服务功能 | (1) 宜结合或靠近绿地设置；<br>(2) 服务半径不宜大于1000m |
| | 社区服务中心（街道级） | 700～1500 | 600～1200 | — | (1) 一般结合街道办事处所辖区域设置；<br>(2) 服务半径不宜大于1000m；<br>(3) 建筑面积不应低于700m² |
| | 街道办事处 | 1000～2000 | 800～1500 | — | (1) 一般结合所辖区域设置；<br>(2) 服务半径不宜大于1000m |
| | 司法所 | 80～240 | — | 法律事务援助、人民调解、服务保释、监外执行人员的社区矫正等 | (1) 一般结合街道所辖区域设置；<br>(2) 宜与街道办事处或其他行政管理单位结合建设，应设置单独出入口 |
| | 派出所 | 1000～1600 | 1000～2000 | | (1) 宜设置于辖区内位置适中、交通方便的地段；<br>(2) 2.5万～5万人宜设置一处；<br>(3) 服务半径不宜大于800m |
| 商业服务业设施 | 商场 | 1500～3000 | — | — | (1) 应集中布局在居住区相对居中的位置；<br>(2) 服务半径不宜大于500m |
| | 菜市场或生鲜超市 | 750～1500或2000～2500 | — | — | (1) 服务半径不宜大于500m；<br>(2) 应设置机动车、非机动车停车场 |
| | 健身房 | 600～2000 | — | — | 服务半径不宜大于1000m |
| | 银行营业网点 | — | — | — | 宜与商业服务设施结合或临近设置 |
| | 电信营业场所 | — | — | — | 根据专业规划设置 |
| | 邮政营业场所 | — | — | 包括邮政局、邮政支局等邮政设施以及其他快递营业设施 | (1) 宜与商业服务设施结合或临近设置；<br>(2) 服务半径不宜大于1000m |

续表

| 类别 | 设施名称 | 单项规模 | | 服务内容 | 设置要求 |
|---|---|---|---|---|---|
| | | 建筑面积（m²） | 用地面积（m²） | | |
| 市政公用设施 | 开闭所* | 200～300 | 500 | — | （1）0.6万套～1.0万套住宅设置1所；<br>（2）用地面积不应小于500m² |
| | 燃料供应站* | — | — | — | 根据专业规划设置 |
| | 燃气调压站* | 50 | 100～200 | — | 按每个中低压调压站负荷半径500m设置；无管道燃气地区不设置 |
| | 供热站或热交换站* | — | — | — | 根据专业规划设置 |
| | 通信机房* | — | — | — | 根据专业规划设置 |
| | 有线电视基站* | — | — | — | 根据专业规划设置 |
| | 垃圾转运站* | — | — | — | 根据专业规划设置 |
| | 消防站* | — | — | — | 根据专业规划设置 |
| | 市政燃气服务网点和应急抢修站* | — | — | — | 根据专业规划设置 |
| 交通场站 | 轨道交通站点* | — | — | — | 服务半径不宜大于800m |
| | 公交首末站* | — | — | — | 根据专业规划设置 |
| | 公交车站 | — | — | — | 服务半径不宜大于500m |
| | 非机动车停车场（库） | — | — | — | （1）宜就近设置在非机动车（含共享单车）与公共交通换乘接驳地区；<br>（2）宜设置在轨道交通站点周边非机动车车程15min范围内的居住街坊出入口处，停车面积不应小于30m² |
| | 机动车停车场（库） | — | — | — | 根据所在地城市规划有关规定设置 |

注：（1）加*的配套设施，其建筑面积与用地面积规模应满足国家相关规划及标准规范的有关规定。

（2）小学和初中可合并设置九年一贯制学校，初中和高中可合并设置完全中学。

（3）承担应急避难功能的配套设施，应满足国家有关应急避难场所的规定。

**五分钟生活圈居住区配套设施规划建设要求**　　　　　表 12.1.11-2

| 设施名称 | 单项规模 | | 服务内容 | 设置要求 |
|---|---|---|---|---|
| | 建筑面积（m²） | 用地面积（m²） | | |
| 社区服务站 | 600～1000 | 500～800 | 社区服务站含社区服务大厅、警务室、社区居委会办公室、居民活动用房，活动室、阅览室、残疾人康复室 | （1）服务半径不宜大于300m；<br>（2）建筑面积不得低于600m² |

| 设施名称 | 单项规模 | | 服务内容 | 设置要求 |
|---|---|---|---|---|
| | 建筑面积（m²） | 用地面积（m²） | | |
| 社区食堂 | — | — | 为社区居民尤其是老年人提供助餐服务 | 宜结合社区服务站、文化活动站等设置 |
| 文化活动站 | 250～1200 | — | 书报阅览、书画、文娱、健身、音乐欣赏、茶座等，可供青少年和老年人活动的场所 | （1）宜结合或靠近公共绿地设置；<br>（2）服务半径不宜大于 500m |
| 小型多功能运动（球类）场地 | — | 770～1310 | 小型多功能运动场地或同等规模的球类场地 | （1）服务半径不宜大于 300m；<br>（2）用地面积不宜小于 800m²；<br>（3）宜配置半场篮球场 1 个、门球场地 1 个、乒乓球场地 2 个；<br>（4）门球活动场地应提供休憩服务和安全防护措施 |
| 室外综合健身场地（含老年户外活动场地） | — | 150～750 | 健康场所，含广场舞场地 | （1）服务半径不宜大于 300m；<br>（2）用地面积不宜小于 150m²；<br>（3）老年人户外活动场地应设置休憩设施，附近宜设置公共厕所；<br>（4）广场舞等活动场地的设置应避免噪声扰民 |
| 幼儿园* | 3150～4550 | 5240～7580 | 保教 3 周岁～6 周岁的学龄前儿童 | （1）应设于阳光充足、接近公共绿地、便于家长接送的地段；其生活用房应满足冬至日底层满窗日照不少于 3h 的日照标准；宜设置于可遮挡冬季寒风的建筑物背风面；<br>（2）服务半径不宜大于 300m；<br>（3）幼儿园规模应根据适龄儿童人口确定，办园规模不宜超过 12 班，每班座位数宜为 20～35 座；建筑层数不宜超过 3 层；<br>（4）活动场地应有不少于 1/2 的活动面积在标准的建筑日照阴影线之外 |
| 托儿所 | — | — | 服务 0 周岁～3 周岁的婴幼儿 | （1）应设于阳光充足、便于家长接送的地段；其生活用房应满足冬至日底层满窗日照不少于 3h 的日照标准；宜设置于可遮挡冬季寒风的建筑物背风面；<br>（2）服务半径不宜大于 300m；<br>（3）托儿所规模宜根据适龄儿童人口确定；<br>（4）活动场地应有不少于 1/2 的活动面积在标准的建筑日照阴影线之外 |

续表

| 设施名称 | 单项规模 | | 服务内容 | 设置要求 |
| --- | --- | --- | --- | --- |
| | 建筑面积（m²） | 用地面积（m²） | | |
| 老年人日间照料中心* | 350～750 | — | 老年人日托服务，包括餐饮、文娱、健身、医疗、保健等 | 服务半径不宜大于300m |
| 社区卫生服务站* | 120～270 | — | 预防、医疗、计生等服务 | （1）在人口较多、服务半径较大、社区卫生服务中心难以覆盖的社区，宜设置社区卫生站加以补充；<br>（2）服务半径不宜大于300m；<br>（3）建筑面积不得低于120m²；<br>（4）社区卫生服务站应安排在建筑首层并应有专用出入口 |
| 小超市 | — | — | 居民日常生活用品销售 | 服务半径不宜大于300m |
| 再生资源回收点* | — | 6～10 | 居民可再生物资回收 | （1）1000～3000人设置1处；<br>（2）用地面积不宜小于6m²<br>其选址应满足卫生、防疫及居住环境等要求 |
| 生活垃圾收集站* | — | 120～200 | 居民生活垃圾收集 | （1）居住人口规模大于5000人的居住区及规模较大的商业综合体可单独设置收集站；<br>（2）采用人力收集的，服务半径宜为400m，最大不宜超过1km；采用小型机动车收集的，服务半径不宜超过2km |
| 公共厕所* | 30～80 | 60～120 | — | （1）宜设置于人流集中处；<br>（2）宜结合配套设施及室外综合健身场地（含老年户外活动场地）设置 |
| 非机动车停车场（库） | — | — | | （1）宜就近设置在自行车（含共享单车）与公共交通换乘接驳地区；<br>（2）宜设置在轨道交通站点周边非机动车车程15min范围内的居住街坊出入口处，停车面积不应小于30m² |
| 机动车停车场（库） | — | — | | 根据所在地城市规划有关规定配置 |

注：（1）加 * 的配套设施，其建筑面积与用地面积规模应满足国家相关规划和建设标准的有关规定。

（2）承担应急避难功能的配套设施，应满足国家有关应急避难场所的规定。

居住街坊配套设施规划建设控制要求 表 12.1.11-3

| 设施名称 | 单项规模 | | 服务内容 | 设置要求 |
|---|---|---|---|---|
| | 建筑面积（m²） | 用地面积（m²） | | |
| 物业管理与服务 | — | — | 物业管理服务 | 宜按照不低于物业总建筑面积的 2‰ 配置物业管理用房 |
| 儿童、老年人活动场地 | — | 170～450 | 儿童活动及老年人休憩设施 | （1）宜结合集中绿地设置，并宜设置休憩设施；<br>（2）用地面积不应小于 170m² |
| 室外健身器械 | — | — | 器械健身和其他简单运动设施 | （1）宜结合绿地设置；<br>（2）宜在居住街坊范围内设置 |
| 便利店 | 50～100 | — | 居民日常生活用品销售 | 1000～3000 人设置 1 处 |
| 邮件和快件送达设施 | — | — | 智能快件箱、智能信包箱等可接收邮件和快件的设施或场所 | 应结合物业管理设施或在居住街坊内设置 |
| 生活垃圾收集点* | — | — | 居民生活垃圾投放 | （1）服务半径不应大于 70m，生活垃圾收集点应采用分类收集，宜采用密闭方式；<br>（2）生活垃圾收集点可采用放置垃圾容器或建造垃圾容器间方式；<br>（3）采用混合收集垃圾容器间时，建筑面积不宜小于 5m²；<br>（4）采用分类收集垃圾容器间时，建筑面积不宜小于 10m² |
| 非机动车停车场（库） | — | — | — | 宜设置于居住街坊出入口附近；并按照每套住宅配建 1～2 辆配置；停车场面积按照 0.8m²/辆～1.2m²/辆配置，停车库面积按照 1.5m²/辆～1.8m²/辆配置；电动自行车较多的城市，新建居住街坊宜集中设置电动自行车停车场，并宜配置充电控制设施 |
| 机动车停车场（库） | — | — | — | 根据所在地城市规划有关规定配置，服务半径不宜大于 150m |

注：加 * 的配套设施，其建筑面积与用地面积规模应满足国家相关规划标准有关规定。

#### 12.1.12　居住区停车位控制指标

居住区应相对集中设置停车场（库），宜采用地下停车、停车楼、机械停车设施，应具备公共充电设施。地面停车数量不宜超过住宅总套数的10%。非机动车停车场（库）应设置在方便居民使用的位置（表12.1.12）。

配建停车场（库）的停车位控制指标（车位/100m² 建筑面积）　　表 12.1.12

| 名称 | 非机动车 | 机动车 |
|---|---|---|
| 商场 | ≥7.5 | ≥0.45 |
| 菜市场 | ≥7.5 | ≥0.30 |
| 街道综合服务中心 | ≥7.5 | ≥0.45 |
| 社区卫生服务中心（社区医院） | ≥1.5 | ≥0.45 |

#### 12.1.13　居住区交通组织方式

居住区应采用"小街区、密路网"的交通组织方式，路网密度不应小于8km/km²；城市道路间距不应超过300m，宜为150～250m，并与居住街坊的布局结合。

#### 12.1.14　居住区道路宽度

支路的红线宽度宜为14～20m，人行道宽度不应小于2.5m。主要附属道路路面宽度不应小于4.0m，其他附属道路路面宽度不应小于2.5m。人行出入口间距不宜超过200m。

#### 12.1.15　附属道路纵坡控制指标

附属道路最小纵坡不应小于0.3%，最大纵坡应符合表12.1.15的规定。

附属道路最大纵坡控制指标（%）　　表 12.1.15

| 道路类别及其控制内容 | 一般地区 | 积雪或冰冻地区 |
|---|---|---|
| 机动车道 | 8.0 | 6.0 |
| 非机动车道 | 3.0 | 2.0 |
| 步行道 | 8.0 | 4.0 |

#### 12.1.16　居住区道路与建筑间距

居住区道路边缘至建筑物、构筑物最小距离（m）　　表 12.1.16

| 与建（构）筑物关系 | | 城市道路 | 附属道路 |
|---|---|---|---|
| 建筑物面向道路 | 无出入口 | 3.0 | 2.0 |
| | 有出入口 | 5.0 | 2.5 |
| 建筑物山墙面向道路 | | 2.0 | 1.5 |
| 围墙面向道路 | | 1.5 | 1.5 |

注：道路边缘对于城市道路是指道路红线；附属道路分两种情况：道路断面设有人行道时，指人行道的外边线；道路断面未设人行道时，指路面边线。

### 12.1.17　住宅建筑日照标准

住宅建筑的间距应符合表 12.1.17 的规定；对特定情况，还应符合下列规定：

1. 老年人居住建筑日照标准不应低于冬至日日照实数 2h。

2. 在原设计建筑外增加任何设施不应使相邻住宅原有日照标准降低，既有住宅建筑进行无障碍改造加装电梯除外。

3. 旧改项目内新建住宅建筑日照标准不应低于大寒日日照时数 1h。

**住宅建筑日照标准**　　　　　　　　表 12.1.17

| 建筑气候区划 | Ⅰ、Ⅱ、Ⅲ、Ⅶ气候区 | | Ⅳ气候区 | | Ⅴ、Ⅵ气候区 |
|---|---|---|---|---|---|
| 城市常住人口（万人） | ≥50 | <50 | ≥50 | <50 | 无限定 |
| 日照标准日 | 大寒日 | | | 冬至日 | |
| 日照时数（h） | ≥2 | ≥3 | | ≥1 | |
| 有效日照时间带（当地真太阳时） | 8～16 时 | | | 9～15 时 | |
| 计算起点 | 底层窗台面 | | | | |

注：底层窗台面是指距室内地坪 0.9m 高的外墙位置。

# 13 住宅建筑设计

## 13.1 建筑设计基本规定

### 13.1.1 住宅建筑定义

住宅是指供家庭居住使用的建筑（含与其他功能空间处于同一建筑中的住宅部分）。

### 13.1.2 住宅设计时的基本规定

1. 住宅设计应符合城镇规划及居住区规划的要求，并应经济、合理、有效地利用土地和空间。

2. 住宅选址应考虑噪声、有害物质、电磁辐射、工程地质灾害、水文地质灾害等的不利影响。

3. 住宅应具有与人口规模或住宅规模相对应的公共服务设施、道路和公共绿地。

4. 住宅应按套型设计，套内空间和设施应能满足安全、舒适、卫生等生活起居的基本要求。

5. 住宅设计应使建筑与周围环境相协调，并应合理组织方便、舒适的生活空间。

6. 住宅设计应以人为本，除应满足一般居住使用要求外，尚应根据需要满足老年人、残疾人等特殊群体的使用要求。

7. 住宅设计应满足居住者所需的日照、天然采光、通风和隔声的要求。

8. 住宅设计必须满足节能要求，住宅建筑应能合理利用能源。宜结合各地能源条件，采用常规能源与可再生能源结合的供能方式。

9. 住宅设计应推行标准化、模数化及多样化，并应积极采用新技术、新材料、新产品，积极推广工业化设计、建造技术和模数应用技术。

10. 住宅结构在规定的设计使用年限内必须有足够的可靠性，结构设计应满足安全、适用和耐久的要求。

11. 住宅应具有防火安全性能，设计应符合相关防火规范的规定，并应满足安全疏散的要求。

12. 住宅设计应满足设备系统功能有效、运行安全、维修方便等基本要求，并应为相关设备预留合理的安装位置。

13. 住宅建设的选材应避免造成环境污染。

14. 住宅建设应符合无障碍设计原则。

15. 住宅应采取防止外窗玻璃、外墙装饰及其他附属设施等坠落或坠落伤人的措施。

## 13.2 建 筑 分 类

### 13.2.1 按建筑高度和层数分类

**按建筑高度分类**                                表 13. 2. 1-1

| 分类 | 按高度 | 规范依据 |
|---|---|---|
| 单、多层住宅（包括设置商业服务网点的住宅建筑） | ≤27m | 《建筑设计防火规范》 GB 50016—2014（2018 年版） |
| 高层住宅（包括设置商业服务网点的住宅建筑） | >27m | |
| 超高层住宅（包括设置商业服务网点的住宅建筑） | >100m | |

**建筑层数分类**                                表 13. 2. 1-2

| 分类 | 按层数 |
|---|---|
| 低层 | 1～3 层 |
| 多层 | 4～6 层 |
| 中高层 | 7～9 层 |
| 高层 | 10 层及 10 层以上 |

### 13. 2. 2  按建筑形态分类

**住宅建筑按形态分类**                                表 13. 2. 2

| 分类 | 图示 |
|---|---|
| 单元式住宅：由几个住宅单元组合而成，每个单元均设有楼梯或楼梯与电梯的住宅 | 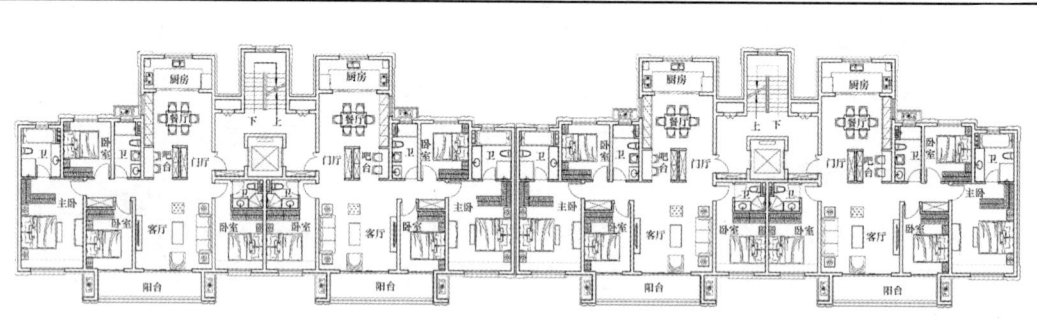<br>标准层平面图 |
| 塔式住宅：以共用楼梯或共用楼梯、电梯为核心布置多套住房，且其主要朝向建筑长度与次要朝向建筑长度之比小于 2 的住宅 | 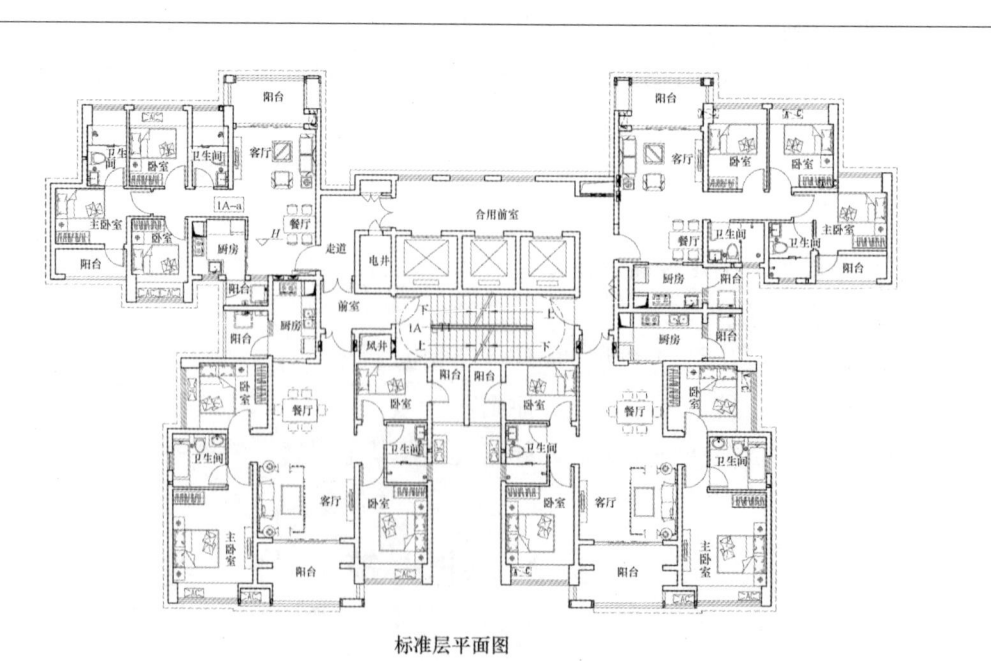<br>标准层平面图 |

| 分类 | 图示 |
|---|---|
| 通廊式住宅：由共用楼梯或共用楼梯、电梯通过内、外廊进入各套住房的住宅 | 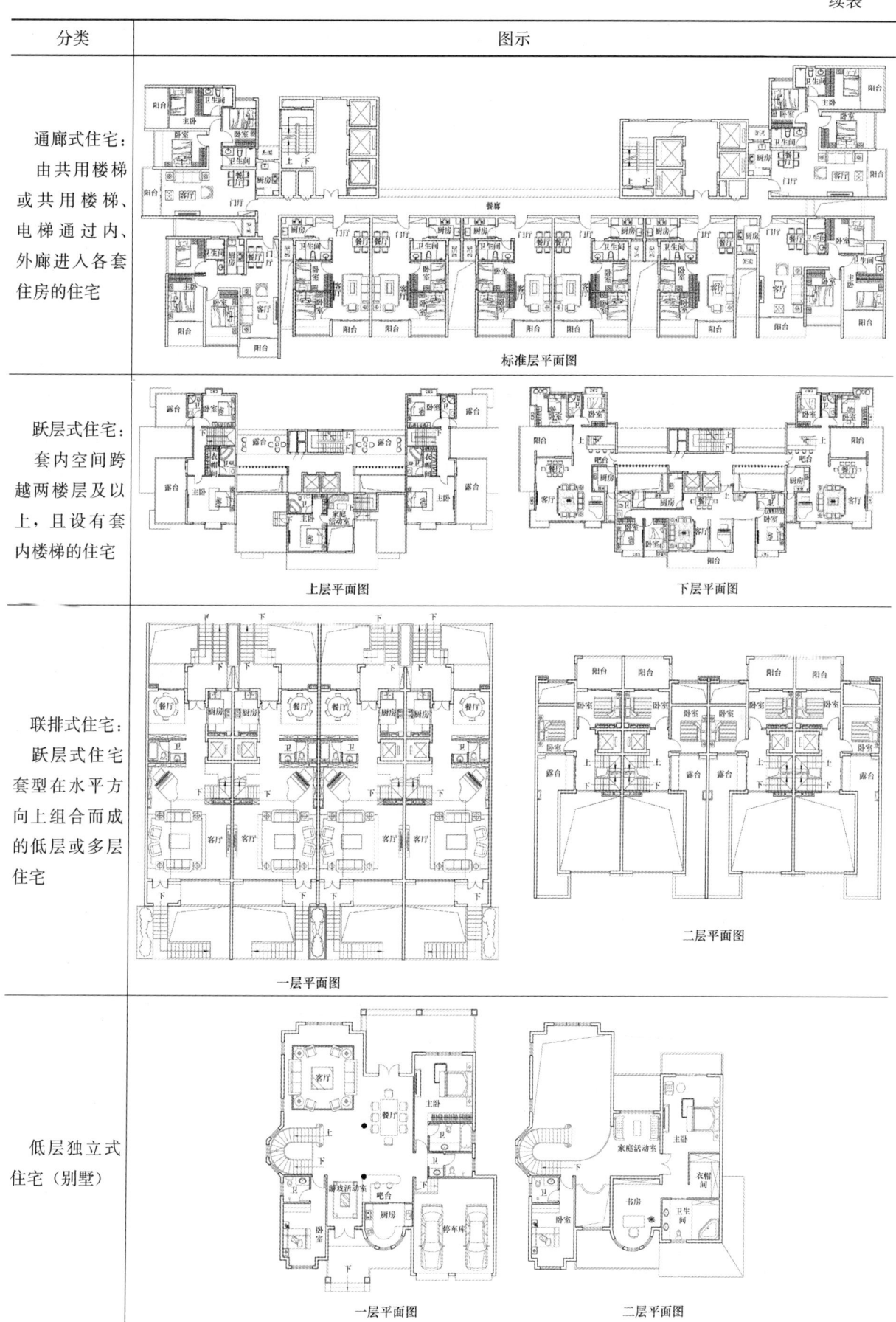 |
| 跃层式住宅：套内空间跨越两楼层及以上，且设有套内楼梯的住宅 | |
| 联排式住宅：跃层式住宅套型在水平方向上组合而成的低层或多层住宅 | |
| 低层独立式住宅（别墅） | |

# 13.3 建　筑　设　计

### 13.3.1 套内空间

1. 套型使用面积

套型使用面积应满足规划要求，最小使用面积应符合表 13.3.1-1 的要求；
保障房的套型使用面积应满足当地保障房建设标准的要求。

**套型的最小使用面积表**（单位：m²）　　　　　　表 13.3.1-1

| 套型 | 功能空间 | 最小使用面积 | 规范依据 |
|---|---|---|---|
| 一 | 由起居室（厅）、卧室、厨房和卫生间组成 | 30 | 《住宅设计规范》 |
| 一 | 由兼起居室的卧室、厨房和卫生间组成 | 22 | GB 50096—2011 第 5.1.2 条 |

2. 套型各功能空间使用面积

**套型各功能空间的最小使用面积表**（单位：m²）　　　　表 13.3.1-2

| 起居室 | 卧室 | | | 厨房 | | 卫生间 | | | | | |
|---|---|---|---|---|---|---|---|---|---|---|---|
| | 兼起居室 | 双人 | 单人 | 起居室（厅）、卧室分设 | 起居室、卧室合用 | 便器、洗浴器、洗面器 | 便器、洗面器 | 便器、洗浴器 | 洗面、洗浴器 | 洗面器、洗衣机 | 便器 |
| 使用面积 10.0 | 12.0 | 9.0 | 5.0 | 4.0 | 3.5 | 2.5 | 1.8 | 2.0 | 2.0 | 1.8 | 1.1 |

3. 套内空间设计要求

**套内空间设计要求**　　　　　　表 13.3.1-3

| 类别 | | 设计要求 | 规范依据 |
|---|---|---|---|
| 套内空间 | 卧室起居室 | 1) 应减少直接开向起居厅的门的数量。起居室（厅）内布置家具的墙面直线长度宜大于 3.0m<br>2) 无直接采光的餐厅、过厅等，其使用面积不宜大于 10.0m² | 《住宅设计规范》GB 50096—2011 第 5.2.3～5.2.4 条 |
| | 厨房 | 1) 厨房宜布置在套内近入口处<br>2) 厨房应设置洗涤池、案台、炉灶及排油烟机、热水器等设施或为其预留位置<br>3) 厨房应按炊事操作流程布置。排油烟机的位置应与炉灶位置对应，并应与排气道直接连通<br>4) 单排布置设备的厨房净宽不应小于 1.50m；双排布置设备的厨房其两排设备之间的净距不应小于 0.9m | 《住宅设计规范》GB 50096—2011 第 5.3.2～5.3.5 条 |
| | 卫生间 | 1) 每套住宅应设卫生间，至少应配置便器、洗浴器、洗面器三件卫生设备或为其预留位置。三件卫生设备集中配置的卫生间的使用面积不应小于 2.50m²<br>2) 无前室的卫生间的门不应直接开向起居室（厅）或厨房<br>3) 卫生间不应直接布置在下层住户的卧室、起居室（厅）、厨房和餐厅的上层<br>4) 当卫生间布置在本套内的卧室、起居室（厅）、厨房和餐厅的上层时，均应有防水和便于检修的措施<br>5) 套内应设置洗衣机的位置及条件 | 《住宅设计规范》GB 50096—2011 第 5.4.1 条、第 5.4.3～5.4.6 条 |

### 4. 层高和室内净高

住宅层高宜为 2.8m，最大层高应按当地规划要求执行。

**室内净高表** 表 13.3.1-4

| 功能空间 | 净高 | 规范依据 |
|---|---|---|
| 起居室（厅）、卧室 | ≥2.40m，且使用面积≤1/3 的局部室内净高≥2.10m；坡屋顶时，使用面积≥1/2 的室内净高≥2.10m | 《住宅设计规范》GB 50096—2011 第 5.5.2～5.5.5 条 |
| 厨房、卫生间 | ≥2.20m；厨房、卫生间内排水横管下表面与楼面、地面净距不得低于 1.90m，且不得影响门、窗扇开启 | |

### 5. 套内阳台、过道、储藏空间、套内楼梯、门窗、门洞

**阳台、过道、储藏空间、套内楼梯、门窗规定** 表 13.3.1-5

| 类别 | | 设计要求 | 规范依据 |
|---|---|---|---|
| 套内空间 | 阳台 | 1) 每套住宅宜设阳台或平台<br>2) 阳台栏杆设计应采用防止儿童攀登的构造，栏杆的垂直杆件间净距不应大于 0.11m，放置花盆处必须采取防坠落措施<br>3) 住宅的阳台栏板或栏杆净高，六层及六层以下的不应低于 1.05m；七层及七层以上的不应低于 1.10m<br>4) 封闭阳台栏板或栏杆也应满足阳台栏板或栏杆净高要求<br>5) 顶层阳台应设雨罩，各套住宅之间毗连的阳台应设分户隔板<br>6) 阳台、雨罩均应做有组织排水，雨罩及开敞阳台应做防水措施<br>7) 当阳台设有洗衣设备时应设置专用给、排水管线及专用地漏，阳台楼、地面均应做防水；严寒和寒冷地区应封闭阳台，并应采取保暖措施<br>8) 当阳台或建筑外墙设置空调室外机时，其安装位置应符合下列要求：<br>(1) 能通畅地向室外排放空气和自室外吸入空气；<br>(2) 在排出空气一侧不应有遮挡物；<br>(3) 可方便地对室外机进行维修和清扫换热器；<br>(4) 安装位置不应对室外人员形成热污染 | 《住宅设计规范》GB 50096—2011 第 5.6.1～5.6.8 条 |
| | 过道储藏空间套内楼梯 | 1) 套内入口过道净宽不宜小于 1.20m；通往卧室、起居室（厅）的过道净宽不应小于 1.00m；通往厨房、卫生间、贮藏室的过道净宽不应小于 0.90m<br>2) 套内设于底层或靠外墙、靠卫生间的壁柜内部应采取防潮措施<br>3) 套内楼梯当一边临空时，梯段净宽不应小于 0.75m；当两侧有墙时，墙面之间净宽不应小于 0.90m，并应在其中一侧墙面设置扶手<br>4) 套内楼梯的踏步宽度不应小于 0.22m；高度不应大于 0.20m，扇形踏步转角距扶手中心 0.25m 处，宽度不应小于 0.22m | 《住宅设计规范》GB 50096—2011 第 5.7.1～5.7.4 条 |

| 类别 | | 设计要求 | 规范依据 |
|---|---|---|---|
| 套内空间 | 门窗 | 1）外窗窗台距楼面、地面的净高低于 0.90m 时，应有防护措施（注：窗外有阳台或平台时可不受此限制。窗台的净高或防护栏杆的高度均应从可踏面起算，保证净高达到 0.90m）<br>2）当设置凸窗时应符合下列规定：<br>（1）窗台高度低于或等于 0.45m 时，防护高度从窗台面起算不应低于 0.90m；<br>（2）可开启窗扇窗洞口底距窗台面的净高低于 0.90m 时，窗洞口处应有防护措施。其防护高度从窗台面起算不应低于 0.90m<br>3）底层外窗和阳台门，下沿低于 2.00m 且紧邻走廊或共用上人屋面上的窗和门，应采用防卫措施<br>4）面临走廊、共用上人屋面或凹口的窗，应避免视线干扰，向走廊开启的窗扇不应妨碍交通<br>5）住宅户门应采用具备防盗、隔声功能的防护门。向外开启的户门不应妨碍公共交通及相邻户门开启<br>6）厨房和卫生间的门应在下部设有效截面积不小 0.02m² 的固定百叶，或距地面留出不小于 30mm 的缝隙<br>7）门洞最小净尺寸应符合表 13.3.1-6 的要求 | 《住宅设计规范》GB 50096—2011 第 5.8.1～5.8.7 条 |

门洞最小尺寸      表 13.3.1-6

| 类别 | 洞口宽度（m） | 洞口高度（m） |
|---|---|---|
| 共用外门 | 1.20 | 2.00 |
| 户（套）门 | 1.00 | 2.00 |
| 起居室（厅）门 | 0.90 | 2.00 |
| 卧室门 | 0.90 | 2.00 |
| 厨房门 | 0.80 | 2.00 |
| 卫生间门 | 0.70 | 2.00 |
| 阳台门（单扇） | 0.70 | 2.00 |

注：（1）表中门洞口高度不包括门上亮子高度，宽度以平开门为准。

（2）洞口两侧地面有高低差时，以高地面为起算高度。

## 13.3.2 公共部分

1. 楼梯、电梯

**楼梯、电梯规定**                                    表 13.3.2-1

| 类别 | 设计要求 | 规范依据 |
|---|---|---|
| 楼梯 | 1) 楼梯梯段净宽不应小于 1.10m，不超过六层的住宅，一边设有栏杆的梯段净宽不应小于 1.00m<br><br>（注：楼梯梯段净宽系指墙面装饰面至扶手中心之间的水平距离）<br><br>2) 楼梯踏步宽度不应小于 0.26m，踏步高度不应大于 0.175m。扶手高度不应小于 0.90m。楼梯水平段栏杆长度大于 0.50m 时，其扶手高度不应小于 1.05m。楼梯栏杆垂直杆件间净空不应大于 0.11m<br><br>3) 楼梯平台净宽不应小于楼梯梯段净宽，且不得小于 1.20m。楼梯平台的结构下缘至人行通道的垂直高度不应低于 2.00m。入口处地坪与室外地面应有高差，并不应小于 0.10m<br><br>注：楼梯平台净宽系指墙面装饰面至扶手中心之间的水平距离；楼梯平台的结构下缘至人行通道的垂直高度系指结构梁（板）的装饰面至地面装饰面的垂直距离<br><br>4) 楼梯为剪刀梯时，楼梯平台的净宽不得小于 1.30m<br><br>5) 楼梯井净宽大于 0.11m 时，必须采取防止儿童攀滑的措施 | 《住宅设计规范》<br>GB 50096—2011<br>第 6.3.1～6.3.5 条 |
| 电梯 | 1) 7 层及 7 层以上住宅或住户入口层楼面距室外设计地面的高度超过 16m 的住宅必须设置电梯<br><br>注：（1）底层作为商店或其他用房的多层住宅，其住户入口层楼面距该建筑物的室外设计地面高度超过 16m 时必须设置电梯；<br><br>（2）底层做架空层或贮存空间的多层住宅，其住户入口层楼面距该建筑物的室外设计地面高度超过 16m 时必须设置电梯；<br><br>（3）顶层为两层一套的跃层住宅时，跃层部分不计层数，其顶层住户入口层楼面距该建筑物室外设计地面的高度不超过 16m 时，可不设电梯；<br><br>（4）住宅中间层有直通室外地面的出入口并具有消防通道时，其层数可由中间层起计算<br><br>2) 12 层及 12 层以上的住宅，每栋楼设置电梯不应少于两台，其中应设置一台可容纳担架的电梯<br><br>3) 12 层及 12 层以上的住宅每单元只设置一部电梯时，从第十二层起应设置与相邻住宅单元联通的联系廊。联系廊可隔层设置，上下联系廊之间的间隔不应超过 5 层。联系廊的净宽不应小于 1.10m，局部净高不应低于 2.00m<br><br>4) 12 层及 12 层以上的住宅由 2 个及 2 个以上的住宅单元组成，且其中有一个或一个以上住宅单元未设置可容纳担架的电梯时，应从第十二层起设置与可容纳担架的电梯联通的联系廊。联系廊可隔层设置，上下联系廊之间的间隔不应超过 5 层。联系廊的净宽不应小于 1.10m，局部净高不应低于 2.00m<br><br>5) 7 层及 7 层以上住宅电梯应在设有户门或公共走廊的每层设站。住宅电梯宜成组集中布置<br><br>6) 候梯厅深度不应小于多台电梯中最大轿箱的深度，且不应小于 1.50m<br><br>7) 电梯不应紧邻卧室布置。当受条件限制，电梯不得不紧邻兼起居的卧室布置时，应采取隔声、减振的构造措施<br><br>8) 候梯厅与消防电梯前室合用时，其短边净宽不应小于 2.4m | 《住宅设计规范》<br>GB 50096—2011<br>第 6.4.1～6.4.7 条 |

2. 走廊、出入口

走廊、出入口规定                                    表 13.3.2-2

| 类别 | 设计要求 | 规范依据 |
|---|---|---|
| 走廊<br>出入口 | 1) 住宅中作为主要通道的外廊宜作封闭外廊，并应设置可开启的窗扇。走廊通道的净宽不应小于 1.20m，局部净高不低于 2.00m<br>2) 位于阳台、外廊及开敞楼梯平台下部的公共出入口，应采取防止物体坠落伤人的安全措施<br>3) 公共出入口处应有标识，10 层及 10 层以上住宅的公共出入口应设门厅 | 《住宅设计规范》<br>GB 50096—2011<br>第 6.5.1～<br>6.5.3 条 |

3. 窗台、栏杆、台阶

窗台、栏杆、台阶规定                                  表 13.3.2-3

| 类别 | 设计要求 | 规范依据 |
|---|---|---|
| 窗台<br>栏杆<br>台阶 | 1) 楼梯间、电梯厅等共用部分的外窗，窗外没有阳台或平台，且窗台距楼面、地面的净高小于 0.90m 时，应设置防护设施<br>2) 公共出入口台阶高度超过 0.70m 并侧面临空时，应设置防护设施，防护设施净高不应低于 1.05m<br>3) 外廊、内天井等临空处的栏杆净高，6 层及 6 层以下不应低于 1.05m，7 层及 7 层以上不应低于 1.10m，上人屋面防护栏杆不应小于 1.2m，必须采用防止儿童攀登的构造，栏杆的垂直杆件间净距不应大于 0.11m。放置花盆处必须采取防坠落措施<br>4) 公共出入口台阶踏步宽度不宜小于 0.30m，踏步高度不宜大于 0.15m，并不宜小于 0.10m，踏步高度应均匀一致，并应采取防滑措施。台阶踏步数不应少于 2 级，当高差不足 2 级时，应按坡道设置；台阶宽度大于 1.80m 时，两侧宜设置栏杆扶手，高度应为 0.90m | 《住宅设计规范》<br>GB 50096—2011<br>第 6.1.1 条～<br>6.1.4 条<br>《民用建筑设计<br>统一标准》<br>GB 50352—2019<br>第 6.7.3 条 |

4. 共用排气道

1) 竖向排气道屋顶的安装高度不应低于相邻建筑砌筑体（图 13.3.2-1）。

2) 排气道的出口设置在上人屋面、住户平台上时，应高出屋面或平台地面 2m（图 13.3.2-2）。

3) 当周围 4m 之内有门窗时，应高出门窗上皮 0.6m（图 13.3.2-3）。

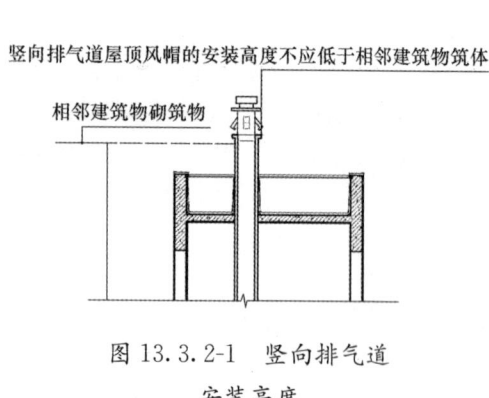

图 13.3.2-1 竖向排气道<br>安装高度

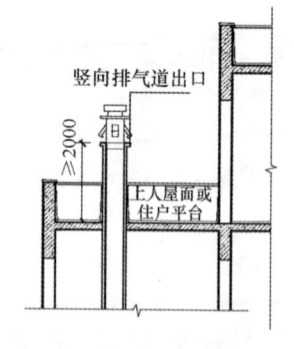
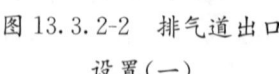

图 13.3.2-2 排气道出口<br>设置（一）

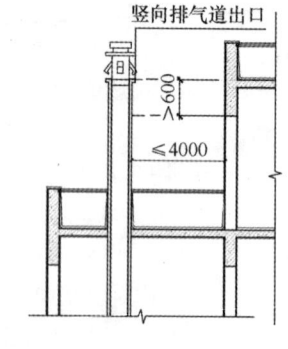

图 13.3.2-3 排气道出口<br>设置（二）

5. 信报箱

1) 新建住宅应每套配套设置信报箱。

2) 住宅设计应在方案设计阶段布置信报箱的位置。信报箱宜设置在住宅单元主要入口处。

3) 设有单元安全防护门的住宅，信报箱的投递口应设置在门禁以外。当通往投递口的专用通道设置在室内时，通道净宽应不小于 0.60m。

4) 信报箱的投取信口设置在公共通道位置时，通道的净宽应从信报箱的最外缘起算。

5）信报箱的设置不得降低住宅基本空间的天然采光和自然通风标准。

6）信报箱设计应选用信报箱定型产品，产品应符合国家有关标准。选用嵌墙式信报箱时应设计洞口尺寸和安装、拆卸预埋件位置。

7）信报箱的设置宜利用共同部位的照明，但不得降低住宅公共照明标准。

8）选用智能信报箱时，应预留电源接口。

### 13.3.3　技术经济指标计算

1. 住宅设计应计算下列技术经济指标：

——各功能空间使用面积，$m^2$；

——套内使用面积，$m^2/$套；

——套型阳台面积，$m^2/$套；

——套型总建筑面积，$m^2/$套；

——住宅楼总建筑面积，$m^2$。

2. 指标计算

指标计算　　　　　　　　　　　　　　　表 13.3.3-1

| 类别 | 指标计算（同时根据当地规划设计要求） | | | | | | 规范依据 |
|---|---|---|---|---|---|---|---|
| | 套内使用面积 $S_1$ | 套型阳台面积 $S_2$ | 套型总建筑面积 $S_3$ | 住宅楼总建筑面积 $S_4$ | 住宅楼总套内使用面积 $S_5$ | 比值 $(i)$ | |
| 套型 | $S_1=$套内各功能空间使用面积之和（各功能使用面积等于各功能空间墙体表面所围合的水平投影面积）<br>同时应符合下列规定：<br>1）套内使用面积应包括卧室、起居室（厅）、餐厅、厨房、卫生间、过厅、过道、贮藏室、壁柜等使用面积的总和<br>2）跃层住宅中的套内楼梯应按自然层数的使用面积总和计入套内使用面积<br>3）烟囱、通风道、管井等均不应计入套内使用面积<br>4）套内使用面积应按结构墙体表面尺寸计算；有复合保温层时，应按复合保温层表面尺寸计算<br>5）利用坡屋顶内的空间时，屋面板下表面与楼板地面的净高低于1.20m的空间不应计算使用面积，净高在1.20~2.10m的空间应按1/2计算使用面积，净高超过2.10m的空间应全部计入套内使用面积；坡屋顶无结构顶层楼板，不能利用坡屋顶空间时不应计算其使用面积<br>6）坡屋顶内的使用面积应列入套内使用面积中 | $S_2=$套内各阳台面积之和（按其结构底板的投影净面积的一半计算） | $S_3=S_1/i+S_2$（套型总建筑面积应等于套内使用面积、相应的建筑面积和套型阳台面积之和） | $S_4=$全楼各层外墙结构外表面及柱外沿所围合的水平投影面积之和求出住宅楼建筑面积，当外墙设外保温层时，应按保温层外表面计算<br>$S_4=$全楼各套型总建筑面积之和 | $S_5=$全楼各套内使用面积之和 | $i=S_5/S_4$（全楼总套内使用面积除以住宅楼建筑面积） | 《住宅设计规范》GB 50096—2011第4.0.2~4.0.4条 |

3. 住宅楼的层数计算应符合下列规定：

表 13.3.3-2

| 层高 | 层数计算 | 规范依据 |
|---|---|---|
| 当住宅楼的所有楼层的层高不大于 3.00m 时 | 层数应按自然层数计 | |
| 当住宅和其他功能空间处于同一建筑物内时 | 应将住宅部分的层数与其他功能空间的层数叠加计算建筑层数 | |
| 当建筑中有一层或若干层的层高大于 3.00m 时 | 应对大于 3.00m 的所有楼层按其高度总和除以 3.00m 进行层数折算：<br>1）余数小于 1.50m 时，多出部分不应计入建筑层数<br>2）余数大于或等于 1.50m 时，多出部分应按 1 层计算 | 《住宅设计规范》GB 50096—2011 第 4.0.5 条 |
| 层高小于 2.20m 的架空层和设备层 | 不应计入自然层数 | |
| 高出室外设计地面小于 2.20m 的半地下室 | 不应计入地上自然层数 | |

# 13.4 室 内 环 境

### 13.4.1 光环境

1. 采光门窗下沿距楼地面低于 0.5m 的洞口面积不计入采光面积，窗洞口上沿距地面高度不宜低于 2.00m（表 13.4.1）。

天然采光门窗洞口的窗地比与采光系数表 表 13.4.1

| | 采光门窗洞口的窗地比 | 采光系数 |
|---|---|---|
| 起居室（厅）、卧室、厨房 | ≥1/7 | ≥1% |
| 楼梯间设有天然采光时 | ≥1/12 | ≥0.5% |

2. 主要功能房间有合理的控制眩光措施。

住宅建筑室内主要功能空间至少 60% 面积比例区域，其采光照度值不低于 300lx 的小时数平均不小于 8h/d。

3. 每套住宅应至少有一个居住空间能获得冬季日照。

4. 需要获得冬季日照的居住空间的窗洞开口宽度不应小于 0.60m。

除严寒地区外，居住空间朝西外窗应采取外遮阳措施，居住空间朝东外窗宜采取外遮阳措施。当采用天窗、斜屋顶窗采光时，应采取活动遮阳措施。

5. 套内空间应能提供与其使用功能相适应的照明水平。

6. 套外的门厅地面照度不小于 100lx，电梯前厅地面照度不小于 75lx，走廊地面照度不小于 50lx，楼梯地面照度不小于 30lx。

### 13.4.2 自然通风

住宅设计应有利于室内自然通风，每套住宅的自然通风开口面积不应小于地面面积的 5%。起居（厅）卧室、厨房应设有天然通风条件。套内自然通风应同时满足节能要求（表 13.4.2）。

**住宅套内空间自然通风开口面积表**（单位：m²）  表 13.4.2

| 功能空间 | 自然通风要求 | 节能要求 |
|---|---|---|
| 起居室（厅） | ≥楼地面面积的 1/20 | 还应满足相应节能规范的要求 |
| 卧室 | ≥楼地面面积的 1/20 | |
| 厨房 | ≥楼地面面积的 1/10 且≥0.6m² | |
| 卫生间 | ≥楼地面面积的 1/20 | |
| 阳台 | 开口面积≥对应空间开门要求，且厨房阳台应≥0.6m² | |

### 13.4.3 声环境

1. 住宅室内空间应动静分区。卧室、起居室（厅）与室内外噪声源之间应采取隔声与降噪措施。卧室不应紧邻电梯布置。起居室（厅）不宜紧邻电梯布置，否则应采取隔声、减振措施（表 13.4.3）。

**住宅室内隔声与隔振要求**  表 13.4.3

| 功能空间 | 室内噪声级<br>（等效连续 A 声级） | 分户墙和分户楼板的空气声隔声性能<br>（空气声隔声评价量 $R_w+C$） | 分户楼板的计权规范化隔声评价量 |
|---|---|---|---|
| 起居室（厅） | ≤45dB | ≥45dB<br>分隔住宅与非住宅的楼板≥51dB | 宜<75dB<br>应<85dB |
| 卧室 | 昼间≤45dB<br>夜间≤37dB | | |

2. 住宅建筑的体形、朝向和平面布置应有利于噪声控制。在设计住宅平面时，当卧室、起居室（厅）布置在噪声源一侧时，外窗应采取隔声降噪措施；当居住空间与可能产生噪声的房间相邻时，分隔墙和分隔楼板应采取隔声降噪措施；当内天井、凹天井中设置相邻户间窗口时，宜采取隔声降噪措施。

3. 起居室（厅）不宜紧邻电梯布置。受条件限制起居室（厅）紧邻电梯布置时，必须采取有效的隔声和减振措施。

### 13.4.4 防水、防潮

1. 住宅的屋面、地面、外墙、外窗应采取防止雨水和冰雪融化水侵入室内的措施。

2. 住宅的屋面和外墙的内表面在设计的室内温度、湿度条件下不应出现结露。

### 13.4.5 空气质量

1. 住宅室内空气污染物的活度和浓度应符合表 13.4.5 的规定（《民用建筑工程室内环境污染控制标准》GB 50325—2020）。

**住宅室内空气质量标准表**  表 13.4.5

| 污染物 | 限值 | 污染物 | 限值 |
|---|---|---|---|
| 氡 | ≤150Bq/m³ | 甲苯 | ≤0.15mg/m³ |
| 甲醛 | ≤0.07mg/m³ | 二甲苯 | ≤0.20mg/m³ |
| 氨 | ≤0.15mg/m³ | 总挥发性有机化合物（TVOC） | ≤0.45mg/m³ |
| 苯 | ≤0.06mg/m³ | | |

2. 通风开口面积与房间地板面积的比例除应符合本书第 13.4.2 条的规定外，还应满足相应节能规范的要求。

3. 避免卫生间、餐厅、地下车库等区域的空气和污染物串通到其他空间或室外活动场所。

4. 室内空气污染物的浓度限值应符合表 13.4.5 的规定。

5. 住宅室内装修设计宜进行环境空气质量预评价。

6. 在选用住宅建筑材料、室内装修材料以及选择施工工艺时，应控制有害物质的含量。

# 13.5 无 障 碍 设 计

7 层及 7 层以上的住宅，应对以下部位进行无障碍设计：

建筑入口、入口平台、公共走道、候梯厅、无障碍住房。无障碍设计一般规定及坡道坡度见表 13.5-1、表 13.5-2。

无障碍设计一般规定　　　　　　　　　　　　　　　　　　　　表 13.5-1

| 类别 | | 设计要求 | 规范依据 |
|---|---|---|---|
| 公共空间 | 无障碍设计 | 1. 建筑入口设台阶时，应同时设置轮椅坡道和扶手<br>2. 坡道的坡度应符合表 13.5-2 的规定<br>3. 供轮椅通行的门净宽不应小于 0.8m<br>4. 供轮椅通行的推拉门和平开门，在门把手一侧的墙面，应留有不小于 0.5m 的墙面宽度<br>5. 供轮椅通行的门扇，应安装视线观察玻璃、横执把手和关门拉手，在门扇的下方应安装高 0.35m 的护门板<br>6. 门槛高度及门内外地面高差不应大于 0.15m，并应以斜坡过渡<br>7. 7 层及 7 层以上住宅建筑入口平台宽度不应小于 2.00m，7 层以下住宅建筑入口平台宽度不应小于 1.50m<br>8. 供轮椅通行的走道和通道净宽不应小于 1.20m<br>9. 设电梯的住宅，至少应设 1 部无障碍电梯<br>10. 住宅建筑应按每 100 套住房设置不少于 2 套无障碍住房 | 《住宅设计规范》GB 50096—2011 第 6.6.2～6.6.4 条<br>《无障碍设计规范》GB 50763—2012 第 7.4.2～7.4.3 条 |

坡道的坡度　　　　　　　　　　　　　　　　　　　　　　　　表 13.5-2

| 坡度 | 1:20 | 1:16 | 1:12 | 1:10 | 1:8 |
|---|---|---|---|---|---|
| 最大高度（m） | 1.50 | 1.00 | 0.75 | 0.60 | 0.35 |

# 13.6 消 防 设 计

## 13.6.1 安全出口

住宅建筑安全出口的设置应符合下列规定：

建筑高度不大于 27m 的建筑，当每个单元任一层的建筑面积大于 650m²，或任一户门至最近安全出口的距离大于 15m 时，每个单元每层的安全出口不应少于 2 个。

建筑高度大于 27m、不大于 54m 的建筑，当每个单元任一层的建筑面积大于 650m²，或任一户门至最近安全出口的距离大于 10m 时，每个单元每层的安全出口不应少于 2 个。

建筑高度大于 54m 的建筑，每个单元每层的安全出口不应少于 2 个。

建筑高度大于 27m，但不大于 54m 的住宅建筑，每个单元设置一座疏散楼梯时，疏散楼梯应通至屋面，且单元之间的疏散楼梯应能通过屋面连通，户门应采用乙级防火门。当不能通至屋面或不能通过屋面连通时，应设置 2 个安全出口。

### 13.6.2　疏散楼梯

1. 住宅建筑的疏散楼梯设置应符合下列规定：

1）建筑高度不大于 21m 的住宅建筑可采用敞开楼梯间；与电梯井相邻布置的疏散楼梯应采用封闭楼梯间，当户门采用乙级防火门时，仍可采用敞开楼梯间。

2）建筑高度大于 21m、不大于 33m 的住宅建筑应采用封闭楼梯间；当户门采用乙级防火门时，可采用敞开楼梯间。

3）建筑高度大于 33m 的住宅建筑应采用防烟楼梯间。户门不宜直接开向前室，确有困难时，每层开向同一前室的户门不应大于 3 樘且应采用乙级防火门。

2. 住宅单元的疏散楼梯，当分散设置确有困难且任一户门至最近疏散楼梯间入口的距离不大于 10m 时，可采用剪刀楼梯间，但应符合下列规定：

1）应采用防烟楼梯间。

2）梯段之间应设置耐火极限不低于 1.00h 的防火隔墙。

3）楼梯间的前室不宜共用；共用时，前室的使用面积不应小于 6m²。

4）楼梯间的前室或共用前室不宜与消防电梯的前室合用；楼梯间的共用前室与消防电梯的前室合用时，合用前室的使用面积不应小于 12m²，且短边不应小于 2.4m。

### 13.6.3　安全疏散距离

1. 住宅建筑的安全疏散距离应符合下列规定：

直通疏散走道的户门至最近安全出口的直线距离不应大于表 13.6.3 的规定：

**住宅建筑直通疏散走道的户门至最近安全出口的直线距离**（m）　　　　表 13.6.3

| 住宅建筑类别 | 位于两个安全出口之间的户门 | | | 位于袋形走道两侧或尽端的户门 | | |
|---|---|---|---|---|---|---|
| | 一、二级 | 三级 | 四级 | 一、二级 | 三级 | 四级 |
| 单、多层 | 40 | 35 | 25 | 22 | 20 | 15 |
| 高层 | 40 | — | — | 20 | — | — |

注：（1）开向敞开式外廊的户门至最近安全出口的最大直线距离可按本表的规定增加 5m。

（2）直通疏散走道的户门至最近敞开楼梯间的直线距离，当户门位于两个楼梯间之间时，应按本表的规定减少 5m；当户门位于袋形走道两侧或尽端时，应按本表的规定减少 2m。

（3）住宅建筑内全部设置自动喷水灭火系统时，其安全疏散距离可按本表的规定增加 25%。

（4）跃廊式住宅的户门至最近安全出口的距离，应从户门算起，小楼梯的一段距离可按其水平投影长度的 1.5 倍计算。

2. 楼梯间应在首层直通室外，或在首层采用扩大的封闭楼梯间或防烟楼梯间前室。层数不超过 4 层时，可将直通室外的门设置在离楼梯间不大于 15m 处。

3. 户内任一点至直通疏散走道的户门的直线距离不应大于表 13.6.3 规定的袋形走道两侧或尽端的疏散门至最近安全出口的最大直线距离。

注：跃层式住宅，户内楼梯的距离可按其梯段水平投影长度的 1.5 倍计算。

### 13.6.4　户门、安全出口、疏散走道、疏散楼梯净宽

住宅建筑的户门、安全出口、疏散走道和疏散楼梯的各自总净宽度应经计算确定，且户门和

安全出口的净宽度不应小于0.9m，疏散走道、疏散楼梯和首层疏散外门的净宽度不应小于1.1m。建筑高度不大于18m的住宅中一边设置栏杆的疏散楼梯，其净宽度不应小于1.0m。

### 13.6.5　避难层，避难间

避难层、避难间一般规定

表13.6.5

| 类别 | | 设计要求 | 规范依据 |
|---|---|---|---|
| 公共空间 | 避难层避难间 | 1. 建筑高度大于100m的住宅建筑应设置避难层，并应符合消防设计要求。避难层的层高应满足当地规划设计控制要求<br>2. 建筑高度大于54m的住宅建筑，每户应有1间房间符合下列规定：<br>1）应靠外墙设置，并应设置可开启外窗；<br>2）内、外墙的耐火极限不应低于1.00h，该房间的门宜采用乙级防火门，外窗的耐火完整性不宜低于1.00h | 《建筑设计防火规范》GB 50016—2014（2018年版）第5.5.31～5.5.32条 |

### 13.6.6　外墙上下、相邻户开口

建筑外墙上、下层开口之间应设置高度不小于1.2m的实体墙或挑出宽度不小于1.0m、长度不小于开口宽度的防火挑檐；当室内设置自动喷水灭火系统时，上、下层开口之间的实体墙高度不应小于0.8m。当上、下层开口之间设置实体墙确有困难时，可设置防火玻璃墙，但高层建筑的防火玻璃墙的耐火完整性不应低于1.00h，多层建筑的防火玻璃墙的耐火完整性不应低于0.50h。外窗的耐火完整性不应低于防火玻璃墙的耐火完整性要求。

住宅建筑外墙上相邻户开口之间的墙体宽度不应小于1.0m；小于1.0m时，应在开口之间设置突出外墙不小于0.6m的隔板。

实体墙、防火挑檐和隔板的耐火极限和燃烧性能，均不应低于相应耐火等级建筑外墙的要求。

### 13.6.7　消防电梯

建筑高度大于33m的住宅建筑应设消防电梯，住宅消防电梯设置要求：

1. 前室宜靠外墙设置，并应在首层直通室外或经过长度不大于30m的通道通向室外。

2. 前室的使用面积不应小于4.5m²，前室的短边净宽不应小于2.4m；与防烟楼梯间前室合用时，使用面积不应小于6.0m²；与剪刀梯共用前室合用时，使用面积不应小于12m²，且短边净宽不小于2.4m。

3. 除前室的出入口、前室内设置的正压送风口和《建筑设计防火规范》GB 50016—2014（2018年版）第5.5.27-3条规定的户门外，前室内不应开设其他门、窗、洞口。

4. 前室或合用前室的门应采用乙级防火门，不应设置卷帘。

5. 消防电梯载重量不应低于800kg。

6. 电梯从首层到顶层的运行时间不宜大于60s。

7. 消防电梯井底应设排水设施，排水井容量不应小于2m²。

### 13.6.8　住宅建筑其他规定

除商业服务网点外，住宅建筑与其他使用功能的建筑合建时，应符合下列规定：

1. 住宅部分与非住宅部分之间，应采用耐火极限不低于2.00h且无门、窗、洞口的防火隔墙和1.50h的不燃性楼板完全分隔；当为高层建筑时，应采用无门、窗、洞口的防火墙和耐火极限不低于2.00h的不燃性楼板完全分隔。建筑外墙上、下层开口之间的防火措施应符合《建筑设计防火规范》GB 50016—2014（2018年版）第6.2.5条的规定。

2. 住宅部分与非住宅部分的安全出口和疏散楼梯应分别独立设置；为住宅部分服务的地上

车库应设置独立的疏散楼梯或安全出口，地下车库的疏散楼梯应按《建筑设计防火规范》GB 50016—2014（2018年版）第6.4.4条的规定进行分隔。

3. 住宅部分和非住宅部分的安全疏散、防火分区及室内消防设施配置，可根据各自的建筑高度分别按照《建筑设计防火规范》GB 50016—2014（2018年版）有关住宅建筑和公共建筑的规定执行；该建筑的其他防火设计应根据建筑的总高度和建筑规模按《建筑设计防火规范》GB 50016—2014（2018年版）有关公共建筑的规定执行。

### 13.6.9　保温材料

1. 住宅建筑与基层墙体、装饰层之间无空腔的建筑外墙外保温系统，其保温材料应符合下列规定：

1）建筑高度大于100m时，保温材料的燃烧性能应为A级。

2）建筑高度大于27m，但不大于100m时，保温材料的燃烧性能不应低于B1级。

3）建筑高度不大于27m时，保温材料的燃料性能不应低于B2级。

2. 住宅建筑与基层墙体、装饰层之间有空腔的建筑外墙外保温系统，其保温材料应符合下列规定：

1）建筑高度大于24m，保温材料的燃烧性能不应低于A级。

2）建筑高度不大于24m时，保温材料的燃料性能不应低于B1级。

### 13.6.10　内部装修设计

1. 住宅公共区域：地上建筑的水平疏散走道和安全出口的门厅，其顶棚应采用A级装修材料，其他部位应采用不低于B1级的装修材料；地下建筑的疏散走道和安全出口的门厅，其顶棚、墙面和地面均应采用A级装修材料。

2. 住宅疏散楼梯间和前室的顶棚、墙面和地面均应采用A级装修材料。

3. 住宅建筑装修设计尚应符合下列规定：

1）不应改动住宅内部烟道、风道。

2）厨房内的固定橱柜宜采用不低于B1级的装修材料。

3）卫生间顶棚宜采用A级装修材料。

4）阳台装修宜采用不低于B1级的装修材料。

4. 单层、多层、高层住宅建筑内部各部位装修材料的燃烧性能等级，不应低于表13.6.10的规定。

单层、多层、高层住宅建筑内部各部位装修材料的燃烧性能等级　　　　表13.6.10

| 住宅建筑（户内） | 装修材料燃烧性能等级 | | | | | | | | | |
|---|---|---|---|---|---|---|---|---|---|---|
| | 顶棚 | 墙面 | 地面 | 隔断 | 固定家具 | 装饰织物 | | | | 其他装修装饰材料 |
| | | | | | | 窗帘 | 帷幕 | 床罩 | 家具包布 | |
| 单、多层住宅 | B1 | B1 | B1 | B1 | B2 | B2 | — | — | — | — |
| 高层住宅 | A | B1 | B1 | B1 | B2 | B1 | — | B1 | B2 | B1 |

### 13.6.11　耐火等级和消防车道

一类高层住宅和地下室耐火等级不低于一级，单、多层和二类高层住宅耐火等级不低于二级。

高层住宅建筑可沿建筑的一个长边设置消防车道，但该长边所在的建筑立面应为消防车登高操作面。

# 13.7 防 疫 设 计

## 13.7.1 规划设计

规划设计一般规定　　　　　　　　　　　　　　　　表 13.7.1

| 类别 | 设计要求 | 规范依据 |
|---|---|---|
| 规划设计 | 城市居住区规划设计应遵循创新、协调、绿色、开发、共享的发展理念，营造安全、卫生、方便、舒适、美丽、和谐以及多样化的居住生活环境 | 《城市居住区规划设计标准》GB 50180—2018 第1.0.3条 |
| | 居住街坊内集中绿地的规划建设，应符合下列规定：<br>1. 新区建设不应低于 0.50m²/人，旧区改建不应低于 0.35m²/人<br>2. 宽度不应小于 8m<br>3. 在标准的建筑日照阴影线范围之外的绿地面积不应少于 1/3 | 《城市居住区规划设计标准》GB 50180—2018 第4.0.7条 |
| | 居住区规划设计应统筹建筑空间组合、绿地设置及绿化设计，优化居住区的风环境；<br>应合理布局餐饮店、生活垃圾收集点、公共厕所等容易产生异味的设施，避免气味、油烟等对居民产生影响 | 《城市居住区规划设计标准》GB 50180—2018 第7.0.7条 |
| | 建筑群平面布置应重视有利自然通风因素 | 《民用建筑供暖通风与空气调节设计规范》GB 50736—2012 第6.2.1条 |
| 住宅设计 | 住宅住户之间：住宅住户之间应采取防止病毒传播的系统性防控措施，其措施由住宅户间、排风系统、排水系统与水封、空调系统等构成；<br>住宅户内：住宅户内应采取防止病毒传播的系统性防控措施，其措施由户内空间、卫生间厨房、卫生清洁设施和智能设备等构成；<br>自然通风与日照：户内应保证良好的自然通风与日照；<br>室内空气品质：户内应保证良好的空气品质 | 《居家防控应对新冠肺炎疫情的住宅建筑措施建议》 |

## 13.7.2 通风与空气调节

通风与空气调节一般要求　　　　　　　　　　　　　　　　表 13.7.2

| 类别 | 设计要求 | 规范依据 |
|---|---|---|
| 通风与空气调节 | 在供暖、通风与空气调节设计中，对有可能造成人体伤害的设备及管道，必须采取安全防护措施 | 《民用建筑供暖通风与空气调节设计规范》GB 50736—2012 第1.0.4条 |
| | 采用机械通风时，重要房间或重要场所的通风系统应具备防止以空气传播为途径的疾病通过通风系统交叉传染的功能 | 《民用建筑供暖通风与空气调节设计规范》GB 50736—2012 第6.1.8条 |
| | 采用自然通风的生活、工作的房间的通风开口有效面积不应小于该房间地板面积的 5%；厨房的通风开口有效面积不应小于该房间地板面积的 10%，并不得小于 0.60m² | 《民用建筑供暖通风与空气调节设计规范》GB 50736—2012 第6.2.4条 |

续表

| 类别 | 设计要求 | 规范依据 |
|------|---------|---------|
| 通风与空气调节 | 住宅通风系统设计应符合下列规定：<br>1. 厨房、无外窗卫生间应采用机械排风系统或预留机械排风系统开口，且应留有必要的进风面积<br>2. 厨房和卫生间全面通风换气次数不宜小于 3 次/h<br>3. 厨房、卫生间宜设竖向排风道，竖向排风道应具有防火、防倒灌及均匀排气的功能，并应采取防止支管回流和竖井泄漏的措施。顶部应设置防止室外风倒灌装置 | 《民用建筑供暖通风与空气调节设计规范》GB 50736—2012 第 6.3.4 条 |
| | 空气净化装置在空气净化处理过程中不应产生新的污染 | 《民用建筑供暖通风与空气调节设计规范》GB 50736—2012 第 7.5.11 条 |
| | 地下车库的通风系统，应按照设计要求正常投入运行。疫情严重地区，应加长每天的运行时间 | 参考《办公建筑应对"新型冠状病毒"运行管理应急措施指南》T/ASC 08—2020 第 2.1.5.4 条、第 2.1.5.5 条 |
| | 生活水箱间、管道直饮水处理间等应加强通风 | |
| | 新风以及建筑的所有补风，均应直接从室外清洁之外采取并通过风管接入空调机组之中 | 参考《办公建筑应对"新型冠状病毒"运行管理应急措施指南》T/ASC 08—2020 第 2.2.1 条 |
| | 小区公共区域、楼栋大堂、楼梯间、走廊、停车场等重点区域，应保持良好通风，若不能通风应采取机械通风措施 | |
| | 室内空气质量应保持良好的通风，合理设置新风系统和空气净化系统，使用空气质量监控设备对室内空间污染物进行检测，在必要的情况下设置通风系统联动功能，保证良好的室内空气质量 | |

### 13.7.3 给水排水系统

给水排水系统一般标准                    表 13.7.3

| 类别 | 设计要求 | 规范依据 |
|------|---------|---------|
| 给水排水系统 | 中水、回用雨水等非生活饮用水管道严禁与生活饮用水管道连接 | 《建筑给水排水设计标准》GB 50015—2019 第 3.1.3 条 |
| | 卫生器具和用水设备等的生活饮用水管配水件出水口应符合下列规定：<br>1. 出水口不得被任何液体或杂质所淹没<br>2. 出水口高出承接用水容器溢流边缘的最小空气间隙，不得小于出水口直径的 2.5 倍 | 《建筑给水排水设计标准》GB 50015—2019 第 3.3.4 条 |
| | 建筑物内的生活饮用水水池（箱）及生活给水设施，不应设置于与厕所、垃圾间、污（废）水泵房、污（废）水处理机房及其他污染源毗邻的房间内；其上层不应有上述用房及浴室、盥洗室、厨房、洗衣房和其他产生污染源的房间 | 《建筑给水排水设计标准》GB 50015—2019 第 3.3.17 条 |

| 类别 | 设计要求 | 规范依据 |
|---|---|---|
| 给水排水系统 | 生活饮用水水池（箱）内贮水更新时间不宜超过 48h，生活饮用水水池（箱）应设置消毒装置 | 《建筑给水排水设计标准》GB 50015—2019 第 3.3.19 条、第 3.3.20 条 |
| | 用水器具与排水系统的连接，必须通过水封阻断下水道的污染气体进入室内 | 参考《办公建筑应对"新型冠状病毒"运行管理应急措施指南》T/ASC 08—2020 第 3.1.1 条 |
| | 下列设施与生活污水管道或其他可能产生有害气体的排水管道连接时，必须在排水口以下设置存水弯：<br>1. 构造内无存水弯的卫生器具或无水封的地漏<br>2. 其他设备的排水口或排水沟的排水口 | 《建筑给水排水设计标准》GB 50015—2019 第 4.3.10 条 |
| | 水封装置的水封深度不得小于 50mm，严禁采用活动机械瓣替代水封，严禁采用钟式结构地漏 | 《建筑给水排水设计标准》GB 50015—2019 第 4.3.11 条 |
| | 室内生活废水排水沟与室外生活污水管道连接处，应设水封装置 | 《建筑给水排水设计标准》GB 50015—2019 第 4.4.17 条 |
| | 在建筑物内不得用吸气阀替代器具通气管和环形通气管<br>高出屋面的通气管设置应符合下列规定：<br>1. 在通气管口周围 4m 以内有门窗时，通气管口应高出窗顶 0.6m 或引向无门窗一侧<br>2. 在经常有人停留的平屋面上，通气管口应高出屋面 2m，当屋面通气管有碍于人们活动时，可按《建筑给水排水设计标准》GB 50015—2019 第 4.7.2 条规定执行 | 《建筑给水排水设计标准》GB 50015—2019 第 4.7.8 条、第 4.7.12 条 |
| | 生活污水集水池设置在室内地下室时，池盖应密封，且应设置在独立设备间内并设通风、通气管道系统 | 《建筑给水排水设计标准》GB 50015—2019 第 4.8.3 条 |
| | 化粪池与地下取水构筑物的净距不得小于 30m；<br>化粪池应设通气管，通气管排出口设置位置应满足安全、环保要求 | 《建筑给水排水设计标准》GB 50015—2019 第 4.10.13 条、第 4.10.14 条 |
| | 物业管理者应组织排查和完善污水排水系统、废水系统等所有排水点与管道系统连接的水封装置 | 参考《办公建筑应对"新型冠状病毒"运行管理应急措施指南》T/ASC 08—2020 第 3.1.2 条 |
| | 管道直饮水系统管道应选用耐腐蚀，内表面光滑，符合食品级卫生、温度要求的薄壁不锈钢管、薄壁铜管、优质塑料管。开水管道金属管材的许用工作温度应大于 100℃ | 《建筑给水排水设计标准》GB 50015—2019 第 6.9.6 条 |
| | 公共厕所内部应空气流通、光线充足、沟通路平。应有防臭、防蛆、防蝇、防鼠等技术措施 | 《环境卫生设施设置标准》CJJ 27—2012 第 3.4.5 条、第 3.4.6 条 |
| | 公共厕所的粪便严禁直接排入雨水管、河道或水沟内 | |

### 13.7.4 智能化

智能化一般规定                                                                                                 表 13.7.4

| 类别 | 设计要求 | 规范依据 |
|---|---|---|
| 智能化 | 住宅内安装水、电、气、热等具有信号输出的表具,并将表具计量数据远程传至居住区物业管理中心,实现自动抄表 | 《居住区智能化系统配置与技术要求》CJ/T 174—2003 第 9.1.1.1 条 |
| | 设置饮用蓄水池过滤、杀菌设备的故障报警 | 《居住区智能化系统配置与技术要求》CJ/T 174—2003 第 9.5.1.1 条 |

### 13.7.5 垃圾收集和暂存

垃圾收集和暂存要求                                                                                           表 13.7.5

| 类别 | 设计要求 | 规范依据 |
|---|---|---|
| 垃圾收集和暂存 | 垃圾容器的容量和数量应按使用人口、各类垃圾日排出量、种类和收集频率计算。垃圾存放的总容纳量应满足使用需要,垃圾不得溢出而影响环境 | 《环境卫生设施设置标准》CJJ 27—2012 第 3.3.3 条 |
| | 垃圾容器间设置应规范,宜设有给水排水和通风设施。混合收集垃圾容器间占地面积不宜小于 5m²,分类收集垃圾容器间占地面积不宜小于 10m² | 《环境卫生设施设置标准》CJJ 27—2012 第 3.3.4 条 |
| | 应执行污染物排放管理制度文件,垃圾管理制度,垃圾分类收集管理制度。各类垃圾应按垃圾分类标准进行分类和暂存 | 参考《办公建筑应对"新型冠状病毒"运行管理应急措施指南》T/ASC 08—2020 第 5.0.1 条 |
| | 垃圾站(间)等暂存场所应设有冲洗和排水设施,指定专人进行定期进行冲洗、消毒杀菌。完善垃圾站(间)定期清洗、消杀记录和垃圾清运记录 | 参考《办公建筑应对"新型冠状病毒"运行管理应急措施指南》T/ASC 08—2020 第 5.0.4 条 |
| | 临时存放的垃圾应及时清运、不散发臭味。运输时垃圾不散落、不污染环境 | 参考《办公建筑应对"新型冠状病毒"运行管理应急措施指南》T/ASC 08—2020 第 5.0.6 条 |

### 13.7.6 系统清洁和保洁消毒

系统清洁和保洁消毒一般规定 　　　　　　　表 13.7.6

| 类别 | 设计要求 | 规范依据 |
|---|---|---|
| 系统清洁和保洁消毒 | 定期对建筑公共区域进行巡查，及时处理围护结构漏水、室内积水、污物积存、建筑或构件生霉等非正常情况 | 参考《办公建筑应对"新型冠状病毒"运行管理应急措施指南》T/ASC 08—2020 第 4.1.1 条 |
| | 保洁人员工作时，应戴好手套、口罩。不同区域使用的清洁用品不应混用 | 参考《办公建筑应对"新型冠状病毒"运行管理应急措施指南》T/ASC 08—2020 第 4.2.4 条 |
| | 对公共大堂、电梯按钮等公共空间加强保洁和消毒。建筑内设有多部电梯时，可采用交叉运行和分部消毒（不运行电梯）方式 | 参考《办公建筑应对"新型冠状病毒"运行管理应急措施指南》T/ASC 08—2020 第 4.2.5 条 |

备注：居住建筑应对"新型冠状病毒"管理措施没有最新规范，本书参考办公规范技术措施和中国建筑标准设计研究院联合相关部门专家，已编制完成的《居家防控应对新冠肺炎疫情的住宅建筑措施建议》。

# 14 养老建筑设计

## 14.1 概　　述

### 14.1.1 概念与分级

1. 按照我国城镇社会养老服务体系建设规划，中国社会养老服务主要有三个层级：居家养老、社区养老和机构养老，如图 14.1.1-1。

居家养老主要涵盖生活照料、家政服务、康复护理、医疗保健、精神慰藉等，以上门服务为主要形式，对生活基本自理的老人提供服务，对生活不能完全自理的老人提供家务劳动、家庭保健、送饭上门、安全援助等服务。社区养老具有社区日间照料和居家养老支持两类主要功能。机构养老设施重点包括老年养护院和其他类型的养老机构，主要为失能、半失能的老年人提供生活照料、康复护理、紧急救援等方面服务。

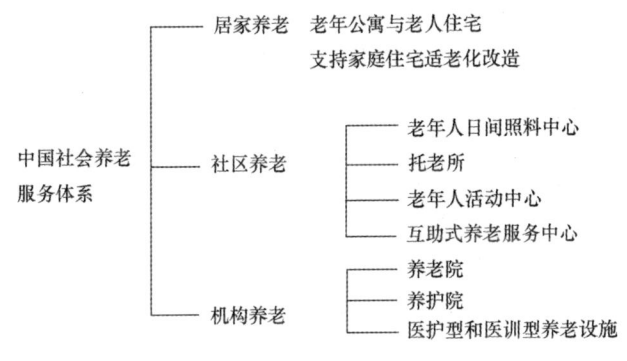

图 14.1.1-1　养老体系分类

2. 养老建筑类型可以分为老年人居住建筑与养老服务设施。

老年人居住建筑指供老年人起居生活使用的居住建筑，包括配套设计的老年人住宅、老年人公寓，及其配套建筑、环境、设施等。老年人住宅指供以老年人为核心的家庭居住使用的专用住宅。老年人住宅以套为单位，普通住宅楼栋中可配套设置若干套老年人住宅。老年人公寓指供老年夫妇或单身老年人居家养老使用的专用建筑。配套相对完整的生活服务设施及用品，一般集中建设在老年人社区中，也可在普通住宅区中配建若干栋老年人公寓。

养老服务设施又可按是否提供照料服务划分为老年人照料设施和老年人活动设施。老年人照料设施可按提供照料服务的时段及类型进一步划分为老年人全日照料设施和老年人日间照料设施。老年人照料设施在老年人设施体系中的定位见图 14.1.1-2。

老年人照料设施是为老年人提供全日照料设施和日间照料设施的统称。老年人全日照料设施是指为老年人提供住宿、生活照料服务及其他服务项目的设施，是养老院、老人院、福利院、敬老院、老年养护院等的统称。老年人日间照料设施是指为老年人提供日间休息、生活照料服务及

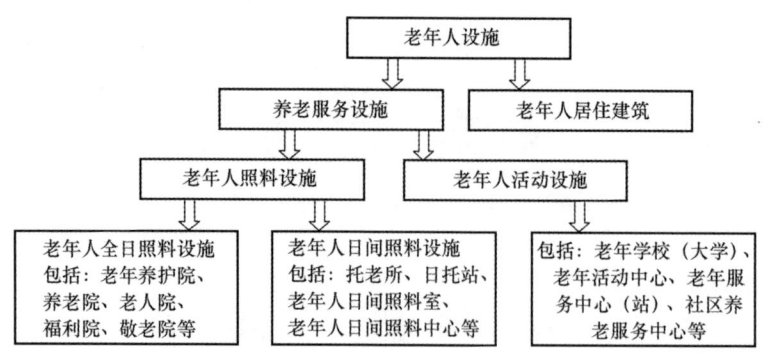

图 14.1.1-2  老年人照料设施的定位

（图片来源：《老年人照料设施建筑设计标准》JGJ 450—2018）

其他服务项目的设施，是托老所、日托站、老年人日间照料室、老年人日间照料中心等的统称。

老年人日间照料设施区别于老年人全日照料设施的主要特征是只提供日间休息和相关服务。

### 14.1.2  规模与面积指标

老年人设施应按服务人口规模配置，并应符合表 14.1.2 的规定。

老年人设施建设标准与要求                                  表 14.1.2

| 项目名称 | | 配置情况 | 配建要求 | 配建指标 | |
|---|---|---|---|---|---|
| | | | | 建筑面积 | 用地面积 |
| 养老院 | 服务人口为 5 万～10 万人时 | ▲ | 1. 宜临近医疗卫生、文体等公共服务设施布局；<br>2. 建设规模不宜少于 20 床 | ≥35（m²/床） | 18～44（m²/床） |
| | 服务人口为 0.5 万～1.2 万人时 | △ | — | — | — |
| 老年养护院 | 服务人口为 5 万～10 万人时 | ▲ | 1. 宜临近医疗卫生、文体等公共服务设施布局；<br>2. 建设规模不宜少于 20 床 | ≥35（m²/床） | 18～44（m²/床） |
| | 服务人口为 0.5 万～1.2 万人时 | △ | — | — | — |
| 老年活动中心 | 市级 | ▲ | 应至少设置 1 处市级老年活动中心 | — | — |
| | 设市城市的区服务人口大于 50 万人时 | ▲ | 应至少设置 1 处区级老年活动中心 | | |
| | 设市城市的区服务人口大于 150 万人时 | ▲ | 应至少设置 2 处区级老年活动中心 | | |
| 老年学校（大学） | 市级 | — | 宜结合市级文化馆统筹建设 | | |
| | 区级 | | 宜结合区级文化馆统筹建设 | | |

| 项目名称 | | 配置情况 | 配建要求 | 配建指标 | |
|---|---|---|---|---|---|
| | | | | 建筑面积 | 用地面积 |
| 老年服务中心（站） | 服务人口为 5 万～10 万人时 | ▲ | 1. 宜与社区服务中心统筹建设；<br>2. 服务半径不宜大于 1000m | — | — |
| | 服务人口为 0.5 万～1.2 万人时 | ▲ | 1. 宜与社区服务站统筹建设；<br>2. 服务半径不宜大于 300m | | |
| 老年人日间照料中心 | 服务人口为 0.5 万～1.2 万人时 | ▲ | 1. 宜与社区服务设施统筹建设；<br>2. 服务半径不宜大于 300m | 350～750（m²/处） | — |

注：（1）表中▲为应配建，△为宜配建。
　　（2）服务人口为城镇集中建设区内的规划常住人口。
　　（3）老年人设施中养老院、老年养护院应按所在地城市规划常住人口规模配置，每千名老人不应少于 40 床。
　　（4）老年人设施应分区、分级设置，人均用地不应少于 0.1m²。
　　（5）表中未涉及的老年人设施配建项目可根据城镇社会发展需要增补。
　　（6）建成区内老年人设施可结合老年人服务人口规模、可利用设施等既有条件，通过购置、置换、租赁等方式进行配置。

资料来源：《城镇老年人设施规划规范》GB 50437—2007（2018 年版）

# 14.2　场 地 规 划

## 14.2.1　选址与建筑布局

1. 养老建筑选址应符合城市规划规定要求，以及符合当地老人增长趋势和人口分布特点。并宜靠近居住人口集中的地区布局。

2. 老年养护院、养老院用地宜独立设置。

3. 养老建筑基地选址宜位于交通方便、基础设施完善、临近相关服务设施和公共绿地的地段。

4. 基地选址应选在地质稳定、场地干燥、排水通畅、通风良好的地段。应尽量远离噪声源。

5. 建筑总体布局应对场地周边噪声源采取有效的缓冲或隔离措施。

6. 养老建筑场地内建筑密度不宜大于 30%，建筑宜以低层或多层为主。

7. 与其他建筑上下组合建造或设置在其他建筑内的老年人照料设施应位于独立的建筑分区内，且有独立的交通系统和对外出入口。

## 14.2.2　交通与停车

1. 老年人照料设施的主要出入口不宜开向城市主干道。货物、垃圾、殡葬等运输宜设置单独的通道和出入口。

2. 建筑道路系统应保证救护车辆能停靠在建筑的主要出入口处，且应与建筑的紧急送医通道相连。

3. 老年人居住建筑停车场与车库应设置不少于总机动车停车位的 0.5% 的无障碍机动车位。有条件的宜按不少于总机动车停车位的 5% 设置无障碍机动车位。养老服务设施内总停车数在 100 辆以下时应设置不少于 1 个无障碍机动车停车位，100 辆以上时应设置不少于总停车数 1% 的无障碍机动车停车位。无障碍机动车位宜设置在地面临近建筑出入口处。无障碍停车位或无障碍停车下客点应与建筑物主要出入口、主要配套设施的无障碍人行道连通，并有明显标志。

### 14.2.3 绿化与场地

1. 老年人设施场地范围内的绿地率：新建不应低于 40%，扩建和改建不应低于 35%。集中绿地面积宜按每位老年人不低于 2m² 设计。

2. 老年人全日照料设施应为老年人设室外活动场地；老年人日间照料设施宜为老年人设室外活动场地。活动场地地面应平整防滑、排水畅通，当有坡度时，坡度不应大于 2.5%。

3. 应为老年人提供健身和娱乐的活动场地，活动场地的人均面积不宜低于 1.2m²。场地位置应采光、通风良好，宜布置在冬季向阳、夏季遮阴处。场地内应设置健身器材、座椅、阅报栏等设施，布局宜动静分区。活动场地表面应平整，且排水畅通，并采取防滑措施。

4. 老年人活动场地应保证老人活动安全性。室外踏步及坡道，应设护栏、扶手。观赏水景的水池水深不宜大于 0.5m，并应有安全提示与安全防护措施。

5. 活动场地内的植物配置宜四季常青及乔灌木、草地相结合，不应种植带刺、有毒及根茎易露出地面的植物。对于人可进入的绿化区，应保证林下净空不低于 2.20m，并不应有蔓生枝条。

6. 集中活动场地附近应设置便于老年人使用的无障碍公共卫生间。

### 14.2.4 日照规定

1. 老年人居住用房和主要的公共活动用房应布置在日照充足、通风良好的地段。居住用房日照不应低于冬至日照 2 小时的标准。既有住宅改造为老年人居住建筑时，应不低于原有日照标准。

2. 老年人活动场地位置宜选择在向阳、避风处。应有 1/2 的活动面积在当地标准建筑日照阴影线以外。

# 14.3 一 般 设 计 规 定

### 14.3.1 适老化设计

养老建筑设计应针对老年人的生理、心理特点，实现养老环境的安全性、可达性与普适性，即养老建筑适老化设计。老年人心理生理特征及相应设计对策可参见表 14.3.1。

老年人环境障碍与设计对策　　　　　　　　　　　　　　　表 14.3.1

| 变化项目 | 自身功能特性及相关影响 | | 居住环境及其配备 |
|---|---|---|---|
| 人体尺寸 | 普遍身高比年轻时降低 | 眼看不到、手摸不到的位置增多 | 调整操作范围尺寸 |

| 变化项目 | 自身功能特性及相关影响 | | 居住环境及其配备 |
| --- | --- | --- | --- |
| 运动能力 | 下列功能不全使人适应能力降低：<br>· 灵活性下降<br>· 协调能力下降<br>· 运动速度下降<br>· 耐久力下降<br>· 骨质疏松<br>· 排泄功能下降 | 步速慢，容易跌倒，发生骨折需要配备助行器具及轮椅；<br><br>失禁、尿频 | 留出日常活动所需的空间；<br>消除地面高差，保持地面平整，且做到防滑、耐污染、易清洁，慎用地面上蜡；<br>两种铺地交接处不宜形成强烈色差；<br>保持墙面平整，避免出现突出墙角和尖角；<br>老人的卧房应尽量安排在朝阳的房间，采用质地较软保暖性好的材料为宜；<br>不用或慎用容易变形、移动和翻倒的家具，色彩的选择不宜过于沉闷、冷静也不宜过于明艳活泼；等身高度以下不用大片普通玻璃，防止碎片伤人；<br>开关、插座、阀门、扶手、插销等设在易操作位置；<br>就近布置无障碍卫生间，选择合用的便器 |
| 感知能力 | 内部感觉下降<br>· 肌体觉<br>· 平衡觉<br>外部感觉下降：<br>· 视觉、听觉、嗅觉下降<br>体表：冷、热、痛 | 容易跌倒；<br>容易发生意外；<br>发生意外容易处置不当；<br>皮肤触觉对温度、疼痛刺激的体验辨别能力下降，怕寒、怕温度突变 | 建筑环境和家具布置简洁、明确、易于分辨；<br>家具布置保持良好秩序不随意变更；<br>走廊楼梯等夜间经过处设脚灯，楼梯踏步水平与垂直交接处应有明显的标识；<br>煤气灶具设置报警器和自动熄火；<br>火灾报警设声光双重信号；<br>可触及范围的暖气管、热水管作防止烫伤处置；<br>适宜的采暖温度；<br>加大标志图形 |
| 心理和精神 | 不适应退休后社会角色转变而有失落感；<br>不适应迁居后的新环境；<br>生活方式定型化 | | 充实的交流空间；<br>容易走出家门；<br>容易来访和接待；<br>电话、有线电视、宽带入户 |
| 其他 | 急病以及紧急事故 | | 紧急呼救和报警；<br>担架通道及人员疏散；<br>将重点保护对象纳入应急预案 |

（资料来源：高宝真，黄南翼：老龄社会住宅设计，中国建筑工业出版社，2006）

### 14.3.2　无障碍设计与安全措施

1. 养老建筑及其场地均应进行无障碍设计，并应符合现行国家标准《无障碍设计规范》GB 50763—2012 的规定。养老建筑实施无障碍设计的具体范围可参考表 14.3.2-1 规定。

**养老建筑无障碍设计范围** 表 14.3.2-1

| 类型 | 位置 | 无障碍设计的特殊部位 |
|------|------|------|
| 养老居住 | 出入口 | 主要出入口、入口门厅 |
| | 过厅和通道 | 平台、休息厅、公共走道 |
| | 垂直交通 | 楼梯、坡道、电梯 |
| | 生活用房 | 卧室、起居室、休息室、亲情居室、自用卫生间、公用卫生间、公用厨房、老年人专用浴室、公用淋浴间、公共餐厅、交往厅 |
| 养老设施 | 交通空间 | 主要出入口、门厅、走廊、楼梯、坡道、电梯 |
| | 生活用房 | 居室、休息室、单元起居室、餐厅、卫生间、盥洗室、浴室 |
| | 文娱与健身用房 | 开展各类文娱、健身活动的用房 |
| | 康复与医疗用房 | 康复室、医务室及其他医疗服务用房 |
| | 管理服务用房 | 入住登记室、接待室等窗口部门用房 |
| 场地 | 道路及停车场 | 主要出入口、人行道、停车场 |
| | 广场及绿地 | 主要出入口、内部道路、活动场地、服务设施、活动设施、休憩设施 |

（资料来源：《老年人照料设施建筑设计标准》JGJ 450—2018）

2. 无障碍设计要点见表 14.3.2-2。

**养老建筑各部位无障碍设计要点** 表 14.3.2-2

| 位置 | | 设计要求 |
|------|------|------|
| 室外场地步行道路 | | 1. 平均宽度不应<1.2m，供轮椅交错通行或多人并行的局部宽度应达到1.8m以上<br>2. 室外步行道路坡度不宜>2.5%。当坡度>2.5%时，变坡点应予以提示，并宜设置扶手<br>3. 步行道路路面应采用防滑材料铺装 |
| 室外坡道坡度与宽度 | | 1. 坡道宽度应首先满足疏散要求。当坡道位于困难地段时，最大坡度为1:10~1:8，坡道位于室外通路时，最大坡度为1:20~1:12<br>2. 宽度≥1.20m时，能保证一辆轮椅和一个人侧身通行。宽度≥1.50m时，能保证一辆轮椅和一个人正面相对通行；宽度≥1.8m时，能保证两辆轮椅正面相对通行 |
| 场地轮椅坡道 | | 1. 净宽度不应<1.00m，轮椅坡道起点、终点和中间休息平台的水平长度不应<1.50m<br>2. 轮椅坡道的临空侧应设置栏杆和扶手，并应设置安全阻挡措施<br>3. 轮椅坡道的最大高度和水平长度应符合无障碍设计要求 |
| 室外台阶 | | 室外的台阶不宜<2步，踏步宽度不宜<0.32m，踏步高度不宜>0.15m，并不应<0.1m。台阶的净宽不应<0.90m；在台阶起止位置设明显标识。应同时设置轮椅坡道 |
| 出入口 | 门 | 出入口门应采用向外开启平开门或电动感应平移门，不应选用旋转门。出入口至机动车道路之间应留有缓冲空间 |
| | 门厅 | 主要入口门厅处宜设休息座椅和无障碍休息区；出入口内外及平台应设安全照明 |
| | 轮椅坡道 | 1. 无障碍出入口的轮椅坡道净宽不应<1.20m<br>2. 出入口处轮椅坡道的坡度不应>1:12，当坡度为1:12时，每上升0.75m时应设平台，平台的净深度不应小于1.50m；轮椅坡道的临空侧应设置栏杆和扶手，并应设置安全阻挡措施<br>3. 当轮椅坡道的高度大于0.10m时，应同时设无障碍台阶 |

| 位置 | | 设计要求 |
|---|---|---|
| 出入口 | 入口平台 | 1. 出入口处的平台与建筑室外地坪高差不宜＞0.5m，并应采用缓步台阶和坡道过渡；坡度应≤1：20，宽度应≥1.50m，当场地条件比较好时，坡度≤1：30<br><br>2. 缓步台阶踢面高度不宜＞0.12m，踏面宽度不宜＜0.35m；坡道坡度不宜＞1：12，连续坡长不宜＞6m，平台宽度不宜＜2m。台阶的有效宽度不应＜1.5m；当台阶宽度大于3m时，中间宜加设安全扶手；当坡道与台阶结合时，坡道有效宽度不应＜1.2m，且坡道应作防滑处理 |
| | 其他 | 1. 供老年人使用的出入口不应少于两个，建筑物首层主要出入口应设计为无障碍出入口<br><br>2. 出入口通行净尺寸≥1.1m。门扇开启端的墙垛宽度不应＜0.40m。在门扇开启的状态下，出入口内外不应＜1.50m<br><br>3. 出入口的上方应设置雨棚。出入口设置平开门时，应设闭门器。不应采用力度大的弹簧门并不宜采用弹簧门、玻璃门；当采用玻璃门时，应有醒目的提示标志<br><br>4. 无障碍出入口应通过无障碍通道直达电梯 |
| 水平交通 | | 1. 养老建筑公用走廊应满足无障碍通道要求。主要供老年人通行的公共走道宽度不宜＜1.80m<br><br>2. 公用走廊内部以及与相邻空间的地面应平整无高差。当室内地面高差无法避免时，应采用≤1：12的坡面连接过渡，并应有安全提示。在起止处应设异色警示条，临近处墙面设置安全提示标志及灯光照明提示。既有建筑改造中设置的轮椅坡道净宽不应＜1m<br><br>3. 固定在走廊墙、立柱上的物体或标牌距地面的高度不应＜2m；当＜2m时，探出部分的宽度不应＞0.10m；当探出部分的宽度＞0.10m时，其距地面的高度应＜0.6m。房间门开启应不影响走道通行<br><br>4. 老年人居住用房门的开启净宽应≥1.2m，且应向外开启或推拉门。厨房、卫生间的门的开启净宽不应＜0.8m，且选择平开门时应向外开启。当户门外开时，户门前宜设置净宽＞1.4m，净深＞0.9m的凹空间<br><br>5. 主要供老年人经过及使用的公共空间应沿墙安装手感舒适的无障碍安全扶手，并保持连续。安全扶手直径宜为35～50mm，且在有水和蒸汽的潮湿环境时，截面尺寸应取下限值。扶手的最小有效长度不应＜300mm<br><br>6. 公共通道的墙（柱）面阳角应采用切角或圆弧处理，或安装成品护角。沿墙脚宜设0.35m高的防撞踢脚<br><br>7. 养老设施建筑的公共疏散通道的防火门扇和公共通道的分区门扇，距地0.65m以上，应安装透明的防火玻璃；防火门的闭门器应带有阻尼缓冲装置<br><br>8. 过厅、电梯厅、走廊等宜设置休憩设施，并应留有轮椅停靠的空间 |
| 楼梯 | | 1. 供老年人使用的楼梯间应便于老年人通行，不应采用螺旋楼梯或弧线楼梯。主楼梯梯段净宽不应＜1.5m，其他楼梯通行净宽不应＜1.2m<br><br>2. 楼梯宜采用缓坡楼梯。楼梯踏步踏面宽度不应＜0.28m，踏步踢面高度不应＞0.16m。条件允许时，楼梯踏面宽度宜为0.32～0.33m，踢面高度宜为0.12～0.13m。严禁使用扇形踏步或在休息平台区设置踏步<br><br>3. 踏面前缘宜设置高度≤0.003m的异色防滑警示条，踏面前缘向前突出不应＞0.01m<br><br>4. 楼梯踏步与走廊地面对接处应用不同颜色区分，并应设有提示照明<br><br>5. 楼梯应设双侧扶手 |

| 位置 | 设计要求 |
|---|---|
| 电梯 | 1. 十二层及十二层以上的老年人居住建筑，每单元设置电梯不应少于两台，其中应设置一台可容纳担架电梯<br><br>2. 二层及以上楼层设有老年人的生活用房、医疗保健用房、公共活动用房的养老设施建筑应设无障碍电梯，且至少1台为医用电梯<br><br>3. 可容纳担架电梯的轿厢最小尺寸应为 1.50m×1.60m，且开门净宽≥0.90m。有条件可以考虑采用病床专用电梯。选层按钮和呼叫按钮高度宜为 0.90~1.10m。轿厢内壁周边应设有安全扶手和监控及对讲系统<br><br>4. 电梯运行速度不宜>1.5m/s，电梯门应采用缓慢关闭程序设定或加装感应装置<br><br>5. 候梯厅深度不应小于多台电梯中最大轿厢深度，且不应<1.8m，候梯厅应设置扶手。电梯入口处宜设提示盲道 |
| 安全辅助措施 | 1. 公用走廊、楼梯间、候梯厅和门厅等公共空间均应设置联系的疏散导向标识、应急照明装置、音频呼叫等辅助逃生装置，并与消防监控系统相连。楼梯间附近的明显位置处应布置楼层平面示意图，楼梯间内应有楼层标识<br><br>2. 公共空间中的疏散门宜在两侧安装电动开门辅助装置，应配置应急照明和呼叫装置<br><br>3. 老年人使用的开敞阳台或屋顶上人平台在临空处不应设可攀登的扶手；供老年人活动的屋顶平台女儿墙的护栏高度不应小于 1.2m<br><br>4. 养老设施建筑的老年人居住用房应设安全疏散指示标识，墙面突出处、临空框架柱等应采用醒目的色彩或采取图案区分和警示标识<br><br>5. 养老设施建筑每个养护单元的出入口应安装安全监控装置。自用卫生间、公用卫生间门宜安装便于施救的插销，卫生间门上宜留有观察窗口<br><br>6. 卫生间、盥洗室、浴室，以及其他用房中供老年人使用的盥洗设施，应选用方便无障碍使用的洁具 |

（资料来源：老年人照料设施建筑设计标准 JGJ 450—2018；无障碍设计规范 GB 50763—2012；老年人居住建筑 15J923）

### 14.3.3 养老建筑智能化系统配置

各类型养老建筑智能化系统配置见表 14.3.3。

养老建筑智能化系统配置表　　　　　　　　表 14.3.3

| 序号 | 系统名称 | 功能名称 | 居家养老 | 社区养老 | | 机构养老 | |
|---|---|---|---|---|---|---|---|
| | | | | 老年人日间照料中心 | 社区养老服务管理中心 | 老年人日间照料设施 | 老年人全日照料设施 |
| 1 | 养老服务专用系统 | 基本业务办公及信息管理 | ○ | ◉ | ● | ◉ | ● |
| | | 健康管理 | ○ | ◉ | ◉ | ● | ● |
| | | 养护服务 | ○ | ○ | ○ | ◉ | ● |
| | | 人身安全监护 | ◉ | ○ | ◉ | ● | ● |
| | | 报警求助 | ● | ● | ● | ● | ● |
| | | 多媒体培训 | ○ | ○ | ◉ | ● | ● |

续表

| 序号 | 系统名称 | 功能名称 | 居家养老 | 社区养老 | | 机构养老 | |
|---|---|---|---|---|---|---|---|
| | | | | 老年人日间照料中心 | 社区养老服务管理中心 | 老年人日间照料设施 | 老年人全日照料设施 |
| 2 | 信息化应用系统 | 公共服务 | ○ | ⊙ | ● | ● | ● |
| | | 智能卡/手机App应用 | ○ | ⊙ | ● | ● | ● |
| | | 信息安全管理 | ○ | ⊙ | ● | ● | ● |
| 3 | 信息设施系统 | 信息接入 | ○ | ● | ● | ● | ● |
| | | 综合布线 | ○ | ● | ● | ● | ● |
| | | 移动通信室内信号覆盖 | ○ | ● | ● | ● | ● |
| | | 用户电话交换 | ○ | ○ | ○ | ● | ● |
| | | 无线对讲 | ○ | ○ | ○ | ⊙ | ⊙ |
| | | 信息网络 | ○ | ⊙ | ● | ● | ● |
| | | 有线电视 | ○ | ⊙ | ● | ● | ● |
| | | 公共广播 | ○ | ⊙ | ● | ● | ● |
| | | 会议管理 | ○ | ○ | ○ | ⊙ | ⊙ |
| | | 信息导引及发布 | ○ | ⊙ | ● | ● | ● |
| 4 | 建筑设备管理系统 | 建筑设备监控 | ○ | ○ | ○ | ● | ● |
| | | 建筑能效监管 | ○ | ○ | ○ | ● | ● |
| | | 环境监测 | ○ | ● | ● | ● | ● |
| | | 家用电器监控 | ○ | ○ | ⊙ | ● | ● |
| | | 医用气体设备管理 | ○ | ○ | ○ | ⊙ | ● |
| 5 | 公共安全系统 | 1）火灾自动报警 | 按国家现行有关标准进行配置 | 按国家现行有关标准进行配置 | | 按国家现行有关标准进行配置 | |
| | | 2）安全技术防范 | | | | | |
| | | （1）入侵和紧急报警 | | | | | |
| | | （2）视频监控 | | | | | |
| | | （3）出入口控制 | | | | | |
| | | （4）电子巡察 | | | | | |
| | | （5）楼寓对讲 | ● | ⊙ | ⊙ | ⊙ | ⊙ |
| | | 3）应急响应 | ○ | ○ | ⊙ | ⊙ | ⊙ |
| 6 | 养老服务综合管理系统 | | ○ | ⊙ | ● | ● | ● |
| 7 | 机房工程 | 信息网络机房 | ○ | ○ | ● | ● | ● |
| | | 用户电话交换机房 | — | — | — | ⊙ | ● |
| | | 安防监控室 | ○ | ○ | ● | ⊙ | ● |
| | | 消防控制室 | ○ | ○ | ● | ● | ● |
| | | 养老服务综合管理中心 | ○ | ○ | ● | ● | ● |

注：●为应配置；⊙为宜配置；○为可配置。

（资料来源：《养老服务智能化系统技术标准》JGJ/T 484—2019）

# 14.4 老年人居住建筑设计

### 14.4.1 基本规定与建设指标

1. 老年人居住建筑各部分的设计标准不应低于住宅设计规范的相关规定，重点部位应与《无障碍设计规范》GB 50763—2012 的要求相协调。

2. 老年人居住建筑所选用的设施设备应以老年人使用安全为原则，同时满足操作简便、可升级改造等基本要求，建筑设计应为户内可能采用的适老设施设备预留合理的安装条件。

3. 新建老年人居住建筑可按所服务老人人数分为大型、中型、小型三类，并应根据规模配套相应的养老服务设施。养老服务设施的分级配建可参考表 14.4.1 的规定。

养老服务设施分级配建表　　　　　　　　　　　　　　　　　表 14.4.1

| 类别 | 项目 | 大型<br>（服务 6000～10000 人） | 中型<br>（服务 2000～3000 人） | 小型<br>（服务 600 人及以下） |
|---|---|---|---|---|
| 医疗卫生 | 老年人护理院 | ▲ | — | — |
| | 医务室、护理站 | — | △ | △ |
| 社区服务 | 养老院 | ▲ | — | — |
| | 老年人服务中心（站） | ▲ | ▲ | △ |
| | 老年人日间照料中心（托老所） | ▲ | ▲ | — |
| | 老年人公寓 | △ | △ | — |
| 文化体育 | 老年人活动中心 | ▲ | — | — |
| | 老年人活动站 | — | ▲ | △ |

注：（1）表中▲为应设置；△为宜设置。

（2）相关设施在无相互干扰的情况下可合并设置，多功能使用。

（资料来源：城镇老年人设施规划规范 GB 50437—2007）

### 14.4.2 套内空间

1. 老年人住宅应按套型设计，套型内应设卧室、起居室（厅）、厨房和卫生间等基本功能空间。当老年人公寓统一提供集中餐饮服务时，套型内应设卧室、起居室（厅）、电炊操作间和卫生间等基本功能空间。

2. 老年人住宅与公寓套型最小使用面积应符合表 14.4.2-1 的规定。

老年人居住建筑套型最小使用面积　　　　　　　　表 14.4.2-1

| 类别 | | 最小使用面积（m²） |
|---|---|---|
| 老年人住宅 | 卧室、起居室分开设置 | 35 |
| | 卧室兼起居室 | 27 |
| 老年人公寓（集中餐饮，套内设电炊操作间） | | 23 |

（资料来源：老年人居住建筑 15J923）

3. 老年人住宅室内空间设计应该进行适老化设计，符合老年人平时日常起居的需求，尽量满足安全、方便、健康要求。老年人居住建筑套内各居室使用面积及设计宜满足表 14.4.2-2 的规定。居室设计可参考图 14.4.2。

**老年人居住建筑居室设计要点**　　　　　　　　　表 14.4.2-2

| 名称 | 使用面积要求 | 设计要点 |
|---|---|---|
| 卧室、起居室 | 卧室、起居室分开设置时，单人卧室≥8m²，双人卧室≥12m²。卧室兼起居室时，卧室≥15m²。起居室≥10m² | 1. 起居室（厅）内布置家具的墙面直线长度＞3m<br>2. 卧室门的洞口宽度≥0.90m，净宽≥0.80m<br>3. 卧室门应采用横执杆式把手，宜选用内外均可开启的锁具 |
| 厨房 | 卧室、起居室分开设置时，厨房≥4.5m²；<br>卧室兼起居室时，厨房≥4m² | 1. 厨房门的洞口宽度≥0.90m，净宽≥0.80m，并应设置透光的观察窗；厨房通行净宽不宜小于900mm，并宜预留1200mm×1600mm轮椅转向空间，可借用入口空间与操作台下方空间完成轮椅转向<br>2. 适合坐姿操作的厨房操作台面高度≤0.75m，台下空间净高≥0.65m，且净深≥0.3m，针对站姿操作的老年人，厨房吊柜下沿向上60mm高的范围内，柜体厚度宜为200～250mm，以避免碰头危险<br>3. 使用燃气灶具时，应采用熄火自动关闭燃气的安全型灶具和燃气泄漏报警装置<br>4. 老年人公寓采用电炊操作间时，操作台应设案台、电炉灶及排油烟机等设施或为其预留位置，操作台长度≥1.2m，台前通行净宽≥0.90m |
| 卫生间 | 供老年人使用的卫生间与老年人卧室应邻近布置；<br>供老年人使用的卫生间应至少配置坐便器、洗浴器、洗面器三件卫生洁具；使用面积≥3.0m² | 1. 卫生间门的洞口宽度≥0.90m，净宽≥0.80m。应采用外开门或推拉门，并设置透光的观察窗及由外部可开启的门扇<br>2. 便器高度≥0.40m。浴盆外缘高度≤0.45m且≥0.40m，其一端宜设可坐平台，浴缸内部深度宜为500～550mm，以避免水面高度超过老年人肩部时，老年人因水压过大而产生胸闷眩晕等危险<br>3. 浴盆和坐便器旁应安装扶手，淋浴位置应至少在一侧墙面安装扶手，并设置坐姿淋浴的装置<br>4. 宜设置适合坐姿使用的洗面台，台面高度≤0.75m，台下空间净高≥0.65 m，且净深≥0.3m |
| 户门、入户 | | 1. 户门洞口宽度≥1m，净宽≥0.9m<br>2. 户门应采用平开门，外开启，并采用杆式把手<br>3. 户门不应设置门槛，户内外地面高差不应大于15mm，并应以斜坡过渡<br>4. 入户过渡空间内应设更衣、换鞋的空间，并应留有设置座凳和安全扶手的空间 |
| 过道、储藏 | | 1. 过道净宽≥1.0m<br>2. 过道的必要位置宜设置连续单层扶手，扶手的安装高度为0.85～0.90m<br>3. 过道地面与各居室地面之间应无高差。过道地面与厨房、卫生间和阳台地面高差不应大于15mm<br>4. 应设置壁柜或储藏空间 |

续表

| 名称 | 使用面积要求 | 设计要点 |
|---|---|---|
| 阳台 | | 1. 阳台门（单扇）的洞口宽度≥0.90m，净宽≥0.80m<br>2. 阳台栏板或栏杆净高不应低于1.10m<br>3. 阳台应满足老年人使用轮椅通行的需求，阳台与室内地面的高差≤15mm，并应以斜坡过渡<br>4. 应设置便于老年人使用的低位晾衣装置 |

（资料来源：老年人居住建筑 15J923）

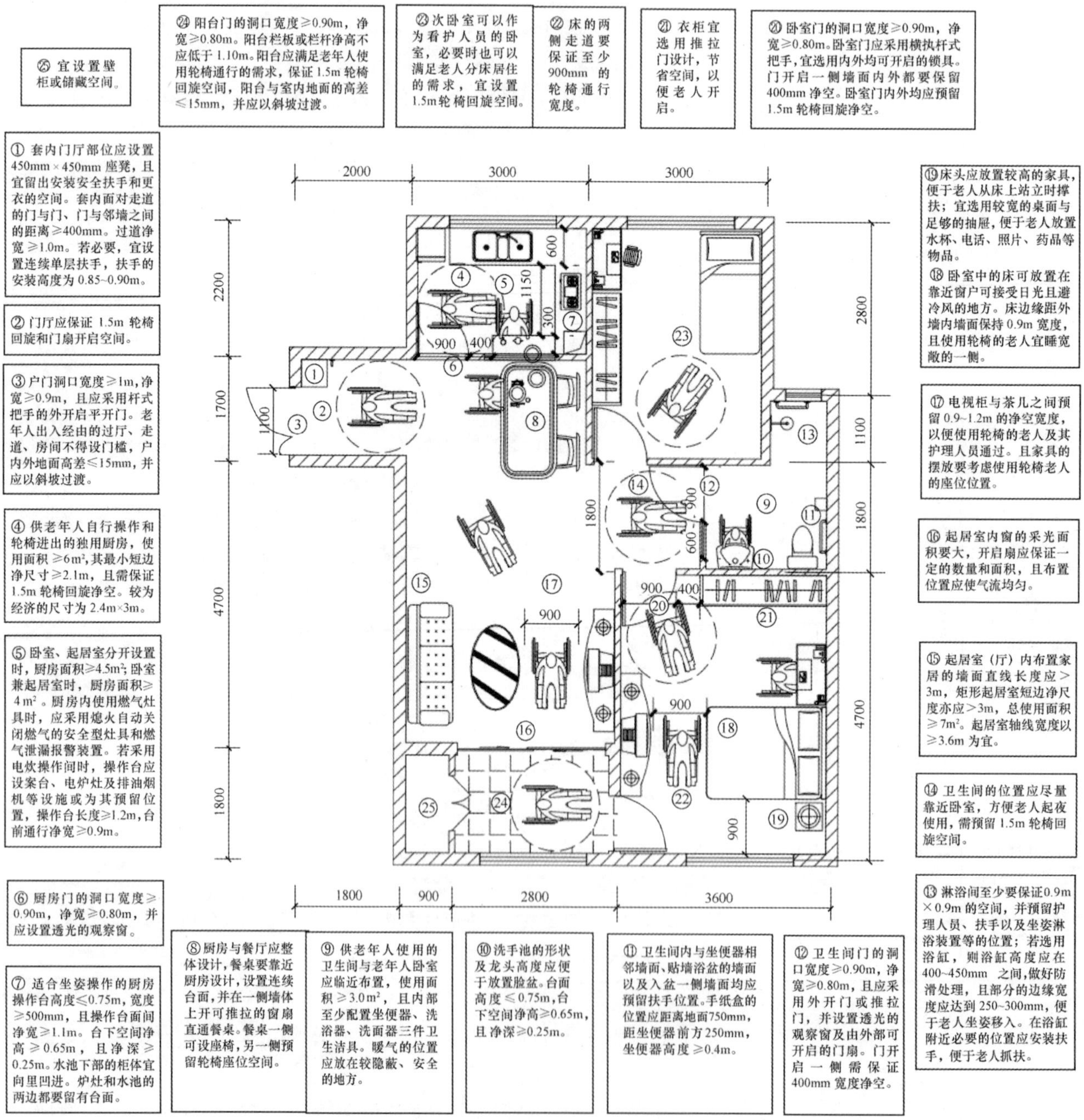
㉕ 宜设置壁柜或储藏空间。
㉔ 阳台门的洞口宽度≥0.90m，净宽≥0.80m。阳台栏板或栏杆净高不应低于1.10m。阳台应满足老年人使用轮椅通行的需求，保证1.5m轮椅回旋空间，阳台与室内地面的高差≤15mm，并应以斜坡过渡。
㉓ 次卧室可以作为看护人员的卧室，必要时也可以满足老年人分床居住的需求，宜设置1.5m轮椅回旋空间。
㉒ 床的两侧走道要保证至少900mm的轮椅通行宽度。
㉑ 衣柜宜选用推拉门设计，节省空间，以便老人开启。
⑳ 卧室门的洞口宽度≥0.90m，净宽≥0.80m。卧室门应采用横执杆式把手，宜选用内外均可开启的锁具。门开启一侧墙面内外都要保留400mm净空。卧室门内外均应预留1.5m轮椅回旋净空。
① 套内门厅部位应设置450mm×450mm座凳，且宜留出安装安全扶手和更衣的空间。套内面对走道的门与门、门与邻墙之间的距离≥400mm。过道净宽≥1.0m。若必要，宜设置连续单层扶手，扶手的安装高度为0.85~0.90m。
② 门厅应保证1.5m轮椅回旋和门扇开启空间。
③ 户门洞口宽度≥1m，净宽≥0.9m，且应采用杆式把手的外开启平开门。老年人出入经由的过厅、走道、房间不得设门槛，户内外地面高差≤15mm，并应以斜坡过渡。
④ 供老年人自行操作和轮椅进出的独用厨房，使用面积≥6m²，其最小短边净尺寸≥2.1m，且需保证1.5m轮椅回旋净空。较为经济的尺寸为2.4m×3m。
⑤ 卧室、起居室分开设置时，厨房面积≥4.5m²；卧室兼起居室时，厨房面积≥4m²。厨房内使用燃气灶具时，应采用熄火自动关闭燃气的安全型灶具和燃气泄漏报警装置。若采用电炊操作间时，操作台应设案台、电炉灶及排油烟机等设施或为其预留位置，操作台长度≥1.2m，台前通行净宽≥0.9m。
⑥ 厨房门的洞口宽度≥0.90m，净宽≥0.80m，并应设置透光的观察窗。
⑦ 适合坐姿操作的厨房操作台高度≤0.75m，宽度≥500mm，且操作台面间净宽≥1.1m。台下空间净高≥0.65m，且净深≥0.25m。水池下部的柜体宜向里凹进。炉灶和水池的两边都要留有台面。
⑧ 厨房与餐厅应整体设计，餐桌要靠近厨房设计，设置连续台面，并在一侧墙体上开可推拉的窗扇直通餐桌。餐桌一侧可设座椅，另一侧预留轮椅座位空间。
⑨ 供老年人使用的卫生间与老年人卧室应临近布置，使用面积≥3.0m²，且内部至少配置坐便器、洗浴器、洗面器三件卫生洁具。暖气的位置应放在较隐蔽、安全的地方。
⑩ 洗手池的形状及龙头高度应便于放置脸盆。台面高度≤0.75m，台下空间净高≥0.65m，且净深≥0.25m。
⑪ 卫生间内与坐便器相邻墙面、贴墙浴盆的墙面以及入盆一侧墙面均应预留扶手位置。手纸盒的位置应距离地面750mm，距坐便器前方250mm，坐便器高度≥0.4m。
⑫ 卫生间门的洞口宽度≥0.90m，净宽≥0.80m，且应采用外开门或推拉门，并设置透光的观察窗及由外部可开启的门扇。门开启一侧需保证400mm宽度净空。
⑬ 淋浴间至少要保证0.9m×0.9m的空间，并预留护理人员、扶手以及坐姿淋浴装置等的位置；若选用浴缸，则浴缸高度应在400~450mm之间，做好防滑处理，且部分的边缘宽度应达到250~300mm，便于老人坐姿移入。在浴缸附近必要的位置应安装扶手，便于老人抓扶。
⑭ 卫生间的位置应尽量靠近卧室，方便老人起夜使用，需预留1.5m轮椅回旋空间。
⑮ 起居室（厅）内布置家居的墙面直线长度应>3m，矩形起居室短边净尺度亦应>3m，总使用面积≥7m²。起居室轴线宽度以≥3.6m为宜。
⑯ 起居室内窗的采光面积要大，开启扇应保证一定的数量和面积，且布置位置应使气流均匀。
⑰ 电视柜与茶几之间预留0.9~1.2m的净空宽度，以便使用轮椅的老人及其护理人员通过。且家具的摆放要考虑使用轮椅老人的座位位置。
⑱ 卧室中的床可放置在靠近窗户可接受日光且避冷风的地方。床边缘距外墙内墙面保持0.9m宽度，且使用轮椅的老人宜睡宽敞的一侧。
⑲ 床头应放置较高的家具，便于老人从床上站立时撑扶；宜选用较宽的桌面与足够的抽屉，便于老人放置水杯、电话、照片、药品等物品。
2000
3000
3000
1800
900
2800
3600
2200
1700
4700
1800
2800
1100
1800
4700

图 14.4.2 老年人居室空间设计要点

（图片来源：作者自绘）

### 14.4.3 室内环境与装修

1. 老年人居住建筑居室的噪声级不应低于表14.4.3-1中底限值的规定，宜达到推荐值。

**老年人居住建筑的噪声要求** 表14.4.3-1

| 房间名称 | 环境噪声级（A声级，dB） | | | | 允许噪声级（A声级，dB） | | | |
|---|---|---|---|---|---|---|---|---|
| | 推荐值[dB(A)] | | 底限值[dB(A)] | | 推荐值[dB(A)] | | 底限值[dB(A)] | |
| | 昼间 | 夜间 | 昼间 | 夜间 | 昼间 | 夜间 | 昼间 | 夜间 |
| 卧室 | ≤50 | ≤40 | ≤60 | ≤50 | ≤40 | ≤30 | ≤45 | ≤37 |
| 起居室（厅） | ≤50 | | ≤60 | | ≤40 | | ≤45 | |

（资料来源：《老年人居住建筑设计规范》GB 50340—2016）

2. 老年人居住建筑噪声控制要点见表14.4.3-2。

**居住建筑噪声控制设计要点** 表14.4.3-2

| 控制噪音的手段 | 设计要点 |
|---|---|
| 布局 | 楼栋内部布局应动静分区。当受条件限制，需要布置底层商铺及公共娱乐空间时，应对产生噪声的空间采取隔声、吸声措施 |
| 设备 | 套内排水管线、卫生洁具、空调、机械换气装置等设备的位置、选型与安装，应减少对居室的噪声影响 |
| 措施 | 1. 产生噪声的设备机房宜集中布置<br>2. 管道井、水泵房、风机房应采取有效的隔声措施<br>3. 水泵、风机应采取减振措施<br>4. 管线穿过楼板和墙体时，孔洞周边应采取密封隔声措施 |

（资料来源：《老年人居住建筑设计规范》GB 50340—2016）

3. 老年人居住套型应至少有一个居住空间日照标准不应低于冬至日日照时数2h。

4. 老年人居住建筑的主要用房应充分利用天然采光。主要用房的采光窗洞口面积与该房间地面面积之比，不宜小于表14.4.3-3的规定。

**主要用房的窗地比** 表14.4.3-3

| 房间名称 | 窗地比 | 房间名称 | 窗地比 |
|---|---|---|---|
| 活动室 | 1/4 | 厨房 | 1/7 |
| 卧室、起居室 | 1/6 | 走道、楼梯间 | 1/10 |

（资料来源：《老年人居住建筑设计标准》GB/T 50340—2003）

5. 老年人居住建筑的主要功能房间应有不小于75%的面积满足现行国家标准《建筑采光设计标准》GB 50033—2013的规定。

6. 公共空间与套内空间应设置人工照明，其照度应该满足表14.4.3-4规定。

**养老居住建筑室内照明标准值** 表 14.4.3-4

| 养老居住建筑室内空间 | 名称 | | 参考平面 | 照度标准值/lx |
|---|---|---|---|---|
| 公共空间 | 门厅、电梯前厅、走廊 | | 地面 | 150 |
| | 楼梯间 | | 地面 | 50 |
| | 车库 | | 地面 | 100 |
| 房间 | 起居室 | 一般活动 | 0.75m 水平面 | 150 |
| | | 书写、阅读 | | 300 |
| | 卧室 | 一般活动 | 0.75m 水平面 | 100 |
| | | 书写、阅读 | | 200 |
| | 餐厅 | | 0.75m 餐桌面 | 200 |
| | 厨房 | 一般活动 | 0.75m 水平面 | 150 |
| | | 操作台 | 台面 | 200 |
| | 卫生间 | 一般活动 | 0.75m 水平面 | 150 |
| | | 洗面台 | 台面 | 200 |

（资料来源：《老年人居住建筑设计规范》GB 50340—2016）

7. 老年人居住建筑应通过合理建筑布局、景观绿化、地面铺装、色彩选择等手段减少室外热岛效应。并尽可能使主要卧室与起居室向阳布置。

8. 采用空调或暖气设施时，室内环境参数指标宜符合表 14.4.3-5 规定。

**室内环境参数指标** 表 14.4.3-5

| 参数 | 参考值 | 备注 |
|---|---|---|
| 温度 | 26～28℃ | 夏季制冷 |
| | 18～22℃ | 冬季采暖 |
| 相对湿度 | 40%～70% | 夏季制冷 |
| | 30%～60% | 冬季采暖 |
| 空气流速 | ≤0.25m/s | 夏季制冷 |
| | ≤0.2m/s | 冬季采暖 |
| 换气指数 | 1 次 | 夏热冬暖地区、夏热冬冷地区 |
| | 0.5 次 | 寒冷地区、严寒地区 |

9. 建筑总体布局应考虑区域主导风向，楼栋布置应有利于冬季室外行走舒适，及过渡季、夏季的自然通风。寒冷和严寒地区的建筑规划应避开冬季不利风向。

10. 新建老年人居住建筑应采用全装修设计。室内装修应尽量满足老年人使用的安全便利性。

11. 套内空间不宜采用凸窗、外开平开窗等窗户，以避免老年人在开关窗户时产生不便。窗台高度宜满足老年人坐姿时的视线要求。

12. 套型内楼地面不应有超过 15mm 的高差，地面应采用防滑、平整的材料。同一高度地面材料应统一，避免由于材料与色彩交界变化引起判断失误。不同使用性质的空间，宜用不同的材料，以使老人能通过脚感与踏地的声音来判断所在空间。

13. 墙面应选择耐碰撞、易清洁的材料。阳角部位宜处理成圆角或用弹性材料护角，以避免对老人身体磕碰。

14. 室内色彩宜用暖色调。卫生洁具宜使用白色，易于清洁且易及时发现老年人病情。

15. 老年人居住建筑所选用的设施设备应以老年人使用安全为原则，同时满足操作简便、可升级改造等基本要求，建筑设计应为户内可能采用的适老设施设备预留合理的安装条件。

# 14.5 老年人照料设施建筑设计

### 14.5.1 基本规定

1. 各类老年人照料设施应面向服务对象并按服务功能进行设计。服务对象的确定应符合国家现行有关标准的规定，且应符合表14.5.1的规定。

老年人照料设施的基本类型及服务对象　　　　　　　　　表 14.5.1

| 基本类型<br>服务对象 | 老年人全日照料设施 | | 老年人日间照料设施 |
| --- | --- | --- | --- |
| | 护理型床位 | 非护理型床位 | |
| 能力完好老年人 | — | — | ▲ |
| 轻度失能老年人 | | ▲ | ▲ |
| 中度失能老年人 | ▲ | ▲ | ▲ |
| 重度失能老年人 | ▲ | — | — |

注：▲为应选择。

（资料来源：《老年人照料设施建筑设计标准》JGJ 450—2018）

2. 老年人照料设施的老年人居室和老年人休息室不应设置在地下室、半地下室。

### 14.5.2 建筑用房设计

1. 老年人照料设施建筑应设置老年人用房和管理服务用房，其中老年人用房包括生活用房、文娱与健身用房、康复与医疗用房。生活用房指为满足老年人居住、就餐等基本生活需求以及为其提供生活照料服务而设置的用房。文娱与健身用房指为满足老年人文娱、健身活动需求而设置的用房。康复与医疗用房指为老年人提供康复服务及医疗服务而设置的用房。

2. 生活用房里为老人设施的生活空间可以分为照料单元和生活单元。照料单元主要为一定数量护理型床位而设的生活空间组团，包含居室、单元起居厅和为其配套的护理站等居住及交通空间，一般相对独立，并有护理人员对此区域内的老年人提供照料服务。生活单元主要为一定数量非护理型床位而设的生活空间组团，包含居室、卫生间、盥洗、洗浴、厨房等基本空间，一般成套布置，供老年人开展相对自主、独立的生活。

3. 老年人全日照料设施中，为护理型床位设置的生活用房应按照料单元设计；为非护理型床位设置的生活用房宜按生活单元或照料单元设计。

4. 老年人照料设施的主要房间设计要点应满足表14.5.2的规定。

老年人照料设施建筑主要房间设计要点                表 14.5.2

| 类型 | | 设计要点 |
|---|---|---|
| 老年人用房 | 生活用房 | 1. 当按照料单元设计时，应设居室、单元起居厅、就餐、备餐、护理站、药存、清洁间、污物间、卫生间、盥洗、洗浴等用房或空间，可设老年人休息、家属探视等用房或空间。每个照料单元的设计床位数不应大于 60 床。失智老年人的照料单元应单独设置，每个照料单元的设计床位数不宜大于 20 床。多人间居室，床位数不应大于 6 床<br>2. 当按生活单元设计时，应设居室、就餐、卫生间、盥洗、洗浴、厨房或电炊操作等用房或空间。多人间居室，床位数不应大于 4 床。床与床之间应有为保护个人隐私进行空间分隔的措施<br>3. 每间居室应按不小于 6.00m² /床确定使用面积。单人间居室使用面积不应小于 10.00m²，双人间居室使用面积不应小于 16.00m²<br>4. 居室的净高不宜低于 2.40m；当利用坡屋顶空间作为居室时，最低处距地面净高不应低于 2.10m，且低于 2.40m 高度部分面积不应大于室内使用面积的 1/3<br>5. 居室内应留有轮椅回转空间，主要通道的净宽不应小于 1.05m，床边留有护理、急救操作空间，相邻床位的长边间距不应小于 0.80m<br>6. 居室应具有天然采光和自然通风条件，日照标准不应低于冬至日日照时数 2h。当居室日照标准低于冬至日日照时数 2h 时，同一照料单元内的单元起居厅日照标准不应低于冬至日日照时数 2h。同一生活单元内至少 1 个居住空间日照标准不应低于冬至日日照时数 2h<br>7. 照料单元的单元起居厅应按不小于 2.00m² /床确定使用面积<br>8. 老年人日间照料设施的每间休息室使用面积不应小于 4.00m² /人<br>9. 老年人全日照料设施中，护理型床位照料单元的餐厅座位数应按不低于所服务床位数的 40% 配置，每座使用面积不应小于 4.00m²；非护理型床位的餐厅座位数应不低于所服务床位数的 70% 配置，每座使用面积不应小于 2.50m²<br>10. 老年人日间照料设施中，餐厅座位数应按所服务人数的 100% 配置，每座使用面积不应小于 2.50m²。护理型床位的居室应相邻设居室卫生间，居室及居室卫生间应设满足老年人盥洗、便溺需求的设施，可设洗浴等设施；非护理型床位的居室宜相邻设居室卫生间<br>11. 照料单元应设公用卫生间，坐便器数量应按所服务的老年人床位数测算（设居室卫生间的居室，其床位可不计在内），每 6～8 床设 1 个坐便器。当居室卫生间未设洗浴设施时，应集中设置浴室，浴位数量应按所服务的老年人床位数测算，每 8～12 床设 1 个浴位。其中轮椅老年人的专用浴位不应少于总浴位数的 30%，且不应少于 1 个 |
| | 文娱与健身用房 | 1. 老年人全日照料设施的文娱与健身用房设置应满足老年人的相应活动需求，可设阅览、网络、棋牌、书画、教室、健身、多功能活动等用房或空间<br>2. 老年人照料设施的文娱与健身用房总使用面积不应小于 2.00m² /床（人）<br>3. 文娱与健身用房的位置应避免对老年人居室、休息室产生干扰<br>4. 大型文娱与健身用房宜设置在建筑首层，地面应平整，且应邻近设置公用卫生间及储藏间<br>5. 严寒、寒冷、多风沙、多雾霾地区的老年人照料设施宜设置阳光厅，湿热、多雨地区的老年人照料设施宜设置风雨廊 |
| | 康复与医疗用房 | 1. 应设医务室。医务室使用面积不应小于 10m²，应有较好的天然采光和自然通风条件<br>2. 室内地面应平整，表面材料应具有防护性，宜附设盥洗盆或盥洗槽 |
| 管理服务用房 | | 1. 直接为老年人服务的入住登记、接待等窗口部门，其用房位置应明显易找并设置醒目标识<br>2. 老年人全日照料设施的管理服务用房应设值班、入住登记、办公、接待、会议、档案存放等办公管理用房或空间；应设厨房、洗衣房、储藏等后勤服务用房或空间；应设员工休息室、卫生间等用房或空间，宜设员工浴室、食堂等用房或空间<br>3. 老年人日间照料设施的用房应设接待、办公、员工休息和卫生间、厨房、储藏等用房或空间，宜设洗衣房<br>4. 厨房应满足卫生防疫等要求，且应避免厨房工作时对老年人用房的干扰。洗衣房平面布置应洁污分区，并应满足洗衣、消毒、叠衣、存放等需求；墙面、地面应易于清洁、不渗漏；宜附设晾晒场地 |

（资料来源：《老年人照料设施建筑设计标准》JGJ 450—2018）

**14.5.3  交通、卫生、安全及疏散**

1. 老年人使用的出入口和门厅宜采用平坡出入口，平坡出入口的地面坡度不应大于 1/20，有条件时不宜大于 1/30。出入口严禁采用旋转门。出入口的地面、台阶、踏步、坡道等均应采用防滑材料铺装。

2. 老年人使用的走廊，通行净宽不应小于 1.80m，确有困难时不应小于 1.40m；当走廊的通行净宽大于 1.40m 且小于 1.80m 时，走廊中应设通行净宽不小于 1.80m 的轮椅错车空间，错车空间的间距不宜大于 15.00m。

3. 老年人用房的门不应小于 0.80m，有条件时，不宜小于 0.90m；护理型床位居室的门不应小于 1.10m；建筑主要出入口的门不应小于 1.10m；含有 2 个或多个门扇的门，至少应有 1 个门扇的开启净宽不小于 0.80m。

4. 开敞式阳台、上人平台的栏杆、栏板应采取防坠落措施，且距地面 0.35m 高度范围内不宜留空。

5. 二层及以上楼层、地下室、半地下室设置老年人用房时应设电梯，电梯应为无障碍电梯，且至少 1 台能容纳担架。

6. 为老年人居室使用的电梯，每台电梯服务的设计床位数不应大于 120 床。

7. 老年人使用的楼梯严禁采用弧形楼梯和螺旋楼梯。

8. 老年人照料设施建筑的主要老年人用房采光窗宜符合表 14.5.3 的窗地面积比规定。

主要老年人用房的窗地面积比　　　　　　　　　　表 14.5.3

| 房间名称 | 窗地面积比（$A_c/A_d$）<br>$A_c$—窗洞口面积；$A_d$—地面面积 |
|---|---|
| 单元起居厅，老年人集中使用的餐厅、居室、<br>休息室、文娱与健身用房、康复与医疗用房 | ≥1:6 |
| 公用卫生间、盥洗室 | ≥1:9 |

（资料来源：《老年人照料设施建筑设计标准》JGJ 450—2018）

9. 老年人照料设施的人员疏散应符合现行国家标准《建筑设计防火规范》GB 50016 的规定。

10. 每个照料单元的用房均不应跨越防火分区。

11. 向老年人公共活动区域开启的门不应阻碍交通。

12. 建筑的主要出入口至机动车道路之间应留有满足安全疏散需求的缓冲空间。

13. 全部老年人用房与救护车辆停靠的建筑物的主要出入口之间的通道，应满足紧急送医需求。紧急送医通道的设置应满足担架抬行和轮椅推行的要求，且应连续、便捷、畅通。

14. 老年人的居室门、居室卫生间门、公用卫生间厕位门、盥洗室门、浴室门等，均应选用内外均可开启的锁具及方便老年人使用的把手，且宜设应急观察装置。

15. 老年人全日照料设施设有生活用房的建筑间距应满足卫生间距要求，且不宜小于 12m。

16. 建筑及场地内的物品运送应洁污分流。临时存放医疗废物的用房应设置专门的收集、洗涤、消毒设施，且有医疗废物运送路线的规划。遗体运出的路径不宜穿越老年人日常活动区域。

**14.5.4  室内环境与装修**

1. 老年人照料设施的室内装修设计宜与建筑设计结合，实行一体化设计。

2. 老年人照料设施应位于现行国家标准《声环境质量标准》GB 3096—2008 规定的 0 类、1

类或2类声环境功能区。

3. 老年人照料设施的老年人居室和老年人休息室不应与电梯井道、有噪声振动的设备机房等相邻布置。

4. 老年人用房室内允许噪声级应符合表14.5.4-1的规定。

主要老年人用房室内允许噪声级 表 14.5.4-1

| 房间类别 | | 允许噪声级（等效连续A声级，dB） | |
|---|---|---|---|
| | | 昼间 | 夜间 |
| 生活用房 | 居室 | ≤40 | ≤30 |
| | 休息室 | ≤40 | |
| 文娱与健身用房 | | ≤45 | |
| 康复与医疗用房 | | ≤40 | |

（资料来源：《老年人照料设施建筑设计标准》JGJ 450—2018）

5. 房间之间的隔墙或楼板、房间与走廊之间的隔墙的空气声隔声性能，应符合表14.5.4-2的规定。

房间之间的隔墙和楼板的空气声隔声标准 表 14.5.4-2

| 构件名称 | 空气声隔声评价量（$R_w+C$） |
|---|---|
| Ⅰ类房间与Ⅰ类房间之间的隔墙、楼板 | ≥50dB |
| Ⅰ类房间与Ⅱ类房间之间的隔墙、楼板 | ≥50dB |
| Ⅱ类房间与Ⅱ类房间之间的隔墙、楼板 | ≥45dB |
| Ⅱ类房间与Ⅲ类房间之间的隔墙、楼板 | ≥45dB |
| Ⅰ类房间与走廊之间的隔墙 | ≥50dB |
| Ⅱ类房间与走廊之间的隔墙 | ≥45dB |

（资料来源：《老年人照料设施建筑设计标准》JGJ 450—2018）

6. 老年养护院各类用房功能组成关系参照图14.5.4-1。

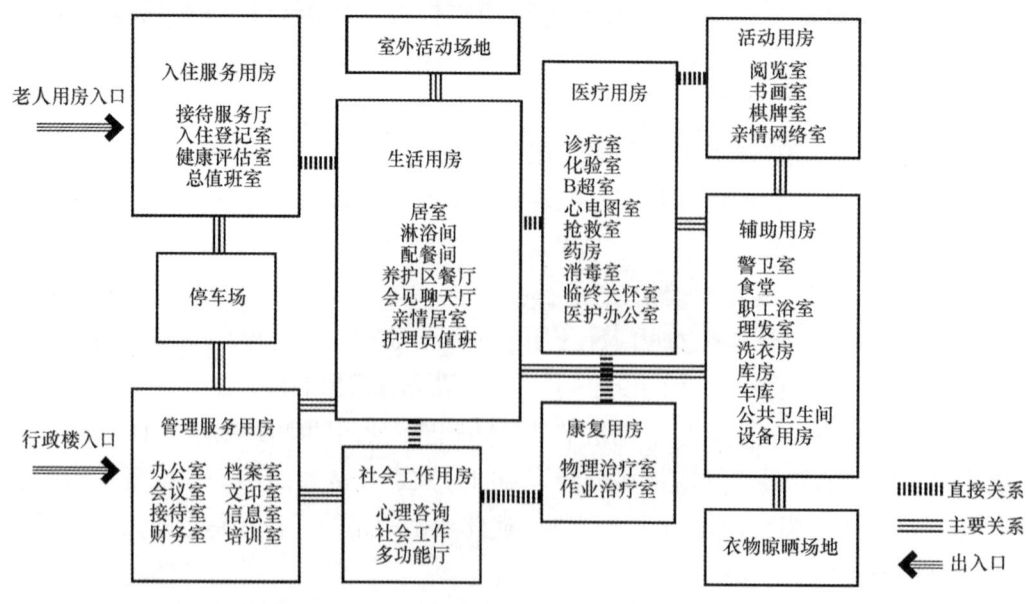

图 14.5.4-1　老年养护院各类用房功能组成框图

（图片来源：作者自绘）

7. 老年日间照料中心建筑功能关系参照图 14.5.4-2。

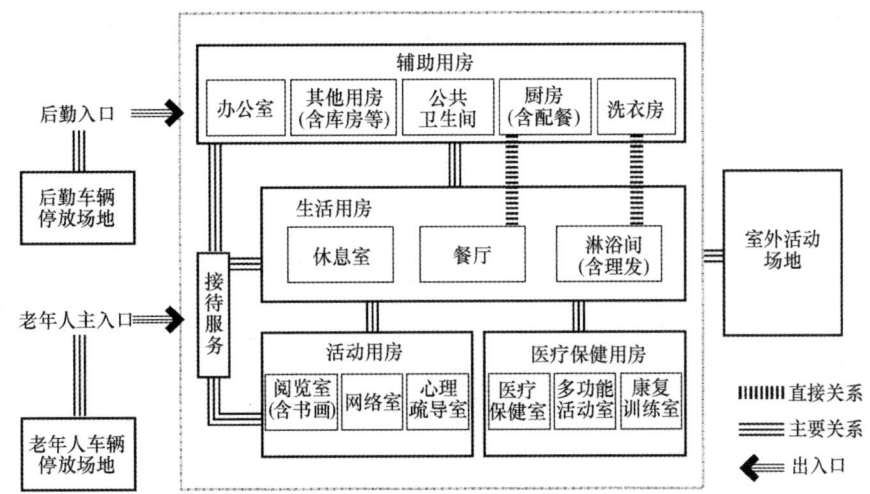

图 14.5.4-2　社区日间照料中心功能关系框图

（图片来源：作者自绘）

8. 严寒、寒冷及夏热冬冷地区的老年养护院应具有采暖设施，老年人居室宜采用地热供暖。最热月平均室外气温高于或等于 25℃ 地区的老年人用房，应安装空气调节设备。应根据失能老年人在生活照料、保健康复、精神慰藉方面的基本需要以及管理要求，按建设规模分类配置。老年养护院基本设备参考表 14.5.4-3。

老年养护院基本装备表　　　　　　　　　　表 14.5.4-3

| 设备项目 | |
|---|---|
| 生活护理设备 | 护理床、气垫床、专用淋浴床椅、电加热保温餐车 |
| 医疗设备 | 心电图机、B超机、抢救床、氧气瓶、吸痰器、无菌柜、紫外线灯 |
| 康复设备 | 物理治疗设备、作业治疗设备 |
| 安防设备 | 监控设备、定位设备、呼叫设备、计算机与网络设备、摄录像机 |
| 交通工具 | 老年人接送车、物品采购车 |

（资料来源：《老年人照料设施建筑设计标准》JGJ 450—2018）

9. 社区老年人日间照料中心相关装备配置参见表 14.5.4-4。

社区老年人日间照料中心装备配置表　　　　　表 14.5.4-4

| 设备种类 | 具体设备 |
|---|---|
| 生活服务 | 洗澡专用椅凳 |
| | 轮椅 |
| | 呼叫器 |
| 保健康复 | 按摩床（椅） |
| | 平衡杠、肋木、扶梯、手指训练器、股四头肌训练器、训练垫 |
| | 血压计、听诊器 |
| 公共活动 | 电视机、投影仪、播放设备 |
| | 计算机及网络设备 |

| 设备种类 | 具体设备 |
|---|---|
| 安防 | 监控设备 |
| | 定位设备 |
| | 摄录像机 |
| 交通工具 | 老年人接送车 |
| | 物品采购车 |

（资料来源：《老年人照料设施建筑设计标准》JGJ 450—2018）

# 15 医疗建筑设计

## 15.1 医院类别与规模

### 15.1.1 各类医院建筑面积指标

各类医院建筑面积指标 表 15.1.1

| 医院类别 | 建筑面积指标 | | | | | | | |
|---|---|---|---|---|---|---|---|---|
| 综合医院 | 国标建筑规模（床位数） | <200 | 200～399 | 400～599 | 600～899 | 900～1199 | 1200～1500及以上 | |
| | 床均指标（m²/床） | 110 | 110 | 115 | 114 | 113 | 112 | |
| | 深标建筑规模（床位数） | 200 | 400 | 600 | 800 | 1000 | 1200 | 1400 | 1500 |
| | 床均指标（m²/床） | 90 | 95 | 100 | 110 | 115 | 120 | 125 | 130 |

注：(1) 表中所列是综合医院中急诊部、门诊部、住院部、医技科室、保障系统、行政管理和院内生活用房等7项设施的床均建筑面积指标

(2) "国标"系指《综合医院建设标准》（2018征求意见稿），"深标"系指《深圳市医院建设标准指引》深发改〔2016〕1545号

(3) "深标"大于1500床时使用1500床规模指标

| 医院类别 | 建筑面积指标 | | | | | | |
|---|---|---|---|---|---|---|---|
| 中医医院 | 建设规模 | 床位 | 60 | 100 | 200 | 300 | 400 | 500 |
| | | 门诊人次 | 210 | 350 | 700 | 1050 | 1400 | 1750 |
| | 建筑面积指标（m²/床） | | 69～72 | 72～75 | 75～78 | 78～80 | 80～84 | 84～87 |

注：(1) 根据中医医院建设规模、所在地区、结构类型、设计要求等情况选择上限或下限

(2) 大于500床的中医医院建设，参照500床建设标准执行

(3) 本表根据《中医医院建设标准》建标106—2008

| 医院类别 | 建筑面积指标 | | | |
|---|---|---|---|---|
| 传染病医院 | 建设规模（床位数） | <250 | 250～399 | ≥400 |
| | 床均指标（m²/床） | 82 | 80 | 78 |

注：(1) 综合医院传染病区床均建筑面积指标参照《综合医院建设标准》（2018征求意见稿）执行

(2) 本表根据《传染病医院建设标准》建标173—2016

| 医院类别 | 建筑面积指标 | | | | |
|---|---|---|---|---|---|
| 精神专科医院 | 建设规模（床位数） | 70～199 | 200～499 | ≥500 | |
| | 床均指标（m²/床） | 58 | 60 | 62 | |
| | 注：（1）表中所列指标是精神专科医院急诊、门诊、住院、医技、工娱、保障、行政管理和院内生活用房等设施的床均建筑面积指标<br>（2）本表根据《精神专科医院建设标准》（建标176—2016） | | | | |
| 儿童医院 | 建设规模（床位数） | ＜200 | 200～399 | 400～599 | 600～799 | ≥800 |
| | 床均指标（m²/床） | 88 | 93 | 97 | 100 | 102 |
| | 注：（1）表中所列指标是儿童医院急诊、门诊、住院、医技、行政管理和院内生活用房等设施的床均建筑面积指标<br>（2）本表根据《儿童医院建设标准》（建标174—2016） | | | | |
| 妇幼保健机构 | 建设规模（编制人数） | 省级 | 地市级 | 县区级 | |
| | 人均指标（m²/人） | 60 | 65 | 70 | |
| | 床位数 | ≤200 | 201～400 | ≥401 | |
| | 床均指标（m²/床） | 88 | 85 | 82 | |
| | 注：（1）表中所列指标是妇幼健康服务机构孕产保健门诊、儿童保健门诊、妇女保健门诊、医技、行政管理和后勤保障等设施的床均建筑面积指标<br>（2）提供住院服务的妇幼保健机构宜按照床均面积指标增加相应的医疗用房面积<br>（3）本表根据《妇幼健康服务机构建设标准》建标189—2017 | | | | |

### 15.1.2 各类医院七项指标

1. 综合医院七项设施用房占总建筑面积的比例

综合医院七项设施用房占总建筑面积的比例（％）　　　　　表15.1.2-1

| 部门 | 国家标准 | 深圳标准 |
|---|---|---|
| 急诊部 | 3～5 | 3 |
| 门诊部 | 12～15 | 18 |
| 住院部 | 37～41 | 38 |
| 医技科室 | 25～27 | 24 |
| 保障系统 | 8～12 | 8 |
| 行政管理 | 3～4 | 4 |
| 院内生活 | 3～5 | 5 |

注：各类用房占总建筑面积的比例可根据地区和医院的实际需要调整。

### 2. 中医医院基本用房及辅助用房比例关系表

**中医医院基本用房及辅助用房比例关系表（％）**　　　　表 15.1.2-2

| 部门 ＼ 床位数 | 60 | 100 | 200 | 300 | 400 | 500 |
|---|---|---|---|---|---|---|
| 急诊部 | 3.1 | 3.2 | 3.2 | 3.2 | 3.2 | 3.3 |
| 门诊部 | 16.7 | 17.5 | 18.2 | 18.5 | 18.5 | 19.0 |
| 住院部 | 29.2 | 30.5 | 33.0 | 34.5 | 35.5 | 35.7 |
| 医技科室 | 19.7 | 17.5 | 17.0 | 16.6 | 16.0 | 16.0 |
| 药剂科室 | 13.5 | 12.1 | 9.4 | 8.5 | 8.3 | 8.0 |
| 保障系统 | 10.4 | 10.4 | 10.4 | 10.0 | 9.8 | 9.0 |
| 行政管理 | 3.7 | 3.8 | 3.8 | 3.7 | 3.7 | 3.8 |
| 院内生活服务 | 3.7 | 5.0 | 5.0 | 5.0 | 5.0 | 5.2 |

注：（1）使用中，各种功能用房占总建筑面积的比例可根据不同地区和中医医院的实际需要做适当调整。

（2）药剂科室未含中药制剂室。

**中医医院单列项目用房建筑面积指标表**　　　　表 15.1.2-3

| 项目名称 ＼ 建设规模 | 100 | 200 | 300 | 400 | 500 |
|---|---|---|---|---|---|
| 中药制剂室 | （小型）500～600m² | | （中型）800～1200m² | | （大型）200～2500m² |
| 中医传统疗法中心 | 350m² | | 500m² | | 650m² |

### 3. 传染病医院各类用房占总建筑面积的比例

**传染病医院各类用房占总建筑面积的比例（％）**　　　　表 15.1.2-4

| 部门 | 比例 | 部门 | 比例 |
|---|---|---|---|
| 急诊部 | 2 | 保障系统 | 10 |
| 门诊部 | 12 | 行政管理 | 4 |
| 住院部 | 45 | 院内生活 | 4 |
| 医技科室 | 23 | | |

注：各类用房占总建筑面积的比例可根据地区和医院的实际需求进行调整。

### 4. 精神专科医院各功能用房占总建筑面积的比例

**精神专科医院各功能用房占总建筑面积的比例（％）**　　　　表 15.1.2-5

| 部门 ＼ 床位数 | 70～199 | 200～499 | ≥500 |
|---|---|---|---|
| 急诊部 | 0 | 2 | 2 |
| 门诊部 | 12 | 12 | 13 |
| 住院部 | 54 | 54 | 52 |
| 医技科室 | 14 | 12 | 14 |
| 工娱疗室 | 4 | 4 | 3 |
| 保障系统 | 8 | 8 | 8 |
| 行政管理 | 4 | 4 | 4 |
| 院内生活 | 4 | 4 | 4 |

### 15.1.3 综合医院其他指标

1. 正电子发射型磁共振成像系统等大型医疗设备的房屋建筑面积，可参照下表增加相应的建筑面积（表15.1.3-1）。

**大型设备单列项目房屋建筑面积指标（m²）**    表 15.1.3-1

| 项 目 名 称 | 单列项目房屋建筑面积 |
| --- | --- |
| 正电子发射型磁共振成像系统（PET/MR） | 600 |
| 螺旋断层放射治疗系统 | 450 |
| X线立体定向放射治疗系（Cyberknife） | 450 |
| 直线加速器 | 470 |
| X线正电子发射断层扫描仪（PET/CT，含PET） | 300 |
| 内窥镜手术器械控制系统（手术机器人） | 150 |
| X线计算机断层扫描仪（CT） | 260 |
| 磁共振成像设备（MRI） | 310 |
| 伽马射线立体定向放射治疗系统 | 240 |

注：（1）本表所列大型设备机房均为单台面积指标（含辅助用房面积）。

（2）本表未包括的大型医疗设备，可按实际需要确定面积。

2. 综合医院内预防保健用房的建筑面积，应按编制内每位预防保健工作人员 35m² 配置。

3. 承担医学科研任务的综合医院，应以副高及以上专业技术人员总数的 70% 为基数，按每人 50m² 的标准另行增加科研用房，并应根据需要按有关规定配套建设适度规模的中间实验动物室。

4. 开展国家级重点科研任务的综合医院，按照国家级重点实验室每个 3000m² 增加相应的实验用房；承担国家、国际重大研究项目的综合医院，应根据实际业务需求单独报批。

5. 承担教学和实习任务的综合医院教学用房配置，应符合表15.1.3-2的规定。

**综合医院教学用房建筑面积指标（m²/学生）**    表 15.1.3-2

| 医院分类 | 教学医院 | 实习医院 |
| --- | --- | --- |
| 面积指标 | 10 | 2.5 |

承担全科医师规范化培训或住院医师规范化培训等的综合医院，根据主管部门核定的规范化培训人数，按照 1000m²/个 的标准增加培训用房面积，按照 10m²/人 的标准增加教学用房面积，并按照 12m²/人 的标准增加学员宿舍面积。

6. 综合医院图书馆按照编制内职工 2m²/人 的标准增加建筑面积，室内活动用房按照编制内职工 1m²/人 的标准增加建筑面积。院内生活保障用房按照 0.4m²/床 的标准增加建筑面积。

7. 深圳标准综合医院其他指标

1)《深圳市医院建设标准指引》深发改〔2016〕1545号 600床以上规模医院体检用房面积指标见表15.1.3-3。

**600床以上规模医院体检用房面积指标** 表 15.1.3-3

| 床位规模（床位数） | 600～800 | 1000～1200 | 1300～1400 | 1500 |
|---|---|---|---|---|
| 建筑面积（m²） | 1400 | 1600 | 1800 | 2000 |

2）医学院校的附属医院、教学医院、临床医学院和承担临床实习与住院医学规范化培训任务的医院，各类教学用房的建筑面积，应以医学教育主管部门批准的各类学生人数和住院医师规范化培训人数为基数，按每人18m²配建。

3）夜间值班宿舍。各类医院可配套建设医务人员夜间值班宿舍。医务人员的夜班值班宿舍，应以每天急诊部与住院部临床夜班医务人员的数量为基数，按每人12m²配建。

# 15.2 医 疗 工 艺

## 15.2.1 医疗功能单元划分

**医疗功能单元划分** 表 15.2.1

| 分类 | 门诊、急诊 | 预防保健管理 | 临床科室 | 医技科室 | 医疗管理 |
|---|---|---|---|---|---|
| 各功能单元 | 分诊、挂号、收费、各诊室、急诊、急救、输液、留院观察等 | 儿童保健、妇女保健等 | 内科、外科、眼科、耳鼻喉科、儿科、妇产科、手术部、麻醉科、重症监护科（ICU、CCU等）、介入治疗、放射治疗、理疗科等 | 药剂科、检验科、医学影像科（放射科、核医学、超声科）、病理科、中心供应、输血科等 | 病案、统计、住院管理、门诊管理、感染控制等 |

## 15.2.2 医疗工艺流程

1. 一级医疗工艺流程：医院各医疗功能单元之间的流程。如图 15.2.2-1：

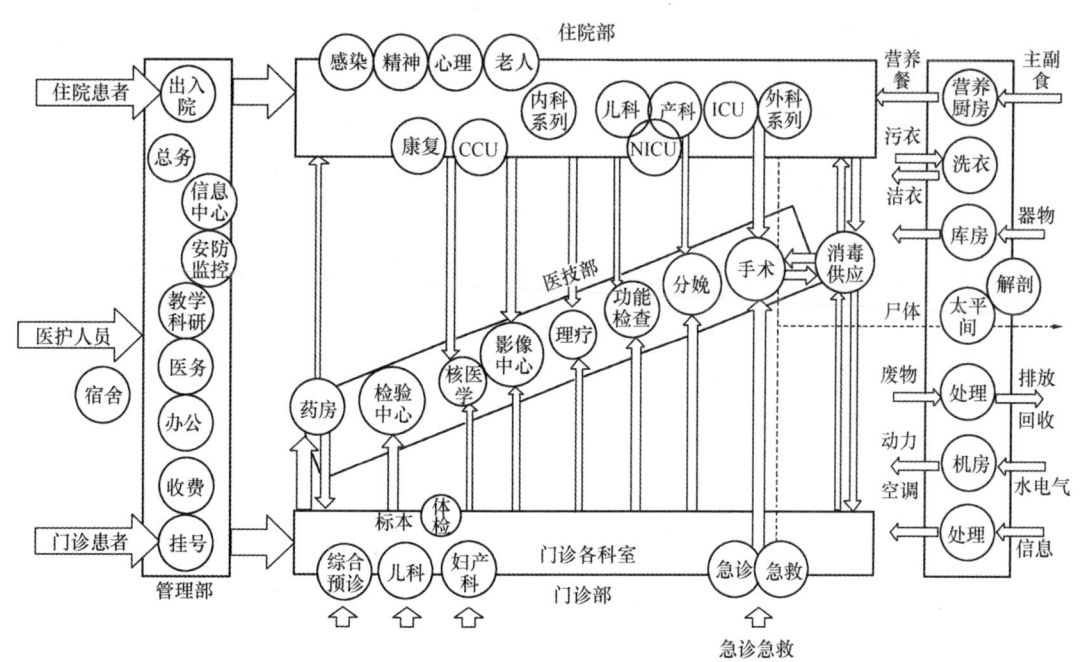

图 15.2.2-1 医院各医疗功能单元之间流程（参考《现代医院建筑设计参考图集》）

2. 二级医疗工艺流程：各医疗功能单元内部流程。如图 15.2.2-2：

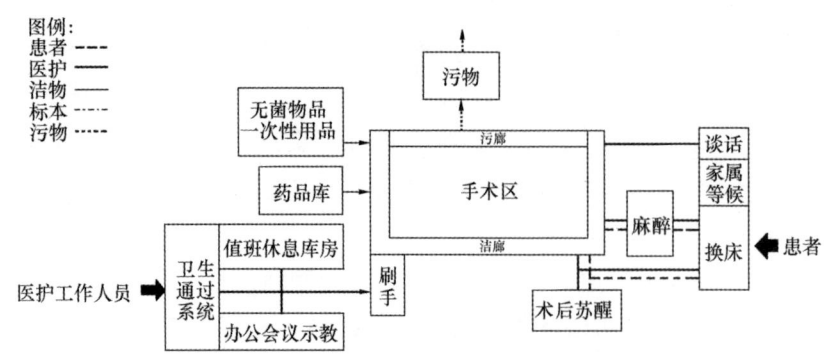

图 15.2.2-2　手术中心内部流程

### 15.2.3　医疗工艺参数

1. 医疗工艺设计参数应根据不同医院的要求研究确定，当无相关数据时可按下列要求测算：

1）门诊诊室间数可按日平均门诊诊疗人次/（50～60 人次）。

2）急救抢救床数可按急救通过量测算。

3）1 个护理单元宜设 40～50 张病床。

4）手术室间数宜按病床总数每 50 床或外科病床数每 25～30 床设置 1 间。

5）重症监护病房床数宜按总床位数 2%～8%设置。

6）心血管造影机台数可按年平均心血管造影或介入治疗数/（3～5 例×年工作日数）测算。

7）日拍片人次达到 40～50 人次时，可设 X 线拍片机 1 台。

8）日胃肠透视人数达到 10～15 例时，可设胃肠透视机 1 台。

9）日胸透视人数达到 50～80 人次时，可设胸部透视机 1 台。

10）日心电检诊人次达到 60～80 人次时，可设心电检诊间 1 间。

11）日腹部 B 超人数达到 40～60 人次时，可设腹部 B 超机 1 台。

12）日心血管彩超人数达到 15～20 人次时，可设心血管彩超机 1 台。

13）日检诊人数达到 10～15 例时，可设十二指肠纤维内窥镜 1 台。

2. 各科门诊量应根据医院统计数据确定，当无统计数据时可按 15.1.2 综合医院七项设施用房占总建筑面积的比例（%）确定。

3. 各科住院床位数应根据医院统计数据确定，当无统计数据时可按表 15.2.3-1 确定。

各科住院床位数占医院总床位数比例　　　　　　　　表 15.2.3-1

| 科别 | 占医院总床位比率 | 科别 | 占医院总床位比率 |
|---|---|---|---|
| 内科 | 30% | 耳鼻喉科 | 6% |
| 外科 | 25% | 眼科 | 6% |
| 妇科 | 8% | 中医 | 6% |
| 产科 | 6% | 其他 | 7% |
| 儿科 | 6% | | |

4. 各类医院诊床比

**各类医院"诊床比"参照表（人次/床）** 　　**表 15.2.3-2**

| 医院类别 | 综合医院 | 中医医院 | 儿童医院 | 妇产医院 | 传染病医院 | 精神病医院 |
|---|---|---|---|---|---|---|
| 诊床比 | 5 | 7 | 7 | 7 | 2 | 1.5 |

注：本表为深圳标准《深圳市医院建设标准指引》深发改〔2016〕1545 号。

# 15.3　选址与总平面设计

## 15.3.1　选址

1. 综合医院选址

综合医院选址应符合当地城镇规划、区域卫生规划和环保评估的要求。基地选择应符合下列要求：

1）应交通方便，宜面临两条城市道路。

2）宜便于利用城市基础设施。

3）环境宜安静，应远离污染源。

4）地形宜力求规整，适宜医院功能布局。

5）应远离易燃、易爆物品的生产和储存区，并应远离高压线路及其设施。

6）不应临近少年儿童活动密集场所。

7）不应污染、影响城市的其他区域。

2. 传染医院选址

1）新建传染病医院应远离城市人群密集活动区，如用地无法相互躲让，应采取必要的防护距离设置绿化隔离带。

2）应交通方便，宜面临两条城市道路。

3）医院用地宜方整，地势平坦，应不受水淹。

4）医院用地选址宜便于利用现有市政公用基础设施。

5）医院选址宜选地质构造比较稳定的地段，应尽量远离地质断裂带。

6）传染病医院产生的医疗固体废弃物、污染污废水等，应采取相应有效防范措施。

7）新院选址与周边建筑、综合医院内的传染病区与医院其他建筑之间都应设置至少 20m 绿化隔离带，同时传染病区宜设置相对独立出入口。

3. 传染病应急医疗设施选址

1）地质条件稳定、避免应急设施使用期间因地质情况变化导致病毒对外界环境污染和传播。

2）传染病医院建设所需供电、供水、信息网络、医疗气体、污水排放等市政条件能够及时到位。

3）应急设施由专用救护车接送患者，选址应便于救护车便捷到达。

4）远离人群密集场所，并设立安全隔离区以防止病毒传播扩散到周边环境。

5）改造或扩建工程应选择院内独栋建筑或既有建筑的端头，并设有独立出入口。

4. 精神专科医院选址

精神专科医院选址应当符合当地城镇规划、区域卫生规划，医疗机构设置规划要求和工程地质灾害评估等。基地选址应符合下列要求：

1）交通便利；

2）便于利用城镇基础设施；

3）地形宜规整平坦、地质宜构造稳定，地势应较高且不受洪水威胁；

4）远离易燃、易爆物品的生产和储存区。

### 15.3.2 总平面设计

1. 综合医院总平面设计要求

1）应合理进行功能分区，洁污、医患、人车等流线组织清晰，并应避免院内感染。

2）建筑布局应紧凑，交通应便捷，并应方便管理、减少能耗。

3）应保证住院、手术、功能检查和教学科研等用房环境安静。

4）病房宜能获得良好朝向。

5）宜留有可发展或改、扩建用地。

6）应有完整的绿化规划。

7）对废弃物的处理，应作出妥善的安排，并应符合有关环境保护法令、法规的规定。

8）医院出入口不应少于两处，人员出入口不应兼作尸体或废弃物出口。

9）在门诊、急诊和住院用房等入口附近应设车辆停放场地。

10）二级综合医院以上需设置发热门诊，发热门诊应当设置在医疗机构内相对独立的区域，与普通门（急）诊相对隔离，并宜临近急诊，设立相对独立的出入口，便于患者筛查、转运。院区内应当设置醒目的路线导引标识，明确患者前往发热门诊的路线，尽量避免穿越其他建筑。有条件的发热门诊宜预留室外场地及设备管线条件，为以后快速扩建、转运等提供基础条件。

11）太平间、病理解剖室应设于医院隐蔽处。需设焚烧炉时，应避免风向的影响，并应与主体建筑隔离。尸体运送路线应避免与出入院路线交叉。

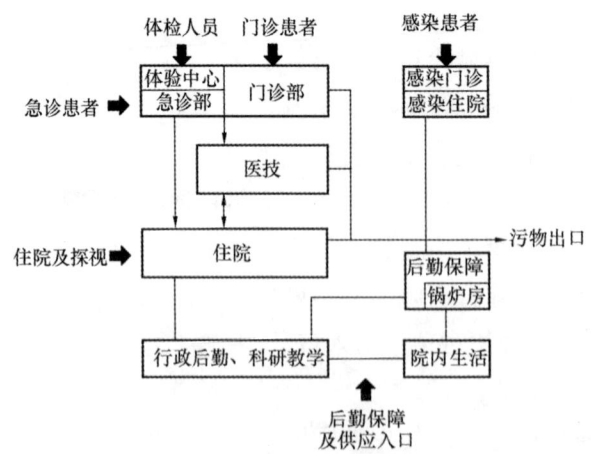

图 15.3.2 综合医院功能关系

2. 传染病医院总平面设计要求

1）应结合流程设计，合理安排污染区、半污染区和清洁区。病人活动治疗诊断限制在污染区；医务人员一般活动限制在清洁区；半污染区是医务人员进行诊疗工作的辅助区域，位于清洁区和污染区之间的过渡地段。

2）150 床及以上传染病医院宜设置 3 个或 3 个以上出入口，包括院区主入口兼门诊、急诊入口，辅助入口（工作人员、探视人员及物资供应入口）和污物、废弃物、尸体出口。

3）主要建筑应有良好朝向，建筑物应满足卫生、日照、采光、通风、消防等要求。

4）宜留有发展、改建或扩建等用地。

5）有完整的绿化规划，绿化规划应结合用地条件进行。

6）医疗废弃物暂存间、一般垃圾转运站及污水处理站、焚烧炉、锅炉房等应结合当地主导风向统一规划。焚烧炉、锅炉房等尽可能由当地统筹规划、集中设置。

7）车辆停放场地应按规划与交通部门要求配置。

8）医院出入口附近应布置救护车冲洗消毒场地。

3. 传染病应急医疗设施总平面设计

1）严格按照传染病医院的流程进行规划布局，结合卫生安全等级分为清洁区、限制区（半清洁区）、隔离区（半污染区和污染区），相邻区域之间应设置卫生通过间或缓冲间。

2）传染病应急医疗设施建筑功能分区应包括接诊区、医技区、病房区，以及生活区和后勤保障区。

3）传染病应急医疗设施由于相对独立，同时需对医务人员进行卫生隔离观察，应在半清洁区内配建隔离宿舍和换班生活区。

4）应急医疗设施的建筑布局应以单层建筑为主，为防止空气传播适当拉大建筑间距，从而导致部分相关医疗功能较远，需考虑利用电瓶车运送患者检查或治疗，转运路线的道路宽度和坡度应满足使用要求。

5）需在总平面考虑救护车或患者转运设施的洗消场地。

4. 精神专科医院总平面设计要求

1）合理确定功能分区，并科学组织洁污、医患、人车等流线。

2）建筑布局宜紧凑，方便管理、减少耗能，交通组织应便捷。

3）住院、功能检查和教学科研等用房环境宜安静。

4）主要建筑物应有良好朝向，建筑物间距应满足卫生、日照、采光、通风、消防等要求。

5）宜预留发展、改建或扩建用地。

6）院区出入口不宜少于 2 处。

7）充分利用院区地形布置绿化景观。宜有供患者康复活动的专用绿地。

8）对涉及污染环境的污物（含医疗废弃物、污废水等）应进行环境安全规划。

9）供急、重症患者使用的室外活动场地应设置围墙或栏杆。

10）在医疗用地内不得建职工住宅。医疗用地和职工住宅毗连时，应分隔并另设出入口。

### 15.3.3 间距要求

病房建筑的前后间距应满足日照和消防要求，且不宜小于 12m。传染病房建筑与周边建筑应有不小于 20m 的隔离间距。

### 15.3.4 日照要求

医院、疗养院半数以上病房、疗养室不应低于冬至日满窗 2h 的日照标准。冬至日有效时间为 9：00—15：00 时（同时还需满足各地方规范标准）。

### 15.3.5 绿化配置与容积率要求

1. 国家标准：根据综合医院建设标准规定，新建综合医院的绿地率不应低于35％；改建、扩建综合医院的绿地率不应低于30％。

2. 深圳标准：新建医院项目建设用地容积率不宜高于1.8；绿地率不应低于30％；改建、扩建医院项目建设用地容积率不宜高于2.5，绿地率不应低于25％。

### 15.3.6 停车要求

1. 医院应配套建设机动车和非机动车停车设施。停车的数量和停车设施的面积指标，按建设项目所在地区的有关规定执行。

2. 深圳标准

1）各类医院应按每张病床1~1.8个停车位标准配置停车设施。

2）地下室停车位建筑面积参考指标见表15.3.6。

地下室停车位建筑面积参考指标                                表 15.3.6

| 停车位 $n$ 辆 | $n<100$ | $100{\leqslant}n<300$ | $300{\leqslant}n<500$ | $n{\geqslant}500$ |
|---|---|---|---|---|
| 建筑面积（m²/车位） | 50 | 45 | 40 | 35 |

# 15.4 建 筑 设 计

### 15.4.1 一般规定

1. 主体建筑的平面布置、结构形式和机电设计应为今后发展、改造和灵活分隔创造条件。

2. 建筑物出入口的设置规定

1）门诊、急诊、急救和住院应分别设置无障碍出入口。

2）门诊、急诊、急救和住院主要出入口处，应有机动车停靠的平台，并设雨篷。

3. 医院应设置具有引导、管理等功能的标识系统。

4. 电梯设置规定

1）二层医疗用房宜设电梯。三层及三层以上的医疗用房应设电梯，且不得少于2台。

2）供患者使用的电梯和污物梯，应采用病床梯。

3）医院住院部宜增设供医护人员专用的客梯、送餐和污物专用货梯。

4）电梯井道不应与有安静要求的用房贴邻。

5. 楼梯的设置规定

1）楼梯的位置应同时符合防火、疏散和功能分区的要求。

2）主楼梯宽度不得小于1.65m，踏步宽度不应小于0.28m，高度不应大于0.16m。

6. 通行推床的通道，净宽不应小于2.40m。有高差者应用坡道相接，坡道坡度应按无障碍坡道设计。

7. 50％以上的病房日照应符合现行国家标准《民用建筑设计统一标准》GB 50352—2019的有关规定。

8. 门诊、急诊和病房应充分利用自然通风和天然采光。

9. 室内净高规定

1) 诊查室不宜低于 2.60m。

2) 病房不宜低于 2.80m。

3) 公共走道不宜低于 2.30m。

10. 医院建筑的热环境与声环境应符合有关规范标准要求。

11. 卫生间设置规定

1) 患者使用的卫生间隔间的平面尺寸，不应小于 1.10m×1.40m，门应朝外开，门闩应能里外开启。卫生间隔间内应设输液吊钩。

2) 患者使用的坐式大便器坐圈宜采用不易被污染、易消毒的类型，进入蹲式大便器隔间不应有高差。大便器旁应装置安全抓杆。

3) 卫生间应设前室，并应设非手动开关的洗手设施。

4) 采用室外卫生间时，宜用连廊与门诊、病房楼相接。

5) 宜设置无性别、无障碍患者专用卫生间。

# 门 急 诊 部 分

## 15.4.2  急诊急救中心

1. 急诊急救中心设置要求

1) 应自成一区，应单独设置出入口，应便于急救车、担架车、轮椅车的停放。

2) 急诊、急救应分区设置

3) 急诊部与门诊部、医技部、手术部应有便捷的联系。

4) 设置直升机停机坪时，应与急诊部有快捷的通道。

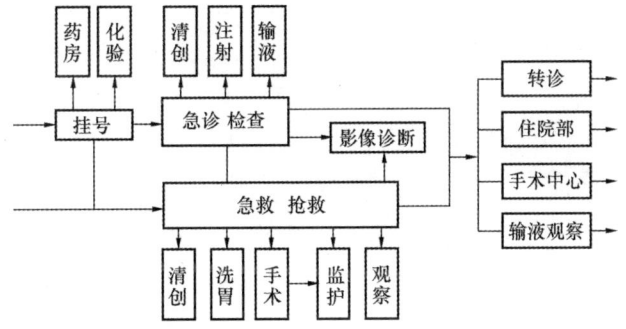

图 15.4.2-1  急诊功能关系示意图

2. 急诊用房设置要求

1) 应设接诊分诊、护士站、输液、观察、污洗、杂物贮藏、值班更衣、卫生间等用房。

2) 急救部分应设抢救、抢救监护等用房。

3) 急诊部分应设诊查、治疗、清创、换药等用房。

4) 可独立设挂号、收费、病历、药房、检验、X线检查、功能检查、手术、重症监护等用房。

5) 输液室应由治疗间和输液间组成。

3. 门厅兼用于分诊功能时，其面积不应小于 24.00m²。

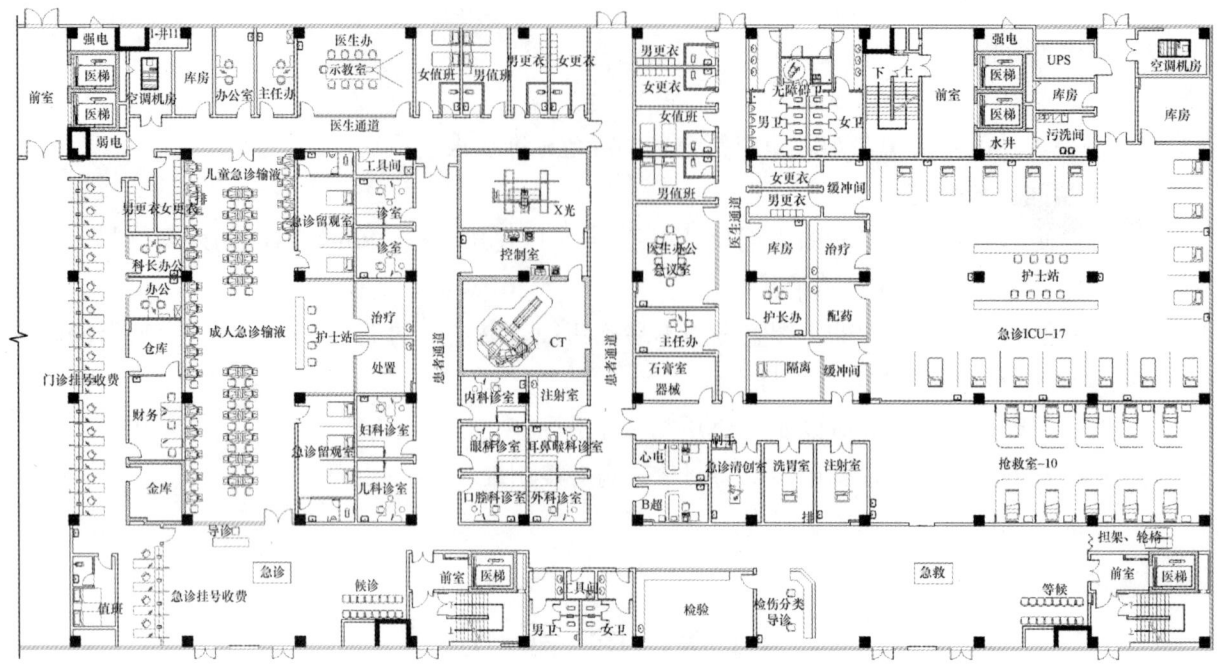

图 15.4.2-2　急诊急救中心平面示例 1

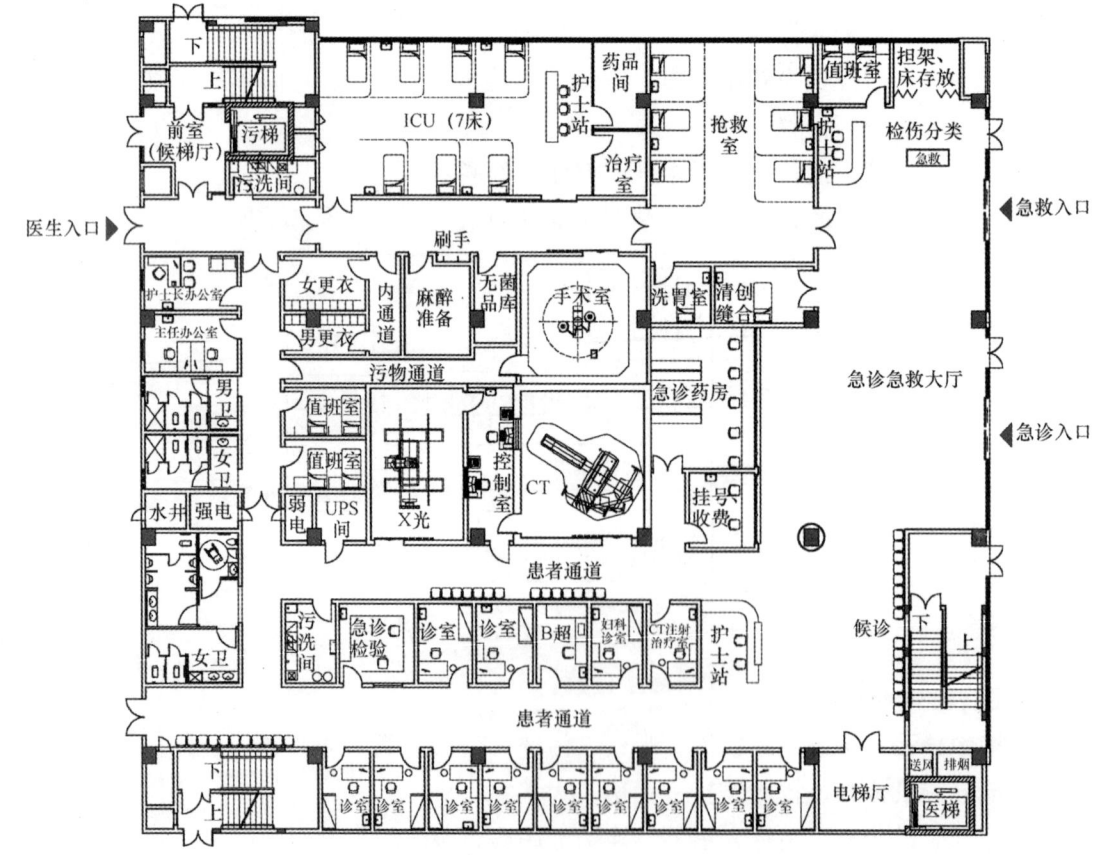

图 15.4.2-3　急诊急救中心平面示例 2

4. 急救用房设置要求

1) 抢救室应直通门厅，有条件时，宜直通急救车停车位，面积不应小于每床 30.00m²，门的净宽不应小于1.40m。

2）宜设氧气、吸引等医疗气体的管道系统终端。

5. 急救监护室内平行排列的观察床净距不应小于1.20m，有吊帘分隔时不应小于1.40m，床沿与墙面的净距不应小于1.00m。

6. 观察用房设置要求

1）平行排列的观察床净距不应小于1.20m，有吊帘分隔时不应小于1.40m，床沿与墙面的净距不应小于1.00m。

2）可设置隔离观察室或隔离单元，并应设单独出入口，入口处应设缓冲区及就地消毒设施。

3）宜设氧气、吸引等医疗气体的管道系统终端。

7. 急诊主要用房平面示例

**急诊主要用房平面示例**　　　　　　　　　　　　　　　表 15.4.2

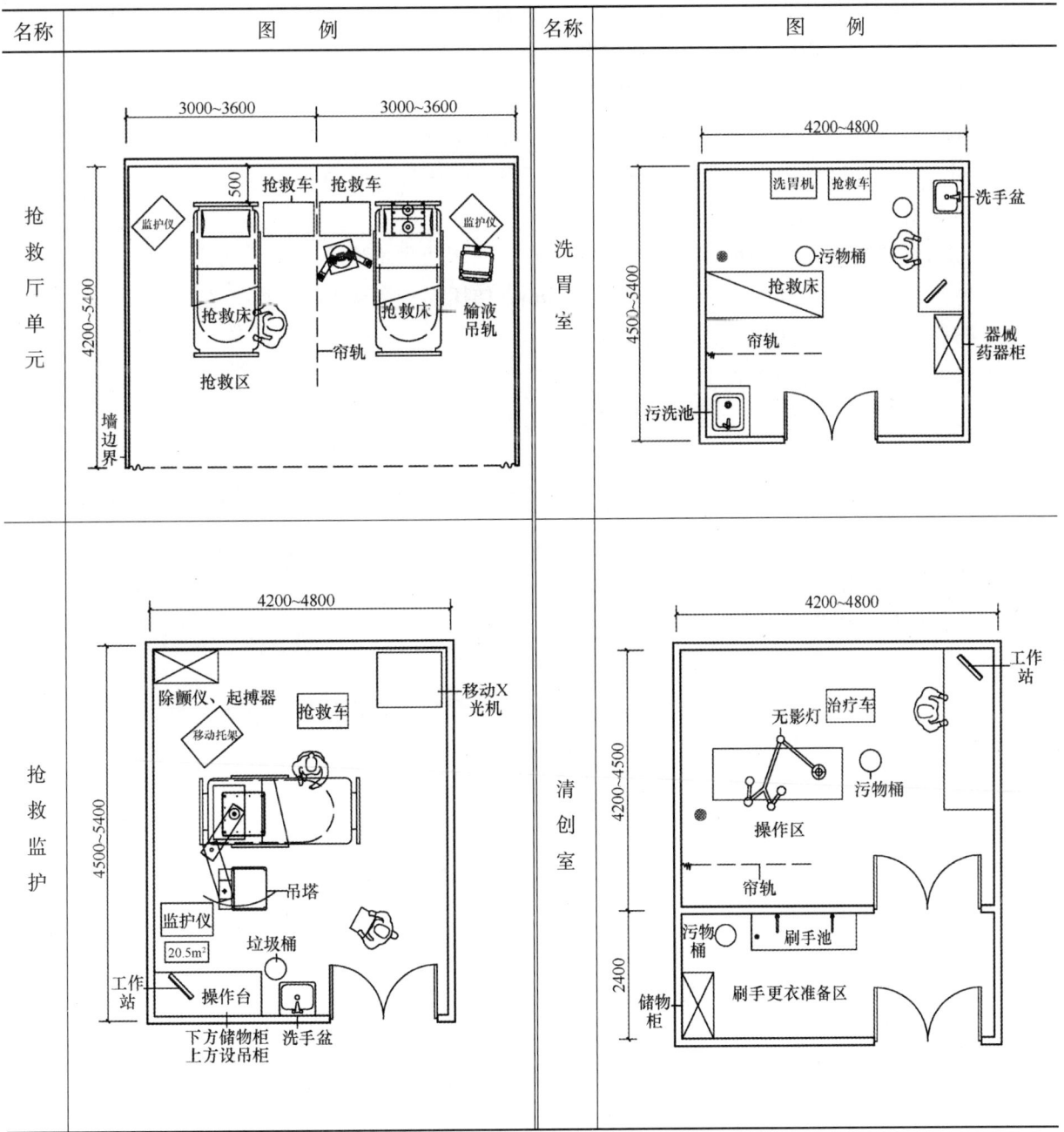

### 15.4.3 门诊部

1. 门诊部位置

门诊部应设在靠近医院交通入口处，应与医技用房临近，并应处理好门诊内各部门的相互关系，流线应合理并避免院内感染。

2. 规模

门诊诊室间数可按日平均门诊诊疗人次/（50～60人次）确定。

3. 门诊用房设置要求

1）公共部分应设置门厅、挂号、问讯、病历、预检分诊、记账、收费、药房、候诊、采血、检验、输液、注射、门诊办公、卫生间等用房和为患者服务的公共设施。

2）各科根据科室要求设置诊查室、治疗室、护士站、污洗室，可设置换药室、处置室、清创室、X线检查室、功能检查室、值班更衣室、杂物贮藏室、卫生间等。

4. 候诊用房设置要求

1）门诊宜分科候诊，门诊量小时可合科候诊。

2）利用走道单侧候诊时，走道净宽不应小于2.40m，两侧候诊时，走道净宽不应小于3.00m。

3）可采用医患通道分设、电子叫号、预约挂号、分层挂号收费等。

5. 诊查用房设置要求

1）双人诊查室的开间净尺寸不应小于3.00m，使用面积不应小于12.00m²。

2）单人诊查室的开间净尺寸不应小于2.50m，使用面积不应小于8.00m²。

6. 妇科、产科和计划生育用房设置要求

1）应自成一区，可设单独出入口。

2）妇科应增设隔离诊室、妇科检查室及专用卫生间，宜采用不多于二诊室合用一个妇科检查室的组合方式。

3）产科和计划生育应增设休息室及专用卫生间；妇科可增设手术室、休息室；产科可增设人流手术室、咨询室、宣教室。

4）各室应有阻隔外界视线的措施。

7. 儿科用房设置要求

1）应自成一区，可设单独出入口。

2）应增设预检、候诊、儿科专用卫生间、隔离诊查和隔离卫生间等用房。隔离区宜有单独对外出口；可单独设置挂号、药房、注射、检验和输液等用房。

8. 耳鼻喉科用房设置要求

应增设内镜检查（包括气管镜、食道镜等）、治疗的用房；可设置手术、测听、前庭功能、内镜检查等用房。

9. 眼科用房设置要求

1）应增设初检（视力、眼压、屈光）、诊查、治疗、检查、暗室等用房；宜设置眼科手术室。

2）初检室和诊查室宜具备明暗转换装置。

10. 口腔科用房设置要求

1）应增设X线检查、镶复室、消毒洗涤、矫形等用房；可设资料室。

2）诊查单元每椅中距不应小于1.80m，椅中心距墙不应小于1.20m。

3）镶复室宜有良好的通风。

11. 门诊手术用房设置要求

1）门诊手术用房可单独设置也可与手术部合并设置。

2）门诊手术用房应由手术室、准备室、更衣室、术后休息室和污物室组成。手术室平面尺寸不宜小于 3.60m×4.80m。

12. 门诊卫生间设置要求

1）卫生间宜按日门诊量计算，男女患者比例宜为 1：1。

2）男厕每 100 人次设大便器不应少于 1 个，小便器不应少于 1 个。

3）女厕每 100 人次设大便器不应少于 3 个。

13. 预防保健用房设置要求

应设宣教、档案、儿童保健、妇女保健、免疫接种、更衣、办公等用房；宜增设心理咨询用房。

14. 主要门诊用房详细设计

主要门诊用房详细设计　　　　　　　表 15.4.3

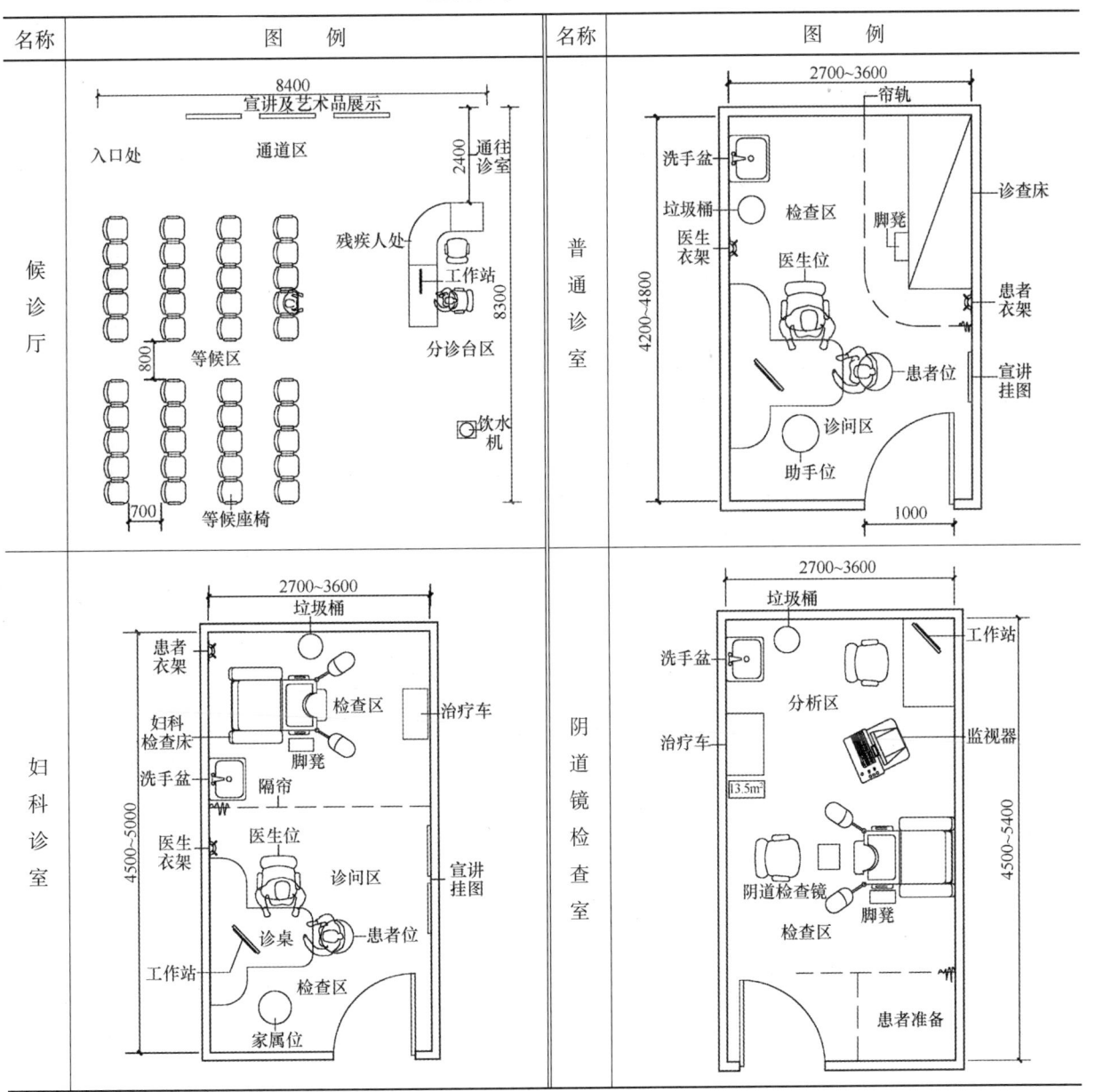

| 名称 | 图例 | 名称 | 图例 |
|---|---|---|---|
| 候诊厅 | | 普通诊室 | |
| 妇科诊室 | | 阴道镜检查室 | |

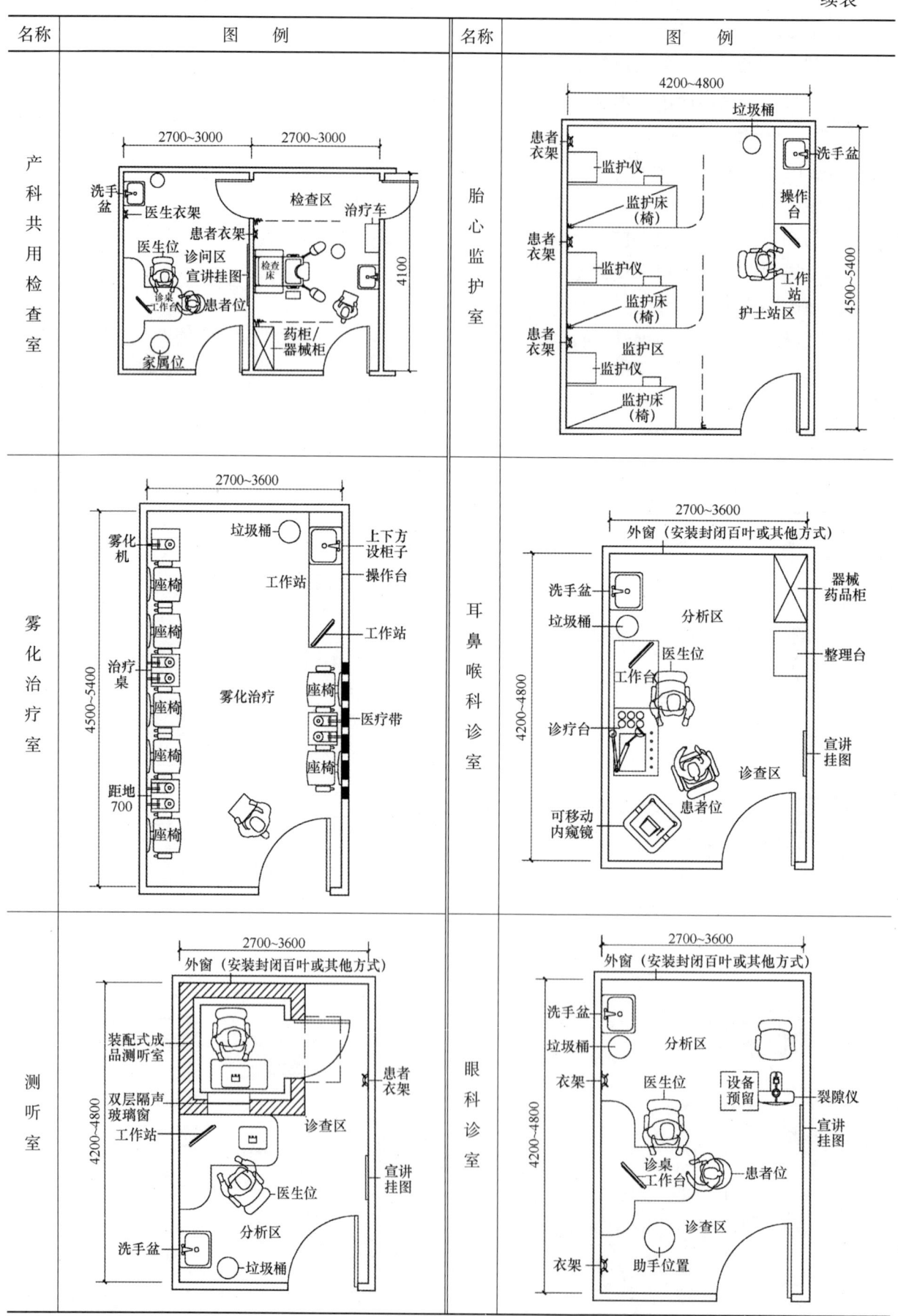

| 名称 | 图例 | 名称 | 图例 |
|---|---|---|---|
| 产科共用检查室 | | 胎心监护室 | |
| 雾化治疗室 | | 耳鼻喉科诊室 | |
| 测听室 | | 眼科诊室 | |

| 名称 | 图　例 | 名称 | 图　例 |
|---|---|---|---|
| 口腔诊室 | 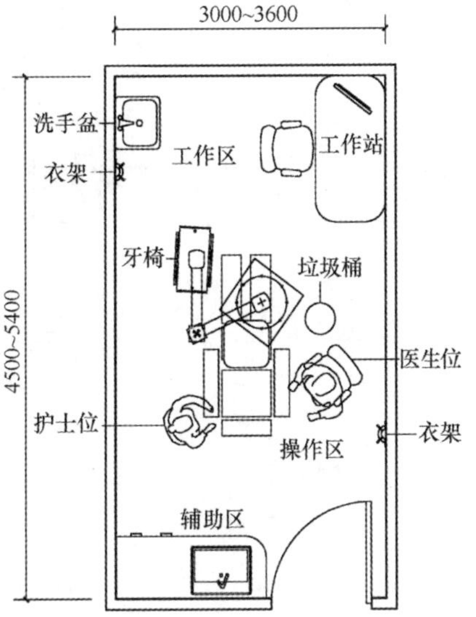 3000~3600　4500~5400　洗手盆　衣架　工作区　工作站　牙椅　垃圾桶　医生位　护士位　操作区　衣架　辅助区 | 牙片室 | 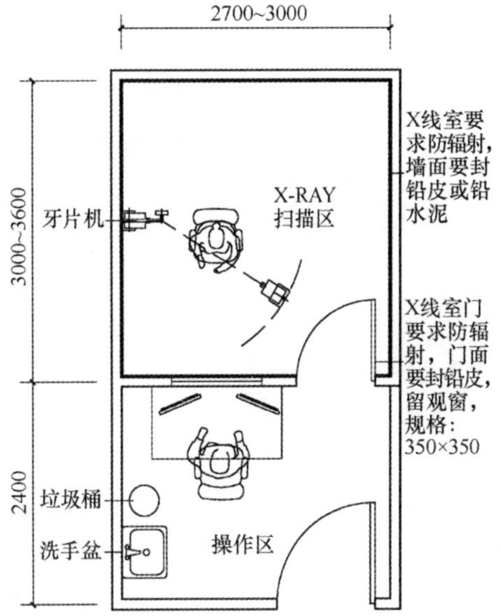 2700~3000　3000~3600　2400　牙片机　X-RAY扫描区　垃圾桶　洗手盆　操作区　X线室要求防辐射,墙面要封铅皮或铅水泥　X线室门要求防辐射,门面要封铅皮,留观窗,规格:350×350 |
| 中医推拿室 | 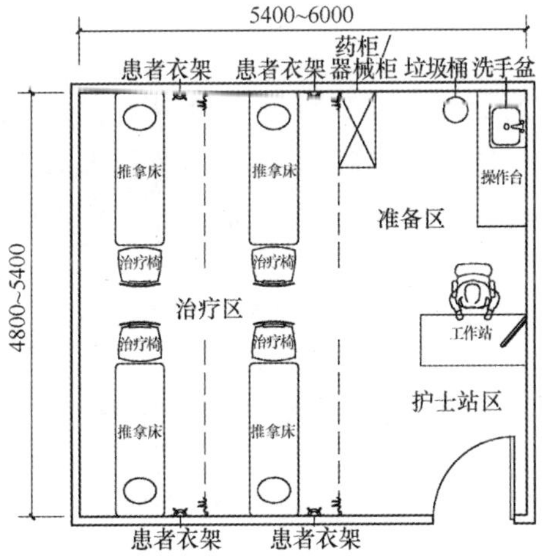 5400~6000　4800~5400　患者衣架　患者衣架　药柜/器械柜　垃圾桶　洗手盆　推拿床　推拿床　准备区　操作台　治疗椅　治疗椅　治疗区　工作站　护士站区　治疗椅　治疗椅　推拿床　推拿床　患者衣架　患者衣架 | 中医针灸室 | 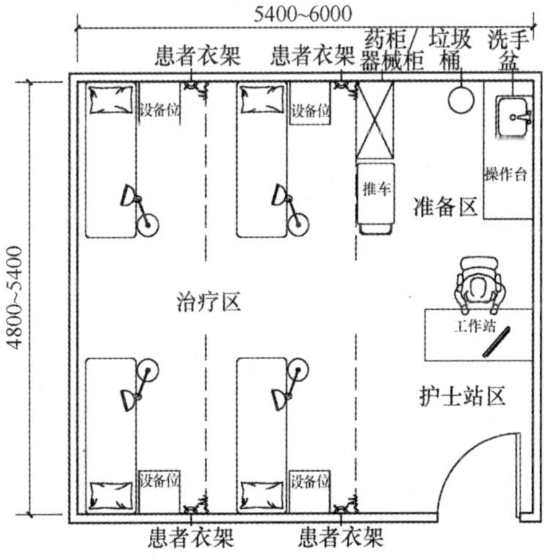 5400~6000　4800~5400　患者衣架　患者衣架　药柜/器械柜　垃圾桶　洗手盆　设备仪　设备仪　推车　准备区　操作台　治疗区　工作站　护士站区　设备仪　设备仪　患者衣架　患者衣架 |

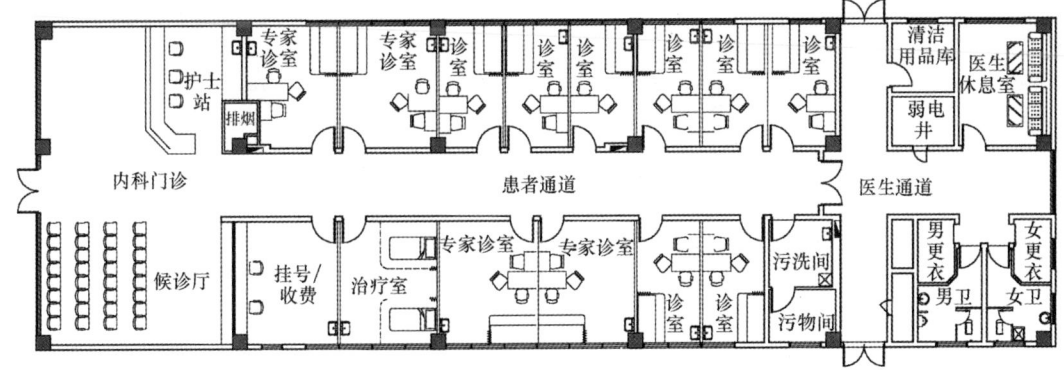

图 15.4.3-1　内科门诊平面示例

323

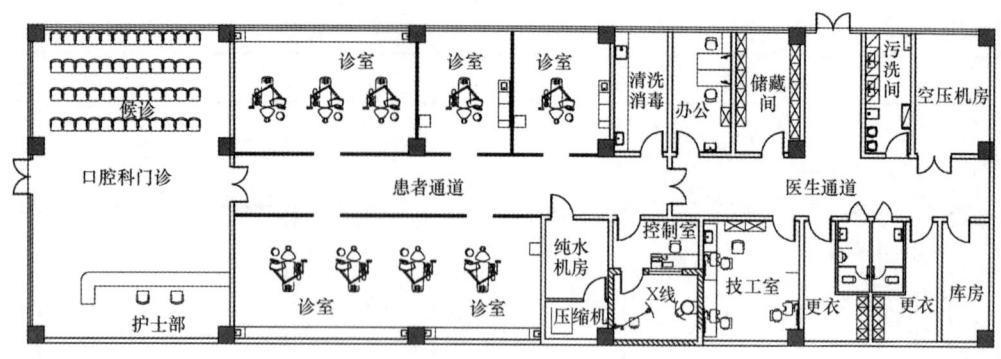

图 15.4.3-2　口腔科门诊平面示例

### 15.4.4　感染疾病门诊

感染疾病门诊用房要求

1. 感染门诊用房将肠道、肝炎、艾滋等门诊与发热门诊分开设置，并应单独设置出入口。

2. 感染门诊平面布局应当划分为清洁区、半污染区、污染区，并设置醒目标识。三区相互无交叉，使用面积应当满足日常诊疗工作及生活需求。其中，病人活动应当限制在污染区，医务人员一般的工作活动宜限制在清洁区；半污染区位于清洁区与污染区之间的过渡地段。

3. 感染门诊应当合理设置清洁通道、污染通道，设置患者专用出入口和医务人员专用通道，合理组织清洁物品和污染物品流线，有效控制院内交叉感染。各出入口、通道应当设有醒目标识，避免误入。

4. 清洁区主要包括医务人员出入口、更衣室、值班休息室、医务人员卫生间、淋浴间、清洁库房等。半污染区位于清洁区与污染区之间，主要包括治疗室、消毒室、留观区的护士站、护理走道等。污染区主要包括患者入口区、分诊、候诊、诊室、隔离观察室、放射检查用房、检验

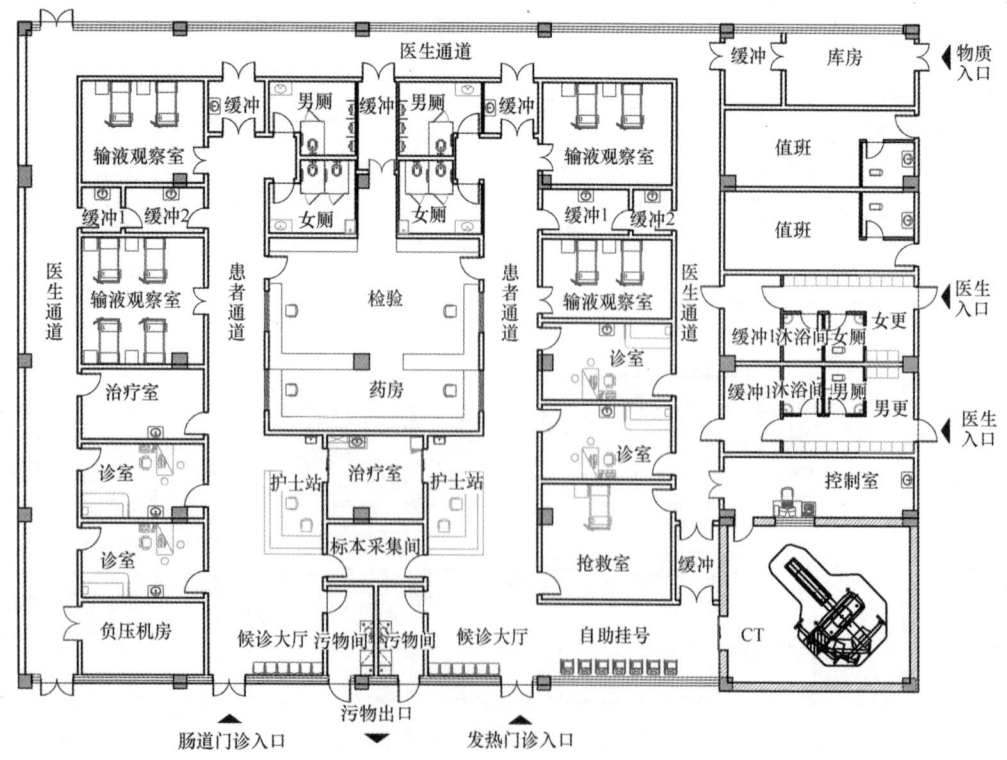

图 15.4.4　感染疾病门诊平面示例

室、处置室、抢救室、污物间、患者卫生间等。

### 15.4.5 生殖医学中心

1. 人工授精的设置与要求

1）人工授精场所或用房一般有：等候区、诊室、检查室、B超室、人工授精实验室、受精室和其他辅助区域，其面积一般不应小于$100m^2$。其中人工授精室和人工授精实验室必须专用，且使用面积不小于$20m^2$。

2）对于同时开展人工授精和体外授精（胚胎移植）的场所，其等候区、诊室、检查室和B超室可以合用而不需要分别单设，利于节省面积。

3）人工授精所在医疗机构或医院，必须同时具备妇科内分泌测定、影像检查、遗传学检查等检查条件。

2. 人工精子库

1）供精者接待或等候区的使用面积至少在$15m^2$以上。

2）取精室两间，每间使用面积在$5m^2$以上，并配有洗手设备。

3）精子库实验室的使用面积在$40m^2$以上。

4）标本储存使用面积在$15m^2$以上。

5）辅助实验室（进行性传播疾病以及一般检查的实验室）使用面积在$20m^2$以上。

3. 体外受精（胚胎移植）场所设置要求

1）体外受精（胚胎移植）场所必须包括：等候区、诊疗室、检查室、取精室、精液处理室、档案资料室、清洗室、缓冲区（包括更衣室）、超声检查室、胚胎培养室、取卵室、体外受精实验室、胚胎移植室以及其他辅助场所。

2）用于生殖医学医疗活动的总使用面积不应小于$260m^2$。

3）体外受精（胚胎移植）场所有洁净要求，建筑和装修材料要求无毒，应避开一切产生不良影响的化学源和放射源。

4）超声室的使用面积不小于$15m^2$。

5）精液处理室应与取精室临近，使用面积不小于$10m^2$。

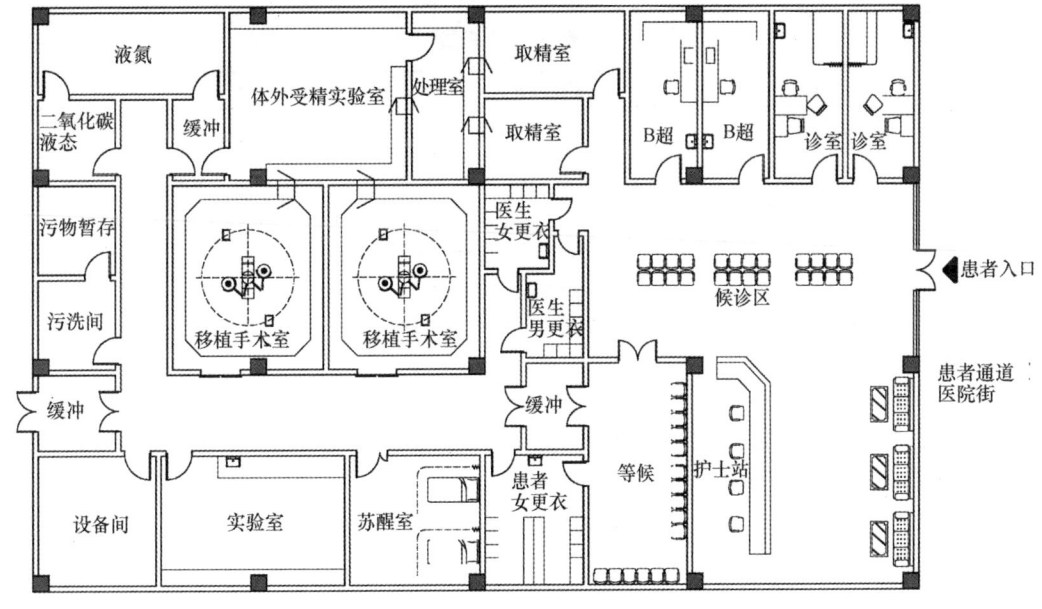

图 15.4.5 生殖医学中心平面示例

6）取卵室的使用面积不小于 25m²。

7）体外受精实验室的使用面积不小于 30m²，并应有缓冲区。

8）胚胎移植室的使用面积不小于 15m²。

# 医 技 部 分

### 15.4.6 手术部

1. 手术部位置和平面布置要求

1）手术部应自成一区，宜与外科护理单元邻近，并宜与相关的急诊，介入治疗科、ICU、病理科、中心（消毒）供应室、血库等路径便捷。

2）手术部不宜设在首层和高层建筑的顶层。

3）平面布置应符合功能流程和洁污分区要求。入口处应设医护人员卫生通过，且换鞋处应采取防止洁污交叉的措施；通往外部的门应采用弹簧门或自动启闭门。

4）洁净手术部平面必须分为洁净区和非洁净区。洁净区与非洁净区之间的联络必须设缓冲室或传递窗。

5）负压手术室和感染手术室在出入口处都应设准备室作为缓冲室。负压手术室应有独立出入口。

6）当人、物用电梯设在洁净区，电梯井与非洁净区相通时，电梯出口处必须设缓冲室。

7）每 2～4 间洁净手术室应单独设 1 间刷手间，刷手间不应设门；当刷手池设在洁净走廊上时，应不影响交通和环境卫生。

8）洁净手术室设备层梁下净高不宜低于 2.2m。

2. 手术部规模

1）手术室间数宜按病床总数每 50 床或外科病床数每 25～30 床设置 1 间。

2）传染病专科医院应设置手术室，手术室间数按照每 100 病床设置 1 间。

3. 手术室详细要求

1）手术室设计要求见表 15.4.6。

手术室设计要求                                                    表 15.4.6

| 手术室类别 | 平面尺寸（m） | 净高（m） | 门宽 | 窗地比 |
|---|---|---|---|---|
| 特大型 | 7.50×5.70 | 2.7～3.0 | 净宽≥1.4m（自动启闭装置） | ≤1/7（应设遮阳措施） |
| 大型 | 5.70×5.40 | | | |
| 中型 | 5.40×4.80 | | | |
| 小型 | 4.80×4.20 | | | |

2）手术室阴角处做斜边长 1000mm 左右的 45°切角，形成不等边的八角形；或者阴角处做 1/4 小圆弧形。

4. 手术室内基本设施设置应符合下列规定：

1）观片灯联数可按手术室大小类型配置，观片灯应设置在手术医生对面墙上。

2）手术台长向宜沿手术室长轴布置，台面中心点宜与手术室地面中心点相对应。头部不宜置于手术室门一侧。

3）应设置医用气体终端装置。

4）应采取防静电措施，不应有明露管线。

5）吊顶及吊挂件应采取固定措施，吊顶上不应开设人孔。

6）手术室内不应设地漏。

手术室设计示例见图 15.4.6-1、图 15.4.6-2。

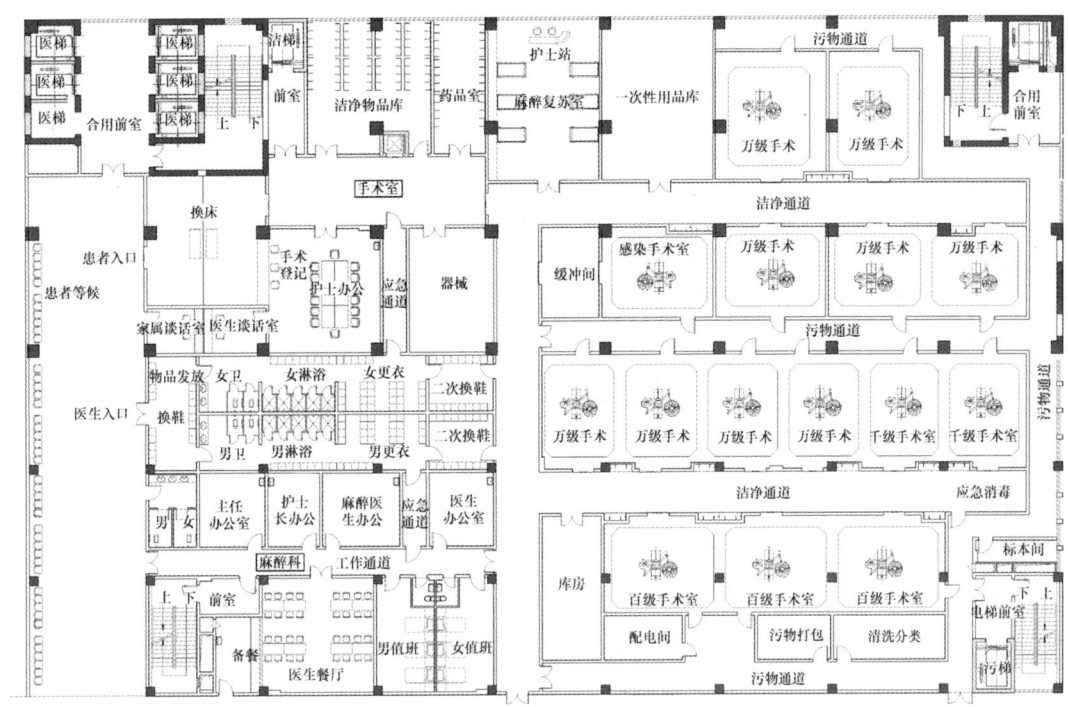

图 15.4.6-1  手术室平面示例

### 15.4.7  放射科

1. 放射科位置

宜在底层设置，并应自成一区，且应与门急诊部、住院部临近布置，并有便捷联系。

2. 平面设置

1）应设放射设备机房（CT 扫描室、透视室、摄片室），控制、暗室、观片、登记存片和候诊等用房。可设诊室、办公、患者更衣等用房。

2）胃肠透视室应设调钡处和专用卫生间。

3）机房内地沟深度、地面标高、层高、出入口、室内环境、机电设施等，应根据医疗设备的安装使用要求确定。

4）照相室最小净尺寸宜为 4.5m×5.4m，透视室最小净尺寸宜为 6m×6m。

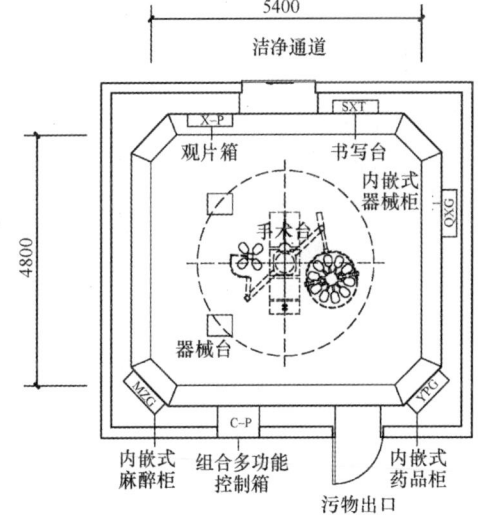

图 15.4.6-2  手术间示例图

5）放射设备机房门的净宽不应小于 1.20m，净高不应小于 2.80m，CT 室的门净宽不应小于 1.20m，控制室门净宽宜为 0.90m。

6）透视室与 CT 室的观察窗净宽不应小于 0.80m，净高不应小于 0.60m。照相室观察窗的净宽不应小于 0.60m，净高不应小于 0.40m。

7）防护设计应符合国家现行有关医用 X 线诊断卫生防护标准的规定。

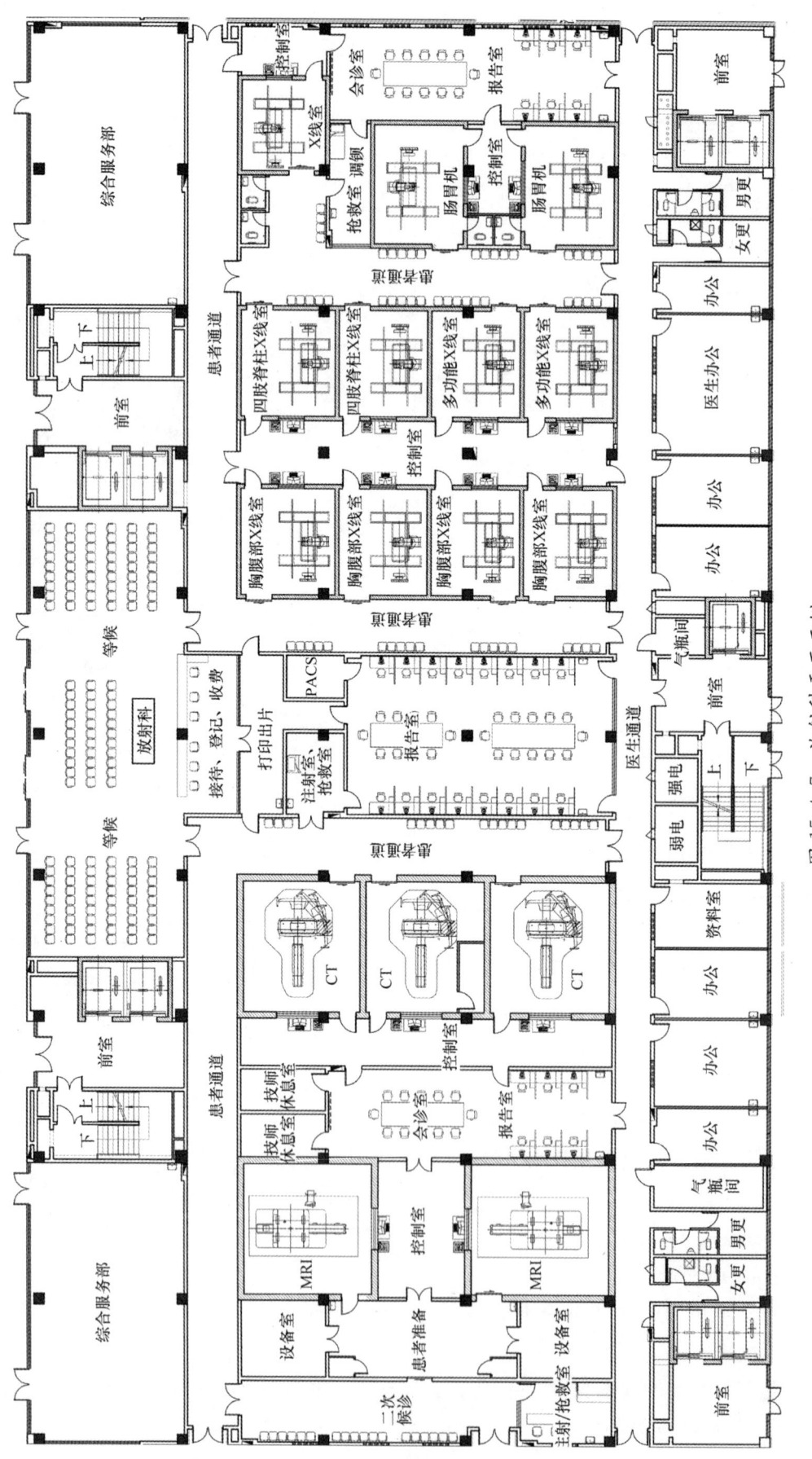

图 15.4.7 放射科平面示例

3. 主要房间设计见表15.4.7。

**放射科主要房间设计**                    表 15.4.7

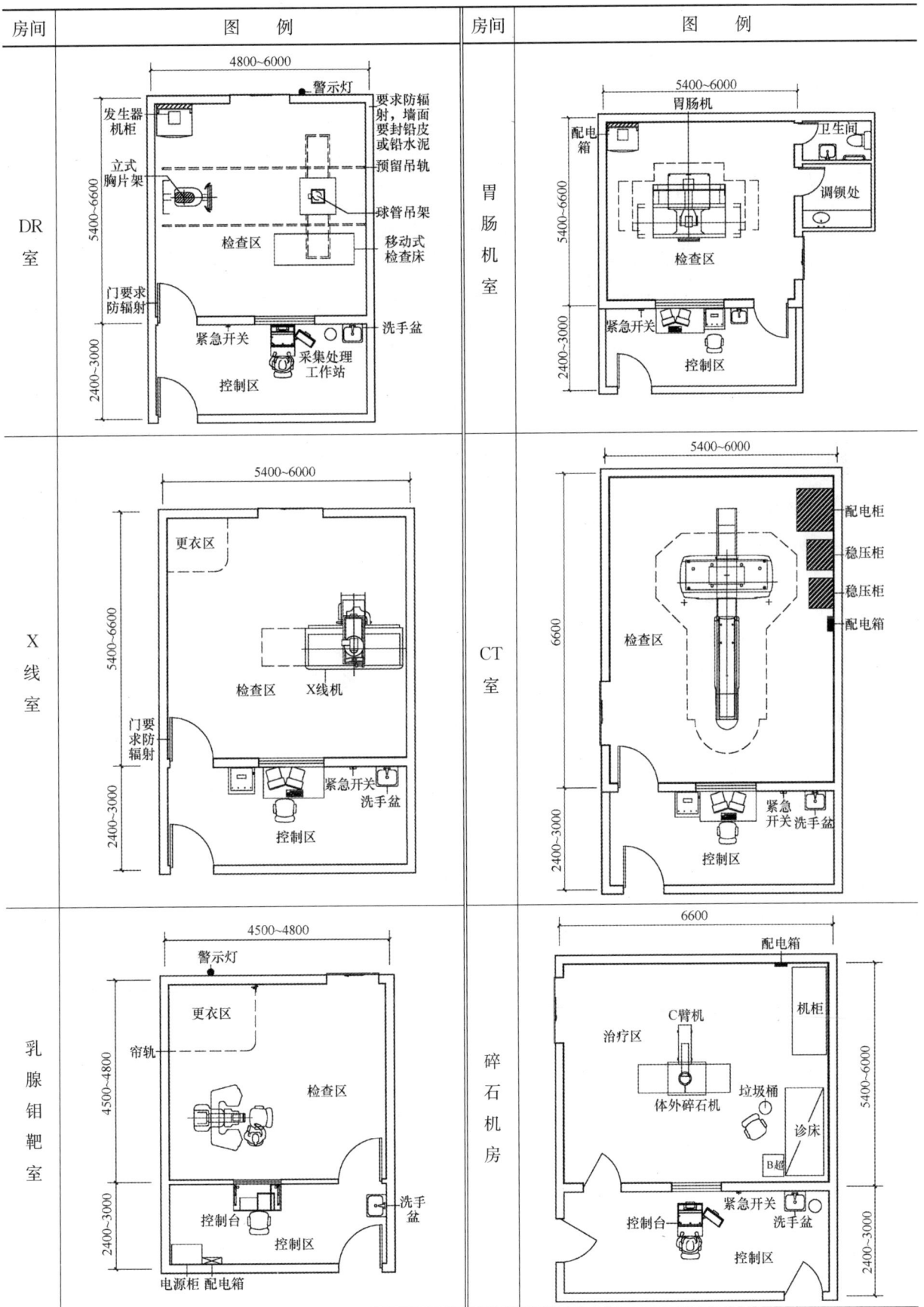

### 15.4.8 磁共振成像 MRI

1. 位置

1）宜自成一区或与放射科组成一区，宜与门诊部、急诊部、住院部临近，并应设置在底层。

2）应避开电磁波和移动磁场的干扰。

2. 平面组成

磁共振成像 MRI 应设检查室、控制室、附属机房（计算机、配电、空调机）等用房，可设诊疗、办公和患者更衣等用房。

3. MRI 机房设计，见表 15.4.8。

MRI 机房设计 表 15.4.8

| 名称 | 设 计 要 点 | 示 例 |
|---|---|---|
| MRI | MRI 检查室一般尺寸为：6.5m×8.4m×4m；<br>门的净宽不应小于 1.20m，控制室门的净宽宜为 0.90m，并应满足设备通过。MRI 检查室的观察窗净宽不应小于 1.20m，净高不应小于 0.80m；<br>MRI 扫描室应设电磁屏蔽、氦气排放和冷却水供应设施。机电管道不应穿越扫描室；<br>磁共振诊断室的墙身、楼地面、门窗、洞口、嵌入体等所采用的材料、构造，均应按设备要求和屏蔽专门规定采取屏蔽措施。机房选址后，确定屏蔽措施前，应测定自然场强 | |
| 控制室 | 邻磁共振室，设有玻璃窗以观察病人动静，观察窗 1600mm×1100mm 距地 800mm，控制室门最小净尺寸 1200mm×2200mm，控制室面积约 15m² 左右 | |

### 15.4.9 放射治疗科

1. 位置

由于设备的重量和屏蔽要求，放射治疗用房宜设在底层，并自成一区，并应符合国家现行有关防护标准的规定，其中治疗机房应集中设置。

2. 房间组成

应设治疗机房（后装机、钴60、直线加速器、γ刀、深部 X 线治疗等）、控制、治疗计划系统、模拟定位、物理计划、模具间、候诊、护理、诊室、医生办公、卫生间、更衣（医患分开设）、污洗和固体废弃物存放等用房。

3. 用房设置要求：

1）接诊区、治疗区、医辅区三个区域应分区设置，相互应设门或缓冲区。

2）控制室必须与治疗机房分离；治疗机房的辅助机械、电气、水冷设备等凡是可以与治疗机房分离的，应尽可能设置于治疗机房外。

3）治疗机房应有足够的使用面积，一般不宜小于 50m²，感应加速器房的面积因分前后室约在 60m² 左右。与治疗机房相连的控制室或其他居留人员或使用较多的用房，应尽可能避开射线可直接照射到的区域。

4）治疗室入口必须设置防护门或迷路，迷路的宽度宜为 2m，转弯处一般不小于 2.1m；防护门必须与加速器联锁。

5）治疗室内噪声不应超过 50dB（A）。

6）钴 60 治疗室、加速器治疗室、γ 刀治疗室及后装机治疗室的出入口应设迷路。防护门和迷路的净宽均应满足设备要求。

7）防护应按国家现行有关后装 γ 源近距离卫生防护标准、γ 远距治疗室设计防护要求、医用电子加速器卫生防护标准、医用 X 线治疗卫生防护标准等的规定设计。

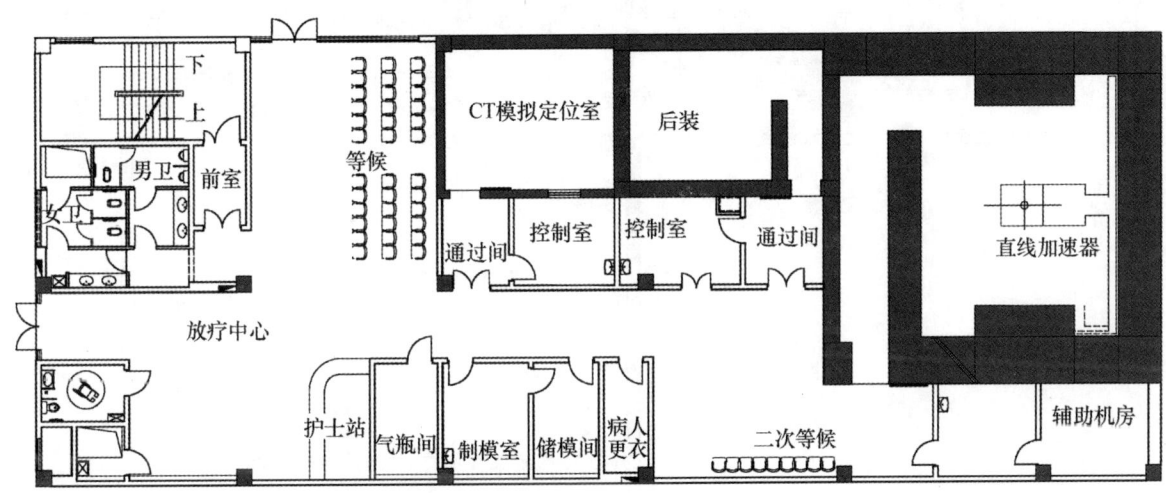

图 15.4.9　放射治疗科平面示例

### 15.4.10　核医学

1. 位置及要求

核医学科宜在建筑物的一端或一层，与非放射性科室相对隔离，有单独出、入口，远离产科、儿科、营养科等部门。

控制区应设于尽端，并应有贮运放射性物质及处理放射性废弃物的设施。非限制区进监督区和控制区的出入口处均应设卫生通过。

2. 用房组成

按平面布置应按"控制区、监督区、非限制区"的顺序分区布置：

1）非限制区：设候诊、诊室、医生办公和卫生间等用房。

2）监督区：设扫描、功能测定和运动负荷试验等用房，以及专用等候区和卫生间。

3）控制区：设计量、服药、注射、试剂配制、卫生通过、储源、分装、标记和洗涤等用房。

3. 核医学用房应按国家现行有关临床核医学卫生防护标准的规定设计。

4. 固体废弃物、废水应按国家现行有关医用放射性废弃物管理卫生防护标准的规定处理后排放。

5. 防护应按国家现行有关临床核医学卫生防护标准的规定设计。

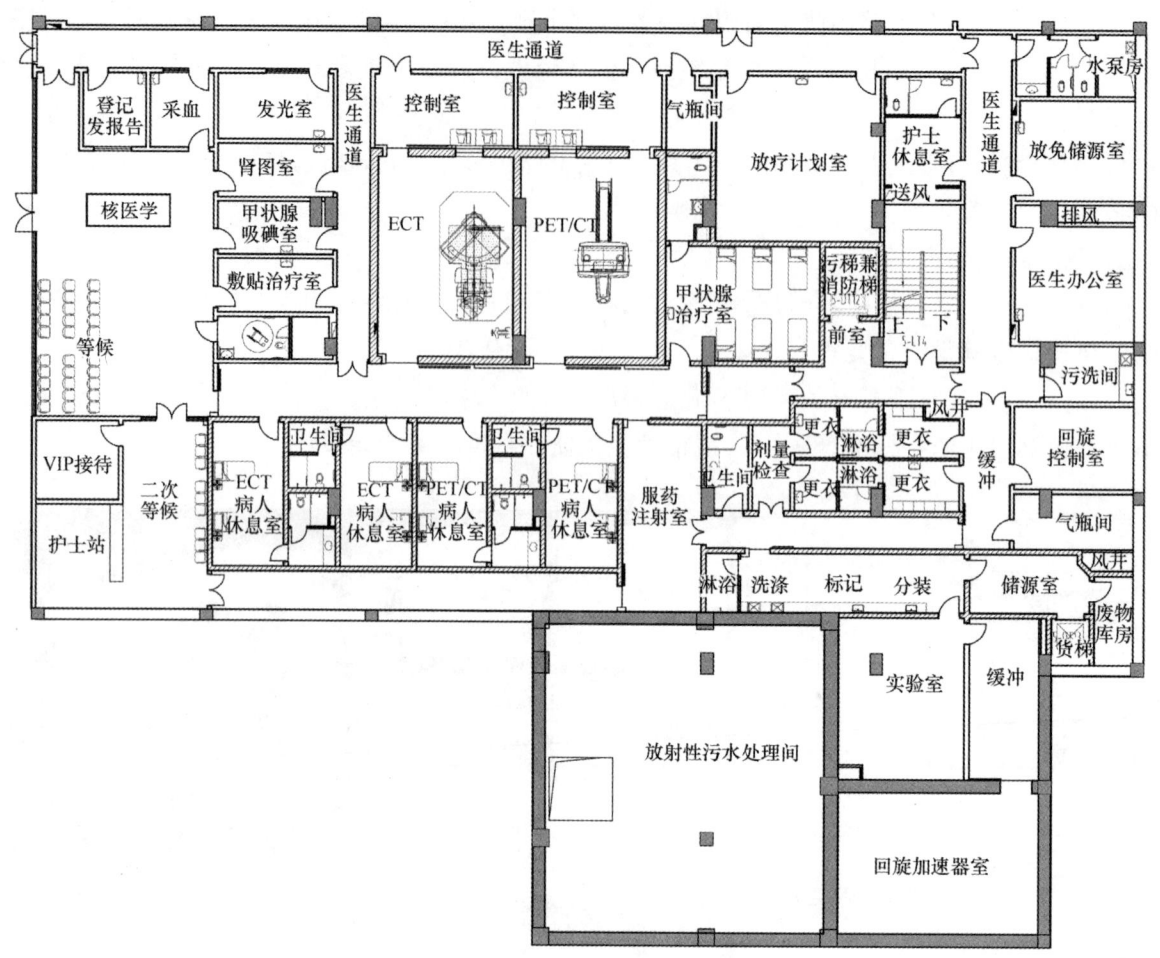

图 15.4.10 核医学平面示例

## 15.4.11 介入治疗

1. 介入治疗用房位置与平面布置要求

1）宜自成一区，或与放射科组成一区，且宜与急诊部、手术部、心血管监护病房有便捷联系。

2）洁净区、非洁净区应分设。

2. 用房设置应要求

1）应设心血管造影机房、控制、机械间、洗手准备、无菌物品、治疗、更衣和卫生间等用房。

2）可设置办公、会诊、值班、护理和资料室等用房。

3. 介入治疗用房应满足医疗设备安装、室内环境的要求。

4. 防护应根据设备要求，按现行国家有关医用 X 线诊断卫生防护标准的规定设计。

介入治疗设计示例见图 15.4.11-1、图 15.4.11-2。

## 15.4.12 检验科

1. 检验科位置

1）避免与其他科室交叉、混杂，应自成一区，独立系统，封闭隔离。

2）应设置在住院与门诊之间，离门诊内科和急诊较近的位置，便于为门诊与住院双向服务。

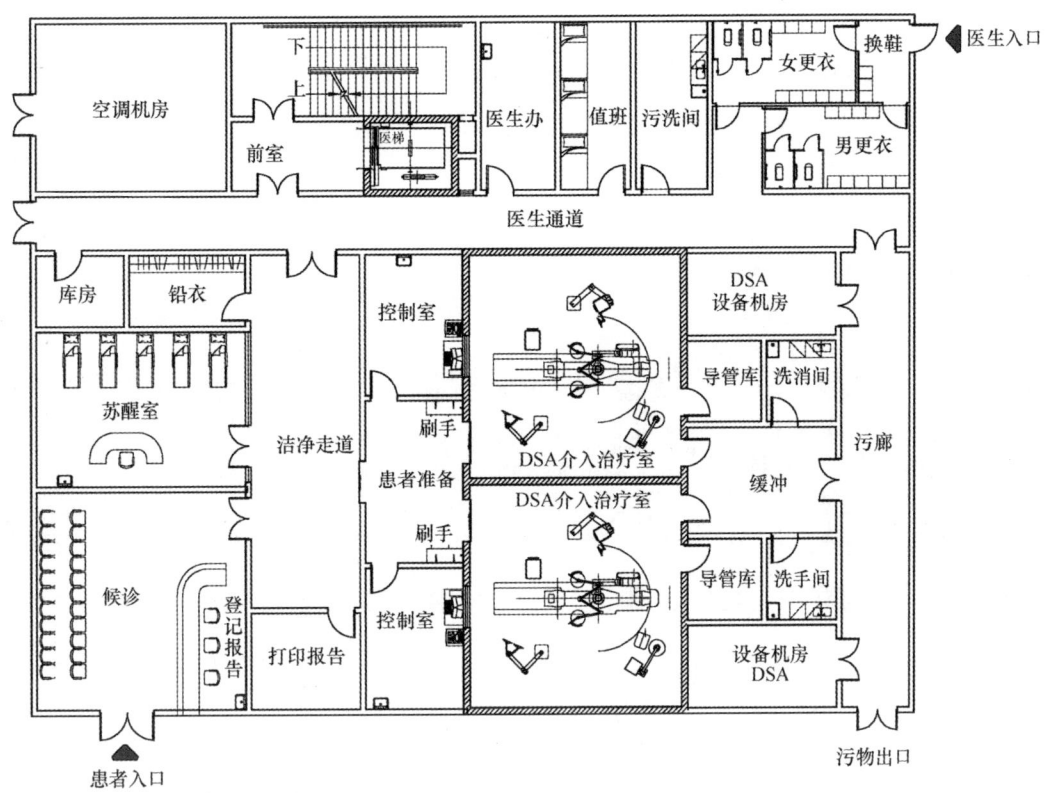

图 15.4.11-1 介入治疗平面示例

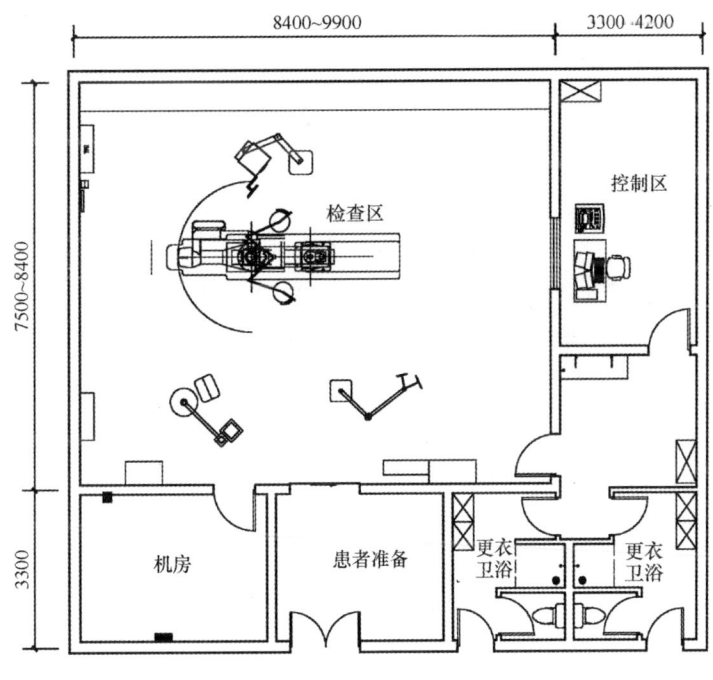

图 15.4.11-2 DSA 室示例

**2. 平面设计**

1) 检验科应设临床检验、生化检验、微生物检验、血液实验、细胞检查、血清免疫、洗涤、试剂和材料库等用房。可设更衣、值班和办公等用房。微生物学检验应与其他检验分区布置。微生物学检验室应设于检验科的尽端。

2) 检验科应设通风柜、仪器室、试剂室、防振天平台，并应有贮藏贵重药物和剧毒药品的设施。

3）细菌检验的接种室与培养室之间应设传递窗。

4）检验科应设洗涤设施，细菌检验应设专用洗涤、消毒设施，每个检验室应装有非手动开关的洗涤池。检验标本应设废弃消毒处理设施。

5）危险化学试剂附近应设有紧急洗眼处和淋浴。

6）实验室工作台间通道宽度不应小于1.20m。

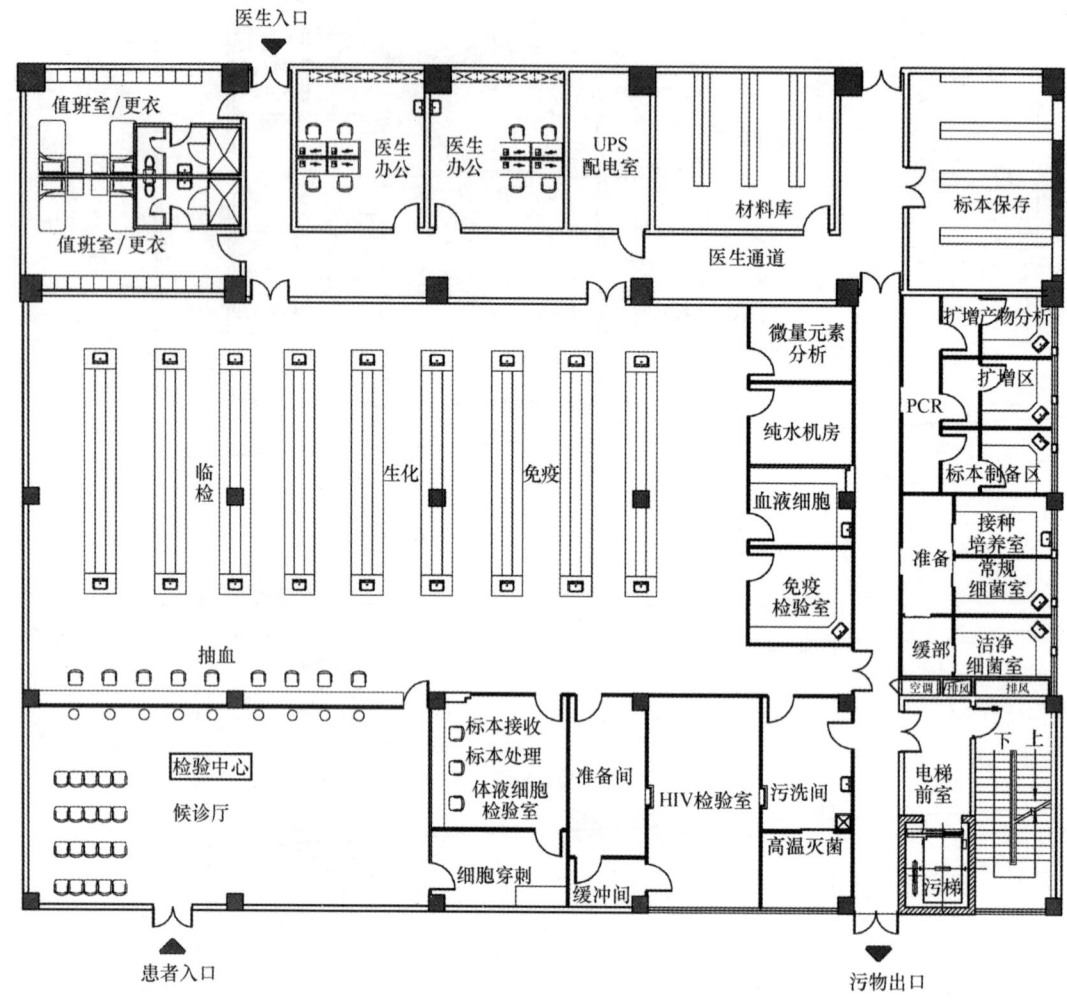

图15.4.12　检验科平面示例

### 15.4.13　病理科

1. 位置及平面布置要求

1）病理科用房应自成一区，宜与手术部有便捷联系。

2）病理解剖室宜和太平间合建，与停尸房宜有内门相通，并应设工作人员更衣及淋浴设施。

2. 用房设置要求

1）应设置取材、标本处理（脱水、染色、蜡包埋、切片）、制片、镜检、洗涤消毒和卫生通过等用房。

2）可设置病理解剖和标本库用房。

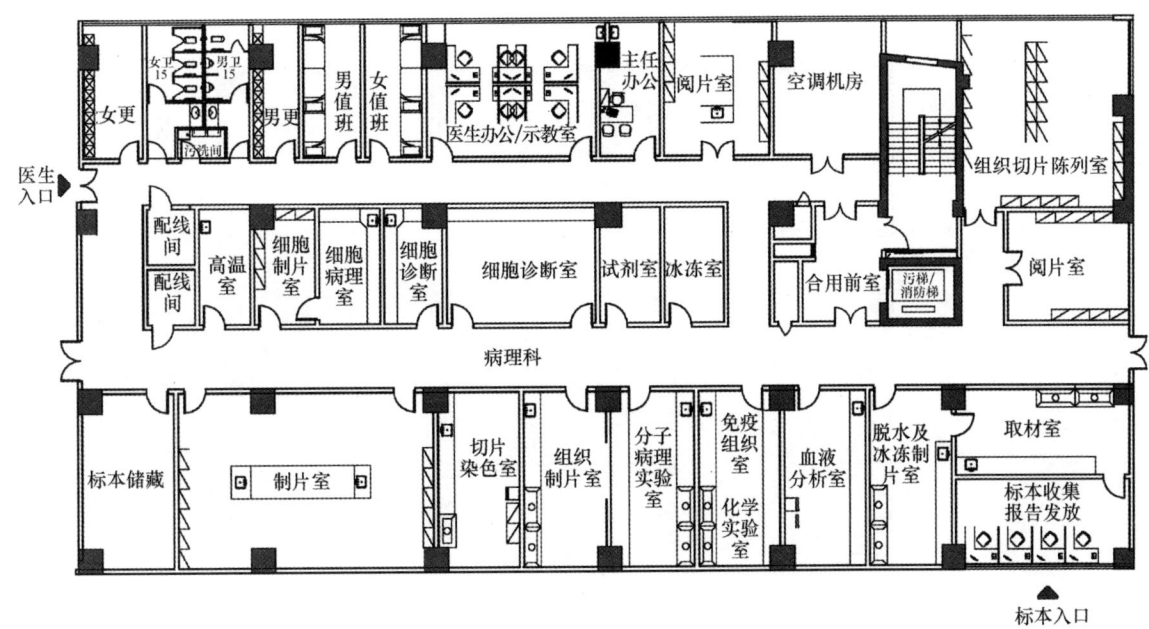

图 15.4.13　病理科平面示例

### 15.4.14　功能检查

1. 功能检查组成

主要功能用房由各种检查室（肺功能、脑电图、肌电图、脑血流、心电图、超声等）组成，相配套还有接待室、医生办公室、会议室、护士站、治疗室、处置室等，根据需要还可配备医护人员休息室、值班室、更衣室（患者更衣、医生更衣）、卫生间（患者卫生间、医生卫生间）等。

（注：超声因使用量较大，现多单独设置超声科，超声科自成一个医技检查单元，布局与功能检查无异）

2. 位置与平面布置应符合下列要求

1）功能检查应自成一区，应与门诊、急诊、住院相近或有便捷联系通道。

2）宜将超声、电生理、肺功能各布置成相对独立的区域。

3）检查床之间的净距不应小于1.50m，宜有隔断设施。

4）心脏运动负荷检查室应设氧气终端。

功能检查设计示例见图15.4.14-1、图15.4.14-2。

### 15.4.15　内窥镜科

1. 内窥镜包括：胃镜、十二指肠镜、小肠镜、腹腔镜、纤维支气管镜、胸腔镜、膀胱镜、阴道镜等。

2. 镜科用房位置与平面布置要求

1）内窥镜中心应成一区，应与门诊部有便捷联系。

2）检查室宜分别设置，上、下消化道检查室应分开设置。

3）宜与手术部有快捷通道连接。

3. 设置应符合下列要求：

1）应设内窥镜（上消化道内窥镜、下消化道内窥镜、支气管镜、胆道镜等）检查，准备，处置，等候，休息，卫生间，患者、医护人员更衣等用房。下消化道检查应设置卫生间、灌

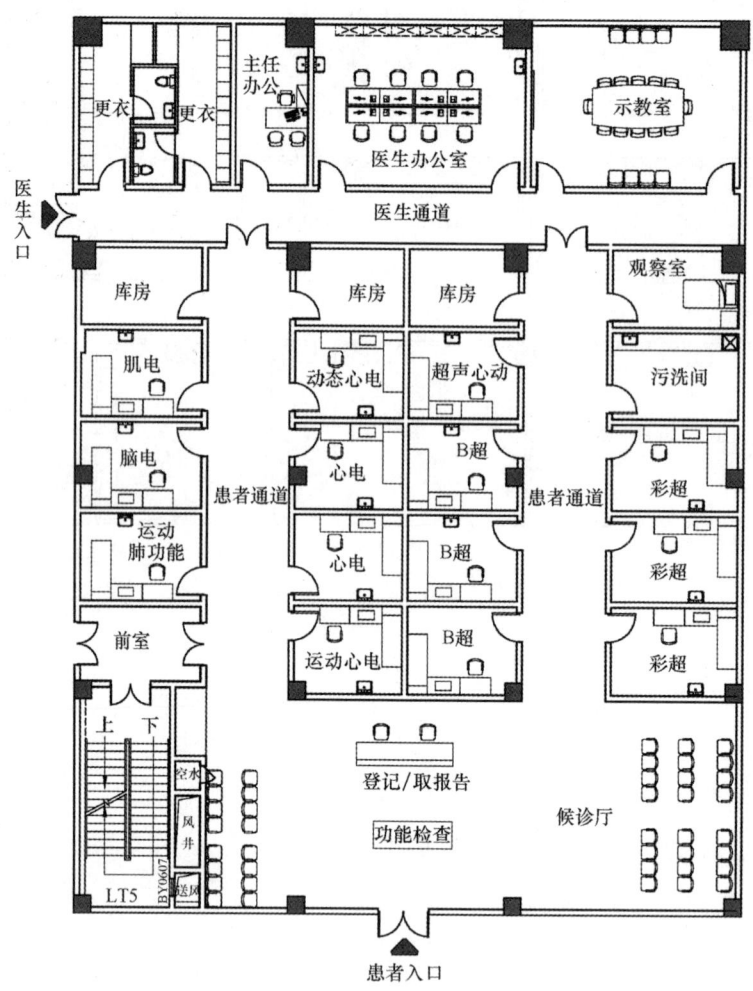

图 15.4.14-1　功能检查平面示例

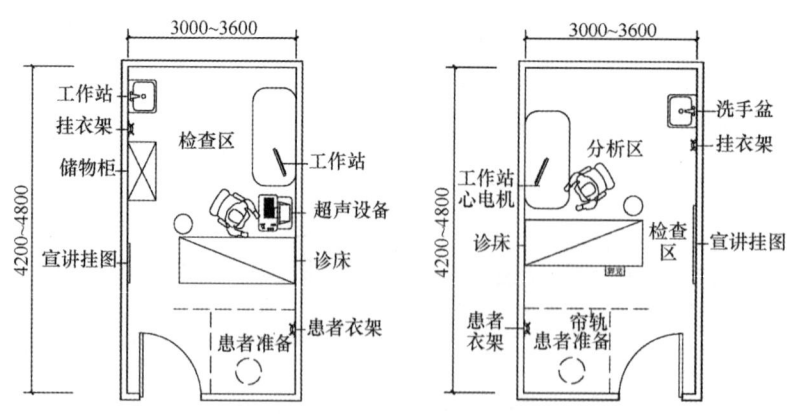

图 15.4.14-2　超声检查室、心电图检查室

肠室。

2）检查室应设置固定于墙上的观片灯，宜配置医疗气体系统终端。

3）镜科区域内应设置内镜洗涤消毒设施，且上、下消化道镜应分别设置。

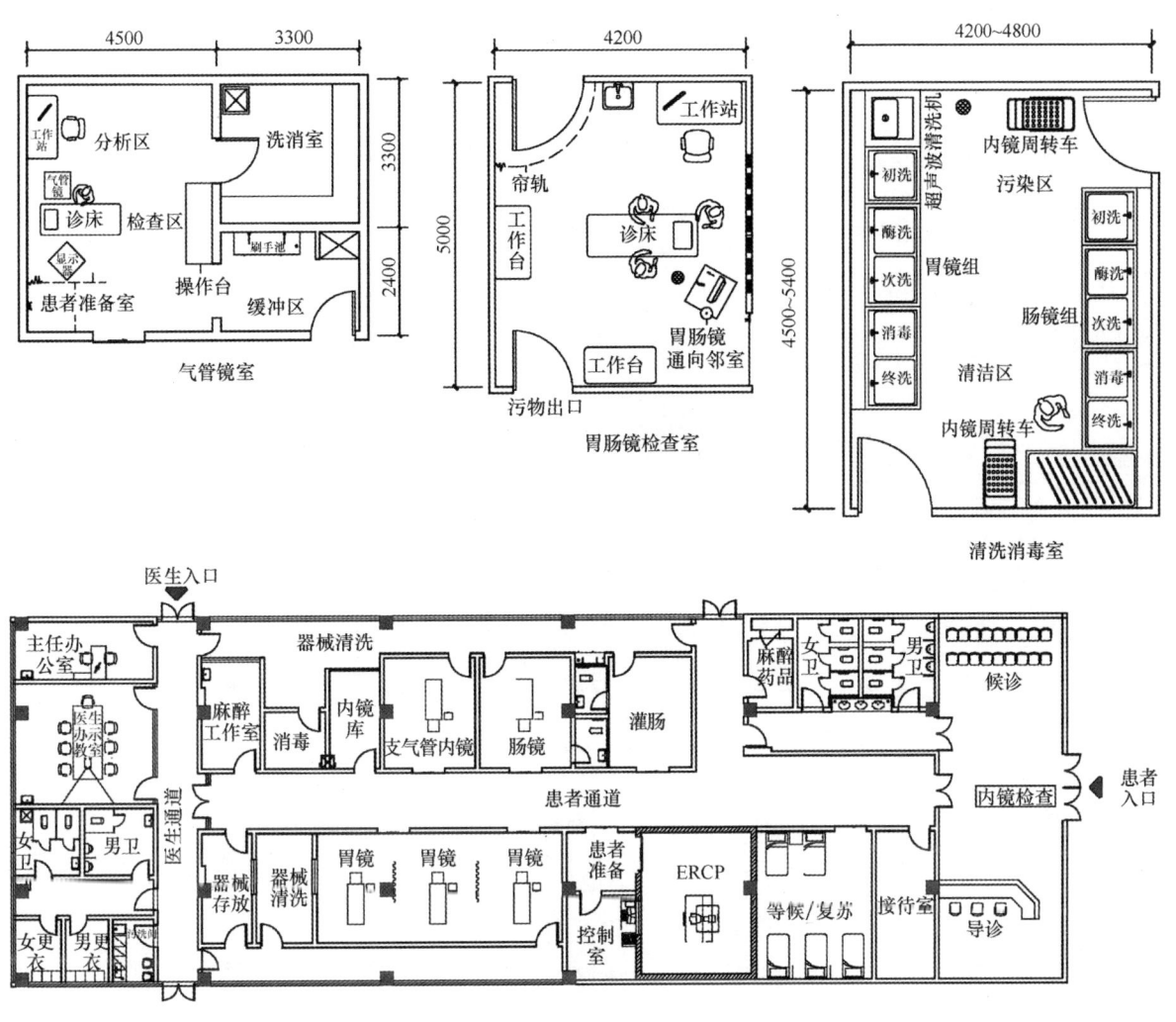

图 15.4.15　内窥镜中心平面示例

### 15.4.16　血液透析中心

1. 位置、单元组成

1) 需自成一区，可设于门诊部，也可设于住院部。

2) 三级医院至少配备 10 台血液透析机，其他医疗机构至少配备 5 台血液透析机。

3) 每个单元由一台血液透析机和一张透析床（椅）组成，使用面积不少于 3.2m²；单元间距应能满足医疗救治及医院感染控制的需要。

4) 血液透析治疗区应有完整配套的护士站，护士站位置应能观察到所有患者及治疗设备。

2. 血液透析中心的分区及要求

血液透析室（中心）应划分出表 15.4.16 中三大区域：

血液透析室（中心）区域划分　　　　　　　　　　　　　　　　　　　　　表 15.4.16

| 污染区 | 透析治疗间 | 1. 透析治疗间：应具备空气消毒装置、空调等。要保证室内光线充足。保持安静，空气清新，做到良好的通风或设新风装置，必要时应当使用换气扇。透析治疗间地面应使用防酸材料并设地漏；应达到《医院消毒卫生标准》（GB 15982—2012）中规定的Ⅲ类环境<br>2. 一台透析机与一张床（或椅）称为一个透析单元。透析单元间距计算不能小于 0.8m。实际占用面积不小于 3.2m²<br>3. 护士站：应设在便于观察和处理病情及设备运营的地方 |
| --- | --- | --- |

续表

| | | |
|---|---|---|
| 污染区 | 隔离透析治疗间 | 应达到《医院消毒卫生标准》（GB 15982—2012）中规定的Ⅲ类环境 |
| | 污物/废弃物/洁具<br>储存清洗间 | 要保证房间的通风和干燥并做到各类物品分区存放、分区清洗 |
| | 透析器复用冲洗间 | 复用冲洗间要求通风，有反渗水供水接口和复用机，以及存放复用透析器的冷藏柜 |
| 半污染区 | 1. 应设水处理间、配液供液间、治疗室、小储物室、技师办公室、检验室、病人更衣室、病人卫生间、接诊区和病人家属休息室<br>2. 水处理间面积应为水处理装置占地面积的 1.5 倍以上，有良好的隔声和通风条件；水处理设备应避免阳光直射，放置处应有水槽 | |
| 非污染区 | 应设医务人员办公室、储藏室、病历资料室、会议室/教室、医务人员休息用餐室、医务人员更衣室、医务人员卫生间和浴室等 | |

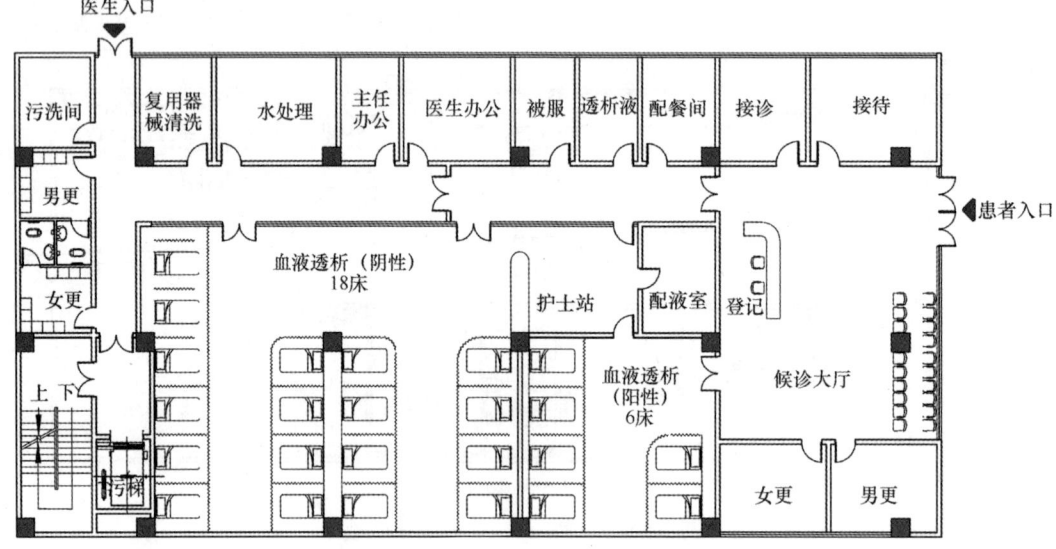

图 15.4.16　血液透析平面示例图

### 15.4.17　理疗科

1. 理疗科用房位置与平面布置要求

1）理疗科可设在门诊部或住院部，应自成一区。

2）理疗科中的治疗一般是和中医结合，包括：针灸、拔罐、牵引、按摩、电疗（低频和热透等），相对医院设施条件好的，还有磁疗法、光疗法，等等。

2. 理疗科各种疗法设置要求

1）电气疗法见表 15.4.17。

电气疗法设置要求　　　　　　　　　　表 15.4.17

| | |
|---|---|
| 超高频 | 为避免治疗时的磁场干扰及串联，床中距不应小于 3m |
| 高频 | 床中距距工作人员应不少于 2m，床与床之间要设置隔帘。每一疗机应单设开关闸，每一室内需另设总开关闸 |
| 低频 | 低频有平流感应电、周波刺激器、水电疗，另有直流电等 |
| 静电 | 应独立设置房间，机房在 3m 之内不准有金属物。室内严禁各种金属管线穿越，宜防潮。室内要求有良好采光通风 |
| 电睡眠疗法 | 布置单床、多床。室内要求暗、安静、隔声。每床有隔断墙，以避免病人互相干扰 |

2）光学疗法

光疗紫外线因散发臭氧，有臭味，应单独设置房间；其他床中距1.5～2m，中设挂帘。

3）水治疗法

水疗一般有盆浴、药盆浴，气体浴、淋浴、直喷浴（枪浴）、蒸汽浴等。应设更衣休息室。水疗室、盆浴、药盆浴可放在一起，隔断中距1.8～2m。

4）蜡疗法

室内要求通风良好。治疗床排列间距1.5～2m，中设挂帘。蜡疗室除床外，还需另设若干座位，以便坐敷。蜡疗室需设制蜡、熔蜡、储蜡、准备间，大小根据人数决定。

5）泥疗法

除泥疗室外，还需考虑调泥、制泥和储泥室、淋浴室，调泥室应跟泥疗室放在一起。泥疗室设治疗床，床中距1.5～2m，设挂帘。

6）机械疗法

一般在较大型医院内设置，供神经内科或外科骨科病人恢复锻炼之用。

其位置应以住院病人便利为主。适当注意噪声对病房影响，宜放在底层或者顶层。房间大小视器材设备设置而定，高度不应小于4m。

7）传统疗法

中医按摩气功针灸疗床600mm×2000mm，床四周有空余地，以便按摩人员能从各个位置按摩。采光通风宜良好。

### 15.4.18　药剂科

1. 药剂科位置与平面布置要求

1）门诊、急诊药房与住院部药房应分别设置；

2）药库和中药煎药处均应单独设置房间；

3）门诊、急诊药房宜分别设中、西药房；

4）儿科和各传染病科门诊宜设单独发药处。

2. 药剂科用房设置要求

1）门诊药房应设发药、调剂、药库、办公、值班和更衣等用房。

2）住院药房应设摆药、药库、发药、办公、值班和更衣等用房。

3）中药房应设置中成药库、中草药库和煎药室。

4）可设一级药品库、办公、值班和卫生间等用房。

5）发药窗口的中距不应小于1.20m。

6）剧毒药、麻醉药、限量药的库房，以及易燃、易爆药物的贮藏处，应有安全设施。

门诊药房平面示例见图15.4.18-1。

3. 静脉配置中心

1）位置

（1）静脉配置中心要远离各种污染源。周围的地面、路面、植被等不应对配置过程造成污染。洁净区采风口应设在无污染的相对高处。

（2）静脉配置需要考虑物流运输及人流的便捷。

2）用房组成

设二级仓库、排药准备区、审方打印区、洗衣洁具区、缓冲更衣区、配置区、成品核对区等

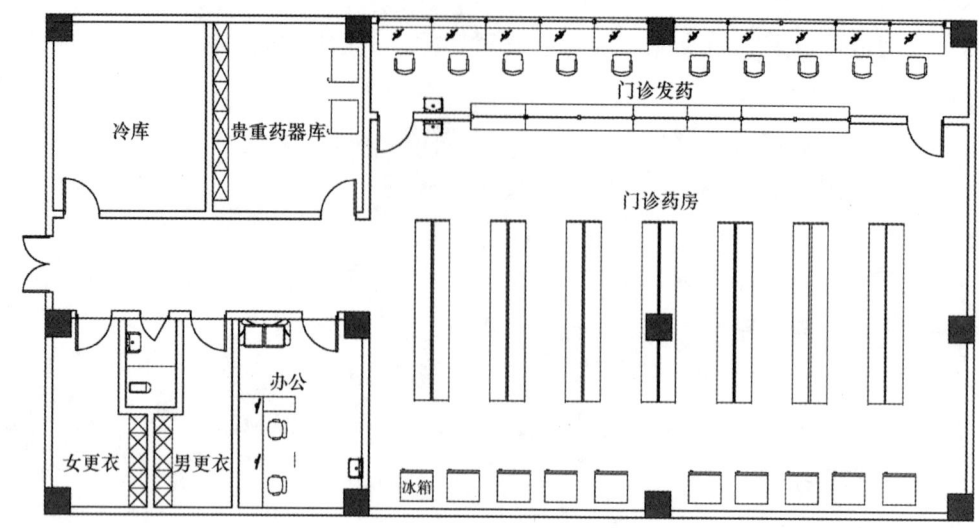

图 15.4.18-1 门诊药房平面示例

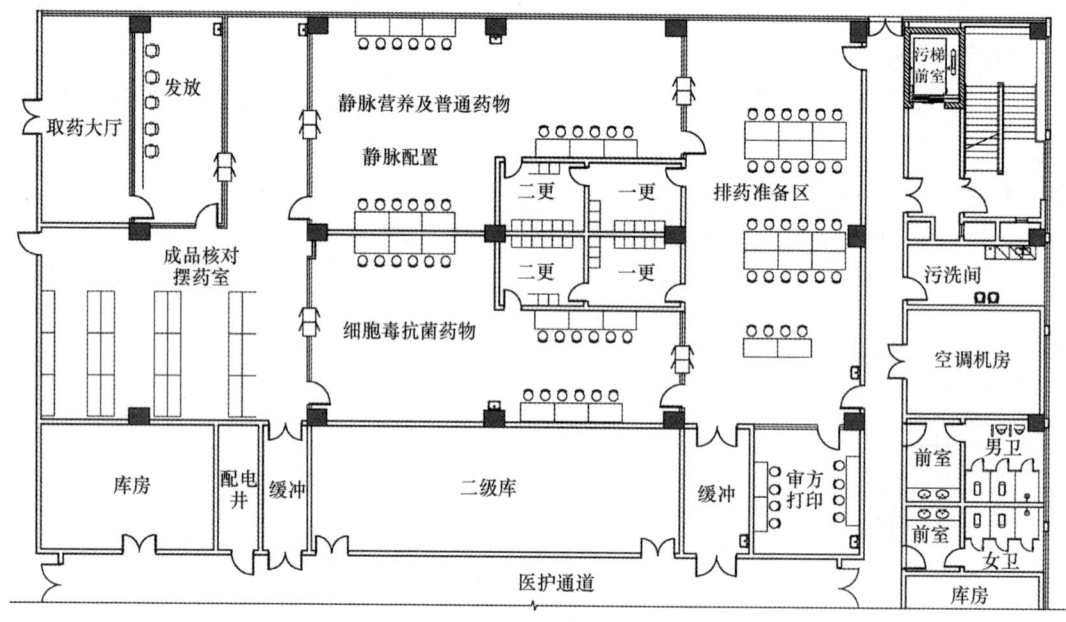

图 15.4.18-2 静脉配置中心平面示例

工作区域。同时在面积充足的情况下应设有其他辅助工作区域如普通更衣区、普通清洗区、耗材存放区、冷藏区、推车存放区、休息区、会议区等。全区域设计应布局合理，工作流程保证顺畅。

3）设计要求

（1）中心内各工作间应按静脉输液配置程序和空气洁净度级别要求合理布局。不同洁净度等级的洁净区之间的人员和物流出入应有防止交叉污染的措施。

（2）各区域的洁净级别有以下要求：一更、洗衣洁具间为十万级，二更、配置间为万级，操作台局部为百级。洁净区应维持一定的正压，并送入一定比例的新风。配置抗生素类药物、危害药物的洁净区相对于其相邻的二更应呈负压（5～10Pa）。

（3）中心内洁净区的窗户，技术夹层及进入室内的管道、风口、灯具与墙壁或顶棚的连接部位均应密封。应避免出现不易清洁的部位。

（4）应设药品库房，并有通风、防潮、调温设施；应设专门的外包装拆启场所（区域）。

（5）中心内应有防止污染、昆虫和其他动物进入的有效设施。

（6）应遵循有关规范设计要求，如《广东省医疗机构静脉药物配置中心质量管理规范》。

静脉配置中心平面示例见图 15.4.18-2。

**15.4.19　中心消毒供应**

1. 位置设置

1）自成一区，宜与手术部、重症监护和介入治疗等功能用房区域有便捷联系。

2）应按照污染区、清洁区、无菌区三区布置，并应按单向流程布置，工作人员辅助用房应自成一区。

2. 面积

一般综合医院中心消毒供应部的建筑面积可按每床 $0.7\sim1.0\mathrm{m}^2$ 作为计算参考值。

3. 组成及要求

中心供应应严格按照污染区、清洁区、无菌区各自分隔，由污到洁单向运行的程序进行布置；进入污染区、清洁区和无菌区的人员均应卫生通过。

污染区：回收重复使用的污染物品、器械、推车等都必须在这一区域进行清洗、浸泡、消毒处理。该区内设收件口，另一端则与双门式自动清洗机的进口相连。

清洁区：经浸泡清洗消毒后的器物由自动清洗机的出口取出后在该区进行分类检查包装。进入清洁区的工作人员必须经过更衣换鞋等卫生通过程序。清洁区的另一端与双门式高压灭菌柜的入口端相连。

无菌区：经灭菌柜处理出炉的各种无菌器械、敷料包在这一区域内接受保存及发放。该区一端接双门式高压灭菌柜的出口端，另一端布置专设的发放窗口。发放窗口与收件窗口应各在一区有所隔离。无菌区的工作人员必须经过更衣换鞋等卫生通过程序。

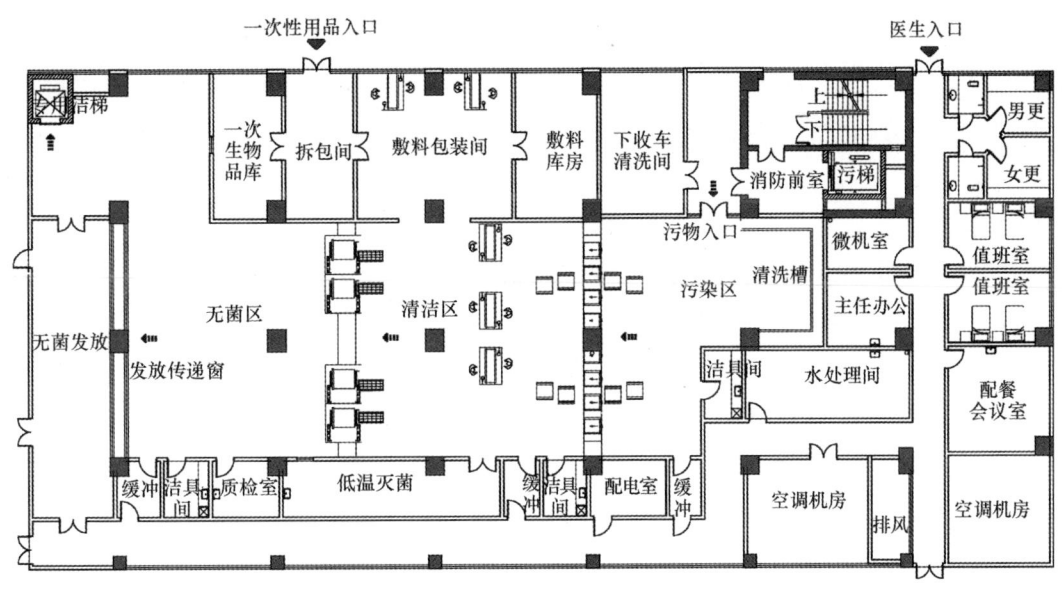

图 15.4.19　消毒供应中心平面示例

### 15.4.20 输血科

500床以上大型综合医院都应建立血库；中小型医院也应设血库，负责血液的保存管理，配血则由检验科负责。

1. 输血科（血库）用房位置与平面布置应符合下列规定：

1）宜自成一区，并宜邻近手术部。

2）贮血与配血室应分别设置。

2. 输血科应设置配血、贮血、发血、清洗、消毒、更衣、卫生间等用房。

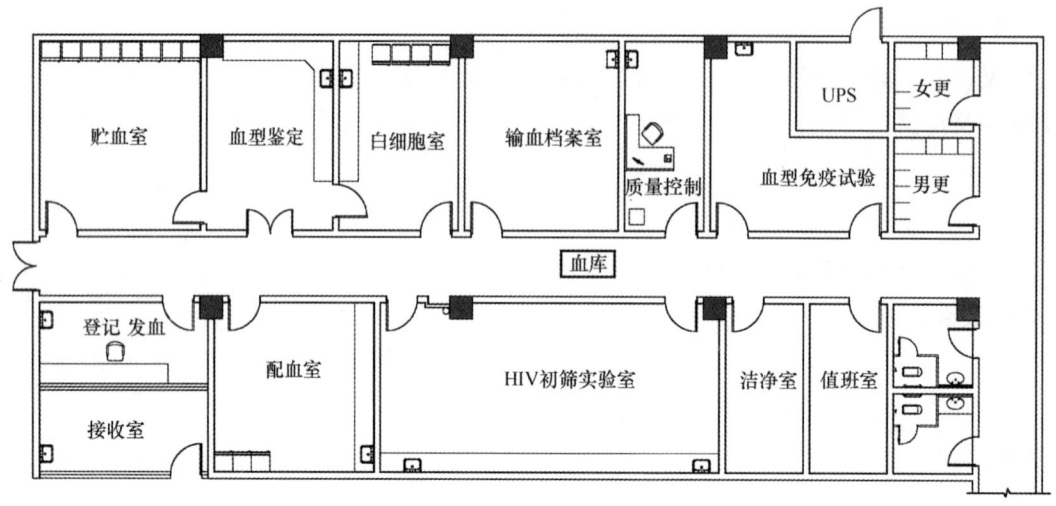

图15.4.20 输血科平面示例

# 住 院 部 分

### 15.4.21 住院部

1. 位置选择

住院部应自成一区，应设置单独或共用出入口，并应设在医院环境安静、交通方便处，与医技部、手术部和急诊部应有便捷的联系，同时应靠近医院的能源中心、营养厨房、洗衣房等辅助设施。

2. 住院部组成

1）住院部主要是由各科病房、出入院处、住院药房组成。各科病房则由若干护理单元组成。护理单元则是由一套配备完整的人员（医生、护士、护工）、若干病人床位、相关诊疗设施以及配属的医疗、生活、管理、交通用房等组成的基本护理单位，具有使用上的独立性。

2）每个护理单元规模宜设40～50张病床，专科病房或因教学科研需要可根据具体情况确定。

3. 护理单元组成及细部设计

标准护理单元应设病房、抢救、患者和医护人员卫生间、盥洗、浴室、护士站、医生办公、处置、治疗、更衣值班、配餐、库房、污洗等用房；可设患者就餐、活动、换药、患者家属谈话、探视、示教等用房。

各房间设计要求见表 15.4.21，标准护理单元及双人病房示例见图 15.4.21-1～图 15.4.21-3。

**住院部各类房间设计要求**　　　　　　　　　　表 **15.4.21**

| 房间名称 | 设计要求 |
|---|---|
| 病房 | 1. 病床的排列应平行于采光窗墙面。单排不宜超过 3 床，双排不宜超过 6 床<br>2. 平行二床的净距不应小于 0.80m，靠墙病床床沿与墙面的净距不应小于 0.60m<br>3. 单排病床通道净宽不应小于 1.10m，双排病床（床端）通道净宽不应小于 1.40m<br>4. 病房门应直接开向走道<br>5. 病房门净宽不应小于 1.10m，门扇宜设观察窗<br>6. 病房走道两侧墙面应设置靠墙扶手及防撞设施；<br>7. 病房不应设置开敞式垃圾井道<br>8. 病房室内（顶棚）净高不应低于 2.80m<br>9. 病房（顶棚）应采用快速反应消防喷头<br>10. 病房照明宜采用间接型灯具或反射式照明。床头宜设置局部照明，一床一灯，床头控制 |
| 病房卫生间 | 1. 病房厕所宜设置于每间病房内<br>2. 病人使用的厕所隔间的平面尺寸，不应小于 1.10m×1.40m，门朝外开，门闩应能里外开启<br>3. 病房内的浴厕面积和卫生洁具的数量，根据使用要求确定。并应有紧急呼叫设施和输液吊钩<br>4. 病人使用的坐式大便器的坐圈宜采用"马蹄式"，蹲式大便器宜采用"下卧式"，或有消毒功能的大便器；大便器旁应装置"助力拉手" |
| 护士站 | 护士站宜以开敞空间与护理单元走道连通，并应与治疗室以门相连，护士站宜通视护理单元走廊，到最远病房门口的距离不宜超过 30m。抢救室宜靠近护士站 |
| 患者活动室 | 患者活动室宜与阳台或庭院相连，室内设施应兼顾轮椅病人出入方便 |
| 其他辅助用房 | 1. 当卫生间设于病房内时，宜在护理单元内单独设置探视人员卫生间<br>2. 当护理单元集中设置卫生间时，男女患者比例宜为 1∶1，男卫生间每 16 床应设 1 个大便器和 1 个小便器。女卫生间每 16 床应设 3 个大便器<br>3. 医护人员卫生间应单独设置<br>4. 设置集中盥洗室和浴室的护理单元，盥洗水龙头和淋浴器每 12～15 床应各设 1 个，且每个护理单元应不少于各 2 个。盥洗室和淋浴室应设前室<br>5. 附设于病房内的浴室、卫生间面积和卫生洁具的数量，应根据使用要求确定，并应设紧急呼叫设施和输液吊钩<br>6. 污洗室应邻近污物出口处，并应设倒便设施和便盆、痰杯的洗涤消毒设施 |

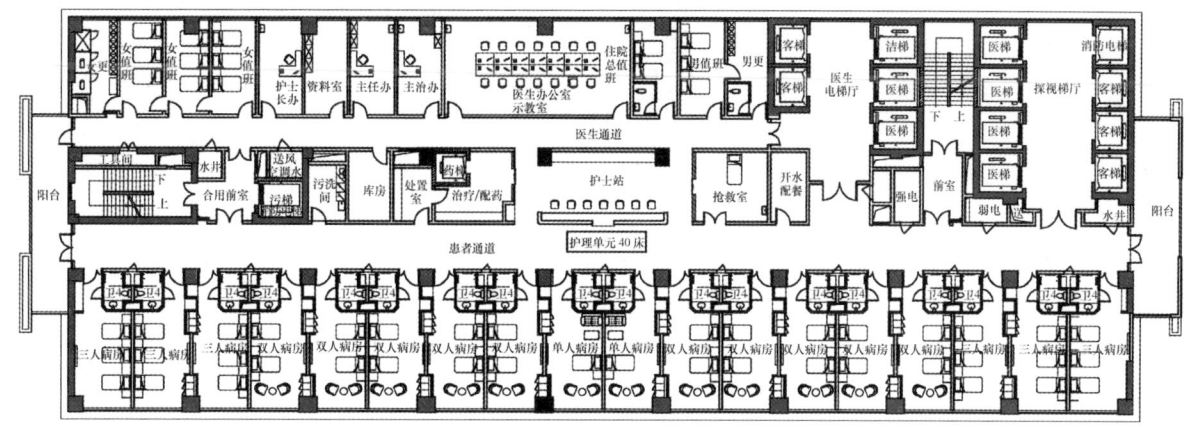

图 15.4.21-1　标准护理单元示例

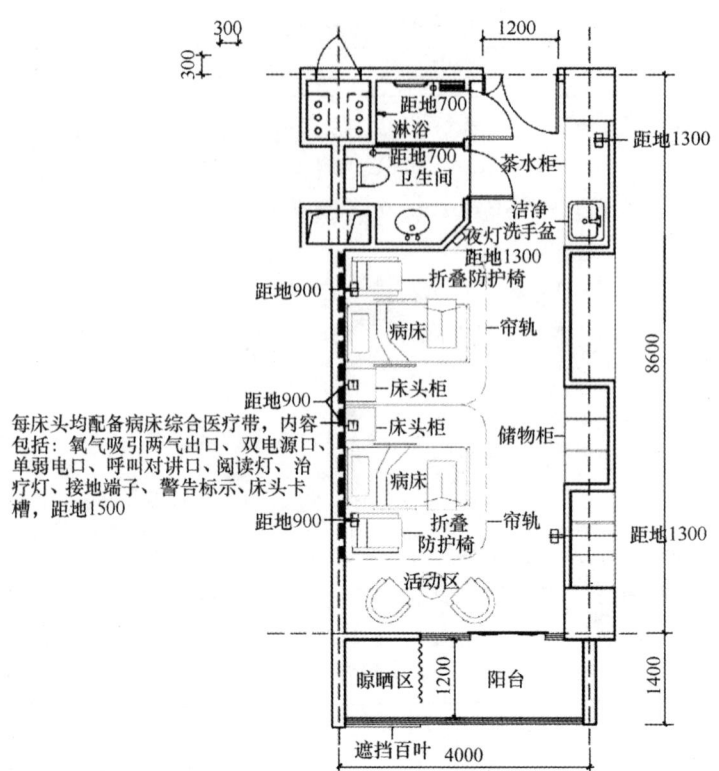

图 15.4.21-2　双人病房（卫生间靠内布置）

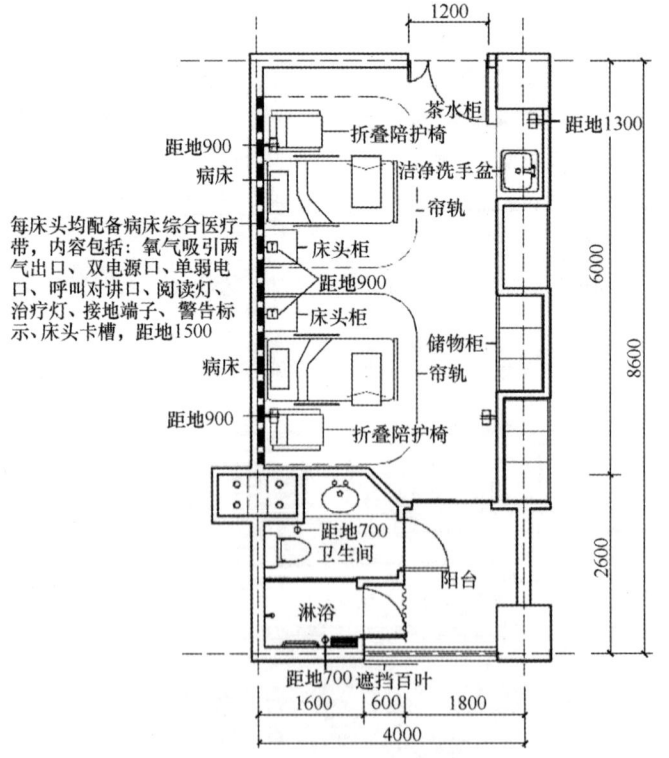

图 15.4.21-3　双人病房（卫生间靠外布置）

### 15.4.22　重症监护

**1. 床位设置**

重症监护病房（ICU）床数宜按总床位数2%～8%设置。

**2. 病房建设标准**

1）ICU宜与手术部、急诊部邻近，并应有快捷联系。

2）心血管监护病房（CCU）宜与急诊部、介入治疗科室邻近，并应有快捷联系。

3）ICU应设置于方便患者转运、检查和治疗的区域。

4）ICU的基本用房包括监护病房、医师办公室、护士工作站，治疗室、配药室、仪器室、更衣室、清洁室、污物处理室、值班室、盥洗室等。有条件的ICU可配置其他用房，包括实验室、示教室、家属接待室、营养准备室等。

5）开放式ICU每床占地面积为15～18m²；最少配备一个单间病房或负压隔离病房1～2间，单床间不应小于18～25m²。

6）监护病床的床间净距不应小于1.20m。

7）护士站的位置宜便于直视观察患者。

8）ICU应该具备良好的通风、采光条件，安装足够的感应式洗手设施。有条件者最好装配气流方向从上到下的空气净化系统，能独立控制室内的温度和湿度。可配备负压病房1～2间。

9）ICU要有合理的医疗流向，包括人流、物流，以最大限度降低各种干扰和交叉感染。

10）ICU病房的功能设计必须考虑可改造性。

11）ICU病房建筑装饰遵循不产尘、不积尘、耐腐蚀、防潮防霉、容易清洁和符合防火要求的总原则。

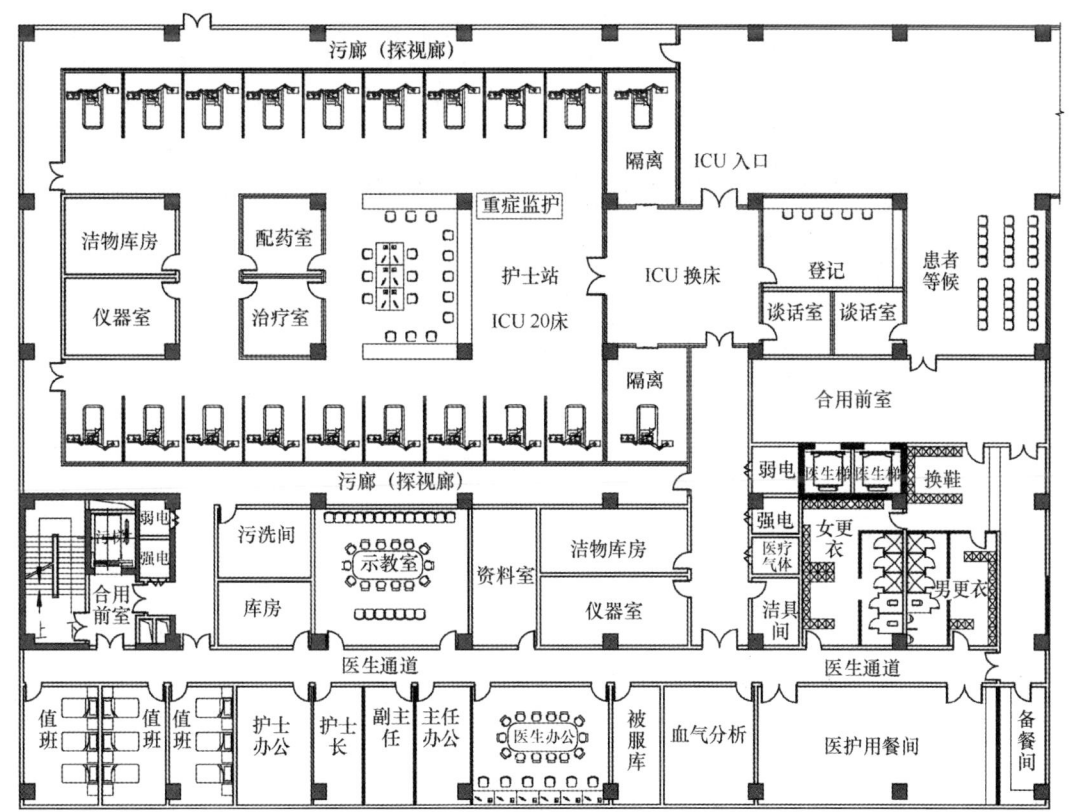

图15.4.22　ICU平面示例

### 15.4.23 血液病房护理单元

**1. 位置的选择**

血液病房周围有良好的大气环境，可设于内科护理单元内，亦可自成一区。可根据需要设置洁净病房，洁净病房应自成一区，当与其他洁净部门集中布置时，应既能满足它们的医疗联系，又能相对分离而有利于洁净环境的保持。

**2. 规模**

规模由院方根据其业务需求来确定床位数。面积需求可按 $1 \sim 2$ 张床位建筑面积 200 $m^2$ 以上，3 床位建筑面积 250 $m^2$ 以上，每增加 1 张床位建筑面积递增 50 $m^2$ 左右。

**3. 洁污分流**

在洁净单元的入口处有效地控制、组织进入洁净护理单元的各种人、物的流线，各行其道，避免交叉感染。在靠近病房区域处设置封闭式外廊作为探视走廊，并兼作污物通道，做到洁污分流。

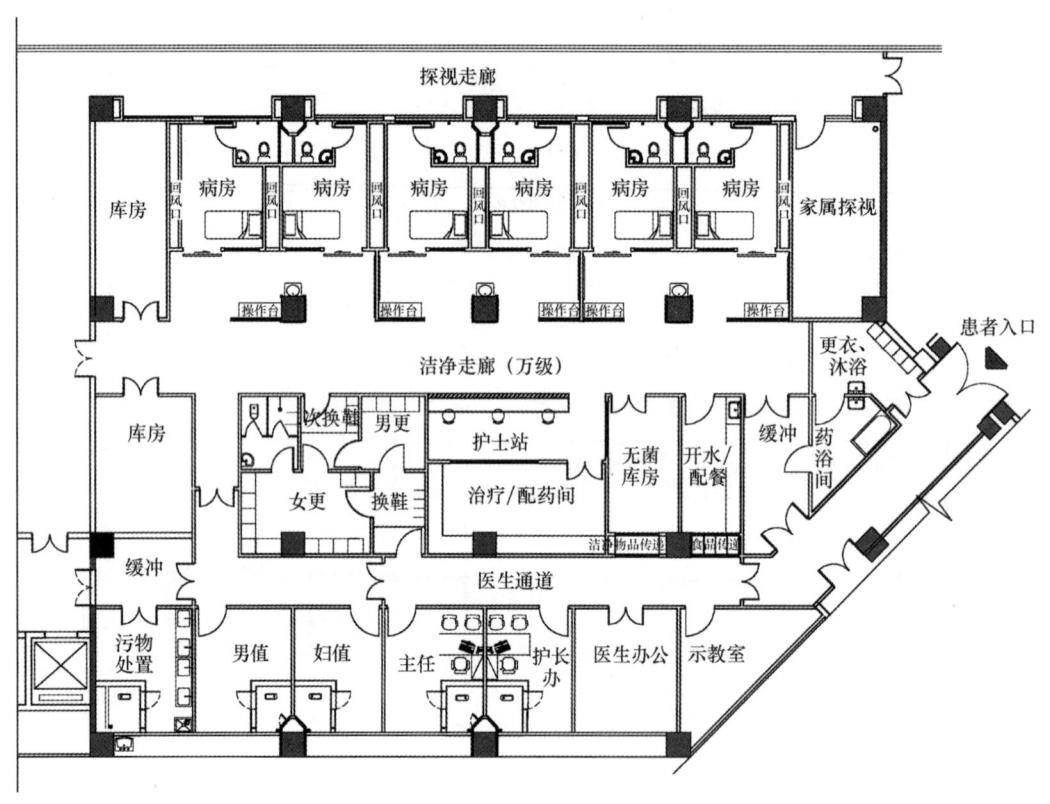

图 15.4.23 白血病护理单元示例

**4. 主要功能房间设计要求**

除层流病房外，要尽可能多的设置相关功能辅房，大概包括观察护理前室（或护理区域）、护士站、洁净内走廊、治疗室、无菌存放间、准备间（或恢复室）、配餐间、缓冲走廊（或缓冲间）、药浴室、病人卫生间、男女更衣淋浴室、医护人员办公室、值班室和探视走廊等。

**5. 血液病房用房设置要求**

1）洁净病区应设准备室、患者浴室和卫生间、护士室、洗涤消毒用房、净化设备机房。

2）入口处应设包括换鞋、更衣、卫生间和淋浴的医护人员卫生通过通道。

3）患者浴室和卫生间可单独设置，并应同时设有淋浴器和浴盆。

4）洁净病房应仅供一位患者使用，并应在入口处设第二次换鞋、更衣。

5）洁净病房应设观察窗，并应设置家属探视窗及对讲设备。

### 15.4.24　烧伤护理单元

1. 位置的选择

应设在环境良好、空气清洁的位置，可设于外科护理单元的尽端，宜相对独立或单独设置。

2. 规模大小

烧伤病人需要经常换药，护理工作繁重，因此护理单元不宜过大，以20～25床为宜，重烫伤病房以2～3床为宜。轻重度烫伤病人宜分开处置。

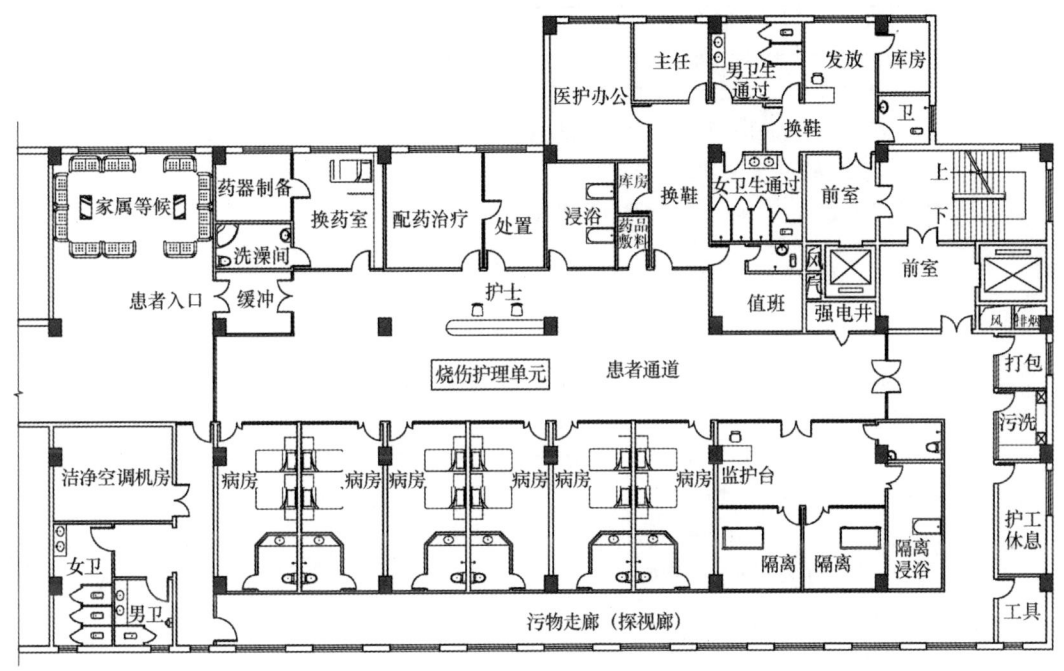

图15.4.24　烧伤护理单元示例

3. 房间组成

1）应设换药、浸浴、单人隔离病房、重点护理病房及专用卫生间、护士室、洗涤消毒、消毒品贮藏等用房。

2）入口处应设包括换鞋、更衣、卫生间和淋浴的医护人员卫生通过通道。

3）可设专用处置室、洁净病房。

### 15.4.25　产房

1. 组成

产科病房主要由分娩部、产休部、婴儿部三个部门组成。这三个部门互相关联、既不能分开，又不互相干扰，并要保证洁污分明。产科病房设计力求做到分娩部、产休部、婴儿部形成独立单元，而又紧邻，并确保无菌与工作联系方便。

2. 产科病房用房设置要求

1）产科应设产前检查、待产、分娩、隔离待产、隔离分娩、产期监护、产休室等用房。隔离待产和隔离分娩用房可兼用。

2）产科宜设手术室。

3）产房应自成一区，入口处应设卫生通过和浴室、卫生间。

4）洗手池的位置应使医护人员在洗手时能观察临产产妇的动态。

5）母婴同室或家庭产房应增设家属卫生通过，并应与其他区域分隔。

6）家庭产房的病床宜采用可转换为产床的病床。

3. 分娩部设计

分娩部由正常分娩室、难产室、隔离分娩室、待产室、男女卫生通过间、刷手间、污洗间等组成；分娩部自成体系，与婴儿部、产休部联系紧密，最好同层布置。

部分房间设计要求见表15.4.25-1，产房平面示例见图15.4.25-1。

产科病房部分房间设计要求 　　　　　　　　　　　表 15.4.25-1

| 房间名称 | 设 计 要 求 |
| --- | --- |
| 分娩室 | 1. 一间分娩室宜设置一张产床，最多可设置两张产床，一张用于分娩，一张用于产后观察。产床数量一般按 10～15 张产科床位数设一张产床。分娩室平面净尺寸宜为 4.20m×4.80m<br>2. 分娩室应考虑无菌要求<br>3. 空气洁净度按 100000 级要求，室温 24～26℃，相对湿度 55%～65% |
| 剖腹产 | 手术室宜为 5.40m×4.80m |
| 隔离分娩室 | 要求与正常分娩室一样外，还需满足隔离消毒，入口处设有专用口罩、帽子、隔离衣鞋的更换空间，产后应严格封闭消毒 |
| 待产室 | 待产室应邻近分娩室，按每张产床 2～3 张待产床；宜设专用卫生间。每室 2～3 床，与病房无异，待产时间约为 5～6 小时 |
| 卫生通过间 | 设有换鞋、更衣、淋浴、厕所等。其位置介于待产与分娩之间，医护人员经卫生通过间之后方能进入分娩室的洁净通道 |
| 刷手间 | 2～3 个分娩室设一个刷手间，设 2～3 个水龙头 |

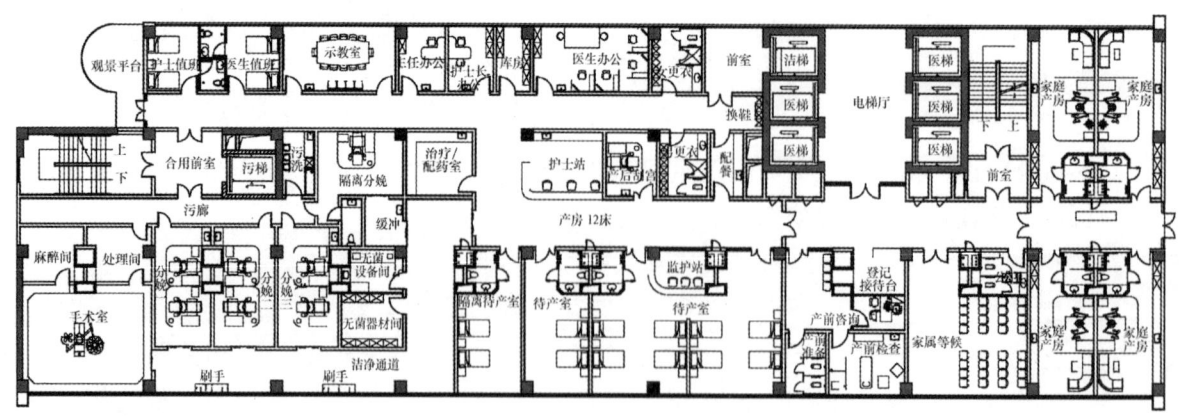

图 15.4.25-1　产房平面示例

4. 产休部（产妇病房）

产妇休息的地方，与一般病房单元大体相同，只是要将生理产妇与病理产妇分开，特别要注意为发烧、子痫、重症或其他需要隔离的病人提供隔离病室。

5. 婴儿部（新生儿科）

婴儿出生后的 28 天为新生儿期，此时器官发育不够完美，环境适应性差，抵抗力弱要特别注意保护，以防感染，应避免新生儿在走廊上来回抱送，且应做好新生儿室的消毒隔离工作。

1）应邻近分娩室。

2）应设婴儿间、洗婴池、配奶、奶具消毒、隔离婴儿、隔离洗婴池、护士室等用房。

3）婴儿间宜朝南，应设观察窗，并应有防鼠、防蚊蝇等措施。

4）洗婴池应贴邻婴儿间，水龙头离地面高度宜为 1.20m，并应有防止蒸气窜入婴儿间的措施。

5）配奶室与奶具消毒室不应与护士室合用。

6）新生儿科单元组成

新生儿室由正常新生儿室、早产儿室、新生儿隔离室、配乳室、哺乳室等组成，部分房间设计要求见表 15.4.25-2，新生儿科平面示例见图 15.4.25-2。

**婴儿部部分房间设计要求**　　　　　　　　表 15.4.25-2

| 名称 | 设 计 要 求 |
|---|---|
| 正常新生儿室 | 新生儿床位数与产妇床位数一致，新生儿每 8 床一组，组与组之间用玻璃隔断隔开。室内有新生儿换尿布、更衣工作台，存放消毒衣被、尿布的柜橱、抢救药品器械柜、吸引器、氧气等设施。新生儿要注意防止蚊虫叮咬，要设纱窗、灭蚊灯、吸尘器及空气消毒设施 |
| 早产儿室 | 早产儿室应单独设置，室内设保温箱 3~5 个，室内温度 28~30℃，注意无菌隔离 |
| 隔离新生儿室 | 应单独一区，设置缓冲间；隔离婴儿床床与床之间应有玻璃隔断 |
| 护士室 | 应介于三个新生儿室之间，与婴儿室之间有隔离隔断，便于观察。进入护士室之前应换鞋，更衣 |
| 配乳室 | 室内设工作台、冰箱、消毒柜、水池等 |
| 哺乳室 | 靠近新生儿室设置，室内设座椅；室温和清洁要求与婴儿室大体相同 |

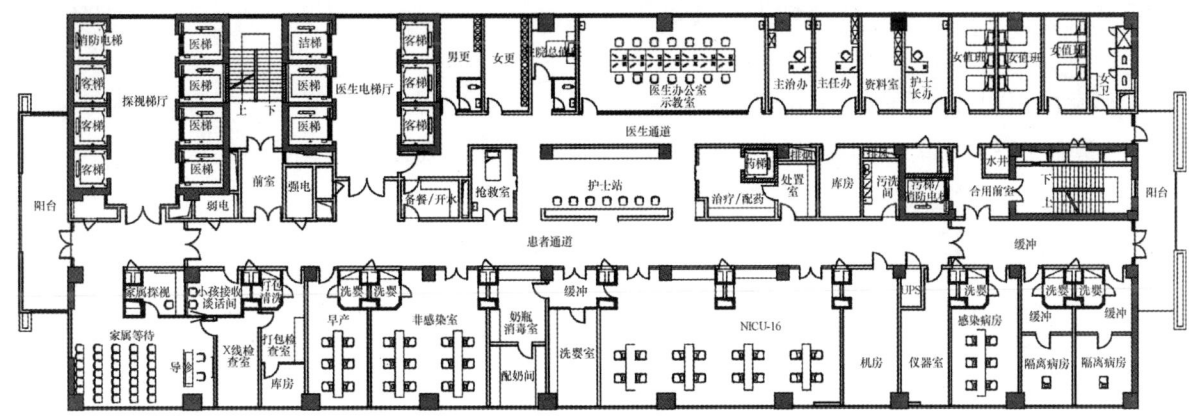

图 15.4.25-2　新生儿科平面示例

### 15.4.26　儿科病房

儿科护理单元的组成

1. 宜设配奶、奶具消毒、隔离病房和专用卫生间等用房，可设监护病房、新生儿病房、儿童活动室。

2. 功能用房要求见表15.4.26。

**儿科病房设计要求**                                    表 15.4.26

| 名称 | 设 计 要 求 |
|---|---|
| 病房 | 应阳光充足，空气流通，每室2～6床，隔离病房不应多于2床；各室之间以及病室与走道之间应设玻璃隔断或大面积的观察窗，地面最好有弹性，用木板或橡胶地面为好，防止跌倒。窗户、阳台应有防护装置，暖气应加安全罩，电源开关应位于高处。儿科床长宽尺寸为890mm×500mm，1400mm×700mm，1800mm×800mm等三种规格 |
| 治疗抢救室 | 设在护士办公室对面或邻近，治疗、抢救室应有氧气、吸引器等设施 |
| 活动室 | 供儿童娱乐活动的空间，靠近病区，应在护士监护范围内设置 |
| 监护室 | 儿科可分为新生儿监护（NICU）和小儿监护室（PICU），集中设置护士站和医辅用房，病儿分室管理 |
| 配奶室 | 同产房配乳室 |
| 儿童浴厕 | 浴厕分别设置，厕所设坐便器，并为幼小儿童设置便盆椅 |
| 污洗间 | 婴幼儿的尿布、内衣换洗较勤，应及时清洗晾晒，污洗间最好与阳台相邻，内设排风设置 |

### 15.4.27 精神病护理单元

1. 组成

精神病医疗机构有两种组织形式，一是设置独立的精神病专科医院，另一种则是在综合医院中设置精神病科门诊和病房。

病区护理单元组成包括带卫生间病房，不带卫生间病房，病人公用男女卫生间，浴室，隔离室、病人活动室、病人餐厅，护士办公，医生办公，护士站、处置室、治疗室、值班室、被服库、备餐开水间、污洗室、污物暂存间等。

每个病区内患者区域与医护人员区域应相对独立，避免相互影响。护士站宜靠近病区出入口、病人活动室布置。

2. 特殊护理

对严重狂躁者等需采取临时隔离措施，设置特殊护理区与一般护理区分开。

特殊护理区的病床数，约占护理单元总床位数的10%，设置隔离间，观察室、护理室和卫生间等。

隔离室的设置要求：

1）隔离室墙面、地面均应采用软质材料。所有材料及构造做法应坚固、不易拆卸。

2）室内不应出现管线、吊架等任何突出物。

3）隔离室门应设置观察窗，室内一侧不宜设置突出的门执手。

4）隔离室内应设置视频监控系统。

3. 一般护理

一般护理区是供轻病及康复精神患者住院治疗的处所。应设有工疗室、文娱活动室，还有图书阅览室和为患者服务的辅助用房等。

4. 护理服务区

护理服务区应与护理区分开，其位置宜放在病区入口部位，以便于管理控制外人和患者的出入。该区应设置工作人员的办公室、值班室、更浴室、治疗室、配餐室、库房以及医护人员卫生间等。

5. 病区各室设计要求

1）病人出入门多设置1.10m专用门。病房门、病人使用的盥洗室、淋浴间的门应朝外开。

病房门应设长条形观察窗。病房、隔离室和患者集中活动的用房不应采用闭门器。门铰链应采用短型铰链，所有紧固件均应不易被松动。患者使用的门执手应选用不易被吊挂的形状。

2）病房、隔离室、监护室和患者集中活动的用房所有窗玻璃（内部和外部）、采光高窗、应选用安全玻璃（如夹胶玻璃）。病房和患者集中活动的用房的窗宜选用平开式的开启方式，并应做好水平、上下限位构造处理。开启部位宜配置防护栏杆。窗插销选用按钮暗装构造，所有紧固件均应选用不易被松动的规格。病房和患者集中活动的用房禁止使用布幔窗帘。

3）病房和患者集中活动的用房设置嵌墙壁柜时，壁柜不可代替隔墙。壁柜应避免人员在内藏匿的可能。柜橱门拉手宜采用凹槽形式。

4）走廊安装防撞带时，应选择紧靠墙面型构件。

5）患者使用的卫生间、浴室隔间的开间不应小于 1.10m，进深不应小于 1.40m，门闩应可以内外双向开启、锁闭。应控制隔间门高度，方便医护人员巡视。

6）不宜设置输液吊钩、毛巾杆、浴帘杆、杆形把手（采用特殊设计的防打结把手除外）。

7）卫生间的地面应采用防湿滑材料和构造，保证平整，并应符合排水要求。

8）卫生间、盥洗室、浴室使用的镜子，应采用镜面金属板或其他不易碎裂材料制成。

6. 精神病房的安全措施

1）精神病区应有足够的户外活动场地。男女病房应尽量分开独立的住院区。

2）护理单元设计应避免出现医护人员在护士办公室观察不到的死角。

3）病人由病房到室外，至少应通过两道内门。门应向外开，同一房间的内外门应相互错开，以防止病人尾随他人冲出房间。凡需控制病人出入病房的内外门，应做拼板门，并应向外开启，以防止病人在室内将门顶住。

4）病房和护士办公室，在室外应尽量设置可循回贯通走道，并力求避免袋形走道，当发生病人驱赶、追逐医护工作人员时，医护人员可有回避余地。

5）凡允许病人到达的房间或走廊，不宜设通向屋顶或顶棚的检查孔，以防止病人爬上屋顶、躲在顶棚内。

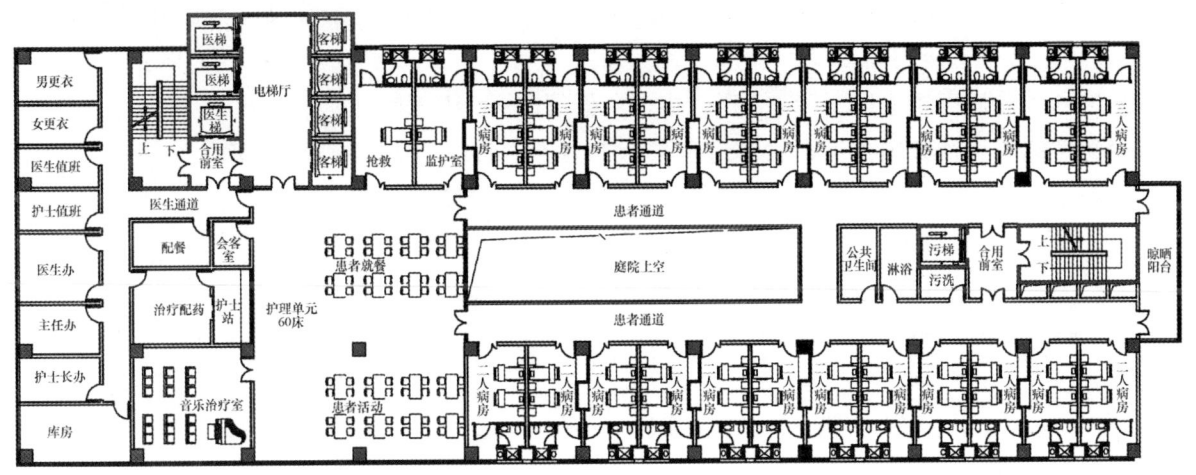

图 15.4.27　精神病护理单元示例

6）供病人上下的楼梯，应为封闭式，两跑楼梯之间尽量不留或不设间隙，楼梯扶手不用栏杆而用栏板或用砖墙分隔。在顶层部分，楼梯栏板末端应封到屋顶板下皮，以防止病人攀爬、跳楼。

7）病房和卫生间除备有软纸、塑料口杯、毛巾等柔软用品外，不允许有砖瓦、石、木等可用以伤人或堵塞管道之物。

8）电气开关应统一集中安装在护士办公室控制，灯具需设灯罩，路线应暗装。

9）室外绿化要远离建筑窗口，不要选取有毒有刺的花草树木，不宜采用过于浓密的灌木丛，3m以下的树干不留枝丫，以免病人攀爬藏匿，发生伤害。病人的户外活动应在医护人员的监护下进行。

### 15.4.28　传染病护理单元

1. 概述

传染病房的床位一般占医院床位总数的5%～10%，布置在相对独立下风向地段，并设单独对外出入口，以减少与普通流线的交叉干扰。传染医疗区应在医院的下风向。

传染病房应严格按洁净度分区，一般分为清洁区（包括值班、更衣、配餐、库房等）、半污染区（包括医护办公、治疗、消毒、医护走廊）、污染区（包括病房、病人用的浴厕、污洗、探视走廊等）。跨越不同的清洁区应经过消毒隔离处理。

为了避免不同传染病患者之间在住院治疗期间相互传染，通常要求将不同类别的传染病患者安排在不同传染病病区。当规模较小时，需将不同种类传染病患者合并在一个病区里时，可以通过设置缓冲间进行必要间隔。

2. 设计及要点

1）病区多采取内外三条平行走廊布置。两条外廊为病人廊，中廊为医护通道。传染病房内气压应低于医护通道，防止病室内空气外溢侵入医护通道。

2）呼吸道传染病区，在医务人员走廊与病房之间应设置缓冲间，并应设置非手动或自动感应龙头洗手池，过道墙上设置双门密闭式传递窗。

3）值班医护人员需在病区内就餐，病区内应有医护人员专用配餐间。不同病种的病室区必要时应专设污洗间，各病区拖布专用，不得跨区使用。

4）传染病房设在楼层中时应特别注意病人的出院与入院的路线要分开，入院病人与医护人员、供应物品的路线要划分清楚，处于高层的传染病房应设专用电梯。

5）传染门诊、住院都应将传染与非传染、呼吸系传染与非呼吸系传染分开，并尽可能使呼吸系传染病人流线短捷明确。

6）护理单元病房组成以1床、2床为主，可设置少量多床间。

7）病房门应直接开向走道，病房门净宽不应小于1.1m，门扇应设置观察窗。

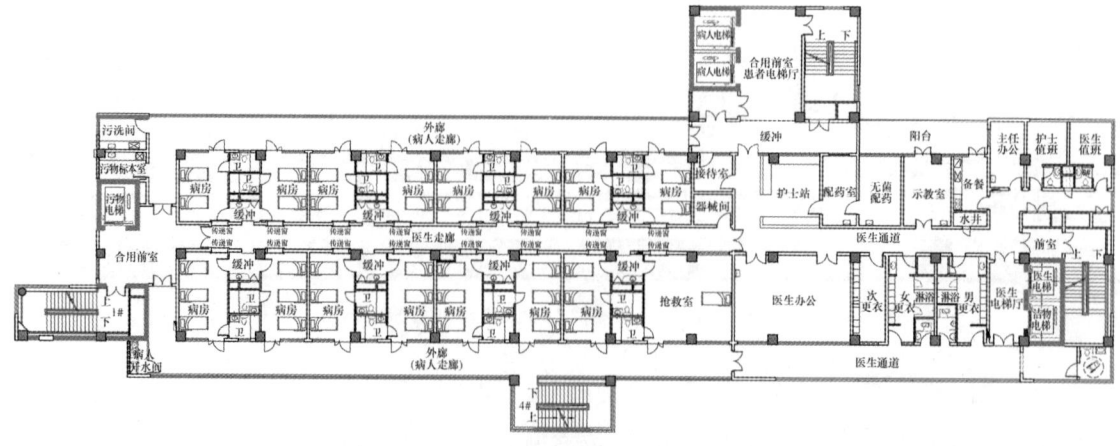

图15.4.28-1　传染病护理单元示例

3. 负压隔离病房

用于隔离通过和收治可能通过空气传播的传染病患者或疑似患者的病房，采用通风方式，使病房区域空气由清洁区向污染区定向流动，并使病房空气静压低于周边相邻相通区域空气静压，以防止病原微生物向外扩散。

1）负压隔离病房应独立设置，宜在建筑的一端、一侧，自成一区；宜在建筑顶层设置。负压病房所在病区应处于主导风向下风向，且病区出入口应独立设置。

2）负压隔离病房排风口与周边建筑的距离应大于20m。

3）负压隔离病房所在病区应划分清洁区、潜在污染区和污染区；各区应相对集中，并有能阻隔空气传播的物理屏障和明显的警示标识。

4）区域之间应设置缓冲间，缓冲间宜便于医用推车和普通医疗设施的进出。

5）负压隔离病房宜采用单人间，病房应设置独立卫生间，房间面积应考虑医疗和患者的生活需要。

6）室内净高不应小于2.6m，如无特殊要求，也不宜大于3.0m。

7）病房通过缓冲间与潜在污染区（走廊）连接，缓冲间门应具有互锁功能并应有应急解锁功能。

8）缓冲间污染区侧的互锁门关闭1min后才允许开启清洁区侧的互锁门。

9）负压隔离病房应在与其相邻的走廊墙上设置内外侧窗门互锁的传递窗，传递窗结构应密闭。

10）负压隔离病房宜设置不开启的密闭窗并加装窗帘等遮挡装置。

11）安全门和通向外界的门应向外开启，安全门应有明显标识，并备有应急开启装置，应有安全逃生标识；其余门均应向静压高的一侧开启。

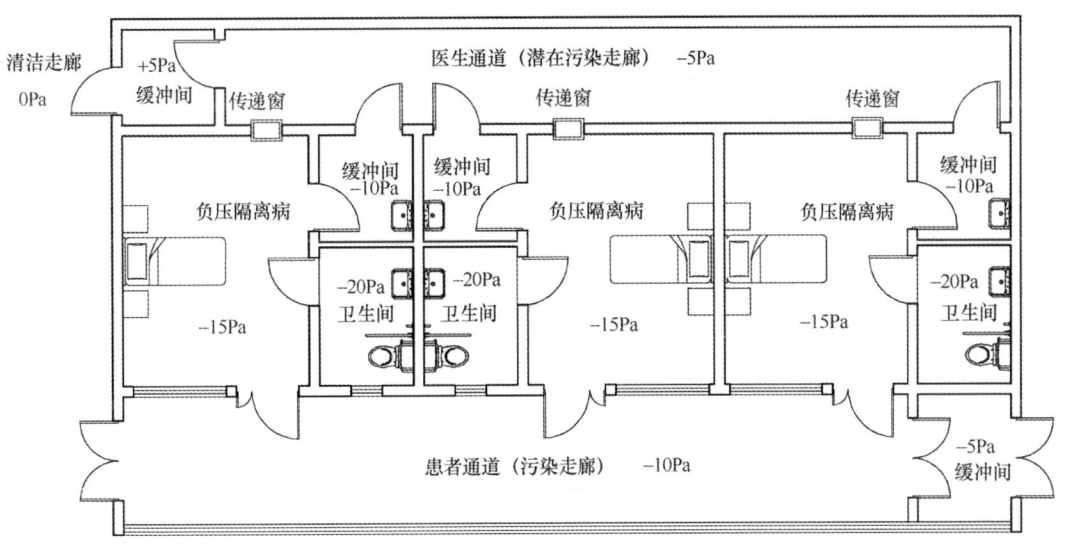

图15.4.28-2　负压隔离病房示例

### 15.4.29　综合医院"平疫结合"

综合医院"平疫结合"建设应当选择独立院区或现有院区内相对独立的区域、建筑，作为"平疫结合"区承担重大疫情应急救治任务。"平疫结合"区应当兼顾平时与疫情时的医疗服务内容，充分利用发热门诊、感染疾病科病房等建筑设施。新建"平疫结合"区应当从总体规划、建筑设计、机电系统配置上做到"平疫结合"，满足结构、消防、环保、节能等方面的规范、标准要求。在符合平时医疗服务要求的前提下，满足疫情时快速转换、开展疫情救治的需要。改造建设的"平疫结合"区应当按照"完善功能、补齐短板"的原则，在对现有院区功能流程合理整合的前提下，结合实际情况，因地制宜，合理确定平时及疫情时的功能设置，开展针对性建筑设施改造，以及疫情时快速转换方案。

1. "平疫结合"区应当相对独立，其住院救治功能区域应当与其他建筑保持必要的安全距离，并符合现行国家标准《传染病医院建筑设计规范》GB 50849 的有关规定。同时与医院其他功能区域保持必要、便捷联系。"平疫结合"区疫情期间宜设置独立的出入口，便于区域封闭管理。出入口附近宜设置救护车辆洗消场地，满足疫情时车辆、人员的清洗、消毒等需要。"平疫结合"区附近预留用地，并预留机电系统管线接口，满足疫情时快速扩展的需要。

2. "平疫结合"区应当结合实际，合理配置与所承担任务匹配的门急诊、检验、检查、手术、重症监护、住院等医疗功能，兼顾平时使用。部分功能可采取移动设施或通过临时搭建的方式实现。"平疫结合"区应当合理划分清洁区、半污染区及污染区，合理规划医护人员、患者、清洁物品、污染物品流线。

3. "平疫结合"区影像、检验、手术、重症监护等医技科室的设置与建设在满足疫情时救治功能的同时，应当充分提高平时利用效率。

4. "平疫结合"区的住院部平时宜作为感染疾病科病房，有效提高平时利用效率。"平疫结合"区住院部采用"三区两通道"的布局方式，可统筹安排清洁区、半污染区、污染区，各病房宜设置卫生间和医护缓冲间。

5. "平疫结合"区宜设置独立的设备机房和设施，满足疫情期间独立运转需要。应当根据承担职责设置必要的库房，满足防疫物资储存的需求。应当设置独立的医疗垃圾和生活垃圾暂存区域，并预留疫情时相对独立的传染性医疗垃圾暂存间。

# 医 院 保 障 系 统

## 15.4.30 营养厨房

1. 位置

营养厨房应自成一区，宜邻近病房，并与之有便捷联系通道。在医院规模较大用地较紧张，病房集中的条件下，可将营养餐厅布置在病房楼一层或地下室。设专用电梯及机械通风设备。在用地较宽裕的情况下，可将营养厨房单独建设，便于食料运入及垃圾的运出，厨房也能有良好的通风及采光。

应专设交通出入口，与医院主出入口分开，避免与就诊患者出入交叉。

2. 房间组成

营养厨房应设置主食制作、副食制作、主食蒸煮、副食洗切、冷荤熟食、回民灶、库房、配餐、餐车存放、办公更衣等用房。配餐室和餐车停放室（处），应有冲洗和消毒餐车的设施。

## 15.4.31 洗衣房

1. 洗衣房位置与平面布置

1）污衣入口和洁衣出口处应分别设置。

2）宜单独设置更衣间、浴室和卫生间。

3）工作人员与患者的洗涤物应分别处理。

4）当洗衣利用社会化服务时，应设收集、分拣、储存、发放处。

2. 洗衣房应设置收件、分类、浸泡消毒、洗衣、烘干、烫平、缝纫、贮存、分发和更衣等用房。

## 15.4.32 太平间

1. 位置

宜独立建造或设置在住院用房的地下层。

2. 设置要求

1）解剖室应有门通向停尸间。

2）尸体柜容量宜按不低于总病床数 1‰～2‰ 计算。

3）太平间应设置停尸、告别、解剖、标本、值班、更衣、卫生间、器械、洗涤和消毒等用房。

4）存尸应有冷藏设施，最高一层存尸抽屉的下沿高度不宜大于 1.30m。

5）太平间设置应避免气味对所在建筑的影响。

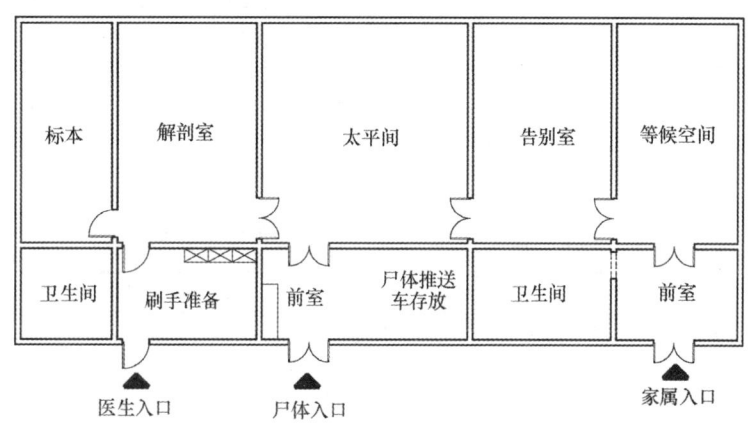

图 15.4.32　太平间示例图

## 15.4.33 污水处理站

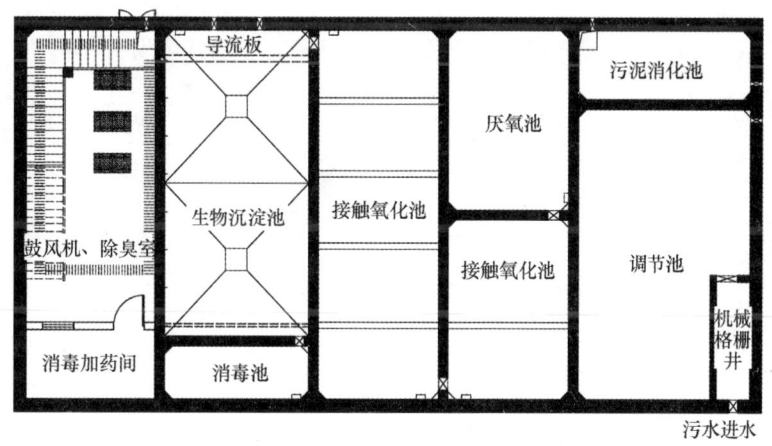

图 15.4.33　污水处理站平面示例

## 15.4.34 固体废弃物处理

1. 医疗废物和生活垃圾应分别处置。

2. 医疗废物和生活垃圾处置设施应符合现行中华人民共和国国务院令第 380 号《医疗废物管理条例》的有关规定。

### 15.4.35 医用气体工程

1. 医用液氧储罐与医疗卫生机构内部建筑物、构筑物之间的防火间距（m），见表15.4.35。

表15.4.35

| 建筑物、构筑物 | 防火间距 | 规范依据 |
|---|---|---|
| 医院内道路 | 3.0 | 《医用气体工程技术规范》GB 50751—2012第4.6.3、4.6.4条 |
| 一、二级建筑物墙壁或突出部分 | 10.0 | |
| 三、四级建筑物墙壁或突出部分 | 15.0 | |
| 医院变电站 | 12.0 | |
| 独立车库、地下车库出入口、排水沟 | 15.0 | |
| 公共集会场所、生命支持区域 | 15.0 | |
| 燃煤锅炉房 | 30.0 | |
| 一般架空电力线 | ≥1.5倍电杆高度 | |

注：当面向液氧储罐的建筑外墙为防火墙时，液氧储罐与一、二级建筑物墙壁或突出部分的防火、间距不应小于5.0m，与三、四级建筑物墙壁或突出部分不应小于7.5m。

2. 除医用空气供应源、医用真空汇外，医用气体供应源均不应设置在地下空间或半地下空间。

### 15.4.36 医疗智能化、信息化系统设计

基础智能化系统涵盖的设计内容　　　　表15.4.36

| 序号 | 医院弱电系统列表 | 序号 | 医院弱电系统列表 |
|---|---|---|---|
| | 一般项目中必做的系统名称 | | 不同项目中可选的系统 |
| 1 | 综合布线系统 | 1 | 可视对讲系统 |
| 2 | 计算机网络系统 | 2 | 会议影音/多功能厅中央控制系统 |
| 3 | 有线电视系统 | 3 | 多媒体会议系统 |
| 4 | 室外通信管道工程 | 4 | 远程视频会议系统 |
| 5 | 楼宇控制系统 | 5 | 视频示教系统（远程会诊系统） |
| 6 | 能耗监测系统 | 6 | 手术室背景音乐广播系统 |
| 7 | 净化区的环境控制系统 | 7 | 独立的数字广播系统 |
| 8 | 医疗专用无线覆盖系统 | 8 | 数字程控交换机系统 |
| 9 | 大型电子显示屏系统 | 9 | 车辆导引系统 |
| 10 | 护理呼叫系统 | 10 | 协谈会晤及远程探视系统 |
| 11 | 机房工程 | 11 | 智能照明控制 |
| 12 | 医用气体监测系统 | 12 | 联网型风机盘管计费系统 |
| 13 | 伤残厕所求助系统 | 13 | 婴儿防盗及母婴配对系统 |
| 14 | 公共区域的闭路电视监控系统 | 14 | "一卡通"系统 |
| 15 | 防盗报警系统 | 15 | 住院区生活水水控管理系统 |
| 16 | 出入口控制系统（门禁控制系统） | 16 | 护士站紧急报警系统 |
| 17 | 停车场管理系统 | 17 | IBMS系统 |
| 18 | 电子巡更系统 | 18 | 应急指挥系统 |
| | 一般项目中应做的系统，但不是必须 | 19 | 图书馆电子借阅系统 |
| 1 | 医疗专用电视监控系统 | 20 | 电子饭卡系统 |
| 2 | 信息发布及触摸查询系统 | | 其他对外及后续的智能化系统接口部分 |
| 3 | 医院排队叫号管理系统 | 1 | 宽带、固定电话接入部分 |
| 4 | 时钟系统 | 2 | 联通、移动室内无线信号分布系统 |
| 5 | 各科室内会议系统 | 3 | 医保、社保信息系统对接部分 |
| | | 4 | "120"紧急救护响应系统对接部分 |

# 15.5  防 火 与 疏 散

1. 医院建筑耐火等级不应低于二级。

2. 防火分区应符合下列规定：

1）医院建筑的防火分区应结合建筑布局和功能分区划分。

2）防火分区的面积除应按建筑物的耐火等级和建筑高度确定外，病房部分每层防火分区内，尚应根据面积大小和疏散路线进行再分隔。同层有两个及两个以上护理单元时，通向公共走道的单元入口处，应设乙级防火门。

3）高层建筑内的门诊大厅，设有火灾自动报警系统和自动灭火系统并采用不燃或难燃材料装修时，地上部分防火分区的允许最大建筑面积应为 4000m²。

4）医院建筑内的手术部，当设有火灾自动报警系统，并采用不燃烧或难燃烧材料装修时，地上部分防火分区的允许最大建筑面积应为 4000m²。

5）防火分区内的病房、产房、手术部、重症监护室、精密贵重医疗设备用房实验室等，均应采用耐火极限不低于 2h 的防火隔墙和 1.00h 的楼板与其他部分隔开，墙上必须设置的门、窗应采用乙级防火门、窗。

3. 安全出口应符合下列规定：

1）每个护理单元应有二个不同方向的安全出口。

2）尽端式护理单元，或"自成一区"的治疗用房，其最远一个房间门至外部安全出口的距离和房间内最远一点到房门的距离，均未超过建筑设计防火规范规定时，可设一个安全出口。

3）高层病房楼应在二层及以上的病房楼层和洁净手术部设置避难间。每个护理单元避难间净面积不小于 25m²，避难间应靠近楼梯间，并应采用耐火极限不低于 2.0h 防火墙和甲级防火门与其他部位分隔，设置有直接对外的可开启窗口或独立的机械防烟设施，外窗采用乙级防火窗。

4. 医疗用房应设疏散指示标识，疏散走道及楼梯间均应设应急照明。

5. 中心供氧用房应远离热源、火源和易燃易爆源。

6. 其他见第 4 章建筑防火设计。

# 16 中小学校设计

我国实行九年义务教育制：小学六年＋初中三年。城镇和农村各类中小学校，除高中三年外，其余均属义务教育。中小学校的类别如下：

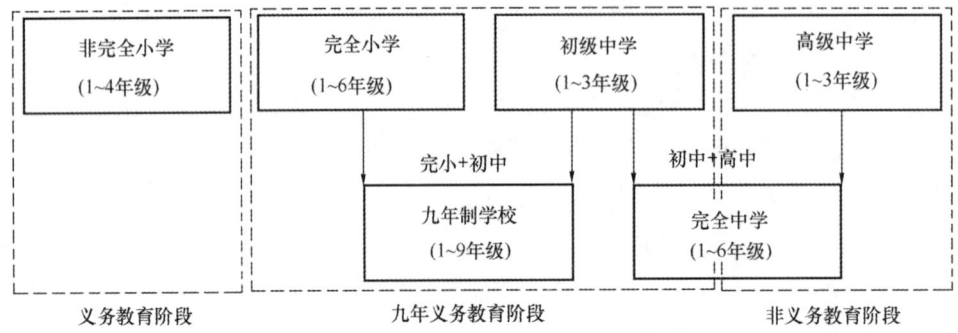

注：（1）完全中学1～3年级初中属义务教育，4～6年级高中属非义务教育。

（2）非完全小学1～4年级初小属义务教育，是农村基层及偏远地区对儿童实施的初等基础教育。

# 16.1 规 划 设 计 要 点

## 16.1.1 学校规模与班额人数

学校规模与班额人数　　　　　　　表 16.1.1

| 类别 | 学制 | 学校规模 | 班额人数 |
|---|---|---|---|
| 非完全小学 | 1～4 年级 | 国标：4 班 | 30 人/班 |
| 完全小学 | 1～6 年级 | 国标：12 班、18 班、24 班、30 班<br>深标：18 班、24 班、30 班、36 班 | 45 人/班 |
| 初级中学 | 1～3 年级 | 国标：12 班、18 班、24 班、30 班<br>深标：18 班、24 班、36 班、48 班 | 50 人/班 |
| 高级中学 | 1～3 年级 | 国标：18 班、24 班、30 班、36 班<br>深标：18 班、24 班、30 班、36 班 | 50 人/班 |
| 九年制学校 | 1～9 年级 | 国标：18 班、27 班、36 班、45 班<br>深标：27 班、36 班、45 班、54 班、72 班 | 完小 45 人/班<br>初中 50 人/班 |
| 完全中学 | 1～6 年级 | 国标：18 班、24 班、30 班、36 班 | 50 人/班 |

注：（1）国标规定的各类中小学校规模取自《中小学校设计规范》GB 50099—2011（条文说明第 5.14.2 条表 3）。

（2）深标规定的各类中小学校规模取自《深圳市城市规划标准与准则》（2018 年版），表 5.4.1。

## 16.1.2 学校规模与面积指标

**学校规模与面积指标** 表 16.1.2

| 类别 | 学校规模 | 用地面积 | 建筑面积 |
|---|---|---|---|
| 完全小学 | 18班 | 深标：6500～10000m² | 深标：10208m²（12.60m²/人） |
| | 24班 | 深标：8700～13000m² | 深标：13316m²（12.33m²/人） |
| | 30班 | 深标：10800～16500m² | 深标：15924m²（11.80m²/人） |
| | 36班 | 深标：13000～20000m² | 深标：18641m²（11.51m²/人） |
| 初级中学 | 18班 | 深标：9000～14400m² | 深标：13841m²（15.38m²/人） |
| | 24班 | 深标：12000～19200m² | 深标：17450m²（14.54m²/人） |
| | 36班 | 深标：18000～28800m² | 深标：24985m²（13.88m²/人） |
| | 48班 | 深标：24000～38400m² | 深标：31611m²（13.17m²/人） |
| 高级中学 | 18班 | 深标：16200～18900m² | 深标：14569m²（16.19m²/人） |
| | 24班 | 深标：21600～25200m² | 深标：18429m²（15.36m²/人） |
| | 30班 | 深标：27000～31500m² | 深标：— |
| | 36班 | 深标：32400～37800m² | 深标：26732m²（14.85m²/人） |
| | 48班 | 深标：— | 深标：34627m²（14.43m²/人） |
| 九年制学校 | 27班 | 深标：12200～19500m² | 深标：— |
| | 36班 | 深标：16300～25700m² | 深标：21160m²（12.60m²/人） |
| | 45班 | 深标：20400～32000m² | 深标：25965m²（12.36m²/人） |
| | 54班 | 深标：24400～38500m² | 深标：30577m²（12.13m²/人） |
| | 72班 | 深标：32400～51000m² | 深标：39084m²（11.63m²/人） |

注：（1）深标规定的学校用地面积指标取自《深圳市城市规划标准与准则》（2018年版），表5.4.1。
　　（2）深标规定的学校建筑面积指标取自《深圳市普通中小学校建设标准指引》（2016年版），第十八条表11。
　　（3）国标《城市居住区规划设计标准》GB 50180—2018对学校规模、用地面积、建筑面积，均无设计参数（参见标准附录C表C.0.1）。

## 16.1.3 校址规划与场地要求

1. 校址规划：学校应按服务范围均衡分布。服务半径以完小500m、初中1000m、九年制学校500～1000m为宜，步行时间以小学生约10min、中学生约15～20min为控，并以小学生避免穿越城市干道、中学生尽量不穿越城市主干道为适合。

2. 场地选址：学校应建设在阳光充足、空气流动、场地干燥、排水畅通、地势较高的安全地段。

3. 市政交通：学校周边应有良好的交通条件。与学校毗邻的城市主干道应设置相应的安全设施，以保障学生安全通过。

4. 防噪间距：学校主要教学用房的设窗外墙与铁路路轨的距离应不小于300m，与高速路、地上轨道交通线、城市主干道的距离应不小于80m。当距离不足时，应采取有效的隔声措施。

5. 防火间距：学校建筑之间及与其他民用建筑之间，与单独建造的变电站、终端变电站及燃油、燃气或燃煤锅炉房，与燃气调压站、液化石油气气化站或混气站、城市液化石油气供应站瓶库等，防火间距应符合《建筑设计防火规范》GB 50016—2014（2018年版）的相关规定。

6. 防灾防污：学校严禁建设在地震、地质坍塌、暗河、洪涝等自然灾害及人为风险高的地段和污染超标的地段。学校与污染源的防护距离应符合环保部门的相关规定。

7. 防险防爆：学校严禁建设在高压电线、长输天然气管道、输油管道穿越或跨越的地段。学校与周界外危险管线的防护距离及安全措施应符合国家现行的相关规定。

8. 防病毒源：学校应远离殡仪馆、医院太平间、传染病院等各类病毒、病源集中的建筑。

9. 防燃爆场：学校应远离甲、乙类厂房和仓库及甲、乙、丙类液体储罐（区），可燃、助燃气体储罐（区），可燃材料堆场等各类易燃、易爆的场所。

# 16.2 总平面设计要点

## 16.2.1 用地组成

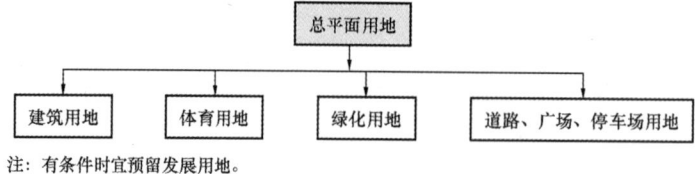

注：有条件时宜预留发展用地。

图 16.2.1 用地组成

## 16.2.2 设计内容

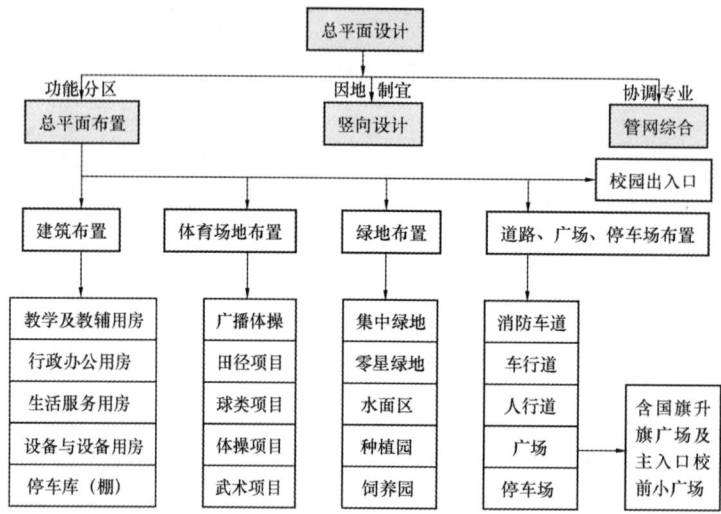

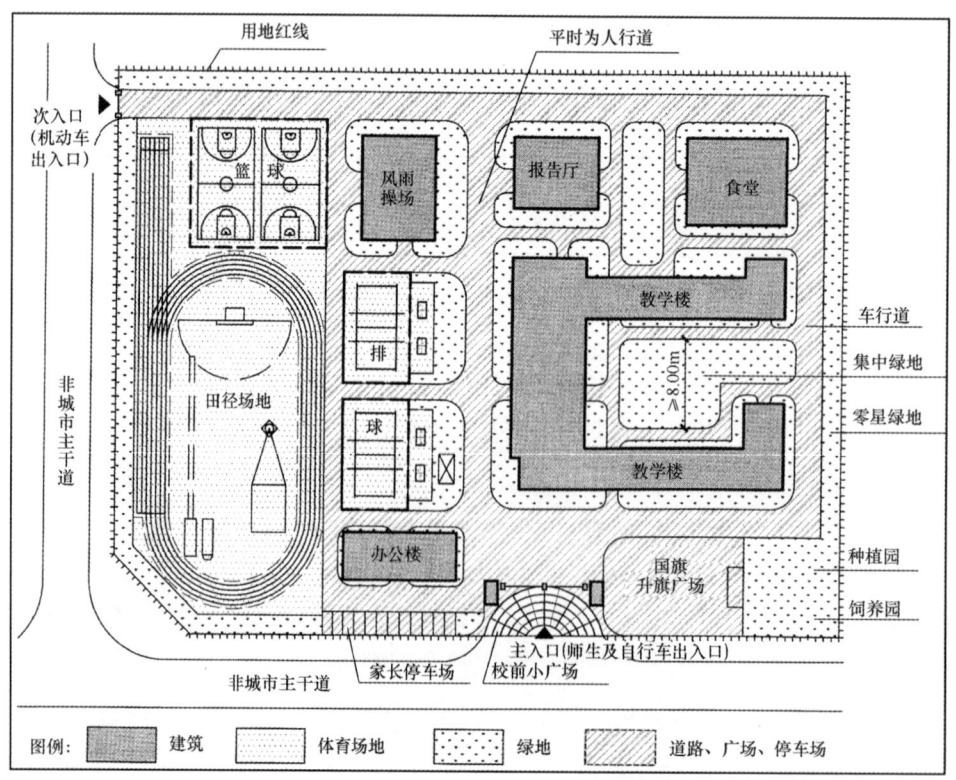

图 16.2.2 校园总平面及出入口布置示意图

### 16.2.3　建筑布置

1. 功能分区：各建筑、各用地应按功能分区明确，动静分区、洁污分区合理，既联系方便、又互不干扰。

2. 地上楼层：小学的主要教学用房不应设在四层以上，中学的主要教学用房不应设在五层以上；中小学的教学辅助用房、行政办公用房可酌情增设在四层/五层以上，但建筑高度宜≤50m（图16.2.3-1）。

3. 地下空间：教学用房、学生宿舍不得设在地下室或半地下室，但停车库、设备用房及厨房、洗衣房等生活服务用房不受此限。

4. 建筑间距：影响学校建筑间距的因素很多，起主导作用的是日照和防噪，择其最大间距。

日照间距：普通教室冬至日底层满窗日照应不小于2h。小学应不小于1间科学教室、中学应不小于1间生物实验室，其室内能在冬季获得直射阳光（图16.2.3-2）。

防噪间距：各类教室的外窗与相对的教学用房外窗的距离应不小于25m；各类教室的外窗与相对的室外运动场地边缘的距离应不小于25m。

5. 建筑朝向：决定学校建筑朝向的因素很多，起主导作用的是日照和通风，择其最优朝向。

日照朝向：教学用房以朝南向和东南向为主，以获得冬季良好的日照环境。

通风朝向：建筑主面应避开冬季主导风向，有效阻挡寒风，冬季趋日避寒；建筑主面应迎向夏季主导风向，有效组织气流，夏季趋风散热（图16.2.3-3）。

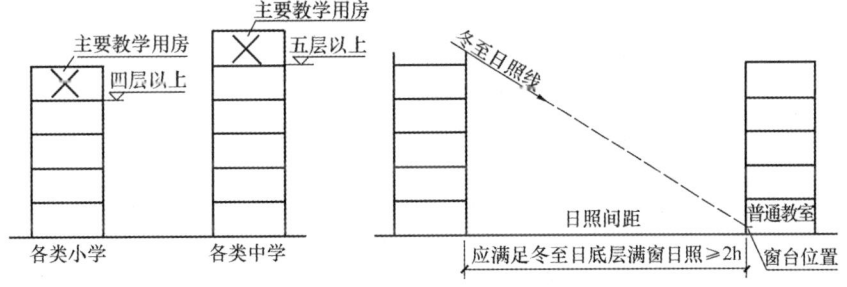

图16.2.3-1　地上楼层示意图　　　　图16.2.3-2　日照间距示意图

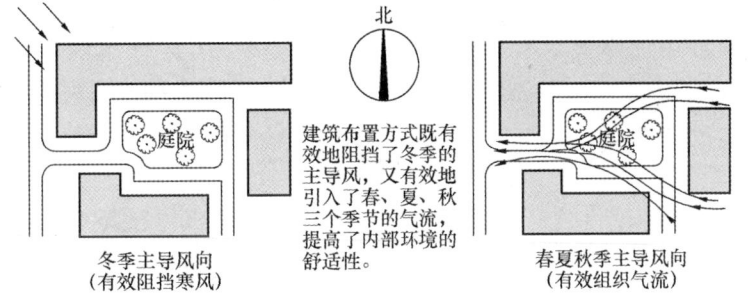

图16.2.3-3　通风朝向示意图

### 16.2.4　体育场地布置

1. 用地指标（表16.2.4）：

中小学校主要体育项目的用地指标　　　　　　表16.2.4

| 项　目 | 最小场地（m） | 最小用地（m²） | 备　注 |
|---|---|---|---|
| 广播体操 | — | 小学 2.88/生 | 按全校学生数计算，可与球场共用 |
| | — | 中学 3.88/生 | |

| 项　目 | 最小场地（m） | 最小用地（m²） | 备　注 |
|---|---|---|---|
| 60m 直跑道 | 92.00×6.88 | 632.96 | 4 道 |
| 100m 直跑道 | 132.00×6.88 | 908.16 | 4 道 |
| | 132.00×9.32 | 1230.24 | 6 道 |
| 200m 环道 | 99.00×44.20（60m 直道） | 4375.80 | 4 道环形跑道；含 6 道直跑道 |
| | 132.00×44.20（100m 直道） | 5834.40 | |
| 300m 环道 | 143.32×67.10 | 9616.77 | 6 道环形跑道；含 8 道 100m 直跑道 |
| 400m 环道 | 176.00×91.10 | 16033.60 | 6 道环形跑道；含 8 道、6 道 100m 直跑道 |
| 足球 | 94.00×48.00 | 4512.00 | — |
| 篮球 | 32.00×19.00 | 608.00 | — |
| 排球 | 24.00×15.00 | 360.00 | — |
| 跳高 | 坑 5.10×3.00 | 706.76 | 最小助跑半径 15.00m |
| 跳远 | 坑 2.76×9.00 | 248.76 | 最小助跑长度 40.00m |
| 立定跳远 | 坑 2.76×9.00 | 59.03 | 起跳板后 1.20m |
| 铁饼 | 半径 85.50 的 40°扇面 | 2642.55 | 落地半径 80.00m |
| 铅球 | 半径 29.40 的 40°扇面 | 360.38 | 落地半径 25.00m |
| 武术、体操 | 14.00 宽 | 320.00 | 包括器械等用地 |

注：体育用地范围计量界定于各种项目的安全保护区（含投掷类项目的落地区）的外缘。

2. 田径场地：小学设 200m 标准环道（4 条环形跑道＋6 条 60m 直跑道）＋不小于 100m² 器械场地；中学设 200～400m 标准环道（4～6 条环形跑道＋6～8 条 100m 直跑道）＋不小于 150m²（九年制≥200m²）器械场地。

3. 球类场地：小学设不小于 2 个篮球场＋不小于 2 个排球场（兼羽毛球场）；中学设不小于 2 个篮球场（九年制不小于 3 个）＋不小于 2 个排球场（兼羽毛球场）。

4. 偏斜角度：室外田径场地及足、篮、排等各球类场地的长轴按南北向布置；南北长轴偏西宜小于 10°、偏东宜小于 20°，避免东西向投射、接球造成眩光冲撞（图 16.2.4）。

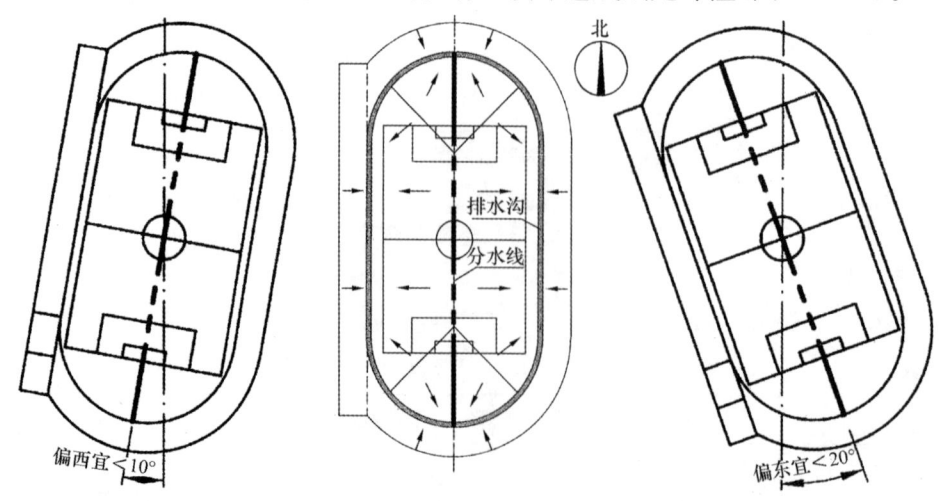

图 16.2.4　田径场地偏移角度示意图

### 16.2.5  绿地布置

1. 用地指标：绿化用地按小学宜不小于 0.5m²/生、中学宜不小于 1.0m²/生。

2. 集中绿地：宽度应不小于 8m，且应满足不小于 1/3 的绿地面积处在标准的建筑日照阴影线范围之外。

3. 动植物园：种植园、小动物饲养园应设于校园下风向的位置。

### 16.2.6  道路、广场、停车场布置

1. 校园道路：应与校园主出入口、各建筑出入口、各活动场地出入口衔接，应与校园次出入口连通；消防车道、灭火救援场地可利用校园道路、广场，但应满足消防车通行、转弯、停靠和登高操作的要求。

2. 道路宽度：车行道的宽度按双车道不小于 7m、单车道不小于 4m，人行道的宽度按通行人数的 0.7m/每 100 人计算且宜不小于 3m；消防车道的净宽度和净空高度均应不小于 4m。

3. 道路高差：校园内人流集中的道路不宜设台阶，宜采用坡道等无障碍设施处理道路高差；道路高差变化处如设台阶时，踏步级数应不小于 3 级且不得采用扇形踏步。

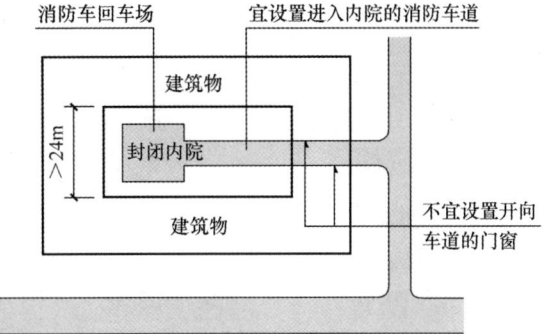

图 16.2.6  进入建筑内院的消防车道示意图

4. 道路安全：校园内停车场及地下停车库的出入口，不应直接通向师生人流集中的道路。

5. 内院道路：当有短边长度大于 24m 的封闭内院式建筑围合时，宜设置进入建筑内院的消防车道(图 16.2.6)。

6. 升旗广场：应在校园的显要位置设置国旗升旗广场。

7. 架空停车：当受场地限制时，教师专用停车位可部分设置在风雨操场下的架空层内。

### 16.2.7  校园出入口

1. 接口方式：校园出入口应与市政道路衔接，但不应直接与城市主干道连通(图 16.2.7)。

2. 分口出入：校园分位置、分主次应设不小于 2 个出入口，且应人、车分流，并宜人、车专用；消防出入口可利用校园出入口，但应满足消防车至少有两处分别进入校园实施灭火救援的要求。

3. 安全距离：校园出入口与周边相邻基地机动车出入口的间隔距离应不小于 20m。

4. 缓冲场地：主入口、正门外应设校前小广场，起缓冲场地的作用。

5. 临时停车：主入口、正门外附近需设自行车及机动车停车场，供家长临时停车，以免堵塞校门。

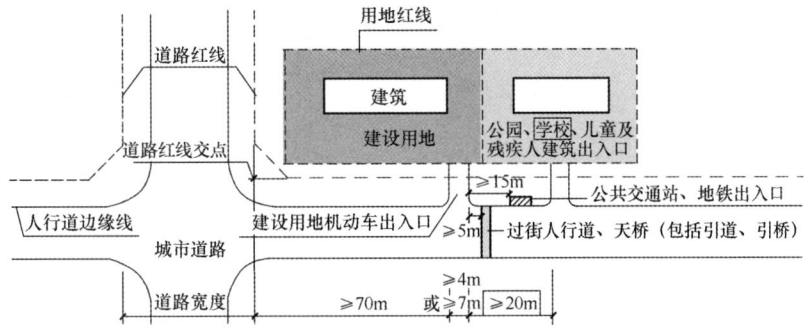

图 16.2.7  校园出入口与周边相邻基地机动车出入口的间隔距离示意图

### 16.2.8 总平面基本模式与设计实例

主入口设于教学区前
主入口设于教学区与体育场地之间
因地制宜
主入口
主入口
主入口
主入口
主入口

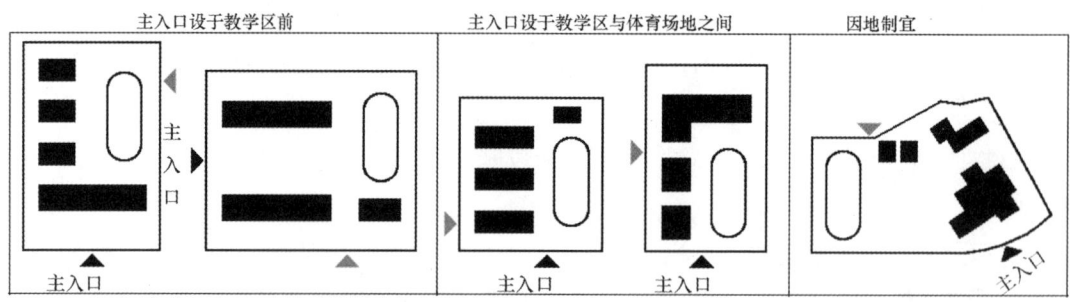

图 16.2.8-1 总平面基本模式

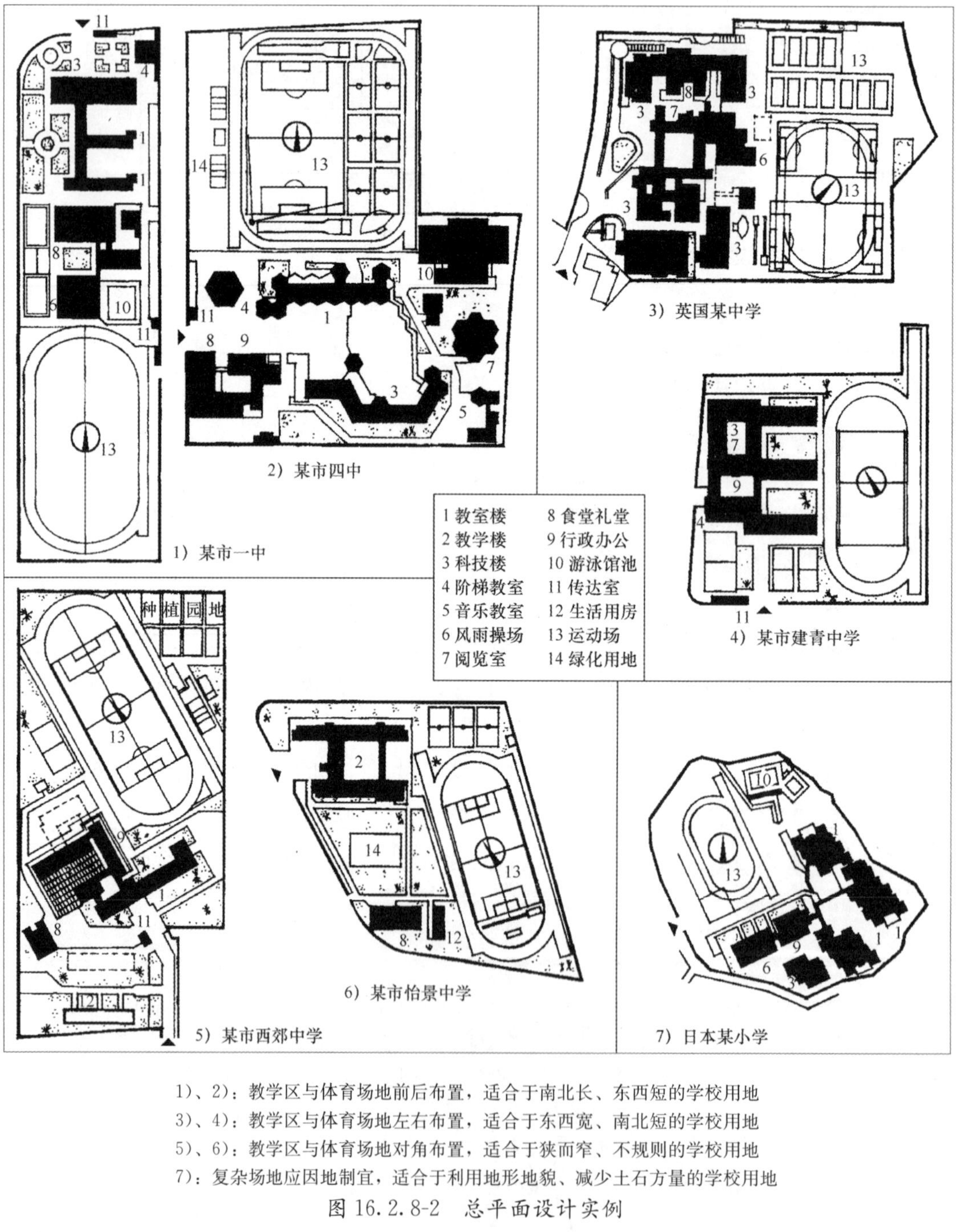

1）某市一中
2）某市四中
3）英国某中学
4）某市建青中学
1 教室楼
2 教学楼
3 科技楼
4 阶梯教室
5 音乐教室
6 风雨操场
7 阅览室
8 食堂礼堂
9 行政办公
10 游泳馆池
11 传达室
12 生活用房
13 运动场
14 绿化用地
种植园地
5）某市西郊中学
6）某市怡景中学
7）日本某小学

1）、2）：教学区与体育场地前后布置，适合于南北长、东西短的学校用地
3）、4）：教学区与体育场地左右布置，适合于东西宽、南北短的学校用地
5）、6）：教学区与体育场地对角布置，适合于狭而窄、不规则的学校用地
7）：复杂场地应因地制宜，适合于利用地形地貌、减少土石方量的学校用地

图 16.2.8-2 总平面设计实例

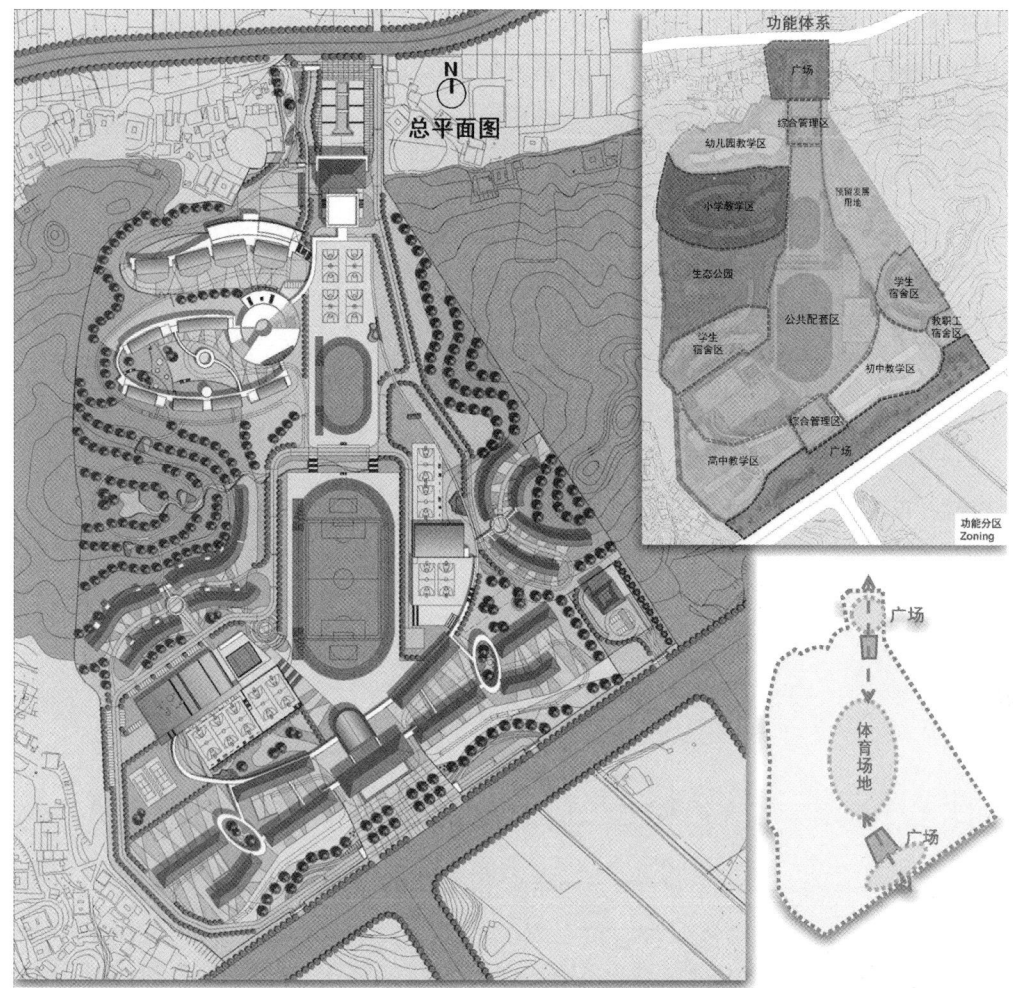

图16.2.8-3　总平面设计实例——某外国语学校总平面图与鸟瞰图

某外国语学校建成于2015年，总用地面积266632m²，总建筑面积101755m²（图16.2.8-3）。作为完整教育体系"一校四部"的综合性学校，囊括了22班幼儿园、36班小学部、30班初中部、30班高中部、南北综合楼及学生宿舍、教师公寓等配套设施。校园坐落于钟灵毓秀的青山幽谷，东西两侧为郁郁葱葱的绿色丘陵，南北主入口通过校前广场与城市道路衔接。

明确的中轴线贯穿整个校园，北端为北综合楼及校前广场，构成幼儿园、小学部的主入口，南端为南综合楼及校前广场，构成初中部、高中部的主入口。体育场地沿着中轴线布置，建筑、绿地环绕着中轴线布置，交通采用人、车分口出入的分流体系。

设计将自然山水渗入校园环境，将客家元素融入建筑风格，旨在创建集室内外互动学习空间、客家文化聚落空间、绿色生态休闲空间于一体的"绿谷校园"。

# 16.3 建筑设计要点

## 16.3.1 建筑组成

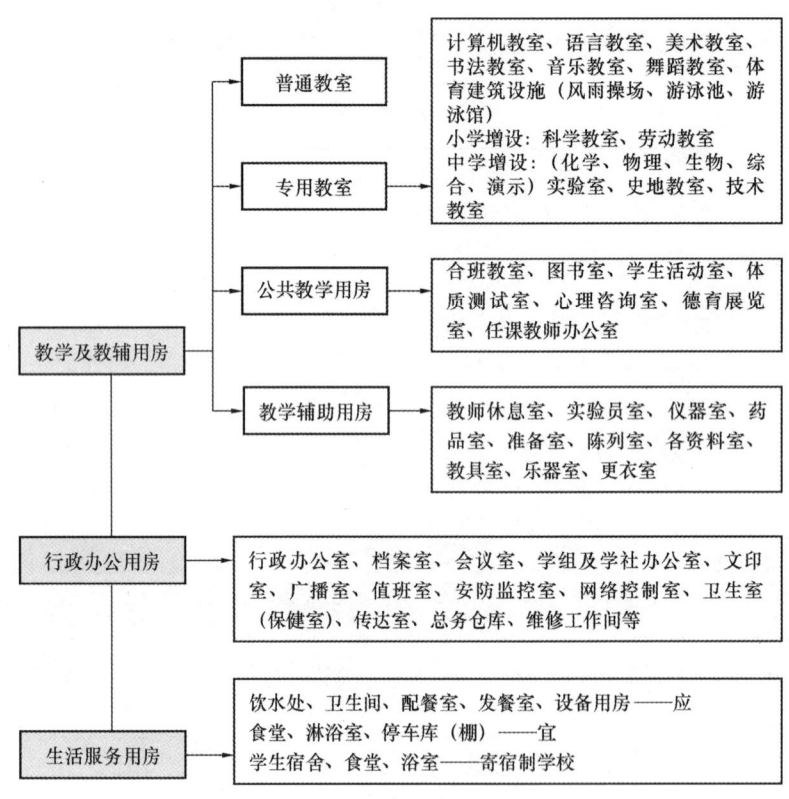

图 16.3.1 建筑组成

## 16.3.2 设计内容

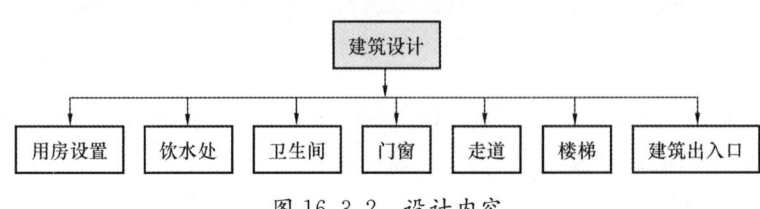

图 16.3.2 设计内容

**16.3.3 教学及教辅用房设置**

1. 功能分区：各用房、各部位应按功能分区明确，动静分区、洁污分区合理，既联系方便，又互不干扰。

2. 交通组织：教学用房宜采用外廊或外走道，尽量避免内廊或内走道。教学建筑宜采用半围合或敞开庭院式围合，不宜采用封闭内院式围合。

3. 日照朝向：教学用房以朝南向和东南向为主，以获得冬季良好的日照环境。

4. 采光朝向：教学用房宜避免东西向暴晒眩光，以获得室内良好的采光环境。普通教室、大部分专用教室及合班教室、图书室，宜双向采光。当单向采光时，光线应自学生座位左侧射入；当南向为外廊时，应以北向窗为主采光面。

5. 噪声控制：音乐教室、舞蹈教室应设在不干扰其他教学用房的位置。风雨操场应设在远离教学用房、靠近体育场地的位置。

6. 面积指标：

主要教学用房的使用面积指标（m²/座）

表 16.3.3-1

| 房间名称 | 小学 | 中学 |
|---|---|---|
| 普通教室 | 1.36 | 1.39 |
| 科学教室 | 1.78 | — |
| 实验室 | — | 1.92 |
| 综合实验室 | — | 2.88 |
| 演示实验室 | — | 1.44 |
| 史地教室 | | 1.92 |
| 计算机教室 | 2.00 | 1.92 |
| 语言教室 | 2.00 | 1.92 |
| 美术教室 | 2.00 | 1.92 |
| 书法教室 | 2.00 | 1.92 |
| 音乐教室 | 1.70 | 1.64 |
| 舞蹈教室 | 2.14 | 3.15 |
| 合班教室 | 0.89 | 0.90 |
| 学生阅览室 | 1.80 | 1.90 |
| 教师阅览室 | 2.30 | 2.30 |
| 视听阅览室 | 1.80 | 2.00 |
| 报刊阅览室 | 1.80 | 2.30 |

主要教学辅助用房的使用面积指标（m²/间）

表 16.3.3-2

| 房间名称 | 小学 | 中学 |
|---|---|---|
| 普通教室教师休息室 | (3.50) | (3.50) |
| 实验员室 | 12.00 | 12.00 |
| 仪器室 | 18.00 | 24.00 |
| 药品室 | 18.00 | 24.00 |
| 准备室 | 18.00 | 24.00 |
| 标本陈列室 | 42.00 | 42.00 |
| 历史资料室 | 12.00 | 12.00 |
| 地理资料室 | 12.00 | 12.00 |
| 计算机教室资料室 | 24.00 | 24.00 |
| 语言教室资料室 | 24.00 | 24.00 |
| 美术教室教具室 | 24.00 | 24.00 |
| 乐器室 | 24.00 | 24.00 |
| 舞蹈教室更衣室 | 12.00 | 12.00 |

注：(1)任课教师办公室应按每位教师使用面积不小于 5.0m² 计算。

(2)心理咨询室宜分设为相连通的 2 间，其中 1 间平面尺寸宜不小于 4.00m×3.40m，以便容纳沙盘测试。心理咨询室可附设能容纳 1 个班的心理活动室。

(3)劳动教室和技术教室的使用面积应按课程内容的工艺要求等因素确定。

(4)体育建筑设施的使用面积应按选定的运动项目确定。

7. 最小净高：

主要教学用房的最小净高（m）

表 16.3.3-3

| 教室 | 小学 | 初中 | 高中 |
|---|---|---|---|
| 普通教室、史地、美术、音乐教室 | 3.00 | 3.05 | 3.10 |
| 舞蹈教室 | | 4.50 | |

| 教室 | 小学 | 初中 | 高中 |
|---|---|---|---|
| 科学教室、实验室、计算机教室、<br>劳动教室、技术教室、合班教室 | | 3.10 | |
| 阶梯教室 | | 最后一排（楼地面最高处）<br>距顶棚或上方突出物最小距离为 2.20m | |

**风雨操场的最小净高取决于所设运动项目的场地最小净高（m）**　　　表 16.3.3-4

| 运动项目 | 田径 | 篮球 | 排球 | 羽毛球 | 乒乓球 | 体操 |
|---|---|---|---|---|---|---|
| 最小净高 | 9 | 7 | 7 | 9 | 4 | 6 |

8. 采光标准：

**教学用房工作面或地面上的采光系数标准和窗地面积比**　　　表 16.3.3-5

| 房间名称 | 规定采光系数的平面 | 采光系数最低值（%） | 窗地面积比 |
|---|---|---|---|
| 普通教室、史地教室、美术教室、书法教室、<br>语言教室、音乐教室、合班教室、阅览室 | 课桌面 | 2.0 | 1：5.0 |
| 科学教室、实验室 | 实验桌面 | 2.0 | 1：5.0 |
| 计算机教室 | 机台面 | 2.0 | 1：5.0 |
| 舞蹈教室、风雨操场 | 地面 | 2.0 | 1：5.0 |
| 办公室、保健室 | 地面 | 2.0 | 1：5.0 |
| 饮水处、厕所、淋浴 | 地面 | 0.5 | 1：10.0 |
| 走道、楼梯间 | 地面 | 1.0 | — |

9. 隔声标准：

**主要教学用房的隔声标准**　　　表 16.3.3-6

| 房间名称 | 空气声隔声标准（dB） | 顶部楼板撞击声隔声单值评价量（dB） |
|---|---|---|
| 语言教室、阅览室 | ≥50 | ≤65 |
| 普通教室、实验室等与不产生噪声的房间之间 | ≥45 | ≤75 |
| 普通教室、实验室等与产生噪声的房间之间 | ≥50 | ≤65 |
| 音乐教室及其他产生噪声的房间之间 | ≥45 | ≤65 |

注：（1）大多数的砌体墙加双面粉刷均能满足空气声隔声要求。

　　（2）地毯、木地板、隔声砂浆、隔声垫、浮筑楼板等均能满足顶部楼板撞击声隔声要求。

10. 防护设计：中小学校的临空处应采取防止学生坠落、满足防护高度的安全设计要求。

窗台净高：室内房间（包括楼电梯间）临空处的窗台净高应不小于 0.90m，小于 0.90m 时应采取防护措施（加护栏）。

护栏净高：室内回廊及敞开式楼梯、中庭、内院、天井等临空处的护栏净高应不小于 1.20m；

　　　　　上人屋面及敞开式外廊、楼梯、平台、阳台等临空处的护栏净高应不小于 1.20m。

安全措施：室内外的护栏净高均应从"可踏面"算起(若出现时)。

护栏最薄弱处所能承受的水平推力应不小于1.50kN/m。

护栏杆件或花饰的镂空净距应不大于0.11m，应采用防攀登及防攀滑的构造。

11. 玻璃幕墙：中小学校新建、改建、扩建工程以及立面改造工程，在一层严禁采用全隐框玻璃幕墙，在二层及以上各层不得采用玻璃幕墙。

### 16.3.4 饮水处、卫生间设置

1. 饮水处：教学建筑内应每层设置，饮水处前应设等候空间，且不得挤占走道的疏散宽度。

每处饮水嘴数量(个)=每层学生人数/每40~45人(≈每班1个)。

2. 卫生间：教学建筑内应每层设置，分男、女学生及男、女教师卫生间，各前室不得共用。

每层学生卫生间洁具数量：

男卫大便器(个)=每层男生数/每40人(或×1.20m长大便槽)(≈每班0.5个)

男卫小便斗(个)=每层男生数/每20人(或×0.60m长小便槽)(≈每班1个)

女卫大便器(个)=每层女生数/每13人(或×1.20m长大便槽)(≈每班2个)

前室洗手盆(个)=每层学生数/每40~45人(或×0.60m长盥洗槽)(≈每班1个)

### 16.3.5 门窗设计

教学建筑的疏散门、内外窗应按照利于疏散顺畅、防止外窗脱落的安全设计要求。

1. 疏散门：各教学用房的疏散门均应向疏散方向开启，开启后不得挤占走道的疏散宽度。

每房间疏散门的数量和宽度应经计算确定且应不小于2个门、每门净宽应不小于0.90m，相邻2个疏散门间距应不小于5m(图16.3.5-1)。

位于袋形走道尽端的教室，当教室内任一点至疏散门的直线距离不大于15m时，可设1个门且净宽应不小于1.50m。

2. 内外窗：教学用房隔墙上的内窗，在距地高度小于2m范围内，向走道开启后不得挤占走道的疏散宽度，向室内开启后不得影响教室的使用空间(不小于2m时不受此限)。

教学用房临空处的外窗，在二层及以上各层不得向室外开启(装有擦窗安全设施时不受此限)。

教学及教辅用房的外窗应满足采光、通风、保温、隔热、散热、遮阳等节能标准和教学要求，且不得采用彩色玻璃(图16.3.5-2)。

3. 救援窗：多、高层教学建筑的外墙，均应在每层的适当位置设消防专用的救援窗口(图16.3.5-3)。

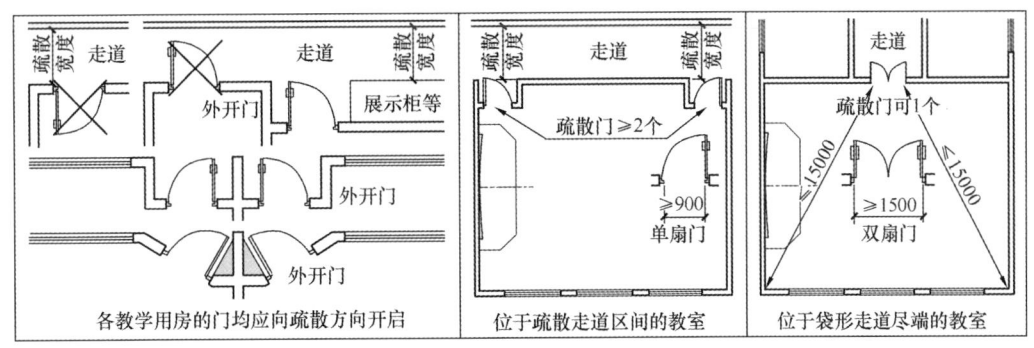

图16.3.5-1 各教学用房及各教室疏散门设计要求示意图

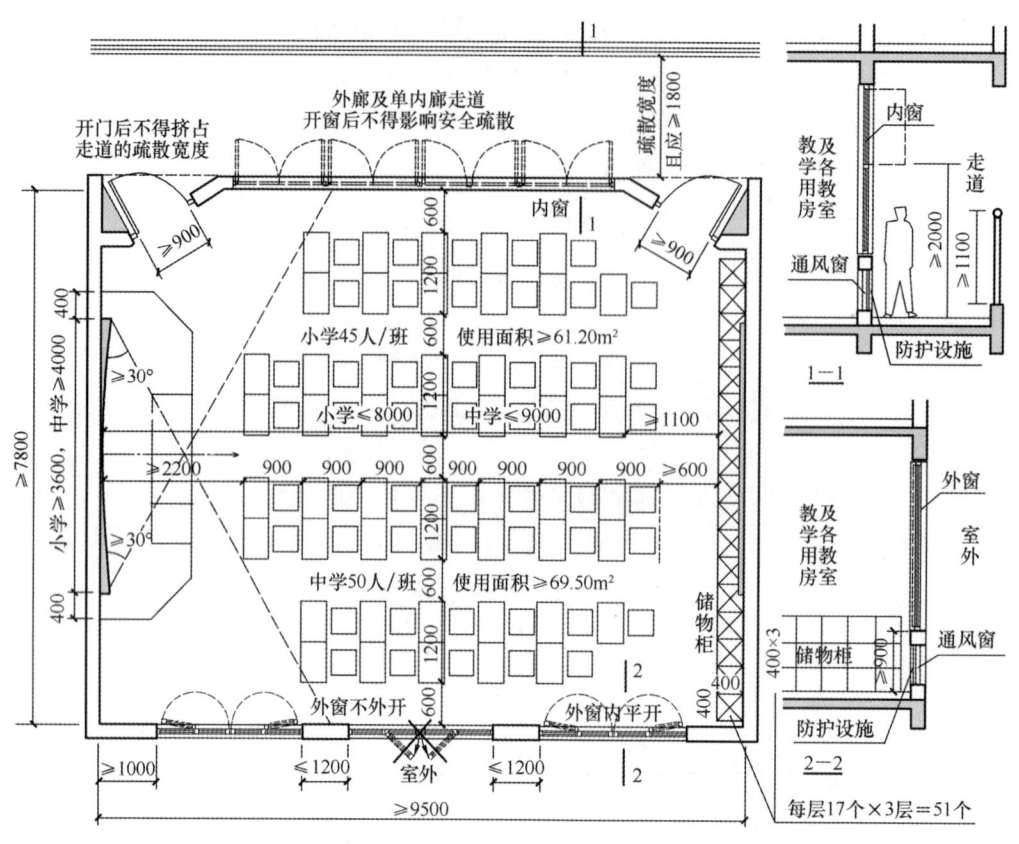

图 16.3.5-2　普通教室及门窗设计要求示意图

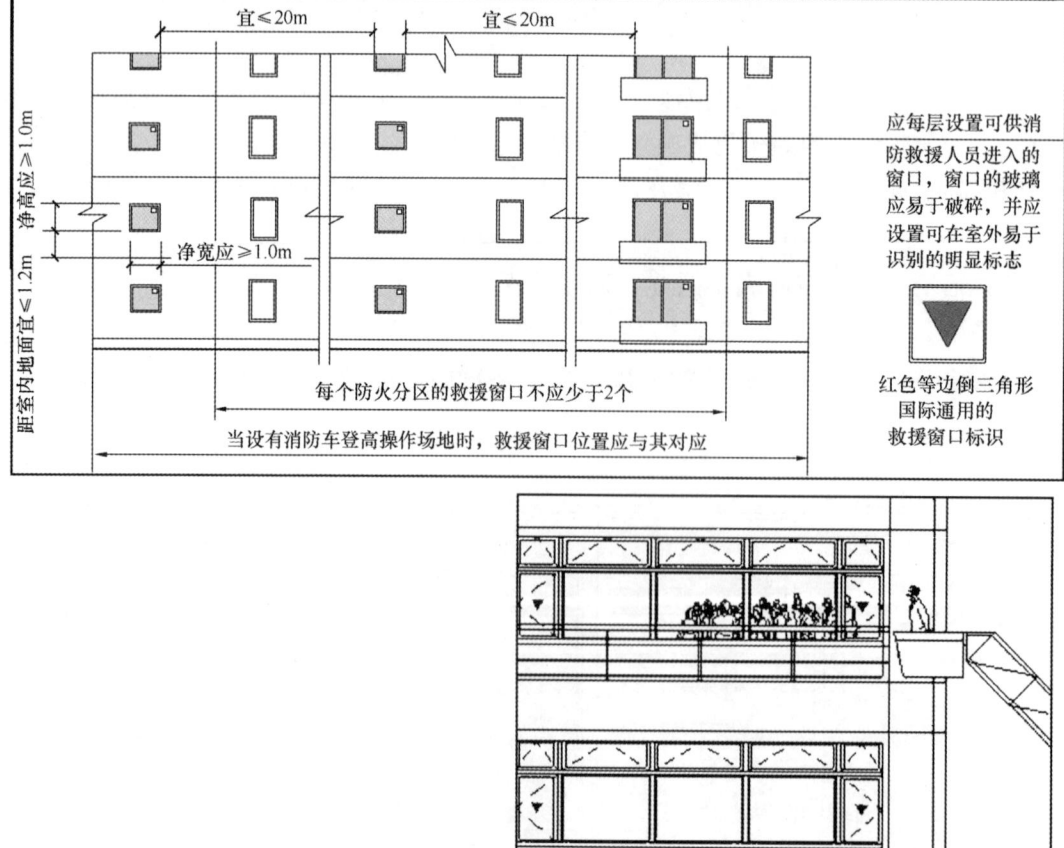

图 16.3.5-3　消防救援窗口设计要求示意图

#### 16.3.6　走道设计

教学建筑的走道应按照满足疏散宽度、符合防火规定的安全设计要求(图 16.3.6)。

1. 走道宽度：走道的疏散宽度应经计算确定且应不小于 2 股人流，并应按 0.60m/每股整倍加宽。

2. 教学走道：单面布房的外廊及外走道净宽应不小于 1.80m(不小于 3 股人流)；
双面布房的内廊及内走道净宽应不小于 2.40m(不小于 4 股人流)。

3. 走道高差：走道高差变化处应设台阶时，踏步级数应不小于 3 级且不得采用扇形踏步；
走道高差不足 3 级踏步时应设坡道，坡道的坡度应不大于 1∶8 且宜不大于 1∶12。

4. 安全措施：疏散走道应采用防滑构造做法。
疏散走道上不得使用弹簧门、旋转门、推拉门、大玻璃门等欠安门。
走道的疏散宽度内不得设有壁柱、消火栓、开启的门窗扇等凸障物。

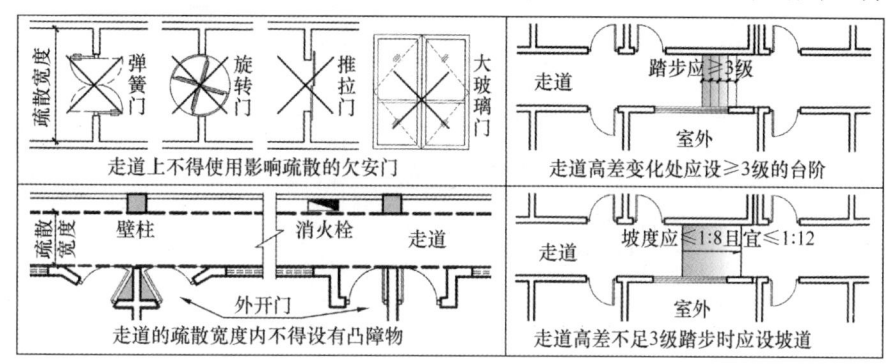

图 16.3.6　教学建筑走道设计要求示意图

#### 16.3.7　楼梯设计

教学建筑的楼梯应按照满足疏散宽度、符合防火规定的安全设计要求(图 16.3.7-1～图 16.3.7-3)。

1. 楼梯宽度：楼梯的疏散宽度应经计算确定且应不小于 2 股人流，并应按 0.60m/每股整倍加宽。

2. 楼梯踏步：小学楼梯每级踏步的踏宽应不小于 0.26m、踏高应不大于 0.15m；
中学楼梯每级踏步的踏宽应不小于 0.28m、踏高应不大于 0.16m。

3. 楼梯梯段：梯段净宽应不小于 1.20m、坡度应不大于 30°、踏步级数应不小于 3 级，且不大于 18 级。

4. 楼梯平台：平台净深应不小于梯段净宽且应不小于 1.20m。

5. 楼梯梯井：梯井净宽应不大于 0.11m，大于 0.11m 时应采取防护措施(按临空处扶手净高)。

6. 楼梯栏杆：楼梯栏杆件或花饰的镂空净距应不大于 0.11m，应采用防攀登及防攀滑的构造。

7. 扶手设置：梯宽 1.20m 时可一侧设、1.80m 时应两侧设、2.40m 时两侧及中间均设。

8. 扶手净高：敞开楼梯间或封闭楼梯间的梯段扶手净高应不小于 0.90m、临空处的梯段扶手净高应不小于 1.20m。室内外敞开式楼梯的梯段扶手净高均应不小于 1.20m，室内外楼梯的水平扶手净高均应不小于 1.20m。室内外楼梯的梯段扶手及水平扶手净高均应从"可踏面"算起(若出现时)。

9. 安全措施：疏散楼梯不得采用螺旋楼梯和扇形踏步。疏散楼梯间应有天然采光和自然通风，两梯段间不得设置遮挡视线的隔墙。除首层及顶层外，中间各层的楼梯入口处宜设净深不小于梯段净宽的缓冲空间。

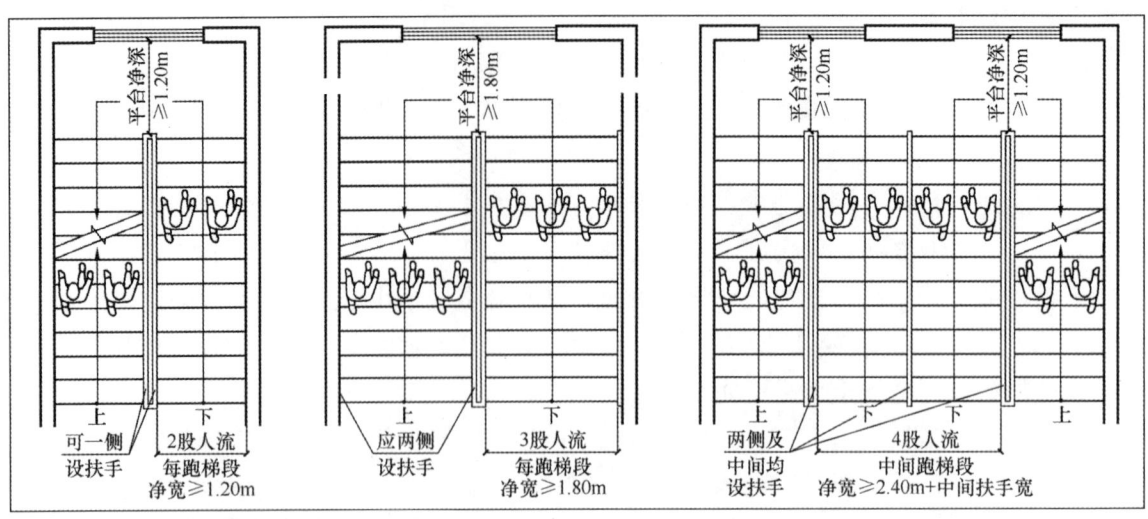

图 16.3.7-1　教学建筑楼梯设计要求示意图——楼梯平面

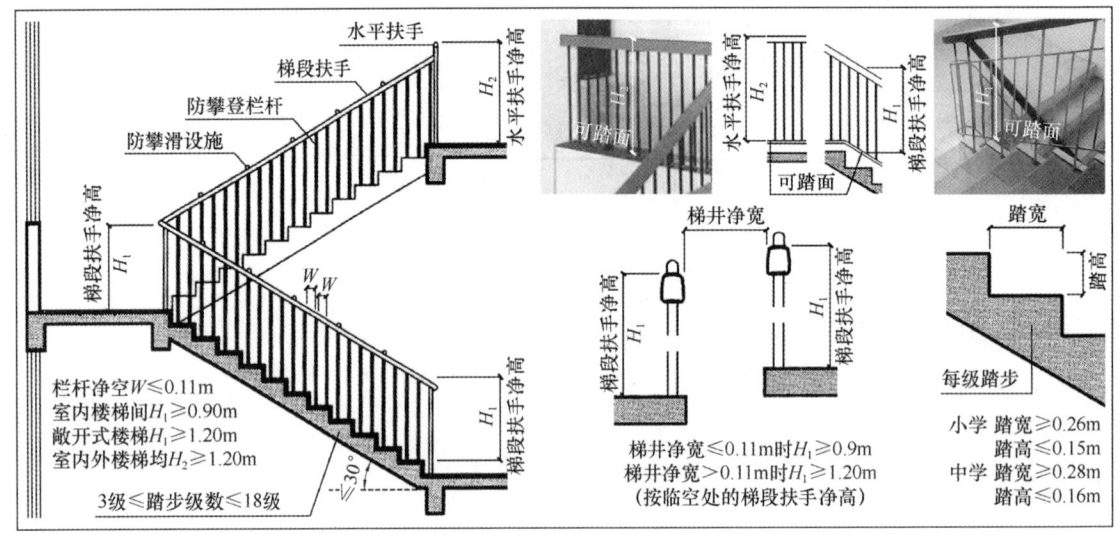

图 16.3.7-2　教学建筑楼梯设计要求示意图——楼梯剖面

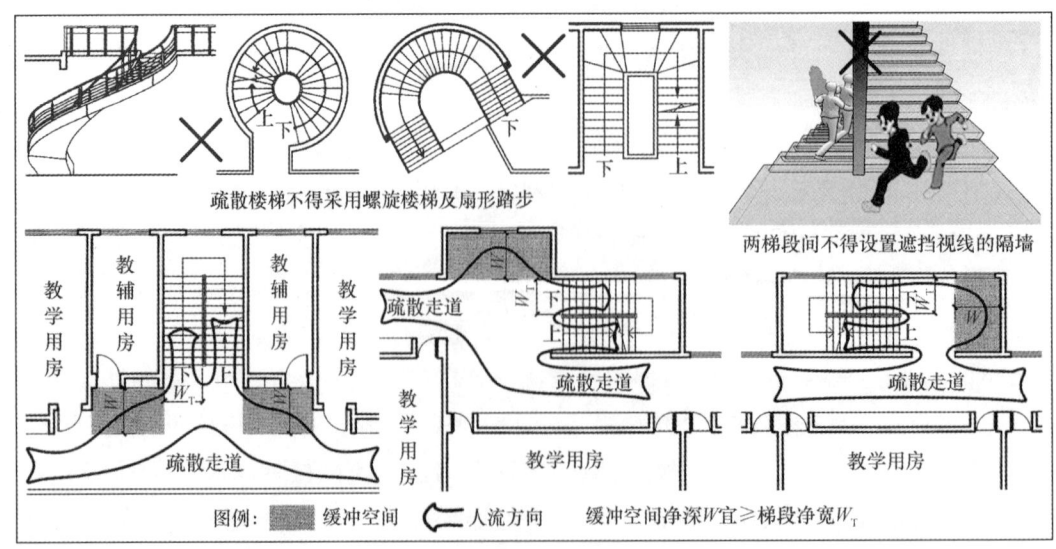

图 16.3.7-3　教学建筑楼梯设计要求示意图——安全措施

**16.3.8　建筑出入口**

教学建筑的出入口应按照满足安全疏散和灭火救援、符合防火规定的安全设计要求。

1. 接口方式：各建筑出入口应与校园道路衔接，应满足人员安全疏散、消防灭火救援的要求。

2. 安全出口：每栋首层安全出口的数量和宽度应经计算确定且应不小于2个，应满足首层出入口疏散外门的总净宽度要求。

3. 分口出入：地下设停车库时，停车库与上部教学建筑的出入口（安全出口和疏散楼梯）应分别独立设置。

4. 分流疏散：每栋建筑分位置、分人流应设不小于2个出入口，相邻2个出入口间距应不小于5m。

建筑总层数不大于3、每层建筑面积不大于200m²，第二、三层的人数之和不大于50人的单栋建筑，可设1个出入口（1个安全出口或1部疏散楼梯）。

5. 疏散外门：教学建筑首层出入口外门净宽应不小于1.40m，门内、外各1.50m范围内均无台阶。

6. 安全措施：教学建筑出入口应设置无障碍设施，并应采取防上部坠物、地面跌滑的措施。无障碍出入口的门、过厅如设两道门，同时开启后两道门扇的间距应不小于1.50m。

**16.3.9　无障碍设施**

1. 设置要求：中小学校建筑无障碍设施的设置应符合《无障碍设计规范》GB 50763—2012的相关规定。

2. 设置部位：教学建筑应设无障碍出入口、门厅、楼梯、走道、房间门、卫生间，宜设无障碍电梯。

**16.3.10　防火设计**

中小学校建筑防火设计应符合《建筑设计防火规范》GB 50016—2014（2018年版）、《中小学校设计规范》GB 50099—2011的相关规定，尚应符合国家现行有关标准的相关规定。

1. 建筑分类：使用人数大于500人（即不小于12班）、较大规模的中小学校按重要公共建筑（包括教学楼、办公楼及宿舍楼）。仅主要教学用房设在小学四层/中学五层及以下、$H$不大于24m时的教学建筑按多层重要公建。教学辅助用房、行政办公用房增设在四层/五层以上，$H$不大于24m时按多层重要公建，$H$大于24m时直接按一类。

2. 耐火等级：多层教学建筑的耐火等级不应低于二级，高层教学建筑的耐火等级不应低于一级。

3. 防火分区：多层教学建筑每个防火分区建筑面积应不大于2500m²，高层教学建筑每个防火分区建筑面积应不大于1500m²。

4. 疏散楼梯：多层教学建筑可以采用敞开楼梯间（有条件时尽量采用封闭楼梯间），高层教学建筑应采用防烟楼梯间。

5. 疏散宽度：每层的房间疏散门、疏散走道、疏散楼梯和安全出口的各自总净宽度，应根据每层的班数及班额人数确定出每层的疏散人数后，按与建筑总层数相对应的每层每100人的最小净宽度计算确定；见表16.3.10-1。

6. 疏散距离（图16.3.10）：每层直通疏散走道的各房间疏散门至最近安全出口的直线距离。对于多层教学建筑，非首层的安全出口定为敞开楼梯间的梯口或封闭楼梯间的梯门；对于高层教学建筑，非首层的安全出口定为防烟楼梯间的前室或合用前室的前室门；见表16.3.10-2。

**每层的房间疏散门、疏散走道、疏散楼梯和安全出口的最小净宽度**（m/每100人）

表 16.3.10-1

| 建筑总层数 | 耐火等级 | | |
|---|---|---|---|
| | 一、二级 | 三级 | 四级 |
| 地上四、五层时 | 地上每层均按≥1.05m/每100人 | ≥1.30m/每100人 | — |
| 地上三层时 | 地上每层均按≥0.80m/每100人 | ≥1.05m/每100人 | — |
| 地上一、二层时 | 地上每层均按≥0.70m/每100人 | ≥0.80m/每100人 | ≥1.05m/每100人 |
| 地下一、二层时 | 地下每层均按≥0.80m/每100人 | — | — |

注：(1)本表取自《中小学校设计规范》表8.2.3。教学建筑六层及以上时，地上每层仍按≥1.05m/每100人计算。非教学的学校建筑，建议可按2018年版《建筑设计防火规范》表5.5.21-1计算。

(2)当每层疏散人数不等时，疏散楼梯的总净宽度可分层计算：地上建筑内下层楼梯的总净宽度应按该层及以上疏散人数最多一层的人数计算；地下建筑内上层楼梯的总净宽度应按该层及以下疏散人数最多一层的人数计算。

(3)首层出入口疏散外门的总净宽度应按该建筑内疏散人数最多一层的人数计算。

**直通疏散走道的房间疏散门至最近安全出口的直线距离**（m）　表 16.3.10-2

| 单、多层教学建筑 | 位于两个安全出口之间的疏散门 | | |
|---|---|---|---|
| | 一、二级 | 三级 | 四级 |
| 至最近敞开楼梯间 | ≤30m | ≤25m | ≤20m |
| 至最近封闭楼梯间 | ≤35m | ≤30m | ≤25m |

| 单、多层教学建筑 | 位于袋形走道两侧或尽端的疏散门 | | |
|---|---|---|---|
| | 一、二级 | 三级 | 四级 |
| 至最近敞开楼梯间 | ≤20m | ≤18m | ≤8m |
| 至最近封闭楼梯间 | ≤22m | ≤20m | ≤10m |

注：(1)本表取自2018年版《建筑设计防火规范》表5.5.17中教学建筑/单、多层。高层教学建筑的疏散距离应按表5.5.17中教学建筑/高层安全出口之间≤30m，袋形走道≤15m及注1、3的规定执行。

(2)当疏散走道采用敞开式外廊时，至最近安全出口的直线距离可按本表增加5m。

(3)当建筑内全部设置自喷系统时，至最近安全出口的直线距离可按本表增加25%。

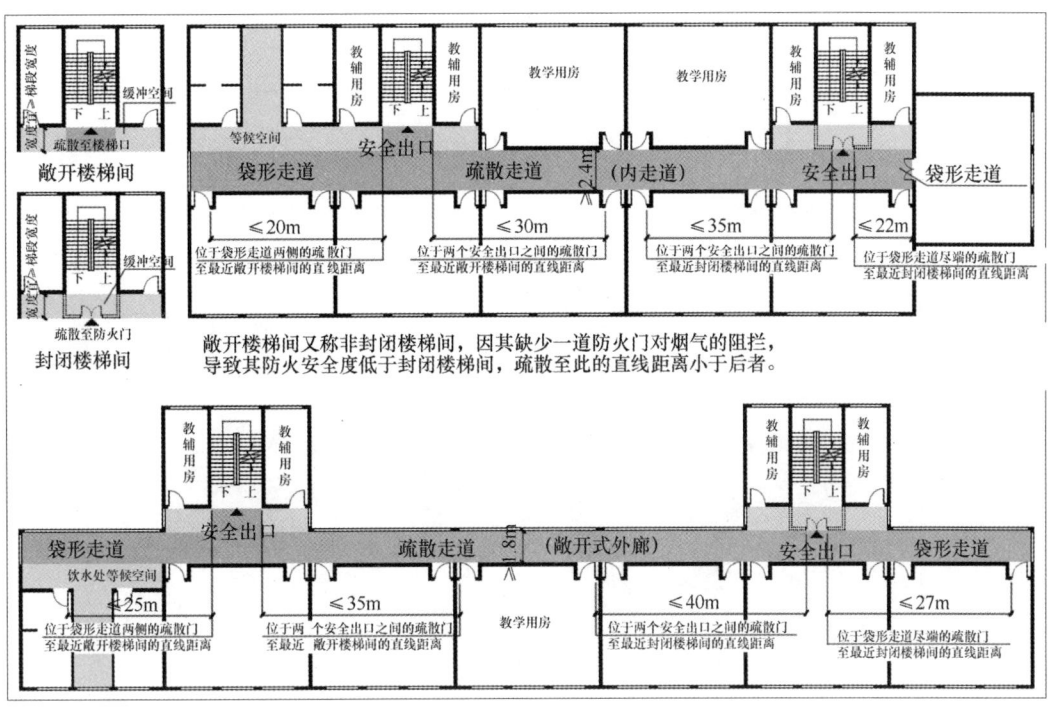

图 16.3.10  多层教学建筑疏散距离示意图

## 16.3.11  普通教室基本模式与单元组合

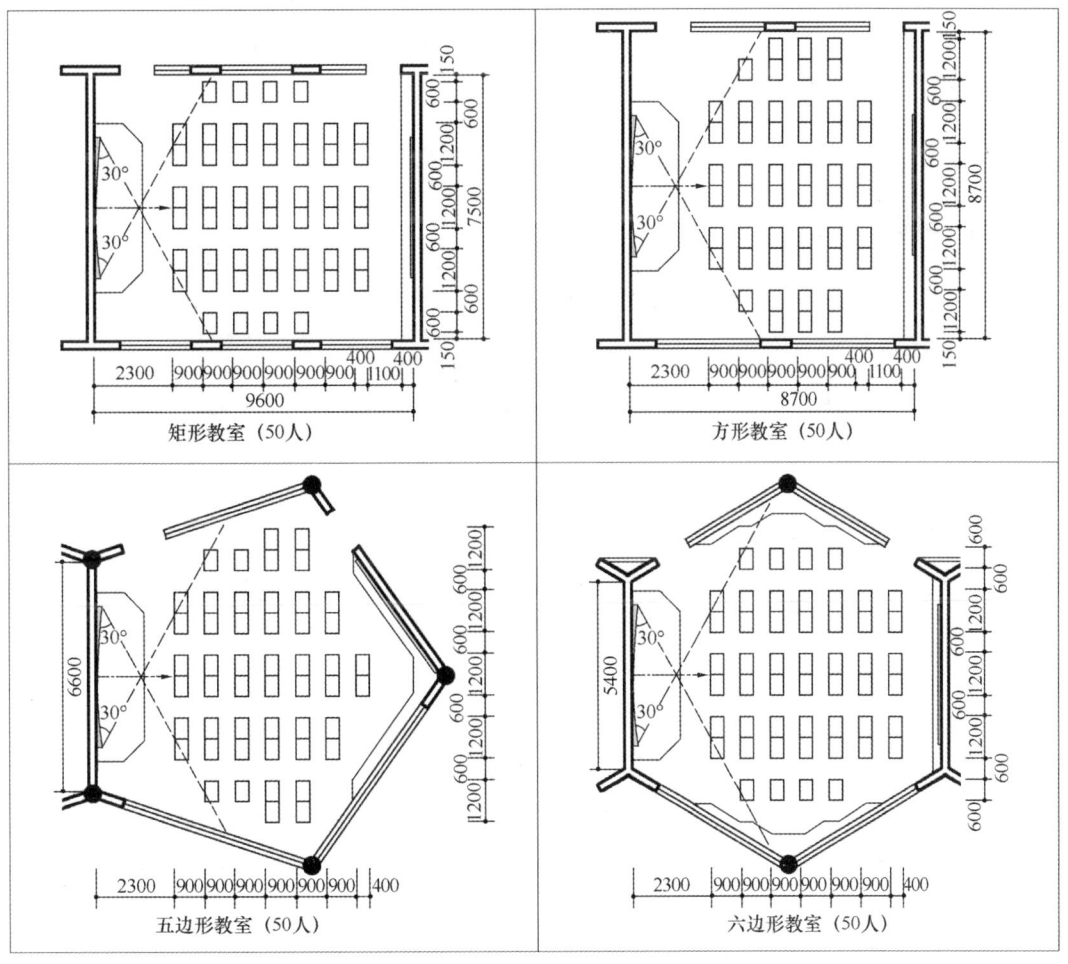

图 16.3.11-1  普通教室基本模式

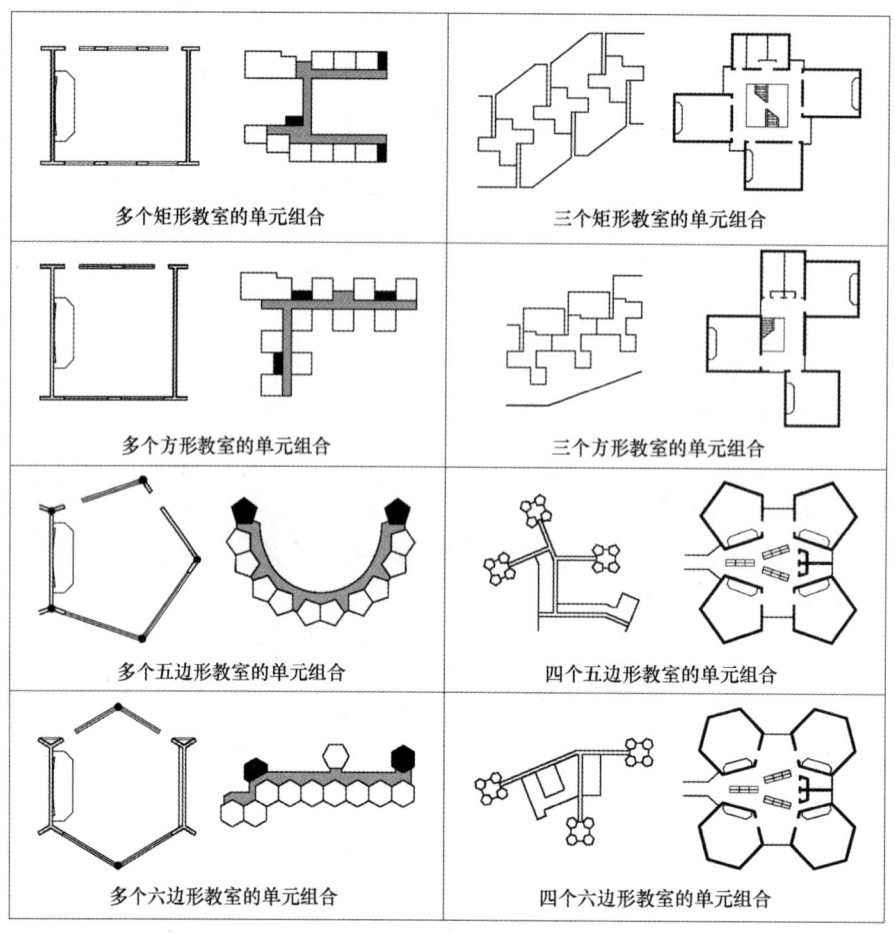

图 16.3.11-2　普通教室单元组合示意图

### 16.3.12　建筑平面基本模式与设计实例

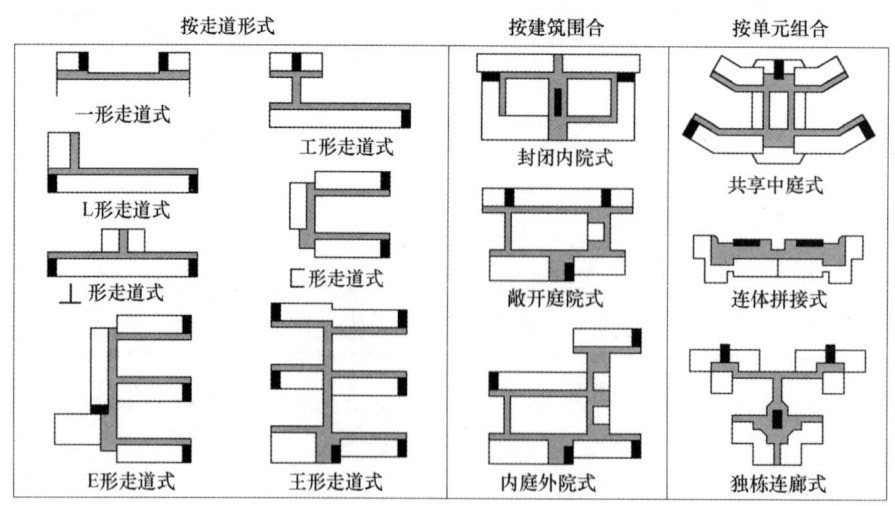

图 16.3.12-1　建筑平面基本模式

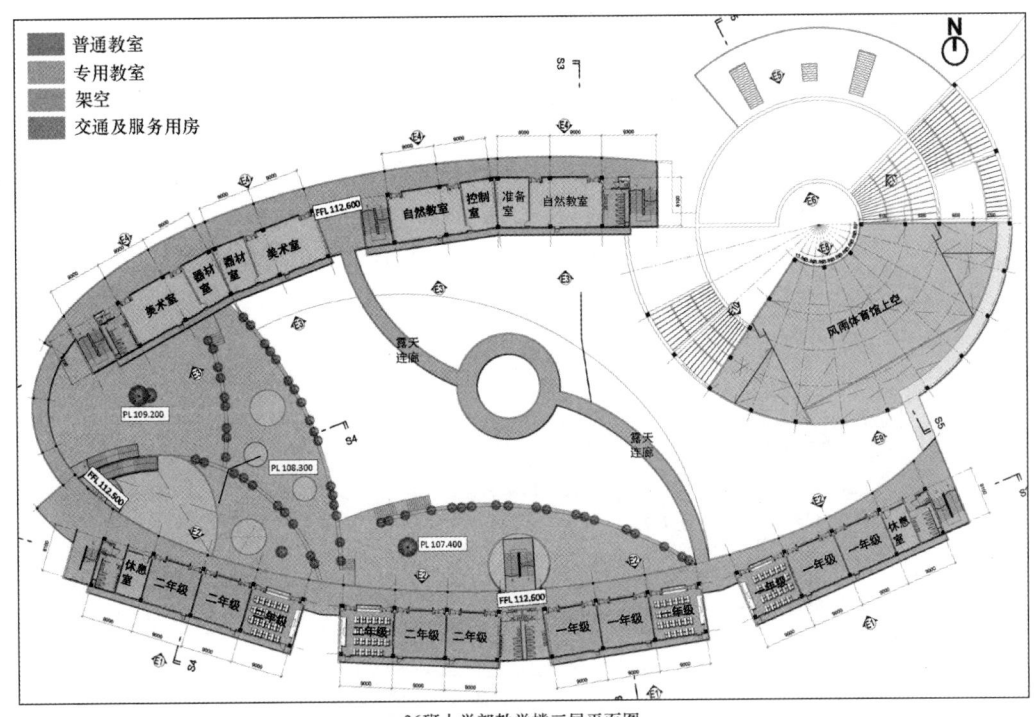

36班小学部教学楼三层平面图

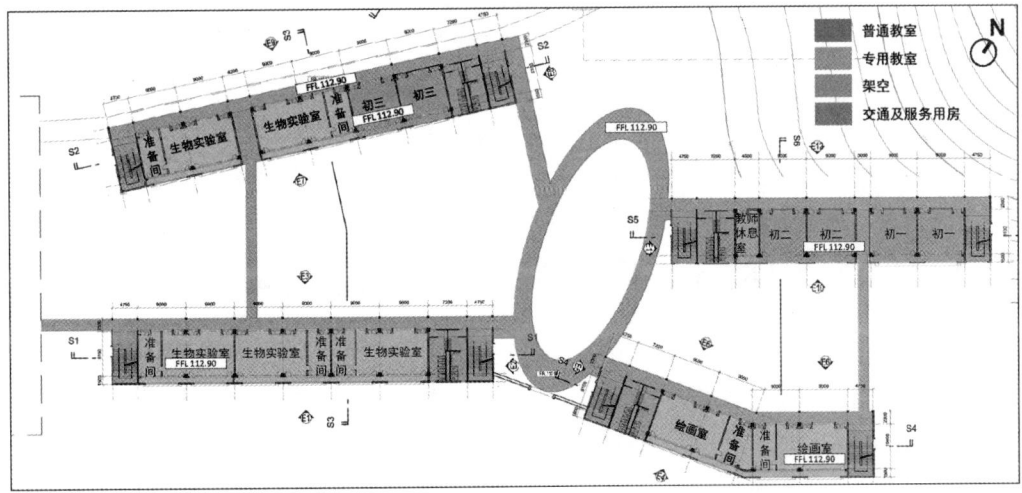

30班初中部教学楼三层平面图

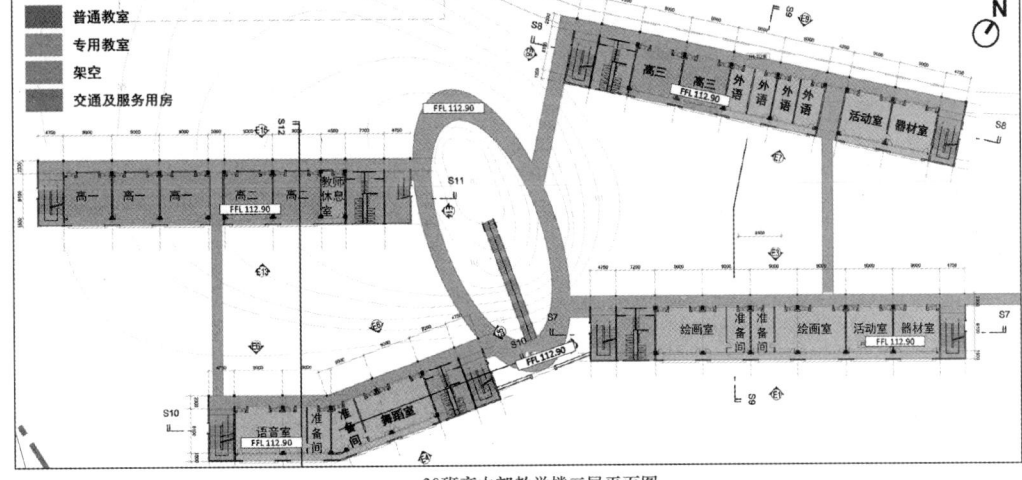

30班高中部教学楼三层平面图

图 16.3.12-2　建筑平面设计实例——某外国语学校教学楼平面

# 16.4 安全设计要点

中小学校设计应遵循校园及建筑本质安全、师生在校全过程安全的原则，应按校内活动保障、防灾避难能力、紧急疏散通道的有关安全规定进行设计。主要设计内容如下：

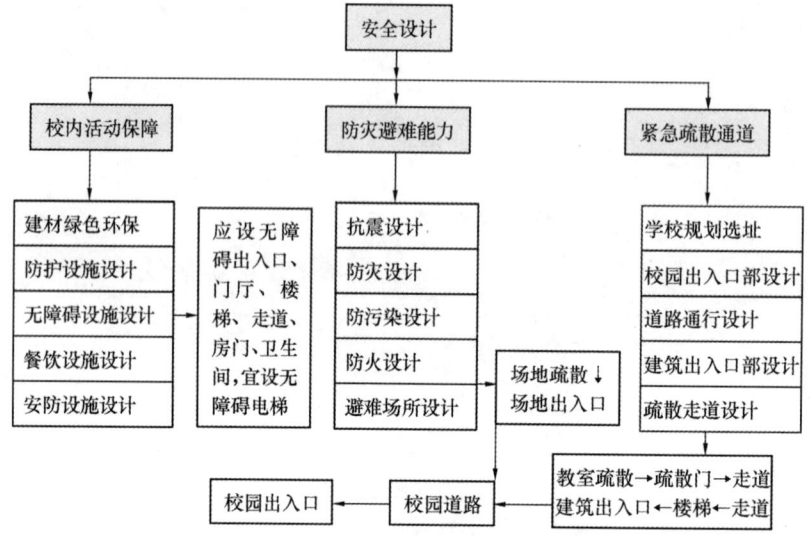

图 16.4 中小学安全设计主要设计内容

# 16.5 绿色设计要点

中小学校设计应符合环境保护、节地、节能、节水、节材的可持续发展原则，宜按绿色校园、绿色建筑的有关指标要求进行设计。主要设计内容如下：

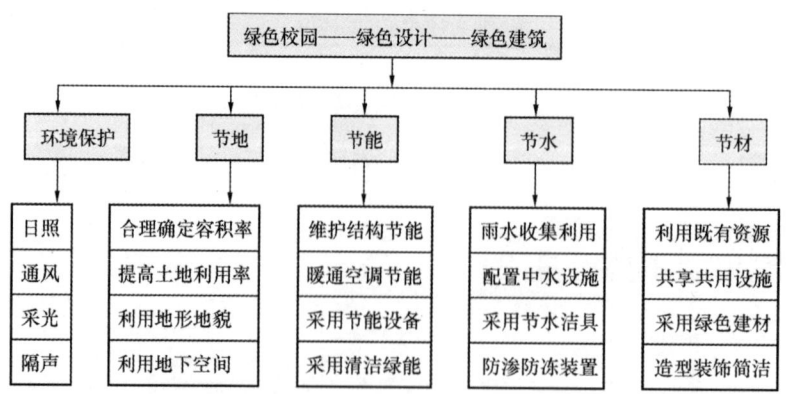

图 16.5 中小学绿色设计主要设计内容

# 17 托儿所、幼儿园建筑设计

## 17.1 规 划 设 计

### 17.1.1 托儿所、幼儿园的规模

托儿所、幼儿园的规模 表 17.1.1

| 规 模 | 托儿所（班） | 幼儿园（班） |
|---|---|---|
| 小 型 | 1～3 | 1～4 |
| 中 型 | 4～7 | 5～8 |
| 大 型 | 8～10 | 9～12 |

### 17.1.2 托儿所、幼儿园的班级设置与人数

托儿所、幼儿园的班级设置与人数 表 17.1.2

| 名 称 | 班 别 | 年 龄 | 每班人数 |
|---|---|---|---|
| 托儿所 | 乳儿班 | 6 月～12 月 | 10 人以下 |
| | 托小班 | 12 月～24 月 | 15 人以下 |
| | 托大班 | 24 月～36 月 | 20 人以下 |
| 幼儿园 | 小班 | 3 岁～4 岁 | 20～25 人 |
| | 中班 | 4 岁～5 岁 | 26～30 人 |
| | 大班 | 5 岁～6 岁 | 31～35 人 |

### 17.1.3 居住区托儿所、幼儿园千人建设指标

居住区托儿所、幼儿园千人建设指标 表 17.1.3

| 名 称 | 千人指标 |
|---|---|
| 托 儿 所 | 8～10 人 |
| 幼 儿 园 | 12～15 人 |

### 17.1.4 托儿所、幼儿园用地及建筑面积指标

托儿所、幼儿园用地及建筑面积指标 表 17.1.4

| 名 称 | | 用地面积定额 | 用地面积 | 建筑面积定额 |
|---|---|---|---|---|
| 托儿所 | | 12～15m²/人 | | 7～9m²/人 |
| 幼儿园 | 6 班 | 15m²/人 | 2700m² | 9～12m²/人 |
| | 9 班 | 14m²/人 | 3780m² | |
| | 12 班 | 13m²/人 | 4680m² | |

## 17.1.5 规划选址要点

规划选址要点

表 17.1.5

| 基地选择 | 设计要点 |
|---|---|
| 应满足的要求 | 方便家长接送，避免交通干扰 |
| | 应建设在日照充足、场地平整、排水通畅、环境优美、基础设施完善的地段 |
| | 能为建筑功能分区、出入口、室外游戏场地的布置提供必要条件 |
| 应避开的地段 | 不应置于易发生自然地质灾害的地段 |
| | 不应与大型公共娱乐场所、商场、批发市场等人员密集场所相毗邻 |
| | 应远离各种污染源、噪声源 |
| | 与易发生危险的建筑物、仓库、储罐、可燃物品和材料堆场等之间保持规定距离 |
| | 基地内不应有高压输电线、燃气、输油管道主干道等穿过 |
| 服务半径 | 宜为300m |

# 17.2 总平面设计

## 17.2.1 托儿所、幼儿园与其他建筑合建的相关规定

托儿所、幼儿园与其他建筑合建的相关规定

表 17.2.1

| 合建情况 | | 相关规定 |
|---|---|---|
| 独立设置 | | 四个班及以上的托儿所、幼儿园建筑应独立设置 |
| 与其他建筑合建 | | 三个班及以下时，可与居住、养老、教育、办公建筑合建，但应符合下列规定： |
| | 其中 | 合建的既有建筑应经有关部门验收合格，符合抗震、防火等安全方面的规定 |
| | | 基地应符合本章节第17.1.5条的规定 |
| | | 应设独立的疏散楼梯和安全出口 |
| | | 出入口应设置人员安全集散和车辆停靠的空间 |
| | | 应设独立的室外活动场地，场地周围应采取隔离措施 |
| | | 建筑出入口及室外活动场地范围内应采取防止物体坠落措施 |
| | | 城市居住区按规划要求应按需配套设置托儿所。当托儿所独立设置有困难时，可联合建设 |
| 与汽车库合建 | | 汽车库不应与托儿所、幼儿园组合建造。但符合下列要求时，汽车库可设置在托儿所、幼儿园的地下部分： |
| | 其中 | 汽车库与托儿所、幼儿园建筑之间，应采用耐火等级不低于2.00h的楼板完全分隔 |
| | | 汽车库与托儿所、幼儿园建筑的安全出口和疏散楼梯应分别独立设置 |
| 托儿所与幼儿园合建 | | 托儿所应单独分区 |
| | | 托儿所应设独立安全出入口 |
| | | 室外场地宜分开 |

## 17.2.2 用地组成

用 地 组 成　　　　　　　　　　　表 17.2.2

| 用地组成 | 主要构成 | 主要要求 |
|---|---|---|
| 建筑用地 | 生活用房、服务管理用房、供应用房 | 覆盖率不宜超过30% |
| 室外游戏场地 | 班级专用游戏场地、全园共用游戏场地<br>托儿所：游戏场、室外哺乳场、日光浴场等<br>幼儿园：游戏场、戏水池、沙池等 | 用地指标见第17.2.6条 |
| 绿化用地 | 集中绿化用地、零星绿地、水景、种植园地等 | 绿地率不应小于30% |
| 杂物用地 | 晒衣场、杂物院、燃料堆场、垃圾箱等 | |
| 道路用地 | (消防)车道、步行道、广场、停车场、自行车棚等 | |
| 预留发展用地 | 有条件可预留 | |

## 17.2.3 总平面设计内容及要点

总平面设计内容及要点　　　　　　　表 17.2.3

| 设计分项 | 内　容 |
|---|---|
| 设计内容 | 功能分区、出入口设置、建筑物、室外活动场地、绿化与道路、杂物院、地形利用、管线综合等方面 |
| 设计要点 | 各用地及建筑间应分区明确合理、方便管理 |
| | 流线互不干扰 |
| | 合理安排园内道路，尽量扩大绿化用地范围 |
| | 正确选择出入口位置 |

## 17.2.4 出入口设置要点

出入口设置要点　　　　　　　　　表 17.2.4

| 设计分项 | 设　计　要　点 |
|---|---|
| 设置位置 | 不应直接设置在城市干道一侧 |
| | 主要出入口应设于面向主要接送婴幼儿人流的次要道路上，或主要道路上的后退开阔处 |
| | 其出入口应设置供车辆和人员停留的场地，且不应影响城市道路交通 |
| 主次出入口关系 | 次要出入口(供应用房使用)应与主要出入口分开设置，保证交通运输方便 |
| 路线要求 | 从主要出入口到进入建筑的路线，应避免穿越室外游戏场地 |
| 托儿所出入口 | 托儿所和幼儿园合建时，托儿所应单独分区，并设单独的出入口 |

## 17.2.5 建筑物设计相关规定

建筑物设计相关规定　　　　　　　表 17.2.5

| 设计分项 | 相　关　规　定 | |
|---|---|---|
| 设置位置 | 应设在用地最好的地段与方位上，以保证良好的采光和自然通风条件 | |
| 建筑层数 | 设置在独立的建筑内，托儿所、幼儿园生活用房的层数应符合下列规定： | |
| | 其中 | 当采用一、二级耐火等级的建筑时，不应超过3层 |
| | | 当采用三级耐火等级的建筑时，不应超过2层 |
| | | 当采用四级耐火等级的建筑时，应为单层 |

| 设计分项 | | 相 关 规 定 | |
|---|---|---|---|
| 合建层数 | 确需设置在居住、养老、教育、办公建筑内时，设置层数应符合下列规定： | | |
| | 其中 | 设置在一、二级耐火等级的建筑内时，应布置在首层、二层或三层 | |
| | | 设置在三级耐火等级的建筑内时，应设置在首层或二层 | |
| | | 设置在四级耐火等级的建筑内时，应设置在首层 | |
| 合建出入口 | 设置在高层建筑内时 | | 应设置独立的安全出口和疏散楼梯 |
| | 设置在单、多层建筑内时 | | 宜设置独立的安全出口和疏散楼梯 |
| 地下室 | 托儿所、幼儿园的生活用房不应设置在地下室或半地下室 | | |
| 日照要求 | 托儿所、幼儿园的活动室、寝室及具有相同功能的区域，应布置在当地最好朝向，冬至日底层满窗日照不应小于3h | | |
| | 需要获得冬季日照的婴幼儿生活用房窗洞开口面积不应小于该房间面积的20% | | |
| 朝向要求 | 夏热冬冷、夏热冬暖地区的幼儿生活用房不宜朝西向；当不可避免时，应采取遮阳措施 | | |
| | 主要生活用房应面向夏季主导风向 | | |
| 防噪要求 | 需与噪声源保持一定距离，也可采取种植树木或其他措施减少影响 | | |

### 17.2.6 室外活动场地

1. 分为班级专用游戏场地和全园共用游戏场地，人均面积要求见表17.2.6-1：

室外活动场地人均面积要求　　　　　　　　　　表 17.2.6-1

| 建筑类别 | 面 积 要 求 | |
|---|---|---|
| 幼儿园 | 班级专用活动场地 | 人均面积不应小于2m² |
| | 全园共用活动场地 | 人均面积不应小于2m² |
| 托儿所 | 人均面积不应小于3m² | |
| 城市人口密集地区改扩建托儿所 | 设置室外活动场地确有困难时，室外活动场地人均面积不应小于2m² | |

2. 室外活动场地设计要点

室外活动场地设计要点　　　　　　　　　　表 17.2.6-2

| 设计分项 | 设 计 要 点 |
|---|---|
| 地 面 | 地面应平整、防滑、无障碍、无尖锐突出物，并宜采用软质地坪 |
| 日 照 | 室外活动场地应有1/2以上的面积在标准建筑日照阴影线之外 |

3. 班级专用活动场地设计要点

班级专用活动场地设计要点　　　　　　　　　　表 17.2.6-3

| 设计分项 | 设 计 要 点 |
|---|---|
| 设置位置 | 宜布置在活动室的南侧或东侧 |
| 地面材质 | 宜以弹性铺地为主 |
| 其他组成 | 在边缘处设置小型活动器械和沙坑 |
| 分隔措施 | 各班活动场地之间宜采取分隔措施 |
| 平屋面 | 一层、二层平屋面可作为安全避难和室外游戏场地，但应设有安全防护设施 |

4. 全园共用游戏场地设计要点

全园共用游戏场地设计要点　　　　　　　　　表 17.2.6-4

| 项目组成 | 设　计　要　点 |
|---|---|
| 集体游戏场地 | 应至少包含一个 30m 直线跑道和一个能围合成圆形($d=13m$)进行集体游戏的场地。当 $\geq$6 个班时，至少应设 2 个圆形场地 |
| | 应选择日照、通风良好，且不被道路穿行的独立地段上 |
| | 地势应开阔平坦、排水通畅，地面渗水性良好 |
| 器械活动场地 | 固定游戏器械宜设置在共用游戏场地的边缘地带，自成一区 |
| | 游戏器具下地面及周围应设软质铺装 |
| | 周围应种植高大乔木，以获得遮阴效果 |
| 沙坑 | 选择在向阳背风的地方 |
| | 面积不宜超过 30m²，其边缘应高出地面，沙坑深为 0.30~0.50m |
| | 在沙坑底部以大粒砾石或焦炭衬底，并设排水沟 |
| 戏水池 | 面积不宜超过 50m²，水深不超过 0.30m，可修建成各种形状 |
| 游泳池 | 形状和边角要求圆滑，在池边应设扒栏 |
| | 水深应控制在 0.50~0.80m，池底应平整，并设上岸踏步 |
| 种植园 | 宜选择低矮的花卉为主，并能四季花期不断 |
| | 避免种植有毒、有刺的植物 |
| 洗手池、洗脚池 | 宜设 |

## 17.2.7　绿化设计要点

绿化设计要点　　　　　　　　　　　　表 17.2.7

| 设计分项 | 设　计　要　点 |
|---|---|
| 绿地率 | 不应小于 30% |
| 集中绿地 | 宜设置集中绿化用地 |
| 植物选择 | 绿地内不应种植有毒、带刺、有飞絮、病虫害多、有刺激性的植物 |
| 树木选择 | 除应最大限度保留原有树木外，宜点缀很快产生效果的乔木，并多栽植果木 |
| 其他设置 | 有条件的还可设置花房 |

## 17.2.8　道路设计要点

道路设计要点　　　　　　　　　　　　表 17.2.8

| 设计分项 | 设　计　要　点 |
|---|---|
| 与各部分关系 | 园内道路应与各组成部分紧密关联 |
| 用地面积 | 应尽量少占用地 |

## 17.2.9　杂物院设计要点

杂物院设计要点　　　　　　　　　　　　表 17.2.9

| 设计分项 | 设　计　要　点 |
|---|---|
| 设置位置 | 宜设在供应区内，并应与其他部分相隔离 |
| 出入口 | 应设有单独使用的对外出入口 |
| 兼顾作用 | 同时作为燃料堆放和垃圾存放场地 |

### 17.2.10 围护设施设计要点

围护设施设计要点 表 17.2.10

| 设计分项 | 设 计 要 点 |
| --- | --- |
| 围护设施 | 基地周围应设围护设施 |
| | 围护设施应安全、美观，并应防止幼儿穿过和攀爬 |
| 出 入 口 | 在出入口处，应设大门和警卫室，警卫室对外应有良好的视野 |

# 17.3 建筑平面设计

托儿所、幼儿园建筑应由生活用房、服务管理用房和供应用房等部分组成。

### 17.3.1 托儿所的平面功能关系

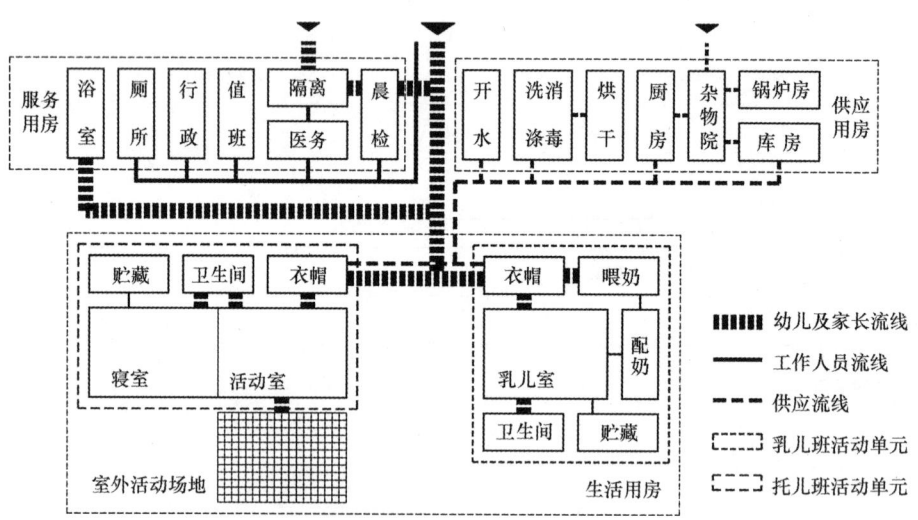

图 17.3.1 托儿所平面功能关系图

### 17.3.2 幼儿园的平面功能关系

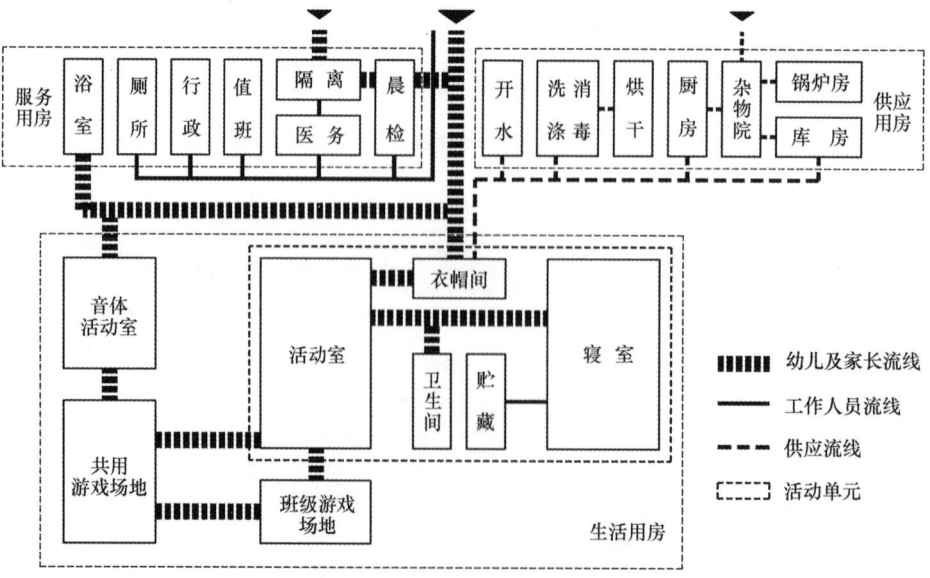

图 17.3.2 幼儿园平面功能关系图

### 17.3.3 生活用房

托儿所、幼儿园的生活用房不应设置在地下室或半地下室，其设置楼层应遵循表 17.3.3-1
规定：

托儿所、幼儿园生活用房楼层设置　　　　　　　　　表 17.3.3-1

| 建筑类型 | 设 置 楼 层 |
| --- | --- |
| 托儿所 | 生活用房应布置在首层 |
| | 当布置在首层确有困难时，可将托大班布置在二层，其人数不应超过 60 人，并应符合有关防火安全疏散的规定 |
| 幼儿园 | 生活用房应布置在三层及以下 |

1. 托儿所生活用房：

1）由乳儿班、托小班、托大班组成，各班应为独立使用的生活单元；

2）宜设公共活动空间；

3）乳儿班与托小班各区组成及最小使用面积（m²）见表 17.3.3-2：

乳儿班、托小班生活用房最小使用面积　　　　　　　表 17.3.3-2

| 分区名称 | 最小使用面积（m²） | | |
| --- | --- | --- | --- |
| | 乳儿班 | 托小班 | 托大班 |
| 睡 眠 区 | 30 | 35 | 生活用房的使用面积及要求宜与幼儿园生活用房相同 |
| 活 动 区 | 15 | 35 | |
| 配 餐 区 | 6 | 6 | |
| 喂 奶 室 | 10 | 10 | |
| 清 洁 区 | 6 | 6 | |
| 卫 生 间 | — | 8 | |
| 储 藏 区 | 4 | 4 | |

注：托小班睡眠区与活动区合用时，其使用面积不应小于 50m²。

4）乳儿班和托小班生活单元各功能分区应符合表 17.3.3-3 规定：

乳儿班、托小班生活单元功能分区　　　　　　　　　表 17.3.3-3

| 各区名称 | 规 定 要 求 |
| --- | --- |
| 分区之间 | 各功能分区之间宜采取分隔措施，并应互相通视 |
| 睡眠区 | 应布置供每个婴幼儿使用的床位 |
| | 不应设置双层床 |
| | 床位四周不宜贴靠外墙 |
| 配餐区 | 应临近对外出入口 |
| | 并设有调理台、洗涤池、洗手池、储藏柜等 |
| | 应设加热设施 |
| | 宜设通风或排烟设施 |
| 喂奶室 | 应临近婴幼儿生活空间 |
| | 应设置开向疏散走道的门 |
| | 应设尿布台、洗手池 |
| | 宜设成人厕所 |
| 清洁区 | 应设淋浴、尿布台、洗涤池、洗手池、污水池、成人厕位等设施 |
| | 成人厕位应与幼儿卫生间隔离 |

5）托小班卫生间内应设符合幼儿使用的卫生器具，具体设置要求如表17.3.3-4：

托小班卫生器具设置要求 表17.3.3-4

| 卫生器具 | 数量 | 设置要求 |
|---|---|---|
| 大便器 | 至少2个/班 | 坐便器高度宜为0.25m以下 |
| 小便器 | 至少2个/班 | 便器之间应设隔断 |
| 洗手池 | 至少3个/班 | 高度宜为0.40～0.45m<br>宽度宜为0.35～0.40m |

2. 幼儿园生活用房：

1）由幼儿生活单元、公共活动空间和多功能活动室组成；

2）公共活动空间可根据需要设置；

3）幼儿生活单元房间的组成及各部分最小使用面积（m²）见表17.3.3-5：

幼儿生活用房设置 表17.3.3-5

| 房间名称 | | | 房间最小使用面积（m²） | 备注 |
|---|---|---|---|---|
| 生活单元 | 活动室 | | 70 | 指每班面积 |
| | 寝室 | | 60 | |
| | 卫生间 | 厕所 | 12 | |
| | | 盥洗室 | 8 | |
| | 衣帽贮藏室 | | 9 | |
| 多功能活动室 | | | 宜0.65m²/人，且不应小于90m² | 指全园共用面积 |

注：当活动室与寝室合用时，其房间最小使用面积不应小于105m²。

4）幼儿园生活用房（除卫生间、淋浴间外）设计要点，见表17.3.3-6：

幼儿园生活用房设计要点 表17.3.3-6

| 房间名称 | 设计要点 |
|---|---|
| 活动室 | 应有最佳的朝向、良好的自然采光和通风条件 |
| | 单侧采光的活动室进深不宜大于6.60m |
| | 楼层活动室宜设置室外活动的露台或阳台，但不应遮挡底层生活用房的日照 |
| | 同一个班的活动室与寝室应设置在同一楼层内 |
| 寝室 | 应保证每一幼儿设置一张床铺的空间 |
| | 不应设置双层床 |
| | 床位侧面或端部距外墙距离不应小于0.60m |
| | 日托可不单独设寝室，可与活动室合用 |
| 衣帽储藏室 | 封闭的衣帽储藏室宜设通风设施 |
| 多功能活动室 | 幼儿园应设多功能活动室，位置宜靠近生活单元 |
| | 单独设置时，宜与主体建筑之间采用连廊连通，连廊应做雨篷，严寒和寒冷地区应做封闭连廊 |

注：除多功能活动室外，本表所列房间要求同样适用于托儿所生活用房。

5）幼儿园卫生间及淋浴室设计要点，见表17.3.3-7：

幼儿园卫生间及淋浴室设计要点　　　　　　　　　　　　表17.3.3-7

| 房间名称 | 设　计　要　点 |
|---|---|
| 卫生间 | 应由厕所、盥洗室组成，并宜分间或分隔设置 |
| | 应临近活动室或寝室，且开门不宜直对寝室或活动室 |
| | 盥洗室与厕所之间应有良好的视线贯通 |
| | 无外窗的卫生间，应设置防止回流的机械通风设施 |
| 淋浴室 | 夏热冬冷和夏热冬暖地区，托儿所、幼儿园建筑的幼儿生活单元内宜设淋浴室 |
| | 寄宿制幼儿生活单元内应设置淋浴室，并应独立设置 |

6）幼儿园卫生间所有设施的配置、形式、尺寸均应符合幼儿人体尺度和卫生防疫要求。每班卫生间卫生器具的最少数量及布置要求见表17.3.3-8：

每班卫生器具布置要求　　　　　　　　　　　　表17.3.3-8

| 卫生器具 | 每班最少数量 | | 设置要求 |
|---|---|---|---|
| 大便器 | 6个 | 女厕4个 | 宜采用蹲式便器<br>坐式便器高度宜为0.25~0.30m<br>便器之间均应设隔板，隔板处应加设幼儿扶手<br>厕位的平面尺寸不应小于0.70m×0.80m |
| | | 男厕2个 | |
| 小便器 | 4个 | | |
| 盥洗台（水龙头） | 6个 | | 盥洗池距地面高度宜为0.50~0.55m<br>宽度宜为0.40~0.45m<br>水龙头的间距宜为0.55~0.60m |
| 污水池 | 1个 | | |

7）幼儿园卫生间平面布置如图17.3.3-1所示：

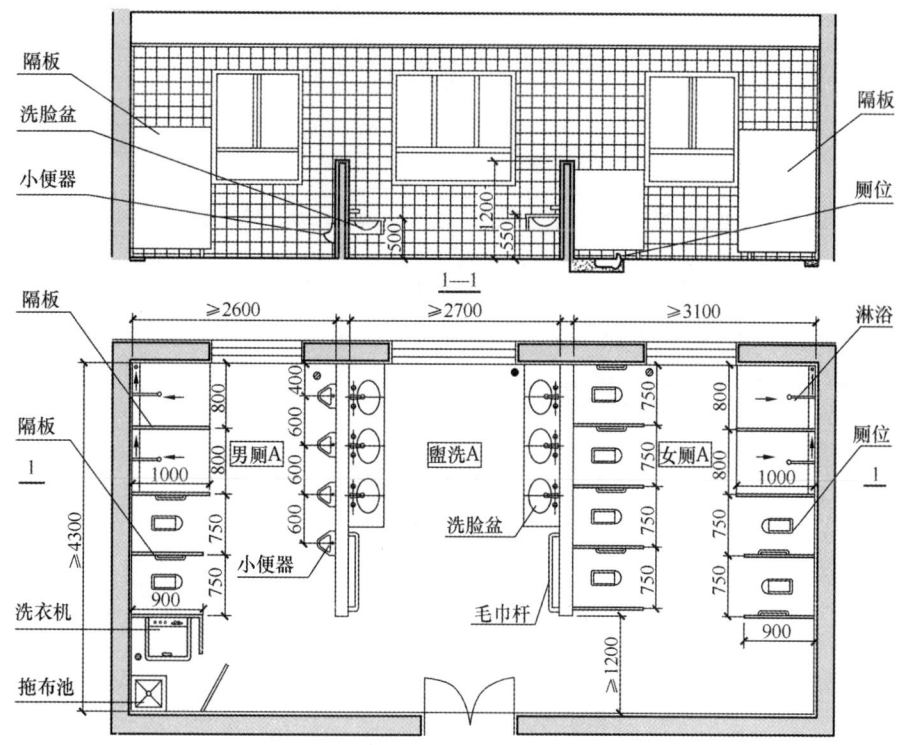

图17.3.3-1　大、中班卫生间平面布置示意图

3. 生活单元：上述生活用房均应设计成每班独立使用的生活单元，并宜按生活单元组合方

法进行设计，各班生活单元应保持使用的相对独立性。

托儿所生活单元平面关系如图 17.3.3-2 所示，幼儿园生活单元平面组合关系如图 17.3.3-3 所示：

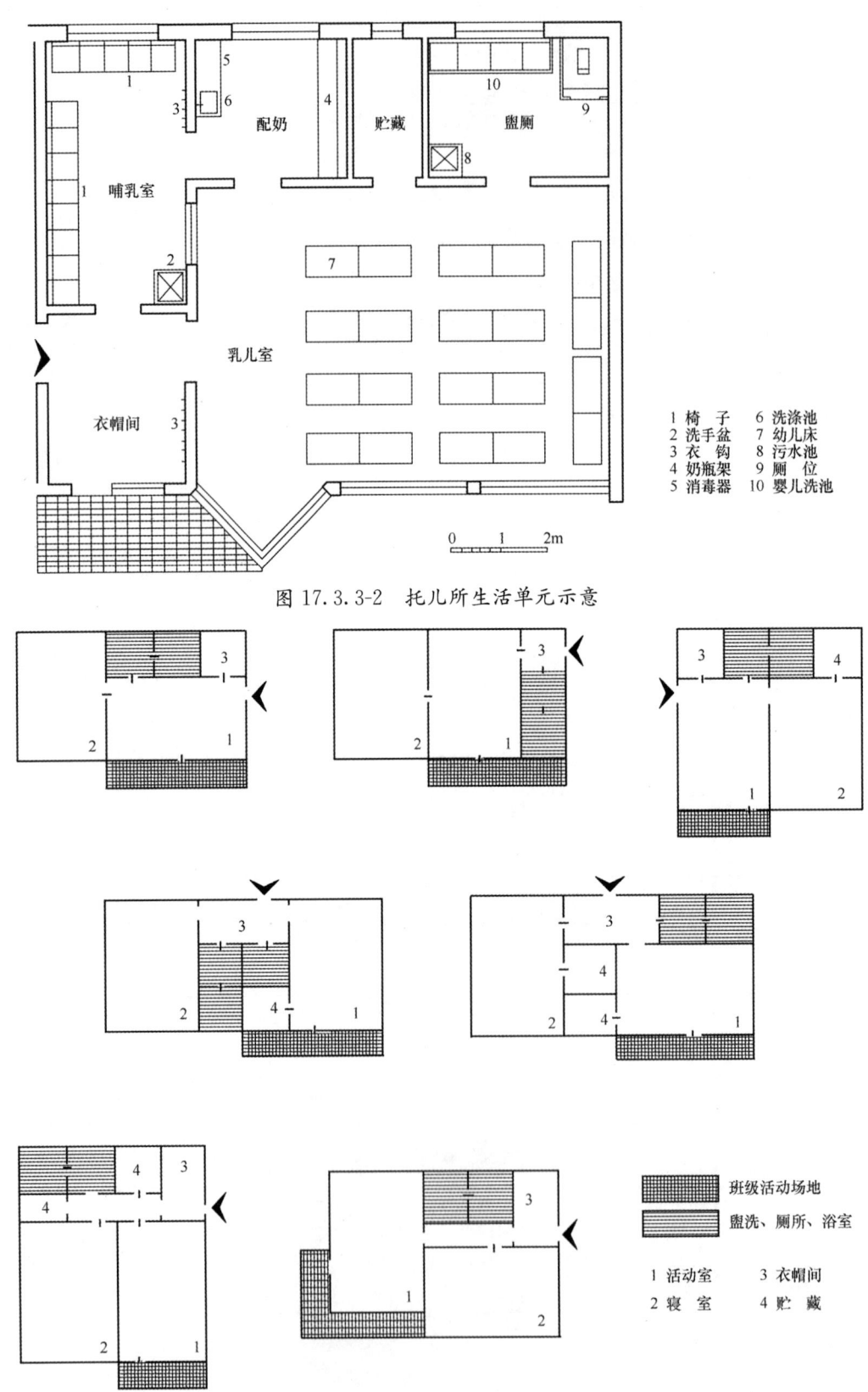

图 17.3.3-2　托儿所生活单元示意

1　椅　子　　6　洗涤池
2　洗手盆　　7　幼儿床
3　衣　钩　　8　污水池
4　奶瓶架　　9　厕　位
5　消毒器　　10　婴儿洗池

图 17.3.3-3　幼儿园生活单元平面组合示意

1　活动室　　3　衣帽间
2　寝　室　　4　贮　藏

4. 主要生活用房的室内最小净高（m）不应低于表 17.3.3-9 的规定：

主要生活用房最小净高 表 17.3.3-9

| 房 间 名 称 | 最小净高（m） |
|---|---|
| 托儿所睡眠区、活动区 | 2.8 |
| 幼儿园活动室、寝室 | 3.0 |
| 多功能活动室 | 3.9 |

注：改、扩建的托儿所睡眠区和活动区室内净高不应小于 2.6m。

### 17.3.4 服务管理用房

1. 服务管理用房的房间组成及最小使用面积见表 17.3.4-1：

服务管理用房的房间组成及最小使用面积（m²） 表 17.3.4-1

| 房间名称 | 不同规模最小使用面积（m²） | | |
|---|---|---|---|
| | 小型 | 中型 | 大型 |
| 晨检室（厅） | 10 | 10 | 15 |
| 保健观察室 | 12 | 12 | 15 |
| 教师值班室 | 10 | 10 | 10 |
| 警 卫 室 | 10 | 10 | 10 |
| 储 藏 室 | 15 | 18 | 24 |
| 园长室、所长室 | 15 | 15 | 18 |
| 财 务 室 | 15 | 15 | 18 |
| 教师办公室 | 18 | 18 | 24 |
| 会 议 室 | 24 | 24 | 30 |
| 教具制作室 | 18 | 18 | 24 |

注：房间可以合并，合用的房间面积可适当减少。

2. 各房间设计要点，见表 17.3.4-2：

各房间设计要点 表 17.3.4-2

| 房间名称 | 设 计 要 点 |
|---|---|
| 门 厅 | 托儿所、幼儿园建筑应设门厅 |
| | 门厅内应设置晨检室和收发室 |
| | 宜设置展示区、供婴幼儿和成年人使用的洗手池、婴幼儿车存储等空间 |
| | 宜设卫生间 |
| 晨检室（厅） | 应设在建筑物的主出入口，并应靠近保健观察室 |
| | 可设置在门厅内 |
| 保健观察室 | 宜设单独出入口 |
| | 应与幼儿生活用房保持适当的距离，并应与幼儿活动路线分开 |
| | 应设有一张幼儿床的空间 |
| | 应设给水、排水设施 |
| | 应设独立的厕所，厕所内应设幼儿专用蹲位和洗手盆 |
| 教师值班室 | 寄宿制幼儿园应设置教师值班室 |
| 卫生间、淋浴间 | 教职工的卫生间、淋浴间应单独设置，不应与幼儿合用 |

### 17.3.5 供应用房

1. 供应用房宜包括厨房、消毒室、洗衣间、开水间、车库等房间。

2. 各房间及设备设计要点，见表17.3.5：

供应用房设计要点    表 17.3.5

| 房间、设备名称 | 设 计 要 点 |
|---|---|
| 厨 房 | 应自成一区，并应与婴幼儿生活用房保持一定距离 |
| | 应按工艺流程合理布局，并应符合国家现行有关卫生标准和现行行业标准《饮食建筑设计标准》JGJ 64 的规定 |
| | 使用面积宜 0.40m²/人，且不应小于 12m² |
| | 加工间室内净高不应低于 3.00m |
| 食 梯 | 当托儿所、幼儿园建筑为二层及以上时，应设提升食梯 |
| | 食梯呼叫按钮距地面高度应大于 1.70m |
| 洗衣房 | 寄宿制托儿所、幼儿园建筑应设置集中洗衣房，使用面积（m²/人）：6 班及以下 0.09、9～11 班 0.08、12 班及以上 0.07 |
| 消毒间 | 应设玩具、图书、衣被等物品专用消毒间 |
| 车 库 | 应与儿童活动区域分开 |
| | 应设单独的车道和出入口 |
| | 应符合现行行业标准《车库建筑设计规范》JGJ 100 和现行国家标准《汽车库、修车库、停车场设计防火规范》GB 50067 的规定 |

### 17.3.6 公共交通空间

1. 托儿所、幼儿园建筑走廊的最小净宽度不应小于表 17.3.6-1 的规定：

托儿所、幼儿园建筑走廊的最小净宽度（m）    表 17.3.6-1

| 房间名称 | 不同布置走廊最小净宽度（m） | |
|---|---|---|
| | 中间走廊 | 单面走廊或外廊 |
| 生活用房 | 2.4 | 1.8 |
| 服务、供应用房 | 1.5 | 1.3 |

2. 交通空间的设计要点，见表 17.3.6-2：

交通空间设计要点    表 17.3.6-2

| 空间名称 | 设 计 要 点 |
|---|---|
| 走 道 | 幼儿经常通行和安全疏散的走道不应设有台阶 |
| | 当地面有高差时，应设置防滑坡道，其坡度不应大于 1：12 |
| | 疏散走道的墙面距地面 2m 以下不应设有壁柱、管道、消火栓箱、灭火器、广告牌等突出物 |
| 出入口 | 建筑室外出入口应设雨篷，雨篷出挑长度宜超过首级踏步 0.50m 以上 |
| | 出入口台阶高度超过 0.30m，并侧面临空时，应设置防护设施，防护设施净高不应低于 1.05m |
| | 严寒地区托儿所、幼儿园建筑的外门应设门斗，寒冷地区宜设门斗 |

3. 楼梯、踏步和栏杆、扶手设计要点，见表17.3.6-3：

楼梯、踏步和栏杆、扶手设计要点 表17.3.6-3

| 部位名称 | 设 计 要 点 |
|---|---|
| 楼 梯 | 楼梯间应有直接的天然采光和自然通风 |
| | 严寒地区不应设置室外楼梯 |
| | 楼梯间在首层应直通室外 |
| | 幼儿使用的楼梯，当梯井净宽大于0.11m时，必须采取防止幼儿攀爬措施 |
| 踏 步 | 供幼儿使用的楼梯踏步高度宜为0.13m，宽度宜为0.26m |
| | 幼儿使用的楼梯不应采用扇形、螺旋形踏步 |
| | 楼梯踏步面应采用防滑材料，踏步踢面不应漏空，踏步面应做明显警示标识 |
| 栏 杆 | 楼梯栏杆应采取不易攀爬的构造 |
| | 当采用垂直杆件做栏杆时，其杆件净距不应大于0.09m |
| 扶 手 | 楼梯除设有成人扶手外，应在梯段两侧设置幼儿扶手，其高度宜为0.60m |

踏步尺寸及扶手高度详图17.3.6示意：

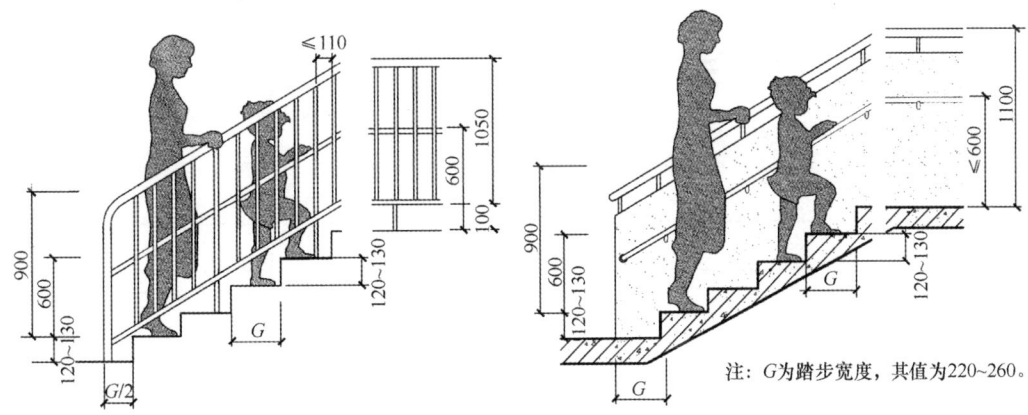

注：G为踏步宽度，其值为220~260。

图17.3.6 楼梯剖面示意

# 17.4 建 筑 造 型 设 计

托儿所、幼儿园的建筑造型、环境空间及室内设计应符合幼儿的心理和生理特点。图17.4为广东省某外国语学校幼儿园（22班）主要平面及立面图。

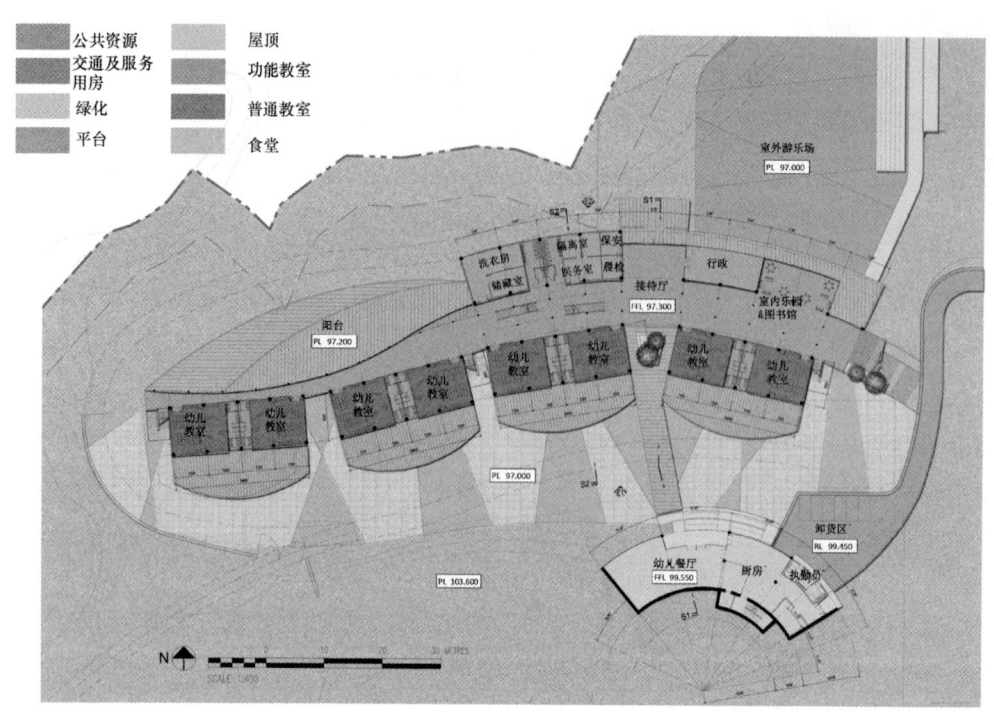

公共资源
交通及服务用房
绿化
平台
屋顶
功能教室
普通教室
食堂

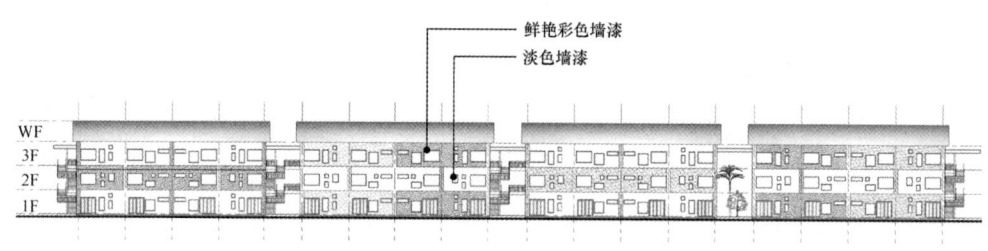

图 17.4 广东省某外国语学校幼儿园主要平面及立面图

# 17.5 建筑构造设计

建筑构造设计               表 17.5

| 部位名称 | 设 计 要 点 |
|---|---|
| 门<br>（幼儿出入的门） | 活动室、寝室、多功能活动室等幼儿使用的房间应设双扇平开门，门的净宽不应小于1.20m |
|  | 不应设置旋转门、弹簧门、推拉门，不宜设金属门 |
|  | 生活用房开向疏散走道的门均应向人员疏散方向开启，开启的门扇不应妨碍走道疏散通行 |
|  | 当使用玻璃材料时，应采用安全玻璃 |
|  | 距离地面0.60m处宜加设幼儿专用拉手 |
|  | 门的双面均应平滑、无棱角 |
|  | 门下不应设置门槛 |
|  | 平开门距离楼地面1.20m以下部分应设防止夹手设施 |
|  | 门上应设观察窗，观察窗应安装安全玻璃 |
|  | 外门宜设纱门 |

| 部位名称 | 设 计 要 点 |
|---|---|
| 窗 | 活动室、多功能活动室的窗台面距地面高度不宜大于 0.60m |
| | 当窗台面距楼地面高度低于 0.90m 时，应采取防护措施，防护高度应从可踏部位顶面起算，不应低于 0.90m |
| | 窗距楼地面的高度小于 1.80m 的部分，不应设内悬窗和内平开窗扇 |
| | 外窗开启扇均应设纱窗 |
| | 寝室的窗宜设下亮子，无外廊时需设栏杆 |
| | 活动室、寝室、多功能活动室及保健观察室的窗应设有遮光设施 |
| 地 面 | 乳儿室、活动室、寝室及多功能活动室宜为暖性、弹性地面 |
| | 幼儿经常出入的通道应为防滑地面 |
| | 厕所、盥洗室、淋浴室地面不应设台阶，地面应防滑并易于清洗 |
| | 厨房地面应防滑，并应设排水设施 |
| 墙 面 | 距离地面高度 1.30m 以下、婴幼儿经常接触的室内外墙面，宜采用光滑、易清洁的材料 |
| | 墙角、窗台、暖气罩、窗口竖边等阳角处应做成圆角 |
| | 室内墙裙宜采用光滑、易清洁的材料，高度宜为 1.3m |
| | 活动室、多功能活动室的墙面，应具有展示教材、作品和环境布置的条件 |
| | 采暖设备应做好防护措施 |
| 护 栏 | 外廊、室内回廊、内天井、阳台、上人屋面、平台、看台及室外楼梯等临空处应设置防护栏杆 |
| | 栏杆应以坚固、耐久的材料制作 |
| | 高度应从可踏部位顶面起算，且净高不应小于 1.30m |
| | 必须采用防止幼儿攀登和穿过的构造 |
| | 当采用垂直杆件做栏杆时，其杆件净距不应大于 0.09m |

# 17.6 无障碍设计

1. 凡婴幼儿使用的建筑物主要出入口应为无障碍出入口，宜设置为平坡出入口。

2. 建筑内部至少设置 1 部无障碍楼梯。

3. 公共厕所的无障碍设置要求：

**公共厕所的无障碍设置要求**　　　　　　　　　表 17.6.3

| 分项名称 | 设 置 要 求 |
|---|---|
| 设备数量 | 女厕所的无障碍设施包括至少 1 个无障碍厕位和 1 个无障碍洗手盆；男厕所的无障碍设施包括至少 1 个无障碍厕位、1 个无障碍小便器和 1 个无障碍洗手盆 |
| 通 道 | 厕所的入口和通道应方便乘轮椅者进入和进行回转，回转直径不小于 1.50m |
| 门 | 门应方便开启，通行净宽度不应小于 0.80m |
| 地 面 | 地面应防滑、不积水 |
| 标 志 | 无障碍厕位应设置无障碍标志 |

# 17.7  室内环境设计

### 17.7.1  采光要求

生活用房、服务管理用房和供应用房中的厨房均应有直接天然采光，其窗地面积比不应小于表 17.7.1 的规定：

室内环境采光要求 表 17.7.1

| 场 所 名 称 | 窗地面积比 |
|---|---|
| 活动室、寝室、多功能活动室 | 1/5 |
| 办公室、保健观察室 | 1/5 |
| 睡眠区、活动区 | 1/5 |
| 卫生间、楼梯间、走廊 | 1/10 |

### 17.7.2  隔声要求

1. 建筑室内允许噪声级应符合表 17.7.2-1 的规定：

室内允许噪声级 表 17.7.2-1

| 房 间 名 称 | 允许噪声级（A 声级，dB） |
|---|---|
| 生活单元、保健观察室 | ≤45 |
| 多功能活动室、办公室 | ≤50 |

2. 建筑主要房间的空气声隔声标准应符合表 17.7.2-2 的规定：

建筑主要房间的空气声隔声标准 表 17.7.2-2

| 房 间 名 称 | 空气声隔声标准（计权隔声量）（dB） | 楼板撞击声隔声单值评价量（dB） |
|---|---|---|
| 生活单元、办公室、保健观察室与相邻房间之间 | ≥50 | ≤65 |
| 多功能活动室与相邻房间之间 | ≥45 | ≤75 |

### 17.7.3  空气质量

1. 幼儿用房应有良好的自然通风，其通风口面积不应小于房间地板面积的 1/20。

2. 夏热冬冷、严寒和寒冷地区的幼儿用房应采取有效的通风设施。

3. 托儿所、幼儿园建筑使用的建筑材料、装修材料和室内设施均应符合现行标准《民用建筑工程室内环境污染控制标准》GB 50325—2020 的有关规定。

# 17.8  绿 色 节 能 设 计

1. 托儿所、幼儿园规划设计应适应当地气候特征、经济特点与人文状况。

2. 保留并合理利用地块内的地形、地貌条件。

3. 应对建筑布置的防噪、朝向、视距等方面综合考虑。

4. 外墙与屋面宜采用太阳辐射吸收度系数低的浅色材料，或采用主体绿化。

5. 绿化应乔、灌、草相结合，选择适合本地生长的、绿量大的植物。

6. 宜利用太阳能、风能等清洁能源，为园林景观提供动力及照明。

# 18 高等院校设计

## 18.1 总 体 规 划

### 18.1.1 规模及组成
#### 18.1.1.1 高等院校办学规模

高等院校办学规模（学生数）　　　　　表 18.1.1.1

| 学校类别 | 办学规模 | 学校类别 | 办学规模 | 学校类别 | 办学规模 |
|---|---|---|---|---|---|
| 一般院校 | 5000 | 体育院校 | 3000 | 艺术院校 | 2000 |
|  | 10000 |  | 5000 |  | 5000 |
|  | 20000 |  | 8000 |  | 8000 |

注：一般院校系指综合、师范、民族、理工、农林、医药、财经、政法、外语等院校。

#### 18.1.1.2 土地利用定额

高校校园推荐土地利用定额（m²/生）　　　表 18.1.1.2

| 学校规模 | 校舍建筑用地 | 体育用地 | 集中绿地 | 总用地 |
|---|---|---|---|---|
| 500～3000 | 48 | 15 | 7 | 70 |
| 3000～9000 | 46 | 13 | 6 | 65 |
| 9000～15000 | 44 | 11 | 5 | 60 |
| >15000 | 42 | 9 | 4 | 55 |

#### 18.1.1.3 高等院校建设用地容积率参考

高等院校建设用地容积率参考　　　　　表 18.1.1.3

| 类　　型 | 容积率 |
|---|---|
| 一般院校<br>（综合、师范、民族、理工、农林、医药、财经、政法、外语院校） | 0.5 |
| 体育院校 | 0.45 |
| 艺术院校 | 0.6 |

### 18.1.2 建筑面积指标
#### 18.1.2.1 必须配置的十二项校舍建筑面积分项指标详见《普通高等学校建筑面积指标》附录A，研究生相关校舍用房建筑面积指标详见附录B，留学生及外籍教师生活用房建筑指标详见附录C，专职科研机构办公及研究用房、继续教育用房建筑面积指标详见附录D。

### 18.1.2.2 普通高等学校十二项校舍建筑面积生均总指标

**普通高等学校十二项校舍建筑面积生均总指标（m²/生）**　　表 18.1.2.2

| 学校类别 | 办学规模 | 校舍建筑面积生均总指标 | 学校类别 | 办学规模 | 校舍建筑面积生均总指标 |
|---|---|---|---|---|---|
| 综合大学（1） | 5000 | 28.00 | 综合大学（2） | 5000 | 29.35 |
| | 10000 | 26.61 | | 10000 | 27.76 |
| | 20000 | 24.96 | | 20000 | 25.99 |
| 师范、民族院校 | 5000 | 28.28 | 财经、政法院校 | 5000 | 23.94 |
| | 10000 | 26.80 | | 10000 | 23.07 |
| | 20000 | 25.03 | | 20000 | 21.80 |
| 理工院校 | 5000 | 30.10 | 外语院校 | 5000 | 24.58 |
| | 10000 | 28.40 | | 10000 | 23.71 |
| | 20000 | 26.60 | | 20000 | 22.44 |
| 农林院校 | 5000 | 29.99 | 体育院校 | 3000 | 33.95 |
| | 10000 | 28.29 | | 5000 | 31.86 |
| | 20000 | 26.49 | | 8000 | 30.21 |
| 医药院校 | 5000 | 29.87 | 艺术院校 | 2000 | 42.80 |
| | 10000 | 28.47 | | 5000 | 38.26 |
| | 20000 | 27.20 | | 8000 | 36.86 |

注：（1）综合大学分为以文法学科为主的"综合大学（1）"和以理工学科为主的"综合大学（2）"。

（2）学校办学规模小于或大于表中所列的规模值时，其指标应分别采用表中最小或最大规模的指标值；学校办学规模介于表列规模值之间时，可用插入法取值（以下各项指标同）。

（3）本表总指标未含研究生补助面积指标。

### 18.1.3 校园规划

### 18.1.3.1 高等院校功能组成

**高等院校功能组成**　　表 18.1.3.1

| 功能组成 | 定义与简介 |
|---|---|
| 教学科研 | 大学校园的主体部分，是师生教学、科研、学术交流与课余学习的场所，包括教学楼、实验楼、图书馆、校系行政楼、礼堂、讲堂、报告厅等建筑。随着大学校园自身的发展和教育理念的演变，出现了学术中心、展览中心、科研楼、计算机中心、视听中心等较新功能的建筑 |
| 学生生活 | 学生课余休息、娱乐的主要场所，包括学生宿舍、公寓、学生活动中心、学生食堂、浴室、商店等生活设施及部分户外活动场地 |
| 体育运动 | 进行体育教学与学生课余体育锻炼的主要场所，包括体育用地和场馆。体育用地主要包括：田径场（标准、非标准）、篮球场、排球场、网球场、室外器械场地（单杠、双杠、吊环等）、游泳池等；场馆主要包括：综合体育馆、篮球馆、游泳馆、风雨操场等 |

| 功能组成 | 定义与简介 |
|---|---|
| 后勤服务 | 为教学、科研及师生生活提供全面服务保障的场所，包括车库、医院、招待所、邮局、后勤供应管理机构、校办工厂、技术劳动开发中心、三废处理室、各类仓库以及水、热、电和各种特殊气体供应室等服务设施 |
| 科技产业 | 部分大学校园与科技工业园区相结合的产物，它将传统校园中一部分实验与科研功能剥离出来，与社会化产业相结合，形成一个相对独立完善的区域 |
| 教工生活 | 部分高校的青年教师周转房小区，包括青年教师周转房、福利设施及其附属用房等 |

**18.1.3.2 大学园区结构布局模式**

大学园区结构布局模式 表 18.1.3.2

| 分类 | 模式 | 特征 |
|---|---|---|
| 平行带状式 | 大学<br>共享区<br>大学 | 各个校区与园区共享资源平行伸展布局，相互联系紧密、直接 |
| 中心轴式 | 大学<br>共享中心<br>共享带 | 共享资源构成轴线并贯穿园区，各个校区围绕共享轴呈向心式布局 |
| 圈层式 | 大学<br>共享中心<br>共享带 | 园区共享资源布置在中心，各高校的教学区、生活区、科研区等以环形向外扩展 |
| 轴向圈层式 | 共享带<br>大学<br>共享中心<br>组团共享 | 共享轴贯通园区；学科联系较密切的资源组合为扇形组团环绕中心区，组团内设置次一级的校际共享资源 |

**18.1.3.3 校园总体结构模式**

校园总体结构模式 表 18.1.3.3

| 类型 | | 特点及优缺点 | 示意图 |
|---|---|---|---|
| 品字形 | 布局模式 | 基于校园步行尺度控制的原则，把教学、宿舍、体育三者呈品字形布置，各区之间紧密联系 | |
| | 特点 | 1. 布局紧凑，各区形成一个品字形结构，往返便捷；<br>2. 三个功能区域之间能同时紧密联系；<br>3. 适用于规模相对中等或偏小的用地 | |
| 复合品字形 | 布局模式 | 教学与宿舍、体育之间基于品字形联系形成多重的品字形结构 | |
| | 特点 | 1. 教学分别与宿舍和体育形成多个品字形结构，各区之间往返便捷；<br>2. 教学与各个区域联系紧密；<br>3. 适合于相对较大规模的用地 | |
| 组团形 | 布局模式 | 教学（主要指由学科院系组成的教学科研区）、宿舍与体育形成明确的组团，由若干组团构成整个校园结构 | |
| | 特点 | 1. 校园形成若干个尺度较小的组团；<br>2. 各个组团内部功能完整，联系紧密；<br>3. 适合于相对较大规模的用地 | |
| 圈层形 | 布局模式 | 教学位于校园中心，其他各区成环状围绕教学布置，呈辐射状向外发展 | |
| | 特点 | 1. 教学与宿舍、体育可成分组的、层圈式布置；<br>2. 中央教学一般为公共教学或者共享设施；<br>3. 适合于相对中等偏大规模要求的用地 | |
| 带形 | 布局模式 | 教学呈带状布置，沿轴线向一侧或两侧发展，其他区域与其平行布置 | |
| | 特点 | 1. 教学与其他区域平行发展，往返距离短；<br>2. 教学呈带形，与其他各个功能区域都可产生直接联系；<br>3. 较适合形状修长的地块 | |

注：▨校级平台，▥教学，▧宿舍，▢体育，⇨发展方向

### 18.1.3.4 校园车行道布局形态

校园车行道路布局形态

表 18.1.3.4

| 类 型 | | 示意图 |
|---|---|---|
| 网络式（网格式） | 形式上形成网格肌理，通过交叉的道路划分地块；<br>利于形成校园的网格生长格局，利于车辆直达建筑，有较大的车辆通行量。设计需避免形式单调，空间识别性差及交叉口对步行系统的干扰 | |
| 环式 | 外环为车行，中心常为步行，是校园规划较多采用的一种车行路网布置形式；<br>利于人车分流，但当环形过大时，往往会使道路的可达性减弱。设计时需保持较好的交通可达性 | |
| 分支式（树枝形） | 以一条或几条干道形成交通脊，然后分支到各个分区；<br>主次分明，利于车辆直达建筑。但主道路占据中心，易造成交通压力大、人车混行等问题。常用于狭长的地形 | |
| 综合式 | 利用网络式、环式、分支式的各自优点，加以综合运用的道路网形式；<br>兼顾各自优点，具有很好的适应性。这种交通方式是较为常见的一种 | |

### 18.1.3.5 校园步行空间类型

校园步行空间类型

表 18.1.3.5

| 类 型 | 定 义 | 设 计 要 点 |
|---|---|---|
| 局部步行道 | 大学校园内某一段专用于人行走的道路 | 宜与校园步行系统有良好的连接；若为限时步行道，需考虑车辆易穿越 |
| 区域间线性步行道 | 用于联系校园各个功能区域，是校园步行最为常见的一种 | 综合考虑短距离往返便捷等客观因素；线性步行道路还应注重良好的校园空间体验 |
| 步行区域 | 校园中以步行交通为主要方式，且一般不允许机动车通行的区域 | 根据人的步行合理范围、空间尺度等确定区域大小；注重步行区域的舒适性和可参与性 |

### 18.1.3.6　校园外部空间层次

校园外部空间层次　　　　　　　　　　　　　　　　　　表18.1.3.6

| 类型 | 功　能 | 设计原则 | 其　他 |
|---|---|---|---|
| 中心广场 | 学校最主要的公共空间和人群集聚中心 | $D/H \geqslant 3$（$D$为广场宽度，$H$为主要建筑物高度），垂直视角$\leqslant 18°$，短边最大尺寸不宜超过70m | 往往与大学主体建筑共同组成校园标识 |
| 区域性广场 | 入口广场，各功能分区的集中开敞空间 | $1 \leqslant D/H \leqslant 3$ | 功能性广场，解决人流、车流集散；中小校园中，区域广场与中心广场合二为一 |
| 组团院落 | 提供小集体活动的领域，供组团内师生使用 | $1 \leqslant D/H \leqslant 2$ | 尺度较小，封闭性较强，环境相对安静 |
| 建筑内院 | 提供小集体活动的领域 | $D/H=1$，垂直视角45° | 能感知建筑的细部 |

# 18.2　教　学　科　研　区

## 18.2.1　教学科研区规划

### 18.2.1.1　功能组成

教学区的功能组成主要包括以下几个部分：教学楼/实验楼群、图书馆、行政办公楼、计算机信息中心、学术交流中心等（图18.2.1.1）。

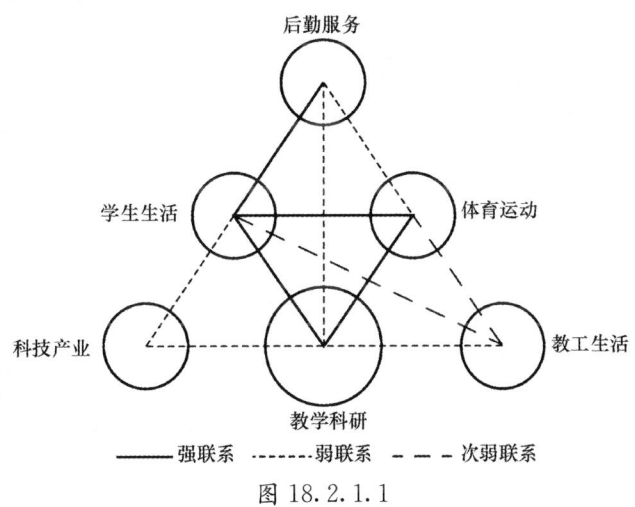

图18.2.1.1

### 18.2.1.2　功能规划要点

校园外部空间层次　　　　　　　　　　　　　　　　　　表18.2.1.2

| 类　别 | 功　能 | 形　式 |
|---|---|---|
| 公共教学区 | 进行公共基础教学的区域。包括一般教室、制图教室、阶梯教室及附属用房等 | 一般靠近图书馆、公共实验区、院系学院区，避免噪声、气体的干扰。单体一般采用走道式的空间组合方式 |
| 公共实验区 | 进行公共实验教学的区域。包括公共和专业基础实验室、语音室等用房，按学科含物理、化工、材料、生物、信息与计算机、声学等专业实验室 | 一般靠近图书馆、公共教学区、院系学院区，避免噪声、气体的干扰。单体一般采用走道式的空间组合方式 |

续表

| 类　别 | 功　能 | 形　式 |
|---|---|---|
| 院系学院区 | 是为一个或几个院系设置的区域。包括院系行政用房、教师办公用房、师生研究用房、专业实验室、专业课教室、报告厅及辅助房间 | 一般布置在教学科研区，靠近学生生活区和体育运动区，多毗邻公共教学区、院系实验区 |
| 教学辅助用房 | 非主要教学场所，是对主要教学区的重要补充。一般包括图书馆、礼堂、讲堂、报告厅等 | 一般与公共教学区、公共实验区、院系学院区结合或毗邻，独立布置，图书馆、行政楼往往单独成栋 |

### 18.2.1.3　功能组织方式

功能组织方式　　　　表 18.2.1.3

| 类型 | 特　点 | 示　意　图 |
|---|---|---|
| 功能分区式 | 　按照功能特征将教学中心区分为公共教学区、公共实验区以及院系学院区三大功能区；分区明确，相互间的干扰较少，管理方便；在规模增大时，各区联系不紧密，空间灵活性较差 | |
| 学科分区式 | 　按照学科大类将中心教学设施分为理、工、农、医四大类并分别形成组团；便于有效实现相关系科之间的资源共享；结构较松散，无明确中心，难免重复建设 | |
| 混合分区式 | 　各教学设施不按特定功能和类别聚合，而是相互穿插融合，具有较强的空间灵活性；<br>　校园空间复合多样，交通组织灵活便捷，建筑利用率较高；<br>　功能多元，流线交错，易相互干扰 | |

### 18.2.2　教学楼

#### 18.2.2.1　教室建筑面积指标

按学科分的教室建筑面积指标（m²/生）　　　　表 18.2.2.1-1

| 学科名称 | 生均指标 | 学科名称 | 生均指标 |
|---|---|---|---|
| 工学 | 3.20 | 文学、哲学、教育学、历史学、管理学 | 2.80 |
| （建筑学） | 5.70 | 经济学、法学 | 2.66 |

| 学科名称 | 生均指标 | 学科名称 | 生均指标 |
|---|---|---|---|
| 理学、医学 | 2.75 | 艺术 | 10.28 |
| 农（林）学 | 2.56 | （师范艺术、艺术设计） | 5.54 |
| 外语 | 3.36 | 体育 | 1.85 |

**按学校类别分的教室建筑面积指标（m²/生）** 表 18.2.2.1-2

| 学校类别 | 生均指标 | 学校类别 | 生均指标 |
|---|---|---|---|
| 综合大学（1） | 2.83 | 综合大学（2） | 2.88 |
| 师范、民族院校 | 2.88 | 财经、政法院校 | 2.66 |
| 理工院校 | 2.95 | 外语院校 | 3.30 |
| 农林院校 | 2.84 | 体育院校 | 1.85 |
| 医药院校 | 2.75 | 艺术院校 | 10.28 |

注：同表 18.1.2.2 注（1）。

### 18.2.2.2 公共教室设计一般要求

**一 般 要 求** 表 18.2.2.2-1

| | 分类标准及用途 | 内部布局 | 采光通风 | 教学设备 | 备注 |
|---|---|---|---|---|---|
| 小型授课教室和工作室 | 10～30 人；用于小组讨论、工作、会议 | 长宽比例 1:1 或者 1:1.5 | 对自然采光要求不高，可设置遮光窗帘 | 可移动桌椅和讲台，较多的黑板 | 可用于研究生教育 |
| 普通教室（中型教室） | 40～100 人；主要用于上课，有多媒体和非多媒体两种 | 长宽比例 1:1.3～1:1.7 | 南向为宜，窗地面积比不应低于 1:6 | 根据教学活动要求配置插座和扩音设备，以及相关网络化/电子化教学设施 | 高校教室主流 |
| 阶梯教室及报告厅（大型教室） | 150 人以上；用于上课，演出，开会，报告等 | 长宽比不超过 1:1.5 阶梯形或者坡行 | 一般以内部采光为主 | 装置扩音设备和无线麦克，带有写字板的椅子 | 通常在一层，靠近大楼入口处，便于出入 |
| 远程教学教室（交换视频教室） | 6～30 个学生之外在远程教学点还有一些学生 | | | 视频会议系统、语音会议系统 | 网络化教学背景下的新教室类型 |

**室 内 净 高** 表 18.2.2.2-2

| 教室类型 | 普通教室 | 专用教室、公共教学用房（进深大于 7.2m） | 多媒体及阶梯教室 | | |
|---|---|---|---|---|---|
| | | | 200 座以下 | 200～300 座 | 300 座以上 |
| 室内净高 | 3.8m | 3.9m | 4m | 4～5m | 5～5.7m |

### 18.2.3 公共教室单元组合布局

### 18.2.3.1 普通教室

**教室组合类型** 表 18.2.3.1

| 教室组合类型 | 图 示 | 教室组合类型 | 图 示 |
|---|---|---|---|
| 外廊式 | | 间断外廊式 | |

| 教室组合类型 | 图　示 | 教室组合类型 | 图　示 |
|---|---|---|---|
| 内廊式 | | 单元式 | |
| 中庭式 | | 开放式 | |

**18.2.3.2　阶梯教室群集中布局组合方式**

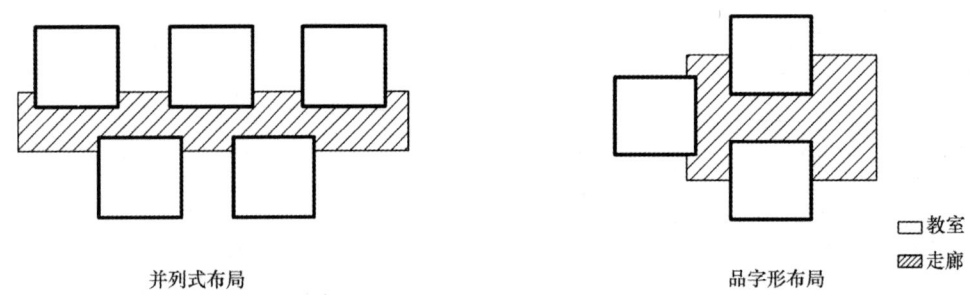

并列式布局　　　　　　　　　品字形布局

□ 教室
▨ 走廊

图 18.2.3.2

**18.2.4　实验室**

**18.2.4.1　实验室规模**

按学科分的实验实习用房建筑面积指标（m²/生）　　　表 18.2.4.1-1

| 学　科 | 学科规模 | | | | | | | | 研究生补助指标 | |
|---|---|---|---|---|---|---|---|---|---|---|
| | 500 | 1000 | 2000 | 3000 | 4000 | 5000 | 10000 (8000) | 15000 | 硕士生 | 博士生 |
| 工学 | 12.93 | 11.05 | 9.53 | 8.77 | 8.27 | 7.93 | 7.26 | 7.15 | 6.00 | 8.00 |
| 理、农（林）、医学 | 12.90 | 10.91 | 9.31 | 8.53 | 8.01 | 7.66 | 6.98 | 6.87 | 6.00 | 8.00 |
| 文学 | 2.43 | 1.39 | 0.98 | 0.88 | 0.83 | 0.80 | 0.77 | 0.76 | 4.00 | 6.00 |
| 外语、经济、法学、管理学 | 2.94 | 2.32 | 1.88 | 1.72 | 1.62 | 1.53 | 1.26 | 1.10 | 4.00 | 6.00 |
| 艺术 | 15.02 | 12.64 | 10.60 | 9.27 | 8.37 | 7.77 | (6.91) | — | 6.00 | 8.00 |
| 师范艺术、艺术设计 | 12.32 | 9.78 | 7.61 | 6.64 | 6.20 | 6.00 | — | — | 4.00 | 6.00 |
| 体育 | 1.98 | 1.72 | 1.58 | 1.48 | 1.39 | 1.32 | (1.14) | — | 4.00 | 6.00 |

注：括号内的数字为8000人指标。

**按学校类别分的公共实验室建筑面积指标（m²/生）** 表18.2.4.1-2

| 学校类别 | 办学规模 | 生均实验室指标 | 学校类别 | 办学规模 | 生均实验室指标 |
|---|---|---|---|---|---|
| 综合大学（1） | 5000 | 5.43 | 综合大学（2） | 5000 | 6.75 |
| | 10000 | 4.63 | | 10000 | 5.76 |
| | 20000 | 4.00 | | 20000 | 5.02 |
| 师范、民族院校 | 5000 | 5.66 | 财经、政法外语院校 | 5000 | 1.54 |
| | 10000 | 4.77 | | 10000 | 1.26 |
| | 20000 | 4.02 | | 20000 | 1.01 |
| 理工、农林院校 | 5000 | 7.43 | 体育院校 | 3000 | 1.78 |
| | 10000 | 6.33 | | 5000 | 1.59 |
| | 20000 | 5.56 | | 8000 | 1.36 |
| 医药院校 | 5000 | 7.40 | 艺术院校 | 2000 | 10.60 |
| | 10000 | 6.60 | | 5000 | 7.77 |
| | 20000 | 6.36 | | 8000 | 6.91 |

注：表中数值为建议值，研究生的补助建筑面积指标按表18.3.1.1-1执行。

## 18.2.4.2 实验室建筑功能组成

**实验室建筑功能组成** 表18.2.4.2

| | |
|---|---|
| 实验室 | 学生或教师进行实验的场所 |
| 研究室 | 教师进行科研和实验前准备的场所，主要进行资料整理、报告编写、文献阅读等工作 |
| 实验附属房间 | 一般含有药品室、仪器室和天平室、讨论室、档案室、化学实验及样品前处理室、电烤室、洗涤室、实验用水制备室、暗房、试剂储藏室等房间 |
| 设备单元 | 交通核、设备管井空间 |
| 行政办公 | 行政、办公、会议 |

## 18.2.4.3 实验室空间组织类型

**实验室空间组织类型** 表18.2.4.3

| 分类 | 定　义 | 特　点 | 管道布置 |
|---|---|---|---|
| 主通道型 | 沿纵走廊向走廊两侧布置实验室与研究室 | 走廊可采用单通道、双通道、多通道 | 水平干管—垂直分管—水平支管 |
| 枢纽型 | 将实验空间划分为实验工作区与服务区两部分 | 服务区包括管井、垂直交通、盥洗室，可位于实验室两端、两侧或中央 | 垂直干管—水平分管—水平支管 |
| 三段式 | 将实验区功能在平面上分成实验区、服务区、研究区 | 实验室灵活性较大、便于扩建、重组，保持平面中心部分恒温恒湿 | 混合式 |

## 18.2.4.4 实验室平面设计

1）平面设计原则

（1）同类实验室组合在一起；

（2）工程管网较多的实验室组合在一起；

（3）有洁净要求的实验室组合在一起；

（4）有隔振要求的实验室宜设于底层；

（5）有防辐射要求的实验室组合在一起；

（6）有毒性物质产生的实验室组合在一起。

2）实验室平面类型

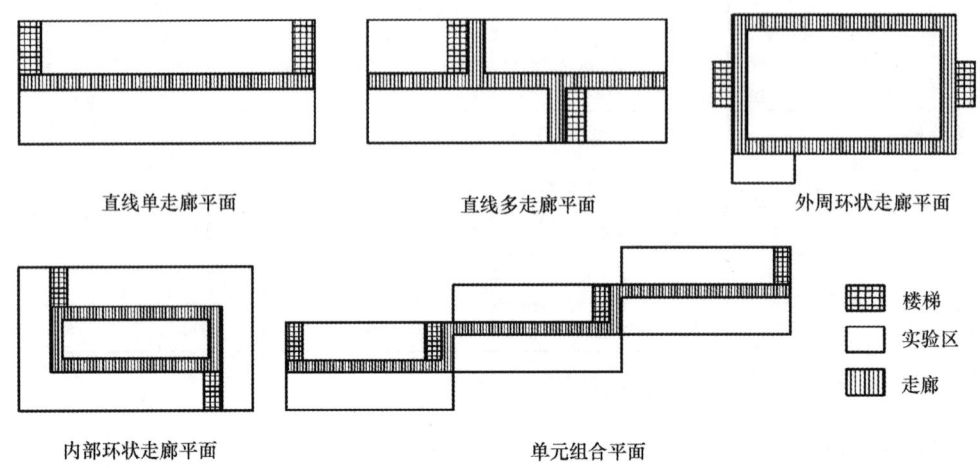

直线单走廊平面　　　　　直线多走廊平面　　　　　外周环状走廊平面

内部环状走廊平面　　　　　　　单元组合平面

楼梯

实验区

走廊

图 18.2.4.4

### 18.2.4.5　实验室的空间尺度建议表

实验室的空间尺度建议表　　　　　　表 18.2.4.5

| 类　型 | | 轴线间距 |
| --- | --- | --- |
| 开间模数 | | 6.0m，6.6m，7.2m |
| 进深模数 | | 6.0m，7.2m，8.4m，9.6m |
| 层高 | | 3.6m，3.9m，4.2m |
| 走廊净宽 | 单面走廊 | ≥1.5m |
| | 中间走廊 | 1.8～2.1m |
| | 检修走廊 | 1.5～2.0m |
| | 安全走廊与参观走廊 | ≥1.2m |
| | 设备管道走廊 | 2.0～2.8m |
| 走廊净高 | | 2.4m/2.7m |
| 实验室研究室净高 | | ≥2.8m（不设置空气调节）<br>≥2.5m（设置空气调节） |
| 门 | | 宽度≥1m，高度≥2.1m（1/2个标准实验单元）<br>宽度≥1.2m，高度≥2.1m（1个标准实验单元） |
| 实验台布置 | | 实验台与实验台间距≥1.6m<br>通风柜与实验台间距≥1.5m<br>实验台与边墙间距≥1.2m<br>实验台与外窗平行布置其间距≥1.3m |

注：表中所示适用于普通实验室。

**18.2.4.6　教学实验室指标面积建议表**

<table>
<tr><td colspan="2" align="center">教学实验室指标面积建议表</td><td align="right">表 18.2.4.6</td></tr>
</table>

| 实验室类型 | 人均面积（m²） |
|---|---|
| 生物实验室 | 4.65～5.58 |
| 化学实验室 | 4.65～7.44 |
| 地质实验室 | 3.72～5.58 |
| 物理实验室 | 3.72～5.58 |
| 心理学实验室 | 2.79～3.72 |

注：根据 2003 年教育部制定的《高等学校基础课实验教学示范中心建设标准》，实验室生均占有实际使用面积至少 2.5m²。

**18.2.4.7　科研实验室指标面积建议表**

科研实验室指标面积建议表　　　　　　　表 18.2.4.7

| 实验室类型 | | 人均面积（m²） |
|---|---|---|
| 生物学科 | 实验生物 | 49～66 |
| | 动物 | 55～73 |
| | 植物 | 68～89 |
| 化学学科 | 化学 | 52～70 |
| | 化工 | 66～89 |
| 物理学科 | 理论物理 | 34～43 |
| | 实验物理 | 52～73 |
| | 力学与声学 | 42～58 |
| | 核物理 | 75～98 |
| 技术科学学科 | 计算机技术 | 50～66 |
| | 半导体与电子技术 | 54～74 |
| | 应用技术 | 48～63 |
| | 自动化技术 | 46～61 |
| | 光电技术 | 52～66 |
| 数学学科 | 数学 | 34～43 |
| 地理学科 | 地理 | 45～60 |
| | 海洋 | 51～67 |
| | 土壤 | 54～71 |
| | 地质 | 56～74 |

注：该指标适用于建筑层数为多层时。

**18.2.4.8　设计新趋势**

设计新趋势　　　　　　　表 18.2.4.8

| 柔性化 | 主要指室内空间和工艺设备的柔性化，例如建筑平面布局具有一定的调整能力，采用可移动式工艺设备等 |
|---|---|
| 专业化 | 转变实验室设计理念、实行实验室设计专业化，即先工艺设计后土建设计 |
| 节能化 | 实验室建筑对温湿度、洁净度要求较高，通风空调耗能占比高，能耗是普通办公建筑的 10 倍 |
| 开放化 | 实验室建筑的开放化设计主要体现在平面布局、室内空间及资源设备等方面，例如平面布局采用大开间式设计，室内设置休闲区、活动区等开放空间，建筑内设置开放化的网络、线路及设备接口等 |
| 人性化 | 在满足实验室建筑功能性要求的同时，从平面布局、配套设施、室内环境多方面入手，创造具有人文关怀和生活气息的室内空间是现代实验室建筑设计的必然发展趋势 |

# 18.3 学生生活区

## 18.3.1 规模及组成

### 18.3.1.1 规模

学生生活区的规模受学生人数控制。本科、硕士、博士等不同阶段的学生及留学生人数比例的不同，各高校所在地域的不同，均对生活区的建设规模有一定的影响。

### 18.3.1.2 学生生活区功能组成

学生生活区功能组成 表 18.3.1.2

| 类别 | 功能 | 形式 |
|---|---|---|
| 学生宿舍 | 满足学生住宿需求的室内空间 | 多层或高层建筑，主要为通廊式或单元式，常由多栋组成 |
| 学生食堂 | 满足宿舍区及周边学生与教职工就餐需求的室内空间 | 单栋多层建筑为主 |
| 学生活动中心 | 满足学生进行各类课余活动的室内空间 | 单栋多层建筑为主 |
| 生活服务设施 | 满足宿舍区及周边学生与教职工其他生活服务需求的室内空间 | 常分散布置在宿舍区并附设于宿舍、食堂及学生活动中心等建筑内 |
| 运动场地 | 满足宿舍区及周边学生与教职工日常运动的场地与设施 | 以室外运动场地为主 |

注：生活服务设施主要包括小超市、书店、文印店、花店、水果店、眼镜店、银行、咖啡吧、网吧、照相馆、理发店、浴室、洗衣房、缝纫房等。

## 18.3.2 活动中心

### 18.3.2.1 面积指标

师生活动中心建筑面积指标（m²/生） 表 18.3.2.1-1

| 办学规模 | 1000 | 2000 | 3000 | 5000 | 8000 | 10000 | 20000 |
|---|---|---|---|---|---|---|---|
| 指标 | 0.60 | 0.50 | 0.45 | 0.40 | 0.37 | 0.35 | 0.30 |

注：（1）办学规模为在校师生人数；1000 人指标用于体育、艺术高职高专院校。

（2）表中数据为建议值。

会堂建筑面积指标（m²/生） 表 18.3.2.1-2

| 办学规模 | ≤3000 | 5000 | 8000 | 10000 | 20000 |
|---|---|---|---|---|---|
| 指标 | 0.60 | 0.50 | 0.45 | 0.40 | 0.30 |

注：（1）办学规模为在校师生人数。

（2）办学规模小于 3000 人时，生均标准采用 0.6m²。

（3）20000 人以上办学规模高校的会堂建筑面积不大于 6000m²。

（4）表中数据为建议值。

### 18.3.2.2 功能构成

**学生生活区功能组成**　　　　　　　　　　　　　　　表 18.3.2.2

| 名称 | | 主要功能 |
|---|---|---|
| 办公用房 | — | 学生会、研究生会、团委会、科技服务中心以及信息服务中心、心理咨询、帮困助学、就业指导中心等 |
| 活动及管理用房 | 一般社团活动室 | 文学社、书法社、摄影社、美术社、学生报社等 |
| | 文学社团排练室 | 民乐、管弦乐、军乐、声乐、舞蹈等 |
| | 群众性活动室 | 学生组织或个人举办的展览、讨论、讲座、联谊等活动用房 |
| | 娱乐活动室 | 棋牌、台球、电子游戏等 |
| | 健身用房 | 小型健身房、武术房、瑜伽房、体操房等 |
| 会堂 | — | 一般设置较为专业舞台，可进行大型演出的场所 |
| 多功能室 | — | 舞厅、展览、联欢、集会或排练等较大活动的场所 |
| 其他可组合用房 | 广播站 | 广播站 |
| | 服务用房 | 书店、百货、邮局、银行、理发、复印、修理等 |
| | 小型餐饮用房 | 快餐店、咖啡厅、茶室 |

### 18.3.3 运动健身中心

#### 18.3.3.1 运动和健身类别

**运动和健身类别**　　　　　　　　　　　　　　　　表 18.3.3.1

| 类别 | 功能 |
|---|---|
| 水上运动 | 游泳、跳水、放松等 |
| 球类运动 | 篮球、排球、羽毛球、乒乓球、壁球、足球、网球等 |
| 健身运动 | 健身舞、瑜伽、器械健身、武术、击剑、跑步等 |
| 其他常见运动 | 为增加运动趣味性，一般可附带加入流行时尚各种项目，如：攀岩、台球、保龄球等 |

#### 18.3.3.2 功能分区

**功能分区**　　　　　　　　　　　　　　　　　　　表 18.3.3.2

| 类别 | 组成 | 备注 |
|---|---|---|
| 运动和健身区 | 按各运动类别要求 | |
| 非运动公共空间 | 门厅、过厅等交通枢纽空间和管理、服务性空间，如服务前台、寄存间、小卖部等 | |
| 运营管理办公区 | 场馆运营办公空间、储物间、设备间 | 水质水温控制机房约占地 100m² |

### 18.3.3.3 设计要点

设 计 要 点

表 18.3.3.3

| | |
|---|---|
| 主要出入口 | 1. 宜设置唯一使用出入口，并设置身份登记/验证柜台，方便管理；2. 门厅宜提供寄存服务；3. 门厅宜设等候休闲区、简单餐饮区以及体育用品售卖和维修等服务区；4. 门厅作为交通枢纽，应可（通过垂直交通）直通各个运动区 |
| 后勤服务区 | 1. 后勤出入口应与主出入口分开设置；2. 应设置独立垂直交通（楼梯、货运电梯）与各个运动区直接相连；3. 除集中的储存空间，每个运动区需设置专用器具储存空间 |
| 水上运动区 | 1. 宜设于底层，更衣间、淋浴间是必配设施，需注意满足从更衣间进入泳池前须经强制淋浴通道的规定；2. 水上运动区宜与水温水质控制设备用房靠近 |
| 环形跑道 | 一般设置在 2 层以上，且不应与其他功能流线交叉穿越，跑道转弯处宜作倾斜式跑道设计 |
| 净高 | 注意满足不同运动区域的有相差不少的净高要求 |
| 安全疏散 | 如安排有观众空间则需计算建筑使用人数以确定安全疏散宽度 |
| 其他 | 设计时应考虑当地气候的风、雨、气温等特点，可根据需要安排部分功能组合室外化或半室外化，如：南方校园可以把网球、足球等场地安排布置在屋面（降低建造费用和使用成本），篮球、排球、羽毛球区可考虑使用非全封闭式有顶空间，充分利用自然通风和采光但又可实现锻炼不受天气原因影响的目的 |

### 18.3.4 学生宿舍

#### 18.3.4.1 规模及组成

学生宿舍建筑面积指标（m²/生）

表 18.3.4.1

| 学生类别 | 本科生 | 研究生补助指标 | |
|---|---|---|---|
| | | 硕士生 | 博士生 |
| 各类院校 | 10 | 5 | 10 |

注：各地根据情况可作适当调整，但本科生生均建筑面积指标不应低于 8m²，硕士生生均建筑面积不应低于 12m²。

#### 18.3.4.2 居室类型及相关指标

居室类型及相关指标

表 18.3.4.2

| 类　　型 | | 1 类 | 2 类 | 3 类 | 4 类 | 5 类 |
|---|---|---|---|---|---|---|
| 每室居住人数（人） | | 1 | 2 | 3～4 | 6 | ≥8 |
| 人均使用面积（m²/人） | 单层床、高架床 | 16 | 8 | 6 | — | — |
| | 双层床 | — | — | — | 5 | 4 |
| 储藏空间 | | 立柜、壁柜、吊柜、书架 | | | | |

注：（1）本表中面积不含居室内附设卫生间和阳台面积。

　　（2）5 类宿舍以 8 人为宜，不宜超过 16 人。

　　（3）残疾人居室面积宜适当放大，居住人数一般不宜超过 4 人，房间内应留有直径不小于 1.5m 的轮椅回转空间。

### 18.3.4.3　公共厕所、公共盥洗室内洁具数量

公用厕所、公用盥洗室内洁具数量　　　　　表 18.3.4.3

| 项　目 | 设备种类 | 卫生设备数量 |
|---|---|---|
| 男厕 | 大便器 | 8 人以下设一个；超过 8 人时，每增加 15 人或不足 15 人增设一个 |
| | 小便器 | 每 15 人或不足 15 人设一个 |
| | 小便槽 | 每 15 人或不足 15 人设 0.7m |
| | 洗手盆 | 与盥洗室分设的厕所至少设一个 |
| | 污水池 | 公用厕所或公用盥洗室设一个 |
| 女厕 | 大便器 | 5 人以下设一个；超过 5 人时，每增加 6 人或不足 6 人增设一个 |
| | 洗手盆 | 与盥洗室分设的卫生间至少设一个 |
| | 污水池 | 公用卫生间或公用盥洗室设一个 |
| 盥洗室（男、女） | 洗手盆或盥洗槽龙头 | |

## 18.3.5　食堂

### 18.3.5.1　面积指标

食堂建筑面积指标（m²/生）　　　　　表 18.3.5.1

| 办学规模 | 2000 | 3000 | 5000 | 8000 | 10000 | 20000 |
|---|---|---|---|---|---|---|
| 各类院校 | 1.40 | 1.35 | 1.30 | 1.27 | 1.25 | 1.20 |

注：少数民族的清真食堂按就餐人数，其生均建筑面积指标在上表基础上增加 0.5m²/生。

### 18.3.5.2　建筑面积分配

建筑面积分配　　　　　表 18.3.5.2

| 级别 | 分项 | 每座面积（m²） | 比例（%） | 规模（座） | | | | |
|---|---|---|---|---|---|---|---|---|
| | | | | 100 | 200 | 400 | 600 | 800/1000 |
| 一级食堂 | 总建筑面积 | 3.20 | 100 | 320 | 640 | 1280 | 1920 | 3200 |
| | 餐厅 | 1.10 | 34 | 110 | 220 | 440 | 660 | 1100 |
| | 厨房 | 0.80 | 25 | 80 | 160 | 320 | 480 | 800 |
| | 辅助 | 0.34 | 11 | 34 | 68 | 136 | 204 | 340 |
| | 公用 | 0.16 | 5 | 16 | 32 | 64 | 96 | 160 |
| | 交通·结构 | 0.80 | 25 | 80 | 160 | 320 | 480 | 800 |
| 二级食堂 | 总建筑面积 | 2.30 | 100 | 230 | 460 | 920 | 1380 | 2300 |
| | 餐厅 | 0.85 | 37 | 85 | 170 | 340 | 510 | 850 |
| | 厨房 | 0.60 | 26 | 60 | 120 | 240 | 360 | 600 |
| | 辅助 | 0.30 | 13 | 30 | 60 | 120 | 180 | 300 |
| | 公用 | 0.09 | 4 | 9 | 18 | 36 | 54 | 90 |
| | 交通·结构 | 0.46 | 20 | 46 | 92 | 184 | 276 | 460 |

注：（1）表内除总建筑面积外其他面积指标均指使用面积，表内食堂最大规模为 1000 座。

　　（2）总建筑面积＝餐厅、厨房、辅助、公用、交通与结构每座面积分别乘以座位数之和。

# 19 文化馆建筑设计

## 19.1 概　　述

### 19.1.1 文化馆的定义

文化馆是指具有组织群众文化活动、普及文化艺术知识、辅导基层文化骨干、开展社会教育工作等功能，并提供与功能相适应的专业活动设施的公共文化服务场所，包括省（自治区、直辖市）、计划单列市、地区（市、自治州、盟）、县（市、区）的各级文化馆和群众艺术馆。

文化馆是县和县级以上人民政府设立的公益性文化事业机构，是我国公共文化服务体系的重要组成部分。

### 19.1.2 文化馆的类型

文化馆建筑按规模划分（表 19.1.2）：

文化馆分类与服务人口　　　　　　　　　　　　　　表 19.1.2

| 文化馆分类 | 建筑面积（m²） | 服务人口（万人） |
|---|---|---|
| 大型馆 | ≥6000 | ≥50 |
| 中型馆 | <6000，且≥4000 | 20～50 |
| 小型馆 | <4000，且≥800 | 5～20 |

### 19.1.3 文化馆的组成

文化馆建筑的组成包括如下大类与中类。各类用房在使用上应具有可调性和灵活性，并应便于分区使用和统一管理。各类用房可根据文化馆的规模和使用要求进行增减或合并。文化馆建筑的使用面积系数宜为 65%（表 19.1.3）。

文化馆的房间组成　　　　　　　　　　　　　　　表 19.1.3

| 大　　类 | 中　　类 |
|---|---|
| 群众活动用房 | 演艺活动 |
| | 交流展示 |
| | 辅导培训 |
| | 图书阅览 |
| | 游艺娱乐等用房 |
| 业务用房 | 文艺创作 |
| | 研究整理 |
| | 其他专业工作用房 |
| 管理用房 | 行政管理 |
| | 会议接待等用房 |
| 辅助用房 | 储存库房 |
| | 建筑设备 |
| | 后勤服务等用房 |

# 19.2 选址与总平面设计

### 19.2.1 文化馆的选址

1. 文化馆建筑选址应符合当地文化事业发展和当地城乡规划的要求。

2. 文化馆应选择在人口聚集，环境、工程地质及水文地质条件良好，交通便利的地方，能为更多的市民提供便捷服务，提高使用效率。

3. 宜靠近城市广场、公园，需要时可以借用这些开敞空间开展大型的文化活动，或者靠近其他城市文化娱乐设施或文化管理部门。

4. 应与医院、学校、幼儿园、住宅等需要相对安静环境的建筑保持一定的距离。

5. 同一城镇的不同类型文化馆，应统一规划，均衡布局，满足相应的服务人口和服务半径要求。

6. 新建文化馆宜有独立的建筑基地，当与其他建筑合建时，应满足使用功能的要求，且自成一区，并应设置独立的出入口。

### 19.2.2 文化馆的总平面设计

文化馆的总平面布局应当功能组织合理、动静分区明确、空间构成紧凑、日照通风良好、结合自然环境，有效组织建筑的室内外空间，节约集约用地。

文化馆的总平面设计　　　　　　　　　　　　　　　　表 19.2.2

| 类　别 | | 技　术　要　求 | 规　范　依　据 |
|---|---|---|---|
| 交通组织 | 与城市道路邻接长度 | 大型、特大型文化馆建筑基地与城市道路邻接的总长度不应小于建筑基地周长的 1/6 | 《民用建筑设计统一标准》GB 50352—2019 第 4.2.5 条 |
| | 基地出入口 | 基地至少应设有两个出入口，且当主要出入口紧邻城市交通干道时，应符合城乡规划的要求并应留出疏散缓冲距离 | 《文化馆建筑设计规范》JGJ/T 41—2014 第 3.2.1 条 |
| | | 大型、特大型文化馆建筑基地的出入口不应少于 2 个，且不宜设置在同一条城市道路上 | 《民用建筑设计统一标准》GB 50352—2019 第 4.2.5 条 |
| | 流线原则 | 人流和车辆交通路线应合理，道路布置应便于道具、展品的运输和装卸 | 《文化馆建筑设计规范》JGJ/T 41—2014 第 3.2.1 条 |
| | 停车要求 | 基地内应设置机动车及非机动车停车场（库），且停车数量应符合城乡规划的规定。停车场地不得占用室外活动场地 | 《文化馆建筑设计规范》JGJ/T 41—2014 第 3.2.5 条 |
| 功能布局 | 分区 | 功能分区应明确，群众活动区宜靠近主出入口或布置在便于人流集散的部位 | 《文化馆建筑设计规范》JGJ/T 41—2014 第 3.2.1 条 |
| | | 文化馆建筑的总平面应划分静态功能区和动态功能区，且应分区明确、互不干扰，并应按人流和疏散道布局功能区。静态功能区与动态功能区宜分别设置功能区的出入口 | 《文化馆建筑设计规范》JGJ/T 41—2014 第 3.2.2 条 |

| 类　别 | | 技　术　要　求 | 规　范　依　据 |
|---|---|---|---|
| 功能布局 | 室外活动场地 | 应设置在动态功能区一侧，并应场地规整、交通方便、朝向较好 | 《文化馆建筑设计规范》JGJ/T 41—2014 第3.2.3条 |
| | | 应预留布置活动舞台的位置，并应为活动舞台及其设施设备预留必要的条件 | |
| | 庭院 | 应结合地形、地貌、场区布置及建筑功能分区的关系，布置室外休息活动场所、绿化及环境景观等，并宜在人流集中的路边设置宣传栏、画廊、报刊橱窗等宣传设施 | 《文化馆建筑设计规范》JGJ/T 41—2014 第3.2.4条 |
| | 人流量大的用房要求 | 文化馆的大型排演厅、观演厅、展览厅、多功能厅等人流量大、聚散集中的用房宜设在建筑首层，并应设置直接对外的安全出口或合理组织应急疏散通道 | 《文化馆建设标准》建标136—2010 第十九条 |
| 环境安全 | 污染控制 | 场地内不应有排放超标的污染源 | 《绿色建筑评价标准》GB/T 50378—2019 第8.1.6条 |
| | 径流控制 | 场地内的竖向设计应有利于雨水的收集或排放，应有效组织雨水的下渗、滞蓄或再利用 | 《绿色建筑评价标准》GB/T 50378—2019 第8.1.4条 |
| | 噪声污染控制 | 根据噪声源的位置、方向和强度，应在建筑功能分区、道路布置、建筑朝向、距离以及地形、绿化和建筑物的屏障作用等方面采取综合措施，防止或降低环境噪声 | 《民用建筑设计统一标准》GB 50352—2019 第5.1.4条 |
| | | 当文化馆基地距医院、学校、幼儿园、住宅等建筑较近时，室外活动场地及建筑内噪声较大的功能用房应布置在医院、学校、幼儿园、住宅等建筑的远端，并应采取防干扰措施 | 《文化馆建筑设计规范》JGJ/T 41—2014 第3.2.6条 |

# 19.3　群　众　活　动　用　房

### 19.3.1　群众活动用房的面积、空间及设施要求

　　文化馆群众活动用房宜包括门厅、展览陈列用房、报告厅、排演厅、文化教室、计算机与网络教室、多媒体视听教室、舞蹈排练室、琴房、美术书法教室、图书阅览室、游艺用房等。文化馆的群众活动区域内应设置无障碍卫生间。群众活动用房应采用易清洁、耐磨的地面。群众活动各类用房的面积、空间及设施应符合下述规定。

群众活动用房的面积、空间及设施要求 表 19.3.1

| 区　域 | 技术要求 | | 规范依据 |
|---|---|---|---|
| | 规模（人数或使用面积）、人均使用面积 | 空间、设施要求 | |
| 展览陈列用房 | 每个展览厅宜≥65m² | 应由展览厅、陈列室、周转房及库房等组成；小型馆的展览厅、陈列室宜与门厅合并布置；大型馆的陈列室宜与门厅或走廊合并布置；<br>展览厅内的参观路线应顺畅，并应设置可灵活布置的展板和照明设施；<br>展览厅、陈列室的出入口的宽度和高度应满足安全疏散和搬运展品及大型版面的要求；<br>展览陈列厅应满足展览陈列品的防霉、防蛀要求，并宜设置温度、湿度监测设施及防止虫菌害的措施 | 《文化馆建筑设计规范》JGJ/T 41—2014 第4.2.3 条 |
| 报告厅 | 宜≤300 座，≥1.0m²/座 | 应具有会议、讲演、讲座、报告、学术交流等功能，也可用于娱乐活动和教学；<br>应设置活动座椅；应设置讲台、活动黑板、投影幕等，并宜配备标准主席台和贵宾休息室；<br>当规模较小或条件不具备时，报告厅宜与小型排演厅合并为多功能厅 | 《文化馆建筑设计规范》JGJ/T 41—2014 第4.2.4 条 |
| 排演厅 | 宜≤600 座 | 排演厅宜包括观众厅、舞台、控制室、放映室、化妆间、厕所、淋浴更衣间等功能用房；化妆间、淋浴更衣间等舞台附属用房应满足演出活动时演员的基本使用要求；<br>排演厅宜具备剧目排演、审查及电影放映等多种用途；当设置小型剧场或影剧院时，排演厅不宜再重复设置；<br>当观众厅为 300 座以下时，可将观众厅做成水平地面、伸缩活动座椅，当观众厅规模超过 300 座时，观众厅的座位排列、走道宽度，应符合国家现行标准《剧场建筑设计规范》JGJ 57—2016 的有关规定；<br>排演厅应配置电动升降吊杆、舞台灯光及音响等舞台设施；排练厅舞台高度应满足排练演出和舞台机械设备的安装尺度要求；<br>不宜有排水管穿越 | 《文化馆建筑设计规范》JGJ/T 41—2014 第4.2.5 条、5.1.3 条 |

| 区　域 | | 技术要求 | | 规范依据 |
|---|---|---|---|---|
| | | 规模（人数或使用面积）、人均使用面积 | 空间、设施要求 | |
| 文化教室 | 普通教室 | 宜40人一间，≥1.4m²/人 | 文化教室课桌椅的布置及有关尺寸，不宜小于现行国家标准《中小学校设计规范》GB 50099有关规定；<br>　普通教室及大教室均应设黑板、讲台，并应预留电视、投影等设备的安装条件；<br>　大教室可根据使用要求设为阶梯地面，并应设置连排式桌椅；<br>　不宜有排水管穿越 | 《文化馆建筑设计规范》JGJ/T 41—2014 第4.2.6条、5.1.3条 |
| | 大教室 | 宜80人一间，≥1.4m²/人 | | |
| 计算机与网络教室 | 50座教室 | ≥73m² | 宜配置相应的管理用房；宜与文化信息资源共享工程服务点、电子图书阅览室合并设置，且合并设置时，应设置国家共享资源接收终端，并应设置统一标识牌；<br>　室内净高不应小于3.0m；<br>　平面布置应符合现行国家标准《中小学校设计规范》GB 50099对计算机教室的规定，且计算机桌应采用全封闭双人单桌；操作台的布置应方便教学；<br>　不应采用易产生粉尘的黑板；<br>　宜设置防静电地板；各种管线宜暗敷设，竖向走线宜设管井，不宜有排水管穿越 | 《文化馆建筑设计规范》JGJ/T 41—2014 第4.2.7条、5.1.3条、5.3.13条 |
| | 25座教室 | ≥54m² | | |
| 多媒体视听教室 | | 宜控制在每间100～200人 | 媒体视听教室宜具备多媒体视听、数字电影、文化信息资源共享工程服务等功能；<br>　可按文化馆的规模和需求，分别设置或合并设置不同功能空间；<br>　当规模较小时，宜与报告厅等功能相近的空间合并设置；<br>　宜设置防静电地板 | 《文化馆建筑设计规范》JGJ/T 41—2014 第4.2.8条、5.3.13条 |
| 舞蹈排练室 | 普通舞蹈排练室 | 80～200m²，≥6.0m²/人 | 宜靠近排演厅后台布置，并应设置库房、器材储藏室等附属用房；<br>　室内净高不应低于4.5m；<br>　地面应平整，且宜做有木龙骨的双层木地板；<br>　室内与采光窗相垂直的一面墙上，应设置高度不小于2.10m（包括镜座）的通长照身镜，且镜座下方应设置不超过0.30m高的通长储物箱，其余三面墙上应设置高度不低于0.90m的可升降把杆，把杆距墙不宜小于0.40m；<br>　舞蹈排练室的墙面应平直，室内不得设有独立柱及墙壁柱，墙面及顶棚不得有妨碍活动安全的突出物；<br>　采暖设施应暗装，不宜有排水管穿越；<br>　宜采用嵌入式或吸顶式照明灯具 | 《文化馆建筑设计规范》JGJ/T 41—2014 第4.2.9条、5.1.3条、5.3.7条 |
| | 综合排练室 | 200～400m²，≥6.0m²/人 | | |

| 区　域 | | 技术要求 | | 规范依据 |
|---|---|---|---|---|
| | | 规模（人数或使用面积）、人均使用面积 | 空间、设施要求 | |
| 游艺室 | 大游艺室 | ≥100m² | 大型馆的游艺室宜分别设置综合活动室、儿童活动室、老人活动室及特色文化活动室，且儿童活动室室外宜附设儿童活动场地 | 《文化馆建筑设计规范》JGJ/T 41—2014 第4.2.13条 |
| | 中游艺室 | ≥60m² | | |
| | 小游艺室 | ≥30m² | | |
| 琴房 | | ≥6.0m²/人 | 琴房的数量可根据文化馆的规模进行确定；<br>不宜设在温度、湿度常变的位置，不宜有排水管穿越 | 《文化馆建筑设计规范》JGJ/T 41—2014 第4.2.10条、5.1.3条 |
| 美术书法教室 | | 宜≤30人，≥2.8m²/人 | 有条件时，美术教室、书法教室宜单独设置，且美术教室宜配备教具储存室、陈列室等附属房间，教具储存室宜与美术教室相通；<br>人体写生的美术教室，应采取遮挡外界视线的措施；<br>教室墙面应设挂镜线，且墙面宜设置悬挂投影幕的设施；室内应设洗涤池；<br>书法学习桌应采用单桌排列，其排距不宜小于1.2m，且教室内的纵向走道宽度不应小于0.70m | 《文化馆建筑设计规范》JGJ/T 41—2014 第4.2.11条 |
| 图书阅览室 | | 应设于文化馆内静态功能区；<br>图书阅览室宜包括开架书库、阅览室、资料室、书报储藏间等；宜设儿童阅览室，并宜临近室外活动场地；<br>室内应预留布置书刊架、条形码管理系统、复印机等的空间；<br>阅览桌椅的排列间隔尺寸及每座使用面积，可按现行行业标准《图书馆建筑设计规范》JGJ 38执行；<br>不宜有排水管穿越 | | 《文化馆建筑设计规范》JGJ/T 41—2014 第4.2.12条、5.1.3条 |
| 儿童、老人活动用房 | | 应布置在三层及三层以下，且朝向良好和出入安全、方便的位置；<br>严寒地区宜做暖性地面 | | 《文化馆建筑设计规范》JGJ/T 41—2014 第4.1.5条、4.1.6条 |
| 大型排演厅、观演厅、多功能厅、展览厅 | | 依据《建筑工程抗震设防分类标准》GB 50223，应按重点设防类建筑设防；<br>依据《建筑结构可靠性设计统一标准》GB 50068，安全等级应为一级，其余区域安全等级不低于二级 | | 《文化馆建设标准》建标136—2010 第二十八条 |
| 门厅 | | 位置应明显，方便人流疏散，并具有明确的导向性；<br>宜设置具有交流展示功能的设施 | | 《文化馆建筑设计规范》JGJ/T 41—2014 第4.2.2条 |

### 19.3.2　群众活动用房的光环境要求

文化馆各类用房的采光应符合现行国家标准《建筑采光设计标准》GB 50033 的有关规定。文化馆群众各类活动用房的光环境应符合表 19.3.2 的规定。

群众活动用房的光环境要求　　　　　　　　　表 19.3.2

| 区　域 | 技　术　要　求 | 规　范　依　据 |
|---|---|---|
| 展览陈列用房 | 宜以自然采光为主，并应避免眩光及直射光 | 《文化馆建筑设计规范》JGJ/T 41—2014 第 4.2.3 条 |
| 计算机与网络教室 | 宜北向开窗 | 《文化馆建筑设计规范》JGJ/T 41—2014 第 4.2.7 条 |
| 舞蹈排练室 | 采光窗应避免眩光，或设置遮光设施 | 《文化馆建筑设计规范》JGJ/T 41—2014 第 4.2.9 条 |
| 琴房 | 宜避开直射阳光，并应设具有吸声效果的窗帘 | 《文化馆建筑设计规范》JGJ/T 41—2014 第 4.2.10 条 |
| 美术书法教室 | 应为北向或顶部采光，并应避免直射阳光 | 《文化馆建筑设计规范》JGJ/T 41—2014 第 4.2.11 条 |
| 图书阅览室 | 应光线充足，照度均匀，并应避免眩光及直射光 | 《文化馆建筑设计规范》JGJ/T 41—2014 第 4.2.12 条 |
| 排演用房、报告厅、教学用房、音乐、美术工作室等 | 应按不同功能要求设置相应的外窗遮光设施 | 《文化馆建筑设计规范》JGJ/T 41—2014 第 4.1.7 条 |

### 19.3.3　群众活动用房的声环境要求

文化馆群众活动用房的声环境应符合表 19.3.3 的规定。

群众活动用房的声环境要求　　　　　　　　　表 19.3.3

| 区　域 | 技　术　要　求 | 规　范　依　据 |
|---|---|---|
| 报告厅 | 声学环境宜以建筑声学为主，且扩声指标不应低于现行国家标准《厅堂扩声系统设计规范》GB 50371 中会议类二级标准的要求 | 《文化馆建筑设计规范》JGJ/T 41—2014 第 4.2.4 条 |
| 排演厅 | 声学设计应符合国家现行标准《剧场建筑设计规范》JGJ 57、《剧场、电影院和多用途厅堂建筑声学技术规范》GB/T 50356 的有关规定 | 《文化馆建筑设计规范》JGJ/T 41—2014 第 4.2.5 条 |
| 多媒体视听教室 | 室内装修应满足声学要求，且房间门应采用隔声门 | 《文化馆建筑设计规范》JGJ/T 41—2014 第 4.2.8 条 |
| 琴房 | 墙面不应相互平行，墙体、地面及顶棚应采用隔声材料或做隔声处理，且房间门应为隔声门，内墙面及顶棚表面应做吸声处理；<br>不宜有通风管道等穿过，当需要穿过时，管道及穿墙洞口处应做隔声处理 | 《文化馆建筑设计规范》JGJ/T 41—2014 第 4.2.10 条 |

| 区　域 | 技　术　要　求 | 规　范　依　据 |
|---|---|---|
| 教室、图书阅览室、专业工作室等 | 室内允许噪声级不应大于50dB（A声级） | 《文化馆建筑设计规范》JGJ/T 41—2014 第4.1.9条 |
| 舞蹈、戏曲、曲艺排练场等 | 室内允许噪声级不应大于55dB（A声级） | 《文化馆建筑设计规范》JGJ/T 41—2014 第4.1.9条 |

# 19.4　业务、管理及辅助用房

### 19.4.1　业务、管理及辅助用房的面积、空间及设施要求

　　文化馆的业务用房应包括录音录像室、文艺创作室、研究整理室、计算机机房等。文化馆的管理用房应由行政办公室、接待室、会计室、文印打字室及值班室等组成，且应设于对外联系方便、对内管理便捷的部位，并宜自成一区。管理用房的建筑面积可按现行行业标准《办公建筑设计标准》JGJ/T 67 的有关规定执行。辅助用房应包括休息室，卫生、洗浴用房，服装、道具、物品仓库，档案室、资料室，车库及设备用房等。文化馆业务、管理及辅助用房的面积、空间及设施应符合表19.4.1 的规定。

**业务、管理及辅助用房的面积、空间及设施要求**　　　　表19.4.1

| 区　域 | | 技术要求 | | 规范依据 |
|---|---|---|---|---|
| | | 规模（人数或使用面积）、人均使用面积 | 空间、设施要求 | |
| 录音录像室 | 录音室 | 单设面积取下限 | 录音录像室应布置在静态功能区内最为安静的部位，且不得邻近变电室、空调机房、锅炉房、厕所等易产生噪声的地方，其功能分区宜自成一区；<br>演唱演奏室和表演空间与控制室之间的隔墙应设观察窗；<br>室内净高宜为 5.5m<br>小型录音录像室适宜尺寸（高：宽：长）＝1.00：1.25：1.60；<br>标准型录音录像室适宜尺寸（高：宽：长）＝1.00：1.60：2.50；<br>不宜设外窗，并应设置空调设施 | 《文化馆建筑设计规范》JGJ/T 41—2014 第 4.3.2 条 |
| | 录像室 | 小型宜为 80～130m² | | |
| 文艺创作室 | | 每个工作间宜为 12m² | 应设在静区，并宜与图书阅览室邻近；<br>宜由若干文学艺术创作工作间组成 | 《文化馆建筑设计规范》JGJ/T 41—2014 第 4.3.3 条 |

| 区　域 | 技术要求 | | 规范依据 |
|---|---|---|---|
| | 规模（人数或使用面积）、人均使用面积 | 空间、设施要求 | |
| 研究整理室 | 宜≥24m² | 应设在静态功能区，并宜邻近图书阅览室集中布置；<br><br>研究整理室应由调查研究室、文化遗产整理室和档案室等组成；有条件时，各部分宜单独设置；<br><br>应具备对当地地域文化、群众文化、群众艺术和馆藏文物、非物质文化遗产开展调查、研究的功能，并应具备鉴定编目的功能，也可兼作本馆出版物编辑室；<br><br>文化遗产整理室应设置试验平台及临时档案资料存放空间；<br><br>档案室应设在干燥、通风的位置，不宜设在建筑的顶层和底层；应采取防潮、防蛀、防鼠措施，并应设置防火和安全防范设施；门窗应为密闭的，外窗应设纱窗；房间门应设防盗门和甲级防火门；<br><br>资料储藏用房的外墙不得采用跨层或跨间的通长窗，其外墙的窗墙比不应大于1∶10；<br><br>档案室内的资料储藏宜设置密集架、档案柜等装具，且装具排列的主通道净宽不应小于1.20m，两行装具间净宽不应小于0.80m，装具端部与墙的净距离不应小于0.60m；<br><br>档案资料储藏用房的楼面荷载取值可按现行行业标准《档案馆建筑设计规范》JGJ 25执行 | 《文化馆建筑设计规范》JGJ/T 41—2014 第4.3.4条 |
| 计算机机房 | 应包括计算机网络管理、文献数字化、网站管理等用房，并应符合现行国家标准《数据中心设计规范》GB 50174的有关规定 | | 《文化馆建筑设计规范》JGJ/T 41—2014 第4.3.5条 |
| 会计室、接待室、文印打字室、党政办公室 | 宜设置防火、防盗措施 | | 《文化馆建筑设计规范》JGJ/T 41—2014 第4.4.2条 |
| 卫生间 | 文化馆建筑内应分层设置卫生间；<br>公用卫生间应设室内水冲式便器，并应设置前室；<br>公用卫生间服务半径不宜大于50m，卫生设施的数量应按男每40人设一个蹲位、一个小便器或1m小便池，女每13人设一个蹲位 | | 《文化馆建筑设计规范》JGJ/T 41—2014 第4.4.3条 |

| 区 域 | 技术要求 | | 规范依据 |
|---|---|---|---|
| | 规模（人数或使用面积）、人均使用面积 | 空间、设施要求 | |
| 洗浴用房 | 洗浴用房应按男女分设，且洗浴间、更衣间应分别设置，更衣间前应设前室或门斗；<br>洗浴间应采用防滑地面，墙面应采用易清洗的饰面材料；<br>洗浴间对外的门窗应有阻挡视线的功能 | | 《文化馆建筑设计规范》JGJ/T 41—2014 第4.4.3条 |
| 服装、道具、物品仓库 | 应布置在相应使用场所及通道附近，并应防潮、通风，必要时可设置机械排风 | | 《文化馆建筑设计规范》JGJ/T 41—2014 第4.4.4条 |
| 设备用房 | 包括锅炉房、水泵房、空调机房、变配电间、电信设备间、维修间等；应采取措施，避免粉尘、潮气、废水、废渣等对周边环境造成影响 | | 《文化馆建筑设计规范》JGJ/T 41—2014 第4.4.5条 |

### 19.4.2 业务、管理及辅助用房的光环境要求

文化馆业务、管理及辅助用房的光环境应符合下述规定（表19.4.2）。

**业务、管理及辅助用房的光环境要求** 表 19.4.2

| 区域 | 技 术 要 求 | 规 范 依 据 |
|---|---|---|
| 文艺创作室 | 应设在适合自然采光的朝向，且外窗应设有遮光设施 | 《文化馆建筑设计规范》JGJ/T 41—2014 第4.3.3条 |
| 研究整理室 | 档案室应防止日光直射，并应避免紫外线对档案、资料的危害 | 《文化馆建筑设计规范》JGJ/T 41—2014 第4.3.4条 |

### 19.4.3 业务、管理及辅助用房的声环境要求

文化馆业务、管理及辅助用房的声环境应符合下述规定（表19.4.3）。

**业务、管理及辅助用房的声环境要求** 表 19.4.3

| 区域 | 技 术 要 求 | 规 范 依 据 |
|---|---|---|
| 录音录像室 | 室内允许噪声级不应大于30dB（A声级），应进行声学设计，地面宜铺设木地板，且应采用密闭隔声门；<br>录音录像室不应有与其无关的管道穿越 | 《文化馆建筑设计规范》JGJ/T 41—2014第4.1.9条、第4.3.2条 |
| 设备用房 | 应采取措施，避免噪声、振动等对周边环境造成影响 | 《文化馆建筑设计规范》JGJ/T 41—2014 第4.4.5条 |

# 19.5 防火及疏散

## 19.5.1 文化馆建筑耐火等级

文化馆建筑耐火等级应符合下述规定（表19.5.1）。

文化馆建筑耐火等级 表 19.5.1

| 类　别 | 耐　火　等　级 | 规　范　依　据 |
|---|---|---|
| 地下或半地下和一类高层文化馆建筑 | 耐火等级不低于一级 | 《建筑设计防火规范》GB 50016—2014（2018 年版）第 5.1.3 条 |
| 单、多层和二类高层文化馆建筑 | 耐火等级不低于二级 | 《建筑设计防火规范》GB 50016—2014（2018 年版）第 4.4.5 条<br>《文化馆建设标准》建标 136—2010 第二十九条 |

### 19.5.2　文化馆建筑防火分区

文化馆建筑防火分区应符合下述规定（表 19.5.2）。

文化馆建筑防火分区 表 19.5.2

| 类　别 | 防火分区的最大允许建筑面积（m²） | 规范依据 |
|---|---|---|
| 耐火等级为一、二级的高层文化馆建筑 | 1500 | 《建筑设计防火规范》GB 50016—2014（2018 年版）第 5.3.1 条 |
| 耐火等级为一、二级的单、多层文化馆建筑 | 2500 | |
| 地下或半地下文化馆建筑 | 500 | |

注：（1）表中规定的防火分区最大允许建筑面积，当建筑内设置自动灭火系统时，可按本表的规定增加 1.0 倍；局部设置时，防火分区的增加面积可按该局部面积的 1.0 倍计算。

（2）裙房与高层建筑主体之间设置防火墙时，裙房的防火分区可按单、多层建筑的要求确定。

### 19.5.3　文化馆建筑中庭防火设计要求

建筑内设置中庭时，其防火分区的建筑面积应按上、下层相连通的建筑面积叠加计算；当叠加计算后的建筑面积大于最大允许建筑面积时，应符合表 19.5.3 规定：

文化馆建筑中庭防火设计要求 表 19.5.3

| 类　别 | 技　术　要　求 | 规　范　依　据 |
|---|---|---|
| 与周围连通空间的防火分隔 | 采用防火隔墙时，其耐火极限应≥1.00h；<br>采用防火玻璃墙时，其耐火隔热性和耐火完整性应≥1.00h；<br>采用耐火完整性≥1.00h 的非隔热性防火玻璃墙时，应设置自动喷水灭火系统进行保护；<br>采用防火卷帘时，其耐火极限应≥3.00h | 《建筑设计防火规范》GB 50016—2014（2018 年版）第 5.3.2 条 |
| 与中庭相连通的门、窗 | 应采用火灾时能自行关闭的甲级防火门、窗 | |
| 中庭 | 中庭应设置排烟措施；中庭内不应布置可燃物 | |
| 高层文化馆建筑内的中庭回廊 | 应设置自动喷水灭火系统和火灾自动报警系统 | |

### 19.5.4　文化馆建筑安全疏散

文化馆建筑安全疏散应符合下述规定（表 19.5.4）。

文化馆建筑安全疏散 表 19.5.4

| 区　域 | | 技　术　要　求 | | 规范依据 |
|---|---|---|---|---|
| | | 位于两个安全出口之间的疏散门<br>（m） | 位于袋形走道两侧或尽端的疏散门<br>（m） | |
| 教学培训<br>区域 | 单、多层 | 35 | 22 | 《建筑设计防火规范》GB 50016—2014（2018 年版）第 5.5.17 条 |
| | 高层 | 30 | 15 | |
| 业务、管理及<br>辅助用房 | 单、多层 | 40 | 22 | |
| | 高层 | 40 | 20 | |
| 观众厅、展览厅、多功能厅 | | 厅内任一点至最近疏散门或安全出口的直线距离≤30 | | |
| | | 当疏散门不能直通室外地面或疏散楼梯间时，应采用直通至最近的安全出口的疏散走道长度≤10 | | |

注：设置自动喷水灭火系统时，其安全疏散距离可按本表的规定增加 25％。

### 19.5.5　文化馆建筑防火及疏散的其他要求

文化馆建筑防火及疏散的其他要求应符合下述规定（表 19.5.5）。

文化馆建筑防火及疏散的其他要求 表 19.5.5

| 区　域 | 技　术　要　求 | 规　范　依　据 |
|---|---|---|
| 门厅 | 位置应明显，方便人流疏散，并具有明确的导向性 | 《文化馆建筑设计规范》JGJ/T 41—2014 第 4.2.2 条 |
| 展览陈列用房 | 出入口的宽度和高度应满足安全疏散的要求 | 《文化馆建筑设计规范》JGJ/T 41—2014 第 4.2.3 条 |
| 档案室 | 应设置防火设施，房间门应设甲级防火门 | 《文化馆建筑设计规范》JGJ/T 41—2014 第 4.3.4 条 |
| 资料室、会计室 | 应设置防火设施 | 《文化馆建筑设计规范》JGJ/T 41—2014 第 4.4.2 条 |
| 接待室、文印打字室、党政办公室 | 宜设置防火设施 | |

# 20 影剧院建筑设计

## 20.1 剧　　院

### 20.1.1 类型、规模、等级

按演出类型划分：歌（舞）剧院、戏（话）剧院、音乐厅、多功能厅。

按舞台类型划分：镜框式台口舞台、突出式舞台、岛式舞台。

按经营性质划分：专业剧场、综合剧场。

按规模进行划分（表 20.1.1-1）：

剧院规模分类表　　　　　　　　　　　表 20.1.1-1

| 规模分类 | 特大型 | 大型 | 中型 | 小型 |
|---|---|---|---|---|
| 观众容量（人） | >1500 | 1201～1500 | 801～1200 | 300～800 |
| 适用剧种 | 歌（舞）剧院（宜控制 1800 以内） | | 戏（话）剧院 | |

剧院等级划分（表 20.1.1-2）：

剧院等级分类表　　　　　　　　　　　表 20.1.1-2

| | 特 | 甲 | 乙 |
|---|---|---|---|
| 主体结构耐久年限（年） | — | >100 | 51～100 |
| 耐火等级 | 一级 | 不得低于二级 | |

### 20.1.2　功能分区及流线设计

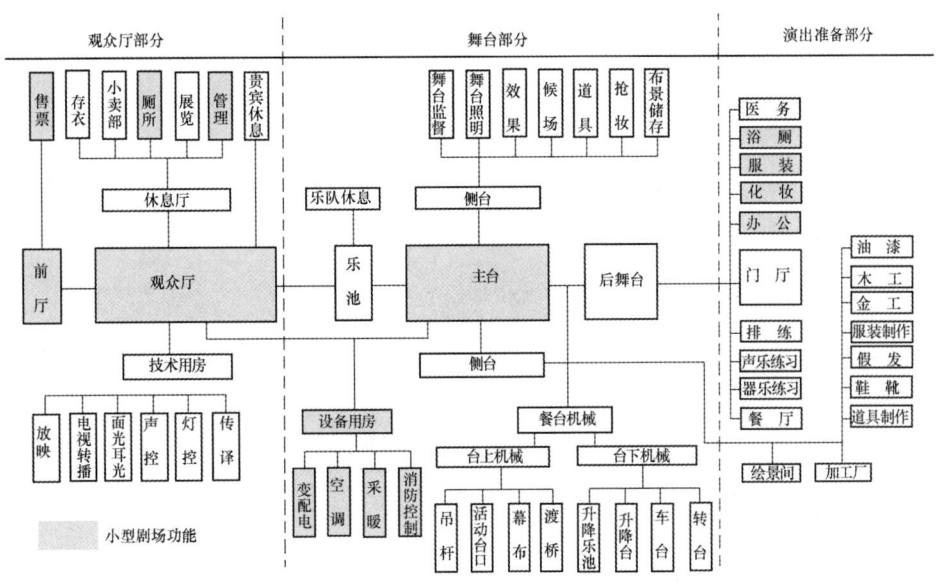

图 20.1.2

流线设计：观众流线（车行、步行、无障碍）、演职员流线、后勤流线、货运（道具）流线、VIP 流线（图 20.1.2）。

### 20.1.3　总平面设计

剧场基地应至少有一面临接城市道路，或直接通向城市道路的空地。临接的城市道路可通行宽度不应小于剧场安全出口宽度的总和。基地沿城市道路长度不应小于基地周长的 1/6，并应符合表 20.1.3 规定：

按等级分类剧院临接的城市道路可通行宽度表　　　　　表 20.1.3

| 剧场规模 | 特大型及大型 | 中型 | 小型 |
|---|---|---|---|
| 临接的城市道路可通行宽度 | 15m | 12m | 8m |

剧场主要入口前的空地按不小于 0.20m²/座留出集散空地；否则应在剧场后面或侧面另辟疏散口，并应设有与其疏散容量相适应的疏散通路或空地。剧场建筑后面及侧面临接道路可视为疏散通路，但其宽度不得小于 3.50m。室外疏散或集散广场不得兼作停车场。

大型及特大型的各类流线（观众、演员、VIP、货运、布景）出入口应分开设置，做到流线互不干扰。布景运输车辆应能直接到达景物出入口。

配建车位按每百座主厅 10～20 辆考虑（包括观众、VIP、演职员）。

各等级剧场用地指标详见表 20.1.9。

### 20.1.4　前厅及休息厅

各等级剧场前厅、休息厅面积指标详见表 20.1.9。

前厅及休息厅卫生间卫生器具指标见表 20.1.4：

前厅及休息厅卫生间卫生器具指标表　　　　　表 20.1.4

| 类别 | 男 | | | 女 | | 附注 |
|---|---|---|---|---|---|---|
| | 大便器 | 小便器 | 洗手盆 | 大便器 | 洗手盆 | |
| 指标（个/座） | 1/150 | 1/60 | 1/150 | 1/20 | 1/100 | 男：女=1:1 |

注：当剧场没有分层观众厅时，各层卫生间卫生器具应根据各层观众座席数量来确定。

北方地区应设存衣处，南方地区可根据气候特征考虑设置。衣物存放面积不应小于 0.04m²/座。

### 20.1.5 观众厅及舞台

1. 观众厅与舞台的关系

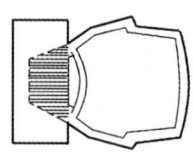

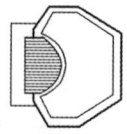

表演区

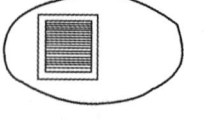

观众区

镜框式舞台：适合大、中型歌舞剧、戏剧及多用途剧场。大型剧场应有完善的扩声系统，作音乐演出时应设舞台声反射罩。可将乐池升到舞台面高度，成为大台唇式舞台

伸出式舞台：观众席三面围绕舞台，观演关系密切，直达声能较强，常被多用途剧场采用；
剧场一般应有完善的扩声系统

中心式舞台：观众四面围绕舞台，观众席容量大，可有效组织空间声反射系统，视听条件好；
适宜现代剧，特别适宜音乐演出，但对舞台灯光要求较高

图 20.1.5-1 观众厅与舞台的关系

根据观演关系组织平面、剖面，确定舞台形式；根据表演特点、声源特性确定观众席形式（图 20.1.5-1）。

2. 观众厅设计

1）观众厅平面设计

传统镜框式舞台适合于各类剧种及音乐演出，配以各种形式的观众厅，成为多用途剧场的一般观演关系。观众厅的平面形式，应根据观众容量、视线平面要求及建筑环境进行组合。各类观众厅的音质特性，如早期反射声及声方向感、直达声与混响声能比混响时间及其频率特性、混响声场扩散，部分性能与观众厅的基本形式有关，部分性能与观众厅音质设计有关；观众厅的音质设计是关键。当自然声不能满足声压级要求或清晰度要求时，一般均设置扩声系统。扩声系统的声源位置、声源升功率、声源指向性与自然声完全不同。扩声系统可以运用多种手段调节音质（如混响、延时、均衡等）在很大程度上改变自然声的音质条件。中小型剧场不宜设楼座，应提高视线差、增强直达声。设楼座的观众厅，应控制楼座及楼座下池座空间的高度与深度的比值。

**观众厅平面形式**

（1）矩形平面（图 20.1.5-2①）

体型简洁，结构简单，观众厅空间规整，侧墙早期反射声声场分布均匀，提高了声音的亲切感和清晰度。当观众厅宽度较大（不小于 30m）时，观众厅前、中区缺少侧向早期反射声及早期反射声易被观众面吸收，音质效果变差。一般矩形平面，观众视角较正、部分观众视距较远，是中、小型剧场或音乐厅常用的平面形式。窄矩形为音乐厅常用平面；此种平面的剧场，不宜设楼座。

（2）钟形平面（图 20.1.5-2②）

保留了矩形平面结构简单和侧向早期反射声均匀的特点，减少了舞台两侧的偏座，并可适当增加视距较远的正座，为一般大、中型剧场常用的平面形式。大型剧场一般增设一、二层楼座。

（3）扇形平面（图 20.1.5-2③）

有较好的水平视角和视距条件，可容纳较多的观众，大、中型剧场常采用此种平面。侧墙与中轴线的夹角越小，观众厅中前区越能获得较多的早期反射声。侧墙设计为锯齿形时，有利于侧墙早期反射声声场分布均匀。

（4）多边形平面（图 20.1.5-2④）

各种六角形或多边形平面，是在扇形平面的基础上去掉后部偏座席，增设正后座席以改善视觉

质量。六角形或多边行平面使早期反射声分布均匀，声场扩散条件较好。为使池座中、前区得到短延时反射声，应控制观众厅宽度和前侧墙张角。

（5）曲线行平面（图 20.1.5-2⑤）

这类平面为对称曲线形，有马蹄形、卵形、椭圆形、圆形及其各种变形。这类平面形式具有较好的视角和视距，观众厅宽度较大时有略多的偏角座位。此类平面，应有良好的音质设计，以避免若干声学缺陷的出现促使声场扩散。

（6）设楼座平面（图 20.1.5-2⑥）

各种观众厅的平面形式，均可设置楼座，成为大、中型剧场空间观众席的组织形式。剧场设有楼座，可使楼座观众具有较短的视距，能充分利用侧墙的早期反射声能，并可容纳较多观众。设有楼座的观众厅，其宽度不宜过大，以期观众厅前、中部有一定的早期反射声。为增加观众席的容量，可设置二、三层楼座，并可附设侧墙及后墙包厢。包厢的设置，有利于混响声场的扩散。

2）观众厅剖面设计、顶棚设计

观众厅剖面形式与平面形式相适应。当平面形式有明显缺陷时，剖面设计应当予以适当调整。平面、剖面设计应同时进行。剖面形式应与剧场使用要求相适应，特别是音乐厅剖面设计时与平面设计一样具有更大的灵活性。

观众厅顶棚，一般根据自然声源的早期反射声要求与建筑艺术的要求进行设计。大中剧场以电声为主时，需对电声设计时易出现声学缺陷处（如观众厅后墙）调整设计。

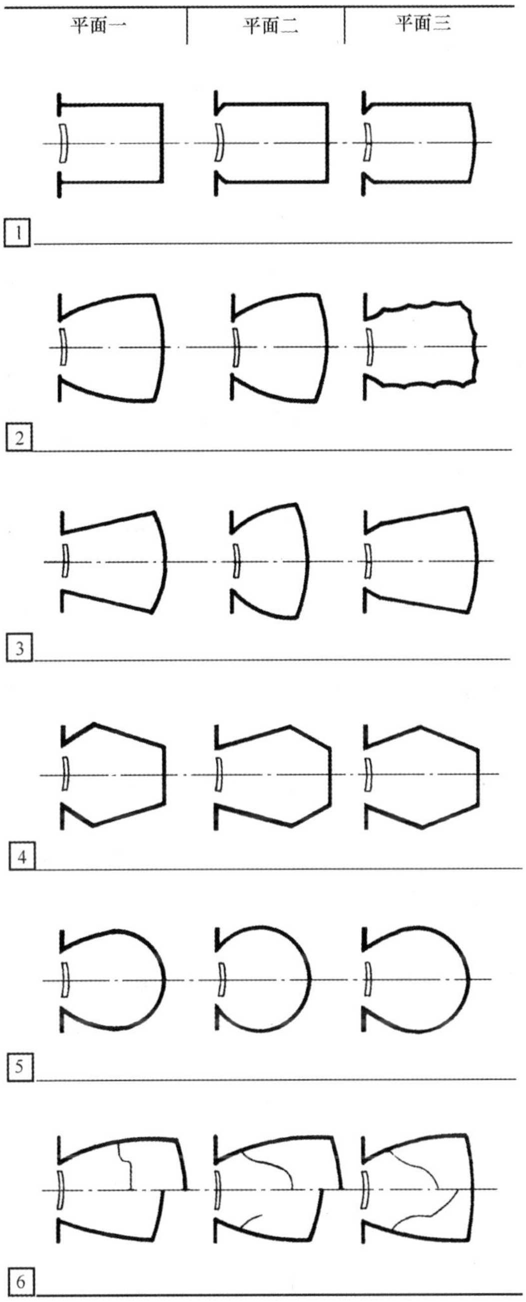

多功能厅用自然声演出时，应重视顶棚早期反射声与舞台声反射罩的设计，以形成早期反射声系统。特别是需要较长混响时间的音乐厅，顶棚设计一般采用分层形式（即在观众厅顶棚下加设声学反射面）。

设置楼座的观众厅，楼座上下层的高深比不宜过小。楼座下空间的高深比≥1∶1.2～1.5；楼座上部空间的高深比不宜小于1∶2.5。

观众厅剖面形式如图 20.1.5-3。

**观众厅剖面形式**

（1）跌落式（散座式）剖面（图 20.1.5-3①）

在观众席坡度较大的观众厅剖面中，前部或前中部观众席处于栏板围护之中，丰富了观众席的组织形式，改善了前、中区观众席早期声反射条件。为了提高视听质量，观众席的视高差

图 20.1.5-2 观众厅平面形式

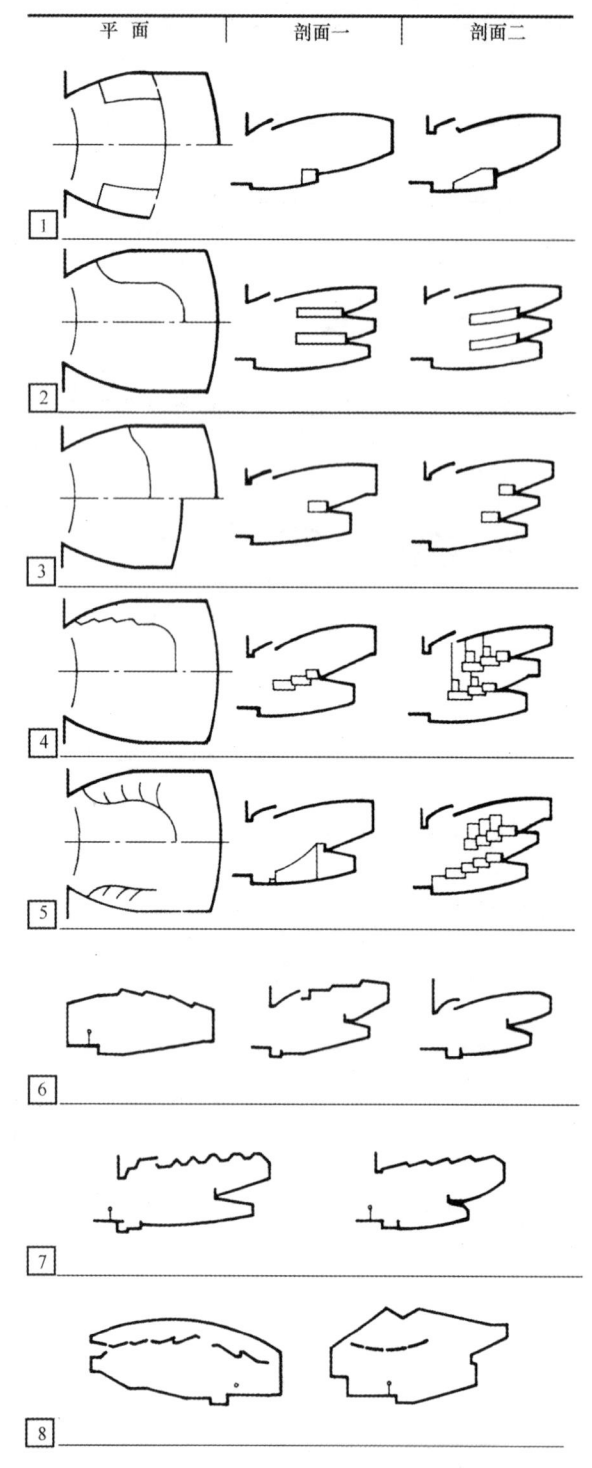

图 20.1.5-3 观众厅剖面形式

值一般定得较大，栏板也有较大的高度。这类剖面形式，一般被中、小型剧场或多用途剧场采用。

（2）沿边挑台式剖面（图 20.1.5-3②）

观众席具有一层或多层沿边挑台以增加观众席容量，但偏座或俯角较大的楼座座席较多。这类剖面形式，挑台较浅，挑台下部观众席有较多的直达声和早期反射声以改善音质。大、中型剧场或歌舞剧场多采用此种剖面形式以缩短视距。

（3）挑出式楼座剖面（图 20.1.5-3③）

较多剧场采用此类平面。此类剖面大多为单层楼座，有较多正视观众席。增设楼座，可增加观众容量和缩小视距，但易将观众区分成几个空间；应控制楼座上、下空间的高深比以改善视听质量。具有完善扩音系统的观众厅中，扩音系统提高了声音的清晰度，密切了观演关系，改善观演音质。

（4）包厢式楼座剖面（图 20.1.5-3④、⑤）

楼座带有包厢或包厢式楼座可丰富观众厅的空间形式、增加观众厅声扩散。包厢内声学设计得当，应与平面共同设计。

**观众厅顶棚形式**

观众厅顶棚形式是观众厅音质设计、面光桥、观众厅照明及建筑艺术的综合，是音质设计重要的组成部分。

（1）声反射式顶棚（图 20.1.5-3⑥）

根据几何声学早期反射声原理设计顶棚。在以自然声为主的厅堂中，常采用此手法，无楼座剧场易实现。

（2）反射、扩散式顶棚（图 20.1.5-3⑦）

舞台台口前顶棚作早期反射声面，远离台口的观众厅顶棚作声反射、扩散面设计，以改善观众厅的音质。有楼座的观众厅顶棚设计，常采用此形式。

（3）空间声反射体形式（图 20.1.5-3⑧）

在需要混响时间较长、观众厅体积较大的厅堂内，常设置空间反射体（亦称浮云式反射板）以弥补顶棚早期反射声的不足和缩短早期反射声的延迟时间。音乐厅常采用此种形式；现代多用途剧场观众厅也常采用。空间声反射体形式较多，可为观众厅空间设计带来丰富多彩的形式。

3）观众厅视线设计

（1）视线设计要点：看得见，看得清，看得全，看得舒服。

① 看得见视线要求：观众之间无遮挡，台口前缘无遮挡，栏杆、楼座挑台无遮挡，其他突出物无遮挡（如图 20.1.5-4）。

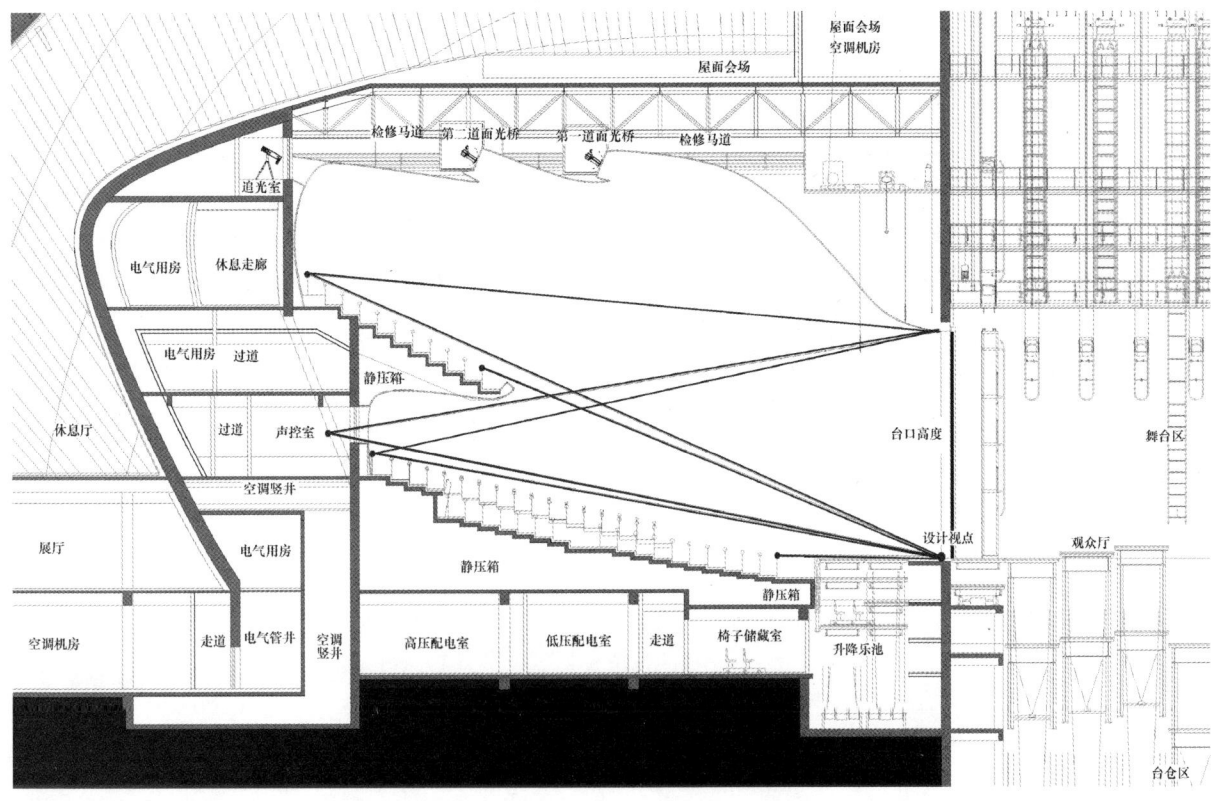

图 20.1.5-4　观众厅视线设计

② 看得清视线要求：

正常视力能看到最小尺寸或间距等于视弧上 1′，称谓最小明视角，换算成空间度量，在 33m 处可看清 10mm 的物体。

观众席对视点的最远视距，歌舞剧场不宜超过 33m；话剧、戏剧场不宜大于 28m；岛式舞台剧场不宜大于 20m。

③ 看得舒服的视角要求（图 20.1.5-5）：

一般人的水平视角为 30°～40°，舒适转动眼球后为 60°，舒适转动头的视野可达 120°。一般人的垂直视角 30°（俯角、仰角各 15°），转动眼球后为 60°。镜框式舞台观众视线最大俯角，楼座后排不宜大于 20°；靠近舞台的包厢或边楼座不宜大于 35°；伸出式、岛式舞台剧场俯角不宜大于 30°；偏座水平控制角 $\theta$ 应在 48° 以内。

④ 看得全的视线要求：

视线设计应使观众能看到舞台面表演区的全部。当受条件限制时，也应使视觉质量不良的座席的观众能看到 80% 表演区。以天幕的中心与台口相切的连线的夹角来控制偏座区，应大于 45°。

（2）设计视点：根据舞台类型选择设置设计视点。

镜框式舞台视点大幕投影线中点（如图 20.1.5-6 所示），大台唇式、伸出式舞台剧场应按实

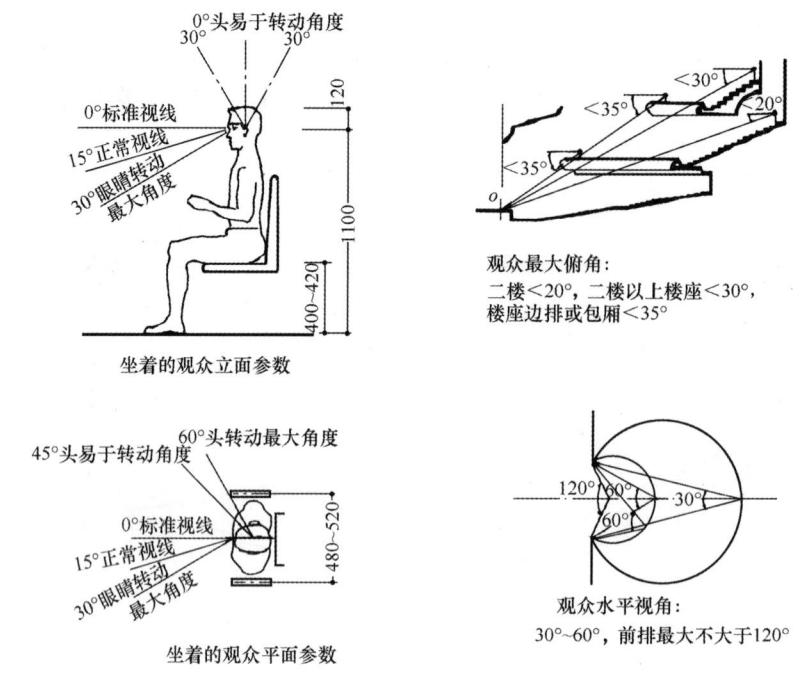

图 20.1.5-5　观众厅视角设计

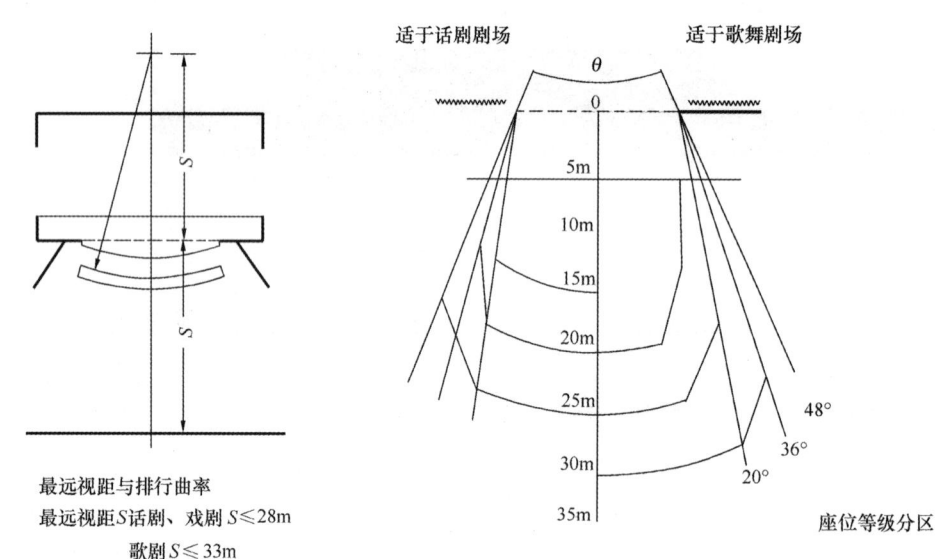

图 20.1.5-6　根据舞台类型设计视点

际需要，将设计视点相应适当外移；岛式舞台视点应选在表演区的边缘或舞台边缘2～3m处；当受条件限制时，设计视点可适当提高，但不得超过舞台面0.30m；向大幕投影线或表演区边缘后移，不应大于1.00m。

舞台高度：应小于第一排观众眼高，镜框式台口舞台在0.6～1.10m范围，突出式及岛式舞台在0.15～0.6m范围。

允许部分遮挡设计：错位排座，隔排升起0.12m，如图20.1.5-7(a)、图20.1.5-8(a)。

无障碍视线设计：平行排座，每排升起0.12m，如图20.1.5-7(b)、图20.1.5-8(b)。

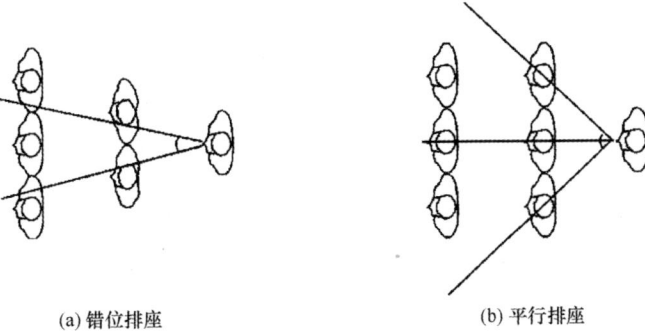

(a) 错位排座　　　　　　　　　　　(b) 平行排座

图 20.1.5-7　排座设计

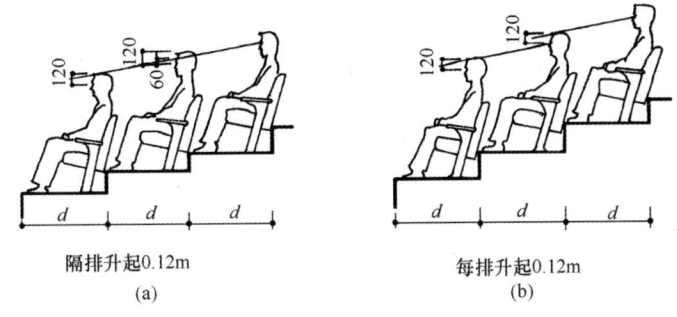

隔排升起0.12m　　　　　　　　　每排升起0.12m
　　(a)　　　　　　　　　　　　　　(b)

图 20.1.5-8　部分遮挡与无障碍视线设计

（3）地面升级坡度设计：

① 图解法

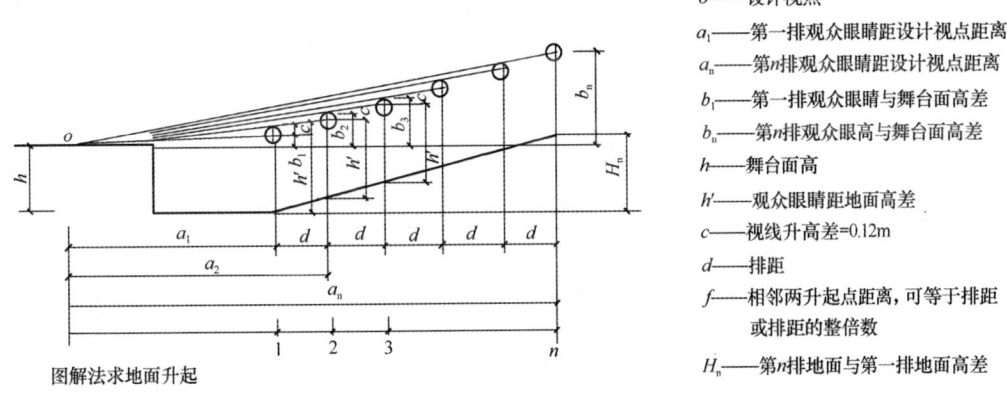

图解法求地面升起

$o$——设计视点

$a_1$——第一排观众眼睛距设计视点距离

$a_n$——第 $n$ 排观众眼睛距设计视点距离

$b_1$——第一排观众眼睛与舞台面高差

$b_n$——第 $n$ 排观众眼高与舞台面高差

$h$——舞台面高

$h'$——观众眼睛距地面高差

$c$——视线升高差=0.12m

$d$——排距

$f$——相邻两升起点距离，可等于排距或排距的整倍数

$H_n$——第 $n$ 排地面与第一排地面高差

图 20.1.5-9　地面升级坡度图解法

② 相似三角形

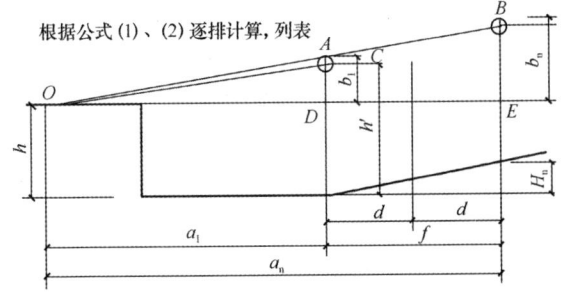

根据公式(1)、(2)逐排计算，列表

$\triangle OAD \sim \triangle OBE$　　$OD:OE=AD:BE$　　$a_1:a_2=(b_1+c):b_2$

$b_2=\dfrac{a_2}{a_1}(b_1+c)$　　$b_n=\dfrac{a_n}{a_1}(b_1+c)$ ···············(1)

$H_n=b_n+h-h'=b_n-b_1$ ···············(2)

| 所求排 | $a_n$ | $\dfrac{a_n}{a_{n-1}}=K_n$ | $b_n-1+c=P_n$ | $K_n P_n=b_n$ | $b_n-b_1=H_n$ |
|---|---|---|---|---|---|
| 1 | $a_1$ | | | $b_1$ | $H_1=0$ |
| 2 | $a_2$ | $\dfrac{a_2}{a_1}=K_2$ | $b_1+c=P_2$ | $K_2 \cdot P_2=b_2$ | $b_2-b_1=H_2$ |
| 3 | $a_3$ | $\dfrac{a_3}{a_2}=K_3$ | $b_2+c=P_3$ | $K_3 \cdot P_3=b_3$ | $b_3-b_2=H_2$ |
| $n$ | $a_4$ | $\dfrac{a_n}{a_n+1}=K_n$ | $b_n+c=P_n$ | $K_n \cdot P_n=b_n$ | $b_n-b_{n-1}=H_2$ |

图 20.1.5-10　地面升级坡度相似三角形

③ 其他计算方式：有横通道时升起计算方式、直接求任意排高度计算方式、分组折现法、

微积分图解法等。

4）观众厅座椅设计（表20.1.5-1～表20.1.5-3）

（1）各等级剧院的每座面积详见表20.1.9（大台唇舞台、伸出式舞台、岛式舞台不计入舞台面积）。

（2）剧场均应设置有靠背的固定座椅，小包厢座位不超过12个时可设活动座椅。座椅扶手中距，硬椅不应小于0.50m；软椅不应小于0.55m；VIP宜用双扶手座椅，中距0.60m。

（3）座席排距应符合下列规定。

① 短排法：硬椅不应小于0.80m，软椅不应小于0.90m，台阶式地面排距应适当增大，椅背到后面一排最突出部分的水平距离不应小于0.30m；

② 长排法：硬椅不应小于1.00m，软椅不应小于1.10m。台阶式地面排距应适当增大，椅背到后面一排最突出部分水平距离不应小于0.50m；

③ 靠后墙设置座位时，楼座及池座最后一排座位排距应至少增大0.12m；

④ VIP排距宜1.05m。

（4）每排座位排列数目应符合下列规定（图20.1.5-11）：

① 短排法：双侧有走道时不应超过22座，单侧有走道时不应超过11座；超过限额时，每增加一座位，排距增大25mm；

② 长排法：双侧有走道时不应超过50座，单侧有走道时不应超过25座。

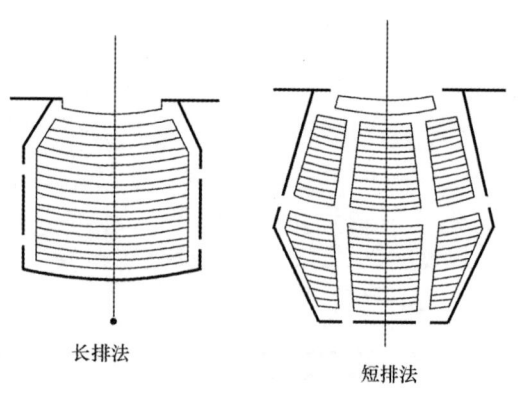

长排法　　　　　短排法

图20.1.5-11　座位长排法

（5）观众席应预留残疾人轮椅座席，座席深应为1.10m，宽为0.80m，位置应方便残疾人入席及疏散，并应设置国际通用标志。应设置在出入口附近。

（6）走道宽度除应符合计算外，尚应符合下列规定：

① 短排法边走道不应小于0.80m，纵走道不应小于1.00m，横走道除排距尺寸以外的通行净宽度不应小于1.00m；

② 长排法边走道不应小于1.20m。

（7）观众厅纵走道坡度大于1:10时应做防滑处理，铺设的地毯等应为B1级材料，并有可靠的固定方式。坡度大于1:6时应做成高度不大于0.20m的台阶。

（8）座席地坪高于前排0.50m时及座席侧面紧临有高差之纵走道或梯步时应设栏杆，栏杆应坚固，不应遮挡视线。

（9）楼座前排栏杆和楼层包厢栏杆高度不应遮挡视线，不应大于0.85m，并应采取措施保证人身安全，下部实心部分不得低于0.40m。

**各类剧种观众厅最大容积表**　　表 20.1.5-1

| 无扩声系统最大容积 | |
|---|---|
| 剧场种类 | 最大允许容积（m³） |
| 话剧、戏剧场 | 6000 |
| 歌舞剧场 | 10000 |
| 音乐厅（独唱、独奏） | 10000 |
| 音乐厅（交响乐） | 25000 |

**各类剧种观众厅每座体积表**　　表 20.1.5-2

| 观众厅每座容积 | |
|---|---|
| 剧场种类 | m³/座 |
| 话剧、戏剧场 | 3.5～5.5 |
| 歌舞剧场 | 4.7～7.0 |
| 音乐厅 | 6.0～10.0 |

**各类剧种混响时间及其频率特性表**　　表 20.1.5-3

| 混响时间及其频率特性 | | | | | | | |
|---|---|---|---|---|---|---|---|
| 剧场种类 | $T_{60}$（s）500～1000Hz | 125Hz | 250Hz | 500Hz | 1000Hz | 2000Hz | 4000Hz |
| 话剧场 | 0.9～1.2 | 1.0～1.1 | 1.0 | 1.0 | 1.0 | 1.0 | 0.9～1.0 |
| 戏剧场 | 1.0～1.4 | 1.0～1.2 | 1.0～1.1 | 1.0 | 1.0 | 1.0 | 0.9～1.0 |
| 歌舞剧场 | 1.2～1.6 | 1.2～1.5 | 1.0～1.2 | 1.0 | 1.0 | 0.9～1.0 | 0.8～1.0 |
| 音乐厅 | 1.5～2.0 | 1.3～1.5 | 1.1～1.2 | 1.0 | 1.0 | 0.9～1.0 | 0.8～1.0 |

3. 舞台设计

1) 舞台种类及组成

箱型舞台：包括台口、台唇、主台、侧台、栅顶、台仓等。个别大型舞台设置后舞台及背投影间。

突出式（半岛式）舞台：突出于观众厅空间，个别附有后台。

岛式（环绕式）舞台：与观众厅在同一个空间内，音乐厅常用舞台形式。

舞台尺度：台口及主台尺度（表 20.1.5-4、表 20.1.5-5）

**各类剧种舞台台口与主台尺寸控制表**　　表 20.1.5-4

| 剧种 | 观众厅容量 | 台口（m） | | 主台（m） | | |
|---|---|---|---|---|---|---|
| | | 宽 | 高 | 宽 | 进深 | 净高 |
| 戏曲 | 500～800 | 8～10 | 5.0～6.0 | 15～18 | 9～12 | 12～16 |
| | 801～1000 | 9～11 | 5.5～6.5 | 18～21 | 12～15 | 13～17 |
| | 1001～1200 | 10～12 | 6.0～7.0 | 21～24 | 15～18 | 14～18 |
| 话剧 | 600～800 | 10～12 | 6.0～7.0 | 18～21 | 12～15 | 14～18 |
| | 801～1000 | 11～13 | 6.5～7.5 | 21～24 | 15～18 | 15～19 |
| | 1001～1200 | 12～14 | 7.0～8.0 | 24～27 | 18～21 | 16～20 |
| 歌舞剧 | 1200～1400 | 12～14 | 7.0～8.0 | 24～27 | 15～21 | 16～20 |
| | 1401～1600 | 14～16 | 8.0～10.0 | 27～30 | 18～24 | 18～25 |
| | 1601～1800 | 16～18 | 10.0～12.0 | 30～33 | 21～27 | 22～30 |

各类剧种舞台表演区尺寸控制表　　　　　　　表 20.1.5-5

| 剧种 | 宽（m） | 深（m） |
|---|---|---|
| 歌剧 | 12～14 | 12～14 |
| 话剧 | 6～8 | 6～8 |
| 戏剧 | 8～10 | 6～10 |

（1）箱型舞台尺寸（图 20.1.5-12）

① 台口：台口尺寸与演出剧种及观众厅规模有关

话剧台口 $A$（宽）＝$\sqrt{1/10}$ 观众规模；

歌舞剧台口 $A_1 = A \times 1.25$，$h$（台口高）＝$2/3 \sim 3/4 A$；

古典剧场台口宽高比可取 $A : h = 1 : 1.15$；

现代剧场口宽高比可取 $A : h = 1 : 2$。

② 主台：

深：$D = d_1 + d_2 + d_3 + d_4 + d_5$

$d_1$ 为台口部分深度，$d_2$ 为表演区深度，$d_3$ 为远景区深度（一般 3～4m），$d_4$ 为天幕灯光区深度一般（3～4m），$d_5$ 为天幕后深度一般 ≥1m；

宽：$W = 2A$ 舞台面宽 $W = b_1 + 2b_2 + 2b_3$

$b_1$ 为表演区宽，$b_2$ 为边幕宽 2～3m，$b_3$ 为工作区宽 3～4m；

高：$H$（舞台台面至栅顶下皮高度）＝$2h + 2 \sim 4m$，当台深较大时 $H = 2.5 \sim 3h$；

$H$ 在甲等剧场不应小于台口高度的 2.5 倍，乙等剧场不应小于台口高度的 2 倍加 4.00m，丙等剧场不应小于台口高度的 2 倍加 2.00m。

（2）突出式舞台：梯形、半圆形、多边形，舞台可设台阶至观众厅。舞台面积 50～100m²。

（3）环绕式（岛式）舞台：方形、圆形、多边形。音乐厅适用。

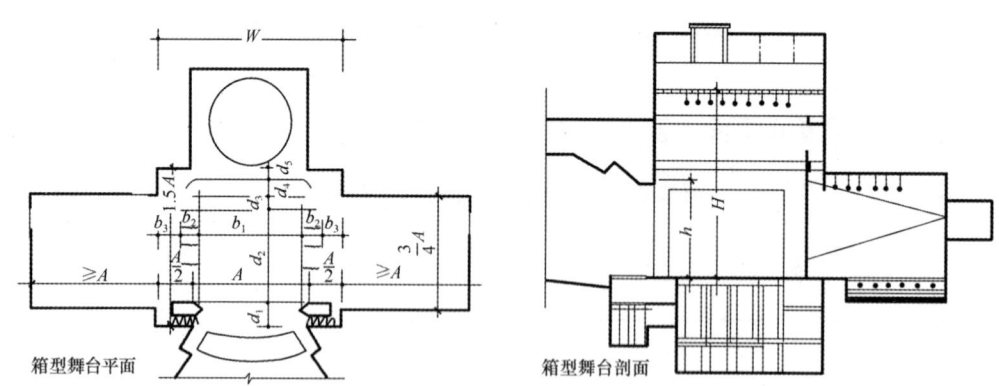

图 20.1.5-12　箱型舞台尺寸

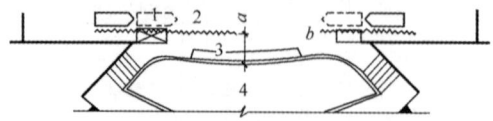

4 台唇平面

$a$ 大幕线至台唇边最远距离
$b$ 大幕线至台唇边最近距离

1 假 台 口　　2 大　幕
3 脚光灯槽　　4 乐　池

图 20.1.5-13　台唇平面示意

2）台唇、侧台（图 20.1.5-13、图 20.1.5-14）

（1）台口线至台唇边缘距离 $b$ 不小于 1.2m，大台唇与耳台最窄处宽度不小于 1.5m，台唇应做木地板。

（2）侧台位于主台两侧或单侧，每个侧台面积不小于 1/3 主台面积；侧台宽度＝3/4A（台口宽）。

设置车台时侧台宽＝车台长＋4～5m；侧台深＝车台总宽＋8～10m；侧台风管底标高不小于 6～7m。侧台门净宽不小于 2.4m，净高不小于 3.6m。严寒和寒冷地区的侧台外门应设保温门斗，门外应设装卸平台和雨篷；当条件允许时，门外宜做成坡道。

两个侧台的总面积：甲等剧场不得小于主台面积的 1/2，乙等剧场不得小于主台面积的 1/3，丙等剧场不得小于主台面积的 1/4。设有车台的侧台，其面积除满足车台停放外，还应有存放和迁换景物的工作面积，其面积不宜小于车台面积的 1/3。

侧台与主台间的洞口净宽：甲等剧场不应小于 8.00m，乙等剧场不应小于 6.00m，丙等剧场不应小于 5.00m；侧台与主台间的洞口净高：甲等剧场不应小于 7.00m，乙等剧场不应小于 6.00m，丙等剧场不应小于 5.00m；设有车台的侧台洞口净宽，除满足车台通行宽度外，两边最少各加 0.60m，甲等剧场的侧台与主台之间的洞口宜设防火幕。

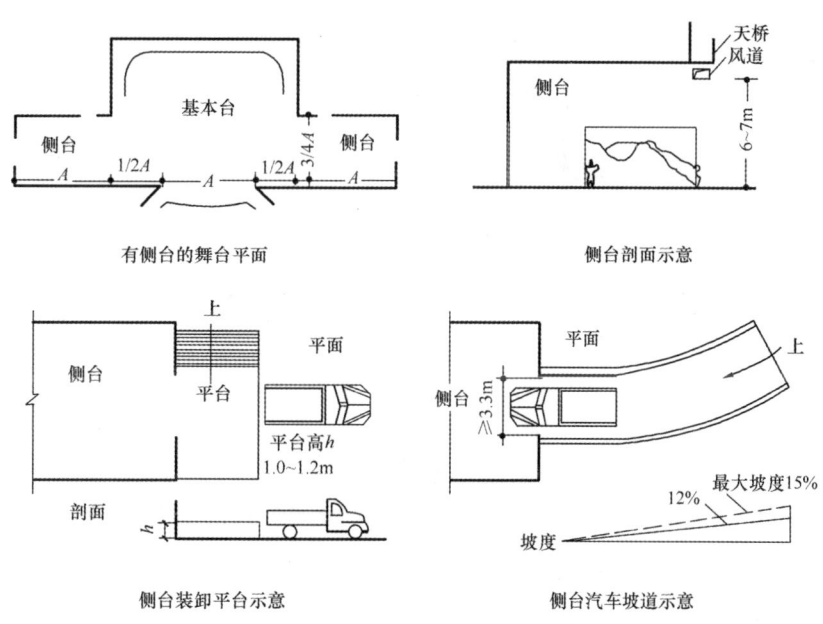

图 20.1.5-14  侧台设计示例

（3）后舞台：大型舞台做延伸景区使用，也可存放车台、气垫车台或薄型转台使用。

后舞台与主台之间的洞口宜设防火隔声幕；设有车载转台的后舞台洞口净宽，除满足车载转台通行外，两边最少各加 0.60m。洞口净高应与台口高度相适应；没有车载转台的后舞台，其面积除满足车载转台停放外，还应有存放和迁换景物的工作面积，其面积不宜小于车载转台面积的 1/3。

（4）背投放映间：大型主舞台后，与天幕之间距离不小于有效放映宽度的 2/3。

（5）舞台地板：古典区舞台 3%～5% 坡向观众厅，仅京剧舞台地板下加设榆木弓子。双层木地板厚度不小于 5cm。

3）天桥、栅顶、假台口、吊杆、幕（图 20.1.5-15）

（1）天桥

沿舞台两侧及后墙布置，一般舞台 2～3 层，大型舞台 5～6 层，最上层天桥距离栅顶 3m。侧天桥宽度1.2m；后天桥为联系两侧天桥使用，宽度0.6~0.8m。天桥应为不燃材料，下部翻起0.1~0.15m踢脚，防坠物。天桥垂直交通不得采用垂直爬梯。大型舞台映射电梯至栅顶。舞台面至第一层天桥有配重块升降的部位应设护网，护网构件不得影响配重块升降，护网应设检修门。

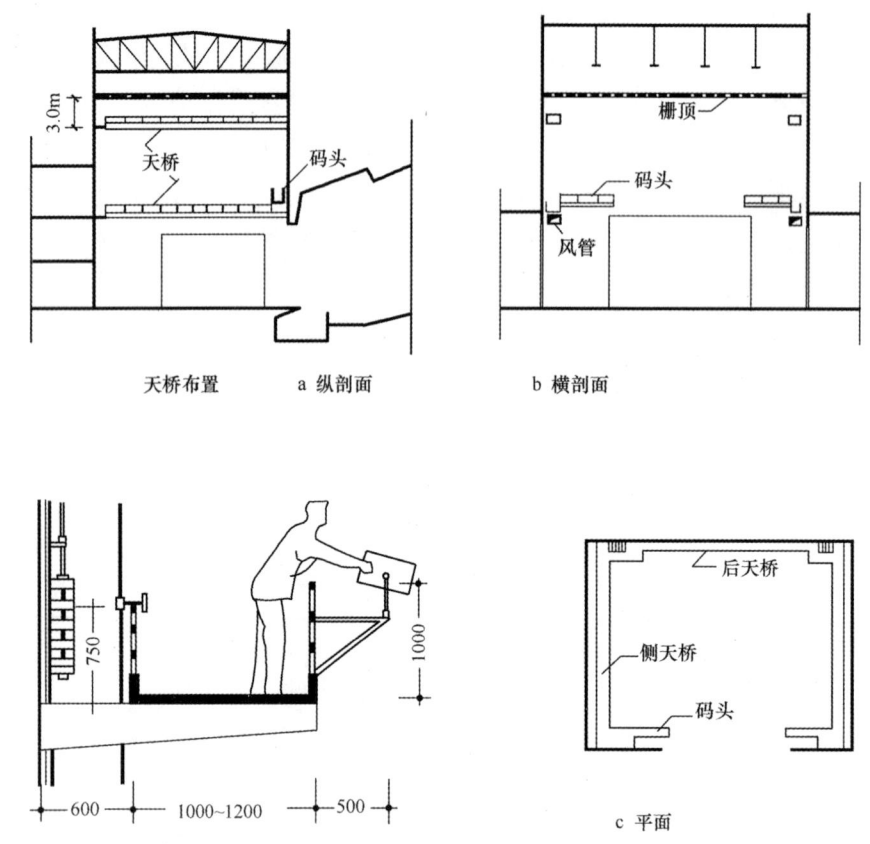

图20.1.5-15　天桥设计示意

（2）栅顶

使用不燃材料，如轻钢。工作层高度不小于1.8m；栅顶构造要便于检修舞台悬吊设备，栅顶的缝隙除满足悬吊钢丝绳通行外，不应大于30mm；由主台台面去栅顶的爬梯如超过2.00m以上，不得采用垂直铁爬梯。甲、乙等剧场上栅顶的楼梯不得少于2个，有条件的宜设工作电梯，电梯可由台仓通往各层天桥直达栅顶；丙等剧场如不设栅顶，宜设工作桥，工作桥的净宽不应小于0.60m，净高不应小于1.80m，位置应满足工作人员安装、检修舞台悬吊设备的需要。

（3）假台口

调节台口大小的设备，并可设置舞台照明。支撑结构为钢框架，面板为不燃材料。

4）转台、车台、升降台

5）乐池（图20.1.5-16、表20.1.5-6）

歌舞剧场舞台必须设乐池，其他剧场可视需要而定。甲等剧场乐池面积不应小于80.00m²，乙等剧场乐池面积不应小于65.00m²，丙等剧场乐池面积不应小于48.00m²。乐池开口进深不应小于乐池进深的2/3。乐池进深与宽度之比不应小于1：3。

乐池地面至舞台面的高度，在开口位置不应大于2.20m，台唇下净高不宜低于1.85m。

乐池两侧都应设通往主台和台仓的通道，通道口的净宽不宜小于1.20m，净高不宜小于2.00m。乐池可做成升降乐池。

乐池面积按容纳人数计算，乐队每人所占面积不小于1m²，合唱队每人不小于0.25m²。

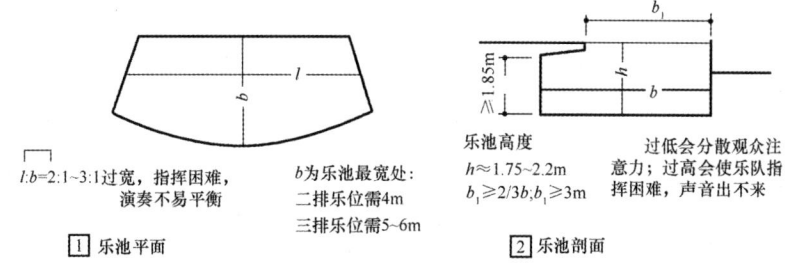

$l:b=2:1\sim3:1$过宽，指挥困难，演奏不易平衡

$b$为乐池最宽处：
二排乐位需4m
三排乐位需5~6m

乐池高度
$h\approx1.75\sim2.2m$
$b_1\geqslant2/3b;b_1\geqslant3m$

过低会分散观众注意力；过高会使乐队指挥困难，声音出不来

① 乐池平面     ② 乐池剖面

图 20.1.5-16 乐池平面示意

**乐池面积指标表**         表 20.1.5-6

| 规模及用途 | 乐队及合唱队一般人数 | 面积（m²） |
|---|---|---|
| 一般大中型多用途剧场 | 双管乐队/45人<br>合唱队/30人 | 55~60 |
| 1800座大型歌舞剧场 | 三管乐队/60人<br>合唱队/30人 | 75~80 |
| 特大型剧场 | 特殊编制乐队/120人 | 100~120 |
| 话剧或音乐剧 | | 35~40 |

注：一般乐队≥1m²/人；合唱队≥0.25m²/人。

6）舞台照明

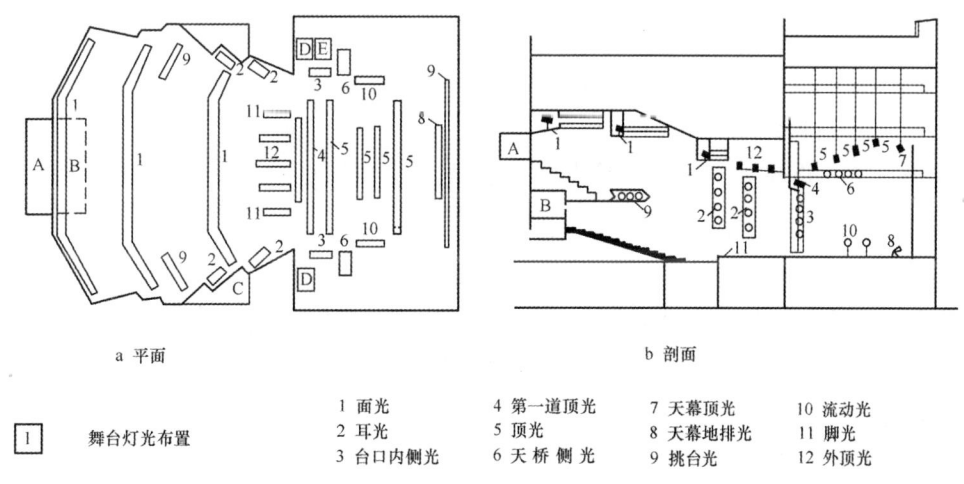

a 平面                  b 剖面

① 舞台灯光布置

| | | | |
|---|---|---|---|
| 1 面光 | 4 第一道顶光 | 7 天幕顶光 | 10 流动光 |
| 2 耳光 | 5 顶光 | 8 天幕地排光 | 11 脚光 |
| 3 台口内侧光 | 6 天桥侧光 | 9 挑台光 | 12 外顶光 |

图 20.1.5-17 舞台照明设计示意

（1）面光桥应符合下列规定：

① 第一道面光桥的位置，应使光轴射到台口线与台面的夹角为45°~50°，射至表演区中心为30°~45°。

② 第二道面光桥的位置，应使光轴射到大台唇边沿或升降乐池前边沿与台面的夹角为50°。

③ 面光桥除灯具所占用的空间外，其通行和工作宽度：甲等剧场不得小于1.20m；乙、丙等剧场不得小于1.00m。

④ 面光桥的通行高度，不应低于2.00m；射光口0.8~1.2m，设防坠落金属保护网。

⑤ 面光桥的长度不应小于台口宽度，下部应设50mm高的挡板，灯具的射光口净高不应小于0.80m，也不得大于1.00m。

⑥ 射光口必须设金属护网，固定护网的构件不得遮挡光柱射向表演区；护网孔径宜为35~45mm，铅丝直径不应大于1.0mm。

⑦ 面光桥挂灯杆的净高宜为 1.00m。两排挂灯杆的位置由舞台工艺确定。

⑧ 甲等剧场可根据需要设第三道或第四道面光桥，乙、丙等剧场，如未设升降乐池，面光桥可只设 1 道。

⑨ 面光桥应有与耳光室、天桥、灯控室相连的便捷通道。

（2）耳光室应符合下列规定：

① 耳光光轴应能射至表演区中心线的 2/3 处或大幕后 6m 处。

② 第一道耳光室位置应使灯具光轴经台口边沿，射向表演区的水平投影与舞台中轴线所形成的水平夹角不应大于 45°，并应使边座观众能看到台口侧边框，不影响台口扬声器传声。

③ 耳光室宜分层设置，第一层底部应高出舞台面 2.50m。

④ 耳光室每层净高不应低于 2.10m，射光口净宽：甲、乙等剧场不应小于 1.20m，丙等剧场不应小于 1.00m。

⑤ 射光口应设不反光的金属护网。

⑥ 甲等剧场可根据表演区前移的需要，设 2 道或 3 道耳光室；乙、丙等剧场当未设升降乐池时，可只设 1 道耳光室。

（3）追光室应符合下列规定：

追光室应设在楼座观众厅的后部，左右各 1 个，面积不宜小于 8.00m²，进深和宽度均不得小于 2.50m；追光室射光口的宽度、高度及下沿距地面距离应根据选用灯型进行计算；追光室的室内净高不应小于 2.20m，室内应设置机械排风。甲等剧场应设追光室，乙、丙等剧场当不设追光室时，可在楼座观众厅后部或其他合适的位置预留追光电源。

（4）调光柜室应符合下列规定：

① 调光柜室应靠近舞台，其面积应与舞台调光回路数量相适应，甲等剧场不得小于 30m²；乙等剧场不得小于 25m²；丙等剧场不得小于 20m²。

② 调光柜室室内净高不得小于 2.50m，室内要有良好的通风。

（5）舞台侧光可安装在一层侧天桥上，舞台宽度在 24m 以上的甲、乙等剧场。

（6）不设假台口的丙等剧场应在台口两侧设置柱光架。

### 20.1.6 后台设计

功能布置图，见图 20.1.6：

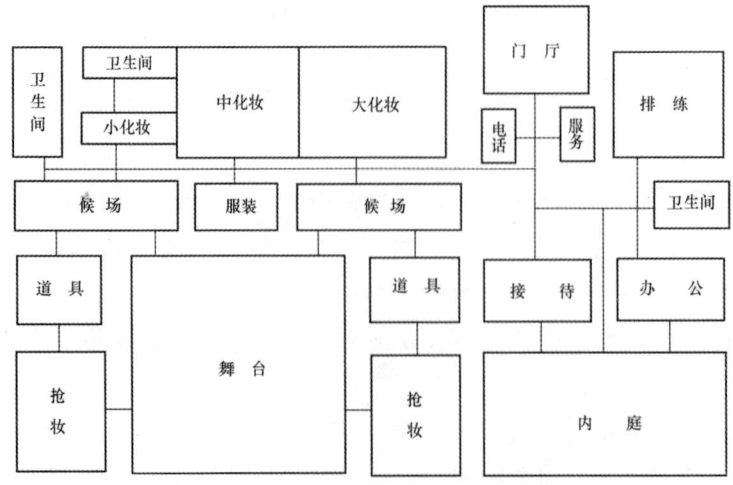

图 20.1.6 后台功能布置图

**20.1.6.1 化妆室配置要求**

| 类别 | | 规模 | 人数 | 面积（m²） | 间数 | 总面积（m²） | 总人数 | 卫生间（m²/间） |
|---|---|---|---|---|---|---|---|---|
| 歌剧舞剧 | 甲等 | 小化妆室 | 1～2 | 12 | 6～10 | 72～120 | 6～20 | 4.5～5.0 |
| | | 中化妆室 | 4～8 | 16～20 | 6～10 | 96～200 | 21～80 | |
| | | 大化妆室 | 10～20 | 24～30 | 6～10 | 144～300 | 60～200 | |
| | | 总计 | | | 18～30 | 312～620 | 90～300 | |
| | 乙等 | 小化妆室 | 1～2 | 12 | 2～4 | 24～48 | 2～8 | |
| | | 中化妆室 | 4～8 | 16～20 | 4～8 | 64～160 | 16～64 | |
| | | 大化妆室 | 10～20 | 24～30 | 6～8 | 144～240 | 60～160 | |
| | | 总计 | | | 12～20 | 232～448 | 78～232 | |
| 话剧戏剧 | 甲等 | 小化妆室 | 1～2 | 12 | 4 | 24～48 | 2～8 | |
| | | 中化妆室 | 4～6 | 16 | 2～4 | 32～64 | 8～24 | |
| | | 大化妆室 | 10 | 24 | 2～4 | 48～96 | 20～40 | |
| | | 总计 | | | 8～12 | 104～203 | 30～74 | |
| | 乙等 | 小化妆室 | 1～2 | 12 | 2 | 24 | 2～4 | |
| | | 中化妆室 | 4～6 | 16 | 2～4 | 32～64 | 8～24 | |
| | | 大化妆室 | 10 | 24 | 2～4 | 48～96 | 20～40 | |
| | | 总计 | | | 6～10 | 104～184 | 30～68 | |

**20.1.6.2 服装、道具、储存、制作**

1. 服装室应按男女比例设置。门净宽≥1.2m，净高≥2.4m。

2. 大道具室靠近主台及侧台。门净宽≥2.0m，净高≥2.4m。

3. 小道具室应布置在演员上下门旁，室内应设置小道具柜及盥洗盆。

4. 候场室（区域）布置在演员出场口，门净宽≥1.5m，净高≥2.4m。

5. 抢妆室宜设置在主台两侧，室内应有盥洗盆，门缝不得漏光。

6. 后台跑场道应与舞台地面平齐，门洞净宽≥2.1m，净高≥2.7m。

道具室面积、间数参照表 20.1.6.2-1。

| 名称 | 间数 | 面积（m²） | | 总面积（m²） |
|---|---|---|---|---|
| 小道具室 | 2 | 左 | 4～8 | 12～20 |
| | | 右 | 8～12 | |
| 大道具室 | 2 | 左 | 15～30 | 25～50 |
| | | 右 | 10～20 | |
| 合计 | | | | 37～70 |

服装室面积、间数参照表20.1.6.2-2。

服装间室配置表

表 20.1.6.2-2

| 剧种 | 名称 | 面积（m²） | 间数 | | 总面积（m²） |
|---|---|---|---|---|---|
| 歌剧舞剧 | 小服装室 | 12～20 | 男 | 1～2 | 24～80 |
| | | | 女 | 1～2 | |
| | 大服装室 | 24～35 | 男 | 1～2 | 48～140 |
| | | | 女 | 1～2 | |
| | 合计 | | 4～8 | | 72～220 |
| 话剧戏剧 | 小服装室 | 12～16 | 男 | 1～2 | 24～64 |
| | | | 女 | 1～2 | |
| | 大服装室 | 20～24 | 男 | 1～2 | 40～90 |
| | | | 女 | 1～2 | |
| | 合计 | | 4～8 | | 64～160 |

### 20.1.7 排练厅

1. 歌剧、话剧排练厅尺寸应与表演区相近。排练厅高度不小于6.0m，门净宽不小于1.5m，净高不小于3.0m；墙面顶棚应做音质设计，考虑不同频率的吸声处理。

2. 大中型舞剧排练厅尺寸应与表演区相近。一侧墙面设置通长镜子，高度大于2m，墙上设置墙裙及练功用扶手，地面使用木地板或弹性地板。

3. 合唱、乐队排练厅，地面常为台阶式。

4. 小排练室面积12～20m²，隔声良好，门宽不小于1.2m。

5. 戏曲练功房，练功用地毯与表演区地毯相同。室内净高不小于6m。

### 20.1.8 防火及疏散

1. 建筑防火

1）甲等及乙等的大型、特大型剧场舞台台口应设防火幕。超过800个座位的特等、甲等剧场及高层民用建筑中超过800个座位的剧场舞台台口宜设防火幕。

2）舞台主台通向各处洞口均应设甲级防火门，或按规定设置水幕。

3）舞台与后台部分的隔墙及舞台下部台仓的周围墙体均应采用耐火极限不低于2.5h的不燃烧体。

4）舞台（包括主台、侧台、后舞台）内的天桥、渡桥码头、平台板、栅顶应采用不燃烧体，耐火极限不应小于0.5h。

5）变电间之高、低压配电室与舞台、侧台、后台相连时，必须设置面积不小于6m²的前室，并应设甲级防火门。

6）甲等及乙等的大型、特大型剧场应设消防控制室，位置宜靠近舞台，并有对外的单独出入口，面积不应小于12m²。

7）观众厅吊顶内的吸声、隔热、保温材料应采用不燃材料。观众厅（包括乐池）的顶棚、墙面、地面装修材料不应低于A1级，当采用B1级装修材料时应设置相应的消防设施。

8）剧场检修马道应采用不燃材料。

9）观众厅及舞台内的灯光控制室、面光桥及耳光室各界面构造均采用不燃材料。

10）舞台上部屋顶或侧墙上应设置通风排烟设施。当舞台高度小于 12m 时，可采用自然排烟，排烟窗的净面积不应小于主台地面面积的 5%。排烟窗应避免因锈蚀或冰冻而无法开启。在设置自动开启装置的同时，应设置手动开启装置。当舞台高度等于或大于 12m 时，应设机械排烟装置。

11）舞台内严禁设置燃气加热装置，后台使用上述装置时，应用耐火极限不低于 2.5h 的隔墙和甲级防火门分隔，并不应靠近服装室、道具间。

12）当剧场建筑与其他建筑合建或毗连时，应形成独立的防火分区，以防火墙隔开，并不得开门窗洞；当设门时，应设甲级防火门，上下楼板耐火极限不应低于 1.5h。

13）机械舞台台板采用的材料不得低于 B1 级。

14）舞台所有布幕均应为 B1 级材料。

2. 人员疏散

1）观众厅出口应符合下列规定：

（1）出口均匀布置，主要出口不宜靠近舞台；楼座与池座应分别布置出口。

（2）楼座至少有两个独立的出口，不足 50 座时可设一个出口。楼座不应穿越池座疏散。当楼座与池座疏散无交叉并不影响池座安全疏散时，楼座可经池座疏散。

2）观众厅出口门、疏散外门及后台疏散门应符合下列规定：

（1）应设双扇门，净宽不小于 1.40m，向疏散方向开启。

（2）紧靠门不应设门槛，设置踏步应在 1.40m 以外。

（3）严禁用推拉门、卷帘门、转门、折叠门、铁栅门。

（4）宜采用自动门闩，门洞上方应设疏散指示标志。

3）观众厅外疏散通道应符合下列规定：

（1）坡度：室内部分不应大于 1：8，室外部分不应大于 1：10，并应加防滑措施，室内坡道采用地毯等不应低于 B1 级材料。为残疾人设置的通道坡度不应大于 1：12。

（2）地面以上 2m 内不得有任何突出物。不得设置落地镜子及装饰性假门。

（3）疏散通道穿行前厅及休息厅时，设置在前厅、休息厅的小卖部及存衣处不得影响疏散的畅通。

（4）疏散通道的隔墙耐火极限不应小于 1.00h。

（5）疏散通道内装修材料：顶棚不低于 A 级，墙面和地面不低于 B1 级，不得采用在燃烧时产生有毒气体的材料。

（6）疏散通道宜有自然通风及采光，当没有自然通风及采光时应设人工照明，超过 20m 长时应采用机械通风排烟。

4）主要疏散楼梯应符合下列规定：

（1）踏步宽度不应小于 0.28m，踏步高度不应大于 0.16m，连续踏步不超过 18 级，超过 18 级时，应加设中间休息平台，楼梯平台宽度不应小于梯段宽度，并不得小于 1.10m。

（2）不得采用螺旋楼梯，采用扇形梯段时，离踏步窄端扶手水平距离 0.25m 处踏步宽度不应小于 0.22m，宽端扶手处不应大于 0.50m，休息平台窄端不小于 1.20m。

（3）楼梯应设置坚固、连续的扶手，高度不应低于 0.85m。

5）后台应有不少于两个直接通向室外的出口。

6）乐池和台仓出口不应少于两个。

7）舞台天桥、栅顶的垂直交通，舞台至面光桥、耳光室的垂直交通应采用金属梯或钢筋混凝土梯，坡度不应大于60°，宽度不应小于0.60m，并有坚固、连续的扶手。

8）剧场与其他建筑合建时应符合下列规定：

（1）观众厅应建在首层或第二、三层。

（2）出口标高宜同于所在层标高。

（3）应设专用疏散通道通向室外安全地带。

9）疏散口的帷幕应采用难燃材料。

10）室外疏散及集散广场不得兼作停车场。

### 20.1.9 各等级剧院建设标准

各等级剧院建设标准             表 20.1.9

| 剧院等级 | 特等 | 甲等 | 乙等 |
|---|---|---|---|
| 总用地指标（m²/座） | | 5～6 | 3～4 |
| 前厅面积（m²/座） | | 0.3 | 0.2 |
| 休息厅（m²/座） | | 0.3 | 0.2 |
| 前厅与休息厅合并设置时（m²/座） | | 0.5 | 0.3 |
| 观众厅面积（m²/座） | | 0.8 | 0.7 |
| 主台净高（m） | | 台口高度2.5倍 | 台口高度2倍＋4m |
| 主台天桥层数（层） | | ≥3 | ≤2 |
| 两个侧台总面积（m²） | | ≥主台面积1/2 | ≥主台面积1/3 |
| 侧台与主台间的洞口净宽（m） | | 8 | 6 |
| 侧台与主台间的洞口净高（m） | | 7 | 6 |
| 防火幕设置 | | 主侧台间洞口宜设置 | |
| （大型及特大型剧院）台口防火幕 | | 应设 | 应设 |
| （中型规模多层高层剧院）台口防火幕 | 宜设 | 宜设 | |
| 乐池面积（m²） | | 80 | 65 |
| 面光桥数量（条） | | 3～4 | 如未设升降乐池，可只设1道面光桥 |
| 面光桥通行工作宽度（m） | | ≥1.2 | ≥1.0 |
| 耳光室数量（个） | | 2～3 | 如未设升降乐池，可只设1个耳光室 |
| 追光室 | | 应设 | 不设，可在观众厅后部预留电源 |
| 调光柜室面积（m²） | | ≥30 | ≥25 |
| 功放室面积（m²） | | ≥12 | ≥10 |
| 大中小化妆间数量（个） | | ≥4 | ≥3 |
| 大中小化妆间总面积（m²） | | ≥200 | ≥160 |
| 服装间总数量（个） | | ≥4 | ≥3 |
| 服装间总面积（m²） | | ≥160 | ≥100 |
| （大型、特大型剧场）消防控制室 | | 应设，独立出口，面积≥12m² | |
| 观众席背景噪声评价曲线 | | ≤NR25 | ≤NR30 |
| 观众厅、舞台、化妆室、VIP设置空调 | | 应设 | 炎热地区宜设 |

特等根据具体情况确定标准。

# 20.2 多 厅 影 院

### 20.2.1 分类

多厅影院档次分类宜按电影院星级评定标准中一星至五星进行分类，一般对于新建多厅影院不低于三星级标准（表 20.2.1-1）。

影院规模分类表　　　　　　　　　　　　表 20.2.1-1

| 分类 | 总座位数（个） | 观众厅数量（个） |
|------|------|------|
| 特大型 | >1800 | 大于 11 |
| 大型 | 1201～1800 | 8～10 |
| 中型 | 701～1200 | 5～7 |
| 小型 | ≤700 | >4 |

1. 观众厅规模

观众厅的座位及面积指标（表 20.2.1-2）。

观众厅座位及面积表　　　　　　　　　　表 20.2.1-2

| 厅型 | 座位数（个） | 面积数（m²） |
|------|------|------|
| IMAX | ≥300 | ≥400 |
| 大型 | 200～300 | 320～400 |
| 中厅 | 100～200 | 250～320 |
| 小厅 | 60～100 | 180～250 |
| VIP | 10～20 | ≤120 |

2. 场地面积

多厅影院总面积一般以 2.0～2.5m²/座，其中门厅 0.4～0.5m²/座。停车泊位按 6～8 个/100 座。其他配套设置的观众人数计算，当按多厅总席位数一定比例（70%～40%）进行折减计算。厅数越多折减比例越大。

### 20.2.2 观众厅平面类型及组合形式

1. 观众厅平面类型

1）矩形平面

应用最广的平面形式，结构简单、声能分布均匀、声音的还原度及清晰度高，适用于中小型观众厅，进深不宜大于 30m，长度与宽度的比例宜为 (1.5±0.2)∶1。

2）钟形平面

形体简单、声场均匀，适用于大中型观众厅。

3）扇形平面

扇形平面在相同面积下座席容量较大，能够保证绝大部分座位的水平视角与视距要求，适用于大中型观众厅。

4）楔形平面

结合了扇形与矩形平面的优点，大中小厅均适用。当前部斜墙倾角在5°～8°时，绝大部分观众可获得良好视觉及听觉条件。

5）曲形平面

包括马蹄形、圆形、椭圆形及其他不规则曲线形成的观众厅，此类观众厅视距有较佳控制条件，但易造成室内声场分布不均匀，使用时应慎重。

2. 观众厅组合形式

1）水平式布局（平层布局）

（1）并列式组合

观众厅以纵轴（与银幕垂直）并列呈带状平行布置且与进场通道平行布置（图20.2.2-1）。

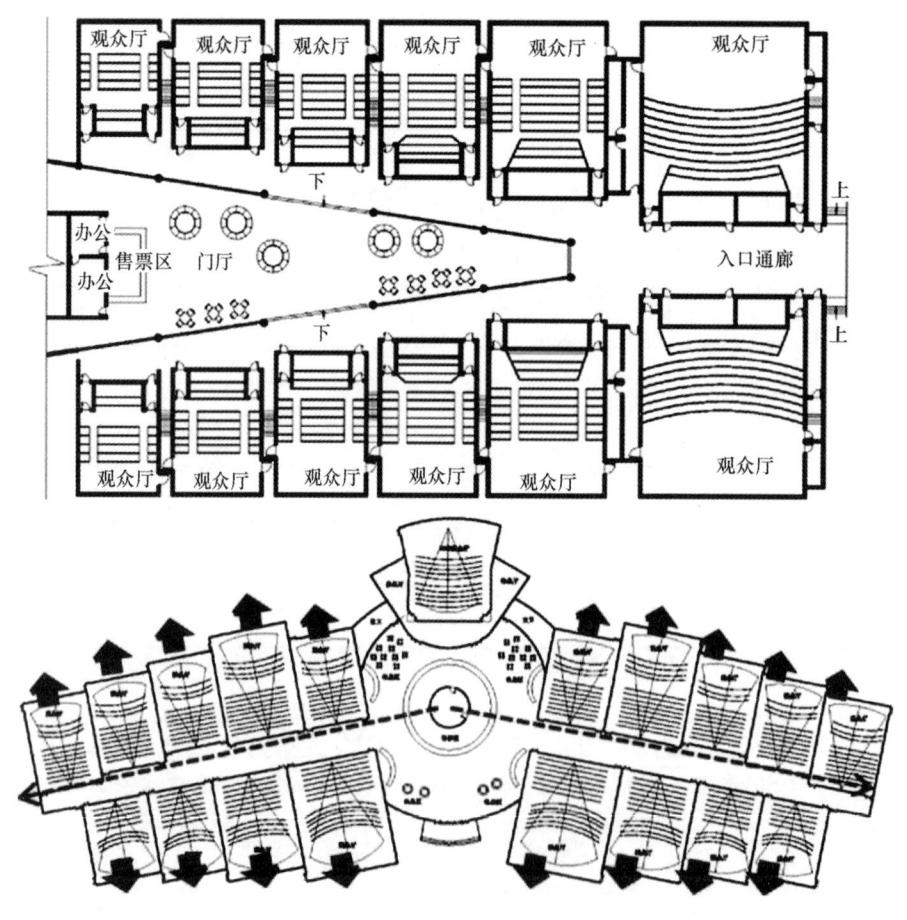

图 20.2.2-1  观众厅并列式组合

并列式组合优势可利用进入观众厅通道上方的空间作为放映间使用，利用空间较为集约。但对层高的要求较高。

（2）集约式组合

适用于不规则空间，不能形成较为集中的观影区域及放映区域（图20.2.2-2）。

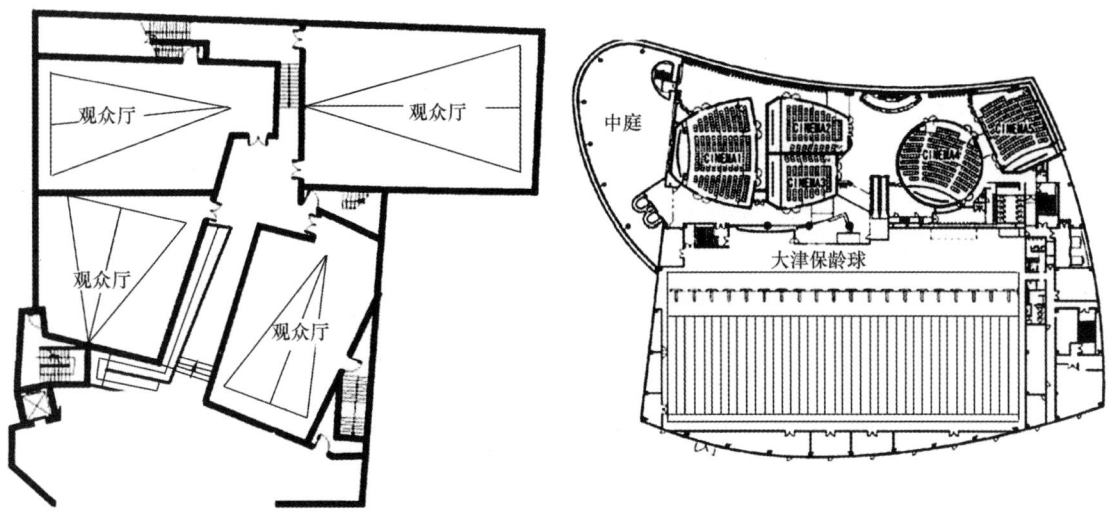

图 20.2.2-2 观众厅集约式组合

2）观众厅分区域布局

同类型同规模的厅集中布置。一般大厅与中小厅分区域布置。不同规模观众厅在建筑结构、交通流线、人员疏散要求有较大差异，分区域设置有其技术合理性（图 20.2.2-3）。

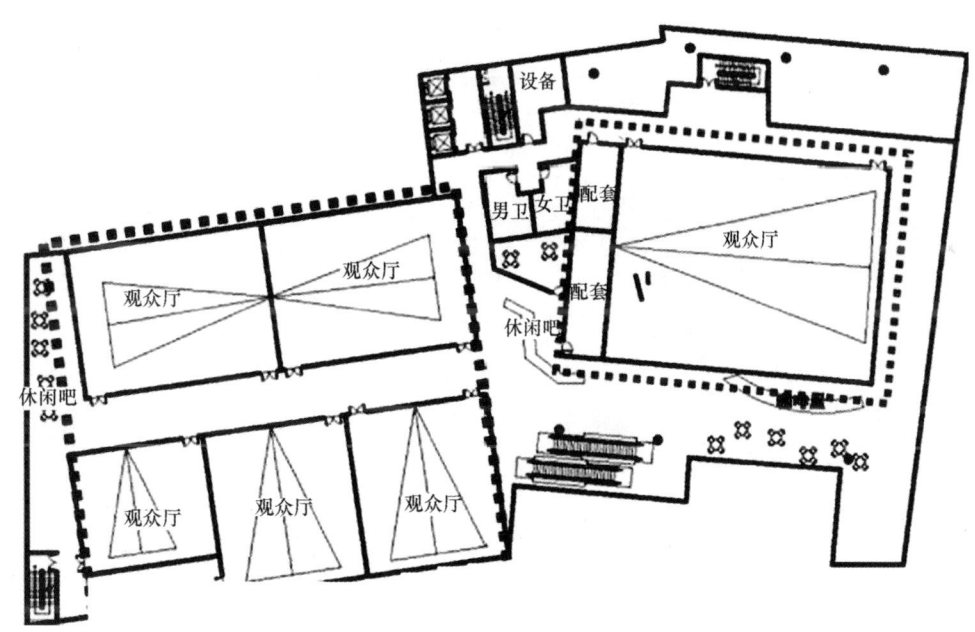

图 20.2.2-3 观众厅分区域布局

3）观众厅垂直布局

适用于多层、多规模观众厅的组合形式，集约利用空间，观众流线及管理流线较为复杂。

### 20.2.3 观众厅主要工艺控制指标

1. 观众厅层高

观众厅层高、净高控制表（m）　　　　　　　　　　　　表 20.2.3-1

| 高度/规模 | IMAX | 大型 | 中型 | 小型 | VIP |
| --- | --- | --- | --- | --- | --- |
| 层高 | 18 | 14 | 9.5 | 7.5 | 6.0 |
| 净高 | 15 | 12 | 8 | 6 | 4.5 |

2. 影厅长宽比例

应按国家标准在（1.2~1.7）：1 范围内，最好不超过（1~2）：1。

3. 多厅影院银幕尺寸

以变形宽银幕计，多厅影院的银幕尺寸以 6~12m 为佳，此宽度一般可定为影厅宽度的 90%，10m 以下的幕架可不做弧度。

4. 多厅影院的视线角度

画面视线角度应控制在国家标准之内，即：最大斜视角≤45°，放映俯角≤6°。放映水平偏角≤3°。

5. 银幕视点

多厅影院各厅银幕视点应在 0.8~1.5m，小厅的视点最好在 1m 左右。

6. 观众厅座位设计

排距及每排座位表 表 20.2.3-2

| | 排距（mm） | 每排最多座位数（个） |
|---|---|---|
| 长排法 | 1100 | ≤44 |
| 短排法 | 850 | ≤22 |
| | 900 | ≤24 |
| | 950 | ≤26 |

注：仅单侧走道时座位数减半。

视线升高值（起坡高度）

观众厅的视线升高值与银幕的视点是有联系的。在座位正排法时，视线升高值 $C \geqslant 12cm$。起坡高度是在一定的视点条件下，按一定的 $C$ 值通过作图、计算、比例等方法求得。

7. 混响时间

多厅影院的影厅如座位数≤100 人以下（或 500m³ 以下），可以不考虑用专门的吸声材料布置，以装修效果为主。大于等于 100 人、容积在 500m³ 以上，则要考虑吸声材料及结构。建议影厅的混响时间宜短不宜长，设计计算应控制在 0.4s 左右。

8. 噪声控制

观众厅的稳态噪声不宜高于 NC-25 噪声评价曲线，不应高于 NC-35 噪声评价曲线，单一 A 声级不高于 35dB（A）。

9. 隔声设计

两个观众厅之间墙体，其隔声量不小于 65dB。

观众厅设计参数见表 20.2.3-3。

观众厅设计参数表 表 20.2.3-3

| 项目 \ 星级 | 一星 | 二星 | 三星 | 四星 | 五星 |
|---|---|---|---|---|---|
| 门厅面积（m²/座） | ≥0.1 | ≥0.2 | ≥0.3 | ≥0.4 | ≥0.5 |
| 扶手中心距（m） | ≥0.50 | ≥0.52 | ≥0.54 | ≥0.56 | ≥0.56 |
| 座位净宽（m） | ≥0.44 | ≥0.44 | ≥0.46 | ≥0.48 | ≥0.48 |
| 排距（短排法）（m） | ≥0.85 | ≥0.90 | ≥0.95 | ≥1.00 | ≥1.05 |
| 排距（长排法）（m） | ≥0.90 | ≥0.95 | ≥1.00 | ≥1.05 | ≥1.10 |

| 项目 \ 星级 | 一星 | 二星 | 三星 | 四星 | 五星 |
|---|---|---|---|---|---|
| 设计视点高度（m） | ≤2.0 | ≤1.80 | ≤1.70 | ≤1.60 | ≤1.50 |
| 最近视距不应小于最大有效放映画面宽度倍数 | 0.5 | 0.5 | 0.55 | 0.6 | 0.6 |
| 最远视距不应大于最大有效放映画面宽度倍数 | 3.0 | 2.7 | 2.2 | 2.0 | 1.8 |
| 每排视线超高（m） | 0.1 | 0.1 | 0.12 | 0.12 | 0.12 |
| 最大仰视角不宜大于（°） | 45 | 45 | 40 | 40 | 40 |
| 变形宽银幕画面宽度（m） | ≥6.0 | ≥6.0 | ≥7.0 | ≥8.0 | ≥8.0 |

### 20.2.4 IMAX 观众厅设计

#### 1. IMAX 观众厅分类

观众厅设计参数表           表 20.2.4-1

| IMAX 观众厅类型 | 座位数（个） | 银幕尺寸（m）（宽×高） | 放映设备 |
|---|---|---|---|
| IMAX GT<br>（IMAX 影厅原型） | 400～1000 | 25×18.5<br>最大 35.73×29.42 | GT 放映机 |
| IMAX SR | <350 | 21.2×15.8 | SR 放映机同步放映两盘单独的 15/70 胶片 |
| IMAX PMX | 350 | 20×11.6 | |
| IMAX Digital | 350 | 17.5×10 | |

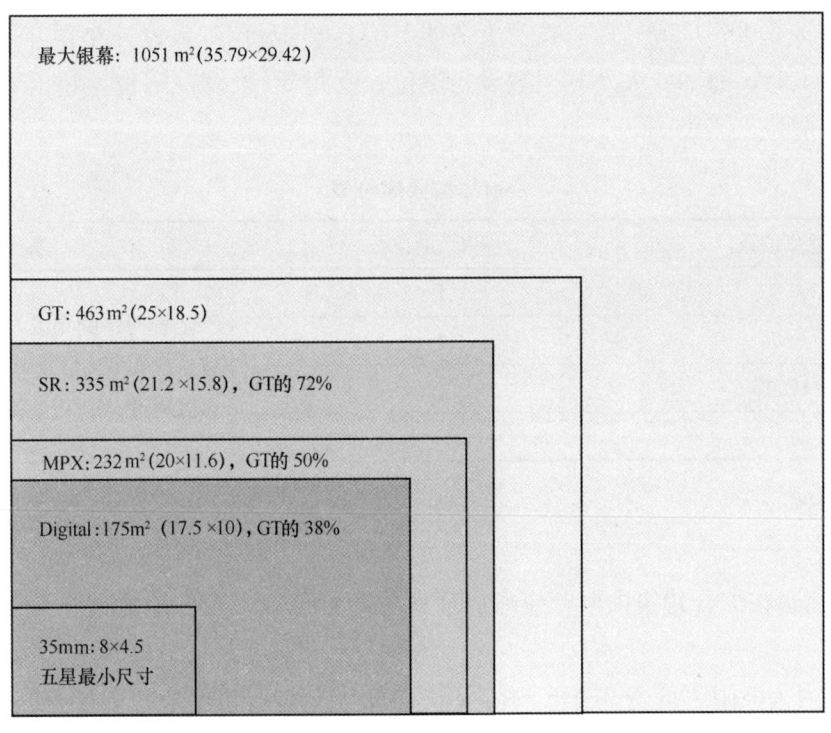

图 20.2.4　IMAX 观众厅银幕尺寸控制图

2. IMAX 影厅单座容积控制在 20m³/座左右。

3. IMAX 影厅并非现场表演类空间，声学标准不同于传统剧场及音乐厅，其声学指标要求如下：

1）最佳混响时间：当频率 $f=500Hz$ 时，$T_{60}=0.5s$（≤400座）及 $0.7s$（>400座），其值可上下浮动25%。

2）混响时间频率特性：混响时间应随频率升高而递减，500Hz以下时递减应平缓且渐次，无明显的峰值和间歇，取值（混响比）见表20.2.4-2。

3）声场均匀度：声压级最大与最小值之差不超过6dB，最大与平均值之差不超过3dB。

4）本底噪声：当所有放映设备、空调和电器系统同时运行时，应满足厅内本底噪声允许值 $NC$ 不大于25号噪声评价曲线，相当于 $LA$ 不大于35dBA，噪声频率特性（倍频带声压级）见表20.2.4-2。

5）隔声：应对影厅的建筑围护结构（墙、顶、楼板等）采取隔声措施，其侵入影厅的噪声衰减值（隔声量）见表20.2.4-2。

观众厅声学控制参数表 表20.2.4-2

| 中心频率（Hz） | 31.5 | 63 | 125 | 250 | 500 | 1000 | 2000 | 4000 | 8000 |
|---|---|---|---|---|---|---|---|---|---|
| 混响比 | <2 | <1.5 | <1.3 | <1.1 | 1 | ≤1 | | | |
| 倍频带声压级（dB） | 65 | 54 | 44 | 37 | 31 | 27 | 24 | 22 | 21 |
| 隔声量（dB） | ≥40 | ≥55 | ≥65 | ≥70 | | | | | |

### 20.2.5 门厅、其他服务空间

门厅建议其面积应不小于整个影院面积的30%～40%。

卫生间设置按 $0.1～0.3m^2$/座，按男女各半计算；男卫每50人设一小便斗，每150人设一厕位，超出400人时，每200人及其尾数设一厕位；女每50人设一厕位，超出400人时，每75人及其尾数设一厕位（表20.2.5）。

前厅售票席位表 表20.2.5

| 观众厅总座位数 | 售票席位数 | 备注 |
|---|---|---|
| <500 | 1～2 | 随着网络购票及自助取票出现，实体席位数可酌情减少。另4星以上级别影院应设VIP及会员专属服务席位 |
| 501～800 | 2～3 | |
| 801～1200 | 3～4 | |
| >1200 | >4 | |

### 20.2.6 防火设计

1. 防火设计

1）当电影院建在综合建筑内时，应形成独立的防火分区，至少应设置1个独立的安全出口和疏散楼梯。

（1）应采用耐火极限不低于2.00h的防火隔墙和甲级防火门与其他区域分隔；

（2）设置在一、二级耐火等级的建筑内时，观众厅宜布置在首层、二层或三层；确需布置在四层及以上楼层时，一个厅、室的疏散门不应少于2个，且每个观众厅的建筑面积不宜大于 $400m^2$；

（3）设置在三级耐火等级的建筑内时，不应布置在三层及以上楼层；

（4）设置在地下或半地下时，宜设置在地下一层，不应设置在地下三层及以下楼层；

（5）设置在高层建筑内时，应设置火灾自动报警系统及自动喷水灭火系统等自动灭火系统。

2）观众厅内座席台阶结构应采用不燃材料。

3）观众厅、声闸和疏散通道内的顶棚材料应采用 A 级装修材料，墙面、地面材料不应低于 B1 级。各种材料均应符合现行国家标准《建筑内部装修设计防火规范》中的有关规定。

4）观众厅吊顶内吸声、隔热、保温材料与检修马道应采用 A 级材料。

5）银幕架、扬声器支架应采用不燃材料制作，银幕和所有幕帘材料不应低于 B1 级。

6）放映机房应采用耐火极限不低于 2.0h 的隔墙和不低于 1.5h 的楼板与其他部位隔开。顶棚装修材料不应低于 A 级，墙面、地面材料不应低于 B1 级。

7）电影院顶棚、墙面装饰采用的龙骨材料均应为 A 级材料。

8）电影院内吸烟室的室内装修顶棚应采用 A 级材料，地面和墙面应采用不低于 B1 级材料，并应设有火灾自动报警装置和机械排风设施。

2. 人员疏散

1）电影院的观众厅，其疏散门的数量应经计算确定且不应少于 2 个，每个疏散门的平均疏散人数不应超过 250 人；当容纳人数超过 2000 人时，其超过 2000 人的部分，每个疏散门的平均疏散人数不应超过 400 人。

2）电影院的疏散走道、疏散楼梯、疏散门、安全出口的各自总净宽度，观众厅内疏散走道的净宽度应按每 100 人不小于 0.60m 计算，且不应小于 1.00m；边走道的净宽度不宜小于 0.80m，布置疏散走道时，横走道之间的座位排数不宜超过 20 排；每排不宜超过 22 个。

3）观众厅疏散门不应设置门槛，在紧靠门口 1.40m 范围内不应设置踏步。疏散门应为自动推闩式外开门，严禁采用推拉门、卷帘门、折叠门、转门等。

4）观众厅疏散门的数量应经计算确定，且不应少于 2 个，门的净宽度应符合现行国家标准《建筑设计防火规范》GB 50016 规定，且不应小于 0.90m。应采用甲级防火门，并应向疏散方向开启。

5）有等场需要的入场门不应作为观众厅的疏散门。

6）观众厅外的疏散走道、出口等应符合下列规定：

（1）穿越休息厅或门厅时，厅内存衣、小卖部等活动陈设物的布置不应影响疏散的通畅；2m 高度内应无突出物、悬挂物；

（2）当疏散走道有高差变化时宜做成坡道；当设置台阶时应有明显标志、采光或照明；

（3）疏散走道室内坡道不应大于 1∶8，并应有防滑措施；为残疾人设置的坡道坡度不应大于 1∶12。

7）疏散楼梯应符合下列规定：

（1）对于有候场需要的门厅，门厅内供入场使用的主楼梯不应作为疏散楼梯；

（2）疏散楼梯踏步宽度不应小于 0.28m，踏步高度不应大于 0.16m，楼梯最小宽度不得小于 1.20m，转折楼梯平台深度不应小于楼梯宽度；直跑楼梯的中间平台深度不应小于 1.20m。

8）观众厅内疏散走道宽度除应符合计算外，还应符合下列规定：

（1）中间纵向走道净宽不应小于 1.0m；

（2）边走道净宽不应小于 0.8m；

（3）横向走道除排距尺寸以外的通行净宽不应小于 1.0m。

9）电影院供观众疏散的所有内门、外门、楼梯和走道的各自总净宽度，应根据疏散人数按每 100 人的最小疏散净宽度不小于表 20.2.6 规定计算确定：

电影院每 100 人所需最小疏散净宽度（m/百人）      表 20.2.6

| 观众厅座位数（座） | | | ≤ 2500 | ≤ 1200 |
|---|---|---|---|---|
| 耐火等级 | | | 一、二级 | 三级 |
| 疏散部位 | 门和走道 | 平坡地面 | 0.65 | 0.85 |
| | | 阶梯地面 | 0.75 | 1.00 |
| | 楼　梯 | | 0.75 | 1.00 |

注：表中对应较大座位数范围按规定计算的疏散总净宽度，不应小于对应相邻较小座位数范围按其最多座位数计算的疏散总净宽度。

# 21 商业建筑设计

## 21.1 概　　述

商业建筑的分级和分类

商业建筑的规模应按单项建筑内的商业总建筑面积进行分级，并应符合表 21.1-1 的规定。

商业建筑的分级 表 21. 1-1

| 规模 | 小型 | 中型 | 大型 |
|---|---|---|---|
| 总建筑面积 | <5000m² | 5000~20000m² | >20000m² |

商业建筑的分类 表 21. 1-2

| 类型 | 定　　义 |
|---|---|
| 购物中心 | 多种零售店铺、服务设施集中在一个建筑物内或一个区域内，向消费者提供综合性服务的商业集合体 |
| 百货商场 | 在一个建筑内经营若干大类商品，实行统一管理、分区销售，满足顾客对时尚商品多样化选择需求的零售商业 |
| 超级市场 | 采取自选销售方式，以销售食品和日常生活用品为主，向顾客提供日常生活必需品的零售商业 |
| 菜市场 | 销售蔬菜、肉类、禽蛋、水产和副食品的场所或建筑 |
| 专业店 | 以专门经营某一大类商品为主，并配备具有专业知识的销售人员和提供适当售后服务的零售商业 |
| 步行商业街 | 供人们进行购物、饮食、娱乐、休闲等活动而设置的步行街道 |

## 21.2 总 平 面 设 计

### 21.2.1 道路

大型、中型和小型商业建筑的基地内道路设置，应符合表 21.2.1 的规定。

道路设置要求 表 21. 2. 1

| | | | | |
|---|---|---|---|---|
| 大、中型商业 | 道路宽度 | 专用运输通道≥4m，宜为 7m；运输通道设在地面时，可与消防车道结合设置 | | |
| | 出入口 | 宜有不少于两个方向出入口与城市道路相接；主要出入口前，应留有人员集散场地 | | |
| | 场地要求 | 宜选择在城市商业区或主要道路的适宜位置；大型商业建筑的基地沿城市道路的长度不宜小于基地周长的 1/6 | | |
| 小型商业 | 道路宽度 | 建筑面积小于 3000m² 时 | ≥4m | |
| | | 建筑面积大于 3000m² 时 | 只有一条基地道路与城市道路相连接时 | ≥7m |
| | | | 有两条以上基地道路与城市道路相连接时 | ≥4m |

### 21.2.2 停车场

1. 配建公共停车场（库）的停车位控制指标，应符合表 21.2.2-1 规定；

配建公共停车场（库）停车位控制指标      表 21.2.2-1

| 建筑类别 | | 计算单位 | 机动车停车位 | 非机动车停车位 | |
| --- | --- | --- | --- | --- | --- |
| | | | | 内 | 外 |
| 商业 | 一类（建筑面积＞1万 m²） | 每 1000m² | 6.5 | 7.5 | 12 |
| | 二类（建筑面积＜1万 m²） | | 4.5 | 7.5 | 12 |
| | 购物中心（超市） | | 10 | 7.5 | 12 |

2. 配建参考标准（深圳市）：根据不同区域的规划土地利用性质和开发强度、公交可达性及道路网容量等因素，将深圳市划分为三类停车供应区域；一类区域为停车策略控制区：全市的主要商业办公核心区和原特区内轨道车站周围 500m 范围内的区域；二类区域为停车一般控制区：原特区内除一类区域外的其他区域、原特区外的新城中心、组团中心和原特区外轨道车站周围 500m 范围内的区域；三类区域为全市范围内余下的所有区域；具体配建标准见表 21.2.2-2。

深圳市配建公共停车场（库）停车位控制指标      表 21.2.2-2

| 分类 | 单位 | 配建标准 | |
| --- | --- | --- | --- |
| 商业区 | 车位/100m² 建筑面积 | 首 2000m² 每 100m²：2.0 | |
| | | 2000m² 以上每 100m² | 一类区域：0.4～0.6 |
| | | | 二类区域：0.6～1.0 |
| | | | 三类区域：1.0～1.5 |
| | | 每 2000m² 建筑面积设置 1 个装卸货泊位；超过 5 个时，每增加 5000m²，增设 1 个装卸货泊位 | |
| 购物中心、专业批发市场 | 车位/100m² 建筑面积 | 一类区域：0.8～1.2 | |
| | | 二类区域：1.2～1.5 | |
| | | 三类区域：1.5～2.0 | |
| | | 每 2000m² 建筑面积设置 1 个装卸货泊位；超过 5 个时，每增加 5000m²，增设 1 个装卸货泊位 | |

# 21.3 建 筑 设 计 要 点

### 21.3.1 基本要点

1. **功能分区**：商业建筑可按使用功能分为营业区、仓储区和辅助区等三部分（图 21.3.1）。

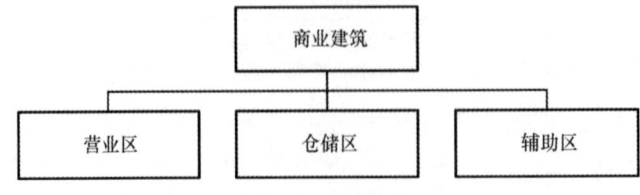

图 21.3.1 商业建筑功能分区

2. **面积比例**：由于商业零售业态的不同，商业建筑的营业区、仓储区和辅助区占总建筑面积的比例也不同，设计时需根据经营方式、商品种类、服务方式等进行分配。

3. **柱网参数**：营业厅需根据其内容布置要求而选用适当的柱网参数，可参考表21.3.1-1。

商业建筑柱网参数与平面布置及推荐使用业态　　　　　　表 21.3.1-1

| 柱距与柱跨参数 | 平面布置内容 | 推荐使用业态 |
|---|---|---|
| ① 9.00m 柱网或 9.00m 柱跨 | ①柜区布置方式很灵活，可设5.00宽通道，或＞3m宽通道和两组货架后背间设散仓位 | ①②适用于大型百货商场、商业等 |
| ② 7.50m 柱网或 7.50m 柱跨 | ②柜内布置方式灵活、紧凑，可设3.70m宽通道，或＞2.20m宽通道和两组货架后背间设散仓位 | ②③组合可适用于中型百货商场、商业等 |
| ③≥6.00 柱网 | ③柜区布置以条式和岛式相结合为宜，可设2.20m宽通道。仅可利用部分靠墙处及角隅设散仓位 | ③适用于小型百货商场、商业 |
| ④ 3.30～4.20m 柱距和 4.80～6.00m 柱跨 | ④一般做条式柜区布置，双跨时稍灵活，可布置条式和岛式各一行柜区 | ④适用于多层住宅底层商业或小型商业 |

4. **单元分割**：为满足今后销售和经营的要求，商铺单元的分割必须有效、合理，常见方式可参考表21.3.1-2。

常见商铺单元分割方式　　　　　　表 21.3.1-2

| 常用开间×进深（m） | 图示 | 业态 |
|---|---|---|
| 4×12 6×15 | | 服装店、音像店等 |
| 18×20 | | 餐饮、零售等 |

5. **步行商业街尺度及布局方式**：不同的步行商业街宽度，会带来有不同的商业空间效果，步行商业街尺度及布局方式可参考表21.3.1-3。

步行商业街尺度及布局方式      表 21.3.1-3

| 步行商业街宽度（m） | 图示 | 适宜高度 |
|---|---|---|
| 5～6 | 5m | 两侧商业 2～3 层，仅为人行步道 |
| 10～12 | 10m | 两侧商业 2～3 层，可设置小型外摆空间 |
| 15 | 15m | 两侧商业 3～4 层，可设置外摆空间与景观树池 |
| 20 | 20m | 两侧商业 3～4 层，可设置为放大空间节点 |

### 21.3.2 营业区

1. 营业厅内或近旁宜设置附加空间或场地，并应符合表 21.3.2-1 的规定。

营业厅内或近旁宜设置的附加空间或场地      表 21.3.2-1

| | 功能用房 | 面积要求 | 备注 |
|---|---|---|---|
| 营业厅 | 试衣间（服装区） | — | — |
| | 检修钟表、电器、电子产品等的场地 | — | — |
| | 试音室（销售乐器和音响器材的营业厅） | ≥2m² | — |
| 自选营业厅 | 厅前应设置顾客物品寄存处、进厅闸位、供选购用的盛器堆放位及出厅收款位 | 宜≥营业厅面积的 8% | — |
| | 出厅处应设收款台 | — | 每 100 人 1 个（含 0.6m 宽顾客通过口） |
| | 可设自助收款台 | — | — |
| 服务设施 | 休息室或休息区 | 宜为营业厅面积的 1.00%～1.40% | 大中型商业需设 |
| | 服务问询台 | — | — |

2. 营业厅内通道的最小净宽应符合表 21.3.2-2 的规定。

营业厅内通道的最小净宽度 表 21.3.2-2

| 通道位置 | | 最小净宽度（m） |
|---|---|---|
| 通道在柜台或货架与墙面或陈列窗之间 | | 2.20 |
| 通道在两个平行柜台或货架之间 | 每个柜台或货架长度小于 7.50m | 2.20 |
| | 一个柜台或货架长度小于 7.50m<br>另一个柜台或货架长度 7.50～15.00m | 3.00 |
| | 每个柜台或货架长度小于 7.50～15.00m | 3.70 |
| | 每个柜台或货架长度大于 15.00m | 4.00 |
| | 通道一端设有楼梯时 | 上下两个梯段宽度之和再加 1.00m |
| 柜台或货架边与开敞楼梯最近踏步间距离 | | 4.00m，并不小于楼梯间的净宽度 |

注：(1) 当通道内设有陈列物品时，通道最小净宽度应增加该陈列物的宽度。

(2) 无柜台营业厅的通道最小净宽度可根据实际情况，在本表的规定基础上酌减，减小量不应大于 20%。

(3) 菜市场营业厅的通道最小净宽宜在本表的规定基础上再增加 20%。

3. 营业厅的净高应按其平面形状和通风方式确定，并应符合表 21.3.2-3 的规定。

营业厅的净高要求 表 21.3.2-3

| 通风方式 | 自然通风 | | | 机械排风和<br>自然通风相结合 | 空气调节系统 |
|---|---|---|---|---|---|
| | 单面开窗 | 前面敞开 | 前后开窗 | | |
| 最大进深与净高比 | 2:1 | 2.5:1 | 4:1 | 5:1 | — |
| 最小净高（m） | 3.20 | 3.20 | 3.50 | 3.50 | 3.00 |

注：(1) 设有空调设施、新风量和过度季节通风量不小于 20m³/(h·人)，并且有人工照明的面积不超过 50m² 的房间或宽度不超过 3m 的局部空间的净高可酌减，但不应小于 2.40m。

(2) 营业厅净高应按楼地面至吊顶或楼板底面障碍物之间的垂直高度计算。

4. 自选营业厅的面积可按每位顾客 1.35m² 计，当采用购物车时，应按 1.7m²/人计。

5. 自选营业厅内通道最小净宽度应符合表 21.3.2-4 的规定，并应按自选营业厅的设计容纳人数对疏散用的通道宽度进行复核。兼作疏散的通道宜直通至出厅口或安全出口。

自选营业厅内通道最小净宽度 表 21.3.2-4

| 通道位置 | | 最小净宽度（m） | |
|---|---|---|---|
| | | 不采用购物车 | 采用购物车 |
| 通道在两个平行货架之间 | 靠墙货架长度不限，<br>离墙货架长度小于 15m | 1.60 | 1.80 |
| | 每个货架长度小于 15m | 2.20 | 2.40 |
| | 每个货架长度为 15～24m | 2.80 | 3.00 |
| 与各货架相垂直的通道 | 通道长度小于 15m | 2.40 | 3.00 |
| | 通道长度大于等于 15m | 3.00 | 3.60 |
| 货架与出入闸位间的通道 | | 3.80 | 4.20 |

注：当采用货台、货区时，其周围留出的通道宽度，可按商品的可选择性调整。

6. 大型和中型商业建筑内连续排列的商铺应符合下列规定：

1）各商铺的作业运输通道宜另设；

2）面向公共通道营业的柜台，其前沿应后退至距通道边线不小于 0.5m 的位置。

7. 大型和中型商业建筑内连续排列的商铺之间的公共通道最小净宽度应符合表 21.3.2-5 的规定。

大中型商业建筑内连续排列的商铺之间的公共通道最小净宽度    表 21.3.2-5

| 通道名称 | 最小净宽度（m） | |
| --- | --- | --- |
| | 通道两侧设置商铺 | 通道一侧设置商铺 |
| 主要通道 | 4.00，且不小于通道长度的 1/10 | 3.00，且不小于通道长度的 1/15 |
| 次要通道 | 3.00 | 2.00 |
| 内部作业通道 | 1.80 | — |

注：主要通道长度按其两端安全出口间距离计算。

8. 商场的卫生间宜设置在入口层，大型商场可选择其他楼层设置，超大型商场卫生间的布局应使各部分的购物者都能方便使用。商场卫生间面积及厕位数量根据《城市公共厕所设计标准》CJJ 14—2016 设置（表 21.3.2-6）。

商场、超市和商业街公共厕所厕位数    表 21.3.2-6

| 购物面积（m²） | 男厕位（个） | 女厕位（个） |
| --- | --- | --- |
| ≤500 | 1 | 2 |
| 501～1000 | 2 | 4 |
| 1001～2000 | 3 | 6 |
| 2001～4000 | 5 | 10 |
| ≥4000 | 每增加 2000m²，男厕位增加 2 个，女厕位增加 4 个 | |

### 21.3.3 仓储区

1. 储存库房内存放商品应紧凑、有规律，货架或堆垛间的通道净宽度应符合表 21.3.3-1 的规定。

货架或堆垛间的通道净宽度    表 21.3.3-1

| 通道位置 | 净宽度（m） |
| --- | --- |
| 货架或堆垛与墙面间的通风通道 | ＞0.30 |
| 平行的两组货架或堆垛间手携商品通道，按货架或堆垛宽度选择 | 0.70～1.25 |
| 与各货架或堆垛间通道相连的垂直通道，可以通行轻便手推车 | 1.50～1.80 |
| 电瓶车通道（单车道） | ＞2.50 |

注：（1）单个货架宽度为 0.30～0.90m，一般为两架并靠成组；堆垛宽度为 0.60～1.80m。

（2）储存库房内电瓶车行速不应超过 75m/min，其通道宜取直，或设置不小于 6m×6m 的回车场地。

2. 储存库房的净高应根据有效储存空间及减少至营业厅垂直运距等确定，应按楼地面至上部结构主梁或桁架下弦底面间的垂直高度计算，并应符合表 21.3.3-2 规定：

储存库房的净高要求    表 21.3.3-2

| 堆放形式 | 净高（m） |
| --- | --- |
| 设有货架 | ≥2.10 |
| 设有夹层 | ≥4.60 |
| 无固定堆放形式 | ≥3.00 |

3. 卸货平台设计宜满足以下几点要求：

1) 卸货平台宜布置在地面层，应高于货车停车位 1m，在其两侧分别设置台阶和坡道，满足小型货物和行人使用；卸货平台深度不宜小于 3m，应与库房同层设置。

2) 按照商业规模确定卸货车位数，一般设置三个货车位，其尺寸取值可参考表 21.3.3-3，并宜于附近设置等候车位。

货车位尺寸要求 表 21.3.3-3

| 车位类型 | 长（m） | 宽（m） | 净高（m） |
|---|---|---|---|
| 货车位 | 11 | 4 | 4.3 |
| 集装箱车位 | 17 | 4 | 4.3 |
| 垃圾车位 | 11 | 4 | 5.5~6.1 |

3) 货车自货运通道进入卸货平台，应避免流线交叉；卸货区宜为货车司机提供休息室和卫生间。

### 21.3.4 辅助区

1. 大型、中型和小型商业应按表 21.3.4 设置相应辅助功能用房。

辅助功能用房设置要求 表 21.3.4

| 辅助功能用房 | 大型和中型商业 | 小型商业 |
|---|---|---|
| 职工更衣 | 应设置 | — |
| 工间休息及就餐 | 应设置 | — |
| 职工专用厕所 | 应设置 | 宜设置 |
| 垃圾收集空间或设施 | 应设置 | — |

2. 商业建筑的辅助区一般占总面积的 15%~25%。

### 21.3.5 常用规定

1. 商业建筑外部的招牌、广告等附着物应与建筑物之间牢固结合，且突出的招牌、广告等的底部至室外地面的垂直距离不应小于 5m。

2. 严寒和寒冷地区的门应设门斗或采取其他防寒措施。

3. 商业建筑的公用楼梯、台阶、坡道、栏杆应符合下列规定：

1) 楼梯梯段的最小净宽、踏步最小宽度和最小高度应符合表 21.3.5-1 的规定：

楼梯梯段最小净宽、踏步最小宽度和最大宽度 表 21.3.5-1

| 楼梯类别 | 梯段最小净宽（m） | 踏步最小宽度（m） | 踏步最大高度（m） |
|---|---|---|---|
| 营业区的公用楼梯 | 1.40 | 0.28 | 0.165 |
| 专用疏散楼梯 | 1.20 | 0.26 | 0.175 |
| 室外楼梯 | 1.40 | 0.30 | 0.15 |

2) 室内外台阶的踏步高度不应大于 0.15m 且不宜小于 0.10m，踏步宽度不应小于 0.30m；当高差不足两级踏步时，应按坡道设置，其坡度不应大于 1:12；

3) 楼梯、室内回廊、内天井等临空处的栏杆应采用防攀爬的构造，当采用垂直杆件做栏杆时，其杆件净距不应大于 0.11m；栏杆高度不应小于 1.2m；

4) 人员密集的大型商业建筑的中庭应提高栏杆的高度，当采用玻璃栏板时，应符合现行行业标准《建筑玻璃应用技术规程》JGJ 113—2015 的规定。

4. 商业建筑内设置的自动扶梯、自动人行道除应符合现行国家标准《民用建筑设计统一标准》GB 50352—2019 的有关规定外，还应符合下列规定：

1）自动扶梯倾斜角度不应大于 30°，自动人行道倾斜角度不应超过 12°；

2）自动扶梯、自动人行道上下两端水平距离 3m 范围内应保持畅通，不得兼作他用；

3）扶手带中心线与平行墙面或楼板开口边缘间的距离、相邻设置的自动扶梯或自动人行道的两梯（道）之间扶手带中心线的水平距离应大于 0.50m，否则应采取措施，以防对人员造成伤害。

4）当自动扶梯或自动人行道相对布置，以及与楼板侧边交错部位，应在产生锐角口前部 1.0m 范围内设置防火房间的预警阻挡设施。

5. 商业建筑采用自然通风时，其通风开口的有效面积不应小于该房间（楼）地板面积的 1/20。

6. 商业建筑基地内应按现行国家标准《无障碍设计规范》GB 50763—2012 的规定设置无障碍设施，并应与城市道路无障碍设施相连接（表 21.3.5-2）。

无障碍设计要点 表 21.3.5-2

| 位置 | 数量 | 设置要求 |
| --- | --- | --- |
| 出入口 | 至少应有 1 处 | 宜位于主要出入口处 |
| 无障碍通道 | — | 公众通行的室内走道 |
| 无障碍厕所 | 每层至少有 1 处 | 公共厕所附近 |
| 大型商业的无障碍厕所 | 公共厕所附近设置一个 | 公共厕所附近 |
| 无障碍楼梯 | — | 供公众使用的主要楼梯 |

# 21.4 消 防 与 疏 散

设计要点

1. 当营业厅内设置餐饮场所时，防火分区的建筑面积需要按照民用建筑的其他功能的防火分区要求划分，并要与其他商业营业厅进行防火分隔。

2. 商业建筑疏散宽度计算公式为：

$$疏散宽度 = 营业厅建筑面积 \times 人员密度 \times 每百人疏散宽度指标$$

3. 根据《建筑设计防火规范》GB 50016—2014（2018 年版）中第 5.5.21 条确定人员密度值时，应考虑商店的建筑规模，当建筑规模较小（比如营业厅的建筑面积小于 3000m²）时宜取上限值，当建筑规模较大时，可取下限值。

4. 商业建筑消防与疏散详细内容，见本书第 4 章建筑防火设计。

# 21.5 绿色商业建筑设计

绿色商业建筑的评价应遵循因地制宜的原则，结合商业的具体业态和规模，对建筑全寿命期内节能、节地、节水、节材、保护环境等性能进行综合评价。

绿色商业建筑评价详见《绿色商店建筑评价标准》GB/T 51100—2015。

# 22 酒店建筑设计

## 22.1 酒店定义

酒店是由客房部分、公共部分和辅助部分组成，为客人提供住宿及餐饮、会议、健身和娱乐等全部或部分服务的公共建筑，也称为旅馆、饭店、宾馆、度假村等。

## 22.2 酒店类型

### 22.2.1 酒店建筑的总体分类

酒店建筑总体分类表 表 22.2.1

| 总体类型 | 主要特点 |
| --- | --- |
| 商务酒店 | 主要为从事商务活动的客人提供住宿和相关服务 |
| 度假酒店 | 主要为度假客人提供住宿和相关服务 |
| 公寓式酒店 | 客房内附设厨房或操作间、卫生间、储藏空间，适合客人较长时间居住 |

### 22.2.2 酒店建筑的具体分类

酒店建筑分类表 表 22.2.2

| 分类因素 | 类别 |
| --- | --- |
| 建造地点 | 城市酒店、郊区酒店、机场酒店、风景区酒店等 |
| 功能定位 | 商务酒店、会议酒店、旅游酒店、迎宾馆、度假酒店、博彩酒店等 |
| 经营模式 | 综合性酒店、汽车酒店、青年酒店、公寓式酒店、快捷酒店等 |
| 建筑形态 | 高层酒店、低层酒店、城市综合体酒店、分散式度假村等 |
| 主题特色 | 温泉酒店、主题酒店、精品酒店、时尚酒店等 |
| 配置标准 | 经济型酒店、普通型酒店、豪华型酒店、超豪华型酒店等 |

## 22.3 酒店等级

一般而言，酒店的等级划分如下：

1. 按《旅馆建筑设计规范》JGJ 62—2014，酒店的等级由低到高分为一级、二级、三级、四级、五级。

2. 按国家标准《旅游饭店星级的划分与评定》GB/T 14308—2010，酒店的等级用星的数量和颜色表示，分为一星级、二星级、三星级、四星级、五星级（含白金五星级）。其评分等级综合软硬件服务的标准，为国际通行的分级标准。

3. 酒店管理公司各自在系列酒店通过命名进行等级划分。

# 22.4　酒　店　规　模

酒店规模一般以客房间数来划分，客房间数则以钥匙间套数或开间数来核算。酒店规模在200间客房时面积利用率最佳，经营效益也较好，从规模效应而言，城市酒店的最优客房数约为300间（表22.4）。

规模等级按参考表　　　　　　　　　　　　　　　　表 22.4

| 规模 | 客房数（间） | 标准 | 等级 |
|---|---|---|---|
| 小型 | <200 | 中低档 | 一星、二星、三星 |
| | | 超豪华 | 五星 |
| 中型 | 200～500 | 中档 | 三星、四星 |
| | | 豪华 | 五星 |
| 大型 | >500 | 豪华 | 五星 |
| 超大型 | >1000 | 豪华 | 五星 |
| | | 不同标准组合 | 三星、四星、五星 |

# 22.5　酒　店　规　模　计　算

酒店的面积规模计算一般有两种方式：

1. 总建筑面积＝总客房数×每间客房综合面积比（m²/间）。

不同等级的酒店，客房的综合面积比相应调整，详见表22.5。

酒店功能面积配比参考表　　　　　　　　　　　　　表 22.5

| 项目名称 \ 等级 | | 一星 | 二星 | 三星 | 四星 | 五星 |
|---|---|---|---|---|---|---|
| | | m²/间 | m²/间 | m²/间 | m²/间 | m²/间 |
| 总面积 | | 50～56 | 68～72 | 76～80 | 80～100 | 100～120 |
| 其中 | 客房部分 | 34 | 39 | 41 | 46 | 55 |
| | 公共部分 | 2 | 3 | 5 | 8 | 12 |
| | 餐饮部分 | 7 | 9 | 12 | 15 | 18 |
| | 行政部分 | 5 | 8 | 10 | 12 | 15 |
| | 后勤部分 | 4 | 7 | 8 | 9 | 10 |

引自《旅游饭店星级的划分与评定》GB/T 14308—2010。

2. 总建筑面积＝（客房建筑面积＋附属区域建筑面积）×2。

其中：客房建筑面积＝客房间数×客房标准间建筑面积；

附属区域建筑面积＝客房建筑面积×25％（附属区指走道、楼梯、电梯间等公共附属建筑面积）。

# 22.6　酒店基本设计原则

**酒店基本设计原则**　　　　　　　　　　　　　　　表 22.6

| 条件因素 | 设计基本原则 | 备注 |
|---|---|---|
| 选址 | 交通便利或环境优美 | 选址为酒店设计的根本要素 |
| | 避免噪声干扰 | |
| | 避免环境污染源 | |
| 规模与等级 | 由功能定位、市场分析、建设要求确定 | |
| | 根据规模与等级确定公共用房与辅助用房 | |
| 建筑布局 | 功能分区明确，联系方便而互不干扰 | |
| | 客房和公共用房具有良好的居住和活动环境 | |
| 交通流线 | 合理组织人流、车流、物流 | 流线设计决定了酒店运营的成败 |
| | 道路组织与停车考虑周到 | |
| | 散客和团队车流、客流和物流的合理划分 | |
| | 后勤出入口与货车出入口应单独设置 | |
| 锅炉房、制冷机房、冷却塔 | 不宜设在客房楼内 | 燃油或燃气锅炉不应布置在人员密集场所的上一层、下一层或贴邻 |
| | 设在客房楼时需自成一区，并采取防火、隔声、减震措施 | |
| 安全措施 | 安全设计应体现在酒店每个细节 | |
| 无障碍环境 | 应按《无障碍设计规范》GB 50763—2012 设计 | |

# 22.7　酒店基本功能分析

现代酒店内部功能通常由大堂接待、住宿、餐饮、公共活动、后勤五大部分组成，分区明确、联系密切（表 22.7）。

**各主要类型酒店功能分析**　　　　　　　　　　　　表 22.7

| 酒店类型 | 大堂 | 住宿 | 餐饮 | 公共活动 | 后勤 |
|---|---|---|---|---|---|
| 经济型 | 接待 | 构成比例占绝对性 | 设早餐或简餐 | 仅设小卖部 | 主要服务客房与小规模餐饮 |
| 普通型 | 接待 | 构成比例较大 | 设一定规模餐饮 | 可能设有会议室、咖啡厅 | 视功能而定 |
| 大型综合型 | 接待、休息 | 主要功能 | 营业比例占一定规模 | 会议、娱乐、休闲、康体娱乐等 | 配套齐全 |

# 22.8 酒店总平面

## 22.8.1 总平面交通组织

酒店总平面交通组织　　　　　　　　　　　　表 22.8.1

| 内容 | 交通组织策略 |
|------|-------------|
| 基本原则 | 合理组织相邻建筑交通，将基地内交通流线与外部城市道路的交通流线有机结合 |
| | 尽可能减少人流与车流之间、不同性质车流之间的交叉或干扰 |
| | 合理设置基地机动车出入口，减缓对城市干道的冲击 |
| | 有足够人流、车流的集散、停留空间 |
| | 各种流线标识清晰、方便快捷 |
| 空间划分 | 总平面内应划分客人服务空间、内部服务空间 |
| | 条件允许时宜将内外空间分设机动车出入口与车道，并可相连 |
| 入口广场 | 客人出入口常设广场等缓冲空间 |
| | 广场满足车辆回转、停放、出入便捷、不互相交叉 |
| | 大中型酒店宜预留 2～4 个大巴车位及部分贵宾车位 |
| 出入口步道 | 与城市人行道相连，提供安全舒适的人行空间 |

## 22.8.2 平面布局方式

酒店平面布局方式　　　　　　　　　　　　表 22.8.2

| 组合方式 | | 一般选址 | 建筑形态 | 处理手法 | 交通联系 | 设计方法 |
|---------|---------|---------|---------|---------|---------|---------|
| 集中式 | 水平集中 | 用地适中 | 高层、多层 | 客房、公用、后勤各自集中，水平连接 | 电梯、楼梯 | 客房楼与低层公用部分以廊道联系并围合庭院 |
| | 竖向集中 | 用地紧凑 | 高层为主 | 客房、公用、后勤集中、叠合 | 电梯、楼梯 | 地下层用作后勤设备；低层裙房用作大堂接待、餐饮、公共活动；主楼为客房层 |
| | 水平竖向结合 | 用地较小 | 高层、多层 | 客房集于高层、公用后勤集于铺开的裙楼 | 楼梯兼有电梯 | 城市高层或超高层酒店，裙楼外有庭院绿化，裙楼内设有中庭或庭院 |
| 分散式 | | 用地较大 | 低层 | 客房、公用、后勤各自分散独立 | 平面联系 | 视实际情况、景观分散布置，以庭院、连廊组合连接 |
| 混合式 | | 用地较大 | 高低层建筑相结合 | 客房分散、公用后勤相对集中 | 竖向与水平联系结合 | 城市或市郊酒店，高、低层建筑相结合 |

# 22.9 动向流线分析

根据酒店各功能区域的构成，合理组织动向流线是设计的核心内容（图 22.9-1）。一般的动向流线主要分为：

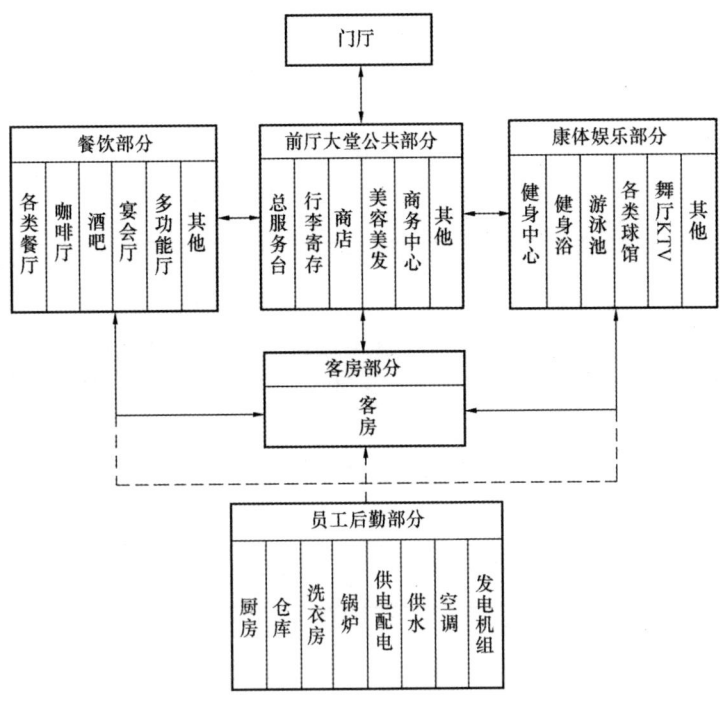

图 22.9-1  酒店动向流线与功能区域构成图

1. 宾客流线：作为酒店中的主要流线，包括住宿、用餐、娱乐、会议、商务等流线，同时在住宿宾客中分为团队宾客和散客流线（图 22.9-2）。

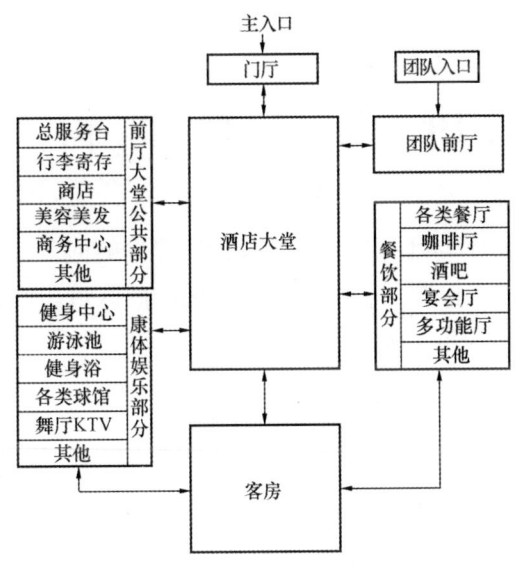

图 22.9-2  宾客动向流线图

2. 服务流线：主要指员工内部工作活动流线和为宾客提供服务的流线。服务流线不能与宾客流线交叉，包括布草、传菜、送餐、维修等方面，方便连接各个服务区域，简洁明了（图 22.9-3）。

3. 物品流线：主要包括原材料、布草用品、卫生用品进出路线（图 22.9-4）。

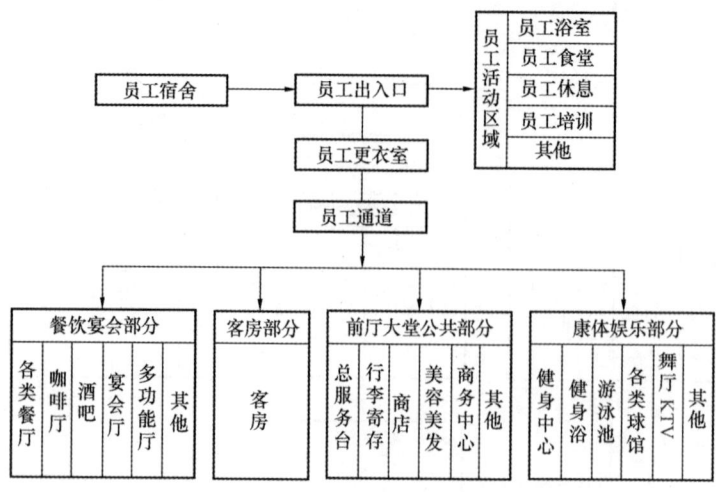

图 22.9-3　服务流线图

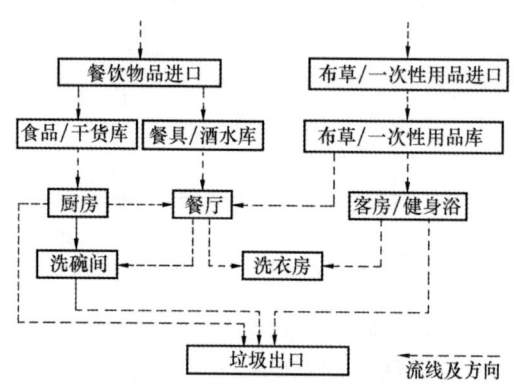

图 22.9-4　物品流线图

# 22.10　酒店功能构成

　　酒店内部的功能区域一般分为包括客房部分及公共部分的前台部分和辅助功能的后台部分两大功能区域。前台为客人提供直接服务、供其使用和活动的区域，而后台是为前台和整个酒店正常运营提供保障的部分。其具体功能构成详见表 22.10。

功能构成示意表　　　　　　　　　　　　　　　　　　　　　　　表 22.10

| | 前台 | | | | 后台 | | | |
|---|---|---|---|---|---|---|---|---|
| 客房 | 公共部分 | | | | 后勤服务部分 | | | |
| | 大堂接待 | 餐饮 | 康体娱乐 | 公共 | 办公管理 | 后勤 | 财务 | 工程保障 |
| 标准间<br>套间<br>行政套房<br>豪华套房 | 大门<br>大堂<br>总台<br>礼宾<br>电梯 | 全日餐厅<br>特色餐厅<br>咖啡厅<br>酒吧<br>宴会厅 | 健身房<br>游泳池<br>球场<br>SPA | 商店<br>商务中心<br>会议<br>多功能厅 | 办公室<br>会议室 | 厨房<br>仓库<br>员工更衣<br>员工餐厅<br>员工培训 | 财务<br>采购 | 锅炉<br>配电<br>空调<br>水泵<br>总机 |

# 22.11　酒店各部分的面积组成

| 不同类型酒店功能面积组成参考表 | | | 表 22.11 |
|---|---|---|---|
| 酒店类型 | 客房部分（%） | 公共部分（%） | 后勤服务部分（%） |
| 城市型酒店 | 50 | 25 | 25 |
| 会议型酒店 | 44 | 32 | 24 |
| 商务型酒店 | 62 | 14 | 24 |
| 娱乐性酒店 | 45 | 30 | 25 |
| 度假型酒店 | 45 | 30 | 25 |
| 经济型酒店 | 75 | 10 | 15 |

# 22.12　酒店电梯配置常用技术参数、指标与要求

1. 《旅馆建筑设计规范》JGJ 62—2014 对乘客电梯设置的规定：

| 客梯设置要求一览表 | | | 表 22.12-1 |
|---|---|---|---|
| 一级、二级、三级 | | 四级、五级 | |
| 3层 | 4层及4层以上 | 2层 | 3层及3层以上 |
| 宜设 | 应设 | 宜设 | 应设 |

2. 酒店电梯的常用配置：

| 电梯数量及规格表 | | | | | 表 22.12-2 |
|---|---|---|---|---|---|
| 类型 | | 电梯数量 | 常用规格额定重量和乘客人数 | 常用电梯额定速度 | 备注 |
| 乘客电梯 | 经济级 | 120~140 客房/台 | 630kg（8人）<br>800 kg（10人）<br>1000kg（13人）<br>1150kg（15人）<br>1350kg（18人）<br>1600kg（21人） | 1.75 m/s（12层以下）<br>2.5~3.0 m/s（12~25层）<br>≥3.5 m/s（超高层） | 按需要设置无障碍电梯 |
| | 常用级 | 100~120 客房/台 | | | |
| | 舒适级 | 70~100 客房/台 | | | |
| | 豪华级 | <70 客房/台 | | | |
| | 应通过设计和计算确定 | | | | |
| | 宜至少设置两台乘客电梯 | | | | |
| 服务电梯 | 一般 | 200 客房/台 | 1000kg | 根据设计 | 选择因素包括搬运尺寸需求 |
| | 高等级 | 150 客房/台 | 1150kg | | |
| | 超过250间客房需两台 | | 1350kg | | |
| | 每客房标准层至少一台 | | 1600kg | | |

3. 乘客电梯的具体设置技术参数需根据平均间隔时间、5分钟运载能力等因素经计算综合考虑确定。

4. 乘客电梯宜采用浅轿厢。

5. 乘客电梯、服务电梯可作为消防电梯，但不应与同一建筑的其他非酒店部分共用。

# 22.13　酒店出入口

1. 合理划分功能分区，组织各种出入口，客人流线与服务流线互不交叉，客人出入口与内部出入口需明确分开。

2. 各类出入口分类与设计要点详见表22.13。

酒店出入口分类及设计要点表

表22.13

| 出入口类型 | | 功能 | 位置 | 设计要点 | 备注 |
|---|---|---|---|---|---|
| 客人出入口 | 主要出入口 | 最主要的出入口，乘车及步行到达客人、访客进入酒店消费的场所 | 大堂 | 宜位于主要道路一侧，突出、明显，有清晰标识指引 | |
| | | | | 应设置车道，宜满足两部车同行 | |
| | | | | 设雨篷等便于上、下车的设施 | |
| | | | | 应考虑无障碍设计的要求 | |
| | 团队出入口 | 供团队客人进出 | 团队大堂 | 及时疏导人流，设置专供团队客车停靠的区域及入口 | 适合大、中型高等级酒店 |
| | | | | 车行道上部净高大于4m，可供大客车使用 | |
| | 宴会及顾客出入口 | 用于宴会、会议及购物等非住宿客人出入 | 专有大堂及出入口 | 出入口位置设置应避免大量非住宿客人影响住宿客人的活动 | 适合大、中型高等级酒店 |
| 内部出入口 | 员工出入口 | 员工上下班 | 专有出入口 | 设在员工工作及生活区域，位置宜隐蔽以免客人误入 | |
| | 货物出入口 | 货物进出 | 专有区域 | 位置靠近物品仓库与厨房部分，远离客人活动区域 | |
| | | | | 需考虑货车停靠、出入及卸货平台 | |
| | | | | 大型酒店需考虑食品冷藏车的出入，并将食品与其他货物分开卸货，洁污分流 | |
| | 垃圾出入口 | 运输垃圾 | 专有区域 | 位置要隐蔽，处于下风向 | |
| | | | | 大中型酒店需考虑垃圾车停靠及装卸 | |

3. 酒店与其他建筑共建在同一基地或同一建筑内时，酒店应单独分区，主要出入口、交通流线独立设置。

# 22.14　客房设计

## 22.14.1　标准客房层

1. 标准客房层由客房、服务用房、设备用房和垂直交通等部分组成。

2. 标准客房层的平面形式考虑因素包括地形环境、景观朝向、结构形式等。

3. 标准客房层的规模应考虑平面的合理性与经济性，并因类型、等级、经营方式而不同。每层的客房间数还应符合服务人员的工作客房数的整倍数确定，一般按不同等级为 10～16 间/人。

4. 服务用房根据管理要求每层或隔层设置，应靠近服务电梯布置，由服务间、储存、厕所、污衣井等部分组成（图 22.14.1）。具体功能组成详见表 22.14.1-1：

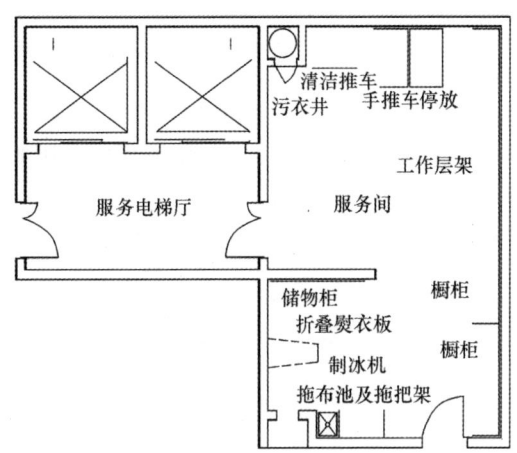

图 22.14.1  标准层服务间

**服务用房组成**　　　　　　　　　　　　　　　　表 22.14.1-1

| 服务用房 | 设置要求 |
|---|---|
| 服务间 | 水盆工作台、消毒柜、拖把盆 |
| 布草储存 | 布草存放架、折叠床、婴儿床、清洁用品与客房易耗品、服务推车（1/12～18 间/辆） |
| 污衣存放 | 靠近污衣井 |
| 污衣井 | 井道一般为不锈钢，内壁光滑，垂直运行 |
| | 设自动控制装置，同时仅允许一个楼层开启井口门 |
| | 通常规格 600mm×600mm 或 650mm×650mm，圆形直径 550mm 或 600mm |
| | 设自动灭火系统，底部出口设有不锈钢自动防火门 |
| | 污衣井道或污衣井道前室的出入口应设乙级防火门 |

5. 客房标准层走道的净宽和净高详见表 22.14.1-2。

**客房标准层公共走道的净宽和净高参考表**　　　　表 22.14.1-2

| 类别 \ 标准 | 国家规范（m） | 酒店管理公司高等级酒店标准（m） |
|---|---|---|
| 公共走道净高 | 2.10 | 2.40 |
| 双面布房走道净宽 | 1.40 | 1.70～1.80 |
| 单面布房走道净宽 | 1.30 | 1.50 |

### 22.14.2  客房的类型与要求

1. 酒店客房的主要类型

酒店主要客房类型        表 22.14.2-1

| 名称<br>国内 | 特　点 |
|---|---|
| 多床间 | 用于低等级酒店，床位不宜多于 4 床 |
| 单床间 | 设一张 1.10m～1.35m 单人床 |
| 标准大床间 | 设一张 1.80m～2.20m 单人床（图 22.14.2-1） |
| 标准双人床间 | 设两张单人床（图 22.14.2-2） |
| 无障碍客房 | 室内满足轮椅活动需要，配 1 间/每 100 间，<br>宜设至少一套连通房方便陪客 |
| 连通房 | 相邻两标准间的隔墙设双门相连 |
| 标准套房 | 一般为两个开间套房（图 22.14.2-3） |
| 行政客房 | 行政楼层中享受楼层设施与服务的高级客房 |
| 行政套房 | 一般为两个开间的套房 |
| 豪华大床间 | 一般为三个及以上开间的套房（图 22.14.2-4） |
| 总统套房 | 至少五个开间的套房，设会客、餐厅、备餐间、<br>书房、两个卧室和三个卫生间 |

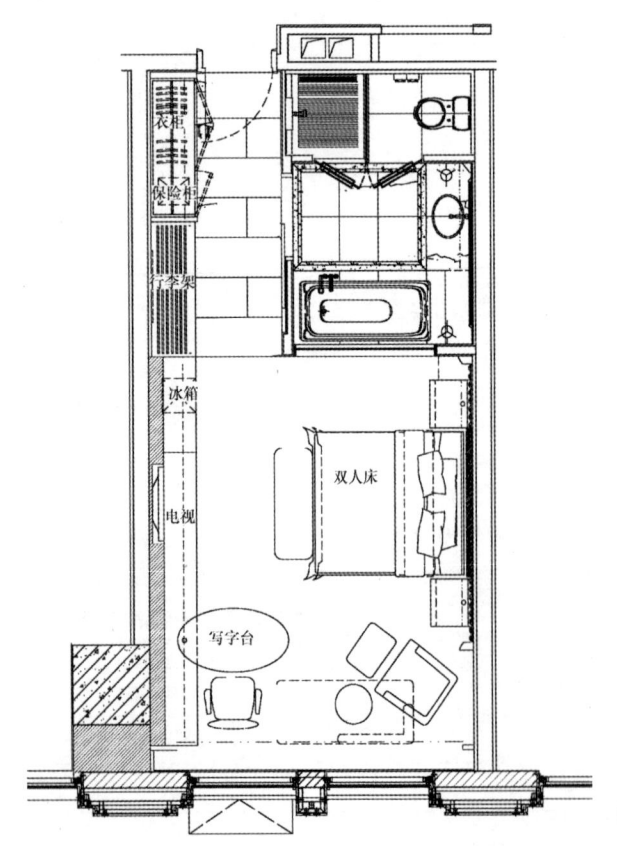

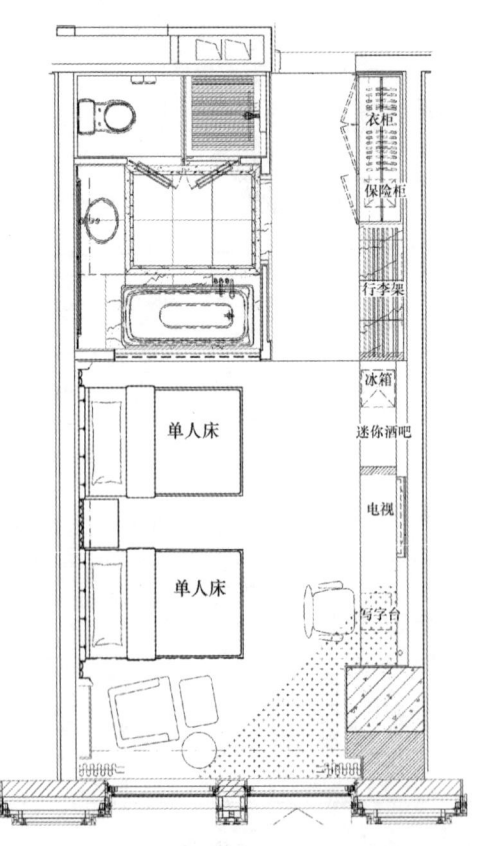

图 22.14.2-1　标准大床间　　　　　图 22.14.2-2　标准双人床间

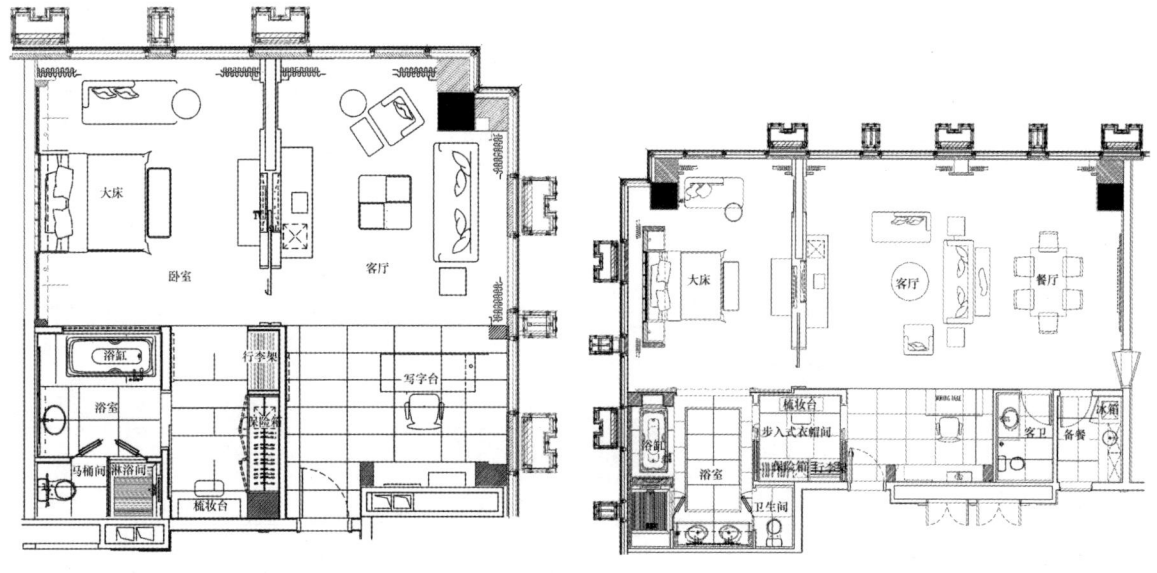

图 22.14.2-3 标准套房　　　　　　图 22.14.2-4 豪华大床间

2. 不同类型的酒店采取不同的客房配置，其中，标准大床间和标准双人间的比例可参考表 22.14.2-2。

大床间和双床间的比例分配　　　　　　　　　　表 22.14.2-2

| 类型 | 经济 | 旅游 | 会议 | 度假 | 商务 | 豪华 | 时尚 | 公寓 |
|---|---|---|---|---|---|---|---|---|
| 大床间 | 20% | 40% | 40% | 50% | 60% | 70% | 75% | 70% |
| 双人间 | 80% | 60% | 60% | 50% | 40% | 30% | 25% | 30% |

3. 客房净高详见表 22.14.2-3。

客房净高参考表　　　　　　　　　　表 22.14.2-3

| 类别 | 国家规范（m） | 酒店管理公司高等级酒店标准（m） |
|---|---|---|
| 客房室内 | 2.40（设空调） | 2.80 |
| | 2.60（不设空调） | |
| 利用坡屋顶内空间的客房 | 至少 8m² 空间≥2.40 | — |
| 卫生间 | 2.20 | 2.40 |
| 客房内走道 | 2.10 | 2.40 |

4. 客房的各部分空间尺寸详见表 22.14.2-4。

客房空间尺寸参考表　　　　　　　　　　表 22.14.2-4

| 名称 | 分类 | 净宽（mm） | 门洞高度（mm） |
|---|---|---|---|
| 客房门 | 普通客房 | 900 | 2100 |
| | 无障碍客房 | 900 | 2100 |
| 卫生间 | 普通客房 | 700 | 2100 |
| | 无障碍客房 | 800 | 2100 |
| 走道 | 普通客房 | 1100 | — |
| | 无障碍客房 | 1500 | — |

5. 标准间面积大小因等级、酒店管理公司的标准各有不同，一般可参考表 22.14.2-5。

标准间面积参考表　　　　　　　　　　　　表 22.14.2-5

| 客房类型 | 休息区 | | 卫生间 | | 阳台 | | 合计 | |
|---|---|---|---|---|---|---|---|---|
| | 面宽×进深（m） | 面积（m²） | 长×宽（m） | 面积（m²） | 长×宽（m） | 面积（m²） | 面宽×进深（m） | 面积（m²） |
| 经济型 | 3.3×4.5 | 14.85 | 1.8×1.5 | 2.70 | | | 3.3×6.0 | 19.80 |
| 舒适型 | 3.6×5.1 | 18.36 | 1.8×2.1 | 3.78 | | | 3.6×7.2 | 25.92 |
| 中档型 | 3.9×5.7 | 22.23 | 1.8×2.7 | 4.86 | | | 3.9×8.4 | 32.76 |
| 高档型 | 4.2×6.0 | 25.20 | 2.1×2.7 | 5.67 | | | 4.2×8.7 | 36.54 |
| 豪华型 | 4.5×6.6 | 29.70 | 2.4×3.4 | 8.16 | | | 4.5×10.0 | 45.00 |
| 度假型 | 4.5×6.0 | 27.00 | 2.7×3.6 | 9.72 | 3.3×4.5 | 9.0 | 4.5×11.6 | 52.20 |
| 豪华度假 | 5.0×6.0 | 30.00 | 3.8×4.0 | 15.20 | 5.0×2.0 | 10.0 | 5.0×12.0 | 60.00 |

6. 客房与室外、客房之间以及与走廊之间的空气声隔声性能应根据不同等级要求确定。

# 22.15　公　共　部　分

## 22.15.1　入口设计要求

1. 应设净空不小于 4.5m 的门廊或雨篷。

2. 采暖地区和全空调酒店应设双重门或旋转门。

3. 入口至少提供 2～3 条车道。

4. 宜对团队、宴会及会议区、餐饮区、娱乐区、商业增设出入口，避免不必要的人流交叉。

5. 应留出旗杆位置、大巴停车位。

6. 应设置无障碍出入口，并需考虑行李搬运。

## 22.15.2　酒店大堂

1. 大堂的功能如表 22.15.2：

大堂主要功能项目表　　　　　　　　　　　　表 22.15.2

| 类型 | 功能内容 |
|---|---|
| 总台区 | 总服务台、贵重物品保管间、前台办公、礼宾台、大堂经理、商务中心 |
| 休息区 | 休息等候区、团队休息等候区、大堂吧 |
| 商业 | 礼品店、名品店、书店、百货店 |
| 公共交通 | 电梯厅、公共楼梯、自动扶梯 |
| 辅助设施 | 卫生间、清洁间、行李房、公用电话区、ATM 机 |

2. 各部分内容需满足功能要求，相互联系而互不干扰。服务流线与客人流线分离，各自设独立通道和卫生间（图 22.15.2）。

3. 总服务台和电梯厅位置明显，总服务台长度应满足住客登记、结账、问询等基本空间要求。

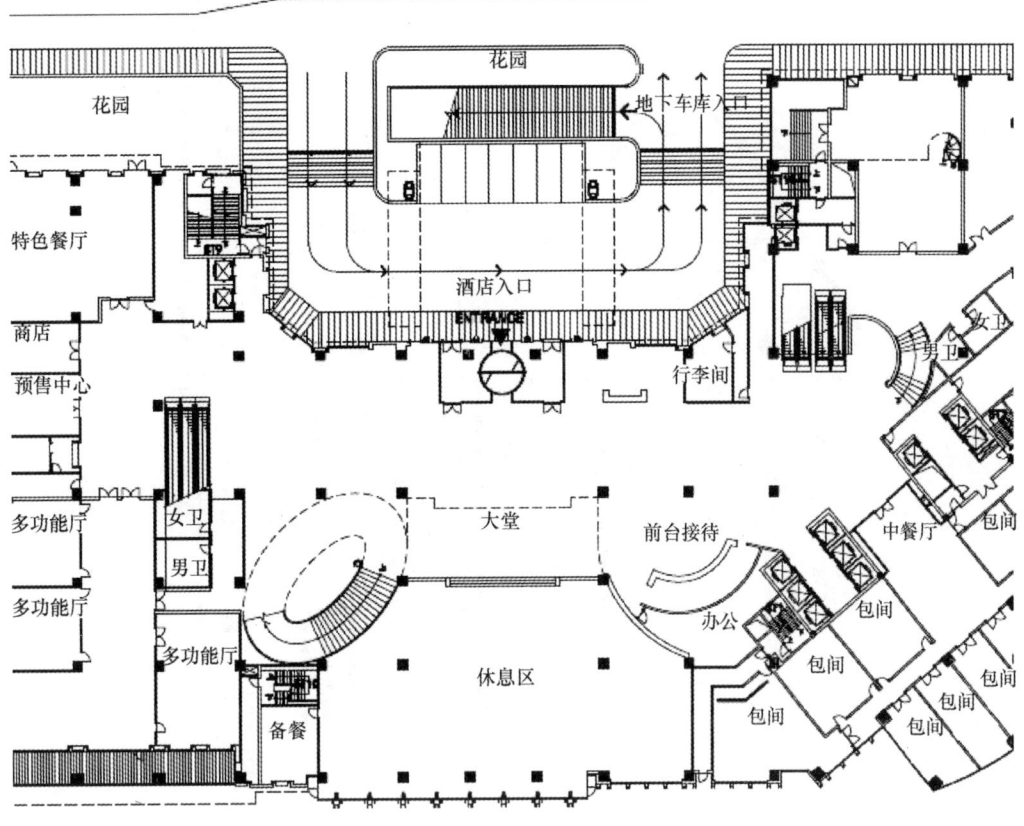

图 22.15.2　酒店主入口、大堂参考平面

4. 行李房宜靠近出入口，且紧邻行李台。行李房的面积指标一般为 $0.07m^2$/间，且不宜小于 $18m^2$。

### 22.15.3　会议区设计要求

1. 一般设若干会议室。大、中型酒店一般设有完整的宴会和会议设施，规模根据客房数和定位确定，不宜小于 $3.3m^2$/间（含多功能厅）（图 22.15.3）。

2. 一般提供两种以上规模的会议室，小会议室一般不少于两个。

3. 应配备充足的家具贮藏空间、茶水间、卫生间、员工服务间和休息室等辅助空间。贮藏面积一般占会议净面积的 20%～30%。

4. 规模较大时，应配备会议区商务中心。

5. 会议区应有足够的集散面积，约占会议室净面积的 30%～50%。

6. 会议室规模：小会议室 20～30 人，中型会议室 30～50 人，大会议室 50 人以上。

7. 会议室的人数按 1.2～1.8$m^2$/人计。

### 22.15.4　宴会厅与多功能厅

1. 应兼有会议、宴会、展览、团队活动的功能（图 22.15.4）。

2. 多功能厅宜与会议区集中布置。

3. 宴会厅与多功能厅应避免和建筑内其他流线相互干扰，并宜设独立的分门厅。宴会厅位于一层以外楼层时，宜设自动扶梯满足客人使用。

4. 应可灵活分隔且应满足隔声、音响、灯光的使用要求。

5. 宴会厅与多功能厅应设前厅，面积为主厅面积的 1/3～2/3，并应在附近设置公共卫生间。

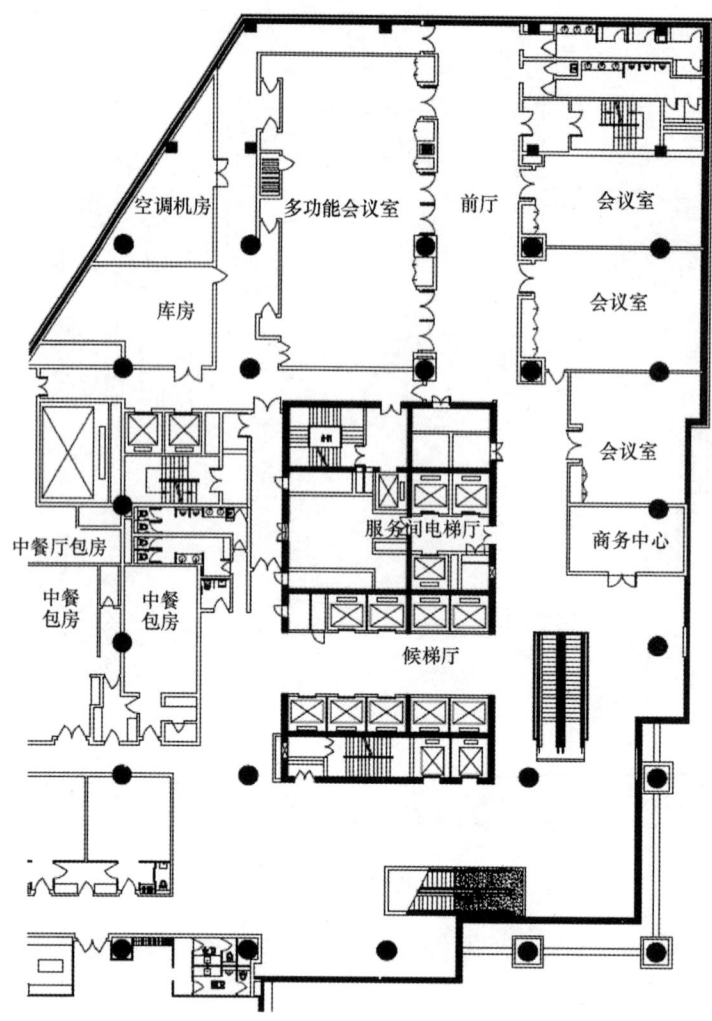

图 22.15.3　会议区参考平面图

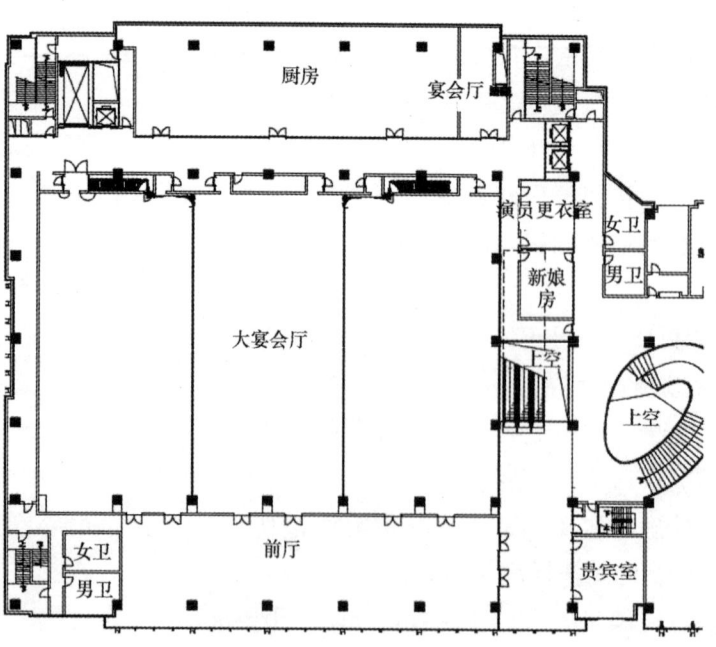

图 22.15.4　宴会厅参考平面图

6. 应有配套的宴会、餐饮空间，并宜在同一楼层平面单独设宴会厨房。

7. 应配专用的服务通道，并宜设专用的厨房或备餐间，兼有备餐功能的服务走道净宽应大于 3m。

8. 当面积大于 250m²，净高不小于 3.5m。

9. 宴会厅与多功能厅的人数按 1.5～2.0m²/人计。

10. 应同层配备充足的家具贮藏空间、茶水间和员工服务间。

### 22.15.5 康乐设施

1. 康乐设施项目构成详见表 22.15.5。

**康乐设施项目构成**　　　　　　　　　　　　表 22.15.5

| 分类 | 内　容 | 设计要求 |
|------|--------|----------|
| 健身类 | 健身房 | ＞50m² |
| 游泳池 | 游泳池、戏水池、按摩池、日光浴、男女更衣室、淋浴间、卫生间 | 四星级以上设游泳池，室内泳池＞80m²，室外泳池＞120m²，深度 1.20～1.50m，更衣箱数目不少于客房数的 10% |
| 游戏室 | 棋牌室、电子游戏室等 | 3m²/座 |
| SPA 理疗室 | 桑拿浴、蒸气浴、按摩室、美容美发、体检医疗 | 美容美发 9m²/座，需方便到达健身中心 |
| 娱乐 | 舞厅、KTV、观演厅 | 选设，宜单独设出入口 |
| 体育设施 | 高尔夫、台球、网球、乒乓球、壁球、保龄球 | 3m²/座 |

2. 应集中布置，避免对客房区的干扰。

3. 干区（休息和健身）与湿区（水池、淋浴等）应分区布置。

4. 健身、游泳池等项目宜集中设置男女更衣室、淋浴间、卫生间。

5. 酒吧、歌舞、KTV 等功能属于人员密集场所，防火及疏散应符合消防要求。

### 22.15.6 酒店餐饮

1. 酒店餐饮一般分为中餐厅、外国餐厅、全日餐厅（自助餐厅、咖啡厅）、酒吧、特色餐厅等。

2. 酒店餐饮的面积参考指标详见表 22.15.6-1。

**餐饮面积参考表**　　　　　　　　　　　　表 22.15.6-1

| 类别 | 规范（m²/人） | | 酒店管理公司高等级酒店标准（m²/座） |
|------|------|------|------|
| | 一级～三级 | 四级、五级 | |
| 全日餐厅（自助餐厅、咖啡厅） | 1.0～1.2 | 1.5～2.0 | 1.5～2.0 |
| 中餐厅 | 1.0～1.2 | 1.5～2.0 | 1.8～2.3 |
| 特色餐厅 | — | 2.0～2.5 | 1.7～2.0 |
| 西餐厅 | — | 2.0～2.5 | 1.5～2.0 |
| 酒吧 | — | — | 1.5～2.0 |

3. 全日餐厅（自助餐厅、咖啡厅）的配置指标详见表 22.15.6-2。

全日餐厅座位配置表

表 22.15.6-2

| 级别 | 商务酒店 | 度假酒店 |
|---|---|---|
| 一级、二级酒店 | ≥客房间数 20% | ≥客房间数 40% |
| 三级及以上级别酒店 | ≥客房间数 30% | ≥客房间数 50% |

4. 餐饮部分对外营业或与外部联系频繁时，宜设单独对外出入口，避免与客房人流重叠交叉。

5. 常规的餐厅厨房面积比详见表 22.15.6-3。

不同类型餐厅的就餐面积与厨房面积比

表 22.15.6-3

| 餐厅类型 | 餐厨面积比 | 餐厅类型 | 餐厨面积比 |
|---|---|---|---|
| 自助餐厅 | 1：0.5～0.7 | 西餐、咖啡厅 | 1：0.4～0.6 |
| 中餐 | 1：0.7 | 其他常规餐厅 | 1：0.5～0.8 |

6. 餐厅应紧靠厨房设置，但餐厨不同层时，需在餐厅同层设置备餐间，并设置食梯与厨房直接联系，并需避免厨房气味、油烟进入餐厅。

7. 顾客就餐活动路线与送餐服务路线应分开，尽量避免交叉重叠。送餐服务路线不宜过长，最长不超过 40m，并避免穿越其他就餐空间。

# 22.16 辅 助 部 分

## 22.16.1 辅助部分的基本原则

1. 辅助部分（后台）指酒店各类后勤服务区域。主要功能构成：后勤管理办公室、库房区、厨房操作区、机电设备机房区。设置的职能部门通常包括：行政办公室、人力资源部与员工区、客房部与洗衣部、工程部、货物库房区、厨房。详见表 22.16.1。

主要辅助用房分类及参考指标

表 22.16.1

| 部门类别 | 面积参考指标 |
|---|---|
| 厨房、食品库房 | 厨房：0.5～1.0m²/座、食品库：0.7m²/间 |
| 洗衣房、客房部 | 布草（棉织品）库：0.2～0.45m²/间、洗衣房：0.65m²/间、客房部：0.2m²/间 |
| 进货区、总库房、垃圾处理 | 卸货区：0.15m²/间、垃圾间：0.07～0.15m²/间、总库房：0.2～0.4m²/间 |
| 工程部 | 0.50～0.55m²/间 |
| 行政办公区用房 | 约占总建筑面积 1%、1.15m²/间 |
| 人力资源部和员工区用房 | 约占总建筑面积 3%、3.5m²/间 |
| 设备机房区 | 约占总建筑面积 5.5%～6.5% |

2. 后台流线复杂，员工上下班流线、厨房进出货和送餐流线、垃圾清运流线、洗衣房流线等。流线设计必须清晰合理，并应充分考虑后台与上下楼层各功能用房的垂直流线。

3. 多采用设置集中主后台，各层分设服务间的布局。

4. 必须满足消防、卫生防疫、燃气等专业设计规范。

## 22.16.2 行政办公区

行政办公区主要用房一览表 表 22.16.2

| | 类别 | 各类用房 | 备注 |
|---|---|---|---|
| 行政办公区 | 总经理室 | 总经理、秘书 | 国际品牌酒店常设于客房层，3~4 间套房 |
| | 市场营销部 | 销售部 | 市场、销售业务 |
| | | 前台部 | 处于大堂区，设通道或楼电梯与行政办公区联系 |
| | | 公共关系部 | 内勤、接待、推广 |
| | | 会议服务部 | 会议准备、接待、收尾 |
| | | 宴会部 | 可位于本区，也可设置在会议、宴会层 |
| | | 广告部 | 美工、策划、宣传 |
| | 财务部 | 总监、财务办公 | 含财务总监、会计与出纳财务办公的独立区域 |
| | 会议室 | | 位于方便各方使用的核心位置 |

## 22.16.3 人力资源部和员工区

1. 人力资源部和员工区联系紧密，整体布局。同时，员工区与洗衣房、布草房之间应联系便捷。

2. 员工区主要构成包括入口区、男女更衣淋浴区、制服间、员工餐厅和员工餐厅厨房、员工活动室。

3. 酒店员工人数因酒店性质、等级而异，员工总人数为客房数与计算系数的乘积，计算系数详见表 22.16.3-1。

员工人数计算系数表（人/间） 表 22.16.3-1

| 酒店类型 | 参考系数 | 备注 |
|---|---|---|
| 顶级酒店 | 2.0~4.0 | |
| 五星级酒店 | 1.2~1.6 | |
| 四星级酒店 | 0.8~1.0 | |
| 会议型酒店 | 1.0~1.2 | 男女比例为 6:4 |
| 公寓式酒店 | 0.3~0.5 | |
| 小型酒店 | 0.1~0.25 | |

4. 人力资源部包括面试室、办公室和培训教室（一般为 20m²）。

5. 办公用房面积和员工生活区用房面积可参照表 22.16.3-2。

**员工生活区用房面积参考指标（m²/间）**                     表 22.16.3-2

| 用房类型 | 参考系数 | 备注 |
| --- | --- | --- |
| 男更衣、浴厕 | 0.14～0.19 | 1 个储物柜/1.5 间，按男女 6：4 的比例分配；<br>更衣浴厕比例为 1：0.025～0.4 |
| 女更衣、浴厕 | 0.14～0.23 | |
| 员工餐厅 | 0.17～0.18 | 座位数＝(0.9 m²/座×员工数×70%)/3 |
| 人力资源部 | 0.14～0.23 | |
| 保安、考勤 | 0.03～0.05 | |

6. 标准酒店应设医疗室，为员工服务兼小型急救室。应配置供排水点位和专用的男女共用卫生间，其面积一般约 20m²。

7. 通常酒店内会设置员工倒班宿舍。一般为 10～20m²。

8. 员工更衣淋浴区应尽量靠近员工出入口，包含员工私人物品存放、更衣和淋浴、卫生间等用房，且卫生间应满足员工从员工通道直接进入。员工储物柜的建议尺寸：300mm 宽、600mm 深、1500mm 高。

## 22.16.4 客房部与洗衣房

1. 客房部

1) 客房部又称管家部，负责客房清洁和铺设的工作，并提供洗衣熨衣、客房设备故障排除等服务。其位置应与洗衣房相连并且是洗衣房的一部分。

2) 客房部必须与服务电梯直接相邻，并方便从员工更衣室到达。

3) 布草发放台附近应留有一定空间方便轮候。

4) 布草管理分为集中管理和非集中管理两种，小型度假酒店、分散式客房布置的酒店采用前者，而后者在各客房层或隔层设服务间与布草间，并与服务电梯相邻或贴近。

2. 洗衣房

1) 洗衣房一般由污衣间、水洗区、烘干区、熨烫、折叠、干净布草存放、支付分发、服务总监办公室和空气压缩机加热设备间构成。一些城市酒店不设洗衣房或设简易洗衣机，采取外包清洗。

2) 洗衣房位置需贴邻或靠近污衣槽、服务电梯。洗衣房不应在宴会厅、会议室、餐厅、休息室等房间的上下方，应做好减振降噪、隔声和吸声处理。

3) 布草库应靠近洗衣房，室内要求温暖、干燥。

4) 布草间应考虑纺织品的分类、储藏、修补、盘点以及发放床单、桌布和制服等所需的空间。

5) 应有良好的通风排气功能，排除洗涤剂、去污剂等含有气味或有毒化学品。

6) 地面应做 250～300mm 的降板处理，设置有效的排水设施。

7) 洗衣房净高不低于 3m。外露柱子和墙壁的阳角应做橡胶或金属护角。

8) 洗衣房需使用蒸汽，应有不少于 1.2t 蒸汽的来源。

9) 污衣井（槽）必须与污衣间紧密联系，直通洗衣房。

## 22.16.5 后台货物区

1. 后台货物区包括卸货平台、收发与采购部、库房三个紧密联系的部分，还包括垃圾清运平台。面积可按 1m²/间控制。

2. 装卸货物区避免在公共视线中，需作有效遮挡。

3. 卸货平台深度不小于 3m，应与库房地面同标高。

4. 垃圾处理室应设在垃圾装运平台处。垃圾装运平台宜与卸货平台分区设置，确保洁污分流，满足卫生防疫要求。

5. 垃圾处理室包含垃圾冷库、可回收物储藏室、洗罐区。洗罐区应配备冷热水、排水、电源接口。

6. 酒店存在大量库房，分为总库房和分库房，且有明确功能分配：家具库（按邻近的宴会厅、多功能厅、会议室等服务空间的面积 15%～20% 控制）、餐具库（瓷器、玻璃器皿、银器）、酒和饮料库、贵重物品库、工具文具库、电器用品库等。

### 22.16.6　厨房

1. 厨房面积根据餐厅的规模与级别确定，一般按 0.7～1.2m²/座计算。

2. 厨房按原料处理、工作人员更衣、主食加工、副食加工、餐具洗涤、消毒存放的工艺流程布置，原料与成品、生食与熟食应做到分隔加工与存放。各功能分区所需的操作面积的比例详见表 22.16.6-1。

各项功能分区所需的操作面积占比估算　　　　　　表 22.16.6-1

| 功能分区 | 面积百分比（%） | 功能分区 | 面积百分比（%） |
| --- | --- | --- | --- |
| 接收货物 | 5 | 餐具洗涤 | 5 |
| 食品贮藏 | 20 | 交通过道 | 16 |
| 准备 | 14 | 垃圾收集 | 5 |
| 烹饪 | 8 | 员工设施 | 15 |
| 烘焙 | 10 | 杂物 | 2 |

3. 厨房分层设置时，垂直运送生食与熟食的食梯应分别设置，不得合用。

4. 厨房应设置职工洗手间、更衣室及厨师办公室。

5. 西餐厨房各空间面积可参考表 22.16.6-2。

西餐厨房面积分配　　　　　　表 22.16.6-2

| 功能分区 | 面积百分比（%） | 功能分区 | 面积百分比（%） |
| --- | --- | --- | --- |
| 接收货物 | 3 | 烹饪 | 14 |
| 冷库 | 12 | 用具洗涤 | 5 |
| 冰箱 | 7 | 面包房 | 6 |
| 库房 | 14 | 办公 | 5 |
| 肉加工 | 3 | 服务柜台 | 12 |
| 蔬菜和色拉加工 | 8 | 餐具洗涤 | 11 |

6. 除主厨房外。宴会厅、全日餐厅、中餐厅、特色餐厅等餐饮空间配分厨房或配餐间。

7. 厨房内部一般分成准备区、制作区、送餐服务区（备餐间）和洗涤区，布局满足工艺流程要求。

8. 厨房面积一般不小于餐厅面积的 35％，且与餐厅的种类、用餐人数、用餐时段有关。

9. 厨房位置与餐厅应紧密相连，上、下层布局时，粗加工置于下层，上层设置分厨房，应设专门的餐梯和垃圾梯。

10. 厨房的净高不宜低于 2.7m。

11. 外露柱子和墙壁的阳角应做橡胶或金属护角，高度 2m，墙踢脚必须带卫生圆角。

12. 厨房楼地面应作结构下沉 300～400mm 处理，设置排水设施。排水沟宽度不小于 250mm，深度不小于 200mm，尽量环绕避免死角，沟内 1％坡度接地漏。地面排水坡度 2％～3％。冷盘间不应采用排水明沟形式。

13. 厨房地面需防滑、耐酸、耐腐蚀。地面做好防水，侧墙做好防潮。

14. 大型冷冻库和冷藏库的地面应与主厨房的地面平齐以便台车进出。大型冷餐库和冷冻库应是预制造的、全金属包覆的、分区型设计，便于现场安装和更换位置。冷冻库、冷藏库下方应作保温处理，设置保温板。

### 22.16.7 工程部与机房

1. 由工程部、维修部、设备部与机房构成。

2. 工程部包括工程总监室、工程专业人员工作区、图档资料室。

3. 维修部包括木工间、机电间、工具间、管修间、建修间、园艺间和库房。

4. 油漆、电焊工作间应注意加强通风、滤毒和防火措施。

5. 机房包括高低压变配电室、应急发电机房和储油间、生活水池和水泵房、消防水池和消防泵房、中水处理机房和水池泵房、冷冻站、锅炉房、热交换站、通信机房、网络机房、电梯机房、各层空调机房和变配电间、消防控制中心。

6. 各类泵房和机房应注意隔声、减噪、减振处理。

# 22.17 其他技术要点

### 22.17.1 酒店建筑安防设计要点

酒店建筑安防应符合《安全防范工程技术规范》GB 50348—2018 的规定，并应符合下列要求。

1. 三级及以上酒店应设置视频安防监控摄像机，一、二级酒店建筑客房层宜设置视频安防监控摄像机。

2. 重点部位宜设置入侵及出入口控制系统，或两者结合。

3. 地下停车场宜设置停车场管理系统。

4. 在安全疏散通道上设置的出入口控制系统应与火灾自动报警系统联动。

### 22.17.2 酒店建筑隔声设计要求

1. 酒店总平面选址应尽量避开噪声源。

2. 酒店建筑的隔声减噪设计还应符合下列要求：

1）总平面设计，应根据噪声状况进行分区。

2）产生噪声或振动的设施应远离客房及其他要求安静的房间，并应采用隔声、减振措施。

3）餐厅不应与客房等对噪声敏感的房间在同一区域。可能产生强噪声和振动的附属娱乐设施不应与客房和其他有安静要求的房间设置在同一主体结构内，并应远离。

4）客房沿交通干道或停车场布置时，应采用密闭窗、双层窗等防噪措施，也可利用阳台或外廊进行隔声减噪处理。

5）应对附着于墙体和楼板的电梯井等传声源部件采取防止结构声传播的措施；电梯井道不应毗邻客房和其他有安静要求的房间。

6）有噪声和振动的设备用房应采用隔声、隔振和吸声的措施，并应对设备和管道采取减振、消声处理。不宜将有噪声和振动的设备用房设在客房楼内，不宜与主要公共用房毗邻布置。

7）有安静要求的房间隔墙高度应至梁、板底面，采用轻质隔墙时，其隔声性能应符合隔声标准的规定。

8）相邻客房的电气插座、配电箱和其他嵌入墙里对墙体造成损伤的配套附件，不宜背对背布置，采用背靠背布置的橱柜应使用满足隔声标准要求的墙体隔开。

9）酒店的各类用房内的噪声级，应符合表22.17.2的规定。

**酒店房间室内允许噪声级**　　　　　　　　表 22.17.2

| 房间名称 | 允许噪声级（A声级，dB） | | | | | |
| --- | --- | --- | --- | --- | --- | --- |
| | 特级 | | 一级 | | 二级 | |
| | 昼间 | 夜间 | 昼间 | 夜间 | 昼间 | 夜间 |
| 客房 | ≤35 | ≤30 | ≤40 | ≤35 | ≤45 | ≤40 |
| 办公室、会议室 | ≤40 | | ≤45 | | ≤45 | |
| 多功能厅 | ≤40 | | ≤45 | | ≤50 | |
| 餐厅、宴会厅 | ≤45 | | ≤50 | | ≤55 | |

10）客房与其他部分、室外的各部分空气声隔声性能与撞击声隔声性能，均需符合《民用建筑隔声设计规范》GB 50118—2010 的规定。

# 23 体育场馆设计

## 23.1 概　　述

### 23.1.1 体育建筑的定义

作为体育竞技、体育教学、体育娱乐和体育锻炼等活动之用的建筑物。

### 23.1.2 体育场馆建筑的分级和分类

体育建筑分级和分类　　　　　　　　　表 23.1.2

| 使用要求 | 特级 | 举办亚运会、奥运会及世界级比赛主场（馆） |
|---|---|---|
| | 甲级 | 举办全国性和单项国际比赛 |
| | 乙级 | 举办地区性和全国单项比赛 |
| | 丙级 | 举办地方性、群众性运动会 |
| 按运动项目分类 | 田径类 | 体育场、运动场、田径馆 |
| | 球类 | 体育馆、练习馆、灯光球场、篮（排）球场、手球场、网球场、足球场、高尔夫球场、棒球场、垒球场、曲棍球场、橄榄球场 |
| | 体操类 | 体操馆、健身房 |
| | 水上运动类 | 游泳池、游泳馆、游泳场、水上运动中心、帆船运动场 |
| | 冰上运动类 | 冰球场、冰球馆、速滑场、速滑馆、旱冰场、花样滑冰馆、冰壶馆 |
| | 雪上运动类 | 高山速降滑雪场、越野滑雪场、自由式滑雪场、跳台滑雪场、单板滑雪场、花样滑雪场、雪橇场、雪车场、室内滑雪场 |
| | 自行车类 | 赛车场、赛车馆 |
| | 汽车类 | 摩托车场、汽车赛场 |
| | 其他 | 赛车场、射击场、射箭场、跳伞塔等 |

注：体育场设看台，运动场无看台。

### 23.1.3 总平面设计

1. 总平面设计要求

建筑总平面设计要求　　　　　　　　　表 23.1.3-1

| | 出入口 | 道路 | 集散场地 |
|---|---|---|---|
| 指标 | ≥2个，有效宽度≥0.15m/百人 | 净宽度≥3.5m且总宽度≥0.15m/百人，净高不应小于4m（作为消防车道时应满足相关要求） | ≥0.2m²/百人 |
| 设计要求 | 以不同方向通向城市道路，车行出入口避免直接开向城市主干路，并尽量与观众出入口设在不同临街面 | 避免集中人流与机动车流相互干扰 | 靠近观众出口，可利用道路、空地、屋顶、平台等 |

2. 当消防车确实不能按规定靠近建筑物时，应采取下列措施之一满足对火灾扑救的需要：

1）消防车在平台下部空间靠近建筑主体。

2）消防车直接开入建筑内部。

3）消防车到达平台上部以接近建筑主体。

4）平台上部设消火栓。

3. 停车场类别设置要求

停车场类别设置要求

表 23.1.3-2

| 等级 | 管理人员 | 运动员 | 贵宾 | 官员 | 记者 | 观众 |
|------|---------|--------|------|------|------|------|
| 特级 | 有 | 有 | 有 | 有 | 有 | 有 |
| 甲级 | 兼用 | | 兼用 | | 有 | 有 |
| 乙级 | 兼用 | | | | | 有 |
| 丙级 | 兼用 | | | | | |

注：承担正规或国际比赛的体育设施，应设有电视转播车的停放位置。

### 23.1.4 体育建筑功能的基本组成

场地区、看台区、辅助用房区。

### 23.1.5 总平面布置实例

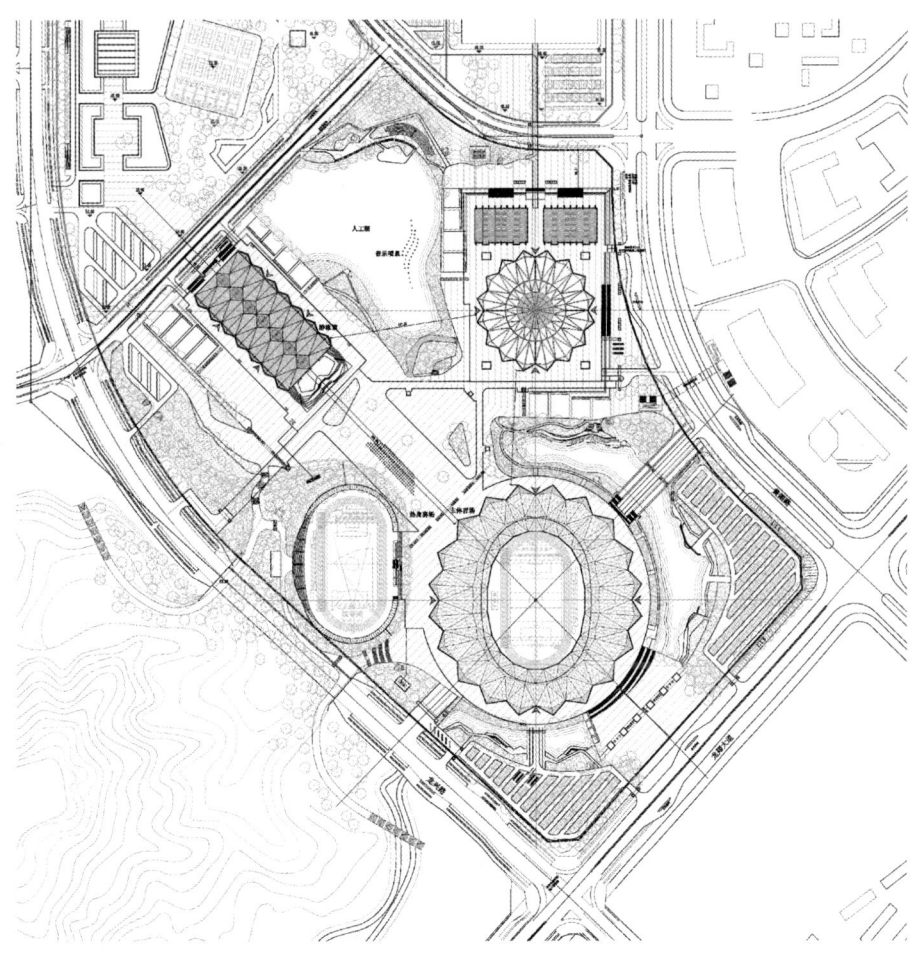

图 23.1.5 某市大运中心

# 23.2 场 地 区

### 23.2.1 运动场地

包括比赛场地和练习场地。

1. 运动场地界线外围必须满足缓冲距离、通行宽度及安全防护等要求；裁判和记者工作区域应满足相关要求、运动场地上空净高尺寸应满足比赛和练习的要求。

2. 场地的对外出入口不得少于两处，其大小应满足人员查看方便、疏散安全和器材运输的要求。

3. 比赛场地与观众看台之间应有分隔和防护；室外练习场地外围及场地之间，应设置围网。

### 23.2.2 室外运动场地布置方向

应为南北向；当不能满足要求时，根据地理纬度和主导风向可略偏南北向，但不宜超过表23.2.2规定。

运动场长轴允许偏角　　　　　　　　　　　　　　表 23.2.2

| 北纬 | 16°～25° | 26°～35° | 36°～45° | 46°～55° |
|---|---|---|---|---|
| 北偏东 | 0 | 0 | 5° | 10° |
| 北偏西 | 15° | 15° | 10° | 5° |

注：观众的主要看台最好位于西面，即观众面向东方。

# 23.3 看 台 区

### 23.3.1 看台类型分类

| 按使用人群 | 观众看台区、贵宾看台区、运动员看台区、裁判员看台区、媒体记者看台区 |
|---|---|
| 按座席构造 | 固定看台、活动看台、可拆卸看台 |

### 23.3.2 看台座席尺寸

看台各类座席尺寸　　　　　　　　　　　　表 23.3.2-1

| 席位种类规格 | 普通看台 | | | | 主席台贵宾区 | | 主席台主席区 | |
|---|---|---|---|---|---|---|---|---|
| | 条凳 | 方凳 | 固定硬椅 | 固定软椅 | 固定硬椅 | 固定软椅 | 移动硬椅 | 移动软椅 |
| 座宽（m） | 0.42 | 0.45 | 0.48 | 0.50 | 0.55 | 0.60 | 0.60 | 0.70 |
| 排距（m） | 0.72 | 0.75 | 0.80 | 0.85 | 0.90 | 0.95 | 1.20 | 1.20 |

注：主席台带桌席排距应放大，并考虑通行的服务人员。

体育场媒体席规模参考指标　　　　　　　　表 23.3.2-2

| 媒体席工作区域 | | 全国比赛 | 洲际比赛 | 奥运会/世界比赛 |
|---|---|---|---|---|
| 主看台席位媒体席 | 媒体席规模（带桌子） | 50 | 300 | 800～900 |
| | 媒体席规模（仅有座位） | 30 | 100 | 200～300 |

注：媒体席根据需要临时搭建（引自《田径场地设施标准手册》）。

### 23.3.3 看台视线设计

1. 视线设计主要影响因素：视距、方位角和高度角（宜控制在 28°～30°之间）。

2. 视线设计计算方法：逐排计算法、折线计算法、绘图法（推荐）。

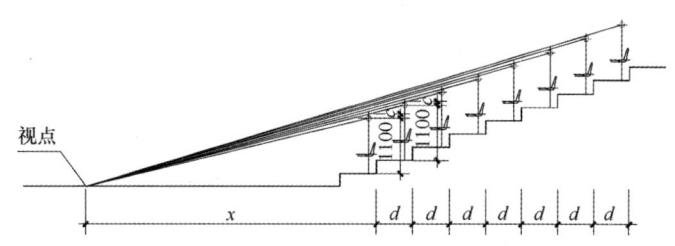

图 23.3.3 视线设计—绘图法示意图

3. 剖面视线设计的相关数据选择。

**剖面视线设计的相关数据选择**　　　　　表 23.3.3-1

| 视点高度 | 视点距场地水平面的垂直距离，根据运动项目的不同，视点选择位置不同，见表 23.3.3-2 |
|---|---|
| 视线升高差 $C$ 值 | 理想情况下取 12cm（人眼至头顶距离）；根据视线质量等级的不同，当采用较高标准时，取 12cm；采用一般或较低标准时，取 6cm |
| 起始距离 | 首排眼位到视点的水平距离，应根据不同的比赛项目确定相应的起始距离 |
| 首排高度 | 应考虑运动员在缓冲带上行走不致遮挡观众席视线并防止观众轻易跳入场地，以及活动座席的布置和席下空间利用；综合体育馆场地区选择较大，固定座席首排高度一般取 2.1～3.3m，冰球馆和游泳馆宜在 2m 以上 |
| 排深 $d$ | 看台排深（排距），见表 23.3.2-1；首排因前有栏板，一般宜加宽到 1.1m |
| 台阶高度 | 一般应控制在 55cm 以内，最高不超过 60cm |

4. 看台视点位置及相应视觉质量等级。

**看台视点位置及相应视觉质量等级**　　　　　表 23.3.3-2

| 项目 | 视点平面位置 | 视点距地面高度（m） | 视线质量等级 | |
|---|---|---|---|---|
| | | | $C=0.09～0.12$m | $C=0.06$m |
| 篮球场 | 边线和端线 | 0 | I | II |
| 手球场 | 边线和端线 | 0 | | I |
| | | 0.6 | | II |
| | | 1.2 | | III |
| 网球 | 比赛区边线 | 0 | I | II |
| | 比赛区端线外 5.0m | 0 | I | II |
| 游泳池 | 最外泳道外侧边线 泳池两端边界线 | 水面 | I | II |
| 跳水池 | 最外侧跳板（台）垂线与水面交点 | 水面 | I | II |

续表

| 项目 | 视点平面位置 | 视点距地面高度（m） | 视线质量等级 | |
|---|---|---|---|---|
| | | | $C=0.09\sim0.12m$ | $C=0.06m$ |
| 足球场 | 边线和端线（重点为角球点和球门处） | 0 | I | II |
| 田径场 | 两直道外侧边线与终点线的交点 | 0 | I | II |
| 速度滑冰 | 最外赛道边线 | 冰面 | I | II |
| 冰球 | 界墙内边缘 | 不透明界墙高度 | I | II |
| | 界墙内3.5m | 冰面 | I | II |

注：(1) $C$ 为视线升高差值。

(2) 视线质量等级：I 级为较高标准（优）；II 级为一般标准（良）；III 级为较低标准（尚可）。

(3) 田径场首排计算水平视距以终点线附近看台为准，同时应满足弯道及东直道外边线的视点高度在 1.2m 以下，并兼顾跑道外侧的跳远（及三级跳远）沙坑，视点宜接近沙面。

### 23.3.4 看台疏散设计

1. 疏散时间：根据观众厅的规模、耐火等级确定。通常体育场的疏散时间为 6~8min，体育馆为 3~4min（表 23.3.4）。

控制安全疏散时间参考表　　　　　　　　　　　　　表 23.3.4

| 控制时间 ＼ 观众规模（人） | ≤1200 | 1201~2000 | 2001~5000 | 5001~10000 | 10001~50000 | 50001~100000 |
|---|---|---|---|---|---|---|
| 室内（min） | 4 | 5 | 6 | 6 | — | — |
| 室外（min） | 4 | 5 | 6 | 7 | 10 | 12 |

注：本表适用于 I、II 级耐火等级建筑，III 级及以下耐火等级建筑疏散控制时间不应超过 3mm。

2. 观众厅内的疏散通道：

1）净宽度应按 0.6m/百人计算，且不应小于 1.0m；边走道净宽不宜小于 0.8m；座席间的纵向通道应不小于 1.1m。

2）横走道之间的座位排数不宜超过 20 排。

3）纵走道之间的连续座位数，体育馆每排不宜超过 26 个（排距不小于 0.9m 时可增加一倍，但不得超过 50 个）；仅一侧有纵走道时，座位数应减少一半；体育场每排连续座位不宜超过 40 个。

3. 疏散方式分类：上行式疏散、中行式疏散、下行式疏散、复合式疏散（图 23.3.4-1）。

4. 疏散计算方法：

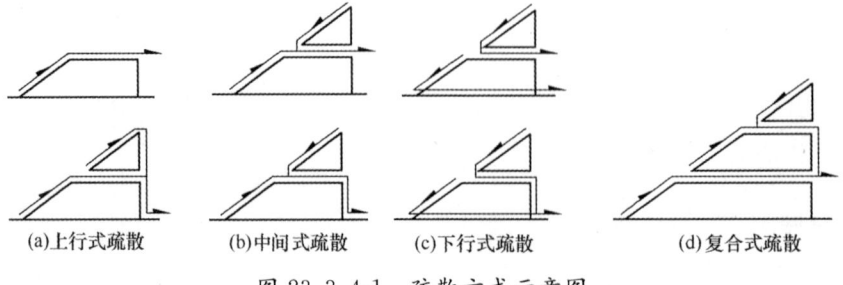

(a)上行式疏散　　(b)中间式疏散　　(c)下行式疏散　　(d)复合式疏散

图 23.3.4-1　疏散方式示意图

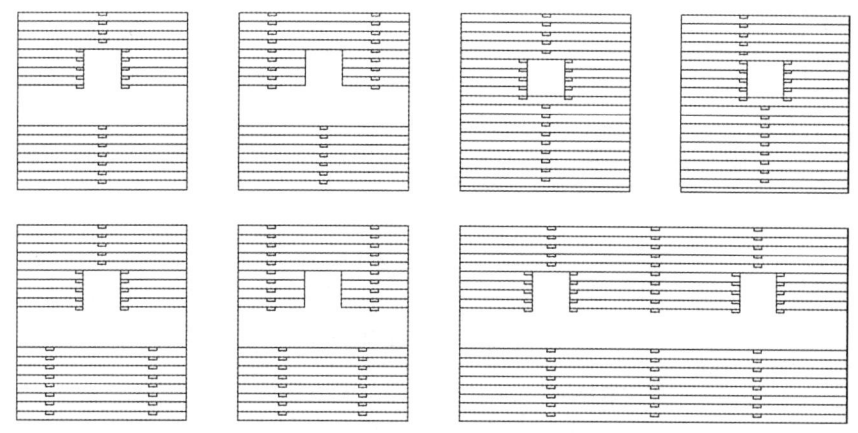

图 23.3.4-2　疏散口及过道的几种布置方式示意图

1) 性能化消防论证（大型复杂场馆）。

2) 密度法（无靠背坐凳或直接坐在看台上）。

3) 人流股数法（适用于有靠背椅，人流疏散有规律时）。计算公式如下：

$$T = \frac{N}{BA} \text{——适用于中、小型体育场馆}$$

$$T = \frac{N}{BA} + \frac{S}{V} \text{——适用于大型体育场馆}$$

式中：$T$——控制疏散时间；

$N$——疏散的总人数；

$A$——单股人流通行能力（40~42 人/min）；

$B$——外门可以通过的人流股数（当门宽小于 2m 时，每股人流的宽度按 550mm 计算；当门宽大于 2m 时，每股人流的宽度按 500mm 计算。当外门总宽度超过各门通过的人流股数之和时，仍按内门人流股数之和计算）；

$V$——疏散时在人流不饱满情况下人的行走速度（45m/min）；

$S$——使外门的人流量达到饱和时的几个内门至外门距离的加权平均数。

$$S = \frac{S_1 b_1 + S_2 b_2 + \cdots\cdots S_n b_n}{b_1 + b_2 + \cdots\cdots b_n}$$

式中：$S_n$——各第一道疏散口到外门的距离；

$b_n$——各第一道疏散口可通行的人数。

# 23.4　辅 助 用 房 区

## 23.4.1　辅助用房的组成

辅助用房组成　　　　　　　　　　　　　　　　表 23.4.1

| 观众用房 | 观众休息厅、厕所、医务室、饮水间（台）、商业餐饮设施、其他服务设施 |
| --- | --- |
| 贵宾用房 | 贵宾休息室及服务设施 |
| 运动员用房 | 运动员休息室、运动员医务室、兴奋剂检测室、检录处、赛前热身场地等 |
| 竞赛管理用房 | 组委会、管理人员办公、会议、仲裁录放、编辑打字、复印、数据处理、竞赛指挥、裁判员休息室、颁奖准备室和赛后控制中心等 |

| 新闻媒体用房 | 新闻发布厅、记者工作区、记者休息区、新闻官员办公室、电传室、邮电所和无线电通信机房等 |
|---|---|
| 技术设备用房 | 广播、电视转播用房、计时计分用房、灯光控制室、消防控制室、器材库、设备用房 |
| 场馆运营用房 | 办公区、会议区、库房 |

### 23.4.2 观众用房标准及厕位指标

观众用房标准　　　　　　　　　　　　　　　　　　　　表 23.4.2-1

| 等级 | 包厢 | 贵宾休息区 | | | 观众休息区 | 厕所 | 残疾观众厕所 | 急救室 |
|---|---|---|---|---|---|---|---|---|
| | | 休息室 | 饮水设施 | 厕所 | | | | |
| 特级 | 2~3m²/席 | 0.5~1.0m²/人 | 有 | 见表 23.4.2-2 | 0.1~0.2m²/人 | 见表 23.4.2-3 | 有 | 有 |
| 甲级 | | | | | | | 厕所内设专用厕位 | |
| 乙级 | 无 | | | | | | | |
| 丙级 | | 无 | | | | | | |

贵宾厕所厕位指标　　　　　　　　　　　　　　　　　　表 23.4.2-2

| 贵宾席规模 | <100 人 | 100~200 人 | 200~500 人 | >500 人 |
|---|---|---|---|---|
| 每一厕位使用人数 | 20 | 25 | 30 | 35 |

注：男女比例宜 1:1.5，男厕大、小便厕位比例 1:2。

观众厕所厕位指标　　　　　　　　　　　　　　　　　　表 23.4.2-3

| 设施 | 男 | 女 |
|---|---|---|
| 坐位、蹲位 | 250 座以下设 1 个<br>每增加 1~500 座增设 1 个 | 不超过 40 座的设 1 个<br>41~70 座设 3 个<br>71~100 座设 4 个<br>每增加 1~40 座增设 1 个 |
| 站位 | 100 座以下设 1 个<br>每增加 1~80 座增设 1 个 | — |

### 23.4.3 各辅助用房示意图

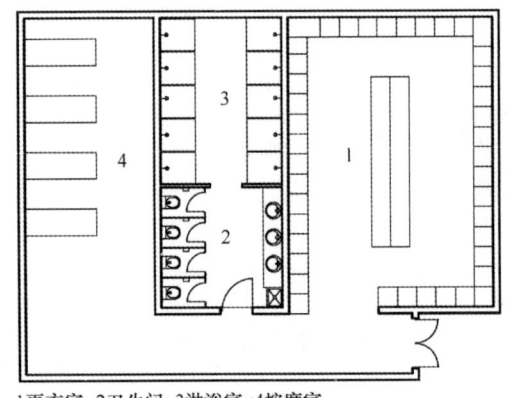

1更衣室；2卫生间；3淋浴室；4按摩室

1更衣室；2卫生间；3淋浴室；4按摩室；5休息室

图 23.4.3-1　小型场馆运动员休息室平面图　　　图 23.4.3-2　大型场馆运动员休息室平面图

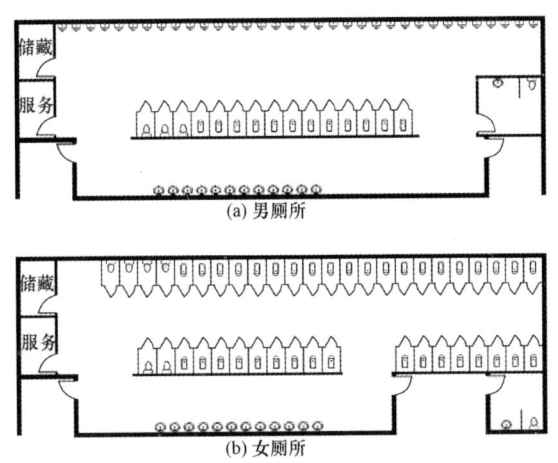

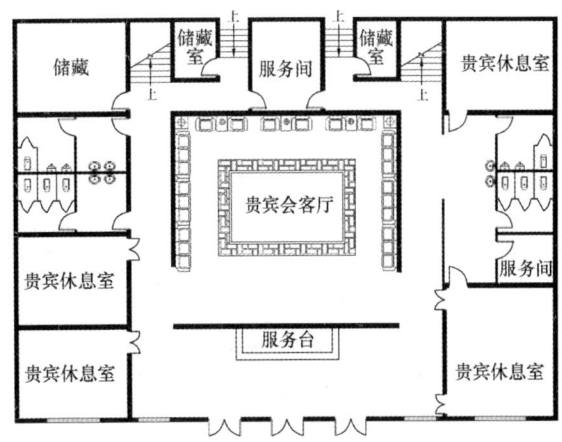

图 23.4.3-3 观众休息厅厕所布置参考图 　　图 23.4.3-4 大型体育场馆贵宾用房示意图

# 23.5 体 育 场

## 23.5.1 体育场规模及分类

1. 按使用性质分类：比赛类体育场、训练类体育场、全民健身赛类体育场。

2. 按规模分类，见表 23.5.1。

体育场规模分级　　　　　　　　　　　　　　　　表 23.5.1

| 等级 | 观众席容量（座） | 等级 | 观众席容量（座） |
|---|---|---|---|
| 特大型 | 60000 以上 | 中型 | 20000～40000 |
| 大型 | 40000～60000 | 小型 | 20000 以下 |

## 23.5.2 建筑功能分区及流线

建筑功能分区及流线　　　　　　　　　　　　　　表 23.5.2

| 功能分区 | 主要人群 | 主要人员流线 |
|---|---|---|
| 观众区 | 普通观众 | 观众安检、验票入口→公共活动区域观众厅→观众看台→出口 |
| 运动员区 | 田径、足球运动员、教练员 | 运动员入口→热身场地→第一检录处→室内准备活动场地→第二检录处→比赛场地→混合区→赛后控制中心→新闻发布厅→兴奋剂检查站/室→运动员及随队官员看台→出口 |
| 竞赛管理区 | 竞赛管理人员（技术官员）、裁判员 | 竞赛管理（技术官员）：竞赛管理入口→更衣/休息室→工作区/技术官员看台/比赛场地→出口 |
|  |  | 裁判员：竞赛管理入口＋裁判员更衣/休息室→比赛场地→更衣/休息室→出口 |
| 贵宾区 | 贵宾 | 贵宾入口→贵宾休息室/贵宾包厢→主席台/贵宾区看台→颁奖区域→贵宾出口 |
| 赞助商区 | 赞助商 | 赞助商入口（可与观众入口共用）→包厢/看台→出口 |

| 功能分区 | 主要人群 | 主要人员流线 |
|---|---|---|
| 媒体区 | 文字、摄影记者、观察员 | 文字摄影记者：媒体入口→新闻媒体工作区→文字摄影记者看台→混合区→新闻发布厅→出口<br>电视转播人员：媒体入口→电视转播工作区→评论员/观察员看台/转播机位→混合区/新闻发布厅→出口 |
| 场馆运营区 | 场馆管理人员 | 无固定流线 |
| 安保、交通及消防区 | 安保、消防和招待人员 | 无固定流线 |

### 23.5.3 场地

1. 正式比赛场地：应包括径赛用的周长 400m 的标准环形跑道、标准足球场和各项田径赛场地。除直道外侧可布置跳跃项目的场地外，其他均应布置在环形跑道内侧。

2. 径赛用 400m 标准环形跑道：

**400m 标准跑道规格**  表 23.5.3-1

| | 环形道 | | | | 西直道 | | | |
|---|---|---|---|---|---|---|---|---|
| | 弯道半径（内沿 m） | 两圆心距（直段 m） | 每条分道宽度（m） | 分道最少数量（条） | 总长度（m） | 起点指标区长度（m） | 终点缓冲区长度（m） | 分道最少数量（m） |
| 特级、甲级 | | | | 8 | | | | 8～10 |
| 乙级 | 36.5 | 84.39 | 1.22 | 8 | 130 | 3 | 17 | 8 |
| 丙级 | | | | 6 | | | | 8 |

注：(1) 跑道内沿周长为 398.12m，表中弯道半径指弯道内沿线的内侧。

(2) 跑道内道第一分道的理论跑进路线周长为 400.0m，是按距跑道内沿（不包括突道牙宽度）0.3m 处的跑程计算的。

(3) 每条分道宽 1.22m，含分道标志线宽 0.05m 位于各道跑进的右侧；测量跑程除第一分道外，其他各分道按距相邻左侧分道标志线 0.20m 处丈量；分道的次序由内圈第一分道起向外侧顺序排列。

(4) 跑道内、外侧安全区应距跑道不少于 1.0m 的空间。

(5) 西直道设置 100m 短跑和 110m 跨栏跑的起点，以及所有径赛的同一终点；终点线位于直道与弯道交接处。

(6) 需要时，可在东直道设置第二起终点，供短跑训练或预赛。

(7) 当 8 分道时，可增加 1～2 分道，训练时宜避开内道，减小第一、二分道的地面磨损，以便延长整个跑道的寿命。

3. 其他形式跑道：

1) 特殊情况可采用双曲率弯道的 400m 跑道。

2) 学校体育场地：小学应有 200m 环形跑道和 1～2 组 60m 直跑道；中学应有与学校规模相适应的环形跑道（250m、300m、400m）和 1～2 组 100m 直跑道；大学应有 400m 环形跑道和 1～2 组 100m 直跑道。根据学生身高特点，跑道宽度为：小学 900mm，初中 1100mm，高中以上 1220mm 为宜（图 23.5.3-1～图 23.5.3-7）。

4. 田径赛场地：跳远和三级跳远场地、跳高场地、推铅球场地、掷铁饼和链球场地、掷标枪场地、撑竿跳场地，具体布置参考图 23.5.3-8。

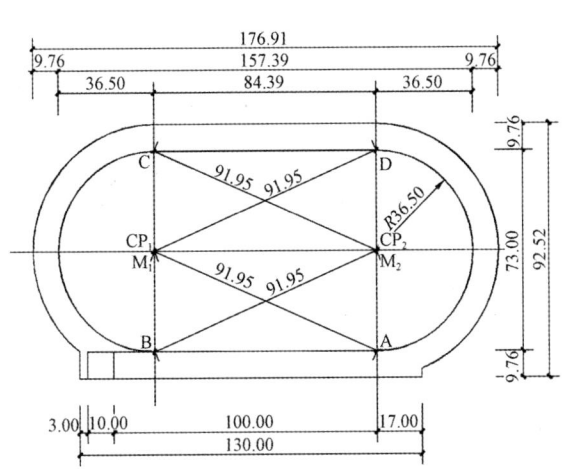

图 23.5.3-1 400m标准跑道布局设计和尺寸

（*R*＝36.5m）

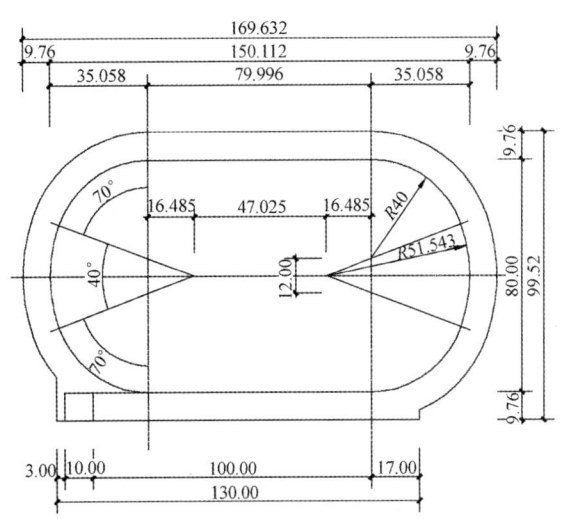

图 23.5.3-2 双曲率式400m跑道

（*R*＝51.543m 和 *R*＝34m）

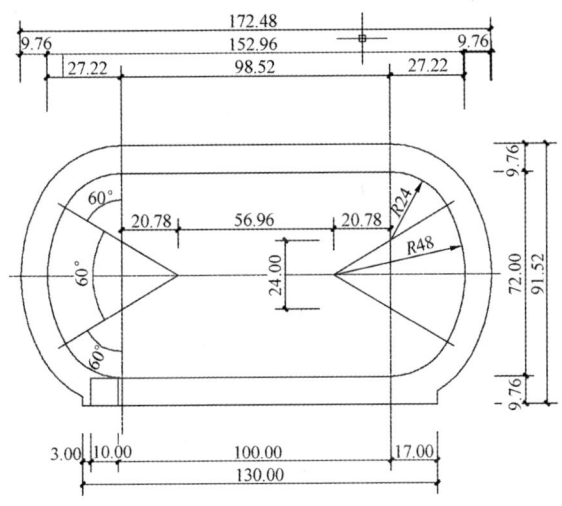

图 23.5.3-3 双曲率式400m跑道

（*R*＝48m 和 *R*＝24m）

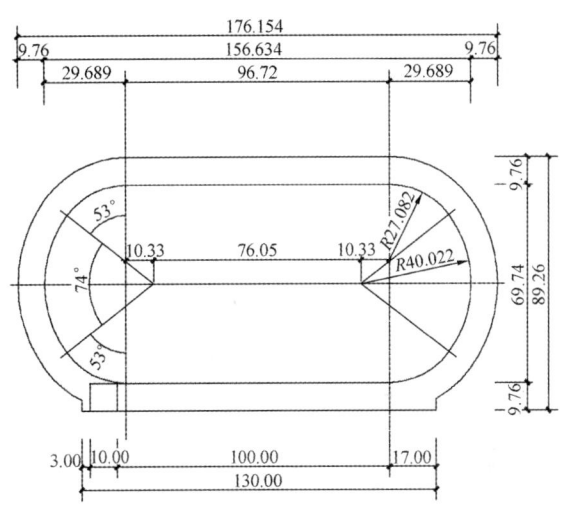

图 23.5.3-4 双曲率式400m跑道

（*R*＝40.022m 和 *R*＝27.082m）

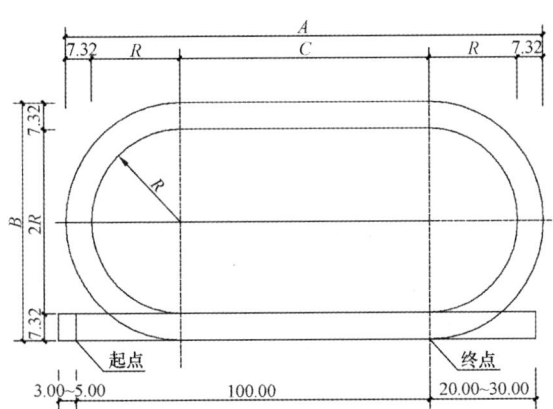

图 23.5.3-5 300m跑道示意图

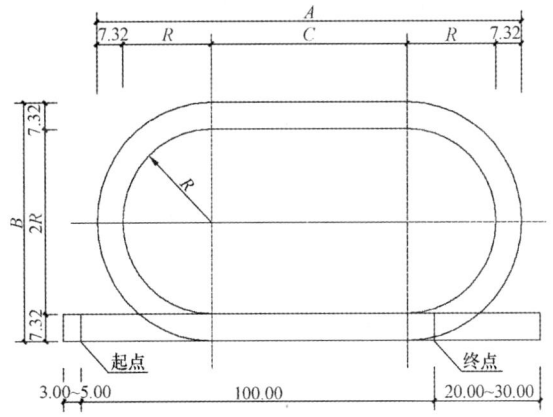

图 23.5.3-6 250m跑道示意图

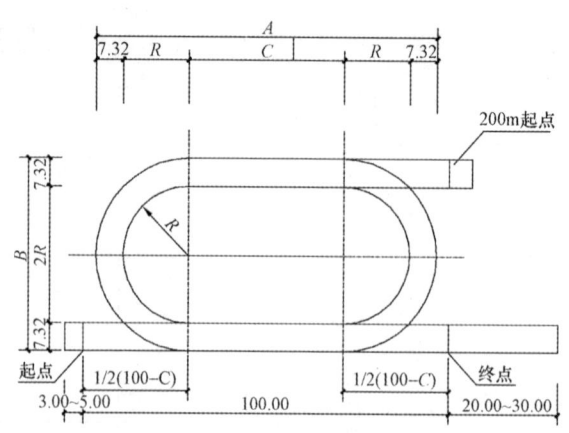

图 23.5.3-7　200m 跑道示意图

## 5. 足球场地

足球场地规格　　　　　　　　　　　　　表 23.5.3-2

| 类别 | 使用性质 | 长（m） | 宽（m） | 地面材料及坡度 |
|---|---|---|---|---|
| 标准足球场 | 一般性比赛 | 90～120 | 45～90 | 天然草坪≤5/1000 |
| | 国际性比赛 | 100～110 | 64～75 | |
| | 国际标准场 | 105 | 68 | |
| | 专用足球场 | 105 | 68 | |
| 非标准足球场 | 业余训练和比赛 | 根据具体条件制定场地尺寸，但任何情况下长度均应大于宽度 | | 天然草坪、人工草坪和土场地 |

注：（1）非标准足球场虽不符合规则要求，但可开展群众性和青少年足球运动，便于将标准足球场划分为二个小足球场。
　　（2）足球场地划线及球门规格应符合竞赛规则规定。
　　（3）设置在田径场地内的足球场，其足球门架应采用装卸式构造。

## 6. 比赛场地综合布置（图 23.5.3-8）

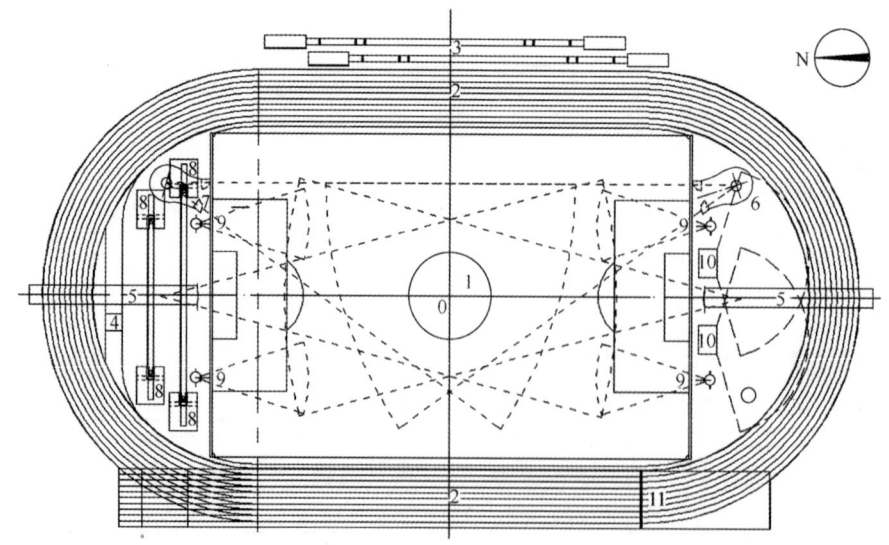

0—足球场地中心位置标记；1—足球场；2—标准跑道；3—跳远及三级跳远设施；

4—障碍水池；5—标枪助跑道；6—掷铁饼和掷链球设施；7—掷铁饼设施；8—撑竿跳高设施；

9—推铅球设施；10—跳高设施；11—终点线

图 23.5.3-8　专业比赛场地设施综合布置图

7. 练习场地：根据比赛前热身需要、平时的专业训练和群众锻炼的需要确定，最低要求如表23.5.3-3。

热身练习场地最低要求 表23.5.3-3

| 场地内容 | 建筑等级 | | | |
|---|---|---|---|---|
| | 特级 | 甲级 | 乙级 | 丙级 |
| 400m标准跑道，西直道8条，其他分道4条 | 1 | 1 | — | — |
| 200m小型跑道，4条分道 | — | — | 1 | — |
| 铁饼、链球、标枪场地 | 各1 | 各1 | — | — |
| 铅球场地 | 2 | 1 | — | — |
| 标准足球场2 | 2 | 1 | — | — |
| 小型足球场 | — | — | 1 | — |

### 23.5.4 场地其他规定

1. 至少有两个出入口，且每个净宽和净高不应小于4m；当净宽和净高有困难时，至少其中一个满足宽度、高度要求。

2. 供入场式的出入口，其宽度不宜小于跑道最窄处的宽度，高度不低于4m。

3. 供团体操用的出入口，其数量和总宽度应满足大量人员的出入需要，在出入口附近设置相应的集散场地和必要的服务设施。

4. 田径运动员进入比赛区的入口宜靠近跑道起点，离开比赛区的出口宜靠近跑道终点。

5. 足球运动员进入比赛区的出入口宜位于主席台同侧，并靠近运动员检录处及休息室。

### 23.5.5 看台（参见23.3节）

### 23.5.6 辅助用房

运动员用房基本内容与面积标准（m²） 表23.5.6-1

| 等级 | 运动员休息室 | 兴奋剂检查室 | 医务急救 | 检录处 | 赛后控制室 |
|---|---|---|---|---|---|
| 特级 | 800（4套） | 65 | 35 | 1200 | 40 |
| 甲级 | 400（2套） | 60 | 30 | 1000 | 40 |
| 乙级 | 300（2套） | 50 | 25 | 800 | 20 |
| 丙级 | 200（2套） | 无 | 25 | 室外 | 无 |

注：（1）应在热身场地区附近设第一检录处，并在比赛场地区百米直道起点附近设第二检录处。第二检录处应根据赛事要求设60m室内热身跑道，跑道数量应满足：特级体育场6条，甲级和乙级体育场4条。

（2）应设置运动员从热身场地区到达比赛场地区的专用通道，高差处宜采用坡道。

（3）赛后控制室面积为男女合计面积。

赛事管理用房基本内容与面积标准（m²） 表23.5.6-2

| 等级 | 组委会办公和接待用房 | 赛事技术用房 | 其他工作人员办公区 | 储藏用房 |
|---|---|---|---|---|
| 特级 | 550 | 250 | 100 | 600 |
| 甲级 | 300 | 200 | 80 | 400 |
| 乙级 | 200 | 150 | 60 | 300 |
| 丙级 | 150 | 30 | 40 | 200 |

**媒体用房基本内容与面积标准（m²）**　　　　　表 23.5.6-3

| 等级 | 新闻发布厅 | 记者工作区 | 记者休息区 | 评论员控制室 | 转播信息办 | 新闻官员办公室 |
|---|---|---|---|---|---|---|
| 特级 | 225（150人） | 300 | 75 | 25 | 25 | 25 |
| 甲级 | 150（100人） | 200 | 50 | 20 | 20 | 25 |
| 乙级 | 120（80人） | 160 | 40 | 15 | 15 | 15 |
| 丙级 | 75（50人） | 100 | 25 | — | — | 15 |

**技术设备用房基本内容与面积标准（m²）**　　　　　表 23.5.6-4

| 等级 | 终点摄像机房 | 显示屏控制室 | 数据处理室 | 灯光控制室 | 扩声控制室 |
|---|---|---|---|---|---|
| 特级 | 12 | 40 | 100 | 20 | 30 |
| 甲级 | | | 80 | | |
| 乙级 | | | 50 | 15 | 20 |
| 丙级 | 临时设置 | 20 | 30 | 10 | 10 |

注：表 23.5.6-1～表 23.5.6-4 引自《公共体育场建设标准》。

### 23.5.7　田径练习馆

1. 田径练习馆的场地根据设施级别和使用要求，宜包括 200m 的长圆形跑道，其内侧应设短跑和跨栏跑直跑道，以及跳高、撑竿跳高、跳远、三级跳远和推铅球的场地。需要时也可设少量观摩席位。

2. 200m 长圆形跑道应采用 200m 室内标准跑道的规格（表 23.5.7-1），其弯道半径应为 17.50m（第一分道的跑程的计算半径），弯道倾斜角不应超过 15°。

**200m 室内标准跑道规格**　　　　　表 23.5.7-1

| 周长（m） | 弯道半径（m） | 两弯道圆心距（m） | 过渡弯曲区长（m） | 水平直道长（m） | 弯道倾斜 | 分道数（条） | 每分道宽（m） |
|---|---|---|---|---|---|---|---|
| 内沿 198.140 | 17.204 | 44.994 | 10.022 | 35 | 10°09′25″ | 4～6 | 0.9～1.1 |
| 第一分道 200.00 | 117.5 | | 10.108 | | | | |

3. 室内直跑道规格

　　　　　表 23.5.7-2

| 直道总长（m） | 其中起跑准备区（m） | 其中终点缓冲区（m） | 分道数（条） | 每分道宽（m） |
|---|---|---|---|---|
| 73～78 | 3 | 10～15 | ≥6 | 1.22 |
| | | | ≤8 | 1.25 |

注：（1）直跑道应位于长圆跑道的纵向轴线上。

　　（2）直跑道用于 60m 短跑和 50m、60m 跨栏跑。

### 23.5.8 实例

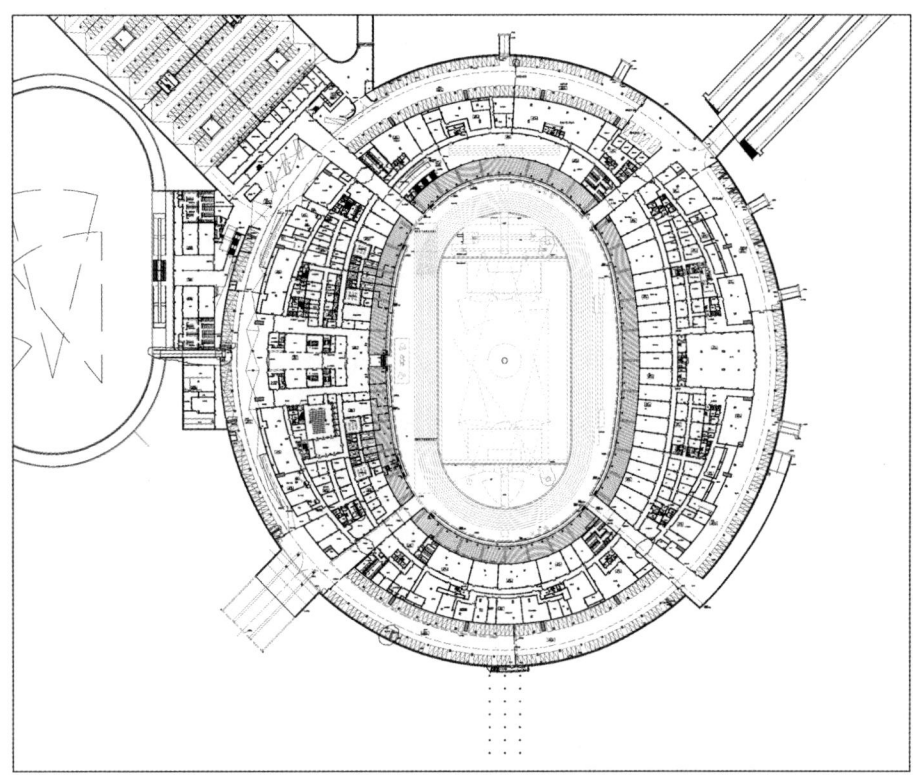

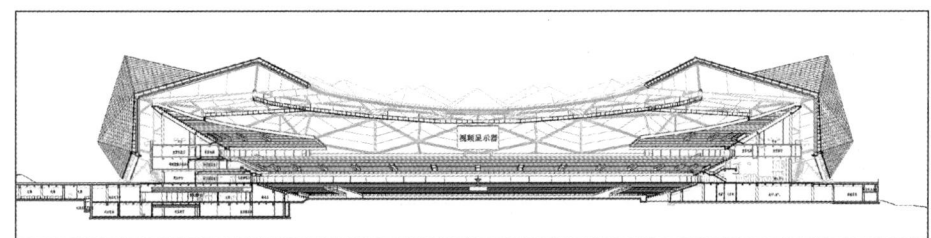

图 23.5.8 某中心体育场

# 23.6 体 育 馆

### 23.6.1 规模及分类

体育馆规模及分类                                                    表 23.6.1

| 按建筑<br>使用要求 | 特级、甲级、<br>乙级、丙级 | 见表 23.1.2 |
| --- | --- | --- |
| 按观众席<br>规模（座） | 特大型馆 | 10000 以上 |
| | 大型馆 | 6000～10000 |
| | 中型馆 | 3000～6000 |
| | 小型馆 | 3000 以下 |

| 按服务对象 | 竞技观演型体育馆 | 主要服务于大型体育赛事 |
|---|---|---|
| | 群众健身型体育馆 | 主要服务于社会体育、全民健身、休闲、娱乐、兼顾中小型体育比赛 |
| | 学校体育馆 | 主要服务于学校体育教学、集会等功能，兼顾体育比赛和群众健身 |
| 按功能特点 | 多功能综合体育馆 | 具有空间弹性、功能多元，可满足多种体育比赛和观演、集会、展览等的使用要求 |
| | 专项体育馆 | 服务于单一、专项体育比赛，如自行车、网球等 |

### 23.6.2　面积指标

体育馆规划指标应按规范及《公共体育场馆建设标准》执行。

市级体育馆用地面积指标　　　　　　　　　　　　表 23.6.2-1

| | 100 万人口以上城市 | | 50 万～100 万人口城市 | | 20 万～50 万人口城市 | | 10 万～20 万人口城市 | |
|---|---|---|---|---|---|---|---|---|
| | 规模（千座） | 用地面积（$10^3 m^2$） | 规模（千座） | 用地面积（$10^3 m^2$） | 规模（千座） | 用地面积（$10^3 m^2$） | 规模（千座） | 用地面积（$10^3 m^2$） |
| 体育馆 | 40～100 | 86～122 | 4～6 | 11～14 | 2～4 | 10～13 | 2～3 | 10～11 |

注：当在特定条件下达不到规定指标下限时，应利用规划和建筑手段来满足场馆在使用安全、疏散、停车等方面的要求。

体育馆根据人口规模分级对应的建设规模　　　　　　表 23.6.2-2

| 座席数单座面积指标（$m^2$/座） ＼ 人口规模 | 12000～10000 座 | 10000～6000 座（不含 10000 座） | | 6000～3000 座（不含 6000 座） | 3000～2000 座（不含 3000 座） |
|---|---|---|---|---|---|
| | 体操 | 体操 | 手球 | 手球 | 手球 |
| 200 万以上人口 | 4.3～4.6 | 4.5～4.6 | 3.7 | 3.7～4.1 | 4.1～5.1 |
| 100 万～200 万人口 | — | 4.5～4.6 | 3.7 | 3.7～4.1 | 4.1～5.1 |
| 50 万～100 万人口 | — | — | | 3.7～4.1 | 4.1～5.1 |
| 20 万～50 万人口 | — | — | | | 4.1～5.1 |
| 20 万以下人口 | — | — | | | 4.1～5.1 |

注：(1) 体育馆座席为 6000 人时，分别按体操和手球计算单座建筑面积。

　　(2) 2000 座以下体育馆以 10000$m^2$ 为上限。

　　(3) 50 万以上人口的城市可设置次一级（所在地的行政级别）的体育馆，其规模应按 6000 座以下体育馆确定。

### 23.6.3　功能和流线

1. 功能

体育馆基本功能组成列表　　　　　　　　　　　　表 23.6.3-1

| 功能分区 | | 具体功能设置 |
|---|---|---|
| 场地区 | 比赛场地区 | 比赛场地区内包括比赛场地、缓冲区、裁判席、摄影机位等 |
| 看台区 | 观众席 | 普通观众席、无障碍座席 |
| | 运动员席 | |
| | 媒体席 | 媒体席包括评论员席、文字记者席、网络媒体席等 |
| | 主席台（贵宾席） | |
| | 包厢 | |

| 功能分区 | 具体功能设置 | |
|---|---|---|
| 辅助用房区和设施 | 观众用房（外场） | 观众区、贵宾区和其他（赞助商区） |
| | 运动员用房 | 运动员及随队官员休息室、兴奋剂检查室、医疗急救室和检录处 |
| | 竞赛管理用房 | 组委会办公室和接待用房、赛事技术用房、其他工作人员办公区、储藏用房等 |
| | 媒体用房 | 媒体工作区、新闻发布厅和媒体技术支持区 |
| | 场馆运营用房 | 办公区、会议区、设备用房和库房 |
| | 技术设备用房 | 计时记分用房和扩声、场地照明机房；计时记分用房应包括：屏幕控制室、数据处理室等 |
| | 安保用房 | 安保观察室、安保指挥室、安保屯兵处等 |
| 训练健身设施 | 训练热身馆及相关用房 | 训练热身场地、健身房、库房等 |

### 2. 流线

体育馆的人员流线主要分为内场人流和外场人流两大部分。

**内外场人员流线**　　　　　　　　　　　　　　　　　　　表 23.6.3-2

| 功能分区 | 具体流线分类 | 使用区域 |
|---|---|---|
| 外场 | 普通观众流线 | 普通观众席、观众休息厅及附属服务设施 |
| | 包厢贵宾流线 | 包厢及包厢看台，包厢休息区 |
| | 残疾观众流线 | 无障碍座席区、残疾人服务设施，如残疾人卫生间等 |
| 内场 | 运动员及随队人员流线 | 比赛场地、运动员休息室、热身训练馆、检录处、医疗药检等 |
| | 赛事管理人员流线 | 比赛场地、赛事管理办公室、裁判员休息室等 |
| | 贵宾流线 | 贵宾休息室、主席台、场地（颁奖）等 |
| | 新闻媒体人员流线 | 场地（部分记者）、媒体工作室、新闻发布厅、媒体记者休息室、媒体设备用房、媒体库等 |
| | 场馆运营人员流线 | 场馆管理办公室、库房、设备用房等 |

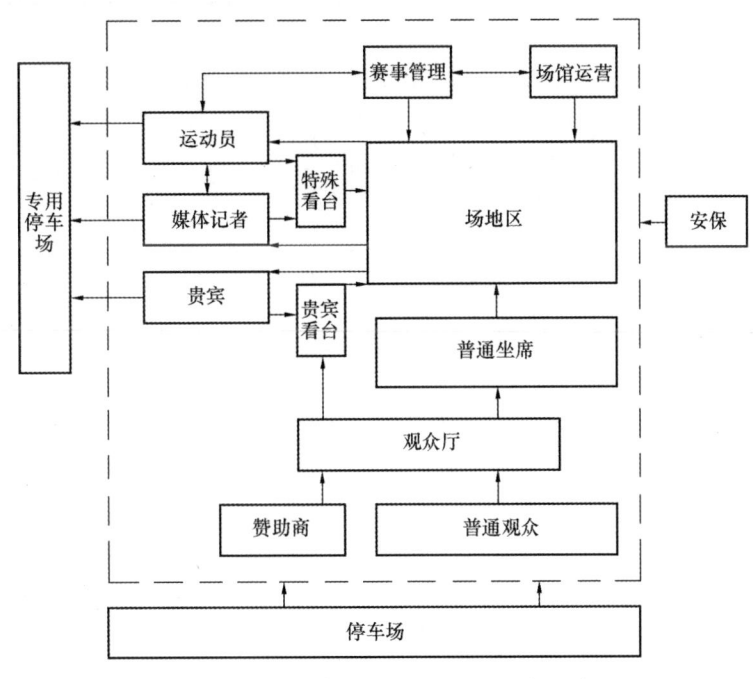

图 23.6.3　体育馆赛时功能与流线示意图

### 23.6.4 比赛场地

**比赛场地要求及最小尺寸** 表 23.6.4-1

| 场地分类 | 要 求 | 最小尺寸（长×宽，m） |
|---|---|---|
| 特大型 | 可设置周长 200m 田径跑道或室内足球、棒球等比赛 | 根据要求确定 |
| 大型 | 可进行冰球比赛或搭设体操台 | 70×40 |
| 中型 | 可进行手球比赛 | 44×24 |
| 小型 | 可进行篮球比赛 | 38×20 |

**国内已建成场馆场地尺寸参考** 表 23.6.4-2

| 体育馆规模 | 场馆名称 | 建成时间（年） | 场地尺寸（长×宽，m） |
|---|---|---|---|
| 特大 | 国家体育馆 | 2007 | 75.8×45.3 |
| | 五棵松体育馆 | 2008 | 68.4×56.4 |
| | 沈阳奥林匹克中心 | 2009 | 79×79 |
| | 深圳湾体育中心体育馆 | 2011 | 70×40 |
| 大型 | 广东惠州体育馆 | 2004 | 75×45 |
| | 佛山岭南明珠体育馆 | 2006 | 70×50 |
| | 安徽淮南市文化体育中心 | 2007 | 72×46.8 |
| | 北京大学体育馆 | 2007 | 47.3×39.7 |
| 中型 | 北京科技大学体育馆 | 2008 | 60×40 |
| | 南沙体育馆 | 2010 | 70×40 |
| | 青海海湖体育中心 | 2013 | 44×24 |
| | 盐城市体育中心 | 2005 | 60×40 |
| | 深圳大学城体育中心体育馆 | 2007 | 82×44 |
| | 北京理工大学体育馆 | 2007 | 51×35.4 |

**单项体育场地尺寸** 表 23.6.4-3

| 体育项目 | 场地尺寸（m） | 缓冲区尺寸（m） 端线外 | 缓冲区尺寸（m） 边线外 | 净高（m） | 备注 |
|---|---|---|---|---|---|
| 手球 | (38～44)×(18～20)<br>7人制常用 40×20 | 2 | 2 | 7～9 | 球门后 2.5m 宜设安全挡网 |
| 网球 | 单打 23.77×8.23<br>双打 23.77×10.97 | ≥6.40 | ≥3.66 | | 边线外 3.658m 处上方 5.486m 以下无障碍物；端线外 6.401m 处上方 6.401m 以下无障碍物；球网上方 10.668m 以下无障碍物 |
| 篮球 | 28×15 | ≥6.00 | ≥6.00 | 7.0 | |
| 排球 | 18×9 | ≥9.00 | ≥6.00 | 7.0 | |
| 羽毛球 | 单打 13.40×5.18<br>双打 13.40×6.10 | 2.3 | 2.2 | 12 | 训练馆净高可降至 7m |
| 室内足球（五人制） | (18～22)×(38～42) | 1.5 | 1.5 | 7 | |
| 壁球 | 单打 9.75×6.4<br>双打 9.75×7.62 | | | 5.6 | 玻璃门应使用安全玻璃，能经受强烈撞击和超重负荷 |
| 短刀速度滑冰兼冰球、花样滑冰 | 冰场场地 61×31 | 70×45（含冰场场地的总尺寸） | | | 四角圆弧半径 8.5m，冰球场应设防护界墙、防护玻璃，场地两端应设固定防护网 |

| 体育项目 | 场地尺寸（m） | 缓冲区尺寸（m） | | 净高（m） | 备注 |
|---|---|---|---|---|---|
| | | 端线外 | 边线外 | | |
| 乒乓球 | 14×7 | 5.63 | 2.738 | 4.76 | 场地周围设深色挡板 |
| 体操 | 52×27 | 4 | 4 | 14 | 隔离挡板内不少于40m×70m（国际比赛） |
| 艺术体操 | 12×26 | 2 | 2 | 15 | 场地上铺地毯，地毯下铺衬垫 |
| 健美运动 | 12×12 | 1 | 1 | 5.5 | |
| 击剑 | 26×2 | | | | |
| 举重 | 4（5×5～3×3）×4 | 3 | 3 | 4.0 | |
| 拳击 | 6.5×6.5 | 0.5 | 0.5 | 4.0 | |
| 摔跤 | 12×12 | 2～3 | 2～3 | 4.0 | 使用摔跤垫 |
| 武术 | 14×8 | | | 7.0 | |
| 柔道 | 14×14,16×16 | 2 | 2 | 4.0 | 赛台上设置赛垫 |

## 23.6.5 看台区

**看台布局—比赛厅座席排列方式**　　　　　　　　　　　　　表 23.6.5

| 座席排列方式<br>比赛厅形状 | 等排交圈 | 等排对称 | 不等排对称 |
|---|---|---|---|
| 矩形 | | | |
| 梯形 | | | |
| 菱形 | | | |
| 多边形 | | | |

| 比赛厅形状<br>座席排列方式 | 等排交圈 | 等排对称 | 不等排对称 |
|---|---|---|---|
| 圆形 | | | |
| 椭圆形 | | | |
| 扇形 | | | |

（引自《建筑设计资料集》第 7 分册）

### 23.6.6 辅助用房

**体育馆运动员用房基本内容与面积标准** 表 23.6.6-1

| 等级 | 运动员休息室（m²） | 兴奋剂检查室（m²） | 医务急救（m²） | 检录处（m²） |
|---|---|---|---|---|
| 特级 | 800（4套） | 65 | 35 | 150 |
| 甲级 | 600（4套） | 60 | 30 | 100 |
| 乙级 | 300（2套） | 50 | 25 | 60 |
| 丙级 | 200（2套） | 无 | 25 | 40 |

**赛事管理用房基本内容与面积标准** 表 23.6.6-2

| 等级 | 组委会办公和接待用房（m²） | 赛事技术用房（m²） | 其他工作人员办公区（m²） | 储藏用房（m²） |
|---|---|---|---|---|
| 特级 | 550 | 250 | 100 | 500 |
| 甲级 | 300 | 200 | 80 | 400 |
| 乙级 | 200 | 150 | 60 | 300 |
| 丙级 | 150 | 30 | 40 | 200 |

**媒体用房基本内容与面积标准** 表 23.6.6-3

| 等级 | 新闻发布厅（m²） | 记者工作区（m²） | 记者休息区（m²） | 评论员控制室（m²） | 转播信息办（m²） | 新闻官员办公室（m²） |
|---|---|---|---|---|---|---|
| 特级 | 225（150人） | 300 | 75 | 25 | 25 | 25 |
| 甲级 | 150（100人） | 200 | 50 | 20 | 20 | 25 |
| 乙级 | 120（80人） | 160 | 40 | 15 | 15 | 15 |
| 丙级 | 75（50人） | 100 | 25 | — | — | 15 |

技术设备用房基本内容与面积标准　　　　表 23.6.6-4

| 等级 | 显示屏控制室（m²） | 数据处理室（m²） | 灯光控制室（m²） | 扩声控制室（m²） |
|------|------------------|----------------|----------------|----------------|
| 特级 |                  | 100            | 20             | 30             |
| 甲级 | 40               | 80             |                |                |
| 乙级 |                  | 50             | 15             | 20             |
| 丙级 | 20               | 30             | 10             | 10             |

注：表 23.6.6-1～表 23.6.6-4 引自《公共体育场馆建设标准》。

## 23.6.7 实例

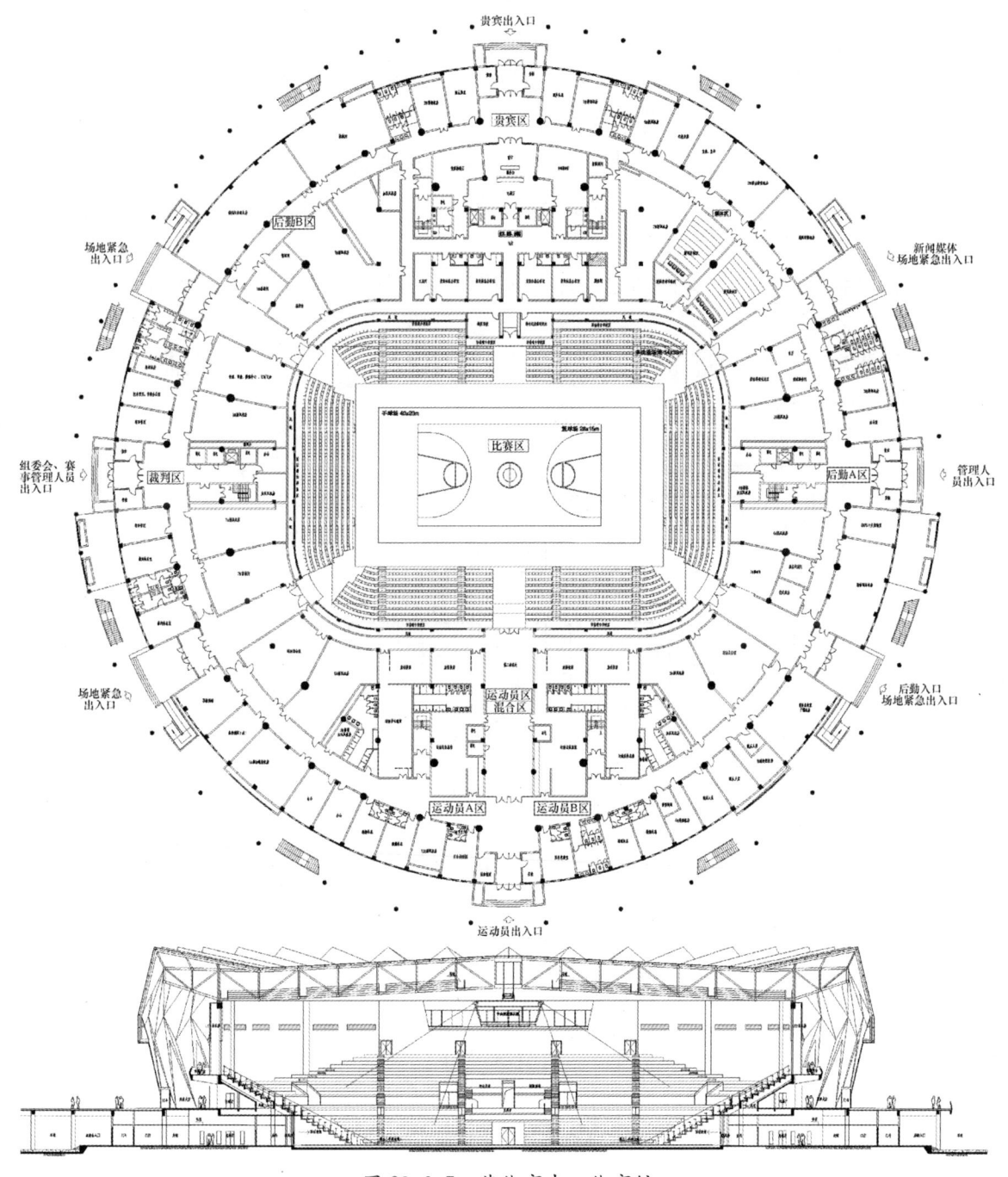

图 23.6.7　某体育中心体育馆

# 23.7 游 泳 设 施

## 23.7.1 规模及分类

游泳设施规模分类 表 23.7.1

| 分类 | 特大型 | 大型 | 中型 | 小型 |
|---|---|---|---|---|
| 观众容量（座） | 6000 以上 | 3000～6000 | 1500～3000 | 1500 以下 |

注：游泳设施的规模分类与前述 23.1.2 条规定的等级有一定关系。

## 23.7.2 一般规定

1. 建造在室外的训练、休闲健身类水上项目场地布置方向尽可能按比赛场地的要求布置。如不能满足，可根据实际情况进行适当调整。

2. 建造在室外的游泳、花样、跳水、水球等项目的比赛场地应南北向布置，当不能满足要求时，根据地理纬度和主导风向可略偏南或偏北方向，但不宜超过表 23.2.2 的规定。

3. 室外跳水池的跳板和跳台宜朝北。

4. 游泳及花样游泳场地为室内场地无外采光窗时无朝向要求，当有直射光进入室内时应考虑光线对场地的影响。

5. 观看跳水项目的观众看台应布置在比赛跳台的两侧，不应布置在跳台的前、后方。

## 23.7.3 游泳馆的功能组成

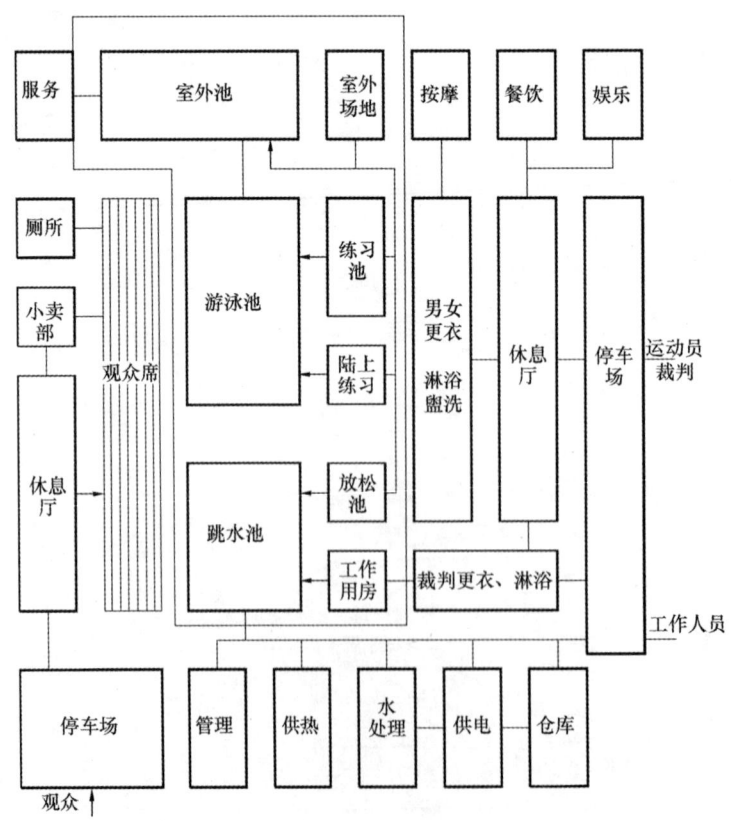

图 23.7.3 游泳馆功能组成及流线

### 23.7.4 比赛池和练习池

**游泳比赛池规格**    表 23.7.4-1

| 等级 | 比赛池规格（长×宽×深，m） | | 池岸宽（m） | | |
|---|---|---|---|---|---|
| | 游泳池 | 跳水池 | 池侧 | 池端 | 两池间 |
| 特级、甲级 | 50×25×2 | 21×25×5.25 | 8 | 5 | ≥10 |
| 乙级 | 50×21×2 | 16×21×5.25 | 5 | 5 | ≥8 |
| 丙级 | 50×21×1.3 | | 2 | 3 | |

注：（1）甲级以上的比赛设施，游泳池和比赛池应分开设置。

（2）当游泳池和跳水池有多种用途时，应同时符合各项目的技术要求。

（3）新建跳水池，水深宜为 6m。

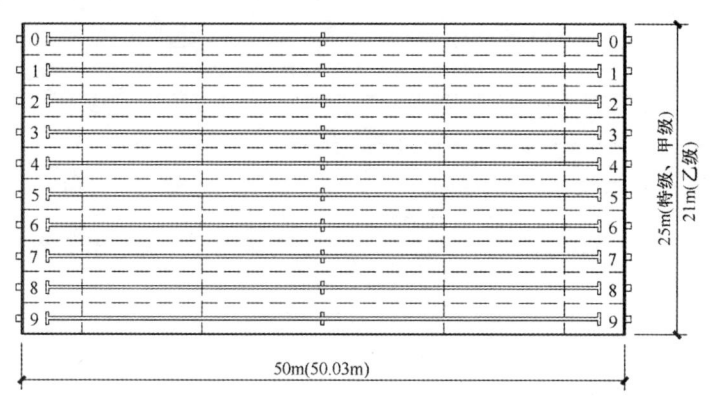

图 23.7.4-1 标准游泳池平面        图 23.7.4-2 跳水池平面示意图

**其他水池规格及要求**    表 23.7.4-2

| | 尺寸（m） | 水深（m） | 设备及其他要求 |
|---|---|---|---|
| 花样泳池 | 30×20<br>比赛区最小尺寸12×25 | 12×12m 范围内，3m<br>其他范围，2.5m | 水下扩声 |
| 水球池 | 33×21 | 1.8（一般）<br>2.0（最好） | |
| 热身池 | 长50 | ≥1.2 | 至少5个泳道，一端设有出发台；<br>一般设于看台底下或比赛池厅端部 |
| 造浪池 | 宽≥5，长≥25 长方形或扇形 | 最深处1.2～1.6 | 造浪装置 |
| 水滑梯 | 根据滑梯长度 | 0.8～1.0 | 滑梯宽0.4m，倾角≤21° |
| 一般游泳池 | 不限 | 0.5～1.5 | |
| 浅水池 | 不限 | 成人初学池0.9～1.35<br>儿童初学池0～1.1 | |

### 23.7.5 辅助用房与设施

**运动员用房基本内容与面积标准**    表 23.7.5-1

| 等级 | 运动员休息室（m²） | 兴奋剂检查室（m²） | 医务急救（m²） | 检录处（m²） |
|---|---|---|---|---|
| 特级 | 800（4套） | 65 | 35 | 150 |
| 甲级 | 600（4套） | 60 | 30 | 100 |
| 乙级 | 300（2套） | 50 | 25 | 60 |
| 丙级 | 200（2套） | 无 | 25 | 40 |

**赛事管理用房基本内容与面积标准**　　　　　表 23.7.5-2

| 等级 | 组委会办公和接待用房（m²） | 赛事技术用房（m²） | 其他工作人员办公区（m²） | 储藏用房（m²） |
|---|---|---|---|---|
| 特级 | 550 | 250 | 100 | 300 |
| 甲级 | 300 | 200 | 80 | 250 |
| 乙级 | 200 | 150 | 60 | 200 |
| 丙级 | 150 | 30 | 40 | 150 |

**媒体用房基本内容与面积标准**　　　　　表 23.7.5-3

| 等级 | 新闻发布厅（m²） | 记者工作区（m²） | 记者休息区（m²） | 评论员控制室（m²） | 转播信息办（m²） | 新闻官员办公室（m²） |
|---|---|---|---|---|---|---|
| 特级 | 225（150人） | 300 | 75 | 25 | 25 | 25 |
| 甲级 | 150（100人） | 200 | 50 | 20 | 20 | 25 |
| 乙级 | 120（80人） | 160 | 40 | 15 | 15 | 15 |
| 丙级 | 75（50人） | 100 | 25 | — | — | 15 |

**技术设备用房基本内容与面积标准**　　　　　表 23.7.5-4

| 等级 | 跳水积分控制室（m²） | 游泳计时控制室（m²） | 显示屏控制室（m²） | 灯光控制室（m²） | 扩声控制室（m²） |
|---|---|---|---|---|---|
| 特级 | 30 | 30 | 40 | 20 | 30 |
| 甲级 | 30 | 30 | 40 | 20 | 30 |
| 乙级 | 20 | 20 | 40 | 15 | 20 |
| 丙级 | 20 | 20 | 20 | 10 | 10 |

注：表 23.7.5-1～表 23.7.5-4 引自《公共体育场馆建设标准》。

**其他设施要求**　　　　　表 23.7.5-5

| 分类 | 设计要求 | | | |
|---|---|---|---|---|
| 淋浴、更衣和厕所用房 | 淋浴数目 | 100人以下 | 100～300人 | 300人以上 |
| | 男 | 20人/个 | 25人/个 | 30人/个 |
| | 女 | 15人/个 | 20人/个 | 25人/个 |
| 控制中心 | 应设于跳水池处的跳水设施一侧；在游泳池处应设于距终点 3.5m 处；地面高出池岸 0.5～1m，并能不受阻碍地观察到比赛区 | | | |
| 强制预淋浴和消毒洗脚池 | 设于进入游泳跳水区前，必要时设漫腰消毒池 | | | |
| 隔离设施 | 观众区与游泳跳水区及池岸间应有良好的隔离设施，观众的交通路线不应与运动员、裁判员及工作人员的活动区域交叉，供观众使用的设施不应与运动员合并使用 | | | |

### 23.7.6　训练设施

1. 按使用可分为跳水训练馆、游泳训练馆、综合训练馆和陆上训练用房等。

2. 训练池应包括根据竞赛规则及国际泳联的规定的热身池和供初学和训练用的练习池。

3. 游泳和跳水的陆上训练用房根据需要确定，跳水训练房室内净高应考虑蹦床训练时所需要的高度。

4. 训练设施使用人数可按每人 4m² 水面面积计算。

### 23.7.7 实例

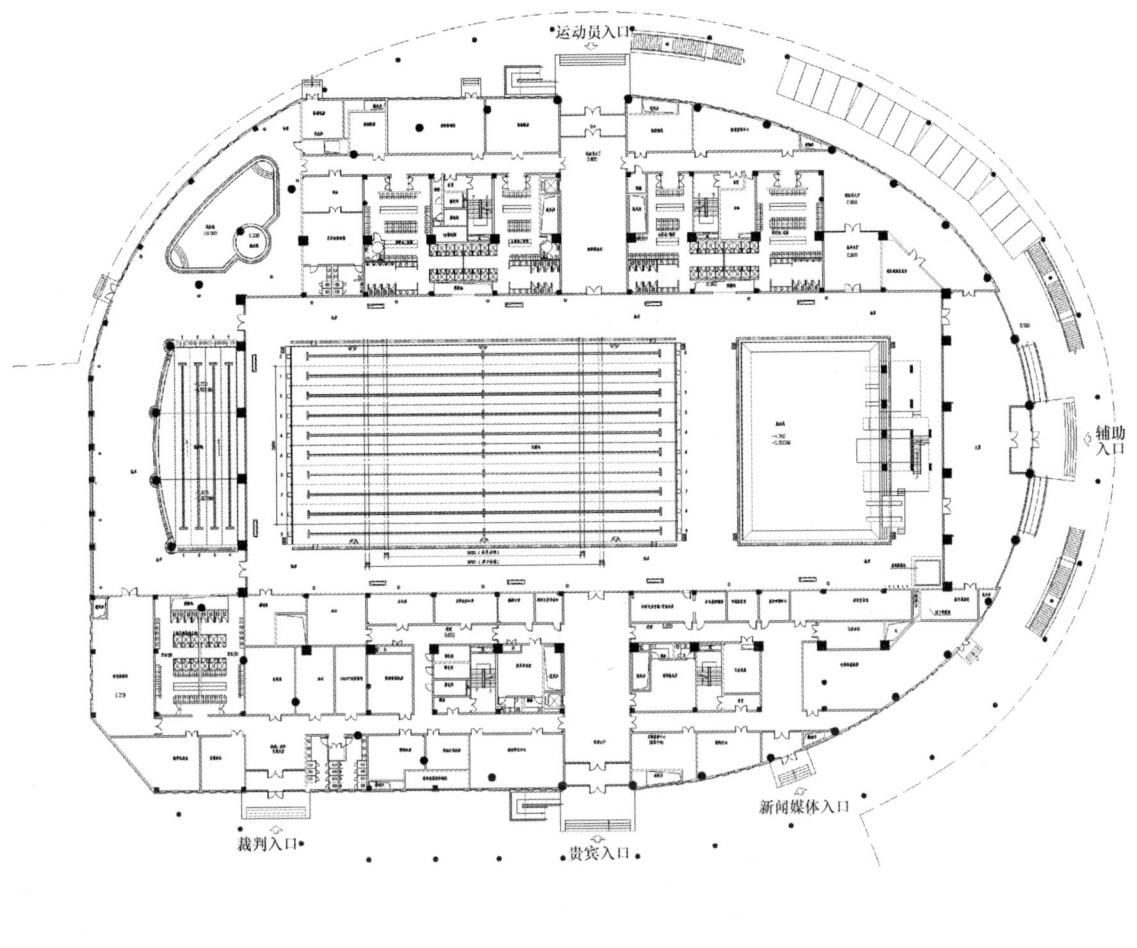

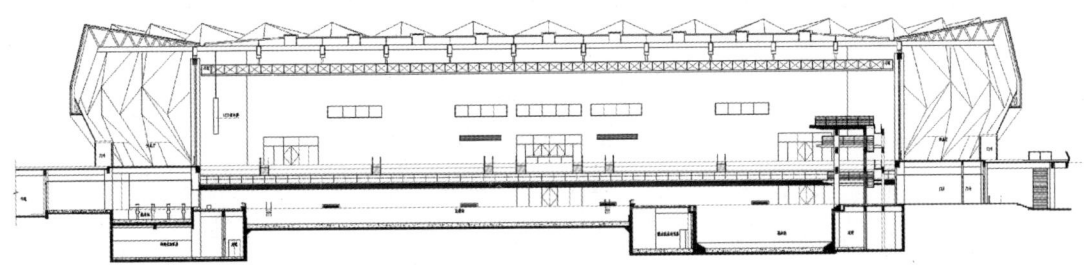

图 23.7.7 某体育中心游泳馆

# 23.8 体育场馆声学设计

### 23.8.1 体育场馆的声学设计

应从建筑方案阶段开始，体育场馆的建筑声学设计、扩声系统设计和噪声控制设计协调同步进行。

### 23.8.2 建筑声学设计

1. 应保证使用扩声系统时的语言清晰；未设置固定安装的扩声系统的训练馆，其建筑声学条件应保证训练项目对声环境的要求。

2. 建筑声学的处理方案，应结合建筑形式、结构形式、观众席和比赛场地的配置及扬声器的布置等因素确定。

3. 混响时间指标：综合体育馆比赛大厅、游泳馆比赛厅满场混响时间宜满足表 23.8.2-1 和表 23.8.2-2 的要求；各频率混响时间相对于 500～1000Hz 混响时间的比值宜符合表 23.8.2-3 的规定。

**综合体育馆不同容积比赛大厅 500～1000Hz 满场混响时间**　　表 23.8.2-1

| 容积（m³） | <40000 | 40000～80000 | 80000～160000 | >160000 |
|---|---|---|---|---|
| 混响时间（s） | 1.3～1.4 | 1.4～1.6 | 1.6～1.8 | 1.9～2.1 |

注：当比赛大厅容积大于表中列出的最大容积的 1 倍以上时，混响时间可比 2.1s 适当延长。

**游泳馆比赛厅 500～1000Hz 满场混响时间**　　表 23.8.2-2

| 每座容积（m³/座） | ≤25 | >25 |
|---|---|---|
| 混响时间（s） | ≤2.0 | ≤2.5 |

**各频率混响时间相对于 500～1000Hz 混响时间的比值**　　表 23.8.2-3

| 频率（Hz） | 125 | 250 | 2000 | 4000 |
|---|---|---|---|---|
| 比值 | 1.0～1.3 | 1.0～1.2 | 0.9～1.0 | 0.8～1.0 |

4. 有花样滑冰表演功能的溜冰馆，其比赛厅的混响时间可按容积大于 160000m³ 的综合体育馆比赛大厅的混响时间设计；冰球馆、速滑馆、网球馆、田径馆等专项体育馆比赛厅的混响时间可按游泳馆比赛厅混响时间的规定设计。

5. 混响时间可按下列公式分别对 125Hz、250Hz、500Hz、1000Hz、2000Hz、4000Hz 六个频率进行计算，计算值取到小数点后一位。

$$T_{60} = \frac{0.16V}{-S\ln(1-\bar{\alpha}+4mV)}$$

式中：$T_{60}$——混响时间（s）；

$V$——房间容积（m³）；

$S$——室内总表面积（m²）；

$\bar{\alpha}$——室内平均吸声系数；

$m$——空气中声衰减系数（m⁻¹）。

混响时间计算

6. 室内平均吸声系数应按下列公式计算。

$$\bar{\alpha} = \frac{\sum S_i\alpha_i + \sum N_jA_j}{S}$$

式中：$S_i$——室内各部分的表面积（m²）；

$\alpha_i$——与表面 $S_i$ 对应的吸声系数；

$N_j$——人或物体的数量；

$A_j$——与 $N_j$ 对应的吸声量

室内平均吸声系数计算

### 23.8.3 吸声与反射处理

**各类型体育场馆的吸声与反射设计要求** 表 23.8.3

| 体育场馆类型及部位 | | | 设计要求 |
|---|---|---|---|
| 体育馆 | 比赛大厅 | 上空 | 应设置吸声材料或吸声构造 |
| | | 屋面采光 | 应结合遮光构造对采光部位进行吸声处理 |
| | | 四周的玻璃窗 | 宜设置吸声窗帘 |
| | | 山墙或其他大面积墙面 | 应做吸声处理 |
| | 比赛场地周围的矮墙、看台栏板 | | 宜设置吸声构造，或控制倾斜角度和造型 |
| | 与比赛大厅连通为一体的休息大厅 | | 应结合装修进行吸声处理 |
| 游泳馆 | | | 声学材料应采取防潮、防酸碱雾的措施 |
| 网球馆 | | | 应在有可能对网球撞击地面的声音产生回声的部位进行吸声处理 |
| 体育场 | | | 较深的挑棚内宜进行吸声处理 |
| 体育场馆 | 主席台、裁判席 | | 周围壁面应做吸声处理 |
| | 评论员室、播音室、扩声控制室、贵宾休息室和包厢等 | | 应结合装修进行吸声处理 |
| | 无观众席的体育馆、训练馆和游泳馆 | | 宜在墙面和顶棚进行吸声处理 |

### 23.8.4 噪声控制

#### 1. 室内背景噪声限值

**室内背景噪声限值** 表 23.8.4-1

| 房间名称 | 室内背景噪声限值 |
|---|---|
| 体育馆比赛大厅 | NR-40 |
| 贵宾休息室、扩声控制室 | NR-35 |
| 评论员室、播音室 | NR-30 |

#### 2. 噪声控制和其他声学要求

**噪声控制及其他声学要求** 表 23.8.4-2

| 位置 | 要求 |
|---|---|
| 体育馆比赛大厅 | 四周外围护结构的计权隔声量应根据环境噪声情况及区域声环境要求确定 |
| | 宜利用休息廊等隔绝外界噪声干扰，休息廊内宜做吸声降噪处理 |
| | 对室内噪声有严格要求的，可对屋顶产生的雨致噪声、风致噪声等采取隔离措施 |
| 贵宾休息室 | 围护结构的计权隔声量应根据其环境噪声情况确定 |
| 评论员室间隔墙、播音室隔墙 | 隔声性能应保证房间外空间正常工作时房间内的背景噪声符合表 23.8.4-1 的规定 |
| 通往比赛大厅、贵宾休息室、扩声控制室、评论员室、播音室等房间的送风、回风管道 | 应采取消声和减振措施，风口处不宜有引起噪声的阻挡物 |
| 空调机房、锅炉房等设备用房 | 应远离比赛大厅、贵宾休息室等有安静要求的用房；当与主体相连时，应采取有效的降噪、隔振措施 |

### 23.8.5 扩声系统

1. 在体育场馆中应设置固定安装的扩声系统。有关体育场馆扩声设计的一般要求，传声器与扬声器系统的设置应符合《体育场馆声学设计及测量规程》JGJ/T 131—2012 的规定。

2. 扩声控制室的要求：

1）应设置在便于观察场内的位置，面向主席台及观众席开设观察窗，观察窗的位置和尺寸应保证调音员正常工作时对主席台、裁判席、比赛场地和大部分观众席有良好的视野；观察窗宜可开启，调音员应能听到主扩声系统的效果。

2）地面宜铺设防静电活动架空地板。

3）若有正常工作时发出超过 NR-35 干扰噪声的设备，宜设置设备隔离室。

3. 功放机房：应设置独立的空调系统。

# 23.9 体育场馆防火设计

### 23.9.1 体育场馆建筑的防火设计

应按照现行国家标准《建筑设计防火规范》GB 50016—2014，《体育建筑设计规范》JGJ 31—2003 执行。

### 23.9.2 消防车道

超过 3000 座的体育馆，应设置环形消防车道。

### 23.9.3 建筑分类

应根据体育场馆建筑使用功能的层数和建筑高度综合确定是按单、多层建筑还是高层建筑进行防火设计：

1. 无其他附加功能（或附加功能部分的高度不超过 24m）的单层大空间体育建筑，当单层大空间的高度超过 24m 时，按多层建筑进行防火设计。

2. 有其他附加功能的单层大空间体育建筑，当附加功能部分的高度超过 24m 时，应按高层建筑进行防火设计。

### 23.9.4 防火分区

应结合建筑布局、功能分区和使用要求加以划分；在进行充分论证，综合提高建筑消防安全水平的前提下，对于体育馆的观众厅，其防火分区的最大允许建筑面积可适当增加；并应报当地消防主管部门认定。

### 23.9.5 内部装修材料

1. 用于比赛、训练部位的室内墙面装修和顶棚（包括吸声、隔热和保温处理），应采用不燃烧体材料；当此场所内设有火灾自动灭火系统和火灾自动报警系统时，可采用难燃烧体材料。

2. 看台座椅的阻燃性应满足《体育场馆公共座椅》QB/T 2601—2013 的相关要求。

### 23.9.6 屋盖承重钢结构的防火保护

比赛或训练部位的屋盖承重钢结构在下列情况中的一种时，可不做防火保护：

1. 比赛或训练部位的墙面（含装修）用不燃烧体材料。

2. 比赛或训练部位设有耐火极限不低于 0.5h 的不燃烧体材料的吊顶。

3. 游泳馆的比赛或训练部位。

### 23.9.7　安全疏散

1. 应合理组织交通路线，并应均匀布置安全出口、内部和外部的通道，使分区明确，路线顺畅明确、短捷合理。

2. 看台部分的安全疏散见 23.3.4 条 。

3. 观众厅外的疏散走道应符合：观众休息厅等区域中的陈设物、服务设施不应影响观众疏散；当疏散走道有高差变化时宜采用坡道；疏散通道上的大台阶应设置分流栏杆。

# 24 超高层建筑设计

建筑高度大于100m的民用建筑为超高层建筑，包括居住建筑和公共建筑。

## 24.1 平 面 设 计

### 24.1.1 平面形式

超高层平面主要由功能，流线、结构布置、消防疏散等因素相互制约，常见形式见表24.1.1。

超高层建筑平面形式 表 24.1.1

| 形式 | 经济高度（m） | 常见类型 | 简要图示 |
|---|---|---|---|
| 几何中心 | 100～300 或更高 | 结构布置合理，核心筒布置在平面的几何中心位置，各向采光和视野有均好性，交通流线便捷，常见于形成阵列空间的平面 | |
| 对称布置 | 100～300 或更高 | 结构布置合理，核心筒分布在平面的几何对称位置，常见于需要形成较大空间布局或者主导优势视线方位的平面 | |
| 偏心分散 | 150 以下 | 结构核心筒偏心布置在平面侧边或者分散布置在端部位置，核心筒较易采光通风，常见于需要灵活大空间的平面 | |

## 24.1.2　核心筒竖向交通布置形式

核心筒竖向交通布置形式

表 24.1.2

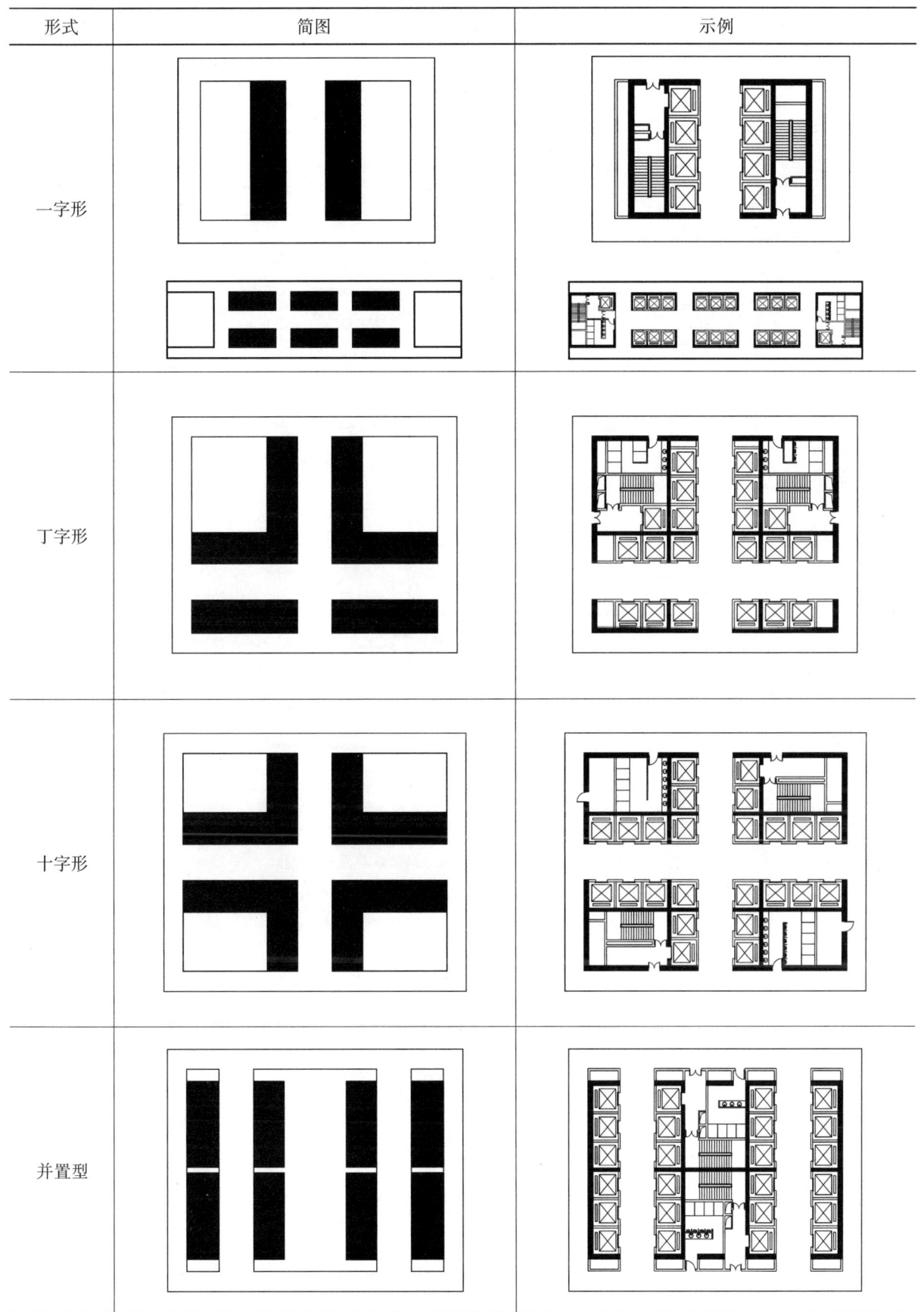

| 形式 | 简图 | 示例 |
|---|---|---|
| 一字形 | | |
| 丁字形 | | |
| 十字形 | | |
| 并置型 | | |

# 24.2 剖　面　设　计

常见办公楼净高控制参数　　　　　　　　　　　　表 24.2

| 等级 | 层高（m） | 办公区净高（m） | 走道净高（m） | 电梯厅净高（m） |
|---|---|---|---|---|
| 超甲级 | ≥4.2 | ≥3.0 | ≥2.8 | 2.8~3.0 |
| 甲级 | 3.8~4.2 | ≥2.8 | ≥2.6 | 2.6~2.8 |
| 乙级 | 3.6~4.0 | ≥2.7 | ≥2.4 | 2.4~2.7 |

注：办公区净高不得低于 2.5m，走道净高不得低于 2.2m。

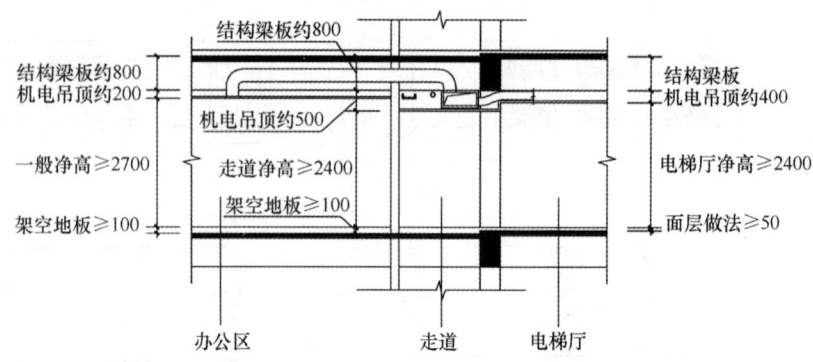

图 24.2-1　常见办公楼剖面示意图

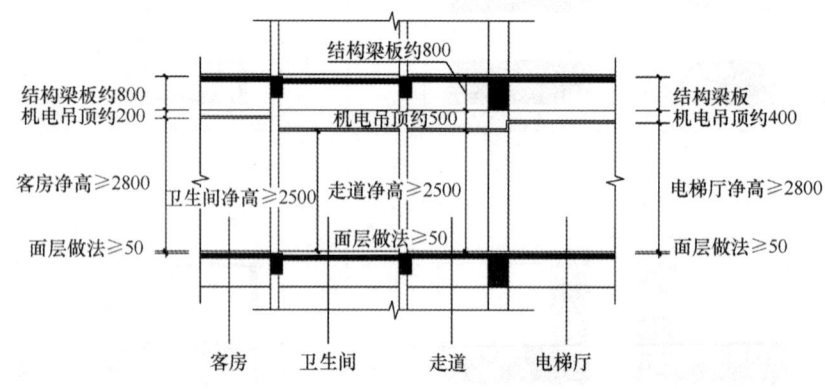

图 24.2-2　常见五星级酒店客房剖面示意图

注：总统套房除卫生间净高≥2500 外，套内其他房间净高一般≥3200，行政走廊净高一般≥3000。

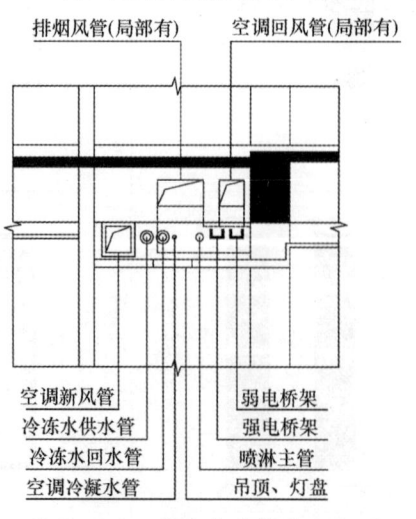

图 24.2-3　常见走道管线示意图

# 24.3  乘 客 电 梯 系 统

## 24.3.1  配置标准

详见第 3 章一般规定。

乘客电梯系统配置标准                        表 24.3.1

| 判断因素 | 指标 | |
|---|---|---|
| 5min 运载能力百分比 | 办公楼 | 11%～25% |
| | 住宅、酒店 | 5%～12.5% |
| 平均候梯时间（以 5min 集中人数占总设计使用人数 15% 考虑，自用型按 20% 考虑；其中等候时间>60s 的概率为 3%～5%） | 经济级 | 35～40s |
| | 舒适级 | 30～35s |
| | 豪华级 | 25～30s |
| 运行时间 | 理想用时 | ≤1.0min |
| | 极限用时 | 1.5～2.0min |

## 24.3.2  运行模式

乘客电梯应分层、分区停靠（图 24.3.2）。

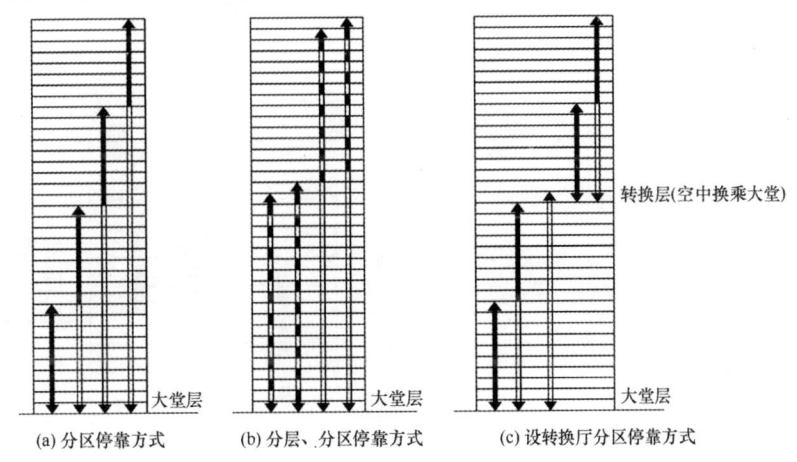

图 24.3.2  分层分区停靠示意图

分区标准：1. 宜以建筑高度 50m 或 10～12 个层站为一个区。

2. 转换厅（空中换乘大堂），大多用于建筑高度超过 300m 的超高层建筑，宜按 25～35 层分段，段内再行分区。

3. 下区层数可多些，上区层数宜少些。

4. 最低区可采用常规梯速 1.75m/s，以上逐区加速一级，每级加速 1.0～1.5m/s。

## 24.3.3  控制模式

群控，台数不宜超过 4 台，单列不大于 4 台。

## 24.3.4  中间层电梯机房设置位置

1. 宜设在避难层的设备用房区内，以避免对其他使用层的影响。

2. 当避难层层高加其下层层高不能满足下区电梯冲顶高度加电梯机房高度时，可按图 24.3.4 处理。

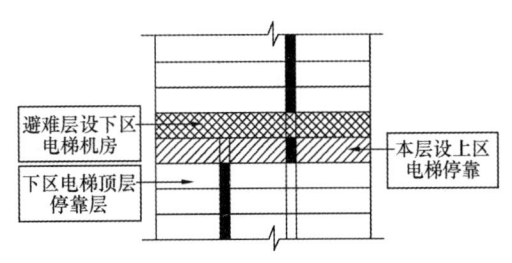

图 24.3.4  电梯机房设置示意图

### 24.3.5 转换层（空中换乘大堂）设置

转换层（空中换乘大堂）设置表

表 24.3.5

| 位置 | 特点 | 图示 |
|---|---|---|
| 设在避难层上层 | 下区电梯机房可设在避难层或转换层内；上区电梯基坑可设在避难层内；穿梭电梯机房可能需设在转换层上一层内；对其他楼层的使用功能影响较小 | |
| 设在避难层下层 | 下区电梯机房可设在避难层或转换层内；穿梭电梯机房设在避难层内；上区电梯基坑需设在转换层下一层内；对其他楼层的使用功能影响较小 | |
| 设在避难层之间 | 下区电梯机房可设在转换层内；穿梭电梯机房需设在转换层上一层内；上区电梯基坑需设在转换层下一层内；对其他楼层的使用功能影响较大 | |

### 24.3.6 双层轿厢电梯

双层轿厢电梯是由上下两层轿厢构成的双层电梯，共享一个电梯井道。

设置要求：

1. 电梯分奇偶层停靠。

2. 电梯停靠层层高相等（两层轿厢间距离调节能力有限）。

3. 停靠层乘梯人数相当。

4. 基层应设双层候梯大厅，建筑入口需设明显的奇偶层分流标识。

特点：在一定的运输能力下，电梯井道数量减少，提高建筑使用率。两层轿厢门均关闭后电梯方可运行，运行时间延长。

# 24.4 避 难 层 设 计

建筑高度大于100m的公共建筑、住宅建筑应设置避难层（详见第4章建筑防火设计）。

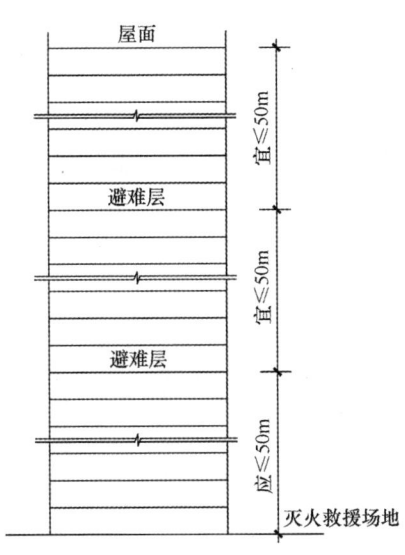

图 24.4.1　避难层高度设计

### 24.4.1　设置高度及间隔高度

1. 第一个避难层（间）的楼面至灭火救援场地地面高度不应大于 50m。

2. 两个避难层（间）之间的高度不宜大于 50m。

### 24.4.2　避难层（间）的净面积

1. 建筑高度≤250m 时，宜按设计人数 5 人/m² 计算；建筑高度＞250m 时，应按人数 4 人/m² 计算。

2. 设计避难人数为该避难层所负担楼层的总人数：

1）办公：按建筑面积 9m²/人计算（《办公建筑设计规范》JGJ 67—2006）。

2）酒店：按所负担楼层总床位数计算。

3）避难层所负担楼层数：为该避难层至上一避难层之间的楼层数。

### 24.4.3　避难区应设置直接对外可开启乙级防火窗

1. 采用自然通风方式的避难区，开启窗应在不同朝向设置，其有效面积不小于避难区楼面面积的 2%，且各朝向不应小于 2m²。

2. 设置机械加压送风系统的避难区，开启窗有效面积不小于避难区楼面面积的 1%。

### 24.4.4　避难层可兼作设备层

1. 避难层可设置火灾危险性较小的设备用房，不能用于其他使用功能。

2. 设备管道宜集中布置，其中的易燃、可燃液体或气体管道应集中布置。

3. 设备管道区应采用耐火极限不低于 3.00h 的防火隔墙与避难区分隔。

4. 管道井和设备间应采用耐火极限不低于 2.00h 的防火隔墙与避难区分隔。

5. 管道井和设备间的门不应直接开向避难区；确需直接开向避难区时，与避难层区出入口的距离不应小于 5m，且应采用甲级防火门。

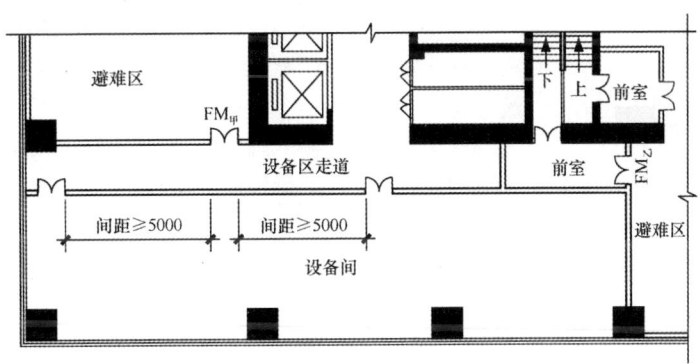

图 24.4.4　避难层设置示意图

# 24.5　结　构　设　计

### 24.5.1　结构体系

剪力墙结构、框架—剪力墙结构、框支—剪力墙结构、筒体结构（含框架核心筒结构、筒中筒结构等）、巨型结构。

### 24.5.2 结构材料

钢筋混凝土结构（代号 RC）、型钢混凝土结构（代号 SRC）、钢管混凝土结构（代号 CFS）和全钢结构（代号 S 或 SS）。

### 24.5.3 各类钢筋混凝土结构体系经济适用的高宽比

各类钢筋混凝土结构体系经济适用的高宽比　　　　表 24.5.3

| 高宽比　　　抗震设防烈度　　结构体系 | 6度、7度 | 8度 |
|---|---|---|
| 剪力墙、框架—剪力墙 | 6 | 5 |
| 框架—核心筒 | 7 | 6 |
| 筒中筒结构 | 8 | 7 |
| 巨型结构 | 8 | 7 |

### 24.5.4 各类钢筋混凝土结构适用体系及经济适用高度

各类钢筋混凝土结构适用体系及经济适用高度　　　　表 24.5.4

| 建筑功能 | 适用的结构体系 | 经济适用高度（m） | | |
|---|---|---|---|---|
| | | 6度 | 7度 | 8度 |
| 住宅（底部不带商业） | 剪力墙结构 | 170 | 150 | 130 |
| 住宅（底部带商业） | 剪力墙结构 | 170 | 150 | 130 |
| | 框支—剪力墙结构 | 140 | 120 | 100 |
| 公寓、办公楼、酒店 | 框架—剪力墙结构 | 160 | 140 | 120 |
| | 框架—核心筒结构 | 210 | 180 | 140 |
| | 筒中筒结构 | 280 | 230 | 170 |
| | 巨型结构 | 280 | 230 | 170 |

### 24.5.5 工程实例

工程实例　　　　表 24.5.5

| | 上海中心大厦 | 深圳平安金融中心 | 台北 101 大楼 | 上海环球金融中心 | 广州西塔 |
|---|---|---|---|---|---|
| 结构高度（m） | 574 | 555 | 449 | 492 | 432 |
| 结构体系 | 巨型框架＋核心筒＋伸臂桁架 | 巨型柱斜撑框架＋核心筒＋伸臂桁架 | 巨型框架＋核心筒＋伸臂桁架 | 巨型柱斜撑框架＋核心筒＋伸臂桁架 | 巨型钢管混凝土柱斜交网格外筒＋钢筋混凝土内筒 |
| 结构材料 | 型钢混凝土＋钢外伸臂 | 型钢混凝土＋钢外伸臂 | 型钢混凝土钢外伸臂 | 型钢混凝土钢外伸臂 | 钢管混凝土 |
| 高宽比 | 7.0 | 7.3 | 8.2 | 8.5 | 6.5 |

# 24.6 电气、设备站房的设置

### 24.6.1 水泵房的设置

1. 生活水泵房

1）不同建筑高度的设置要求

生活水泵房建筑高度设置　　　　表 24.6.1-1

| 建筑高度≤150m | 建筑高度＞150m | 各区段高度 |
|---|---|---|
| 地下水泵房直输到顶层 | 设中间转输水箱及水泵房 | ≤150m |

2）站房面积：90～120m²。

3）站房净高：3.6～4.5m。

## 2. 消防水泵房

1）不同建筑高度的设置要求

消防水泵房建筑高度设置　　　　　　　　表 24.6.1-2

| 公共建筑高度≤120m<br>住宅建筑高度≤150m | 公共建筑高度 120～250m<br>住宅建筑高度 150～250m | 建筑高度>250m |
|---|---|---|
| 地下水泵房直输到顶层 | 设中间转输水泵房及水箱<br>设置高度 100～150m | 设中间转输水泵房及水箱<br>间隔设置高度 100～150m |
| 屋顶设高位水箱、<br>稳压泵房 | 屋顶设高位水箱、<br>稳压泵房 | 屋顶设高位水池（贮存一次火灾<br>所需的全部消防水量）、<br>稳压泵房 |

2）站房面积

站房面积设置　　　　　　　　表 24.6.1-3

|  | 屋顶高位水箱＋泵房 | 中间转输水泵房＋水箱 | 屋顶设高位水池＋泵房 |
|---|---|---|---|
| 面积 | 50～60m² | 90～120m² | 350～400m² |

3）站房净高：3.6～4.5m。

### 24.6.2　采暖、空调换热机房的设置

1. 散热器、热水地面辐射采暖：换热机房负荷总高度≤50m，分别上下设置独立的采暖系统，如图 24.6.2-1（a）和图 24.6.2-1（b）。

2. VRV 空调：负荷总高度≤50m，分别上下设置独立的空调系统，如图 24.6.2-1（b）。

3. 集中空调：换热机房负荷总高度≤100m，分别上下设置独立的空调系统。如图 24.6.2-2（a）和图 24.6.2-2（b）。

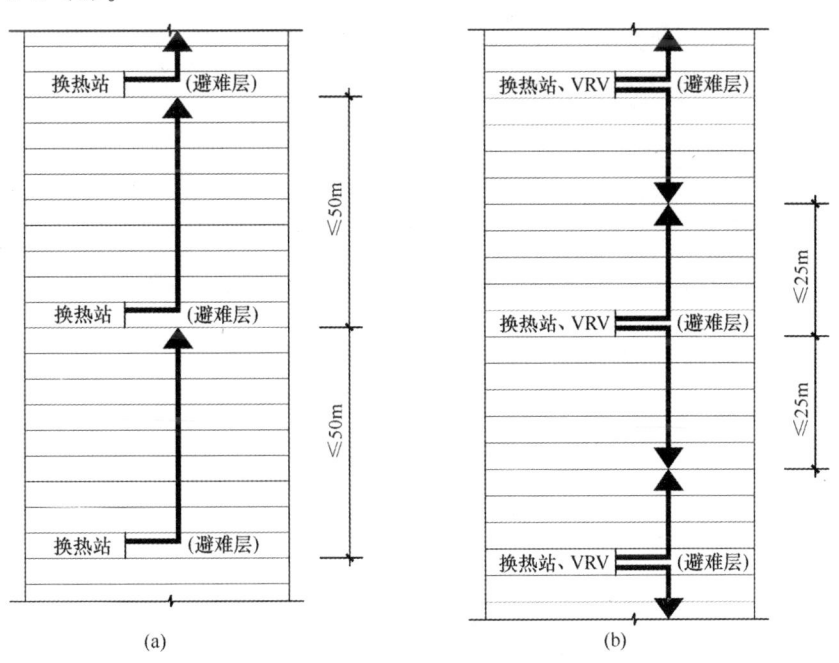

图 24.6.2-1　采暖换热机房设置示意图

4. 站房面积：约为负荷使用面积的 0.5%。

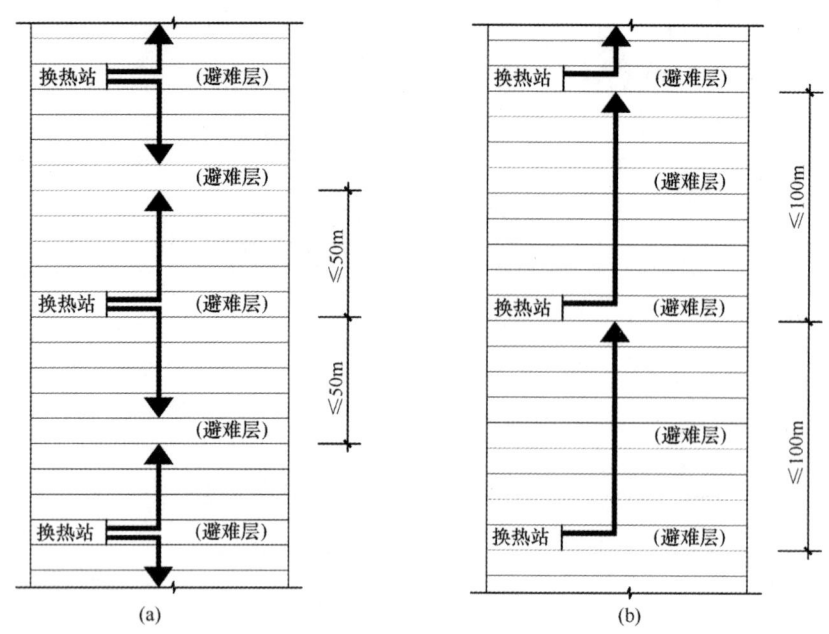

图 24.6.2-2　空调换热机房设置示意图

5. 站房净高：3.5～4.0m。

6. VRV 系统室外机对外通风开口净高：单排 3.0m；双排 4.0m。

### 24.6.3　变配电所的设置

1. 供电半径（电缆长度）宜≤250m，经济适宜长度 50～150m，可同时上下供输。

2. 高压配电室及底部变配电所可设在首层或地下层，当有多层地下室时，不应设在最底层，当地下只有一层时，应采取抬高地面和防止雨水、消防水等积水措施，中间楼层的变配电所根据供电半径设置在避难层中，每隔一个避难层设置一个较为经济适宜。

3. 为减少变配电所对其他楼层的影响，可将其设在屋顶。

4. 站房面积：约为其负担建筑面积的 0.3%（住宅）～1.0%。

5. 站房净高：无电缆沟，3.5m；有电缆沟，沟底至顶板梁底 4.0m。

6. 站房净宽：单排布置配电柜 3.8m；双排布置配电柜 6.3m。

### 24.6.4　设置限制

1. 水泵房、变配电所不应设在住宅的直接上方、直接下方。当必须设置时，可在其上、下各做一个结构夹层。

2. 当变配电所与上、下或贴邻的居住、办公房间仅有一层楼板或墙体相隔时，变配电所内应采取屏蔽、降噪等措施。

3. 水泵房应采取减振、降噪措施，消防水泵房疏散门应直通安全出口。

### 24.6.5　隔振措施

1. 换热机房、水泵房

1）卧式水泵（消防水泵除外）应安装在配有 25～32mm 变形量外置式弹簧减振器的惯性地台上，若卧式水泵噪声≥80dBA，则需额外加设浮筑地台。

2）立式水泵（消防水泵除外）应安装在配有 25～32mm 变形量外置式弹簧减振器的惯性地台上，并安装在浮筑地台上。

3）稳压泵、水箱、热交换器应安装在厚度≥50mm 的专业橡胶减振垫上（图 24.6.5-1）；水箱距离墙身、顶棚应≥50mm。

4）机房内风机应配备25～32mm变形量外置式弹簧减振器（图24.6.5-2和图24.6.5-3）。

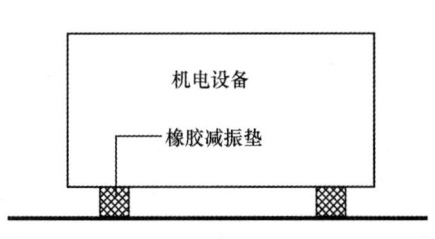

图24.6.5-1  机电设备安装示意图

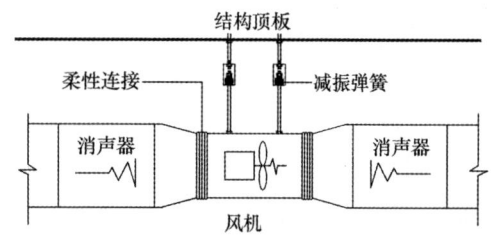

图24.6.5-2  吊挂式风机

2. 终端配变电房

变压器、控制柜应安装在浮筑地台上。

3. 惯性地台

1）重量至少为所承托水泵运行重量的2.5倍。

2）混凝土块密度≥2240kg/m³。

3）长宽大于所承托水泵尺寸300mm，厚度≥150mm。

4）做法：四周用槽钢焊成一个外框，底部焊上钢板，周边焊接角码用于固定弹簧减振器，通过弹簧减振器将其固定结构楼板（或浮筑地台）上，在框内浇筑C30混凝土。

惯性地台示意见图24.6.5-4。

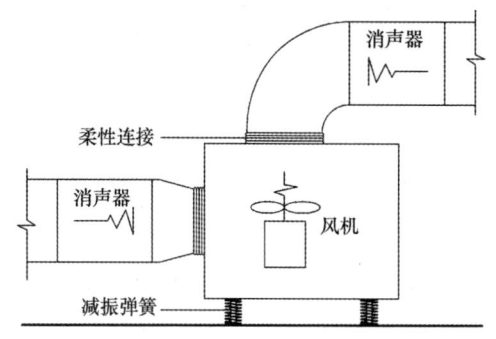

图24.6.5-3  座地式风机

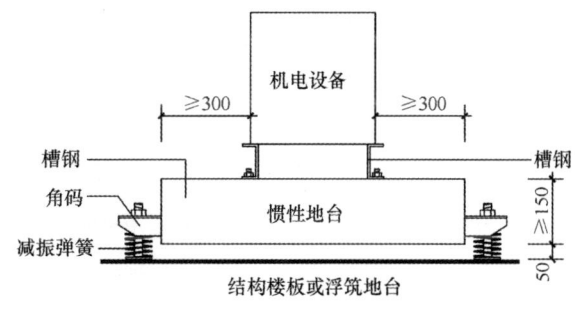

图24.6.5-4  惯性地台示意图

4. 浮筑地台

1）采用钢筋混凝土浇筑，厚度≥150mm，应能承受上部荷载。

2）下部布置50mm×50mm×50mm橡胶减振垫，间距≤600mm×600mm。

3）与墙体接触处应采用厚度大于10mm的弹性胶垫隔离。

4）浮动层不得与结构楼板有任何接触，结构楼板平整度≤3mm/m。

浮筑地台示意见图24.6.5-5。

### 24.6.6  降噪措施

1. 设备噪声超过72dBA时，顶棚、墙身需设置多孔吸声板，其面积应不小于房间表面积的50%。

2. 多孔吸声板的做法

50厚超细玻璃丝棉吸声毡（25kg/m³），外罩穿孔面板（穿孔率≥20%）。

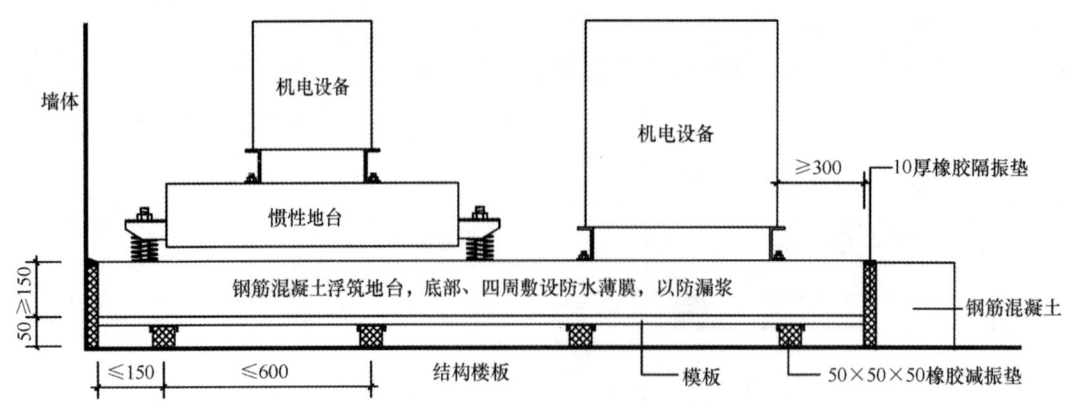

图 24.6.5-5　浮筑地台示意图（mm）

### 24.6.7　屏蔽措施

1. 墙面抹灰、顶棚抹灰、楼面垫层内敷设细孔钢网。
2. 楼面垫层内敷设细孔钢网，墙面、顶棚明敷金属板材。
3. 楼面垫层内敷设细孔钢网，墙面、顶棚刷屏蔽涂料（亦称导电漆）。
4. 各种做法均需与接地装置连接。

# 24.7　屋顶擦窗机

擦窗机是用于建筑物或构筑物窗户和外墙清洗、维修等作业的常设悬吊接近设备。按安装方式分为：屋面轨道式、轮载式、插杆式、悬挂轨道式、滑梯式等。

屋顶擦窗机分类　　　　　　　　　　　　　　　　　　　　　表 24.7

| 类型 | | 特点 | 适用范围 | |
|---|---|---|---|---|
| 屋面轨道式 | 双臂动臂变幅形式 | 1. 擦窗机沿屋面轨道行走；<br>2. 行走平稳、就位准确、安全装置齐全、使用安全可靠、自动化程度高；<br>3. 屋面结构承载应满足要求，预留擦窗机的行走通道 | 适用于屋面结构较为规矩、楼顶屋面有足够的空间通道且屋面有一定的承载能力的建筑物 | 属小型擦窗机设备，工作幅度相对较小，机重较轻 |
| | 燕尾臂形式 | | | 属最常用的中型设备，一般复杂的建筑立面均可适用，伸展吊船可清洗凹立面 |
| | 伸缩臂式 | | | 属大型的擦窗机设备，适用于屋面较多，多台擦窗机很难完成整个大楼的作业时，常采用伸缩臂擦窗机 |
| | 附墙轨道式 | 1. 轨道沿女儿墙内侧布置，设备可沿轨道自由行走，完成不同立面的作业；<br>2. 行走平稳、就位准确，使用方便、自动化程度高等特点 | | 属小型擦窗机设备，适用于屋面结构较为规整，屋面擦窗机通道尺寸在 500~1000mm，其他轨道式不宜布置时，可选择此机型，屋面女儿墙应有一定的承载能力 |

| 类型 | 特点 | 适用范围 |
|---|---|---|
| 轮载式 | 1. 屋面行走通道靠女儿墙布置，设备沿通道自由行走；<br>2. 行走平稳、就位准确，使用方便 | 适用于屋面结构较规整、有一定的空间通道且屋面为刚性屋面，有一定的承载能力，坡度≤2% |
| 插杆式 | 1. 插杆基座沿楼顶女儿墙或女儿墙内侧布置；<br>2. 结构简单、成本低；<br>3. 插杆、吊船换位需人工搬移、作业效率低 | 适用于裙房、屋面较多、屋面空间窄小、造价要求低的建筑物 |
| 悬挂式 | 1. 悬挂轨道沿楼顶女儿墙、檐口外侧布置，设备可沿轨道自由行走；<br>2. 行走平稳、就位准确，使用方便 | 适用于屋面较多、空间较小、建筑造型复杂、其他擦窗机不易安装的场合，女儿墙应有一定的承载能力 |
| 滑梯式 | 1. 滑梯结构按建筑物屋顶形式设计；<br>2. 行走平稳、就位准确，使用方便 | 适用于内外弧形、水平、倾斜的玻璃天幕、球形结构、天桥连廊等建筑物的内外清洗和维护作业 |

## 24.8　屋顶直升机停机坪

建筑高度大于100m且标准层建筑面积大于2000m² 的公共建筑，宜在屋顶设置直升机停机坪或供直升机救助的设施。详见第4章建筑防火设计。

# 24.9 建 筑 实 例

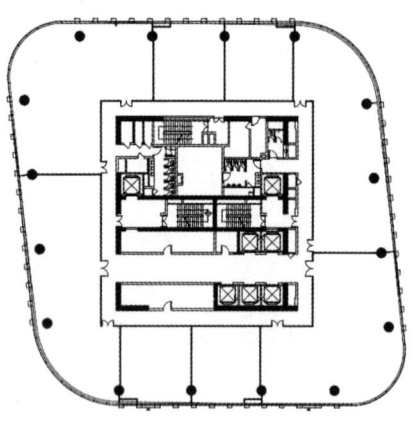

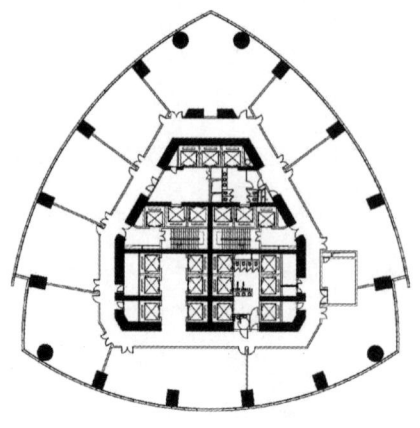

| 建筑性质 | 超高层办公/酒店 |
|---|---|
| 总层数/建筑高度 | 62层/280m |
| 标准层面积 | 2085m² |
| 核心筒面积 | 511m² |
| 核边距 | 7~11m |

图 24.9-1　实例一

| 建筑性质 | 超高层办公/酒店 |
|---|---|
| 总层数/建筑高度 | 64层/250m |
| 标准层面积 | 1970m² |
| 核心筒面积 | 536m² |
| 核边距 | 8~13m |

图 24.9-2　实例二

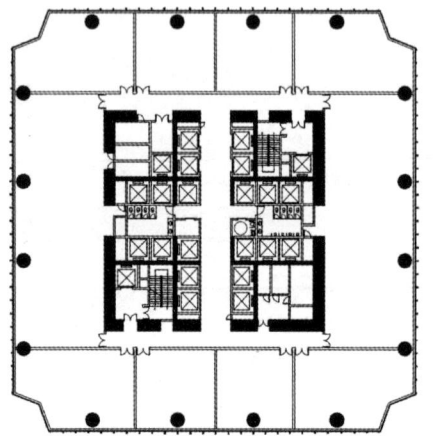

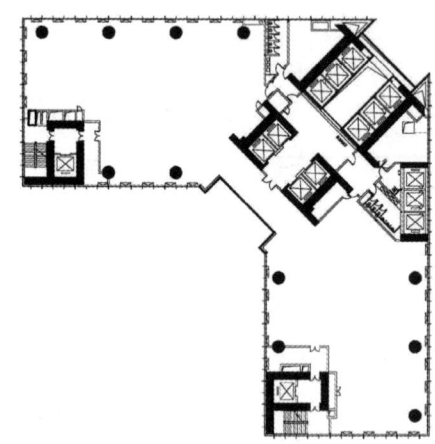

| 建筑性质 | 超高层办公/酒店 |
|---|---|
| 总层数/建筑高度 | 60层/266m |
| 标准层面积 | 2568m² |
| 核心筒面积 | 650m² |
| 核边距 | 8~11m |

图 24.9-3　实例三

| 建筑性质 | 超高层办公 |
|---|---|
| 总层数/建筑高度 | 34层/160m |
| 标准层面积 | 1820m² |
| 核心筒面积 | 410m² |
| 进深 | 22m |

图 24.9-4　实例四

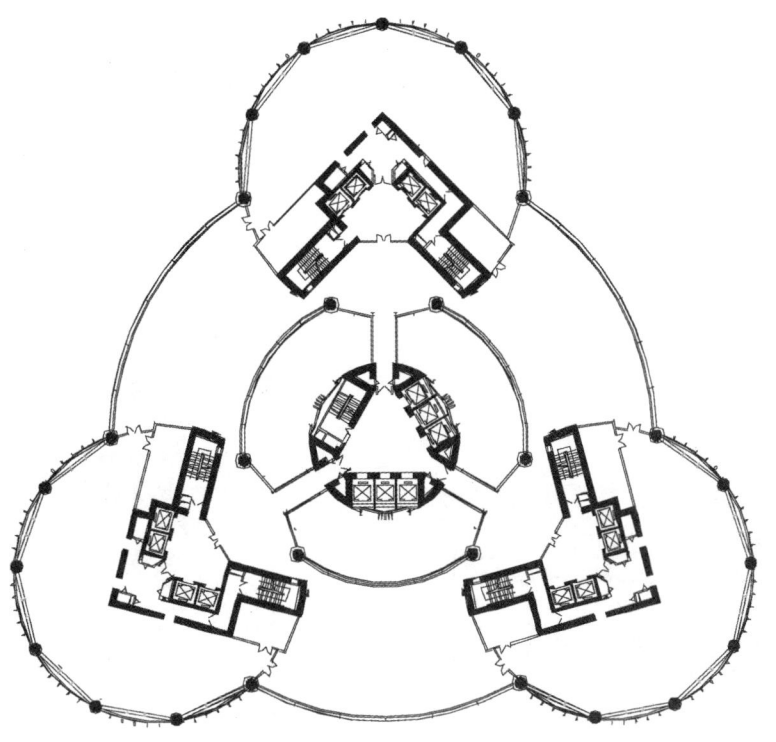

| 建筑性质 | 超高层公寓 |
|---|---|
| 总层数/建筑高度 | 72 层/328m |
| 标准层面积 | 2550m² |
| 核心筒面积 | 860m² |
| 核边距 | 10~12m |

图 24.9-5 实例五

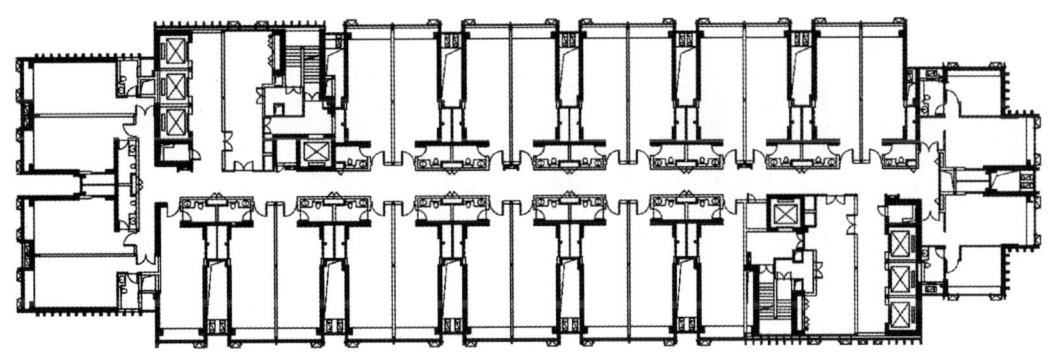

| 建筑性质 | 超高层办公 |
|---|---|
| 总层数/建筑高度 | 50 层/172m |
| 标准层面积 | 1620m² |
| 核心筒面积 | 310m² |
| 进深 | 18~25m |

图 24.9-6 实例六

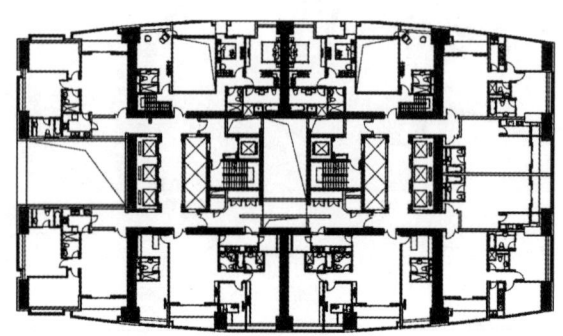

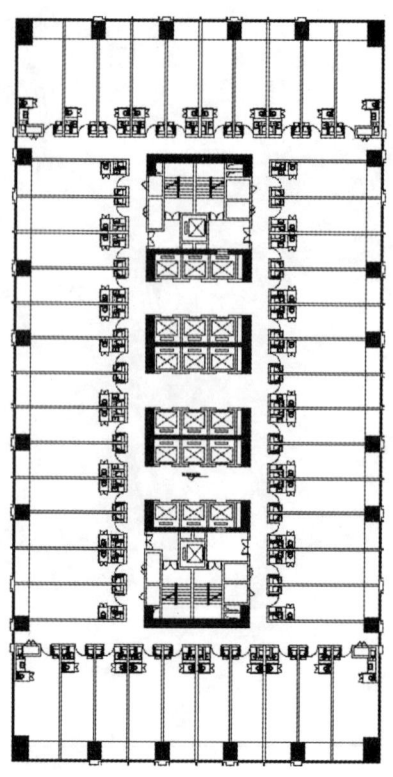

| 建筑性质 | 超高层公寓 |
|---|---|
| 总层数/建筑高度 | 81层/308m |
| 标准层面积 | 1450m² |
| 核心筒面积 | 228m² |
| 每户进深 | 10~12m |

图 24.9-7　实例七

| 建筑性质 | 超高层办公/酒店 |
|---|---|
| 总层数/建筑高度 | 36层/200m |
| 标准层面积 | 2270m² |
| 核心筒面积 | 430m² |
| 核边距 | 12~13m |

图 24.9-8　实例八

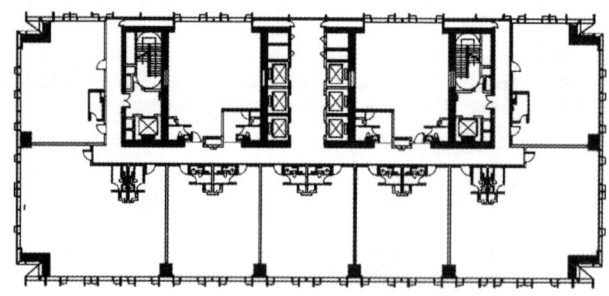

| 建筑性质 | 超高层办公/公寓 |
|---|---|
| 总层数/建筑高度 | 41层/208m |
| 标准层面积 | 1820m² |
| 核心筒面积 | 275m² |
| 核边距 | 12~15m |

图 24.9-9　实例九

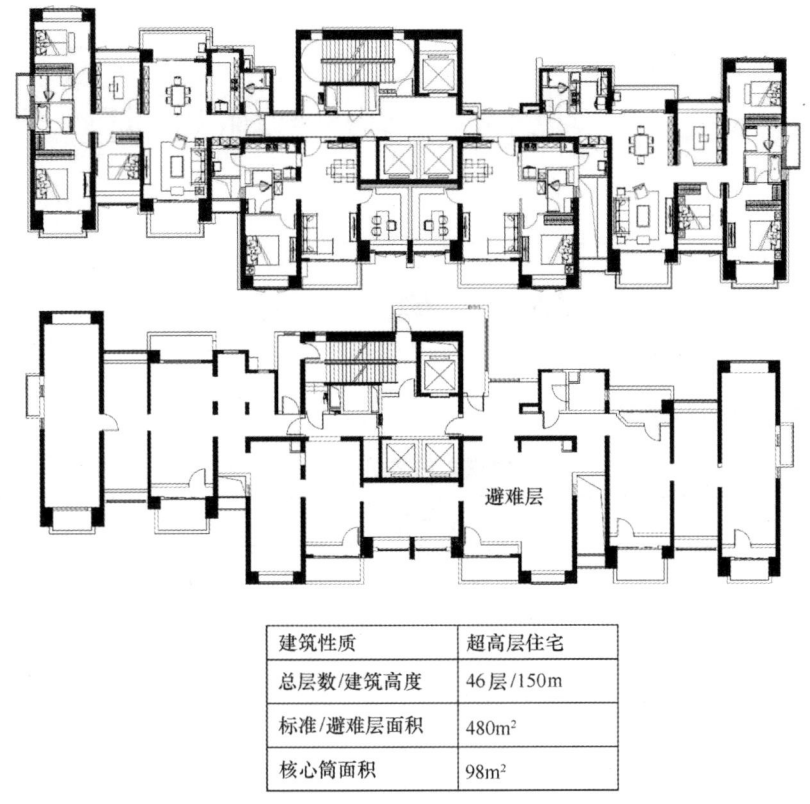

| 建筑性质 | 超高层住宅 |
| --- | --- |
| 总层数/建筑高度 | 46层/150m |
| 标准/避难层面积 | 480m² |
| 核心筒面积 | 98m² |

图 24.9-10 实例十

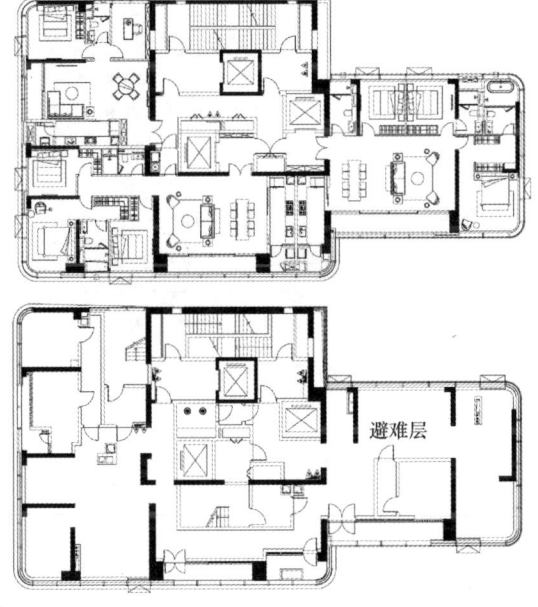

| 建筑性质 | 超高层住宅 |
| --- | --- |
| 总层数/建筑高度 | 39层/14m |
| 标准/避难层面积 | 470m² |
| 核心筒面积 | 105m² |

图 24.9-11 实例十一

# 25 地铁车站建筑设计

## 25.1 概　　述

### 25.1.1 地铁车站建筑的分类

地铁车站建筑分类　　　　　　　　　　　　　　表 25.1.1

| 地铁车站分类 | | |
| --- | --- | --- |
| 车站站台形式 | 岛式站台 | 乘客乘车站台位于两股轨道中间区域，乘客换乘另一方向无须跨越轨道 |
| | 侧式站台 | 乘客乘车站台位于两股轨道外侧，乘客换乘另一方向须跨越轨道 |
| | 平面组合式站台 | 在同一平面，同一标高中既有岛式站台也有侧式站台，常用于特殊配线车站及换乘车站 |
| | 垂直组合式站台 | 同一线路不同方向站台采用上下叠加布置方式，常用于同台换乘车站或特殊工法车站 |
| 车站施工方法 | 明挖（含先隧后站） | 车站主体采用大开挖形式施工，结构施工顺序由下至上 |
| | 暗挖 | 车站主体因施工条件限制采用矿山开挖方式进行施工，通常暗挖通道两端须先设明挖竖井或基坑 |
| | 明暗挖组合 | 上述两种方式组合，有施工条件的场地采用明挖，不具备场地施工条件的地方采用暗挖，车站平面功能须与施工工法结合布置 |
| | 盖挖 | 在具备施工场地条件，但施工工期受限制情况下，采用的工法，即先行施工结构顶板或做临时道路铺盖，恢复道路交通，然后再在盖板下按明挖方式进行施工 |
| 车站与地面关系 | 浅埋 | 因线路设置要求或地质条件所限，车站采用埋深较浅，常采用单层侧式车站形式及标准地下两层 |
| | 深埋 | 因线路穿越上方构筑物或其他地下建筑物，要求车站采用深埋形式，地下 3～5 层 |
| | 地面 | 因线路设置条件，车站主体设于地面，采用单层车站形式 |
| | 高架 | 线路设置要求，车站主体架空于道路或地面以上，采用二三层高架形式 |

| | 地铁车站分类 | |
|---|---|---|
| 车站功能等级 | 一般标准站 | 车站设置条件适中，施工条件较好，无大的突发客流，车站按一般标准车站设置，通常采用地下二层 |
| | 换乘站 | 因线路设置要求，两条线路必须共点设置，但施工不一定同步建设，常采用地下三层形式，换乘形式有"十"字、"L"形、"T"形、平行换乘 |
| | 中心站或枢纽站 | 按线网规划要求，多条线路（三条或以上）共点交汇，或两条轨道交通线路与其他轨道交通（高铁、城际）或与空港、码头、客运站等其他交通建筑组合成换乘枢纽 |
| | 特殊站 | 因车站周边城市环境特点突出，车站建筑设计与环境结合设计有较强的地域特色或文化个性的车站 |

### 25.1.2 总平面设计

1. 地铁车站建筑总平面布局应综合考虑车站周边既有建筑和规划条件、城市道路、车站规模形式，合理选择车站站位和出入口、风亭、冷却塔等附属设施的位置。

2. 地铁车站形式应根据线路特征、运营要求、周边环境及车站区间采用的施工工法等条件确定。每站的人行通道数量远期一般不少于3个，近（初）期至少要有2个独立出入口能直通地面。

3. 地铁车站出入口、风亭、冷却塔等地面建筑置应满足表25.1.2-1～表25.1.2-3的规定。

出入口、风亭、冷却塔与规划道路、建筑物距离表　　　　表 25.1.2-1

| 间距类别 | | 距离要求 | 备注 |
|---|---|---|---|
| 退缩道路红线 | 规划道路宽≥60m | 10m | 参考值，需规划部门确认 |
| | 规划道路宽<60m | 5m | |
| 防火间距 | 民用建筑一、二级 | 6m | |
| | 民用建筑三级 | 7m | |
| | 民用建筑四级 | 9m | |
| | 高层建筑 | 9m | |
| | 高层建筑裙房 | 6m | |
| | 汽车加油站 | 按《汽车加油加气站设计与施工规范》GB 50156—2012（2014年版） | |
| | 高压电塔 | 按《城市电力规划规范》GB/T 50293—2014 | |

出入口、风亭、冷却塔之间控制距离表　　　　表 25.1.2-2

| | 新风亭 | 排风亭 | 活塞风亭 | 出入口 | 冷却塔 | 紧急疏散口 |
|---|---|---|---|---|---|---|
| 新风亭 | — | 10 | 10 | — | 10 | — |
| 排风亭 | 10 | — | 5 | 10 | 5 | 5 |
| 活塞风亭 | 10 | 5 | — | 10 | 5 | 5 |
| 出入口 | 5 | 10 | 10 | — | 10 | 5 |
| 冷却塔 | 10 | | 10 | 10 | — | 10 |
| 紧急疏散口 | — | 5 | 5 | | 5 | — |

**风亭、冷却塔与敏感建筑控制距离表**　　　　　　　表 25.1.2-3

| 区域类别 | 区域名称 | 控制距离（m） |
|:---:|:---:|:---:|
| 1 | 居住、医院、文教区、行政办公 | 25～50 |
| 2 | 居住、商业、工业混合区 | 15～30 |
| 4 | 交通干线两侧 | ≥15 |

### 25.1.3　地铁车站建筑功能组成

地铁车站建筑一般由站厅层、站台层（含站台板下夹层）等主要使用空间及人行通道（天桥）、地面出入口、风道、地面风亭等次要使用空间组成。主要使用空间按运营要求划分为乘客公共区及设备与管理用房区。

### 25.1.4　地铁车站建筑的总平面布置实例

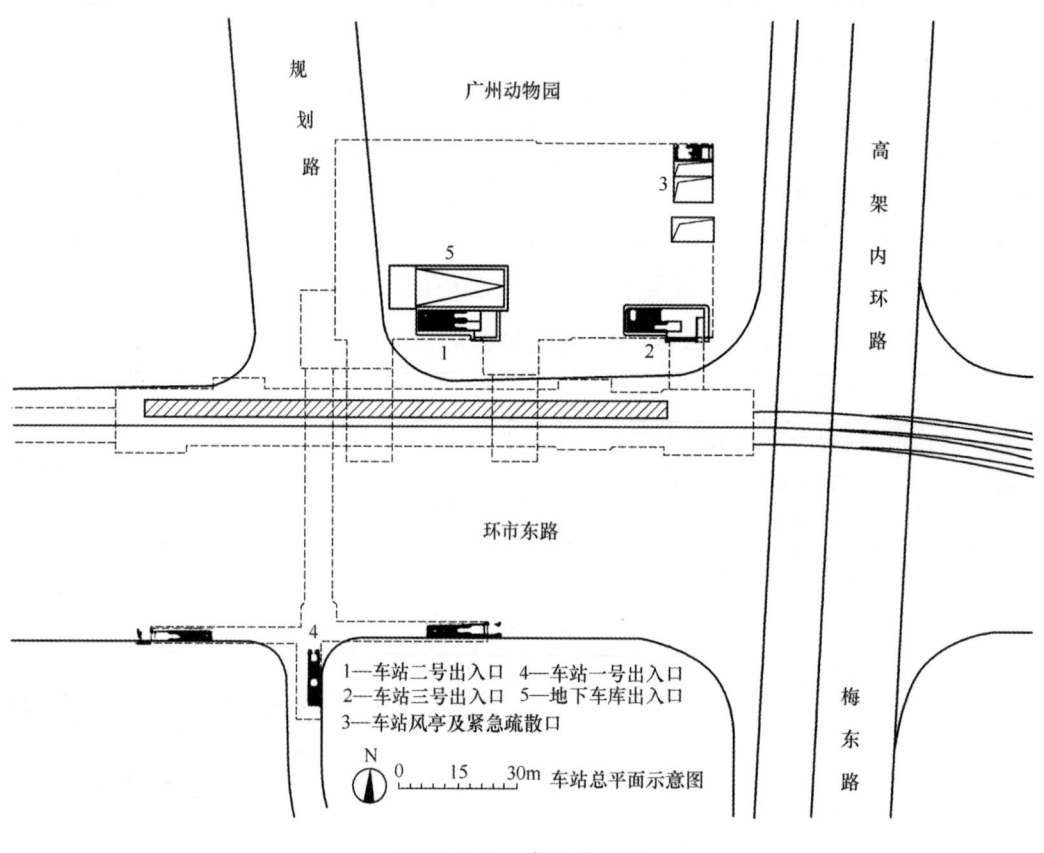

图 25.1.4　某站总平面

# 25.2　车　站　站　厅

1. 站厅层一般划分为公共区（非付费区与付费区，用闸机和栏杆隔开）、设备及管理用房区两部分。非付费区为乘客提供集散、售检票、公共电话、银行及其他配套服务的空间，并兼顾行人过街功能。付费区提供检票、补票、楼扶梯进出站台的空间，主要布置楼扶梯、无障碍电梯、票亭、栏杆、售检票、进出闸机等设施。

2. 当站厅公共区采取付费区在中、非付费区在两端的布置形式时，至少在一侧留通道连接两个非付费区，通道宽度不小于 4 m。

3. 站厅非付费区面积应大于付费区面积，一般车站站厅层公共区两侧非付费区宽度按不小于两跨且不小于16m考虑，对于公共区兼顾过街功能和大客流的车站，此宽度按不小于两跨半且不小于20m考虑。

4. 票亭应设在付费区与非付费区的分隔带上，一般车站票亭设2座，分设于两侧付费区与非付费区交界处。

5. 车站出入口兼顾过街功能时，应避免过街人流对站厅的影响。车站如设置24小时过街通道，通道与车站公共区必须分隔。

6. 车站内闸机口和楼梯口（自动扶梯）的总通过能力应相互协调平衡，并满足高峰小时进出站客流的通过能力。车站各种通行服务设施的最大通过服务能力见表25.2。

车站各部位设计通过能力表      表25.2

| 部位名称 | | 正常运营通过能力<br>（人/h） | 紧急疏散通过能力<br>（人/h） |
|---|---|---|---|
| 1m宽楼梯 | 下 行 | 2580 | 3080 |
| | 上 行 | 2580 | |
| | 双向混行 | 2580 | |
| 1m宽通道 | 单 向 | 4800 | 4800 |
| | 双向混行 | 3900 | |
| 1m宽自动扶梯 | 输送速度0.65m/s，上行 | 6600 | 7300 |
| | 输送速度0.65m/s，下行 | 7200 | |
| | 停运时的自动扶梯 | 2100 | 2770 |
| 闸机 | 进闸机 | 1500 | |
| | 出闸机、双向闸机 | 1200 | |
| 人工售票口 | | 1200 | |
| 自动售票机 | | 240 | |
| 人工检票口 | | 2600 | |

7. 站厅设计标准

1) 地下站装修后公共区地平面至结构顶板底面净高不小于4800mm。

2) 地下站预留吊顶及管线空间不小于1300mm。

3) 地下站公共区建筑楼面至吊顶底面净高（一般站）不小于3200mm；（大空间站厅及大型枢纽站）不小于3500mm。

4) 站厅建筑楼面至任何悬挂障碍物底面不小于2400mm。

5) 管理及设备一般用房装修后净高不小于2500mm。

6) 内部管理区走道净宽：

(1) 单面布置不小于1800mm（困难情况下不小于1500mm）。

（2）双面布置不小于 2100mm（困难情况下不小于 1800mm）。

（3）通道及内部管理区走道净高不小于 2500mm。

站厅设计示例见图 25.2.7。

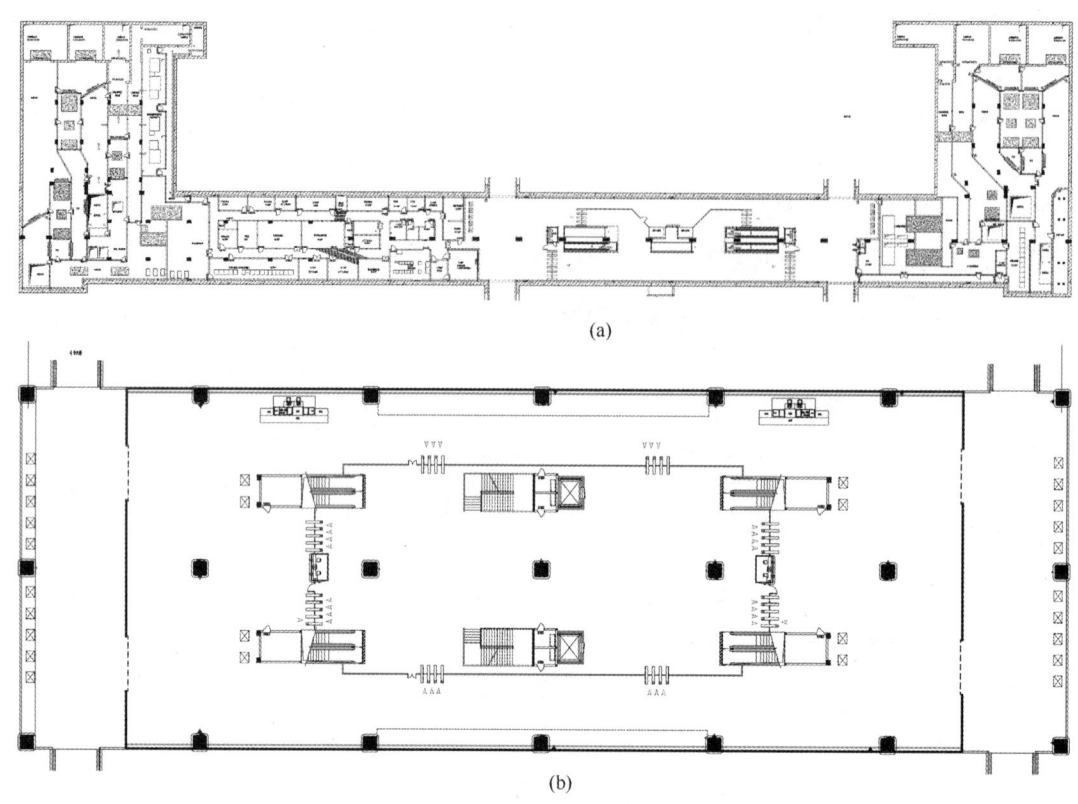

(a)

(b)

(a) 某站站厅平面图；(b) 某站（高架站）站厅平面图

图 25.2.7　站厅设计示例

# 25.3　站　　台

1. 站台是车站内乘客等候列车和乘降的平台。

2. 站台位于地下的车站设置全封闭站台门式，站台位于地上的车站设置半高安全门。

3. 站台宽度按以下公式计算：

岛式站台宽度
$$B_d = 2b + n \cdot z + t \text{(m)}$$

侧式站台宽度
$$B_c = b + z + t$$

其中 $b = Q_{上、下} \cdot \rho / L + b_a$

式中：$b$——站台乘降区宽度，m；

　　　$n$——横向柱数；

　　　$z$——横向柱宽，m；单柱车站结构柱宽不应大于 700mm；

　　　$t$——每组人行梯与自动扶梯宽度之和，m；

　　$Q_{上、下}$——客流控制方向一列车超高峰小时的上、下车设计客流量（换乘车站应含换乘客流量）；

$\rho$——站台上人流密度 $0.33\sim0.75\mathrm{m}^2/$人，新线线路建议不小于 $0.5\mathrm{m}^2/$人；

$L$——安全门两端之间的站台有效候车区长度，m；

$b_a$——站台边缘至站台门立柱内侧的距离，m；取 0.4m。

4. 人行楼梯和自动扶梯的总量布置除应满足上、下乘客的需要外，还应按站台层的事故疏散时间不大于 6min（其中 1min 为反应时间）进行验算。

5. 站台设计标准：

1）岛式站台宽度（无柱时）不小于 9000mm。

2）岛式站台宽度（单柱时）不小于 11000mm。

3）岛式站台宽度（双柱时）不小于 13000mm。

4）岛式站台侧站台净宽（扣除站台门及装饰厚度）不小于 2500mm。

5）纵向设梯的侧站台不小于 3500mm。

6）垂直于侧站台开通道口的侧站台不小于 4000mm。

7）单洞暗挖车站侧站台宽度（从净高 2000mm 处）不小于 3200mm。

8）站台层公共区地坪装饰面至轨面高 1080mm。

9）地下车站轨面至轨行区结构底板面 580mm。

10）高架车站轨面至轨行区结构底板面 520mm。

11）站厅、站台悬挂物离地净高须不小于 2400mm。

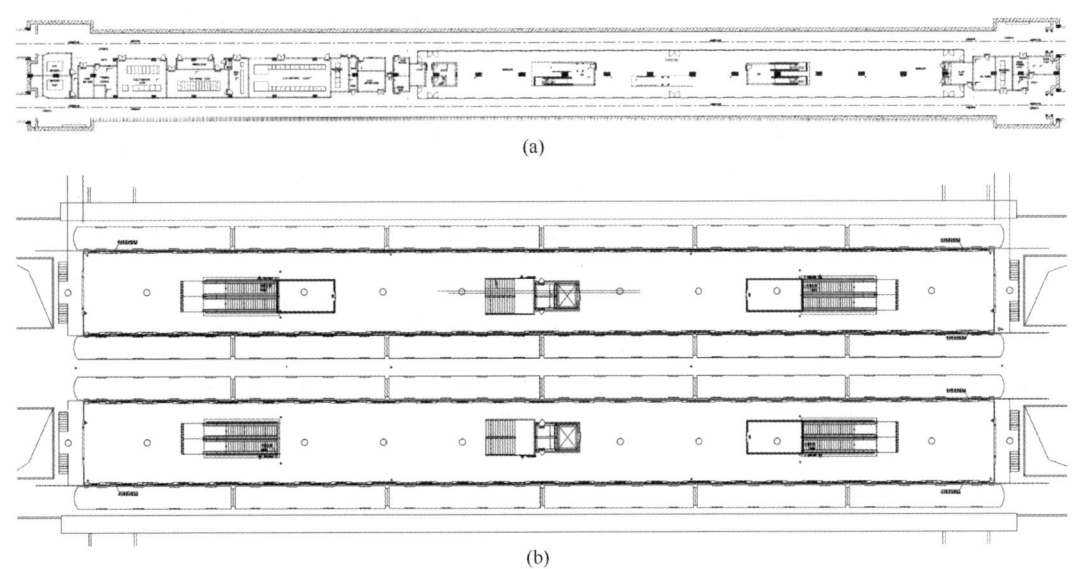

（a）某站站台平面图；（b）某站（高架站）站台平面图

图 25.3.4　站台平面图

# 25.4　站台板下夹层

站台下夹层主要供车站设备管线穿越、排热风道变电所夹层使用，内部主要设置排热风道、变电所电缆夹层等设施，站台变电所下夹层净高不小于 1.9m，站台板上应设检修人孔。

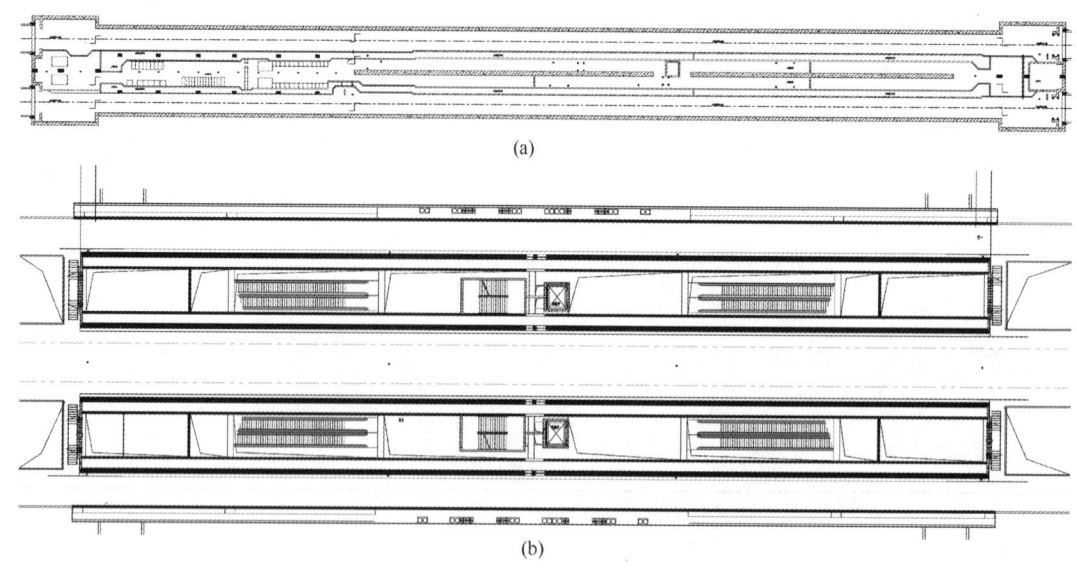

（a）某站站台板下夹层平面图；（b）某站（高架站）站台板下夹层平面图

图 25.4　站台板下夹层平面图

# 25.5　管理及设备用房

1. 车站设备管理区的布置，用房的分区及房间关系应尽量采用标准设计，站厅层主要设备端，应设有连接站台的人行楼梯。

2. 车站控制室宜设在便于对售、检票口（机）、人行楼梯和自动扶梯等部位观察的位置，其地面高于站厅公共区地面 450mm。

3. 公共卫生间宜设置在付费区站台一端，避免室外视线的干扰，一般设置前室。

4. 车站的设备用房，应根据相关工艺要求合理布置。设备用房由各相关专业或系统用房指标，规模及布置要求参见表 25.5-1、表 25.5-2 和图 25.5-1、图 25.5-2。

地下车站管理用房面积表　　　　　　　　　　　表 25.5-1

| 房间 | | 面积（m²） | 房间 | | 面积（m²） |
|---|---|---|---|---|---|
| 车站控制室 | 一般站 | 40 | 会议室 | 一般站 | 30 |
| | 换乘站 | 60 | | 换乘站 | 50 |
| 站长室 | 一般站 | 12 | | 中心站 | 80 |
| | 中心站或换乘站 | 15~20 | 车站备品库 | 一般站 | 30 |
| 接处警室 | 一般站 | 20 | | 换乘站 | 50 |
| | 换乘站 | 20 | 广告备品库 | 一般站 | 8 |
| 警务监控机房 | 一般站 | 25 | | 换乘站 | 10 |
| | 换乘站 | 30 | 更衣室 | 一般站 | 20×2 |
| 安全办公室 | | 15 | | 换乘站 | 30×2 |

| 房　间 | | 面积（m²） | 房　间 | 面积（m²） |
|---|---|---|---|---|
| 工作人员卫生间 | | 12×2 | 站台应急间 | 10 |
| 保洁工具间 | | 9×2 | 正线派班室及轮值值班室 | 30 |
| 保洁间 | 一般站 | 10 | 乘务换乘室 | 25 |
| | 换乘站 | 15 | 乘务更衣室 | 20 |
| 票亭 | | 7.5 | 正线司机专用卫生间 | 5 |
| 站务休息室 | 一般站 | 15 | 车辆检修驻站室 | 10~15 |
| | 换乘站 | 20 | 保安工作间 | 10~15 |
| | | | 商业经营管理用房 | 10~15 |

**地下车站设备用房/少人值守用房面积表**　　表 25.5-2

| 房　间 | | 面积（m²） | 房　间 | | 面积（m²） |
|---|---|---|---|---|---|
| 机电综合维修室 | | 25 | 牵引降压混合变电所 | 35kV 开关柜室 | 48/52 |
| 综合监控设备室 | | 25 | | | 59/65 |
| 票务管理室 | 一般站 | 25 | | 1500V 直流开关柜室 | 68/79 |
| | 换乘站 | 35 | | 整流变压器室 | 30×2 |
| AFC 设备室 | | 20 | | 0.4kV 开关柜室 | 与低压柜的数量相关 |
| AFC 维修室 | 一般站 | 8 | | 控制室 | 33 |
| | AFC 维修工班 | 15 | | 制动能量回馈装置室 | 90 |
| 气瓶室 | | 15~20 | | | 2.8 |
| 照明配电室 | | 8~12 | | 检修兼储藏室 | 10~15 |
| 环控电控室（含监控设备） | | 42 | 降压变电所 | 35kV 开关柜室 | 48/52/59/65 |
| 应急照明电源室 | | 22~25 | | 控制室 | 33 |
| 通信设备室（含 PIDS） | 采用 UPS 整合 | 50 | | 0.4kV 开关柜室 | 与低压柜的数量相关 2.8 |
| | 采用独立设置 UPS | 70 | | 检修兼储藏室 | 10~15 |
| 民用通信机房 | 一般站 | 60 | 跟随变电所 0.4kV 开关柜室 | | 与低压柜的数量相关 |
| | 换乘站 | 100 | 工建维修工班 | | 25 |
| 信号设备及电源室 | 联锁站 | 90 | 工建维修材料室 | | 20 |
| | 非联锁站 | 36 | 自动化维修工班 | | 25 |
| 电缆引入间 | | 4 | 自动化维修材料室 | | 20 |
| 信号值班室 | | 10 | 通信维修工班 | | 25 |
| 站台门设备及控制室 | | 20 | 通信材料间 | | 20 |
| 污水泵房 | | 10 | 信号维修工班 | | 25 |
| 废水泵房 | | 10 | 信号材料间 | | 20 |
| 电缆井 | | 5 | 车务应急抢险用房 | | 200 |
| 环控机房（分站供冷） | | 1100 | UPS 整合室 | | 20 |
| 环控机房（集中供冷站） | | 760 | 蓄电池室 | | 25 |
| 工务用房 | | 12 | | | |
| 车辆紧急抢修用房 | | 20 | | | |
| 接触网紧急抢修用房 | | 20 | | | |

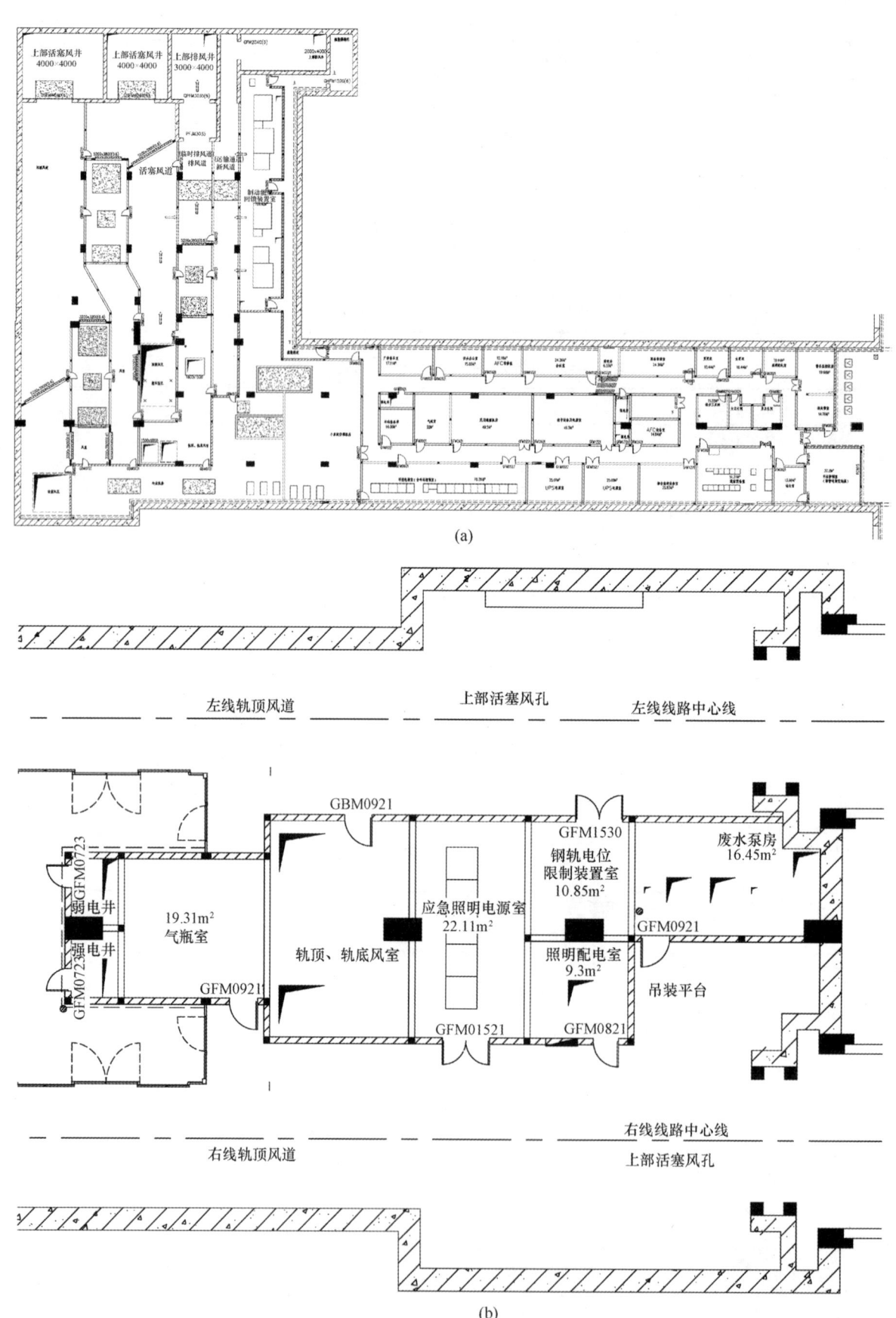

(a)

(a) 某站站厅设备区平面图；（b）某站站台设备区平面图

图 25.5-1　站厅、站台设备区平面图

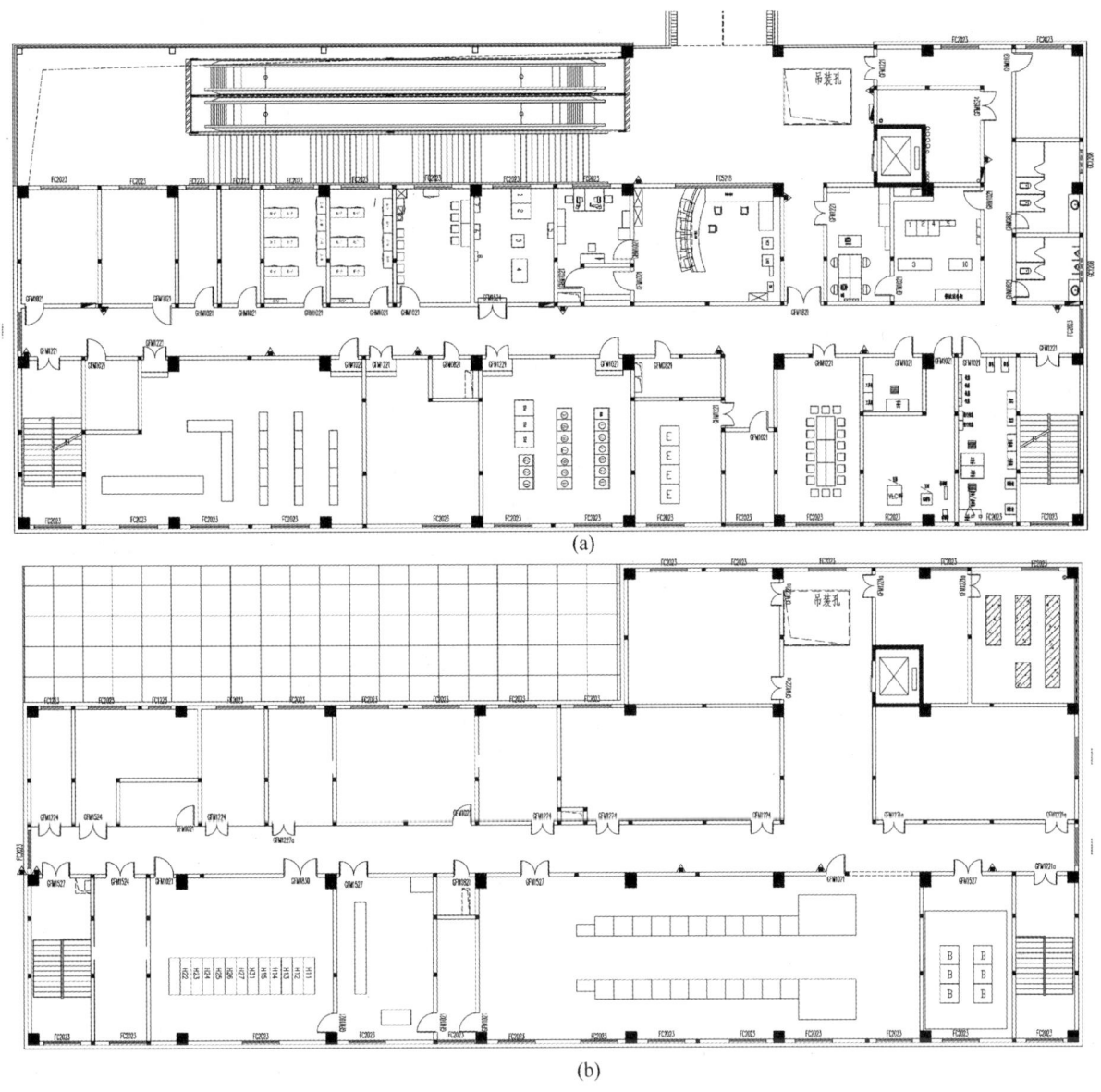

（a）某站（高架站）设备区二层平面图；（b）某站（高架站）设备区三层平面图

图 25.5-2 设备区二、三层平面图

# 25.6 通道、出入口

人行通道（天桥）、地面出入口是乘客进出地铁车站的连通空间，应能有效、便利地吸引和疏导乘车客流。车站出入口位于道路两边红线以外，同时还应考虑足够的集散空间。出入口应尽量直接连已建的（或待建的）建筑物地下室、过街道、商场、人行天桥，并要考虑地面人行过街的因素。地下车站一般宜设四个出入口，但不能少于两个。

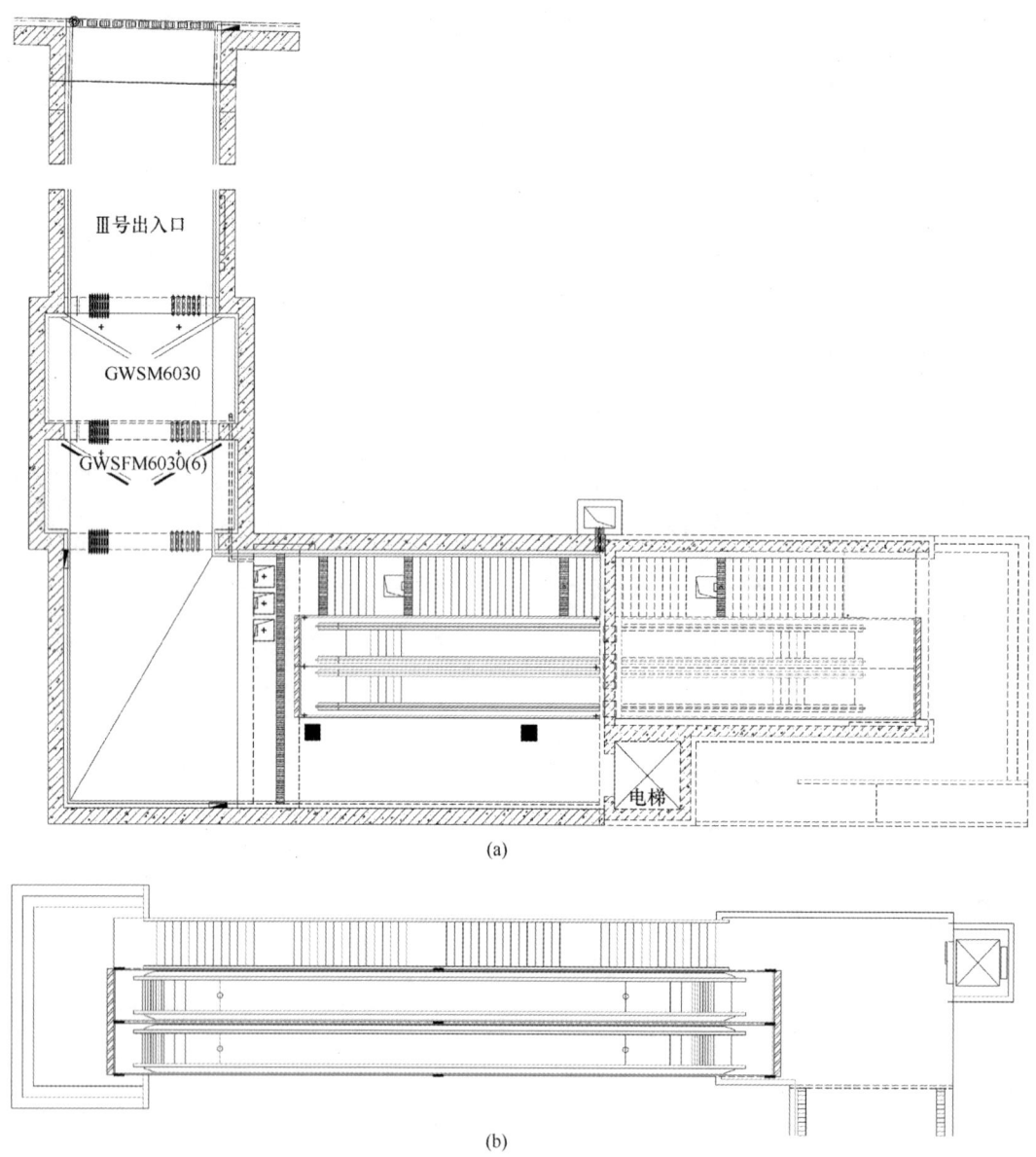

（a）出入口通道平面图；（b）某站（高架站）出入口通道平面图

图 25.6　出入口通道平面图

# 25.7　风道、风亭

　　地面风亭是地铁车站因通风需要而设在地面的附属构筑物，其布置应满足城市规划要求并与城市环境相协调，且应置于道路两旁红线以外。风亭与相邻建筑物合建时，要与建筑物相协调，独立修建的地面风亭应注意美观与周围环境协调。风亭应布置在外界开阔、空气流通的地方，不影响交通，不对附近居民造成直接污染，并且风亭通风口不得正对临近建筑物的门窗。

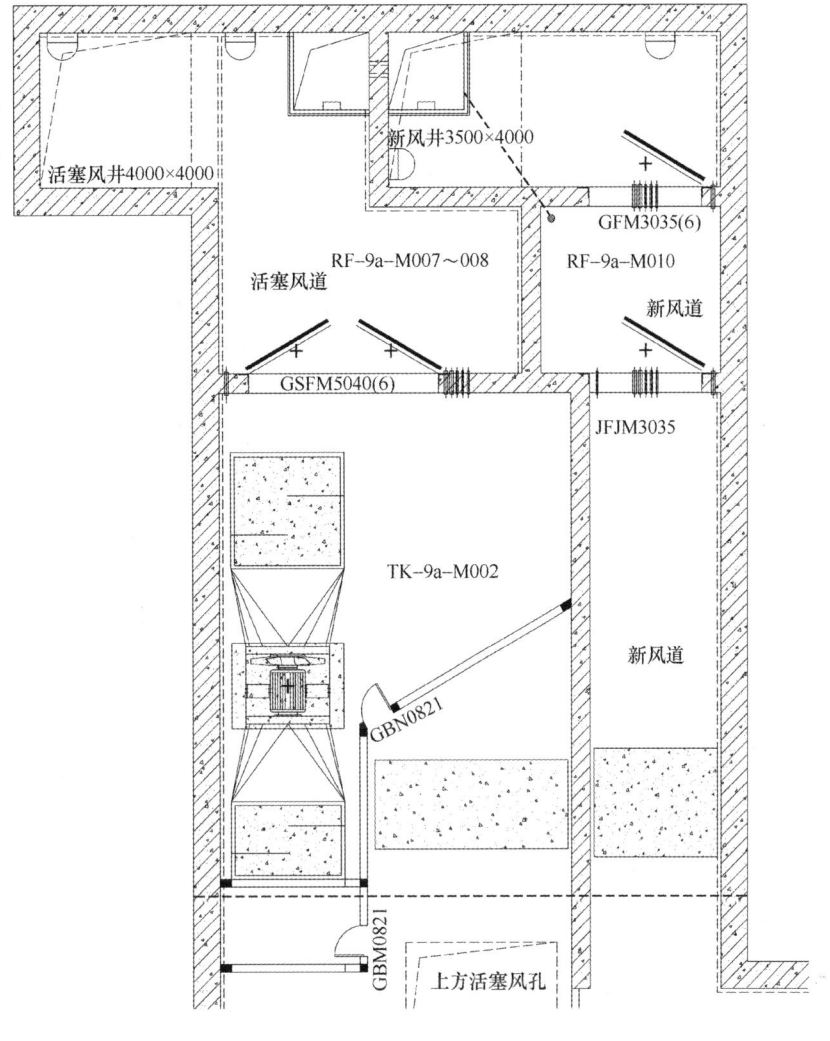

图 25.7　风亭平面图

# 25.8　消防与疏散

## 25.8.1　设计原则

地铁车站建筑消防主要依据国家规范及标准《地铁设计规范》GB 50157—2013、《城市轨道交通技术规范》GB 50490—2009、《城市轨道交通工程项目建设标准》建标 104—2008、《建筑设计防火规范》GB 50016—2014（2018 年版）、《地铁设计防火标准》GB 51298—2018，同时根据工程的具体情况，在执行某些原则有一定困难或规范未明确时，按与地方消防主管部门协调的意见处理。

## 25.8.2　耐火等级与防火分区

1. 地铁车站各部位耐火等级应符合下列规定：

1）地下的车站、区间、变电站等主体工程及出入口通道、风井的耐火等级应为一级。

2）出入口地面建筑、地面车站结构的耐火等级不应低于二级。

3）车辆基地内建筑的耐火等级应根据其使用功能，按照现行国家标准《建筑设计防火规范》

GB 50016—2014（2018 年版）的规定确定，其中停车列检库的生产火灾危险性分类定为戊类。

2. 防火分区的划分应符合下列规定：

单线地下车站站台和站厅公共区应划为一个防火分区，面积不限；其他部位根据功能布局划分，每个防火分区的最大允许使用面积（扣除地下室外墙及围护结构）不应大于 1500m²；单线地上车站防火分区建筑面积不应大于 2500m²；与车站相接的商业设施等公共场所，应单独划分为防火分区。

地下换乘车站站厅公共区面积超过 5000m² 时，依据《地铁设计规范》GB 50157—2013、《城市轨道交通技术规范》GB 50490—2009、《地铁设计防火标准》GB 51298—2018，应通过消防性能化安全设计分析，采取必要的消防措施。

### 25.8.3 防火分隔措施

两个相邻防火分区之间应采用耐火极限不低于 4h 的防火墙和 A 类隔热防火门分隔。

### 25.8.4 疏散通道及疏散出口

1. 地铁车站出入口的设置应满足进出站客流和事故疏散的需要，并应符合下列规定：

车站应设置不少于 2 个直通地面的出入口；地下一层侧式站台车站，每侧站台不应少于 2 个出口；每个站厅公共区应至少设置 2 个直通室外的安全出口。安全出口应分散布置，且相邻两个安全出口之间的最小水平距离不应小于 20m。换乘车站共用一个站厅公共区时，站厅公共区的安全出口应按每条线不少于 2 个设置；每个站台至站厅公共区的楼扶梯分组数量不宜少于列车编组数的 1/3，且不得少于 2 个。

有人值守的设备管理区内每个防火分区安全出口的数量不应少于 2 个，并应至少有 1 个安全出口直通地面。当值守人员小于或等于 3 人时，设备管理区可利用与相邻防火分区相通的防火门或能通向站厅公共区的出口作为安全出口。对地下车站无人值守的设备和管理用房区域，应至少设置一个与相邻防火分区相通的防火门作为安全出口。电梯、竖井爬梯、消防专用通道以及管理区的楼梯不得用作乘客的安全疏散设施。

地下车站应设置消防专用通道。当地下车站超过 3 层（含 3 层）时，消防专用通道应设置为防烟楼梯间。

2. 站台至站厅或其他安全区域的疏散楼梯、自动扶梯和疏散通道的通过能力，应保证在远期或客流控制期中超高峰小时最大客流量时，一列进站列车所载乘客及站台上的候车乘客能在 4min 内全部撤离站台，并应能在 6min 内全部疏散至站厅公共区或其他安全区域。

乘客全部撤离站台的时间应满足下式要求：

$$T = \frac{Q_1 + Q_2}{0.9\left[A_1(N-1) + A_2 B\right]} \leqslant 4\text{min}$$

式中：$Q_1$——远期或客流控制期中超高峰小时最大客流量时一列进站列车的载客人数，人；

$Q_2$——远期或客流控制期中超高峰小时站台上的最大候车乘客人数，人；

$A_1$——一台自动扶梯的通过能力，人/（min·台）；

$A_2$——单位宽度疏散楼梯的通过能力，人/（min·m）；

$N$——用作疏散的自动扶梯的数量，台；

$B$——疏散楼梯的总宽度 m（每组楼梯的宽度应按 0.55m 的整倍数计算）。

在公共区的付费区与非付费区之间的栅栏上应设置平开疏散门。自动检票机和疏散门的通过能力应满足下式要求：

$$A_3 + LA_4 \geqslant 0.9[A_1(N-1) + A_2 B]$$

式中：$A_3$——自动检票机门常开时的通过能力，人/min；

　　　$A_4$——单位宽度疏散门的通过能力，人/（min·m）；

　　　$L$——疏散门的净宽度，m（按 0.55m 的整倍数计算）。

3. 站台应设置足够数量的进出站通道或楼梯、自动扶梯，同时应满足站台计算长度内任一点距楼扶梯口或通道口的距离不大于 50m。站厅内公共区任一点与安全疏散出口的距离不得大于 50m。

4. 与地铁车站相连的出入口通道的长度不宜超过 100m，当超过时应设置直通室外的安全疏散出口（通道地面埋深大于 10m 时，设置防烟楼梯间；小于 10m 时，设置封闭楼梯间）。通道内任一点与安全疏散出口的距离不得大于 50m。出入口通道的长度，超过 60m 时，还应设置机械排烟设施。

5. 地下出入口通道与非地铁功能的空间（通道或区域等）相连通时，应于各自管理区域的分界处设置分别独立控制的防火分隔（甲级防火卷帘或甲级防火门等）及管理分隔（防盗卷帘等），两边的防火分区及安全疏散应分别满足各自功能对应相关规范的要求。

# 26 机场航站楼建筑设计

## 26.1 概　　述

按经营的航班类型和服务旅客的不同分类　　　　　　　　表 26.1

| 分类 | 定义 | 实例 |
|---|---|---|
| 国内航站楼 | 设施只为运营国内航班服务 | 珠海金湾机场 |
| 国际航站楼 | 设施只为运营国际航班服务 | 香港赤腊角国际机场 |
| 国内和国际混用航站楼 | 设施同时为运营国际和国际航班服务 | 广州白云国际机场 |
| 航空公司专属航站楼 | 设施只为某一航空公司的航班服务 | 美国洛杉矶国际机场 |
| 专机/公务机航站楼 | 设施按专机/公务机的航班服务标准设置，只服务专机/公务机旅客 | 首都机场专机楼 |
| 低成本航站楼 | 设施按低成本航空公司的航班服务标准设置 | 美国肯尼迪机场 5 号航站楼 |

## 26.2 总 体 规 划

### 26.2.1 总体规划内容

总体规划内容　　　　　　　　表 26.2.1

| 功能分区 | 内　　容 |
|---|---|
| 飞行区 | 跑道系统、滑行道系统、机坪、目视助航系统、附属设施等 |
| 旅客航站区 | 航站楼、站坪、停车设施、道路、高架桥、轨道交通、综合交通中心、旅客过夜用房 |
| 货运区 | 生产用房、业务仓库、集装器库（场）、货物安检设施、联检设施、保税仓库、停车场及配套设施、货运机坪等 |
| 航空器维修区 | 维修机库、维修机坪、航空器及发动机维修车间、发动机试车台、外场工作间、航材库及配套设施 |
| 工作区 | 机场管理机构、航空公司、民航行业管理部门、空中交通管理部门、航油公司、联检单位、公安、武警、空警、安检等驻场单位的办公和业务设施、地面专业设备及特种车辆保障设施、机上供应器及配餐设施、消防及安全保卫设施、应急救援及医疗中心、旅客住宿、餐饮、休闲娱乐等生活服务设施 |

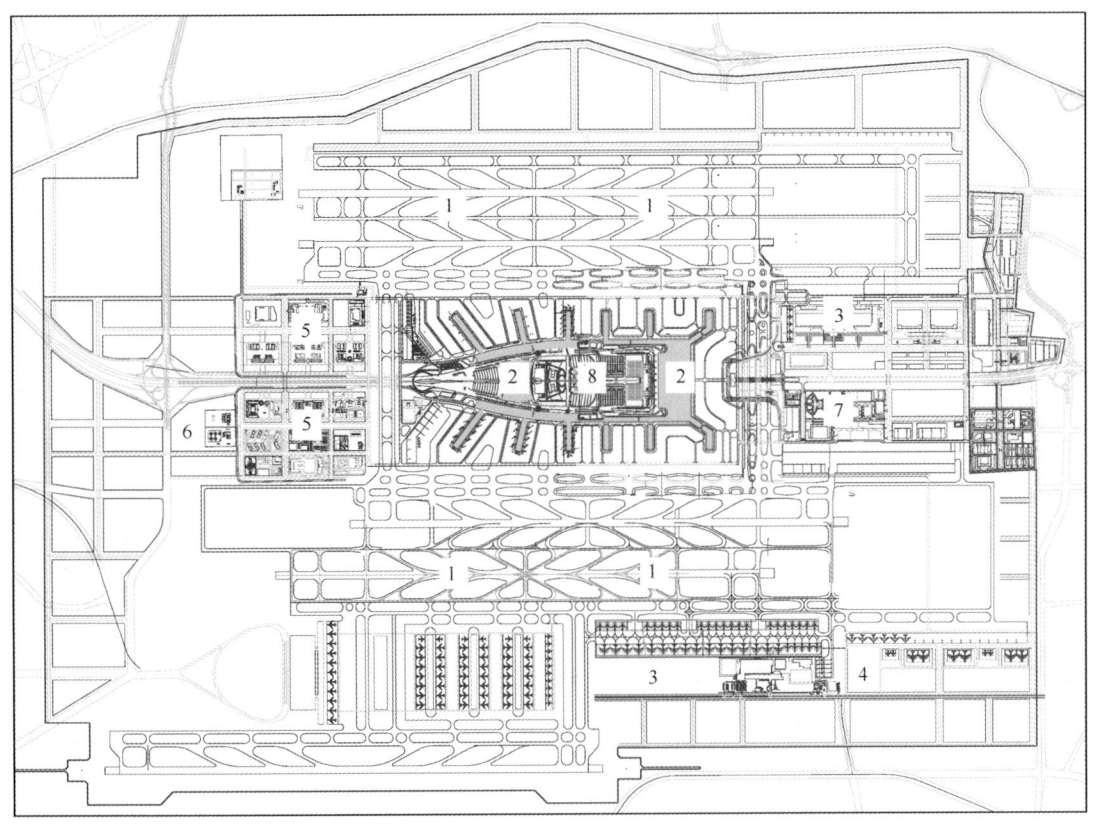

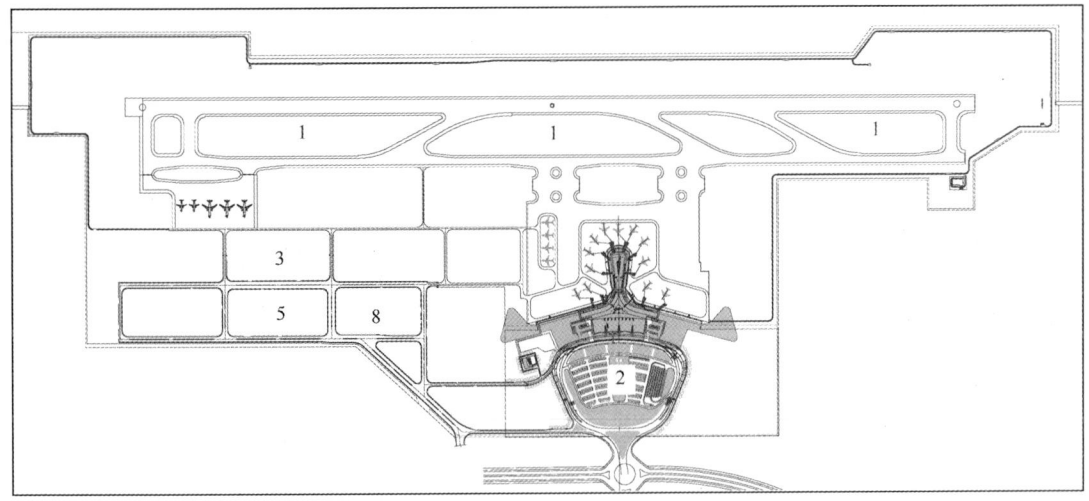

1—飞行区；2—航站区；3—货运区；4—航空器维修区；

5—工作区；6—油库区；7—生产辅助设施区；8—塔台

图 26.2.1　国内某机场总规划图

### 26.2.2 飞机分类

飞机分类 表 26.2.2

| 飞机类型 | 代表机型 | 平均座位数（个） | 飞机高度（m） | 转弯半径（m） |
|---|---|---|---|---|
| A | B100、Beechjet400、Learjet45 | 30 | 4.5 | 15～20 |
| B | Dh8、CRJ-700 | 50 | 6.3 | 20～25 |
| C | B737、A320 | 150 | 12.3 | 20～30 |
| D | B757、B767、A310、A300 | 250 | 17 | 30～40 |
| E | B747、B777、A330、A340、B787 | 380 | 19.5 | 40～45 |
| F | A380、B747-8 | 525 | 24.4 | 45～50 |

### 26.2.3 航站楼构型

航站楼构型 表 26.2.3

| 划分方式 | 构型 | 实例 |
|---|---|---|
| 按航站楼与机位的衔接方式 | 简易式 | — |
| | 运输车式 | — |
| | 前列式 | 上海浦东国际机场一号航站楼 |
| | 指廊式 | 广州白云国际机场一号航站楼 |
| | 卫星式 | 美国亚特兰大国际机场 |
| 按航站区交通模式 | 尽端式 | 北京首都国际机场 |
| | 贯穿式 | 巴黎戴高乐国际机场、广州白云国际机场航站楼 |
| 按航站楼单元组合方式 | 集中式 | 香港赤腊角国际机场 |
| | 单元式 | 美国洛杉矶国际机场 |

### 26.2.4 航站楼建筑面积指标

航站楼建筑面积不宜小于 2000m²，按典型高峰小时旅客量估算（表 26.2.4）：

旅客航站楼建筑面积指标（m²/每高峰小时旅客） 表 26.2.4

| 旅客航站区指标 | 3 | 4 | 5 | 6 |
|---|---|---|---|---|
| 国际及地区 | 28～35 | 28～35 | 35～40 | 35～40 |
| 国内 | 20～26 | 20～26 | 26～30 | 26～30 |

注：旅客航站楼楼建筑面积包含 8%～10% 商业面积及中转旅客面积（可参考近年已建成或在建的相似容量航站楼规模与高峰小时人数关系，提出调整后的国际、国内高峰小时人均面积指标）。

### 26.2.5 交通中心

交通中心 表 26.2.5-1

| | |
|---|---|
| 内容 | 地铁站厅、轨道站厅 |
| | 出租车站 |
| | 城际大巴 |
| | 市内大巴 |
| | 各类社会车辆停车场 |
| | 航班信息服务，商业、餐饮等各类服务设施 |
| 要点 | 提供独立步行系统，人车分流 |
| | 大容量的公共交通尽量贴近航站楼布置 |
| | 考虑旅客携带行李，尽量少换层，必要时选用自动人行步道、电梯等换层设施 |
| | 流程清晰，对不同交通工具的旅客分流方式尽量简洁 |

交通中心及停车楼——各类车型比例（国内某机场设计参数）　　　表 26.2.5-2

| 类　型 | | 各种交通工具比例 |
|---|---|---|
| 私车 | | 30% |
| 出租车 | | 20% |
| 大巴 | 机场大巴 | 18% |
| | 中巴 | 5% |
| | 班车 | 3% |
| | 长途大巴 | 7% |
| 轨道交通 | | 15% |
| 其他 | | 2% |
| 合计 | | 100% |

注：各类交通工具比例，以各机场陆侧交通上位设计成果为依据。

# 26.3　航　站　楼

## 26.3.1　航站楼分区

航站楼分区　　　表 26.3.1

| 空侧/安全控制区 | | 航站楼内旅客、工作人员及其行李、物品须经安全检查才能进入的区域 |
|---|---|---|
| 国际控制区 | | 航站楼内旅客、工作人员及其行李、物品必须经过出入境管理部门检查和安全检查才能进入的区域 |
| 陆侧 | 公共区 | 旅客和非旅行公众不经安全检查可进出的区域 |
| | 后勤区 | 工作人员不经安全检查可进出的区域 |
| 贵宾区 | | 有特殊身份或经特殊允许才能进入的区域 |
| 其他安全控制区 | | 经过特殊允许和检查的工作人员才能进入的区域 |

## 26.3.2　航站楼功能流程设计

航站楼旅客流程　　　表 26.3.2-1

| 出港流程 | 国内旅客出港 | 方向清晰、简洁高效、空间顺畅； |
|---|---|---|
| | 国际旅客出港 | 减少旅客换层、缩短步行距离； |
| 到港流程 | 国内旅客到港 | 按安保要求严格区分隔离区内、外，国际国内旅客流线； |
| | 国际旅客到港 | |
| 中转流程 | 国内进港中转国内出港 | 具有可调控的弹性，适应机场运营的发展； |
| | 国际进港中转国内出港 | 结合流线特点合理布置商业服务设施 |
| | 国内进港中转国际出港 | |
| | 国际进港中转国际出港 | |

注：国际航班国内段流程视各机场航站楼情况而定。

**航站楼旅客流程设计原则**                                 表 26.3.2-2

| 旅客流程设计原则 | 国际、国内出港值机采用开放式办票及柜台式安检模式 |
|---|---|
| | 国际、国内出港可采用国际、国内可转换安检通道的安检模式 |
| | 国内中转国内旅客不提行李无须二次安检 |
| | 国内中转国际联程旅客不提行李，行李后台查验，旅客通过中转小流程专用的竖向设施重新进入国际联检候检区 |
| | 国际中转国内联程旅客不提行李，行李后台查验，旅客人身及手提行李需过海关及二次安检，海关对托运行李抽查；非联程机票旅客需提取行李过海关及二次安检 |
| | 国际中转国际旅客不提行李，行李后台查验，旅客通过中转小流程专用的竖向设施经检验检疫、边防及海关重新进入国际指廊候机厅 |

**航站楼后勤流程**                                         表 26.3.2-3

| 分　类 | 对　　象 | 设　　施 | 要　点 |
|---|---|---|---|
| 员工流程 | 机场运营、航空公司、安检/联检等驻场单位员工 | 进入隔离区的检查口，现场工作的办公室、检查区域或设施，必要的生活设施等 | 合理规划不同的工作区；与旅客流程分开，不交叉；严格区分隔离区内外；流线便捷 |
| 货物配送流程 | 各区域的商店和餐饮店、办公区的配送物品 | 进入隔离区的检查口，货车通道、卸货区、库房、货梯、厨房等 | 配送严格区分隔离区内外；国际配送严格区分海关监控关前关后；尽量避免与客流交织 |
| 垃圾清运流程 | 公共区垃圾、工作区垃圾、餐饮垃圾 | 收集箱、暂存间、专用货梯、集中处理间、垃圾车通道 | 合理组织清运流线，考虑分级收集 |
| 行李手推车回收 | 陆侧大型行李手推车、空侧随身行李手推车 | 行李手推车存放点、回收通道、电梯/坡道 | 计算手推车数量及存放点位置和面积；规划回收通道 |

# 26.4 　航站楼流程参数

## 26.4.1 　服务设施及空间标准

**IATA 服务标准中对各旅客处理设施排队或等候空间的等级划分建议**        表 26.4.1

| 旅客类型 | 等候空间<br>（m²/旅客） | | | 流程设施等候时间<br>（min）<br>经济舱 | | | 流程设施等候时间<br>（min）<br>商务舱/头等舱 | | | 座位占用比例<br>（%）<br>下限取值仅在有商业座位区同时使用时 | | |
|---|---|---|---|---|---|---|---|---|---|---|---|---|
| IATA 第 10 版标准 | 富余 | 适度 | 不足 | 富余 | 适度 | 不足 | 富余 | 适度 | 不足 | 富余 | 适度 | 不足 |
| 出港大厅 | ＞2.3 | 2.3 | ＜2.3 | | | | | | | | | |

| | | | | | | | | | | | | | |
|---|---|---|---|---|---|---|---|---|---|---|---|---|---|
| 值机 | 自助值机 | >1.8 | 1.3~1.8 | <1.3 | 0 | 0~2 | >2 | 0 | 0~2 | >2 | | | |
| | 行李托运（排队宽度1.4~1.6m） | | | | 0 | 0~5 | >5 | 0 | 0~3 | >3 | | | |
| | 值机柜台（排队宽度1.4~1.6m） | | | | <10 | 10~20 | >20 | 商务舱 | | | | | |
| | | | | | | | | <3 | 3~5 | >5 | | | |
| | | | | | | | | 头等舱 | | | | | |
| | | | | | | | | 0 | 0~3 | >3 | | | |
| 安全检查（排队宽度1.2m） | | >1.2 | 1.0~1.2 | <1.0 | <5 | 5~10 | >10 | 快速通道 | | | | | |
| 出境边防检查（排队宽度1.2m） | | | | | | | | 0 | 0~3 | >3 | | | |
| 候机区 | 座位 | >1.7 | 1.5~1.7 | <1.5 | | | | | | | >70% | 50%~70% | <50% |
| | 站位 | >1.2 | 1.0~1.2 | <1.0 | | | | | | | | | |
| 入境边防检查（排队宽度1.2m） | | >1.2 | 1.0~1.2 | <1.0 | <10 | 10 | >10 | 快速通道 | | | | | |
| | | | | | | | | <5 | 5 | >5 | | | |
| 过境边防检查（中转） | | | | | <5 | 5 | >5 | 0 | 0~3 | >3 | | | |
| 行李提取 | | >1.7 | 1.5~1.7 | <1.5 | 第一个旅客拿到第一件行李 | | | | | | | | |
| | 窄体机 | | | | 0 | 0~15 | >15 | 0 | 0~15 | >15 | | | |
| | 宽体机 | | | | 0 | 0~25 | >25 | | | | | | |
| 到港大厅 | | >1.7 | 1.2~1.7 | <1.2 | | | | | | | >20% | 15%~20% | <15% |
| CIP候机厅 | | 4.0 | | | | | | | | | | | |

## 26.4.2　其他参数

**距离控制指标**　　　　　　　　　　　　　　　　　　　　　　表26.4.2-1

| 流程最长步行距离指标 | 一般步道 | 300m |
|---|---|---|
| | 增设自动步道 | 超过300m |
| | 增设旅客捷运系统 | 超过750m |

| 服务设施间距 | 功能设施之间的距离不宜大于300m，如停车场到航站楼入口，办票到安检等、行李提取航站楼出口等 |
|---|---|

**时间指标控制**　　　　　　　　　　　　　　　　　　表 26.4.2-2

| 出港 | 国内出港（从旅客在航站楼内办理值机手续起至旅客登机） | 不超过 30min |
|---|---|---|
| | 国际出港（从旅客在航站楼内办理值机手续起至旅客登机） | 不超过 45min |
| 到港 | 从旅客的飞机着陆到离开机场 | 不超过 45min |
| | 等候大巴 | 不超过 10min |
| | 等候的士 | 不超过 3min |

中转：使用最短连接时间控制。

平均步行速度：1.3m/s（IATA-C类标准空侧指标），自动步道速度：30m/min。

最短连接时间标准（表 26.4.2-3 和表 26.4.2-4）：

**最短连接时间**　　　　　　　　　　　　　　　　　　表 26.4.2-3

| 中转类型 | IATA 建议标准（min） | 中国民航标准（min） |
|---|---|---|
| 国内-国内 | 35～45 | 不超过 60 |
| 国内-国际 | 35～45 | 不超过 90 |
| 国际-国内 | 45～60 | 不超过 90 |
| 国际-国际 | 45～60 | 不超过 75 |

注：最短连接时间为离机到再登机的时间，包括办理手续时间和行进时间两部分。

**最短连接时间计算参数**　　　　　　　　　　　　　　表 26.4.2-4

| | 等候时间（min） | | 等候时间（min） |
|---|---|---|---|
| 出港安检 | 7 | 边防 | 10 |
| 检疫 | 3 | 行李提取 | 15 |
| 海关 | 3 | 中转办票 | 5 |

# 26.5　航站楼剖面流程

**航站楼剖面流程**　　　　　　　　　　　　　　　　　　表 26.5-1

| | 一层式 | 一层半式 | 两层式 | 两层半式 | 多层式 |
|---|---|---|---|---|---|
| 陆侧道路 | 单层，出港到港平层划分 | 单层，出港到港平面划分 | 两层，出港在上，到港在下 | 两层，出港在上，到港在下 | 两层或多层，出港在上，到港在下 |

| | 一层式 | 一层半式 | 两层式 | 两层半式 | 多层式 |
|---|---|---|---|---|---|
| 旅客主要功能区 | 办票、候机厅、行李提取均在首层 | 办票、行李提取在首层，候机厅、到港通道在二层 | 出港功能在二层，到港通道在二层，其他到港功能均在一层 | 出港功能在二层，到港功能在一层，到港通道采用夹层模式 | 出港流程功能在上层，到港流程功能在下层，功能复杂 |
| 登机模式 | 无近机位，站坪步行，舷梯登机 | 近机位通过平层登机桥登机 | 近机位通过平层登机桥登机 | 近机位一般通过剪刀式登机桥登机 | 近机位一般通过剪刀式登机桥登机或登机桥内扶梯登机 |

**楼层高度控制因素**　　　　　　　　　　　　　　　表 26.5-2

| 一般室内空间净高 | 不宜小于 2.5m | 进出港车道边空间净高 | 不宜小于 4.5m |
|---|---|---|---|
| 较大的公共空间净高 | 不宜小于 6m | 登机桥空间净高 | 不宜小于 2.4m |
| 低成本航站楼层高 | 不应大于 8m | 登机桥固定端下的站坪服务车道净高 | 不宜小于 4.5m |

# 26.6　航站楼各主要功能空间

## 26.6.1　办票大厅

**办票大厅选址**　　　　　　　　　　　　　　　表 26.6.1-1

| 办票厅选位原则 | 前端应方便联系陆侧的交通设施，后端应方便连接国内安检大厅及国际联检大厅 |
|---|---|
| 办票厅位置 | 为方便旅客，机场及航空公司日趋提供多样服务，在陆侧的轨道车站、停车场、城市中心等地分设办票大厅 |

**办票大厅布置**　　　　　　　　　　　　　　　表 26.6.1-2

| 航站楼的办票厅对应办票柜台成组布置原则 | 岛式 |
|---|---|
| | 前列式 |
| 办票岛功能 | 国际/国内出港旅客办理乘机手续柜台、国际/国内出港贵宾办理乘机手续柜台、常规/超规行李托运、常规/超规行李安检，旅客排队等候、通行空间 |
| 影响办票岛设计因素 | 办票柜台类型（包含经济舱、高舱位、贵宾、无行李办票、残疾人、团队等） |
| | 测算后每种类型柜台数量及预留发展模式 |
| | 出港行李安全检查模式（如果采用集中的安检模式，考虑安检机容量建议每组 10～18 个柜台） |
| | 建筑的柱距、空间形态 |
| | 行李安检开包柜台或用房应设置在办票流程后旅客必经的通道上，建议靠近办票柜台和安检机 |

以揭阳潮汕机场为例：

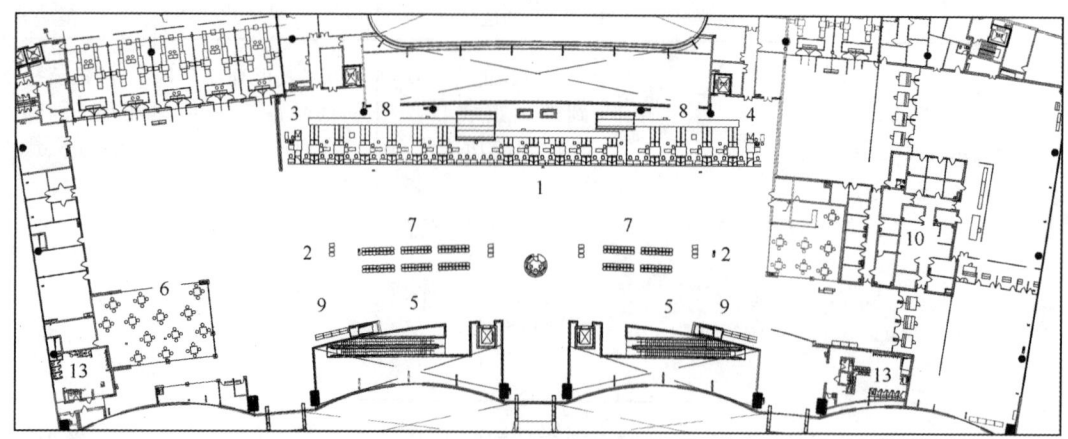

1—办票岛；2—自助办票机；3—国内超规行李托运；4—国际超规行李托运；

5—行李打包；6—零售、餐饮；7—休息座椅；8—行李传送带；9—柜台服务

图 26.6.1-1　国内某机场办票大厅（前列式办票）

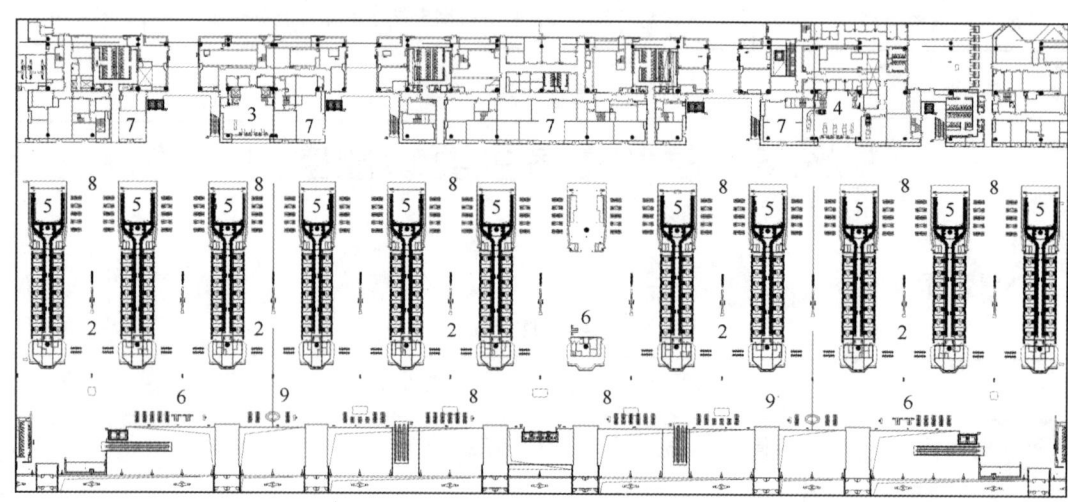

1—办票岛；2—自助办票机；3—国内超规行李托运；4—国际超规行李托运；5—行李开包检查；

6—行李打包；7—零售、餐饮；8—休息座椅；9—柜台服务

图 26.6.1-2　国内某航站楼办票大厅（岛式办票）

### 26.6.2　旅客人身和手提行李的安检工作区

安检区工作要求　　　　　　　　　　　　表 26.6.2-1

| 安检工作<br>区设施 | 安全检查<br>通道要求<br>及设施 | 按照高峰小时旅客出港流量每 180 人设置一个通道 |
| --- | --- | --- |
| | | 每条安全检查通道设置验证区、检查区、整理区；每条安全检查通道前的候检区长度<br>应不小于 20m 或面积应不小于 40m² |
| | | 每个安全检查通道长度应不小于 13m（不包括验证柜台），其中 X 射线安全检查设备前<br>端应设置长度不小于 3.5m 并与传送带相连的待检台；采用单门单机模式的每个通道宽度<br>应不小于 4m，采用单门双机模式的两条安检通道宽度应不小于 8m |
| | | 每条安全检查通道应在前端设置能够锁闭的门，门体高度不低于 2.5m |
| | | 相邻的安全检查通道之间宜实施物理隔离；错位式通道之间应设置不低于 1.8m 的非透<br>视的物理隔断 |

| 安检工作区设施 | 安全检查通道要求及设施 | 安全检查通道验证柜台、通过式金属探测门、手持金属探测器等；手提行李安全检查设备、开包检查台和物品整理台等 |
|---|---|---|
| | 服务用房及工作区设施 | 安检值班室（≥15~25m²）、备勤室、特别检查室（≥10~15m²）、暂存物品保管室和设备维修备件室 |
| | | 爆炸物探测设备、可疑物品处置装备、液态物品检测设备 |

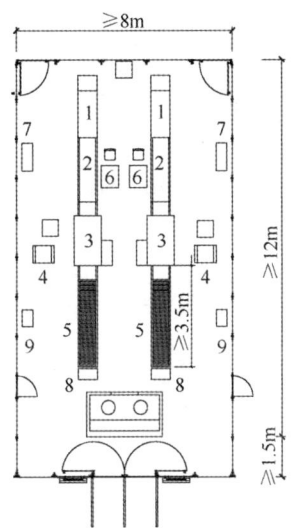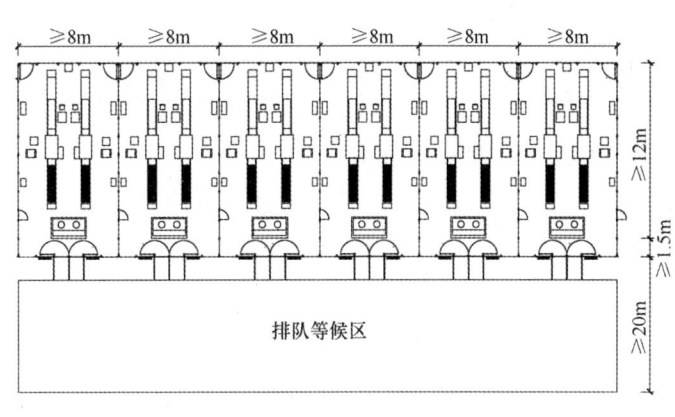

1—开包台；2—行李台；3—X光机；4—安全门；5—待检台；

6—工作台；7—穿鞋凳；8—篮框架；9—鞋柜

图 26.6.2 典型安检区布置

### 26.6.3 国际联检工作区

国际联检的次序各个机场或有不同，须与当地的联检部门逐一协调确定。

**国际联检相关要求** 表 26.6.3

| | 部门职能 | 工作区设计 | 工作区空间布局要求 |
|---|---|---|---|
| 检验检疫 | 依法对出入境旅客行李物品实施卫生检疫、传染病监测和有害动植物的监管；在出入境检验工作区通常采用抽检方式 | 柜台及架设的红外线检查设备 | 候检区长度不小于10m；柜台布置采用通过式 |
| 海关 | 依法对出入境旅客行李物品实施监管；征收关税；查缉走私、毒品、各类违禁品；办理其他海关业务。在出入境海关工作区通常采用抽检方式 | 海关公告、填表台、通道（包括有物品申报的红色通道和无物品申报的绿色通道，以国内某机场为例按旅客量2：8设置）申报柜台、检查柜台、开包台、X光机等检查设备 | 绿色通道采用简易栏杆/闸机分隔的单人通道，宽度不小于0.7m；绿色通道长度不小于25m；红色通道留出排队空间 |

| | 部门职能 | 工作区设施 | 工作区空间布局要求 |
|---|---|---|---|
| 边防检查 | 检查出入境旅客的护照或其他证件材料，核实身份，可分为入境、出境和过境检查 | 边防公告、填表台、候检区、旅客通道（本地旅客、境外旅客、自助通关、落地签证等）验证柜台、指挥柜台 | 排队候检区域深度不小于15m；候检区排队方式可采用蛇形或直列；旅客通道宽度为0.8～0.9m；验证台可正面或侧面布置 |
| 安全检查 | 国际出港旅客安全检查工作区要求同国内 | | |

　　联检通道数量设施必须满足计算高峰小时单向旅客流量，同时与绝对高峰的旅客小时单向旅客流量对比，考虑一定的应变余量。

　　单独设置贵宾/高舱位旅客通道；设置回流旅客通道；每个检查场地旁边设置足够的辅助用房，如：监控、检查、值班、隔离、缉毒犬室等。

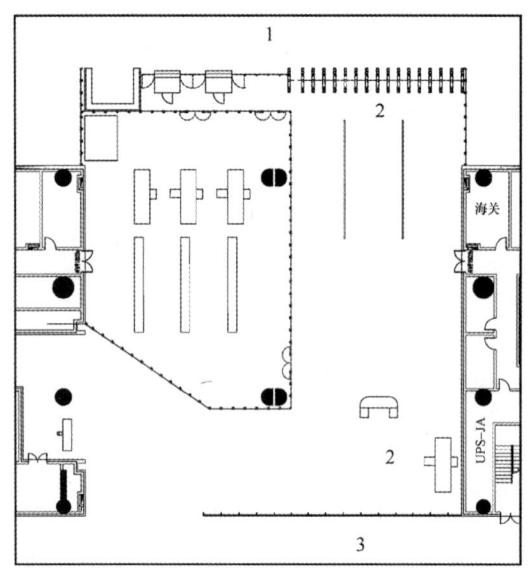

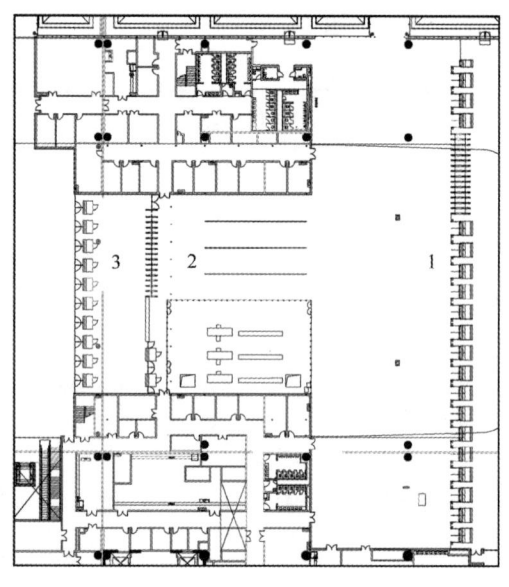

1—行李提取厅；2—海关绿色通道；3—迎客大厅

图 26.6.3-1　国内某机场航站楼入境
联检程序（行李提取后）

1—出发边检；2—海关检查；3—检疫

图 26.6.3-2　国内某机场航站楼
出境联检程序

### 26.6.4　候机厅

候机厅布置　　　　　　　　　　　　　　　表 26.6.4-1

| 候机厅布置 | | 候机厅功能 |
|---|---|---|
| 带状候机厅 | 单侧候机厅 | 登机口、旅客座位区、头等舱商务舱旅客候机厅、母婴候机室、旅客通道、商业服务、问询服务、卫生间、吸烟室、儿童活动区、电话、网点等，可以适应布置主题娱乐功能和文化展示区 |
| | 双侧候机厅 | |
| 集中式候机厅 | 岛式候机厅 | |
| | 尽端式候机厅 | |

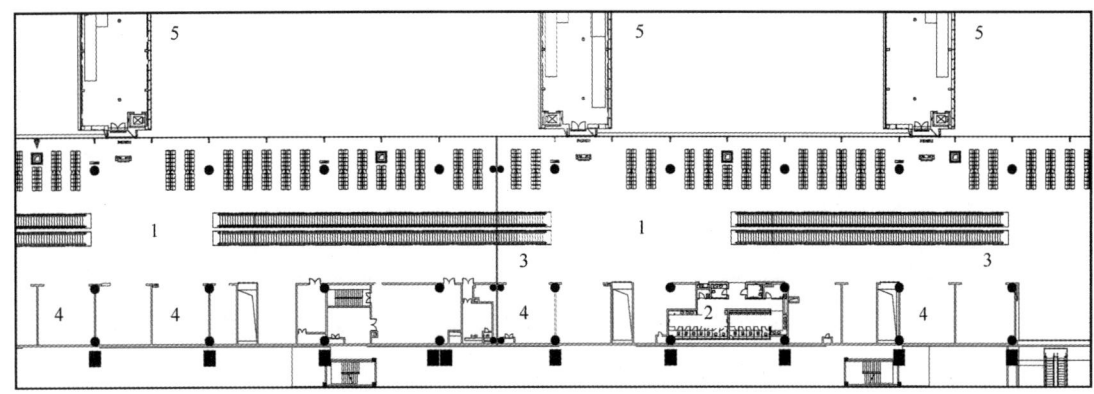

(a) 单侧候机厅

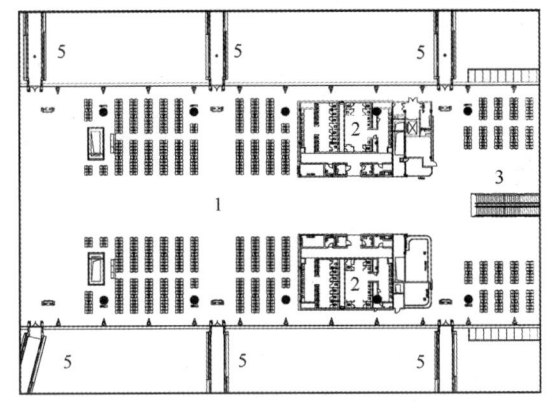

(b) 双侧候机厅

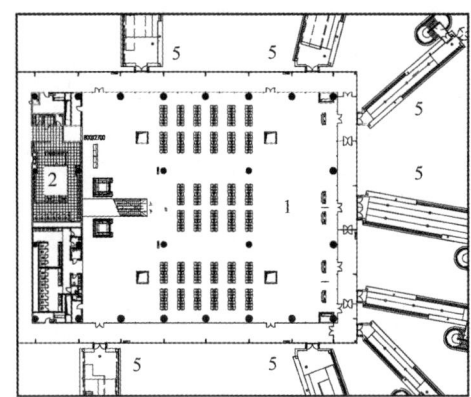

(c) 尽端候机厅

1—候机厅；2—卫生间；3—自动步道；4—商业零售；5—登机桥

图 26.6.4 国内某机场候机厅

**候机厅设施**　　　　　　　　　　　　　　　　　　　　　表 26.6.4-2

| 基本设施 | 候机座椅区、登机口柜台、航班信息、登机信息、问询服务、高舱位候机厅、母婴候机室、卫生间、便利店、饮水处等 |
|---|---|
| 辅助设施 | 引导标识、问询服务、公共电话、吸烟室、残疾人服务、儿童活动区、餐饮店、医务室、宗教服务、延误航班候机、商业展示、文化展示及娱乐、设施，如：电视、小影院、钟点房、SPA、健身室、电子游戏室等 |

**候机厅旅客候机面积及候机区域宽度进深尺寸计算**　　　　表 26.6.4-3

| 飞机类型 | C | D | E | F |
|---|---|---|---|---|
| 旅客数量（人） | 180 | 250 | 400 | 550 |
| 载客率（%） | 83 | 83 | 83 | 83 |
| 使用座椅游客比例（%） | 70 | 70 | 70 | 70 |
| 平均候机旅客数量（人） | 105 | 145 | 232 | 320 |
| 旅客候机面积需求（按适度服务等级中间取值，m²） | 167 | 232 | 372 | 511 |
| 按适度等级折算候机面积（m²） | 257 | 358 | 572 | 787 |

| 飞机翼展宽度（m） | 36 | 52 | 65 | 80 |
|---|---|---|---|---|
| 飞机间最小净距（m） | 4.5 | 7.5 | 7.5 | 7.5 |
| 门位宽度（m） | 40.5 | 59.5 | 72.5 | 87.5 |
| 可用宽度（m） | 30.4 | 44.6 | 54.4 | 65.6 |
| 门位深度（m） | 8.5 | 8.0 | 10.5 | 12.0 |

按国内某国际机场高峰小时旅客数量假设载客率，假设30％旅客在商业区活动或站立，旅客候机面积指标按适度服务等级中间取值座位 $1.6m^2$/人，站位 $1.1m^2$/人。

**旅客座椅数量计算**　　　　　　　　　　　　　表 26.6.4-4

| 飞机类型 | C | D | E | F |
|---|---|---|---|---|
| 平均旅客数量（人） | 180 | 250 | 400 | 550 |
| 载客率（％） | 83 | 83 | 83 | 83 |
| 需要座椅的旅客（％） | 70 | 70 | 70 | 70 |
| 座椅数量（个） | 105 | 145 | 232 | 320 |

### 26.6.5　行李提取大厅

**行李提取大厅分类**　　　　　　　　　　　　表 26.6.5-1

| 分类 | 设施 |
|---|---|
| 国内到港旅客行李提取大厅 | 普通行李提取转盘，超大行李提取转盘/门、行李查询、到港行李转盘分配信息、行李手推车、休息座椅、卫生间、更衣室等辅助设施 |
| 国际/地区到港旅客行李提取大厅 | |

**行李提取转盘**　　　　　　　　　　　　　　表 26.6.5-2

| 形状 | 匀速 0.3m/s 转动的封闭匀速环，可利用直段和 90°转角弧段设计为 O 形、L 形、T 形、U 形等 | 行李转盘外需提供 3.5m 的宽度供旅客等待、提取、装车，两个行李转盘之间的宽度建议为 11～13m |
|---|---|---|
| 形式 | 岛式 | 旅客提取段和行李装卸段分开，上段在行李机房内 |
| | 半岛式 | 旅客提取段和行李装卸段连接，用墙壁分开 |

**行李提取转盘设计参数**　　　　　　　　　　表 26.6.5-3

| 机型 | 旅客提取段长度（m） | 行李上载段长度（m） | 每航班占用时间（min） |
|---|---|---|---|
| B、C（1～2 架次） | 40～70 | 20～50 | 15～20 |
| D、E | 70～90 | 50～70 | 30～45 |
| F | 95～115 | | 45 |

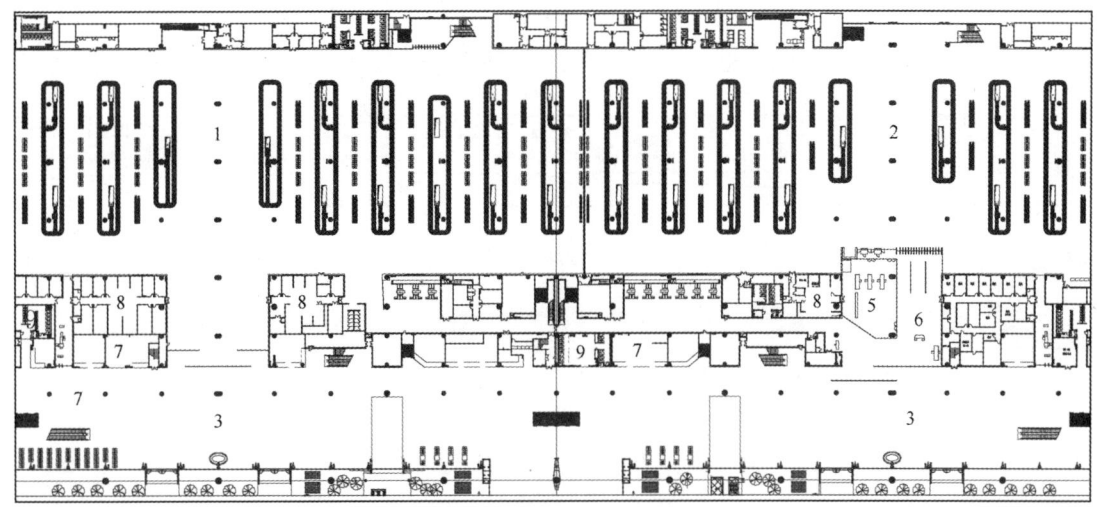

示例（一）

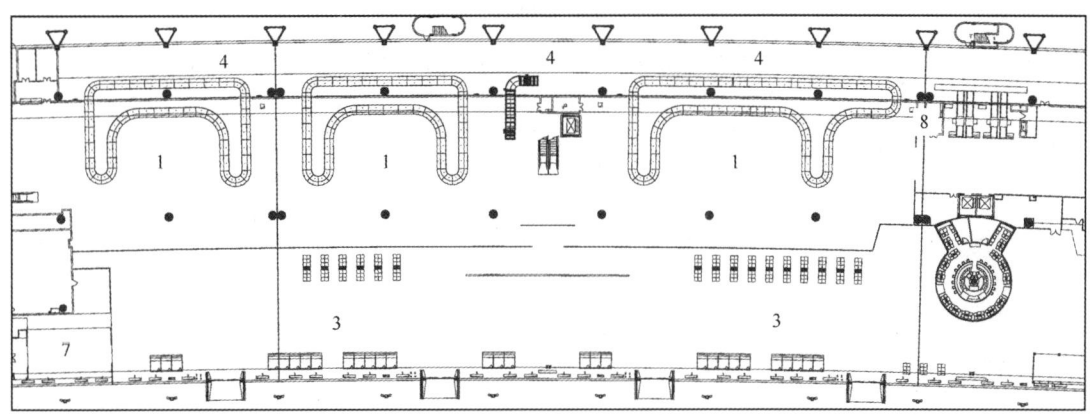

示例（二）

1—国内行李提取厅；2—国际行李提取厅；3—迎客大厅；4—行李处理厅；5—海关；

6—检验检疫；7—商业零售；8—业务用房；9—卫生间

图 26.6.5 国内某机场航站楼行李提取厅

**行李箱常规尺寸**                                                    表 26.6.5-4

| 最大（m） | | 最小（m） | |
| --- | --- | --- | --- |
| 长（L） | 0.90 | 长（L） | 0.30 |
| 宽（W） | 0.35 | 宽（W） | 0.10 |
| 高（H） | 0.70 | 高（H） | 0.20 |

## 26.6.6 迎客大厅

**迎客大厅功能**                                                      表 26.6.6

| 主要功能 | 服务到港旅客和迎客人员 |
| --- | --- |
| 基本设施 | 接客口、航空公司服务、航班信息显示、城市交通接驳，连接办票大厅 |
| 辅助设施 | 引导标识、问询服务、行李寄存、手推车、汇合点、零售、餐饮店、酒店/旅行社服务、银行、ATM、邮政、快递、电话、卫生间、饮水处、休息座椅、商业展示等 |

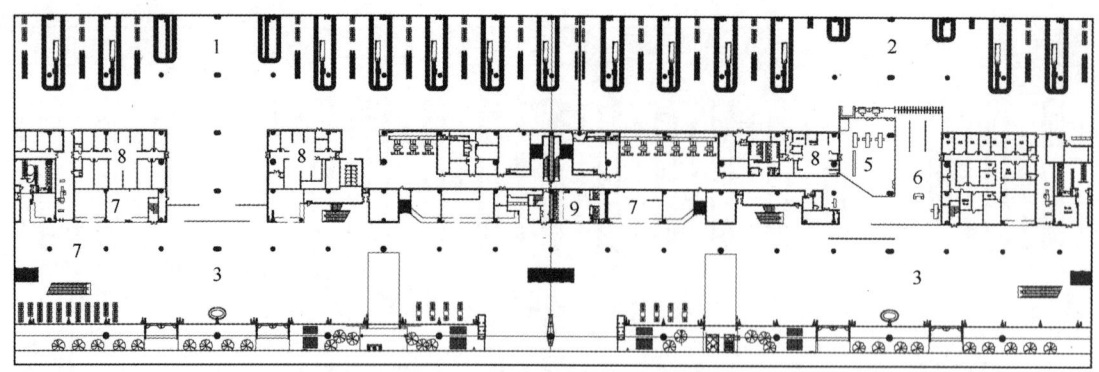

1—国内行李提取厅；2—国际行李提取厅；3—迎客大厅；4—行李处理厅；5—海关；

6—检验检疫；7—商业零售；8—业务用房；9—卫生间

图 26.6.6　国内某机场航站楼行李迎客厅

### 26.6.7　卫生间

卫生间设计　　　　　　　　　　　　　　　表 26.6.7-1

| 设施 | 男厕、女厕、无障碍卫生间、第三卫生间、母婴室、更衣室、清洁间 |
|---|---|
| 公共区内卫生间间距 | 建议公共区内卫生间充分体现人性化服务，设置间距在 75～100m |
| 设计要点 | 入口不设门，方便出入，采用简单的迷路式设计，达到视线遮挡的目的 |
| | 男女厕位数量比例为 1:1.5～1:2 |
| | 卫生间设计采用标准化设计，采用统一模数控制，而且方便日后的管理维护 |

洁具计算　　　　　　　　　　　　　　　　表 26.6.7-2

| 类别 | 厕位数量 | 盥洗台 | |
|---|---|---|---|
| | | 厕位数（个） | 洗手盆数（个） |
| 男（人数/h） | 100 人以下设 2 个，每增加 60 人增设 1 个 | 4 以下 | 1 |
| | | 5～8 | 2 |
| 女（人数/h） | 100 人以下设 4 个，每增加 30 人增设 1 个 | 9～21 | 每增加 4 厕位增设 1 个 |
| | | 22 以上 | 每增加 5 厕位增设 1 个 |

### 26.6.8　航站楼商业服务设施

航站楼商业服务设施　　　　　　　　　　　表 26.6.8-1

| 特点 | 人流量大，数量稳定，顾客类型单一 |
|---|---|
| | 在国际机场的空侧有免税店 |
| 布置原则 | 商业设施和旅客流程结合，旅客类型、旅客行为模式和旅客流程的布置是商业设施布点和选型的重要依据 |
| | 有集中的商业区，也有分散的商业点 |
| | 布局清晰，消费便捷 |
| | 商业区布局灵活，便于调整 |
| | 有特有的机场商业氛围 |
| 面积估算方式 | 约占 8%～12% 航站楼面积 |
| | 空侧商业面积大于陆侧，约 2:1 |
| | 国内商业区或采用 800～1000m² /百万旅客/年的设计标准 |
| | 国际商业区或采用 1000～1300m² /百万旅客/年的设计标准 |
| | 国内出港商业区或采用 1.8m² /1000 出港旅客/年的设计标准 |
| | 国际出港商业区或采用 2.3m² /1000 出港旅客/年的设计标准 |

商业区类型分布 表 26.6.8-2

| 商业区 | 位置 | 服务商品类型 |
|---|---|---|
| 陆侧出港区 | 值机区前 | 服务类设施：行李寄存、便利店、银行网点等 |
| | | 餐饮：咖啡、西餐厅等 |
| | 值机区后 | 餐饮：大型餐厅（中餐/西餐） |
| | | 零售商店：土特产、纪念品、工艺品、礼品等 |
| 空侧出港区 | 安检后公共区 | 服务类业态：便利店、书店等 |
| | | 各类型餐饮店 |
| | | 零售商店/免税店：品牌服装、鞋帽、土特产、纪念品、工艺品、礼品、手表、珠宝、箱包、化妆品等 |
| | | 休闲娱乐：健身、理疗、儿童游戏等 |
| | | 计时旅馆 |
| | 候机区 | 服务类业态：便利店、书店等 |
| | | 餐饮：咖啡、冷饮、面包屋、简餐类 |
| 空侧到港区 | 旅客通道 | 少量服务类设施：电信、银行网点 |
| | | 小型零售商店/免税店：土特产、便利店 |
| 陆侧到港区 | 迎客大厅 | 服务类设施：行李寄存、电信产品、银行网点、货币兑换、旅游产品、酒店服务、车辆租赁等 |
| | | 餐饮：大中型餐厅（中餐/西餐） |
| | | 零售商店：礼品、工艺品等 |

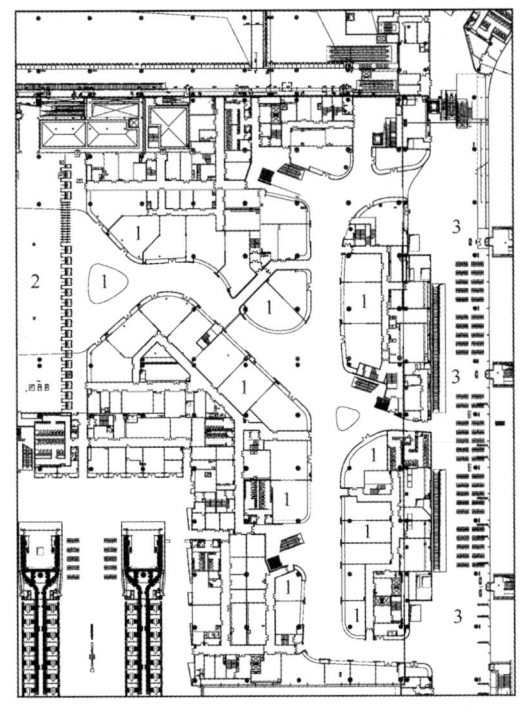

1—商业；2—出境边防检查；3—候机厅

图 26.6.8-1 国内某机场航站楼国际免税商业区

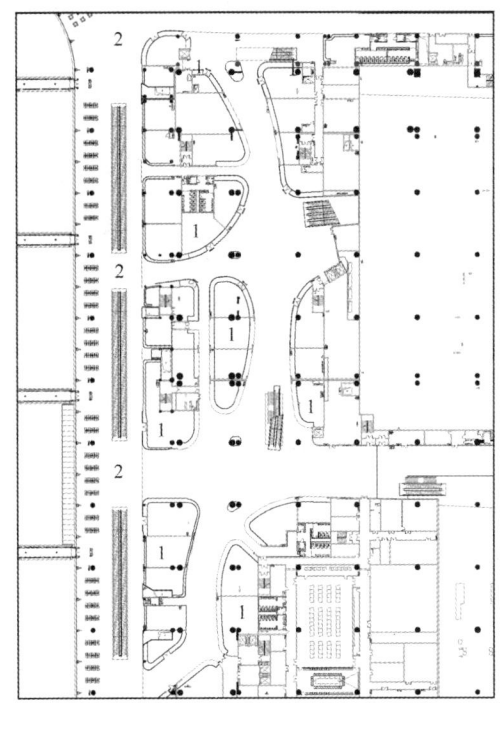

1—商业；2—候机厅

图 26.6.8-2 国内某机场航站楼国内集中商业区

### 26.6.9 贵宾服务设施

贵宾流程分类　　　　　　　　　　　　　　　表 26.6.9-1

| 旅客类别 | | 流程 |
|---|---|---|
| 出港贵宾 | 商务贵宾 | 航空公司/服务公司专人陪同办理值机和行李托运手续，在普通贵宾室候机，经过专用检查通道到空侧由专用摆渡车送到飞机旁 |
| | 政要贵宾 | 服务公司专人全程接待陪同、专人办理值机和行李托运手续，在专用贵宾室候机，经过专用礼遇通道到空侧由专用摆渡车送到飞机旁 |
| 到港贵宾 | 商务贵宾 | 下机后由专用摆渡车送到贵宾室 |
| | 政要贵宾 | 下机后由专用摆渡车送到贵宾室或者直接到陆侧车道 |

贵宾服务功能　　　　　　　　　　　　　　　表 26.6.9-2

| 基本功能 | 专用陆侧车道，专用停车场、入口大厅、前台接待、用餐区、贵宾室、行李寄存、商务区、吸烟室、卫生间，安全（海关、边防、检疫）检查通道 |
|---|---|
| 其他功能 | 独立贵宾室、餐厅、酒吧、特色零售、新闻中心、政要礼遇通道、媒体服务、健康中心等 |

### 26.6.10 无障碍设计

无障碍设施分布　　　　　　　　　　　　　　表 26.6.10

| 区域 | 无障碍设施 |
|---|---|
| 出港/到港车道边 | 无障碍停车位 |
| 候机楼车道边，到停车楼、交通中心等各项公共交通设施通道 | 无障碍通过设计、盲道 |
| 出港大厅、值机大厅区等 | 盲道、残疾人值机柜台、问询柜台 |
| 候机厅、行李提取厅 | 残疾人轮椅席位 |
| 登机桥或航站楼内坡道 | 坡道不大于 1：12 |
| 其他 | 残疾人专用电梯或带残疾人功能的客梯、残疾人卫生间、公共服务设施（饮水机、公共电话、求助服务、柜台等）考虑方便残疾人使用 |

# 26.7 航站楼防火设计

总平面布局　　　　　　　　　　　　　　　表 26.7-1

| 特定设施 | 航站楼总平面布局要求 |
|---|---|
| 应设置环形消防车道 | 边长大于 300.0m 的航站楼，应在其适当位置增设穿过航站楼的消防车道，消防车道可利用高架桥和机场的公共道路，尽头式消防车道应设置回车道或回车场 |
| 消防车道 | 净宽度和净空高度均不宜小于 4.5m，消防车道的转弯半径不宜小于 9.0m |

| 特定设施 | 航站楼总平面布局要求 |
|---|---|
| 地铁车站、轻轨车站和公共汽车站等城市公共交通设施 | 不应与其贴邻或上、下组合建造,必要联通时,应在连通部位设置间隔不小于10.0m的露天开敞分隔空间 |
| 其他使用功能 | 不应与其上、下组合建造 |

**平面布置** 表 26.7-2

| 设施 | 航站楼布置 |
|---|---|
| 地铁车站、轻轨车站和公共汽车站等城市公共交通设施 | 不应与其贴邻或上、下组合建造 |
| | 必要连通时,应在连通部位设置间隔不小于10.0m的露天开敞分隔空间;间隔非露天开敞的空间时,除人员通行的连通口可采用耐火极限不低于3.00h的防火卷帘或甲级防火门外,其他连通处均应采用耐火极限不低于2.00h的防火隔墙或防火玻璃墙进行分隔 |
| 其他使用功能 | 不应与其上、下组合建造。贴邻建造时,应采用防火墙分隔,建筑间的连通开口处应设置甲级防火门 |
| 航站楼内的不同功能区 | 相对独立、集中布置 |

**航站楼防火分区** 表 26.7-3

| 区域 | 要求 | |
|---|---|---|
| 出发区、到达区、候机区等公共区可按功能划分防火分区 | 航站楼设置自动灭火系统和火灾自动报警系统;<br>采用不燃或难燃装修材料;<br>公共区内的商业服务设施、办公室和设备间等功能房间采取了防火分隔措施 | |
| 非公共区应独立划分防火分区 | | |
| 行李提取区 | 宜独立划分防火分区 | |
| 迎客区 | 宜独立划分防火分区 | |
| 行李处理用房 | 应独立划分防火分区 | |
| | 当采用人工分拣 | 按《建筑设计防火规范》GB 50016 有关单层或多层丙类厂房的要求划分防火分区 |
| | 当采用机械分拣 | 符合下列条件时,行李处理用房的防火分区大小可按工艺要求确定 |
| | 当采用多套独立的行李分拣设施时,应按每套行李分拣设施的服务区域分别划分防火分区 | |
| 地下或半地下室 | 采取防火分隔措施与地上空间分隔 | |
| | 地下公共走道、无任何商业服务设施且仅供人员通行或短暂停留和自助值机的地下空间,可与地上公共区按同一个区域划分防火分区 | |

**安全出口要求**　　　　　　　　　　　　　　　　　表 26.7-4

| 类别 | 要求 | | |
|---|---|---|---|
| 安全出口数量 | 每个防火分区应至少设置 1 个直通室外或避难走道的安全出口，或设置 1 部直通室外的疏散楼梯 | | |
| 可利用的安全出口 | 通向相邻防火分区的甲级防火门 | | |
| | 通向高架桥的门 | | |
| | 通向登机桥的门 | | |
| 疏散楼梯 | 区域 | 类型 | 净宽要求 |
| | 公共区 | 可采用敞开楼梯（间） | ≥1.4m |
| | 非公共区 | 应采用封闭楼梯间或室外疏散楼梯 | ≥1.1m |
| | 层数大于等于 3 层 | 防烟楼梯间 | |
| | 埋深大于 10.0m 的地下或半地下场所 | | |

**疏散距离**　　　　　　　　　　　　　　　　　　　表 26.7-5

| 区域类别 | 要求 | |
|---|---|---|
| 公共区的疏散距离 | 任一点均应至少有 2 条不同方向的疏散路径 | |
| | 室内平均净高 | 任一点至最近安全出口的直线距离 |
| | 小于 6.0m | 不应大于 40.0m |
| | 大于 20.0m 时 | 不应大于 90.0m |
| | 其余 | 不应大于 60.0m |
| 行李处理用房 | 任一点至最近安全出口的直线距离不应大于 60.0m | |
| 非公共区 | 符合《建筑设计防火规范》GB 50016 有关公共建筑的规定 | |

**不同功能区的设计疏散人数**　　　　　　　　　　　表 26.7-6

| 功能区 | | 设计疏散人数 |
|---|---|---|
| 出发区 | | ［国内出港高峰小时人数×（国内集中系数＋国内迎送比）＋国际出港高峰小时人数×（国际集中系数＋国际迎送比）］×0.5＋核定工作人员数量 |
| 候机区 | 近机位 | （设计机位的飞机满载人数之和）×0.8＋核定工作人员数量 |
| | 远机位 | 候机区的固定座位数＋核定工作人员数量 |
| 到港区 | 到港通道 | （国内进港高峰小时人数×国内集中系数＋国际进港高峰小时人数×国际集中系数）/3＋核定工作人员数量 |
| | 行李提取区 | （国内进港高峰小时人数×国内集中系数＋国际进港高峰小时人数×国际集中系数）/4＋核定工作人员数量 |
| | 迎客区 | （国内进港高峰小时人数×国内集中系数＋国际进港高峰小时人数×国际集中系数）/6＋国内进港高峰小时人数×国内迎送比＋国际进港高峰小时人数×国际迎送比＋核定工作人员数量 |
| 非公共区及其他机场服务人员的工作场所 | | 按核定人数确定 |

注：设计机位的飞机满载人数：C 类机位，180 人；D 类机位，280 人；E 类机位，400 人；F 类机位，550 人。

| 防火分隔和防火构造 | 表 26.7-7 |
|---|---|

| 在公共区内布置的商店、休闲、餐饮等商业服务设施 | 每间商店的建筑面积不应大于 200m² |
|---|---|
| | 每间休闲、餐饮等其他场所的建筑面积不应大于 500² |
| | 连续成组布置时，每组的总建筑面积不应大于 2000m² 方，组与组的间距不应小于 9.0m |
| | 每间商铺之间应设置耐火极限不低于 2.00h 的防火隔墙，且防火隔墙处两侧应设置总宽度不小于 2.0m 的实体墙 |
| | 商铺与其他场所之间应设置耐火极限不低于 2.00h 的防火隔墙（有困难时采用防火卷帘）和耐火极限不低于 1.00h 的顶板 |
| | 当每间的建筑面积小于 20m² 且连续布置的总建筑面积小于 200m² 时，每间商铺之间应采用耐火极限不低于 1.00h 的防火隔墙分隔，或间隔不应小于 6.0m，与公共区内的开敞空间之间可不采取防火分隔措施，但与可燃物之间的间隔不应小于 9.0m |

# 26.8  航站楼安全保卫设计

## 26.8.1  机场安全保卫等级分类

| 机场安全保卫等级分类 | | | | 表 26.8.1 |
|---|---|---|---|---|

| 类别 | 一类 | 二类 | 三类 | 四类 |
|---|---|---|---|---|
| 年旅客量 | ≥1000 万人次 | ≥200 万人次<br>＜1000 万人次 | ≥50 万人次<br>＜200 万人次 | ＜50 万人次 |
| | 应将航班旅客及其行李所使用的区域与通用航空（含公务航空）所使用的区域分开 | | | |

## 26.8.2  停车场要求

航站楼主体建筑 50m 范围内不应设置公共停车场。

航站楼地下不应设置停车场。航站楼地下已设有员工停车场和员工车辆通道的，应在入口处设置通行管制设施，确保未经授权的车辆不得进入；并应具备机场威胁等级提高时，对车辆及驾乘人员实施安全检查的条件。

一类、二类机场应建立停车场管理系统，三类机场宜建立停车场管理系统。

## 26.8.3  航站楼安防设计要求

| 基本要求 | 表 26.8.3-1 |
|---|---|

| 类别 | 技术要求 |
|---|---|
| 分区 | 航站楼应实行分区管理，各区域之间应进行隔离，并根据需要设有封闭管理、安全检查、通行管制、报警、视频监控、防爆、业务用房等安全保卫设施 |
| 旅客 | 航站楼旅客流程设计中，国际旅客与国内旅客分开，国际进、出港旅客分流，国际、地区中转旅客再登机时应经过安全检查 |
| 空陆侧隔离设施 | 航站楼的空侧和陆侧之间应设置空陆侧隔离设施，实施非透视物理隔离，隔离设施净高度不低于 2.5m，公共区域一侧不应有用于攀爬的受力点和支撑点，并设置视频监控系统（物理隔断为全高度的情况除外），防止未经授权人员和违禁物品非法进入候机隔离区，并应能及时发现向空侧投掷物品 |

| 类别 | 技术要求 |
|---|---|
| 管道 | 应对连接公共活动区和机场控制区的通风道、排水道、地下公用设施、隧道和通风井等进行物理隔离 |
| 拆卸装置 | 空陆侧隔离设施的拆卸装置均应设在安全侧 |
| 风口 | 空调回风口不应设置在公众可接触区域，否则应位于视频监控覆盖范围内 |
| 标识 | 航站楼内应设置安全保卫、应急疏散等标识 |
| 垂直交通 | 同一电梯或楼梯应只能通往相同安全保卫要求的区域；否则，须置有效的安全保卫设施，防止出现不同安全保卫要求区域或空陆侧互通的情况 |
| 布局开阔 | 航站楼内应布局合理开阔，尽可能减少有可能隐匿危险物品或装置的区域 |

**各区域安防设施要求**　　　　　　　　　　　　　表 26.8.3-2

| 类别 | 区域 | 技术要求 |
|---|---|---|
| 公共区 | 售票柜台、值机柜台、行李传送带等设施的结构 | 应能防止无关人员和物品由此进入机场控制区 |
| | 公共活动区 | 应配备可疑物品处置装置，一类、二类机场设公安执勤室或执勤点 |
| | 从公共活动区俯视观察到航空器活动区的所有区域 | 均应实施物理隔离，净高度不低 2.5m |
| | 公共活动区应急疏散门 | 属于空陆侧隔离设施的，应满足空陆侧隔离设施要求，并对其内外两侧区域实施视频监控 |
| | 小件行李寄存 | 配置实施安全检查的设备，小件行李寄存处应能锁闭 |
| | 通道、管廊、管道出入口 | 应有安保设施，并置于视频监控覆盖范围内 |
| | 航站楼出入口数量 | 应在保证通行顺畅的前提下尽可能少 |
| | 航站楼内所有区域 | 均不应俯视观察到安检工作现场，否则应实施非透视物理隔离，净高度不低于 2.5m |
| 候机区 | 应封闭管理 | 凡与共活动区相邻或相通的门、窗和通道等，均应设置安全保卫设施，并对所有进入该区域的人员和物品进行安全检查 |
| | 工作人员通道 | 应在满足必要运营需求的情况下，数量最少 |
| | 候机区 | 1. 不应在候机隔离区或候机隔离区上方设置属于公共活动区的通道或阳台；<br>2. 应急反应路线及通道应满足应急救援人员和应急装备；<br>3. 商品安检工作区宜与旅客人身和手提行李安检工作区分开；<br>4. 应为特许经营商的运货、仓储、员工出入路线设计适当的流程 |
| 行李 | 行李分拣装卸和行李提取大厅 | 应设置通行管制设施或采取通行管制措施 |
| 出入口 | 航站楼入口 | 应预留实施安全保卫措施的空间放置防爆和防生化威胁等的安全保卫设施设备 |
| | 登机口 | 应预留实施安全保卫措施的空间，用于实施旅客身份验证、旅客及其行李信息的二次核对、开包检查等安全保卫措施 |

**航站楼的物理保护**                                                     表 26.8.3-3

| 类别 | 技术要求 |
|---|---|
| 基本要求 | 防止由试图闯进航站楼的车辆或放置在航站楼前面的爆炸物造成的直接攻击 |
| 航站楼前 | 应设置坚固护柱或阻挡设施，防止车辆开上人行道或进入航站楼 |
| 应急疏散口 | 机场控制区内应急疏散口应设置安全保卫设施 |
| 出屋面通行口 | 从航站楼内外所有通往航站楼楼顶的通行口、管道、天窗应设置物理防护设施 |

# 27 铁路旅客车站建筑设计

## 27.1 概　述

### 27.1.1 铁路旅客车站的定义

1. 铁路旅客车站（铁路客站）

办理铁路客运业务，为铁路旅客提供乘降功能的场所。一般由铁路客站站房、客运服务设施和城市配套设施（车站广场和城市交通配套设施）等组成。

2. 铁路客站站房

为铁路旅客办理客运业务的公共建筑。主要由进站、出站集散厅，候车区（厅、室）、售票用房，客运作业及附属用房，行包用房，以及为旅客服务的商业用房等组成。

3. 客运服务设施

铁路客站范围内为旅客服务的站台、站台雨棚、地道、天桥等建筑物或构筑物，以及检票口、电梯与自动扶梯、公共信息导向系统等设施的统称。

### 27.1.2 铁路客站的规模

1. 铁路客站的规模应根据最高聚集人数或高峰小时发送量按表 27.1.2-1 和表 27.1.2-2 确定。

客货共线铁路客站规模表　　　　　　　　　　　　　　表 27.1.2-1

| 车 站 规 模 | 最高聚集人数 $H$（人） |
| --- | --- |
| 特大型 | $H \geqslant 10000$ |
| 大　型 | $3000 \leqslant H < 10000$ |
| 中　型 | $600 < H < 3000$ |
| 小　型 | $H \leqslant 600$ |

高速铁路与城际铁路客站规模表　　　　　　　　　　　表 27.1.2-2

| 车 站 规 模 | 高峰小时发送量 $PH$（人） |
| --- | --- |
| 特大型 | $PH \geqslant 10000$ |
| 大　型 | $5000 \leqslant PH < 10000$ |
| 中　型 | $1000 \leqslant PH < 5000$ |
| 小　型 | $PH < 1000$ |

2. 铁路客站站房建筑面积应根据铁路客站最高聚集人数，按下列指标计算决定：

1）中、小型铁路客站站房建筑面积宜为 5～8m²/人。

2）特大型、大型铁路客站站房建筑面积宜为 8～15m²/人。

# 27.2　总　平　面

## 27.2.1　总平面布置

铁路客站总平面布置应符合下列规定：

1. 铁路客站流线与功能布局便于旅客乘降和疏解。

2. 铁路客站与城市轨道交通、道路等连接顺畅。

3. 旅客进站、出站和换乘流线应短捷。

4. 特大型、大型铁路客站的进站、出站旅客流线应分开设置。

5. 旅客流线与车辆、行包和邮件流线宜相对独立，避免交叉。

## 27.2.2　旅客客站房平台

铁路客站站房应设置站房平台，并符合表 27.2.2 的要求。

站房平台设计要点　　　　　　　　　　　　　　表 27.2.2

|  | 特 大 型 | 大 型 | 中 型 | 小 型 |
|---|---|---|---|---|
| 长度 | 不应小于站房主体建筑总长度 | | | |
| 宽度 | ≥35m | ≥25m | ≥10m | ≥10m |
|  | 采用立体交通布局的铁路客站，应分层设置，每层平台的宽度不宜小于 10m | | | |

## 27.2.3　城市配套设施

1. 人车分流布置，并有利于铁路客站内部的交通组织和外部道路衔接。

2. 车站广场道路临近站房平台等人员密集场所时，应设置防冲撞设施。

3. 地面应高出车行道 0.15m。

4. 车站广场应设厕所，其最小使用面积可根据最高聚集人数按每千人不小于 25m² 或 4 个厕位确定，当车站广场面积较大时，厕所宜分散设置。

5. 特大型、大型铁路客站宜采用多方向进站、出站的布局形式，并宜采用立体交通形式。

6. 铁路客站与城市交通站点的换乘距离不宜大于 300m。

7. 车站广场绿化不宜小于 10%。

8. 人行区域面积宜根据旅客车站最高聚集人数按 1.83m²/人计算确定。

9. 公交汽（电）车、出租车、社会车辆等城市交通配套场地规模应根据交通量确定，并适当留有余地。其中，出租车上客区和落客区应根据旅客流线分别设置。

10. 小客车单位车道边长度宜为 7m。小客车车道边数量应依据小客车载客人数和平均停靠时间计算确定。其中，出租车平均载客人数宜按 1.5 人/车确定，小型社会车平均载客人数宜按 2.5 人/车确定。

### 27.2.4 总平面布置实例

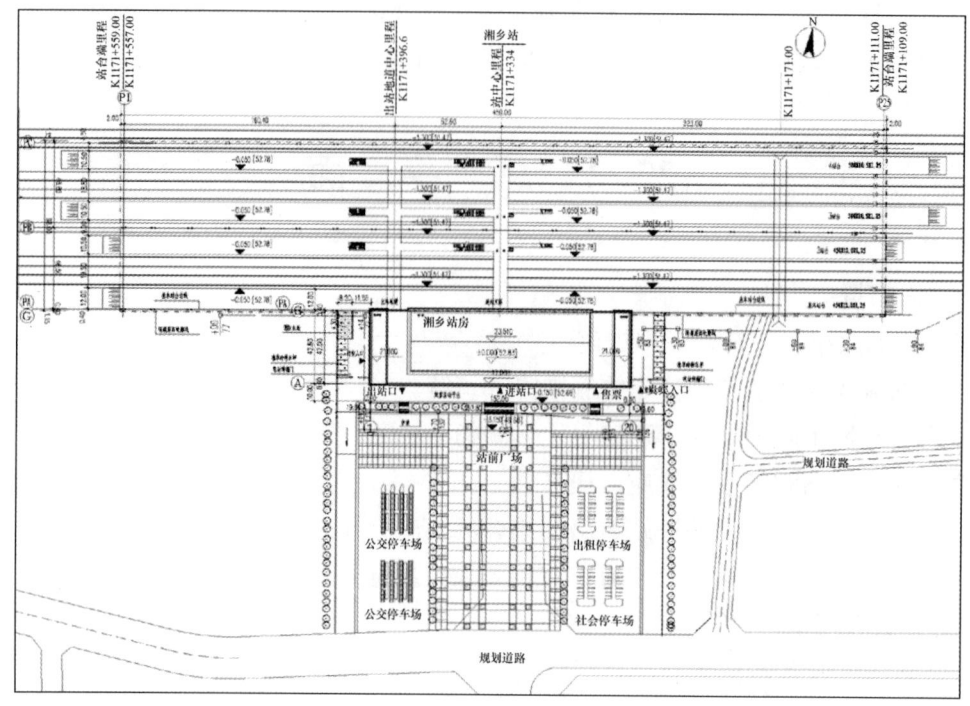

图 27.2.4 某旅客车站总平面图

# 27.3 站 房 建 筑

### 27.3.1 铁路客站站房功能分区

1. 铁路客站站房功能分区见表 27.3.1。

铁路客站功能分区表                    表 27.3.1

| | 公共区 | 设备区 | 办公区 |
|---|---|---|---|
| 设计要求 | 公共区宜采用开敞空间布局，旅客流线应顺畅有序（公共区的安全疏散必须符合现行国家标准《建筑设计防火规范》GB 50016—2014 的有关规定） | 宜远离公共区集中设置，并宜利用建筑空间 | 办公用房宜集中设置，并应设置与公共区联系通道 |
| | 应划分合理，功能明确，便于管理 | | |

2. 铁路客站进站、出站通道和换乘通道及楼梯宽度除应满足旅客高峰通过能力的需要外，尚应符合现行国家标准《建筑设计防火规范》GB 50016—2014（2018 年版）的相关规定。

3. 旅客进站流线可按购票、实名制验票、安检、候车、进站验票等作业环节进行设计。

4. 旅客出站流线上应设置出站检票设施。

5. 旅客中转换乘流线宜按站内换乘进行设计。

### 27.3.2 集散厅

1. 中型及以上的铁路客站的进、出站集散厅应按高峰小时发送量确定，进站集散厅使用面积按不小于 $0.25m^2/$人。出站集散厅使用面积按不宜小于 $0.2m^2/$人。

2. 小型铁路客站的进站集散厅宜与候车区合并设置，面积应按高峰小时发送量确定，进站厅使用面积不应小于 $250m^2$，出站厅使用面积按不宜小于 $150m^2$，进、出站厅合并设置时使用面积不应小于350m²。

3. 进站集散厅应设置问询、小件寄存等服务设施，中型及以上铁路客站宜设自助存包柜。出站集散厅内应设置旅客厕所和检补票室。

4. 铁路客站站房应在进站集散厅等主要旅客入口处设置安检区，每处安检区最小使用面积应满足设置两组安检设备的要求。

5. 进站集散厅应设置实名制验票口。

### 27.3.3 候车区（厅、室）

1. 候车区（厅、室）总使用面积应根据最高聚集人数，按不应小于1.2m²/人确定。特大型、大型铁路客站候车区（厅、室）的使用面积应在计算基数上增加5%。

2. 特大型、大型铁路客站宜根据客运需求设置软席候车区。软席候车区候车人数，客货共线铁路可采用最高聚集人数的4%，高速铁路和城际铁路可采用最高聚集人数的10%；使用面积应按不小于2m²/人计算确定。

3. 无障碍候车区设计应符合下列规定：

1）中型及以上铁路客站应设置无障碍候车区，小型铁路客站应在候车区内设置轮椅候车席位；

2）无障碍候车区人数可采用最高聚集人数的4%，使用面积应按不小于2m²/人计算确定；

3）无障碍候车区宜临近进站检票口及无障碍电梯。

4. 铁路客站可根据需要设置商务候车室，商务候车室设计宜符合下列规定：

1）设置单独出入口和直通车站广场的车行道。

2）设置独立的实名制验票和安检设施。

3）设置厕所、盥洗间、服务员室和备品间，盥洗间应设盥洗用热水。

5. 普通候车区（厅、室）座椅的排列方式应有利于旅客通向进站检票口，座椅间走道净宽不得小于1.3m，并应满足军人（团体）候车的要求（图27.3.3）。

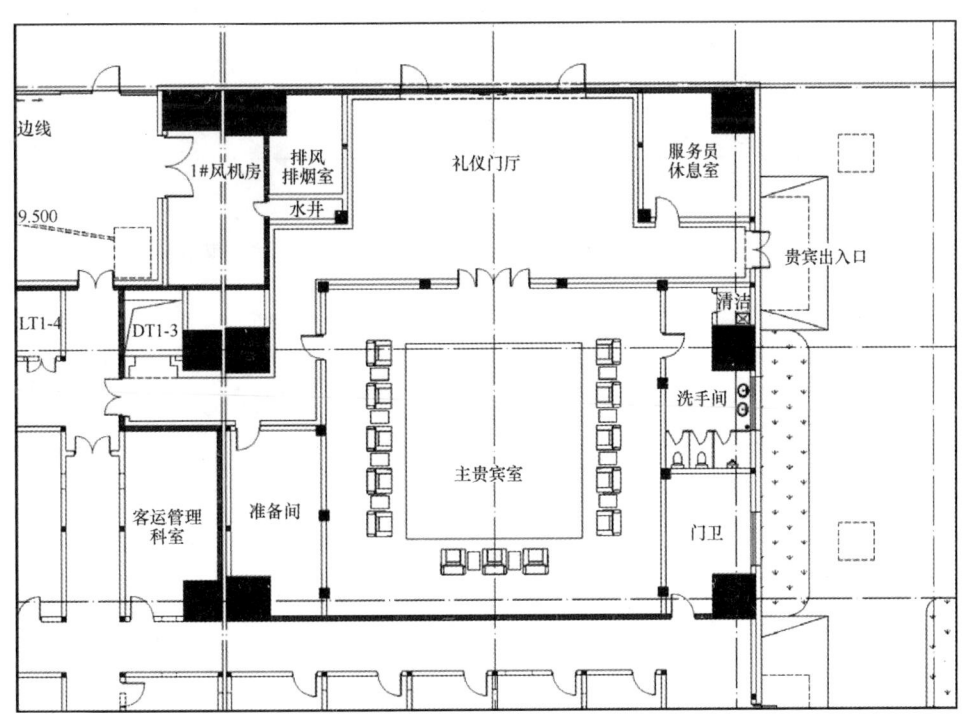

图27.3.3 商务候车室实例

### 27.3.4　售票用房

1. 售票主要用房见表27.3.4-1。

售票主要用房组成表　　　　　　　　　　表27.3.4-1

| 房间名称 | 旅客车站建筑规模 | | | |
|---|---|---|---|---|
| | 特大型 | 大型 | 中型 | 小型 |
| 售票厅 | 应设 | 应设 | 应设 | 应设 |
| 售票室 | 应设 | 应设 | 应设 | 应设 |
| 票据库 | 应设 | 应设 | 应设 | 宜设 |
| 办公室 | 应设 | 应设 | 宜设 | 应设 |
| 进款室 | 应设 | 应设 | 应设 | 宜设 |
| 总账室 | 应设 | 应设 | 不设 | 不设 |
| 订、送票室 | 应设 | 宜设 | 不设 | 不设 |
| 微机室 | 应设 | 应设 | 应设 | 应设 |
| 自动机 | 应设 | 宜设 | 宜设 | 宜设 |
| 公安制证窗口 | 应设 | 应设 | 应设 | 应设 |
| 售票人员专用厕所 | 应设 | 应设 | 应设 | 应设 |

2. 售票窗口设计见表27.3.4-2。

售票窗口设计规定　　　　　　　　　　表27.3.4-2

| | 相邻售票窗中心距离 | 靠墙售票窗中心距离 | 售票窗台至地面高度 | 自动售、取票机 |
|---|---|---|---|---|
| 设计要点 | 宜为1.6m | 不小于1.2m | 1m | 宜采用嵌入式安装，其设置空间应满足旅客排队购票和维护要求 |

3. 售票室设计见表27.3.4-3。

售票室设计要点　　　　　　　　　　表27.3.4-3

| | 每个售票窗口使用面积 | 售票室使用面积 |
|---|---|---|
| 使用面积 | 不应小于6m² | 不应小于14m² |
| 设计要点 | 1. 售票室应设置防盗设施；<br>2. 售票室与公共区之间不应设门；<br>3. 地面宜高出售票厅地面0.2m，并采用防静电架空地板，无障碍售票窗除外 | |

4. 票据库设计见表27.3.4-4。

票据库设计要点　　　　　　　　　　表27.3.4-4

| | 特大型、大型 | 中小型 |
|---|---|---|
| 使用面积 | 每处售票用房设置一间不应小于30m² | 不宜小于15m² |
| | 票据库应有防潮、防鼠、防盗和报警措施 | |

5. 售票厅实例见图27.3.4。

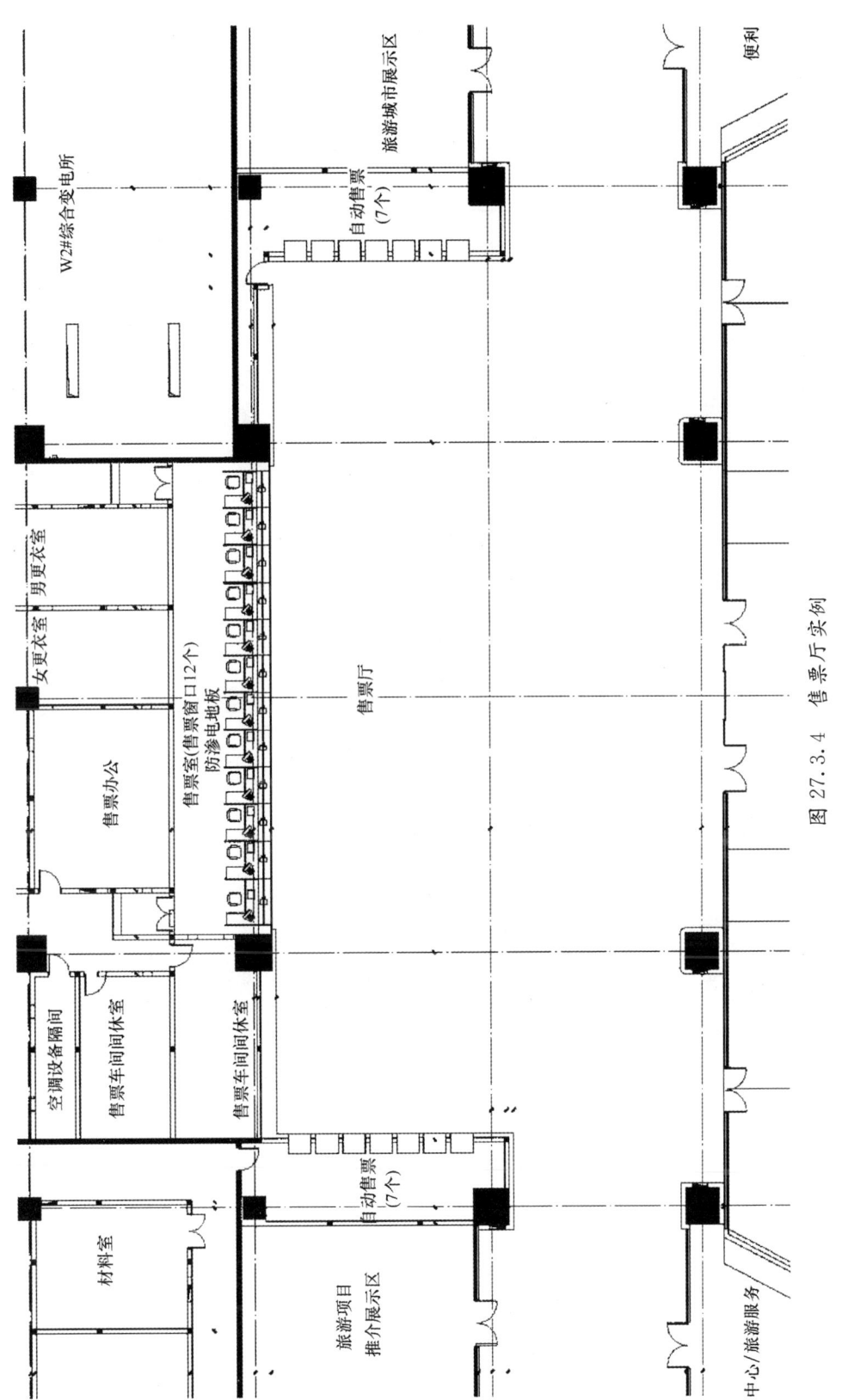

图 27.3.4 售票厅实例

**27.3.5 其他服务设施**

1. 站内商业设施见表 27.3.5。

站内商业设施表 表 27.3.5

| | 特大型、大型 | 中型 | 小型 |
|---|---|---|---|
| 站内商业设施 | 宜为铁路客站站房建筑面积的 8%～10% | 宜为铁路客站站房建筑面积的 4%～8% | 宜为铁路客站站房建筑面积的 2%～4% |

2. 问讯处、综合服务台可根据需要设置在集散厅或候车区。

3. 站内的商业设施的设置应符合国家现行标准《铁路工程设计防火规范》TB 10063—2016 及《建筑设计防火规范》GB 50016—2014 的有关规定。

**27.3.6 旅客厕所的设置规定**

应符合国家现行标准《城市公共厕所设计标准》CJJ 14—2016 的有关规定外，尚应符合下列规定：

1. 设置位置明显，标志易于识别。

2. 厕位数宜按最高聚集人数 2.5 个/100 人确定，男女厕位比例应为 1∶2，且男厕所大便器数量不应少于 3 个，女厕所大便器数量不应少于 4 个，每个厕所应至少设置 1 个坐便器。男厕应布置与大便器数量相同的小便器。

3. 厕所隔间应设承物台、挂钩。

4. 男女厕所宜分设盥洗间，盥洗间应设面镜，水龙头数量应根据最高聚集人数 1 个/150 人设置，且不应少于 3 个。

5. 厕所平面布置应满足私密性要求。

6. 厕所间隔长度不应小于 1.5m，宽度不应小于 1.0m；双侧厕所隔间的净距不应小于 2.0m；单侧厕所隔间至对面墙面或小便器的净距不应小于 2.0m。

7. 厕所内应设独立的清扫间。

8. 厕所应设置第三卫生间。

9. 铁路客站站房应单独设置旅客用开水间，开水间应与卫生间隔离设置。

10. 铁路客站站房应设置母婴服务设施，并应符合下列规定：

1）特大型、大型、中型铁路客站应设置独立母婴室，宜设置母婴候车区；小型站宜设置独立母婴室。

2）母婴室使用面积不应小于 10m²。

3）母婴室应具有保护哺乳私密性的设施，地面应防滑。

4）母婴室应配置婴儿护理台洗手盆、婴儿床、座椅等设施，宜配置恒温空调、呼叫设备。

**27.3.7 行包用房**

1. 客货共线铁路旅客车站宜设置行李托取处。特大型、大型站的行李托运和提取应根据进站、出站流线分开设置，中型铁路客站的行李托运处与行李提取处可合并，小型站可设行李托取点。

2. 办理行包业务的铁路客站应设置行包通道。特大型、大型铁路客站的行包库宜与跨越线路的行包地道相连。

3. 行包用房的主要组成应符合表 27.3.7-1 的规定。

行包用房主要组成          表 27. 3. 7-1

| 房间名称 | 设计包裹库存件数 N（件） | | | |
|---|---|---|---|---|
| | $N \geqslant 2000$ | $1000 \leqslant N < 2000$ | $400 \leqslant N < 1000$ | 400 以下 |
| 行包库 | 应设 | 应设 | 应设 | 应设 |
| 行包托运提取厅 | 应设 | 应设 | 应设 | 应设 |
| 办公室 | 应设 | 应设 | 应设 | 宜设 |
| 票据室 | 应设 | 应设 | 宜设 | 不设 |
| 总检室 | 应设 | 不设 | 不设 | 不设 |
| 装卸工休息室 | 应设 | 应设 | 宜设 | 不设 |
| 牵引车库 | 应设 | 应设 | 宜设 | 宜设 |
| 拖车存放处 | 应设 | 宜设 | 宜设 | 不设 |

行包库应符合下列规定：

1. 特大型、大型铁路客站的始发、终到和中转行包库区宜分别设置。

2. 线下式行包库和多层行包库应设置垂直升降设施，垂直升降设施应能容纳一辆行包拖车。

3. 特大型铁路客站行包库各层之间应有供行包拖车通行的坡道。铁路客站行包作业区之间以及作业区与站台、广场之间有高差时，应留有供小型搬运设备通过的坡道。坡道坡度不应大于 1：12；坡道净宽度，有栏杆时不应小于 3m，无栏杆时不应小于 4m。

4. 特大型、大型铁路客站宜设无主行包存放间，其使用面积可按设计包裹库存件数 1‰ 设置，并不宜小于 20m²。

5. 行包库内净高度不应小于 4m。有机械作业的行包库，应满足机械作业的要求，其门的宽度和高度均不应小于 3m。

6. 行包库宜设高窗，并应加设防护设施。

7. 设计行包库存件数 2000 件及以上的铁路客站宜预留室外堆放场地，场地应有防雨设施。

8. 行包库与行包托运厅、提取厅应设置不小于 1.5m 宽的通道，通道应有可开闭的隔离栅栏门。

9. 特大型铁路客站行李提取厅可设置行李传送带。

10. 行包托运厅、提取厅使用面积及托取窗口数量不应小于表 27.3.7-2 的规定。

行包托运厅、提取厅使用面积及托取窗口数量表    表 27.3.7-2

| 名称 | 设计行包库存件数 N（件） | | | | | |
|---|---|---|---|---|---|---|
| | $N < 600$ | $600 \leqslant N < 1000$ | $1000 \leqslant N < 2000$ | $2000 \leqslant N < 4000$ | $4000 \leqslant N < 10000$ | 10000 及以上 |
| 托取窗口（个） | 1 | 1 | 2 | 4 | 7 | 10 |
| 托取厅（m²） | 15 | 25 | 30 | 60 | 150 | 300 |

### 27.3.8 空间环境

1. 铁路客站站房内空间应通透、开敞、明亮，尺度应满足不同空间功能需求。

2. 铁路客站站房主要空间设计应具有视觉引导作用，方便旅客识别与疏散。

3. 铁路客站站房公共区宜利用天然采光、自然通风，采光设计应采取减少眩光的措施。

4. 铁路客站站房室内声学设计应符合下列规定：

1）公共区面积在 50000m² 及以上或平均高度在 18m 以上的铁路客站站房，宜进行声学设计。

2）铁路客站站房公共区声学环境 500Hz 频率混响时间宜符合表 27.3.8 的规定。

不同容积公共区 500Hz 频率混响时间　　　　　　　　　　　表 27.3.8

| 容积（1×1000m³） | 小于等于 100 | 大于 100 |
|---|---|---|
| 混响时间（s） | 小于等于 4 | 小于等于 5.5 |

### 27.3.9　内部装修与构造

1. 符合现行国家标准《建筑内部装修设计防火规范》GB 50222—2017 的相关规定。

2. 室内公共空间的墙面、柱面阳角宜采用圆角处理，墙面 1.80m 以下宜采用抗冲撞材料饰面，玻璃幕墙距地面 0.10m 处应设置防撞栏杆。

3. 临空处栏板设置高度不应小于 1.30m，扶手高度应为 1.10m。采用玻璃栏板时，应采用钢化夹胶玻璃，距地 0.10m 处应设置防撞构造。

4. 玻璃隔断应采用钢化夹胶玻璃，底部应设置防撞设施，距地面 0.10m 处应设置防撞构造。

5. 楼梯、自动扶梯栏杆以及栏板应安全、可靠，端部不应出现棱角。

### 27.3.10　建筑幕墙与金属屋面

1. 铁路线路上方外墙不宜装设石材和玻璃幕墙。必须装设时，应在幕墙下方设挑檐、防冲击棚等防护设施。

2. 旅客主要通道上方及铁路线路上方严禁采用全隐框玻璃幕墙，且不应采用倒挂（贴）石材、面砖等材料。

3. 金属屋面雨水设计重现期，大型及以上铁路客站应为 100 年，中小型铁路客站应为 50 年。金属屋面应设置溢流系统。

4. 金属屋面应设置直通屋面的检修设施，无女儿墙或女儿墙（含屋面上翻檐口）低于 500mm 的屋面，应设置防坠落构件。

### 27.3.11　建筑节能

1. 铁路客站站房节能设计应符合国家现行标准《公共建筑节能设计标准》GB 50189—2015 和《铁路工程节能设计规范》TB 10016—2016 等有关标准规定。

2. 铁路客站站房主要功能区应利用自然通风降温，并可设置机械排风装置加强自然补风。自然通风开口面积与地面面积比值宜符合表 27.3.11-1 规定。

自然通风开口面积与地面面积比值 $\varphi_{NV}$　　　　　　　　　表 27.3.11-1

| 气候区 | 严寒地区、寒冷地区 | 夏热冬冷地区 | 夏热冬暖、温和地区 |
|---|---|---|---|
| 单层铁路客站 | $\varphi_{NV} \geqslant 3.0\%$ | $\varphi_{NV} \geqslant 4.0\%$ | $\varphi_{NV} \geqslant 4.0\%$ |
| 多层铁路客站 | $\varphi_{NV} \geqslant 1.5\%$ | $\varphi_{NV} \geqslant 2.0\%$ | $\varphi_{NV} \geqslant 2.0\%$ |

3. 设置空气调节、供暖系统的铁路客站站房主要出入口应设置门斗或双层门。门斗、双层门数量与外门数量比值宜符合表 27.3.11-2 规定。

门斗、双层门数量与外门数量比值表　　　　　　27.3.11-2

| 地区 | 门斗、双层门数量与外门数量比值 |
|---|---|
| 严寒地区、寒冷地区 | $\varphi_\mathrm{w} \geqslant 50\%$，或 $\varphi_\mathrm{N} + \varphi_\mathrm{S} = 100\%$ |
| 夏热冬冷地区、夏热冬暖地区 | $\varphi_\mathrm{w} + \varphi_\mathrm{N} + \varphi_\mathrm{S} \geqslant 50\%$ |

### 27.3.12　地下车站

1. 地下车站设计在满足功能及客流需求的同时，应采用保证乘降安全和管理方便的通风、照明、卫生、防水、防灾等措施。

2. 设置在地下站台两端的设备区与无人值守办公区，可伸入站台计算长度内，但伸入长度不应大于一节车厢的长度，且设备区、无人值守办公区端部与楼梯口、自动扶梯口或通道口的距离不应小于8m。

3. 地下车站建筑主要部位净宽和净高不应小于表 27.3.12-1 和表 27.3.12-2 的规定。

地下车站主要部位最小净席　　　　　　　　表 27.3.12-1

| 部位名称 | 最小净宽（m） |
|---|---|
| 公共区单向楼梯 | 1.8 |
| 公共区双向混行楼梯 | 2.4 |
| 公共区域与自动扶梯并列设置的楼梯 | 1.6 |
| 站台至轨道区的工作梯（兼疏散梯） | 1.1 |

地下车站主要部位最小净高　　　　　　　　表 27.3.12-2

| 部位名称 | 最小净宽（m） |
|---|---|
| 站厅公共区 | 3.0 |
| 站台公共区 | 3.0 |
| 站台、站厅管理用房 | 2.5 |
| 旅客出入口通道 | 3.0 |

### 27.3.13　客运作业及附属用房

客运作业及附属用房一览表　　　　　　　　表 27.3.13

| 补票室使用面积 | 上水室、卸污工室 | 公安办公室 | 应根据需要设置交接班室、间休室、更衣室、职工活动室浴室、就餐间、清扫室（含工具间）等，并应符合下列规定 |
|---|---|---|---|
| 根据最大班人数按不少于2m²/人计算确定，且不少于10m² | 分别布置、根据最大班人数按不少于2m²/人计算确定，且不少于8m² | 在旅客相对集中处设置，使用面积不宜少于25m² | 1. 中型及以上铁路客站应设交接班室，其使用面积应根据最大班人数按厅小于1m²/人计算确定，且不宜小于30m²；<br>2. 间休室使用面积应根据最大班人数的2/3按不小于4m²/人计算确定，且不宜小于20m²；<br>3. 更衣室使用面积应根据最大班人数按不小于1m²/人计算确定 |

# 27.4 客运服务设施

### 27.4.1 站台

1. 铁路客站站台的长度、宽度、高度应符合现行国家标准《铁路车站及枢纽设计规范》TB 10099—2017 的规定。

2. 站台出入口或建筑物边缘至靠线路侧旅客站台边缘的净距不应小于 3.0m，困难条件下，中、小型站不应小于 2.5m；改建既有站侧净距不应小于 2.0m。

3. 旅客站台面应符合下列规定：

1）旅客站台应采用刚性防滑地面，并满足行包、邮政车荷载的要求，通行消防车的站台还应满足消防车荷载的要求。

2）站台地面横坡不应大于 1%。

3）旅客列车停靠的站台应在全长范围内设置宽度为 0.1m 的黄色安全警戒线。

### 27.4.2 雨棚

站台雨棚设置规定 表 27.4.2

|  |  | 特大型 | 大型 | 中型 | 小型 |
|---|---|---|---|---|---|
| 雨棚长度 | 旅客站台 | 与站台同等长度 |  |  | 可根据客运量和需要确定 |
| 雨棚形式 |  | 线间立柱雨棚 | 线间立柱雨棚 | 站台立柱雨棚 | 站台立柱雨棚 |
| 雨棚高度 |  | 通行消防车的站台，雨棚悬挂物下缘至站台面的高度不应小于 4m |  |  |  |
| 雨棚构件 |  | 与轨道的间距应符合现行《标准轨距铁路限界 第 2 部分：建筑限界建筑限界》GB 146.2—2020 的有关规定 |  |  |  |
| 其他要点 |  | 雨棚形式及高度应满足防飘雨、飘雪要求，线间立柱雨棚屋面的开口宽度和檐口高度应根据防飘雨、飘雪的要求确定 |  |  |  |
|  |  | 地道出入口处无站台雨棚时应单独设置雨棚，并宜为封闭式雨棚，其覆盖范围应大于地道出入口，且挑出长度不小于 4m |  |  |  |
|  |  | 旅客进站、出站流线上的雨棚应连续设置 |  |  |  |

### 27.4.3 旅客站台栏杆（板）

旅客站台栏杆（板）设置应符合下列规定：

1. 旅客站台边缘栏杆（板）净高度不应小于 1.30m，临空高度大于 12m 时，栏杆（板）高度不应小于 2.20m，栏杆（板）距站台面 0.10m 高度内不应留有空隙，当栏板不直接落地时，可设宽 0.15m 高 0.10m 的挡台。

2. 站台端部（垂直于线路方向）的栏杆高度不应小于 1.30m。

3. 线侧平式站房与站台相接时，临站房一侧外边缘栏杆（板）高度不应小于 2.20m。

4. 旅客站台宜结合楼扶梯集中设置客运工作间及保洁用房，并应设置水电设施。

5. 特大型、大型铁路客站基本站台应设置通向路线设施的楼梯、电梯和自动扶梯。

### 27.4.4 跨线设施

1. 旅客进站、出站通道设置应根据旅客流量、铁路客站站房功能布局及进出站流线等情况综合确定，并应符合国家现行标准《铁路车站及枢纽设计规范》TB 10099 的有关规定。

2. 旅客进站、出站通道宽度和高度应计算确定，且净宽和净高应符合表 27.4.4-1 的规定。

旅客进站、出站通道最小净宽和最小净高（m）  表 27.4.4-1

| 项目 | 特大型站 | 大型站 | 中、小型站 |
|---|---|---|---|
| 最小净宽 | 12 | 8～12 | 6～8 |
| 地道最小净高 | 3.0 | | 2.5 |
| 封闭天桥最小净高 | 3.5 | | 3.0 |

3. 旅客天桥、地道通向站台出入口宽度应符合下列规定：

旅客天桥、地道通向站台宜设双向出入口；高速铁路和客货共线铁路旅客站台出入口宽度应符合表 27.4.4-2 的规定；城际铁路旅客站台出入口宽度应符合表 27.4.4-3 的规定。出入口设有自动扶梯或升降电梯时，其宽度应根据升降设备的数量和要求确定。

高速铁路和客货共线铁路旅客站人台出入口宽度（m）  表 27.4.4-2

| 名称 | 特大型、大型站 | 中型站 | 小型站 |
|---|---|---|---|
| 基本站台和岛式中间站台 | 5.0～5.5 | 4.0～5.0 | 3.5～4.0 |
| 侧式中间站台 | 5.0 | 4.0 | 3.5～4.0 |

城际铁路旅客站台出入口宽度（m）  表 27.4.4-3

| 名称 | 中型站 | 小型站 |
|---|---|---|
| 站台 | 4.5～5.0 | 3.0～4.0 |

4. 既有铁路客站改建时，可利用既有旅客进站、出站通道，并应符合本条第 3 款的规定。

5. 铁路客站应根据行包邮件、餐饮物料配送、垃圾转运以及保洁机具和维修设备作业需要，设置通往站台的作业地道。作业地道设置应符合下列规定：

1）特大型、大型铁路客站不应少于 1 处，由始发到终点客车作业的中型站可设置 1 处。

2）地道净宽不应小于 5.2m，净高不应小于 3.0m。

3）地道通向各站台均宜设一个出入口，出入口宜设置在站台的端部，其净宽不应小于 4.5m。受条件限制，且出入口处设有导向标志系统时，其宽度不应小于 3.5m。

6. 旅客天桥、地道通向站台出入口之间的距离应符合下列规定：

1）特大型、大型铁路客站不宜小于 20m。

2）中、小型铁路客站不宜小于 15m。

7. 天桥、地道出入口阶梯和坡道应符合下列规定：

1）旅客用天桥、地道出入口阶梯单独设置时，踏步高度不宜大于 0.14m，踏步宽度不宜小于 0.32m；旅客用地道、天桥阶梯与自动扶梯并行设置时，踏步高度不宜大于 0.15m，踏步宽度不宜小于 0.30m。每段阶梯不应大于 18 步，直跑阶梯平台宽度不宜小于 1.50m。

2）旅客用天桥、地道采用坡道时应有防滑措施，且坡度不宜大于 1∶8。

3）行包地道出入口坡道坡度不宜大于 1∶12，起坡点距主通道的水平距离不宜小于 10m。

4）地道主体与出入口相接位置宜采用圆角处理。

8. 地道应符合下列规定：

1）站台上地道出入口处地面应高出站台面 0.02m，并采用缓坡与站台面相接。

2）地道应设置防水及排水设施。

3）自然通风条件不良的地道应设置通风设施并采取防潮措施。

9. 旅客用天桥应符合下列规定：

1）天桥应设有顶棚。严寒和寒冷地区应采用封闭式，其他地区两侧宜设置安全围护结构。

2）天桥栏杆（板）或围护的净高度不应小于2.2m。桁架式天桥栏杆（板）或围护应设置在桁架内侧。

3）天桥两侧采用玻璃窗采光时，玻璃应采用钢化夹胶玻璃。落地玻璃窗应采取防撞措施。

10. 位于线路上方的建（构）筑物应形式简洁、连接安全可靠，且不应采用装饰性构件，并应预留检修维护条件。

11. 高架候车厅和旅客用天桥采光窗，玻璃幕墙开启扇严禁设置在高速铁路正线上方。

### 27.4.5 检票口

1. 进站、出站检票口设置数量应根据旅客流量、检票口通过能力、候检时间等因素计算确定。

2. 设置自动检票机的铁路客站，每组自动检票机旁应设人工检票口。

3. 进站检票口与直对的疏散门或通向站台楼梯踏步的距离不宜小于4m，与自动扶梯工作点的距离不宜小于7m。出站检票口与直对的疏散门或楼梯踏步的距离不宜小于5m，与自动扶梯工作点的距离不宜小于8m。地下车站出站检票口与出入口通道边缘的距离不宜小于5m。

4. 进站、出站检票口应满足安全疏散及无障碍通行要求。

5. 进站、出站检票口附近不应设置座椅及其他影响排队验票的设施，且进站检票口前供候检排队区域长度不宜小于15m，出站检票口不宜小于7m。

6. 检票口宜根据换乘流线需要采取双向进站、出站检票。

### 27.4.6 电梯与自动扶梯

1. 旅客进站、出站通道上宜设置电梯、自动扶梯。水平换乘距离大于300m的换乘通道宜设置自动人行道，自动人行道倾角不应大于12°。

2. 室外运行的自动扶梯宜设顶棚和围护设施，电梯、自动扶梯应设置排水设施。

3. 自动扶梯应采用公共交通型，并应具有变频调速功能。自动扶梯选用应符合下列规定：

1）设置在旅客进站、出站通道上的自动扶梯，与楼梯并排设置时，倾角宜采用23.2°；单独设置时，倾角可采用23.2°或27.3°。

2）自动扶梯额定速度宜为0.5m/s。

3）梯级深度不应小于0.38m，水平梯级踏面不应小于3级。

4. 自动扶梯工作点与前方影响通行固定设施的距离不应小于8m；两台相对布置自动扶梯工作点的间距不应小于16m。自动扶梯与楼梯相对布置时，自动扶梯工作点与楼梯第一级踏步的距离不应小于12m。

5. 电梯选用应符合下列规定：

1）客用电梯额定载重量不应小于1000kg。兼做物流通道时，其额定载重量不应小于1600kg。

2）客用电梯额定速度宜为1m/s，且不应小于0.63m/s。

3）客用电梯门宜采用双扇中分门，宽度不应小于1m，且不应朝向铁路线路方向。

6. 货运电梯应符合国家现行有关标准的规定。

7. 自动扶梯扶手高度不应小于 1.00m，也不应大于 1.10m。提升高度 12m 及以上的自动扶梯应采取必要的安全措施。

8. 自动扶梯与站台交界处地面宜高出站台面 0.02m，且应采用缓坡与站台面相接。

# 27.5 无 障 碍 设 施

### 27.5.1 铁路客站无障碍设施范围

铁路客站无障碍设施范围应包括站房平台、站房公共区、客运服务设施等，并应满足行动障碍旅客购票、候车、进站、出站、行包托取的需求。

### 27.5.2 集散厅无障碍设施

集散厅无障碍设施应符合下列规定：

1. 集散厅出入口应为无障碍出入口。

2. 进站集散厅与候车区（厅、室）之间、集散厅与地面层之间有高差时，应设置轮椅坡道或无障碍电梯、升降平台等升降设施。

3. 出站集散厅内地面有高差时，应设置轮椅坡道或无障碍电梯、升降平台等升降设施。

4. 实名制验票区应至少设置 1 处低位窗口，验票通道净宽不应小于 0.9m。

### 27.5.3 候车区（厅、室）的出入口

候车区（厅、室）的出入口应为无障碍出入口，且其轮椅候车席位应符合下列规定：

1. 轮椅候车席位宜邻近进站检票口及无障碍升降设施，并可分区集中设置。

2. 每个轮椅候车席位的占地面积不应小于 1.10m×0.80m，且轮椅候车席位处的地面应设置无障碍标志。

### 27.5.4 售票厅、行包托取处无障碍设施

售票厅，行包托取处无障碍设施应符合下列规定：

1. 售票厅、行包托取处出入口应为无障碍出入口。人工售票窗口应至少设置 1 处低位窗口。

2. 供行动障碍旅客使用的通道、走廊、厅（室）、跨线设施等应符合无障碍通行要求。无障碍通道宽度不应小于 1.50m，特大型、大型铁路客站无障碍通过宽度不宜小于 1.80m。供行动障碍旅客通行的检票口净宽不应小于 0.90m，检票口栏杆内、外侧 1.80 m 范围内地面应平整。

3. 供旅客使用的楼梯、台阶应为无障碍楼梯、台阶，并应在距楼梯、台阶的起点与终点 250～500mm 处设 300～600mm 宽的提示盲道，其长度应与楼梯、台阶宽度相同。

### 27.5.5 供行动障碍旅客使用的坡道

供行动障碍旅客使用的坡道应符合下列规定：

1. 坡道的坡度不应大于 1/12、坡面应平整且防滑，坡道净宽不应小于 2.0m。

2. 坡道高度每升高 1.5m 应设长度不小于 2.0m 的中间平台。

3. 坡道两侧应设置扶手，并应符合现行国家标准《无障碍设计规范》GB 50763—2012 的规定，且栏杆下方宜设置安全阻挡设施。

4. 距每段坡道的起点与终点 250～500mm 处应设置 300～600mm 宽的提示盲道，其长度应与坡道宽度相同。

### 27.5.6　无障碍升降设施

供行动障碍旅客使用的铁路跨线设施与各站台间应设置坡道或无障碍升降设施。无障碍升降设施应符合下列规定：

1. 特大型、大型铁路客站应设置与站台相通的无障碍电梯。

2. 中型铁路客站设置坡道有困难时，应设置与站台相通的无障碍电梯或预留电梯井道；预留电梯井道时，应设置无障碍升降平台或爬楼车等升降设施。

3. 小型铁路客站设置坡道有困难时，应设置无障碍升降平台或爬楼车等升降设施。

4. 改建铁路客站设置坡道或无障碍电梯有困难时，应设置无障碍升降平台或爬楼车等升降设施。

5. 距无障碍电梯口250～500mm处应设置300～600mm宽提示盲道，其长度应与电梯口宽度相同。

### 27.5.7　旅客公共厕所无障碍设计

旅客公共厕所无障碍设计应符合以下规定：

1. 中型及以上铁路客站应设置专用无障碍厕所。设置第三卫生间的铁路客站，第三卫生间应兼作专用无障碍厕所。

2. 小型铁路客站宜设置专用无障碍厕所；困难时，应在公共厕所内设置无障碍厕位。

### 27.5.8　旅客站台无障碍设计

旅客站台无障碍设计应符合下列规定：

1. 站台安全警戒线内侧应设置600mm宽提示盲道，提示盲道宜与安全警戒线等长。安全警戒线内侧提示盲道应与出站铁路跨线设施在站台上的楼梯出入口、坡道出入口、无障碍电梯口的提示盲道之间采用行进盲道相连。

2. 井盖及水箅子的上表面应与地面平齐，水箅子上的孔洞宽度不应大于10mm。

3. 固定在墙、立柱上的物体或标牌下缘距地面的高度不应小于2.0m。自动扶梯、楼梯下的三角区净高小于2.0m且旅客可以进入的区域，应设置防护设施，并应在防护设施外设置提示盲道。

4. 站台盲道的防滑值（BPN）不应小于80。

5. 自动扶梯、站场范围内的平过道严禁作为无障碍通道。自动扶梯应在距上下支撑点250～500mm处设置300～600mm宽的提示盲道，其长度应与自动扶梯宽度相同，并严禁与行进盲道相连。

# 27.6　消　防　车　道

1. 大型、特大型旅客车站，当站房为线侧平式时，应利用基本站台作为消防车道。

2. 消防车道净宽度和净空高度均不应小于4.0m。

3. 设两条及以上消防车道时，消防车道应相互连通。

4. 线路间硬化地面可兼作消防车道，其净宽不应小于4m。

5. 高架候车厅（室）设置环形消防车道确有困难时，必须沿侧式站房设置环形消防车道，站台上应设置符合线路上方高架站房消防灭火要求的消火栓系统。

# 27.7　建筑防火分区和建筑构造

大型、特大型旅客汽车站高架候车厅（室）的耐火等级不应低于一级

## 27.7.1　防火分区的划分

1. 铁路旅客车站候车区及集散厅符合下列条件时，其每个防火分区建筑面积不应大于10000m²：

1）设置在首层、单层高架层，或有一半数量的直接对外疏散口且采用室内封闭楼梯间的二层。

2）设有自动喷淋灭火系统、排烟设施和火灾自动报警系统。

3）内部装修设计符合《建筑内部装修设计防火规范》GB 50222—2017的相关规定。

2. 其他建筑与铁路旅客车站合建时，应划分独立的防火分区。

## 27.7.2　站内服务零售点的设置要求

旅客车站站房公共区严禁设置娱乐、演艺等场所。设置为旅客服务的餐饮、商品零售点应符合下列规定：

1. 顶板的耐火极限不应低于1.5h，隔墙的耐火极限不应低于2.00h，隔墙两侧沿走道门洞之间应设置宽度不小于2.0m的实体墙或A类防火玻璃。

2. 固定设置的餐饮、商品零售点面积不应大于100m²，连续设置时，总建筑面积不应大于500m²。

3. 当商品零售点建筑面积不大于20m²，且与其他功能用房或餐饮零售点间距不小于8.0m时，可不采取防火分隔措施。

## 27.7.3　疏散楼梯、疏散距离及材料耐火性能要求

1. 高架候车厅（室）通往站台的进站楼梯作为消防疏散楼梯时，疏散门至楼梯踏步的缓冲距离不宜小于4.0m。

2. 铁路旅客车站的疏散口、走道和楼梯的净宽度应符合《建筑设计防火规范》GB 50016—2014的有关规定，且站房内所有为旅客疏散服务的楼梯梯段净宽度均不得小于1.6m。

3. 旅客地道内地面、墙面、顶面装饰材料燃烧性能等级均不应低于A级，地道内广告灯箱等所用材料燃烧性能等级不应低于B1级。

4. 旅客车站集散厅、售票厅和候车厅（室）等，其室内任一点至最近疏散门或安全出口的直线距离不应大于30m；当该场所设置自动喷淋灭火系统时，室内任一点至最近安全出口的安全疏散距离可增加25%。

# 28 办公建筑设计

## 28.1 办公建筑定义

办公建筑是指供机关、团体和企事业单位办理行政事务和从事各类业务活动的建筑物，它是与产业现代化共同发展的一种建筑形式。

## 28.2 办公建筑类型

办公建筑因使用性质、评定等级、营销方式和区位等不同而有不同的分类标准。随着社会发展日新月异，各种类型办公建筑复合化的发展趋势日渐明显。

### 28.2.1 基本分类

办公建筑基本分类表 表 28.2.1

| 类别 | | 建筑特征 |
|---|---|---|
| 按使用要求分类 | A类 | 特别重要办公建筑，设计使用年限 100 年或 50 年 |
| | B类 | 重要办公建筑，设计使用年限 50 年 |
| | C类 | 普通办公建筑，设计使用年限 50 年或 25 年 |

注：（1）"特别重要的办公建筑"可以理解为：中央行政机关、省部级行政机关办公建筑，重要的金融、电力调度、广播电视、通信枢纽等办公建筑，高度超过 250m 的超高层办公建筑以及符合《国际写字楼分级指南》——国际建筑业主与管理者协会（BOMA）编制，A级标准的写字楼；"重要办公建筑"可以理解为：地市级、县级行政机关办公建筑，高度超过 100m 且低于 250m 的高层办公建筑以及符合《国际写字楼分级指南》B级标准的写字楼；"普通办公建筑"可以理解为：县级以下级行政机关办公建筑，高度低于 100m 的办公建筑以及符合《国际写字楼分级指南》C级标准的写字楼。

（2）建筑高度大于 250m 的超高层办公建筑，除应符合《建筑设计防火规范》GB 50016—2014 外，尚应结合实际情况采取更加严格的防火措施，按照《建筑高度大于 250 米民用建筑防火设计加强性技术要求（试行）》实施，其防火设计应提交国家消防主管部门组织专题研究、论证。

### 28.2.2 按评定等级分类

办公建筑评定等级分类表 表 28.2.2

| 评定等级 | 超甲级 | 甲级 | 乙级 | 丙级 |
|---|---|---|---|---|
| 硬件配置 | 5A<br>楼宇自动化系统<br>保安自动化系统<br>消防自动化系统<br>办公自动化系统<br>通信自动化系统 | | 3A<br>楼宇自动化系统<br>办公自动化系统<br>通信自动化系统 | |

| 评定等级 | | 超甲级 | 甲级 | 乙级 | 丙级 |
|---|---|---|---|---|---|
| 绿色建筑 | LEED | 铂金级 | 金级 | 银级 | 认证级 |
| | 中国绿色建筑 | 三星 | 二星 | 二星 | 一星 |

注：超甲、甲级、乙级、丙级的划分为市场上约定俗成的说法，并无明确标准。

## 28.2.3 按营销方式分类

**办公建筑营销方式分类表** 表 28.2.3

| 类别 | 销售 | 销售/出租 | 销售/自用 | 出租 | 出租/自用 | 自用 |
|---|---|---|---|---|---|---|
| 初投资 | 中低 | 中 | 中 | 中高 | 高 | 高 |
| 特点 | 成本优先，主流市场配置，高使用率，快速回收资金 | 成本优先，主流市场配置，高使用率，分区管理，过渡型产品 | 销售部分同前，自用部分分区管理，特色化定制产品 | 长期持有，高端市场配置，中高使用率，单元分合灵活，注重建筑公共形象 | 高端配置，介于出租和自用之间，长期持有，分区管理 | 高端配置，特色化定制，注重产品与企业需求的吻合度，公共配套面积较大 |
| 项目操作难度 | 低 | 中低 | 中 | 高 | 高 | 中高 |
| 交楼标准 | 中低 | 中低 | 中 | 中高 | 高 | 高 |

## 28.2.4 按区位分类

**办公建筑按区位分类表** 表 28.2.4

| 类别 | 区位特征 | 客户需求 | 产品等级 | 写字楼业权 |
|---|---|---|---|---|
| 核心商务区 | 集商业中心、公共服务中心、交通中心、信息中心等多种功能于一体 | 满足客户对于企业形象、办公效率、交通便捷等多重需求 | 超甲级、甲级写字楼为主 | 土地资源稀缺，开发商倾向持有 |
| 区域商务区 | 区域功能齐全，各功能聚集度弱于核心商务区 | 满足区域型客户的需求 | 甲级、乙级写字楼为主 | 销售型为主 |
| 产业聚集区 | 拥有特定产业功能 | 满足特定产业链上下游企业的办公需求 | 甲级、乙级写字楼为主，且土地价格较低，适合部分开发低层和多层产品 | 散售或整栋出售，常配置低层和多层产品便于中小企业购买 |
| 零散办公区 | 某一类功能突出，如商业配套、交通、环境等 | 适合看重区域某方面功能的企业 | 甲级、乙级写字楼为主，往往通过产品创新来吸引企业 | 以散售为主，也有大型企业整栋购买的情况 |

# 28.3 发 展 趋 势

随着网络信息技术的发展和城市生活水平的提高，办公的理念和组织方式出现了新的变化，关注并把握其发展趋向也成为办公建筑设计的一个组成部分。

办公建筑的发展可分为以下3个阶段：

Office1.0 传统办公时代——固定场所的空间分配：从工作效率和管理机制出发，通过家具划分室内空间以达到适应不同种类工作的目的。此阶段出现的格子间办公划分方式，一直延续至今。

Office2.0 远程办公时代——打破时间/场所约束：以新兴互联网企业为代表，基于网络技术的发展，自由办公和远程协作办公使得个人的办公位置在办公空间内部逐渐地不受空间约束。但办公建筑作为一种建筑类型仍然具有清晰的功能属性，与上一阶段相比并无显著差异。

Office3.0 互联时代——城市作为共享的平台：由于"互联网"的极大发展以及跨领域合作的工作模式，工作与生活、工作空间与城市空间之间的界线日渐模糊，办公建筑发生了类型和功能的改变。办公作为个体介入社会的一种行为，对传统工作的空间依赖降低，城市成为共享的办公平台。

发展趋势关注点参考表 表28.3

| 类别 | 发展趋势关注点 |
|---|---|
| 灵活可变的工位 | 随着团队协作要求的提高，对工位设置的灵活性也提出了新的要求，如根据项目调整团队成员工位、外来团队同场工作的容纳以及远程互动技术长时间、多频次的使用等，传统固定工位的组织方式已难以适应 |
| 个性化的办公环境 | 在创意型与研发型企业中，多样化、个性化的办公环境已成为企业促进员工及团队之间的交流、激发员工的积极性和创造性的普遍要求，这些举措对其他类型办公建筑设计同样具有积极的借鉴作用 |
| 生活服务功能的增强 | 从满足员工切身需求出发，在工作空间附近加设咖啡、哺乳、健身等设施，员工在工作间隙得以兼顾个人的生理和心理需求，起到缓解工作压力，提高工作效率的作用 |

由此可见，远程办公、共享办公的工作模式，灵活可变、个性化的工作环境，越来越人性化的办公设施，是未来办公日渐明显的趋势。

# 28.4 设 计 要 点

办公建筑是一种受多种因素制约的复杂的建筑类型。与业主及各种顾问充分沟通，平衡各类要素是使设计达到优秀的重要条件。

办公建筑设计要点参考表 表 28.4

| 类别 | 设计要点 |
|---|---|
| 功能布局 | 根据业务需求确定建筑规模、用房分类和房间数量 |
| | 根据业务特点和运行方式进行功能布局和流线组织 |
| | 提高有效办公面积的比率，合理控制辅助面积的比例 |
| | 运用单元化、模数化的设计方法实现办公空间的灵活分隔 |
| 设施保障 | 合理配置电梯等垂直交通设施，保证高峰时工作人员及时抵达工位 |
| | 根据工作需求和运行管理方式选择适用的空调和通风系统 |
| | 提供适宜的室内照明和安静的工作环境，控制好空气的温度与湿度 |
| | 采用办公智能化设施提高运行和管理的效率 |
| 环境营造 | 结合业务特点合理安排交流场所和休憩空间 |
| | 通过外部景观引入和室内绿化种植提升环境品质、缓解工作压力 |
| | 利用庭院、露天平台和屋面，创造更多的与自然环境亲近的场所 |
| 建筑形象 | 从城市设计角度考虑建筑形象在城市环境中的视觉效果 |
| | 外部空间与城市环境相融合 |
| | 建筑形象语义的恰当把握 |
| 生态节能 | 选择合理的建筑朝向，充分利用自然采光和通风 |
| | 确定合理的体形系数和窗墙比，利用好建筑遮阳与构件遮阳 |
| | 确定合理的外墙和屋面的保温构造 |
| | 选择环保的、可循环使用的建造材料，减少建筑垃圾 |
| | 降低对既有生态环境的破坏 |

# 28.5 总 体 设 计

## 28.5.1 基地选址

办公建筑基地应选择在公共交通便利、市政设施比较完善的地段，避开有害物质污染和危险品存储的场所，符合安全、卫生和环境保护等法规的相关规定。

办公建筑基地选址参考表 表 28.5.1

| | | 设计要点 |
|---|---|---|
| 基地选址 | 规划要求 | 办公建筑基地的选址，应符合当地土地利用总体规划和城乡规划的要求 |
| | 地质及市政条件 | 办公建筑基地宜选在工程地质和水文地质有利、市政设施完善且交通和通信方便的地段 |
| | 卫生及安全 | 办公建筑基地与易燃易爆物品场所和产生噪声、尘烟、散发有害气体等污染源的距离，应符合国家现行有关安全、卫生和环境保护标准的规定 |
| | 城市道路 | A类办公建筑应至少有两面直接邻接城市道路或公路；B类办公建筑应至少有一面直接邻接城市道路或公路，或与城市道路或公路有相连接的通路；C类办公建筑宜有一面直接邻接城市道路或公路 |
| | 疏散场地 | 大型办公建筑群应在基地中设置人员集散空地，作为紧急避难疏散场地 |

### 28.5.2 总平面布局

随着我国经济的发展，除一般的行政性办公建筑外，商务写字楼趋向于多功能、综合性发展。功能布局合理、建筑组合紧凑、服务资源共享是总体布局的基本原则。

总平面设计应符合项目所在地的总体规划，在满足容积率、覆盖率、绿化率等规划指标以及基地出入口位置、建筑退界等规划条件的基础上，根据办公建筑的类型、业务需求特点、场地条件和管理安保要求安排好各种出入口和场地内部的交通组织。

办公建筑总平面布局要点参考表 表28.5.2-1

| | | 设计要点 |
|---|---|---|
| 总平面布局 | 布置原则 | 总平面布置应遵循功能组织合理、建筑布局紧凑、服务资源共享的原则，科学合理组织和利用地上、地下空间，并宜留有发展余地 |
| | 流线设计 | 总平面应合理组织基地内各种交通流线，妥善布置地上和地下建筑的出入口；锅炉房、厨房等后勤用房的燃料、货物及垃圾等物品的运输宜设有单独通道和出入口 |
| | 与其他建筑合建时 | 当办公建筑与其他建筑共建在同一基地内或与其他建筑合建时，应满足办公建筑的使用功能和环境要求，分区明确，并宜设置单独出入口 |
| | 环境及绿化 | 总平面应进行环境和绿化设计，合理设置绿化用地，合理选择绿化方式；宜设置屋顶绿化与室内绿化，营造舒适环境；绿化与建筑物、构筑物、道路和管线之间的距离，应符合有关标准的规定 |
| | 机动车/非机动车 | 基地内应合理设置机动车和非机动车停放场地(库)，机动车和非机动车泊位配置应符合国家及地方相关规定；当无相关要求时，机动车配置泊位不得少于0.60辆/100m²，非机动车配置泊位不得少于1.2辆/100m² |

办公建筑总平面布局分类表 表28.5.2-2

| 分类 | | | 描述 | 示意图 | 示例 |
|---|---|---|---|---|---|
| 单纯办公功能的建筑 | 集中的办公组团 | 单栋式办公楼 | 主要办公单元在一个建筑体量内集中布置 | | 某行政中心　某大厦 |

续表

| 分类 | | | 描述 | 示意图 | 示例 | |
|---|---|---|---|---|---|---|
| 单纯办公功能的建筑 | 集中的办公组团 | 多栋式办公楼 | 办公单元分布在多个建筑体量中形成连续的整体,在各建筑单体之间形成中庭和内院 | | 某中心 | 某大厦 |
| | 分散的办公楼群 | 园区内的办公楼群 | 由若干分散的单栋办公楼组成的建筑群,布置在专属的办公园区中 | | 某产业园 | 某科技园 |
| | | 开放的办公楼群 | 办公建筑群跨越城市公共街区,形成统一而开放的城市格局 | | 某产业园 | 某中心 |
| 办公与其他功能综合的建筑 | | 分区设置 | 办公与其他功能形成的综合体中,按功能类型分别布置在不同的平面区域 | | 某中心 | 某中心 |
| | | 混合设置 | 办公与其他的功能混合布置,或者布置多用途的空间用房 | | 某总部 | 某中心 |

# 28.6 功能构成及流线

## 28.6.1 功能构成

办公建筑由办公用房、公共用房、服务用房和设备管理用房等组成。功能用房的种类和数量应根据项目类型、使用需求、建设标准确定。

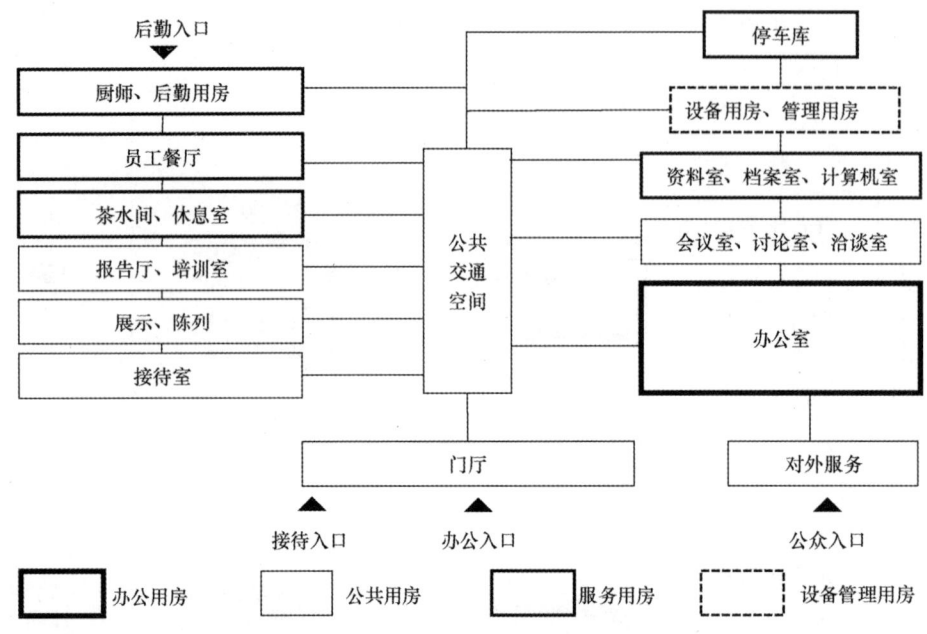

图 28.6.1 办公交通流线与功能区域构成图

## 28.6.2 流线设计

办公主要的流线分为办公流线、接待流线、后勤流线。一些特定的办公类型，如银行、政府部门、股票交易所等需要公众流线以接待公众人员。

功能流线分类表 表 28.6.2

| 流线类型 | 特征 | 设计要点 |
| --- | --- | --- |
| 办公流线 | 多数办公楼内最主要的流线 | 服务楼内主要人群，保证人员的出入通畅，不与其他流线交叉是办公流线设计的基本需求 |
| 接待流线 | 访客进入办公楼内的流线，不同的访客有着不同的流线 | 按照访客的重要程度需要设计不同的流线，不与其他流线交叉，必要时需要设置独立出入口及独立的流线 |
| 后勤流线 | 后勤服务人员的流线 | 应有专门的出入口，且为保证后勤人员的服务效率，应尽量缩短流线的长度 |
| 公众流线 | 某些特定类型的办公，例如政务或商业银行等需要对外来公众人员进行接待服务，需要设计独立的流线 | 应有专门的流线，且接待大厅需要足够的空间容纳公众人员 |

# 28.7 标 准 层 设 计

## 28.7.1 布局方式

标准层布局是办公建筑设计的重要组成部分，设计初期即应纳入考量，标准层的布局涉及标准层进深、走道布置及疏散方式等诸多方面。标准层进深单面采光东西向一般为 9~13m，南北向为 11~15m，双面采光不宜超过 25m。标准层使用率为 70%~80%为宜。

常见标准层垂直交通及公共服务设施布局方式参考表 表 28.7.1

| 类别 | 图示 | 特征 | 结构设计要点 |
|---|---|---|---|
| 中央型 | | 集中在建筑物平面的几何中心，常用于标准层面积较大的点式高层 | 一般为框架＋核心筒结构，核心筒为高层或超高层建筑抗侧力体系的重要组成部分 |
| 单侧型 | | 布置在建筑物朝向、采光、视野等较差的一侧，常用在对办公朝向要求较高，标准层面积较小的建筑中 | 充分考虑其刚度偏置对结构的影响 |
| 外核型 | | 作为一个独立的公共区域布置在办公建筑外侧，更具开放性，办公空间更为完整，常用于有特殊景观需要或办公要求相对独立的建筑 | 由于置于主体的外部，设计时应加强其和主体结构的联系 |
| 两侧型 | | 多层及高层板式办公建筑常用，结合消防疏散要求，在建筑两侧分设，可形成双面采光的大空间 | 如在垂直交通内设置剪力墙或混凝土核心筒，应注意尽量对称布置 |
| 分散型 | | 核心筒所包含的公共区域特征不明显，根据建筑平面的需要分散布置，主要解决平面交通服务及疏散半径的问题 | 可选择部分或全部设置为抗侧力结构体系，均衡布置有利结构抗震，一般不适用于超高层办公建筑 |

## 28.7.2 核心筒构成

核心筒是标准层设计的重点，核心筒一般包括公共区域、楼电梯、设备用房及管井。

核心筒构成表 表 28.7.2

| 类别 | 主要内容 | 设计要点 |
|---|---|---|
| 公共区域 | 走道 | 公共走道的设计应符合消防疏散要求 |
| | | 走道宽度需满足办公建筑设计规范最小净宽要求，并考虑吊顶内管线排布空间需求 |
| | | 公共区域用房、设备用房及垂直交通都应通过走道方便到达 |

| 类别 | 主要内容 | 设计要点 |
|---|---|---|
| 公共区域 | 卫生间 | 卫生间的洁具数量应该根据办公室使用面积及男女使用人数来确定（详见 28.12.4 章节），卫生间的位置及出入口应注意视线隐蔽 |
| | | 尽量在每一楼层的相同位置设卫生间，若有单独的设备层，可在设备层上下不同位置设置卫生间，卫生间应充分考虑排风、防水等设计 |
| | 茶水间 | 办公室应在公共区域设茶水间，面积较大的茶水间可兼作休息室 |
| | | 需设上下水道、开水供应系统、垃圾箱等，有条件可设冰箱、微波炉等设施 |
| | 清洁间 | 在公共区域较隐蔽处设清洁间，清洁间纳入楼层物业统一管理，可作为垃圾临时堆放及清洁用具存放处 |
| 楼电梯 | 疏散楼梯 | 应满足办公建筑楼梯宽度和踏步设计要求 |
| | | 每个防火分区至少设 2 个疏散楼梯 |
| | | 一类高层公共建筑和建筑高度大于 32m 的二类高层公共建筑，其疏散楼梯应采用防烟楼梯间 |
| | 客用电梯 | 按照乘客人数、电梯速度合理确定电梯台数和分区划分 |
| | | 客用电梯厅应独立设置，电梯厅深度应满足表 28.8.1-6 要求，综合利用不同分区电梯厅，可将不用的电梯厅设置为卫生间或其他辅助用房 |
| | | 单侧并列成排的电梯不宜超过 4 台，双侧排列的电梯不宜超过 8 台（4 台×2） |
| | 消防电梯 | 一类高层建筑和高度大于 32m 的二类高层公共建筑应设置在不同防火分区内，每个防火分区不应少于 1 台消防电梯，可与疏散楼梯合用前室，面积不少于 10m² |
| | | 应停靠地上、地下各楼层，可兼作货梯使用 |
| | 货运电梯 | 一般按消防电梯要求设置，兼作消防电梯，电梯载重、开门宽度和轿厢尺寸要考虑货运与家具搬运需要 |
| 设备用房及管井 | 空调（新风）机房 | 结合防火分区布置，无外墙新风采集口时需设新风管道井 |
| | | 需要考虑结构预留洞，方便大型送风管接到空调区，机房与风口应设置隔声降噪措施 |
| | 电气设备用房 | 结合防火分区布置，强电与弱电井分开设置，方便出线；管井或设备用房地坪宜高出本层地面 0.15～0.3m，或采用门槛方式 |
| | 排烟管井 | 排烟管井应控制防烟分区内任一点与最近的排烟口距离不大于 30m |
| | 给排水及消防管井 | 核心筒内集中布置，应考虑管井出线方便，公寓式办公等管井可结合卫生间分开均匀布置 |

注：建筑内的电缆井、管道井应在每层楼板处采用不低于楼板耐火极限的不燃材料或防火材料封堵。

### 28.7.3 柱网布置

1. 柱网的布置应尽量奇数跨，利于首层主入口居中布置。

2. 在景观好，项目定位高的项目中，标准层角部应尽量不设柱以保证良好的视野。

3. 高层办公建筑柱网轴线一般以 1.2m、1.5m、1.8m 为模数（结合立面、家具及房间模数确定），柱网宜为 9～12m。多层办公建筑柱网宜为 8.0m 或 8.4m。

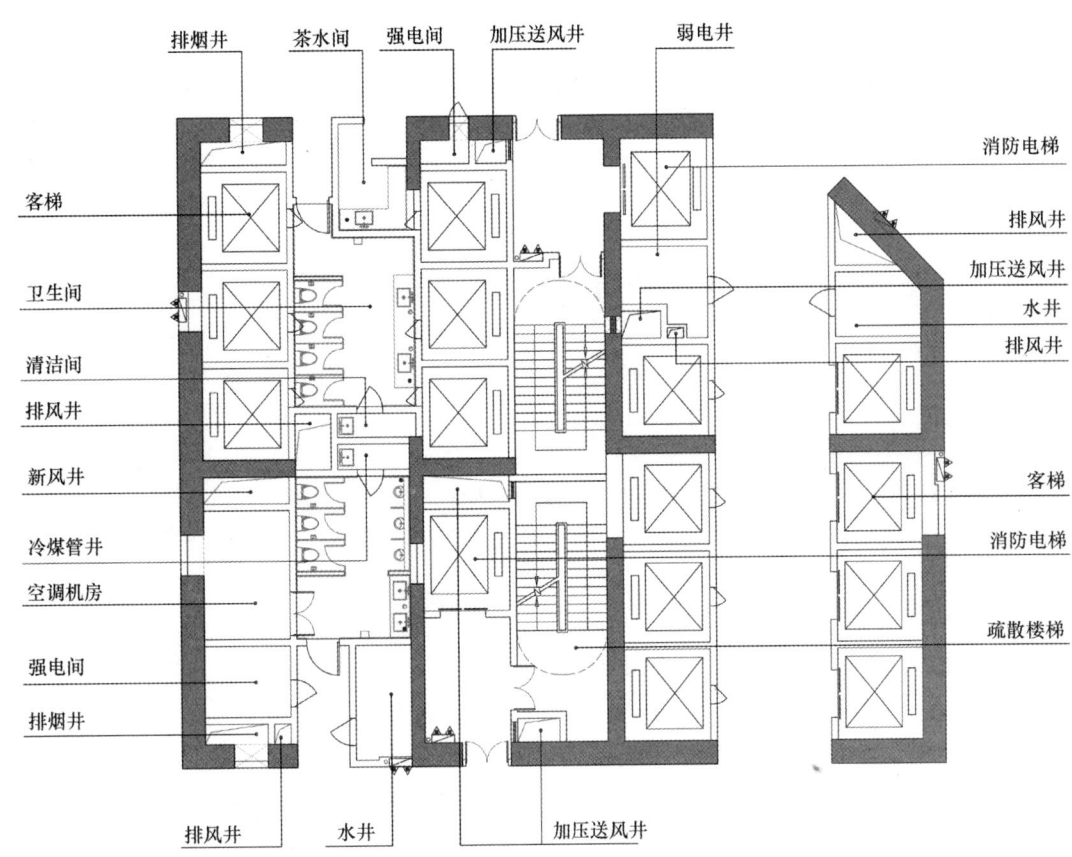

图 28.7.3　核心筒组成示例图

注：核心筒有时需布置成异形以使各朝向进深合理。

# 28.8　垂　直　交　通

## 28.8.1　电梯及电梯厅

办公建筑中电梯的设计研究对解决办公楼所涉及的大量人群出入问题具有重要的功能意义。电梯设计应满足办公楼使用功能和设备布置的要求，方便人员使用且设计紧凑高效。

1. 电梯布置要求和方式：

电梯布置原则及方式参考表　　　　　　　　　　　　　表 28.8.1-1

| 设置要求 | 多层设置要求 | 依据舒适度要求按需设置电梯，四层及四层以上或楼面距室外设计地面高度超过 12m 的办公建筑应设电梯 |
| --- | --- | --- |
| | 高层设置要求 | 高层办公建筑中电梯的定员、台数以及达到楼层的设计，是决定办公楼服务质量与使用效率的重要因素，应在建筑设计初期充分考虑 |
| | 使用效率评估 | 通常以上班高峰时间的交通量为基础，用"5 分钟运输能力"和"平均运行间隔"来评估电梯使用效率，根据不同级别的办公楼对电梯设置要求的不同来进行计算确定电梯布置方案 |

| 布置原则 | 使用便利 | 通常结合建筑物门厅、大堂布置，应设在进出建筑物时最容易看到的地方，符合流线引导性和使用习惯 |
| --- | --- | --- |
| | 集中布置 | 电梯应尽可能集中设置，以提高运行效率，缩短候梯时间；采用群控集中布置的电梯不宜超过 4 台；采用目的选层系统可以有效提升运力 |
| | 分层分区 | 在高层办公楼中，可采用分层分区换乘及奇、偶层分开停靠等布置方式；在超高层中，通常将电梯服务层分为高、中、低层并多区布置；在建筑物上部设置一个或若干个转换厅以接力方式为上部办公区域服务也是超高层办公楼的电梯设计方式 |
| | 水平交通分隔 | 与建筑物内主要通道应分隔开，避免人流相互影响 |

## 2. 电梯流量

乘客电梯的数量、额定载重量和额定速度应通过设计和计算确定。

5分钟处理能力（%/5min）：5分钟处理能力是指每五分钟内，电梯单向最大运送人数占服务区域总人数的百分比。为了合理的安排电梯，需要的处理能力被假设等同于客流高峰5分钟的客人到达率。

平均间隔时间：间隔时间是指某一台电梯刚离开到下一次电梯来到的时间间隔。它测算同一组电梯中平均到达首层大堂的时间间隔，可衡量等候时间。

上行高峰模式：上行高峰模式指的是客流主要是从建筑物外部集中在首层大堂向建筑各层上行的交通模式。办公楼属于此交通模式。

双向交通模式：双向交通指的是当进入建筑物内部和从建筑物内离开的客流大致上平衡时的一种交通模式，酒店和宾馆属于此交通模式。

电梯公司常用商务办公楼层人数计算公式：每层办公人数＝建筑面积×使用率/12m²/人×出勤率。

流量分析参考标准表　　　　　　　　　　　　表 28.8.1-2

| 建筑类型 | | 5分钟处理能力 | | 平均间隔时间 |
| --- | --- | --- | --- | --- |
| 办公楼 | 单一用户 | 20%～25% | 一般取靠近下限（20%）<br>当靠近火车站、地铁时取接近上限（25%） | 期望≤30s<br>建议值≤40s |
| | 半行政用途/政府办公建筑 | 16%～20% | 一般取靠近下限（16%）<br>当靠近火车站、地铁时取接近上限（20%） | |
| | 出租写字楼 | 10%～15% | 如果整层出租取接近上限（15%）<br>如果分单元出租取接近下限（11%） | |
| 公寓 | | 3.5%～5% | 对于高级公寓取接近上限（5%）<br>对于普通公寓取接近下限（3.5%） | 1台电梯时≤90s<br>2台电梯时≤60s |

**3. 电梯数量**

方案初期无电梯公司及机电顾问介入时，可依据表 28.8.1-3 估算电梯数量。

电梯数量参考表 表 28.8.1-3

| | 数量 | | | |
|---|---|---|---|---|
| | 经济级 | 常用级 | 舒适级 | 豪华级 |
| 按建筑面积 | 6000m²/台 | 5000m²/台 | 4000m²/台 | <4000m²/台 |
| 按办公有效使用面积 | 3000m²/台 | 2500m²/台 | 2000m²/台 | <2000m²/台 |
| 按人数 | 350人/台 | 300人/台 | 250人/台 | <250人/台 |

电梯的速度和梯井尺寸、开门尺寸与电梯的载重量及速度有关。方案阶段可采用表 28.8.1-4 尺寸，真实数据应以电梯公司数据为准。

办公建筑常用电梯主要技术参数表 表 28.8.1-4

| 载重量<br>（t） | 速度（m/s） | 梯井宽度<br>（m） | 梯井深度<br>（m） | 门厅洞口宽<br>（m） |
|---|---|---|---|---|
| 0.8 | ≤2.5 | 1.9 | 2.2 | 1.0 |
| | | 2 | 2.2 | 1.1 |
| 1 | ≤2.5 | 2.2 | 2.2 | 1.1 |
| | | 2.4 | 2.2 | 1.3 |
| 1.275 | ≤2.5 | 2.5 | 2.2 | 1.3 |
| | 2.5<v≤6 | 2.6 | 2.3 | 1.3 |
| 1.35 | ≤2.5 | 2.55 | 2.35 | 1.3 |
| | 2.5<v≤6 | 2.65 | 2.45 | 1.3 |
| 1.6 | 2.5<v≤6 | 2.7 | 2.6 | 1.3 |
| 1.8 | 2.5<v≤6 | 3 | 2.6 | 1.4 |

注：办公建筑无法额定总人数时，可以按照建筑面积 9m²/人 的指标推算。电梯的载重量不宜小于 1250kg/台，消防电梯载重量不宜小于 800kg/台，多层办公建筑电梯速度宜采用 1.60m/s 以上，大型高层或超高层办公建筑应采用 2.5m/s 以上电梯。

**4.** 为确保电梯安全，电梯轿厢应设置安全门窗，电梯轿厢安全门窗应符合以下规定（表 28.8.1-5）：

电梯安全事项表 表 28.8.1-5

| 类型 | 设计要点 |
|---|---|
| 综合规定 | 援救轿厢内乘客应从轿外进行，并符合紧急操作规定 |
| | 应具有足够的机械强度以承受在电梯正常运行、安全钳动作或轿厢撞击缓冲器的作用力 |
| | 不得使用易燃或由于可能产生有害或大量气体和烟雾而造成危险的材料制成 |
| | 轿厢安全窗或轿厢安全门，应设有手动上锁装置，同时如果锁紧失效，该装置应使电梯停止。只有在重新锁紧后，电梯才有可能恢复运行 |

| 类型 | 设计要点 |
|------|----------|
| 安全门 | 安全门的高度不应小于1.80m，宽度不应小于0.35m |
| | 在有相邻轿厢的情况下，轿厢之间的水平距离不大于0.75m方可设置安全门 |
| | 轿厢安全门应能不用钥匙从轿厢外开启，并应能用规定的三角钥匙从轿厢内开启 |
| | 轿厢安全门不应向轿厢外开启 |
| | 轿厢安全门不应设置在对重（或平衡重）运行的路径上，或设置在妨碍乘客从一个轿厢通往另一个轿厢的固定障碍物（分隔轿厢的横梁除外）的前面 |
| 安全窗 | 轿顶设置援救和撤离乘客的轿厢安全窗时，其尺寸不应小于0.35m×0.50m |
| | 轿厢安全窗应能不用钥匙从轿厢外开启，并应能用规定的三角形钥匙从轿厢内开启 |
| | 轿厢安全窗不应向轿内开启，同时其开启位置不应超出电梯轿厢的边缘 |

注：在相邻的轿厢无轿厢安全门措施时，当相邻两层门地坎间的距离大于11m时，其间应设置井道安全门，以确保相邻地坎间的距离不大于11m。井道安全门高度不得小于1.8m，宽度不得小于0.35m。

5. 电梯厅深度

电梯厅作为重要的交通空间，需要保证足够的候梯空间，电梯布置有双面对开布置和单面布置。当电梯为双面对开布置时，常用电梯厅深度为2.8～3.9m；当电梯为单面布置时，常用电梯厅的深度为2.4～2.8m。

电梯厅的深度应符合表28.8.1-6的规定：

**电梯厅最小深度**　　　　　　　　　　　表28.8.1-6

| 布置方式 | 电梯厅深度 |
|----------|-----------|
| 单台 | ≥1.5B |
| 多台单侧布置 | ≥1.5B′当电梯并列布置为4台时应≥2.40m |
| 多台双侧布置 | ≥相对电梯B′之和，并<4.50m |

注：B为轿厢深度，B′为并列布置的电梯中最大轿厢深度。

### 28.8.2　楼梯、扶梯

1. 楼梯作为疏散用途时，一般放置在核心筒内，踏步的最小宽度为0.26m，最大高度为0.175m。超高层建筑核心筒楼梯，踏步的最小宽度为0.25m，最小高度为0.18m。其疏散宽度应根据楼层使用人数进行测算，且应符合相关防火规范。

2. 扶梯不应作为疏散功能使用。扶梯设置应满足扶梯相关规范。一般设置在重要的公共空间如大堂处，起到引导人流的作用。

# 28.9　层高及净高

1. 办公室的层高可由办公室所需净高和结构至顶棚净距尺寸（结构至顶棚的净距尺寸＝结构梁高＋设备尺寸＋装修构造尺寸）来共同确定，常用的带中央空调的办公楼层高在3.9～4.5m之间。

2. 在智能化办公楼中，还应考虑架空地板综合布线的空间要求，采用地送风空调系统时，也会增加架空地板的高度。

3. 为减小楼层框架梁的高度对室内净高的影响，设计会考虑设置截面宽度大于截面高度的扁梁，其外形特点是扁梁的宽度通常超过柱子横截面宽度，但此做法会加大结构的成本。

4. 从经济方面考虑，在满足净高要求的前提下，不希望采用较高的层高，以节约造价和降低日常经济运行成本。

5. 走道净高不应低于2.20m，储藏间净高不宜低于2.00m。

6. 办公室净高应满足表28.9规定：

办公室净高参考表 表28.9

| 净高要求 | 特征 |
| --- | --- |
| ≥2.5m | 有集中空调设施并有吊顶的单间式和单元式办公室 |
| ≥2.7m | 无集中空调设施的单间式和单元式办公室 |
| ≥2.7m | 有集中空调设施并有吊顶的开放式和半开放式办公室 |
| ≥2.9m | 无集中空调设施的开放式和半开放式办公室 |

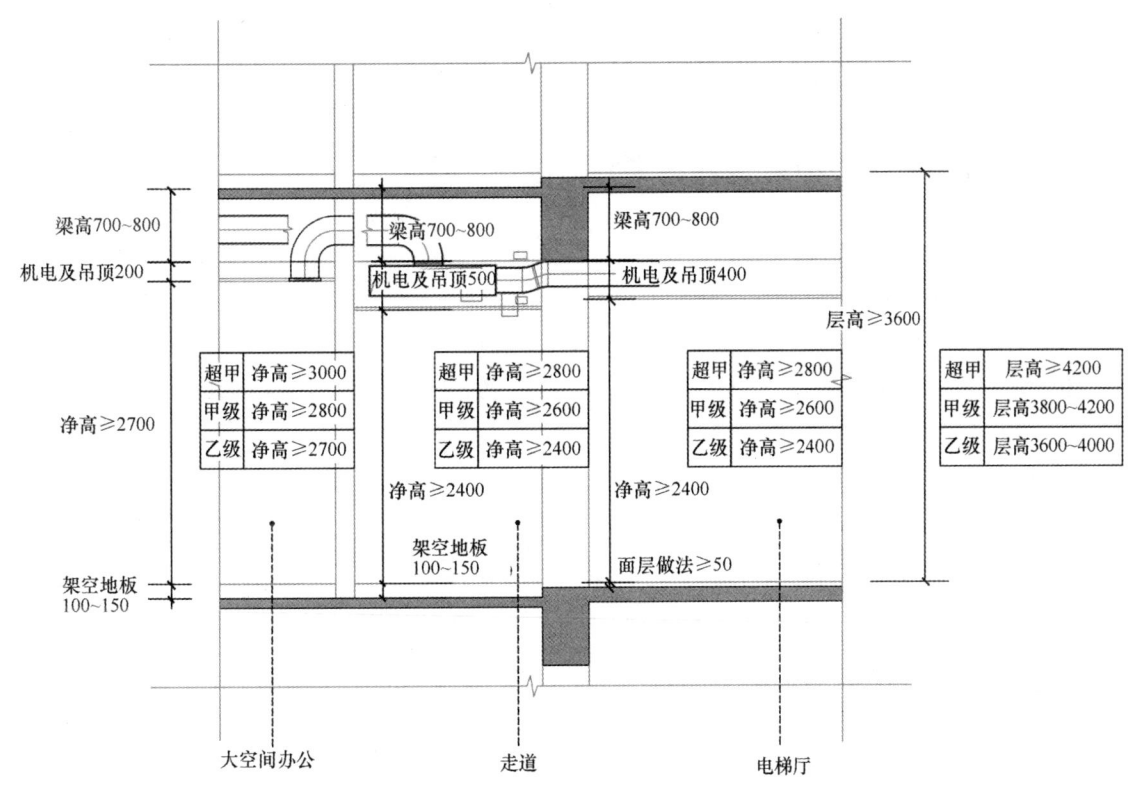

图 28.9-1 办公室净高与剖面设计示例1

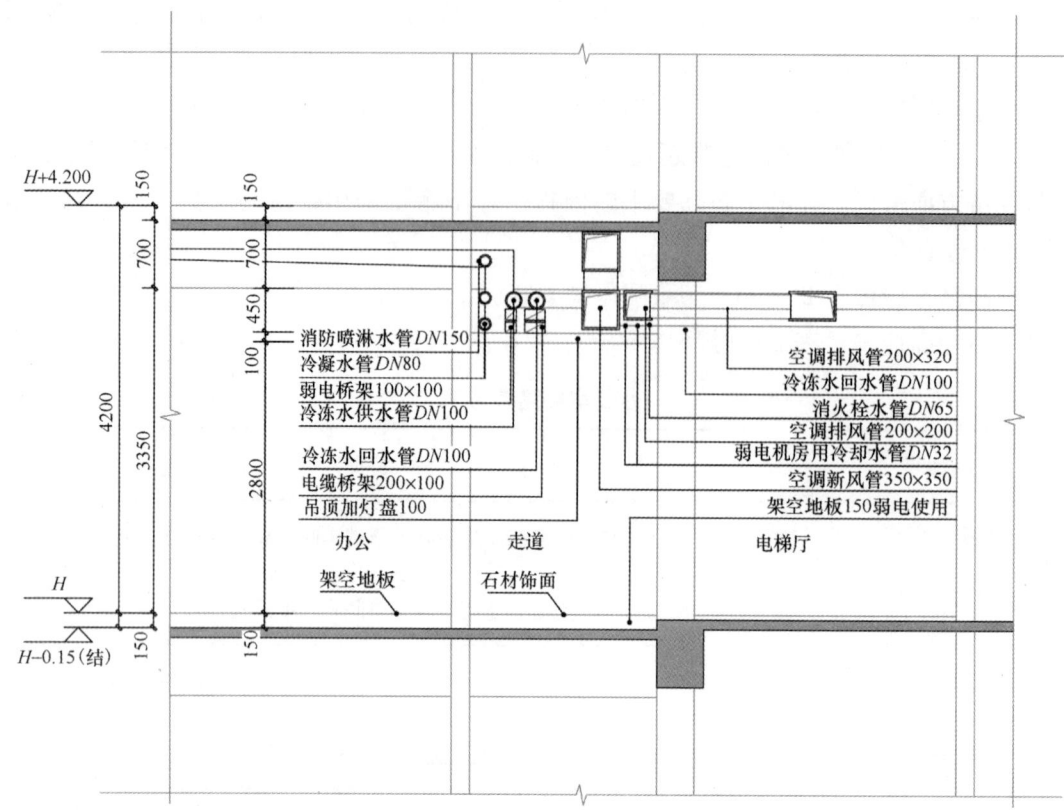

图 28.9-2  办公室净高与剖面设计示例 2

# 28.10  构  造  设  计

### 28.10.1  门窗

1. 办公用房的门洞口宽度不应小于 1.00m ，高度不应小于 2.10m。

2. 机要办公室、财务办公室、重要档案库、贵重仪表间和计算机中心的门应采取防盗措施，室内宜设防盗报警装置。

3. 底层及半地下室外窗宜采取安全防范措施。

4. 当高层及超高层办公建筑采用玻璃幕墙时应设置清洗设施，并应设有可开启窗或通风换气装置。

5. 外窗可开启面积应按现行国家标准《公共建筑节能设计标准》GB 50189—2015 的有关规定执行；外窗应有良好的气密性、水密性和保温隔热性能，满足节能要求。

6. 不利朝向的外窗应采取合理的建筑遮阳措施。

### 28.10.2  楼地面

1. 根据办公室使用要求，开放式办公室的楼地面宜按家具或设备位置设置弱电和强电插座。

2. 大中型电子信息机房的楼地面宜采用架空防静电地板。

3. 宜考虑架空地板布线的需求，架空地板的高度约为 100~150mm，如结合地送风设置需预留 400~500mm 的设备高度。

# 28.11 办 公 用 房

### 28.11.1 办公用房分类及基本要求

1. 办公用房宜包括普通办公室和专用办公室。专用办公室可包括研究工作室和手工绘图室等。

2. 办公用房宜有良好的天然采光和自然通风，并不宜布置在地下室。办公室宜有避免西晒和眩光的措施。

3. 普通办公室应符合下列规定：

1）宜设计成单间式办公室、单元式办公室、开放式办公室或半开放式办公室。

2）开放式和半开放式办公室在布置吊顶上的通风口、照明、防火设施等时，宜为自行分隔或装修创造条件，有条件的工程宜设计成模块式吊顶。

3）带有独立卫生间的办公室，其卫生间宜直接对外通风采光，条件不允许时，应采取机械通风措施。

4）机要部门办公室应相对集中，与其他部门宜适当分隔。

5）值班办公室可根据使用需要设置，设有夜间值班室时，宜设专用卫生间。

6）普通办公室每人使用面积不应小于 $6m^2$，单间办公室使用面积不宜小于 $10m^2$。

4. 专用办公室应符合下列规定：

1）手工绘图室宜采用开放式或半开放式办公室空间，并用灵活隔断、家具等进行分隔；研究工作室（不含实验室）宜采用单间式；自然科学研究工作室宜靠近相关的实验室。

2）手工绘图室，每人使用面积不应小于 $6m^2$；研究工作室每人使用面积不应小于 $7m^2$。

5. 办公室设计要综合考虑内部环境的舒适性、安全性、高效率、低能耗等因素，在满足设计规范的基础上，充分体现建筑的功能价值、经济价值、美学价值、人文价值和生态价值。

### 28.11.2 办公用房布置方式

通常办公空间分为单间式、单元式、开放式和混合式四种基本类型。

办公用房的类型与特征参考表 表 28.11.2

| 类别 | 概念 | 特征 |
|------|------|------|
| 单间式 | 一般指在走道的一侧或两侧并列布置、内部空间单一，服务设施共用的单间办公形式，适用于独立性强、人员较少的办公 | 独立空间，相互干扰少；灯光、空调等可独立控制；根据管理方式和私密性要求，可分为封闭、透明或半透明等隔断 |
| 单元式 | 由接待、办公、卫生间或生活起居（卧室、厨房）等空间组成的独立式办公空间形式，适用于人员较少、组织结构完整、独立的 SOHO 型或公寓式办公 | 机构相对独立，内部空间紧凑，功能较为多样；设备系统、能源消耗可独立控制和计量；有统一的物业管理，便于租售；代表一种自由、弹性的工作方式 |

| 类别 | 概念 | 特征 |
|---|---|---|
| 开放式 | 较大的部门或若干部门置于一个大空间中，周边配置公共服务设施、隔断灵活的办公空间形式，适用于人员较多、工作性质相关联的机构型办公 | 空间宽大，视线通畅，人员间易于沟通，便于交流；按各自的业务内容可成组布置桌椅，布局紧凑、分隔灵活多样；结合室内外的环境组织，可进一步创建景观式办公空间 |
| 混合式 | 由开放式、单间式组合而成的办公空间形式，适用于组织机构完整，管理层次清晰的办公 | 兼具开放式、单间式的特征；分区明确、组合灵活、形式多样、管理高效，是现代办公空间的主流形式 |

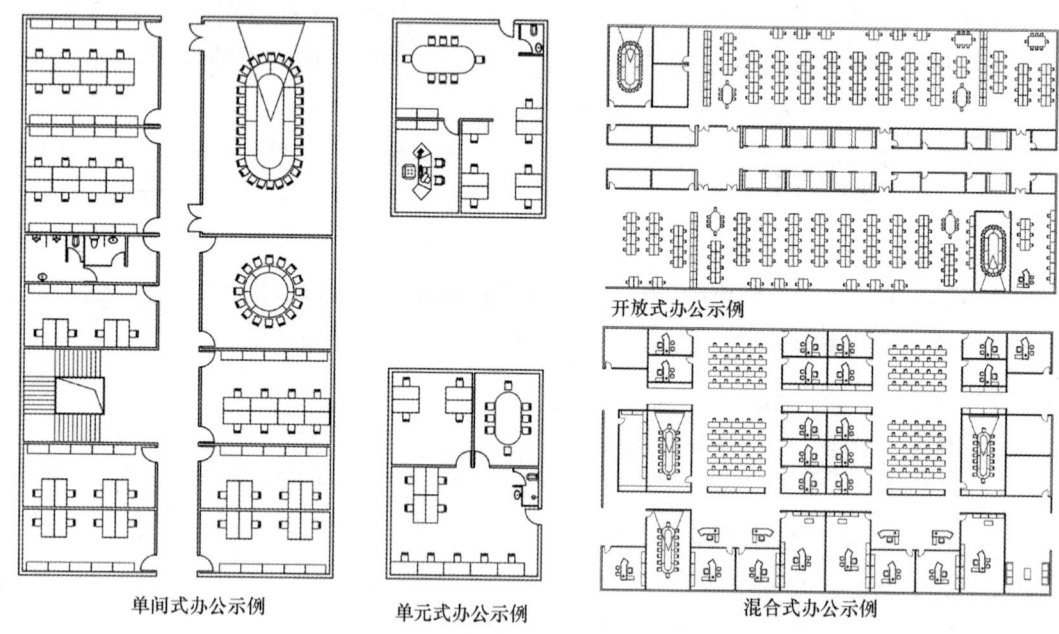

单间式办公示例　　单元式办公示例　　开放式办公示例　混合式办公示例

图 28.11.2　平面布置示例

### 28.11.3　办公家具布置方式

1. 办公室的家具主要包括办公桌、椅、文件柜等，同时还配有书架、会议桌、演示用的投影设施、复印机和各种茶水、休息等外围设备。家具的配置、规格和组合方式由使用对象、工作性质、设计标准、空间条件等因素决定。其中，办公桌椅的布置是办公室空间布局的主要内容。

**办公室用房布置方式参考表**　　　　　表 28.11.3-1

| 类别 | 特点 |
|---|---|
| 同向型 | 视线不会相对，可保持相对安静；行走路线明确，不利于交流 |
| 相对型 | 有效利用面积，交流效果好；设备布线、管理容易；视线相对是其不足，通常需设桌面隔断 |
| 分间型 | 房间使用率降低，个人私密性较高 |
| 背向型 | 相对型与同向型的结合，信息处理与办公活动效率较高 |
| 混合型 | 根据使用空间情况灵活布置，适用于多样空间 |
| 创意型 | 桌椅布置为创意主题服务，以营造特殊的室内环境，达到展示企业文化、激发员工潜力、提高办公效率的目标，较多用于文化创意产业办公 |

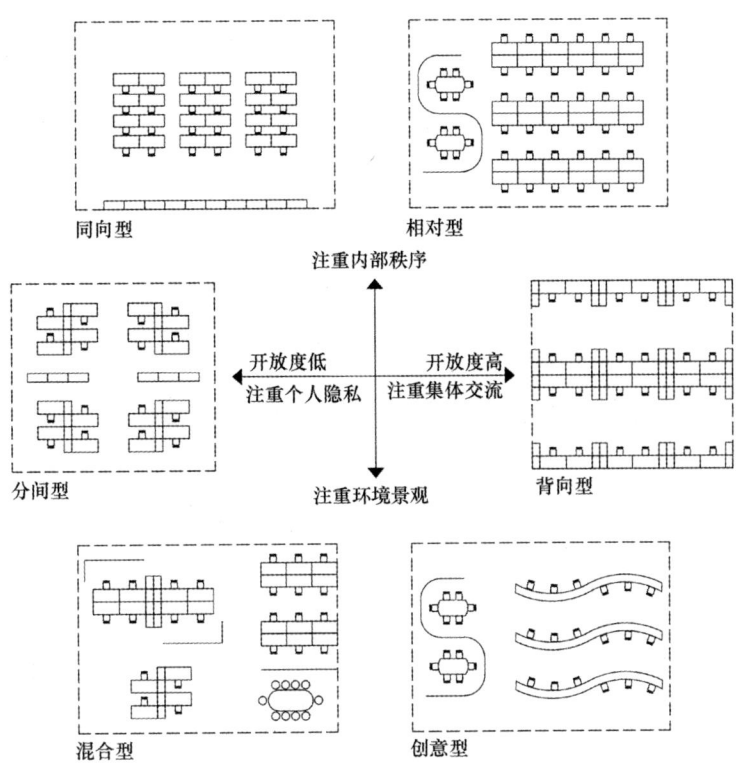

图 28.11.3-1 办公室桌椅布置方式示例

2. 常用办公家具尺寸

常用办公家具尺寸参考表　　　　　　　　　表 28.11.3-2

| 类别 | 长（mm） | 宽/深（mm） | 高（mm） |
|---|---|---|---|
| 办公桌 | 1200～1800 | 500～650 | 700～760（以 20 为模数） |
| L 形办公桌 | (1200～1800)×(1200～1800) | 500～650 | 700～760（以 20 为模数） |
| 办公椅 | 400～500 | 400～500 | 400～450 |
| 大班台 | (1800～2400)×(1200～2000) | 800～1100 | 700～760（以 20 为模数） |
| 大班椅 | 600～900 | 600～1000 | 400～450 |
| 8 人会议桌 | 2400 | 1100 | 750～800 |
| 会议椅 | 400～500 | 400～500 | 400～450 |
| 单人沙发 | 800～950 | 850～900 | 360～420（以 20 为模数） |
| 三人沙发 | 1800～2100 | 800～900 | 360～420（以 20 为模数） |
| 茶几（前置型） | 900 | 400 | 400 |
| 茶几（中心型） | 700～900 | 700～900 | 400 |
| 茶几（左右型） | 600 | 400 | 400 |

| 类别 | 长（mm） | 宽/深（mm） | 高（mm） |
|---|---|---|---|
| 二门茶水柜 | 800 | 400 | 800 |
| 二门书柜 | 800 | 450～500 | 1800～2100 |
| 三门书柜 | 1200 | 450～500 | 1800～2100 |
| 书架 | 800～1200 | 350～450 | 1800～2100 |
| 文件柜 | 800～1200 | 350～450 | 1800～2100 |

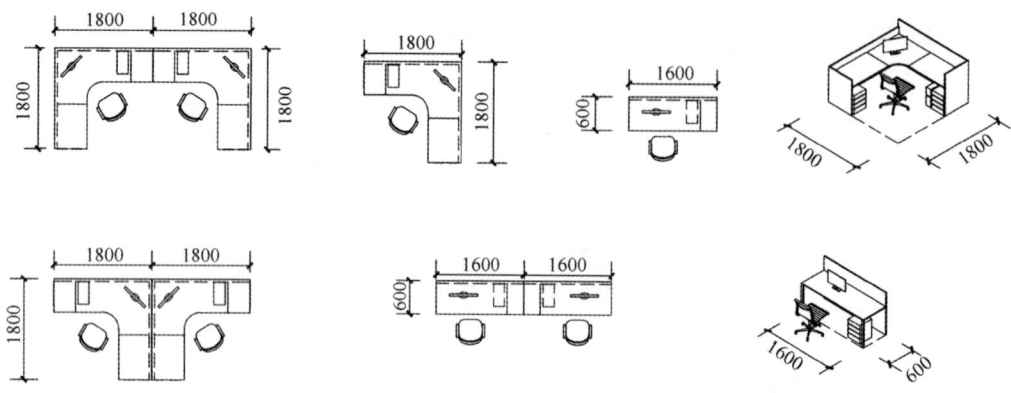

图 28.11.3-2　常用办公工位及基本组合尺寸示例

办公家具尺寸应依据实际工作中的不同需求确定，如常用金融办公工位尺寸为 1.8m×1.6m，普通工位最小尺寸为 1.5m×1.5m。

# 28.12　公　共　用　房

### 28.12.1　概述

公共用房包括入口大堂、会议室、对外办事厅、接待室、陈列室、公用厕所、开水间、健身场所等。

### 28.12.2　入口大堂

办公大堂是办公建筑室内外空间的过渡区域，是各种功能空间秩序的起点。

1. 办公大堂面积一般不小于 200m²，约占地上总建筑面积的 0.6%～2% 之间，高度为 1～2 层通高，面积和高度随档次增加而增加。

2. 大堂内可附设传达、收发、会客、服务、问讯、展示等功能房间（场所）；根据使用要求也可设商务中心、咖啡厅、警卫室、快递储物间等。

3. 楼梯、电梯厅宜与大堂邻近设置，并应满足消防疏散的要求。

4. 严寒和寒冷地区的大堂应设门斗或其他防寒设施。

5. 夏热冬冷地区大堂与高大中庭空间相连时宜设门斗。

### 28.12.3　会议室

1. 办公室建筑中的会议用房种类较多，小到三五人的讨论室，大至几百座的企业或行政会议厅。会议室的设置要充分考虑使用对象、使用频率、面积规模和规格等因素。

1）中、小会议室可分散布置或集中形成公共的会议区域。小会议室使用面积不宜小于 30m²，中会议室使用面积不宜小于 60m²。中、小会议室每人使用面积：有会议桌的不应小于 2.00m²/人，无会议桌的不应小于 1.00m²/人。

2）大会议室应根据使用人数和桌椅设置情况确定使用面积，平面长宽比不宜大于 2:1，宜有音频视频、灯光控制、通信网络等设施，并应有隔声、吸声和外窗遮光措施；大会议室所在层数、面积和安全出口的设置等应符合国家现行有关防火规范的规定。

3）会议室应根据需要设置相应的休息、储藏及服务空间。

2. 会议室的内部布局由会议的组织形式、座席数和座席大小、相邻座位间隔、会议桌大小、通道的大小、屏幕和讲台的关系来决定。

**会议室桌椅布置方式参考表**　　　　　　　　表 28.12.3-1

| 图示 | 说明 |
|---|---|
| 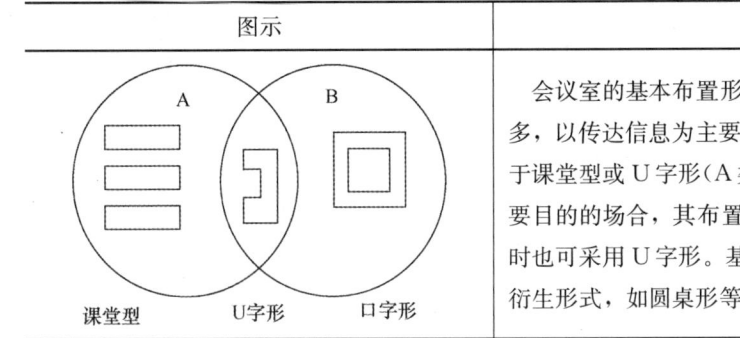 | 会议室的基本布置形式一般为课堂型、U字形、口字形。在人数较多，以传达信息为主要目的、主讲地位明确的场合，其布置形式倾向于课堂型或U字形（A类）；会议的组织形式以研究、讨论、商讨为主要目的的场合，其布置形式一般采用口字形（B类）。使用屏幕、黑板时也可采用U字形。基本布置形式根据具体要求和条件可以形成多种衍生形式，如圆桌形等 |

3. 常见会议室规模与布局

**常见会议室规模与布局参考表**　　　　　　　　表 28.12.3-2

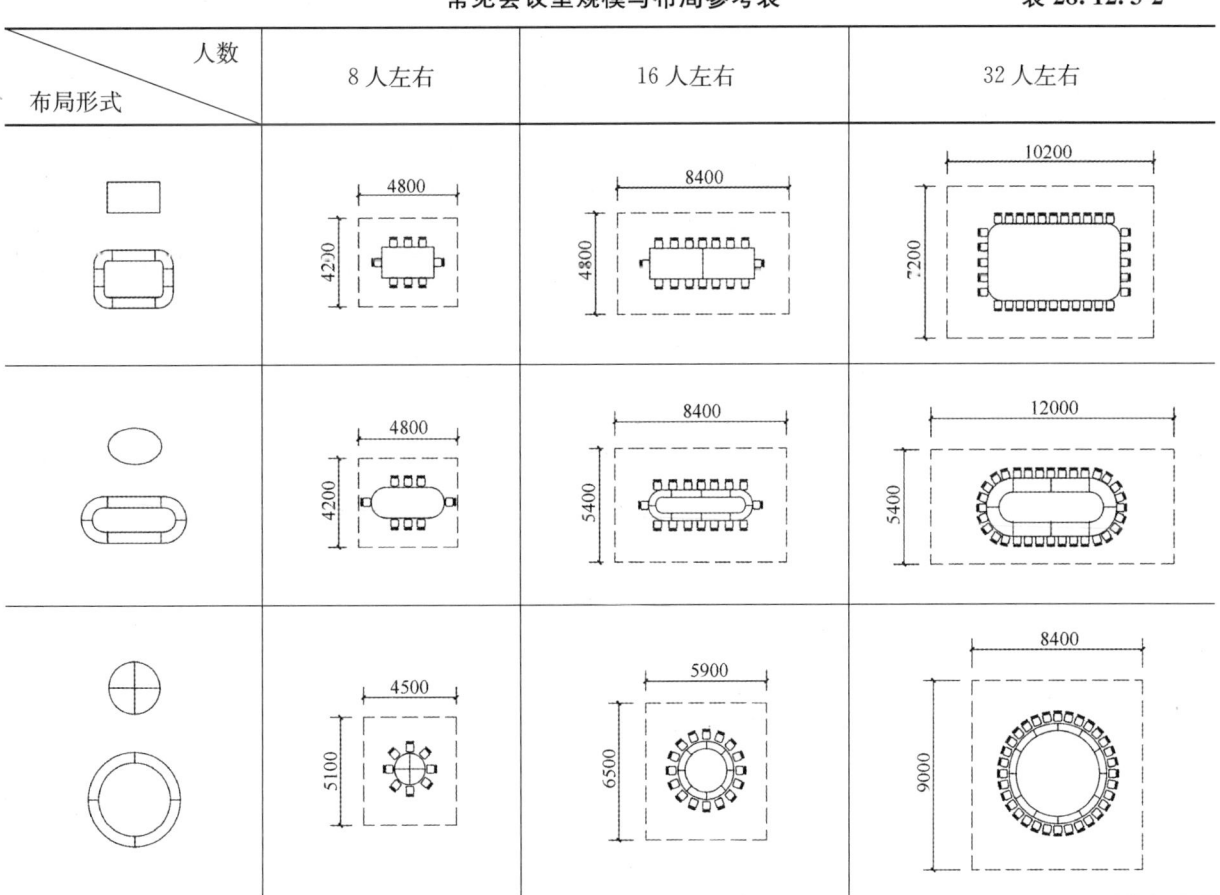

| 人数 布局形式 | 8 人左右 | 16 人左右 | 32 人左右 |
|---|---|---|---|

| 人数<br>布局形式 | 8人左右 | 16人左右 | 32人左右 |
|---|---|---|---|
| 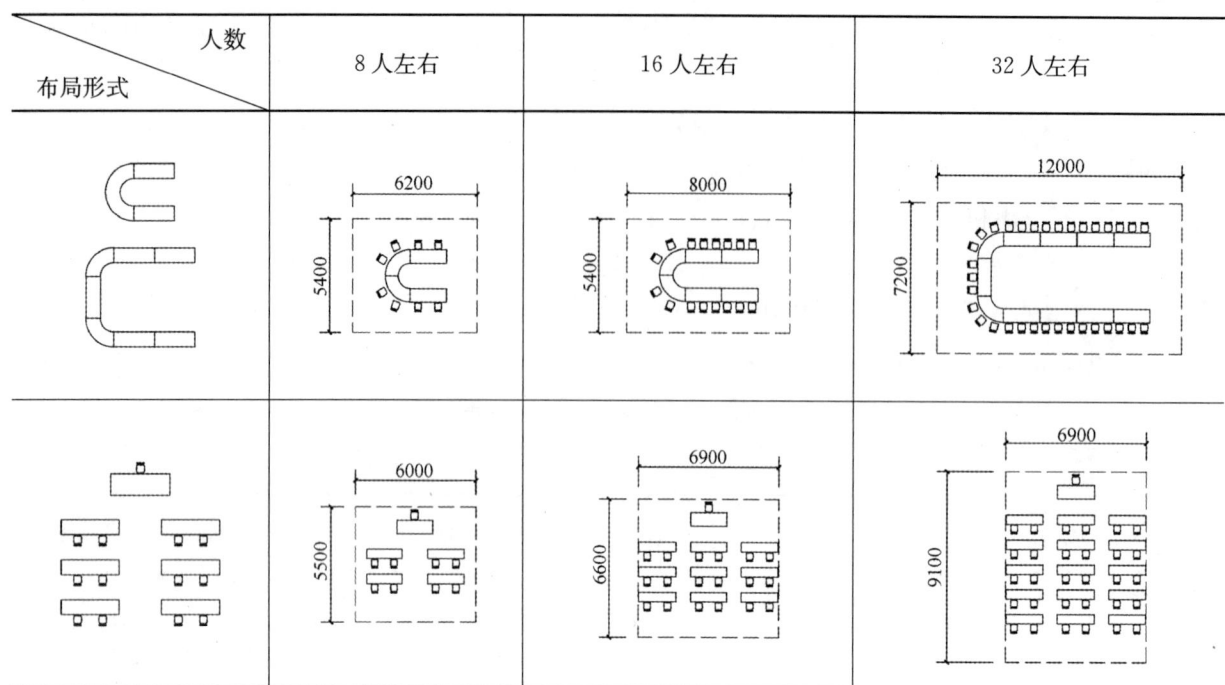 | 6200<br>5400 | 8000<br>5400 | 12000<br>7200 |
| | 6000<br>5500 | 6900<br>6600 | 6900<br>9100 |

## 28.12.4　公共卫生间

公用厕所应符合下列规定：

1）公用厕所服务半径不宜大于50m。

2）公用厕所应设前室，门不宜直接开向办公用房、门厅、电梯厅等主要公共空间，并宜有视线遮挡的措施。

3）公用厕所宜有天然采光、通风，并应采取机械通风措施。

4）男女性别的厕所应分开设置，其卫生洁具数量应按表28.12.4配置。

办公建筑卫生设施配置参考表　　　　　　　　　表28.12.4

| 女性使用数量<br>（人） | 便器数量<br>（个） | 洗手盆数量<br>（个） | 男性使用数量<br>（人） | 大便器数量<br>（个） | 小便器数量<br>（个） | 洗手盆数量<br>（个） |
|---|---|---|---|---|---|---|
| 1～10 | 1 | 1 | 1～15 | 1 | 1 | 1 |
| 11～20 | 2 | 2 | 16～30 | 2 | 1 | 2 |
| 21～30 | 3 | 2 | 31～45 | 2 | 2 | 2 |
| 31～50 | 4 | 3 | 46～75 | 3 | 2 | 3 |
| 当女性使用人数超过50人时，每增加20人增设1个便器和1个洗手盆 | | | 当男性使用人数超过75人时，每增加30人增设1个便器和1个洗手盆 | | | |

注：（1）当使用总人数不超过5人时，可设置无性别卫生间，内设大、小便器及洗手盆各一个。

（2）为办公门厅及大会议室服务的公共厕所应至少各设一个男、女无障碍厕位。

（3）每间厕所大便器位3个以上者，其中1个宜设坐式大便器。

（4）设有大会议室（厅）的楼层应根据人员规模相应增加洁具数量。

## 28.12.5　走道

走道宽度应满足防火疏散要求，最小宽度应符合表28.12.5规定：

**办公建筑走道最小净宽参考表**　　　　　　　　　表 28.12.5

| 走道长度<br>（m） | 走道净宽（m） | |
|---|---|---|
| | 单面布房 | 双面布房 |
| ≤40 | 1.30 | 1.50 |
| >40 | 1.50 | 1.80 |

注：（1）高层内筒结构的回廊式走道净宽最小值同单面布房走道。

（2）走道高差不足 0.30m 时，不应设置台阶，应设坡道，其坡度不应大于 1∶8。

### 28.12.6　其他公共用房

办公建筑的其他公共用房应符合表 28.12.6 规定：

**办公建筑其他公共用房设计要点参考表**　　　　　表 28.12.6

| 类型 | 设计要点 |
|---|---|
| 接待室 | 宜根据使用要求设置接待室；专用接待室应靠近使用部门；行政办公建筑的群众来访接待室宜靠近基地出入口并与主体建筑分开单独设置 |
| | 宜设置专用茶具室、洗消室、卫生间和储藏空间等 |
| 陈列室 | 应根据使用要求设置 |
| | 专用陈列室应进行专项照明设计，避免阳光直射及眩光，外窗宜设遮光设施 |
| 开水间 | 宜分层或分区设置 |
| | 宜自然采光、通风，条件不允许时应采取机械通风措施 |
| | 应设置洗涤池和地漏，并宜设消毒茶具和倒茶渣的设施 |
| 健身场所 | 宜自然采光、通风，并设置配套的更衣间和淋浴间 |

# 28.13　服　务　用　房

服务用房宜包括一般性服务用房和技术性服务用房。一般性服务用房为档案室、资料室、图书阅览室、员工更衣室、汽车库、非机动车库、员工餐厅、厨房、卫生管理设施间、快递储物间等。技术性服务用房为消防控制室、电信运营商机房、电子信息机房、打印机房、晒图室等。党政机关办公建筑可根据需求设置公勤人员用房及警卫用房等。办公建筑可根据需求设置使用面积不小于 10m² 的哺乳室。

办公建筑的服务用房应符合表 28.13 规定：

**办公建筑服务用房设计要点参考表**　　　　　　　表 28.13

| 类型 | 设计要点 |
|---|---|
| 档案室、资料室、<br>图书阅览室 | 可根据规模大小和工作需要分设若干不同用途的房间，包括库房、管理间、查阅间或阅览室等 |
| | 采取防火、防潮、防尘、防蛀、防紫外线等措施；地面应采用不起尘、易清洁的面层，并宜设置机械通风、除湿措施 |
| | 应光线充足、通风良好，避免阳光直射及眩光 |
| | 档案室设计应符合现行行业标准《档案馆建筑设计规范》JGJ 25—2010 的规定，图书阅览室应符合现行行业标准《图书馆建筑设计规范》JGJ 38—2015 的规定 |

| 类型 | 设计要点 |
|---|---|
| 员工更衣室、哺乳室 | 宜有自然通风，否则应设置机械通风设施 |
| | 哺乳室内应设洗手池 |
| 汽车库 | 应符合国家现行标准《汽车库、修车库、停车场设计防火规范》GB 50067—2014、《车库建筑设计规范》JGJ 100—2015 的规定 |
| | 停车方式应根据车型、柱网尺寸及结构形式等确定 |
| | 设有电梯的办公建筑，当条件允许时应至少有一台电梯通至地下汽车库 |
| | 可按管理方式和停车位的数量设置相应的值班室、控制室、储藏室等辅助房间 |
| | 应按相关规定集中设置或预留电动汽车专用车位 |
| 非机动车库 | 净高不得低于 2.00m |
| | 每辆自行车停放面积宜为 1.50～1.80m² |
| | 非机动车及二轮摩托车应以自行车为计算当量进行停车当量的换算 |
| | 车辆换算的当量系数，出入口及坡道的设计应符合现行行业标准《车库建筑设计规范》JGJ100 的规定 |
| 员工餐厅、厨房 | 根据建筑规模、供餐方式和使用人数确定使用面积 |
| | 应符合现行行业标准《饮食建筑设计标准》JGJ 64—2017 的有关规定 |
| 卫生管理设施间 | 宜每层设置垃圾收集间，并应采取机械通风措施且宜靠近服务电梯间布置 |
| | 清洁间宜分层或分区设置，内设清扫工具存放空间和洗涤池，位置应靠近厕所 |
| 技术性服务用房 | 电信运营商机房、电子信息机房、晒图室应根据工艺要求和选用机型进行建筑平面和相应室内空间设计 |
| | 计算机网络终端、台式复印机以及碎纸机等办公自动化设施可设置在办公室内 |
| | 供设计部门使用的晒图室，宜由收发间、裁纸间、晒图机房、装订间、底图库、晒图纸库、废纸库等组成；晒图室宜布置在底层，采用氨气熏图的晒图机房应设独立的废气排出装置和处理设施；底图库设计同资料室防火防潮设计 |
| | 消防控制室应按现行国家标准《建筑设计防火规范》GB 50016—2014 进行设置 |

# 28.14 设 备 用 房

1. 动力机房宜靠近负荷中心设置。

2. 产生噪声或振动的设备机房应采取消声、隔声和减振等措施，并不宜毗邻办公用房和会议室，也不宜布置在办公用房和会议室对应的直接上层。

3. 设备用房应留有能满足最大设备安装、检修的进出口。

4. 设备用房、设备层的层高和垂直运输交通应满足设备安装与维修的要求。

5. 有排水、冲洗要求的设备用房和设有给水排水、热力、空调管道的设备层，以及超高层办公建筑的避难层，地面应有排水设施。

6. 变配电间、弱电设备用房等电气设备间内不得穿越与自身无关的管道。

7. 高层办公建筑每层应设强电间、弱电间，其使用面积应满足设备布置及维护检修距离的要求，强电间、弱电间应与竖井毗邻或合一设置。

8. 多层办公建筑宜每层设强电间、弱电间，垂直干线宜采用强弱电竖井进行布线。

9. 弱电设备用房应远离产生粉尘、油烟、有害气体及储存具有腐蚀性、易燃、易爆物品的场所，并应远离强振源。

10. 弱电设备用房应采取防火、防水、防潮、防尘、防电磁干扰措施，地面宜采取防静电措施。

11. 位于高层、超高层办公建筑楼层上的机电设备用房，其楼面荷载应满足设备安装、使用的要求。

12. 放置在建筑外侧和屋面上的热泵、冷却塔等室外设备，应采取防噪声措施。

13. 办公楼常见的空调系统有 FCU（风机盘管＋新风）、VRV（多联机）、VAV（变风量系统）、UFAD（地送风系统）。在选择空调系统的时候应根据办公档次，管线布置等多方面进行考虑。

**办公建筑常见空调类型表** 表 28.14

| 种类 | 适用范围 | 高度要求 | 优点 | 缺点 |
|---|---|---|---|---|
| FCU（风机盘管＋新风） | 普遍采用的空调形式 | 300mm | 可灵活地调节各房间的温度，风机盘管机组体型小、占地小、布置和安装方便，甚至适合于旧有建筑的改造 | 室内空气品质较差，很难进行二级过滤且易发生凝结水渗顶事故；机组分散设置，台数较多，维修管理工作量大 |
| VRV（多联机） | 适用于中小型面积写字楼 | 300mm | 设计安装便捷，布置灵活多变，使用方便，占据空间小，可靠性高，运行费用低，不需机房，无水系统，各房间可独立调节，满足不同空调荷载要求 | 系统控制复杂，对管材材质、制造工艺、现场焊接等方面要求非常高，新风要靠自然方式补充，浪费冷量设备，初期投资大 |
| VAV（变风量系统） | 适用于高档写字楼 | 500mm | 新风作冷源，无冷凝水烦恼，系统灵活性好，噪声低，提高楼宇智能化要求，减少综合性投资，系统结构简单，维修工作量小，使用寿命长 | 冷冻水管线存在冷损失和维修问题，系统运行不稳定 |
| UFAD（地送风系统） | 适用于高档写字楼 | 500mm | 节能、新风作冷源、无冷凝水烦恼，系统灵活性好，噪声低；提高楼宇智能化要求，与网络布线一同考虑，节省设备占用高度，系统结构简单，维修工作量小，使用寿命长 | 对管线综合布置要求高，造价高 |

# 28.15 租售式办公

### 28.15.1 概述

以出租或出售为主要经营方式，以获取商业和经济利益为目标的办公类型，使用者多为不特定的多个企业或组织。建筑形态与规模类型多样，辅助设施集约，为用户提供设施完备，管理便捷的工作环境。

### 28.15.2 分类

租售式办公分类表　　　　　　　　　　　　　　表 28.15.2

| 类型 | 特征 |
|------|------|
| 出租式办公 | 投资方长期持有产权，高端市场配置，中高实用率，注重建筑公共形象，交楼标准比出售式办公要高 |
| 出售式办公 | 成本优先，主流市场配置，高实用率，交楼标准比出租式办公低 |
| 混合式办公 | 出售与出租混合，成本优先，主流市场配置，交楼标准介于出租与出售之间 |

### 28.15.3 功能构成

租售式办公由于一栋楼内有着多个业主，除办公用户产权内部的办公空间和一些小型的会议接待空间之外，大型的公共服务用房一般集中放在底部入口附近，以保证能够服务所有业主，这几年也有在办公楼中部设置活力楼层的方式。

功能用房分类表　　　　　　　　　　　　　　表 28.15.3

| 分类 | 主要功能 | 特征 |
|------|----------|------|
| 办公用房 | 日常办公需求 | 各业主根据需求排布，满足建筑结构要求 |
| 公共服务用房 | 服务于办公用户群体 | 除卫生储藏等必须空间，其他服务用房一般在公共空间供所有业主使用 |
| 设备及管理用房 | 确保建筑日常运行 | 常设置在核心筒、地下室等通风采光较差部位 |

### 28.15.4 主要流线组织

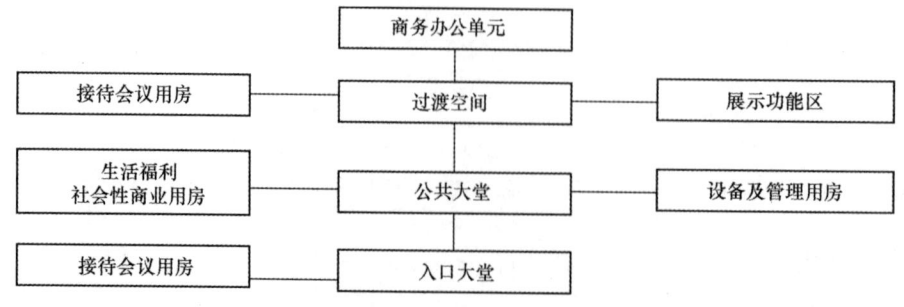

图 28.15.4　主要流线组织图

#### 28.15.5 标准层平面特征

1. 效率最大化

办公楼由办公室部分和非办公室部分组成，为提高经济效益，租售式办公楼会尽量增大办公楼的办公空间以提高使用率。

2. 灵活及均好性

租售式办公楼强调空间的灵活性，无论是整层租售还是划分成单元租售，在租售规模上都要有灵活的对应措施，保证每个最小的区域能有良好的疏散和完整的设备配置，使每个业主都能有良好的办公空间。

#### 28.15.6 交通空间

交通空间分类表                                    表 28.15.6

| 交通空间 | 说明 | 设计要求 |
|---|---|---|
| 走道 | 主要的流线 | 为追求更高的使用率，走道的设计应尽量简洁 |
| 楼梯 | 疏散用途为主 | 楼梯作为疏散用途，一般放在核心筒内 |
| 电梯 | 主要的竖向交通 | 数量以满足使用为准，应保证每层各业主最短的交通流线，并要求与大堂直接联系 |

#### 28.15.7 公共服务用房

为满足业主的日常生活和会议接待功能，办公楼会有一些生活福利用房、商业空间和会议接待空间。租售式办公多将这些服务用房放在大堂周边，以保证每个业主的使用方便。

公共服务用房分类表                                表 28.15.7

| 公共服务用房 | 功能 | 设计要点 |
|---|---|---|
| 会议接待 | 展厅 | 符合层高、柱网的限制，满足展品展示需求，放置在入口附近 |
| | 会议 | 满足空间使用及消防疏散要求，布置在底层或者裙楼公共空间处 |
| | 接待、问询 | 易于寻找辨识，靠近入口空间 |
| 生活福利用房 | 休息室 | 布置在茶水间附近，宜每层设置，服务于所有业主 |
| | 茶水间 | 宜每层设置，满足所有业主使用 |
| | 健身中心 | 应布置在公共空间，避免对办公空间的影响 |
| | 医务室 | 保证医疗垃圾处理安全，所处位置应不易遭受外界干扰 |
| | 俱乐部 | 注意私密性及隔声性能 |
| 社会性商业用房 | 餐厅 | 应有良好的可达性，一般设置在底层空间 |
| | 咖啡/酒吧 | |
| | 便利店 | |
| | ATM/代售点 | 方便可达，标志醒目，保留排队滞留空间 |

#### 28.15.8 设备及管理用房

为保证大楼的正常运行，设备用房应符合相关的规范规定。管理方式根据业主的需求为集中物业管理、分区或分散管理和混合管理几种管理方式。

### 28.15.9 实例

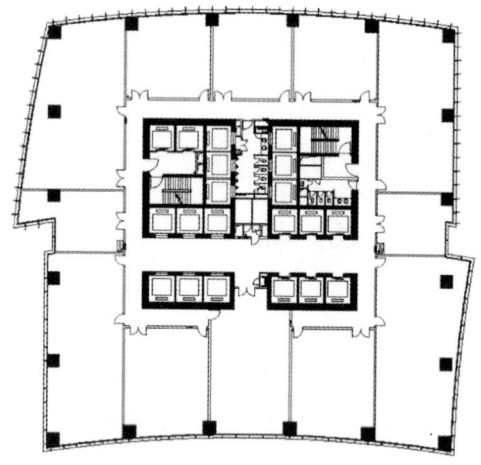

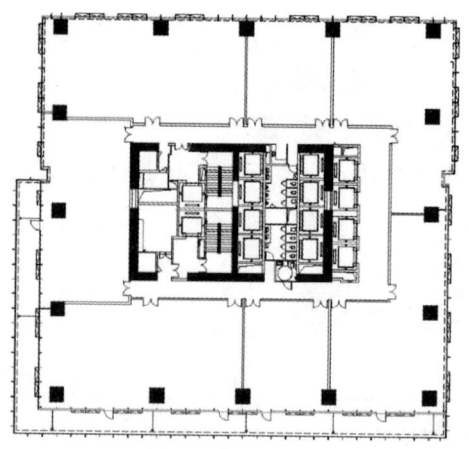

| 项目名称 | 某大厦 |
|---|---|
| 建筑使用性质 | 办公楼 |
| 总层数/建筑高度 | 56层/248m |
| 标准层面积 | 1930m² |
| 核心筒面积 | 438m² |
| 标准层层高 | 4.0m |

图 28.15.9-1 实例一

| 项目名称 | 某大厦 |
|---|---|
| 建筑使用性质 | 办公楼 |
| 总层数/建筑高度 | 45层/196.6m |
| 标准层面积 | 1814m² |
| 核心筒面积 | 336m² |
| 标准层层高 | 4.0m |

图 28.15.9-2 实例二

# 28.16 自 用 式 办 公

### 28.16.1 概述

自用式办公楼是以公司自身使用为目的的办公楼，由于使用对象已被确认，大楼具有很高的定制性以满足业主的需求。

### 28.16.2 分类

由于自用式办公楼有很高的定制性，使用者本身的类型会在很大程度上影响办公楼的功能空间及流线。表 28.16.2 为几种主要自用式办公类型。

自用式办公常见分类表 表 28.16.2

| 办公类型 | 类型说明 | 特征 |
|---|---|---|
| 商贸制造业 | 提供消费商品和生产工业产品的企业 | 以销售为目的，注重展示与宣传，重点为对外展示空间 |
| 金融服务业 | 银行、保险公司、证券交易等 | 公共区域私密区域分区明确，宜设置一个开敞的营业大厅和开放的交易大厅，还需要考虑接待咨询、自助服务、休息等功能 |
| 高科技产业 | 生物、计算机、航天、人工智能、能源 | 注重创新、合作和交流，空间布局灵活开放，办公空间多样化 |

续表

| 办公类型 | 类型说明 | 特征 |
|---|---|---|
| 文化传媒业 | 文化娱乐、新闻、出版、广播电视等 | 建筑有很强的可识别性，注重展示与开放，内部空间灵活而有趣味性 |
| 政务办公 | 机关办公、公众服务、大使馆等 | 注重会议、礼仪接待、公众服务空间的设计 |

### 28.16.3  选址及布局

企业办公的地理位置及布局形式按其与城市中心区的距离不同，可以分为城市中心自用办公楼和郊区自用办公楼。

自用式办公分类表　　　　　　　　　　　表 28.16.3

| 总部类型 | 布局类型 | 特征 |
|---|---|---|
| 城市中心自用办公楼 | 多为独栋式 | 功能流线相对独立，多依靠自体量形成标志性 |
| 郊区自用办公楼 | 组群式 | 一栋主楼配以一栋或几栋配楼，突出主楼的主体形象，空间形态丰富，便于展示企业形象，营造企业文化 |
| | 低密度园区式 | 超大型的企业在城市郊区建设独立的产业园，利用宽松的场地营造怡人的景观环境 |

### 28.16.4  功能构成

由于各种类型的产业自用办公楼有其特有的功能空间，其功能流线必然有所不同。但自用式办公楼功能结构大体都有着类似的规律。

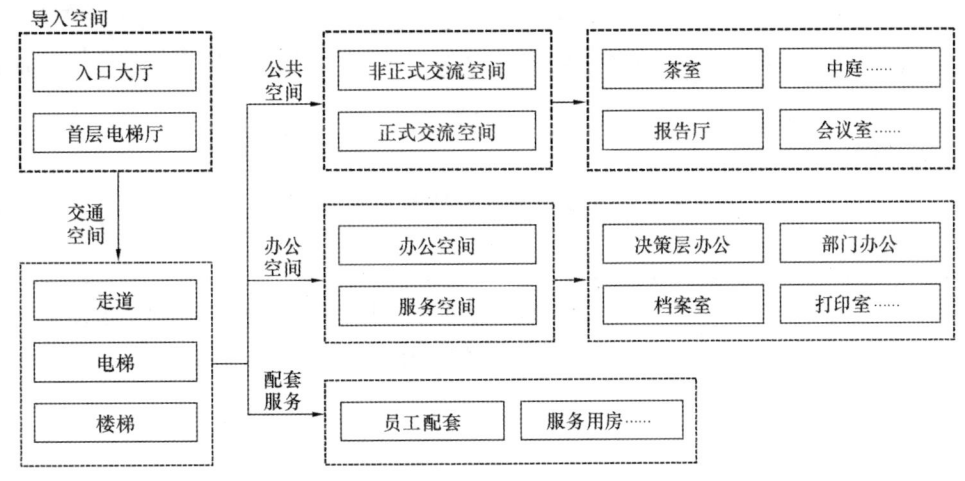

图 28.16.4　功能构成图

总部自用式办公的建筑空间主要有四个部分：

1）办公空间，如办公区、会议区、接待区等。

2）公共空间，如休闲区、中庭空间等。

3）交通空间，如走廊、楼梯间、电梯等。

4）配套服务，包括餐饮区、健身区、运动区等相关特色空间。

### 28.16.5  主要流线组织

在企业自用办公楼的功能流线中，按照使用者的不同，可以划分为领导流线、员工流线、来访流线及后勤人员流线。各种流线应当合理区分，互不影响。

主要组织流线分类表

表 28.16.5

| 流线类型 | 特征 | 设计要点 |
|---|---|---|
| 领导流线 | 作为企业的决策层，有着特有的办公空间 | 有一定的特殊性，需要独立的流线，包括出入口、电梯、通道等；不与其他员工发生交叉，保证空间上的私密性 |
| 员工流线 | 员工是企业大楼的主要使用群体，员工流线也是办公建筑最主要的流线 | 为保证人流的通畅，应避免与其他流线发生交叉，各个分区的员工流线也要加以区分 |
| 来访流线 | 依访客重要程度的不同，接待空间的设置也有相应区分 | 一般访客的流线应避免与办公人流发生交叉，重要访客应有专有入口和与电梯连接的核心接待区 |
| 后勤流线 | 后勤流线的设计是决定服务质量的关键 | 应有专门、隐蔽的出入口，且与后勤服务空间的距离不宜过长，保证后勤的效率 |

### 28.16.6 标准层平面特征

1. 标准层的最大利用

自用式办公的标准层设计中，有时因为整层甚至于整栋楼都是同一业主，公共走道可不必预先设置，因而办公部分面积会增加，使用率会比租售办公更高。但与此同时，用于公共服务的空间比例也会增大。

2. 空间定制性

自用式办公的办公空间是根据企业的需求定制的，出于工作需要、部门协作、员工需求、企业文化等因素，办公空间会有很高的自由灵活度。为提升办公体验，可以采用偏筒、二分筒、四分筒、分离筒等形式布置设备用房或者核心筒，创造出的大空间更利于灵活安排和提高空间舒适度。

### 28.16.7 交通空间

交通空间分类表

表 28.16.7

| 交通 | 说明 | 设计要求 |
|---|---|---|
| 走道 | 重要的流线和交流共享空间 | 自用式办公楼的走道多为企业根据办公需求设置，为体现企业文化，走道也是很重要的交流共享空间 |
| 楼梯 | 疏散用途 | 一般放在核心筒内 |
| | 公共交流空间 | 作为联系不同楼层的重要空间，许多企业会将楼梯设计成公共交流空间 |
| 电梯 | 重要的竖向交通 | 主要的竖向交通设施，除满足基本的使用需求外，企业还会为提高员工的使用舒适度而适当增加数量 |
| | 专有电梯 | 为决策层和重要访客设置的专有电梯，需与专有出入口和专有办公接待空间连接 |

### 28.16.8 核心功能用房

核心功能用房是自用办公建筑的主要功能组成，也是企业人员的主要办公活动场所。根据使用者职能的不同，核心功能用房分为决策层办公区、部门办公区、行政财务办公区等。

核心功能用房分类表 表 28.16.8

| 类型 | 特点 | 具体构成 |
| --- | --- | --- |
| 决策层办公区 | 自用办公建筑中最重要的办公场所，配套设施多，对景观、朝向要求较高，同时，应能从底层直接到达决策层办公区；由于其核心地位，一般位于自用办公建筑中最重要的位置 | 公司董事会议室、董事办公区、CEO办公区、秘书办公区、专用餐厅、专用洗漱室等 |
| 部门办公区 | 各部门日常工作的办公区域，主要满足各部门的办公和部门内部相互交流的需要 | 各部门办公区、部门讨论区、各部门会议室及服务用房等 |
| 行政财务办公区 | 行政管理、财务管理核心，行政财务办公区一般位于自用办公建筑中比较重要的楼层，既要考虑其私密性，又具有一定的接待功能 | 人力资源部、财务部、采购部、法律部、公关部等 |

决策层办公区空间组织具有一定的礼仪性，可利用过渡性的空间或秘书办公室串联公共空间与决策层办公室。通常配置贵宾接待室、董事会议室，以及专用的餐厅、洗漱间及休息室等功能（图 28.16.8）。

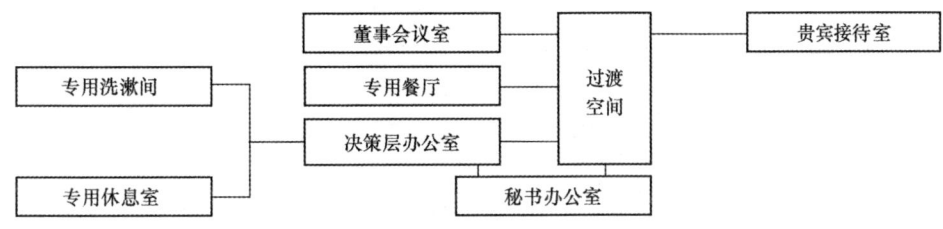

图 28.16.8 决策层办公区

### 28.16.9 公共服务空间

为更好地促进员工的工作效率，提升劳动品质，除一些必要的休息室、茶水间等空间，企业还会根据其自身的企业文化创造一些用于员工聚会、娱乐等特色空间来提升办公空间品质。

公共服务空间分类表 表 28.16.9

| 公共服务空间 | 空间名称 | 特征 |
| --- | --- | --- |
| 辅助用房区 | 卫生设施 | 由于自用式建筑的特殊性，卫生设施的数量应更多考虑使用舒适度和便捷性 |
| | 茶水间 | 配以必要的饮水机、冰箱和微波炉等，给员工提供短暂的休憩和交流的空间，帮助员工更快调整工作状态 |
| | 小型私人空间 | 处理私人事务的区域，如接打电话、私下会面与交流 |
| | 特殊功能空间 | 一种多功能的半封闭模式式空间，一般设在通高的中庭等共享空间的界面处，能形成视觉焦点，增加视觉层次，可作为洽谈和会议的功能使用 |
| 休闲交流空间 | 康健、运动、游戏空间 | 为工作人员释放压力的空间，考虑与大型会议室等空间合并设置，进行弹性设计 |
| | 展览、接待、餐饮空间 | 可以是开敞的空间，与大厅或走道结合布置，也可以是独立的空间 |
| | 休息座椅、吸烟室、阳台 | 临时的休闲空间 |

### 28.16.10 设备及管理用房

企业自用式办公对于机电设备等的要求相对更高，以提供更好的工作环境。为保证企业的整体性和运营的便捷性，管理方式一般为整体管理。

### 28.16.11 实例

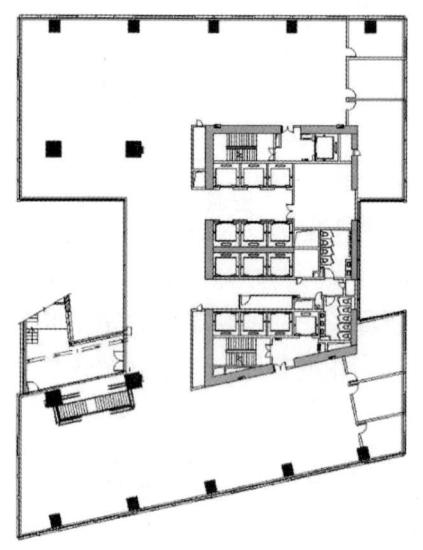

| 项目名称 | 某大厦 |
| --- | --- |
| 建筑使用性质 | 办公楼 |
| 总层数/建筑高度 | 39层/181.2m |
| 标准层面积 | 1735m² |
| 核心筒面积 | 433.8m² |
| 标准层层高 | 4.2m |

图 28.16.11-1 实例一

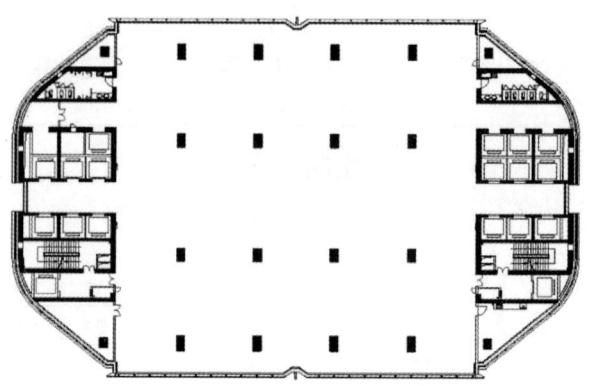

| 项目名称 | 某大厦 |
| --- | --- |
| 建筑使用性质 | 办公楼 |
| 总层数/建筑高度 | 39层/168.9m |
| 标准层面积 | 1974.26m² |
| 核心筒面积 | 545.42m² |
| 标准层层高 | 3.85m |

图 28.16.11-2 实例二

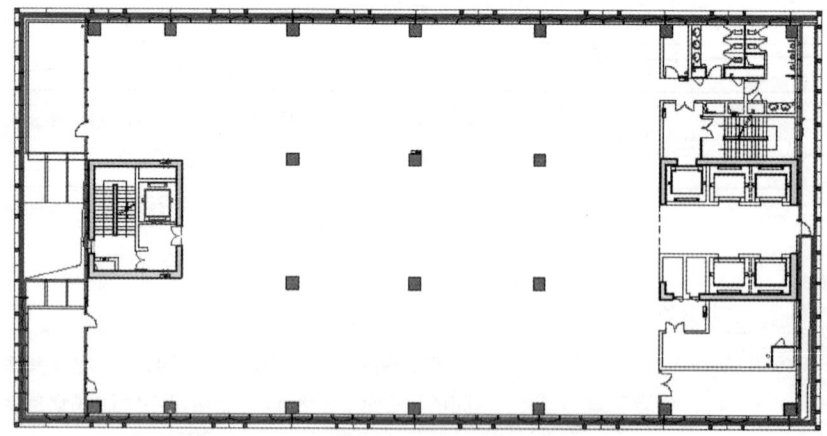

| 项目名称 | 某总部大楼 |
| --- | --- |
| 建筑使用性质 | 办公楼 |
| 总层数/建筑高度 | 20层/97.15m |
| 标准层面积 | 1447m² |
| 核心筒面积 | 262.8m² |
| 标准层层高 | 4.2m |

图 28.16.11-3 实例三

# 28.17　公寓式办公

## 28.17.1　概述

公寓式办公是兼具办公功能和居住功能的特殊物业形态，其通常划分为单元式小空间，主要满足小型公司与家庭办公的特点和需求，因此空间使用的灵活性显得尤其重要。在市场上也有大户型平面的出现，常结合屋顶退台景观化处理，形成有特色的公寓式办公类型。

## 28.17.2　分类

公寓式办公分类表　　　　　　　　　　　　　　　　　　　　　表 28.17.2

| 分类 | 单元组合类型 | 示意图 | 优点 | 缺点 |
|---|---|---|---|---|
| 平面 | 板式 | | 以线性廊道串联公寓式办公空间，流线简明易识别，且采光面较大 | 布局不够紧凑 |
| | 塔式 | | 以交通核或内院组织公寓式办公空间，流线明晰，布局紧凑 | 部分空间朝向不佳 |
| 剖面 | 平层式 | | 水平划分公共与私密区，流线便捷 | 私密性较差 |
| | 跃层式 | | 垂直划分公共区与私密区，通常一层为公共区，跃层为私密区 | 跃层部分使用相对不便 |

## 28.17.3　设计原则

公寓式办公设计原则表　　　　　　　　　　　　　　　　　　　表 28.17.3

| | |
|---|---|
| 总体布局 | 将建筑及其外部空间、基地内部道路作为城市整体形态的组成部分，保持与上位规划和城市设计成果的有序衔接 |
| | 充分利用城市现有公共设施资源，基地出入口设置和交通组织应注意与城市公交、地铁(轻轨)的关联和整合，基地内部需重点组织人(居住办公、服务和访客等)、车(业主、访客、后勤管理和商业配套等)流线，并各自形成相对独立的系统；合理区分内、外部流线，内部停车设计必须考虑固定、临时车位的配比和区域划分 |

| | |
|---|---|
| 总体布局 | 公寓式办公是城市、社区"混合功能"的体现，即不同职能的建筑混合布置，利于城市活力的创造，建筑布局注意各功能"公共性"与"私密性"、"动"与"静"之间的分区与组合，做到既相对独立，又便于联系 |
| 特殊要求 | 公寓式办公兼具办公和居住功能，使用者(业主、访客和服务管理)、使用时段(日间、夜晚)都不同，因此空间功能设置、机电设备选型应考虑其差异；除办公居住单元外，宜加设访客接待空间、对外出租会议室以及生活配套等公共服务空间 |
| 空间设计 | 建筑外部空间提倡街区停驻交流空间的设置，建筑内部空间需加强对共享空间、公共服务空间和交流空间的利用，将交流空间贯穿于设计的全过程，为正式与非正式交流创造条件 |

### 28.17.4　功能构成

功能构成表　　　　　　　　　　　　表 28.17.4

| 类别 | 功能 | 用房配置 |
|---|---|---|
| 公寓式办公用房 | 办公/居住 | 公寓式办公单元 |
| 公共用房 | 社区化服务设施 | 商业、餐饮、文体活动、行政管理服务、安全保障服务等 |
| | 公共交通 | 门厅、垂直交通等 |
| | 卫生设施 | 卫生间、杂物间等 |
| | 停车 | 停车场、车库等 |
| 辅助、设备及管理用房 | 设备用房 | 配电室、变电室、设备间、空调机房等 |
| | 管理用房 | 物业、值班室等 |

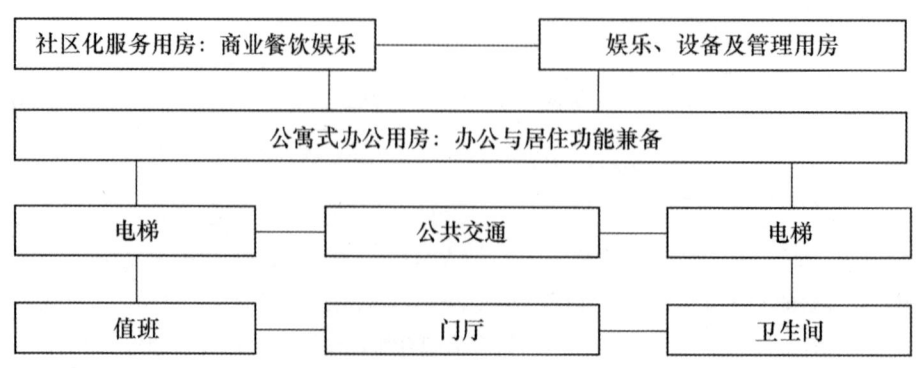

图 28.17.4　功能构成

### 28.17.5    公寓式办公单元平面布局

**厨卫与主体空间布置关系表**                                                表 28.17.5

| 分类 | 厨卫布置类型 | 基本特征 |
|------|-------------|---------|
| 位于主体空间一侧 | 厨卫布置在入口一侧　　　　厨卫布置在开窗一侧 | 厨卫集中布置，流线便捷；布置在开窗一侧时减少了采光面，影响房间采光 |
| 分列主体空间两侧 | 厨卫布置在入口两侧 | 使入口周围比较封闭，不影响主体空间的完整性，能有效利用房间采光面 |
| 位于主体空间中央 | 厨卫布置在中央部分 | 将房间分割成明显区域，便于功能分区布置 |

注：（1）在公寓式办公建筑中，应注意防火门和火灾报警设施的设置。在厨房布置中，依据消防规范，使用燃气和天然气的厨房必须为封闭厨房。

（2）公寓式办公建筑的公共楼梯（疏散）的净宽不应小于1200mm。

（3）公寓式办公在小单元分隔时多采用开放式厨房。

### 28.17.6    厨房

**厨房平面类型示例表**                                                表 28.17.6

| | 简易型 | 一列形 | 曲尺形 | U形 |
|---|-------|--------|--------|-----|
| 平面类型 | | | | |
| 平面类型示例 | | | | |
| 特征 | 公寓式办公常用的厨房形式，厨房用具配置简洁，一般用于餐厨合一的开放式布置 | 使用流程成直线进行，对小空间厨房使用比较方便，也适用于餐厨合一的开放式布置 | 是动线较短的布置方式，从冰箱、水槽到调配台、炉台的操作顺序不重复 | 动线距离最短的一种布置形式 |

### 28.17.7 卫生间

**公寓式办公卫生间配置及基本面积参考表**　　　　　　表 28.17.7

| 卫生洁具设置 | | | | | | 净面积 |
|---|---|---|---|---|---|---|
| 坐便器 | 洗脸盆 | 净身盆 | 淋浴 | 浴缸 | 洗衣间 | （m²） |
| | ○ | | | | | 1.7 |
| ○ | ○ | | | | | 1.8 |
| ○ | ○ | | ○ | | | 2.25～2.80 |
| ○ | ○ | ○ | ○ | | | 2.6 |
| ○ | ○ | | | ○ | | 2.8 |
| ○ | ○ | ○ | | ○ | | 3.5 |
| ○ | ○ | ○ | ○ | ○ | ○ | 9.3～11.2 |

注：○为设置，◰为不设置。

### 28.17.8 卧室

**卧室平面类型及基本尺寸示例表**　　　　　　表 28.17.8

### 28.17.9 其他规定

1. 电梯配置

公寓式办公电梯的配置参看以表 28.8.1-2 公寓部分，最终数据以电梯公司测算及业主要求为准。

2. 开间、进深及层高

**公寓式办公常用尺寸参考表**　　　　　　表 28.17.9

| 类别 | 尺寸(mm) |
|---|---|
| 开间 | 4000、4500、5400、6000、8000 |
| 进深 | 6600、7200、8000、8400、8700、9000 |
| 层高 | 3000、3300、3600、3900、4500、5400、6000 |

注：层高要求应符合用地性质及当地相关规定。

3. 公寓式办公一般按照公共建筑防火设计要求进行设计。

4. 依据各地相关规定有时需设置公共卫生间。

### 28.17.10 实例

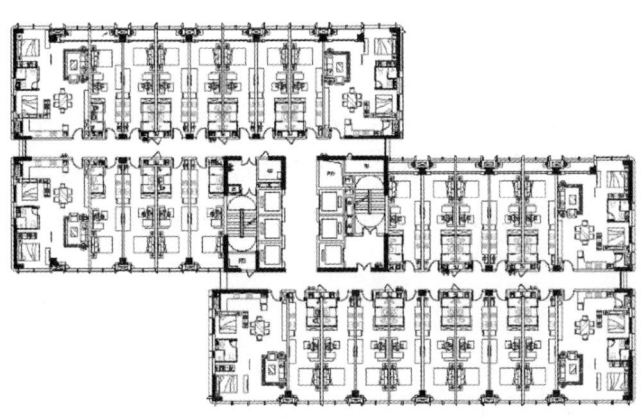

| 项目名称 | 某大厦 |
|---|---|
| 总层数/建筑高度 | 30层/99.75m |
| 标准层面积 | 1375m² |
| 标准层层高 | 2.95m |

图 28.17.10-1 实例一

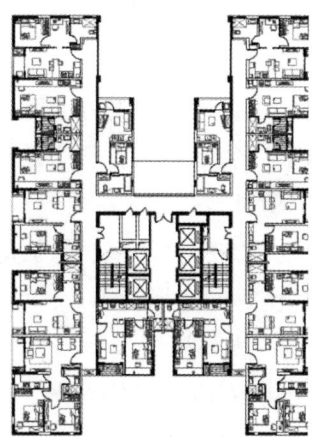

| 项目名称 | 某大厦 |
|---|---|
| 总层数/建筑高度 | 20层/91.55m |
| 标准层面积 | 976.77m² |
| 标准层层高 | 3.9m |

图 28.17.10-2 实例二

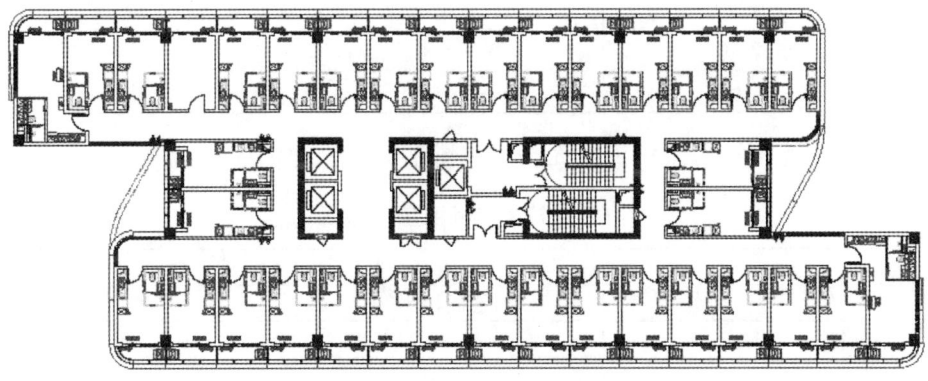

| 项目名称 | 某公寓 |
|---|---|
| 总层数/建筑高度 | 33层/100m |
| 标准层面积 | 854.6m² |
| 标准层层高 | 3m |

图 28.17.10-3 实例三

# 28.18 其 他 技 术 要 点

### 28.18.1 室内环境

1. 室内空气环境

1）办公建筑可按需采用不同类别的室内空调环境设计标准，其主要指标应符合《办公建筑设计标准》JGJ/T 67—2019 第 7.2.10 条的规定。

2）室内空气质量各项指标应符合现行国家标准《室内空气质量标准》GB/T 18883—2002 的要求。

3）办公室或会议室应有与室外空气直接对流的窗户、洞口或可自然通风的通风器；当有困难时，应设置机械通风设施。

4）采用自然通风的办公室或会议室，其通风开口面积不应小于房间地面面积的 1/20。

5）室内装饰装修材料必须符合相应国家标准的要求，材料中甲醛、苯、氨、氡等有害物质含量不应超过现行国家标准《民用建筑工程室内环境污染控制标准》GB 50325—2020 的规定。

6）复印室、打印室、垃圾间、清洁间等易产生异味或污染物的房间应与其他房间分开设置，并应设有良好的通风设施。

2. 室内光环境

1）办公室应有自然采光，会议室宜有自然采光。

2）办公建筑的采光标准值应符合表 28.18.1-1 的规定：

办公建筑采光标准值参考表　　　　　　　表 28.18.1-1

| 采光等级 | 房间类别 | 侧面采光 | | 顶部采光 | |
|---|---|---|---|---|---|
| | | 采光系数标准值（%） | 室内天然光照度标准值（lx） | 采光系数标准值（%） | 室内天然光照度标准值（lx） |
| Ⅱ | 设计室、绘图室 | 4.0 | 600 | 3.0 | 450 |
| Ⅲ | 办公室、会议室 | 3.0 | 450 | 2.0 | 300 |
| Ⅳ | 复印室、档案室 | 2.0 | 300 | 1.0 | 150 |
| Ⅴ | 走道、楼梯间、卫生间 | 1.0 | 150 | 0.5 | 75 |

3）办公建筑的采光标准可采用窗地面积比进行估算，其比值应符合表 28.18.1-2 的规定。

办公建筑采光标准值参考表　　　　　　　表 28.18.1-2

| 采光等级 | 房间类别 | 侧面采光 | 顶部采光 |
|---|---|---|---|
| | | 窗地面积比（$A_c/A_d$） | 窗地面积比（$A_c/A_d$） |
| Ⅱ | 设计室、绘图室 | 1/4 | 1/8 |
| Ⅲ | 办公室、会议室 | 1/5 | 1/10 |
| Ⅳ | 复印室、档案室 | 1/6 | 1/13 |
| Ⅴ | 走道、楼梯间、卫生间 | 1/10 | 1/23 |

注：（1）窗地面积比计算条件：1）Ⅲ类光气候区，其光气候系数 $K=1.0$，其他光气候区的窗地面职比应乘以相应的光气候系数 $K$；2）普通单层（6mm 厚）清洁玻璃垂直铝窗，该窗总透射比 $\tau$ 取 0.6，其他条件的窗总透射比为相应的窗结构挡光折减系数 $\tau_c$ 乘以相应的窗玻璃透射比和污染折减系数。

（2）侧窗采光口离地面高度在 0.75m 以下部分不计入有效采光面积。

（3）侧窗采光口上部有宽度超过 1m 以上的外廊、阳台等外部遮挡物时，其有效采光面积可按采光口面积的 70% 计算。

（4）顶部采光指平天窗采光，锯齿形天窗和矩形天窗可分别按平天窗的 1.5 倍和 2 倍窗地面积比进行估算。

4）办公室应进行合理的日照控制和利用，避免直射阳光引起的眩光。

5）办公室照明的照度、照度均匀度、眩光限制、光源颜色等技术指标应满足现行国家标准《建筑照明设计标准》GB 50034—2013 中的有关要求。

3. 室内声环境

1）办公室、会议室内的允许噪声级，应符合表 28.18.1-3 的规定：

**办公室、会议室允许噪声表** 表 28.18.1-3

| 房间名称 | 允许噪声级(A 声级,dB) | |
|---|---|---|
| | A 类、B 类办公建筑 | C 类办公建筑 |
| 单人办公室 | ≤35 | ≤40 |
| 多人办公室 | ≤40 | ≤45 |
| 电视电话会议室 | ≤35 | ≤40 |
| 普通会议室 | ≤40 | ≤45 |

2)办公室、会议室隔墙、楼板的空气隔声性能,应符合表 28.18.1-4 的规定。

**办公室、会议室隔墙、楼板空气声隔声标准表** 表 28.18.1-4

| 构件名称 | 空气声隔声单值评价<br>+频谱修正值(dB) | A 类、B 类<br>办公建筑 | C 类<br>办公建筑 |
|---|---|---|---|
| 办公室、会议室与产生噪声的<br>房间之间的隔墙、楼板 | 计权隔声量+交通噪声<br>频谱修正值 | >50 | >45 |
| 办公室、会议室与普通房间<br>之间的隔墙、楼板 | 计权隔声量+粉红噪声<br>频谱修正值 | >50 | >45 |

3)噪声控制要求较高的办公建筑,对附着于墙体和楼板的传声源部件应采取防止结构声传播的措施。

### 28.18.2 防火设计

1. 办公建筑的耐火等级应符合表 28.18.2 规定:

**办公建筑耐火等级参考表** 表 28.18.2

| 类别 | 建筑特征 | 耐火等级 |
|---|---|---|
| A 类 | 100 年或 50 年 | 一级 |
| B 类 | 50 年 | 一级 |
| C 类 | 50 年或 25 年 | 不低于二级 |

机要室、档案室、电子信息系统机房和重要库房等隔墙的耐火极限不应小于 2h,楼板不应小于 1.5h,并应采用甲级防火门。

2. 办公建筑的安全疏散应符合下列规定:

1)办公建筑疏散总净宽度应按总人数计算,当无法额定总人数时,可按其建筑面积 9m²/人计算。

2)办公综合楼内办公部分的安全出口不应与同一楼层内对外营业的商场、营业厅、娱乐、餐饮等人员密集场所的安全出口共用。

# 29 图 书 馆 设 计

## 29.1 图书馆的分类规模及控制指标

### 29.1.1 图书馆分类

图书馆按照不同的划分方式可以分为不同的类型，见表 29.1.1-1。

图书馆分类表 表 29.1.1-1

| 分类标准 | 类型 |
|---|---|
| 藏书规模 | 特大型图书馆<br>大型图书馆<br>中型图书馆<br>小型图书馆 |
| 藏书范围 | 综合性图书馆<br>专业图书馆<br>通俗性图书馆等 |
| 服务对象 | 群众图书馆<br>儿童图书馆<br>学校图书馆<br>科研图书馆<br>少数民族图书馆 |

1974 年，国际标准化组织颁布《国际图书馆统计标准》ISO 2789：2003（E），将图书馆分为以下六种类型：

- 国家图书馆
- 高校图书馆
- 非专门图书馆
- 学校图书馆
- 专门图书馆
- 公共图书馆

结合我国目前国情，从研究图书馆建筑设计的角度出发，将图书馆分为以下几类：

图书馆建筑分类表 表 29.1.1-2

| 类型 | 特点 | 详细分类 |
|---|---|---|
| 公共图书馆 | 按行政区划逐级分设 | 国家图书馆 |
| | | 省（市）图书馆 |
| | | 县图书馆 |
| | | 区、镇、乡图书馆 |

| 类型 | 特点 | 详细分类 |
|---|---|---|
| 学校图书馆 | 学校的文献情报中心，是为教学和科研服务的学术机构 | 高校图书馆 |
| | | 中小学图书馆(室) |
| 科研及专业图书馆 | 工作方式上的灵活多样，其平面布置则更需进一步探索 | 科学系统的各级图书馆 |
| | | 政府部门所属的研究院(所)图书馆 |
| | | 大型厂矿企业的技术图书馆 |
| | | 其他专业性图书馆 |
| 特殊图书馆 | 针对不同的读者人群，各种图书馆将有其特殊的功能和任务 | 儿童图书馆 |
| | | 医院和福利机构的图书馆 |
| | | 监狱图书馆 |
| | | 协会团体自己的图书馆 |

### 29.1.2 图书馆的控制指标

图书馆的控制指标  表 29.1.2

| 规模 | 服务人口（万） | 建筑面积（m²） | 服务半径（km） | 主要功能 | 适用范围 |
|---|---|---|---|---|---|
| 大型 | 150 | 20000 | ≤9 | 文献信息资料借阅等日常公益性服务以及文献收藏、研究、业务指导和培训、文化推广等 | 大多数省级和副省级馆 |
| 中型 | 20～150 | 4500～20000 | ≤6.5 | 文献信息资料借阅、大众文化传播等日常公益性服务 | 大多数地级馆 |
| 小型 | 5～20 | 1200～4500 | ≤2.5 | 文献信息资料借阅、大众文化传播等日常公益性服务 | 县级馆 |

### 29.1.3 图书馆规模定额

1. 建设用地控制指标及其调整

小型馆建设用地控制指标  表 29.1.3-1

| 服务人口（万人） | 藏书量（万册） | 建筑面积（m²） | 容积率 | 建筑密度（%） | 用地面积（m²） |
|---|---|---|---|---|---|
| 5 | 5 | 1200 | ≥0.8 | 25～40 | 1200～1500 |
| 10 | 10 | 2300 | ≥0.9 | 25～40 | 2000～2500 |
| 15 | 15 | 3400 | ≥0.9 | 25～40 | 3000～4000 |
| 20 | 20 | 4500 | ≥0.9 | 25～40 | 4000～5000 |

注：（1）表中服务人口指小型馆所在城镇或服务片区内的规划总人口。

（2）表中用地面积为单个小型馆建设用地面积。

中型馆建设用地控制指标表                                    表 29.1.3-2

| 服务人口<br>（万人） | 藏书量<br>（万册） | 建筑面积<br>（m²） | 容积率 | 建筑密度<br>（%） | 用地面积<br>（m²） |
|---|---|---|---|---|---|
| 30 | 30 | 5500 | ≥1.0 | 25～40 | 4500～5500 |
| 40 | 35 | 6500 | ≥1.0 | 25～40 | 5500～6500 |
| 50 | 45 | 7500 | ≥1.0 | 25～40 | 6500～7500 |
| 60 | 55 | 8500 | ≥1.1 | 25～40 | 7000～8000 |
| 70 | 60 | 9500 | ≥1.1 | 25～40 | 8000～9000 |
| 80 | 70 | 11000 | ≥1.1 | 25～40 | 8500～10000 |
| 90 | 80 | 12500 | ≥1.2 | 25～40 | 9000～105000 |
| 100 | 90 | 13500 | ≥1.2 | 25～40 | 9500～11000 |
| 120 | 100 | 16000 | ≥1.2 | 25～40 | 10000～13000 |

注：（1）表中服务人口指中型馆所在城镇或服务片区内的规划总人口。

（2）表中用地面积为单个中型馆建设用地面积。

大型馆建设用地控制指标                                    表 29.1.3-3

| 服务人口<br>（万人） | 藏书量<br>（万册） | 建筑面积<br>（m²） | 容积率 | 建筑密度<br>（%） | 用地面积<br>（m²） |
|---|---|---|---|---|---|
| 150 | 130 | 20000 | ≥1.2 | 30～40 | 11000～17000 |
| 200 | 180 | 27000 | ≥1.2 | 30～40 | 14000～22000 |
| 300 | 270 | 40000 | ≥1.3 | 30～40 | 20000～30000 |
| 400 | 360 | 53000 | ≥1.4 | 30～40 | 27000～38000 |
| 500 | 500 | 70000 | ≥1.5 | 30～40 | 35000～47000 |
| 800 | 800 | 104000 | ≥1.5 | 30～40 | 46000～69000 |
| 1000 | 1000 | 120000 | ≥1.5 | 30～40 | 52000～80000 |

注：（1）表中服务人口指大型馆所在城镇或服务片区内的规划总人口。

（2）表中用地面积为单个大型馆建设用地面积（包括分两处建设）的总面积。

（3）大型馆总藏书超过 1000 万册的，可按照每增加 100 万册藏书，增补建设用地 5000m² 进行控制。

在确定公共图书馆建筑面积时，首先应依据服务人口数量和上表确定相应的藏书量、阅览座席和建筑面积指标，再综合考虑服务、文献资料的数量与品种和当地经济发展水平等因素，在一定的幅度内加以调整：

1）服务功能调整，是指省、地两级具有中心图书馆功能的公共图书馆增加满足功能需要的用房面积。主要包括增加配送中心、辅导、协调和信息处理、中心机房（主机房、服务器）、计算机网络管理与维护等用房的面积。

2）文献资料的数量与品种调整总建筑面积的方法是：

根据藏书量调整建筑面积＝（设计藏书量－藏书量指标）÷每平方米藏书量标准÷使用面积系数

根据阅览座席数量调整建筑面积＝（设计藏书量－藏书量指标）÷1000 册/座席×每个阅览坐席所占面积指标÷使用面积系数

3）根据当地经济发展水平调整总面积，主要采取调整人均藏书量指标，以及相应的千人阅览座席指标的方法。调整后的人均藏书量不应低于 0.6 册（5 万人口以下的，人均藏书量不应低于 1 册）。

4）总建筑面积调整幅度应控制在±20% 以内。

### 2. 规模控制指标

公共图书馆总建筑面积以及相应的总藏书量、总阅览座席数量控制指标　表 29.1.3-4

| 规模 | 服务人口（万） | 建筑面积 | | 藏书量 | | 阅览座席 | |
|------|------|------|------|------|------|------|------|
| | | 千人面积指标（m²/千人） | 建筑面积控制指标（m²） | 人均藏书（册、件/人） | 总藏量（万册、件） | 千人阅览座席（座/千人） | 总阅览座席（座） |
| 大型 | 400～1000 | 9.5～6 | 38000～60000 | 0.8～0.6 | 320～600 | 0.6～0.3 | 2400～3000 |
| | 150～400 | 13.3～9.5 | 20000～38000 | 0.9～0.8 | 135～320 | 0.8～0.6 | 1200～2400 |
| 中型 | 100～150 | 13.5～13.3 | 13500～20000 | 0.9 | 90～135 | 0.9～0.8 | 900～1200 |
| | 50～100 | 15～13.5 | 7500～13500 | 0.9 | 45～90 | 0.9 | 450～900 |
| | 20～50 | 22.5～15 | 4500～7500 | 1.2～0.9 | 24～45 | 1.2～0.9 | 240～450 |
| 小型 | 10～20 | 23～22.5 | 2300～4500 | 1.2 | 12～24 | 1.3～1.2 | 130～240 |
| | 3～10 | 27～23 | 800～2300 | 1.5～1.2 | 4.5～12 | 2.0～1.3 | 60～130 |

注：（1）服务人口 1000 万以上的，参照 1000 万服务人口的人均藏书量、千人阅览座席数指标执行。服务人口 3 万以下的，不建设独立的公共图书馆，应与文化馆等文化设施合并建设，其用于图书馆部分的面积，参照 3 万服务人口的人均藏书量、千人阅览座席指标执行。

（2）表中服务人口处于两个数值区间的，采用直线内插法确定其建筑面积、藏书量和阅览座席指标。

### 3. 公共图书馆各类用房面积及设置

公共图书馆各类用房使用面积比例表　　　表 29.1.3-5

| 序号 | 用房类别 | 比例（%） | | |
|------|------|------|------|------|
| | | 大型 | 中型 | 小型 |
| 1 | 藏书区 | 30～35 | 55～60 | 55 |
| 2 | 借阅区 | 30 | | |
| 3 | 咨询服务区 | 3～2 | 5～3 | 5 |
| 4 | 公共活动与辅助服务区 | 13～10 | 15～13 | 15 |
| 5 | 业务区 | 9 | 10～9 | 10 |
| 6 | 行政办公区 | 5 | 5 | 5 |
| 7 | 技术设备区 | 4～3 | 4 | 4 |
| 8 | 后勤保障区 | 6 | 6 | 6 |

### 4. 书库单位面积容量综合指标

书库单位面积容量综合指标　　　表 29.1.3-6

| 藏书方式 | 公共图书馆（册/m²） | 高等学校图书馆（册/m²） | 少年儿童图书馆（册/m²） |
|------|------|------|------|
| 开架藏书 | 180～240 | 160～210 | 350～500（半开架） |
| 闭架藏书 | 250～400 | 250～350 | 500～600 |
| 报纸合订书 | | 110～130 | |

注：（1）表中数字为包括线装书、中文图书、外文图书、期刊合订本的综合指标平均值。外文书刊藏量大的图书馆和读者集中的开架图书馆取低值。盲文书容量应按表列数字的 1/4 计算。

（2）期刊每册半年或全年合订本，报纸按 4～8 版，每册为四开月合订本。

（3）开架藏书按 6 层标准单面书架，闭架按 7 层标准单面书架；报纸合订本按 10 层单面报架，行道宽 800mm 计算。

（4）书架每层搁板的工作容量填充系数按 75% 计算。

## 5. 阅览室每座面积指标

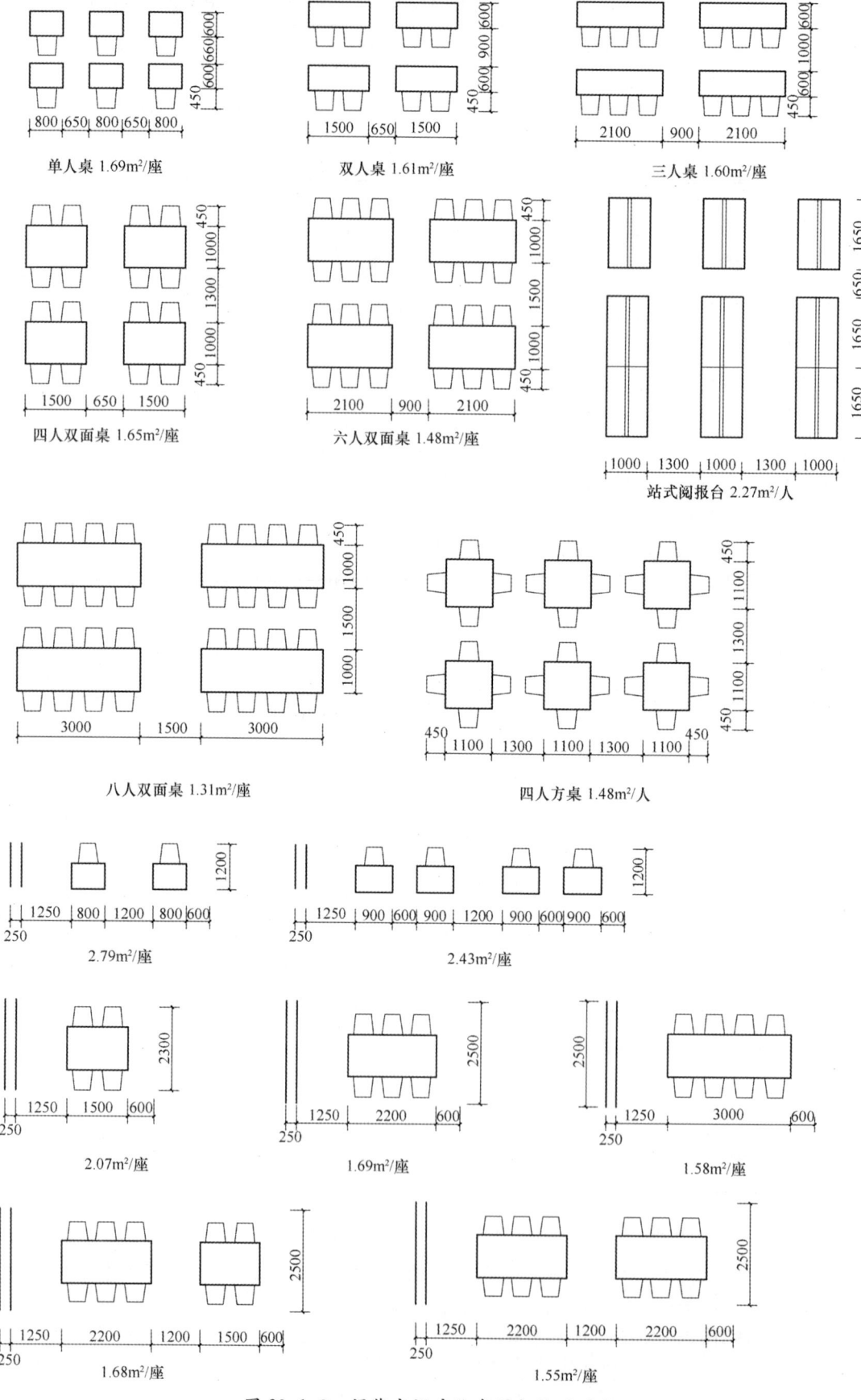

单人桌 1.69m²/座

双人桌 1.61m²/座

三人桌 1.60m²/座

四人双面桌 1.65m²/座

六人双面桌 1.48m²/座

站式阅报台 2.27m²/人

八人双面桌 1.31m²/座

四人方桌 1.48m²/人

2.79m²/座

2.43m²/座

2.07m²/座

1.69m²/座

1.58m²/座

1.68m²/座

1.55m²/座

图 29.1.3　阅览空间座位布置与使用面积

**阅览室每座面积指标** 　　　　　　　　　　　　　　　　　　　　　　　　**表 29.1.3-7**

| 序号 | 名称 | 面积指标(m²/座) |
|---|---|---|
| 1 | 普通报刊阅览室 | 1.8～2.3 |
| 2 | 普通(综合)阅览室 | 1.8～2.3 |
| 3 | 专业参考阅览室 | 3.5 |
| 4 | 检索室 | 3.5 |
| 5 | 缩微阅览室 | 4.0 |
| 6 | 善本书阅览室 | 4.0 |
| 7 | 舆图阅览室 | 5.0 |
| 8 | 集体视听室 | 1.5(2.0～2.5 含控制室) |
| 9 | 儿童阅览室 | 1.8 |
| 10 | 盲人读书室 | 3.5 |
| 11 | 地图阅览室 | 1.8～2.3 |
| 12 | 电子阅览室 | 3.0～3.5 |

注：(1) 表中面积是指使用面积，包括阅览桌椅、走道及必要的工具书架，出纳台或管理台、目录柜等所占面积。不包括阅览室藏书区及独立设置的工作间面积。

(2) 序号 1、2 项开架阅览室用高值，闭架阅览室及小型图书馆用低值。

(3) 集体视听室使用面积 3.0m²/座，包括演播室 2.25m²/座及控制室 0.75m²/座。如考虑办公、维修器材及资料间在内时，使用面积应不小于 3.5m²/座。语言、音乐专业图书馆，使用面积按实际需要另加。

6. 内部业务和技术设备用房面积指标

**内部业务和技术设备用房面积指标** 　　　　　　　　　　　　　　　　　**表 29.1.3-8**

| 序号 | 名称 | 面积指标 | 备注 |
|---|---|---|---|
| 1 | 采编用房 | 10m²/座 | |
| 2 | 典藏工作间 | 6m²/座 | 最小房间不宜小于 15m² |
| 3 | 待分配上架书刊存放 | ≥12m² | 按 1000 册书和 300 种资料为周转基数 |
| 4 | 业务辅导室 | ≥6m²/座 | |
| 5 | 业务资料阅览室 | ≥3.5m²/座 | |
| 6 | 业务资料编辑室 | ≥8m²/座 | |
| 7 | 咨询室 | ≥8m²/座 | |
| 8 | 美工工作室 | ≥30m² | 宜另设材料存放间 |
| 9 | 裱糊、修整用房 | 10m²/座 | 最小使用面积不小于 30m² |
| 10 | 消毒室 | ≥10m² | 必须在密闭间或密闭容器内进行 |

注：电子计算机房、缩微与照相用房、静电复印用房、声相控制室等以使用要求按有关规定设计。

7. 公共用房面积指标

1) 门厅面积可按每阅览座位 0.1～0.15m² 计算，但不小于 9m²。

2) 寄存处的使用面积按每阅览座位 0.025m² 计算，兼有雨具寄存时按 0.035m² 计算。

3) 报告厅的厅堂使用面积每座不小于 0.8m²。

4) 读者休息室（处）的使用面积可按每阅览座位 0.1～0.15m² 计算。

# 29.2 图书馆的选址和总体布局

**图书馆总体布局原则**

图书馆的总体布局一般考虑以下原则：

1）合理进行功能分区。

2）各种流线组织与出入口安排得当，并布置停车场。

3）争取有良好朝向和自然通风。

4）因地制宜，布置紧凑。

5）正确处理总体规划与单体设计的关系。

6）统一规划，合理安排，分期建设，充分考虑未来的发展并留有余地。

1. 合理进行功能分区

1）内外有别，把对外读者活动区与对内工作管理区严格区分开。

2）在分清内外两大区的前提下，进一步将阅览区与公共活动区分开，不同性质的阅览区分开，业务办公与一般加工用房分开。

3）在大型公共图书馆中，如设有生活区的话，要将生活区与馆区严格区分开。

2. 各种流线组织、出入口安排及停车场的设置

1）交通组织做到人、车、书分流，道路布置便于读者和工作人员进出、图书运送和消防疏散，并应符合现行国家标准《无障碍设计规范》GB 50763—2012 的有关规定。

2）设置读者、内部员工、书籍运送各自独立出入口，做到内外有别。

3）在总体环境布置上，实行开架管理方式的图书馆不论馆的规模大小，读者入口不宜过多，否则不利管理，通常只设一个读者出入口（疏散口除外）。

4）设有少儿阅览区的图书馆，该区应有独立出入口，室外应有设施完善的儿童活动场地。

5）工作人员入口的位置应适当隐蔽一些，图书入口附近还应留有一定的停车场地供车辆进出。

6）图书运送入口要设置雨篷，以方便书籍装卸。

7）基地内应设置读者和工作人员使用的机动车停车场和非机动车停放场地，公共图书馆要按当地的有关规定设置停车场数量。

3. 争取良好朝向和自然通风

1）一般优先考虑阅览室和书库尽量朝南，书库和阅览室均应南北朝向，一些辅助用房和读者停留时间短的房间置于东西向的位置，尽量考虑工作人员用房也有较好的朝向。

2）日照强烈的地区，应适当采取遮阳措施。

3）处理通风问题要结合地区的不同季节主导风向加以分析，针对不同季节气温、风向的变化对建筑空间加以处理，使自然通风得以良好的组织。

4. 因地制宜布置紧凑

除当地规划部门有专门的规定外，一般新建公共图书馆的建筑密度不宜大于40%。图书馆基地内的绿地率应满足当地规划部门的要求，并不宜小于30%。

# 29.3　图书馆的功能流线

## 29.3.1　图书馆各部分功能组成

图书馆一般包括以下几个主要部分：

1）藏书部分——主要是书库，它是图书馆的重要组成部分。按其性质可分为基本书库、辅助书库、储备书库及各种特藏书库。

2）公共活动部分——包括借还书区、服务空间、交往空间、读者活动区等，是图书馆设计中最具活力的部分。

3）阅览部分——包括各种阅览室及研究室，是读者活动的主要场所，在图书馆中占有较大的比重。

4）内部业务部分——包括办公、管理、采编及加工用房等。

此外，还有一些辅助空间如门厅、存物处及厕所等。

图书馆空间利用具有一定灵活性，可进行如下分区：

1. 入口区

现代图书馆入口区包括入口、咨询台、入口控制台、安检区、存包处、新书展览区及标示性的标记区及休闲区，它是整个图书馆人流交通组织的枢纽。

2. 信息咨询服务区

利用计算机、自动传输设备等技术手段，提供书目检索、信息咨询及图书馆借阅等功能。

3. 读者区

此区域是图书馆最主要的部分，可适当划分为：阅览区、信息咨询区（开架书库等）及研究区，阅览区除传统的书报刊阅览室外，还有缩微读物、电子读物、视听资料等新载体的视听阅览。

信息咨询区不仅储存书籍资料，还保持数据库、光盘、磁带等多种载体形式的信息资源，并与阅览在同一空间内，方便使用。

研究区需提供相对独立且分隔的区域，方便进行独立工作。

4. 办公区

包括馆员业务办公和行政办公。其中业务办公用房除传统的采编室、编目室外，还有辅导培训空间，甚至研究用房、图书修复用房等。

5. 藏书区

一般图书馆都要有一个集中藏书区，不是所有图书都适合开架，对一些不常用的书进行集中保存。它要与阅览区密切相通，也能独立为少数读者提供开架阅览。

6. 公共活动区

报告厅（讲演厅）、展览厅、录像厅，以及为读者生活服务的商店、小卖部、快餐厅及书店等设施，都可能纳入图书馆的使用功能要求，形成一个动态开放的公共活动区。

7. 技术设备区

计算机房、空调机房、电话机房及监控室等技术设备用房因为管线安排与技术要求较为复杂而又不易变动，再加上避免其噪声、振动对其他区域的干扰，这些用房应尽量远离其他分区。

公共图书馆用房项目设置表
表 29.3.1

| 项目构成 | | 大型 | 中型 | 小型 | 内容 | 备注 |
|---|---|---|---|---|---|---|
| 藏书区 | 基本书库 | ● | ◎ | ○ | 保存本库、辅助书库等 | 包括工作人员工作、休息使用面积，开架书库还包括出纳台和读者活动区<br>使用面积：闭架书库 280～350 册/m²；开架书库 250～280 册/m²；阅览室藏书区 250 册/m² |
| | 阅览室藏书区 | ● | ● | ● | | |
| | 特藏书库 | ● | ● | ◎ | 古籍善本库、地方文献库、视听资料库、微缩文献库、外文书库以及保存书画、唱片、木版、地图等文献的库等 | |
| 借阅区 | 一般阅览室 | ● | ● | ● | 报刊阅览室、图书借阅室等 | 包括工作人员工作、休息使用面积，出纳台和读者活动区<br>阅览座席使用面积：1.8～2.3m²/座 |
| | 老龄阅览室 | ◎ | ◎ | ◎ | | |
| | 少年儿童阅览室 | ● | ● | ● | 少年儿童的期刊阅览室、图书借阅室、玩具阅览室等 | |
| | 特藏阅览室 | ● | ● | ◎ | 古籍阅览室、外文阅览室、工具书阅览室、舆图阅览室、地方文献阅览室、微缩文献阅览室、参考书阅览室、研究阅览室等 | 阅览座席使用面积：3.5～5m²/座 |
| | 视障阅览室 | ● | ● | ◎ | | 阅览座席使用面积：4m²/座 |
| | 多媒体阅览室 | ● | ● | ● | 电子阅览室、视听文献阅览室等 | 阅览座席使用面积：4m²/座<br>总面积要满足"全国文化信息资源共享工程"终端设置和开展服务的需要 |
| 咨询服务区 | 办证、检索 | ● | ● | ● | | |
| | 总出纳台 | ● | ● | ○ | | |
| | 咨询 | ● | ● | ◎ | 专门设置的咨询服务台、咨询服务机构、咨询服务专用的计算机位等 | 小型馆不少于 18m² |
| 公共活动与辅助服务区 | 寄存、饮水处 | ● | ● | ● | | |
| | 读者休息处 | ● | ● | ◎ | | |
| | 陈列展览 | ● | ● | ○ | | 大型馆：400～800m²<br>中型馆：150～400m² |
| | 报告厅 | ● | ● | ○ | | 大型馆：300～500 席位，应与阅览区隔离、单独设置；中型馆：100～300 席位，每座使用面积不少于 0.8m²/座 |

| | 项目构成 | 大型 | 中型 | 小型 | 内容 | 备注 |
|---|---|---|---|---|---|---|
| 公共活动与辅助服务区 | 综合活动室 | ◎ | ◎ | ● | | 小型馆不设单独报告厅、陈列展览室、培训室，只设 50~300m² 的综合活动室，用于陈列展览、讲座、读者活动、培训等<br>大、中型馆可另设综合活动室 |
| | 培训室 | ● | ● | ○ | 用于读者培训的教室或场地 | 大型馆 3~5 个<br>中型馆 1~3 个 |
| | 交流接待 | ● | ● | ○ | | |
| | 读者服务（复印等） | ● | ● | ● | | |
| 业务区 | 采编、加工 | ● | ● | ● | | |
| | 配送中心 | ◎ | ◎ | ● | 为街道、乡镇图书馆统一采编、配送图书用房 | |
| | 辅导、协调 | ● | ● | ● | 用于指导、协调下级馆业务 | |
| | 典藏、研究、美工 | ● | ● | ○ | | |
| | 信息处理（含数字资源） | ● | ● | ○ | | |
| 行政办公区 | 行政办公室 | ● | ● | ● | | 参照《党政机关办公用房建设标准》建标 169—2014 执行 |
| | 会议室 | ● | ● | ● | | |
| 技术设备区 | 中心机房（主机房、服务器） | ● | ● | ● | | 包括"全国文化信息资源共享工程"设备使用面积，以及工作人员工作、休息使用面积 |
| | 计算机网络管理和维护用房 | ● | ● | ◎ | | |
| | 文献消毒 | ● | ● | ● | | |
| | 卫星接收 | ● | ● | ◎ | | |
| | 音像控制 | ● | ◎ | ○ | | |
| | 微缩、装裱整修 | ◎ | ◎ | ○ | | |
| 后勤保障区 | 变配电室 | ● | ● | ◎ | | 包括操作人员工作、休息使用面积 |
| | 电话机房 | ● | ● | ◎ | | |
| | 水池/水箱/水泵房 | ● | ● | ◎ | | |
| | 通风/空调机房 | ● | ● | ◎ | | |
| | 锅炉房/换热站 | ● | ● | ◎ | | |
| | 维修、各种库房 | ● | ● | ◎ | | |
| | 监控室 | ● | ● | ○ | | |
| | 餐厅 | ◎ | ◎ | ○ | | |

注：（1）以上用房有关设计要求，按《图书馆建筑设计规范》JGJ 38—2015 的要求执行。
（2）小型图书馆的可设项目原则适用于 2300m² 以上的小型图书馆。
（3）● 应设 ◎ 可设 ○ 不设

### 29.3.2 图书馆流线关系

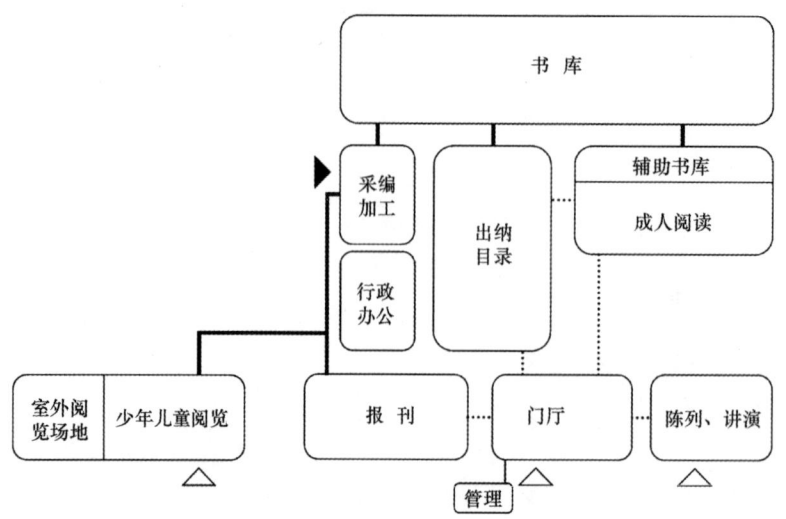

图 29.3.2-1 一般中型图书馆的流线关系

注：少年儿童室外阅读场地应根据当地气候区别设置，在北方较寒冷地区，可考虑单独设置冬季室内活动场地。

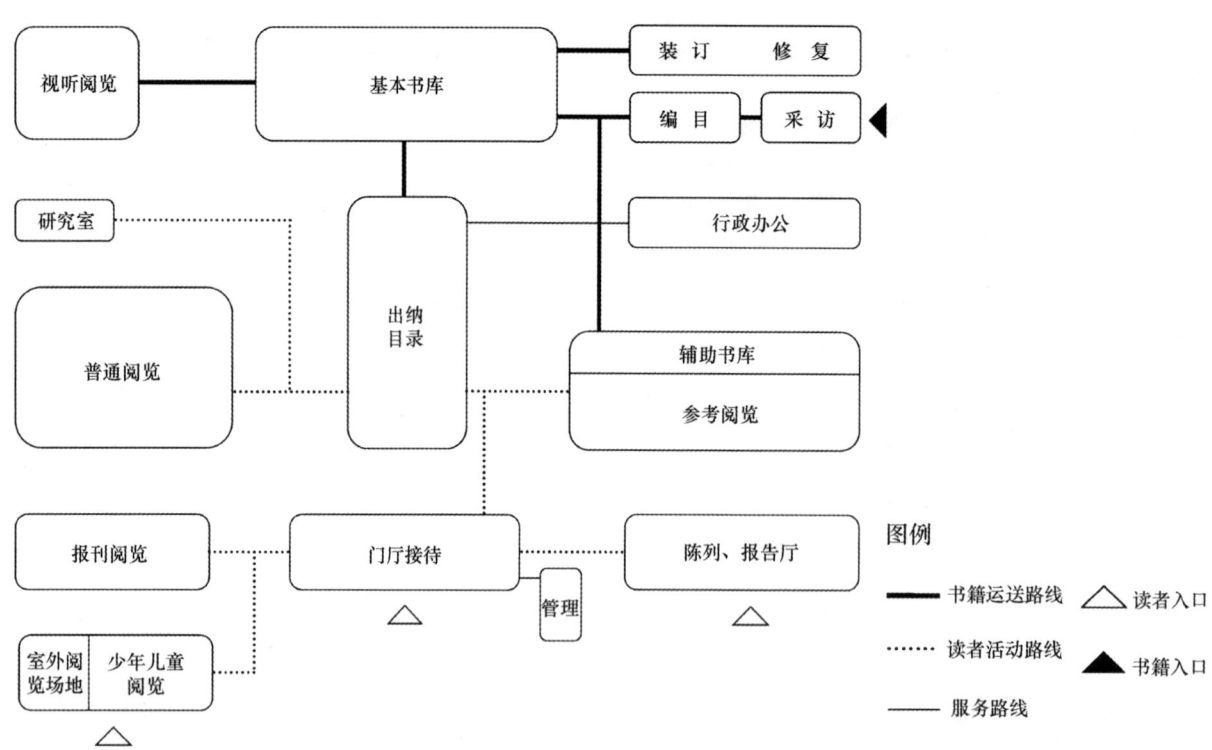

图 29.3.2-2 一般大型图书馆的流线关系

注：少年儿童室外阅读场地应根据当地气候区别设置，在北方较寒冷地区，可考虑单独设置冬季室内活动场地。

### 29.3.3 公共活动部分

1. 门厅、公共服务区和寄存处

1) 门厅

(1) 门厅应位于总平面中明显而突出的地位，通常应面向主要道路，常居建筑物主要构图轴线上并且面向主要道路。

（2）门厅与借阅部分和阅览室有直接的联系，避免读者迂回或往返。同时把不同种类的读者流线分开，互不干扰。

（3）公共活动用房类似报告厅、陈列室等应靠近门厅布置，出入方便，不影响阅览室的安静，报告厅宜单独设置出入口，方便疏散。

（4）门厅的面积要适中，常根据其性质、规模、任务对象的差异而进行不同设计。此外门厅还要考虑采用安全监视系统设备所需要的布置面积。

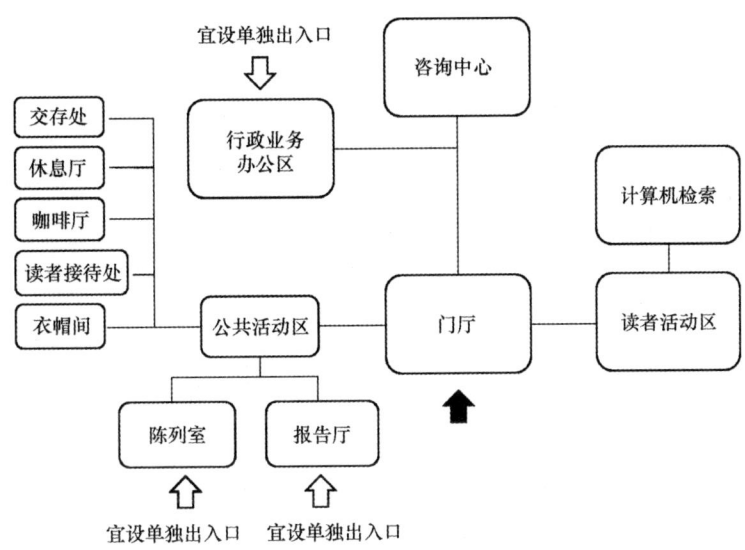

图 29.3.3  门厅、公共服务区和寄存处设置

2）公共服务区

图书馆公共服务台常与门厅、过厅、中厅结合，包括读者休息厅、咖啡厅、餐饮厅、读者接待处、咨询问讯处、衣帽间、交存处及其办理各种手续的服务台。

3）寄存处

（1）服务柜台需要有足够的储存面积和存放设备。

（2）寄存处应靠近读者出入口，存物柜数量可按阅览座位的 25% 确定，每个存物柜的使用面积应按 $0.15\sim0.20m^2$ 计算。

2. 计算机检索大厅

随着计算机及网络技术的发展，计算机检索大厅逐渐取代传统的卡片目录厅（室）。其功能主要为读者提供计算机检索馆藏文献，查看网上发布的光盘文献，浏览全国计算机网络和因特网上的信息。

社会图书馆的检索大厅宜集中在大堂统一设置，而大学图书馆的检索则宜结合阅览室分层集中设置。

3. 读者休息处

读者休息室最小房间不宜小于 $15m^2$，每个阅览座位不宜小于 $0.1m^2$。休息室可集中或分散设置，或者按照阅览区的使用性质分层划片布置，也可结合景观园林及休闲区域分散设置。

4. 报告厅

报告厅在管理上需要单独对外，应有单独的对外出入口，宜设置专用厕所。

报告厅的厅堂使用面积，每座不应小于 $0.7\sim1m^2$，放映室使用面积包括其控制室和专用厕所在内应不小于 $55m^2$，且控制室应设置观察口及进行隔声处理。当讲演厅单独设置时，需要配备完善的附属房间，每座平均使用面积不小于 $1.8m^2$。报告厅可与展厅或茶歇处结合设计。

5. 展览和陈列厅

根据展览类型的不同，可分为以下三种：馆内陈列、对外展览活动和校史室。

6. 卫生间

供读者使用的厕所卫生洁具应按男女座位数各 50% 计算，卫生洁具数量应符合现行行业标准《城市公共厕所设计标准》CJJ 14—2016 的规定。

### 29.3.4  阅览空间

1. 阅览空间分类

研究阅览空间的分类是为了对阅览空间的布局更加合理，并根据不同的要求进行设计。

表 29.3.4-1

| 按学科划分 | 按读者对象划分 | 按出版物类型及不同载体划分 | 按不同管理方式划分的阅览空间 |
|---|---|---|---|
| 哲学、社会科学阅览区 | 普通阅览室 | 报刊阅览室 | 开架管理阅览室 |
| 文艺书刊阅览区 | 科技人员阅览室 | 工具书阅览室 | 闭架管理阅览室 |
| 自然科学阅览区 | 教师阅览室 | 古籍善本阅览室 | 半开架管理阅览室 |
| 电子载体阅览区 | 学生阅览室 | 缩微资料阅览室 | |
| | 少年儿童阅览室 | 视听资料阅览室 | |

2. 阅览空间每座占用面积指标

每个座位占有面积与阅览室管理方式以及阅览桌的排列方式有关。阅览桌面的面积，除去手臂摊开所占的面积外，还要考虑阅览空间桌上放置参考书的地方。研究性质的阅览空间，可多设单人桌，桌面长 $900\sim1200mm$，桌面宽 $650\sim750mm$。

阅览桌排列的最小尺寸                                         表 29.3.4-2

| 条件 | | 最小间隔尺寸(m) | | 备注 |
|---|---|---|---|---|
| | | 开架 | 闭架 | |
| 单面阅览桌前后间隔净宽 | | 0.65 | 0.65 | 适用于单、双人桌 |
| 双面阅览桌前后间隔净宽 | | 1.30～1.50 | 1.30～1.50 | 四人桌取下限<br>六人桌取上限 |
| 阅览桌左右间隔净宽 | | 0.90 | 0.90 | |
| 阅览桌之间的主通道净宽 | | 1.50 | 1.20 | |
| 阅览桌后侧与侧墙之间净宽 | 靠墙无书架时 | — | 1.05 | 靠墙书架深度按 0.25m 计算 |
| | 靠墙有书架时 | 1.60 | — | |

| 条件 | | 最小间隔尺寸（m） | | 备注 |
|---|---|---|---|---|
| | | 开架 | 闭架 | |
| 阅览桌侧沿与侧墙之间净宽 | 靠墙无书架时 | — | 0.60 | 靠墙书架深度按0.25m计算 |
| | 靠墙有书架时 | 1.30 | — | |
| 阅览桌与出纳台外沿净宽 | 单面桌前沿 | 1.85 | 1.85 | |
| | 单面桌后沿 | 2.50 | 2.50 | |
| | 双面桌前沿 | 2.80 | 2.80 | |
| | 双面桌后沿 | 2.80 | 2.80 | |

**阅览空间每座占用面积设计计算指标**　　　　　　表 29.3.4-3

| 名称 | 面积指标（m²/座） | 名称 | 面积指标（m²/座） |
|---|---|---|---|
| 普通报刊阅览室 | 1.8～2.3 | 舆图阅览室 | 5 |
| 普通阅览室 | 1.8～2.3 | 集体视听室 | 1.5(2～2.5含控制室) |
| 专业参考阅览室 | 3.5 | 个人视听室 | 4～5 |
| 非书本资料阅览室 | 3.5 | 儿童阅览室 | 1.8 |
| 缩微阅览室 | 4 | 盲人读书室 | 3.5 |
| 珍善本书阅览室 | 4 | | |

3. 不同类型阅览室的设计

1）不同使用适用对象的阅览室设计

（1）普通阅览室、参考阅览室

闭架管理阅览室内不设开架书，也不附设辅助书库，读者可到基本书库借书到此阅读，有的可设若干工具书架。

通常在基本书库中设置若干阅览座席供少量读者使用。

（2）期刊阅览室

期刊阅览室的位置应与期刊库紧密相连，习惯上都喜欢将期刊阅览空间和期刊库设在图书馆的底层。

期刊阅览室中，一般都是以开架方式，并设有专门的期刊目录和出纳台，为读者办理借阅过期的刊物。

（3）报纸阅览室

阅览室设有报纸阅报桌，阅览室可设固定阅报架。

图书馆可采取报纸阅览与期刊阅览合设的方式。

（4）教师阅览室

学校图书馆都设有教师阅览室。除了设有共同使用的大阅览桌外，尚应有单独使用的座位，这种单座既要与大间有联系，又要有空间上的分隔。教师阅览室可设置一些沙发、座位，供自由阅览。

（5）研究室/讨论室

集体使用的研究室可同时容纳十人左右，每座使用面积不宜小于 $4m^2$，房间面积不宜小于 $10m^2$。个人使用研究室供个别读者单独使用，其面积大小难以统一，小者 $2m^2$ 左右，大者 $10m^2$ 左右，但面积不宜大于 $10m^2$。可以单独或成组设于一区，也可设于大阅览空间内，利用书架或隔板隔成一个个不受干扰的小空间。

（6）儿童阅览室

公共图书馆一般常设有少年儿童阅览室，它的位置最好放在底层，并应有独立出入口，避免干扰。同时需注意儿童阅览室可能产生的噪声对成人阅览室的影响。

（7）盲人阅览室

主要为视力障碍（根据障碍程度，可分为两大类：一为弱视，另一为全盲）的读者提供"阅读"服务，有的国家将盲人图书馆服务扩大至因身体或视力限制而不能阅读传统资料的人；提供读报专线服务、视障生活语音专线、计算机网络服务、连接国内外视障服务网站，乃至提供网络资源检查服务。宜设置在首层，方便视力障碍的读者活动。

（8）电子阅览室

电子阅览室的位置条件及面积指标应优于一般阅览室。每个阅览位使用面积不低于 $2.5m^2$，每个阅览室面积不应大于 $150m^2$。

（9）自修室

大学图书馆中一般还会设置自修室，自修室需单独设置出入口，且可满足 24 小时开放管理。

2）不同管理方式的阅览室设计

（1）开架阅览室

① 周边式布置

即书架沿墙周围布置的方式。

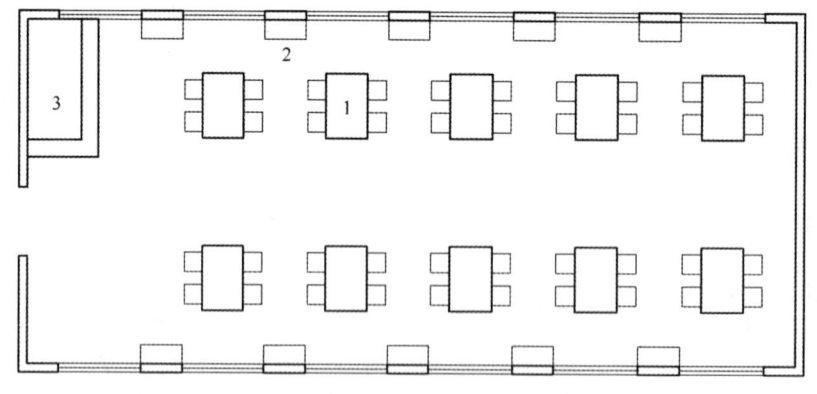

1—阅览桌；2—书架；3—管理台

图 29.3.4-1　周边式布置的开架阅览室

② 成组布置

即将书架与窗间成垂直布置，两书架之间形成凹室，阅览桌就布置在两行书架之间，它把阅览空间分隔成若干个凹室形式。适用于人数不多、从事研究工作的参考阅览空间或专业阅览空间。

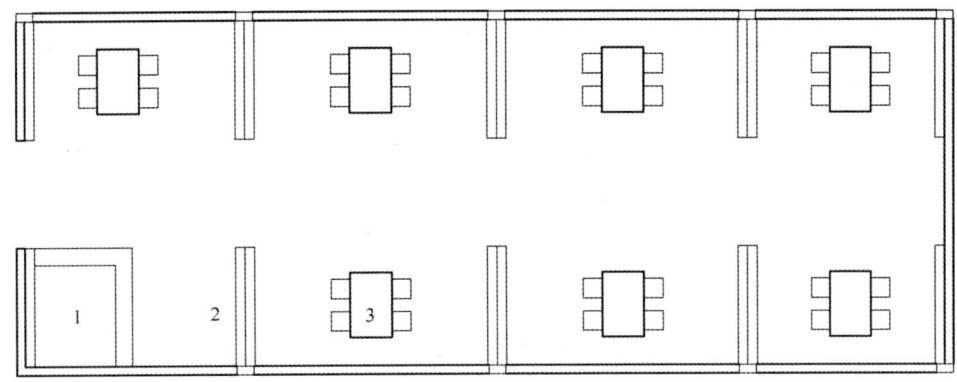

1—阅览桌；2—书架；3—管理台

图 29.3.4-2　成组布置的开架阅览室

③ 分区布置

即把藏书集中布置在阅览空间的一端、一侧或中间。这种方式，书刊集中，便于查找。同时由于藏书和阅览相对分开，选书和阅览的读者干扰较小。

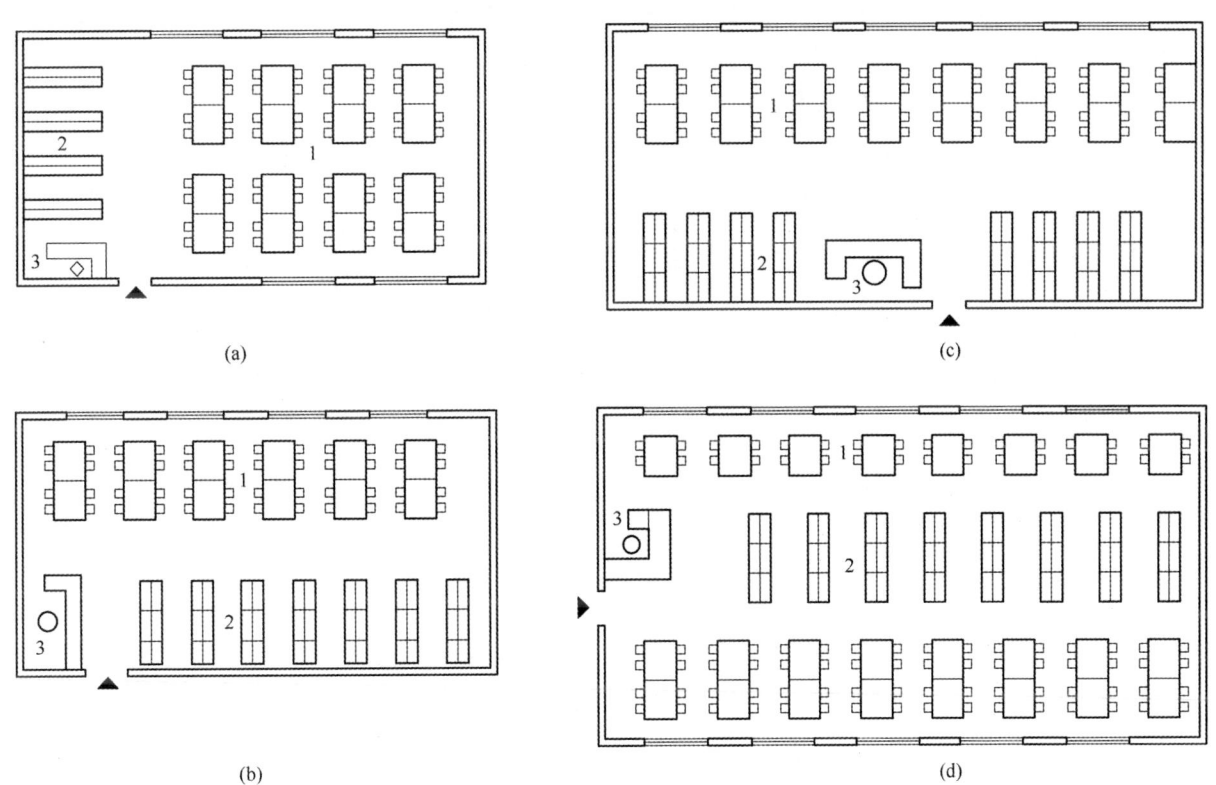

1—阅览；2—藏书；3—管理

图 29.3.4-3　分区布置书架的开架阅览室

④ 夹层式布置

工作人员的专用楼梯梯段净宽不应小于 0.8m，踏步宽不应小于 0.22m，踏步高不应超过0.2m，并采取防滑措施。

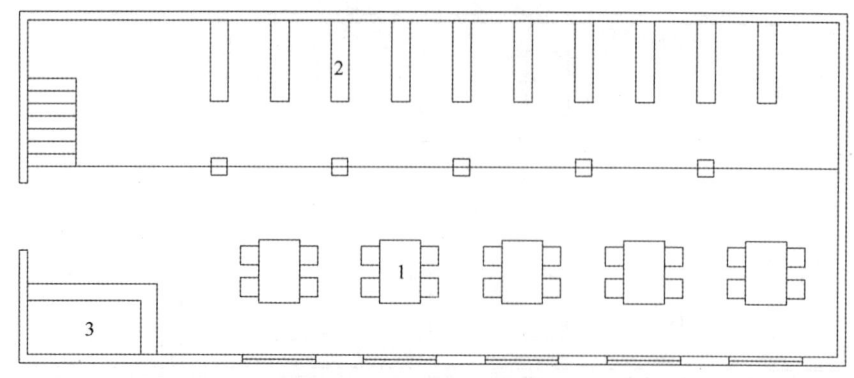

1—阅览桌；2—书架；3—管理台

图 29.3.4-4　夹层布置书架的开架阅览室

（2）闭架阅览室

将阅览室的藏书集中于闭架的辅助书库。辅助书库一般与阅览空间毗连，以便读者利用和工作人员管理。

（3）半开架阅览室

把阅览空间的藏书集中在阅览空间入口或入口附近，设半开架辅助书库，以柜台同阅览空间相隔开，利于保管。

半开架辅助书库与闭架辅助书库相比较，架距需加宽 100～200mm 以上，其他基本相同。

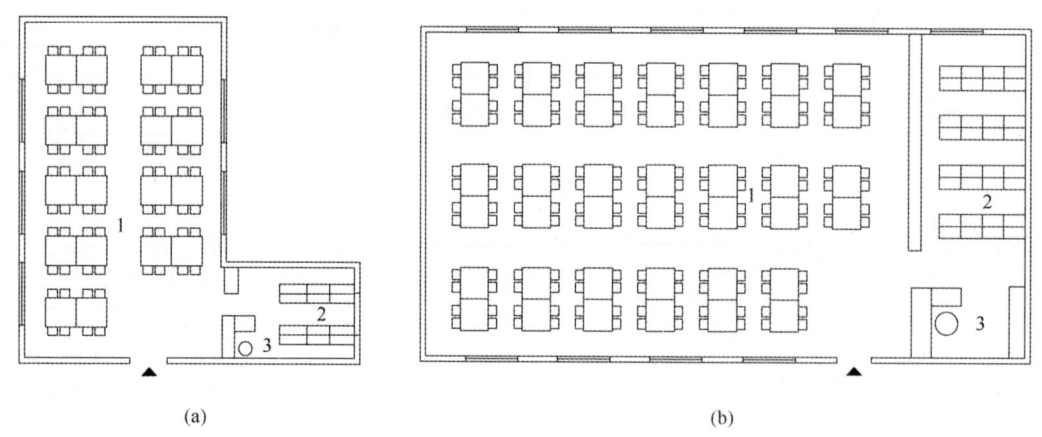

(a)　　　　　　　　　　　　　　　　(b)

（a）书库布置在单独房间，室内较安静、但工作人员视线不能全面照顾阅览区；

（b）书库布置在入口一侧，出纳台靠近入口、阅览区较安静

1—阅览；2—藏书；3—管理台

图 29.3.4-5　半开架管理阅览室布置形式

**4. 阅览空间家具布置及要求**

1）阅览桌、椅

阅览桌一般分单面和双面两种。单面阅览桌读者坐向一致，减少相互干扰。同时能保证光线自左而入，利于书写，但所占面积比较大。阅览空间阅览桌、椅排列尺寸见表 29.3.4-1。

**阅览空间阅览桌、椅排列尺寸**　　　　　　　　　　　表 29.3.4-1

| 读者分类 | 桌面高（mm） | 阅览桌（mm） | | | | | | | 阅览椅（mm） | |
|---|---|---|---|---|---|---|---|---|---|---|
| | | 桌面宽 | | 桌面长 | | | | | 椅面高 | 椅面宽 |
| | | 单面 | 双面 | 单面单人 | 单面双人 | 单面三人 | 双面四人 | 双面六人 | | |
| 成人 | 780，800 | 600 | 1000 | 800 | 1500 | 2100 | 1500 | 2100 | 460 | 450 |
| 少年 | 750，780 | 500 | 900 | 700 | 1400 | 2000 | 1400 | 2000 | 380，430 | 380 |
| 小学高年级 | 650，750 | 500 | 900 | 600 | 1400 | 1800 | 1400 | 1800 | 360，380 | 340 |
| 小学低年级 | 600，650 | 500 | 800 | | 1200 | 1600 | 1200 | 1600 | 320，350 | 340 |
| 幼儿 | 450，530，600 | 450 | 700 | | 1000 | 1500 | 1000 | 1500 | 250，290，320 | 320 |

**专业阅览空间家具最小尺寸**　　　　　　　　　　　表 29.3.4-2

| 序号 | 家具名称 | 外形尺寸（mm） | | | 备注 |
|---|---|---|---|---|---|
| | | 长 | 宽 | 高 | |
| 1 | 视听阅览室书桌 | 650（单人），1300（双人） | 500 | 800 | |
| 2 | 舆图阅览用舆图台 | 2300 | 1600 | 800 | 斜面、磨砂玻璃桌面，下设荧光灯及开关 |
| 3 | 舆图阅览室描图台 | 1400 | 1000 | 850/950 | 台面30°倾斜，单向或对面排列（坐式） |
| 4 | 报刊阅览室阅报台 | 1650（双人位） | 550 | 850/1200 | 台面30°倾斜，单向或对面排列（站式） |
| 5 | 报刊阅览室阅报台 | 1650（双人位） | 500 | 1100/1580 | 台面或附近应设电源插座 |
| 6 | 缩微阅览室 | 1200 | 750 | 750 | 桌上附设书架 250mm×500mm（宽×高），长与书桌同 |
| 7 | 专业阅览室研究用桌 | 900，1200 | 650，750 | 800 | 桌上附设收录机插座 |
| 8 | 盲文阅览室读书桌 | 1000 | 650 | 800 | 单录机及耳机固定桌面上，并可锁闭，双人中间应有隔板 |

2）书架、报架、期刊架

（1）书架

书架形式有直立式及倾斜式两种，按材质区分主要有木书架和钢书架。

**木制书架主要尺寸**　　　　　　　　　　　表 29.3.4-3

| 名称 | | 宽 $B$（mm） | 深（mm） | | 高 $H$（mm） | 层净高 $H_1$（mm） | 底层隔板离地面净高 $H_2$（mm） |
|---|---|---|---|---|---|---|---|
| | | | $T$ | $T_1$ | | | |
| 倾斜式书架 | 单面 | 900～1000 | 200～220 | 350 | 1200～2200 | 240 | 不小于100 |
| | | | | | | 320 | |
| | 双面 | 900～1000 | 400～440 | 700 | 1200～2200 | 240 | 不小于100 |
| | | | | | | 320 | |
| 尺寸级差 | | 50 | 20 | — | 20 | | |

（2）期刊架

期刊架是陈列或存放现期期刊的架子，它起着存放期刊和陈列现期期刊的作用。期刊架的设计必须便于读者的翻阅和取放。期刊架式样很多，下面按陈列方式举例。

期刊架主要尺寸（mm）　　　　　　　　　　　表 29.3.4-4

| 名称 | 宽(B) | 深(T) | | 高(H) | 层净高(H₁) | 底层展示隔板离地面净高(H₂) | 展示隔板倾斜角(°) |
|------|-------|-------|------|-------|------------|-----------------------|------------------|
| | | 展示用 | 展示兼储存用 | | | | |
| 单面期刊架 | 1050～1200 | 260～300 | 360～400 | 1200～2200 | 320 | 不小于100 | 16°～26° |
| 单面期刊架 | 1050～1200 | 260～300 | 400～460 | 1200～2200 | 320 | 不小于100 | 16°～26° |
| | | | 680～710 | | | | |
| 尺寸级差 | 50 | 20 | 20 | | | | |

### 29.3.5　藏书空间

1. 书库的设计原则

1）取用方便

书库设计要充分满足其使用要求。书库位置要适当，应与目录厅、出纳室、阅览室等房间联系密切，使藏书与借、阅成为一个有机整体。书库对分编、运送、流通等内业部门，应有独立出入口。

2）有利防护

书库应具备长期保管图书的良好条件。书库设计要注意防晒、防漏、防潮、防尘、防火、防虫等。

2. 书库的分类

1）按藏书量分类

藏书量分类表　　　　　　　　　　　表 29.3.5-1

| 小型书库 | 藏书量在 20 万册以内 |
|---------|-------------------|
| 中型书库 | 藏书量在 20～80 万册 |
| 大型书库 | 藏书量在 80～500 万册 |
| 特大型书库 | 藏书量在 500 万册以上 |

2）按使用性质分类

（1）基本书库

基本书库是图书馆的总书库，又称主书库，是全馆的藏书中心。基本书库的藏书量大、书籍门类大。由于其荷载大，宜设置在首层，结构经济性较好。

（2）辅助书库

辅助书库是为方便读者设计的一种开架或半开架书库，通常是紧靠着大阅览室或专业阅览室布置，读者可以进入库内查阅。辅助书库具有利用率高、流通量大、针对性强的特点，是读者常用的书库。

（3）特藏书库

特藏书库是指专门收藏善本、特种文献、文物、手稿及缩微读物、视听资料等一般非书本形式资料的书库。特藏书库与主书库靠近或放在它的底层，特藏书库需配备特殊的存放设备，并具有一定的室内温、湿度条件。

（4）密集书库

密集书库是储备书库常用的方式，它是存贮图书馆内长期呆滞或失去时效又暂时不能剔除的书刊库。密集书库的特点是单位面积的存书量大、荷载也大，一般宜设置在底层或防潮好的地下室层。在高层图书馆中，为了释放底层空间，密集书库也可设置于顶层。在小型图书馆中可与基本书库合并设置。

（5）保存本书库

又称保留书库、样本库，是指将图书馆内所藏各种图书抽出一本，作为长期保存的书库。书库的位置应与主书库联系方便。

（6）借还书库

是存放读者归还藏书的书库，读者还书后需要重新归类、消毒，然后才可上架。

3. 书架

书架是供藏书用的基本设备，其尺寸是根据书型和取还书方便决定的，其最小单元为"档"，书架的档长大小不一，一般有 900mm、1000mm、1100mm、1200mm 等几种规格。

常见的搁板宽度，如表 29.3.5-2 所示。

搁板宽度（mm）                                    表 29.3.5-2

| 书型 | 最大书脊高 | 书宽 | 搁板宽度 |
| --- | --- | --- | --- |
| 小型开本 | 220 | 160 | 180 或 200 |
| 中型开本 | 270 | 190 | 180 或 200 |
| 大型开本 | 320 | 230 | 200 或 220 |

书架的格数与高度，需根据图书管理方式和书型而定，不同格高与格数的书架高度各异，一般开架阅览室书架为 6 格，闭架阅览室书架为 7 格。书架高度一般在 2100～2200mm 之间。如果考虑女性，则书架高度为 1900mm。在开架书库为便于读者阅览，其高度应为 1700～1800mm。在开架的儿童阅览室，书架高度为 910mm，开架的少年阅览室，其高度为 1680mm。

4. 书库的平面设计

1）书架排列

书架排列是书库平面设计的基本依据，对书库的开间、进深、平面布置及书库的利用率有着直接的影响。两排书架之间的中心距离，即中距的大小取决于两行书架之间走道的宽度，而走道的宽度是根据书库的类型及书架间人员的活动情况决定，如图 29.3.5-1 和图 29.3.5-2。

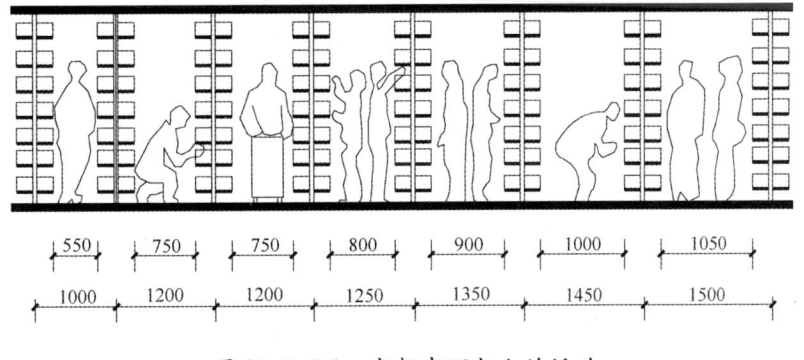

图 29.3.5-1　书架中距与人的活动

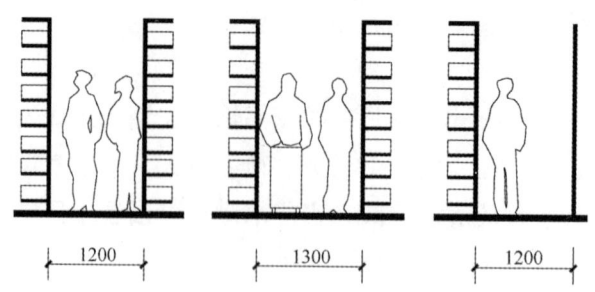

图 29.3.5-2　书库内南面主要走道的宽度

流通率较高的图书通常布置在开架阅览室，行道的宽度至少为 1000mm，中距至少为 1450mm，在日本或北欧的公共图书馆中也有中距达到 2500mm 左右。

书架排列还应考虑到照明灯带方向，顶棚的照明灯带应顺着书架排布方向平行布置。

2）书库的容量估算

藏书空间容书量的估算，是根据藏书空间每标准书架容书量设计估算指标和藏书空间单位使用面积容书架量设计计算指标求得。

**藏书空间每标准书架容书量设计估算指标**（册/架）　　　　表 29.3.5-3

| 图书馆类型藏书方式 | | 公共图书馆 | | 高等学校图书馆 | | 增减度 |
|---|---|---|---|---|---|---|
| | | 中文 | 外文 | 中文 | 外文 | |
| 开架 | 社科 | 500 | 360 | 430 | 320 | ±25% |
| | 科技 | 470 | 330 | 410 | 300 | |
| | 合刊 | 220 | 240 | 200 | 220 | |
| 闭架 | 社科 | 580 | 360 | 510 | 310 | |
| | 科技 | 540 | 330 | 480 | 300 | |
| | 合刊 | 260 | 240 | 230 | 220 | |

注：（1）双面藏书时，标准书架尺寸定为 1000mm×450mm，开架藏书按 6 层计，闭架按 7 层计，其中填充系数均为 75%。

（2）少年儿童容书量指标按照每架（360~450）册/架计算。

（3）盲文容书量按表中指标 1/4 计算。

（4）密集书架容书量约为普通标准架藏书量的（1.5~2.0）倍。

（5）合刊指期刊、报纸的合订本。期刊为每半年或全年合订本；报纸为每月合订本，按四开版面（8~12）版计。每平方米报刊存放面积可容合订本（55~85）册。

**藏书空间单位使用面积容书架量设计计算指标**（架/m²）　　　　表 29.3.5-4

| | 含本室出纳台 | 不含本室出纳台 |
|---|---|---|
| 开架藏书 | 0.5 | 0.55 |
| 闭架藏书 | 0.6 | 0.65 |

3）书库的开间、进深与层高

（1）开间

书库的开间取决于书库性质与书架排列的中心距离，书架的中心距可为 1200mm、1250mm，甚至 1500mm。

基本书库开间大小的确定与书库的结构选型直接相关。混合结构开间较小，常见有3600mm、3750mm、4800mm 及 5000mm 等几种。框架结构开间则大一些，如采用密肋楼板结构，开间可以做到 6900mm、7500mm、8100mm 甚至更大。

（2）进深

书库的进深大小对自然采光、通风及书架的布置都有密切关系。单面自然采光的书库进深一般不超过 8～9m，双面自然采光的书库进深一般不超过 16～18m。

（3）层高

书库及阅览室藏书区净高不得低于 2.4m，以利于藏书和进库阅览。同时又规定楼板下有梁或有设备管线通过时，梁底或设备管线最低表面的局部净高不得小于 2.3m。

（4）层数

书库层数主要依据图书馆藏书规模、基地大小和机械化程度确定。图书馆书库的层数不宜过多，一般以 4～6 层较为合适。

书库平面形状要考虑取书距离短和造价经济这两项基本要求，书库的长度与进深的比值为3：2较为适宜。

4）书库的交通组织

（1）水平交通

书库内的走道，按其所处位置不同，可分为主通道、次通道、档头走道和行道。其尺寸可参考表 29.3.5-5。

书库、开架阅览室藏书区书架排列各部通道最小宽度表　　　　表 29.3.5-5

| 名称 | 常用书库 | | 非常用书库 |
| --- | --- | --- | --- |
| | 开架 | 闭架 | |
| 主通道 | 1.50 | 1.20 | 1.00 |
| 次通道 | 1.10 | 0.75 | 0.60 |
| 档头走道（即靠墙走道） | 0.75 | 0.60 | 0.60 |
| 行道 | 1.00 | 0.75 | 0.60 |

（2）竖向交通与中心站

书库的竖向交通主要依靠楼梯和竖向动力运输设施（电梯、书梯等）。

楼梯的布置既要考虑使用便利，又要考虑不能占用过多的面积以及消防疏散要求。书库内工作人员专用楼梯的净宽不应小于 0.8m，踏步宽不应小于 0.22m，踏步高不应超过 0.20m。

**29.3.6　业务用房**

1. 行政办公用房

行政用房可按一般办公室设计。房间大小可根据需要按每人使用面积不应小于 6m² 设计，但每个房间不宜小于 10m²。

行政办公用房应与门厅联系方便，同时符合《办公建筑设计规范》JGJ/T 67—2019 有关规定。行政办公用房门厅可与内部业务用房，计算机用房等辅助用房共用，且应设置更衣室。

2. 内部业务用房

1）采编部门

（1）采编部门构成内容

采编工作用房大致有：采购室、编目室、储藏室等，一般较小的图书馆将采购和编目两项工作合在一起进行，规模较大者则将两部分分开。

① 采购室

采购室室内除设有办公桌、计算机终端等设备之外，还应有预购卡片目录柜、账柜及书架等设施。采购一般还应包括国内外书刊交换工作，如业务量大，也应单设房间。

② 编目室

编目室室内除设有编目办公桌外，还有目录柜、书架、书车、参考书架、文簿存放、微机及打印设备等。编目室每一个工作人员使用面积不宜少于 10m²。

（2）采编用房的位置

采编工作用房应和读者活动区分开，并与典藏、书库有便捷的联系。中小型图书馆的采编工作常在 1～2 间房间中进行。

（3）采编部门操作流程

采编部门操作流程为：采购（含交换）、拆包、验收、登记、分类、编目、加工，直至入库（图 29.3.6）。

整个流程可分为三个阶段：

① 现刊记到和流通

② 整理装订

③ 合订本编目加工

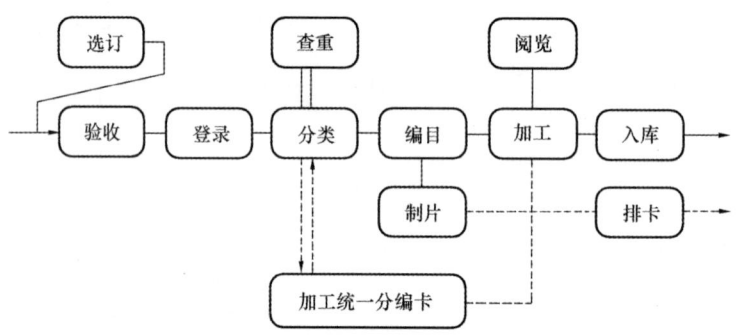

图 29.3.6　采编部门操作流程

（4）采编工作室的设计

采编工作室的设计要保证图书沿着一条连续的流线，避免逆行和干扰。此外还应注意有通畅的运输路线，避免与读者人流交叉。每一个工作人员不少于 10m² 的使用面积来计算工作室的面积。

2）典藏室

典藏室需要有办公、存放目录及临时存放新书的地方。新书存放可按每 1000 册书和 300 种资料为周转基数，按使用面积不小于 12m² 推算。至于目录存放应按目录室有关指标设计，或用终端机管理。

3）装订室

装订室的面积大小与装订量、工作人员的多少及机械化程度有关，每一个工作人员的使用面积不小于 10m²，装订室最小使用面积不少于 30m²。

4）美工室

美工室用房使用面积不宜少于 $30m^2$，有条件的可另设器材处理房间。

5）静电复印室

静电复印室的主要任务是利用静电复印机复制各种书刊资料。复印室的规模大小、房间安排，取决于复印工作量。

普通复印机每台工作面积需 $6\sim 8m^2$。室内布置应根据要求考虑登记、收款、复印、微机打印等设施。

6）装裱修整室

修裱室以靠近线装书库及特藏书库为宜，并与装订室靠近。修裱室用房按每个工作岗位使用面积不小于 $10m^2$ 计算，最小使用面积不小于 $30m^2$。

3. 计算机用房

1）图书馆的计算机房要选择在与业务上有联系的各部门附近，通常是靠近采编室、目录室、借书处等装有终端设备的地方。

2）计算机房通常由若干个房间组成，主要是运算机房面积，约占整个机房面积的一半。围绕运算机房，有操作人员和程序人员工作室（每人约 $15m^2$）、磁盘、光盘存放室和机修室等。

3）计算机房应设置地沟或采用架空地面，以便敷设信号电缆和供电电线。机房地面材料应防止静电影响电子设备的可靠性。计算机房要求隔声和吸声，最好采用密封窗，防止噪声、有害气体及湿空气的侵袭。采用空调设施，设过滤系统除尘。计算机房最理想的温度是 $24℃$，相对湿度 $50\%$，但允许一定幅度的变化。

# 29.4  图书馆防火与疏散

## 29.4.1  耐火等级

1. 藏书量超过 100 万册的高层图书馆、书库，建筑耐火等级应为一级。

2. 除藏书量超过 100 万册的高层图书馆、书库外的图书馆、书库，建筑耐火等级不应低于二级，特藏书库的建筑耐火等级应为一级。

## 29.4.2  防火分区

1. 基本书库、特藏书库、密集书库与其毗邻的其他部位之间应采用防火墙和甲级防火门分隔。

2. 对于未设置自动灭火系统的一、二级耐火等级的基本书库、特藏书库、密集书库、开架书库的防火分区最大允许建筑面积，单层建筑应不大于 $1500m^2$。并符合表 29.4.2 规定：

防火分区最大面积　　　　　　　　　　　　　　　　　表 29.4.2

|  | 防火分区最大面积 |
| --- | --- |
| 建筑高度 $h\leqslant 24m$ 的多层建筑 | $\leqslant 1200m^2$ |
| 建筑高度 $h>24m$ | $<1000m^2$ |
| 地下室或半地下室 | $\leqslant 300m^2$ |

3. 当防火分区设有自动灭火系统时，其允许最大建筑面积可按本规范规定增加 1.0 倍，当局部设置自动灭火系统时，增加面积可按该局部面积的 1.0 倍计算。

4. 阅览室及藏阅合一的开架阅览室均应按阅览室功能划分其防火分区。

5. 对于采用积层书架的书库，其防火分区面积应按书架层的面积合并计算。

### 29.4.3 安全疏散

1. 图书馆每层的安全出口不应少于两个，并应分散布置。

2. 书库的每个防火分区安全出口不应少于两个，但符合表 29.4.3 情况时，可设一个安全出口：

书库防火分区安全出口设置条件　　　　　　　　　　表 29.4.3

| 符合书库可设一个安全出口的条件 | 占地面积不超过 300m² 的多层书库 |
|---|---|
| | 建筑面积不超过 100m² 的地下、半地下书库 |
| | 建筑面积不超过 100m² 的特藏书库，且疏散门应为甲级防火门 |

3. 当公共阅览室只设一个疏散门时，其净宽度不应少于 1.20m。

4. 书库的疏散楼梯宜设置在书库门附近。

5. 图书馆需要控制人员随意出入的疏散门，可设置门禁系统，但在发生紧急情况时，应有易于从内部开启的装置，并应在显著位置设置标识和使用提示。

### 29.4.4 消防设施

1. 藏书量超过 100 万册的图书馆、建筑高度超过 24m 的书库，以及特藏书库，均应设置火灾自动报警系统。

2. 图书馆的室内消火栓箱宜增设消防软管卷盘。

3. 建筑灭火器配置应符合现行国家标准《建筑灭火器配置设计规范》GB 50140—2005 的有关规定。

4. 特藏书库、系统网络机房和贵重设备等用房应设置自动灭火系统，其中不适合用水扑救的场所宜选用气体灭火系统。

# 29.5　图书馆设计的其他技术要点

### 29.5.1 现代化设备

1. 计算机及网络系统

1）图书馆体形应简洁完整。网络图书馆独特的设计应该在图书馆内部艺术性和技术性，重点在图书馆的计算机控制室、检索大厅、电器设计和诸多计算机用房的安置，简洁大方的外形有利于经营管理。

2）做好计算机检索大厅的设计。联网后的图书馆不再需要做卡片目录，馆藏目录是在网上发布的。

3）网络运行中至关重要的插座——信息接口。网络图书馆计算机用的电源插座数量，应根据图书馆性质及具体情况而定。除计算机用插座外，每个阅览室的墙面下部、立柱下部和阅览桌的两侧也都应设计适当数量的电源插座，供手携式计算机、打印机、复印机、缩微阅览机、台灯、吸尘器等用电设备使用。

4）书库比例逐渐缩小。书库的比例、期刊库的比例会逐渐缩小，并增设磁盘、光盘及声像资料存放的空间和设备。在网络时代，图书馆的单体规模会相应有所减少，数量会有所增加。

5）网络环境下图书馆设计应有高度的灵活性。统一柱网、统一层高、统一荷载的模数式图书馆有着高度的灵活性、适应性，施工方便，适用于网络图书馆的设计。

2. 机械化传送设备

图书馆的传送设备分为水平传送设备、垂直传送设备、垂直和水平结合（混合式）传送设备。

水平传送设备包括电动书库、悬挂式线送设备、传送带式运送设备等。

垂直传送设备一般用于多层图书馆或多层书库，常用的垂直传送设备有电梯和书梯（斗）等升降机。文献流的走向与交通设计取决于图书馆管理模式中对典藏、总出纳、藏阅一体化空间与人流走向等综合因素的考虑。集中书梯，应靠近总出纳台、采编室，应与书籍业务处理用房毗邻设置，方便专用书梯直达各阅览层、书库层。

3. 缩微技术

缩微技术包括缩微摄影、冲洗、拷贝复制、保管和输出阅览等若干环节，每一环节都有相应的设备和空间与其配套。

缩微车间对其空间环境有着具体的要求，详见表 29.5.1-1：

**缩微车间的空间环境要求**　　　　　表 29.5.1-1

| 功能 | 面积大小 | 环境要求 |
|---|---|---|
| 缩微摄影 | 10～12m²/台 | 1. 建筑应考虑防尘、防污染，机器底座应采用隔振基础<br>2. 室内温度应保持 18～20℃，相对湿度应保持 45%～65%<br>3. 电源电压稳定<br>4. 室内光线要求柔和，顶棚、墙面均应采用无光泽材料，以防止光线反射<br>5. 室内照明灯光应避免照射在摄像机的托稿台面上，各机器之间的摄影灯光之间应防止互相干扰<br>6. 所有摄影设备加设盖 |
| 缩微冲洗 | 2m²/台 | 1. 门窗要密闭、遮光<br>2. 室内地面、台面等要有防潮、防酸碱措施<br>3. 给水充足 |
| 复制拷贝 | 20m²/台 | 1. 缩微复制用房宜单独设置<br>2. 墙壁和顶棚忌用白色和反光材料<br>3. 避免紫外线和灯光干扰<br>4. 注意防尘、防振、防污染<br>5. 电源电压稳定充足 |
| 缩微阅览 | 根据阅读器的数量与阅览方式确定 | 1. 室内光线均匀，避免阳光直射<br>2. 墙壁、顶棚不宜用反光材料<br>3. 室内灯光照度符合规范要求<br>4. 温、湿度适宜，通风良好 |

4. 静电复印技术

应用静电学原理进行成像和显像的复印技术即为静电复印技术。一般中小型图书馆可集中设置一个静电复印中心，所有待复印资料均拿到该中心复印。大型图书馆则应采用集中与分散相结合的方法，既有集中的、多台、多种类型的复印中心，又在各阅览室分别设置静电复印机，随时为读者提供服务。

静电复印设备对环境的要求见表 29.5.1-2：

静电复印设备对环境的要求 表 29.5.1-2

| | 要求 | 注意事项 |
|---|---|---|
| 光线 | 光线均匀<br>窗户应安装窗帘 | 避免阳光直接照射<br>防止感光体和电子元件老化 |
| 温度 | 室内温度 10～30℃<br>有条件时安装空调设备 | 远离发热源，如暖气、火炉、热水器等 |
| 湿度 | 相对湿度 20%～85% | 远离水龙头 |
| 洁净度 | 无粉尘 | 防尘 |
| 通风 | 室内应有良好的通风，以利于调节湿度、减少或消除粉尘，减轻气味<br>有条件时安装排风设备 | 远离产生氨气的场所 |

### 5. 视听传播设备

记录着声音和图像信号的资料称为视听资料，视听资料录制、再现和传播的设备即为视听传播设备。视听资料包括录音资料、录像资料和声像资料三种类型。视听资料声情并茂，图像生动具体，并随着科学技术的发展不断丰富，已成为现代化图书馆的重要传播手段。

视听资料通常通过唱片、磁带、胶片等形式进行保管。

### 29.5.2　图书馆室内环境

#### 1. 图书馆室内光环境

图书馆建筑应充分利用自然条件，采用天然采光和自然通风。

对于室内光环境，图书馆各类用房或场所的天然采光标准值应不小于表 29.5.2-1 的规定：

图书馆各类用房或场所的天然采光标准值 表 29.5.2-1

| 用房或场所 | 采光等级 | 侧面采光 | | | 顶部采光 | | |
|---|---|---|---|---|---|---|---|
| | | 采光系数标准值（%） | 天然光照度标准值（lx） | 窗地面积比（Ac/Ad） | 采光系数标准值（%） | 天然光照度标准值（lx） | 窗地面积比（Ac/Ad） |
| 阅览室、开架书库、行政办公、会议室、业务用房、咨询服务、研究室 | Ⅲ | 3 | 450 | 1/5 | 2 | 300 | 1/10 |
| 检索空间、陈列厅、特种阅览室、报告厅 | Ⅳ | 2 | 300 | 1/6 | 1 | 150 | 1/13 |
| 基本书库、走廊、楼梯间、卫生间 | Ⅴ | 1 | 150 | 1/10 | 0.5 | 75 | 1/23 |

图书馆各类用房或场所的人工照明设计标准值应符合表29.5.2-2的规定：

**图书馆建筑各类用房或场所照明设计标准值** 表 29.5.2-2

| 房间或场所 | 参考平面及其高度 | 照度标准值（lx） | 统一眩光值UGR | 一般显色指数Ra | 照明功率密度（W/m²） |
|---|---|---|---|---|---|
| 普通阅览室、少年儿童阅览室 | 0.75m 水平面 | 300 | 19 | 80 | 9 |
| 国家、省级图书馆的阅览室 | 0.75m 水平面 | 500 | 19 | 80 | 15 |
| 特种阅览室 | 0.75m 水平面 | 300 | 19 | 80 | 9 |
| 珍善本阅览室、舆图阅览室 | 0.75m 水平面 | 500 | 19 | 80 | 15 |
| 门厅、陈列室、目录厅、出纳厅 | 0.75m 水平面 | 300 | 19 | 80 | 9 |
| 书库 | 0.25m 垂直面 | 50 | — | 80 | — |
| 工作间 | 0.75m 水平面 | 300 | 19 | 80 | 9 |
| 典藏间、美工室、研究室 | 0.75m 水平面 | 300 | 19 | 80 | 9 |

2. 图书馆室内声环境

对于室内声环境，图书馆各类用房或场所的噪声级分区及允许噪声级应符合表29.5.2-3的规定：

**图书馆各类用房或场所的噪声级分区及允许噪声级** 表 29.5.2-3

| 噪声级分区 | 用房或场所 | 允许噪声级（A声级，dB） |
|---|---|---|
| 静区 | 研究室、缩微阅览室、珍善本阅览室、舆图阅览室、普通阅览室、报刊阅览室 | 40 |
| 较静区 | 少年儿童阅览室、电子阅览室、视听室、办公室 | 45 |
| 闹区 | 陈列室、读者休息区、目录室、咨询服务、门厅、卫生间、走廊及其他公共活动区 | 50 |

电梯井道及产生噪声和振动的设备用房不宜与有安静要求的场所毗邻，否则应采取隔声、减振措施。

### 29.5.3 绿色图书馆设计

1. 建筑选址

绿色图书馆的建筑选址，首先要按照其使用要求，充分考虑地区气候条件、日照特点、地形及前后建筑的遮挡条件、房间的自然通风要求，以及节约用地等因素，采取相应的措施，正确地选择房屋朝向、间距，从节能和节地这两个因素来实现绿色建筑的营建。

2. 体型设计

节能建筑的形态不仅要求体型系数小，而且需要冬季日辐射得热多，同时还需要对避寒风有利。具体选择节能体型时受多种因素制约，包括当地冬季气温、日辐射照度、建筑朝向、各朝向围护结构的保温状况和局部风环境状态等，设计中需要权衡建筑得热和失热的具体情况，优化组合各影响因素才能确定。

控制体型系数，图书馆外形设计宜简洁、完整，其体形系数宜控制在0.30以下，若体形系数大于0.30，则屋顶和外墙应加强保温。同时，考虑日辐射得热量。图书馆外轮廓设计避免与当地冬季的主导风向发生正交，有利于避风。

3. 建筑围护结构

改善围护结构热工性能，主要通过采用保暖隔热性能好的新型墙体材料和建筑材料；其次是采用合理的节能措施与施工方法，设计合理的建筑节能构造。除了注重墙体保温隔热节能技术外，图书馆建筑的窗墙比不应大于0.7或小于0.4，可见光的投射比不应小于0.4，合理布置开窗位置，通过控制开窗面积，能有效降低能耗，还应关注适宜的遮阳技术。

4. 自然采光

图书馆设计要坚持自然采光原则，可采用自然采光为主，人工照明为辅的方式，在进深较大的开架阅览区以自然采光为主，开架书库人工照明为辅，特殊要求的藏阅空间，可用人工照明。

5. 自然通风

图书馆设计中，可利用建筑物内部贯穿多层的竖向空腔——如楼梯间、中庭、拔风井等满足进排风口的高差要求，并在顶部设置可以控制的开口，将建筑各层的热空气排出，达到自然通风的目的。利用热压拔风烟囱效果加强过渡季自然通风，减少空调时间，从而降低能耗。

**29.5.4 防水和防潮**

1. 书库的室外场地应排水通畅，防止积水倒灌；室内应防止墙面、墙身返潮，不得出现结露现象；屋面雨水宜采用有组织外排法，不得在屋面上直接放置水箱等蓄水设施。

2. 书库底层地面基层应采用架空地面或其他防潮措施。

3. 当书库设于地下室时，不应跨越变形缝，且防水等级应为一级。

**29.5.5 防虫和防鼠**

1. 图书馆的绿化应选择不滋生、引诱害虫的植物。

2. 书库外窗的开启扇应采取防蚊蝇的措施。

3. 食堂、快餐室、食品小卖部等应远离书库布置。

4. 鼠患地区宜采用金属门，门下沿与楼地面之间的缝隙不应大于5mm。墙身通风口应用金属网封罩。

5. 白蚁危害地区，应对木质构件及木制品等采取白蚁防治措施。

# 30 博物馆建筑设计

## 30.1 博物馆分类

博物馆分类

表 30.1

| 编号 | 分类 | 藏品性质与展品 | 实例 |
|---|---|---|---|
| 1 | 历史类 | 以历史的观点来展示藏品,主要按编年次序为重要历史事件提供文献资料 | 中国历史博物馆、中国革命博物馆、西安半坡遗址博物馆、秦始皇兵马俑博物馆、泉州海外交通史博物馆、景德镇陶瓷历史博物馆、北京鲁迅博物馆、广东阳江海上丝绸之路博物馆 |
| 2 | 艺术类 | 主要展示藏品的艺术和美学价值,包括绘画、雕塑、装饰艺术、实用艺术、古物、民俗、原始艺术、现代艺术等 | 南阳汉画馆、广东民间工艺馆、北京大钟寺古钟博物馆、徐悲鸿纪念馆、天津戏剧博物馆 |
| 3 | 科学与技术类 | 以分类、发展或生态的方法展示自然界,以立体的方法从宏观或微观方面展示科学成果,包括自然科学博物馆、实用科学博物馆和技术博物馆 | 中国地质博物馆、北京自然博物馆、自贡恐龙博物馆、台湾昆虫科学博物馆、中国科学技术馆、柳州白莲洞洞穴科学博物馆 |
| 4 | 综合类 | 综合展示人类、国家、地区、城市及乡村的全面历史进程 | 大英博物馆、法国卢浮宫博物馆、美国大都会博物馆、中国国家博物馆、天津博物馆、安徽省博物馆、南通博物苑、山东省博物馆、湖南省博物馆、内蒙古自治区博物馆 |

## 30.2 博物馆建筑规模

博物馆建筑规模分类

表 30.2

| 编号 | 建筑规模类别 | 建筑总建筑面积(m²) | 实例 |
|---|---|---|---|
| 1 | 特大型馆 | ＞50000 | 中国美术馆、首都博物馆、广东省博物馆、天津博物馆、上海科技馆、秦始皇兵马俑博物馆、中国科学技术馆新馆 |

| 编号 | 建筑规模类别 | 建筑总建筑面积（m²） | 实例 |
|---|---|---|---|
| 2 | 大型馆 | 20001～50000 | 安徽省博物馆、四川省博物馆、西藏博物馆、洛阳博物馆、徐州美术馆、西安大唐西市博物馆 |
| 3 | 大中型馆 | 10001～20000 | 十堰市博物馆、三星堆博物馆、中国科举博物馆、张家界博物馆、苏州博物馆 |
| 4 | 中型馆 | 5001～10000 | 明代帝王文化博物馆、汉阳陵帝陵外葬坑保护展示厅、西湖博物馆、韩美林艺术馆、自贡恐龙博物馆 |
| 5 | 小型馆 | ≤5000 | 广安邓小平故居陈列馆、四川绵竹历史博物馆、缙云博物馆 李震坚艺术馆、建川博物馆战俘馆、吴山博物馆 |

# 30.3　选址与总平面设计

## 30.3.1　选址

博物馆的选址应针对博物馆的类型、规模及城市人文环境综合确定，并符合下列要求：

1. 符合城市规划及文化设施布局的要求。

2. 应交通便利，公用配套设施完善。

3. 基地面积除满足博物馆的规模及功能要求外，宜留有适当发展余地。

4. 保证安全，与易燃易爆场所、噪声源、污染源的距离，应符合相关规定。

5. 不应选择在地震、滑坡、洪涝、虫害、严重污染的地段。

6. 宜独立建造。当与其他类型建筑合建时，博物馆建筑应自称一区。

7. 在历史建筑、保护建筑、历史遗址上或其近旁新建、扩建、改进博物馆建筑，应符合文物保护的相关规定。

## 30.3.2　总平面设计

1. 应方便观众使用、确保藏品安全、利于运营管理。

2. 应布局合理、分区明确，公众、业务、行政三个区域互不干扰、联系方便。

3. 建筑主要出入口应与城市公共交通联系顺畅。

4. 合理设置人流、车流、物流，观众出入口应与藏品、展品出入口分开设置；藏品、展品的运输路线和装卸场地应安全、隐蔽，且不应受观众活动的影响。

5. 观众出入口广场应有集散空地，面积应不小于 $0.4m^2/人$。

6. 藏品保存场所的建筑物宜设环形消防车道。

7. 室外展场应符合博物馆主题设计和流线组织的要求，并考虑公众休息等服务设施的设置，满足展品运输、更换的要求。

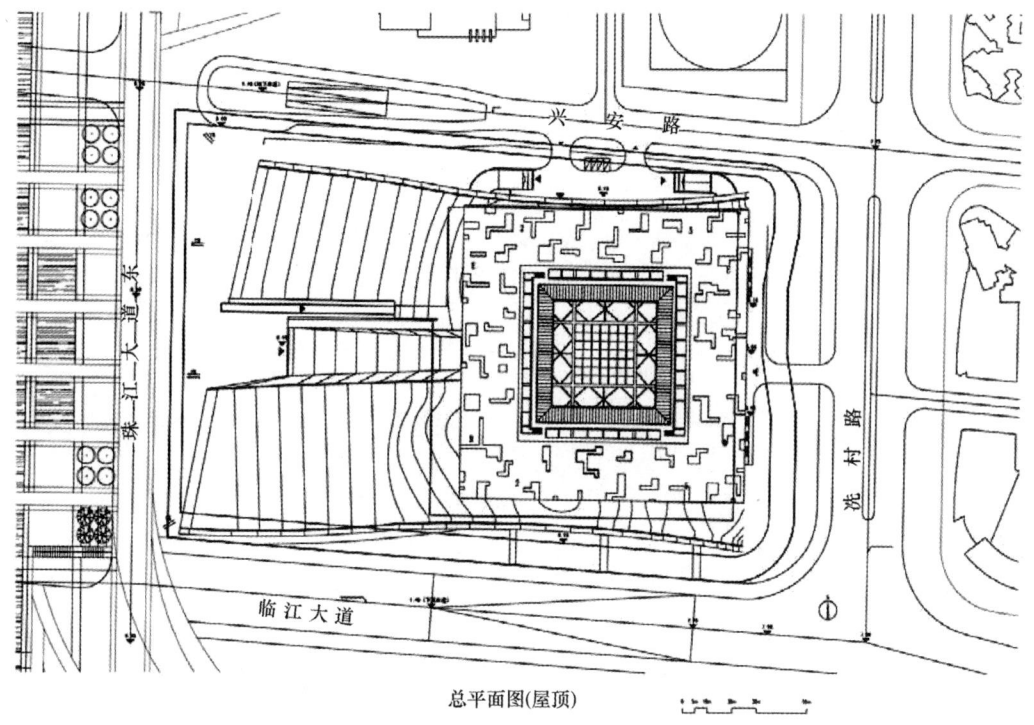

总平面图(屋顶)

图 30.3.2　某博物馆总平面图

### 30.3.3　停车要求

博物馆建筑基地内设置的停车位数量　　　　　　　　表 30.3

| 大型客车 | 小型汽车 | | 非机动车 |
|---|---|---|---|
| | 每 1000m² 建筑面积设置的停车位(个) | | |
| | 小型馆、中型馆 | 大中型馆、大型馆、特大型馆 | |
| 0.3 | 5 | 6 | 15 |

注：（1）计算停车位时，总建筑面积不包含车库建筑面积。
　　（2）停车位数量不足 1 时，应按 1 个停车位设置。

## 30.4　功能构成及面积构成

### 30.4.1　功能构成

　　博物馆的功能按使用范围可以分为公众区域、业务区域及行政区域。功能区域的组成和各类用房的设置应根据博物馆的类型确定，但通常包括：收藏、整理、保护、研究、展示、教育、交流与公共服务八项。

博物馆功能构成　　　　　　　　表 30.4.1

| 公众区域 | 陈列展览区 | 综合大厅、序厅、过厅、陈列厅、临时展厅、儿童展厅、特殊展厅、导览视听室、室外展区等 |
|---|---|---|
| | | 展具贮藏室，讲解员室，安保室，管理员室等 |

| 公众区域 | 教育区 | | 影视厅、学术报告厅、教室、实验室、阅览室、活动室、青少年活动室、互动式体验区等 |
|---|---|---|---|
| | 公众服务区 | | 售票室、门廊、门厅、休息室（廊）、饮水、卫生间、母婴室、贵宾室、广播室、医务室、信息咨询服务、寄存、安检等 |
| | | | 茶座、餐厅、商店、银行等 |
| 业务区域 | 藏品库区 | 库前区 | 拆装箱间、鉴选室、暂存库、保管员室、工作用房、包装材料库、保管设备库、鉴赏室、周转库、分级室、编目室等 |
| | | 库房区 | 分类库房、珍品库房、文献库房等 |
| | 藏品技术区 | | 清洁间、晾置间、干燥间、消毒室、冷冻室 |
| | | | 书画装裱及修复用房、油画修复室、实物修复用房、药品库、临时库、动物标本制作用房、植物标本制作用房、化石修理室、模型制作室、药品库、临时库 |
| | | | 鉴定实验室、修复工艺实验室、生物实验室、仪器室、材料库、药品库、临时库 |
| | 业务研究用房 | | 摄影用房、摄影室、展陈设计室、阅览室、资料室、信息中心 |
| | | | 美工室、展品展具制作与维修用房、材料库 |
| 行政区域 | 行政管理区 | | 行政办公室、接待室、会议室、物业管理用房 |
| | | | 安全保卫用房、消防控制室、建筑设备监控室 |
| | 附属用房 | | 职工更衣室、职工餐厅 |
| | | | 设备机房、行政库房、车库 |

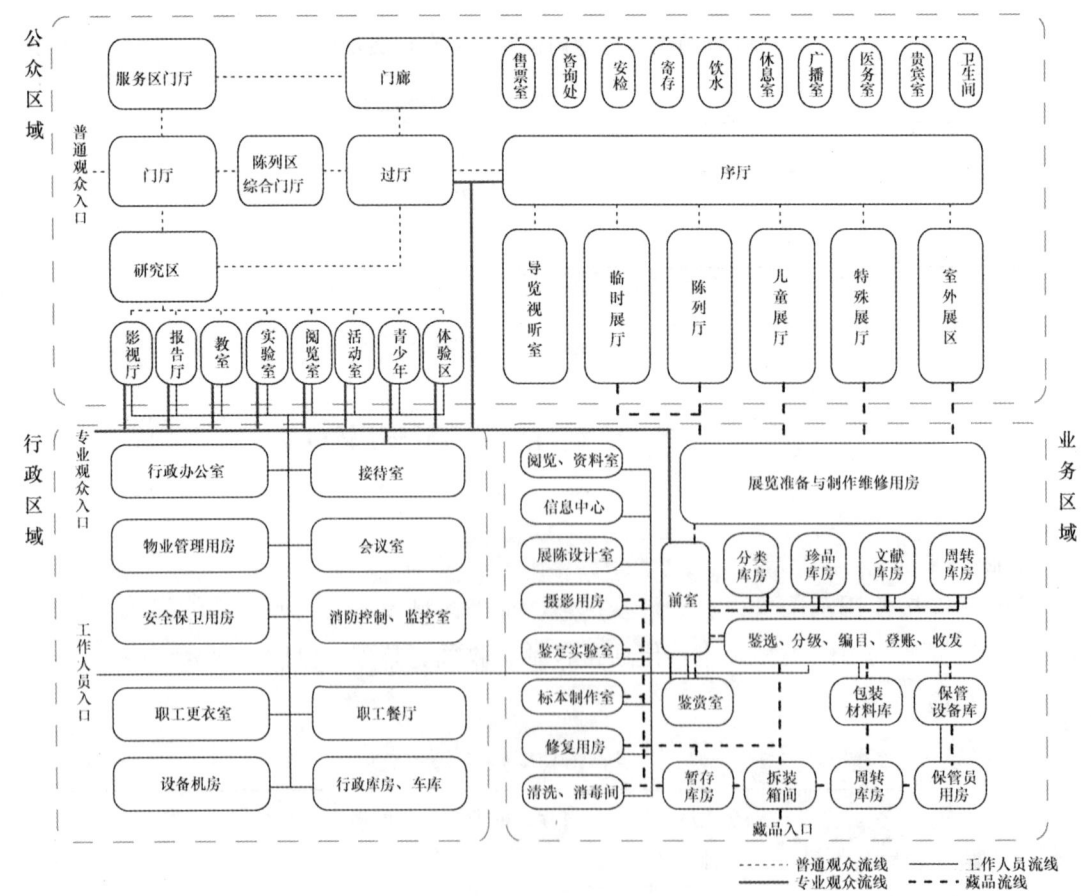

图 30.4.1 博物馆功能关系图示

### 30.4.2 面积构成

博物馆面积构成（％）　　　　　　　　　表 30.4.2

| 博物馆类型 | | 展示用房 | 服务用房 | 收藏用房 | 研究用房 | 管理用房 | 其他用房 |
|---|---|---|---|---|---|---|---|
| 历史博物馆 | | 40～50 | 10～20 | 5～10 | 7～12 | 2～5 | 18～23 |
| 艺术博物馆 | | 45～55 | 3～7 | 15～25 | 4～8 | 3～7 | 15～20 |
| 科学与技术博物馆 | 自然博物馆 | 50～60 | 8～12 | 3～7 | 15～25 | 3～7 | 8～12 |
| | 科技博物馆 | 45～55 | 20～30 | 5～10 | 2～4 | 4～8 | 6～10 |
| 综合博物馆 | | 35～45 | 8～15 | 11～18 | 3～7 | 4～8 | 20～30 |

注：（1）表中数据均为百分比。

（2）不同博物馆根据规模及实际功能需求，与表中数据可能有所差异，表中数据仅供设计参考。

# 30.5 建 筑 设 计

### 30.5.1 一般规定

1. 各类功能布局和空间设计应为内部功能的适度调整和后续扩建提供可能。

2. 应当充分结合展陈设计进行功能布局；分区明确，各类功能用房相对集中，自成系统，同时应考虑各类功能用房之间的联系方便。

3. 博物馆的藏（展）品出入口、观众出入口、员工出入口应分开设置。公众区域与行政区域、业务区域之间的通道应能关闭。

4. 应根据功能分区确定合理的参观流线。观众流线与藏（展）品流线应各自独立，互不影响；食品、垃圾运送路线不应与藏（展）品流线交叉；参观流线应与展陈流线吻合并保持一定的灵活性。

5. 应根据展陈流线提供适当的休息区域。陈列区中的休息区域可与公共区域相对独立，做到动静有别。

6. 藏品库区应接近陈列区布置，藏（展）品不宜通过露天运输和在运输过程中经历大的温、湿度变化。

7. 设备用房与其他区域应相对独立但紧密联系，无关的管线不应穿越藏品保存场所。

8. 博物馆建筑的藏品保存场所应符合下列规定：

1）饮水点、厕所、用水的机房等存在积水隐患的房间，不应布置在藏品保存场所的上层或同层贴邻位置。

2）当用水消防的房间需设置在藏品库房、展厅的上层或同层贴邻位置时，应有防水构造措施和排除积水的设施。

9. 交通设施：

1）可根据展陈要求在建筑中设置多种形式的交通设施，大型馆、特大型馆宜设置自动扶梯或者结合布展设置参观坡道。

2）藏（展）品运送通道不应出现台阶、门槛，坡道的坡度不应大于 1：20。

3）藏品库区可根据需要设置载货电梯，但载货电梯应设在库房区总门之外。

10. 卫生间设置规定：

1）陈列展览区的使用人数应按展厅净面积 0.2 人/m² 计算；教育区使用人数应按教育用房设计容量的 80％计算。

2）使用人数的男女比例应按 1∶1 计算。

3）茶座、餐厅、商店等的厕所应符合相关的建筑设计标准的规定。

厕所卫生设施数量 表 30.5.1

| 设施 | 陈列展览区 | | 教育区 | |
|---|---|---|---|---|
| | 男 | 女 | 男 | 女 |
| 大便器 | 每 60 人设 1 个 | 每 20 人设 1 个 | 每 40 人设 1 个 | 每 13 人设 1 个 |
| 小便器 | 每 30 人设 1 个 | — | 每 20 人设 1 个 | — |
| 洗手盆 | 每 60 人设 1 个 | 每 40 人设 1 个 | 每 40 人设 1 个 | 每 25 人设 1 个 |

### 30.5.2 陈列展览区

1. 组成与分类

陈列展览区一般由陈列展览空间、展具贮藏室、讲解员室、管理员室等部分组成，根据陈列内容可包括综合大厅、基本陈列厅、临时展厅等，还可以根据需要设置序厅、导览视听室、儿童展厅、特殊展厅等。

陈列展览区可以根据展陈方式分类，可分为：展柜式、悬吊式、放置式、场景式、互动式以及多媒体式；也可根据展品内容分类，可分为：社会历史类、自然历史类、艺术类以及科学技术类。

2. 基本要求

1）应根据展品的性质、类型、数量、特色及展示要求进行合理的展陈设计。

2）应满足陈列内容的系统性、顺序性和方便观众选择性参观的需求。

3）展陈设计应保障展品安全和观众安全，光照、温度、湿度、空气质量、安防等方面需满足具体要求。

4）应合理组织观众流线，避免重复、交叉、缺漏，参观顺序宜按顺时针方向设计。

5）临时展厅应能独立开放、布展、撤展，不影响其他展厅的正常运作。

6）合理布置讲解员室、管理室、展具储藏室等附属用房。

3. 陈列展览平面组合类型

陈列展览平面组合类型 表 30.5.2

| 组合类型 | 特点 | 实例 |
|---|---|---|
| 大厅式 | 利用大厅综合展出或灵活分隔成小空间 | 巴黎蓬皮杜艺术文化中心、美国航空博物馆 |
| 串联式 | 各陈列展览室互相串联 | 殷墟博物馆、德国柏林犹太人纪念馆 |
| 放射式 | 各陈列展览室环绕放射枢纽（门厅、庭院等）布置 | 宝鸡青铜器博物馆、毕尔巴鄂·古根海姆美术馆 |
| 混合式 | 将上述几种方式进行组合 | 西安大唐西市博物馆 |

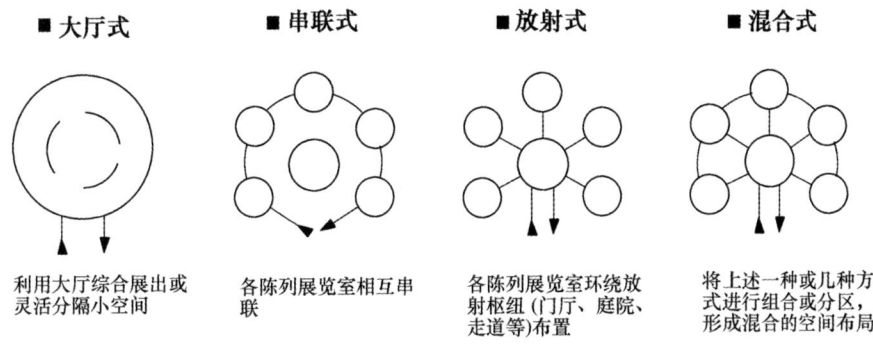

■ 大厅式

利用大厅综合展出或灵活分隔小空间

■ 串联式

各陈列展览室相互串联

■ 放射式

各陈列展览室环绕枢组(门厅、庭院、走道等)布置

■ 混合式

将上述一种或几种方式进行组合或分区，形成混合的空间布局

图 30.5.2-1  陈列展览平面组合类型

4. 展厅布置形式（特殊展厅除外）

基本类型分为：口袋式、穿过式、混合式，每种基本类型又可进一步划分为：单线陈列、双线陈列、三线陈列。

| 基本类型 陈列方式 | 单线陈列 | | 双线陈列 | | 三线陈列 |
|---|---|---|---|---|---|
| 口袋式 | | | | | |

| 基本类型 陈列方式 | 单线陈列 | | 双线陈列 | | 三线陈列 |
|---|---|---|---|---|---|
| 穿过式 | | | | | |

| 基本类型 陈列方式 | 陈列布置形式 | | |
|---|---|---|---|
| 混合式 | | | |

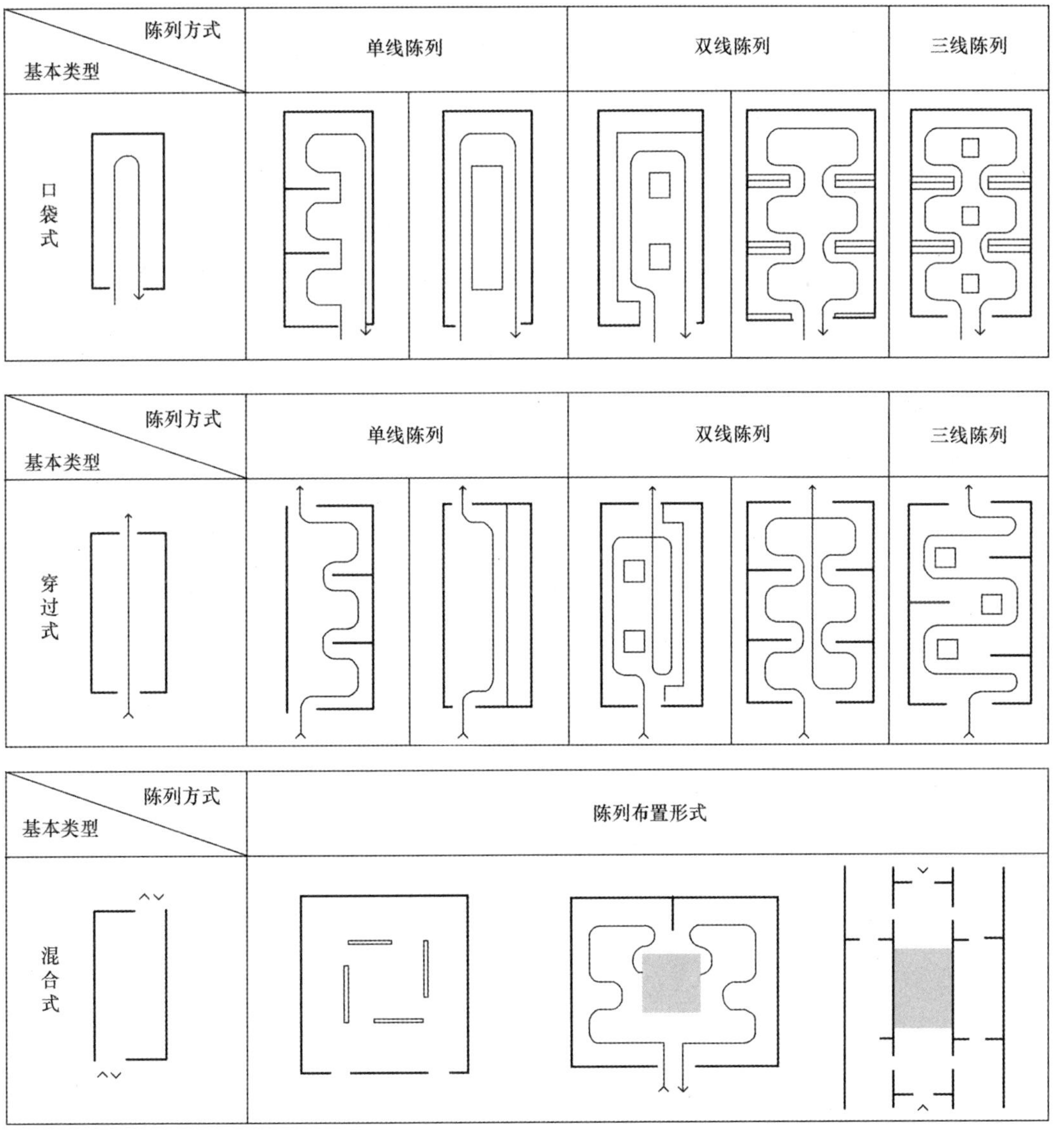

图 30.5.2-2  展厅布置形式示意

649

**5. 空间尺度**

1）单跨展厅采用单线陈列时，跨度不宜小于 5m，采用双线陈列时，跨度不宜小于 9m。多跨展厅柱距不宜小于 7m。

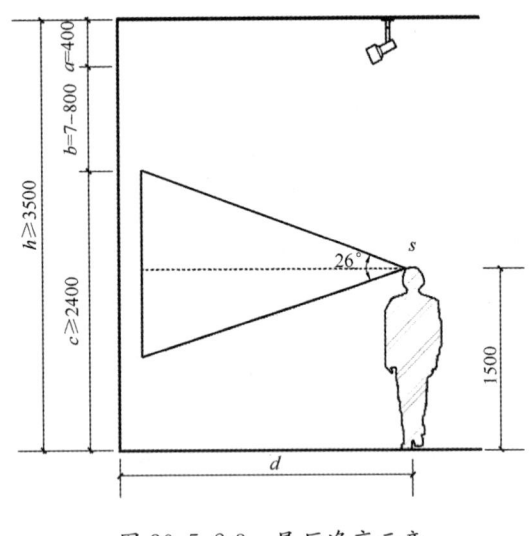

图 30.5.2-3　展厅净高示意

2）展厅净高应符合下式计算结果：

$$H \geqslant a+b+c$$

式中：$h$＝净高（m），$a$—灯具的轨道及吊挂空间，宜取 0.4m，$b$—厅内空气流通需要的空间，宜取 0.7～0.8m，$c$—展厅内隔板或展品带高度，取值不宜小于 2.4m。

此外，展厅净高还应满足展品展示、安装的要求，顶部灯光对展品入射角的要求，以及安全监控设备覆盖面的要求；顶部空调送风口边缘距藏品顶部直线距离不应小于 1.0m。

3）展厅的空间尺寸与展品内容类型、博物馆建筑规模都有密切联系，特殊展品的展厅及附属用房应根据工艺要求具体设计。

### 30.5.3　公共服务区

**1. 组成**

公共服务区一般包括公共服务设施和休息商业空间。

公共服务设施包括：公众门厅、安检、领票售票处、验票处、问询处、饮水、卫生间、母婴室、广播室、医务室、讲解员室、寄存处、语音导览及资料索取处、雨具存放处、轮椅及儿童车租用处等为观众服务的功能空间。

休息商业空间包括：咖啡厅、茶室、休息廊、小卖部、纪念品商店、书店等。

**2. 基本要求**

1）合理安排普通观众、团体观众、贵宾、集会人员等不同参观人流，避免重复交叉。

2）公共服务设施应设置在公众出入口附近，方便参观者使用。

3）合理安排门厅、综合大厅、序厅等空间的整合与转换，合理组织水平与垂直参观流线，并方便各部分功能区域的连接。

4）休息商业空间宜靠近大厅设置集中休息空间，每层宜在空间过渡区设置分散休息空间，集中与分散相结合。

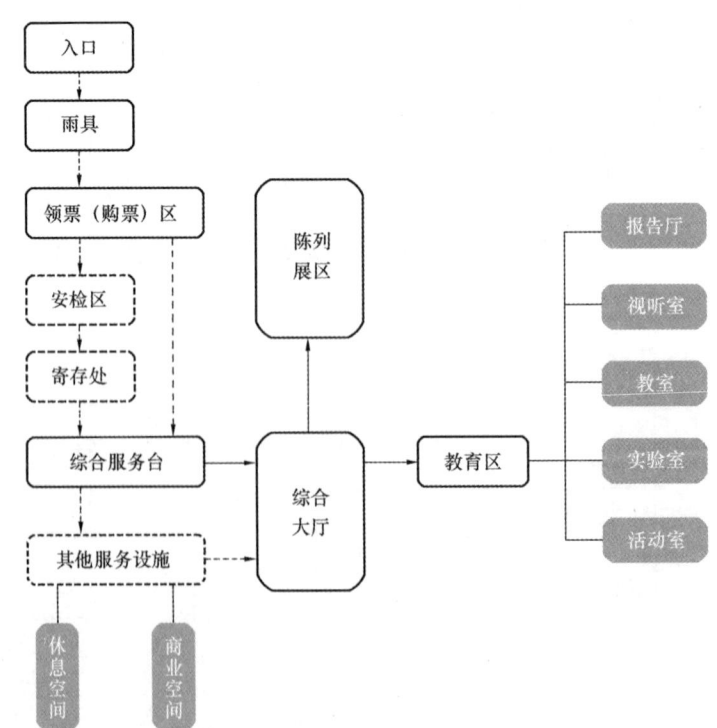

图 30.5.3-1　公共服务区平面组织图示

5）餐厅、茶座设计应符合《饮食建筑设计规范》JGJ 64—2017 的要求，不应影响藏品保存，并配置储藏间、垃圾间和通往室外的卸货区。

6）饮水处、卫生间、母婴室等应靠近休息空间布置。

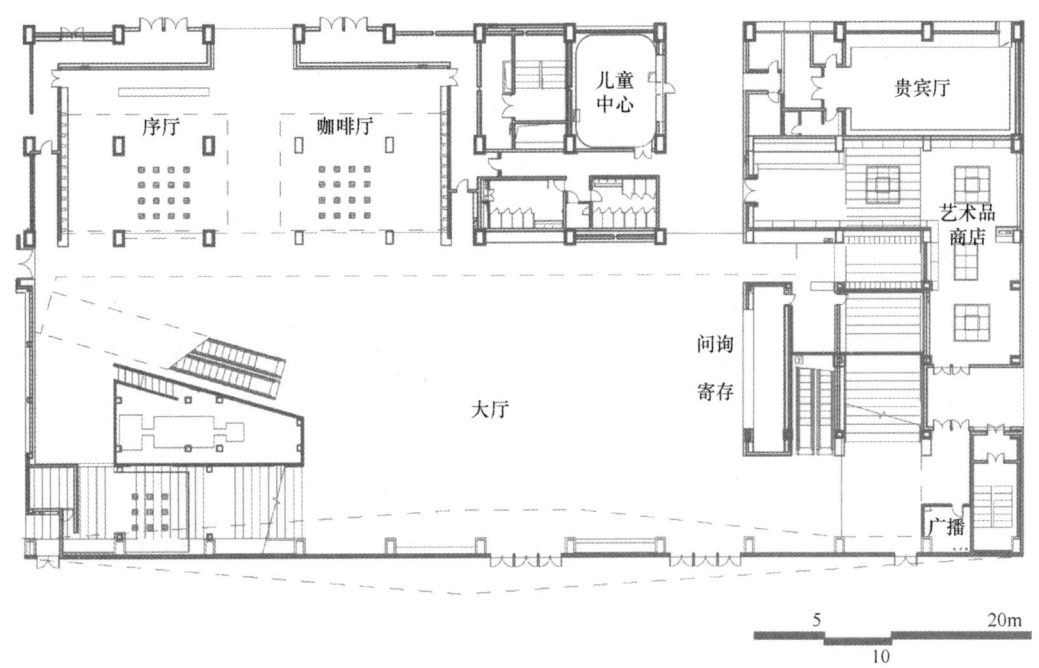

图 30.5.3-2 公共服务区平面示例

### 30.5.4 教育区

1. 根据博物馆教育功能的定位，教育区可设置影视厅、学术报告厅、教室、实验室、阅览室、活动室、青少年活动室、互动式体验区等用房。

2. 教育区应与门厅、中央大厅等联系紧密，或设置独立对外出入口。

3. 教育区的教室、实验室，每间使用面积宜为 $50\sim60\mathrm{m}^2$，并宜符合现行国家标准《中小学设计规范》GB 50099—2011 的有关规定。

### 30.5.5 藏品库区

1. 组成

藏品库区一般由库前区和库房区组成。库前区包括拆箱间、暂存库、缓冲间、保管员工作用房、包装材料库、保管设备库、鉴赏室等组成，库房区包括分类库房及运输通道。分类库房类型见表 30.5.5。库前区位于库房区总门之外，库房区位于库房区总门之内。库房与库房区外墙之间宜设夹道，以满足防盗及温、湿度差缓冲的作用。

**藏品库的类型** 表 30.5.5

| 名称 | 位置 | 要求 | 备注 |
|---|---|---|---|
| 有机藏品库 | 库房区总门之内 | 对温、湿度有较高要求 | — |
| 无机藏品库 | 库房区总门之内 | 对温度、洁净度有要求 | — |
| 珍品库 | 库房区总门之内 | 严格的恒温、恒湿要求 | 宜单独建造或独立分区 |
| 周转库 | 一般在库房区总门之外，属于藏品管理区 | 临时存放需周转的藏品 | 预备布展的藏品、交换展的藏品 |

| 名称 | 位置 | 要求 | 备注 |
|------|------|------|------|
| 暂存库 | 库房区总门之外 | 暂时存放尚未清理、消毒的藏品 | |
| 半开放库/<br>开放库 | 库房区总门之外，一般位于<br>藏品库区与展区之间 | 兼有库房与展厅的特点 | 可供普通参观者观察或接触 |

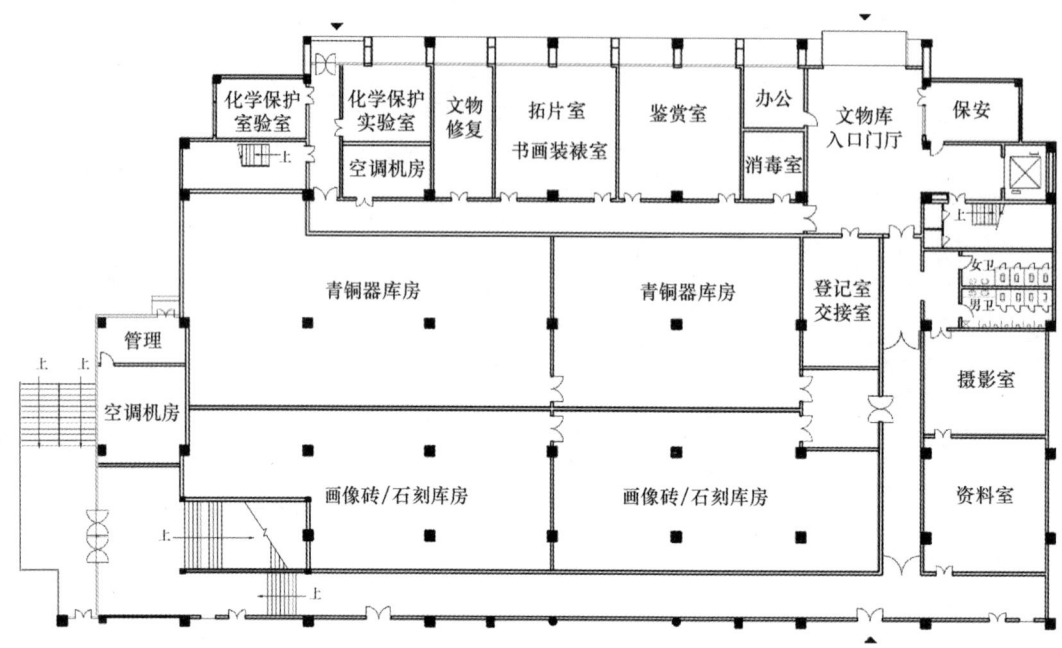

图 30.5.5-1 藏品库区平面示例

2. 基本要求

1）除满足现有藏品保管的需要，应考虑藏品增长预期的要求，适当预留扩建的余地。

2）库区内藏品运送通道应短捷、方便，不应设置台阶、门槛。

3）藏品中有对温、湿度较敏感的，需加设缓冲间，缓冲间可设在库房区总门内或总门前。

4）库前区入口处应设置拆箱（包）间，暂存库宜靠近拆箱（包）间。

5）库房内住通道净宽不应小于1.20m，两行藏品柜间通道不应小于0.80m，藏品柜端与墙净距不宜小于0.60m，藏品柜背与墙净距不宜小于0.15m。

6）藏品库房的开间及柱网应与库房内保管装具的排列和藏品通道相适应，并不宜小于6m。

7）藏品宜按质地或学科分类分间贮藏；每间库房应单独设门；库房的面积、开间尺寸、柱网布置应符合下列规定：

（1）库房面积每间一般不宜小于50m²；文物类、艺术类藏品库房以80～150m²为宜；自然类藏品库房以200～400m²为宜。

（2）库房的净高应高出保管装具柜顶0.4m以上，并应不小于2.4m；文物类藏品库房以2.8～3.0m为宜，现代艺术藏品、自然类藏品库房以3.5～4.0m为宜。

（3）特殊藏品、科技类藏品的库房面积及高度应根据藏品实际尺寸和工艺要求确定。

（4）珍贵藏品应考虑防盗要求。

8）藏品库房的防水要做到六面防护，顶板及地板可以做防水夹层。库房内不应有水管及无关的管线穿越。

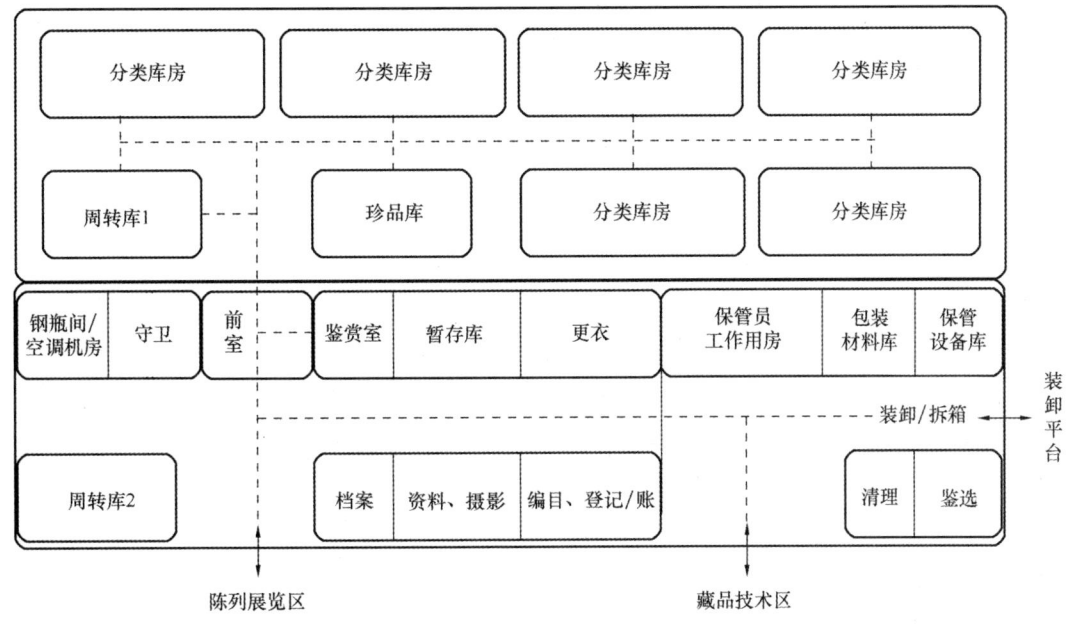

图 30.5.5-2　藏品库区平面组织图示

### 30.5.6　藏品技术区

1. 组成

藏品技术区主要包括以下四类用房：藏品清洁、晾置、干燥、消毒（熏蒸、冷冻、低氧）用房；装裱、修复、复制及辅助用房；动植物标本制作室及辅助用房；实验室及辅助用房。

**各类修复室的技术要求** 　　　　　　　　　　　　　　　　　　　　表 30.5.6

| 名称 | | 主要用房 | 技术要求 |
|---|---|---|---|
| 书画装裱及修复用房 | | 修复室、装裱室、裱件暂存室、打浆室等 | 修复室、装裱间不应有直接日晒，应采光充足、均匀，有供吊挂、装裱书画的较大墙面，宜设空调设备 |
| 油画修复室 | | — | 平面尺寸及照明、设备等应根据工艺要求设计 |
| 熏蒸室 | | 特大型、大型博物馆应专设，中、小型博物馆设熏蒸柜或熏蒸釜 | 宜两面靠外墙，面积不宜小于 $20m^2$；建筑构造应密闭，应设独立机械排风系统 |
| 实物修复室 | 金石器修复用房 | 翻模砂浇铸室、烘烤间等 | 每间面积宜为 $50\sim100m^2$，净高不应小于3.0m；有良好采光通风，不应有直接日晒；根据工艺配备排气、污水等设施，满足防火要求；漆器修复室宜配有晾晒场地 |
| | 漆木修复用房 | 家具、漆器修复室、阴干间 | |
| | 陶瓷修复用房 | 陶瓷烧造室 | |
| 实验用房 | 生物实验室 | 无菌室、实验仪器贮藏室、药品库、毒品库或易燃易爆品库 | 面积一般为 $50m^2$，位置应远离库区 |
| | 化学实验室 | | |
| | 物理实验室 | | |

2. 基本要求

1）各类用房应根据工艺、设备的要求进行设计，并留有余地，以适应工艺变化和设备更新的需要。

2）应按工艺要求设置带通风柜的通风系统和全室通风系统，通风换气量按实验室的要求进行计算。

3）清洁间应配备沉淀池；晾置间（或晾置场地）不应有直接日晒，并应通风良好。

### 30.5.7　业务研究用房

1. 组成

业务研究用房由图书、音像阅览及资料室，摄影用房，信息中心，导览声像制作用房，展陈设计用房，研究、出版用房及展品展具制作维修用房等组成。

2. 基本要求

业务研究用房技术要求 表 30.5.7

| 名称 | 主要用房 | 技术要求 |
|---|---|---|
| 图书、声像资料室 | 阅览室、库房、管理人员办公室、复印室 | 阅览室应有良好的天然采光和自然通风 |
| 摄影用房 | 摄影室、编辑室、冲放室、配药室、器材库 | 宜靠近藏品库区设置；面积、层高、门宽度、走廊高度等应满足工艺要求；不应有阳光直射，宜朝北或采用人工光源 |
| 信息中心 | 服务器机房、计算机房、电子信息接收室、电子文件采集室、数字化用房 | 不应与藏品库及易燃易爆物存放场所毗邻 |
| 导览声像制作用房 | 闭路电视系统和演播系统，演播系统为录像片制作区域，包括演播室、导控室、编辑室、录音室、资料室等 | 各房间的建筑设计应符合工艺要求 |
| 研究、出版用房 | — | 特大型、大型博物馆的研究、出版用房应自成一区，设置专用接待室供馆内外研究人员使用，并宜设独立出入口，与藏品库区应设专用的安全通道及相关设施 |
| 展陈设计用房 | — | 与制作用房及展厅、藏品库之间必须有便捷的交通以保证藏品的运送安全 |
| 展品展具制作维修用房 | 美工室、制作室、维修室 | 应与展厅联系方便，靠近货运电梯，避免对公众区域的干扰；与展厅的通道满足运输要求；应采取隔声、吸声的处理措施；净高不宜小于 4.5m；符合工艺要求及相关规定 |

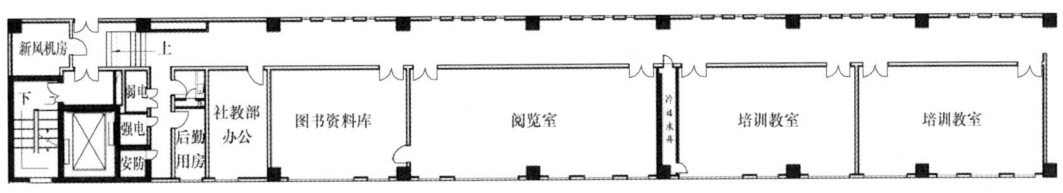

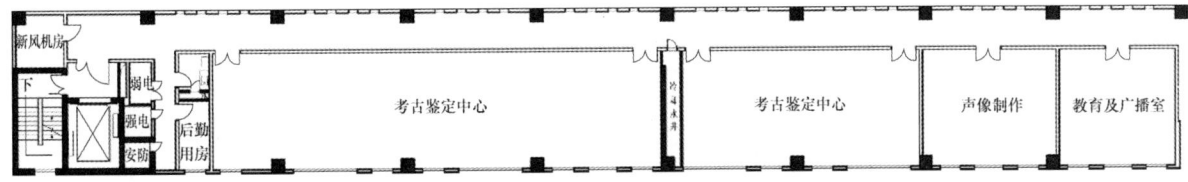

图 30.5.7　业务研究用房平面示例

### 30.5.8　行政管理区

1. 组成

行政管理区由行政管理办公、会议、接待用房，安全保卫用房，职工餐厅、更衣室，设备机房四部分组成。

2. 安全保卫用房应根据博物馆的防护级别要求设置，其功能房间和技术要求见表 30.5.8。

安全保卫用房技术要求　　　　　　　　　　表 30.5.8

| 安全保卫用房 | 技术要求 |
| --- | --- |
| 安防监控中心或报警值班室 | 宜设在首层；安防监控中心不应与建筑设备监控室或计算机网络机房合用；应安装防盗门窗；特大型馆、大型馆的安防监控中心出入口宜设置两道防盗门，门间通道长度不应小于 3.0m；大型馆、特大型馆宜在重要部位设分区报警值班室 |
| 保卫人员办公室 | 使用面积按定员数量确定 |
| 宿舍（营房） | 使用面积按定员数量确定；应有自然通风和采光，并应配备卫生间、自卫器具储藏室 |
| 自卫器具储藏室 | 自卫器具储藏室 |
| 卫生间 | — |

# 30.6　藏　品　保　护

藏品保护的主要内容包括：温度、相对湿度、空气质量、污染物浓度、光辐射的控制，以及防生物危害、防水、防潮、防尘、防振动、防地震、防雷等内容。

### 30.6.1　温湿度控制

藏品保存场所的温度宜在 15～25℃，相对湿度宜在 45%～65%，并应根据藏品材质类别确定最佳保存参数，可参见表 30.6.1 的规定。陈列室、藏品库房的温、湿度应相对稳定，温度的日波动值不应大于 2～5℃，相对湿度的日波动值不应大于 5%。

| 博物馆藏品保存环境相对湿度标准 | 表 30.6.1 |
|---|---|

| 藏品材质类别 | 相对湿度% |
|---|---|
| 金银器、青铜器、古钱币、陶瓷、石器、玉器、玻璃等 | 0～40 |
| 纸质书画、纺织品、腊叶植物标本等 | 50～60 |
| 竹器、木器、藤器、漆器、骨器、象牙、古生物化石等 | 40～60 |
| 墓葬壁画等 | 40～50 |
| 一般动、植物标本等 | 50～60 |

### 30.6.2 防生物危害

1. 藏品保存场所的门下沿与楼地面之间的缝隙不得大于 5mm。

2. 藏品库房、陈列室应在通风孔洞设置防鼠、防虫装置。

3. 建筑物的木质材料应经过消毒杀虫处理。

### 30.6.3 防污染控制

1. 藏品保存场所墙体内壁材料应易清洁、易除尘并能增加墙体密封性；地面材料应防滑、耐磨、消声、无污染、易清洁、具弹性。

2. 藏品区域应配备空气净化过滤系统。

3. 固定的保管和陈列装具应采用环保材料。

### 30.6.4 防潮和防水

1. 屋面防水等级应为Ⅰ级；地下防水等级应为Ⅰ级；平屋面的屋面排水坡度不宜小于 5%。

2. 珍品库、无地下室的首层库房、地下库房必须采取防潮、防水和防结露措施。

3. 库房区的楼地面应比库房区外高出 15mm。当采用水消防时，地面应有排水设施。

4. 藏品库房、展厅设置在地下室或半地下室时，应设置可靠的地坪排水装置；排水泵应设置排水管单独排至室外，排水管不得产生倒灌现象。

### 30.6.5 防盗

1. 藏品库房不宜开设除门窗外的其他洞口，否则应采取防火、防盗措施。

2. 珍品库不宜设窗。

3. 藏品库房总门、珍品库房和陈列室应设置安全监控系统和防盗自动报警系统。

4. 展柜必须安装安全锁，并配备安全玻璃。

# 30.7 光 环 境 设 计

博物馆的光环境设计的内容主要包括：尽量减少照明对展品的损害；照明系统应具备灵活性以满足不同的展示需求；照明应营造适当的主题气氛。

### 30.7.1 天然光的应用

1. 应优先采用天然光。

2. 展厅内不应有直射阳光。

3. 采光口应有减少紫外辐射、调节和限制天然光照度值和减少曝光时间的构造措施。

4. 应有防止直接眩光、反射眩光、映像和光幕反射等现象的措施。

5. 顶层展厅宜采用顶部采光，其采光均匀度不宜小于0.7。

6. 对于需要识别颜色的展厅，采光材料应不改变天然光光色。

7. 光的方向性应根据展陈设计要求确定。

### 30.7.2　人工照明

1. 宜选用接近天然光色温的高色温光源。

2. 光源的热辐射应避免损害展品。

3. 对于照度低的展厅，其出入口应设置视觉适应过渡区域。

4. 展厅室内顶棚、地面、墙面应选择无反光的饰面材料。

# 30.8　声　学　设　计

### 30.8.1　基本要求

1. 博物馆建筑应进行声学设计。

2. 博物馆建筑的空间布局，应结合功能分区的要求，隔离安静区域与嘈杂区域。

3. 对产生噪声的设备应采取隔振、隔声措施，并宜将其设于地下。

4. 公众区域应避免产生声聚焦、回声、颤动回声等声学缺陷。

5. 公众区域的顶棚或墙面宜做吸声处理。

### 30.8.2　博物馆建筑的室内允许噪声级要求

室内允许噪声级        表30.8.2

| 房间类别 | 允许噪声级（A声级，dB） |
|---|---|
| 报告厅、会议室等（有特殊安静要求） | ≤35 |
| 一般展厅、研究室、行政办公及休息室（有一般安静要求） | ≤45 |
| 互动展厅、实验室（无特殊安静要求） | ≤55 |

### 30.8.3　空气声隔声标准和撞击声标准

博物馆建筑不同房间围护结构的空气声隔声标准和撞击声隔声标准，应符合表30.8.3的规定：

空气声隔声标准和撞击声隔声标准        表30.8.3

| 房间类型 | 空气声隔声标准<br>隔墙及楼板计权隔声量<br>（dB） | 撞击声隔声标准<br>层间楼板计权标准化<br>撞击声压级（dB） |
|---|---|---|
| 有特殊安静要求的房间与一般安静要求的房间之间 | ≥50 | ≤65 |
| 有一般安静要求的房间与产生噪声的展览室、活动室之间 | ≥45 | ≤65 |
| 有一般安静要求的房间之间 | ≥40 | ≤75 |

### 30.8.4 公众区域混响时间

公众区域、包括展厅、门厅、教育用房等公共区域的混响时间，宜符合表30.8.4的要求：

公众区域的混响时间　　　　　　　　表30.8.4

| 房间名称 | 房间体积（m³） | 500Hz混响时间（使用状态，s） |
|---|---|---|
| 一般公共活动区域 | 200～500 | ≤0.8 |
| | 501～1000 | 1.0 |
| | 1001～2000 | 1.2 |
| | 2001～4000 | 1.4 |
| | >4000 | 1.6 |
| 视听室、电影厅、报告厅 | — | 0.7～1.0 |

注：特殊音效的3D、4D影院应根据工艺设计要求确定混响时间。

# 30.9 消 防 设 计

### 30.9.1 耐火等级

博物馆建筑的耐火等级要求如表30.9.1所示。

博物馆建筑耐火等级　　　　　　　　表30.9.1

| 耐火等级 | 博物馆建筑类型 |
|---|---|
| 二级 | 一般博物馆建筑 |
| 一级 | 地下或半地下建筑和高层建筑 |
| | 总建筑面积大于10000m²的建筑 |
| | 重要博物馆建筑 |

### 30.9.2 防火分区

博物馆建筑的防火分区面积要求如表30.9.2所示。

博物馆防火分区面积　　　　　　　　表30.9.2

| 功能区域 | 博物馆类型 | 防火分区设计要求 |
|---|---|---|
| 陈列展览区 | 一般博物馆 | 1. 单层、多层建筑不应大于2500m² |
| | | 2. 高层建筑不应大于1500m² |
| | | 3. 地下或半地下建筑不应大于500m² |
| | | 4. 设自动灭火系统时，防火分区面积可以增加一倍 |
| | | 5. 防火分区内一个厅、室的建筑面积不应大于1000m²；展厅为单层或位于首层，且展厅内展品的火灾危险性为丁、戊类物品时，展厅面积可适当增加，但不宜大于2000m² |
| | 科技馆和技术博物馆（展品火灾危险性为丁、戊类物品）并设有自动灭火系统和火灾自动报警系统 | 1. 设在高层建筑内时，不应大于4000m² |
| | | 2. 设在单层建筑内或仅设置在多层建筑的首层时，不应大于10000m² |
| | | 3. 设在地下或半地下时，不应大于2000m² |
| | | 4. 单个展厅的建筑面积不宜大于2000m² |

续表

| 功能区域 | 博物馆类型 | 防火分区设计要求 | |
|---|---|---|---|
| 藏品库区 | 藏品火灾危险性类别为丙类液体 | 1. 设在单层或多层建筑的首层时，不应大于1000m² | |
| | | 2. 在多层建筑时不应大于700m² | |
| | 藏品火灾危险性类别为丙类固体 | 1. 设在单层或多层建筑的首层时，不应大于1500m² | |
| | | 2. 多层建筑不应大于1200m² | |
| | | 3. 高层建筑不应大于1000m² | |
| | | 4. 地下或半地下建筑不应大于500m² | |
| | 藏品火灾危险性类别为丁类 | 1. 设在单层或多层建筑的首层时，不应大于3000m² | |
| | | 2. 多层建筑不应大于1500m² | |
| | | 3. 高层建筑不应大于1200m² | |
| | | 4. 地下或半地下建筑不应大于1000m² | |
| | 藏品火灾危险性类别为戊类 | 1. 设在单层或多层建筑的首层时，不应大于4000m² | |
| | | 2. 多层建筑不应大于2000m² | |
| | | 3. 高层建筑不应大于1500m² | |
| | | 4. 地下或半地下建筑不应大于1000m² | |

注：当藏品库区内全部设置自动灭火系统和火灾自动报警系统时，可按表内规定增加1倍。

### 30.9.3 安全疏散

1. 陈列展览区每个防火分区的疏散人数应按区内全部展厅的高峰限制之和计算确定。展厅内观众的合理密度和高峰密度如表30.9.3所示。

**展厅观众合理密度 $e_1$ 和展厅观众高峰密度 $e_2$** 表30.9.3

| 编号 | 展品特征 | 展览方式 | 展厅观众合理密度 $e_1$（人/m²） | 展厅观众高峰密度 $e_2$（人/m²） |
|---|---|---|---|---|
| I | 设置玻璃橱、柜保护的展品 | 沿墙布置 | 0.18~0.20 | 0.34 |
| II | | 沿墙、岛式混合布置 | 0.14~0.16 | 0.28 |
| III | 设置安全警告线保护的展品 | 沿墙布置 | 0.15~0.17 | 0.25 |
| IV | | 沿墙、岛式、隔板混合布置 | 0.14~0.16 | 0.23 |
| V | 无须特殊保护或互动性的展品 | 展品沿墙布置 | 0.18~0.20 | 0.34 |
| VI | | 展品沿墙、岛式、隔板混合布置 | 0.16~0.18 | 0.30 |
| VII | 展品特征和展览方式不确定（临时展厅） | | — | 0.34 |
| VIII | 展品展示空间与陈列展览区的交通空间无间隔（综合大厅） | | — | 0.34 |

2. 展厅内任一点至最近疏散门或安全出口的直线距离不应大于30m；当疏散门不能直通室外地面或疏散楼梯间时，应采用长度不大于10m的疏散走道通至最近的安全出口。当该场所设置自动喷水灭火系统时，室内任一点至最近安全出口的安全疏散距离可分别增加25%。位于两个安全出口之间的疏散门至最近安全出口的直线距离不应大于30m，位于袋形走道两侧或尽端的

疏散门至最近安全出口的直线距离不应大于 15m。

### 30.9.4  其他要求

1. 藏品保存场所的安全疏散楼梯应采用封闭楼梯间或防烟楼梯间，电梯应设前室或防烟前室；藏品库区电梯和安全疏散楼梯不应设在库房区内。

2. 珍品库和一级纸（娟）质文物的展厅，应设置气体灭火系统。

3. 藏品数在 1 万件以上的特大型、大型、中（一）型、中（二）型博物馆的藏品库房和藏品保护技术室、图书资料室，应设置气体灭火系统。

4. 其他博物馆展厅、藏品库房、藏品技术保护室、图书资料室等也可设置细水雾灭火系统或自动喷水预作用灭火系统，此时对陈列有机质地藏品的陈列柜和收藏箱柜应采用不燃材料且密封严实。

5. 其他要求参见本书"建筑防火设计"一章。

# 31  海绵城市与低影响开发

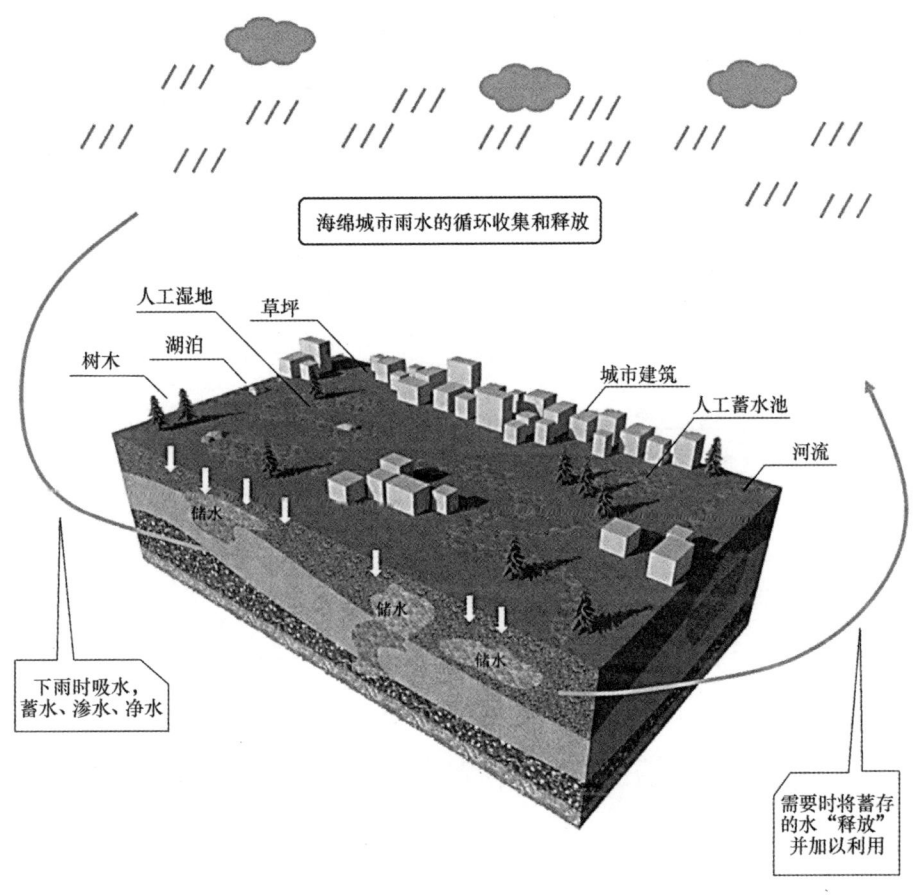

图 31.1.1  海绵城市示意图

注：本图参考网络整理

## 31.1  概念及相关名词术语

### 31.1.1  概念

海绵城市是指城市像海绵具有"弹性"，下雨时吸水、渗水、净水，需要时将水适时"释放"，实现雨水在城市区域的渗透、积存、净化和利用，有利于城市生态，环境建设。即通过加强城市规划建设管理，充分发挥建筑、道路和绿地、水系等生态系统对雨水的吸纳、蓄渗和缓释作用，有效控制雨水径流，实现自然积存、自然渗透、自然净化的城市发展方式。

**31.1.2 名词术语**

名词术语表　　　　　　　　　　　　　　　表 31.1.2

| | |
|---|---|
| 低影响开发 | Low Impact Development，LID 是指在场地开发过程中采用源头、分散式措施维持场地开发前的水文特征。其核心是维持场地开发前后水文特征不变，包括径流总量、峰值流量、峰值时间等。广义的低冲击开发是指在城市开发建设过程中采用源头削减、中途转输、末端调蓄等多种手段，通过渗、滞、蓄、净、用、排等多种技术，实现城市良性水文循环，提高对径流雨水的渗透、调蓄、净化、利用和排放能力，维持或恢复城市的"海绵"功能 |
| 多年平均径流总量控制率 | 雨水通过自然和人工强化的入渗、滞蓄、调蓄和收集回用，场地内累计一年得到控制的雨水量占全年总降雨量的比例 |
| 年径流污染率 | 雨水经过预处理措施和低影响开发设施物理沉淀、生物净化等作用，场地内累计一年得到控制的雨水径流污染物总量占全年雨水径流污染物总量的比例 |
| 雨水滞留控制量 | 为满足低影响开发外排峰值流量控制目标而需要滞留的雨水量 |
| 径流污染控制径流深度 | 为满足低影响开发源头污染控制目标而需要控制的径流深度 |

注：本表参考《海绵城市建设技术指南——低影响开发雨水系统构建（试行）》（建城函〔2014〕275 号）整理。

# 31.2 建 设 目 标

建设目标表　　　　　　　　　　　　　　　表 31.2

| | |
|---|---|
| 建设目标 | 将 70% 的降雨就地消纳和利用 |
| | 逐步实现小雨不积水、大雨不内涝、水体不黑臭，热岛效应有一定缓解 |
| | 到 2030 年，城市建成区 80% 以上的面积达到目标要求 |
| | 同时配套编制逐步完善城市排水防洪系统规划，加强排水防洪，系统建设，发展绿色建筑 |

注：本表参考《国务院办公厅关于推进海绵城市建设的指导意见》（国办发〔2015〕75 号）整理。

# 31.3 低冲击开发雨水系统的设计

低冲击开发雨水系统设计　　　　　　　　　　　表 31.3

| | |
|---|---|
| 建筑与小区 | 可采用的技术设施主要有：透水铺装、绿色屋顶、生物滞留设施、植草沟、蓄水池、雨水桶、调节塘（池）、渗管（渠）、植被缓冲带、初期雨水弃流设施和人工湿地等 |
| | 景观水体、草坪绿地和低洼地宜具有雨水储存或调节功能，景观水体可建成集雨水调蓄、水体净化和生态景观为一体的多功能生态水体 |
| | 雨水入渗系统不应对人身安全、建筑安全、地质安全、地下水水质、环境卫生等造成不利影响 |
| 道路与广场 | 使用透水铺装，推行道路与广场雨水的收集、净化和利用 |
| | 增强道路对雨水的消纳功能，减轻对市政排水系统的压力 |
| | 道路径流雨水进入道路红线内外绿地内的低影响开发设施前，应利用沉淀池、前置塘等对进入绿地内的径流雨水进行预处理，防止径流雨水对绿地环境造成破坏 |

| | |
|---|---|
| 城市绿地 | 通过建设雨水花园、下凹式绿地、人工湿地等措施,增强公园和绿地系统的城市海绵体功能,消纳自身雨水,并为蓄滞周边区域雨水提供空间 |
| | 城市绿地内湿塘、雨水湿地等雨水调蓄设施应采取水质控制措施,利用雨水湿地、生态堤岸等设施提高水体的自净能力 |
| 城市水系 | 加强对城市坑塘、河湖、湿地等水体自然形态的保护和恢复 |
| | 禁止填湖造地、截弯取直、河道硬化等破坏水生态环境的建设行为 |
| | 恢复和保持河湖水系的自然连通,构建城市良性水循环系统,逐步改善水环境质量 |
| | 加强河道系统整治,因势利导改造渠化河道,重塑健康自然的弯曲河岸线,恢复自然深潭浅滩和泛洪漫滩,实施生态修复,营造多样性生物生存环境 |
| | 到2030年,城市建成区80%以上的面积达到目标要求 |

注:本表参考《国务院办公厅关于推进海绵城市建设的指导意见》(国办发〔2015〕75号)及《海绵城市建设技术指南(201410)》整理。

# 31.4 技 术 指 标

**技术指标** 表 31.4

| 规划层级 | 控制目标与指标 | 赋值方法 |
|---|---|---|
| 城市总体规划、专项(专业)规划 | 控制目标<br>年径流总量控制率及其对应的设计降雨量 | 年径流总量控制率目标选择,可通过统计分析计算得到年径流控制率及其对应的设计降雨量 |
| 详细规划 | 综合指标<br>单位面积控制容积 | 根据总体规划阶段提出的年径流总量控制率目标,结合各地块绿地率等控制指标,计算各地块的综合指标——单位面积控制容积 |
| | 单项指标<br>1. 下沉式绿地率及其下沉深度<br>2. 透水铺装率<br>3. 绿色屋顶率<br>4. 其他 | 根据各地块的具体条件,通过技术经济分析,合理选择单项或组合控制指标,并对指标进行合理分配,指标分解方法:<br>方法1:根据控制目标和综合指标进行试算分解<br>方法2:模型模拟 |

注:(1) 下沉式绿地率=广义的下沉式绿地面积/绿地总面积,广义的下沉式绿地泛指具有一定调蓄容积(在以径流总量控制为目标进行目标分解或设计计算时,不包括调节容积)的可用于调蓄径流雨水的绿地,包括生物滞留设施、渗透塘、湿塘、雨水湿地等;下沉深度指下沉式绿地低于周边铺砌地面或道路的平均深度,下沉深度小于100mm的下沉式绿地面积不参与计算(受当地土壤渗透性能等条件制约,下沉深度有限的渗透设施除外),对于湿塘、雨水湿地等水面设施系指调蓄深度。
(2) 透水铺装率=透水铺装面积/硬化地面总面积。
(3) 绿色屋顶率=绿色屋顶面积/建筑屋顶总面积。
(4) 本表摘自《海绵城市建设技术指南(201410)》。

# 31.5 技 术 类 型

各类低影响开发技术又包含若干不同形式的低影响开发设施,主要有透水铺装、绿色屋顶、下沉式绿地、生物滞留设施、渗透塘、渗井、湿塘、雨水湿地、蓄水池、雨水罐、调节塘、调节池、植草沟、渗管/渠、植被缓冲带、初期雨水弃流设施、人工土壤渗滤等。

表 31.5

| 设施 | 概念构造 | 适用性 | 优缺点 | 典型构造 |
|---|---|---|---|---|
| 透水铺装 | 透水砖铺装、透水水泥混凝土铺装和透水沥青混凝土铺装，嵌草砖、鹅卵石、碎石铺装等 | 广场、停车场、人行道以及车流量和荷载较小的道路 | 适用广，施工方便，补充地下水，具有削减峰值流量减和雨水净化作用，易堵塞，易冻融破坏 | 透水面60～80mm 透水找平层20～30mm 透水基层100～150mm 透水底基层150～200mm 土基 PVC排水管DN50 |
| 绿色屋顶 | 种植屋面，屋顶绿化基质深度根据植物需求及屋顶荷载确定 | 符合屋顶荷载、防水等条件的平屋顶建筑和坡度≤15°的坡屋顶建筑 | 减少屋面径流总量、径流污染，节能减排作用，严格要求屋顶荷载、防水、坡度、空间条件等 | 植物 基质层 过滤层 排水层 保护层 防水层 建筑屋顶 排水管 排水口 |
| 下沉式绿地 | 具有一定的调蓄容积，用于调蓄和净化径流雨水的绿地 | 城市建筑与小区、道路、绿地和广场 | 适用广，建设和维护费用低，大面积应用易受地形等条件影响 | 蓄水层100～200mm 种植土≥250mm 原土 接雨水管渠 溢流口 |

续表

| 设施 | 概念构造 | 适用性 | 优缺点 | 典型构造 |
|---|---|---|---|---|
| 生物滞留设施 | 在地势较低区域，通过植物、土壤和微生物系统蓄渗、净化径流雨水的设施 | 建筑与小区内建筑、道路及停车场的周边绿地，城市道路绿化带 | 形式多，适用广，易与景观结合，径流控制效果好，建设维护费用较低 | 溢流口　接雨水管渠　蓄水层200~300mm　覆盖层50~100mm　原土；溢流口　接雨水管渠　防渗膜（可选）　蓄水层200~300mm　树皮覆盖层50~100mm　换土层250~1200mm　透水土工布或100mm砂层　穿孔排水管DN100~150　砾石层250~300mm |
| 渗透塘 | 雨水下渗补充地下水的洼地 | 汇水面积大且具有一定空间条件的区域 | 补充地下水、削减峰值流量，建设费用较高，对场地条件和后期维护管理要求较高 | 放空管　排放管　阀门　格栅　溢流竖管　滤料层　蓄渗容积　最高地下水位　透水土工布　前置塘　进水　碎石　沉泥区　区水入 |
| 渗井 | 通过井壁和井底进行雨水下渗的设施 | 建筑与居住区内建筑、道路及停车场的周边绿地 | 占地面积小，建设和维护费用低，水质和水量控制作用有限 | 雨水算子　出水管　透水土工布　砾石　进水管　砂层　塑料渗排管 |

续表

| 设施 | 概念构造 | 适用性 | 优缺点 | 典型构造 |
|---|---|---|---|---|
| 湿塘 | 具有雨水调蓄和净化功能的景观水体 | 建筑与小区、城市绿地、广场等具有空间条件的场地 | 有效削减径流总量、径流污染和峰值流量，对场地条件和建设维护费用要求高 | |
| 雨水湿地 | 利用物理、水生植物及微生物等作用净化雨水 | 建筑与小区、城市道路、城市绿地、滨水带等区域 | 有效削减污染物，有径流量控制和峰值流量效果，建设维护费用高 | |
| 蓄水池 | 具有雨水储存功能的集蓄利用设施 | 有雨水回用用需求的建筑与小区、城市绿地等 | 节省占地，雨水管易接入、防止蚊蝇滋生，建设费用大，后期维护管理要求高 | |

续表

| 设施 | 概念构造 | 适用性 | 优缺点 | 典　型　构　造 |
|---|---|---|---|---|
| 雨水罐 | 地上或地下封闭式的简易雨水集蓄利用设施 | 适用于单体建筑屋面雨水的收集利用 | 多为成型产品，施工安装方便，便于维护，但其储存容积较小，雨水净化能力有限 | |
| 调节塘 | 由进水口、调节区、出口设施、护坡及堤岸构成，也可通过合理设计使其具有渗透功能 | 建筑与居住区、城市绿地等 | 有效削减峰值流量、建设及维护费用低、功能单一 | |
| 调节池 | 地上敞口式调节池或地下封闭式调节池 | 用于城市雨水管渠系统中，削减管渠峰值流量 | 有效削减峰值流量，功能单一，建设维护费用 | |

续表

| 设施 | 概念构造 | 适用性 | 优缺点 | 典型构造 |
|---|---|---|---|---|
| 植草沟 | 种有植被的地表沟渠，可收集、输送和排放径流雨水，具有一定的雨水净化作用 | 建筑与居住区内道路、广场、停车场等不透水面的周边，城市道路及城市绿地等区域 | 建设维护费用低，易与景观结合，易受场地条件制约 | 抛物线型植草沟断面图　三角型植草沟断面图　梯型植草沟断面图<br><br>注:<br>(1) 植草沟的造型要求应符合以下要求：<br>①抛物线形植草沟适用于利用地受限较小的地段；<br>②梯形植草沟适用于利用地受限较小的地段；<br>③三角形植草沟适用于低填方边坡坡度大的地段，通常取值范围宜为 1/4~1/3<br>(2) 植草沟断面的深度 $h$ 应大于最大有效水深，一般最大不宜大于 600mm<br>(3) 植草沟的宽度应根据汇水面积确定，宜为 150~2000mm，此参数可根据具体情况取值，主要原则是<br>(4) 植草沟的长度 $L$ 应根据具体生态草沟的平面布置形式而定，主要原则是防止沟底冲刷破坏<br>(5) 植草沟不宜作为行洪通道 |
| 渗管/渠 | 具有渗透功能的雨水管/渠 | 建筑与居住区及公共绿地内转输流量较小的区域 | 对场地空间要求小，但建设费用较高，易堵塞，维护较困难 | 无砂混凝土渗透渠　无砂混凝土透水砖　透水土工布　砾石　覆土　穿孔管　透水土工布　砾石 |

| 设施 | 概念构造 | 适用性 | 优缺点 | 典型构造 |
|---|---|---|---|---|
| 植被缓冲带 | 经植被拦截及土壤下渗作用减缓地表径流流速，并去除径流中的部分污染物 | 于道路等不透水面周边，作为生物滞留设施等低影响开发设施的预处理设施 | 建设维护费用低，对场地空间大小、坡度等条件要求较高 | |
| 初期雨水弃流设施 | 通过一定方法或装置将初期径流存在在初期雨水污染物浓度较高的降雨径流予以弃除 | 用于屋面雨水的雨落管、径流雨水的集中入口等低影响开发设施的前端 | 占地面积小，建设费用低，可降低雨水储存及净化设施的维护管理费用 | |
| 人工土壤渗滤 | 主要作为蓄水池等的配套雨水设施，以达到回用水水质指标 | 用于有一定场地空间的建筑区及城市居住区绿地 | 净化效果好，易与景观结合，建设费用高 | |

注：本表参考《海绵城市建设技术指南（201410）》。

# 再 版 编 后 语

为有利于注册建筑师和广大设计人员更好地执行国家、部委颁布的各项工程建设技术标准、规范及省、市地方标准、规定，了解新技术、新材料，提高设计质量和效率，我们于 2016 年编撰出版了《注册建筑师设计手册》，其图表化、数据表格化，简明扼要，内容较为全面，便于阅读和查找。从三年的使用信息获悉本书得到全国众多建筑师首肯。由于建筑技术的更新，规范和标准的发布和修订，新技术与新材料的应用等因素，2020 年 8 月编委会决定组织省市 17 家知名企业和高等大学对《注册建筑师设计手册》进行修订再版。

本书是为注册建筑师特别编撰的工具书，也可供建筑设计、施工、监理、室内装饰、管理人员和大专院校师生参考使用，并可作为大学毕业生到设计院上岗前的培训用书。

修订版手册由原来的 27 章增至 31 章，其内容为建筑专业设计的主要内容，是对设计规范的理解、掌握和执行。对新出现的技术问题进行归类解答，也是对省、市设计企业历年设计经验的总结和提高。

参加本书修订编撰及审稿的 76 名人员，都是省、市设计企业及国家级建筑科学研究院中，长期在生产一线从事建筑设计、审图、科技研究的老、中、青专家和业务骨干。编委们主持或参加了许多大型、复杂的建筑工程设计、科学技术研究，积累了丰富的实践经验。在繁忙设计及科研工作之余，不辞辛苦、兢兢业业、一丝不苟地编撰本书。搜集整理资料、校审设计数据、编排手册的章节条文、绘制图例、设计表格、推敲文字……在半年多业余时间里编撰者们呕心沥血。如果我们编委的辛勤付出，能为建筑设计同行们提高设计质量和设计效率提供一些帮助，我们将感到欣慰！

在此，我们对为本书提出宝贵意见和建议的全国各有关单位的专家学者和读者们表示感谢；同时，本书还参考和引用了一些省市设计单位的有关资料、一些学者专家的论文或科研成果，在此一并感谢。相关参考已在书中注明出处，如有遗漏，敬请来信、来电联系。

同时还要对付出了辛勤劳动的中国建筑工业出版社的总编辑、费海玲编审、张幼平编辑和设计师们表示感谢！

由于编者水平和能力所限，本书存在不足，甚至有错漏的地方，恳请广大读者多提宝贵意见和建议，以便今后改正和完善。

《注册建筑师设计手册》（第二版）

主编：张一莉

2021 年 1 月 8 日于深圳

# 参 考 文 献

[1] 张道真. 深圳建筑防水构造图集[M]. 北京：中国建筑工业出版社，2014.

[2] 深圳市建筑设计研究总院. 建筑设计技术手册[M]. 北京：中国建筑工业出版社，2011.

[3] 深圳市勘察设计行业协会. 深圳市工程设计行业 BIM 应用发展指引[M]. 天津：天津科学技术出版社，2013.

[4] 葛文兰. BIM 第二维度：项目不同参与方的 BIM 应用[M]. 北京：中国建筑工业出版社，2011.

[5] 田慧峰，孙大明，刘兰编著. 绿色建筑适宜技术指南[M]. 北京：中国建筑工业出版社，2014.

[6] 建筑设计资料集编委会. 建筑设计资料集 3[M]. 2 版. 北京：中国建筑工业出版社.

[7] 刘宝仲. 托儿所、幼儿园建筑设计[M]. 北京：中国建筑工业出版社，1989.

[8] 姜辉，孙磊磊，万正旸，孙曦. 大学校园群体[M]. 南京：东南大学出版社，2006.

[9] 纽曼. 学院与大学建筑[M]. 薛力，孙世界，译. 北京：机械工业出版社，2000.

[10] 宋泽方，周逸湖. 大学校园规划与建筑设计[M]. 北京：中国建筑工业出版社，2006.

[11] 建筑设计资料集编委会. 建筑设计资料集[M]. 2 版. 北京：中国建筑工业出版社，1994.

[12] 张国良，毕波. 国外图书馆设计资料集[M]. 北京：水利电力出版社，1988.

[13] 罗森布拉特. 博物馆建筑[M]. 北京：中国建筑工业出版社，2004.

[14] 住房和城乡建设部工程质量安全监管司，中国建筑标准设计研究院. 全国民用建筑工程设计技术措施：规划·建筑·景观：2009 年版[M]. 北京：中国计划出版社，2010.

[15] 周洁. 商业建筑设计[M]. 北京：机械工业出版社，2013.

[16] 朱守训. 酒店、度假村开发与设计[M]. 北京：中国建筑工业出版社，2010.

[17] 胡亮，沈征主. 酒店设计与布局[M]. 北京：清华大学出版社，2013.

[18] 孙佳成. 酒店设计与策划[M]. 北京：中国建筑工业出版社，2010.

[19] 建筑设计资料集编委会. 建筑设计资料集 7[M]. 2 版. 北京：中国建筑工业出版社，1995.

[20] 国际田径协会联合会. 田径场地设施标准手册：2008 版[M]. 北京：人民体育出版社，2009.

[21] 郑健. 铁路旅客车站细部设计[M]. 北京：人民交通出版社，2010.

[22] 建筑设计资料集编委会. 建筑设计资料集 4[M]. 2 版. 北京：中国建筑工业出版社，2017.

[23] 高宝真，黄南翼. 老龄社会住宅设计[M]. 北京：中国建筑工业出版社，2006.

[24] 黎志涛. 托儿所、幼儿园建筑设计[M]. 南京：东南大学出版社，1991.

[25] 藤江澄夫. 办公楼[M]. 王军，译. 北京：中国建筑工业出版社，2002.

[26] 日本建筑学会. 建筑设计资料集成：综合篇[M]. 重庆大学建筑城规学院，译. 北京：中国建筑工业出版社，2003.

[27] 孙明，李琳琳，卢玫珺. 建筑设计理论及应用实践[M]. 北京：中国水利水电出版社，2016.

[28] 全国民用建筑工程设计技术措施：2009 年版[M]. 北京：中国建筑标准研究院，2009.

[29] 张川，宋凌，孙潇月. 2014 年度绿色建筑评价标识统计报告[J]. 建设科技，2015(6)：20-23.

[30] 高冀生. 当代高校校园规划要点提示[J]. 新建筑，2002(04)：10-12.

[31] 何镜堂. 当前高校规划建设的几个发展趋向[J]. 新建筑，2002(04)：5-7.

[32] 建设集团. 低成本航站楼建设指南[J]. 机场建设，2014(000)002.

[33] 牛毅. 大学校园教学中心区建筑群体设计研究[D]. 哈尔滨：哈尔滨工业大学，2008.

[34] 孙振亚. 高校建筑的复合化设计研究[D]. 北京：北京建筑大学，2013.

[35] 吉志伟. 高校教学建筑设计研究[D]. 武汉：武汉理工大学，2003.

[36] 《建筑设计防火规范》图示：18J811—1[S]. 北京：中国计划出版社，2018.

[37] 中国建筑标准设计研究院.《民用建筑设计通则》图示：06SJ813[S]. 北京：中国计划出版社，2006.

[38] 中国建筑标准设计研究院. 建筑专业设计常用数据：17J911[S]. 北京：中国计划出版社，2009.

[39] 体育建筑设计规范：JGJ 31—2013[S]. 北京：中国建筑工业出版社，2017.

[40] 民用建筑设计统一标准：GB 50352—2019[S]. 北京：中国建筑工业出版社，2019.

[41] 住宅建筑规范：GB 50368—2005[S]. 北京：中国建筑工业出版社，2006.

[42] 建筑玻璃应用技术规程：JGJ 113—2015[S]. 北京：中国建筑工业出版社，2015.

[43] 玻璃幕墙工程技术规范：JGJ 102—2003[S]. 北京：中国建筑工业出版社，2005.

[44] 汽车加油加气站设计与施工规范：GB 50156—2012：2014 年版[S]. 北京：中国建筑工业出版社，2014.

[45] 楼地面建筑构造：12J 304[S]. 北京：中国计划出版社，2009.

[46] 屋面工程技术规范：GB 50345—2012[S]. 北京：中国建筑工业出版社，2012.

[47] 平屋面建筑构造：12J 201[S]. 北京：中国建筑工业出版社，2012.

[48] 工程做法：J909、G120[S]. 北京：中国建筑标准设计研究院，2008.

[49] 无障碍设计规范：GB 50763—2012[S]. 北京：中国建筑工业出版社，2012.

[50] 建筑设计防火规范：GB 50016—2014：2018 年版[S]. 北京：中国计划出版社，2018.

[51] 托儿所、幼儿园建筑设计规范：JGJ 39—2016：2019 年版[S]. 北京：中国建筑工业出版社，2016.

[52] 幼儿园建筑构造与设施：11J 935[S]. 北京：中国建筑标准设计研究院，2011.

[53] 倒置式屋面工程技术规程：JGJ 230—2010[S]. 北京：中国建筑工业出版社，2011.

[54] 坡屋面工程技术规范：GB 50693—2011[S]. 北京：中国计划出版社，2012.

[55] 种植屋面工程技术规程：JGJ 155—2013[S]. 北京：中国建筑工业出版社，2013.

[56] 建筑外墙防水工程技术规程：JGJ/T 235—2011[S]. 北京：中国建筑工业出版社，2011.

[57] 建筑室内防水工程技术规程：CECS 196—2006[S]. 北京：中国计划出版社，2006.

[58] 住宅室内防水工程技术规范：JGJ 298—2013[S]. 北京：中国建筑工业出版社，2013.

[59] 地下工程防水技术规范：GB 50108—2008[S]. 北京：中国计划出版社，2020.

[60] 建筑防水工程技术规程：DBJ 15—19—2006[S].

[61] 深圳市建设工程防水技术标准：SJG 19—2019[S]. 北京：中国建筑工业出版社，2020.

[62] 汽车库、修车库、停车场设计防火规范：GB 50067—2014[S]. 北京：中国计划出版社，2015.

[63] 车库建筑设计规范：JGJ 100—2015[S]. 北京：中国建筑工业出版社，2015.

[64] 机械式停车库工程技术规范：JGJ/T 326—2014[S]. 北京：中国建筑工业出版社，2014.

[65] 城市道路工程设计规范：CJJ 37—2012：2016 年版[S]. 北京：中国建筑工业出版社，2012.

[66] 车库建筑构造：17J927—1[S]. 北京：中国计划出版社，2020.

[67] 机械式停车库设计图册：13J927—3[S]. 北京：中国计划出版社，2013.

[68] 装配式建筑评价标准：GB/T 51129—2017[S]. 北京：中国建筑工业出版社，2018.

[69] 装配式混凝土结构技术规程：JGJ 1—2014[S]. 北京：中国建筑工业出版社，2014.

[70] 装配式混凝土结构住宅建筑设计示例：剪力墙结构：15J939—1[S]. 北京：中国计划出版社，2015.

[71] 装配式混凝土结构表示方法及示例：剪力墙结构：15G107—1[S]. 北京：中国计划出版社，2015.

[72] 装配式混凝土结构连接节点构造：楼盖结构和楼梯：15G310—1[S]. 北京：中国计划出版社，2015.

[73] 装配式混凝土结构连接节点构造：剪力墙结构：15G310—2[S]. 北京：中国计划出版社，2015.

[74] 预制混凝土剪力墙外墙板：15G 365—1[S]. 北京：中国计划出版社，2015.

[75] 预制混凝土剪力墙内墙板：15G 365—2[S]. 北京：中国计划出版社，2015.

[76] 桁架钢筋混凝土叠合板：60mm 厚底板：15G 366—1[S]. 北京：中国计划出版社，2015.

[77] 预制钢筋混凝土板式楼梯：15G 367—1[S]. 北京：中国计划出版社，2015.

[78] 预制钢筋混凝土阳台板、空调板及女儿墙：15G 368—1[S]. 北京：中国计划出版社，2015.

[79] 民用建筑信息模型设计标准：DB11/T 1069—2014[S].

［80］ 综合医院建筑设计规范：GB 51039—2014［S］. 北京：中国计划出版社，2015.

［81］ 综合医院建设标准：建标 110—2008［S］. 北京：中国计划出版社，2008.

［82］ 传染病医院建筑设计规范：GB 50849—2014［S］. 北京：中国计划出版社，2015.

［83］ 精神专科医院建筑设计规范：GB 51058—2014［S］. 北京：中国计划出版社，2015.

［84］ 中医医院建设标准：建标 106—2008［S］. 北京：中国计划出版社，2008.

［85］ 传染病医院建设标准：建标 173—2016［S］. 北京：中国计划出版社，2016.

［86］ 儿童医院建设标准：建标 174—2016［S］. 北京：中国计划出版社，2017.

［87］ 精神专科医院建设标准：建标 176—2016［S］. 北京：中国计划出版社，2017.

［88］ 急救中心建设标准：建标 177—2016［S］. 北京：中国计划出版社，2017.

［89］ 综合社会福利院建设标准：建标 179—2016［S］. 北京：中国计划出版社，2017.

［90］ 宿舍建筑设计规范：JGJ 36—2016［S］. 北京：中国建筑工业出版社，2016.

［91］ 公共图书馆建设标准：建标 108—2008［S］. 北京：中国计划出版社，2008.

［92］ 图书馆建筑设计规范：JGJ 38—2015［S］. 北京：中国建筑工业出版社，2016.

［93］ 博物馆建筑设计规范：JGJ 66—2015［S］. 北京：中国建筑工业出版社，2016.

［94］ 剧场建筑设计规范：JGJ 57—2016［S］. 北京：中国建筑工业出版社，2017.

［95］ 城市居住区规划设计标准：GB 50180—2018［S］. 北京：中国建筑工业出版社，2018.

［96］ 建筑防烟排烟系统技术标准：GB 51251—2017［S］. 北京：中国计划出版社，2018.

［97］ 铁路车站及枢纽设计规范：GB 50091—2006［S］. 北京：中国标准出版社，2006.

［98］ 深圳市建筑工务署. 深圳市建筑工务署 BIM 实施管理标准：SZGWS—2015—BIM—01［S］.

［99］ 电影院星级的划分与评定：GB/T 21048—2007［S］.

［100］ 绿色建筑评价标准：GB/T 50378—2019［S］. 北京：中国建筑工业出版社，2019.

［101］ 绿色商店建筑评价标准：GB/T 51100—2015［S］. 北京：中国建筑工业出版社，2015.

［102］ 旅游饭店星级的划分与评定：GB/T 14308—2010［S］. 北京：中国标准出版社，2011.

［103］ 旅馆建筑设计规范：JGJ 62—2014［S］. 北京：中国建筑工业出版社，2015.

［104］ 体育场馆声学设计及测量规程：JGJ/T 131—2012［S］. 北京：中国建筑工业出版社，2013.

［105］ 体育场建筑声学技术规范：GB/T 50948—2013［S］. 北京：中国计划出版社，2014.

［106］ 体育场地与设施（一）：08J 933—1［S］. 北京：中国计划出版社，2010.

［107］ 体育场地与设施（二）：13J 933—2［S］. 北京：中国计划出版社，2013.

［108］ 中小学校设计规范：GB 50099—2011［S］. 北京：中国建筑工业出版社，2012.

［109］ 中小学校设计规范图示：11J 934—1［S］. 北京：中国计划出版社，2011.

［110］ 建筑内部装修设计防火规范：GB 50222—2017［S］. 北京：中国计划出版社，2018.

［111］ 民用运输机场服务质量：MH/T 5104—2013［S］. 北京：中国民航出版社，2013.

［112］ 民用机场工程项目建设标准：建标 105—2008［S］.

［113］ 公共航空运输服务质量标准：GB/T 16177—2007［S］. 北京：中国标准出版社，2007.

［114］ 民用航空运输机场安全保卫设施：MH/T 7003—2017［S］. 北京：中国标准出版社，2008.

［115］ 民用机场航站楼设计防火规范：GB 51236—2017［S］. 北京：中国计划出版社，2018.

［116］ 铁路工程设计防火规范：TB 10063—2016［S］. 北京：中国铁道出版社，2017.

［117］ 铁路旅客车站建筑设计规范：GB 50226—2007：2011 年版［S］. 北京：中国计划出版社，2012.

［118］ 城市轨道交通技术规范：GB 50490—2009［S］. 北京：中国建筑工业出版社，2009.

［119］ 城市轨道交通工程项目建设标准：建标 104—2008［S］. 北京：中国计划出版社，2008.

［120］ 总图制图标准：GB/T 50103—2001［S］. 北京：中国建筑工业出版社，2011.

［121］ 地铁设计规范：GB 50157—2013［S］. 北京：中国建筑工业出版社，2014.

［122］ 地铁限界标准：CJJ/T 96—2018［S］. 北京：中国建筑工业出版社，2018.

［123］ 铁路线路设计规范：GB 50090—2006［S］.

[124] 地铁设计防火标准：GB 51298—2018[S]. 北京：中国计划出版社，2018.

[125] 老年人照料设施建筑设计标准：JGJ 450—2018[S]. 北京：中国建筑工业出版社，2018.

[126] 城镇老年人设施规划规范：GB 50437—2007：2018 年版[S]. 北京：中国建筑工业出版社，2008.

[127] 老年人居住建筑：15J923[S]. 北京：中国计划出版社，2016.

[128] 社区老年人日间照料中心建设标准：建标 143—2010[S].

[129] 老年养护院建设标准：建标 144-2010[S]. 北京：中国计划出版社，2011.

[130] 环境卫生设施设置标准：CJJ 27—2012[S]. 北京：中国建筑工业出版社，2013.

[131] 建筑给水排水设计标准：GB 50015—2019[S]. 北京：中国计划工业出版社，2019.

[132] 居住区智能化系统配置与技术要求：CJ/T 174—2003[S]. 北京：中国标准出版社，2004.

[133] 民用建筑供暖通风与空气调节设计规范：GB 50736—2012[S]. 北京：中国建筑工业出版社，2012.

[134] 民用建筑工程室内环境污染控制标准：GB 50325—2020[S]. 北京：中国计划出版社，2020.

[135] 民用建筑设计术语标准：GB/T 50504—2009[S]. 北京：中国计划出版社，2009.

[136] 透水水泥混凝土路面技术规程：CJJ/T 135—2009[S]. 北京：中国建筑工业出版社，2010.

[137] 透水沥青路面技术规程：CJJ/T 190—2012[S]. 北京：中国建筑工业出版社，2012.

[138] 城市道路：沥青路面：15MR 201[S]. 北京：中国计划出版社，2015.

[139] 公共建筑标识系统技术规范：GB/T 51223—2017[S]. 北京：中国计划出版社，2017.

[140] 钠基膨润土防水毯：JG/T 193—2006[S]. 北京：中国标准出版社，2007.

[141] 电梯主参数及轿厢、井道、机房的型式与尺寸　第 1 部分：Ⅰ、Ⅱ、Ⅲ、Ⅵ类电梯：GB/T 7025.1—2008[S]. 北京：中国标准出版社，2009.

[142] 铝合金门窗：GB/T 8478—2020[S]. 北京：中国标准出版社，2020.

[143] 文化馆建筑设计规范：JGJ/T 41—2014[S]. 北京：中国建筑工业出版社，2015.

[144] 声环境质量标准：GB 3096—2008[S]. 北京：中国环境科学出版社，2008.

[145] 公园设计规范：GB 51192—2016[S]. 北京：中国建筑工业出版社，2017.

[146] 城市用地分类与规划建设用地标准：GB 50137—2011[S]. 北京：中国计划出版社，2012.

[147] 城市公共设施规划规范：GB 50442—2008[S]. 北京：中国计划出版社，2008.

[148] 特殊教育学校建设标准：建标 156—2011[S]. 北京：中国计划出版社，2012.

[149] 普通高等学校建筑面积指标：建标 191—2018[S]. 北京：中国计划出版社，2018.

[150] 残疾人康复机构建设标准：建标 165—2013[S]. 北京：中国计划出版社，2013.

[151] 66kV 及以下架空电力线路设计规范：GB 50061—2010[S]. 北京：中国计划出版社，2010.

[152] 110kV～750kV 架空输电线路设计规范：GB 50545—2010[S]. 北京：中国计划出版社，2018.

[153] 1000kV 架空输电线路设计规范：GB 50665—2011[S]. 北京：中国计划出版社，2012.

[154] 城市电力规划规范：GB/T 50293—2014[S]. 北京：中国建筑工业出版社，2015.

[155] 建筑防水工程技术规程：DBJ 15—19—2006[S].

[156] 电动汽车分散充电设施工程技术标准：GB/T 51313—2018[S]. 北京：中国计划出版社，2019.

[157] 电动汽车充电基础设施建设技术规程：DBJ/T 15—150—2018[S].

[158] 城市停车规划规范：GB/T 51149—2016[S]. 北京：中国建筑工业出版社，2017.

[159] 建筑信息模型设计交付标准：GB/T 51301—2018[S]. 北京：中国建筑工业出版社，2019.

[160] 住宅设计规范：GB 50096—2011[S]. 北京：中国计划出版社，2012.

[161] 办公建筑设计标准：JGJ/T 67—2019[S]. 北京：中国建筑工业出版社，2020.

[162] 民用建筑热工设计规范：含光盘：GB 50176—2016[S]. 北京：中国建筑工业出版社，2017.

[163] 公共建筑节能设计标准：GB 50189—2015[S]. 北京：中国建筑工业出版社，2015.

[164] 建筑工程设计信息模型制图标准：JGJ/T 448—2018[S]. 北京：中国建筑工业出版社，2019.

[165] 人造板材幕墙工程技术规范：JGJ 336—2016[S]. 北京：中国建筑工业出版社，2016.

[166] 城市公共厕所设计标准：CJJ 14—2016[S]. 北京：中国建筑工业出版社，2016.

[167] 建筑内部装修设计防火规范：GB 50222—2017[S]. 北京：中国计划出版社，2018.

[168] 文化馆建设标准：建标 136—2010[S]. 北京：中国计划出版社，2010.

[169] 电动汽车分散充电设施工程技术标准：GB/T 51313—2018[S].

[170] 电动汽车充电基础设施建设技术规程：DBJ/T 15—150—2018[S].

[171] 深圳市医院建设标准指引：2016 版.

[172] 珠海市建设局. 广东省住宅工程质量通病防治技术措施二十条：粤建管字〔2005〕60 号.

[173] 住房和城乡建设部. 城市停车设施建设指南：建城〔2015〕142 号.

[174] 深圳市建筑工务署. 深圳市建筑工务署政府公共工程 BIM 应用实施纲要.

[175] 深圳市发展和改革局. 深圳市医院建设标准指引，2016.

[176] 深圳市城市规划标准与准则：2014 年版.

[177] 深圳市建筑设计规则 2019.

[178] 万豪酒店设计标准.

[179] 公共体育场馆建设标准：征求意见稿.

[180] 民用机场航站楼设计防火规范：送审稿.

[181] 社会养老服务体系建设规划：2011—2015.

[182] 办公建筑应对"新型冠状病毒"运行管理应急措施指南：T/ASC 08—2020.

[183] 《居家防控应对新冠肺炎疫情的住宅建筑措施建议》编制组，中国建筑标准设计研究院有限公司. 居家防控应对新冠肺炎疫情的住宅建筑措施建议，2020.

[184] 海绵城市建设技术指南：低影响开发雨水系统构建：试行.

[185] 深圳市儿童友好型社区建设指引：2018 版.

[186] 公共图书馆建筑用地指标：建标〔2008〕74 号.

[187] 何关培新浪博客：heep//blog. sina. com. cn/heguanpei.